Fleischtechnologie

Die Deutsche Bibliothek - CIP-Einheitsaufnahme

Fleischtechnologie / Hrsg.: Heinz Sielaff. -
Hamburg: Behr's, 1995
NE: Sielaff, Heinz (Hrsg.)

ISBN 3-86022-188-4

Auflage 1996
ISBN 3-86022-188-4

Druck: Fischer Druck+Verlag, 38300 Wolfenbüttel

Fleischtechnologie

Herausgegeben von

Heinz Sielaff

BEHR'S...VERLAG

Herausgeber und Autoren

Herausgegeben wird das Buch von Prof. Dr. habil. HEINZ SIELAFF. Er studierte Veterinärmedizin und Landwirtschaft an der Humboldt-Universität zu Berlin. Seit 1967 ist er als Leiter des Lehrstuhls Technologie der Fleisch- und Fischverarbeitung an der Humboldt-Universität Berlin und nunmehr als Fachgebietsleiter an der Technischen Universität Berlin tätig. Während seiner langjährigen Tätigkeit unterhielt er stets enge Beziehungen zu Betrieben der Lebensmittelindustrie und anderen Bereichen der Wissenschaft und Wirtschaft. Seine wissenschaftliche Arbeit fand ihren Niederschlag in über 150 Publikationen, mehreren Patenten sowie in einigen Fachbüchern.

Seine Mitautoren sind überwiegend Hochschullehrer bzw. wissenschaftliche Mitarbeiter an Hochschuleinrichtungen:

Dr. sc. nat. Werner Andrae, appr. Lebensmittelchemiker, Hochschuldozent i. R., Berlin

Dr. rer. nat. Fritz Kretzschmann, Diplomlebensmittelchemiker a. D., Potsdam

Dr.-Ing. Peter Oelker, akadem. Mitarbeiter des Fachgebietes Technologie proteinreicher Lebensmittel im Fachbereich Lebensmittelwissenschaft und Biotechnologie der Technischen Universität Berlin

Dr.-Ing. Hartmut Peters, wiss. Mitarbeiter an der Humboldt-Universität zu Berlin

Dr.-Ing. Egon Radespiel, wiss. Assistent an der Otto-von-Guericke-Universität Magdeburg, Außenstelle Köthen

Prof. Dr. sc. techn. Frank Thiemig, Fachgebietsleiter des Fachgebietes Technologie proteinreicher Lebensmittel im Fachbereich Lebensmittelwissenschaft und Biotechnologie der Technischen Universität Berlin

Dipl.-Ing. Karl Zweig †, ehem. Fachschuldozent für technologische Disziplinen an der Ingenieurschule für Fleischwirtschaft Dahlen/Sachsen, Oranienburg

Vorwort

Fleisch nimmt wegen des ernährungsphysiologischen und sensorischen Wertes unter den tierischen Lebensmitteln einen überragenden Platz ein. Es liefert neben den Proteinen und Lipiden weitere wertvolle Nährstoffe wie Vitamine und Mineralien.

Bedingt durch den allgemeinen wissenschaftlichen Fortschritt zeichnet sich in verschiedenen Produktionsbereichen, so auch in der Fleischwirtschaft, eine ständige Zunahme der Kenntnisse und Anwendungsmöglichkeiten ab. Hervorzuheben sind vor allem Verbesserungen in der Hygiene der Gewinnung und Verarbeitung des Fleisches, in der technischen Ausrüstung und bei den physikalischen und chemischen Verfahren zur Haltbarmachung.

Die Fleischtechnologie ist stofforientiert. Ihre Verfahren sind auf das herzustellende Erzeugnis ausgerichtet. Demgemäß sind die Darlegungen im vorliegenden Buch geordnet. Dem Charakter der Technologie als angewandter Wissenschaft Rechnung tragend, werden im Rahmen der Abhandlungen über das Schlachten und Zerlegen sowie das Herstellen von Produkten jeweils die naturwissenschaftlichen Grundlagen aufgezeigt. Berücksichtigt werden der Kenntnisstand über physikalisch-chemische, sensorische und funktionelle Eigenschaften des Fleisches sowie die Kinetik mikrobiologischer und chemischer Veränderungen in Fleisch und Fleischerzeugnissen als Voraussetzung für das Verstehen der Prozeßabläufe. Wo möglich, erfolgt eine mathematische Fundierung. Einbezogen ist je ein Kapitel über das Verpacken von Fleisch und Fleischerzeugnissen sowie die Kältebehandlung. Den neuzeitlichen Anforderungen entsprechend finden sich ferner Abhandlungen über Mikrobiologie und Hygiene, Umweltschutz und Toxikologie. Schließlich werden Meßmethoden zur Ermittlung von Stoffkennwerten und zur Qualitätsbewertung beschrieben.
Das Buch wendet sich an Studierende der Lebensmitteltechnologie, insbesondere der Fleischtechnologie, Ökotrophologie, Veterinärmedizin, Landwirtschaft und Ernährungswissenschaft sowie an Verantwortliche und Beschäftigte in der Fleischindustrie und im Fleischerhandwerk. Es ist überdies als Nachschlagewerk für Veterinäruntersuchungsämter oder anderweitig in der Qualitätskontrolle Tätige und als Informationsquelle für die Aufklärungsarbeit im Handel, bei Verbraucherverbänden und in Schulen gedacht.

Herausgeber und Autoren

Inhaltsverzeichnis

1 Fleischerzeugung und ernährungsphysiologische Aspekte

H. SIELAFF

1.1 Fleischerzeugung und Fleischverzehr

Die Nahrung des Menschen besteht seit alters her aus pflanzlicher und tierischer Kost. Ein entscheidender Wandel in der Geschichte der menschlichen Gesellschaft trat durch den Wechsel von der Jagd- und Sammelwirtschaft zur Agrarwirtschaft ein. Dieser Wechsel begann wahrscheinlich im 10. oder 9. Jahrtausend vor der Zeitrechnung in Vorderasien, im 6. und 5. Jahrtausend im Vorderen Orient, in Südeuropa sowie Mittelamerika und im 3. und 4. Jahrtausend vor unserer Zeitrechnung in großen Teilen Mittel- und Westeuropas, Südostasiens, Mittelamerikas, Südamerikas und Nordafrikas. An die Stelle des einfachen Aneignens naturgegebener Nahrungsmittel trat nunmehr deren bewußtes Erzeugen. Als Kulturpflanzen dienten den Menschen bereits Gerste, Weizen, Hirse, Erbsen, Bohnen sowie Lein und als Haustiere Rinder, Schweine, Schafe und Ziegen sowie die Geflügelarten Gans, Ente und Huhn. Die Domestikation der genannten Tiere fällt in die Zeit 8 000 bis 2 000 v.d.Z. Obwohl zahlreiche Tierarten existieren, ist es üblich, das Fleisch fast ausschließlich nur von genannten zu verwenden.

Die Entwicklung der Tierbestände bzw. der Fleischerzeugung hat nicht Schritt gehalten mit der Zunahme der Weltbevölkerung, so daß insbesondere in den Entwicklungsländern, vor allem in Afrika, größere Defizite aufgetreten sind. Der Welttierbestand an Rindern betrug 1991 1,28 Mrd. Stück. Hinzu kommen laut FAO-Year-book noch etwa 140 Mio. Büffel und 195 Mio. Kamele. Eine fast gleiche Größenordnung ergibt sich bei Schafen mit 1,20 Mrd. Stück. Der Ziegenbestand wird mit 560 Mio. Stück (jeweils Stand 1991) beziffert. Die Schweinehaltung wird mit 860 Mio. Stück ausgewiesen. Im Vergleich zu 1979 ergibt sich bei dieser Tierart eine Steigerung von etwa 10 %. Etwa gleich groß ist auch der Zuwachs bei Schafen, hingegen erhöhte sich im gleichen Zeitraum der Ziegenbestand um etwa 20 %.

Eine enorme Ausweitung ergibt sich in der Hühnerhaltung. Sie ist von 7,1 Milliarden im Zeitraum 1979 – 1981 auf 10,7 Mrd. Stück im Jahr 1991 angewachsen.

Über große Tierbestände verfügen Europa, die GUS, die USA sowie China und Australien. In China werden etwa 360 Mio. Schweine und in Australien etwa 170 Mio. Schafe gehalten. Bedeutende Exportländer für Rindfleisch sind die EU-Länder, Australien, Argentinien, Brasilien und Uruguay. Bei Schaffleisch sind es Neuseeland und Australien, bei Schweine- und Geflügelfleisch die Niederlande und Dänemark. Außer den zuletzt genannten europäischen Ländern beteiligen sich am Fleischexport insbesondere Frankreich und Ungarn.

Die ausgewiesenen Tierbestände repräsentieren nicht zugleich die erzielbare Menge in Form von Fleisch, Milch, Wolle usw., da sie nicht ausschließlich zur Schlachtung herangezogen werden (heilige Kuh in Indien) oder die Leistungen insbesondere in den Entwicklungsländern oftmals sehr gering sind. So hat sich zum Beispiel die Haltung der kleinen Wiederkäuer in Afrika

Tab 1.1-1 Rinderbestände und Produktionsdaten in der Europäischen Gemeinschaft (Stand: Dezember 1988) [1]

	Rinder[1] Gesamtzahl (1 000 Stück)	Milchkühe[1] (1 000 Stück)	Sonstige Kühe[1] (2 Jahre und älter) (1 000 Stück)	Sonstige Kühe[1] (2 Jahre und älter) (% aller Kühe)	Milch-[2] anlieferung (1 000t)	Butter[2] Selbstversorgungsgrad (%)	Rinder-[3] schlachtungen (1987) (1 000 Stück)	Rind- und Kalb-[2] fleisch Selbstversorgungsgrad (%)
Bundesrepublik Deutschland	14648	5034	212	4,0	21582	92	5174	118
Frankreich	20108	5569	3139	36,1	24714	113	4814	121
Italien	8863	2994	432	12,6	8555	63	3415	59
Niederlande	4604	2003	0	0	11264	405	1218	182
Belgien	2977	884	260	22,7	3168	} 108	689	} 135
Luxemburg	207	62	19	23,5	275		32	
Vereinigtes Königreich	11902	2975	1430	37,2	14722	70	4007	84
Republik Irland	5637	1387	535	27,8	5255	536	1619	627
Dänemark	2230	764	74	8,8	4615	185	923	290
Griechenland	741	232	131	36,0	488	75	337	27
Portugal	356	414	211	33,8		100	419	80
Spanien	5001	1685	1078	39,0	4457	161	1214	100

Quellen: [1] Eurostat, [2] Die Landwirtschaft in der EG, Bayr. Staatsmin. ELF, München, [3] Rinderproduktion in der BRD, ADR 1988 gut entwickelt. In der Mehrzahl der afrikanischen Länder werden jedoch Schafe, insbesondere aber Ziegen weder gefüttert, noch wird eine Auslese vorgenommen. Daher ist es nicht verwunderlich, daß die Fleischausbeute bei der zuletzt genannten Tierart nur 10 bis 12 kg beträgt. Im Weltmaßstab beträgt die Fleischerzeugung zur Zeit etwa 170 Mio. t, davon etwa 38 Mio. t Geflügelfleisch. Mit einer Steigerung von 4 % gegenüber 1987 liegt die Geflügelfleischerzeugung am weitesten vorn.

Einen hohen Stand der Tierproduktion findet man in den USA und Europa. Als Beispiel werden in Tabelle 1.1-1 die Produktionsdaten der Rinderbestände in der Europäischen Gemeinschaft aus dem Jahre 1988 wiedergegeben.

Bei Rindern ist überwiegend der Zweitnutzungstyp üblich; an erster Stelle steht die Milch- und an zweiter die Fleischleistung. Hohe Milchleistungen von etwa 6 000 kg und mehr werden bei den Dänischen, Englischen und Niederländischen Schwarzbunten (Holstein Frisian, British Frisian) erreicht. Die genannten Rassen gehören dem Milchtyp an, in der Fleischleistung schneiden sie weniger gut ab.

In den letzten Jahrzehnten wurden große Fortschritte hinsichtlich der Züchtung von Fleischrindern gemacht. Es wurden reine Fleischrassen, Kühe fleischbetonter Zweinutzungsrassen oder Kreuzungstiere, die nicht gemolken werden und hohe Schlachtgewichte aufweisen, gezüchtet. Besonders hervorzuheben sind Charolais, Maine-Anjou, Salers, Piemonteser, Limousin, Chianina, Hereford, Aberdeen Angus und Deutsches Fleckvieh. Sie gehören zu den fleischreichsten und fettärmsten Schlachttieren (u.a. Charolais), zeichnen sich durch hohe Körpermasse aus (u.a. Maine-Anjou, Hauptproduktionsrichtung Ochsenmast) und haben feinfaseriges, sehr gut marmoriertes Fleisch (u.a. Aberdeen Angus). Zusammen mit gleichaltrigen Gelbviehbullen nimmt das Fleckvieh bezüglich der Fleischleistung unter den deutschen Zweinutzungsrassen den ersten Platz ein [1].

Relativ große Erfolge wurden in der Schweinezucht erreicht. Bei den beiden weißen Rassen Edelschwein (auch als Large White und Yorkshire bezeichnet) und der Landrasse erfolgte die Umzüchtung auf das Fleischschwein. Der Anteil der fettwüchsigeren schwarzen und bunten Rassen, wie Cornwall, Berkshire und Sattelschwein, ist stark zurückgegangen. Vergleicht man die Entwicklung der Zusammensetzung der Schlachtkörper bei Landrasse und Edelschwein im Zeitraum von 1958 bis 1981, so wird deutlich, daß das Fleisch-Fett-Verhältnis zugunsten des Fleischanteils verändert werden konnte und die Rückenspeckdicke abgenommen hat, während die Kotelettfläche erheblich größer wurde. Bei Mastschweinen erhöhte sich der Anteil an Fleisch von 1965 bis 1972 bei der Landrasse und dem Edelschwein von etwa 48 % auf 55,1 % bzw. 54,6 %. Gleichzeitig war eine Reduzierung des Fettanteils von etwa 35 % auf 28,7 % bzw. 28,8 % eingetreten[2].

Die Erhöhung der Muskelfülle hat Konsequenzen für den Stoffwechsel der Muskulatur. Während normalerweise eine ausgewogene Mischung von roten, weißen und intermediären Muskelfasern in der Skelettmuskulatur anzutreffen ist, hat die Förderung der Fleischfülle dazu geführt, daß nunmehr die weißen Fasern deutlich zugenommen haben. Es handelt sich um relativ große Fasern, die ein weniger zartes Fleisch bedingen. Gravierende Folgen hat die Umzüchtung auf die Fleischbeschaffenheit hinsichtlich des Auftretens des PSE- und auch DFD-Syndroms (Kap. 2.4).

Innerhalb einer Rassengruppe können zwischen den europäischen Zuchtländern bedeutende Differenzen auftreten. Während die z.T. im Bacontyp stehenden Landrassen in den westeuropäischen Ländern sich durch hohe Fleischleistung mit Betonung der Schinkenausbildung auszeichnen, verkörpern die Landrassen in verschiedenen osteuropäischen Ländern mehr ein auf hohe Reproduktions- und Mastleistung gezüchtetes und hinsichtlich der Zusammensetzung des Schlachtkörpers weniger fleischreiches Schwein [3]. Den höchsten Fleischanteil weisen mit 56,9 % bzw. 54,6 % die Belgische Landrasse und Pietrain auf (die Angaben beziehen sich auf den gesamten Schlachtkörper). Besonders stark ausgeprägt sind bei diesen Rassen Blatt, Schinken und Kotelett.

Der Fleischkonsum wurde seit jeher durch ethische, religiöse oder sonstige Ansichten eingeschränkt. In den meisten Religionen sind Speisevorschriften enthalten, die sich als Verbote auf bestimmte Schlachttiere, Schlachtkörperteile oder auf den Fleischgenuß zu bestimmten Zeiten beziehen. So verbietet der Talmud den Anhängern des jüdischen Glaubens den Genuß von Schweinefleisch, das nicht als koscher (rein) gilt. Die gleiche Vorschrift enthält der Koran, die heilige Schrift des Islams. Eine Abneigung gegen Schweine fand man überhaupt bei den semitischen Völkern und den Bewohnern des Nahen und Fernen Ostens. Außer den Juden enthielten sich des Schweinefleischgenusses auch die Ägypter, Phönizier, Äthiopier und Inder. Abgesehen von diesen Einschränkungen ist der Fleischverzehr in den Kulturen der Völker tief verwurzelt. In allen Teilen der Welt ist der Genuß von Schaf-, Ziegen- und Geflügelfleisch üblich.

Fleisch wurde schon früher in relativ großer Menge konsumiert. Nach Schätzungen lag der Pro-Kopf-Verbrauch der Germanen bei jährlich 125 kg. Er soll auch noch in späterer Zeit, z.B. in Frankfurt/Oder um das Jahr 1308 und in Nürnberg um 1520, in der gleichen Größenordnung gelegen haben. In Notzeiten, besonders im dreißigjährigen Krieg und danach, war eine drastische Reduzierung des Fleischkonsums zu beobachten. Um die Jahrhundertwende lag er in Deutschland bei 53 kg pro Kopf der Bevölkerung. Dazu kamen 1,8 kg Wildfleisch, 2,25 kg Geflügel und 4 kg Fisch. Die Weltkriege brachten wiederum erhebliche Einschränkungen.

Heute liegt der Fleischkonsum in den meisten Ländern Europas bei 50 bis 100 kg pro Kopf und Jahr. Mehr als 100 kg verzehren beispielsweise die Letten, die Argentinier, die Amerikaner und die Australier. Hingegen liegt der durchschnittliche Fleischverzehr in den Entwicklungsländern pro Einwohner und Jahr zwischen 0 und etwa 20 kg. So leben in Indien größere Teile der Bevölkerung aufgrund religiöser Vorschriften als strenge Vegetarier, in manchen Regionen des Landes konsumiert man etwa 2 kg.

In Europa ist der Schweinefleischverbrauch relativ hoch. Bis zum Jahr 2000 könnte er nach einer Studie der Europäischen Vereinigung für Tierzucht (EVT) in Deutschland 70 kg und in mehreren anderen EG-Ländern zwischen 50 und 65 kg betragen (Tab.1.1-2).

Eine generelle Zunahme ist weltweit beim Verzehr von Geflügelfleisch zu beobachten. In Europa liegt er bei jährlich bis 15 kg; einen weitaus höheren Konsum mit mehr als 30 kg/a kann man in Israel und den USA feststellen. Die angegebenen Verzehrsmengen beziehen sich jeweils auf Fleisch und daraus hergestellte Produkte. Sie stellen Bruttoangaben dar. Subtrahiert man jeweils die nicht verwertbaren Teile des Schlachtkörpers und den möglichen Fleischverderb so-

wie Teile, wie Knochen und Blut, die im geringen Umfang der Humanernährung dienen, so reduziert sich die eigentliche Verzehrsmenge um 20 bis 35 %.

Tab. 1.1-2 Prognostische Entwicklung des Pro-Kopf-Verbrauches an Schweinefleisch bis zum Jahre 2000 im Vergleich zu 1970 und 1980 in ausgewählten Ländern (kg) (nach einer Studie der Europ. Vereinigung für Tierzucht - EVT)

Land	Jahr		
	1970	1980	2000
Belgien/Luxemburg	33,1	39,2	50,0
Deutschland	45,8	50,2	70,0
CSFR	37,8	55,0	65,0
Dänemark	29,9	45,0	50,0
Niederlande	29,5	42,6	50,0
Norwegen	17,6	20,7	20,0
Österreich	43,3	53,9	65,0
Schweden	26,8	34,8	40,0
Spanien	14,1	23,0	37,5
UdSSR	18,7	20,0	30,0
Ungarn	35,0	50,0	60,0

1.2 Ernährungsphysiologie und Nährwert

Für die kontinuierlich ablaufenden Aufbau- und Energiestoffwechselprozesse sind zahlreiche Substanzen notwendig. Sie müssen dem Körper regelmäßig mit der Nahrung, also von außen, zugeführt werden. Zu ihnen gehören in erster Linie eine Reihe von organischen Verbindungen, wie Eiweiße, darunter besonders solche, die Träger essentieller Aminosäuren sind, weiterhin die Energieträger Nahrungsfette und Kohlenhydrate, ferner Wasser, eine Anzahl von Mineralstoffen und Spurenelemente sowie nicht zuletzt Vitamine.
Fleisch hat einen hohen Nähr- und Genußwert. Es liefert neben den wertvollen Proteinen und Lipiden zahlreiche Mineralstoffe, wie Eisen und Zink, sowie im geringeren Umfang auch Vitamine, u.a. Vitamin A, B_1 und B_{12}. Letzteres kommt nicht in pflanzlicher Nahrung vor. Nachfolgend soll nur auf die bedeutungsvollen Hauptnährstoffe Eiweiß und Fett eingegangen werden.

Proteine dienen allen Zellen als Baustoff. Muskulatur, Blut und Organe bestehen – wenn man vom Wassergehalt absieht – vorwiegend aus Protein. Für den Säugling sind von den 20 Aminosäuren 9, nämlich Histidin, Isoleucin, Leucin, Methionin, Lysin, Phenylalanin, Threonin, Tryptophan und Valin, lebensnotwendig. Für den Erwachsenen sind mit Ausnahme von Histidin alle genannten Aminosäuren essentiell. Sie müssen in ausreichender Menge über tierische und pflanzliche Eiweiße zur Verfügung stehen. Der Eiweißbedarf ist je nach Alter, Geschlecht, Arbeitsbelastung usw. unterschiedlich. Die Deutsche Gesellschaft für Ernährung gibt von Zeit zu Zeit Empfehlungen für die Aufnahme von essentiellen Nährstoffen und die Energiezufuhr heraus (Tab. 1.2-1).

Tab. 1.2-1 Richtwerte für die Energiezufuhr [4]

Alter	kcal/Tag		kcal/kg		Bereich der Empfehlung in anderen europäischen Ländern[2] kcal/Tag	
	m	w	m	w	m	w
Säuglinge						
0 bis unter 4 Monate	550		112		550-	
4 bis unter 12 Monate	800		95		1000	
Kinder						
1 bis unter 4 Jahre	1300		102		1100-1400	
4 bis unter 7 Jahre	1800		90		1500-1800	
7 bis unter 10 Jahre	2000		73		1900-2800	
10 bis unter 13 Jahre	2250	2150	61	54	2300-2800	2000
13 bis unter 15 Jahre	2500	2300	53	46	2700-3300	2200
Jugendliche und Erwachsene[1]						
15 bis unter 19 Jahre	3000	2400			2800-3700	2200
19 bis unter 25 Jahre	2600	2200			2600-3500	2200
25 bis unter 51 Jahre	2400	2000			2400-3500	2000
51 bis unter 65 Jahre	2200	1800			2200-3500	1800
65 Jahre und älter	1900	1700			-	-
Schwangere						
ab 4. Monat		+300				+ 200
						+ 350
Stillende	bis	+650				+ 500
						+1000

m = männlich, w = weiblich

[1] Die Werte gelten für Personen mit vorwiegend sitzender Tätigkeit (Leichtarbeiter). Für andere Berufsschweregruppen sind folgende Zuschläge erforderlich: Mittelschwerarbeiter: 2,5 MJ (600 kcal); Schwerarbeiter: 5,0 MJ (1200 kcal); Schwerstarbeiter: 6,7 MJ (1600 kcal)

[2] Aus Truswell et al.: Rev. Clin. Nutr. 53 (1983) 939ff.

Als Faustregel kann gelten, daß Erwachsene pro Tag und Kilogramm Körpergewicht 1 g Protein benötigen. Die Eiweißmenge wird gewöhnlich durch eine gemischte Kost gedeckt. Die hauptsächlichen Quellen sind Fleisch und Wurstwaren, Milch sowie Brot und Backwaren. Die Eiweißkonzentration ist im Fleisch wesentlich höher als in den meisten pflanzlichen Nahrungsmitteln. Neben der Eiweißmenge ist die Eiweißqualität von Bedeutung. Fleisch setzt sich aus Muskel- und Bindgewebseiweiß (überwiegend Kollagen und Elastin) zusammen. Der biologische Wert beträgt für Muskeleiweiß 88 für Kollagen 30. Insgesamt liegt er für Fleisch zwischen 72 und 80, je nach Anteil der genannten Eiweiße. Eine relativ hohe biologische Wertigkeit haben die meisten Muskeln der Keule, des Filets, Roastbeef und Kotelett sowie Leber.
Fleisch mit viel Bindegewebe, wie Kopfhaut, Haut, Lunge und Euter, enthält weniger wertvolles Eiweiß. Aufgrund des hohen Gehalts an Kollagen und Elastin sinkt der biologische Wert dieser Eiweiße bis auf etwa 40. Um bei Fleischerzeugnissen eine hinreichende Qualität, insbesondere auch hinsichtlich des biologischen Wertes der Eiweiße zu sichern, sind BEFFE-Werte für Wursterzeugnisse in verschiedenen Ländern vorgeschrieben.

Das ernährungsphysiologisch wertvolle Fleischeiweiß kann dem Organismus ebensogut durch Eier und Milch bzw. daraus hergestellte Produkte und eine entsprechende Kombination von pflanzlichen Eiweißen zugeführt werden. Kritiker eines zu hohen Fleischverzehrs weisen auf mögliche Risiken durch Purine (Einfluß auf Gicht) und Fette, vornehmlich Cholesterol, hin.

Fette oder Lipide verbessern den Geschmack vieler Erzeugnisse und wirken durch ihre längere Verweildauer im Magen stärker sättigend. Unentbehrlich sind sie nicht nur als Energielieferant und wegen der essentiellen Fettsäuren, sondern auch in ihrer strukturbildenden Funktion. Sie sind in allen Körperzellen, besonders in denen des Nervensystems, anzutreffen. In den Körperzellen besteht ihre Aufgabe vorwiegend in der Membranbildung, und zwar sowohl in der Zellmembran als auch in Membranen von Zellorganellen wie Mitochondrien und Lysosomen [5]. Lipiden kommt eine Schutzfunktion gegenüber mechanischen Einflüssen zu. Sie schützen die Organe Niere und Gehirn oder dienen als Polster beweglicher Organe. Sie sind Träger fettlöslicher Vitamine. Kritisch betrachtet werden die gesättigten Fettsäuren und Cholesterol. Letzteres wird physiologisch ständig im Organismus gebildet und gelangt zusätzlich über verschiedene Lebensmittel in den Körper. Ein relativ hoher Cholesterolgehalt ist in Hirn, Eigelb, Niere, Leber und Fleisch anzutreffen. Die gesättigten Fettsäuren erhöhen den Blutcholesterolgehalt, während die Polyenfettsäuren ihn absenken. Ob ein direkter Zusammenhang zwischen Hypercholesterolämie und den daraus folgenden Gefäß- und Herzkrankheiten besteht, wofür der hohe Anteil an gesättigten Fettsäuren als Ursache verantwortlich gemacht wird, ist bisher nicht erwiesen. Es wird vielmehr ein Ursachenkomplex in Betracht zu ziehen sein.

Tierische Fette enthalten auch bestimmte Mengen an essentiellen Fettsäuren. Im Vergleich zu pflanzlichen Fetten nehmen sie sich jedoch recht spärlich aus (Tab. 1.2-2).

Tab. 1.2-2 Anteil essentieller Fettsäuren in verschiedenen Fetten (%) [6]

Tierische Fette		Pflanzliche Fette	
Rinderfett	1,1– 5,0	Olivenöl	4 – 14
Schweinefett	3,5–18,0	Sonnenblumenöl	47 – 62
Hammelfett	3,0– 5,0	Sojaöl	49 – 67
Leberfett	3,0– 7,0	Erdnußöl	8 – 48
Butter	1,9– 4,0		

Die aus gemischter Kost aufgenommenen Fette stammen vorrangig aus sichtbaren Fetten (Streichfette und Öle) sowie aus verdeckten Fetten in Milch und Milcherzeugnissen, Fleisch und Wurst sowie zu einem geringeren Anteil auch aus Getreideerzeugnissen (Abb. 1.2-1).

Das verdeckte Fett des Fleisches bezieht sich auf das intermuskuläre, intramuskuläre und Membranfett. Im Gegensatz zum Auflagefett lassen sich die genannten Lipide – mit Ausnahme eventuell des intermuskulären Fettes – unter praktischen Verarbeitungsbedingungen nicht entfernen. Ausschlachtungsversuche bei Schweinen haben ergeben, daß es im Nährstoffgehalt einzelner Muskeln des Schlachtkörpers nur geringe Populationsunterschiede gibt. Der intramuskuläre Fettgehalt (um die Muskelfasern und Muskelbündel eingelagertes Fett) liegt bei 0,5 bis 5 %. Generell ist er am höchsten bei den Rassen Cornwall und Large White und am niedrigsten bei den Landrassen. Je nach Ausmästungsgrad ist die Ausbildung des intermuskulären Fettgehalts (zwischen den Muskeln eingelagertes Fett) unterschiedlich.

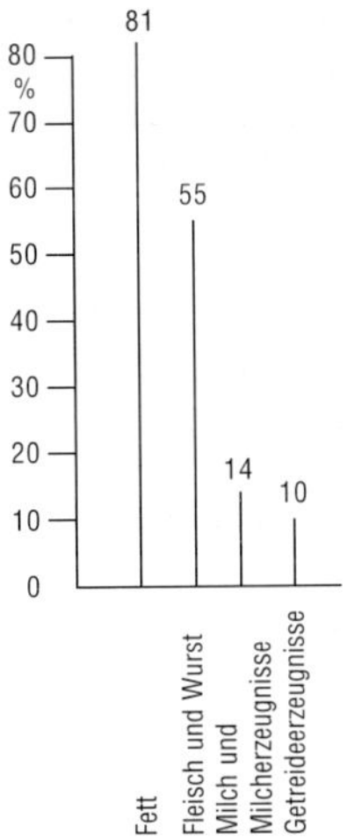

Abb. 1.2-1 Durchschnittliche Fettaufnahme aus einer gemischten Kost. Lebensmittel, die in besonderem Maße zur Deckung des Fettbedarfs beitragen [7].

Im allgemeinen kommt es in vielen industriell entwickelten Ländern häufiger zu Überschreitungen des Fettkonsums. Aus gesundheitlichen Gründen wird eine Reduzierung des Fettverbrauchs und auch ein mäßiger Verzehr von Fleisch und Wurst empfohlen. Die hohe Wertschätzung der Konsumenten für Fleisch und Fleischerzeugnisse dürfte dafür ausschlaggebend sein, daß die Ermahnungen an die Verbraucher zum Teil unbeachtet verhallen. Risikogruppen (Gichtkranke, Personen mit bestimmten Herz- und Kreislaufproblemen) sind jedoch gehalten, den Fleischverzehr wegen des Gehalts an Purinderivaten und Cholesterol einzuschränken oder gegebenenfalls gänzlich zu unterlassen.

Tab. 1.2-3 Energie- und Grundnährstoffgehalt von Fleisch verschiedener Tiere ([7], ergänzt)

Tierart	Eiweiß (%)	Fett (%)	Kohlenhydrate (%)	Energie (kJ/100 g)	Energie (kcal/100 g)
Kalb	16 – 21	1 – 15	0,4 – 0,5	400 – 860	95 – 205
Rind	16 – 19	10 – 34	0,3 – 0,5	840 – 1425	200 – 340
Schwein	10 – 14	35 – 55	0,3 – 0,5	1675 – 2510	400 – 600
Schaf	14 – 20	6 – 33	0,2 – 0,4	755 – 1885	180 – 450
Ziege	18 – 22	6 – 10	0,1 – 0,3	630 – 710	150 – 170
Kaninchen	19 – 20,8	7 – 10	0,2 – 0,5	700 – 750	170 – 183
Pferd	19 – 23	2 – 4	0,3 – 0,7	480 – 525	115 – 125
Ente	15 – 21	6 – 30	0,2 – 0,4	630 – 1360	150 – 325
Gans	14 – 17	23 – 32	<0,1	1300 – 1530	310 – 365
Huhn	17 – 21	5 – 25	<0,1	610 – 1215	145 – 290
Pute	18 – 23	5 – 23	0,1 – 0,5	630 – 1170	150 – 280
Taube	16 – 22	1 – 2	0,2 – 0,5	400 – 440	95 – 105
Hase	20 – 23	1 – 5	0,1 – 0,5	480 – 545	115 – 130
Hirsch	18 – 22	1 – 5	0,2 – 0,5	440 – 525	105 – 125
Reh	21 – 23	0,7 – 6	0,2 – 0,5	440 – 560	105 – 135
Wildente	19 – 23	2 – 3	0,3 – 0,5	460 – 500	110 – 120

Um dem Konsumenten eine Orientierung über den Nährwert von Erzeugnissen zu geben, sind im Rahmen der geforderten Kennzeichnung Angaben über den Energiewert und die Hauptinhaltsstoffe zu machen. Einen Überblick über zu erwartende Energiegehalte in unterschiedlich fettem Fleisch und Fleischerzeugnissen geben die Tabellen 1.2-3 und 1.2-4.

Tab. 1.2-4 Energiegehalte von Fleischwaren (nach [6])

	Eiweiß (%)	Fett (%)	Energiegehalt (kJ/100 g)
Brühwurst, frisch	10	25	1145
Göttinger	15	30	1425
Salami, ungarische Art	20	40	1900
Mettwurst	13	40	1781
Kochschinken	18	10	696
Luncheon Meat	10	25	1145
Corned Beef	20	15	945
Schmalzfleisch	8	60	2476

Genaue Angaben sind dann möglich, wenn die energieliefernden Hauptinhaltsstoffe bekannt sind. Sie sind jedoch beim Fehlen von Aussagen über die Herkunft des Materials, Alter, Geschlecht, Anzahl der zugrundeliegenden Proben und dgl. oftmals nur schwer vergleichbar. Eine ständige Verbesserung der Tabellenwerte, die insbesondere in den bekannten Nährstofftabellen von SOUCI et al. bzw. im Bundeslebensmittelschlüssel (herausgegeben vom Bundesgesundheitsamt) zu finden sind, kann hilfreich sein.

Quellen und Literatur

[1] FRAHM, K.: Rinderrassen in den Ländern der Europäischen Gemeinschaft. Stuttgart: Ferdinand Enke Verlag 1990

[2] GASTMANN, CH.; SIELAFF, H.: Die Schlachtkörperzusammensetzung von Mastschweinen und ihre Bedeutung für die Fleischwirtschaft. Fleisch 34 (1980) S. 94

[3] PFEIFFER, H.; von LENGERKEN, G.; GEBHARDT, G.: Wachstum und Schlachtkörperqualität Schweine. Berlin: Deutscher Landwirtschaftsverlag 1984

[4[AUTORENKOLLEKTIV: Empfehlungen für die Nährstoffzufuhr. 5. Überarbeitung. Frankfurt/Main: Deutsche Gesellschaft für Ernährung und Umschau Verlag 1991

[5] ELMADFA, I.; LEITZMANN, C.: Ernährung des Menschen. Stuttgart: Verlag Eugen Ulmer 1990

[6] PRÄNDL, O.; FISCHER, A.; SCHMIDHOFER, T.; SINELL, H.-J.: Fleisch - Technologie und Hygiene der Gewinnung und Verarbeitung. Stuttgart: Verlag Eugen Ulmer 1988

[7] FRANZKE, C. et al.: Lehrbuch der Lebensmittelchemie. Die Lebensmittel, Teil 2. Berlin: Akademie-Verlag 1990

2 Schlachtkörper- und Fleischqualität

H. SIELAFF

2.1 Begriffsbestimmungen

Fleisch

Obwohl Fleisch dem chemischen und strukturellen Aufbau der Muskulatur entspricht, so unterscheidet es sich doch von den Muskeln lebender Tiere, da mit dem Eintreten des Todes eine Reihe biochemischer, chemischer und physikalischer Vorgänge einsetzt, die zu Veränderungen vielfältiger Art, z.B. von der erwünschten Tafelreife bis hin zur Fleischfäulnis, führen. Fleisch entsteht als Folge postmortaler biochemischer Vorgänge in der Skelettmuskulatur.

Unter Fleisch wird die Skelettmuskulatur mit den damit zusammenhängenden eßbaren Geweben (Fett-, Binde- und Nervengewebe, Blut- und Lymphgefäße einschließlich Lymphknoten) der warmblütigen Tiere verstanden. Zum Fleisch werden im weitergefaßten Sinne alle vom Tier stammenden Teile gerechnet, die zum Genuß für den Menschen dienen. Demzufolge gehören im weiteren Sinne auch die Organe, Knochen, Blut und Därme, sofern diese bei der Herstellung von Wurstwaren Verwendung finden, zum Fleisch.

In der Literatur werden die Begriffe Fleisch und Muskelfleisch synonym verwendet. Fleisch kommt in Form von Frischfleisch oder Fleischerzeugnissen in den Handel. In der Fleischwirtschaft stellt es als Grundmaterial bzw. als Rohstoff Fleisch den wichtigsten Produktionsgegenstand dar.

Fleischerzeugnisse

Unter Fleischerzeugnissen versteht man bearbeitetes oder verarbeitetes, z.T. gewürztes Fleisch mit oder ohne Umhüllung. Es zählen dazu im wesentlichen Wurstwaren, Fleischwaren, Fleischpastete und Feinkostprodukte, Aspikwaren, Fleischsalate und Konserven.

Schlachttierkörper, Tierkörper oder Schlachtkörper

Darunter versteht man den vollständigen oder halbierten Tierkörper nach dem Ausbluten und Entfernen der für den menschlichen Genuß untauglichen Teile, ohne Innereien, Schlachtnebenprodukte und Schlachtabfälle, ohne Kopf (Rind, Geflügel) oder mit Kopf (Schwein, Schaf).

Schlachtwert

Der Schlachtwert wird durch die Summe aller für den Gebrauch geeigneten Teile des Schlachtkörpers bestimmt. Hierzu zählen, wie in Abbildung 2.1-1 verdeutlicht wird, neben den verwertbaren Rohstoffen (Schlachtnebenprodukte) und Innereien alle quantitativen und qualitativen Parameter eines Schlachtkörpers, wie Zusammensetzung, Beschaffenheit von Fleisch und Fett sowie Nährwert. Diese werden unter dem Begriff Schlachtkörperqualität zusammengefaßt. In verschiedenen Kapiteln des Buches werden hierzu Details dargestellt.

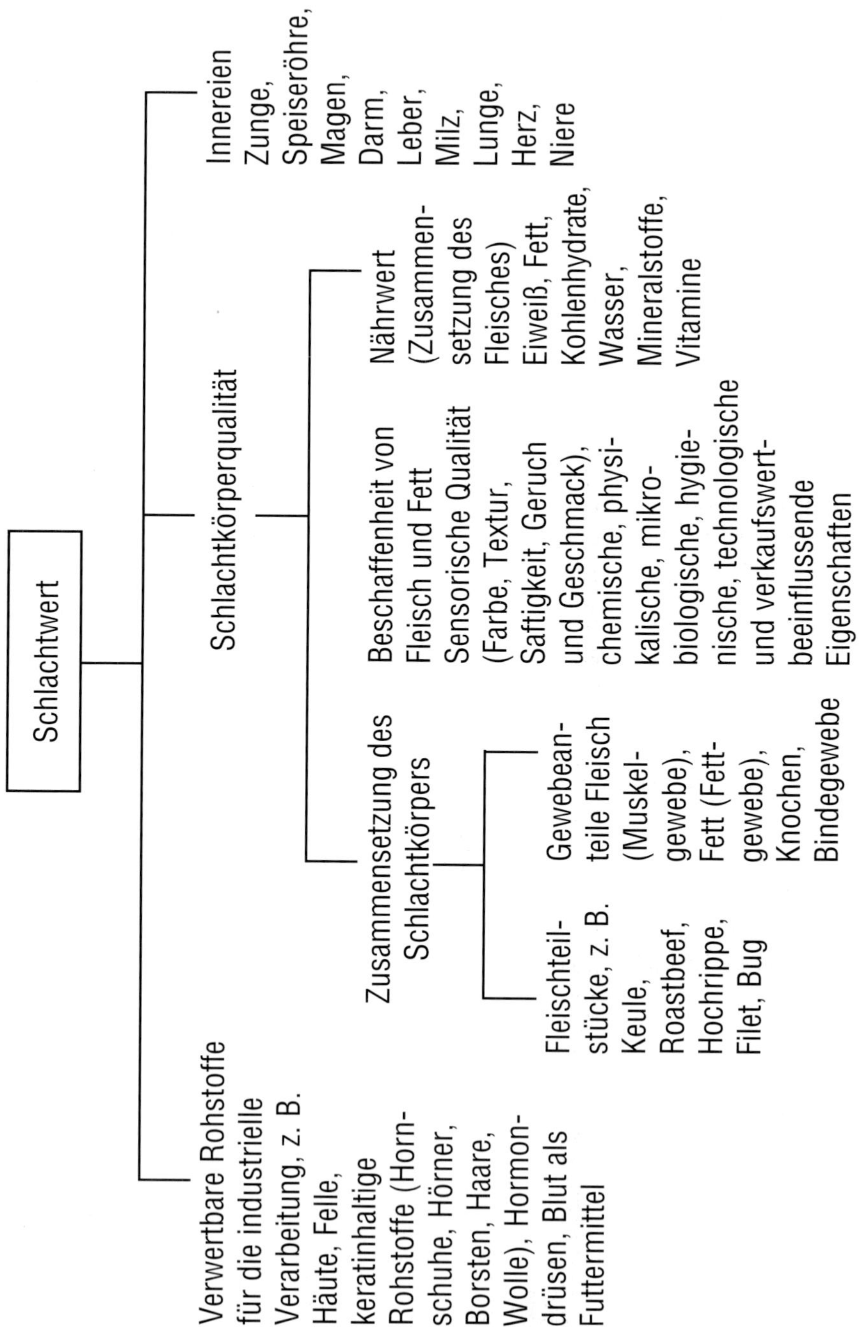

Abb. 2.1-1 Den Schlachtwert bestimmende Parameter

Ausbeute
Sie erfaßt die Masse der beiden Schlachtkörperhälften im Verhältnis (Angabe in Prozent) zur Lebendmasse. Dazu rechnen nicht die Organe (Ausnahme Geflügel, bei dem gewöhnlich die Organe zur Ausbeute gerechnet werden), Blut, Ausschnitte, Hornschuhe, Haut, Geschlechtsteile, Ohrmuscheln, Augen, Blase, Magen-Darm-Trakt, Pankreas und Galle. Zur Vermeidung von Unstimmigkeiten ist es erforderlich anzugeben, ob bei Rindern der Talg (Flomen) zur Schlachtmasse gerechnet wird oder nicht. Die Ausbeute wird insbesondere von Rasse, Kategorie und Ausmästungsgrad beeinflußt.

Innereien
Zu den Innereien zählen die in Abbildung 2.1-1 aufgeführten Organe.

Sensorische Qualität (s. Abb. 2.1-1)
Hierzu zählen die bedeutenden Qualitätsmerkmale Farbe, Textur, Saftigkeit, Geruch und Geschmack von Fleisch und Fett. In Kapitel 2.4 wird eine Beschreibung dieser Merkmale für alle Schlachttierarten gegeben.

Fleisch wie gewachsen
Man versteht darunter Fleischteile, ohne Auflagefett, wie sie bei der Zerlegung anfallen.

Schlachtabfälle
Als Schlachtabfälle gelten der Magen- und Darminhalt und sonstige Teile, die nicht unmittelbar einer Verwertung zugeführt werden können.

2.2 Einfluß der Tierernährung auf das Wachstum der Schlachttiere

Das Hauptziel der Tierproduktion besteht in der Erzeugung von verzehrbarem Eiweiß. Eine außerordentlich wichtige Funktion für die Humanernährung haben die Wiederkäuer (Rinder, Schafe und Ziegen). Sie sind in der Lage, mit Hilfe ihrer Pansenflora die Cellulose der Pflanzen als Energiequelle zu nutzen und daraus essentielle Produkte, z.B. Aminosäuren und Vitamine, zu erzeugen. In der Vergangenheit und Gegenwart erfüllen diese Tiere die Aufgabe, aus Gräsern und Getreide konzentrierte Lebensmittel, Ausgangsmaterialien für die Kleidungs- und pharmazeutische Industrie sowie andere wertvolle Rohstoffe zu produzieren. Schweine und Geflügel haben nur einen einhöhligen Magen. Sie können kein Grobfutter wie die Wiederkäuer verwenden, aber sie vermögen Getreide und andere Futtermittel in Fleisch umzuwandeln. Bis zu etwa 55 % der Lebendmasse der Schlachttiere (je nach Rasse, Alter und Mastzustand) bestehen aus Muskelfleisch.

Die Nährstoffzufuhr besteht aus den Energieträgern Kohlenhydrate und Fett, den lebensnotwendigen Eiweißstoffen und den stickstoffhaltigen Verbindungen nichteiweißartiger Natur, Wasser, den Mineralstoffen und den Wirkstoffen.

Das Eiweiß spielt als Baustein eine besondere Rolle. Die in sehr geringen Mengen vorkommenden Wirkstoffe und die Mineralstoffe haben keinen energetischen Wert. Trotzdem sind sie sowohl für den Aufbau des Tierkörpers als auch für den normalen Ablauf der Lebensfunktionen unentbehrlich. Das Fütterungsregime ist je nach Alter, Geschlecht, Nutzungsart usw. verschieden. Entsprechend ist das Nährstoffverhältnis der Futterzusammensetzung zu berücksichtigen. Das Nährstoffverhältnis (Verhältnis der N-haltigen Stoffe zu den N-freien Stoffen) ist bei jungen Tieren relativ eng zu halten und liegt bei 1 : 4, bei älteren und ausgewachsenen Tieren bei 1 : 6 bis 1 : 8 und darüber. Wie aus Tabelle 2.2-1 hervorgeht, ist der Wirkungsgrad der Umwandlung von Futternährstoffen in eßbare Nährstoffe bzw. der vom Menschen direkt verzehrbaren Energie relativ gering.

Tab. 2.2-1 Ernährungs- und energiewirtschaftliche Kennzahlen verschiedener Produktionsrichtungen der Tierproduktion

Produktionsrichtung	Umwandlung von Futternährstoffen in „eßbare Nährstoffe"[1]		Technische Energie je verzehrbares Nahrungsprotein[2]	Anteil der vom Menschen direkt verzehrbaren Energie[3]
	Protein (%)	Energie (%)	(kJ/g)	(%)
Milchproduktion				
3000 kg/Kuh u./Jahr	25 – 30	40		bis 20
4000 kg/Kuh u./Jahr	35 – 40	45	115	bis 30
6000 kg/Kuh u./Jahr	40 – 45	50		bis 40
Rindermast (bis 500 kg LM)	10 – 15	10 – 15	380	bis 30
Schafmast (bis 50 kg LM)	15 – 20	10 – 15		bis 20
Schweinemast (bis 110 kg LM)	20 – 25	15 – 20	360	bis 85
Geflügelmast (Broiler)	5 – 10	25	240	bis 85
Eierproduktion (250 Eier u. /Jahr)	15 – 20	35 – 40	190	bis 90

LM = Lebendmasse
[1]Zusammenstellung aus 12 Literaturquellen
[2]FLACHOWSKY, 1980, 1983
[3]HOFFMANN und LEGEL, 1984

Im Gegensatz zu den Schweinen und dem Geflügel, für die neben Eiweiß pflanzlicher Herkunft auch solches tierischer Herkunft bzw. genügend essentielle Aminosäuren in der Futterration zur Verfügung stehen müssen, braucht für die Wiederkäuer Rinder, Schafe, Ziegen sowie auch Pferde und Kaninchen ab einem bestimmten Lebensalter kein tierisches Eiweiß eingesetzt zu werden. Die physiologischen Unterschiede sind bei den Rindern gut erforscht worden, weshalb an dieser Stelle hierauf eingegangen werden soll.

Ab dem 4. Lebensmonat, wenn sich neben dem Labmagen auch der Pansen, der Blättermagen und die Haube entwickelt haben, entfällt die Gabe von tierischem Eiweiß in der Futterration der Kälber. Die Pansenbakterien, auch als Pansenflora bezeichnet, übernehmen die Bildung von tierischem Eiweiß. Die Pansenflora ist in großer Menge vorhanden. Es geht eine ständige Vermehrung und ein ständiges Absterben der Mikroorganismen vonstatten. Aus den abgestorbenen Zelleibern wird das Eiweiß, das eine biologische Wertigkeit von etwa 80 hat, frei. Es wird in den tieferen Abschnitten des Verdauungskanals verdaut. Die Pansenflora vermag das Eiweiß

aus Aminosäuren und auch aus stickstoffhaltigen, den sogenannten NPN (Nicht-Protein-Stickstoffverbindungen) aufzubauen. Als nichteiweißhaltige Stickstoffverbindungen kommen Harnstoff (H_2N-CO-NH_2) und Ammoniak (NH_3) in Betracht. Diese Verbindungen können zugfüttert werden, Ammoniak zum Beispiel in Form von ammonisierten Futterrübenschnitzeln. Die Oligo- und die Polysaccharide (z.B. Cellulose) des Futters werden durch die Enzyme im Magendarmtraktus in Monosaccharide (Glucose, Fructose, Galactose usw.) gespalten oder erfahren durch Bakterien in den Vormägen und auch im Dickdarm der Wiederkäuer eine Umwandlung in flüchtige Fettsäuren. Die Bildung von flüchtigen Fettsäuren als Energieträger ist für Wiederkäuer von großer Bedeutung. Diese (Essig-, Propion- und Buttersäuren) werden vornehmlich aus Kohlenhydraten gebildet und können etwa 40 % des Energiebedarfs der Wiederkäuer decken. Daraus leiten sich die fundamentalen Unterschiede gegenüber Umwelteinflüssen zwischen Wiederkäuern und Schweinen ab. Bei erwachsenen Wiederkäuern vermögen diese Fettsäuren weitgehend die Rolle zu übernehmen, die bei monogastrischen Tieren (Schwein) die Glucose spielt. Unter Bedingungen, die bei anderen Tieren zu einer Erschöpfung der Glycogenreserven führen, vermögen die Wiederkäuer auf diese Weise Kohlenhydrate einzusparen. Das Rind ist aus diesem Grunde weitaus weniger empfindlich gegenüber Streßeinwirkungen (Transportbelastung, Treiben der Tiere) als das Schwein. Eine ähnliche Funktion, wie sie bei den Wiederkäuern die Pansenflora hat, übt bei Pferden und auch bei Kaninchen der Dickdarm, vornehmlich der Blinddarm, als große Gärkammer aus. Die bakterielle Tätigkeit ist auf den Abbau der Cellulose und auf die Zerlegung von Eiweißstoffen sowie die Bildung von mikrobiellen Proteinen gerichtet.
Die **Resorption** der aufgenommenen Nährstoffe erfolgt nach deren Abbau durch die Darmschleimhaut. Auf diesem Wege gelangen sie über das Blut oder die Lymphe zu den Orten des Abbaus, Umbaus oder der Speicherung. Die Eiweißstoffe werden durch die verschiedenen proteolytischen Enzyme bis zur Stufe der Aminosäuren gespalten, von der Dünndarmwand resorbiert und dann im Körper verschiedenen Reaktionen unterworfen. Der Hauptteil der aufgenommenen Aminosäuren wird für die Erhaltung bzw. Vermehrung der Körperproteine, z.B. der Muskeleiweiße, verwendet und dient ferner zur Synthese von spezifischen Produkten (Milch, Wolle). Da Eiweiße teuer sind, ist zwar eine optimale Versorgung, aber keine Überdosierung anzuraten. CLAUSEN [2] hat für die Wechselbeziehungen zwischen erblicher Veranlagung und Eiweißernährung der Fleisch- und Fettbildung bei Schweinen die folgenden drei Grundsätze aufgestellt:

- Muskelfleisch wird nur bis zu der erblich bedingten Grenze gebildet unter der Voraussetzung, daß das Futtereiweiß in genügendem Maße die entsprechenden Aminosäuren enthält.

- Die genetisch bedingte obere Grenze des Vermögens der Muskelfleischbildung kann durch übermäßig hohe Eiweißgaben nicht überschritten werden.

- Ist der Bedarf für die Erhaltung des Organismus und der Fleischbildung gedeckt, wird das zusätzlich aufgenommene Futter für den Fettansatz verwertet.

In Abbildung 2.2-1 wird die Bedeutung des ersten Grundsatzes bezüglich der Zuführung essentieller Aminosäuren nachhaltig verdeutlicht. Es handelt sich um Wurfgeschwister mit einem Lebensalter von 94 Tagen. Das eine Schwein (untere Darstellung) erhielt nur Gerste als Proteinträger und das andere Tier (obere Darstellung) zusätzlich Magermilch. Ihre Lebendmasse betrug nach 94 Versuchstagen 93 kg bzw. 32 kg. Die Tiere wurden nach unterschiedlicher Lebenszeit mit einer Masse von 95 kg geschlachtet. Das mit ausschließlich Gerstefütterung gehaltene Tier wies eine starke Verfettung auf, der Fettanteil betrug 43,4 % und der Fleischanteil 45,6 %. Die Gewebeanteile bei dem Tier mit der Magermilch-Gerste-Variante ergaben 29,3 % Fett und 60 % Fleisch (Angaben beziehen sich jeweils auf die Ausbeute).

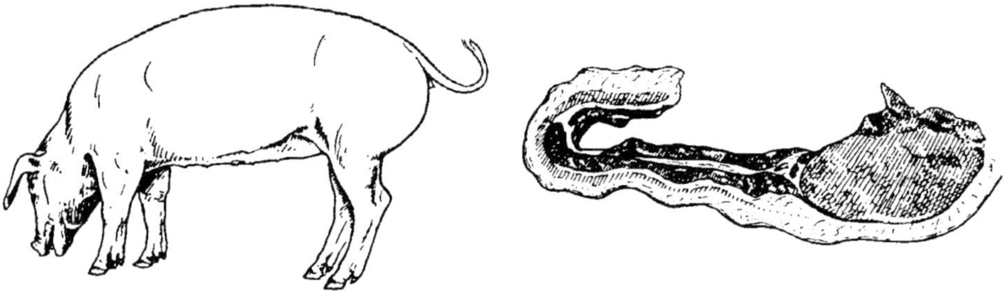

Gerste – Magermilch – Ration

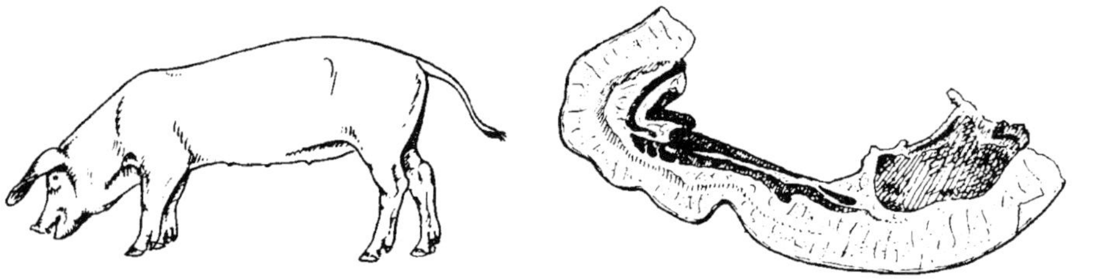

Ausschließlich Gerste

Abb. 2.2-1 Einfluß einer unterschiedlichen Aminosäurenversorgung auf Wachstum und Körperzusammensetzung von zwei Wurfgeschwistern (nach [1])

Die Kohlenhydrate dienen dem Organismus als Bau- und Betriebsstoffe. Die aus dem Magendarmtraktus resorbierten Monosaccharide können in verschiedene Reaktionen einmünden, von denen die wichtigsten sind: Umwandlung in Glycogen durch die Leber und Speicherung in diesem Organ sowie in der Muskulatur und Umwandlung in Fett. Letztere Reaktion spielt eine Rolle bei der Mast der Schlachttiere.

Fette und fette Öle werden zum großen Teil hydrolytisch in Glyceride und Fettsäuren gespalten. Triglyceride können aber auch ohne Spaltung in einem gewissen Umfang aus dem Magendarmkanal aufgenommen werden. In der Leber, dem wichtigsten Stoffwechselorgan des Körpers, wird bei den verschiedenen Tierarten jeweils ein Fett mit ganz charakteristischen Eigenschaften (Schweinespeck, Talg, Gänsefett usw.) gebildet.

Futtermittel können Mängel der Fleisch- und Fettbeschaffenheit hervorrufen. Bei Wiederkäuern wird die Zusammensetzung des Körperfettes insbesondere durch Milch oder Milchaustauschstoffe während der Aufzuchtperiode geprägt. Das Fett ist meist hell und von weicher Konsistenz. Dies ist auch ein Grund für die Bevorzugung von Lammfleisch, dessen Fett noch nicht talgig schmeckt. Mit zunehmender Pansenfunktion werden dann Körperfette unabhängig von den verabreichten Futtermitteln gebildet. Eine reine Weidefütterung führt zur Gelbfärbung des Fettgewebes von Rindern, die durch das Carotin und die Carotinoide der frischen Futterpflanzen bedingt ist. Ein dunkelgelbes Depotfett beobachtet man nach der Verfütterung großer Mengen von Flachssamen.

Monogastrische Tiere reagieren stärker auf Futterfett hinsichtlich der Zusammensetzung und Konsistenz des körpereigenen Fettes. Bei Schweinen können mehrere Futtermittel die Beschaffenheit des Fleisches beeinflussen. Durch fischhaltige Futtermittel können artfremde Geruchs- und Geschmacksabweichungen des Fettes auftreten. Diese werden wahrscheinlich durch Trimethylamine verursacht. Ein Indikator für die Verfütterung von Fischen oder aus Fisch hergestellten Produkten ist der Nachweis von C22:6 Fettsäuren, z.B. im Rückenfett. Die Speckfarbe kann verändert sein. Zur Vermeidung fischiger Aromastoffe im Fettgewebe ist die Verfütterung von Fischabfällen, Fischmehl und dergleichen mehrere Wochen (etwa zehn Wochen) vor der Schlachtung einzustellen. Die ausschließliche Verwendung von Speiseresten gibt ein weiches, mitunter auch geruchlich und geschmacklich unbefriedigendes Fett. Das betrifft nicht nur den Rückenspeck, sondern auch das eingelagerte Fett. Maisfütterung bewirkt ein weiches, gelb gefärbtes Fett. Braungefärbtes Schweinefett findet man bei Vitamin-E-Mangel vor. Da sich die mehrfach ungesättigten Fettsäuren auf die Konsistenz des Specks auswirken, sind Futtermittel mit einem verhältnismäßig hohen Anteil solcher Fettsäuren als unbefriedigend zu betrachten. Deshalb sind z.B. Ölsaaten, wenn das Fett nicht extrahiert worden ist, als Futtermittel schlecht geeignet. Die Verwendung von größeren Fettanteilen mittelkettiger Fettsäuren ergibt eine gute Festigkeit des Fettgewebes (Speck). Derartiges Fett scheint jedoch bei Verwendung zu streichfähiger Rohwurst und bei geräucherten Schweinebäuchen nach mehrwöchiger Lagerung zu Ranzigkeit zu neigen. Teils aus Erfahrung, teils aus Ergebnissen experimenteller Untersuchungen wird zwischen ungünstig und günstig wirkenden Futtermitteln unterschieden. Eine Aufstellung über die Wirkung der Futtermittel auf das Körperfett gibt Tabelle 2.2-2.

Tab. 2.2-2 Wirkung der Futtermittel auf das Körperfett [3]

Ungünstig	Günstig
Fettreiches Fischmehl	Tierkörpermehl
Lebertran	Kokoskuchen
Leinkuchen	Palmkernkuchen
Erdnußkuchen	Sojaextraktionsschrot
Sonnenblumenkuchen	Baumwollextraktionsschrot
Speiseabfälle	Erbsen
Mais	Bohnen
Buchweizen	Gerste
Hirse	Weizen
Hafer	Roggen
Reisfuttermehl	Kartoffeln
Mühlennachprodukte	Rüben
Schlempe	Buttermilch
	Magermilch

Ergotropica
In der Tierfütterung werden chemische und mikrobiologische Produkte eingesetzt, u.a. Mineralstoffe, Spurenelemente, Hefeeiweiß, synthetische Aminosäuren und, wie erwähnt, Harnstoff und Ergotropica (Wirkstoffe). Zu den letzteren gehören Substanzen, die nicht lebensnotwendig sind, jedoch die Leistung der Tiere erhöhen und stabilisieren, die Futterqualität erhalten oder die Qualität der Tierprodukte verbessern. In Betracht kommen Vitamine, Antibiotica, Sulfonamide, Pansenpuffer, Pansenfermoregulatoren, Thyreostatica, Brunftsynchronisatoren, Anabolica, Coccidiostatica und Antioxidantien.

Wirkstoffe sind vorwiegend wachstumsfördernde Verbindungen. Sie sind ferner wirksam im Sinne der Verbesserung der Gesundheit und Futterverwertung.

Antibiotica haben bei der Verabreichung bestimmter Dosen (10 – 40 ppm Wirkstoff/kg Futter) wachstumsfördernde Wirkung insbesondere bei Kälbern, Ferkeln und Küken. Der Effekt, auch nutritiver Effekt genannt, ist ökonomisch begründbar, wenn man eine Beschleunigung des Wachstums von etwa 5 – 20 % bei gleichzeitiger Verbesserung der Futterverwertung in Rechnung stellt. Der Effekt der Antibiotica scheint auf der Ausschaltung subklinischer Infektionen (z.B. Durchfälle) zu beruhen und führt zu erhöhter Widerstandskraft der Tiere.

Sulfonamide werden u.a. in der Schweine- und Hähnchenmast eingesetzt. Man hat Zuwachsverbesserungen zwischen 5 – 15 % beobachtet.

Stoffe mit antibakterieller und wachstumsfördernder Wirkung sind die synthetischen Wachstumsförderer Quinoxalin-di-N-Oxyden (Olaquindox und Carbadox) und Nitrofuranverbindungen (Nitrovin). Die zuerst genannten Stoffe werden bei Ferkeln bis zu einem Alter von 4 Monaten und Nitrovin für Kälber und Geflügel verwendet.

Thyreostatica hemmen die Synthese von Hormonen der Schilddrüse und setzen damit den Grundumsatz herab. Im Gegensatz zu den anabol wirksamen Steroiden ist hierbei die Massezunahme auf die Einlagerung von Wasser in die Muskulatur zurückzuführen. Ihre Anwendung ist für Mastzwecke nicht erlaubt. (s. auch Richtlinien des EG-Rates XVII - 8, 8.1 und 8.1.1 vom 16.7.1981 und 7.3.1988).

Bei den **Anabolica** handelt es sich um Stoffe mit hormoneller Wirkung, die bei Tieren und beim Menschen besonders im Jugendstadium durch vermehrten Aufbau von körpereigenem Eiweiß zu Zunahmen der Muskelmasse führen. Es ist zu unterscheiden zwischen natürlichen Sexualhormonen wie Androgenen (männliche S.) und Östrogenen sowie Gestagenen (weibliche S.), halbsynthetischen (Mestranol) und synthetisch hergestellten Verbindungen mit Sexualhormoncharakter, besonders Stilbenderivate, wie z.B. Diethylstilbestrol.
Bei den synthetischen Präparaten handelt es sich um Verbindungen, die nur zum Teil den körpereigenen Stoffen entsprechen. Diethylstilbestrol war vor einiger Zeit der Anlaß für den "Hormon-Skandal" nach illegalem Einsatz in der Kälbermast in Deutschland. Natürliche Sexualhormone kommen im Organismus in relativ großer Menge vor. Sie werden auch im Falle einer therapeutischen Applikation schnell wieder abgebaut. Ein Gesundheitsrisiko ist beim wiederholten Verzehr von Östrogenimplantaten zu befürchten. Es wurde verschiedentlich darüber berichtet, daß nach dem Genuß von Hähnchenhälsen, die solche Implantate enthielten, bei Jugendli-

chen und Männern Zeichen der Verweiblichung auftraten. Die Injektion und Implantation von Hormonen für Mastzwecke ist deswegen in den meisten Ländern untersagt. Besonders kritikwürdig ist die Verwendung von synthetischen Sexualhormonen, da sie längere Zeit im Organismus verbleiben und cancerogen wirken können. Ihre Verwendung ist gemäß den genannten Richtlinien in den EG-Ländern und EFTA-Ländern streng untersagt. In den USA wurde Diethylstilbestrol zur hormonellen Kastration von Schlachtgeflügel eingesetzt und zeitweilig auch bei der Mast von Kälbern und Schafen benutzt (1954-1973). Dort sind für die Rindermast auf dem heimischen Markt die natürlichen Sexualhormone Estradiol-17ß, Testosterone und Progesterone sowie Zeranol und Trenbolonacetat zugelassen. Über die Wirkung von Sexualhormonen beim Rind werden entsprechend der Darstellung von PATTERSON und SALTER [4] folgende Ergebnisse erzielt: Junge Ochsen reagieren auf männliche und weibliche Sexualhormone (oftmals in Kombination) durch Erhöhung der Fleischmenge und Reduzierung der Fettmenge. Die Veränderungen in der chemischen Zusammensetzung der Muskulatur zeigen sich in der Prozentualen Abnahme von Lipiden, während die Anteile Protein und Wasser erhöht sind. Hinsichtlich des Kollagengehalts des Fleisches werden unterschiedliche, nicht übereinstimmende Resultate ausgewiesen. Manche Autoren fanden geringgradige negative Veränderungen der Textur, Farbe und Saftigkeit des Fleisches bei Verabfolgung von Diethylstilbestrol oder Progesteron + Estradiol 13ß-benzoat. Bei Bullen werden durch weibliche Sexualhormone keine oder nur geringe Wirkungen hinsichtlich der Muskel- und Fettbildung sowie der Verzehrqualität erzielt. In der Tendenz kommt es zu erhöhter Fettablagerung. Färsen und Kühe reagieren auf männliche Sexualhormone durch erhöhte Fleischbildung, gewöhnlich jedoch ohne Veränderung der Fettablagerung. Weibliche Kälber zeigen in der Tendenz geringe Zunahmen an Magerfleisch und Kollagen sowie Fettreduzierungen bei kombinierter Gabe von Trenbolon (synthetisches Estradiol-17ß und Estradiol-17ß).

Eine besondere Rolle spielt in der Fütterung von Hähnchen, Junghennen und Puten die Verwendung von **Coccidiostatica**. Sie dienen der Vorbeugung gegen das Auftreten der wirtschaftlich bedeutungsvollen Coccidiose. Coccidiostatica werden auch bei Kaninchen als Vorbeugungs- und Heilmittel eingesetzt.

Eine Besonderheit stellt die Zugabe von **Antioxidantien** zum Mischfutter bei Geflügel dar. Sie sollen Veränderungen an Fett, insbesondere die Bildung von Peroxiden und weiteren Folgeprodukten, verhindern, die beim Mastgeflügel Enzephalomalazie (Gehirnerweichung) und Muskeldystrophie (Muskelschwund) verursachen können.

Wachstum und Entwicklung

Das Wachstum ist eine quantitative Veränderung des Organismus und beruht auf Zellvermehrung, -vergrößerung und Bildung von Substanz zwischen den Zellen (Interzellularsubstanz). Der Organismus unterliegt im Verlauf des Wachstums einem bestimmten Rhythmus, der durch endogene Faktoren (Vererbung) und exogene Faktoren (Umwelteinflüsse) bedingt ist. In der intrauterinen Phase bilden sich zunächst Gehirn, Nerven, Stützgewebe und innere Organe am stärksten aus. Nach der Geburt haben das Knochengewebe, das Muskel- und später das Fettgewebe die höchste Wachstumsintensität. Einige Gewebe, z.B. das Epithelgewebe und die Blutzellen, erneuern sich auch nach dem Abschluß des Wachstums ständig, während dies bei anderen Zellen, z.B. Ganglien- und Muskelzellen, praktisch nicht zu beobachten ist. In den meisten Muskeln ist die Anzahl der Muskelzellen bereits zum Zeitpunkt der Geburt fixiert. Danach kann es während des ganzen Lebens nur noch zur Vergrößerung der Zellen bzw. Muskelfasern kommen. Die Fleischbildung ist damit durch die erblich bedingte charakteristische Zahl und Größe begrenzt. Die Muskelentwicklung bzw. Fleischbildung geschieht demzufolge über die Vergrößerung des Faserdurchmessers und die Verlängerung der Sarkomeren (Kap. 3.3.1). Letztere werden "angebaut". Es kommt im wesentlichen zur Zunahme der Anzahl der Myofibrillen und der Inhaltsstoffe des Sarkoplasmas. Etwa 80 % der gesamten Muskelmasse besteht aus Muskelzellen [5]. Bei Entkräftung tritt eine Veränderung des Faserdurchmessers ein, in dem Sinne, daß die Zahl der Fasern mit kleineren Durchmessern zunimmt auf Kosten der Fasern mit größerem Durchmesser.

Eine größere über das normale Maß hinausgehende Anzahl von Muskelfasern findet man bei Doppellendern (z.B. Charolais-Bullenkälbern). Es handelt sich um eine genetisch bedingte Hypertrophie bestimmter Muskeln. Bei extrem bemuskelten Doppellendern kann der Fleischanteil bis zu 50 % der Körpermasse betragen. Die Auffassung darüber, ob auch die Anzahl der Fettzellen schon bei der Geburt genetisch fixiert ist wie bei den Muskelzellen, läßt sich zur Zeit nicht endgültig beantworten. Es hat den Anschein, daß sich die Zahl der Fettzellen im Laufe der Entwicklung des Organismus nur scheinbar erhöht. Bei der Zunahme der Depotfette handelt es sich wahrscheinlich um ein Auffüllen bereits vorhandener "leerer" Fettzellen. Dabei unterliegt die Fettzellengröße starken Schwankungen.
Das postnatale Wachstum bzw. das Wachstum nach dem Schlupf der Küken läßt sich in drei Perioden einteilen:

- Jugendstadium
- Reifezustand
- Altern bis Tod.

Das Jugendstadium, das von der Geburt bis zum Beginn der Geschlechtsreife reicht, ist gekennzeichnet durch das Höhen- und Längenwachstum, das Organ- und Muskelwachstum sowie die Verknöcherung des Skeletts. Zum Beispiel haben weibliche Jungrinder mit 12 Monaten bereits 85 % der Körpergröße (Widerristhöhe) und etwa 50 % der adulten Körpermasse erreicht. Die höchste Intensität für die Fleischbildung ist im Jugendstadium gegeben.
In der zweiten Periode, die das Stadium der Geschlechtsreife umfaßt, wird die maximale Größe des Tieres erreicht. Das Wachstum ist auf die Entwicklung von Breite und Tiefe beschränkt. Die Ausbildung der Muskulatur verlangsamt sich bereits und strebt einer Endgröße zu. Es kommt zur Ausbildung von artspezifischen Fettablagerungen im Organismus.
Das dritte Stadium, das man streng genommen nicht mehr als eine Phase des Wachstums bezeichnen kann, ist durch weitere Fettablagerungen, die als Reservestoffe über das Maß zur Aufrechterhaltung der normalen Abläufe im Organismus entstehen, gekennzeichnet. Dieses Stadium wird bei Jungtieren (Broiler, Kälber usw.) nicht erreicht; Schweine werden überwiegend bereits vor dem Stadium des Alterns geschlachtet. Im späteren Verlauf werden schließlich Abbauerscheinungen und verschiedenartige Funktionsstörungen, insbesondere an Organen, beobachtet. Beim ausgewachsenen Tier wird neben einer relativ geringen Fleischzunahme (Vergrößerung der Muskelzellen) im wesentlichen Fett gebildet.

Für die Fleischerzeugung ist die Ausschöpfung der Erbanlagen über die Einflußnahme auf die Umweltfaktoren außerordentlich bedeutungsvoll. Hierbei steht die zielgerichtete Nährstoffzufuhr im Vordergrund. Durch eine optimale Fütterung, u.a. durch Zufuhr ausreichender Mengen an essentiellen Aminosäuren, kann wie schon erwähnt die Wachstumsintensität eines Tieres voll ausgeschöpft werden. Die Kapazität der Muskelbildung und damit die Eiweißsynthese ist genetisch viel straffer begrenzt als das Vermögen zur Fettsynthese. Die Fütterung oberhalb eines Optimums kann bereits im Jugenstadium bzw. im Stadium der Reife zu nicht erwünschter Ausbildung von Fettablagerungen führen.

Es ist erwiesen, daß durch unterschiedliche Fütterungsintensität das Wachstum des Organismus insgesamt sowie auch das bestimmter Körperregionen, verschiedener Gewebearten und der Organe beeinflußt wird. Aus diesem Grunde unterscheiden sich Tiere je nach Fütterungsintensität im Körperbau auch dann, wenn sie der gleichen Rasse angehören. Bei gleicher Fütterungsintensität spielt die auftretende Streuung durch die Vererbung eine Rolle. Diese ist bei Hybriden (F_1) geringeren Schwankungen unterworfen und drückt sich in größerer Ausgeglichenheit der Tierpartien aus.

2.3 Entwicklung der Lebendmasse und Veränderungen der Körperzusammensetzung

Im Verlauf des Wachstums unterliegt der Tierkörper vielfältigen Veränderungen. Die beziehen sich auf die chemische Zusammensetzung, die Gewebeanteile, die Fleischteilstücke (Gewebe- und Teilstückzusammensetzung), die Schlachtausbeute und die Beschaffenheit des Fleisches und Fettes.

Bezüglich der chemischen Zusammensetzung kommt es zu charakteristischen Verschiebungen der Ansatzverhältnisse von Wasser, Eiweiß und Fett. Mit zunehmendem Alter bzw. mit der Erhöhung der Körpermasse ist eine Abnahme des Wassers und damit ein Anstieg der Trockenmasse festzustellen. Während die Fettmenge zunimmt, verändert sich der prozentuale Proteinanteil nur geringfügig. Diese Verhältnisse sind im Verlauf des Wachstums für alle Tiere typisch. Als Beispiel hierfür soll die chemische Zusammensetzung von Schweinekörpern im Verlauf des Wachstums dienen. Es ist zu beachten, daß die Darstellung in Abbildung 2.3-1 die chemische Zusammensetzung des gesamten Schweinekörpers wiedergibt, also nicht nur die einzelner Gewebe. Der verzehrbare Teil an Eiweiß und Fett des Tierkörpers ist geringer. In Abbildung 2.3-1 werden die Ergebnisse der Zuchtleistung sichtbar. Die Darstellung nach WENIGER aus dem Jahre 1956 repräsentiert den Stand vor der Herauszüchtung des Fleischschweines. In dem Bild wurden die Werte von mehreren Autoren verschiedener europäischer Länder nach Umzüchtung auf das Fleischschwein eingefügt. Es zeigt sich, daß die Eiweißsynthese mit 14 bis 16 % relativ konstant ist, d.h. sie ist genetisch eng begrenzt. Gegenüber früheren Jahren ist eine relative Zunahme der Eiweißsynthese von 1 – 2 % eingetreten. Dies erscheint gering, ist aber auf die gesamte Schweineproduktion bezogen ein ins Auge springender Fortschritt.

Bei Schweinen mit höheren Lebendmassen, etwa ab 120 kg, weist der Fettanteil wieder ähnliche Werte auf wie bei Tieren der älteren Zuchtrichtung (s. Kurvenverlauf Abb. 2.3-1). Bezüglich des Fleisch- und Fettansatzes liegen bei allen Schlachttieren durch das Geschlecht bedingte Unterschiede vor. Sie sind beim Schwein weniger ausgeprägt als beim Rind. Bei allen männli-

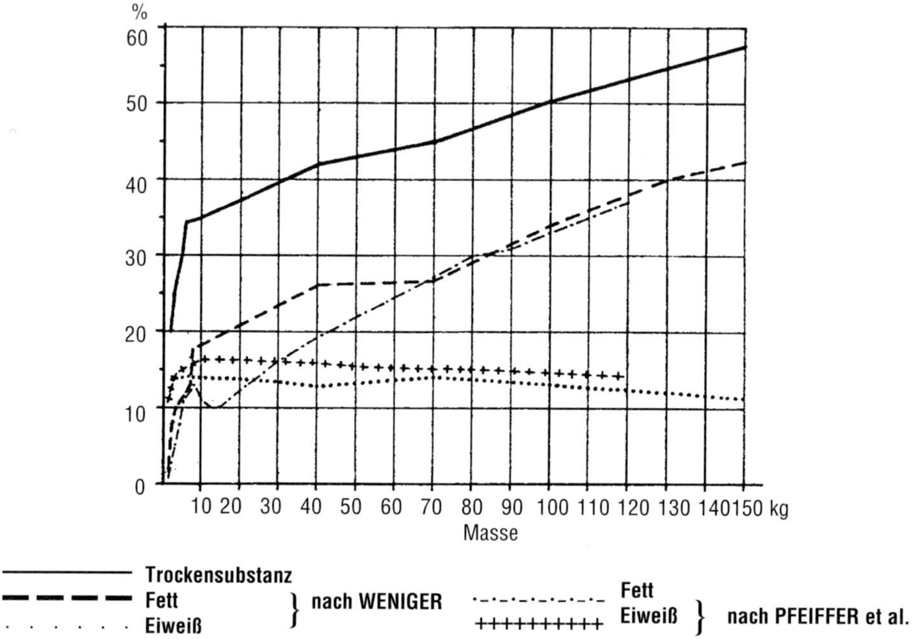

Abb. 2.3-1 Chemische Zusammensetzung ganzer Schlachtkörper in Abhängigkeit von Lebendmasse und Alter beim Mastschwein (nach WENIGER 1956, verändert nach Angaben von PFEIFFER et al. [5]).

chen Tieren (z.B. Eber, Bullen, Puter und Broiler) sind infolge der Wirkung von Geschlechtshormonen die Wachstumsintensität und -kapazität größer als bei weiblichen Individuen. Eber weisen gegenüber Börgen und weiblichen Mastschweinen eine um 10 – 20 % höhere Fleischbildung sowie einen um etwa 15 % geringeren Fettansatz bei gleichzeitiger Futtereinsparung von 7 – 20 % je 1 kg Zuwachs auf [5]. Aus den genannten Gründen wird von verschiedenen Autoren die Schnellmast von Ebern befürwortet.
Die Wachstumsentwicklung bei männlichem und weiblichem Junggeflügel zeigt Tabelle 2.3-1. Während der ersten Wochen übertrifft die Tageszunahme stets den Wert des Vortages.

Tab. 2.3-1 Absolutes und relatives Wachstum von Broilern [7]

Alter (Wochen)	Lebendmasse (g)		W_a (g)		W_r (%)	
	männl.	weibl.	männl.	weibl.	männl.	weibl.
0	40	40	-	-	-	-
2	260	240	15,7	14,3	550	500
4	680	610	30,0	26,4	162	154
6	1210	1060	37,9	32,1	78	74
8	1800	1550	42,1	35,0	49	48
10	2350	1940	39,3	27,9	31	25

W_a = absolutes Wachstum je Tag
W_r = relatives Wachstum

Schließlich wird dann der Punkt erreicht, an dem die Tageszunahme unter der des Vortages zurückbleibt, bis die Wachstumskurve mehr und mehr abflacht, insbesondere im Stadium der Geschlechtsreife.

Aufgrund der physiologischen Bedingungen wird die Mast der Tiere überwiegend in Form der Schnellmast durchgeführt. Dadurch verkürzen sich das Lebensalter und damit auch der Futteraufwand, insbesondere der Anteil des sogenannten Erhaltungsbedarfs.
Bei Säugetieren und auch beim Geflügel steigt mit zunehmender Körpermasse die Ausbeute, aber auch der Fettanteil. Es kommt aus ökonomischen Gründen und entsprechend den Qualitätsforderungen des Verbrauchers darauf an, den günstigsten Zeitpunkt der Schlachtung auszuwählen. Bei Schweinen ist die Wirtschaftlichkeit der Mast unterschiedlich einzuschätzen, woraus der Zeitpunkt der Schlachtung abgeleitet wird. Hierbei spielt natürlich auch der Verwendungszweck eine Rolle. Die Lebendendmasse liegt gewöhnlich zwischen etwa 90 kg (Baconschweine) und 110 kg.
Mit zunehmender Körpermasse erhöht sich nicht nur die Ausbeute, sondern es tritt auch eine Verschiebung im Verhältnis Körpermasse zur Masse der inneren Organe ein, d.h. die Masse letzterer nimmt relativ ab. Aufgrund der unterschiedlichen Wachstumsintensität in verschiedenen Lebensabschnitten ist ein unterschiedlicher Wachstumsverlauf festzustellen. Während er bei Lunge, Herz, Magen, Milz und Niere zunächst fast linear erfolgt, zeigen der Dick- und Dünndarm sowie die Leber mit zunehmender Lebendmasse frühzeitig einen relativ sinkenden Masseverlauf. Die Hauptentwicklungsphase des Magen-Darm-Traktes liegt beim Schwein in den ersten zwei bis drei Lebenswochen. Die Magengröße verdoppelt sich zwischen Geburt und 11. Lebenstag, ebenso die Dünndarmlänge. Der Knochenanteil an der Masse des Schlachtkörpers hängt von Alter und Ernährungszustand ab und schwankt z.B. beim Rind etwa zwischen 14 und 34 %.

Der Bindegewebeanteil ist in den verschiedenen Teilstücken unterschiedlich. Bei jungen Tieren ist er in der Regel höher als bei älteren. Das Fleisch weiblicher Tiere ist bindegewebereicher als das von männlichen Individuen. Für die Güte des Fleisches ist jedoch nicht die Menge an Bindegewebe, sondern dessen Qualität entscheidend. Hierbei spielt das Alter des Tieres eine wichtige Rolle. Im Laufe des Wachstums wird das Fett in einer gewissen Reihenfolge abgelagert: Innenfett (Organfett), intermuskuläres, subkutanes und intramuskuläres Fett. Letzteres bewirkt die Marmorierung und beeinflußt die Konsistenz, Saftigkeit und das Aroma positiv. Aufgrund der unbedeutenden Ablagerung von intramuskulärem Fett bei Geflügel und beim Kalb ist keine bzw. nur eine spärliche Marmorierung des Fleisches zu beobachten. Das Muskelfleisch ist deshalb weniger saftig und oftmals in der Konsistenz relativ fest. Die anteilmäßige Verteilung des Fettgewebes auf der Oberfläche und das intramuskuläre Fett differieren bei Rindern, Schafen und Schweinen. Das aufgelagerte Fett ist anteilmäßig stärker bei Schweinen als bei Schafen und stärker bei Schafen als bei Rindern ausgebildet. Schweine haben bekanntlich eine raschere Generationsfolge als Schafe, und die Schafe haben eine schnellere als Rinder, so daß zu erwarten ist, daß die Domestikationseinflüsse am markantesten bei Schweinen und am wenigsten ausgeprägt bei Rindern feststellbar sind.

Mit steigendem Anteil an Fettgewebe im Organismus steigt auch der Anteil intramuskulären Fettes. Dieser Zusammenhang ist, wie aus Fütterungsversuchen bei Rindern und Schafen hervorgeht, allgemein gültig.

Alle Teilstücke des Tierkörpers zeigen eine ständige Zunahme der absoluten Masse, wobei der Anteil fleischreicher Teilstücke eine abnehmende und der Anteil fettreicher Teilstücke eine zunehmende Tendenz aufweisen. Mit steigender Endmasse ändert sich der relative Anteil an wertvollen Teilstücken zugunsten der mittelwertigen und geringerwertigen Teilstücke, wie bei Rind, Schwein, Schaf und Geflügel nachgewiesen wurde.
Die Ergebnisse an Schweineschlachtkörpern zeigen, daß mit steigendem Anteil der Fleischteilstücke der Fleisch-, Knochen- und Schwartenanteil zunehmen, während sich der Fett- und Sehnenanteil verringern.

2.4 Sensorische Qualitätsmerkmale von Fleisch und Fett

Die sensorische Qualität des Fleisches wird durch die Eigenschaften Farbe und Aussehen, Textur (Zartheit, Zähigkeit), Saftigkeit, Geruch sowie Geschmack bestimmt.

Die Spezifika der Fettbeschaffenheit der verschiedenen Tierarten sind in Tabelle 2.4-1 dargestellt. Neben der Farbe und Konsistenz werden auch der Schmelz- und Erstarrungsbereich sowie die Refraktion und Jodzahl ausgewiesen. Bezüglich des Fettgewebes soll hier lediglich vermerkt werden, daß Geruch und Geschmack des Fleisches primär vom Fettgehalt (Fettsäuren) der Probe abhängen. Zwischen Fett- und Wassergehalt wird eine kumulative Wechselwirkung angenommen.

Tab. 2.4-1 Tierartliche Unterscheidung der Fettbeschaffenheit [9]

Tierart	Farbe	Konsistenz	Schmelz-bereich °C	Erstarrungs-bereich °C	Refraktion n_D^{40}	Jodzahl
Rind	weiß bis gelblich oder gelb	fest, spröde	41 – 52	28 – 39	1,451 – 1,460	32 – 47
Schwein	weiß	weich	27 – 40	22 – 31	1,457 – 1,461	46 – 66
Schaf	weiß	fest, spröde	46 – 55	30 – 45	1,450 – 1,458	31 – 47
Geflügel	gelb	weich bis ölig	25 – 40	17 – 27	1,451 – 1,462	58 – 80
Pferd	gelb	ölig	33 – 37	18 – 29	1,460 – 1,465	71 – 87

Die nachstehenden Merkmale sind allgemein gültig. Spezielle Eigenschaften, die sich aus der Rasse, der Art der Mast, dem Grad der Marmorierung, der Handelsklasse, der Reifung usw. ergeben, werden nicht berücksichtigt.

Das **Kalbfleisch** hat sehr feine Muskelfasern. Diese sind zwei- bis dreimal dünner als beim ausgewachsenen Rind. Das Fleisch der ganz jungen, d.h. der im Alter von zwei bis vier Wochen geschlachteten Tiere ist blaßrot bis graurötlich, feucht, von mäßig fester bis schlaffer Konsistenz und klebriger Beschaffenheit. Die Muskulatur, besonders der Hinterschenkel, ist noch schwach ausgeprägt. Das Bindegewebe erscheint locker, feucht und weich. Das Fettgewebe ist in der Regel nur schwach entwickelt.

Das Fleisch älterer Mastkälber behält seiner hellrote bis weiße Farbe nur bei Milchernährung bzw. Fütterung mit Milchaustauschern, anderenfalls ist es graurötlich und derber. Selbst bei guter Mast findet sich das Fett nicht zwischen den Muskeln, sondern im wesentlichen in der Nierengegend.

Die sogenannten Doppellender oder Störkälber haben eine besonders stark entwickelte Keulen-, Lenden- und Schultermuskulatur. Der Geruch des Kalbfleisches weicht wesentlich von dem des Rindfleisches ab und ist säuerlich-aromatisch.

Weibliche Jungrinder haben feinfaseriges, helles, blaßrotes Fleisch von relativ derber Konsistenz und geringerem Saftgehalt. Das reichlich vorhandene Bindegewebe ist je nach Ausmästungsgrad mehr oder weniger mit Fett durchwachsen. Bei gleichem Alter weisen Färsen eine stärkere Verfettung als Jungbullen auf. Entsprechend ist auch die intramuskuläre Fetteinlagerung stärker als bei Jungbullen.
Das Fleisch von **Jungbullen** ähnelt dem der Jungrinder. Es ist aber fettärmer und schneidet in der Bewertung der Marmorierung gegenüber Färsen ungünstiger ab.

Ausgewachsene Bullen sind an dem stark grobfaserigen, dunkelroten, oft dunkelkupferroten, derben, trockenen und fettarmen Muskelfleisch zu erkennen. An größeren Stücken und an den Stellen, an denen sich Faszien auf dem Muskel befinden, zeigt das Muskelfleisch einen schwach bläulichen Schimmer. Beim Eintrocknen nimmt die Oberfläche einen dunklen Farbton an.

Ochsen (Mastochsen) liefern ein mäßig grobfaseriges, lebhaft rotbraunes, anfangs helleres, bei Aufbewahrung dunkelziegelrot werdendes, ziemlich derbes, glänzendes Fleisch. Es ist mehr oder weniger stark mit Fett durchwachsen, so daß es auf dem Querschnitt marmoriert erscheint. Im Vergleich zu Jungbullen gleichen Alters liegt der Fettanteil im Schlachtkörper um 2 – 4 % höher.

Das Fleisch von **Kühen** ist, wenn sie nur etwa ein- bis zweimal gekalbt haben und gemästet zum Schlachten kommen, dem Mastochsenfleisch ähnlich. Ältere, abgemolkene Kühe weisen dagegen ein helleres, nur wenig von Fett durchwachsenes Fleisch auf.

Die Bewertung der sensorischen Qualität von Rind- und Kalbfleisch hängt vornehmlich von der Verzehrgewohnheit ab.
Das optimale Alter der Schlachtkälber liegt bei 4 bis 6 Wochen. Zum besten Fleisch zählt das der Bullen von 1 1/2 bis 2 Jahren sowie das von Kühen unter 6 Jahren. Fleisch älterer Kühe ist zäh und trocken und erreicht in der Regel auch durch die Hitzebehandlung keinen annehmbaren sensorischen Qualitätszustand.
Bestes Fleisch liefern auch 2 bis 6 Jahre alte Ochsen. Es zeichnet sich durch Zartheit, angenehmes Aroma und Saftigkeit aus. Die genannten Eigenschaften sind besonders bei Ochsen-, Färsen- und Kuhfleisch ausgeprägt, wenn eine entsprechende Marmorierung, d.h. Ablagerung von intramuskulärem Fett, vorliegt. Je nach Ausmästungsgrad und Rasse können z.B. im M. longissimus dorsi intramuskuläre Fettgehalte von 1 – 6 % ermittelt werden. Die Bewertungsnoten steigen mit zunehmendem Fettgehalt. Vor allem bei Rindfleisch wird der Genußwert wesentlich durch eine ausreichende Reifung und das Garverfahren beeinflußt.

Als Qualitätsmangel kann Dark Cutting Beef (das dem DFD entspricht, s. Kap. 5), d.h. sehr dunkles Fleisch, auftreten. Das Fettgewebe des ausgewachsenen Rindes ist weißlich bis weißlichgelb. Bei Weiderindern findet man häufig eine gleichmäßige Gelbfärbung. Rinderfett erstarrt schnell nach der Schlachtung. Gelbes, weiches und lockeres Fettgewebe ist nach reichlicher Verfütterung von Schlempe, Ölkuchen, Erdnußkuchen und auch Baumwollsaat zu erwarten.

Bei **Schweinen** hängt die Beschaffenheit des Fleisches, insbesondere die Farbe, außer vom Alter und Mastzustand auch von der Körpergegend ab. Das Fleisch junger, gut gemästeter Tiere ist feinfaserig, blaßrot, rosarot oder weißlichgrau (blasse Muskeln). Es ist mit Fett durch- und umwachsen. Seine Konsistenz erweist sich als ziemlich weich. Ältere Tiere, sowohl die spät geschnittenen Eber als auch die Sauen, zeigen ein dunkelrotes, gröber gefasertes, festes Fleisch. Mit zunehmendem Alter wird es bei Sauen und Ebern zäher. Schweinefleisch kann Qualitätsmängel aufweisen. Besonders wertvolle Teile, wie Kotelett, Filet und Schinken, können im Vergleich zu normalem Fleisch blaß, weich (schwammig) und auf der Oberfläche feucht sein (PSE-Fleisch, s. Kap. 3). Solches Fleisch verliert beim Garen an Gewicht, ist trocken und zäh. Bei anderen Tieren können hingegen manche Fleischstücke eine relativ dunkelrote Farbe, feste Konsistenz und trockene Oberfläche aufweisen (DFD-Fleisch). Derartiges Fleisch ist nach dem Garen zäh und schmeckt fade, so daß der Genußwert ebenfalls beeinträchtigt wird.

Schweinefett hat einen artspezifischen Geruch und Geschmack. Das vom Schwein stammende Fettgewebe besteht aus dem Speck, und zwar dem Rücken-, Bauch- und Schinkenspeck, den Flomen oder Liesen sowie dem Micker- und Nierenfett.

Geschlechtsgeruch ist bei Ebern und Kryptorchiden zu beobachten. Die Schlüsselsubstanz des Ebergeruchs ist das 5-alpha-Androstenon (Eberpheromon), das im Zwischengewebe der Hoden gebildet und im Fettgewebe gespeichert wird. Der Androstenongehalt im Fettgewebe von Ebern ist mit $r = 0{,}78$ eng mit dem Verhältnis von gesättigten zu ungesättigten Fettsäuren korreliert. Wegen des Auftretens von Ebergeruch muß eine Begrenzung der Lebendmass bzw. des Alters der Tiere erfolgen. Neben der sensorischen Prüfung sind objektive Methoden wie Gaschromatographie und RIA (Radioimmunoassay) anwendbar. Die in Dänemark praktizierte Methode des Skatolnachweises im Rückenspeck wird u.a. von JUDGE et al. [10] sowie MORTENSEN und SORENSEN [11] als nicht spezifisch angesehen. Der Korrelationskoeffizient zwischen Androstenongehast und Geruchsintensität scheint auch nicht signifikant zu sein. Ob sich die objektive Nachweismethode, möglicherweise zur Unterstützung der subjektiver Prüfung, durchsetzen wird, bleibt abzuwarten. Androstenone lassen sich durch Hitzeeinwirkung, Salz oder Trocknen nicht zerstören, so daß die Verarbeitung derartigen Fleisches nur begrenzt möglich wäre.

Das Fleisch von Schafen zeichnet sich durch eine dichte, feine Faserung und eine mittelfeste Konsistenz der Muskulatur aus. Die Fleischfarbe jüngerer Tiere ist blaß- bis ziegelrot und die älterer dunkelrot bis dunkelbraunrot. Die Muskeln sind nicht mit Fett durchwachsen, wohl aber bei gemästeten Schafen mit reichlichen Fettmengen umgeben. Solche Tiere verfügen in der Unterhaut und an den Nierenkapseln über stark entwickeltes Fettgewebe. Geruch und Geschmack des Schaffleisches wird in erster Linie durch das Fett beeinflußt. Während Lämmer, zum günstigen Zeitpunkt geschlachtet, den Anforderungen voll genügen, schmeckt das Fleisch von älteren Schafen talgig. Das Fett der Schafe zeigt eine rein weiße Farbe. Mit zunehmendem Alter wird der Talg hart und spröde.

Bei **Ziegen** weist das Fleisch von Lämmern eine hellrote und das von älteren Tieren eine dunkelrote Farbe auf. Nur wenig Fett durchwächst die Muskulatur. Hingegen haben die Nierenkapseln einen starken Fettansatz. Man sagt, die Ziegen haben es in sich, sie werden "heimlich fett". Charakteristisch ist das Fehlen von Fett in der Unterhaut, selbst bei fetten Ziegen.

Geruch und Geschmack des Ziegenfleisches sind artspezifisch. Das Fleisch der Ziegenböcke weist in der Regel Geschlechtsgeruch auf.

Das Fett der Ziege ist weiß und ähnelt dem des Schafes. Das von Böcken riecht meist unangenehm.

Beim **Hühnergeflügel** wird besonders eine weiße bis gelbliche Hautfarbe geschätzt. Die Brustmuskeln sind regelmäßig hell, die Schenkelmuskeln dunkler. Alter und Mastzustand beeinflussen wesentlich die Zartheit des Fleisches. Während sich junge, gut gemästete Tiere durch ein zartes, saftiges, wohlschmeckendes Fleisch auszeichnen, wird das älterer Hühner zäher und trockener. Bevorzugt werden Jungmasthühner mit hohem Fleischanteil. Relativ trocken ist das Brustfleisch bei allen Altersklassen. Das Fett von Hühnern ist weiß bis gelblichweiß, die Konsistenz ziemlich weich. Aufgrund der für das Geflügel charakteristischen unbedeutenden Ablagerungen von Fett zwischen den Muskelbündeln weist das Fleisch keine Marmorierung auf. Aufgrund der Schnellmast mit energiereichen Futtermitteln kann man auch bei Broilern Fettablagerungen unter der Haut, an Herz, Magen und an den Därmen sowie im hinteren Bauchabschnitt finden.

Entenfleisch erweist sich als relativ fettreich. Es ist sehr schmackhaft und dunkler als Hühnerfleisch.

Gänse sind unter dem Geflügel am fettreichsten. Das Fleisch junger Tiere ist zart und schmackhaft; mit zunehmendem Alter wird es zäher. Es ist dunkler als das des Huhnes. Zuweilen erscheint das Fleisch rötlichbraun. Das Fett ist weiß und nur mäßig fest. Bei entsprechendem Futter kann die Farbe gelblichweiß sein.

Junge **Puten** zeichnen sich durch zartes, feinfaseriges und wohlschmeckendes Fleisch aus sieben Sorten, wie es im Volksmund heißt. Das Brustfleisch ist blendend weiß und ähnelt dem des Kalbes, das der Schenkel ist dunkelrot und gröber gefasert.

Kaninchenfleisch ist graurötlich bis gelbrötlich. Die hellere Farbe unterscheidet es von dem Hasen- bzw. Katzenfleisch. Das Fett hat eine grauweiße bis graugelbliche Farbe, die Konsistenz ist etwas fester als beim Hasen. Es ist körnig, blaßt beim Stehen ab und ist ohne besonderen Geruch.

Quellen und Literatur

[1] HOFFMANN, M.: Tierproduktion, Tierfütterung, Berlin: Deutscher Landwirtschaftsverlag 1990

[2] CLAUSEN, N. N.: ZIT. IN PFEIFFER, E.: Schweinezucht. Berlin: Deutscher Landwirtschaftsverlag 1978

[3] OTTO, E.: In: Schweine-Zucht, Haltung, Fütterung, 3. Aufl. Berlin: Deutscher Landwirtschaftsverlag 1971

[4] PATTERSON, R.L.S.: SALTER, L.J.: Anabolic Agents und Quality. Meat Science 14 (1985), 191-220

[5] PFEIFFER, H.: VON LENGERKEN, G.: GEBHARDT. G.: Wachstum und Schlachtkörperqualität Schweine. Berlin: Deutscher Landwirtschaftsverlag 1994

[6] BECHTEL. P.J.: Muscle as Food. Academic Press. Inc., Orlando, San Diego, New York 1986

[7] PINGEL. H.; JEROCH, H.: Biologische Grundlagen der industriellen Geflügelproduktion. Jena: Gustav Fischer Verlag 1980

[8] KALLWEIT, E.; KIELWEIN. G.; FRIES. R.; SCHOLTYSSEK, S.: Qualität tierischer Nahrungsmittel. Stuttgart: Eugen Ulmer Verlag 1988

[9] KRÜGER, G.: IN: FEHLHABER, K.; JANETSCHKE, P. (Hrsg.): Veterinärmedizinische Lebensmittelhygiene. Jena, Stuttgart: Gustav Fischer Verlag 1992

[10] JUDGE, M.D. et al.: Utilization ob boar meat: Compasition quality and odor incidence in relation. to androstenone and skatole. Journal of Animal Science 68 1990, S. 1030

[11] MORTENSEN, A.B.; SORENSEN, S.E.: Relationship between boar taint and skatole determined with a new analysis method. Proc. 30. Eur. Mtg. of Meat Res. Workers 1985, S. 394

3 Zusammensetzung von Tierkörperteilen

H. SIELAFF

3.1 Muskelzellen und -gewebe

Die tierische Zelle besteht aus Zellmembran, Zelleib (Cytoplasma) und Kern (Nucleus). Jede Zelle hat eine Vielzahl von Strukturen, z.B. die Myofibrillen, die die Kontraktion in den Muskelzellen bewirken. Die Zellgröße ist begrenzt, d.h. Zellen können nicht beliebig wachsen. Sie ist jedoch unabhängig von der Körpergröße. Zellen unterschneiden sich nicht bei großen und kleinen Organismen. Je nach Ernährungszustand können die Zellen, z.B. Muskel- und Fettzellen, unterschiedliche Größe aufweisen. Die Form ist im wesentlichen abhängig von der Funktion der Zelle. Manche haben Fortsätze, z.B. die Knochen- und Nervenzellen; letztere können mehr als einen Meter lang sein. Das Cytoplasma oder Grundplasma ist ein kolloidales System, in dem sich die Zellorganellen und der Zellkern befinden. Zu ersteren zählt man u.a. das endoplasmatische Reticulum, die Ribosomen, Mitochondrien, Lysosomen und Cytofilamente. Das endoplasmatische Reticulum – in Muskelzellen als sarkoplasmatisches Reticulum bezeichnet – besteht aus einem System von Membranen, die je nach Differenzierungsgrad und Funktion der Zelle in Form hohler Platten, als dreidimensionales Röhrchensystem oder auch in Bläschenform ausgebildet sein können.
Zu den Cytofilamenten gehören die Action- und Myosinfilamente. Erstere wurden in Epithel-, Bindegewebs-, Nerven- und insbesondere in Muskelzellen nachgewiesen [1]. Myosinfilamente finden sich vor allem in den Muskelfasern und - zellen. Der Zellkern wird von einer Kernhülle umgeben und enthält ein oder mehrere Kernkörperchen.
Die Zellmembran der Muskelzelle wird als Sarkolemm und das Cytoplasma als Sarkoplasma bezeichnet (griech. sarkos: Fleisch, das Fleischige; mys: Muskel).
Man unterscheidet drei Arten von Muskelgewebe, und zwar quergestreiftes Skelett- und Herzmuskelgewebe sowie glattes Muskelgewebe.

3.1.1 Skelettmuskelfasern und - gewebe

Das morphologische und funktionelle Grundelement der Skelettmuskulatur ist die Muskelfaser. Im Gegensatz hierzu sind dies bei glatter und Herzmuskulatur die Muskelzellen.
Die Muskelfaser kann eine Länge von 12 cm und einen Durchmesser von 10–100 µm erreichen. Sie stellt ein vielkerniges Plasmodium (Syncytium) dar. Die Anzahl der Zellkerne in den Muskelfasern wechselt mit der Muskelfaserlänge und Dicke und liegt bei einigen 100 bis zu einigen 1 000 je Muskelfaser (300 bis 500/1 cm Muskelfaser). Die Hauptmasse der spindelförmigen Muskelfaser wird von den Myofibrillen gebildet, die wiederum aus den Myofilamenten (Cytofilamenten) Actin und Myosin bestehen. Die Myofibrillen liegen parallel zueinander und bauen sich aus regelmäßig wechselnden hellen und dunklen Segmenten auf. Die dunklen Abschnitte erweisen sich als anisotrop und werden deshalb als A-Bande (identisch mit den Myosinfilamenten) bezeichnet. Man nennt die Segmente auch A- bzw. I-Streifen. Dadurch, daß die A- und I-Streifen in der Muskulatur jeweils auf gleicher Höhe liegen, kommt die charakteristische Quersteifung zustande (Abb. 3.1-1).

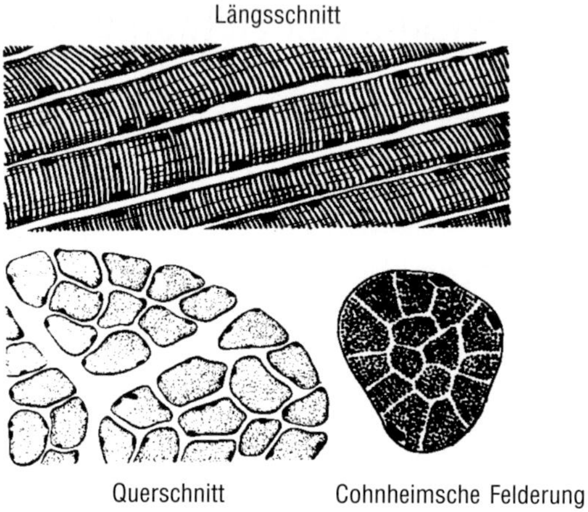

Abb. 3.1-1 Quergestreiftes Muskelgewebe

Die Myofibrillen sind längs der Faserrichtung wie Litzen eines Kabels angeordnete Fäserchen von 0,5-1,5 µm Durchmesser. Sie sind so lang wie Muskelfasern. Zwischen ihnen verbleibt ein Zwischenraum mit einem Durchmesser von etwa 0,5 µm. Die Myofibrillen werden vom sarkoplasmatischen Reticulum in Form von Röhrchen (Tubuli) umgeben. Es entsteht ein tubuläres Kanalsystem (T-System), das horizontal in die Muskelfasern eindringt und jede Myofibrille in der Höhe der Z-Linie (Z-Scheibe) gürtelartig umschließt.

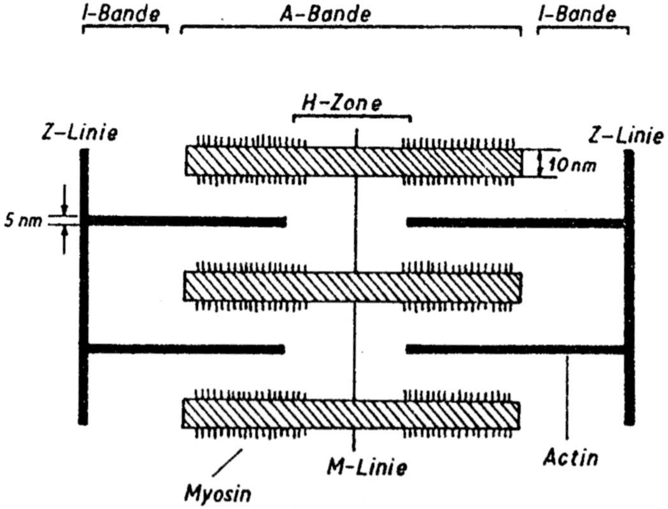

Abb. 3.1-2 Anordnung der Filamente im quergestreiften Muskel

Die kleinste Struktureinheit der Myofibrille ist das Sarkomer, dessen Durchmesser etwa 1,5 µm und dessen Länge im erschlafften Zustand 2-3 µm beträgt. Ein Sarkomer ist ein Abschnitt, der sich in einer Myofibrille mehrere hundert Male wiederholt. Jedes Sarkomer wird von Z-Streifen begrenzt. In der Mitte des A-Segments kann man eine H-(Hensen-)Zone als Aufhellung wahrnehmen, die von einem dunkleren M-(Mesophragma-) Streifen halbiert wird (Abb. 3.1-2).
Die Sarkomeren weisen die Segmentfolge Z-I-A-H-M-H-A-I-Z auf, die sich zum M-Streifen spiegelbildlich verhält.
Im A-Segment liegen die etwa 10 nm dicken Myosinfilamente genau nebeneinander. Nach beiden Seiten ordnen sich die 5 bis 7 nm dicken Actinfilamente, die nur im I-Segment vorkommen, an. Die Actifilamente sind fest mit den Z-Streifen verknüpft. Jedes der Actinfilamente verbindet sich in Höhe des Z-Streifens mit 4 Actinfilamenten des Nachbarsarkomers. Vom Z-Streifen aus erstrecken sich die Actinfilamente zwischen den A-Segmenten, den Mysinfilamenten, zur Sarkomerenmitte hin. Actinfilamente stellen Doppelfilamente aus zwei helikal (spiralförmig) angeordneten Reihen globulären Untereinheiten dar. Actin in Filamentform wird auch als F-Actin und in Form der Monomeren als G-Actin (G = globulär) bezeichnet.

Der mittlere Teil des Sarkomers besteht aus Myosinfilamenten. Diese sind aus golfschlägerförmigen Myosinmolekülen so zusammengesetzt, daß die abgewickelten Kopfabschnitte spiralig versetzt aus den Filamenten herausragen. Um ein Myosinfilamente. Im elektronenmikroskopischen Bild sieht man die Kopfabschnitte als 12 nm lange Querbrücken zwischen Myosin- und Actinfilamenten.

Der Abstand zwischen zwei Myosinfilamenten beträgt 40 – 45 nm, der zwischen zwei Actinfilamenten 13–15 nm [3]. Bei der Kontraktion gleiten die Actinfilamente entsprechend der Theorie über die Muskelkontraktion von HUXLEY [4] teleskopartig zwischen die Myosinfilamente. Ihre freien Enden nähern sich bzw. erreichen dabei die M-Linie. Dabei verringert sich die Breite der I-Bänder und im gleichen Maße die des M-Streifens. Das Volumen der Muskelfaser verändert sich bei der Kontraktion nicht, wohl aber ihr Durchmesser. Das Sarkomer verkürzt sich, ohne daß sich dabei die Länge eines der beiden Filamente ändert.
In der Muskelfaser existieren neben den Hauptkomponenten Myosin und Actin weitere Strukturelemente, wie gap- und intermediäre Filamente. Die gap-Filamente liegen parallel zur Faserachse und gewährleisten intrazelluläre Elastizität und Dehnungsstärke, während letztere sich im Bereich der Z-Scheiben befinden. Sie sorgen für den Zusammenhalt benachbarter Z-Scheiben.
An den Enden der Muskelfasern sind die Myofibrillen über Actinfilamente und mittels der intermediären Filamente an der Innenseite des Sarkolemms verankert.

Aufbau der Skelettmuskulatur
Die quergestreiften Muskeln stehen mit dem Knochengerüst in Verbindung und sind u.a. auch in der Haut und in der Muskulatur der Augen zu finden. Sie werden aufgrund des differenten Farbstoffgehaltes in rote und weiße Muskeln unterteilt. Die farblich verschiedenen Muskeln unterscheiden sich in ihren funktionellen Eigenschaften. Die roten, quergestreiften Muskeln werden auch als tonische Muskeln und die weißen als tetonische (phasische) Muskeln bezeichnet. Erstere dienen lang andauernden, weniger schnellen Bewegungen, während letztere für schnelle, weniger lang andauernde Leistungen besonders geeignet sind. Neben den beiden Typen existieren intermediäre Fasertypen. Die verschiedenen Fasertypen kommen grundsätzlich nebeneinander in einem Muskel vor. Über ihre Eigenschaften und Zusammensetzung gibt Tabelle 3.1-1 Auskunft.

Die Muskulatur vom Schwein zeigt eine besondere, typische Verteilung der Fasertypen innerhalb der Primärbündel. Das Zentrum der Primärbündel besteht aus roten Fasertypen, davon schließt sich ein Ring weißer Fasertypen an. Die Anteile und Durchmesser der Fasertypen in den Mm. longissimus dorsi und senimembranosus von Fleischschweinen stehen nicht fest. Die roten und intermediären Fasertypen nehmen im Verlauf der Mastperiode ab, während die weißen zunehmen.

Tab. 3.1-1 Eigenschaften der roten, intermediären und weißen Muskelfasertypen [8]

Eigenschaften	Rote Fasern	Intermediäre	Weiße Fasern
Myoglobingehalt	hoch	hoch	niedrig
Faserdurchmesser	gering	intermediär	groß
Kontraktionsgeschwindigkeit	langsam	schnell	schnell
Art der Kontraktion	tonisch	tonisch	phasisch
Anzahl der Mitochondrien	hoch	intermediär	niedrig
Größe der Mitochondrien	groß	intermediär	klein
Blutkapillardichte	hoch	intermediär	niedrig
Oxidativer Stoffwechsel	hoch	intermediär	niedrig
Glykolytischer Stoffwechsel	niedrig	intermediär	hoch
Lipidgehalt	hoch	intermediär	niedrig
Glycogengehalt	niedrig	intermediär	hoch

Der hohe Anteil und die Besonderheiten des Stoffwechsels der weißen Fasern, vor allem in der Rücken- und Keulenmuskulatur, erklärt die abnorme Streßanfälligkeit der Fleischschweine. Man weiß heute, daß dafür genetische Ursachen und Umweltfaktoren verantwortlich sind. Bekannt ist ferner, daß die Calciumkanäle des sarkoplasmatischen Reticulums in der Muskulatur von Fleischschweinen genetisch bedingte Defekte ausweisen. Hieraus resultiert eine um das Zweifache gesteigerte Geschwindigkeitskonstante der Calciumionen-Freisetzung des sarkoplasmatischen Reticulums von streßgeschädigten gegenüber normalen Schweinen.
Am Aufbau des Skelettmuskels ist das Bindegewebe wesentlich beteiligt. Es bildet einerseits ein verschiebbar - elastisches, die Gefäße und Nerven enthaltenden Gerüst, das die Umhüllung und den Zusammenhalt der einzelnen Muskelteile gewährleistet, und baut andererseits die im Dienst der Kraftübertragung stehenden zugfesten Sehnen auf.

Jede Muskelfaser wird von einer sogenannten Basallamina umschlossen. Diese legt sich auf der einen Seite dem Sarkolemm eng an und stellt andererseits die Verbindung zum lockeren Bindegewebe der Muskelfaser her, das eine typische hierarchische Gliederung zeigt. Das jede Muskelfaser umgebende und die benachbarten Muskelfasern miteinander verbindende, mit Versorgungsbahnen reich ausgestattete Bindegewebe heißt Endomysium (Abb. 3.1-3).
Mehrere Muskelfasern werden durch das Perimysium internum zu Primärbündeln zusammengeschlossen. Da die Prämärbündel erst mit dem bloßen Auge erkennbar sind, werden sie im Sprachgebrauch als Fleischfasern bezeichnet. Mehrere Prämärbündel wiederum werden durch das Perimysium externum zu Sekundärbündeln oder Muskelbündeln zusammengefaßt. Das die Muskelbündel umgebene Bindegewebe wird als Epymysium bezeichnet. Letzteres stellt die Verbindung zu der aus straffem Bindegewebe bestehenden Faszie (Muskelbinde) her, die den Muskel überzieht und an ihren beiden Enden in Sehnen übergeht. Zu den jeweiligen Bindegewebszügen verlaufen die Blutgefäße und Nerven. Letztere treten über die sogenannten motorischen Endplatten mit der Muskelfaser in Verbindung.

Abb. 3.1-3 Architektur des Skelettmuskels [5]
a **Skelettmuskelfaser**
b **Endomysium**
c **Primärbündel**
d **Perimysium internum**
e **Sekundärbündel**
f **Perimysium externum**
g **Epimysium**
h **Faszie**

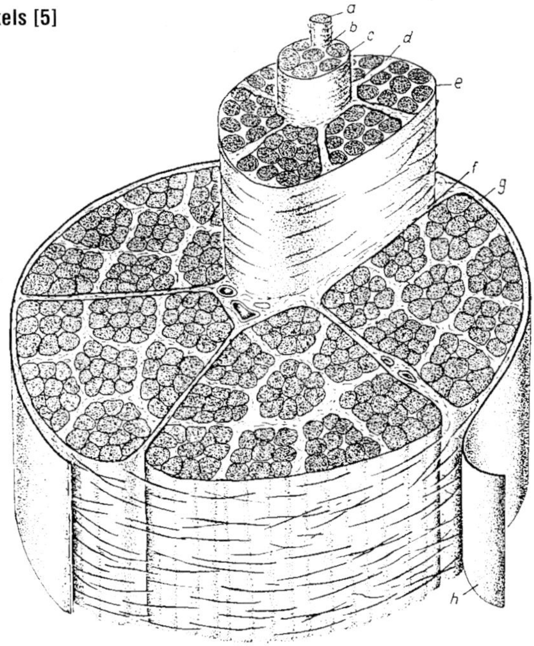

Die Muskulatur des Geflügels ist dadurch gekennzeichnet, daß sie nur relativ spärlich intermuskuläres Bindegewebe enthält. Das Muskelgewebe des Hausgeflügels ist feiner gefasert als die Muskulatur der Säugetiere. Der Dicke der Muskelfasern ist ein rassedeterminiertes Merkmal und ist auch von Alter und Geschlecht abhängig [7]. Darüber hinaus unterscheiden sich die Muskeln zum Teil auch durch die Farbe. Die Flugmuskeln sind im allgemeinen heller, die der Brust fast weiß und die Gliedmaßenmuskeln dunkler als bei Säugetieren. Die Masseverteilung der Muskeln ist anders als beim Säugetier. Bei gut fliegenden Vögeln, z.B. bei der Taube, sind die Brust- und Armmuskeln stark ausgeprägt. Demgegenüber sind die Muskeln um die Brust- und Lendenwirbelsäule, die beim Säugetier wertvolles Fleisch liefern, nur schwach ausgebildet.

Eine weitere Besonderheit bei Vögeln ist, daß viele Sehnen, insbesondere die der Gliedmaßenmuskulatur, schon in frühem Alter zu verknöchern beginnen und dann in ihrem Aufbau des Skelettknochen entsprechen.

3.1.2. Herzmuskelzellen und -gewebe

Die Herzmuskelzellen weisen einen zentral gelegenen Kern auf. Die Zellen verzweigen sich, wodurch ein enger Kontakt untereinander entsteht und eine Art Netzwerk gebildet wird. Der Zusammenhalt kommt über eine Kittsubstanz zustande, die mikroskopisch als Glanzstreifen erkennbar ist. Der Feinaufbau der Herzmuskelzelle entspricht im Prinzip der quergestreiften Muskelfaser (vgl. die morphometrischen Daten in Tab. 3.1-1). Ähnlich wie bei der quergestreiften Skelettmuskulatur läßt sich am sarkoplasmatischen Reticulum ein transversal angeordnetes T-System unterscheiden. Die Herzmuskulatur ist reich kapillarisiert, wodurch eine gute Sauerstoff- und Nährstoffversorgung gewährleistet wird.

3.1.3 Glatte Muskelzellen und glattes Muskelgewebe

Die glatte Muskelzelle ist das charakteristische Bauelement der Eingeweide- und Gefäßmuskulatur. Sie hat eine spindelförmige, oft auch eine verzweigte äußere Form. Ihre durchschnittliche Länge beträgt 50-100 µm, kann aber auch 200 bis 500 µm erreichen (s. auch Tab. 3.1-1). Sie enthält ebenfalls Myofibrillen, die in Längsrichtung angeordnet (bedingen eine feine Längsstreifung) sind. In der Muskelzelle befindet sich ein zentral gelegener Kern (Abb. 3.1-4). Er ist 10-20 µm lang, der Durchmesser beträgt etwa 2 µm. Eine Querstreifung kann nicht festgestellt werden.

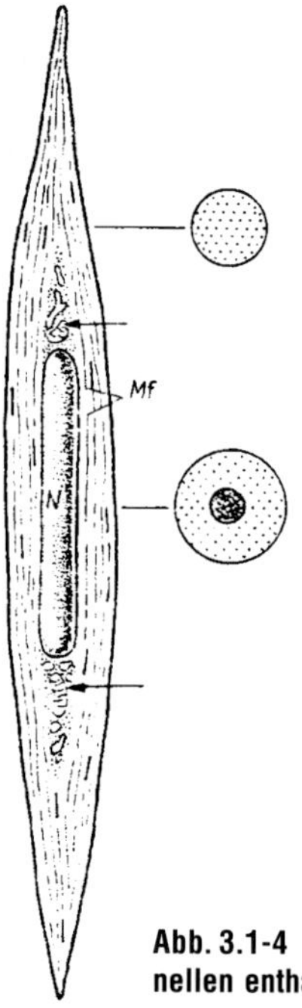

Abb. 3.1-4 Glattes Muskelgewebe. ***Mf*** **Myofibrillen,** ***N*** **Zellkern, → Verschiedene Zellorganellen enthaltende Cytoplasmabezirke [2]**

Das Sarkoplasma wird von den im Dienst der Kontraktion stehenden Myofibrillen durchzogen. Obwohl ebenso wie in den Skelettmuskelfasern Actin- und Myosinfilamente festgestellt wurden, ist in den meisten Fällen nur ein Filamenttyp von etwa 6 nm Dicke zu beobachten [3]. Jede Muskelzelle wird von einer Basallamina umgeben. Die einzelnen Zellen haben einen unmittelbaren Kontakt un-

tereinander. Die nervale Versorgung des glatten Muskelgewebes erfolgt vegetativ. Zwischen den Filamenten sind Querbrücken ausgebildet. Es wird deshalb angenommen, daß das Gleitmodell für die Kontraktion auch für die glatte Muskulatur gilt [1].
Für die Kraftentfaltung der glatten Muskulatur ist die Anordnung der Fasern und die Verbindung mit dem umgebenden Bindegewebe von Bedeutung. Das glatte Muskelgewebe befindet sich in Form einzelner Fasern oder auch Faserbündel im Bindegewebe. Glatte Muskeln sind in der Lage, eine Spannung ohne zusätzlichen Energieaufwand aufrechtzuerhalten. Ihre Kontraktion vollzieht sich im Vergleich zu den quergestreiften Skelettmuskelfasern langsam und kann über längere Zeit bestehen bleiben (Sperrtonus).

3.2 Chemische Zusammensetzung von Fleisch, Fett und Knochen

3.2.1 Zusammensetzung des Fleisches

Die Inhaltsstoffe des Fleisches sind Wasser, Mineralstoffe, Eiweißstoffe, stickstoffhaltige Nichteiweiße, Lipide, Kohlenhydrate, Enzyme und Vitamine. Mageres Fleisch enthält 70 – 75 % Wasser, 18,5 – 22 % Eiweiß, 0,9 % stickstoffhaltige Nichteiweiße, 4 – 8 % Fette (mit Ausnahme von einigen Geflügelarten), 0,5 –1 % Kohlenhydrate und 1 % Mineralstoffe.
Aus Tabelle 3.2-1 ist die durchschnittliche Zusammensetzung des Fleisches mehrerer Schlachttierarten ersichtlich. In der Tabelle ist der durchschnittliche Kohlenhydratgehalt von bis zu 1 % im Frischgewebe nicht aufgeführt. Eine Darstellung sämtlicher Fleischinhaltsstoffe vermittelt Tabelle 3.2-2.

Tab. 3.2-1 Mittlere chemische Zusammensetzung verschiedener Fleischarten in %

Fleischart	Wasser	Eiweiße	Fette	Mineralstoffe
Rindfleisch				
fett	52,5	16,0	30,0	1,0
mager	73,0	21,4	4,0	1,0
Kalbfleisch	75,0	19,5	4,0	0,9
Schweinefleisch				
fett	42,7	12,0	44,0	0,8
mager	71,8	18,6	8,0	1,0
Schaffleisch				
fett	51,0	15,0	32,8	0,8
mager	71,5	20,0	7,0	0,9
Broiler	71,0	12,0	7,5	1,0
Schwere Broiler	68,0	20,0	10,5	1,0
Suppenhuhn	56,0	18,0	24,5	1,0
Pute	70,0	21,0	7,5	1,0
Ente	54,0	16,0	28,5	1,0
Gans	50,6	16,0	32,0	0,9
Kaninchen	71,0	20,5	7,0	1,0

Der Anteil an Kohlehydraten, der in der Tabelle nicht aufgeführt ist, schwankt je nach dem Zeitpunkt der Untersuchung p. m. zwischen 0,2 und 1 %

Tab. 3.2-2 Durchschnittliche Zusammensetzung des Skelettmuskels von Säugetieren (% der Frischmasse)(nach [6])

Komponente	Gehalt	Komponente	Gehalt
Wasser	75,0 (65,0 – 80,0)	stickstoffhaltige Nichteiweiße	1,5
Protein	18,5 (16,0 – 22,0)	Kreatin und Kreatinphosphat	0,5
Myofibrilläre P.	9,5	Nucleotide	
Myosin	5,0	(ATP; ADP usw.)	0,3
Actin	0,2	Freie Aminosäuren	0,3
Tropomyosin	0,8	Peptide (Anserin, Carnosin)	0,3
Troponin	0,8	andere Nichteiweiße	
M-Protein	0,4	(Kreatin, Urat, IMP,	
C-Protein	0,2	NAD, NADP)	0,1
α-Actinin	0,2	Kohlehydrate und stickstofffreie	
β-Actinin	0,1	Substanzen	1,0 (0,5 – 1,5)
Sarkoplasma-P.	6,0	Glycogen	0,8 (0,5 – 1,3)
lösliches Sarko-		Glucose	0,1
plasma und		Intermediärprodukte und Produkte	
mitochondriale		des Zellmetabolismus (Hexose- und	
Enzyme	5,5	Triosephosphate, Milchsäure,	
Myoglobin	0,3	Citronensäure, Fumarinsäure,	
Haemoglobin	0,1	Succinalsäure,	
Cytochrome und		Acetoessigsäure usw.)	0,1
Flavoproteine	0,1	anorganische Bestandteile	1,0
Stroma-P.	3,0	Kalium	0,3
Kollagen und Reticulin	1,5	Gesamtphosphor	
Elastin	0,1	(Org. und anorg. Phosphor)	0,2
andere unlösliche		Schwefel	
Proteine	1,4	(einschließlich Sulfat)	0,2
Lipide	3,0 (1,5 – 13,0)	Chlor	0,1
Neutralfette	1,0 (0,5 – 1,5)	Natrium	0,1
Phospholipide	1,0	andere (einschl. Magnesium,	
Cerebroside		Calcium, Eisen, Cobalt, Kupfer,	
(Glycolipide)	0,5	Zink, Nickel,	
Cholesterol	0,5	Mangan usw.)	0,1

Beim Vergleich der Tierarten erweist sich das Fleisch von Schweinen, Gänsen und Enten am fettreichsten und auch am eiweißärmsten. Wenn man Teilstücke, z.B. Brust oder Keule, bewertet, so ist bei einer Gegenüberstellung von Huhn, Rind und Schwein etwa mit einem Fettverhältnis von 1 : 4 : 4 und einem Eiweißverhältnis von 1 : 0,9 : 0,7 zu rechnen. Nachstehend werden zunächst die Komponenten des Muskelfleisches einschließlich Bindegewebseiweiß dargestellt.

3.2.1.1 Wasser

Der Wassergehalt des Fleisches differiert je nach dem Fettanteil. Je höher der Fettanteil ist, um so niedriger liegt der Wassergehalt und umgekehrt. Er wird bedingt insbesondere durch den Ausmästungsgrad und das Alter des Tieres. Das Wasser tritt im Organismus nicht als reiner Stoff auf. Es kann daher nicht isoliert betrachtet werden. Vielmehr bilden das Wasser und die in ihm gelösten Stoffe, insbesondere die Eiweiß- und Mineralstoffe, im lebenden Organismus und im Fleisch vom biologischen und physikalisch-chemischen Standpunkt betrachtet eine Einheit. Wichtige technologische Eigenschaften des Fleisches, wie sein Wasserbinde- und Fettemulgierungsvermögen sowie die Bindung der Bestandteile in Fleisch- und Wurstwaren, werden durch die Eiweißstoffe in Gegenwart von Wasser als Lösungsmittel und die Mineralstoffe beeinflußt.

3.2.1.2 Mineralstoffe

Sie kommen im Fleisch als Ionen frei (in Lösung) oder in undissoziierter Form vor. Mineralstoffe sind unentbehrliche Stoffe für den Organismus, z.B. für die Regulation des osmotischen Druckes in den Zellen, und entscheidende Bestandteile des Blut- sowie Muskelfarbstoffes (Eisen). Verschiedene Spurenelemente sind von Bedeutung für bestimmte Enzyme.
Sämtliche Gewebe enthalten Mineralstoffe, die bei der Veraschung der Gewebe als Verbrennungsrückstand, als Asche, übrigbleiben.
Die wichtigsten Mineralstoffe im Fleisch sind Kalium, Natrium, Calcium, Phosphor, Magnesium, Eisen, Chlor, Kupfer, Schwefel, Mangan, Molybdän, Kobalt, Zink, Jod, Silicium, Selen und Fluor. In der aufgeführten Reihenfolge sind die Mineralstoffe ab Kupfer nur noch als Spurenelemente vorhanden (Tab. 3.2-3). Fleisch ist durch einen relativ hohen Gehalt an Kalium, Phosphor und Chlor gekennzeichnet.
Der Mineralstoffgehalt unterliegt Schwankungen. Ob größere Abweichungen von den angegebenen Durchschnittswerten Veränderungen der Eigenschaften des Fleisches bewirken, ist bisher nicht bekannt.

Tab. 3.2-3 Durchschnittlicher Mineralstoffgehalt des Fleisches von Säugetieren und Geflügel

Mineralstoff	Gehalt (mg/kg Frischgewebe)
Kalium	3000 – 4000
Natrium	450 – 800
Calcium	50 – 100
Phosphor	100 – 200
Magnesium	100 – 250
Eisen	100 – 250
Chlor	400 – 700
Zink	25 – 50
Kupfer	2
Chrom	0,3
Fluor	1
Jod	0,03
Cobalt	0,05
Mangan	0,5
Nickel	0,1
Molybdän	1
Selen	0,8

3.2.1.3 Muskeleiweiße

Nach ihrem strukturellen Aufbau unterscheidet man kugelförmige (globuläre Proteine oder Sphäroproteine) und Faserproteine (Skleroproteine oder fibrilläre Proteine). Zur ersten Gruppe gehören die Albumine und Globuline und zur zweiten Gruppe die meisten myofibrillären Proteine sowie Kollagen, Elastin und Keratin.
Ein weiteres Kriterium der Unterteilung ist das Verhalten der Eiweißstoffe gegenüber Lösungsmitteln. Es wird in wasserlösliche und wasserunlösliche Eiweißstoffe untergliedert. Zu den wasserlöslichen Proteinen gehören die Albumine. In Salzlösungen lassen sich die globulären Eiweiße (Globuline) lösen.
Die Skleroproteine des Bindegewebes sind relativ widerstandsfähig. Sie sind nur in Säuren und Laugen lösbar. Durch Wärmeeinwirkung (Kochen) entsteht aus dem Kollagen des Binde- und Stützgewebes Leim. Die Keratine, in Horn, Hufen usw. vorkommend, sind sehr schwer löslich.
Die Eiweißstoffe des Fleisches unterteilt man in Muskel- und Bindegewebseiweiße. Zu den Muskeleiweißen zählen die Eiweiße der Myofibrillen, die Sarkoplasmaeiweiße und die Stromaeiweiße (Zellmembran, Reticulum). Setzt man das gesamte Eiweiß (Muskel- und Bindegewebseiweiß, einschließlich der dem Muskelfleisch anhaftenden Faszien und Sehen) gleich 100, so ergibt sich folgender durchschnittlicher Eiweißgehalt des Muskelgewebes: etwa 48 % myofibrilläre, etwa ein Drittel sarkoplasmatische und etwa 18 % Bindegewebseiweiße (vgl. Kap. 3.2.1.7).
Zu den myofibrillären Eiweißen zählen Myosin, C-Protein, Actin, Tropomyosin, Troponin, Nebulin, M-Protein, α-Actinin, Desmin und Connectin. Ihr anteiliges Vorkommen (gleich 100 gesetzt) und die jeweilige relative Molekülmasse sowie das Jahr der Identifizierung sind in Tabelle 3.2-4. aufgeführt.

Tab. 3.2-4 Die myofibrillären Proteine des Skelettmuskels ([7], ergänzt)

Name des Proteins	Molekülmasse	Menge, bezogen auf myofibrilläres Gesamteiweiß	Jahr der Identifizierung im Muskel
Myosin	470 000	50 – 55	1941
G-Actin	46 000	21 – 23	1941
Tropomyosin	70 000	6	1946
Troponin	70 500	6	1965
a-Actinin	180 000	1	1965
C-Protein	140 000	2 – 3	1971
M-Protein	88 000	3	1968
Desmin	55 000	0,4	1978
Connectin	500 000	5	1976
Nebulin	600 000	5	1979

Myosin ist in der A-Bande der Sarkomeren lokalisiert. Von großer physiologischer Bedeutung ist die Tatsache, daß Myosin nicht nur ein Strukturprotein ist, sondern auch die Eigenschaft eines Enzyms aufweist. Es katalysiert die Abspaltung der endständigen Phosphorsäure-Gruppe aus Adenosintriphosphat (ATP), wobei Energie freigesetzt wird, die für die Muskelkontraktion erforderlich ist.
Das Myosin hat eine relative Molekülmasse von etwa 480 000. Im Aufbau des golfschlägerförmigen Myosinmoleküls sind schwere und leichte Anteile beteiligt. Der schwere Molekülanteil wird H-Mermyosin (Heavy meromyoisn = HMM) und der leichte L-Meromyosin

(Light meromyosin = LMM) genannt. Die linearen Abschnitte zweier Myosinmoleküle bilden umeinander gewundene Peptidketten (α-Helices), die ihrerseits gebündelt und gegeneinander versetzt die Myosinfilamente (dicke Filamente) aufbauen, aus denen seitlich abgespreitzt die ATPase-aktiven Köpfchen hervorragen. Insgesamt enthält Myosin sechs Polypeptidketten, und zwar zwei schwere und vier leichte.

Das Myosinmolekül ist reich an Seitengruppen, die positive und negative Ladungen tragen. Der isoelektrische Punkt des Myosins liegt bei pH 5,4. Auf der hohen Zahl an Ladungsgruppen beruht die starke Quellbarkeit des Myosins (und auch des Actomyosins); die Ladungen und ihre Veränderungen sind für das Wasserbindevermögen des Fleisches wichtig, das in erster Linie durch das Myosin beeinflußt wird. Ebenso bedeutungsvoll ist die Salzlöslichkeit des Myosins und Actins für das Wasserbinde-, Fettemulgierungs- und Bindungsvermögen von Fleisch und Fetteilen.

Actin ist der zweite Hauptbestandteil des Muskeleiweißes. Es ist in den I-Banden lokalisiert. Seine relative Molekülmasse beträgt rund 46 000. Dieses Protein kommt in zwei Formen vor, dem G-Actin (globuläres Actin) und dem F-Actin (fibrilläres Actin). Es bildet durch Aneinanderlagerung fibrilläre Polymere, die sich paarweise schraubenförmig (Doppelstrang) umeinander winden und so Actinfilamente (dünne Filamente) aufbauen. In Körperzellen wie der Leberzelle machen Actine 1-2 % und in den Muskelzellen bis zu 33 % des Gesamtproteins aus. Sie integrieren mit Myosin, Tropomyosin und Troponin zum Actomyosinkomplex.

Tropomyosin ist ein fadenförmiges Molekül und liegt in der von dem Doppelstrang des Actins gebildeten Rille (Abb. 3.2-1). Es besteht aus zwei α-Helixpeptidketten. Die Bindung des Tropomyosins mit dem dünnen Filament ist relativ locker.

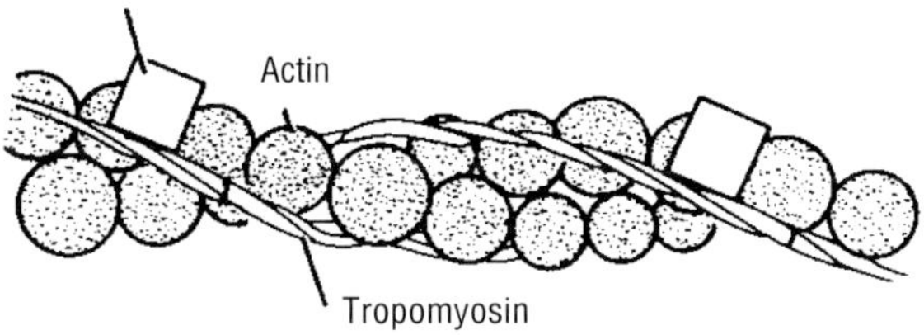

Abb. 3.2-1 Struktur eines dünnen Filamentsegments [8]

Troponin besteht aus drei globulären Proteinen, dem sogenannten Troponin C (TN-C), dem Troponin I (TN-I) und dem Troponin T (TN-T).

Vom α-Actinin ist die physiologische Funktion bisher unbekannt. Es ist ein globuläres Protein, das in den Z-Linien vorliegt.

Über die C- und M-Proteine ist noch wenige bekannt. Das M-Protein (Myomesin) ist im M-Streifen lokalisiert.

Desmin (Skeletin) ist in der Peripherie der Z-Linie nachgewiesen worden. Es verbindet die Z-Linien benachbarter Sarkomere und ist Bestandteil der intermediären Filamente.

Connectin (Titin) ist Bestandteil der gap-Filamente und bildet in der Sarkomere ein cytoskeletales Syncytium. Desmin und Connectin sind in physiologischer Lösung unlöslich. Beide sollen eine Rolle in bezug auf die Fleischzähigkeit bzw. -zartheit spielen.

Nebulin (N_2-Linienprotein) ist ein Strukturprotein im Bereich der I-Bande und wurde in der Skelett- und Herzmuskulatur nachgewiesen.
Weitere myofibrilläre Proteine sind Filamin, Vimentin und Synemin. Über sie ist bisher wenig bekannt.
Es existieren weit über hundert Sarkoplamaproteine. Zu ihnen zählen der Muskelfarbstoff, das Myoglobin, das Globulin x und das Myoalbumin. Mit Ausnahme von Myoglobin handelt es sich überwiegend um Enzyme (Tab. 3.2-5).

Tab. 3.2-5 Hauptsächliche Proteine des Sarkoplasmas [8]

Protein	Konzentration (mg/g Gewebe)
Glyceraldehyd-3-Phosphatdehydrogenase	12
Aldolase	6
Enolase	5
Kreatinkinase	5
Lactat-Dehydrogenase	4
Pryuvatkinase	3
Phosphorylase	2,5
Myoglobin	0,1 – 20

Das Myoglobin, der rote Muskelfarbstoff, ist ein Chromoprotein, das bei Hydrolyse in den Eiweißanteil Globin (etwa 96 %) und die prosthetische Gruppe, das Häm, zerfällt. Seine relative Molekülmasse wird mit 17 800 angegeben. Das Myoglobin ist ein Albumin! Es unterscheidet sich vom Hämoglobin nur durch den Eiweißanteil. Die prosthetische Gruppe ist also die gleiche, sie ist mit 4 % am Molekül beteiligt. Beide Chromoproteine lagern Sauerstoff reversibel an. Myoglobin hat eine größere Affinität zum Sauerstoff als das Hämoglobin und dient als Sauerstoffreserve des Muskels. Der Myoglobingehalt ist je nach Tierart, Alter und Muskeltyp (rote und weiße Muskeln) unterschiedlich. Mit zunehmendem Alter erhöht sich die Myoglobinkonzentration und führt zu dunklerem Fleisch. Der Myoglobingehalt des M. longissimus dorsi beträgt beim Schwein 0,06 %, beim Lamm 0,25 %, beim Rind 0,50 % und beim Pferd 0,80 % [6]. Einen relativ niedrigen Myoglobingehalt weist die Muskulatur des Kalbes und je nach Muskeltyp die des Geflügels auf. Im Vergleich zu Schweine- und Kaninchenfleisch enthält Rind- und Schaffleisch etwa 5 bis 10mal mehr Myoglobin.

3.2.1.4 Bindegewebseiweiße

Muskeleiweiße, die sich nicht in die Gruppe der myofibrillären und sarkoplasmatischen Proteine einordnen lassen, werden zu den Stromaeiweißen gezählt. Kollagen ist das bedeutendste Stromaprotein. Dazu gehören auch das Elastin, Reticulin und die Lipoproteine der Zellmembranen (Sarkolemm, sarkoplasmatisches Reticulum und Mitochondrien).
Die Proteine befinden sich im Binde- und Stützgewebe sowie in der Haut. Bindegewebe besteht aus Wasser, Eiweißen, Lipiden, Kohlenhydraten und Mineralstoffen. Lockeres, straffes und elastisches Bindegewebe enthält etwa ein Drittel Eiweiß, 51 – 63 % Wasser, 1 – 4 % Fett und Mineralstoffe. Für Schwarten wird ein Mineralstoffgehalt von 0,4 – 0,9 % angegeben. Je nach der

Bindegewebsart variiert der Kollagen- bzw. Elastinanteil. Der Eiweißanteil der Schwarten besteht zu etwa 96 % aus Kollagen und 2 % aus Elastin, der der Achillessehne aus 88,5 % Kollagen und 7,5 % Elastin. Das Nackenband hingegen enthält 18 % Kollagen und 79 % Elastin. Die restlichen Eiweißstoffe machen etwa 2 – 4 % aus. Albumine und Globuline können bis zu 1,5 % enthalten sein. Das Aminosäurenspektrum (Tab. 3.2-6) ist dadurch charakterisiert, daß in Kollagen und Elastin im Vergleich zum Muskeleiweiß kein Tryptophan nachweisbar ist.
Bindegewebsproteine enthalten in unterschiedlicher Menge Hydroxyprolin, das nicht im Muskeleiweiß vorkommt. Die Aminosäure Hydroxylysin erscheint nur im Kollagen mit 1 %. Die Unterschiede im Aminosäurenspektrum haben nicht nur eine Bedeutung für die biologische Wertigkeit, sondern auch für diagnostische Zwecke (Hydroxyprolinprobe zum Nachweis von Bindegewebseiweiß).

Tab.3.2-6 Durchschnittliche Aminosäurezusammensetzung von Kollagen, Elastin und Muskeleiweiß in % bezogen auf Rohprotein (N x 6,25)

Aminosäure	Kollagen	Elastin	Muskeleiweiß
Arginin	7,6	1,30	7,7
Histidin	0,7	0,00	3,3
Lysin	4,0	0,50	10,0
Hydroxylysin	1,0	0,00	0,0
Phenylalanin	3,6	6,20	5,0
Tyrosin	1,1	1,50	4,0
Tryptophan	0,0	0,00	1,4
Methionin	0,8	0,10	3,2
Cystein	0,6	0,40	1,2
Threonin	1,9	1,10	5,0
Leucin	3,5	9,00	8,0
Isoleucin	1,7	3,80	6,0
Valin	2,8	17,70	5,5
Glutaminsäure	11,0	2,40	15,4
Asparaginsäure	6,2	1,10	7,8
Glycocoll oder Glycin	23,6	29,90	5,0
Alanin	8,2	21,30	7,5
Cystin	0,0	0,30	1,4
Prolin	15,3	15,20	6,0
Hydroxyprolin	13,0	1,60	0,0
Serin	3,5	0,90	6,0

Kollagen

Die Grundeinheit des Kollagenmoleküls ist das Tropokollagen. Es hat eine relative Molekülmasse von 350 000, sein isoelektrischer Punkt liegt bei 6,7. Tropokollagen ist aus drei Peptidketten aufgebaut, die wiederum aus mehreren Untereinheiten bestehen. Die drei Peptidketten bilden eine Spirale nach der Art eines Seils. Jede der Einzelketten stellt eine linksläufige Helix dar. Durch die Verseilung der drei Ketten bildet sich wiederum eine Spirale, die als Superhelix bezeichnet wird und rechtsläufig ist. Die Tropokollagene lagern sich mit ihren Enden zu langen, dünnen Protofibrillen,

die sich zu den Filamenten, Fibrillen und schließlich zu den mikroskopisch erkennbaren Kollagenfasern bündeln.
Bei der Ausbildung des Bindegewebes legen sich die Makromoleküle des Kollagens längs und seitlich aneinander.
Aus der Haut, den Sehnen und Organen von Tieren wurde ein leicht kristallierendes Eiweiß isoliert, das mit Prokollagen bezeichnet wird. Prokollagen kommt bei jungen Tieren in größerer Menge vor, bei älteren nimmt sein Anteil ab. Am Gesamtgehalt des Kollagens beträgt der Prokollagenanteil nach KRYLOWA und LJASKOWSKAJA [9] 3 – 15 %. Im Entwicklungsprozeß des Bindegewebes nimmt man an, daß Tropokollagen und Prokollagen biologische Vorläufer des reifen Kollagens sind. Prokollagen ist im Gegensatz zu Kollagen im kalten Wasser löslich. Kollagen ist auch in Salzlösungen nicht löslich.
In neuerer Zeit wurden intensive Untersuchungen durchgeführt, um die Rolle des Kollagens bezüglich der Zartheit bzw. Zähigkeit des Fleisches besser zu verstehen. Im Vordergrund stehen immer wieder die Textureigenschaften des relativ zähen Rindfleisches. Es konnten ältere Ergebnisse bestätigt werden, die den Gesamtkollagengehalt in der Rindermuskulatur zwischen 1 und 9 % in der Trockenmasse angeben. Nur wenige Muskeln haben einen Kollagengehalt von 9 – 10 %, das sind ausgerechnet solche Muskeln, die größere Mengen intramuskuläres Bindegewebe enthalten und von Natur aus zart sind (Bedeutung des Kollagentyps). Man kann aber dennoch davon ausgehen, daß bei Tieren gleichen Alters zwischen Gesamtkollagengehalt und Verzehrsqualität eine gewisse, wenn auch geringe, Korrelation besteht. Biochemische und immunohistologische Analysen haben die Auffindung genetisch unterschiedlicher Kollagentypen in der Muskulatur ermöglicht. Man hat festgestellt, daß es eine Vielzahl verschiedener Fasertypen und Gewebestrukturen gibt, die von den unterschiedlichen Kollagentypen gebildet werden.
Es werden die Kollagentypen I bis V unterschieden. Im Epimysium herrscht Typ I vor, während im Perimysium I und III und im Endomysium die Kollagentypen IV und V anzutreffen sind. Darüber hinaus wurden die Typen VI bis XI gefunden. Von diesen sind bisher nur die Kollagentypen VI und VII etwas näher untersucht. Kollagentyp VI ist weit verbreitet in der extrazellulären Matrix, z.B. in Gefäßwänden, im Knorpel und der Kornea des Auges. Er wurde auch im Perimysium identifiziert; über seine Bedeutung in letzterem ist z.Z. wenig bekannt. Der Typ VII wurde in der Plazenta, der Haut und im Endomysium (noch nicht gesicherter Befund) nachgewiesen. Es werden ihm Bindungsfunktionen zugeschrieben [10].

Kollagen Typ I bildet dicke Fasern, Typ III hingegen dünnere, die oft mit elastischem Gewebe verknüpft sind. Kollagen Typ IV bildet nicht nur Fasern, sondern eher ein amorphes Netzwerk und wird allein in der Grundmembran gebildet. Kollagen Typ V bildet wahrscheinlich sehr feine Fasern, doch hat man ihre Struktur in vivo noch nicht demonstrieren können [10].

Tab. 3.2-7 Kollagengehalt von Epimysium, Perimysium und Endomysium von 4 Rindermuskeln in % des gesamten Kollagengehalts [10]

Muskel	Gesamtkollagen Trockenmasse %	Kollagen im Epimysium %	Kollagen im Perimysium %	Kollagen im Endomysium %
Psoas major	2,24	15	79	24
Longissimus dorsi	2,76	13	80	34
Pectoralis profundis	4,96	22	98	42
Semitendinosus	4,75	29	54	41

Eine naheliegende Theorie geht davon aus, daß die Ursache für die zwischen den Muskeln beobachteten Unterschiede der Fleischtextur der unterschiedliche Gehalt an einzelnen Kollagentypen ist. Es wurden positive Korrelationen zwischen dem im Muskel vorhandenen Gehalt an Kollagen Typ III und zunehmender Zähigkeit festgestellt. Untersuchungen, in denen epimysiale, perimysiale und endomysiale Fraktionen aus 4 verschiedenen Rindermuskeln mit unterschiedlicher Verzehrsqualität verwendet wurden, ergaben gleiche Resultate (Tab. 3.2-7). Der Kollagengehalt in der Trockenmasse lag bei diesen drei Bindegewebshüllen zwischen 13 und 29 %, 54 und 98 % bzw. 24 und 42 %.

Die Untersuchungsergebnisse verdeutlichen ferner, daß der Gesamtgehalt an Kollagen Typ III in qualitativ hochwertiger Muskulatur niedriger als in Muskulatur mittlerer und geringer Qualität ist. Es konnte kein Unterschied im Gehalt an Kollagen Typ III im Endomysium verschiedener Muskeln nachgewiesen werden; er war im Mittel mit 56,7 % der Trockenmasse sehr konstant [10]. Veränderungen von Kollagen des Typs III bzw. seiner Vorläufer vollziehen sich im Laufe des Alterns langsamer als beim Typ I. Mit Zunahme des Alters vergrößern sich die kollagenen Fibrillen, die Bündel werden länger, und die intermolekularen Querverbindungen nehmen zu.

Elastin kommt vergesellschaftet mit Kollagen in den verschiedenen Bindegewebearten vorwiegend in geringen Mengen vor. Die Elastinfasern weisen eine gelbe Farbe auf und verleihen somit dem Nackenband die Farbe. Der Gehalt an Hydroxylysin ist niedrig. Neben Tryptophan kann auch die Aminosäure Lysin gänzlich fehlen.
Elastin ist widerstandsfähiger als Kollagen. Im kalten Wasser ist es unlöslich, ebenso in Salzlösungen, verdünnten Säuren und basischen Lösungen. Durch Kochen wird es in Leim überführt. Im Elastin findet man regelmäßig in geringen Mengen (0,1 – 0,2 %) Mukopolysaccharide vor.
Die spezifische elastinspaltende Proteinase ist die Elastase. Das Enzym liegt als inaktive Vorstufe in der Bauchspeicheldrüse vor und wird durch Trypsin aktiviert.
Ungarische Forscher haben nachgewiesen, daß sich aus Elastin unter Einwirkung von Elastase die Fraktionen Desmosin und Isodesmosin abspalten lassen.

Reticulin

Reticulin ist ebenso wie Elastin sehr widerstandsfähig. Es löst sich nicht im kalten Wasser, wohl aber in starken Säuren und Basen. Es läßt sich nicht in Gelatine überführen. Die chemische Zusammensetzung ist noch nicht geklärt. Es soll 4 % Kohlenhydrate enthalten. Das Reticulin ist der Hauptträger der Gitter- oder Reticulinfasern, die in Form eines feinen Netzwerkes das Bindegewebe aller Organsysteme durchdringen.
Im Bindegewebe sind Mukopolysaccharide (Glycoproteine) sowie Albumine und Globuline enthalten.
Die Mukopolysaccharide sind charakteristische Bestandteile der Interzellularsubstanz des Bindegewebes. Sie haben verschiedene Funktionen im Körper, u.a. als Strukturelemente, d.h. Stoffe, die den Wassergehalt und die Durchlässigkeit des Bindegewebes mitbestimmen und bei der Blutgerinnung eine Rolle spielen (Heparin). Mukopolysaccharide kommen hauptsächlich als Schleimstoffe auf der Oberfläche von Hohlorganen vor und sind Substanzen, die für Immunreaktionen des Organismus bedeutungsvoll sind. Man unterscheidet saure und neutrale Mukopolysaccharide. Charakteristisch ist die Anwesenheit eines Aminozuckers, Glucosamin bzw. Galactosamin. Bekannte Mukopolysaccharide sind Hyaluronsäure, Chondroitinsulfat und Heparin.

In letzter Zeit wurden die Glycoproteine Fibronectin und Laminin gefunden und eingehender untersucht [10].
Fibronectin kommt in löslicher Form im Plasma und in nichtlöslicher, faseriger Form in der extrazellulären Matrix vor. Es hat mehrere Funktionen, z.B. Bindung von endomysialem und perimysialem Kollagen sowie von Zelloberflächen und in der Wundheilung. Laminin ist ein Bestandteil der Basallamina und des Endomysiums. Es ist im Kollagentyp IV und im Heparin, in Blutgefäßen, Kapillarwänden sowie im Peri- und Endoneurium vorhanden. Laminin und Fibronectin haben ein faseriges Aussehen. Sie haben möglicherweise eine Bedeutung hinsichtlich der Stabilität von Geweben im Fleisch und bei der Hitzedenaturierung. Es wird vermutet, daß Laminin eine Rolle spielt bei der Muskelkontraktion in Verbindung mit Connectin und dem Kollagentyp IV bzw. auch mit Fibronectin und dem Kollagentyp III.

Albumine und Globuline

Albumine und Globuline sind Bestandteile der Grundsubstanz der Bindegewebezellen. Bei der Gelatinegewinnung wird ein großer Teil dieser Eiweiße mittels Calciumhydroxidlösung entfernt.

Die Menge des Bindegewebes ist in den verschiedenen Körperteilen des Tieres unterschiedlich. Allgemein ist festzustellen, daß das Fleisch der wertvollen Teilstücke einen relativ geringen und die minderen Fleischteile einen höheren Bindegewebeanteil haben. Fleisch mit geringen Bindegewebeanteilen zählt zur ersten Qualität und eignet sich zum Braten und Grillen, hingegen ist bindegewebereicheres Fleisch nur als Kochfleisch zu verwenden. Offensichtlich ist jedoch nicht nur die Menge des Kollagens bzw. Bindegewebes ein wichtiges Kriterium, sondern auch seine Qualität. Die genannten qualitativen Veränderungen innerhalb des Bindegewebes – Auftreten von Querbindungen, Änderung der Löslichkeit und des Gehalts an Mukopolysacchariden – scheinen in enger Verbindung mit der zunehmenden Zähigkeit des Fleisches von alten Tieren zu stehen. Darüber hinaus spielen Geschlecht, Rasse, Muskeltyp und Wachstumsrate eine wesentliche Rolle. Weiterführende Literatur u.a. auch über die postmortale Reifung des Bindegewebes ist bei BAILEY [10] zu finden.

3.2.1.5 Enzyme und Nucleoproteine

Unter den oben genannten Proteinen spielen, neben dem bereits abgehandelten Myoglobin (Chromoprotein), Enzyme und Nucleoproteine eine größere Rolle. Im Fleisch kommen zahlreiche eiweißspaltende (Kathepsine) und fettspaltende Enzyme vor, ferner der Enzymkomplex der Glycolyse sowie das System der Oxidoreduktasen. Dem Ab- und Aufbau von ATP und Creatinphosphat dienen Myokinase, Adenylat-Desaminase, 5'-Nucleotidase, Nucleosidase und Creatinphosphokinase (ATP-Creatinphosphotransferase). Enzymeigenschaften haben neben zahlreichen Eiweißen des Muskelgewebes insbesondere die Proteine Myosin (ATPase) und Myogen.
Die Nucleoproteine, die vorwiegend aus Nucleinsäuren als prosthetische Gruppe und einem Eiweißstoff (Protamin, Histon) bestehen, kommen besonders in den Mikrosomen, Mitochondrien und Zellkernen vor. Nucleoproteide sind in Wasser unlöslich, dagegen löslich in basischen Lösungen. Aus ihnen entstehen durch Hydrolyse das Eiweiß und Nucleinsäuren. Bei ihrem Abbau entstehen die Mononucleotide ATP, ADP und AMP. Der Abbau der Nucleinsäuren als Quelle zur Gewinnung von ATP ist post mortem allerdings relativ unbedeutend im Vergleich zum freien Vorkommen der Mononucleotide in den Zellen und auch zum Anfall aus der Glycolyse.

3.2.1.6 Stickstoffhaltige Nichteiweiße

Zu ihnen rechnen die freien Aminosäuren, Creatin und sein Anhydrid Creatinin, die Dipeptide Carnosin, Carnitin, Anserin und ähnliche Verbindungen, Amine, Purin- und Pyrimidinbasen. Der Gehalt aller genannten Nichteiweißstoffe beträgt im Fleisch etwa 1,5 % (vgl. auch Kap. 3.2.1.7). Sie werden bei der Ermittlung des N-Gehaltes mit erfaßt, d.h. das ermittelte Rohprotein enthält die Eiweißstoffe und die N-haltigen Nichteiweiße. Von den freien Aminosäuren werden in relativ geringer Konzentration Asparaginsäure, Glycin, Alanin, Glutaminsäure und Serin gefunden.
Das Creatin ist etwa zur Hälfte an den stichstoffhaltigen Nichteiweißstoffen des Muskels beteiligt und liegt vorwiegend als Creatinphosphat vor. Letzteres ist ebenso wie das ATP eine energiereiche Phosphatverbindung, so daß demnach im Muskel ein Reservoir von zwei energiereichen Phosphatverbindungen vorhanden ist.
Das Mononucleotid ATP hat einen Anteil von etwa einem Drittel an den stickstoffhaltigen Nichteiweißstoffen. Das frische Muskelgewebe enthält etwa 2,3 – 4,0 mg/g ATP unmittelbar post mortem. Es liegt beim Huhn und Kaninchen mit Werten von 4,8 bzw. 4,1 mg/g höher als bei den anderen Schlachttieren. Die Abbauprodukte der Nucleotide und Nucleoside haben einen Einfluß auf das Fleischaroma.
Amine, die im frischen und einige Wochen gelagerten Rind- und Schweinefleisch vorkommen, sind u.a. Histamin, Putrescin, Cadaverin (Schweinefleisch), Tyramin, Tryptamin, Ethanolamin und wahrscheinlich Agmatin. Im Rindfleisch wurde Cadaverin nach 9 bis 12 Tagen Lagerung gefunden. Die Gesamtmenge an Aminen beträgt nur einige µm. Die gefundenen Aminmengen wirken nicht toxisch.

3.2.1.7 Gesamtheit der Stickstoffverbindungen im Muskelfleisch

Bezogen auf das gesamte Eiweiß verteilen sich die Stickstoffsubstanzen mit Muskelfleisch wie folgt:

Tab. 3.2-8 Verteilung der Stickstoffsubstanzen im Muskelfleisch (nach [11], sowie eigene Berechnungen)

Stickstoffverbindung	Anteil in %
Sarkoplasmaproteine	~ 33
Albumine: Myogen A und B	~ 16
Globuline: Globulin X, Myoglobin, Enzyme	~ 16
Myofibrilläre Proteine	~ 48
Myosin, Actin, Actinin	~ 36
Tropomyosin. Troponin, M- und C-Protein	~ 12
Gerüstproteine	~ 18
(überwiegend Kollagen, geringe Mengen Elastin)	
Freie Aminosäuren (bezogen auf Frischgewebe)	0,1 – 0,3
Alanin	0,01 – 0,05
Glutaminsäure	0,01 – 0,05
Taurin	0,02 – 0,1
alle übrigen	~ 0,005
Peptide	–

Tab. 3.2-8 Fortsetzung

Stickstoffverbindung	Anteil in %
Carnosin	0,15 – 0,35
Anserin	0,01 – 0,05
Amine	
flüchtige aliphatische Amine	
Methylamin	2 mg/kg
andere	in Spuren
Biogene Amine (decarboxylierte Aminosäuren (Name in Klammern)	
Histamin (Histidin)	10 mg/kg
Tyramin (Tyrosin)	10 mg/kg
Tryptamin (Tryptophan)	10 mg/kg
Colamin (Serin)	10 mg/kg
Putrescin (Ornithin)	in Spuren
Cadaverin (Lysin)	in Spuren
Bei fortgeschrittener Autolyse und bei beginnender bakterieller Zersetzung steigt der Gehalt an biogenen Aminen stark an (1 – 20 g/kg)	
Guanidin-Verbindungen	
Creatin davon 50 – 80 % Creatinphosphat (im lebenden Muskel)	0,3 – 0,7
Creatinin	0,02 – 0,04
Purine	0,1 – 0,25
Inosinmonophosphat (IMP)	0,02 – 0,2
Inosin	in Spuren
Hypoxanthin	0,01 – 0,03
Adenosinmonophosphat (AMP)	bis 0,3
Adenosindiphosphat (ADP)	bis 0,3
Adenosintriphosphat (ATP)	bis 0,3
Nicotinamid-adenin-dinucleotid	0,1

3.2.1.8 Fette

Sie liegen im Tierkörper nicht nur als Fettgewebe vor, sondern sind auch am Aufbau der Körperzellen als Strukturlipide (Membranfette) beteiligt. Fettgewebe kommt in Form von Auflage- und Körperhöhlenfett sowie als inter- und intramuskuläres Fett vor. Farbe und Konsistenz des Fettgewebes sind für die einzelnen Schlachttiere charakteristisch. Soweit das Fettgewebe in größeren Komplexen auftritt, enthält es Blut- und Lymphgefäße sowie lockeres Bindegewebe, das eine charakteristische Läppchenzeichnung der Fetteile bedingt.

Bezeichnung für rohes Fettgewebe

Das Fettgewebe von Rind, Kalb, Schaf und Ziege wird wie folgt bezeichnet:

Rindertalg, roh	Nierentalg, Schloßtalg und Brusttalg. Im Bauchhöhlenbereich der Rückenpartie anhaftendes und die Nieren als Fettkapsel einschließendes Fettgewebe mit anhaftendem glattem Bauchfell.

Schloßtalg Brusttalg Schaftalg, roh Ziegentalg, roh	Im Becken anhaftendes oberflächlich liegendes Fettgewebe. In der Brusthöhle am Brustbein anhaftendes Fettgewebe. Im Bauchhöhlenbereich der Rückenpartie anhaftendes und die Nieren als Fettkapsel einschließendes Fettgewebe mit anhaftendem glattem Bauchfell.
Netzfettgewebe (Netztalg) vom Rind, Kalb und Schaf	Am Pansen, Psalter, Labmagen und an der Milz befestigtes Bauchfelldoppelblatt mit eingelagertem netzartigem Fettgewebe.
Darmfett von Rind und Schaf	Zur Aufhängung des Darmes dienendes Bindegewebe mit eingelagertem Fettgewebe und glattem Bauchfellüberzug, ohne Bauchspeicheldrüse.

Beim Schwein unterscheidet man:

Rückenfettgewebe (Speck) mit oder ohne Schwarte	Dem Rücken des Schweines aufgelagertes Unterhautfettgewebe ohne Muskelanteile.
Flomen (Liesen, Schmer)	Im Bauchhöhlenbereich unter dem Bauchfell gelegene zusammenhängende Fettgewebeschicht mit anhaftendem glattem Bauchfell.
Netzfettgewebe	An Magen und Milz befestigtes Bauchfelldoppelblatt mit eingelagertem netzartigem Fettgewebe.
Micker	Zur Aufhängung des Darmes dienendes Bindegewebe mit eingelagertem Fettgewebe, Lymphknoten und glattem Bauchfellüberzug ohne Bauchspeicheldrüse.

Zusammensetzung

Chemisch besteht Fettgewebe aus Fett, Wasser, Eiweiß und sehr geringen Mengen an Mineralstoffen. Der Fettgehalt kann bis zu 97 % betragen. Die Flomen vom Schwein weisen einen relativ hohen Fettgehalt von etwa 90 – 92 % auf. Beim Rückenspeck beträgt er 81 – 90 % und beim Bauchspech 58 – 81 %. Mit der Verringerung des Fettgewebeanteils im Tierkörper ist auch eine Reduzierung des Fettgehaltes eingetreten; bei Speck wird eine Reduzierung um 5 – 10 % und damit einhergehend eine Erhöhung des Wassergehalts ausgewiesen. Der Wassergehalt liegt zwischen 6 und 13 %, kann aber stärkere Schwankungen aufweisen. Den Eiweißanteil bildet das Protein des Bindegewebes und der Zellmembranen. Der Mineralstoffgehalt liegt bei 0 – 0,6 %. Menge und Zusammensetzung der Fette sind je nach Tierart und Lokalisation im Tierkörper unterschiedlich. Das Strukturfett (funktionelles Fett) kommt nur zu etwa 1 % vor, enthält jedoch relativ viel ungesättigte Fettsäuren. Der intramuskuläre Fettgehalt ist bei den verschiedenen Tieren unterschiedlich ausgebildet. Beim Kalbfleisch beträgt er etwa 0,5 %, er schwankt beim Rind zwischen 1 und etwa 6 %. Bullen mit einer Lebendmasse zwischen 450 und 550 kg weisen je nach Rasse einen Anteil von 0,7 – 2,5 % auf. Bei Färsen und Ochsen wird der höhere Wert häufiger erreicht und auch überschritten als im Falle von gemästeten Jungbullen. Das Schwein zeigt eine intramuskuläre Verfettung zwischen 0,5 und etwa 5 %. Bei Fleischschweinen mit einer Masse von

100 kg findet man etwa 0,8 – 3,0 %. Stärker zur Verfettung neigende Rassen, wie Cornwall und Weideschweine, können einen intramuskulären Fettanteil von etwa 5 % aufweisen. Bestimmte, magere Fleischteile, z.B. Kotelett der Handelsklassen E und Ml, haben etwa 1,2 – 2,2 % intramuskuläres Fett.

Tab. 3.2-9 Fettsäuren und Triglyceridzusammensetzung (Masseprozent) einiger tierischer Fette (nach [6])

Komponente	Schwein			Rind		Schaf	
	subkutan[1]		perirenal[2]	subkutan[1]	perirenal[2]	subkutan[1]	perirenal[2]
	äußere Schichten	innere Schichten					
Fettsäuren							
• gesättigte							
Laurinsäure	geringe Spuren	geringe Spuren	geringe Spuren	0,1	0,2	0,1	0,1
Myristinsäure	1,3	0,1	4,0	4,5	2,7	3,2	2,6
Palmitinsäure	28,3	30,1	28,0	27,4	27,8	28,0	28,0
Stearinsäure	11,9	16,2	17,0	21,1	23,8	24,8	26,8
Arachinsäure	geringe Spuren	geringe Spuren	geringe Spuren	0,6	0,6	1,6	2,6
Gesamt	41,5	46,4	49,0	53,7	55,1	57,7	60,1
• ungesättigte							
Palmitoleinsäure	2,7	2,7	2,0	2,0	2,2	1,3	1,9
Oleinsäure	47,5	40,9	36,0	41,6	40,1	36,4	34,2
Linolsäure	6,0	7,1	11,8	1,8	1,8	3,5	4,0
Linolensäure	0,2	0,3	0,2	0,5	0,6	0,5	0,6
Arachidonsäure	2,1	1,7	1,0	0,4	0,2	0,6	0,8
Gesamt	58,5	52,7	51,0	46,3	44,9	42,3	41,5
Annähernde Triglyceridzusammensetzung							
• völlig gesättigt							
Tripalmitin	1			3		geringe Spuren	
Dipalmitostearin	2			8		3	
Palmitodistearin	2			6		2	
Tristearin	–			–		–	
• Monooleat-digesättigte Triglyceride							
Oleodipalmitin	5			15		13	
Oleopalmitostearin	27			32		28	
Oleodistearin	–			2		1	
• Dioleat-monogesättigte Triglycerade							
Palmitodiolein	53			23		46	
Stearodiolein	7			11		7	
Triolein	3			0		0	

[1]Fett der Thorax-, Rücken- und Lendengegend
[2]Fett um die Nieren

Im gleichen Tierkörper ist die Marmorierung des Fleisches in verschiedenen Teilstücken sehr unterschiedlich ausgeprägt. Am ungünstigsten ist das intermuskuläre Fett zu bewerten. Da es zwischen den Muskeln relativ frühzeitig und ziemlich stark eingelagert wird und nicht generell entfernt werden kann, hat es Einfluß auf die Fleischqualität. Der intermuskuläre Fettanteil schwankt je nach Ausmästungsgrad erheblich. Mageres (schieres) Fleisch enthält bis zu 5 % Fett. Als groben Mittelwert findet man in „Fleisch wie gewachsen", d.h. mit intra- und intermuskulärem Fett, beim Mastbullen 6 – 11 % und bei 100 kg schweren Hybridschweinen 8 – 15 % Fett. Insgesamt gesehen schwankt der Fettgehalt je nach Tierart, Rasse und Ausmästungsgrad erheblich.
Das Rückenfettgewebe des Schweines besteht bei modernen Zuchtrichtungen aus zwei Schichten (ältere Zuchtrichtungen können nach PFEIFFER [12] drei Schichten aufweisen), die durch eine Bindegewebsschicht getrennt sind. Die feste obere Schicht enthält im Vergleich zur unteren Schicht zahlreiche Bindegewebsstränge. Die untere Schicht hat eine größere Fettspeicherungskapazität. Der Speck von ausgemästeten Tieren ist generell härter als von weniger gut gemästeten. Kastrate liefern dickeren und festeren Speck als weibliche Mastschweine. Der festere Speck der Börge im Vergleich zu weiblichen Schweinen ist durch den höheren Stearinsäuregehalt, die geringere Linolsäurekonzentration und den relativ niedrigen Anteil an Polyenfettsäuren bedingt. Speck von fetten Schweinen enthält mehr Fett als der von mageren.
Im Fett der Schlachttiere kommen insbesondere folgende Fettsäuren vor: Ölsäure, Palmitinsäure, Stearinsäure, Linol- und Linolensäure. Weitere Fettsäuren sind Arachidonsäure, Laurin- und Myristinsäuren. Die Anteile an Fettsäuren und des dreiwertigen Alkohols Glycerol (Propan-1,2,3-triol) in Fetten von Schweinen, Rindern und Schafen sind aus Tabelle 3.2-9 ersichtlich.

Im Vergleich zu anderen Tieren werden in den Depotfetten von Wiederkäuern mehr gesättigte Fettsäuren nachgewiesen. Sie bedingen die Festigkeit dieser Fettgewebe. In tierischen Fetten ist die essentielle Arachidonsäure zu weniger als 1 % vorhanden. Sie wurde bisher nur in Tierfetten und Erdnußöl nachgewiesen. Je weiter sich das Fettgewebe an der Peripherie befindet, desto mehr ungesättigte Fettsäuren hat das Schweinefett. Nach NEDELNIUC (s. bei [12]) unterscheiden sich Eber von Sauen und besonders Börgen durch höhere Anteile an Linolsäure und relativ geringe Konzentrationen an Oleinsäure. Im Vergleich zu Rinder- und Schaffett ist der Gehalt an Arachidonsäure im Schweinefett relativ hoch. Eine dünnere Fettauflage ist mit einem höheren Linolsäuregehalt verbunden. Bei fleischreichen Tierkörpern ist der Gehalt an Linolsäure und mehrfach ungesättigten Fettsäuren relativ hoch [13].
Im Fleisch finden sich ferner die zur Klasse der Lipide gehörenden Phospholipide und Cholesterol. Phospholipide (Phosphatide) sind Verbindungen, die in jedem Fall Phosphorsäure neben Fettsäuren bzw. Fettaldehyden enthalten. Sie kommen im Knochenmark (etwa 7 %), Hirn (etwa 5 %), in der Leber und in Muskeln vor. Ihr Anteil beträgt für Skelettmuskeln 0,75 %, Herzmuskel 1,50 % und für glatte Muskeln (Gebärmutter) 0,75 %. Phosphatide haben relativ viel ungesättigte Fettsäuren und neigen eher zur Autoxidation. Ob sie eine bedeutende Rolle bei erhitztem Fleisch spielen, das schon nach wenigen Tagen einen warmed-over flavour zeigen kann, ist nicht endgültig geklärt. Die Werte für Cholesterol betragen in den genannten Muskeln 0,06 %, 0,12 % bzw. 0,21 %. Im Schaftalg hat man 0,80 % und im Hühnerfett 0,70 % gefunden. Cholesterol läßt sich in Rindertalg zu 0,08 – 0,14 %, in Schaftalg zu 0,03 – 0,10 % und in Schweinefett zu 0,06 – 0,12 % nachweisen. Die meisten tierischen Fette enthalten Carotin, wodurch die gelbliche Farbe bedingt ist. Farblose Fette sind der Schaftalg und das Schweinefett (enthalten kein Carotin). Der Carotingehalt des Fettgewebes ist Schwankungen in Abhängigkeit von der Zufuhr des in Pflanzen vorkommenden Provitamins und dem Alter der Tiere unterworfen. So wurden bei 1,5jährigen Rin-

dern 2 ppm und bei 7jährigen Rindern 12 ppm Carotin im Fett nachgewiesen. Weidehaltung führt regelmäßig zu einem erhöhtem Carotingehalt im Fettgewebe. Abgemagerte Tiere, bei denen die Fettreserven geschrumpft sind, weisen häufig eine intensivere Gelbfärbung auf, da der Pigmentgehalt nicht reduziert wird. Lipide sind Träger von Vitaminen. Sie enthalten die Vitamine A, D und E. Die Verzehrsqualität kann durch Futtermittel (vgl. Kap. 2.2) und das Geschlecht der Tiere beeinflußt werden.

3.2.1.9 Kohlenhydrate

Zu den Kohlenhydraten des Fleisches gehören das Glycogen und die Produkte seines Stoffwechsels. Neben Glycogen und Glucose werden Fructose, Maltose und Ribose angetroffen, die z.T. aus dem Abbau von Nucleinsäuren und Nucleotiden stammen. Der Glycogengehalt im frischen Muskel beträgt etwa 1 %. Ein großes Glycogenreservoir stellt die Leber dar, die die zwei- bis fünffache Menge enthält. Aufgrund der größeren Muskelmasse ist dennoch der überwiegende Teil des Körperglycogens in den Muskeln anzutreffen. Der Glycogenanteil ist in den verschiedenen Muskeln nicht gleich. Das Fleisch gut genährter Tiere enthält durchschnittlich mehr Glycogen als das von unterernährten Individuen. Der Gehalt an Glycogen post mortem ist abhängig von der Körperarbeit im lebenden Zustand. Es wird abgebaut, während sich andere Glycolyseprodukte, z.B. Glucose und Milchsäure bzw. Lactat anreichern. Sein Abbau kann insbesondere beim Schwein durch äußere Einwirkungen erheblich beschleunigt werden. Längeres Hungern bewirkt ebenfalls eine Reduzierung der Glycogenkonzentration im Muskel. Obwohl Kohlenhydrate nur in geringer Menge vorkommen, sind sie in der Zelle die wichtigsten Energieträger.

3.2.1.10 Vitamine

Das Fleisch selbst ist relativ vitaminarm, während die Organe, vornehmlich die Leber, eine größere Menge an Vitaminen enthalten. Im Fleisch und in den Organen sind die Vitamine A, B_1, B_2, B_3, B_6, B_{12}, Niacin, Folsäure, Ascorbinsäure und Biotin anzutreffen. Nur die Vitamine der B-Gruppe haben eine größere Bedeutung, da sie an der Deckung des täglichen Bedarfs wesentlich beteiligt sind. Wenngleich die Pflanzen die wesentliche Vitaminquelle für den Menschen sind, ist die Zufuhr über

Tab. 3.2-10 Vitamine in Fleisch und Organen der schlachtbaren Haustiere einschließlich Kaninchen, Pute und Huhn

Lebensmittel	Vitamingehalt (mg/100 g Frischmasse)						
	A	B_1	B_2	Pantothensäure	Niacin	Folsäure	B_6
Fleisch	0,02	0,1 – 1,0	0,1 – 0,3	0,4 – 1,4	3,0 – 8,0	0,01 – 0,1	0,1 – 0,7
Herz, Niere, Hirn, Lunge		0,2 – 0,8	0,5 – 2,7	2,0 – 9,0	6,0 – 8,0	0,07 – 0,5	0,1 – 1,0
Leber	4,0 – 8,0	0,2 – 0,8	0,5 – 2,7	2,0 – 9,0	13,0 – 20,0	0,07 – 0,5	0,1 – 1,0

das tierische Lebensmittel Fleisch nicht zu unterschätzen. Am Beispiel des Vitamin A kann man belegen, daß für seine Bildung eine enge Wechselbeziehung zwischen pflanzlichem und tierischem Organismus besteht.

Das Vitamin A (Retinol) ist ein Produkt des tierischen Organismus, sein Vorläufer wird in Form des Provitamins Carotin in den Pflanzen gebildet. Natürliche Quellen des Vitamin A sind neben der Leber Butter, Eigelb und Leberöle verschiedener Seefische. Auch in Rind- und Schweinefleisch werden geringe Menschen an Vitamin A gefunden.

Von den zum Vitamin-B-Komplex gehörenden Vitaminen kommt B_1 (Thiamin) als Quelle für den Menschen vor allem im Brot und Fleisch vor. Reich an B_1 sind die Organe Herz, Niere und Leber (Tab. 3.2-10 und 3.2-11).

Tab. 3.2-11 Durchschnittlicher Eiweiß-, Fett-, Mineralstoff- und Vitamingehalt von 100 g Innereien (nach [14])

		Herz	Hirn	Leber	Lunge	Niere	Zunge
Eiweiß	(g)	16	11	19	15	16	15
Fett	(g)	7	9	4	2	6	15
Calcium	(mg)	15	9	7	4	11	8
Phosphor	(mg)	190	360	345	130	235	180
Eisen	(mg)	3	2	12	4	9	3
Natrium	(mg)	90	160	90	120	190	90
Kalium	(mg)	160	340	365	275	310	260
Retinol (Vit. A)	(mg)	0,009	–	7,6	–	0,3	–
Thiamin (B_1)	(mg)	0,4	0,16	0,3	0,1	0,3	0,16
Riboflavin (B_2)	(mg)	0,9	0,25	3,3	0,3	2,2	0,29
Nicotinamid	(mg)	6,6	3,80	14,8	3,9	6,6	4,3

Den höchsten Thiamingehalt findet man im Schweinefleisch; relativ wenig ist hingegen im Fleisch von Kaninchen, Puten und Hühnern vorhanden. Das Vitamin B_2 (Riboflavin) ist ebenfalls im Fleisch der Schlachttiere vorhanden. Während B_2 im Fleisch weniger als B_1 vorkommt, übertrifft es in den Organen den B_1-Gehalt, z.B. enthalten 100 g Leber 2,90 mg, dagegen weist Schnitzelfleisch nur 0,23 mg B_2 auf. Das Vitamin kommt insbesondere in Milch und Käse vor.
Die Pantothensäure wird mit der Nahrung im wesentlichen wohl als Coenzym A aufgenommen. Sie ist im Fleisch aller Schlachttiere und besonders in den Organen (Leber), ferner in Hefe, Hühnereiern und Milchprodukten enthalten.
Beim Vitamin B_6 (Pyridoxin) handelt es sich um eine Gruppe von drei Substanzen, nämlich Pyridoxin, Pyridoxal und Pyridoxamin, die im menschlichen Organismus leicht ineinander überführt werden können. Das Pyridoxal spielt eine wichtige Rolle beim Stoffwechsel der Aminosäuren. Das Vitamin B_6 ist in pflanzlichen und tierischen Lebensmitteln weit verbreitet.
Vitamin B_{12} ist im Fleisch zu 0,004 mg, in den Organen (Leber) zu 0,003 – 0,08 mg je 100 g Frischmasse nachgewiesen worden. Es kommt in Pflanzen nicht vor.

Niacin (Nicotinsäure, Nicotinsäureamid), ist besonders reichhaltig im Fleisch und den Organen, im Fisch, in Pilzen und ferner auch im Weizen enthalten. Das mit Fleisch aufgenommene Niacin ist im hohen Maße an der Bedarfsdeckung des Menschen beteiligt.

Während das Biotin regelmäßig in Fleisch und Organen in Mengen von 0,001 – 0,06 mg je 100 g Frischmasse anzutreffen ist, findet man Vitamin C (Ascorbinsäure) nur in Niere, Milz, Herz, Leber und Hirn in Mengen von 5 – 40 mg je 100 g Frischmasse. Als weiteres Vitamin wurde das Tocopherol (Vitamin E) in Schweine-, Rinder- und Kaninchenfleisch sowie in Schweine- und Kalbsleber festgestellt, und zwar in Mengen von 0,1 – 0,8 mg je 100 g Frischmasse.

3.2.1.11 Knochen

Sie bestehen aus organischen und anorganischen Bestandteilen. Durch ihre Verbindung entsteht die außerordentliche Härte und Festigkeit der Knochen. Sie weisen durchschnittlich folgende Zusammensetzung auf: Wasser 10 – 28 %, Proteine 10 – 20 %, Lipide 10 – 25 % und anorganische Verbindungen 27 – 50 %. Vergleichsweise setzt sich das Knorpelgewebe aus 67 – 72 % Wasser, 17 – 20 % Eiweiß, 1,5 – 2,0 % Mineralstoffen und 3,0 – 5,0 % Fett zusammen.
Den Hauptbestandteil der organischen Stoffe bildet das Knochenkollagen (Ossein). Es macht etwa 95 % der Gesamteiweißmenge aus. Daneben existiert das Osseoalbumin, das mit Kohlenhydraten einen Komplex, das Mucoproteid Osseomucoid, bildet. Über die weiteren wasserunlöslichen Proteine ist nichts Näheres bekannt.

Das Knochengewebe bildet den größten Mineralspeicher des Körpers. Der Mineralstoffgehalt der Knochen besteht insbesondere aus Calciumphosphat, ferner Calciumcarbonat, Magnesiumsulfat, Calciumfluorid und -chlorid. Daneben werden Eisen-, Natrium- und Kaliumsalze sowie Calciumcitrat nachgewiesen. Die Knochen der Vögel sind sehr fest und reich an Salzen. Sie enthalten etwa 84 % anorganische Stoffe. Den relativen Anteil der Mineralstoffe in Knochen von Schafen und Bullen gibt die Tabelle 3.2-12 wieder. Mit zunehmendem Alter vergrößert sich der Carbonatgehalt, während die Phosphatmenge der Knochen abnimmt. Die anfallenden Knochen werden zu Lebensmitteln (Fleischknochen, Knochenfett, Speisegelatine), zu technischen Produkten (Knochenfett, Fotogelatine, Leim) oder zu Futter und z.T. auch zu Düngemitteln aufbereitet.

Tab. 3.2-12 Relativer Anteil der einzelnen Mineralstoffe am Mineralstoffgehalt von Hammel- und Bullenknochen (%) (nach [9])

Anorganische Stoffe	Hammel	Bulle
Calciumphosphate	85,3	84,0
Calciumcarbonat	9,5	10,2
Magnesiumphosphat	2,2	3,0
Calciumfluorid und andere Salze	3,0	2,8

3.2.2 Zusammensetzung von Geweben und Teilstücken

Die Zusammensetzung des Schlachtkörpers, seiner Gewebe und Teilstücke wird beeinflußt durch: Alter und Lebendmasse, Genotyp, Geschlecht und exogene Faktoren, insbesondere die Fütterung. Für die Zuordnung bzw. Bewertung der Teilstücke ist auch die Schnittführung (Zerlegung) von Bedeutung. In den Kapiteln 2.2 und 2.3 wurden die allgemeingültigen Erscheinungen des Wachstums und der Veränderungen der Körperzusammensetzung abgehandelt. Anknüpfend an diese Darlegungen und die Ausführungen in Kapitel 3.2.1 folgen detaillierte Angaben zu den Gewebeanteilen und Teilstücken der Schlachttiere in der Reihenfolge Rind, Schwein, Schaf, Geflügel und Kaninchen.

3.2.2.1 Rind

Gewebeanteile

Die Aufteilung einer Kuh etwa der Handelsklasse R ergibt folgende in Tabelle 3.2-13 aufgeführte Anteile: 53,50 % Fleisch, aufgelagertes Fett und Knochen. Dieser Anteil entspricht der Schlachtausbeute, 46,50 % entfallen auf Organe, Innenfette und verwertbare Rohstoffe für die industrielle Verarbeitung. Die sich anhand der Ausschlachtungsresultate ergebenden Ausbeuten schwanken insbesondere in Abhängingkeit vom Ausmästungsgrad relativ breit. Es können folgende Ausbeuten erzielt werden: bei Bullen 47 – 65 %, bei Ochsen 47 – 60 %, bei Färsen 43 – 59 % und bei Kühen 42 – 59 %.

Tab. 3.2-13 Prozentuale Aufteilung einer Kuh mit gutem Fleischansatz

Anteile	Prozent	Anteile	Prozent
Blut	2,5	Fleisch	28,0
Füße	1,5	Fett (aufgelagert)	9,5
Kopf	2,3	Knochen	16,0
Euter	1,0		
Netz	0,5		
Haut	7,3		
Schwanz	0,8		
Rückenmark	0,1		
Därme	6,0		
Magen	10,0		
Lunge, Leber, Herz, Niere, Milz	6,0		
Eingeweide- und Nierenfett	8,0		
Zerlegeverluste und Stichfleisch	0,5		
Summe	46,5	Summe	53,5

Fleischbetonte Rassen weisen generell eine höhere Ausbeute und eine geringere Intensität der Fettgewebsbildung auf als Milchrassen. In der Tendenz zeigen Bullen die höchsten und Färsen die niedrigsten Werte.

Der Knochenanteil beträgt durchschnittlich 16,56 % bei Färsen, 17,08 % bei Kühen und 21,10 % bei Bullen. Mit zunehmender Körpermasse kommt es kontinuierlich zur Erhöhung des Fettanteils und zur Abnahme des Knochenanteils.
Bei Schlachtkühen steigt der prozentuale Fleischanteil viel geringer als der Fettanteil. Das Fleisch-Fett-Verhältnis verengt sich von 1 : 0,05 auf 1 : 0,19. Das Fleisch-Knochen-Verhältnis verändert sich von 1 : 0,27 auf 1 : 0,22. Das auf den Oberflächen aufgelagerte Fett ergibt die Reihenfolge Färsen > Kühe > Bullen. Die Beschleunigung der Fettgewebsbildung mit zunehmendem

Ausmästungsgrad wird vor allem durch eine verstärkte subkutane Fettablagerung bewirkt. Die intermuskuläre Fettgewebsbildung ist im Bereich des Vorderviertels stärker als im Hinterviertel ausgeprägt, so daß mit fortschreitendem Alter und höherer Lebendmasse die Teilstücke Brust, Spannrippe sowie Fleisch- und Knochendünnung besonders verfetten. Um eine ausreichende sensorische Qualität zu erzielen, sollte der intramuskuläre Fettgehalt bei allen Rinderkategorien mit Ausnahme von Kälbern mindestens 2,5 – 3 % im Rückenmuskel aufweisen. Zur Erzeugung von „weißem" Kalbfleisch werden Lebendmassen von 120 – 220 kg angestrebt; die Tiere erreichen ein Alter von 3 – 5 Monaten. Bei der „verlängerten Kälbermast" erreichen die Tiere mit einem Alter von 6 – 7 Monaten eine Masse von 230 – 280 kg. Das Fleisch ist dann rosarot bis graurötlich.

Teilstücke

Zu den fleischreichen Teilstücken gehören Keule, Roastbeaf, Hochrippe, Filet und Bug. Als Teilstücke mittleren Wertes gelten Schuler, Fehlrippe und Kamm. Zu den Teilstücken mit geringerem Wert zählen Brust mit Spannrippe sowie die Fleisch- und Knochendünnung. Die durchschnittlichen prozentualen Anteile an Teilstücken, die der Schlachtkörper eines Rindes aufweist, sind in Tabelle 3.2-14 dargestellt.

Tab. 3.2-14 Veränderungen in der Schlachtkörperzusammensetzung bei Jungmastbullen der Rasse Dt. Schwarzbunte mit zunehmendem Alter bei der Schlachtung (mittl. Nährstoffversorgung) (nach [15])

Merkmale		Alter bei der Schlachtung (LW) 52 242	65 222	78 221	Trend
Lebendmasse vor dem Schlachten	kg	334	414	500	
	rel.	100	128	159	
Zweihälftenmasse = 100					
Haut		16,1	15,1	13,9	– –
Kopf mit Zunge		6,8	6,3	5,9	–
4-Füße-Masse		3,6	3,2	2,9	–
Körperhöhlenfett (Nieren- Beckenfett, Pansen- Darmfett)		5,1	6,6	8,8	+ +
Organe (Lunge, Leber, Herz Nieren)		5,8	5,4	5,0	–
Fettanteil im 3-Rippenstück	(%)	17,0	20,2	23,0	+ +
Teilstücke (1 Hälfte)	(kg)	92,7	119,0	146,6	
Teilstücke der Schlachtkörperhälfte	(%)				
Fehlrippe		9,7	10,1	10,3	+
Hochrippe		2,9	3,0	3,1	+
Roastbeef		5,5	5,4	5,5	±
Filet		2,0	1,9	1,9	±
Keule		34,5	33,2	31,8	– –
Schulter		17,1	16,9	16,4	–
Kamm		8,0	8,3	8,4	+
Brust und Spannripe		11,6	11,9	12,5	+
Fleisch- und Knochendünnung		8,7	9,2	10,0	+

LW = Lebenswochen

Es wird ersichtlich, daß die Keule über 30 % am gesamten Schlachtkörper von Jungmastbullen ausmacht; beim Bug liegen die entsprechenden Werte um 17 %, Brust und Spannrippe ergeben etwa 12 %.
Mit zunehmender Endmasse erhöht sich sowohl bei Jungbullen als auch bei Kühen die Masse aller Teilstücke. Der Anteil der Teilstücke von Schlachttieren innerhalb einer Rasse weist eine relativ große Variationsbreite auf. Dieser Tatbestand weist auf die Möglichkeit des zielgerichteten Einflusses durch tierzüchterische Maßnahmen hin. Ebenso wie beim Schwein die Erhöhung der Kotelettmasse angestrebt wird, zielen die Versuche in der Rinderzucht auf die Erhöhung der Masse des Roastbeefs ab. Einen objektiven Eindruck von der Muskelfülle dieses Teilstücks erhält man durch das Messen der Muskelfläche an der Hochrippe mit Pausfolie und anschließendem Planimetrieren. Bei Mastbullen hat man Unterschiede der Muskelflächen, die aus den M.longissimus dorsi, multifidus, spinalis und semispinalis bestehen, zwischen 65,3 und 83,3 cm^2 festgestellt.
Im Durschnitt liegt der Gesamtfettanteil eines Rindes zwischen 15 und 25 %, woraus ein Fett-Fleisch-Verhältnis von etwa 1 : 6 bis 1 : 4 resultiert. Es variiert von 1 : 31 bei 2 1/2 Monate alten Tieren bis 1 : 4,8 bei 2jährigen Rindern [16].
Das Eiweiß-Fett-Verhältnis beträgt 1 : 0,75 bei Zugrundelegung von 20 % Eiweiß und 15 % Fett.
Die Bindegewebsanteile am Vorderviertel sind höher als die der Hinterviertel. Der Bindegewebegehalt der Schlachtkörper steigt mit abnehmender Güteklasse.
Das Fleisch-Knochen-Verhältnis nimmt ständig zu. Es beträgt 3,2 : 1 bei 2 1/2 und 5,0 : 1 bei 24 Monate alten Tieren.

Nach SCHWARK [23] sind die Beziehungen zwischen den Maßen am Schlachtkörper – gemessen wird jeweils an der rechten Schlachtkörperhälfte – zum Fleisch, Fett und zu den Knochen so niedrig, daß diese Meßdaten zur indirekten Ermittlung des Fleischanteils oder der Schlachtkörperzusammensetzung nicht geeignet sind. Im Falle der Beziehung Rückenmuskelfläche (Fleischfläche) zur Fleischmenge bzw. zum Fleischanteil der Rinderhälfte wurde ein Korrelationskoeffizient von r = 0,60 gefunden. Nach TEMISAN und AUGUSTINI [16] bestehen enge Beziehungen zur Schätzung der Fleischmenge am Schlachtkörper über die Masse der Hälfte und der Pistole (Hinterviertel ohne Querrippe und Fleischdünnung) und zur Beurteilung des Knochenanteils die Masse der Hälften und die Masse der vier Füße.

Kalb
Die Schlachtausbeute bewegt sich zwischen 55 und 65 %, sie kann bei Doppellendern über 70 % betragen. Doppellender, die besonders bei fleischbetonten Rassen vorkommen, sind durch eine starke Bemuskelung der Keule und Schulter gekennzeichnet. Meist ist auch der M. longissimus dorsi stärker ausgeprägt. Sie weisen einen relativ geringen Fett-, Bindegewebs- und Knochenanteil auf. Beeinflußt wird die Muskelbildung durch Anabolica (s. Kap. 2.2).

3.2.2.2 Schwein

Gewebeanteile
Die Schlachtausbeute liegt beim Schwein zwischen 77 und 80 %. Aus Tabelle 3.2-15 sind die bei Schlachtung eines Schweines mit 76,77 % Ausbeute anfallenden Teile zu ersehen. Relativ hohe Anteile weisen mit je 3 – 3,5 % die Teile Croupon, Blut sowie Magen und Darm auf.

Tab. 3.2-15 Zusammensetzung eines Schlachtkörpers vom Schwein der Qualitätsklasse 2 mit Croupon (%) (nach [17])

Schlachtkörper-Warmmasse	76,77
Geschlinge	2,78
Nieren	0,26
Hirn	0,09
Milz	0,13
Flomen (Nierenfett)	2,48
Micker	1,17
Schwanz	0,27
Croupon	2,70 – 3,00
Blut	3,00 – 3,50
Magen und Darm	3,00 – 3,50
Nebenprodukte und Konfiskate (Klauen, Borsten, Magen-Darm-Inhalt, Ohrenausschnitte, Augen, Geschlechtsorgane)	6,00 – 6,50

Die Nebenprodukte und Konfiskate machen 6 – 6,5 % aus.
Die bei der Zerlegung anfallenden Gewebearten, insbesondere Fleisch und Fett, haben eine relativ hohe Variabilität. Tabelle 3.2-16 zeigt die grobgewebliche Zusammensetzung von Schlachtkörpern der Landrasse mit einer Lebendmasse von 90 und 120 kg. Danach steht das Muskelfleisch mit dem Fettgewebeanteil in einem Verhältnis von etwa 1 : 0,4. Mit steigender Lebendmasse erhöht sich der absolute Fleischanteil eines Tieres, parallel dazu aber auch die Fettmenge.

Tab. 3.2-16 Gewebliche Zusammensetzung des Schlachtkörpers von Tieren der Landrasse bei einer Lebendmasse von 90 und 120 kg (nach [12])

Gewebe	Lebendmasse 90 kg		Lebendmasse 120 kg	
	(kg) der Schlachtmasse	(%)	(kg) der Schlachtmasse	(%)
Fleisch	39,6	60,8	52,3	58,3
Fett	14,4	22,1	23,6	26,3
Knochen	7,4	11,3	8,9	9,9
Schwarte	3,7	5,8	5,0	5,5

Hinsichtlich des Geschlechts ergibt sich folgendes Bild. Weibliche Schweine weisen einen höheren Muskelfleischanteil als männliche Kastraten und somit ein günstigeres Fleisch-Fett-Verhältnis auf. Der niedrigere Fettanteil weiblicher Tiere trifft für alle Depotfette zu. Die Fettverteilung zwischen den Geschlechtern zeigt relativ geringfügige Unterschiede; etwa 61 – 63 % des Gesamtfettgewebes entfallen auf subkutanes, 25 – 30 % auf intra- und intermuskuläres und 7 – 8 % auf Körperhöhlenfettgewebe (Flomen).

Teilstücke

Die dargestellten Tendenzen – Absinken des prozentualen Fleischanteils und Anstieg des Fettgewebes – widerspiegeln sich auch in der Zusammensetzung der Teilstücke. Zwischen dem Anteil Fleischteilstücke und dem Gesamtfleischanteil bestehen enge Korrelationen von $r = +0{,}74$ bis +

0,87. Die Teilstücke Schinken und Kotelett ergeben durchschnittlich einen Anteil am Schlachtkörper von etwa 41 %. Addiert man die weiteren wertvollen Teilstücke Bug und Filet, so erhält man einen durchschnittlichen Anteil von etwa 50 % hochwertigem Fleisch. Je nach Handelsklasse schwanken sie zwischen 45 % und 55 %. Die Zunahme der wertvollen Fleischteile im Laufe der letzten Jahrzehnte ist beachtlich und als ein Ergebnis einer zielgerichteten Tierzucht zu werten. Merkmale der Schlachtkörperzusammensetzung weisen relativ hohe Heritabilitätswerte von $h^2 = 0{,}4 - 0{,}5$ auf. Dagegen liegen die Werte für Merkmale der Fleischbeschaffenheit nur zwischen 0,2 und 0,3. Die Bemühungen um die Verbesserung der Fleischbeschaffenheit stagnieren. Tierzüchterische Bestrebungen, auf dem Wege der Selektion voranzukommen, werden nicht nur durch relativ niedrige Heritabilitätswerte, sondern auch zusätzlich durch den Merkmalsantagonismus zwischen Fleischmenge und Fleischbeschaffenheit erschwert.

Mit steigender Lebendmasse nimmt auch der prozentuale Wassergehalt stark ab. Dagegen ist beim Trockensubstanz- und Fettgehalt ein deutlicher Anstieg zu verzeichnen; der Proteingehalt fällt in der Tendenz leicht ab (s. auch Kap. 2.3). Chemische Analysedaten des Fleisches von Schwein und Rind unterschiedlicher Qualitätsklassen zeigen, daß der Fettanteil die größeren Schwankungen aufweist.

3.2.2.3 Schaf

Gewebeteile

Bei Schafen und Lämmern wird bei gutem Ausmästungsgrad eine Schlachtausbeute von 50 – 54 % erreicht; weniger ausgemästete sogenannte Merzschafe weisen nur Ausbeuten von 35 – 40 % auf. Schaffleisch enthält mehr Bindegewebe als Rindfleisch. Trotzdem ist Schaffleisch im allgemeinen zarter als Rindfleisch (in ersterem ist der Kollagenanteil im Bindegewebe größer als der des schwerlöslichen Elastins).

Teilstücke

Die bei weitem wertvollsten Teilstücke sind die Keule und der Rücken. Sie sollen voll ausgeprägt sein. Welcher Anteil an Teilstücken beim Mastlamm erwartet werden kann, darüber gibt Tabelle 3.2-17 Auskunft. Detailliertere Aussagen über die Teilstückanteile enthalten Untersuchungsergebnisse von GÖHLER [19]. Danach entfallen auf Hals 9,8 %, Kamm 3,8 %, Bug 13,8 %, Vorderhaxe 3,0 %, Brust 14,6 %, Dünnung 6,0 %, Kotelett 8,0 %, Nierenstück 7,0 %, Keule 28,6 % und auf die Hinterhaxe 5,4 %.

Tab. 3.2-17 Durchschnittliche Gewebeanteile an Schlachtkörpern von Lämmern (%) (nach [18])

Teilstück	Fleisch	Talg	Knochen
Filet, Lende und Kotelett	57,24	23,53	17,57
Kamm, Hals und Bug	62,56	15,79	21,33
Bauch und Brust	57,06	29,76	12,68
Keule	67,10	13,53	19,13

3.2.2.4 Geflügel

Gewebeteile

Das Geflügel wird unzerlegt, in letzter Zeit zunehmend auch im zerlegten Zustand, in den Handel gegeben. Aufgrund der meist üblichen Einbeziehung der wertvollen Organe ist die Schlachtausbeute höher als bei den übrigen Schlachttieren. Tabelle 3.2-18 zeigt die Schlachtausbeute verschiedener Geflügelarten.

Tab. 3.2-18 Schlachtausbeute verschiedener Geflügelarten (ohne Eiswasserkühlung) [20]

		Broiler	Pute	Ente	Moschusente	Gans
Schlachtalter	(Wo.)	8	16	8	10	9
Lebendmasse	(kg)	1,6	6,0	2,9	2,2	4,5
Schlachtausbeute	(%)	73–74	80–81	73–74	73–74	73–74
Rumpfmasse	(%)	66–67	75–76	63–64	64–65	62–63
Verwertbare Organe	(%)	5,5	4,0	7,5	7,5	8,5
Abdominalfette	(%)	1,5	1,0	2,5	1,5	2,5

Die gewebliche Zusammensetzung der Schlachtkörper bzw. Teilstücke der Geflügelarten differiert (Tab. 3.2-19). Es zeigt sich, daß Puten und Broiler bezüglich des Anteils an wertvollem Fleisch am günstigsten abschneiden. Wassergeflügel weist einen hohen Hautanteil auf, der durch die subkutane Fettablagerung bedingt ist.

Tab. 3.2-19 Grobgewebliche Zusammensetzung des Schlachtkörpers und der fleischreichen Teilstücke verschiedener Geflügelarten (%) (nach [20])

		Broiler	Pute	Ente	Gans
Schlachtkörper ohne Hals und Flügel	Muskel	61	67	40	44
	Haut	14	11	34	30
	Knochen	25	22	26	26
Brust	Muskel	68	75	47	54
	Haut	8	6	28	28
	Knochen	24	19	25	18
Keule	Muskel	69	75	64	64
	Haut	7	5	24	20
	Knochen	24	20	12	16

Teilstücke

Während mit Ausnahme der 16 Wochen alten Puter bei allen Geflügelarten die Schlachtausbeute nahezu gleich ist, zeichnen sich jedoch Unterschiede im Anteil des bratfertigen Rumpfes, der Organe und des inneren Fettes sowie im Anteil an wertvollen Fleischteilstücken ab. Mit zunehmender Schlachtmasse steigt der Anteil der eßbaren Teile, und der Knochenanteil nimmt relativ ab.

In der züchterischen Arbeit wurde besonderer Wert auf die Beeinflussung des Brustfleischanteils gelegt. Vor allem hat der Verlust der Flugfähigkeit bei Wassergeflügel zu einer deutlichen Verminderung der Brustmuskulatur geführt.

Bei allen Geflügelarten kann man bis zu einem bestimmten Alter eine Zunahme der Schlachtausbeute und des Brustanteils beobachten. Der Schenkelfleischanteil bleibt demgegenüber konstant oder nimmt sogar ab. Weibliche Tiere haben einen etwas höheren Brustfleischanteil als männliche. Der Anteil an Darm- und Abdominalfett wird bei allen Mastgeflügelarten durch die Fütterung (Energiezufuhr) gerichtet verändert. Durch die Verwendung u.a. der Rassen Sussex und White Rocks bei der Züchtung von Hybrid-Masthühnern sind die Anteile wertvoller Fleischteile positiv beeinflußt worden. Vergleicht man damit Rassehühner, z.B. La Fleche, Blausperber und Lachshühner, so liegen diese durchschnittlich in der Brust- und Schenkelfleischmenge unter den Masthybriden.

3.2.2.5 Kaninchen

Die zur Schlachtung gelangenden Broiler- und Jungkaninchen weisen gewöhnlich Lebendmassen von 2,1 – 2,5 kg auf, während die kleinen, mittelgroßen und großen Rassen 2,0 – 4,5 kg wiegen. Die Schlachtausbeute liegt bei Broilerkaninchen zwischen 53 und 60 %.

Tab. 3.2-20 Massen wertvoller Schlachtkörperteilstücke bei 2,5 kg schweren Broilerkaninchen (nach [21])

Teilstücke	Teilstückmasse	Fleisch		Knochen	
		Masse	Anteil der Gesamtmasse	Masse	Anteil der Gesamtmasse
	(g)	(g)	(%)	(g)	(%)
Rücken	429,6	320,2	74,6	105,7	24,6
Keulen	467,8	353,4	75,5	114,6	24,5

Tabelle 3.2-20 weist die Massen wertvoller Teilstücke aus. Die einzelnen Teilstücke haben zum Gesamtschlachtkörper folgende prozentuale Anteile [21]:

- Vorderschenkel mit Brust 22-24 %
- Rücken 34-38 %
- Keulen 32-36 %
- Herz und Leber 5- 7 %

Das Fleisch-Fett-Verhältnis wird mit zunehmendem Alter ungünstiger. Beim Kaninchen gilt die Regel, daß die Verfettung des Schlachtkörpers beginnt, wenn die Tiere etwa 60 % der erreichbaren Körpermasse aufweisen.
Das Fleisch-Knochen-Verhältnis beträgt bei Fleischtypen 4,5 bis 5,0 : 1, bei anderen Typen 3,0 bis 3,5 : 1. Das Skelett des Kaninchens macht 9 – 11 % der Lebendmasse aus.

3.3 Zusammensetzung von Organen

3.3.1 Leber, Lunge, Niere

Die Leber ist reich an Enzymen, Vitaminen und zeichnet sich durch einen relativ hohen Kohlenhydrat-, Eisen- und Phosphorgehalt aus. Sie besteht aus 17 – 20 % Eiweiß, 3,5 – 3,7 % Lipiden, 2 – 5 % Kohlenhydraten, 1,3 – 1,6 % Salzen und 70 – 73 % Wasser [9]. Die Zusammensetzung der Leber unterliegt aus physiologischen Gründen Schwankungen. Die Leberproteine liegen in kolloidaler Form in den Leberzellen vor. Es handelt sich um Globuline, Albumine, Nucleoproteine, Glycoproteine, Eisenproteine, Kollagen und Elastin. Letztere machen etwa 1,1 – 1,2 % aus. Neben globulären werden auch fibrilläre Proteinmoleküle vermutet. In den Leberzellen findet die Synthese verschiedener Proteine, z.B. der Plasmaeiweiße des Blutes (Fibrinogen, Albumine, Prothrombin), statt. Die Leber enthält das Mukopolysaccharid Heparin. Sie enthält in relativ geringer Menge Purinbasen, Cholin, Creatinin, Methylguanidin, Turin und Harnstoff. Von den nichtstickstoffhaltigen Stoffen sind außer Glycogen, Milchsäure, Inosit u.a. vorhanden.
In der Leber wird die Galle gebildet, die im Darm die Emulgierung der Fette bewirkt. Bestandteile der Gallenflüssigkeit sind Gallenpigmente und die Gallensäuren. In ihr sind Cholesterol, Lecithin, Lipide, Salze der Fettsäuren, Mineralsalze, ferner auch Mucin und Harnstoff enthalten. Die Farbe der Galle wird insbesondere durch die Pigmente Bilirubin und Biliverdin hervorgerufen. Die Gallensäuren liegen überwiegend in Form von Natriumsalzen vor. Die chemische Struktur der Cholsäure ist der des Cholesterols sehr ähnlich und stellt ein Derivat der Cholansäure dar [9].

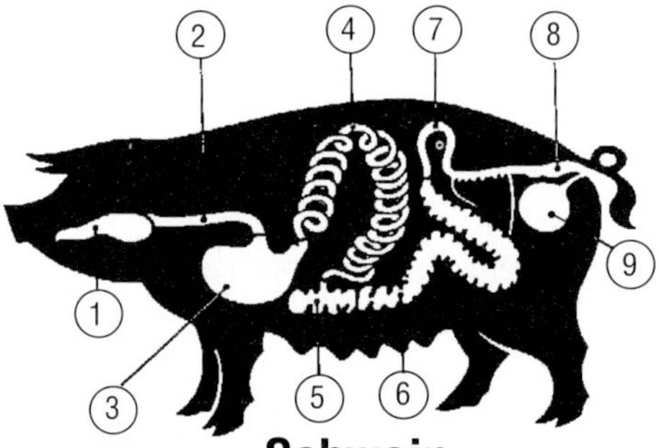

Abb. 3.3-1 Verdauungstrakt des Schweines mit der Bezeichnung der einzelnen Darmabschnitte (nach [22])

Nr.	Bezeichnung	anfallende Länge
1	Zunge	
2	Schlund	
3	Magen	
4	Enger Darm, Kranzdarm, Schweinekranzdarm	(ca. 18-20 m)
5	Butte, Piepe, Kappe, Buttdarm	(ca. 0,35 m)
6	Krausedarm, Krummdarm, Grimmdarm	(ca. 2,5- 3 m)
7	Nachende	(ca. 1 m)
8	Fettende, Schlacke, Fettdarm, Mastdarm	(ca. 1 m)
9	Blase	

Die **Lungen** bestehen aus 78 – 80 % Wasser, 15 % Eiweiß, 2 – 5 % Lipiden und 1 – 2 % Mineralstoffen. In ihnen kommt auch Heparin vor. Relativ hoch ist der Anteil an Kollagen und Elastin, woraus eine niedrige biologische Wertigkeit resultiert.
Die **Nieren** enthalten 76 – 83 % Wasser, 15 – 18 % Eiweiß, 2 – 5 % Lipide, 1,1 – 1,2 % Mineralstoffe, etwa 0,4 % Kohlenhydrate und ferner Vitamine [9]. Bei den Proteinen handelt es sich hauptsächlich um Globuline, Nucleoproteide und Mucine. Im Nierengewebe sind zahlreiche Enzyme vorhanden (vgl. Tab. 3.2-11).
Die Zusammensetzung weiterer Organe, wie Milz, Herz, Zunge und Gehirn, ist ebenfalls aus Tabelle 3.2-11 ersichtlich.

3.3.2 Darm und Haut

Der Darmkanal stellt ein mit Verdauungsschleimhaut ausgekleidetes Muskelrohr dar, das vom Magenausgang bis zum After (Kloake) reicht und zahlreiche Windungen, Schlingen, Verengungen und Erweiterungen hat. (Abb. 3.3-1 bis 3.3-3).
Dem gesamten Darm liegt ein einheitlicher Bauplan zugrunde. Dieses Prinzip wird bei den einzelnen Abschnitten in jeweils spezifischer Weise ausgeführt, ohne die charakteristische Schichtfolge zu verlieren. Der Darm besteht aus vier Schichten, und zwar der Schleimhaut, der Submukosa, der Muskelschicht und der Serosa.

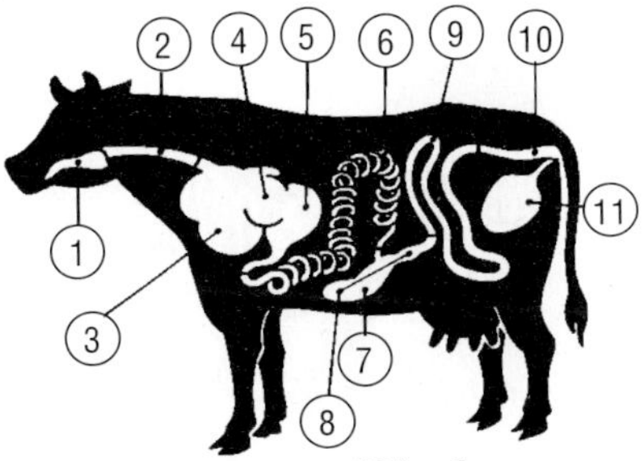

Abb. 3.3-2 Verdauungstrakt des Rindes mit der Bezeichnung der einzelnen Darmabschnitte (nach [22])

Nr.	Bezeichnung	anfallende Länge
1	Zunge	
2	Schlund	(ca. 0,7 m)
3	Pansen	
4	Buchmagen, Blättermagen	
5	Labmagen	
6	Kranzdarm, Dünndarm	(ca. 40 m)
7	Buttdarm, Rinderbutte, Plumpdarm, Bodensäckel	(ca. 1,25-2 m)
8	Nachende, Spitze	
9	Mitteldarm, Schloßdarm, Kranzdarm, Grimmdarm, Scheibendarm	(ca. 9 m)
10	Fettende, Rinderschlacke, Mastdarm	(ca. 0,75 m)
11	Blase	

Die Einteilung des Darmkanals in Dünndarm und Dickdarm gilt für alle Schlachttiere, einschließlich Geflügel. Beide teilen sich wieder in je drei Unterabteilungen, in Zwölffingerdarm, Leer- und Hüftdarm sowie in Blind-, Grimm- und Mastdarm auf (beim Geflügel existieren zwei Blinddärme und ein Mastdarm). Handelsübliche und anatomische Bezeichnungen der Naturdärme werden in Tabelle 3.3-1 wiedergegeben.
In den Dünndarm mündet der Ausgang der Gallenblase und der Bauchspeicheldrüse ein.

Rinderdarm: Der Dünndarm windet sich kranzartig um die Dickdarmscheibe. Der Blinddarm ist glatt, ohne Poschen (Ausstülpungen) und ohne Bandstreifen. Der Grimmdarm ist poschenlos und ohne Gekröseansatz, er hat durchscheinende Fettadern. Kennzeichnend ist ferner seine Form. Beim Mastdarm fehlen Poschen und Bandstreifen. Charakteristisch ist die Fetteinlagerung, die für die Namensgebung als Fettende oder Fettdarm Veranlassung gab.

Schweinedarm: Der Dünndarm macht kranzartige Windungen und hat einen Gekröseansatz. Er ist dünner, jedoch meist auch enger als der vom Rind. Der Blinddarm ist durch drei Reihen Poschen und drei Bandstreifen erkennbar. Der Grimmdarm liegt in bienenkorbartigen Windungen und ist an der gebogenen Form sowie an den zwei Bandstreifen und zwei Reihen Poschen zu erkennen. Für den Mastdarm (Enddarm oder Fettende) sind die glatte Oberfläche und die gleichmäßige Verbreitung des Fettes in der Darmwand charakteristisch. Der am Darm verbleibende Schließmuskel des Afters mit einem Teil der Schwarte wird als „Krone" bezeichnet.

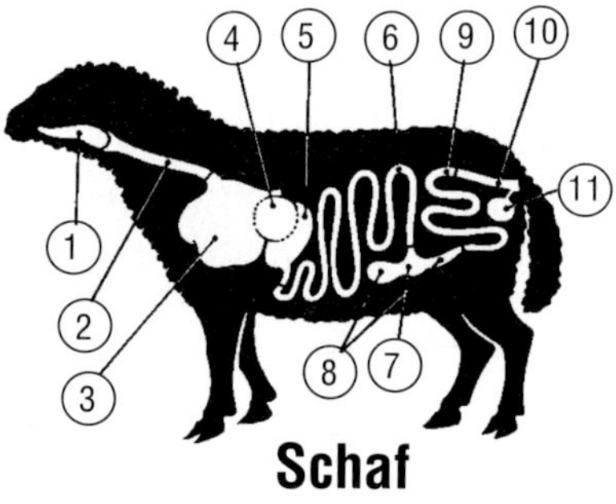

Abb. 3.3-3 Verdauungstrakt des Schafes mit der Bezeichnung der einzelnen Darmabschnitte(nach [22])

Nr.	Bezeichnung	anfallende Länge
1	Zunge	
2	Schlund	
3	Pansen	
4	Buchmagen, Blättermagen	
5	Labmagen	
6	Saitling, Dünndarm	(ca. 22 m)
7	Buttdarm, Hammelbutte, Kappe, Hammelkappe	(ca. 1 m)
8	Nachende, Spitze,	
9	Mitteldarm	(ca. 2 m)
10	Fettende	(ca. 0,5 m)
11	Blase	

Tab. 3.3-1 Naturdärme – anatomische und handelsübliche Bezeichnungen

Anatomische Bezeichnungen		Handelsübliche Bezeichnungen			
		Rind	Schwein	Schaf	Kalb
Dünndarm (Intestinum tenue)	Zwölffingerdarm (Duodenum)	Kranzdarm	Schweinedarm	Saitling	
	Leerdarm (Jejunum) Hüftdarm (Ileum)				
Dickdarm (Intestinum crassum)	Blinddarm (Caecum)	Butte mit Anfangsteil des Grimmdarmes	Schweinekappe	Butte	Butte
	Grimmdarm (Colon)	Mitteldarm oder Schloß-darm	Schweinekrause		
	Mastdarm (Rectum)	Fettende, Schlacke oder Fettdarm	Schweine-fettende/ Schlacke		

Im Jahre 1991 wurden durch den „Zentralverband Naturdarm e.V." die handelsüblichen Bezeichnungen und gleichzeitig auch Beurteilungskriterien neu gefaßt. Bezüglich der oben genannten Bezeichnungen gibt es keine wesentlichen Änderungen (s. Fleischwirtschaft 71 (1991) S. 1417)

Schafsdarm: Der Schafsdarm ist dem Rinderdarm sehr ähnlich. Der Dünndarm hat eine schwach bogige Form; er wird als Saitling oder auch als Hammeldarm bezeichnet.
Der Blinddarm ist poschen- und bandlos und wird Kappe genannt.

Geflügeldarm: Der Zwölffingerdarm ist hell- bis graurötlich. Er bildet beim Huhn zunächst eine U-förmige Schlinge, um sich dann kranzartig fortzusetzen. Der Leerdarm und Hüftdarm verlaufen geradlinig. Letzterer mündet in die Blinddärme ein. Bei Ente und Gans ist der Leerdarm in unterschiedlicher Weise gewunden und geschlängelt. Der Dickdarm ist sehr kurz und mit Ausnahme der Kloake nur wenig weitlumiger als der Dünndarm.

Die Därme weisen in ihrer Zusammensetzung relativ große Unterschiede auf. Die Werte lauten (Angaben für den Dickdarm in Klammern):

– Wasser	85	(65) %
– Lipide	2	(26) %
– Proteine	12	(8) %
– Mineralstoffe	0,9	(0,6) %

Die **Haut** bildet die gesamte äußere Körperoberfläche und ist bei den Säugetieren mit Haaren und Drüsen ausgestattet. Sie besteht aus der Oberhaut (Epidermis) und der Lederhaut (Corium) sowie der Unterhaut (Subcutis). Epidermis und Corium werden auch als Cutis bezeichnet.

Die Oberhaut besteht aus einem mehrschichtigen, verhornenden Plattenepithel. Ihre Dicke weist tierartliche und örtliche Unterschiede auf. Es werden die folgenden Schichten unterschieden:
- Stratum corneum (Hornschicht)
- Stratum lucidum
- Stratum granulosum
- Stratum spinosum
- Stratum basale.

Die Lederhaut besteht aus zwei Schichten:
- Stratum papillare (Papillarkörper)
- Stratum reticulare.

Das Stratum basale und spinosum bilden die Keimschicht (Stratum germinativum). Aus der Keimschicht werden alle übrigen Zellen der Oberhaut gebildet. An pigmentierten Hautstellen sind den Zellen Melaninkörnchen eingelagert.

Die Lederhaut besteht vorwiegend aus kollagenen und elastischen Fasern. Sie enthält Blut- und Lymphgefäße, Nerven und auch glatte Muskelfasern. Das Stratum papillare trägt Vorsprünge bzw. Fortsätze, die sich in das Relief der Epidermis einfügen. In dem Stratum reticulare sind die Kollagenfaserbündel stärker ausgebildet. Sie sind ineinander eng verflochten. Diesem Fasergeflecht verdankt die Lederhaut ihre Festigkeit. Die Dicke der Lederhaut zeigt neben tierartlichen auch regionale Unterschiede. Sie ist beim Rind am dicksten. Für die Lederherstellung ist die Elastizität ein wichtiges Qualitätsmerkmal. Da diese bei jungen Tieren deutlicher ausgeprägt ist, liefern deren Häute die wertvollsten Ledersorten. Wenn die Schweinehaut zur Ledergewinnung verwendet werden soll, darf das Corium beim Brühprozeß nicht durch Hitzeeinwirkung geschädigt werden.

Die Unterhaut stellt die Verbindung der äußeren Haut mit ihrer Unterlage her. Die Subcutis ist gegen das Corium nicht deutlich abgegrenzt. Ihre Bindegewebszüge sind locker und meist zu Lamellen geordnet. In das Bindegewebe der Unterhaut ist mehr oder weniger Fettgewebe eingelagert. Insbesondere bei Schweinen werden hier größere Speicherfettmengen abgelagert.
Die Schweinehäute haben einen hohen Wasseranteil. Je nach dem Grad der Fettentfernung kann der Lipidgehalt schwanken. Durchschnittlich findet man folgende Zusammensetzung:

– Wasser	58 %
– Proteine	27 %
– Lipide	14 %
– Mineralstoffe	1 %

Die Schweinehaut (Schwarte) enthält vornehmlich Kollagen und Elastin. In der Epidermis kommen in allen epidermalen Bildungen, wie Horn, Huf, Wolle, Haare und Ferdern, Keratine vor. Letztere gehören zu den Skleroproteinen.

Quellen und Literatur

[1] VOSS, H.: Grundriß der normalen Histologie und mikroskopischen Anatomie. Leipzig: Georg Thieme Verlag 1977

[2] SAJONSKLI, H.; SMOLLICH, A.: Zelle und Gewebe. Leipzig: S. Hirzel Verlag 1990

[3] UDE, J.; KOCH, M.: Die Zelle, Atlas der Ultrastruktur. Jena: Gustav Fischer Verlag 1982

[4] HUXLEY, H.E.; HANSEN, J.: The molecular basis of constraction in cross-striated muscle. In: The Structure and Function of Muscle, Bd. 1. New York: 1960, S. 183

[5] SMOLLICH, A.; MICHEL, G.: Mikroskopische Anatomie der Haustiere. Jena, Stuttgart: Gustav Fischer Verlag 1992

[6] LEDWARD, D.A.: Zusammensetzung und Struktur des Fleisches (zit. in: Priesley, R.J.: Effects of Heating on Foodstuffs. Appl. Sci. Publ., Berking, Essex, London, 1979

[7] HAMM, R.: Struktur und Funktion des Muskels, Fleischwirtschaft 61 (1981) S. 1822

[8] BECHTEL, P.J.: Muscle as food. Orlando, San Diego, New York: Academic Press, Inc. 1986

[9] KRYLOWA, N.N.; LJASKOWSKAJA, J. U. N.: Biochemie des Fleisches, 2. Aufl. Leipzig: Fachbuchverlag 1977

[10] BAILEY, A.J. et al.: The Role of Connective Tissue in Determining the Textural Quality of Meat. In: Connective Tissue in Meat and Meat Products. London: Elsevier Sci. Publ. 1989

[11] PRÄNDL, O.; FISCHER, A.; SCHMIDHOFER, T.; SINELL, H.-J.: Handbuch der Lebensmitteltechnologie. Fleisch – Technologie und Hygiene der Gewinnung und Verarbeitung. Stuttgart: Verlag Eugen Ulmer 1988

[12] PFEIFFER, H.; VON LENGERKEN, G.; GEBHARDT, G.; Wachstum und Schlachtkörperqualität Schweine. Berlin: Deutscher Landwirtschaftsverlag 1984

[13] NÜRNBERG, K.; ENDER, K.: Die Fettqualität bei Schweinen unterschiedlichen Geschlechts. Fleischwirtschaft 70 (1990) S. 1415

[14] FRANZKE, C.: Lehrbuch der Lebensmittelchemie, Teil 1 und 2. Berlin: Akademie Verlag 1990

[15] KALLWEIT, E.; KIELWEIN, G.; FRIES, R.; SCHOLTYSSEK, S.: Qualität tierischer Nahrungsmittel. Stuttgart: Verlag Eugen Ulmer 1988

[16] TEMISAN, V.; AUGUSTINI, CH.: Schätzung der Schlachtkörperzusammensetzung des Rindes. Fleischwirtschaft 65 (1985) S. 1150

[17] THELOE, G.: Schlachthofkunde. Arbeiten des Inst. f. Fleischwirtschaft. Magdeburg, H. 12, 1973

[18] MATZKE IN: SCHWARK, H.-J.; JANKOWSKI, ST.; VERESS, L.: Internationales Handbuch der Tierproduktion – Schafe. Berlin: Deutscher Landwirtschaftsverlag 1981

[19] GÖHLER, N.N.: Zit. in: Schwark, H.-J.; Jankowski, St.; Veress, L.: Internationales Handbuch der Tierproduktion – Schafe. Berlin: Deutscher Landwirtschaftsverlag 1981

[20] PINGEL, H.; JEROCH, H.: Biologische Grundlagen der industriellen Geflügelproduktion. Jena: Gustav Fischer Verlag 1980

[21] LÖHLE, K.; WENZEL, V.D.: Kaninchen und Edelpelztiere von A bis Z. Berlin: Deutscher Landwirtschaftsverlag 1984

[22] RAUFMANN, G.: Handbuch für Därme. Berlin: Verlag Darmzeitung 1939

[23] SCHWARK, H.-J.; SCHOELY, W.; DIERCHEN, B.: Die Schlachtleistungen von SMR-Kühen und Maßnahmen zur besseren Nutzung des diesbezüglichen Leistungspotentials. Tierzucht 37 (1983) S. 10

4 Mikrobiologie und Hygiene

H. SIELAFF

Die Mikroflora eines Lebensmittels wird durch den Anfangskeimgehalt und milieubedingte Parameter geprägt. Dabei bildet sich ein mikrobiologisches Profil heraus, das für viele Produktgruppen typisch ist. Man spricht von mikrobiellen Assoziationen und kennzeichnet damit Gemeinschaften von verschiedenen Mikroorganismen, die in einem Lebensmittel üblicherweise angetroffen werden. Ein bekanntes Beispiel ist die *Pseudomonas-Acinetobacter-Moraxella*-Assoziation auf der Oberfläche von Frischfleisch und Organen warmblütiger Schlachttiere, bei Wild und Geflügel.

Vom Tier stammende Lebensmittel sind aufgrund ihres mehr oder weniger hohen Keimgehalts leicht dem Verderb ausgesetzt. Dieser wird durch die Enzyme der Mikroorganismen und die entstehenden Stoffwechselprodukte verursacht. Von den Eiweißen werden vornehmlich die Proteine des Sarkoplasmas, weniger schnell das Kollagen und Elastin angegriffen. Viele Bakterienarten und Schimmelpilze sowie auch verschiedene Hefearten bilden fettspaltende Enzyme. Alle Keime benötigen Kohlenhydrate. Sie und die Eiweiße werden zuerst abgebaut, während die mikrobielle Lipolyse nicht so rasch in Erscheinung tritt.

Verschiedene Mikroorganismen können nach dem Genuß von Lebensmitteln Infektionen oder Intoxikationen hervorrufen. In manchen Fällen verursachen Mikroben sowohl Infektionen als auch Intoxikationen. Solche Toxi-Infektionen können insbesondere durch *Salmonella*-Bakterien bewirkt werden. Diese Keime und Staphylokokken sind am häufigsten Verursacher von Lebensmittelvergiftungen, gefolgt von Clostridien, Schimmelpilzen, Shigellen, *Bacillus cereus*, enteropathogenen Colibakterien, *Yersinia enterocolitica*, *Campylobacter*-Arten, Listerien und sogenannten Saprophyten, die gelegentlich in Betracht kommen. Ohne Bedeutung sind bislang Viren. Virusinfektionen der Tiere bzw. des Fleisches führen praktisch nicht zur Übertragung auf den Menschen. Da sich Viren im Fleisch nicht vermehren, ist die potentielle Gefährdung begrenzt. Die meisten Viren sind thermolabil; sie werden bei Temperaturen um 65 °C und einer Einwirkungsdauer von 5 - 10 min. zerstört. Nachträgliche Infektionen von Fleisch und Fleischerzeugnissen mit Viren menschlichen Ursprungs (z.B. *Poliomyelitis*-Viren) können als Kontaminationsquellen nicht ausgeschlossen werden. Manche Lebensmittel verfügen über natürliche Barrieren, die das Vordringen von Mikroorganismen verhindern oder verzögern. Auf der Oberfläche des Fleisches befindliche Faszien, die ein relativ festgefügtes Bindegewebe darstellen, bieten einen gewissen Schutz. Wird jedoch diese Schutzhülle zerstört, erhöht sich das Verderbsrisiko sofort. Es wird extrem erhöht, wenn Fleisch zerkleinert wird, z.B. bei der Herstellung von Hackfleisch oder der Brätherstellung. Durch Milieufaktoren und technologische Maßnahmen können das Wachstum und die Vermehrung von Mikroorganismen im positiven oder im negativen Sinne beeinflußt werden.

4.1 Einfluß von Milieufaktoren auf das Wachstum von Mikroorganismen

Für das Wachstum und die Vermehrung von Mikroorganismen sind von den äußeren Faktoren besonders bedeutungsvoll: Nährsubstrat, Temperatur, a_w-Wert und pH-Wert, Gasatmosphäre, Konservierungsstoffe, Zutaten, sowie alle Herstellungsverfahren, die auf das teilweise oder vollständige Ausschalten von Mikroorganismen und Enzymen gerichtet sind. Nachfolgend werden diese Faktoren, mit Ausnahme der Einwirkung durch Herstellungsverfahren, die in den entsprechenden Kapiteln Berücksichtigung finden, dargestellt, soweit dies aus technologischer Sicht von Interesse ist.

4.1.1 Nährsubstrat

Die im Fleisch und in Fleischerzeugnissen originär vorkommenden Nährstoffe können die "Bedürfnisse" vieler Bakterien, Hefen und Schimmelpilze befriedigen. Beeinflussungen ergeben sich durch Zusätze, wie Säuren, Salz, Gewürze, Konservierungsmittel, oder durch Entzug von Wasser, Konkurrenzflora oder Stoffwechselprodukte der gleichen Spezies. Typische Verdrängungseffekte sind bei Silofutterbereitung und der Rohwurstreifung zu beobachten. In beiden Fällen kommt es darauf an, daß Milchsäurebakterien frühzeitig die Oberhand bekommen und durch Säurebildung die Flora unterdrücken, die das Verderben (Umschlagen) bewirken würde. Eine Mangelsituation kann auftreten, wenn Kohlenhydrate nicht mehr zur Verfügung stehen oder bestimmte Substrate, z.B. Vitamin B_1, unzureichend vorhanden sind. *Staphylococcus aureus* soll sich in Konkurrenz mit der üblichen Fleischverderbnisflora nicht behaupten können, wenn diese ihm für das Wachstum unerläßliche Thiamin entziehen [2].
Verschiedene Bakterien können bei Nährstoffmangel ihren Stoffwechsel reduzieren oder einstellen. Die Bakterien der Gattungen *Bacillus* und *Clostridium* sind zur Bildung von Endosporen befähigt. Die Sporenbildung erfolgt meist bei Erschöpfung des Nährsubstrats. Der Stoffwechsel kommt zum Erliegen; die Sporen bilden auch keine Toxine. Unter günstigen Umweltbedingungen können sie wieder unter Bildung von vegetativen Zellen auskeimen.

4.1.2 Temperatur

Entsprechend dem Temperaturoptimum, bei dem die Zellteilung und das Wachstum vonstatten gehen, teilt man die Mikroorganismen in psychrophile, mesophile und thermophile Keime ein. Der Temperaturbereich für psychrophile Mikroorganismen reicht von -15 bis etwa +15 °C. Bei den mesophilen Keimen liegt das Wachstumsoptimum zwischen 25 und 40 °C und bei den thermophilen über 40 °C bis zu Temperaturen von über 70 °C. Abbildung 4.1-1 zeigt, daß es Übergangsformen gibt, die sich ober- oder unterhalb des Optimums vermehren können. Derartige Formen werden mit der angefügten Silbe "troph" gekennzeichnet. Ein als psychrotroph (faktultativ psychrophil) bezeichneter Keim zeigt nicht nur Wachstum bei Kühl-, sondern auch bei mittleren Temperaturen. Zu ihnen gehören verschiedene Arten der Familie *Pseudomonadaceae*. Als extrem psychrophil gelten einige Hefen und Schimmelpilze, die bei -15 °C, z.T. sogar darunter, wachsen können (Abb. 4.1-1).

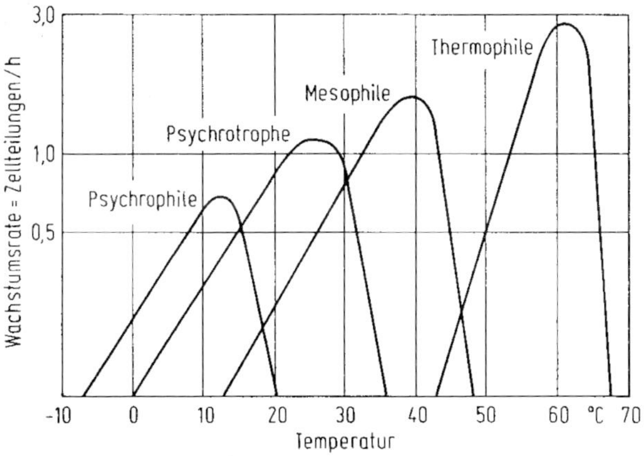

Abb. 4.1-1 Wachstumsraten von Mikroben mit unterschiedlichem Temperaturoptimum (nach [1])

Tab. 4.1-1 Minimale Wachstumstemperaturen bei verschiedenen pathogenen und Lebensmittel-Mikoorganismen (nach zahlreichen Literaturangaben) (nach [2])

	Art bzw. Gattung	minimale Wachstums-temperatur (°C)
Pathogene bzw. potentiell Pathogene	*Bacillus cereus*	10
	Staphylococcus aureus	5 bis 13
	S. aureus, Enterotoxinbildung	10 bis 19
	Vibrio parahaemolyticus	5 bis 8
	Enteropathogene *Escherichia coli*	8 bis 10
	Clostridium botulinum Typ A	10
	Pseudomonas aeruginosa	9
	Salmonella spec.	6
	Clostridium perfringens	5
	Clostridium botulinum Typ E und einige Stämme Typ B und F	3,5 bis 5
	Fusarium, Penicillium	- 18
Index- und Indikatorkeime	*E. coli*	8 bis 10
	Klebsiella spec., *Enterobacter* spec.	± 0
	Streptococcus faecalis	± 0
Verderbserreger	*Bacillus subtilis*	12
	Streptococcus faecium	± 0 bis 3
	Lactobacillus spec.	1
	Pseudomonas fluorescens	- 3
	»*Achromobacter*« spec.	- 4
	Bacillus psychrophilus, Bacillus insolitus	- 5 bis -7
	Hefen	- 12

Bei den meisten Hefen liegt die untere Wachstumsgrenze jedoch um 0 °C. Mikroorganismen vermehren sich durch Zellteilung exponentiell; aus einer Zelle entstehen zwei, aus zwei vier usw. Man unterscheidet nach Latenz-, Beschleunigungs- und exponentieller Vermehrungsphase (logarithmische Vermehrung, log-Phase) sowie Verzögerungsphase, stationäre Phase und Phase der Keimabnahme. Die Vermehrungsphase tritt bei den Organismen nach verschiedenen Zeiten, z.B. bei *B. cereus* in 1 – 8 h, bei Staphylokokken nach 2 – 4 h, bei Salmonellen nach 12 – 36 h ein, dagegen bei Shigellen erst nach 1 – 7 Tagen. In der exponentiellen oder logarithmischen Phase ist die Geschwindigkeit der Vermehrung konstant und maximal. Bei welchen minimalen Temperaturen in Lebensmitteln vorkommende Mikroorganismen einschließlich pathogene Keime zu wachsen vermögen, vermittelt Tabelle 4.1-1. Je nach Generationszeit können unterschiedlich große Keimmengen entstehen. Unter exponentiellen Bedingungen bilden sich bei einer Generationszeit von 20 min. innerhalb von 8 Stunden 2×10^7 Keime (Tabelle 4.1-2).

Tab. 4.1-2 Die Vermehrung von einzelligen Mikroorganismen mit unterschiedlicher Generationszeit während der exponentiellen Vermehrungsphase [3]

Vermehrungszeit	Keimzahl bei einer Generationszeit von		
	20 min	60 min	120 min
0 min	1	1	1
20 min	2	1	1
40 min	4	1	1
60 min	8	2	1
2 h	64	4	2
3 h	512	8	2
4 h	4096	16	4
8 h	2×10^7	256	16
16 h	3×10^{14}	7×10^4	256
24 h	5×10^{21}	2×10^7	4096
48 h	2×10^{43}	3×10^{14}	2×10^7

Die Exponentialzahlen wurden aufgerundet.

Bei einem Anfangskeimgehalt von 10^4 Organismen kann die Anzahl auf 10^7 in einem Gramm Fleisch innerhalb von 3,5 h und bei einem Anfangskeimgehalt von 10^6 Zellen in 1,3 h erreicht sein. Damit wird die Bedeutung der Hygieneanforderung hinsichtlich eines niedrigen Anfangskeimgehalts in Lebensmitteln besonders augenscheinlich. Die Keimvermehrung kann insbesondere durch entsprechende thermische Behandlungsverfahren (Kühlen, Gefrieren, Hitzeanwendung) eingeschränkt werden, wobei der Zeitpunkt des Einsetzens derartiger Maßnahmen wesentlich ist. Das Absenken der Temperatur unter das Optimum geht mit einer Verlangsamung des Stoffwechsels und der Vermehrung einher. Eine Temperaturabsenkung um 10 K ergibt eine Verlangsamung der Reaktionsgeschwindigkeit enzymatischer Prozesse (Stoffwechselprozesse) auf die Hälfte bis auf ein Viertel. Manche Stoffwechselprozesse verlaufen noch unterhalb der Minimaltemperatur ab, obwohl der Mikroorganismus nicht mehr wächst. Ausnahmen besonderer Art stellen proteolytische Enzyme und vor allem Lipasen von Mikroben dar, die noch bei – 18 bzw. -30 °C aktiv sind. Voraussetzung dafür ist, daß der Stofftransport durch das Aufrechterhalten einer flüssigen Phase gesichert ist, wie dies in Lebensmitteln mit einem hohen Gehalt an gelösten Stoffen der Fall ist.
Allgemein läßt sich feststellen: Je niedriger die Temperatur, desto länger sind die Generationszeiten und desto langsamer vermehren sich die Mikroorganismen. Zu den Hauptverursachern des

Lebensmittelverderbs zählen psychrotrophe und mesophile Bakterien. Erstere wachsen noch bei 0 °C. Eine Temperaturerhöhung in diesem Bereich um 3 K bewirkt eine Verdoppelung der Wachstumsgeschwindigkeit. Hingegen ist im Temperaturbereich bis zu 5 °C eine Vermehrung von Salmonellen (mesophile Keime) nicht zu erwarten, sie können aber bei Kühllagerung am Leben bleiben. [4, 5].

4.1.3 a_w- und pH-Wert

Wie alle Organismen, so benötigen auch Mikroben Wasser zum Leben. Die Entwicklung von Mikroorganismen in Lebensmitteln ist jedoch nicht vom absoluten Wassergehalt des Substrats abhängig, sondern von dem "verfügbaren Wasser" oder "aktiven Wasser". Als Meßgröße wird der a_w-Wert herangezogen. Wasser wird von verschiedenen originären Fleischinhaltsstoffen sowie zugesetzten Stoffen (Salze, Kohlehydrate) gebunden und steht den Mikroben für ihren Stoffwechsel und die Vermehrung nicht zur Verfügung. Proportional zum Anstieg der Konzentration an wasserbindenden Substanzen und der Abnahme der Wassermenge sinkt der Dampfdruck über dem Lebensmittel (Beispiel Rohwurstreifung). Der optimale a_w-Wert der meisten Mikroorganismen liegt

Tab. 4.1-3 Minimale a_w-Werte für das Wachstum von Mikroorganismen [6]

Minimaler a_w-Bereich	Organismengruppe	Beispiele: minimaler a_w-Wert	Beispiele: Organismen (Gattung bzw. Species)
0,97 – 0,96	Gramnegative Stäbchenbakterien	0,97	*Pseudomonas*
	Clostridium botulinum Typ E	0,96	*Acinetobacter, E. coli, Klebsiella, Shigella, Clostridium botulinum* Typ E
0,95 – 0,91	Die meisten Bakterien	0,95	*Salmonella u. a.* Enterobacteriaceae, *Bacillus, Clostridium, Microbacterium*
		0,94	*Lactobacillus, Streptococcus, Pediococcus*
0,94 – 0,87	Hefen	0,94	*Candida utilis*
		0,88	Die meisten Verderbniserreger
		0,87	*Debaryomyces*
0,90 – 0,86	Grampositive Kokken	0,90	*Micrococcus*
		0,86	*Staphylococcus aureus*
0,93 – 0,80	Schimmelpilze	0,93	*Rhizopus nigricans*
		0,83	*Penicillium expansum*
		0,81	*P. patulum*
		0,80	Die meisten Verderbniserreger
0,80 – 0,75 (0,60)	Halophile Bakterien	0,75	*Halobacterium halobium*
0,65 – 0,60	Osmotolerante (-phile) Hefen	0,62	*Saccharomyces rouxii*
0,78 – 0,60	Xerotolerante (-phile) Schimmelpilze	0,78	*Aspergillus flavus*
		0,77	*A. ochraceus*
		0,70	*A. glaucus*
		0,69	*Chrysosporium fastidium*
		0,60	*Xeromonas bisporus*

bei $a_w > 0,98$. Besonders anspruchsvoll hinsichtlich des Wasserbedarfs sind Bakterien, während Hefen und Schimmelpilze geringere Anforderungen stellen. Als grobe Durchschnittswerte kann man für das Wachstum von Mikroben die folgenden minimalen a_w-Werte zugrunde legen: Bakterien 0,95, Hefen 0,88, Schimmelpilze 0,80, halophile Bakterien 0,75, osmophile Hefen 0,60 – 0,65 und xerotolerante Schimmelpilze 0,60 (Tab. 4.1-3). Bei einem $a_w < 0,95$ stellen die meisten *Enterobacteriaceae* ihr Wachstum ein. Besonders empfindlich gegenüber einer Verminderung der Wasseraktivität sind u.a. Pseudomonaden. Grampositive Bakterien sind generell resistenter. In gepökelten rohen Fleischerzeugnissen (Salzzugabe, Wasserentzug) findet man deshalb regelmäßig eine grampositive Flora.

Das Wachstum von Mikroorganismen wird von dem Milieufaktor pH-Wert mitbestimmt, so daß Angaben über Vermehrungsbedingungen diesen Parameter stets enthalten. Eine entsprechende Kombination von pH- und a_w-Wert kann sich auf die Haltbarkeit eines Produktes sehr positiv auswirken. Die meisten unbehandelten Fleischarten und -erzeugnisse sind schwach sauer. Ein relativ niedriger Anfangs-pH-Wert, bedingt durch einen entsprechenden Kohlenhydratgehalt im Laufe der Glycolyse, nimmt Einfluß auf die Selektion von Mikroorganismen in Frischfleisch. Niedrige pH-Werte wirken keimhemmend, was besonders auch aus lebensmittelhygienischer Sicht von Bedeutung ist. Das pH-Minimum liegt für die meisten Verderbniserreger bei pH 4,5 (viele *Enterobacteriaceae Bacillus*-Arten) und auch für *Clostridium botulinum* Typ A und B. Im Gegensatz dazu haben Essigsäurebakterien ihr pH-Optimum zwischen pH 5,4 und 6,3 und Lactobacillus-Arten zwischen 5,5 und 6,0. Entsprechend niedriger liegen bei diesen Keimen die minimalen pH-Werte. Säuretoleranter als Bakterien sind Hefen und Schimmelpilze, die vielfach noch in stark saurem Milieu wachsen.

Das pH-Maximum liegt bei Bakterien, Hefen und Schimmelpilzen zwischen 8 und 9 (Abb. 4.1-2). Undissozierte organische Säuren und besonders auch schwach dissozierte Säuren (Milchsäure, Essigsäure) können in die Zelle eindringen und dadurch eine Hemmwirkung hervorrufen. Der Grad der Ansäuerung ist u.a. davon abhängig, ob das Anion der Säure metabolisiert werden kann (und damit H^+-Ionen freigesetzt werden) und in welchem Maße der unkontrollierte Protonentransport in

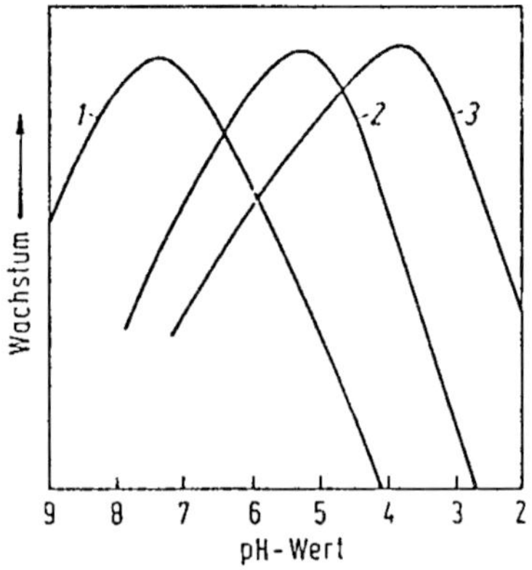

Abb. 4.1-2 pH-Wert-Bereiche für Bakterien (1), Hefen (2) und Schimmelpilze (3) (nach [9])

die Mikroorganismenzelle verstärkt wird [7]. Bei gleichem pH-Wert bewirken schwach dissoziierte Säuren eine stärkere Wachstumshemmung als stärker dissozierte Säuren. Beispielsweise tritt eine Hemmung der Vermehrung von *Staphylococcus aureus* durch Essigsäure bei pH 4,6, durch Milchsäure bei pH 4,3 und durch Weinsäure bei pH 3,9 ein [8, 9]. In vielen Lebensmitteln sinkt der pH-Wert während der Reifung oder Lagerung infolge von Säurebildung oftmals aber nur vorübergehend ab, um dann, bedingt durch mikrobielles Wachstum oder Auftreten von Stoffwechselprodukten, wieder anzusteigen (z.B. während der Rohwurstreifung).

4.1.4 Gasatmosphäre

Aufgrund ihres unterschiedlichen Bedarfs an molekularem Sauerstoff werden die Mikroben üblicherweise in drei Gruppen unterteilt: Aerobier, Anaerobier und fakultative Anaerobier. In Gegenwart von Luft wird in aeroben Bakterien durch flavinhaltige Enzyme die Bildung von Wasserstoffperoxid (z.B. bestimmte Laktobazillenarten) und durch Oxidasen als Nebenprodukt die Bildung von Superoxidradikalen katalysiert. Andere aerobe Mikroorganismen können Superoxid-Ionen und Wasserstoffperoxid mit Hilfe der Superoxid-Dismutase bzw. der Katalase (z.B. Mikrokokken) zerstört und damit vor schädlichen, vor allem toxischen Wirkungen schützen [7]. Fakultativ anaerobe Bakterien (z.B. *Enterobacteriaceae*) haben beide Entgiftungssysteme. Strikt anaerob wachsenden Mikroben (Clostridien) fehlen beide Enzyme. Sie sterben deshalb in Anwesenheit von Luft schnell ab. *Staphylococcus aureus* ist zwar faktultitv anaerob, vermag aber ohne ausreichende Sauerstoffzufuhr kein Toxin zu bilden. Er kann sich jedoch ebenso wie Enterobacteriaceae, Laktobazillen und Streptokokken bei reduzierter O_2-Spannung in tieferen Schichten von Lebensmitteln vermehren.

Der Sauerstoffpartialdruck ist entscheidend dafür, ob sich bei der Lagerung eine überwiegend aerobe oder anaerobe Flora entwickelt. Der Ausschluß von Sauerstoff in Vakuumverpackungen oder durch Verpackung in einem inerten Gas wie Stickstoff, führt zu einer Verringerung von aeroben Keimen (*Pseudomonas*, *Bacillus*-Arten, Schimmelpilze, Hefen u.a.) und zur Förderung von fakultativ anaeroben Mikroben, insbesondere *Lactobacillus*-Arten. Daneben können sich *Brochotrix thermosphacta* und *Alteromonas putrefaciens* (H_2S-Produzent) entwickeln. Erstere Keimart wächst noch bei +1 °C und ist durch eine signifikante Lipase-Aktivität gekennzeichnet.
Man verwendet spezielle Gasmischungen als "Schutzgasatmosphäre", wobei die Wirkung von CO_2 besonders bedeutend ist. Kohlendioxid (Kohlensäure) hemmt das Wachstum verschiedener Schimmelpilze, Hefen und auch bestimmter Bakterien. Die antimikrobielle Wirkung der Kohlensäure geht, wie beschrieben, vom undissozierten Anteil (H_2CO_3) aus [2]. Die Haltbarkeitsverlängerung von vakuumverpacktem, gekühltem Fleisch beruht nicht nur auf einer Absenkung der O_2-Konzentration – die noch durch den Stoffwechsel des Fleisches und vorhandener aerober Keime verstärkt wird – sondern auch auf dem hemmenden Effekt des entstehenden CO_2. Es kommt zur Änderung des mikorbiologischen Profils. Zunächst gedeihen gramnegative Bakterien. Sie werden, wie erwähnt, in relativ kurzer Zeit durch Laktobazillen überwachsen, die Werte von $10^7 - 10^8$ g erreichen können, ohne daß das Fleisch nach dem Öffnen der Verpackung verdorben erscheint Zur Haltbarkeitsverlängerung von gekühltem Fleisch und gleichzeitiger Farberhaltung (Bildung von oxidiertem Myoglobin) verwendet man eine Gasatmosphäre, die sich aus 20 % CO_2, 50 – 80 % O_2 und restlichem N_2 zusammensetzt [7].

4.1.5 Konservierungsstoffe und Zutaten

Von den verschiedenen Einflüssen werden nachfolgend die antimikrobiellen Wirkungen von einigen Konservierungsmitteln und Zutaten dargestellt. Man unterscheidet reversible und irreversible Wirkungen. Wenn letztere Wirkung eintritt, spricht man von einem bakteriziden bzw. fungiziden Effekt, der eine Abtötung von Mikroorganismen zur Folge hat. Wird das Wachstum nur zeitweilig gehemmt, so liegt eine bakteriostatische, fungistatische bzw. virostatische Wirkung zugrunde. Es ist oftmals eine Frage der Dosis, ob die zugesetzten Substanzen einen mikrobiziden oder mikrostatischen Einfluß haben.
Je nach dem angewendeten Konservierungsstoff ist ein Abtötungseffekt bei den üblichen Anwendungskonzentrationen innerhalb von Tagen bis einigen Wochen zu erwarten. Hierin liegt der Unterschied zwischen Konservierungsstoffen und Desinfektionsmitteln; letztere sind nur dann brauchbar, wenn die Mikroben innerhalb kurzer Zeit abgetötet werden. Das Absterben von Mikroorganismen unter dem Einfluß von Konservierungsstoffen verläuft als Reaktion erster Ordnung [8]. Worauf die antimikrobielle Wirkung der chemischen Substanzen beruht, ist im Vergleich zu den medizinisch angewandten Antibiotica bisher wenig untersucht. Diskutiert wird die Beeinflussung von Enzymreaktionen oder Enzym- und Proteinsynthesen in der Zelle sowie Effekte auf die Zellwand bzw. Zellmembran, deren Aufbau und den Transportmechanismus von Nährstoffen in den Mikroorganismus. Ebenso wie Desinfektionsmittel wirken auch Konservierungsstoffe nicht gleich stark gegen Bakterien, Hefen und Schimmelpilze. Neben der Dosis spielen der pH-Wert und die Zusammensetzung des Lebensmittels eine Rolle. Eine Übersicht über die Wirkung einiger Konservierungsstoffe gegen Mikororganismen gibt Tabelle 4.1-4.

Tab. 4.1-4 Wirkungsweise einiger Konservierungsstoffe gegenüber Mikroorganismen (nach [8])

	Bakterien	Hefen	Schimmelpilze
Sulfit	+ +	+	+
Ameisensäure	+	+ +	+ +
Propionsäure	+	+ +	+ +
Sorbinsäure	+ +	+ + +	+ + +
Benzoesäure	+ +	+ + +	+ + +
p-Hydroxybenzoesäureester	+ +	+ + +	+ + +
Diphenyl	–	+ +	+ +

– = unwirksam
\+ = wenig wirksam
\+ + = mittelstark wirksam
\+ + + = gut wirksam

Kochsalz wird seit alters her zum Haltbarmachen von Lebensmitteln verwendet. Es wirkt keimhemmend, bei der üblichen Konzentration in Lebensmitteln in der Regel nicht abtötend, auf Mikroorganismen. Die konservierende Wirkung von Natriumchlorid auf Mikroorganismen beruht hauptsächlich auf dem osmotisch bedingten Wasserentzug und der daraus resultierenden a_w-Wert-Senkung. Kochsalz wirkt ferner quellend und macht viele Mikroben anfälliger gegen den Angriff von anderen Konservierungsstoffen. Als eine weitere Wirkung des Kochsalzes wird die Herabsetzung der Löslichkeit des Sauerstoffs in NaCl-haltigen Medien angesehen, wodurch aeroben Keimen der Zugang zum Sauerstoff erschwert wird [3]. Allgemein kann man sagen, daß Bakterien gegen

Kochsalzeinwirkungen empfindlicher reagieren als Hefen und Schimmelpilze. Eine Sonderstellung nehmen die Halophilen ein. Manche von ihnen sind auf eine hohe Kochsalzkonzentration angewiesen, z.B. die Gattungen *Halobacterium* und *Halococcus*. Bestimmte halophile Keime, vor allem bestimmte Schimmelpilze, können gesalzene Därme in ihrem Gebrauchswert schädigen oder gar zersetzen.

Vor allem Verderbniserreger, wie Pseudomonaden, *Acinetobacter*, *Enterobacteriaceae*, *Clostridium* und *Bacillus*arten werden gehemmt. Bei Staphylococcus aureus, Mikrokokken und salztoleranten Hefen besteht eine stärkere Abhängigkeit von der Konzentration und Temperatur [7]. In Wursterzeugnissen, Schinken und Speck zeigt Kochsalz schon in Konzentrationen von 2 – 3 % gute antimikrobielle Effekte. Dabei ist zu berücksichtigen, daß die Konzentration in der wäßrigen Phase höher liegt. Beispielsweise liegt bei Margarine, der man 3 % Kochsalz zusetzt, die NaCl-Konzentration in der wäßrigen Phase bei 19 % [3]. Die Hemmung von Mikroben wird oftmals durch kombinierte Effekte erzielt, z.B. durch gleichzeitige Verwendung von Nitrit (Nitritpökelsalz) und bestimmten antimikrobiell wirkenden Gewürzen sowie vor allem durch die Kombination mit physikalischen Konservierungsverfahren.

Die Anwendung von Nitrit erfolgt in Form des Nitritpökelsalzes. Seine antimikrobielle Wirkung beruht auf dem Freisetzen von salpetriger Säure und den daraus entstehenden Stickoxiden. Diese blockieren über die Aminogruppen das Dehydrogenasesystem der Mikrobenzelle und führen so zu dem Hemmeffekt. Der biochemische Mechanismus der Wirkung von Nitriten auf Bakterien ist in seinen Einzelheiten nicht aufgeklärt. Insgesamt gesehen sind die Angaben über den Hemmeffekt des Nitrits auf Mikroorganismen widersprüchlich und wohl auch dadurch zu erklären, daß verschiedene Faktoren wie NaCl-Konzentration, a_w-Wert, pH-Wert, Redoxpotential sowie aerobe und anaerobe Wachstumsbedingungen einen Einfluß haben. Die Wirkung ist ausschließlich auf Bakterien gerichtet, das Wachstum von Schimmelpilzen und Hefen wird nicht beeinflußt.

Erwähnt sei in diesem Zusammenhang, daß Nitrat das Wachstum von aerob wachsenden Keimen eher fördert, manche denitrifizierende Mikroorganismen verwerten es als Stickstoffquelle (u.a. mikrobieller Abbau von Nitrat zu Nitrit in Fleischwaren). Die anitmikrobielle Wirkung von Nitrat bezieht sich auf anaerobe Bakterien und ist relativ gering. Nitrat wirkt vielmehr durch das aus ihm in Fleischerzeugnissen entstehende Nitrit.

Der Hemmeffekt von Nitriten allein ist nicht groß genug, um Bakterien sicher zu beeinträchtigen. Die bei der Herstellung von Fleischerzeugnissen üblichen Nitritkonzentrationen von 10 – 150 ppm hätten nur in wenigen Fällen einen bakteriostatischen Einfluß. In Rohwurst wäre zum Beispiel die Hemmung von Salmonellen zu Beginn der Reifung vom Zusatz von 125 ppm Natriumnitrit abhängig. Nach MÜLLER [3] "wird unter praktischen Gesichtspunkten eine Nitritkonzentration von mindestens 100 mg je 1 kg Fleisch (= 100 ppm) als erforderlich angesehen, um eine starke Vermehrung auszuschließen". Der Autor betont hierbei das Zusammenwirken verschiedener o.g. Einflußfaktoren. Von besonderem Interesse ist die Hemmwirkung des Nitrits auf *Clostridium botulinum*. Offenbar ist ein hinreichender Effekt erst in der Kombination mit Kochsalz zu erwarten. Wenngleich die Angaben in der Literatur widersprüchlich sind, wird ein Hemmeffekt generell bejaht. Zu der wesentlichen Frage der Beeinträchtigung der Toxinbildung vegetativer Formen von *C. botulinum* äußert sich LEISTNER [10]: "Bei großen Rohschinken, Blutwurst und Lebewurst vermindert jedoch die Verwendung von Nitrit die Wahrscheinlichkeit der Toxinbildung durch *C. botulinum* kaum, dagegen bei spritzgepökelten Rohschinken, Kochschinken und Brühwurst deutlich. Die Bedeutung des Nitrits für die Verhütung von Botulismus sollte daher nicht verallgemeinert und auch nicht überschätzt werden."

Die antimikrobielle Aktivität ist wie erwähnt pH-abhängig, sie nimmt mit sinkendem pH-Wert zu. Als Beispiel wird in der Literatur die Nitritwirkung bei *Staphylococcus aureus* nach Ergebnissen von CASTELLANI und NIVEN [11] zitiert. Danach liegen die Werte für die Hemmkonzentration bei
- pH-Wert 6,9 bei 4 000 mg/kg
- pH-Wert 5,8 bei 400 mg/kg und
- pH-Wert 5,08 bei 80 mg/kg.

Einige Gewürze enthalten bakterienhemmende, z.T. auch bakterienabtötende Stoffe. Am bekanntesten sind Knoblauch und Zwiebeln. Antimikrobiell wirksame Bestandteile sind auch in Anis- und Kümmelfrüchten, ferner in Thymian- und Pfefferminzblättern, Hopfenfrüchten, Bärentraubenblättern, Spitzwegerichkraut, Gewürznelken, Muskatnuß, Pfeffer, Piment und Zimt vorhanden. Die Eigenschaften dieser Stoffe werden medizinisch und auch zur Konservierung genutzt.

4.2 Kontamination von Fleisch, Organen und Blut

4.2.1 Allgemeine Charakteristik der Kontamination

Die im Fleisch anzutreffenden Mikroorganismen können bereits im lebenden Organismus (intra vitam) vorhanden sein oder während des Schlachtens (intra mortem) oder nach der Fleischgewinnung (post mortem) auf bzw. in das Fleisch gelangen.

Das Zustandekommen des intravitalen Keimbefalls geschieht dadurch, daß Darmbakterien in geringer Anzahl die nicht geschädigte Darmwand zu passieren vermögen und über die Blut- und Lymphgefäße in das Körperinnere eindringen, d.h. auch bei gesunden Tieren können die Muskulatur, Organe, Lymphknoten usw. Keime enthalten. Dieser als primärer Keimgehalt bezeichnete Bakterienbefall ist gering. Normalerweise wird er von den Abwehrmechanismen des Körpers eliminiert. Wachstum von aeroben Keimen in der Tiefe der Muskulatur ist, selbst wenn zum Zeitpunkt der Schlachtung eine geringe Besiedlung vorliegen sollte, selten, da nach wenigen Stunden post mortem anaerobe Bedingungen entstehen. Organe wie Leber, Milz und auch Lymphknoten können intravital belastet sein. Ein Problem besteht darin, daß anscheinend gesunde Tiere infiziert sein können. Durch Streßeinwirkung kann es zu einer Beeinträchtigung oder gar zum Zusammenbruch des Abwehrmechanismus kommen, so daß Keime, z.B. Salmonellen, in das Körperinnere eindringen und in der Inkubationszeit mangels entsprechender Symptome weder vor noch nach der Schlachtung erkannt werden.

Intra mortem können Keime über geöffnete Blutgefäße in den Körper gelangen. Die Hauptquelle für die postmortale Kontamination ist jedoch das gesamte Milieu während des Schlachtens und der nachfolgenden Behandlung des Fleisches. Als Kontaminationsmöglichkeiten und -quellen kommen in Betracht: Teile der Tierkörperoberfläche (z.B. Haut, Klauen), Stichstelle, Fäkalien, Boden

(Berührung mit Fußboden), Mensch, Werkzeuge, eventuell Wasser und auch die Luft. Für diesen sekundären Keimbefall gibt es zahlreiche Möglichkeiten. Je nach dem Kontaminationsgrad kann ein mehr oder weniger hoher Keimgehalt auf oder im Fleisch, den Organen, den gereinigten Därmen und im Blut resultieren. Neben Verderbniserregern kann auch eine Besiedlung mit krankmachenden Keimen vorliegen.

Als Verderbserreger spielen *Enterobacteriaceae, Micrococcaceae, Lactobacillaceae*, Enterokokken, einige Bacillus- und Clostridiumarten die Hauptrolle. Dazu kommt die für den Fleischverderb wichtige Psychrotrophenflora. Für die Haltbarkeit spielt, wie bereits dargelegt, die Temperatur eine wesentliche Rolle. Je niedriger die Lagertemperaturen gehalten werden, umso geringer ist auch das Risiko der Vermehrung von Mikroben. Umgekehrt liegen die Verhältnisse bei höheren Temperaturen. Es kommt zu Geruchsabweichung, Schleimbildung und Verfärbung. Von mikrobiellem Verderb sprechen wir, wenn Bakterien durch ihre Vermehrung und Stoffwechseltätigkeit das Fleisch in seiner Beschaffenheit so verändern, daß der Gebrauchswert erheblich beeinträchtigt oder seine bestimmungsgemäße Verwendung überhaupt ausgeschlossen ist. Generell läßt sich sagen, daß hohe Wasseraktivitäten und Proteingehalte mit niedrigem Gehalt an Kohenhydraten die Entwicklung der gramnegativen, eiweißzersetzenden Flora fördern. Solche Bedingungen sind im Fleisch gegeben. Hinzu kommen relativ optimale pH-Werte in diesem Lebensmittel. Ferner läßt sich allgemein feststellen, daß Lebensmittel, wie frisches Fleisch, gegarte Pökelerzeugnisse und die meisten Koch- und Brühwürste, Fische und Eier, mit einem a_w-Wert > 0,95 leicht verderblich sind. Weniger verderbsanfällig sind Produkte, die a_w-Werte < 0,95 bis etwa 0,92 aufweisen, z.B. frische Rohwürste, bei denen resistentere Keime, u.a. Laktobazillen, Hefen und Schimmelpilze wachsen. Relativ lange haltbar sind Erzeugnisse mit einem a_w-Wert < 0,90. Hierzu zählen ausgereifte Rohwürste, Rohschinken, Trockenfleisch und z.B. Hartkäse und hartgesalzene Fische.

4.2.2 Keimbefall und Verderb von Fleisch

Auf der Körperoberfläche, vornehmlich in den feuchten Bereichen der Körperöffnungen, wie Maul- und Lidspalte, Nase, äußerer Gehörgang, After, äußere Geschlechtsorgane und Ausführungsgänge der Milchdrüse, lassen sich zahlreiche Mikrobenarten nachweisen. Während der Schlachtung kann

Tab. 4.2-1 Oberflächenkeimgehalt frisch ausgeschlachteter Rinder (Durchschnitte von 15 Schlachtkörpern) [12]

Schlachthygiene[1]	Anzahl der Tiere	Keime je geschlachtetem Körper		
		Enterobacteriaceae	Proteolyten	Psychrophile
Routinemäßige sorgfältige Reinigung von Händen	10	$47 \cdot 10^3$	$103{,}7 \cdot 10^6$	$45{,}8 \cdot 10^6$
Routinemäßige sorgfältige Reinigung von Messern nach dem Enthäuten	5	$5 \cdot 10^3$	$10{,}3 \cdot 10^6$	$1{,}8 \cdot 10^6$

[1]Aus drei Schlachthöfen

das Fleisch auf vielfältige Weise kontaminiert werden. Markante Gefährdungsquellen sind der Brühprozeß, das Enthäuten, Entfedern, Kühlen im Spinchiller, Ausschlachten, Absetzen der Klauen und Unterfüße, Verunreinigungen des Fleisches mit Fäkalien sowie nicht zuletzt die Hände und Werkzeuge.
Der Keimgehalt der Haut der Tiere liegt generell über $10^6/cm^2$. Sowohl bei der mechanischen als auch manuellen Enthäutung kommt es zu einer Keimübertragung auf die Fleischoberfläche. Übertragen werden insbesondere *Enterobacteriaceae*, Proteolyten und Psychrophile in Größenordnungen von etwa 10^3 bis 10^6 (Tab. 4.2-1). Wenn es gelingt, die genannten Gefährdungsstellen zu minimieren, sollte es möglich sein, den Oberflächenkeimgehalt der Schlachtkörper auf durchschnittlich 10^2 bis 10^3 Keime/cm^2 zu reduzieren. Hierfür gibt es bereits praktische Beispiele in der Schweine- und Rinderschlachtung Dänemarks und Finnlands. Der Keimbefall der Hände und Unterarme des Schlachtpersonals kann außerordentlich hoch sein, wie in Tabelle 4.2-2 belegt.

Tab. 4.2-2 Verkeimung von Händen und Unterarmen eines Fleischers während der einzelnen Schlachtphasen [12]

Schlachtphase	Keime je Waschprobe[1]				
	Gesamtkeimzahl	*Enterobacteriaceae*	Proteolyten	Sporen	Psychrophile
Vor Arbeitsbeginn	$30 \cdot 10^6$	550	$2,2 \cdot 10^6$	$4 \cdot 10^3$	$6 \cdot 10^3$
Nach dem Absetzen der Klauen	$218 \cdot 10^6$	$14 \cdot 10^3$	$7,4 \cdot 10^6$	$1,5 \cdot 10^6$	$16,8 \cdot 10^6$
Nach dem Enthäuten	$174 \cdot 10^6$	$0,1 \cdot 10^6$	$9,8 \cdot 10^6$	$3,4 \cdot 10^6$	$10,3 \cdot 10^6$
Nach dem Ausschlachten	$26 \cdot 10^6$	$8 \cdot 10^6$	$4,3 \cdot 10^6$	$0,3 \cdot 10^6$	$0,1 \cdot 10^6$

[1]Zwischen den einzelnen Schlachtphasen wurden die Hände jeweils gründlich gereinigt

Im Verlauf eines Schlachttages nehmen insbesondere Bazillen und Anaerobier im Brühwasser ständig zu. Die Keimzahlen im Brühkessel können sich um das Tausendfache erhöhen. Beim Vergleich verschiedener Brüh- und Enthaarungstechniken erweist sich das Kontaminationsrisiko im Falle der Anwendung des Bottichbrühens auch wegen des Eindringens von Mikroorganismen via Stichstelle in tiefere Gewebeschichten als besonders problematisch. Die durch den Keimbefall des Brühwassers bedinge Kontamination der Schwarte kann ein Schmierigwerden der Hautoberfläche bedingen. Da es sich vorwiegend um thermoresistente Mikroorganismen handelt, kann dies Auswirkungen auf die Herstellung und Haltbarkeit von Fleischerzeugnissen haben. Als kritisch ist namentlich das Eindringen von Brühwasser nicht nur in die Lunge, sondern vor allem in den Brustraum entlang der Stichstelle zu betrachten. Zur Kontamination der Oberfläche des Schlachtkörpers kommt es auch durch die Enthaarungsmaschine und ferner durch die Blankschabemaschine, die beim Sengverfahren eingesetzt wird.

Besonders hoch ist die Keimbesiedlung im Magen-Darm-Trakt. Am höchsten ist sie im Dickdarm, wo mehrere Milliarden Mikroben vorhanden sind. Zu spätes Ausschlachten kann zum Eindringen von Mikroorganismen aus dem Darmtrakt in das Fleisch führen. In Anbetracht des hohen Keimgehaltes ist es von außerordentlicher Bedeutung, eine Verunreinigung der Fleischoberfläche mit Darminhalt zu vermeiden. Etwaige Verunreinigungen sind mit dem Messer in oberflächlicher

Schicht abzutragen oder mittels Wasserstrahls zu beseitigen. Die Verteilung von Mikroorganismen auf verschiedenen Stellen des Rinder- und Broilerschlachtkörpers unmittelbar nach dem Schlachten wird aus den Tabellen 4.2-3 und 4.2-4 ersichtlich. Es zeigt sich, daß die Mechanisierung des Schlachtvorgangs keine Verbesserung des mikrobiologischen Status der Schlachtkörper gebracht hat [14].

Tab. 4.2-3 Bakterieller Kontaminantenstatus (GKZ in $\log_{10}/cm^2$) an verschiedenen Stellen von Rinderschlachtkörpern (nach [13])

Methode	NT	AT		AT	SpT	NT		NT		NTT		NTT
Variable			Hand	Mech			So	Wi	H	L	M	S
Lateral												
Nacken/Kamm	3,1	3,2	4,9	2,9			4,2	4,8				
Bruststück	4,3	4,4	5,2	5,0	3,6	3,5					2,3	3,0
Schulter			5,0	3,1			4,8	4,7	3,3	3,5	2,9	3,6
Leiste											2,8	3,4
Bug									3,2	3,7	3,7	4,2
Oberschale	3,4	3,7	4,3	2,4	2,1	3,5	4,1	4,0	3,4	4,3	3,4	4,1
Rippen	3,0	3,3			4,0	4,6					3,0	3,7
Medial												
Nacken/Hals							4,5	4,9			2,2	1,9
Bruststück											3,7	3,4
Oberschale					3,5	3,0	4,9	4,7	3,7	3,5	3,2	2,4
					Mm. add.			Mm.add.				
Bug									1,3	1,4		
Vordergliedmaßen						3,2	4,0					

NT = Naß-Tupfer
NTT = Naß-Trocken-Tupfer
AT = Abtrage-Technik
SpT = Spül-Technik
Hand = Enthäutung per Hand
Mech. = Enthäutung per Maschine
H = Enthäutung hängend
L = Enthäutung liegend
So = Sommer
Wi = Winter
M = Mai
S = September

Mm.add.: Musculi adductores

Die Keimvermehrung auf oder im Fleisch tritt nicht sofort gravierend auf. Durch das Absinken des pH-Wertes infolge der Fleischsäuerung tritt zunächst eine Verschlechterung der mikrobiellen Lebensbedingungen ein. Bis zur Totenstarre werden gewöhnlich keine bedeutenden mikrobiellen Prozesse beobachtet. Mit dem Ansteigen des pH-Wertes und dem Vorliegen weiterer günstiger Milieufaktoren kommt es zur Keimvermehrung und zu enzymatischen Aktivitäten.

Mit der relativ langen lag-Phase der Mikroorganismen hängt es zusammen, daß sich der Keimgehalt von schlachtwarmem und gekühltem Fleisch innerhalb weniger Stunden kaum voneinander unterscheidet. Auf der Oberfläche von Schweinehälften, die unter Kühlbedingungen bis zu 48 h p.m. gelagert worden waren, wurden $10^2 - 10^4$ Keime/cm² nachgewiesen. Kontrollproben, bei 9 °C gelagert, sollen etwa die gleiche Menge auf der Oberfläche aufgewiesen haben. Ähnliche Resultate wurden bei Rinderhälften, die bei 16 °C 6 h und 10 h p.m. aufbewahrt wurden, gefunden [15].

Untersuchungen von unter Vakuum im warmen Zustand verpackten Rindfleischstücken, die bei Kühltemperaturen aufbewahrt wurden, ergab gegenüber Fleisch, das in gekühltem Zustand verpackt worden war, Unterschiede in den Keimarten. Nach 14-tägiger Aufbewahrung bei 2,2 °C war

Tab. 4.2-4 Aerobe Gesamtkeimzahl, gewonnen an Halshaut bzw. perikloakaler Haut von Broilern in Abhängigkeit von Produktionsstufen, logarithmiert (zit. in [13])

Vor dem Brühen	Nach dem Brühen	Nach dem Rupfen	Nach Evisceration	Nach Evisceration und Duschen	Nach dem Kühlen	Endprodukt	Besonderes, Bemerkungen		
				5,17	4,97		Wasser-	0,51	Perikloakale
				5,29	4,52		verbrauch	1,01	Haut
				5,26	5,05		in l/TK	3,21	
		4,64/6,03/5,43				5,27/5,16/5,08	Rücken und Bürzel		
						5,97/5,68			
7,12			6,52		5,92		Gesamtkeimzahl, erhoben		
							nach 5 Tagen/20 °C, Halshaut		
			4,92	4,28	4,11		Wasser-	3,5	Halshaut
			4,54	4,10	4,02		verbrauch	2,5	
			5,57	5,28	5,48		in l/TK	3,5	
			5,60	4,90	5,73			2,5	
8,0	6,6	5,6	5,7				Perikloakale Haut		
7,0	6,6	5,6	5,7		5,0				
7,9	4,7	5,5	4,8		5,9				
7,4	6,2	5,6	5,8				Halshaut		
6,4	5,5	4,9	5,2		5,5				
7,7	4,3	5,6	5,4		6,0				
	4,23						Halshaut		
		5,35		5,36			Perikloakale Haut		
		5,34		5,62					
		4,76		4,85					
				5,56	5,67		Halshaut		
		5,15	5,84	5,85	5,43	5,12	Gesamthautmazeration, Probenahme		
							in den ersten 3 Std. der Produktion		

TK = Tierkörper

der Keimgehalt auf der Oberfläche der ursprünglichen Warmfleischprodukte um das 10 – 33-fache höher. Es wurden häufiger coliforme Keime, Streptokokken, Koagulase-positive Staphylokokken und *Clostridium perfringens* gefunden.
Ähnliche Resultate wurden auch bei unter gleichen Bedingungen aufbewahrten Schaffleischproben erzielt [15].

Kühlfleisch ist in Abhängigkeit vom Anfangskeimgehalt und verschiedenen inneren und äußeren Bedingungen 2 – 6 Wochen haltbar. Die sich herausbildende Qualität der Mikroorganismen steht im Zusammenhang mit ihrem Temperaturoptimum (vgl. Tab. 4.1-1). Bei den thermophilen und mesophilen Mikroorganismen verlangsamt sich die Entwicklungsphase oder führt zu Wachstumsstillstand, z.T. werden sie abgetötet. Durch Vermehrung von psychrophilen Keimen kommt es zu einer qualitativen Veränderung der Mikrobenzusammensetzung. Milieuveränderungen, wie kurzfristige Erhöhung der Temperatur oder Luftfeuchtigkeit, können eine schnelle Keimzunahme zur Folge haben. Auf der Oberfläche von gekühltem Fleisch vermehren sich insbesondere Pseudomonas-Bakterien. Wenn die Keimzahl psychrophiler aerober Bakterien 10^7 – 10^8 g erreicht hat, wird ein dünner geschlossener Belag sichtbar. Starke Schleimbildung ist zu beobachten, wenn sich die Zahl lebender Bakterien auf 10^{10} g erhöht hat [16]. Aber auch verschiedene mesophile Mikroorganismen, die sich auf dem Fleisch angesiedelt haben, können für die Haltbarkeit des Fleisches kritisch werden. Keime können auch in das Fleisch eindringen. Das Tempo des Eindringens der Mikroben hängt von der Keimart, der Beschaffenheit der Fleischoberfläche und insbesondere der Temperatur ab.

Auf Kühlfleisch entwickeln sich auch Schimmelpilze und Hefen. Sie gedeihen an der Oberfläche des Fleisches besser als Bakterien, da sie mit weniger Feuchtigkeit auskommen. Begünstigt wird das Wachstum von Schimmelpilzen und Hefen auf kühlgelagertem Fleisch durch seinen hohen a_w-Wert und eine hohe relative Luftfeuchte in Kühlräumen mit Werten zwischen 90 und 95 %. Im Interesse der Einschränkung des Keimwachstums auch von Mikroorganismen der *Pseudomonas-Acinetobacter-Moraxella*-Gruppe ist die Abtrocknung der Fleischoberfläche von Bedeutung.

Es werden Vertreter der Gatungen *Penicillium, Mucor* sowie seltener *Cladosporium*, Sporotrichum, Trichoderma und Thamnidium angetroffen. Die zuerst genannten beiden Gattungen wachsen vorzugsweise bei Temperaturen um den Gefrierpunkt, während letztere bei tieferen Temperaturen Wachstum zeigen [16]. Schimmelpilze und Hefen bilden anfangs einzelne Kolonien, um dann fortschreitend die ganze Oberfläche zu bedecken. Je nach Pilzgattung sind die Kolonien weiß (*Sporotrichum*), graublau (*Penicillium*), rauchfarben (*Mucor* und *Thamnidium*), grün (*Trichoderma*) oder schwarz (*Cladosporium*), Die insbesondere durch *Cladosporium herbarum* hervorgerufene Schwarzfleckigkeit wird bei Gefrierfleisch häufiger beobachtet. Schon zu Beginn der Entwicklung von *Thamnidium* tritt "Mäusegeruch" auf, der auf einen Zerfall von Eiweißen im Fleisch zurückzuführen ist [16].

Hefen, die zu Beginn als einzelne Kolonien von weißer oder rosaroter Farbe auftreten, können unter entsprechenden Bedingungen ineinander fließen und Schleim bilden. Sie rufen hauptsächlich Fettverderb hervor, wobei bittere Geschmacksstoffe gebildet werden. Beim Befall mit Hefen findet man einen fruchtartigen Geruch und Geschmack des Fleisches. Das sogenannte Bereifen der Fleischoberfläche wird namentlich durch ein Gemisch von Hefen und Mikrokokken verursacht [17, 18].

Gefrierfleisch erweist sich auch nach längerer Lagerung als nicht keimfrei. Es kommt zu einer Reduzierung von Mikroorganismen. Es kann sogar gleichzeitig mit der generellen Verringerung von thermophilen und mesophilen Keimen eine Vermehrung einiger Mikroorganismengruppen eintreten. Dies ist vor allem dann der Fall, wenn langsame Gefriergeschwindigkeiten angewandt wurden. Begünstigt werden in bestimmten Temperaturbereichen noch wachstumsfähige psychrophile Mikroorganismen, u.a. Flavobakterien, ferner Schimmelpilze und Hefen. Die Gefriergeschwindigkeit sollte bei Schlachtkörpern 1 cm/h und bei zerkleinertem Fleisch mindestens 1,25 cm/h betragen. Keinesfalls darf Fleisch – auch wegen der Bildung größerer Eiskristalle – mit einer Gefriergeschwindigkeit von $\leq$ 0,2 cm/h eingefroren werden. Temperaturschwankungen können die Vermehrung von Mikroorgnismen anregen. Eine Erhöhung der Keimzahl kann durch Kontakt mit mikirobiell verunreinigten Gegenständen und durch in der Luft befindliche Mikroben zustande kommen.

Die generelle Keimabnahme setzt sich während der Lagerung bei -18 °C und entsprechender relativer Luftfeuchte mit abnehmender Geschwindigkeit fort. Betroffen werden hierbei auch psychrophile und psychrotolerante Mikroorganismen.

Während des **Auftauens** ist eine Vermehrung von Mikroorganismen unvermeidbar. Deshalb soll der Auftauprozeß möglichst kurz gehalten werden. Das Fleisch soll danach baldmöglichst verarbeitet und hitzebehandelt werden. Die Vermehrung der Keime ist zunächst durch eine längere lag-Phase verzögert. Sie setzt auf der Oberfläche des Fleisches ein. Zunächst sind psychrophile und später mesophile Bakterien beteiligt.
Der mikrobielle Verderb durchläuft im allgemeinen drei Stufen:

- initiale Kontamination und Kolonienbildung
- rasche Verwertung und Verstoffwechslung niedermolekularer Verbindungen, wie Dipeptide, Aminosäuren, Milchsäure und Zucker, und schließlich als Folge der mikrobiellen Synthese von Proteasen
- Abbau hochmolekularer Proteine zu Oligopeptiden und Aminosäuren; diese werden nach dem Eingreifen mikrobieller Peptidasen wie in der zweiten Stufe des Verderbsablaufs metabolisiert.

Als Endprodukte der mikrobiell verursachten Zersetzungsvorgänge entstehen neben Gasen (CH_4, H_2, H_2S, N_2, NH_3, CO_2), Alkan-, Hydroxyalkan-, Amino- und Oxosäuren, Alkohole, Thiole, Amine, Aceton, Indol, 3-Methylindol (Scatol), Ptomaine (Leichengifte) und Bakterientoxine. Mit der Fleischfäulnis gehen autoxidative und enzymatische Lipidveränderungen einher. Hierzu wird auf spezielle Literatur u.a. bei FRANZKE [20] sowie BELITZ und GROSCH [21] verwiesen.

Beim Vorliegen günstiger äußerer Bedingungen kommt es zur Fleischfäulnis. Es wird zwischen **Oberflächen- und Innenfäulnis** unterschieden. Bei der Oberfllächenfäulnis bestehen die ersten Erscheinungen in einem hauchartigen Beschlagen des Fleisches. Allmählich nimmt der Belag an Dicke zu und läßt das Fleisch schmierig und klebrig werden. Der Geruch ist je nach der beteiligten Keimart käsig bis süßlich faulig. Die Farbe des Fleisches ist graubräunlich bis gelblich und schließlich grün. Neben den oben erwähnten Keimen der *Pseudomonas-Acinebacter-Moraxella*-Gruppe findet man Bazillen, Hefen und Schimmelpilze sowie Mikrokokken und *Enterobacteriaceae*. Es werden Keimzahlen von mehr als 10^{10} cm^2 gefunden. Beim Geflügel tritt oberflächliche Fäulnis besonders an den Schlachtwunden, Schnittstellen der Kloake und den Bauchhöhlen in Erscheinung.

Oberflächenfäulnis äußert sich durch Schmierigwerden, Grünverfärbung und abweichendem Geruch an den Schnittstellen. Unter den Flügeln wird die Haut schmierig. Bei Enten und Gänsen verliert sie ihren weißen Ton, wird grau und schmierig und weist einen dumpfigen Geruch auf. Es werden etwa die gleichen Keime wie bei den übrigen Schlachttieren, u.a. auch Aktinomyzeten, Bakterien der Gattung *Alcaligenes* und Listerien, nachgewiesen.

Die **Innenfäulnis** entwickelt sich durch anaerobe Mikroben. Ursächlich kommt ein intravitaler Keimbefall oder vorwiegend das Fortschreiten der oberflächlichen Fäulnis nach innen entlang der Bindegewerbszüge in Betracht. Bei dieser Innen- oder Tiefenfäulnis sind *Clostridium perfringens* und *C. sporogenes* am häufigsten anzutreffen. Es können bei fortgeschrittener Fäulnis auch Kokken und Proteusbakterien mit beteiligt sein. Ein auffälliges Merkmal dieser Fäulnis ist die Gasbildung, matschige Konsistenz, Strukturverlust und Grünverfärbung der Muskulatur. Zuerst werden Anzeichen der Innenfäulnis besonders am Bindegewebe und entlang der Knochen festgestellt. Der Geruch des Fleisches ist ausgesprochen widerlich, aashaft stinkend und manchmal an Buttersäure erinnernd. Die Innenfäulnis macht sich beim Geflügel in erster Linie durch grünliche Verfärbung der Bauchdecken bemerkbar. Das Fleisch blaßt ab, wird feucht und nimmt einen widerlich fauligen Geruch an.

Mit der Fleischfäulnis gehen autoxidative und enzymatische Lipidveränderungen einher. Hierzu wird auf spezielle Literatur u.a. bei FRANZKE [20] sowie BELITZ und GROSCH [21] verwiesen.

4.2.3 Kontamination der Organe und des Blutes

Organe haben oftmals einen intra vitam bedingen Keimgehalt. Dieser ist physiologisch verursacht und hängt zum Teil mit der Aufnahme mikrobenhaltiger Nahrung und Luft zusammen. Mikroorganismen finden sich u.a. auf der Zunge, in Speiseröhre, Magen, Darm, Leber, Niere, Lunge und Euter. Relativ keimarm bzw. keimfrei sind primär das Herz, die Milz und das Gehirn. Wesentlich beeinflußt wird der Mikrobengehalt der Organe durch den sekundären Keimgehalt. Kontaminationen treten auf vielfältige Weise auf. Einerseits stellt bei manchen Organen die intakte Organkapsel (Leber, Milz, Niere) eine Barriere gegenüber dem Eindringen von Bakterien dar, andererseits bieten sie durch den hohen Gehalt an Wasser, Blut und z.T. auch Kolenhydraten (Leber) den Mikroorganismen einen idealen Nährboden. Insgesamt ist bei Organen davon auszugehen, daß ihr Keimgehalt höher ist als im Fleisch.

Der mikrobielle Verderb wird fast ausnahmslos durch mesophile Bakterien verursacht. In Lebern finden sich im Falle der mikrobiell bedingten sauren Gärung Laktobazillen und auch Streptokokken. Trotz hygienischer Gewinnung enthalten Naturdärme Mikroorganismen der verschiedensten Art. Bakterien und Schimmelpilze werden durch das Einsalzen nicht oder nur unzureichend abgetötet. In gewerbeüblich gesalzenen, einwandfreien Därmen vom Rind und Schwein findet man Mikrokokken, Sarzinen, Streptokokken, verschiedene aerobe Bakterien, Schimmelpilze, relativ viele Bazillen und auch Clostridien. Das Vorhandensein namentlich der letzteren ist besonders bedeutungsvoll für die Konservenherstellung.
Nach Untersuchungen von LEISTNER [19] wurden bei Schweinedärmen im Durchschnitt 26 560 Keime/g ermittelt. Bei frischen, unmittelbar nach dem Waschen entschleimten Därmen betrug der

Keimgehalt im Durchschnitt 3 800 Keime. Gesalzene Därme, die drei Wochen nach dem Waschen entschleimt wurden, enthielten im Durchschnitt 17 600 Keime/g.

In Fäulnis übergegangene Organe zeigen eine graugrüne Farbe, sind schmierig und brüchig. Därme können durch den Befall mit *Serratia marcescens*, einem Bakterium, das den roten Farbstoff Prodigiosin bildet, unbrauchbar werden. Solche Darmveränderungen werden im Handel als "Fuchs" oder "Roter Hund" bezeichnet.

Blut ist ebenso wie die Muskulatur intra vitam nur minimal kontaminiert. Streßsituationen, z.B. Überanstrengung, Aufregung, Hunger und Durst, können dazu führen, daß Bakterien in die Blutbahn gelangen und darin zum Zeitpunkt des Schlachtens verstärkt nachweisbar sind. Der sekundäre Keimbefall ist jedoch ebenso wie bei der Fleischgewinnung unvermeidbar. Wegen der besonders günstigen Bedingungen, die Blut Mikroorganismen zur Vermehrung bietet, sind hygienische Maßnahmen von großer Bedeutung. Hierzu zählen das Reinigen der Oberfläche der Haut an der Stichstelle, Verwendung sorgfältig gereinigter Gerätschaften und Personalhygiene. Zum Stechen benutzte Messer sind so oft wie möglich zu entkeimen. Als günstig ist die Verwendung von Hohlmessern zu bewerten, da hierbei das ausfließende Blut nicht durch die Haut an der Stichstelle kontaminiert werden kann. Um das Verderben von Blut einzuschränken, wird es angesalzen und kühl aufbewahrt. Unter den praxisüblichen Bedingungen wird ein Gehalt von $50 \cdot 10^3$ Keime/ml Sammelblut als niedriger Wert angesehen [18].

Beim mikrobiellen Verderb des Blutes ist die Fäulnis die häufigste Form. Das Verdorbensein ist nicht so ohne weiteres zu erkennen, weshalb im Verdachtsfalle eine bakteriologische Schnelluntersuchung angezeigt ist. Es werden neben verschiedenen Keimen auch Sporenbildner nachgewiesen. In Fäulnis übergegangenes Blut bildet geruchsintensive Fäulnisstoffe, wie Schwefelwasserstoff, Indol und Scatol. Es weist infolge Veränderung des Hämoglobinpigments eine schwärzliche Farbe auf. Auch braune, graue und grünliche Farbnuancen werden beobachtet. Einer Prüfung sind insbesondere auch tiefere Schichten des Sammelblutes zu unterziehen. Bei der sensorischen Kontrolle erweist sich eine Erwärmung des Blutes auf etwa 30 °C als nützlich.

4.3 Hygieneanforderungen, lebensmittelrechtliche Bestimmungen

4.3.1 Gesundheits- und Verbraucherschutz

Es ist das Verdienst der Human- und Veterinärmedizin sowie der Behörden, daß in den meisten Ländern Seuchen, die früher in regelmäßiger Wiederkehr Völker und Tierbestände heimsuchten, der Vergangenheit angehören. Der Tierhygieniker NUSSHAG [22] schrieb im Jahre 1954: "... es war der nicht immer sanfte staatliche Zwang, der die alten Städte entrümpelt, die Elendsquartiere beseitigt, Schmutz, Unrat und Dunghöfe von den Straßen der Dörfer und Städte entfernt, das Bauwesen umgestaltet, die jauchedurchströmten Gossen zum Verschwinden gebracht, die Wasenplätze und schauervollen Abdeckereien durch hygienische Anstalten ersetzt, die Schlacht- und Milchhöfe und die Molkereien zu sanitären Anlagen umgestaltet, die allgemeine Fleischbeschau, die Untersuchung auf Trichinen und die Lebensmittelüberwachung eingeführt, alle Abwässer beseitigt und die Versorgung mit einwandfreiem Wasser sichergestellt und vieles andere geschaffen hat, in der Regel im Kampf mit den von diesen Segnungen Betroffenen".

Wer vermag zu sagen, ob die präventiven Aufgaben zur Gesunderhaltung des Menschen in unserer Zeit nicht weniger bedeutungsvoll sind, wenn man z.B. an die großen Herausforderungen zur Erhaltung der Natur und Reduzierung der enormen Schadstoffemissionen sowie an die Rückstandproblematik bei Lebensmitteln denkt. Wenn Pflanzen und Gebäude durch Umwelteinflüsse Schaden nehmen, wie können dann Menschen und Tiere unbeschädigt bleiben? Es sind zunehmend chronische Leiden zu beobachten, die naturgemäß auch mit der Ernährung im Zusammenhang stehen. Angesichts der Tatsache, daß in den alten Bundesländern jährlich 250 000 Personen neu an Krebs [23] und mehr als 10 % an Allergien, darunter auch Nahrungsmittelallergien, erkranken, deren Ursachen nicht genügend bekannt sind, wird die Relevanz vorbeugender Schutzmaßnahmen deutlich. Sachverständige weisen seit Jahren darauf hin, daß nicht nur das Fleisch von geschlachteten Tieren nach wie vor mit modernen Methoden zu untersuchen ist, sondern darüber hinaus auch Kontrollen in die Urproduktion, die Futtermittel, Boden und Tierbestände einschließen, vorverlegt werden müssen. Inzwischen sind Monitoring-Programme angelaufen, um nach Schadstoffbelastungen und Rückständen bei freilebenden und Haustieren sowie bei Schlachttieren und Fleisch zu fahnden.
Hierzu wäre es erforderlich, Untersuchungen am lebenden Tier durchzuführen und u.a. Proben von Blut, Milch, Urin, Haaren und Biopsiematerial zu entnehmen. Zweifellos wird der Weg noch weit sein, ehe man z.B. in der EU in der Lage sein wird, ständig sich wiederholende Kontrollen durchzuführen und die Tiere aus den Herkunftsbeständen mit entsprechenden Zertifikaten bei der Anlieferung in die Schlachtbetriebe zu versehen.

Dieser Exkurs erschien notwendig, um zu zeigen, daß die in diesem Kapitel eng zugeschnittene Thematik prinzipiell in einem größeren Rahmen gesehen werden muß. Hygieneanforderungen stehen immer im Kontext mit der Gesundheit und im Falle von Lebensmitteln mit dem gesundheitlichen Verbraucherschutz. Der Konsument muß sich darauf verlassen können, daß das Lebensmittel hygienisch gewonnen wurde. Er hat keinen Einfluß auf sogenannte verborgene Mängel in den Nahrungsmitteln, wie u.a. das Vorkommen von pathogenen Keimen, Toxinen, chemischen Kontaminanten aus Tierarzneimitteln, Futterzusatzstoffen, chemischen Substanzen, Schwermetallen und dergleichen. GROSSKLAUS [23] fordert deshalb zu Recht: "Um den gesundheitlichen Verbraucherschutz bei der Lebensmittelproduktion sicherzustellen, muß zweierlei gewährleistet sein:

1. der Schutz des Verbrauchers vor ernährungsphysiologisch schädlichen Lebensmitteln und vor einer ernährungsmedizinisch falschen Ernährung,
2. der Schutz des Verbrauchers vor hygienischen Mängeln, die Infektions- und Verderbniserreger, schädliche Inhaltsstoffe und chemische Rückstände einschließen."

Zum Schutze des Verbrauchers wurden als Vorbeugungsmaßnahmen gegen gesundheitliche Gefährdungen zahlreiche Grundsätze und Empfehlungen erarbeitet bzw. gesetzliche Regelungen getroffen. In der Bundesrepublik Deutschland ist es das Lebensmittel- und Bedarfsgegenständegesetz vom 15.08.1974, das den Rahmen des Verbraucherschutzes absteckt. Die durch die EU bzw. auf Bundesebene erlassenen Gesetze und Verordnungen werden durch Bestimmungen der Länder ergänzt. Es ist zu bemerken, daß die Rechtsetzungsmöglichkeit sowohl des Bundes als auch der Länder auf dem Gebiet der Fleischhygiene zugunsten der EU-Gesetzgebung und

Richtlinienkompetenz erheblich zurückgegangen ist. Wenngleich nunmehr ständig Änderungen eintreten werden, sollen dennoch einige wichtige gesetzliche Bestimmungen wiedergegeben (n. Beck'sche Textsammlung) werden:

1. **Lebensmittel- und Bedarfsgegenständegesetz** (Gesetz über den Verkehr mit Lebensmitteln, Tabakerzeugnissen, kosmetischen Mitteln und sonstigen Bedarfsgegenständen) vom 15. August 1974

1a. **Gesetz zur Gesamtreform des Lebensmittelrechts** (Gesetz zur Neuordnung und Bereinigung des Rechts im Verkehr mit Lebensmitteln, Tabakerzeugnissen, kosmetischen Mitteln und sonstigen Bedarfsgegenständen) vom 15. August 1974

1c. **Lebensmittelkontrolleur-Verordnung** vom 16. Juni 1977

1d. **Verordnung über Stoffe mit pharmakologischer Wirkung** vom 25. September 1984

3. **Zusatzstoff-Zulassungsverordnung** (Verordnung über die Zulassung von Zusatzstoffen zu Lebensmitteln) vom 22. Dezember 1981

4. **Zusatzstoff-Rahmenrichtlinie 89/107 (EWG),** geändert 30.06.1994, und **Richtlinie über sonstige Zusatzstoffe** vom 20.02.1995, Amtsblatt L 61 vom 18.03.1995

5. **Lebensmittelzusatzstoffe** (Fundstellenliste) mit Verzeichnis der EWG-Nummern und Zusammenstellung der wahlweise verwendbaren Bezeichnungen vom 15. Januar 1985

6. **Lebensmittel-Bestrahlungs-Verordnung** (Verordnung über die Behandlung von Lebensmitteln mit Elektronen-, Gamma- und Röntgenstrahlen oder ultravioletten Strahlen) vom 19. Dezember 1959

6a. **Gesetz zum vorsorgenden Schutz der Bevölkerung gegen Strahlenbelastung** (Strahlenschutzvorsorgegesetz – StrVG) vom 19. Dezember 1986

7. **Pflanzenschutzmittel-HöchstmengenVO** (Verordnung über Höchstmengen an Pflanzenschutz- und sonstigen Mitteln sowie anderen Schädlingsbekämpfungsmitteln in oder auf Lebensmitteln und Tabakerzeugnissen) vom 16. Oktober 1989

8. **Pflanzenschutzgesetz** (Neufassung) vom 15. September 1986

9. **Verordnung über Höchstmengen an Schadstoffen in Lebensmitteln** (Schadstoff-Höchstmengenverordnung SHmV) vom 23.03.1988

10. **Lebensmittel-Kennzeichnungsverordnung** (Verordnung zur Neuordnung lebensmittelrechtlicher Kennzeichnungsvorschriften) vom 22. Dezember 1981

11. **Verordnung (EWG) Nr. 3955/87 über die Einfuhrbedingungen für landwirtschaftliche Erzeugnisse mit Ursprung in Drittländern nach dem Unfall im Kraftwerk Tschernobyl** vom 22. Dezember 1987

11a. **Verordnung (EURATOM) Nr. 3954/87 zur Festlegung von Höchstwerten an Radioaktivität in Nahrungsmitteln und Futtermitteln im Falle eines nuklearen Unfalls oder einer anderen radiologischen Notstandssituation** vom 22. Dezember 1987

11b. **Verordnung (Euratom) Nr. 944/89 zur Festlegung von Höchstwerten an Radioaktivität in Nahrungsmitteln von geringer Bedeutung im Falle eines nuklearen Unfalls oder einer radiologischen Notstandssituation** vom 12. April 1989

11c. **Verordnung (EWG) Nr. 2219/89 über besondere Bedingungen für die Ausfuhr von Nahrungsmitteln und Futtermitteln im Falle eines nuklearen Unfalls oder einer anderen radiologischen Notstandssituation** vom 18. Juli 1989

11d. **Verordnung (EWG) Nr. 737/90 über die Einfuhrbedingungen für landwirtschaftliche Erzeugnisse mit Ursprung in Drittländern nach dem Unfall im Kernkraftwerk Tschernobyl** vom 22.03.1990

12. **Eichgesetz** (G über das Meß- und Eichwesen) vom 22. Februar 1985

13. **Fertigpackungs-Verordnung** (Verordnung über Fertigpackungen) Neufassung vom 18. Dezember 1981

14. **Eichpflicht-Ausnahmeverordnung** (Verordnung über Ausnahmen von der Eichpflicht) Neufassung vom 15. Dezember 1982

15. **Verordnung über diätetische Lebensmittel** (Neufassung) vom 25. August 1988

16. **Richtlinie über Farbstoffe 94/36/EG** – Abl. 37 Nr. L 237/13

17. **Nährwert-Kennzeichnungsverordnung** (Verordnung über Nährwertangaben bei Lebensmitteln) vom 19. Dezember 1977 und **90/496/EWG** – Abl. 33 Nr. L 276/40

18. **Lebensmittel-Transportbehälter-Verordnung** vom 13. April 1987

19. **DDT-Gesetz** (Gesetz über den Verkehr mit DDT) vom 7. August 1972

20. **Handelsklassengesetz** (Bekanntmachung der Neufassung) vom 23. November 1972 und **Neufassung der gesetzlichen Handelsklassen für Schweinehälften**, gültig ab 01.01.1991, für Rindfleisch ab 01.01.1992

Für Fleisch gelten folgende spezielle Hygienebestimmungen:

1. **Fleischhygienegesetz** (FlHG) vom 24.2.1987

1a. **Dienstanweisung-Fleischhygienegesetz – DAFl** (Bekanntmachung der Gemeinsamen Dienstanweisung des Bundesministers der Finanzen und des Bundesministers für Jugend, Familie, Frauen und Gesundheit zum Fleischhygienegesetz) vom 18.1.1989

2. **Fleischhygiene-Verordnung** (Verordnung über die hygienischen Anforderungen und amtlichen Untersuchungen beimVerkehr mit Fleisch) vom 30. Oktober 1986 (s. auch Richtlinie 64/433 EWG vom 24.9.1991 und Änderung dieser Richtlinie 92/5 EWG vom 10.2.1992, die gesundheitlichen Bedingungen für die Gewinnung und das Inverkehrbringen von frischem Fleisch)

2a. **Hilfskräfteverordnung – Frisches Fleisch – HKFrFlV** vom 29. Juni 1977

3. **Bekanntmachung über die fleischhygienischen Bedingungen, die beim Verbringen von Fleischerzeugnissen in andere Mitgliedstaaten der Europäischen Gemeinschaft zu erfüllen sind** vom 2. April 1979

4. **Fleisch-Verordnung** (Bekanntmachung der Neufassung) vom 21. Januar 1982

5. **Hackfleisch-Verordnung** (Neufassung) vom 10. Mai 1976, 88/657/EWG und 92/110/EWG – Abl. 35 Nr. L 394/26

6. **Verordnung über die Ausfuhr von frischem Fleisch nach Mitgliedstaaten der Europäischen Wirtschaftsgemeinschaft – Ausfuhrordnung frisches Fleisch (EWG)** vom 12. Dezember 1973

7. **Verordnung über Fleischbrühwürfel** und ähnliche Erzeugnisse vom 27. Dezember 1940

8. **Verordnung (EWG) Nr. 2967/76 zur Festlegung gemeinsamer Normen für den Wassergehalt von gefrorenen und tiefgefrorenen Hähnen, Hühnern und Hähnchen** vom 23. November 1976

9. **Verordnung (EWG) Nr. 2785/80 zur Durchführung der Verordnung zur Festlegung gemeinsamer Normen für den Wassergehalt von gefrorenen und tiefgefrorenen Hähnen, Hühnern und Hähnchen** vom 30. Oktober 1980

9a. **Verordnung über Normen für den Wassergehalt von gefrorenen und tiefgefrorenen Hühnern** vom 10. August 1981

10. **Geflügelfleischhygienegesetz** vom 15. Juli 1982

10a. **Geflügelfleischmindestanforderungen-**Verordnung vom 8. November 1976

10b. **Geflügelfleischuntersuchungsverordnung** vom 3. November 1976

10c. **Gebührenverordnung-Geflügelfleischhygiene** vom 24. Juli 1973

10d. **Verordnung über Geflügelfleischkontrolleure** vom 24. Juli 1973

10e. **Geflügelfleischausnahmeverordnung** vom 19. Juli 1976

11. **Geflügel-Einfuhrverordnung** (Verordnung über die Einfuhr und Durchfuhr von Geflügel, Bruteiern sowie unbearbeiteten Federn und Federteilen) vom 19.7.1983, geändert durch 90/654/EWG

12. **Hasen-Einfuhrverordnung** (Verordnung über die Einfuhr von Hasen und Kaninchen) vom 19.7.1983

Auf internationaler Ebene sind die erarbeiteten Empfehlungen vor allem im Codex Alimentarius Commission (CAC) zusammengefaßt. Für den Fleischtechnologen sind die Publikationen im Nahrungsmittelstandard-Programm der FAO/WHO von besonderem Interesse:

- CAC/RCP 1–1969 – General principles of food hygiene (1st revision, 1979)
- CAC/RCP 8–1976 – Code of practice for the processing and handling of quick frozen foods
- CAC/RCP 11–1976 – Code of hygienic practice for fresh meat
- CAC/RCP 12–1976 – Code of ante-mortem and post-mortem inspektion of slaughter animals
- CAC/RCP 13–1976 – Code of hygienic practice for processed meat products
- CAC/RCP 14–1976 – Code of hygienic practice for poultry processing
- CAC/RCP 23–1979 – Code of practice for low-acid and acidified low-acid canned foods
- CAC/RCP 32–1983 – Code of practice for the production, storage and composition of mechanically separated meat and poultry meat intended for further processing

4.3.2 Anforderungen an den Produktionsprozeß

Die Produktionssicherheit umfaßt zahlreiche Einzelelemente, die in ihrer Summe den Erfolg ausmachen. Der technologische Fluß ist so zu gestalten, daß mögliche Risiken rechtzeitig erkannt und von vornherein ausgeschlossen werden. Wichtige Grundsätze sind:

- Gestaltung eines überschaubaren Produktionsablaufs
- regelmäßige Eingangskontrolle aller Roh-, Zusatz- und Hilfsstoffe
- Sicherstellen einer genauen Dosierung aller Bestandteile
- zügiges Arbeiten
- Standzeiten roher, zerkleinerter Materialien und Zwischenprodukte auf ein Mindestmaß beschränken bzw. für Kühllagerung Sorge tragen
- Brät und andere vorbereitete Materialien sind sobald wie möglich einem Haltbarmachungsverfahren mittels physikalischer oder chemischer Methoden zu unterziehen
- Sicherstellen, daß Kontaminationen vor und nach der Herstellung von Erzeugnissen durch Personen und Tiere oder die Umgebung durch entsprechende Lage rung, Verpackung usw. unterbleiben bzw. auf ein Mindestmaß beschränkt sind
- regelmäßige Qualitätskontrolle der Fertigerzeugnisse und Kontrolle von Zwischenerzeugnissen und Lagerbeständen aller Art
- Überwachung der Funktion von Maschinen, Apparaten und Meßgeräten.

Am besten lassen sich die Erfordernisse für einen Betrieb mit der Bezeichnung "Good Manufacturing Practice" (GMP); worunter man "alle Maßnahmen, die zur Erzielung von

Produktionssicherheit ergriffen werden", versteht, umschreiben. Der Begriff schließt eine "gute Hygiene-Praxis" ein. Besonderer Nachdruck wird diesen Forderungen entsprechend den gesetzlichen Regelungen durch die Produkthaftung des Herstellers verliehen. Nichtbeachtung bestimmter Grundsätze kann Folgen, wie Haftungsanspruch, Rückrufaktion oder gar öffentliche Warnung vor Produkten, haben.

Alle Maßnahmen, die zur Erzielung einer guten Produktionshygiene ergriffen werden, dienen auch dazu, qualitativ hochwertige Produkte auf den Markt bringen zu können. Eine konsequente Durchführung der Prozeßkontrolle stellt das sogenannte HACCP-Konzept (Hazard Analysis and Critical Control Point) dar. Dieses Konzept umfaßt nach SINELL [24] folgende Schritte:
1. Identifizierung der während der Gewinnung und Behandlung eines Lebensmittels auf jeder einzelnen Stufe bis zum verzehrsfertigen Erzeugnis auftretenden Hygienerisiken
2. Feststellung der kritischen Kontrollpunkte (CCP)
3. Angabe der Kriterien, die anzeigen, ob eine Operation unter Kontrolle ist
4. Überwachung der unter Punkt 3 genannten Kriterien ("Monitoring")
5. Einleitung von Korrekturmaßnahmen, wenn ein Prozeß außer Kontrolle gerät
6. Bestätigung ("Verification"), daß das eingerichtete System funkioniert.

Die hygienische Überwachung von Betrieben oder Betriebsteilen muß systematisch erfolgen. Hierzu dienen visuelle, chemische, physikalische und mikrobiologische Kontrollen. Das HACCP-Konzept muß für jedes Erzeugnis entwickelt werden. Dabei ist der gesamte Weg von der Schlachtung über alle Stufen der Be- und Verarbeitung bis zum Endprodukt im Erzeugerbetrieb zu berücksichtigen. Die Analyse erfaßt nicht nur alle Prozeßstufen, Maschinen, Apparate usw., sondern auch das Personal und alle Begleitumstände, die das Überleben von Mikroorganismen oder deren Vermehrung begünstigen (s.a. Richtlinie über Lebensmittelhygiene 93/43/EWG, die von allen Mitgliedstaaten bis Dezember 1995 umzusetzen ist. Die Behörden müssen durch Überwachungsmaßnahmen sicherstellen, daß die Lebensmittelunternehmen nach den Grundsätzen des HACCP-Systems arbeiten).

Der Hersteller sollte nur gute Rohstoffe von seriösen Lieferanten verwenden. Neben den amtlich vorgesehenen Überprüfungen sind Selbstkontrollen in einem Betrieb unerläßlich. Insbesondere mikrobiologische Stufenkontrollen sollten nach Bedarf, am besten nach einem festgelegten Programm, in Schlacht-, Be- und Verarbeitungsbetrieben durchgeführt werden.
Für mikrobiologische Überprüfungen stehen Schnellbestimmungsmethoden zur Verfügung, die auch in Kleinbetrieben durchführbar sind. Es lassen sich nicht nur hygienische Schwachstellen aufdecken, sondern auch Fehlfabrikate, z.B. bei der Wurst- und Schinkenherstellung, vermeiden.

Von wesentlicher Bedeutung ist der Keimgehalt der Rohstoffe, Zutaten und Hilfsstoffe. Bei Fleisch steht der sekundäre Keimbefall im Vordergrund. Gefährdungen können bei den verschiedensten Manipulationen auftreten. Besonders im Schlachtprozeß kann es zu Kontaminationen kommen. Hauptquellen sind Stichstelle, Brühbottich, Kratzmaschine, Spinchiller, Vorschneiden der Haut beim Rind, Enthäutungsvorgang und die Darmentnahme (vgl. Kap. 4.2.2). In allen Fällen ist eine wesentliche Keimreduzierung möglich, wenn dazu Bereitschaft vorhanden ist. Es wurde wiederholt vorgeschlagen, die Schlachttiere, insbesondere Schweine, vor dem Schlachten oder nach dem Blutentzug mittels Berieselungs- oder Waschanlagen zu säubern, die Stichstelle und die Gerätschaften ähnlich wie bei einer Operation vorzubereiten sowie den Brühbottich und Spinchiller abzuschaffen. Das Enthäuten von Rindern ist bei allen Verfahren risikobehaftet. Als am problematischsten erweist sich das Abziehen der Haut von unten nach oben, wobei relativ viel Schmutzteile der Haut auf den Schlachtkörper gelangen. Um das Austreten von Kot und damit das Verunreinigen durch Fäkalorganismen zu vermeiden, verwendet man in dänischen Schlachteinrichtungen bei Schweinen einen Rektumverschluß. Um das Ausfließen von Pansen- und Speiseröhreninhalt zu vermeiden, ist die Speiseröhre unter- und oberhalb der Trennstelle abzubinden, sicher abzuklemmen oder nach dem Loslösen in ihrer Gesamtheit mit den Baucheingeweiden herauszunehmen.

Es muß der Grundsatz gelten, Kontaminationen zu verhindern und nicht nachträglich zu beseitigen. Letzteres Vorgehen hat nur einen relativ geringen Effekt. Es gelingt nicht, mittels Wasser, säurehaltiger Sprays (z.B. 0,75 – 1 %ige Milchsäurelösung) oder durch kurzzeitiges Abflammen die Oberfläche von Schlachtkörpern zu dekontaminieren. Meist kommt es nur zu Keimverminderungen von 1 – 3 Zehnerpotenzen. Der Keimgehalt der Tierkörper während und nach dem Schlachtprozeß ist bedeutungsvoll für die weiteren Manipulationen mit dem Fleisch. Die überwiegend auf der Oberfläche befindlichen Mikroorganismen werden bei der Grob- und Feinzerlegung auf die Schnittflächen und z.T. in das Fleischinnere übertragen. Stark keimhaltiges Fleisch hat einen negativen Einfluß auf den Genußwert. Fleischerzeugnisse, deren Ausgangsmaterial einen hohen Mikrobengehalt aufweist, zeigen trotz Wärmebehandlung frühzeitiger Abweichungen der sensorischen Qualität, als bei Verendung eines keimarmen Rohstoffes.

Der Produzent muß abwägen, ob stark keimhaltige Naturgewürze durch Gewürzextrakte ersetzt und z.B. Separatorenfleisch überhaupt eingesetzt werden sollte. Letzteres ist nach ZWINGMANN [25] mit einer aeroben Gesamtkeimzahl von 10^7/g und anaeroben Mikroorganismen von etwa 10^2/g als sehr keimhaltig einzustufen. Um eine akzeptable Reduzierung zu erzielen, muß das Erhitzungsregime entsprechend ausgerichtet sein.
Es erweist sich als recht schwierig, für Zwischen- und Endprodukte, Salate, Gewürze usw. Höchstkeimgehalte festzulegen. Man behilft sich zur Zeit damit, Richt- und Grenzwerte zu erarbeiten. In-

Tab. 4.3-1 Anforderungen an Hackfleisch, Fleisch in kleinen Stücken und Fleischzubereitungen. Richtlinie 88/657/EWG, 14.12.1988

	M	*m*
Aerobe mesophile Keime $n = 5$ $c = 2$	5×10^6/g	5×10^5/g
Kolibakterien $n = 5$ $c = 2$	5×10^2/g	50/g
Sulfitreduzierende Anaerobier $n = 5$ $c = 1$	10^2/g	10/g
Staphylokokken $n = 5$ $c = 1$	5×10^2/g	50/g
Salmonellen $n = 5$ $c = 0$	n.n in 25 g	

n = Anzahl der zu untersuchenden Produkte, die von einem Los, einer Charge oder einer Produktionseinheit zu entnehmen sind
m = Keimzahlgrenze, die maximal von c Proben überschritten werden darf
c = Höchstzahl der Proben, die den Wert m überschreiten dürfen
M = Keimzahlgrenze, die von keiner Probe überschritten werden darf

wieweit sie anwendbar sind, muß die Praxis erweisen. In vielen Fällen werden für eine endgültige Beurteilung weitere Methoden, insbesondere auch die sensorische Prüfung, heranzuziehen sein. Für einige der genannten Produkte hat BAUMGART [26] Empfehlungen für mikrobiologische Richt- und Grenzwerte zusammengestellt (Tab. 4.3-1).

WIRTH et al. [27] geben Richtwerte für tolerierbare Gesamtkeimzahlen von Frischfleisch, Hackfleisch, Separatorenfleisch und Wursterzeugnissen an, die in Tabelle 4.3-2 wiedergegeben werden. Die Keimzahlen für Fleisch ähneln den in Tabelle 4.3-1 ausgewiesenen Werten.

Weitere objektive Methoden für die Prozeßkontrolle sind u.a. die Überwachung der vorgegebenen P-, F- und C-Werte sowie a_w- und pH-Werte. Damit kann dem Hersteller Sicherheit sowohl bei der Einschätzung der mikrobiellen Haltbarkeit von Erzeugnissen als auch dem möglichen Risiko bezüglich des Wachstums, z.B. von Salmonellen und *Staphylococcus aureus*, gegeben werden.

Tab 4.3-2 Richtwerte für tolerierbare Gesamtkeimzahlen bei Fleisch und Fleischerzeugnissen, verkürzte Wiedergabe (nach [27])

Produkt	Gesamtkeimzahl
Schlachtkörper und Frischfleisch	bis 5 x 10^6/cm^2
Hackfleisch und Separationsfleisch	bis 5 x 10^6/g
Brühwurst im Stück	10^2 – 10^3/g
Brühwurst, vakuumverpackter Aufschnitt	10^5 – 10^6/g
Kochwurst im Stück	10^3 – 10^4/g
Rohschinken	10^2 – 10^3/g
Rohwurst	10^7 – 10^8/g[1]

[1]Gesamtkeimzahl besteht vorwiegend aus erwünschten Mikroorganismen und zwar insbesondereMilchsäurebakterien

4.3.3 Betriebshygiene

4.3.3.1 Beschaffenheit und Ausstattung von Räumen

Bereits bei der Planung von Betrieben bzw. vor Aufnahme der Produktion sind Anforderungen, die eine hygienische Behandlung von Lebensmitteln gewährleisten, zu berücksichtigen. KRÄMER [28] weist darauf hin, daß der Standort des Betriebes einen Einfluß auf die hygienische Qualität des Lebensmittels hat. Die Umgebung soll möglichst nur gering mit Rauch und Geruch belastet sein. Die Staubbelastung der Luft innerhalb des Betriebsgeländes wird durch ausgebaute und asphaltierte Straßen, Plätze und Wege vermindert. Durch Einbau eines Gefälles wird die Sauberhaltung erleichtert, und es können sich vor allem bei Reinigung mittels Wassers oder nach Regenfällen keine Pfützen bilden.

Lebensmittel müssen, von einigen Ausnahmen abgesehen, in allseits umschlossenen Räumen behandelt werden. Derartige Räume dürfen ebenso wie die Bedarfsgegenstände, die mit Lebensmitteln kontaktiert werden, nur ihrer Zweckbestimmung entsprechend verwendet werden. Nach der Fleischhygiene-Verordnung, Anlage 2, werden bezüglich der Beschaffenheit und Ausstattung der Räume, in denen Fleisch gewonnen, zubereitet oder behandelt wird, folgende Anforderungen, dic im Text z.T. ergänzt wurden, gestellt:

1. In den Räumen müssen
1.1 Fußböden mit einem Belag versehen sein, der wasserundurchlässig, leicht zu reinigen und zu desinfizieren ist;
1.2 Wände glatt und mit einem hellen Belag oder Anstrich versehen sein, der bis zu einer Höhe von mindestens 2 m, in Schlachträumen 3 m, abwaschfest ist; – bei der Kachelung ist darauf zu achten, daß die Fugen zwischen den einzelnen Fliesen frei von Sprüngen und Rissen sind, die Mikroorganismen Möglichkeiten zur Ansiedelung geben könnten;
1.3 Decken hell und glatt sein; – KRÄMER [28] hebt hervor, daß Balken, Träger, durchlaufende Rohre oder perforierte Abhängedecken nicht nur Brutstätten und Verbreitungswege für Insekten und Nager, sondern auch Anreicherungsstellen für Staub und Mikroorganismen sein können;
1.4 Türen und Festerrahmen müssen
1.4.1 aus Kunststoff oder Metall, glatt, hell, korrosionsbeständig oder korrosionsgeschützt sein oder
1.4.2 aus Holz glatt und mit einem hellen abwaschfesten Belag oder Anstrich versehen sein; – Türen und Fenster insbesondere auch von Kellerräumen sollen so beschaffen sein, daß das Eindringen von Schmutz, Insekten und Nagern von außen wirksam verhindert wird.
1.5 Es müssen Beleuchtungen vorhanden sein, die Abweichungen des Fleisches erkennen lassen.
1.6 In größtmöglicher Nähe des Arbeitsplatzes müssen in ausreichender Anzahl Einrichtungen zur Reinigung und Desinfektion der Hände mit handwarmem, fließendem Wasser und Wegwerf-Handtücher und zur Reinigung und Desinfektion der Arbeitsgeräte Wasser von mindestens +82 °C vorhanden sein.
Bei den Einrichtungen zur Reinigung der Hände dürfen die Ventile nicht von Hand zu betätigen sein.
2. Einrichtungsgegenstände und Arbeitsgeräte, wie Schneidetische, Tische mit auswechselbaren Schneidunterlagen, Behältnisse, Transportbänder und Sägen müssen aus korrosionsbeständigem, die Qualität des Fleisches nicht beeinträchtigenden, leicht zu reinigendem und zu desinfizierendem Material bestehen. Die Verwendung von Holz ist nur zulässig in Räucher- oder Reiferäumen, bei Hackklötzen oder dem Transport von verpacktem Fleisch.
3. Es müssen ferner vorhanden sein
3.1 geeignete Vorrichtungen zum Schutz gegen Ungeziefer wie Insekten oder Nagetiere;
3.2 Vorrichtungen oder Behältnisse, die verhindern, daß das Fleisch unmittelbar mit dem Boden oder den Wänden in Berührung kommt;
3.3 für die Aufnahme von zum Genuß für Menschen nicht bestimmtem oder untauglichem Fleisch sowie für zum Genuß für Menschen nicht geeigneter Teile geschlachteter Tiere
3.3.1 besondere wasserdichte, korrosionsbeständige Behältnisse mit dicht schließenden Deckeln, die so beschaffen sind, daß eine unbefugte Entnahme des Inhalts verhindert wird.
3.3.2 ein verschließbarer Raum, wenn es die anfallende Menge erforderlich macht oder dieses Fleisch nicht am Ende des Arbeitstages aus dem Betrieb entfernt wird, wobei sicherzustellen ist, daß Fleisch, das zum Genuß für Menschen bestimmt ist, dadurch nicht, insbesondere durch Gerüche, nachteilig beeinflußt werden kann;

3.4 Kühleinrichtungen, die gewährleisten, daß die vorgeschriebene Innentemperatur des Fleisches erreicht und eingehalten werden kann, und die an die Abwasserleitung angeschlossen sind oder bei denen das Wasser auf andere Weise hygienisch abgeleitet wird;
3.5 eine Anlage, die in ausreichender Menge heißes Wasser liefert;
3.6 Wasser unter Druck in ausreichender Menge zum Reinigen;
3.7 ein getrennter, geeigneter Platz zum Abstellen von Reinigungsgeräten sowie der Mittel zur Wartung, Reinigung und Desinfektion.
4. Die Vorschriften in Nummer 1 gelten nicht für Räucherräume und für Räume, in denen Rohwürste, Rohschinken und andere haltbare Fleischerzeugnisse reifen und lagern, sowie für Räume, in denen verpacktes Fleisch, Gewürze und andere Zutaten sowie Umhüllungs- und Verpackungsmaterial lagern.

In den Zerlege- und Pökelräumen sollte die Betriebstemperatur 10 – 12 °C nicht überschreiten.

Wasser in Lebensmittelbetrieben muß Trinkwasserqualität aufweisen. Das gilt auch für Autoklavenkühlwasser und für Wasser, das zum Reinigen von Maschinen, Geräten, Transporteinrichtungen und -behältern, Tischen, Räumen und Wänden verwendet wird. Temperatur und relative Luftfeuchte müssen in den Räumen so gestaltet werden, daß sich Kondenswasser, das i.d.R. keimhaltig ist, nicht bilden kann. Fußböden und Abflußrinnen sollen ein ausreichendes Gefälle aufweisen. Der Übergang aufeinanderstoßender Flächen (Wände, Böden) ist als Hohlkehle auszuführen. Gullys sind mit Fettabscheidern auszustatten. Abwasserleitungen und Abflüsse müssen so gestaltet sein, daß möglichst keine Krümmungen und Totstellen vorhanden sind, in denen sich Brutstätten für Nager und Insekten bilden können. Der Sanitärbereich muß so abgesondert und abgesichert sein, daß ein Verschleppen von Verunreinigungen aller Art durch Personen in den Produktionsbereich vermieden wird. Die Vorräume sollen groß genug und gegebenenfalls mit Vorrichtungen zum Desinfizieren des Schuhwerks versehen sein (s. auch Richtlinie der EWG v. 24.09.91, Anhang I).

4.3.3.2 Reinigung und Desinfektion

4.3.3.2.1 Zielstellung und Begriffsbestimmung

Ohne gründliche Vorreinigung ist in Fleischwirtschaftsbetrieben eine wirksame Desinfektion in der Regel nicht zu erreichen. Das Ziel der Reinigung ist das Entfernen von Schmutz sowie insbesondere von Eiweiß- und Fettrückständen, die den Desinfektionserfolg stark beeinflussen bzw. unwirksam machen. Die zeitlichen Abstände für diese Arbeiten reichen von täglicher bis fortlaufender Reinigung z.B. an bestimmten Stellen des Schlachtprozesses, der Transportbänder, verunreinigter Messer und Geräte.

Desinfizieren heißt totes oder lebendes Material mit keimtötenden Mitteln oder Verfahren in den Zustand zu versetzen, daß es nicht mehr infektiös ist [29]. In der Praxis kann die erwünschte Desinfektionswirkung als erreicht gelten, wenn eine Übertragung bestimmter Krankheits- und Verderbniserreger verhindert wird [30]. Als typischen Arbeitsverlauf mit Trennung in Reinigungs- und Desinfektionsmaßnahmen kann man folgende Vorgehensweise ansehen [28]:

- Vorreinigung mit 40 – 50 °C warmem Wasser zur Entfernung des groben Schmutzes
- Reinigung mit einer auf 60 – 80 °C erwärmten Reinigungslösung
- Zwischenspülung mit warmem Wasser zur Entfernung der Reinigungslösung und der Schmutzreste
- Desinfektion
- Nachspülung zum Entfernen der Desinfektionsmittelreste mit mikirobiologisch einwandfreiem Wasser.

Abtrocknen der gereinigten Flächen trägt zur Reduzierung des Restkeimgehaltes bei. Bei Anwendung der meisten Reinigungs- und Desinfektionsmittel sind Arbeitsschutzanforderungen zu beachten.

4.3.3.2.2 Reinigungsmittel und -geräte

Die Wirksamkeit einer Reinigung ist von der Art der Reinigungslösung, des Schmutzes und der Beschaffenheit der zu reinigenden Fläche sowie von der Einwirkungstemperatur und -zeit abhängig. Nicht zuletzt ist sie aber auch von dem angewandten Reinigungsverfahren abhängig (Abb. 4.3-1).

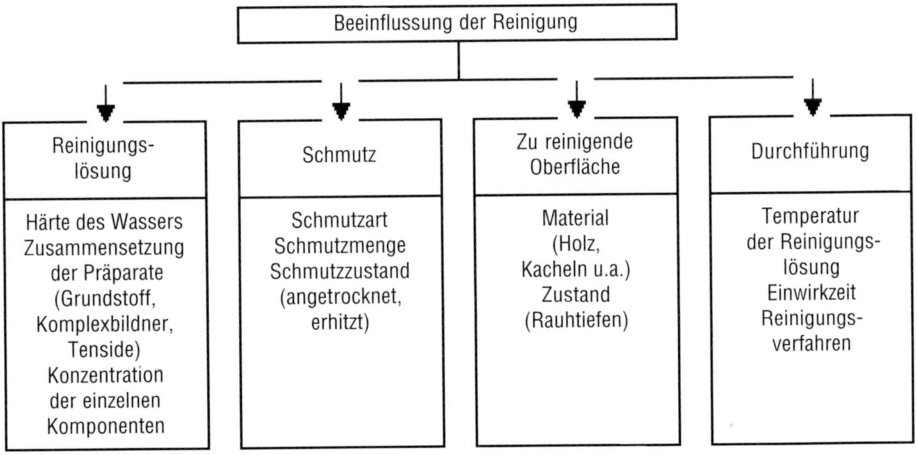

Abb. 4.3-1 Wirksamkeit einer Reinigung

Heißes Wasser ist zum Entfernen von fetthaltigem Material und Schmutzteilen aller Art gut geeignet. Bei Temperaturen > 60 °C kann es jedoch Eiweiß koagulieren und auf der Unterlage "einbrennen", so daß sich der nachfolgende Aufwand zum Entfernen derartiger Schmutzteile vergrößert.

Als Reinigungsmittel kommen alkalische, saure und Neutralreiniger in Betracht.

Zu den alkalischen Reinigungsmitteln zählen vor allem Natriumhydroxidsilikate, Phosphate und Natronlauge. Alkalische Reinigungsmittel dienen zur Entfernung von Fett- und Eiweißrückständen sowie Rauchablagerungen. Natronlauge hat eine hohe Reinigungskraft gegenüber einweißreichen Bestandteilen. Es handelt sich bei den genannten Reinigern um aggressive Mittel. Bei Ausrüstungen ist auf das Korrosionsverhalten besonders gegen Aluminium zu achten.

Saure Reinigungsmittel werden vor allem zum Entfernen von Kalksalzschleiern, Wasser- und Kesselstein, aber auch von Eiweiß-, Blut- und Fettablagerungen eingesetzt. Es hat sich bewährt, mindestens einmal wöchentlich eine saure Reinigung zwischenzuschalten [31]. Säuren, wie Salpetersäure, Salzsäure oder Citronensäure, überführen die wasserunlöslichen Salze in eine lösliche, abspülbare Form. Säuren wirken vor allem gegen Aluminium korrosiv.
Neutralreiniger sind schonende Reinigungsmittel, die für glatte Oberflächen aus Edelstahl, Aluminium und Kunststoff verwendbar sind. Da sie nicht ätzend sind, schonen sie Werkstoffe und Hände.

Käufliche Reinigungsmittel enthalten neben der Reinigungslösung zunehmend Tenside und Komplexbildner. Mit Hilfe von Tensiden wird die Oberflächenspannung zwischen der Reinigungslösung und dem zu reinigenden Gegenstand herabgesetzt. Der Schmutz wird auf diese Weise abgehoben und in die Reinigungslösung suspendiert. Komplexbildner senken die Härte des Wassers durch Chelatbildung mit Calcium- und Magnesium-Ionen. Die früher genutzten Polyphosphate werden mehr und mehr durch andere Komplexbildner ersetzt.
Es werden auch Reinigungsmittel mit Schaumbildung vor allem für schwer zu reinigende Gegenstände und an senkrechten Flächen verwandt. Nach einer vorausgehenden Warmwasserspülung werden mit Preßluft aus tensidhaltigen Reinigungslösungen Schäume erzeugt, die bei Temperaturen von 40 – 60 °C und einer Einwirkungszeit von 10 – 30 min. den Schmutz lösen, der mit einer anschließenden Heißwasserspülung oder mit einem Wasserstrahl unter Hochdruck entfernt wird.

Tab. 4.3-3 Vor- und Nachteile einer unterschiedlichen Verfahrenstechnik bei der Reinigung von Oberflächen in der Fleischwirtschaft (nach [30])

Verfahrenstechnik	Vorteile	Nachteile
Manuelle Reinigung	alle Verschmutzungen lassen sich beseitigen, Verfahrenstechnik kann den Erfordernissen angepaßt werden	hoher Personal-, Zeit- und damit Kostenaufwand, Reinigungserfolg ist von der Sorgfalt des Personals abhängig
Maschinelle Reinigung	personal-, zeit- und kostensparend	nicht alle Verschmutzungen lassen sich beseitigen
Hochdruck	gute Reinigungswirkung auf Eiweiß- und Fett-verschmutzungen bei sachgemäßer Anwendung	Oberflächenveränderung, Aerosolbildung, feinste Tröpfchen mit Mikroorganismen können an Wände und Decken gelangen
Dampf	teilweise Keimabtötung durch Hitze	starke Schwaden und Kondenswasserbildung
Schaum	angetrocknete Eiweiß-verschmutzungen werden aufgeweicht, Haftung des Schaumes an senkrechten Oberflächen	Fett wird nicht abgelöst

Bewährt hat sich die selbsttätige Innenreinigung von Apparaten, Behältern, Tanks, Rohr- und Schlauchleitungen durch Umpumpen von Reinigungs- und Desinfektionslösungen. Hierbei erspart man sich das Zerlegen solcher Vorrichtungen. Das Verfahren, das auch als CIP-Verfahren (cleaning in place) bezeichnet wird, ist programmierbar. Man unterscheidet offene und geschlossene Systeme.

Die Reinigungsarbeiten werden manuell (Fegen, Bürsten, Wischen, Scheuern) oder unter Verwendung von Geräten ausgeführt. Während der Produktion erfolgt laufend die Beseitigung anfallender Fleisch- und Fettabfälle, Blutreste, von Magen-Darm-Inhalt und anderer Verschmutzungen mittels Wassers und Reinigungsgeräten.

Es werden Geräte zur Hochdruckreinigung mit Druckleistungen von 3,0 – 7,0 Mpa und Wasserfördermengen von 350 bis über 1 000 l/h eingesetzt [30]. Hierbei können Beschädigungen der behandelten Flächen und Ablösen von Kacheln auftreten. Dampfstrahlgeräte arbeiten mit einem Gemisch aus heißem Wasser und Dampf, dem Reinigungs- und auch Desinfektionsmittel zugesetzt werden können. Der Spritzdruck liegt zwischen 0,5 und 1,0 Mpa; die Temperatur beträgt etwa 100 °C. Bei der Dampfstrahlreinigung entstehen Schwaden, die häufig eine unerwünschte Kondenswasserbildung zur Folge haben. Die Anwendung verschiedener Verfahrenstechniken weist sowohl Vor- als auch Nachteile auf (Tab. 4.3-3).

4.3.3.2.3 Desinfektionsmittel und ihre Wirkungsweise

Durch Reinigungsmaßnahmen wird optische Sauberkeit, verbunden mit einer beachtlichen Keimreduzierung, erzielt, die bei sachgemäßer Arbeit bis zu vier Zehnerpotenzen betragen kann.

Die Desinfektion kann auf physikalischem Wege durch hohe Temperaturen, Abtrocknen und UV-Bestrahlung erfolgen. Praktische Anwendung finden Heißwassersprühverfahren (bis etwa 95 °C), Dampfstrahlreinigung und Abkochen.

Als chemische Desinfektionsmittel kommen insbesondere Halogene (Aktivchlor, Jodophore), Peressigsäure, quarterntäre Ammoniumverbindungen, Wasserstoffperoxid und Aldehyd in Betracht. Die Wirkungsweise ist vorwiegend unspezifisch eiweißfällend und oxidierend oder auch spezifischer Art. Im zuletzt genannten Fall erfolgt eine direkte Einwirkung auf den Zellstoffwechsel von Mikroorganismen. Da es kein Universaldesinfektionsmittel gibt, muß die Auswahl den unterschiedlichen Aufgaben angepaßt werden.

An ein Desinfektionsmittel, das in einem Lebensmittelbetrieb eingesetzt werden soll, steht an erster Stelle die Forderung nach toxikologischer Unbedenklichkeit. Sie müssen materialverträglich und wirtschaftlich in der Anwendung sein. Die Eigenschaften der o.g. Desinfektionsmittel und ihre Wirkung auf Mikroorganismen, Werkstoffe sowie Personen sind in Tabelle 4.3-4 zusammengestellt. Zu den stärksten Desinfektionsmitteln zählen formaldehydhaltige Präparate, Peressigsäure und Chloramin. Die zuerst genannten Präparate werden in Form einer Formaldehyd-Wasserdampf-Raumdesinfektion vornehmlich in der Humanmedizin als Schlußdesinfektion eingesetzt. Hierbei sind besondere Maßnahmen, wie Abdichten von Fenstern und Türen, erforderlich. Die Wirksamkeit der Mittel ist temperatur-, zeit- und pH-abhängig, ferner von der Konzentration der Keime und des Desinfektionsmittels sowie von Schmutzteilen, und eventuell vorhandenen Kochsalzrückständen, die durch die vorangehende Reinigung nicht beseitigt worden sind.

Eine Temperaturerhöhung fördert die antimikrobielle Wirksamkeit. Bei einer Temperaturerhöhung um 10 K im Bereich von 0 – 50 °C kann man mit einer Erhöhung der Desinfektionswirkung auf das Doppelte rechnen [29]. Eine Temperaturabsenkung erniedrigt die Wirkung. Generell sollte die Mindesttemperatur bei 20 °C liegen. Wenn bei Temperaturen von 0 – 10 °C gearbeitet werden muß, ist eine wesentlich längere Einwirkungszeit erforderlich.

Mikroorganismen werden durch das Desinfektionsmittel nicht schlagartig abgetötet oder inaktiviert, sondern exponentiell [28], d.h. je länger das Desinfektionsmittel einwirkt, umso größer ist der Desinfektionserfolg. Zur Desinfektion von Ausrüstungen, Flächen usw. soll die Einwirkungszeit 1 – 12 h betragen. Sie muß umso länger sein, je höher der Keimgehalt ist. Für die Händedesinfektion sind alkoholhaltige Präparate (70 %iges Ethanol oder Ethanol plus Amphotensid, Phenolderivat oder Jodophor) mit einer Einwirkungszeit von 1 – 5 min. recht wirksam.

Tab. 4.3-4 Eigenschaften häufig verwendeter Desinfektionsmittel (nach [30])

	Verträglichkeit				Wirkungsspektrum						Wirkung		
Desinfektions-mittelgruppe	Personal	Aluminium	Eisen	Stahl, unlegiert	Grampositive Bakterien	Gramnegative Bakterien	Bakteriensporen	Hefen	Schimmelpilze	Viren/ Bakterienphagen	Schnelligkeit	Nachhaltigkeit	Unter organischer Belastung
Chlorverbindungen	±	-	-	-	+	+	+	±	±	+	+	+	-
Iodophore	±	+	+	+	+	+	+	±	±	+	+	+	-
Peressigsäure	-	±	-	+	+	+	+	+	+	+	+	±	-
Quaternäre Verbindungen	+	+	-	+	+	±	-	+	+	±/-	±	+	±
Amphotere Verbindungen	+	+	+	+	+	+	-	+	+	±/-		+	+
Aldehyde	-	+	+	+	+	+	+	±	±	±/-	±	+	±
Alkohole	+	+	+	+	+	+	-	±	±	±/-	+		

+ : gut, ± : mäßig, - : sehr mäßig, / : selektiv wirksam

Bei der in Lebensmittelbetrieben üblichen Methode handelt es sich um eine Flächendesinfektion. Alle Flächen eines Raumes, wie Fußböden, Wände, Türen, Türklinken, Fensterbretter und Vorrichtungen aller Art, werden mit Desinfektionslösung gleichmäßig benetzt. Die vorgeschriebenen Konzentrations- und Einwirkungszeiten sind peinlich genau einzuhalten. Zur Desinfektionsausführung gehört Sorgfalt und Sachkunde. Nach Beendigung der Einwirkungszeit ist, wie bereits erwähnt, eine Nachspülung mit einer ausreichenden Wassermenge erforderlich. Eine sichere Entfernung von Desinfektionsmittelresten muß dadurch gewährleistet sein. Abschließend ist darauf hinzuweisen, daß von Zeit zu Zeit oder aus besonderem Anlaß unmittelbar eine mikrobiologische Kontrolle durch Sachverständige nötig ist.

4.3.4 Personalhygiene

Es muß immer wieder nachdrücklich die hohe Verantwortung der Beschäftigten in der Lebensmittelbranche für die Gesundheit der Konsumenten betont werden. Ganz wesentlich sind hierbei die Motivation der Mitarbeiter und entsprechende Kenntnisse als Voraussetzung für richtiges Handeln. Im Betrieb und seitens der Behörden müssen Voraussetzungen geschaffen werden, die dem Anliegen einer zeitgemäßen Hygiene beim Umgang mit Lebensmitteln gerecht werden.

Menschen können auf vielfältige Weise eine Quelle für verschiedenartige Kontaminationen von Lebensmitteln sein. Neben den faktultativ krankmachenden sind die pathogenen Mikroorganismen aus der Gruppe der *Enterobacteriaceae* (Darmbakterien), Clostridien (z.B. *Clostridium perfringens*) und Staphylokokken (*Staphylococcus aureus*) zu nennen. Eine Gefährdung geht vor allem von erkrankten Personen und sogenannten Dauerausscheidern aus. Daß erkrankte oder mit ekelerregenden Krankheiten behaftete Personen vom Umgang mit Lebensmitteln fernzuhalten sind, ist unumstritten und praktikabel. Problematischer ist die Situation bei "Dauerausscheidern", die eben nicht "dauernd" bestimmte Erreger wie Salmonellen, Staphylokokken und andere krankmachende Keime ausscheiden. Diese Personen können bei den Einstellungs- und perioidisch durchzuführenden Untersuchungen unerkannt bleiben. An diesem Beispiel wird die Forderung nach persönlicher Hygiene unterstrichen, die ein regelmäßiges und sorgfältiges Händewaschen besonders nach einer Toillettenbenutzung einschließt.

Händewaschen ist zweifellos eine der wichtigsten Forderungen beim Umgang mit Schlachtkörpern, Fleisch und Fleischerzeugnissen. Auf jeden Fall müssen die Hände auch immer vor Arbeitsbeginn sowie vor und nach dem Essen sowie nach dem Rauchen und nach Berührung mit Schmutz, Eiter, Abszessen usw. gesäubert und nötigenfalls desinfiziert werden.

Staph. aureus kommt nicht nur auf Schleimhäuten und in eitrien Wunden, sondern auch im Haar vor. Personen mit eitrigen Wunden müssen vom Umgang mit Lebensmitteln ausgeschlossen werden, bzw. es sind entsprechende Schutzmaßnahmen erforderlich. Weitere Erfordernisse, wie Unterlassen des Niesens gegen Arbeitsflächen oder das Tragen von Kopfschutz, sind zu beachten. Rauchen am Arbeitsplatz darf nicht gestattet werden. Arbeitskleidung einschließlich Handschuhe müssen stets in sauberem Zustand sein. Gegebenenfalls müssen sie mehrmals am Tage gewechselt werden.

Schließlich soll betont werden, daß das Einhalten der hygienischen Anforderungen ständig durch die Betriebsleitung und Sachverständige kontrolliert werden muß.

Quellen und Literatur

[1] SCHMIDT-LORENZ, W.; GUTSCHMIDT, J.: Mikrobiologische und sensorische Veränderungen gefrorener Lebensmittel. Lebensm. Wissensch. u. Technol. 1 (1968) 26 - 43
[2] SINELL, H.-J.: Einführung in die Lebensmittelhygiene. Berlin und Hamburg: Verlag Paul Parey 1992
[3] MÜLLER, G.: Grundlagen der Lebensmittelmikrobiologie, 7. Aufl., Leipzig: Fachbuchverlag 1989
[4] KRAFT, A.A. IN: BECHTEL, P.J.: Muscle As Food. Academic Press, Inc., 1986
[5] EICHNER, K. IN : HEISS, R.; EICHNER, K.: Haltbarmachen von Legensmitteln. Berlin, Heidelberg, New York, London, Paris, Tokyo, Hong Kong: Springer Verlag 1990
[6] CHRISTIAN, J. H. B.: Reduced water acitivity. Microbial Ecology of Foods. Vol. 1, 70 – 91, ICMSF, Academic Press, New York, London 1980
[7] KRÄMER, J.: Lebensmittel-Mikrobiologie. Stuttgart: Verlag Eugen Ulmer, 1987
[8] LÜCK, E.: Chemische Lebensmittelkonservierung. Berlin, Heidelberg, New York, Tokyo: Springer Verlag 1985
[9] HEISS, R.; EICHNER, K.: Haltbarmachen von Lebensmitteln. Berlin, Heidelberg, New York, London, Paris, Tokyo, Hong Kong: Springer Verlag 1990
[10] LEISTNER, L.: Lebensmittelverderb und Lebensmittelvergiftungen. In: Kulmbacher Reihe, Bd. 9, S. 82 – 97. Hrsg. Bundesanstalt für Fleischforschung Kulmbach 1989
[11] CASTELLANI, A.G.; NIVEN, C. F.: Factors affecting the bacteriostatic action of sodium nitrite. Appl. Microbiol. 3 (1955) 154 – 159
[12] HESS, E.; LOTT, G.: Kontamination des Fleisches während und nach der Schlachtung. Fleischwirtschaft 50 (1970) 47 – 49
[13] KALLWEIT, E.; FRIES, R.; KIELWEIN, G.; SCHOLTYSSEK, S.: Qualität tierischer Nahrungsmittel. Stuttgart: Eugen Ulmer Verlag 1988
[14] ROBERTS, T. A.: Mikrobiologie und Hygiene von rotem Fleisch. Fleischwirtschaft 47 (1967) 1490
[15] ZALESKI, S. J.: The microbiology of hot-processed meat. International Symposium Advances in hot meat processing. Rydzyna, 16. bis 20. August 1981
[16] NOSKOWA, G. L.: Mikrobiologie des Fleisches bei Kühllagerung. Leipzig: Fachbuchverlag 1975
[17] LOFTI, A. Y.: Fähigkeit und Grad der Penetration von Oberflächenkeimen in unversehrtem Fleisch und deren Bedeutung für die Volksgesundheit und die Aufrechterhaltung der Fleischqualität. Schlacht- und Viehhofztg. 71 (1971) 92 – 97
[18] SCHREITER, M. IN: MÜNCH, H.-D.; SAUPE, CH.; SCHIEFER, G.; SCHREITER, M.; WEGNER, K,, ZICKRICK, K.: Mikrobiologie tierischer Lebensmittel, 2. Aufl., Leipzig: Fachbuchverlag 1986
[19] LEISTNER, W.: Keimgehaltsuntersuchungen an Schweinedärmen. Der Fleischermeister 14 (1960) 245
[20] FRANZKE, C: Lehrbuch der Lebensmittelchemie, Teil 1, 2. Aufl. Berlin: Akademie Verlag 1990

[21] BELITZ, H.-D.; GROSCH, W.: Lehruch der Lebensmittelchemie. Berlin, Heidelberg und New York: Springer-Verlag 1992

[22] NUSSHAG, W.: Hygiene der Haustiere. Leipzig: S. Hirzel Verlag 1954

[23] GROSSKLAUS, D.: Gesundheitlicher Verbraucherschutz und Lebensmittelproduktion – Chancen zum Gleichklang. Bundesgesundheitsblatt 32 (1989) Nr. 4, Sonderdruck

[24] SINELL, H.-J.: Einführung in die Lebensmittelhygiene, 3. Aufl. Berlin und Hamburg: Verlag Paul Parey 1992

[25] ZWINGMANN, W.: Lebensmittelhygienische und -rechtliche sowie chemischanalytische Beurteilung von mit ambulant eingesetzten Separatorenanlagen gewonnenem Restfleisch. Fleischwirtschaft 60 (1980) 1, S. 63 - 71

[26 BAUMGART, J.: Mikrobiologische Richt- und Grenzwerte und mögliche Kontrollmethoden. Fleischereitechnik 6 (1990) 4, S. 279 – 283

[27] WIRTH, FL; LEISTNER, L.; RÖDEL, W.: Richtwerte der Fleischtechnologie, 2. Aufl. Frankfurt am Main: Deutscher Fachverlag 1990

[28] KRÄMER, J.: Lebensmittel-Mikrobiologie. Stuttgart: Verlag Eugen Ulmer 1987

[29] WEUFFEN, W.; KEMTER, B.; WIGERT, H.; FIEDLER, K.: Desinfektion und Sterilisation. Berlin: Verlag Volk und Gesundheit 1982

[30] SCHLIESSER, TH.; STRAUCH, D.: Desinfektion in Tierhaltung, Fleisch- und Milchwirtschaft. Stuttgart: Ferdinand Enke Verlag 1981

[31] SCHMIDHOFER, TH.: IN: PRÄNDL, O.; FISCHER, A.; SCHMIDHOFER, TH.; SINELL, H.-J.: Handbuch der Lebensmitteltechnologie. Fleisch – Technologie und Hygiene der Gewinnung und Verarbeitung. Stuttgart: Verlag Eugen Ulmer 1988

stmortale Veränderungen

P. OELKER

dem Schlachten kommen Blutkreislauf und Sauerstoffversorgung der Gewebe zum Still-nd. Der Stoffwechsel läuft jedoch noch in anaerober Art weiter [1]. Durch die Unterbrechung n Sauerstoff- und Nährstoffzufuhr sowie durch nicht mehr stattfindenden Abtransport von Stoffwechselprodukten verfällt das Muskelgewebe zuerst in den Rigor mortis (Totenstarre) und "reift" danach zum eigentlichen Rohstoff Fleisch.

Die Bezeichnung Rigor mortis deutet darauf hin, daß die erste postmortale Phase überwiegend durch Strukturverdichtungsvorgänge gekennzeichnet ist. In der anschließenden Fleischreifungsphase überwiegen hingegen Strukturabbauvorgänge. Da das meiste Fleisch in der Praxis nicht unmittelbar nach dem Schlachten als "Warmfleisch" verarbeitet wird, sind biochemische und strukturelle Veränderungen im postmortalen Muskelgewebe für die Fleischerzeugnisherstellung verfahrensbestimmend. Art und Geschwindigkeit der biochemischen und strukturellen Rohstoffveränderungen sowie deren technologische Beeinflußbarkeit entscheiden in bestimmten Grenzen über die Größe verarbeitungsrelevanter Rohstoffeigenschaften, wie

- Wasserhaltevermögen, z.B. bei der Fleischspeisenherstellung
- Wasserabgabevermögen, z.B. bei der Rohwurstreifung
- Destruktionsbereitschaft, Wasserbindevermögen, Produktstrukturbildungsbereitschaft (self assembly) der muskulären Eiweißkörper, z.B. bei der Brühwurstherstellung.

5.1 Ausbildung des Rigor mortis

Die Herausbildung des Rigor mortis wird vor allem durch ATP-Abbau, Milchsäureanhäufung, pH-Abfall, Membranperforation des sarkoplasmatischen Reticulums, Calciumionen-Freisetzung, Actomyosinkomplexbildung, Sarkomerenverkürzung sowie Dehnbarkeits- und Elastizitätsverlust der Muskelfasern verursacht [2, 3, 4, 5, 6, 7, 8]. Die Herausbildung des Rigor mortis vollzieht sich in drei Phasen.

In der ersten Phase laufen ATP-Abbau und Resynthese weiter, bis die Creatinphosphatreserven aufgebraucht sind. Elektronenoptische Aufnahmen der Muskelfasern zeigen noch die typische quergestreifte Struktur. Sarkomeren mit erschlafften I- und A-Bändern, H-Zonen, Z- und M-Scheiben sowie Triaden und Zellorganellen können deutlich unterschieden werden. Das Sarkolemm ist noch geschlossen. Da die Muskulatur ihre Dehnbarkeits- und Elastizitätseigenschaften noch nicht verloren hat und sich weiterhin durch hohen pH-Wert, gute Proteinlöslichkeit sowie hohes Wasserbinde- und Emulgiervermögen seiner Proteine auszeichnet, wird diese Phase Verzögerungsphase genannt. Die Verzögerungsphase ist gleichbedeutend mit dem "Prä-Rigor-Zustand". Sie kann je nach Menge der Reservestoffe und der Fleischtemperatur 1 - 20 h andauern.

In der zweiten Phase kann abgebautes ATP nur noch durch die anaerob verlaufende Glycolyse resynthetisiert werden. Die anaerobe Glycolyse beginnt mit der Spaltung kettenständiger α-1,4-glycosidischer Bindungen an den intrazellulären Glycogenkörperchen durch den Phosphorylase-

Enzymkomplex. Die Umwandlung des zunächst entstehenden Glucose-1-Phosphats in Glucos
Phosphat ist der erste von insgesamt 11 Reaktionsschritten der anaeroben Glycolyse gemäß na
stehender Summenformel:

$$C_6H_{12}O_6 + P + 2\ ADP \rightarrow 2\ C_3H_6O_3 + 2\ ATP$$

Glucose + Phosphat + Adenosindiphosphat → Lactat + Adenosintriphosphat

Die anaerobe Glycolyse läuft wie bei der aeroben bis zum Pyruvat (10. Reaktionsschritt) in gleicher Reaktionskette. Das Pyruvat wird jedoch nicht mehr über den Citratcyclus und die Atmungskette unter Bildung von CO_2 und Wasser sowie 38 Mol ATP je Mol Glucose abgebaut, sondern zu Milchsäure als Stoffwechselendprodukt umgewandelt. Die Energieausbeute ist bei der anaeroben Glycolyse sehr gering. Die ATP-Ausbeute beträgt hierbei nur zwei Mol je Mol Glucose [9]. Von besonderem Vorteil für den lebenden Organismus ist es jedoch, daß diese beiden Mole ATP sehr schnell bereitgestellt werden können.

Der Abbau der intrazellulären Glycogenkörperchen zu Milchsäure wird durch pH-Abfall im postmortalen Muskelgewebe angezeigt. Da die Milchsäure nicht mehr aus den Muskelfasern abgeführt wird, kann der pH-Wert innerhalb von 2 - 4 h von 7,2 - 7,0 auf Werte um 5,5 absinken [10]. Daher wird diese Phase auch als die "schnelle Phase" bezeichnet. Die schnelle Rigorphase durchlaufen die Muskeln in der Reihenfolge ihrer motorischen Aktivität ante mortem. Vom Rigor werden zuerst

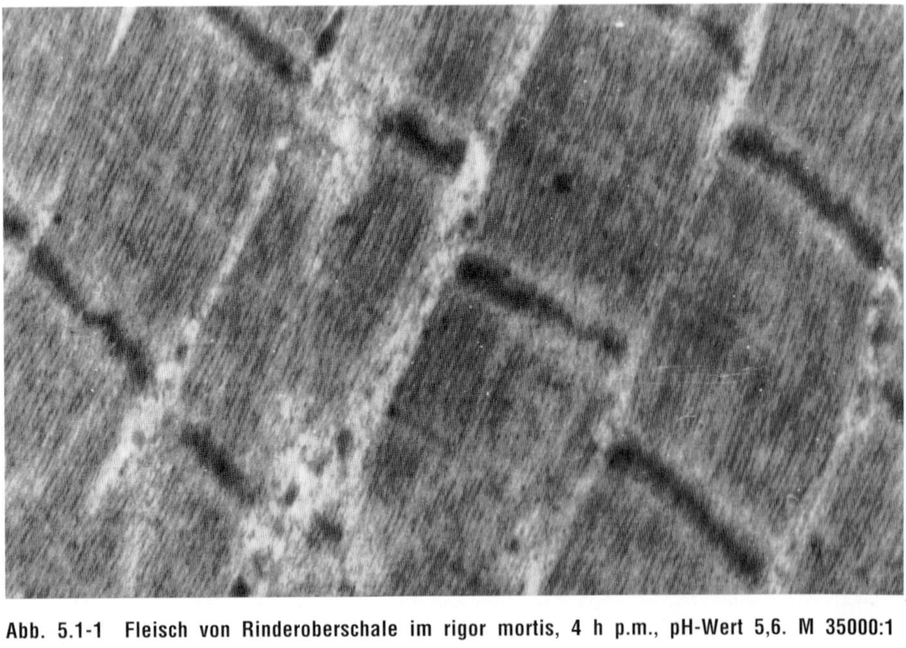

Abb. 5.1-1 Fleisch von Rinderoberschale im rigor mortis, 4 h p.m., pH-Wert 5,6. M 35000:1

die Muskeln erfaßt, die bis zuletzt Arbeit geleistet und daher die geringsten Reserven an Glycogen und Creatinphosphat haben. Obwohl die Glycolysegeschwindigkeit temperaturabhängig ist, werden bei verschiedenen Tieren und einzelnen Muskeln bei gleicher Temperatur sehr große Unterschiede gefunden. Das deutet auf eine Vielzahl geschwindigkeitsbeeinflussender Faktoren der Glycolyse hin.

Die schnelle Rigorphase ist auch durch elektronenoptisch verfolgbare Veränderungen intrazellulärer Strukturen gekennzeichnet [11, 12, 13, 14, 15, 16]. Bereits in den ersten Stunden p.m. kommt es zum Hydrops der Mitochondrien und des sarkoplasmatischen Reticulums. Nach partieller Auflösung seiner Membranen verliert das sarkoplasmatische Reticulum die "Ionenpumpen"-Funktion. Die in das Sarkoplasma eingedrungenen Calciumionen können nicht mehr in das sarkoplasmatische Reticulum zurückgeführt werden. Wenn der Calciumgehalt des Sarkoplasmas von $< 0,2$ µMol/l auf mehr als 10 µMol/l ansteigt, wird der sliding-filament-Mechanismus ein letztes Mal in Gang gesetzt. Da dieser aber nicht durch einen nervösen Impuls ausgelöst wird, vollziehen sich die postmortale Actomyosinkomplexbildung und Sarkomerenverkürzung langsam und ungleichmäßig. Die Muskelkontraktur setzt nach einem ATP-Rückgang auf die Hälfte des urspünglichen Wertes ein [17]. Die volle Ausprägung des Rigor mortis ist bei einem Dehnbarkeits- und Elastizitätsrückgang auf 5 - 10 % der Ausgangswerte erreicht. In Abbildung 5.1-1 wird erkennbar, daß die Sarkomerenlänge in Muskelfasern von Rinderoberschale 4 h p.m. (pH-Wert 5,6) auf Werte zwischen 1 140 und 1 430 nm zurückgegangen ist.

Fleisch im Rigor mortis ist durch folgende Merkmale gekennzeichnet:
- minimaler Gehalt an energiereichen Phosphaten und Glycogen
- niedriger pH-Wert
- starke Verkürzung und minimale Dehnbarkeit der Muskelfasern
- offene Struktur, aufgehellte Farbe
- geringes Wasserbindevermögen
- geringe Löslichkeit und geringes Emulgiervermögen seiner Proteine.

Die dritte Phase wird Postrigorphase genannt. Während ihres Verlaufs löst sich der Rigor mortis.

5.2 Fleischreifung

Während der Reifung verliert das Fleisch an Transparenz und nimmt rötlichbraune Farbtöne an. Es erweicht wieder, wird saftiger und bildet sein Aroma aus. Damit erlangt es seine geschätzten Genußwerteigenschaften.

Für die Lösung des Rigor mortis werden verschiedene proteolytische Enzyme verantwortlich gemacht. Die myofibrilläre Proteolyse beginnt mit dem Wirksamwerden des calciumaktivierten Faktors (CAF). Der CAF ist eine neutrale Protease im Sarkoplasma und wird durch den ansteigenden Calciumgehalt des Sarkoplasmas stimuliert [18, 19, 20]. In saurem Milieu ist der CAF nicht wirksam. Dort tritt die Wirkung der Kathepsine hervor. Die Kathepsine sind Endopeptidasen und in vivo in den Lysosomen eingeschlossen. Bei zunehmender Säuerung reißen diese Zellorganellen auf und geben zahlreiche lytische Enzyme frei, unter ihnen auch die Kathepsine, von denen z.B. in

Rindfleisch die Typen A, B und C bei den vorherrschenden pH-Werten die wirksamsten sind. CAF und Kathepsine bewirken gemeinsam die Destrukturierung der Z-Scheiben [21, 22, 23, 24]. Abbildung 5.2-1 bestätigt, daß nach 13tägiger Reifung der in Abbildung 5.1-1 dargestellten Rinderoberschale bei 8 °C (pH-Wert 6,3) vor allem im Bereich der Z-Scheiben und der nicht mit Myosin überlappten I-Bänder eine deutliche Destrukturierung stattgefunden hat. Von diesen Sarkomerenelementen sind nur noch Granula übriggeblieben. Bei der gewählten Hochvergrößerung der elektronenoptischen Aufnahme sind aber auch in den A-Bändern strukturelle Veränderungen erkennbar. Es hat den Anschein, daß die Myosinfilamente in zahlreiche Fragmente zergliedert wurden und ihre parallele Lage zueinander eingebüßt haben. Auch die Mittelscheiben zeigen Zerfallserscheinungen. Triadenstrukturen sind nicht mehr erkennbar.

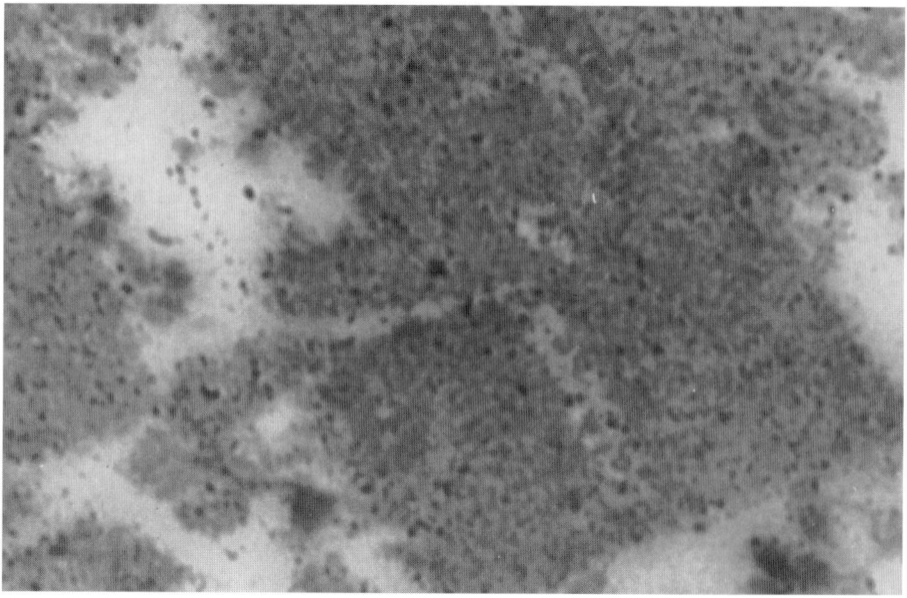

Abb. 5.2-1 Fleisch von Rinderoberschale, 13 Tage bei 2°C gereift, pH-Wert 6,3. M 90000:1

Weit stärker als die myofibrilläre vollzieht sich die sarkoplasmatische Proteolyse. Dort kommt es zur Freisetzung von Peptiden und Aminosäuren. Der zunehmende Teil an freien Aminosäuren und Peptiden sowie die durch den Zerfall des sarkoplasmatischen Reticulums frei werdenden Natrium- und Calciumionen lassen den pH-Wert im Postrigorfleisch wieder ansteigen. Freie Kaliumionen werden von den fadenförmigen Eiweißkörpern absorbiert und ersetzen dort Calciumionen. Die hierdurch ansteigende Nettoladung liefert ebenfalls einen Beitrag zur Strukturauflockerung. Die insgesamt deutlich aufgelockerte Struktur der Sarkomeren und die Zunahme von pH-Wert und Nettoladung sind nicht nur für die Wiedererweichung, sondern auch für die Zunahme des Wasserbindevermögens und damit der Saftigkeit verantwortlich.
Bindegewebsproteine werden während der Fleischreifungsphase proteolytisch nicht angegriffen. Collagenfasern des endomysialen Bindegewebes können aber bei guter Säuerung quellen. Hier-

durch verlieren diese Fasern an Festigkeit. Durch partiellen Zerfall der Sarkolemma kommt es in diesem Bereich zu einem zusätzlichen Auflockerungseffekt.

Frisch erschlachtetes Fleisch ist aromaarm. Die Aromabildung vollzieht sich als komplexer Vorgang. Die entstehenden Aromastoffe sind sowohl Metaboliten der Fleischinhaltsstoffe als auch Reaktionsprodukte vor allem flüchtiger Primärprodukte untereinander. Aromastoffe mit "Schlüsselfunktion" gibt es beim Fleischaroma nicht.

Die Fleischreifungsgeschwindigkeit läßt sich durch die Lagertemperatur beeinflussen. Bei Aufrechterhaltung der Körpertemperatur kann Rindfleisch innerhalb von 24 h den gleichen Reifungsgrad erlangen wie in zwei Tagen bei 20 °C oder wie in 10 - 14 Tagen bei Kühlhaustemperaturen. Aus hygienischen Gründen läßt man das Fleisch bei Temperaturen von -1 bis 2 °C reifen. Optimal gereiftes Fleisch ist durch folgende Merkmale gekennzeichnet:

- pH-Werte zwischen 5,6 und 6,6 (gelegentlich höher) bei Schweinefleisch und zwischen 5,6 und 5,9 (gelegentlich auch wesentlich höher) bei Rindfleisch; ein pH-Wert von 6,4 gilt als Haltbarkeitsgrenze
- hohes Wasserbindevermögen; die Ausgangswerte von Warmfleisch werden jedoch nicht wieder erreicht
- hohe Extrahierbarkeit der Proteine, jedoch ohne hydroxyprolinhaltige Bestandteile
- hoher Gehalt an Aromavorboten (precursors); ein Hypoxanthingehalt von 1,5 µmol/g als Abbauprodukt des ATP gilt als Kriterium für optimalen Reifungsgrad.

Bei der Reifung ist zu beachten, daß durch mangelhafte Fleischsäuerung die Gefahr der Oberflächenfäulnis wächst und bei längerer Kühllagerung erhebliche Trocknungsverluste und Oberflächenverfärbungen auftreten können. Um diese Nachteile auszuschalten, wird die Fleischreifung nicht durch Abhängenlassen ganzer Schlachtkörper oder -hälften bzw. -viertel durchgeführt. Die Schlachtkörper werden nach dem Abkühlen zunächst in Teilstücke zerlegt und diese danach in Folienbeuteln vakuumverpackt. Aber auch unter Vakuumreifungsbedingungen können sich Mikroorganismen auf der Fleischoberfläche entwickeln. Da Lactobazillen bevorzugt wachsen und Milchsäure produzieren, wird die Entwicklung säureempfindlicher Keime, vor allem Eiweißzersetzer, gehemmt. Bei Temperaturen von 2 °C kann Frischfleisch in Vakuumpackungen bis zu 6 Wochen lagern und reifen. Vakuumgereiftes Rohfleisch hat manchmal einen etwas abweichenden, säuerlichen Flavour, der sich jedoch nach der Zubereitung wieder verliert.

5.3 Fleischanomalien und abartige Reifung

Zu den Fleischanomalien zählen Fleischzähigkeit durch cold-shortening der Sarkomeren, hohe Dripverluste und Zähigkeit durch Taurigor sowie PSE- und DFD-Erscheinungen. Die Kälteverkürzung der Sarkomeren kann vor allem bei Muskeln mit hohem Anteil an roten Fasern nach raschem Abkühlen des schlachtwarmen Fleisches auf Temperaturen < 11 °C eintreten, obwohl der ATP-Spiegel noch um 5 µMol/g liegt und der pH-Wert erst etwas unter 7 gesunken ist. Wenn danach der ATP-Gehalt unter 1 µMol/g fällt, tritt die eigentliche Rigorkontraktur noch hinzu. Das verursacht "Superkontraktur", bei der die I-Bänder meistens völlig verschwinden. Die Kälteverkürzung verursacht auch einen weit höheren Grad der Quervernetzung zwischen den Actin-

und Myosinfilamenten als die Rigorverkürzung. Der cold-shortening-effect wird vermieden, wenn während der "Verzögerungsphase" die Fleischtemperatur nicht unter 14 °C absinkt.

Der "Taurigor" bildet sich unmittelbar nach dem Auftauen von gefrorenem Warmfleisch aus. Die durch Gefrieren und Auftauen geschädigten Membranen des sarkoplasmatischen Reticulums verursachen eine sofortige Freisetzung von Ca^{2+}-Ionen und damit einen sehr raschen ATP-Abbau. In den Taurigor tritt die auftauende Muskulatur schon bei einem ATP-Rückgang von 40 % ein. Auch die Glycolyse verläuft schneller als im ungefrorenen Muskel. Der Taurigor läßt sich durch Salzen des Warmfleisches vor dem Gefrieren unterdrücken.

"PSE" steht als Abkürzung für die englischen Worte pale (blaß), soft (weich) und exudative (wäßrig). Die PSE-Eigenschaften werden durch partielle Denaturierung der Muskelproteine infolge eines exzessiv-glycolytisch bedingten Milchsäureanfalls, der in 30 - 60 min. p.m. zum pH_1-Abfall auf Werte zwischen 5,6 - 5,1 führen kann, in Verbindung mit der noch hohen Gewebetemperatur ausgelöst. Daraus resultieren erhöhte Farbhelligkeit und Verluste an freiwerdender Gewebeflüssigkeit bis zu 30 %, während die Wasserverluste bei normaler Fleischreifung bei etwa 5 % liegen [25]. Wenn innerhalb einer Stunde post mortem der pH-Wert unter 5,8 gesunken ist, gilt der Verdacht auf PSE als gegeben. Zwischen der PSE-Bildung und dem pH_1-Wert besteht jedoch keine strenge Korrelation.
Die PSE-Merkmale sind Folge einer für Fleischschweine typischen Belastungserkrankung in unterschiedlicher Manifestation, die Belastungsmyopathie genannt wird [26]. Unsachgemäße Behandlung, Gruppenneubildung, unnötige Reizungen der Bewegungsmuskulatur, vor allem innerhalb der letzten 24 Stunden vor dem Schlachten, führen zu einem erhöhten Erregungszustand der Tiere, in dessen Folge phasische Kontraktion besonders der Muskeln mit unphysiologisch zahlreichen weißen Fasern ausgelöst und ein überwiegend anaerober Stoffwechsel eingeleitet wird.

Hierbei können die wenigen und kleinen Mitochondrien kaum genutzt werden, da der erforderliche Sauerstoff fehlt. Das bei der anaeroben Glycolyse entstehende Pyruvat wird folglich über den EMBDEN-MEYERHOFF'schen Weg mit $NADH_2$ zum Stoffwechselendprodukt Milchsäure reduziert. Die Milchsäure fließt während der anaeroben Tätigkeit aus den Fasern in die extrazellulären Räume, kann aber von dort nicht schnell genug über die Blutkapillaren in die Leber abtransportiert werden. Je nach Intensität der Reizung kann es daher entweder zu lokaler oder nach Übertritt der Milchsäure ins Blut zu generalisierter Lactacidose kommen. Bei extrem auf Fleischleistung gezüchteten Schweinen werden dabei die Grenzen der physiologischen Abläufe überschritten, so daß es einerseits zur Selbstschädigung der betroffenen Muskeln kommt. Andererseits können durch eine dekompensierte metabolische Acidose Herz- und Kreislauffunktionen beeinträchtigt werden. Dabei ist durch Elektrolytverschiebung zwischen intra- und extrazellulärer Flüssigkeit und durch Änderung der auf Adrenalin und Noradrenalin reagierenden Strukturen zunächst die Kontraktilität der Herzmuskelfasern und später auch der glatten Gefäßmuskulatur herabgesetzt. Es entwickelt sich daraufhin eine Herzinsuffizienz und bei fortdauernder Belastung innerhalb kurzer Zeit ein cardiogener Schock.

Gleichzeitig besteht infolge der forcierten Stoffwechselabläufe in der Muskulatur eine Hyperthermie, die im Verlauf des cardiogenen Schocks durch periphere Vasokonstriktion noch gesteigert wird. In der Endphase entwickelt sich ein Lungenödem, das schließlich zum Tode führt. Diese Verlaufsform entwickelt sich meistens innerhalb einer Stunde nach Beginn einer kritischen Belastung.

Auf Grund klinischer Befunde, des Verlaufs und des postmortalen Bildes werden drei Manifestationsformen der Myopathien unterschieden [26]:

- Latente Belastungsmyopathie oder PSE-Syndrom
  Diese häufigste Manifestationsform ist klinisch latent. Die betroffenen Schweine scheinen gesund zu sein und zeichnen sich meistens durch gutes Muskelbildungsvermögen aus. Erst durch die mit dem Schlachten verbundenen Belastungen, durch Muskelexcitationen bei der Betäubung und beim Blutentzug wird eine maximale Beschleunigung der anaeroben Glycolyse ausgelöst. Vor dem Blutentzug können Milchsäurekonzentrationen von mehr als 20 mMol/l im Blut gemessen werden. Das bereits ante mortem vorhandene latente Energiedefizit im Muskel ist wahrscheinlich der Schrittmacher der unerwünschten Stoffwechselprozesse. Es wirkt sich auch auf den intrazellulären Calciumtransport im Muskel aus, begünstigt postmortale Muskelkontraktionen und weiteren Verbrauch an energiereichen Verbindungen. Die Totenstarre tritt infolgedessen schon nach etwa 20 min. ein und nicht erst nach 1 – 2 h, wie bei belastungsresistenten Tieren. Die beschleunigte Stoffwechseltätigkeit führt zur schnellen Milchsäureanhäufung, pH-Senkung und zur Temperaturerhöhung im Muskel. Innerhalb einer Stunde post mortem können daher pH-Werte unter 5,6 bei einer Fleischtemperatur von über 40 °C gemessen werden. Unter diesen Bedingungen kommt es zur partiellen Denaturierung der Muskelproteine und zu den Veränderungen der Fleischbeschaffenheit im Sinne von PSE-Fleisch.

- Akute Belastungsmyopathie (Transporttod)
  Einzelne disponierte Tiere zeigen nach schwerer Belastung Cyanose der Rüsselscheibe, blasse Haut und Ohrvenenstauung, erhöhte Körpertemperaturen bis 42 °C sowie bis auf 80/min. beschleunigte und vertiefte Atmung und stark erhöhte Herzfrequenz bis 220/min. Häufig wird eine hundesitzartige Haltung eingenommen. Kurz vor dem Tod treten Bewegungsstörungen in Form von Muskelschwäche und Tremor auf. Tiere verenden schnell im o.a. cardiogenen Schock. Die Totenstarre tritt bereits nach wenigen Minuten ein.

- Akute Rückenmuskelnekrose
  Überleben entsprechend disponierte Tiere eine schwere oder einseitige Belastung, so entsteht u.U. eine akute Rückenmuskelnekrose, die durch ein charakteristisches Krankheitsbild gekennzeichnet ist.

Mit dem Elektronenmikroskop können morphologische Störungen vor allem an den Mitochondrien und am sarkoplasmatischen Reticulum bereits kurz vor dem Schlachten nachgewiesen werden. Viele Mitochondrien zeigen Aufquellerscheinungen. Das sarkoplasmatische Reticulum weist in PSE-Muskeln u.a. häufig vakuoläre Erweiterungen der Zisternen bis zur blasigen Durchsetzung der gesamten Fasern auf. Die Triaden können verquellen und sich voneinander lösen. Auch der sarkoplasmatische Reticulum-Membranzerfall bzw. das Aufrollen von Membranresten gilt als schwere Strukturstörung [27]. Die Bänderzeichnung der Sarkomeren ist verwaschen und Hyperkontrakturen werden erkennbar, die zu einer starken Verkürzung der Sarkomerenperiodik, Penetration der Myofilamente im Bereich der Z-Scheiben und einer undeutlichen Verbreiterung der Z-Scheiben führen können. In anderen Muskelfaserabschnitten können dagegen starke Dehnung und Ruptur der Sarkomeren sichtbar werden. Da starke Unregelmäßigkeit im Grad der Kontraktur benachbarter und aufeinanderfolgender Sarkomere besteht, können einerseits Fasergebiete mit wirrem Fibrillengefüge entstehen, so daß das Bänder- und Sarkomeren-

muster verschwindet. Andererseits können Filamente besonders am Sarkomerenrand aufsplitten. Hieraus resultieren sanduhrförmig destrukturierte Sarkomeren. Wenn sich die Filamentzerstörung in der Fibrillenmitte fortsetzt, entstehen mottenfraßähnliche Bilder. Vielfach zeigen die Sarkomeren nur noch einen schütteren Filamentbesatz. Die typische Actin-Myosin-Filamentanordnung geht dabei verloren, die H-Zonen verschwinden völlig und die Z-Scheiben werden kontrastarm und zeigen verwaschene Begrenzungen. Sogar sarkomerenfreie Areale können beobachtet werden.
Insgesamt zeigen die morphologischen Befunde aber deutlich, daß die Insuffizienz der für Energiestoffwechsel und funktionelle Regulation verantwortlichen Zellstrukturen den Vorrang vor Schädigungen der kontraktilen Eiweißkörper hat [27].

PSE-Fleisch entsteht nach Zusammenfassung aller aufgeführten Erkenntnisse durch:
- züchterisch bedingte Zunahme an weißen Muskelfasern weit über das physiologisch notwendige Maß hinaus
- ständig unzureichende Sauerstoffversorgung der Mitochondrien infolge zu großer Faserdurchmesser der weißen II B-Fasern und geringe Kapillarendichte in den hellen Muskeln
- ständige Insuffizienz des oxidativen Energiestoffwechsels in den Muskeln mit hohen Anteilen an weißen Muskelfasern
- das bei Belastungen kurz vor dem Schlachten entstehende Energiedefizit, das durch die anaerobe Glycolyse nur unvollständig kompensiert wird, wobei sich oft große Mengen an Milchsäure in der Muskulatur und im Blut anhäufen
- erhöhten Milchsäuregehalt im Blut ausgelöste endokrine Fehlregulationen
- die unter den extremen Belastungen der Betäubung und des Blutentzugs ansteigende Körpertemperatur
- Muskeleiweißdenaturierung infolge pH-Abfalls auf Werte unter 5,8 bei Fleischtemperaturen um 40 °C innerhalb einer Stunde p.m.

"DFD" bedeutet dark (dunkel), firm (fest) und dry (trocken). Diese Fleischanomalie wird vor allem bei Schafen und Rindern beobachtet. Im Englischen wird die Dunkelfleischigkeit bei Rindern auch "dark cutting beef" und dunkles Schweinefleisch als "glazy" (glasig) bezeichnet. Ähnlich wie die PSE- soll auch die DFD-Bereitschaft auf eine genetische Disposition zurückzuführen sein. Es wird angenommen, daß es bei leicht erregbaren oder ante mortem sehr erschöpften Tieren zu einem beschleunigten ATP- und Glycogenabbau kommt. Die glycolytischen und oxidativen Stoffwechselprodukte Milchsäure und CO_2 werden aber noch vor dem Schlachten aus der Muskulatur in das Blut abgegeben. Die Muskelfasern von DFD-Tieren verfügen zum Schlachtzeitpunkt nur noch über geringe Glycogenvorräte. Folglich kann post mortem nur noch wenig Milchsäure gebildet werden, und der pH-Wert sinkt kaum unter 6,3. DFD-Fleisch zeichnet sich einerseits durch hohes Wasserbindevermögen und Quellung seiner Muskelfasern aus. Andererseits wird die Diffusion von Pökelstoffen und Salz erschwert, weil seine Struktur "geschlossen" ist. Anschnitte von DFD-Fleisch fühlen sich oft "leimig" an. DFD-Fleisch neigt zu schnellerem mikrobiellem Verderb.

Eine abartige Reifung des Fleisches vollzieht sich, wenn bei der Schlachtkörperkühlung die Körperwärme ungleichmäßig abgeführt wird und eine hohe Restwärme längere Zeit im Inneren der Muskulatur verbleibt. Die Muskulatur verfärbt sich kupfer- bis braunrötlich, der pH-Wert ist sehr niedrig, Schwefelwasserstoff und Buttersäure werden nachweisbar, Ammoniak läßt sich hingegen nicht oder in nur geringer Konzentration feststellen. Der Geruch ist muffig-faulig, besonders in

Innenregionen des Fleisches nach Anschnitt. Der Geschmack ist sauer und abartig. Ursache für diese Veränderungen sind nicht Mikroorganismen, sondern Stoffwechselvorgänge (saure Gärung), die neben der Glycolyse bei den noch höheren Innentemperaturen bevorzugt ablaufen können. Man bezeichnet diese Fehlreifung als "stickige Reifung". Infolge der hochentwickelten Schlachtverfahren ist die stickige Reifung bei Rind- und Schweinefleisch selten geworden. Sie kann aber gelegentlich bei Wild und Geflügel festgestellt werden.

Quellen und Literatur

[1] BENDALL, J.R.: Postmortem changes in muscle. in: The structure and function of muscle. Vol. II, 2nd ed., p. 243, G.H. Bourne, New York: Academic press 1973
[2] BRISKEY, E.J.; WISMER-PEDERSEN; J.: Biochemistry of pork muscle structure. 1. Rate of anaerobic glycolysis and temperature change versus the apparent structure of muscle tissue. J. Food Sci. 26 (1961a) 297
[3] BRISKEY, E.J.; WISMER-PEDERSEN, J.: Biochemistry of pork muscle structure. 2. Preliminary observations of biopsy samples versus ultimate muscle structure. J. Food Sci. 26 (1961b) 306
[4] BENDALL, J.R.; HALLUND, O.; WISMER-PEDERSEN, J. Postmortem changes in the muscle of landrace pigs: J. Food Sci. 28 (1963) 156
[5] BRISKEY, E.J.; KASTENSCHMIDT, L.L.; FORREST, J.C.; BEECHER, M.D.; JUGDE, M.D.; CASSENS, R.G.; HOEKSTRA, W.G.: Biochemical aspects of post mortem changes. J. agric. Food Chem. 14 (1966) 201
[6] HONIKEL, K.O.; FISCHER, C.: Eine Schnellmethode zur Bestimmung von PSE- und DFD-Fleisch beim Schwein. Fleischwirtschaft 57 (1977) 1015
[7] FISCHER, C.; HONIKEL, K.O.: Ein einfacher Schnell-Test zur Unterscheidung von normalem, PSE- und DFD-Fleisch beim Schwein. Fleischwirtschaft 57 (1977) 1018
[8] BATE-SCHMITH, E.C.; BENDALL, J.R.: Rigor mortis and adenosine triphosphate. J. Physiol. 106 (1947) 177
[9] HAMM, R.: Struktur und Funktion des Muskels. Beiträge zur Chemie und Physik des Fleisches. Hrsg. Bundesanst. f. Fleischforschg. Kulmbach, 1981, 57
[10] GRAU, R.: Fleisch und Fleischwaren. Berlin und Hamburg: Verlag Paul Parey 1969
[11] BELOUSOV, A.A.; SKALINSKIJ, W.I.: Ultrastrukturelle Veränderungen in der quergestreiften Muskulatur während der Reifung und deren Einwirkung auf die Fleischqualität. Proc. 16th Europ. Meeting Meat Research Workers, Varna 1970, Vol. II, 835
[12] HENDERSON, D.W.; GOLL, D.E.; STROMER, M.H.; A comparison of shortening and Z-Line degradation in postmortem bovine, porcine and rabbit muscle. Am. J. Anat. 128 (1970) 117
[13] DUTSON, T.R.: Ultrastructural changes in post mortem porcine muscle. Diss. Abstr. Internat., Sect. B 32 (1971) 3090
[14] BERGMANN, V.: Vergleich postmortaler Veränderungen der Ultrastruktur im M. masseter und M. longissimus dorsi bei Schweinen mit PSE-Fleisch. Arch. exp. Vet. Med. 29 (1975) 717
[15] DAVID, S.: Licht- und elektronenmikroskopische Untersuchungen an der Skelettmuskulatur der Ratte während der Autolyse. Med. Diss. Berlin 1964
[16] NAKANISHI, T.; HOSHINO, T.; OZUTSUMI, K.: Studies of changes during storage of meat. II.

Changes of fine structure of white muscle fibres and red muscle fibres during storage. Jap. J. Dairy Sci. 18 (1968) A-86

[17] BENDALL, J.R.: The biochemistry of rigor mortis and cold shortening contracture. Proc. 19th Europ. Meeting Meat Research Workers, Paris 1973, Vol. 1, 1

[18] BUSCH, W.A.; STROMER, M.H.; GOLL, D.E.; SUZUKI, A.: Ca^{2+}-specific removal of Z-lines from rabbit skeletal muscle. J. Cell. Biol. 52 (1972) 367

[19] PENNY, J.F.: The action of a muscle protease on the myofibrillar proteins of bovine muscle. J. Sci. Food Agricult. 25 (1974) 1273

[20] DAYTON, W.R.; REVILLE, J.W.; GOLL, D.E.; STROMER, M.H.: A Ca^{2+}-activated protease possibly involved in myofibrillar turnover. Partial characterization of the purified enzyme. Biochemistry 15 (1976) 2159

[21] OLSON, D.G.; PARRISH, F.C.: Relationship of myofibril fragmentation index to measures of beefsteak tenderness. J. Food Sci. 42 (1977) 506

[22] OLSON, D.G.; PARRISH, F.C.; DAYTON, W.R.; GOLL, D.E.J.: Effect of post mortem storage and calcium activated factor on the myofibrillar proteins of bovine skeletal muscle. Food Sci. 42 (1977) 117

[23] PENNY, J.F.; DRANSFIELD, E.: Relationship between toughness and troponin-T in conditioned beef. Meat Sci. 3 (1979) 135

[24] KATSARAS, K; TETZLAFF, G.; BUDRAS,K.-D.: Morphologische Veränderungen der Rindermuskulatur während der Reifung. Fleischwirtschaft 64 (1984) 1252

[25] HOORENS, J.; OYAERT, W.: Degenerative spierveranderingen bij het varken. Vlaams diergeneesk. tijdschr. 39 (1970) 246

[26] PLONAIT, H., BICKHARDT, K.: Lehrbuch der Schweinekrankheiten. Berlin, Hamburg: Verlag Paul Parey 1988

[27] BERGMANN, V.: Elektronenmikroskopische Pathologie der Skelettmuskulatur des Schweines. Diss. B, Humboldt-Univ. Berlin 1976

6 Chemisch-physikalische, sensorische und funktionelle Eigenschaften

H. PETERS/H. SIELAFF

6.1 Chemisch-physikalische und sensorische Eigenschaften

6.1.1 pH-Wert

Der pH-Wert der Muskulatur und anderer Gewebe sowie des Blutes liegt im lebenden Organismus zwischen 7,2 und 7,4. In bestimmten Grenzen ist er ein zuverlässiger Gradmesser für die Beurteilung der Haltbarkeit des Fleisches und für die Feststellung der Eignung des Fleisches zur Verarbeitung.
Mit dem Aufhören der Lebensvorgänge und dem Beginn der Abbauvorgänge sinkt er post mortem ab. Zunächst fällt der pH-Wert geringfügig durch den Zerfall organischer Phosphorsäureester, wobei Phosphorsäure entsteht, die mit dem Tode des Tieres nicht wieder dem Zyklus der Phosphorylierung zugeführt wird. Kohlendioxid, das nach dem Eintreten des Todes nicht mehr auf dem Blutweg abtransportiert werden kann, reichert sich im Muskel an und trägt ebenfalls zur Senkung des pH-Wertes bei. Die größte Abnahme des pH-Wertes erfolgt indessen durch die Milchsäurebildung aus den im Organismus vorhandenen Kohlenhydraten, insbesondere dem Glycogen. Aus ihnen entsteht enzymatisch Milchsäure. Faktoren, die den postmortalen pH-Wert-Verlauf bestimmen, sind Glycogenmenge, Temperatur, physiologische Unterschiede im Stoffwechsel, Ausblutungsgrad, Fett- und Bindegewebsgehalt.

An der Oberfläche ist der pH-Wert niedriger als im Inneren der Muskeln. Die Unterschiede betragen etwa 0,2 pH-Einheiten. Allerdings sind die Differenzen zwischen den verschiedenen Muskeln desselben Tieres in der Regel größer als innerhalb der Muskeln. Da pH-Unterschiede zwischen dem Muskelgewebe, Fettgewebe (pH-Werte zwischen 5,9 und 7,5 mit teilweise erheblichen Unterschieden zwischen Nieren- und Brustfettgewebe) und dem Bindegewebe (pH-Wert zwischen 7,3 und 7,5) bestehen, ist die pH-Wert-Messung in schierem Fleisch vorzunehmen. Für Vergleichszwecke wird meist die Messung im M. longissimus dorsi oder bei Schweinen im Schinken vorgenommen.

Physiologisch bedingte Unterschiede finden sich in roten und blassen Muskeln. Rote Muskeln können längere Zeit Arbeit leisten, da die Fähigkeit zur Glycolyse nur wenig beansprucht wird und daher auch weniger entwickelt ist. In blassen Muskeln kommt es infolge einer intensiven Glycolyse zu einem relativ schnellen pH-Abfall.

Phasen des pH-Verlaufs

Es werden vier Phasen des pH-Verlaufs unterschieden, und zwar
- Anfangs-pH-Wert
- Zwischenphase
- End-pH-Wert
- erneuter Anstieg des pH-Wertes.

Der Anfangs-pH-Wert liegt kurze Zeit p.m. zwischen 6,8 und 7,0. Es folgt eine Zwischenphase, in der sich der pH-Wert etwa eine Stunde nach dem Schlachten nur geringfügig verändert. Eine solche Zwischenphase oder latente Phase findet man insbesondere beim pH-Verlauf im Rindfleisch. Danach folgt in Abhängigkeit von der Temperatur ein relativ stetiger Abfall. Der End-pH-Wert wird in der Regel nach 24 h p.m. erreicht. Bei normalem Verlauf findet man 24 h nach dem Schlachten folgende pH-Werte: Kalbfleisch zwischen 5,4 und 6,0; Rindfleisch zwischen 5,4 und 6,0, z.T. auch darüber; Schweinefleisch zwischen 5,5 und 6,2; Pferdefleisch zwischen 5,4 und 5,9; Schaffleisch zwischen 5,8 und 6,3. Der Wiederanstieg des pH-Wertes ist meist erst im Verlauf von einigen Tagen zu beobachten. Zunehmend wird er durch Mikroorganismenaktivitäten bestimmt.

Da die pH-Werte im Fleisch der Tiere in gewissen Grenzen unterschiedlich verlaufen, erfolgt eine separate Darstellung.

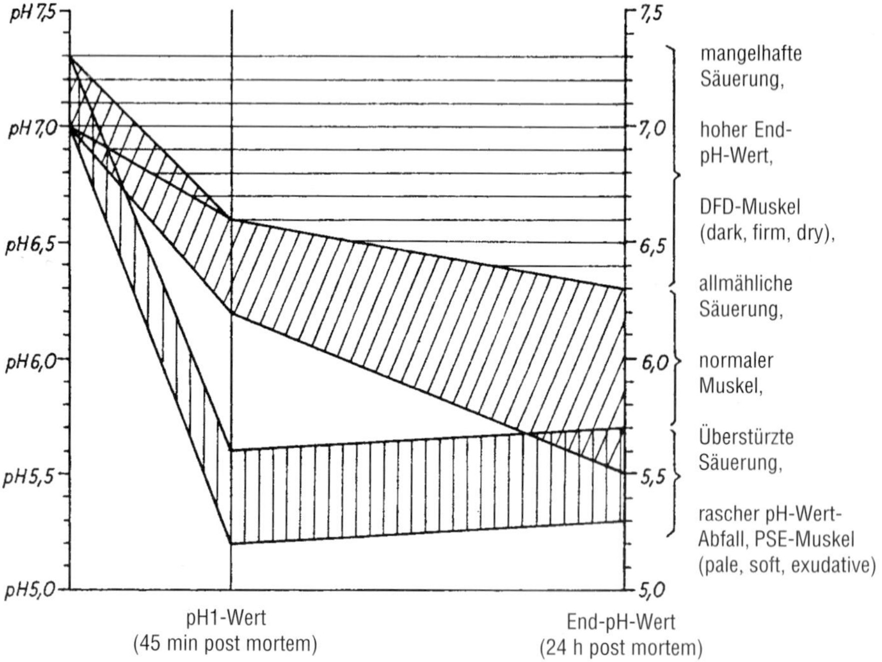

Abb. 6.1-1 pH-Wert-Verlauf p.m. im Schweinemuskel (nach [6])

Beim Schwein kann man drei bis fünf verschiedene Typen des pH-Wert-Verlaufs feststellen (Abb. 6.1-1) [6].

1. Langsame Abnahme des pH-Wertes auf 5,5 – 6,2 in 24 h (normaler Verlauf)
2. Langsame Abnahme des pH-Wertes auf 5,7 innerhalb von 8 h und späteres Erreichen eines pH-Endwertes von 5,3 – 5,7 (ebenfalls als normal anzusehender Verlauf)
3. Rasche Abnahme des pH-Wertes auf 5,8 und darunter bereits innerhalb der ersten 30 – 45 min., der pH-Wert fällt dann auf 5,5 – 5,7 in 1,5 – 3 h. Dieser Zustand ist charakteristisch für PSE-Fleisch. Der End-pH-Wert nach 24 h liegt zwischen 5,5 und 6,2. Betroffen sind insbesondere die Mm. longissimus dorsi und biceps femoris
4. Sehr schnelle Abnahme des pH-Wertes auf 5,1 innerhalb von 1,5 h und anschließend Anstieg auf 5,3 – 5,6 (dieser Typ entspricht dem Typ 3, kommt jedoch seltener vor)
5. Abfall des pH-Wertes auf 6,1 – 6,7 im Mittel auf 6,2 – 6,5 innerhalb der ersten Stunde. Dieser Wert ist in der Regel auch der End-pH-Wert nach 24 h. Dieser Typ des pH-Wert-Verlaufs liegt vor bei DFD-Fleisch.

Kälber sind weniger streßanfällig. Der pH-Wert sinkt in der Regel allmählich und linear. Der End-pH-Wert liegt im Durchschnitt bei 5,5.
Normalerweise findet man bei Rindern 20 min. nach der Schlachtung pH-Werte zwischen 7,4 und 6,8. Nach Ablauf einer Stunde liegt der pH-Wert dann zwischen 6,5 und 6,8 (Tab. 6.1-1 und 6.1-2). Nach dieser Zeit geht die pH-Wert-Senkung regelmäßig und langsam innerhalb von 24 h vonstatten. Danach ist in den meisten Fällen bereits der End-pH-Wert erreicht. Bei Rindern, die dark cutting beef aufweisen, ist ein ähnlicher pH-Wert-Verlauf zu beobach-

Tab. 6.1-1 Anfangs- und End-pH-Werte bei verschiedenen Rindermuskeln (nach [1])

Muskel	Anfangs-pH-Wert	End-pH-Wert	Zeit des Eintritts des Rigor (min)
Psoas	6,35	5,49	100
Semitendinosus	6,58	5,45	145
Longissimus dorsi	6.62	5,48	163
Seminmembranosus	6,76	5,45	223

Tab. 6.1-2 Verlauf des Glycogenabbaus, der Milchsäurebildung und des pH-Wertes in Rindermuskulatur (nach [2])

Zeit der Probeentnahmen nach der Schlachtung (h)	Schulterblattmuskel			Zwerchfell (Pfeiler)		
	Milchsäure (mg/100g)	Glycogen (mg/100g)	pH-Wert	Milchsäure (mg/100g)	Glycogen (mg/100g)	pH-Wert
0,5	283	714	6,82	166	776	6,94
2	360	596	6,67	220	693	6,86
4	438	475	6,54	308	622	6,60
8	512	308	6,33	378	557	6,40
24	743	82	5,94	426	414	6,20
48	819	0	5,58	547	383	5,82
72	824	0	5,58	536	329	5,86
96	798	0	5,60	558	345	5,90
120	804	0	5,68	514	322	5,88
168	784	6	5,66	497	338	5,96

ten, wie bei Schweinen mit DFD-Fleisch. Der pH-Wert sinkt also relativ gering und bleibt dann im Gegensatz zum normalen Fleisch auf diesem Niveau stehen oder fällt nur noch wenig ab. Auf PSE-Charakter weisen pH-Werte von 6,0 etwa 30 min. p.m. hin.

Bei Schafen ist der pH-Wert-Verlauf ähnlich wie beim Kalb (s. dort).

Beim Pferd liegt der Anfangs-pH-Wert des Fleisches zwischen 7,4 und 6,8. In den ersten 1,5 h findet man eine latente Phase. Der pH-Wert-Verlauf erfolgt relativ langsam und linear und hat nach 24 h seinen Endwert erreicht.

Der pH-Wert liegt in der Geflügelmuskulatur im lebenden Zustand etwas über 7,0 und nimmt p.m. in kurzer Zeit ab. Einen Überblick über die Verteilung normaler pH-Werte im Brust- und Schenkelfleisch von Broilern, Puten und Enten 24 h p.m. geben PINGEL und JEROCH [7] (Tab. 6.1-3). Danach sind pH-Werte im Brustfleisch durchschnittlich niedriger als im Schenkelfleisch. Für Broiler ist ein pH-Wert zwischen 5,8 und 6,0 im Brustfleisch und im Schenkelfleisch zwischen 6,0 und 6,6 als normal anzusehen.
Auch bei Hühnergeflügel können anormale pH-Wert-Verläufe festgestellt werden. Man kann nach NIEWIAROWICZ und PIKUL [8] den pH-Wert-Verlauf, pH_1 nach 15 min., bei Hühnerbroilern in drei Gruppen unterteilen:
Normales Fleisch zeigt Werte zwischen 5,9 und 6,2, PSE-Typen zwischen 5,6 und 5,7 und DFD-Typen zwischen 6,4 und 6,7. Die Studien der genannten Autoren ergeben, daß in Polen über

das ganze Jahr 6 % der untersuchten Broiler einen pH_1-Wert von 5,7 oder weniger hatten, der typisch für wäßriges Fleisch ist, ungefähr 4 % der Broiler einen Wert von 5,8 aufwiesen, der auf einige Merkmale der Wäßrigkeit hinweist und etwa 5 % pH_1-Werte zeigten, die für den DFD-Typ charakteristisch sind. Als Grenzwert für DFD-Fleisch wird ein pH-Wert von 6,3 vorgeschlagen.

Tab. 6.1-3 Verteilung der pH_{24}-Werte in Brust- und Schenkelfleisch von Broilern, Puten und Enten (nach [7])

	Broiler		Puten		Enten	
pH_{24}-Bereich	Brust *n*	Schenkel *n*	Brust *n*	Schenkel *n*	Brust *n*	Schenkel *n*
5,80	27	-	14	-	8	-
5,80 – 5,99	63	-	21	-	70	12
6,00 – 6,19	30	2	1	6	124	84
6,20 – 6,39	20	21	4	14	28	110
6,40 – 6,59	20	85	-	16	4	25
6,60	-	52	-	4	3	6

Bei Kaninchen beträgt der pH-Wert der Muskulatur im lebenden Zustand 7,2 – 7,4. Er liegt nach zwei Tagen zwischen 5,7 und 5,8 und steigt nach 10 bis 18 Tagen auf einen Wert von 5,8 – 6,1 an.

6.1.2 E_h-Wert

Das Verhältnis von oxidierten zu reduzierten Bestandteilen wird in Lebensmitteln vor allem von ihrer chemischen Zusammensetzung und dem aktuellen Sauerstoffpartialdruck (z.B. in Pakkungen, Glas,. Folienbeutel, Dose) bestimmt. Das Redoxpotential kann durch Vakuum- bzw. Schutzgasverpackung durch Kuttern bzw. Abfüllen des Brätes unter Vakuum wie auch durch Zugabe reduzierender Stoffe (z.B. Ascorbinsäure, Natriumascorbat) gesenkt werden. Durch solche reduzierenden Verbindungen kann z.B. die Farbbildung und Farbhaltung von Brühwurst verbessert werden. Die Zugabe von Nitritpökelsalz stabilisiert den E_h-Wert und führt so z.B. bei der Langlagerung von Konserven zur Qualitätserhaltung. Einen Überblick über die bei verschiedenen Fleischerzeugnissen ermittelten Redoxpotentiale gibt Tabelle 6.1-4.

Der E_h-Wert im Fleisch fällt nach der Schlachtung von etwa + 250 mV während der Lagerung auf etwa – 200 mV ab und ermöglicht damit nur anaeroben oder fakultativ anaeroben Mikroorganismen das Wachstum, da aerobe Bakterien hohe E_h-Werte zum Wachstum benötigen (z.B. *Pseudomonas fluorescens,* Wachstum bei E_h von + 100 bis + 500 mV). Solche obligat aeroben Mikroorganismen, wie auch die meisten Hefen und Schimmelpilze, können durch die bei einer Vakuum-Verpackung erzielten niedrigen E_h-Werte gehemmt werden. Fakultativ anaerobe Bakterien (z.B. Laktobazillen, Enterokokken) tolerieren hingegen für ihr Wachstum sowohl positive als auch negative E_h-Werte. Die meisten anaeroben Bakterien (z.B. Clostridien) benötigen für ihr Wachstum einen sehr niedrigen E_h-Wert von etwa – 300 mV. Generell läßt sich jedoch sagen, daß sich um so weniger Bakterien vermehren können, je niedriger der E_h-Wert ist, d.h. um so besser der Luftsauerstoff ausgeschaltet wird.

Untersuchungen haben gezeigt, daß außer beim Lagern auch beim Pökeln und beim Erhitzen von Fleisch und Fleischwaren Änderungen des Redoxpotentials auftreten, die in enger Beziehung zur Bildung von Schwefelwasserstoff (H_2S) stehen. Die u.a. in der Tabelle 6.1-4 aufgeführten Redoxpotentiale von Aufgußlaken für Pökelfleisch werden durch den Gehalt der Laken an Mikroorganismen, Eiweiß, Zucker, Kochsalz, Nitrat, Nitrit und Sauerstoff beeinflußt. Mit steigendem Keim-, Eiweiß- und Zuckergehalt sowie mit sinkendem Kochsalzgehalt nimmt das Redoxpotential allgemein ab, während es durch eindringenden Luftsauerstoff, durch Nitrat und Nitrit im allgemeinen erhöht wird. Eine Änderung des Redoxpotentials in der Lake beruht meist auf einer Störung des Pökelprozesses und zeigt beginnende Unbrauchbarkeit der Aufgußlake an. Stabile Laken weisen in der Regel konstante Werte auf. Bei Fäulnis fällt das Redoxpotential stark ab.

Tab. 6.1-4 Redoxpotentiale in Fleisch und Fleischwaren (nach [9])

Untersuchtes Material	mV
Anaerobe Zellen und Bakterien	kleiner als - 66[+]
Aerobe Zellen	zwischen - 233[+] und + 267[+]
Leber, Gehirn	um - 167[+]
Muskeln und Nieren	zwischen - 66[+] und ± 0[+]
Nitrithaltige, beimpfte Würste	+ 200 bis + 300
Nitrithaltige, unbeimpfte Würste	unter 0
Canadien-Wiltshire Bacon	+ 24
Canadian-Wiltshire-Bacon-Aufgußlaken	+ 328 bis + 225
Spritzlaken und frische Aufgußlaken	+ 600 bis 451
Typische, gute Aufgußlaken	+ 350 bis + 201
Unstabile oder saure Aufgußlaken	+ 200 bis - 149
faulige Aufgußlaken	- 150 bis - 400
Rohes Rindfleisch	- 55
Auf 120 °C erhitztes Rindfleisch	- 135
Rohes Brühwurstbrät	- 47
Auf 80 °C erhitztes Brühwurstbrät	- 42
Auf 100 °C erhitztes Brühwurstbrät	- 69
Auf 120 °C erhitztes Brühwurstbrät	- 91
Optimaler Bereich für Fleisch- und Wurstkonserven	- 20 bis - 150
Brühwurst, allgemein	- 20 bis - 100
Corned beef	um - 100
Leber- und Blutwurst	- 120
Schweinefleisch, allgemein	- 120 bis - 150
Brühwürste, deren Bräte die Zerkleinerungsmaschinen mehrfach passierten (verflachendes Aroma, Farbmängel)	+ 20
Schweinefleisch, 1 Tag nach Schlachtung, Keimzahl 10^4/g	- 134
Schweinefleisch, 9 Tage nach Schlachtung, Keimzahl 10^9/g	- 246
Rindfleisch-Konserven, kurz nach Herstellung	um - 100
Rindfleisch-Konserven, 2 bis 3 Jahre nach Herstellung	um - 150
Rindfleisch-Konserven, 5 bis 7 Jahre nach Herstellung	- 150 bis - 375

Die mit (+) gekennzeichneten Werte wurden aus rH-Werten nach der Formel $E = (rH - 2pH) : 30$ unter Zugrundelegung eines angenommenen Wertes von pH = 7 errechnet und sind daher nur als ungefähre Werte zu betrachten.

6.1.3 a_w-Wert

Von der Wasseraktivität sind die Vemehrung und die Stoffwechselaktivität von Mikroorganismen, der oxidative Lipidabbau, die nichtenzymatische Bräunung (Reaktionen zwischen Carbonyl- und Aminoverbindungen), die Aktivität von Enzymen und ferner bestimmte Texturveränderungen bei der Gefriertrocknung sowie spezielle Aromaveränderungen bei getrockneten Lebensmitteln abhängig (vgl. Abb. 6.1-2).

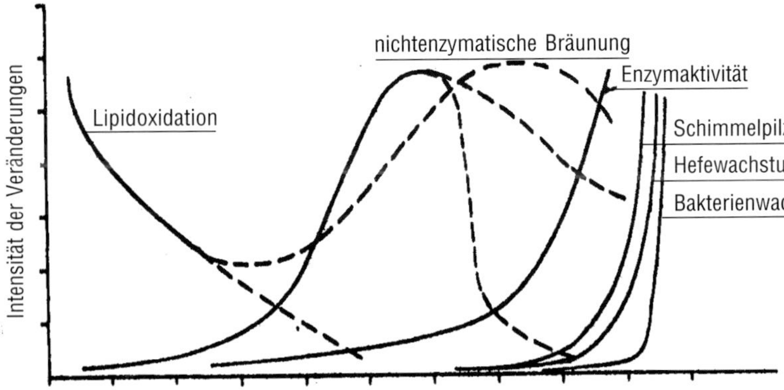

Abb. 6.1-2 Stabilität von Lebensmitteln in Abhängigkeit von der Wasseraktivität (nach [10])

Für Fleisch und Fleischwaren ist der a_w-Wert-Bereich von 0,99 – etwa 0,60 von Interesse. Rohes mageres Fleisch hat einen a_w-Wert von 0,99; fettes Fleisch hingegen einen Wert von 0,97 – 0,98. Aufgrund des Zusatzes von Salz und Fett bzw. durch den Entzug von Wasser findet man bei Fleischerzeugnissen einen niedrigeren a_w-Wert, und zwar bei den Brüh- und Kochwürsten zwischen 0,96 und 0,97. Rohe Pökelwaren und Rohwurst können a_w-Werte von 0,96 – 0,80 bzw. 0,96 – 0,70 aufweisen (Tab. 6.1-5).

Tab. 6.1-5 Wasseraktivitätswerte (a_w-Werte) von Fleisch und Fleischprodukten (nach [11])

Produckt	a_w-Wert
Rohes Fleisch	0,99 (0,99-0,98)
Kochschinken u.ä.	0,97 (0,98-0,96)
Brühwurst	0,97 (0,98-0,93)
Leberwurst	0,96 (0,97-0,95)
Blutwurst	0,96 (0,97-0,86)
Rohschinken u.ä.	0,92 (0,96-0,80)
Rohwurst	0,91 (0,96-0,70)
Trockenfleisch	0,70 (0,90-0,60)

Wegen der zum mikrobiellen Wachstum erforderlichen minimalen a_w-Werte müssen Lebensmittel mit einem a_w-Wert > 0,95 und pH >5,2 als leicht verderblich gelten. Mittelgradig verderbliche Fleischprodukte haben entweder eine $a_w \leq 0,95$ oder einen pH-Wert $\leq 5,2$ und sollten bei ≤ 10 °C gelagert werden. Die lagerfähigen Fleischprodukte weisen a_w-Werte $\leq 0,95$ und pH-

Werte ≤ 5,2 oder a_w-Werte ≤ 0,91 und pH-Werte um 5,0 auf und erfordern keine Kühlung, ihre Lagerfähigkeit wird zumeist durch biochemisch-physikalische Veränderungen (z.B. Ranzigkeit oder Verfärbung) verursacht. Grundsätzlich läßt sich feststellen, daß die bakteriologische Stabilität um so größer wird, je weiter der a_w-Wert gesenkt werden kann.

Der a_w-Wert ist nicht nur von Bedeutung für die traditionellen technologischen Verfahren, also für das Salzen, Pökeln, Trocknen, Hitzebehandeln und Gefrieren, sondern auch für die Herstellung von halbfeuchten Lebensmitteln, dem sogenannten Intermediate Moisture Foods (IMF). Trockenfleisch, das ebenfalls zu den IMF gehört, liegt im a_w-Bereich von 0,90 – 0,60 und hat im allgemeinen einen a_w-Wert von etwa 0,70.

6.1.4 Dichte

Die Dichte der einzelnen Gewebe des Fleisches differiert in engen Grenzen. Sie liegt nur bei Fettgewebe (Tab. 6.1-6) und bei Würsten, aufgrund der Lufteinschlüsse und des Fettgehaltes, in der Regel unter dem Wert 1.

Tab. 6.1-6 Dichte und Volumen verschiedener Gewebe

Gewebe	Dichte (g cm^{-3})	Volumen (cm^3 g^{-1})
Fettgewebe	0,952	1,050
Muskelgewebe	1,064	0,940
Knochen	1,199	0,834
Schwarten	1,094	0,914

6.1.5 Thermische Eigenschaften

Zur Beschreibung thermischer Eigenschaften von Lebensmitteln werden vorrangig die Temperaturleitfähigkeit, die Wärmeleitfähigkeit und die spezifische Wärmekapazität genutzt. Diese Kenngrößen bestimmen den Charakter und die Geschwindigkeit thermischer Prozesse (z.B. Kochen, Braten, Grillen, Pasteurisieren).

Die Temperaturleitfähigkeit als phänomenologische physikalische Größe drückt die Eigenschaft eines Stoffes aus, seine Temperatur infolge instationärer Wärmeleitung mit einer bestimmten Geschwindigkeit zu ändern. Der Temperaturleitungskoeffizient eines Stoffsystems ist eine Funktion der Temperatur, des Druckes und der Zusammensetzung. Für den Temperaturbereich von 0 – 100 °C kann die Temperaturleitfähigkeit von Lebensmitteln mit einem Wassergehalt (m_w) von über 0,40 kg/kg der Abbildung 6.1-3 entnommen werden.

Tabelle 6.1-7 gibt Beispiele für thermische Eigenschaften einiger Fleischarten wieder. Eine umfassende Zusammenstellung von Temperaturleitfähigkeitsdaten von Fleisch und Fleischprodukten findet sich bei PHAM [17].

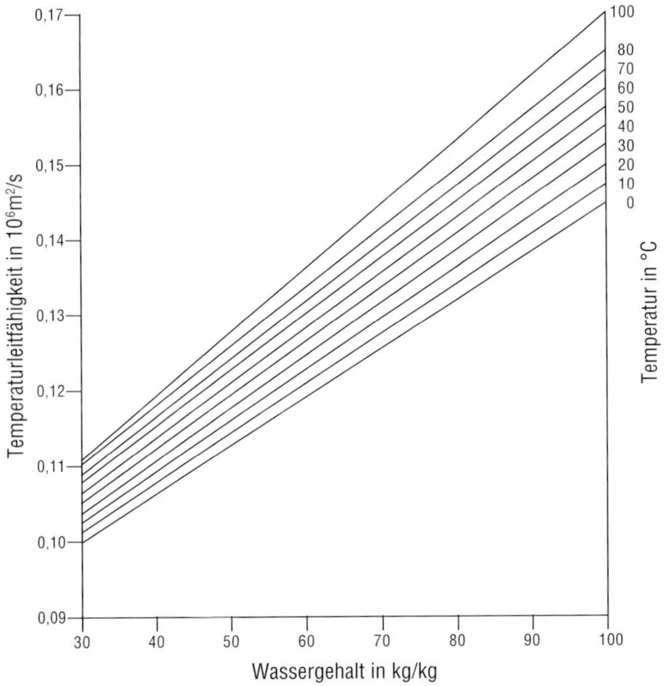

Abb. 6.1-3 Diagramm zur Ermittlung der Temperaturleitfähigkeit von Lebensmitteln (m_w>0,40 kg/kg) für T = 0–100 °C (nach TSCHEUSCHNER [16])

Die Wärmeleitfähigkeit λ in W $m^{-1}K^{-1}$ ist für eine gleichförmige Strömung gleich der Wärmemenge, die in einer Zeiteinheit durch eine Flächeneinheit bei einem Temperaturgradienten von 1 K hindurchtritt.

Der Zahlenwert von λ hängt von der Temperatur, dem Druck und der Art bzw. der Zusammensetzung des Lebensmittels ab. In dem Maße wie Fleischprodukte Wasser enthalten, kommt ihre Wärmeleitfähigkeit auch der des Wassers nahe. Bei wasserhaltigen Lebensmitteln steigt die Wärmeleitfähigkeit im Gefrierbereich stark an. Bei Temperaturerhöhung vergrößert sich im allgemeinen die Wärmeleitfähigkeit, wobei häufig ein lineares Gesetz gilt. Bei höherem Fettgehalt ist eine Abnahme der Wärmeleitfähigkeit zu verzeichnen (Tab. 6.1-8). Für den Einfluß

Tab. 6.1-7 Dichte und Temperaturausdehnungskoeffizienten von Fetten (nach [15])

Fett		Dichte (g cm^{-3}) bei		Temperaturausdehnungskoeffizient im Intervall 50 – 95 °C $\beta_t \cdot 10^5$ (K^{-1})
		100 °C	50 °C	
Rind (gesamt)		0,885	0,885	72
Schwein (gesamt)		0,865	0,890	58
Schaf	Schwanz	0,860	0,890	73
	Rippen	-	0,889	75
	Nebennieren	0,859	0,888	66

Tab. 6.1-8 Thermische Eigenschaften einiger Fleischarten bei 30 °C und 0 °C (nach [16])

Fleischart	Feuchtigkeit kg kg^{-1}	Spezifische Wärmekapazität J kg^{-1} K^{-1}	Wärmeleitfähigkeit W m^{-1} K^{-1}	Temperaturleitfähigkeit 10^{-8} m^2 S^{-1}
Rindfleisch	0,745-0,785	3820 (3820)	0,488 (0,447)	12,5 (11,7)
Schweinefleisch	0,76	3820 (3820)	0,488 (0,447)	12,5 (11,7)
Rinderunterhautfettgewebe	0,070	3350 (4110)	0,237 (0,203)	7,70 (5,27)
Schweinespeck	0,031	4320 (4700)	0,186 (0,186)	5,0 (4,44)

Bei 0°C gelten die Worte in Klammern

der Produktstruktur auf die Wärmeleitfähigkeit spricht die Tatsache, daß die Wärmeleitfähigkeit in Richtung der Fleischfasern 7 – 10 % höher liegt als senkrecht zur Faser, bzw. daß in schnell gefrorenem Hackfleisch die Werte um 13 % niedriger liegen als in langsam gefrorenem.
Die spezifische Wärmekapazität c in J $kg^{-1}K^{-1}$ ist die Wärmemenge, die zur Erhöhung der Temperatur einer Masseneinheit eines Körpers um 1 K notwendig ist.

Die Wärmekapazität verändert sich in engeren Grenzen als die Wärmeleitfähigkeit. Die größte Wärmekapazität hat Wasser [4190 J kg^{-1} K^{-1}]. Bei Erwärmung einiger Produkte, z.B. fetthaltiger, wird Wärme zu Phasenumwandlungen verbraucht.

Die spezifische Wärmekapazität der Lebensmittelprodukte hängt von der Art der Stoffe, der Temperatur und dem Feuchtigkeitsgehalt (oder der Trockensubstanz) ab; für die Mehrzahl der Lebensmittelprodukte beträgt $c_p = (0{,}5 - 4{,}2) \cdot 10^3$ J/(kg · K): Bei Fleischprodukten mit einem Wassergehalt von 50 – 70 % und bei Temperaturen über 100 °C, wie sie bei der Konservenherstellung üblich sind, wird zur Berechnung des spezifischen Wärmebedarfs gewöhnlich $c = 3{,}5$ kJ/(kg · K) verwendet. Die spezifische Wärmekapazität verschiedener Fleischarten wird in Tabelle 6.1-8 angegeben.

6.1.6 Elektrische Eigenschaften

Fleisch ist infolge seines hohen Anteils elektrisch leitender Gewebeflüssigkeit (Elektrolyt), seiner Struktur und chemischen Zusammensetzung ein elektrischer Leiter zweiter Ordnung. Der Stromtransport erfolgt durch die im Gewebewasser befindlichen Ionen. Ein durch Fleisch fließender elektrischer Strom bewirkt stets stoffliche Veränderungen in der wäßrigen Phase. Positive Ionen wandern in einem Gleichstromkreis zur Kathode, wo sie Elektronen zu ihrer Neutralisation empfangen, und negative Ionen bewegen sich zur Anode, wo sie Elektronen abgeben. Zum Stromfluß kommt es, wenn die Elektronenübergänge an Kathode und Anode pro Zeiteinheit zahlenmäßig gleich sind. Der Umfang des Elektronenübergangs an beiden Elektroden bestimmt die Stromstärke. Diese Beobachtung führte zu den Bezeichnungen elektrolytische Leitfähigkeit und Elektrolyse (Zersetzung durch Elektrizität).
Der Elektronenübergang wird durch verschiedene Bedingungen beeinflußt. Eine Stromflußbedingung ist z.B. die Beweglichkeit der Ionen im Elektrolyten. Bei einer gegebenen Spannung

ist die strukturelle Verteilung des fleischeigenen Elektrolyten innerhalb und außerhalb der Muskelfasern, das Wasserbindevermögen der intrazellulären Eiweißkörper und der strukturelle Zustand der Sarkolemma für die Ionenbeweglichkeit von ausschlaggebender Bedeutung. Den Zusammenhang von Ionenbeweglichkeit (bzw. abgeschiedenen Ionenmengen bei Elektrolyse) und Stromfluß gibt das Faradaysche Gesetz an.

$$\lambda = \mu \cdot F \qquad (6/1)$$

λ = Äquivalentleitfähgkeit eines Ions
μ = Beweglichkeit
F = Faradaysche Konstante

Die Beweglichkeit eines Ions μ ergibt sich aus dem Quotienten von Wanderungsgeschwindigkeit v und elektrischer Feldstärke E.

$$\mu = \frac{V}{E} \qquad (6/2)$$

Das Produkt aus Beweglichkeit und Faradayscher Konstante wird als Beitrag eines Einzelions zur Leitfähigkeit beschrieben und Äquivalentleitfähigkeit bezeichnet. Der Begriff Äquivalent deutet darauf hin, daß sich diese Größe auf die Ladungseinheit bezieht. Die Summe aller Einzelionen-Leitfähigkeiten, bezogen auf die Wertigkeit Z = 1, ist die Äquivalentleitfähigkeit Λ eines gegebenen Elektrolyten:

$$\Lambda = \Sigma\, (\lambda_{A1} + \lambda_{K1})Z1 - (\lambda_{AN} + \lambda_{KN})_{ZN} \qquad (6/3)$$

$$\Lambda = \Sigma\, \lambda_i \cdot Z_i$$

Weitere Bedingungen für den Stromfluß sind die Konzentration des Elektrolyten und seine Wertigkeit. Unter Berücksichtigung dieser Größen läßt sich die Leitfähigkeit eines Elektrolyten als Produkt aus Äquivalent-Leitfähigkeit, molarer Konzentration und Wertigkeit beschreiben:

$$\chi = \Lambda \cdot c \cdot Z \cdot 10^{-3} \qquad (6/4)$$

Die Leitfähigkeit von Elektrolyten ist stark temperaturabhängig, weil sowohl die Anzahl der dissoziierten Moleküle als auch die Beweglichkeit der Ionen temperaturabhängig sind. Bei Fleisch kommt die temperaturabhängige Veränderlichkeit seiner Struktur noch hinzu. Die aufgeführten Bedingungen für den Stromfluß im Fleisch sind geeignet strukturmechanische und biochemische Veränderungen sowohl bei der Reifung des Fleisches als auch bei seiner Verarbeitung mit Hilfe der Leitfähigkeitsbestimmung zu verfolgen.

Zur Durchführung von Leitfähigkeitsmessungen im Fleisch werden geeignete Sensoren benötigt, die nicht alle partiellen Stoffwandlungsvorgänge über den gesamten Sensorkörper als Mittelwert aufnehmen. Die Wandlungsvorgänge müssen mindestens in einer signifikanten Sensor-

körperkoordinate mit entsprechend kleinen Elektroden erfaßt werden. Da aber das zu untersuchende Fleisch stets inhomogen und anisotrop ist, darf der Sensor nicht zu klein sein, um zu verhindern, daß von einer nicht zu verallgemeinernden Gutsumgebung des Sensors prozeßunbedeutende Meßwerte aufgenommen werden.
Für die konstruktive Gestaltung von Leitfähigkeitssensoren, mit denen elektrochemische Veränderungen in dem ihn umgebenden Elektrolyten gemessen werden sollen, kommen weitere Gesichtspunkte hinzu. Anode und Kathode müssen von ihrer Anordnung zueinander, ihrer geometrischen Form und ihrer Flächengröße an die zu lösende Aufgabe angepaßt werden. Für die praktische Anwendung ergeben sich daraus folgende Anforderungen:

- Zur Vermeidung von Polarisationserscheinungen und weiteren Nachteilen, wie Elektrolysekorrosion an den Elektroden, ist mit aufgeprägtem Wechselstrom zu messen.
- An den Elektrodenoberflächen muß für eine ausreichende Stromdichte gesorgt werden, damit einerseits Grenzschichteffekte nicht dominieren, andererseits der aufgeprägte Ionentransport nicht zu tief in den Elektrolytkörper eindringt, sondern möglichst in der HELMHOLTZschen diffusen Doppelschicht abläuft.
- Mit der räumlichen Begrenzung des Ionentransportes ist zu erreichen, daß überwiegend nur partielle Stoffwandlungen in unmittelbarer Sensornähe gemessen werden. Die Sensorelektroden sind daher so zueinander anzuordnen, daß die Ionenstromwirkungstiefe gering gehalten wird.

Eine weitere wichtige Größe zur Beschreibung elektrischer Eigenschaften von Fleisch ist die *Dielektrizitätskonstante* (DK). Die DK drückt die Wechselwirkung zwischen einem elektrischen Feld und dem dort hineingebrachten Stoff, dem Dielektrikum, aus. Füllt man z.B. den Zwischenraum eines Kondensators mit einem Dielektrikum vollständig aus, so erhöht sich seine Kapazität. Eine derartige Kapazitätserhöhung ist eine für das jeweilige Dielektrikum charakteristische Konstante. Sie wird als relative DkEr bezeichnet und ergibt sich aus:

$$\varepsilon_r = \frac{C}{C_{vak}}$$

C Kondensatorkapazität mit Dielektrikum
C_{vak} Kondensatorkapazität im Vakuum

Die Kapazitätsgrößen werden auch ε-Größen dargestellt. Danach ist $C_{vak} = \varepsilon_0$ und beträgt 8,854 $\cdot 10^{12}$ FM^{-1}, C = ε ist die absolute DK. Die relative DK für Luft beträgt 1.

Bei der Wechselwirkung des elektrischen Feldes mit seinem Dielektrikum entstehen Energieverluste. Diese werden u.a. durch in den Molekülen des Dielektrikums sich sehr rasch einstellenden Ladungsverschiebungen verursacht und führen zur Gutserwärmung, als sei ein Ohmscher Widerstand vorhanden. Gemessen werden derartige Verluste als Veränderung des Tangens vom Phasenwinkel φ zwischen dem durch einen Kondensator fließenden Strom I_C und der normalerweise um 90 ° vorauseilenden Spannung U. Da aber φ stets nur wenig von 90 ° abweicht und der zu großen Tangenswerten zugehörige Winkel früher aus Tabellenwerken nur ungenau abgelesen werden konnte, verwendet man zur Verlustkennzeichnung die reziproke

Größe Verlustwinkel tan δ. Ist der Verlustwinkel kleiner als 1, ist das Dielektrikum gut leitfähig und eine Erwärmung kaum möglich, ist der Verlustwinkel gleich 1 ist es halbleitend, und oberhalb von tan δ = 1 ist das Dielektrikum dielektrisch und daher gut erwärmbar. Die DK und der Verlustwinkel tan δ haben besondere Bedeutung beim Hochfequenzgaren, z.B. im Mikrowellenfeld. Beim Hochfrequenzgaren vollzieht sich die Erwärmung des Fleisches nicht durch Wärmeübertragung von außen nach innen, sondern durch innere Reibungswärme. Alle elektrischen Ladungsträger des Gargutes mit Dipolcharakter, z.B. Wassermoleküle, müssen in einem elektrischen Wechselfeld eine feldrichtunsbedingte Ordnung annehmen. Aber auch alle anderen Moleküle erhalten ein elektrisches Dipolmoment in Feldrichtung, weil bei hinreichender Feldstärke eine Ladungsverschiebung innerhalb dieser Moleküle, verbunden mit einer elastischen Deformation induziert wird. In elektrischen Wechselfeldern mit niedriger Frequenz würden sich die permanenten und induzierten Dipole innerhalb des Gargutes praktisch verzögerungsfrei im Rhythmus des Feldwechsels orientieren. Bei hohen Frequenzen tritt jedoch zwischen dem Richtungswechsel des Feldes und der Orientierung der Dipole eine trägheitsbedingte Verzögerung auf. Hierdurch werden die Dipole zur Rotation oder Oszillation angeregt. Die dabei auftretende intra- und interpartikuläre Reibung erwirkt den größten Teil der gewünschten Gutserwärmung.
Da jedes Behandlungsgut eine bestimmte elektrische Leitfähigkeit hat, kann sich ein Teil der an den Grenzflächen auftretenden Ladungen durch Stromleitungen ausgleichen. Hierbei entsteht JOULEsche Wärme. Auch an den Grenzflächen von Gutsschichten bilden sich im elektrischen Feld Ladungen aus, die sich unter Wärmeentwicklung frequenzabhängig hin- und herbewegen. Hochfrequente elektrische Schwingungen werden in einem Schwingungskreis, in dem eine Spule und ein Kondensator zusammengeschaltet sind, erzeugt. Je nach der Anwendung der Schwingungskreiselemente Kondensator, Spule oder Dipol (wobei unter Dipol hier ein zwischen den Kondensatorplatten geöffneter Schwingungskreis verstanden wird) werden drei Verfahren zur Erzeugung von Hochfrequenzenergie unterschieden:

- Spulenfeldverfahren; f ~ $10^5 - 10^6$ Hz
- Kondensatorfeldverfahren; f ~ $10^6 - 10^8$ Hz
- Strahlungs- oder Mikrowellenverfahren; f ~ $10^8 - 10^{10}$ Hz

Die dielektrische Erwärmung im Spulenfeld basiert auf der als „Skineffekt" bezeichneten inneren Selbstinduktion eines elektrischen Leiters. Hierdurch lassen sich nur dünnschichtige Güter vorteilhaft erwärmen. In der Lebensmittelindustrie kann das Spulenfeldverfahren z.B. bei der HTST-Behandlung von Milch, Bier, Wein und Fruchtsäften in dünner Schicht angewendet werden. Die Vorzugsfrequenz liegt bei $f = 1$ MHz.
Mit dem Kondensatorfeldverfahren können Güter mit Dicken bis zu 100 cm erwärmt werden. Nachteilig bei diesem Verfahren ist aber die relativ geringe Energiedichte des Feldes von E_{max} = 1000 V/cm. Die Kondensatorelektroden können den zu erwärmenden Gütern beliebig angepaßt werden. Planparallele Elektrodenplatten gewährleisten jedoch die höchste Energieausnutzung. Von den vier international festgelegten Frequenzen 13,65 MHz, 27,12 MHz, 40,68 MHz und 433,92 MHz ist die Frequenz von 27,12 MHz von besonderer praktischer Bedeutung.

Beim Mikrowellenverfahren wird die Hochfrequenzenergie in einem Magnetron erzeugt und durch eine koaxiale Leitung oder ein Hohlleitersystem in einem abgeschirmten Arbeitsraum, in den das zu erwärmende Gut einzubringen ist, eingekoppelt. Vorteilhaft ist beim Mikrowellenverfahren die Erzielung hoher Energiedichten im Behandlungsgut. Nachteilig ist aber die geringe Eindringtiefe von 6 – 10 cm. Stehende Wellen im Arbeitsraum, ein weiterer Nachteil, können durch Quirle oder Drehteller aufgehoben werden. Die für das Mikrowellenverfahren zugelassenen Frequenzen betragen $f = 2450$ MHz und $f = 5850$ MHz.

6.1.7 Optische Eigenschaften / Fleischfarbe

Die für den Farbeindruck hauptverantwortlichen Farbstoffe sind das Myoglobin, das Hämoglobin und daneben noch einige Pigmente ähnlicher Struktur, z.B. die Cytochrome. Mengenmäßig dominiert der wasserlösliche Muskelfarbstoff Myoglobin (über 90 % des Gesamtpigmentgehaltes). Der Gehalt des Fleisches an dem Blutfarbstoff Hämoglobin hängt von der Menge des nach dem Schlachten und Ausbluten im Muskel verbliebenen Blutes ab und beträgt bei normal ausgebluteten Schlachtkörpern nur wenige Prozent des Gesamtpigmentgehaltes. In stark durchbluteten Organen (Herz, Zwerchfell) ist der Hämoglobingehalt höher als in der Muskulatur. Die erwähnten Cytochrome spielen quantitativ keine Rolle.

Die Fleischfarbe wird maßgeblich bestimmt:
- von der Menge des Myoglobins (Farbstoffkonzentration)
- von der jeweiligen chemischen Struktur des Farbstoffes, dazu zählen:
  - die Wertigkeit des Zentralatoms Eisen (Fe^{++}, Fe^{+++})
  - der Ligand an der 6. Koordinationsstelle des Eisens (O_2, H_2O, Protein, NO)
  - der Zustand des Proteins (nativ, denaturiert)
  - der Zustand des Porphyringerüstes (intakt, partiell aufgespalten)
- vom pH-Wert bzw. von der Struktur des Fleisches.

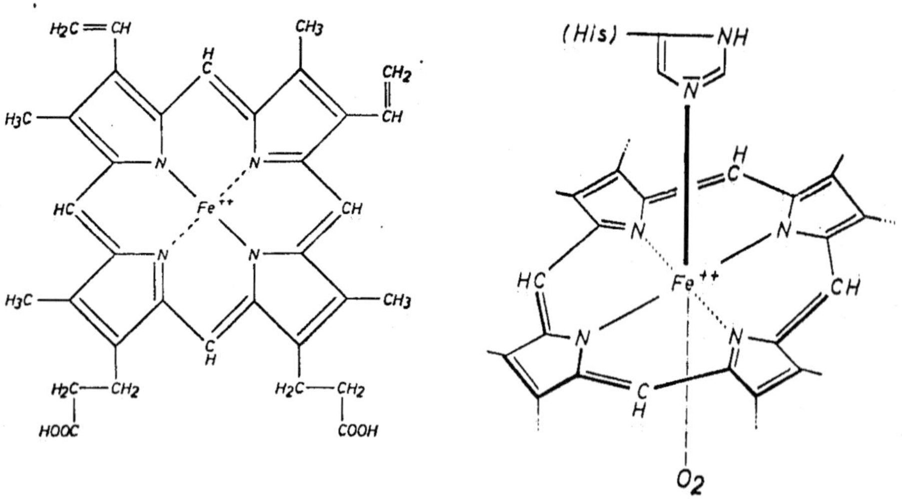

Abb. 6.1-4 Fe^{2+}-Protoporphyrin (Häm), Formel und Bindung an die Peptidkette

Primär- und Tertiärstruktur sowie relative Molekülmasse (M_r = 17 800) des Myoglobins sind seit langem bekannt. In einer hydrophoben Tasche liegt, gebunden an Histidin, die Farbstoffkomponente, bei der es sich, wie beim Hämoglobin, um Fe^{2+}-Protoporphyrin (Häm) handelt (Abb. 6.1-4). Das Myoglobin hat auf Grund seiner Fähigkeit zur reversiblen Bindung des Sauerstoffes im Organismus die Funktion eines Sauerstoffspeichers.

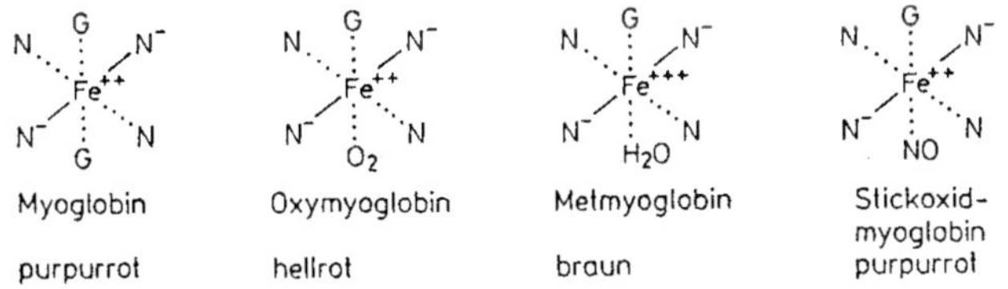

Abb. 6.1-5 Bindungszustände von Myoglobin und die entsprechenden Färbungen

Das hellrote Oxymyoglobin (λ_{max} = 542 und 580 nm) kann sich durch Oxidation des zentralen Eisenatoms in braunes Metmyoglobin (λ_{max} = 505 und 635 nm) verwandeln. Das Stickoxidmyoglobin entsteht beim Pökeln von Fleisch. NO, wie auch andere Liganden (Co, N_3^-, CN^-), werden wie O_2 praktisch kovalent gebunden und ergeben ähnliche Absorptionsspektren und ähnliche Farbe wie MbO_2.

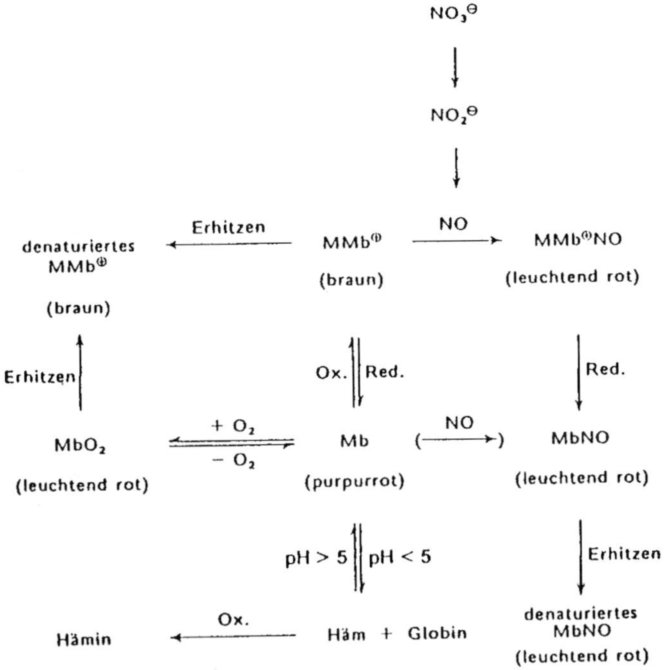

Abb. 6.1-6 Schematische Darstellung der Reaktionen von Myoglobin (nach [20]) Mb: Myoglobin, MMb$^{\oplus}$; Metmyoglobin, MbO$_2$: Oxymyoglobin, MbNO: Nitrosomyoglobin, MMb$^+$NO: Nitrosometmyoglobin

In Abbildung 6.1-5 sind Bindungszustände des Myoglobins und die dazugehörige Farbe aufgeführt, Abbildung 6.1-6 gibt wichtige Reaktionen des Myoglobins wieder, wobei die drei Formen des Myoglobins, nämlich Myoglobin (Mb, λ_{max} = 555 nm), Oxymyoglobin (MbO_2) und Metmyoglobin (MetMb) und deren Mischungsverhältnis weitgehend die Farbe frischen Fleisches bestimmen.
Für die erwünschte hellrote Farbe an der Oberfläche des Fleisches ist der Anteil des Oxymyoglobins maßgebend. Zum Verkauf aufbewahrtes Fleisch verliert seine hellrote Farbe an der Oberfläche innerhalb von 48 – 120 h. Die Farbe der dem Luftsauerstoff ausgesetzten Oberfläche des Fleisches wird besonders durch das Verhältnis von Oxymyoglobin zu Metmyoglobin beeinflußt. Tabelle 6.1-9 weist diese Beziehungen aus.

Tab. 6.1-9 Beziehung zwischen Metmyoglobinbildung und Fleischfarbe (nach [19])

Metmyoglobin in % des Gesamtpigments	Fleischfarbe
30	intensiv hellrot
30 – 50	rot
50 – 60	bräunliches Rot
60 – 70	rötliches Braun
70	braun

Die hellrote Farbe bleibt bis zu einem Verhältnis von 1 : 1 vorherrschend. Bei Überwiegen des Metmyoglobins geht sie in ein bräunliches Rot bis schließlich zum Braunrot über.

Die Oxymyoglobinbildung wird ebenso wie die Metmyoglobinbildung durch den Sauerstoffpartialdruck der Luft bestimmt. Von Interesse ist die Bildung der unerwünschten braunen bzw. braunroten Farbe infolge Metmyoglobinbildung, insbesondere bei der Vakuumverpackung des Fleisches. Da die Metmyoglobinbildung durch Oxidation des zweiwertigen zum dreiwertigen Ei-

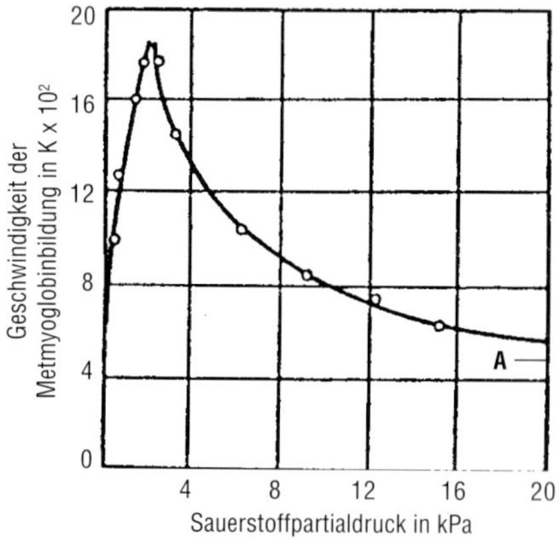

Abb. 6.1-7 Die Beziehung zwischen Sauerstoffpartialdruck und der Geschwindigkeit der Oxidation von Myoglobin zu Metmyoglobin (K x 10^{-2})
A = Wert beim Sauerstoffpartialdruck der Atmosphäre
K = Geschwindigkeitskonstante

sen zustande kommt, wäre zu erwarten, daß sich um so rascher Metmyoglobin bildet, je höher der Sauerstoffpartialdruck ist. Dies ist aber nicht der Fall. Nimmt der Sauerstoffpartialdruck über dem Muskelgewebe ab, so steigt die Geschwindigkeit der Metmyoglobinbildung erst allmählich, bei niedrigeren Drücken stärker an, um bei einem Sauerstoffpartialdruck von etwa 0,4 kPa ein ausgeprägtes Maximum zu erreichen (Abb. 6.1-7).

Bei noch weiterer Abnahme des Sauerstoffpartialdruckes kommt es zu einem Absinken der Metmyoglobinbildung. Ist nicht mehr genügend Sauerstoff verfügbar, so unterbleibt schließlich die Metmyoglobinbildung.

Durch Erhitzen wird das Myoglobin des Fleisches regelmäßig in Metmyoglobin überführt.

Die Fleischfarbe wird auch vom pH-Wert oder der sogenannten Strukturkomponente beeinflußt. Bei niedrigerem pH-Wert findet man regelmäßig eine hellere Farbe, bei höheren pH-Werten eine dunklere. Im Extremfall wird dies sichtbar bei der Ausbildung des PSE- bzw. DFD-Fleisches.

Die unterschiedliche Farbe, die durch die Strukturkomponente bestimmt wird, läßt sich wie folgt erklären: Bei geringster Quellung (offene Struktur), die in der Regel mit einem niedrigen pH-Wert verbunden ist, reflektieren die geschrumpften Myofibrillen das auftretende Licht in erhöhtem Maße und verleihen dem Fleisch eine leuchtend rote Farbe. Bei maximaler Quellung (geschlossene Struktur), die im allgemeinen mit einem relativ hohen pH-Wert verbunden ist, dringen die Lichtstrahlen in die gequollenen Fibrillen tief ein und werden teilweise absorbiert, so daß das Fleisch dunkelrot erscheint, obwohl sein Myoglobingehalt derselbe ist wie bei einem Fleisch mit hellerer roter Farbtönung.

Die Verfärbungen des Fleisches, wie Sulfmyoglobin-, Choleglobin- oder Verdoglobinbildung werden von FAUSTMANN und CASSENS [21] dargestellt. Zur Messung optischer Eigenschaften wird auf SWATLAND [22] verwiesen.

6.1.8 Textur

Fleisch kann man als festen Körper, aber auch als eine hochviskose Flüssigkeit definieren. Im feinzerkleinerten Zustand hat es zähflüssige Beschaffenheit und Fließeigenschaften. Wegen dieser Fließeigenschaften kann zerkleinertes Fleisch durch Röhren gepreßt und Wurstmasse maschinell abgefüllt werden.

Die Eigenschaften des Fleisches unterliegen ständigen Veränderungen, so daß der Zustand eines Merkmals immer nur für den Zeitpunkt der Untersuchung gilt. Frisch erschlachtetes Fleisch ist als weicher, elastischer Körper anzusehen; die durch äußere Kräfte bewirkte Deformation bleibt nicht bestehen. Nach dem Rigor mortis ist das Fleisch plastisch, Fingereindrücke bleiben bestehen. Direkt nach dem Tode ist das zubereitete Fleisch geschmeidig und relativ zart. Mit dem Einsetzen des Rigor mortis wird es starr und zäh. Mit fortschreitender Reifung wird es dann wieder geschmeidiger und in zunehmendem Maße zart.

Chemisch-physikalische, sensorische und funktionelle Eigenschaften

Es ist bisher nicht möglich, Eigenschaften des Fleisches, die mit zart, mürbe, weich, saftig, zäh, plastisch, elastisch usw. bezeichnet werden, mit einem Begriff hinreichend zu beschreiben. Zur Charakterisierung werden häufig die Begriffe Konsistenz und Textur verwendet. Die Begriffsbestimmungen weisen neben Übereinstimmungen auch deutliche Abweichungen auf, was auf die besondere Komplexität der Materie hinweist. Eine ausführliche Darstellung über die genannten Begriffe einschließlich Zartheit findet sich bei KLETTNER [23], SZCEPESNIAK [24] sowie LEE und SCHÖN [24].

Die Textureigenschaften des Fleisches werden durch verschiedene Einflüsse wie
- biologische Parameter
- Zusammensetzung und Struktur
- Haltung, Transport, Schlachtung
- chemisch-physikalische Veränderungen post mortem sowie
- im Haushalt und in der Industrie angewandte Methoden zur Beeinflussung der Haltbarkeit und Textur

bestimmt.

Die biologischen Parameter sind durch Tierart, Alter und Geschlecht gekennzeichnet. Wesentliche Unterschiede in der Textur bestehen zwischen den Fleischteilen eines Tieres, weshalb man nach Braten-, Schmor- und Kochfleisch unterscheidet.

Fett, Wasser und Eiweißstoffe beeinflussen die Eigenschaften des Fleisches. Es besteht ein Zusammenhang zwischen Textur und intramuskulärem Fettanteil. Bei Masttieren, insbesondere Rindern, wirkt sich die Marmorierung des Fleisches positiv auf die Zartheit und Saftigkeit aus.

Einen dominierenden Einfluß auf die Textureigenschaften des Fleisches haben jedoch die Eiweiße. Hierbei spielt nicht die Quantität, sondern die Qualität der Proteine eine Rolle, was vornehmlich hinsichtlich des Bindegewebes zum Ausdruck kommt. Der Anteil des Bindegewebes ist bei jüngeren Tieren größer als bei ausgewachsenen Tieren. Da jüngere Tiere durchweg zarteres Fleisch liefern als ältere, wird daraus geschlußfolgert, daß nicht allein die Quantität, sondern insbesondere die Struktur entscheidend ist. Mit zunehmendem Alter der Tiere bilden sich mehr und festere Quervernetzungen zwischen den Peptidketten der Kollagenfasern. Derartiges Bindegewebe weist eine geringere Löslichkeit nach Hitzebehandlung oder unter dem Einfluß von Säuren auf. Die bindegewebsbedingte Zähigkeit spielt eine bedeutende Rolle bezüglich der Festigkeitseigenschaften des Fleisches. Von einer Reihe Autoren wird auch dem Zustand des Elastins und der Stromaproteine (Reticulin) eine Bedeutung für die Zartheit oder Zähigkeit des Fleisches zugewiesen. Nach neueren Untersuchungen haben Veränderungen des endomysealen Kollagens Einfluß auf die Zartheit des gelagerten Fleisches. Die Kenntnisse hierüber sind jedoch noch nicht genügend gesichert. Als ein Kriterium der Textur wird die Muskelfaserdicke angesehen. Die Faserdicke nimmt mit dem Alter der Tiere und der Körper- bzw. der Fleischmasse zu. Die Frage, ob dünne oder dicke Muskelfasern zarteres Fleisch ergeben, wird konträr diskutiert.

Die Einflußfaktoren Haltung, Transport und Schlachtung wurden relativ gut an Landgeflügel untersucht. Eine Reihe von Untersuchungen zeigen, daß das Fleisch von Broilern zarter ist, wenn die Tiere in der Endperiode der Mast in ihrer Bewegung eingeschränkt sind. DEAN et al. [26] fanden eine geringere Zähigkeit des Fleisches bei größerer Besatzdichte im Vergleich zur Haltung von Broilern mit mehr Bewegungsfreiheit. Beim Vergleich Bodenhaltung zu Käfighaltung fand WABECK [27] eine bessere Zartheit des Brustfleisches von in Käfigen gehaltenen Tieren.

SCHOLTYSSEK et al. [28] beobachteten ein Ansteigen der Fleischzähigkeit bei 50 Tage alten Broilern, wenn sie vor dem Schlachten mehr als 12 h nicht gefüttert worden waren. Allgemein gilt, daß Haltung und Transport so erfolgen, daß eine möglichst geringe Aufregung der Tiere eintritt.
Gegenüber Belastungen bei ordnungsgemäß vorgenommenem Transport scheint Geflügel relativ unempfindlich zu sein. RISTIC [29] fand die niedrigsten Scherkraftwerte an Fleisch von Broilern, die über 45 km transportiert wurden. Ähnliche Ergebnisse erzielten EHINGER und GESCHWINDT [30] sowie VAN HOOF [31] an Broilern bzw. Puten bei Transportzeiten bis zu 6 h. Höhere Außentemperaturen während des Transports oder längere Wartezeiten vor dem Schlachten bewirken eine Zunahme der Zähigkeit von Brustfleisch [32].

Im Schlachtprozeß haben das Betäuben, Rupfen und das anschließende Kühlen und Gefrieren einen unterschiedlichen Einfluß auf die Fleischqualität. Es wird zäher, wenn die Brühzeiten und -temperaturen zu lange bzw. zu hoch sind. Das Schlachten ohne Betäubung soll ein zarteres Fleisch ergeben, als mit Betäubung. Maschinenrupfen soll gegenüber Handrupfen zäheres Fleisch bewirken [33]. Das Fleisch ist zarter, wenn es im Wasserbad (Spinchiller) gekühlt wird, als beim Abkühlen im Kaltluftstrom. Als günstigster Bereich hinsichtlich der Zartheit ist die Temperatur um 10 °C anzusehen; Temperaturen zwischen 5 und 20 °C wirken sich nicht sonderlich nachteilig aus, wohl aber höhere. Beim Gefrieren kommt es darauf an, mittels eines Schnellverfahrens die Eiskristallbildung günstig zu beeinflussen.
Enge Korrelationen bestehen zwischen dem Grad der Muskelstarre und der sich ausbildenden Textur. Als erwiesen gilt, daß hierbei die Menge an energiereichen Phosphaten zum Zeitpunkt des Schlachtens einen unmittelbaren Einfluß hat. Mit dem Eintritt des Rigor mortis sind die Sarkomeren beträchtlich verkürzt. Es entsteht die actomyosinbedingte Zähigkeit des Fleisches.

Im Prärigor-Zustand hat die Temperatur einen wesentlichen Einfluß auf die Verkürzung der Muskulatur. Es kommt zum cold shortening insbesondere an Rind- und Schaffleisch. Besonders betroffen sind die an der Oberfläche befindlichen Fleischteile. Elektronenmikroskopisch lassen sich Veränderungen an den Myosinfilamenten nachweisen. Durch Wärmebehandlung wird ein weiteres „Verschmelzen" der verdichteten Myosinfilamente bewirkt. Das entstehende harte und zähe Kontinuum koagulierter Filamente wird deshalb als eigentliche Ursache der Zähigkeit solchen Fleisches angesehen. Es ist anzunehmen, daß sich auch Bindegewebsveränderungen ergeben, die sich sensorisch nachteilig auswirken. Vermeiden läßt sich die Kälteverkürzung, indem das Fleisch zunächst auf etwa 10 °C gekühlt und dann einem Schnellkühlverfahren unterzogen oder anschließend zerlegt wird. Der größte Teil z. B. des argentinischen und australischen Exportfleisches wird so behandelt, anschließend entbeint, zerlegt in Standardmaßen verpackt und gefroren. Die insbesondere in Australien entwickelte Methode ist inzwischen weit verbreitet. Erfolgreich eingeführt hat sich auch die Vakuumverpackung in Reifebeuteln und die Aufbewahrung bzw. der Transport bei etwa 0 °C.

Die mit Ausbildung des Rigor mortis sich ändernden Festigkeitseigenschaften des Fleisches betreffen die Zug-, Schub- und Schnittfestigkeit sowohl des rohen als auch des gegarten Materials. Am stärksten sind die Veränderungen der Festigkeitseigenschaften während der Muskelstarre ausgeprägt. Hierzu erfolgen weiterführende Darlegungen in den Abschnitten über den Rigor mortis und die Fleischreifung (s. auch die Übersichtsarbeit von HECHT [35]. Die morphologischen Veränderungen lassen sich elektronenmikroskopisch nachweisen. KATSARAS et al. [36] fanden an Rindermuskeln 6 – 9 d p.m. folgende Resultate: Verlust des sarkoplasmatischen Reticulums und Schwächung der T-Tubuli. Die Verknüpfungsstellen zwischen den Actinfilamenten und Z-Linien waren unterbrochen. Ferner waren die dem Sarkolemm anliegenden Schichten, das heißt die kollagenen Fibrillen und die Basallamina, partiell abgebaut. Bei längerer Aufbewahrungszeit nehmen die Veränderungen und damit die Zartheit zu. Die Textureigenschaften des Fleisches vor, während und nach der Totenstarre lassen sich sensorisch ermitteln und auch mittels objektiver Methoden hinreichend gut darstellen.

Bei der Bearbeitung von in der Muskelstarre befindlichem Fleisch erhöht sich der Aufwand z. B. beim Schneiden, Entknochen und Entsehnen. Zwischen 3,5 und 7 Tagen p. m. entspricht die Scherkraft der Schnittfestigkeit unmittelbar nach dem Schlachten. In Abbildung 6.1-8 werden die Verhältnisse anschaulich wiedergegeben.

Über die Textureigenschaften von rohem und insbesondere erhitztem Fleisch existieren zahlreiche Publikationen [38, 39, 40, 41, 42].

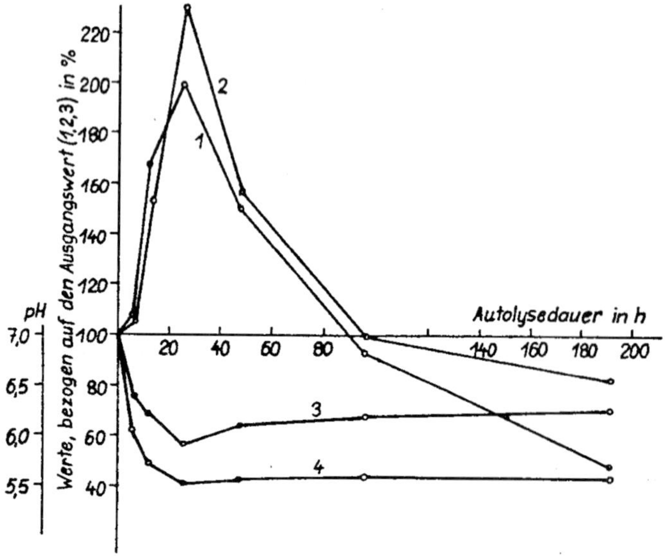

Abb. 6.1-8 Veränderung der Eigenschaften des Muskelgewebes während der Autolyse [37]
1 Schneidkraft
2 Schubspannung
3 Wasserbindevermögen
4 pH-Wert

Muskeln, die während der Reifung in situ im Schlachtkörper verbleiben, sind in der Regel zarter als ausgelöste Fleischstücke. So soll beispielsweise die größere Zartheit des Filets nicht zuletzt auf der Tatsache beruhen, daß dieses im hängenden Schlachtkörper extrem stark gestreckt wird. Diese Beobachtung war Veranlassung zur Untersuchung des Streckeffektes an verschiedenen Muskeln. Die Muskelstreckung, vor und während des Rigor mortis vorgenommen, bewirkt, daß eine stärkere Schrumpfung der Sarkomeren verhindert wird. Empfohlen wird das Verfahren für das Erzielen eines zarteren Fleisches speziell beim Rind. Läßt man das Rindfleisch genügend lange reifen, zum Beispiel bei Kühltemperaturen für die Dauer von 14 Tagen, so ist der Effekt der Muskelstreckung gegenüber nicht gestreckten Kontrollstücken kaum wahrnehmbar. Eine Muskelverkürzung, verbunden mit Minderung der Zartheit, tritt insbesondere beim Auslösen von Muskeln im schlachtwarmen Zustand ein. Dieser nachteiligen Beeinflussung der Textur kann man durch Anwendung der Elektrostimulierung unmittelbar nach dem Schlachten begegnen.

Forscherteams, die Industrie sowie Haushalte haben verschiedene andere Methoden getestet oder wenden diese regelmäßig an, z.B. Schnellreifung bei höheren Temperaturen (Conditioning), enzymatische Reifungsbeschleunigung, Ultraschall, mechanisches Mürben und Marinieren. Nachstehend werden einige Arbeiten referiert, die sich mit Strukturveränderungen während der Wärmebehandlung befassen.

Durch die Wärmebehandlung wird Fleisch tiefgreifend verändert. Im Vordergrund steht die Denaturierung der Eiweiße. Die maßgeblichen Veränderungen vollziehen sich an den myofibrillären und den Bindegewebsproteinen bzw. deren Strukturen. Das Fleisch wird in den Zustand der Gare überführt. Die bei der Hitzebehandlung eintretende Verkürzung an Gewebeteilen wird als Wärmeverkürzung bezeichnet.

Die Muskelproteine weisen eine unterschiedliche Temperaturempfindlichkeit auf. α-Actinin, Bestandteil der Z-Linie, das bei 50 °C unlöslich wird, gehört zu den empfindlichsten Muskelproteinen. Die schweren und leichten Ketten des Myosins werden etwa bei 55 °C unlöslich. Actin ist stabiler und verliert seine Löslichkeit im Bereich von 70 – 80 °C. Tropomyosin und Troponin, die bei etwa 80 °C unlöslich werden, sind die hitzestabilsten Proteine der Myofibrillen.

Kollagen unterliegt der thermischen Schrumpfung bei einer für die vorliegende Art spezifischen Temperatur. Die Kollagenfaser schrumpft auf etwa ein Drittel ihrer ursprünglichen Länge, die sie sowohl in Spannung versetzt als auch elastisch macht [43].

Die durch Wärmebehandlung eintretenden Strukturveränderungen des Fleisches werden von DAVEY und WINGER [44] wie folgt beschrieben: Die Muskelfasern behalten ihre Querstreifung nach der Wärmebehandlung selbst bei höheren Temperaturen und längerer Zeit. Feinstrukturen gehen in den A-Banden verloren, die auf 1,5 – 1,1 µm schrumpfen. Die Actinfilamente verlieren weitgehend ihre Struktur und bilden Klumpen. Gap-Filamente bleiben bei ungereiftem Fleisch intakt, man kann sie aber zwischen den Bruchstücken schwer identifizieren. Die Z-Scheiben erscheinen granulär und diffus. Das sarkoplasmatische Reticulum verschwindet weitgehend, obgleich leere Organellen in den Räumen zwischen den Myofibrillen erhalten bleiben. Die M-Linien, die die I-Bande kreuzen, erscheinen deutlicher. Es besteht eine Tendenz zum seitlichen Schrumpfen von Myofibrillen.

Weitgehend übereinstimmend sind die Ergebnisse, die sich bei gegartem Fleisch von jungen und alten Tieren der Gattung Rind mittels Scherkraftmessungen (WARNER-BRATZLER) ergeben.

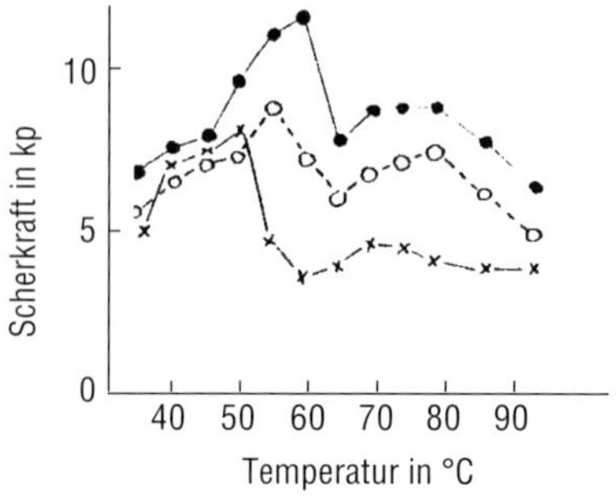

Abb. 6.1-9 Scherkraft (peak shear force) an gestrecktem Muskelfleisch (M. semimembranosus) in Abhängigkeit von Tieralter und Erhitzungstemperatur (nach [45])
x = Kälber 2-3 Monate alt; o = Ochsen 2-6 Jahre alt; · = Ochsen 12-17 Jahre alt

Abbildung 6.1-9 zeigt Scherkraftveränderungen bei Erwärmung von Rindfleisch, das von Tieren der Altersgruppen 2 – 3 Monate, 2 – 6 und 12 – 17 Jahre alten Ochsen stammt. Verwendet wurde der M. semimembranosus im gestreckten Zustand. Alle Kurvenverläufe weisen eine Erhöhung der Scherkraft bei 50 – 60 °C auf, gefolgt von einem rapiden Abfall. Oberhalb von 65 °C ist bei al-

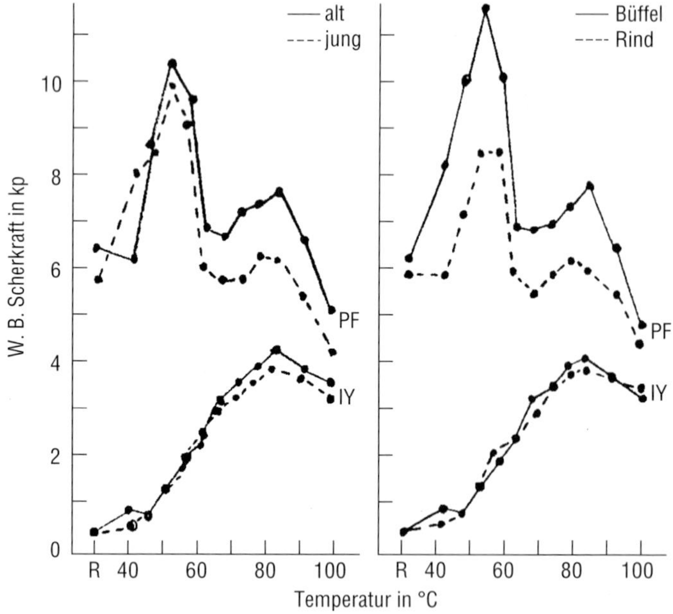

Abb. 6.1-10 Scherkraftmessungen an abgehangenen Schlachtkörpern/gestrecktem Muskelfleisch von jungen und alten Büffeln/Rindern (nach [46])
Wärmebehandlung bei variierenden Temperaturen, jeweils 1 h Einwirkung
W.B. = Warner-Bratzler, PF = Peak Shear Force, IY = Initial Yield, R = in rohem Zustand

len drei Altersstufen eine Zunahme und ab etwa 80 °C eine Abnahme der Scherkraftwerte festzustellen. Die altersmäßigen Unterschiede sind deutlich sichtbar [45]. Vergleichbar mit den beiden oberen Kurvenverläufen in Abbildung 6.1-9 sind die Resultate von ROBERTSON et al. [46], dargestellt in Abbildung 6.1-10. Die Ergebnisse dieser ebenfalls an gestreckten Rinder- und Büffelmuskeln (M. semimembranosus) durchgeführten Scherkraftmessungen werden wie folgt ausgewiesen: Die Initial Yield, die ein relatives Maß für das Texturverhalten primär der myofibrillären Proteine darstellen, zeigen für beide Altersgruppen und Rassen einen Anstieg der Werte bis 80 °C und danach bei weiterer Erhöhung der Temperatur einen Abfall. Es bestand kein Unterschied, weder zwischen dem Alter der Tiere noch zwischen den Rassen. Die Peak Shear Force weisen die Summe des Scherkraftwiderstandes von myofibrillärer Struktur und Bindegewebe aus.

Die stets höheren Scherkraftwerte bei älteren Tieren, besonders zwischen 65 und 80 °C, deuten auf die Veränderung bzw. den qualitativen Unterschied am Bindegewebe hin. Abbildung 6.1-11 gibt Scherkraftwerte am ungestreckten M. semimembranosus wieder. Es handelt sich um Fleisch von Rindern (Braham-Shorthorn) und Büffeln der Altersgruppen von 24 bis 29 bzw. 48 bis 54 Monate. Es wird der Unterschied der Scherkraftwerte (PF) von Rind- und Büffelfleisch über den gesamten Temperaturbereich zwischen 40 und 95 °C beider Tierarten deutlich. Nach ROBERTSON et al. [46] ist die Differenz auf die mechanischen Eigenschaften des Bindegewebes bei verschiedenen Rassen zurückzuführen.

Durch eine Reihe von Untersuchungen konnte die enge Beziehung zwischen der durch Kälteverkürzung eintretenden myofibrillären Kontraktur und dem Texturverhalten im erhitzten Fleisch belegt werden [47, 48].

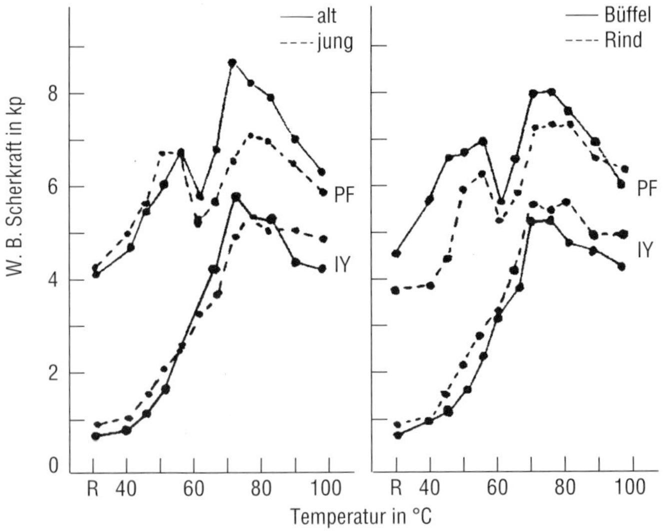

Abb. 6.1-11 Scherkraftmessung an Muskelfleisch von jungen und alten Büffeln/Rindern nach [46]). Wärmebehandlung bei variierenden Temperaturen, jeweils 1 h Einwirkung
W.B. = Werner-Bratzler, PF = Peak Shear Force, IY = Initial Yield, R = roher Zustand

SEIDEMAN et al. [49] haben verschiedene Muskeln gleichaltriger Bullen und Ochsen geprüft und fanden nach einer Reifungszeit von jeweils 8 Tagen und Erwärmung der Proben bei 70 °C Kerntemperatur, daß das Filet (M. psoas major) am zartesten war, gefolgt von den Mm. semitendinosus, long. dorsi, biceps femoris und semimembranosus. Die Menge an intramuskulärem Fett war positiv und die Menge an intramuskulärem Bindegewebe negativ korreliert mit der sensorisch wahrnehmbaren Zartheit [50].

Versuche zur Verbesserung der Zartheit des Fleisches bei Erwärmung unter Hochdruck haben zu keinen praxisrelevanten Ergebnissen geführt. Um positive Resultate zu erzielen, müßten Drücke von 100 – 150 MPa angewendet werden [52].

Die an Geflügelfleisch vorgenommenen Untersuchungen weisen aus, daß zartes Fleisch erzielt wird, wenn die Gartemperaturen um 80 °C liegen. WILKINSON und DAWSON [53] fanden in dunklem Putenfleisch größere Zartheit, wenn die Kerntemperatur von 60 auf 80 °C erhöht wurde. Helles Fleisch war zarter, wenn es bis 77 °C oder 82 °C gegart und war zäher, wenn es bei 88 °C gegart wurde.

Nachhaltig beeinflußt werden die Textureigenschaften des Fleisches durch das Zerkleinern. Man nutzt diesen Effekt u. a. für die Herstellung von Formfleischerzeugnissen. Es liegt eine Rekonstitution zugrunde, bei der durch Kochsalzzugabe extrahierte myofibrilläre Proteine für die Bindung der Teile die ausschlaggebende Rolle spielen. Voraussetzung für die Rekonstitution ist neben dem Zerkleinerungsgrad der Einsatzmaterialien das Beherrschen des Zusammenfügens der in unterschiedlichem Grade zerstörten Fleischstruktur, so daß sich daraus neue Stücke mit determinierter Zusammensetzung und beliebigen Abmessungen formen lassen. Man kann je nach Bedarf Binde- und Fettgewebe entfernen und dem Material möglicherweise auch Aromastoffe hinzufügen. Es können steak- oder bratenfleischähnliche Qualitäten hergestellt werden. Außer diesen Erzeugnissen und den bekannten Produkten mit Hackfleischcharakter (Buletten, Hamburger) wurde eine größere Erzeugnispalette entwickelt, die auch Geflügel- und Wildfleisch integriert [54, 55, 56, 57].

Die Rekonstitution kann im rohen Zustand, z. B. schnittfeste Rohwurst, oder durch Erhitzen herbeigeführt werden. Die Strukturbildung von eiweißhaltigen Produkten ist auch mittels Kälteanwendung möglich. Die hierbei entstehenden Eiskristalle spielen für die Bildung der neuen Struktur eine wesentliche Rolle [58].

6.1.9 Rheologische Eigenschaften

Die meisten Stoffe zeigen ein rheologisches Verhalten, das zwischen Flüssigkeiten und Festkörpern einzustufen ist. Sie sind in unterschiedlichem Maße elastisch und viskos. Man bezeichnet sie deshalb als viskoelastisch. Das gilt auch für Muskel-, Binde- und Fettgewebe sowie für Organe, Brätmassen, kolloide Lösungen, Suspensionen, Emulsionen und Schäume.
Rhealogische Eigenschaften lassen sich durch das NEWTONsche Gesetz beschreiben:

$$\tau = \eta \cdot t$$

Fleisch, Zwischenprodukte und Fleischerzeugnisse zeigen wegen ihrer komplexen Natur komplizierte rheologische Eigenschaften. Zwischen der Schubspannung τ und dem Geschwindigkeitsgefälle t besteht meist keine lineare Beziehung. Berechnungen sind deshalb schwierig.

6.1.10 Geruch und Geschmack

Beide Merkmale gehören neben Farbe (Aussehen) und Zartheit bzw. Zähigkeit (Textur) zu den wichtigsten qualitativen Kriterien bei der Beurteilung von Lebensmitteln. Es besteht ein Zusammenhang zwischen der physikalischen Sinnesempfindung, der Saftigkeit und der Zähigkeit des Fleisches.

Beeinflußt wird das Fleischaroma von

- der Art, der Rasse und dem Geschlecht der Schlachttiere
- dem Alter, der Fütterung und der Behandlung der Tiere vor und während der Schlachtung
- der Zeitdauer und den Temperaturbedingungen der Fleischlagerung (Reifung) sowie von
- der Art der Zubereitung (Kochen, Braten, Grillen, Brühen, Dämpfen, Dünsten, Schmoren, Sterilisieren).

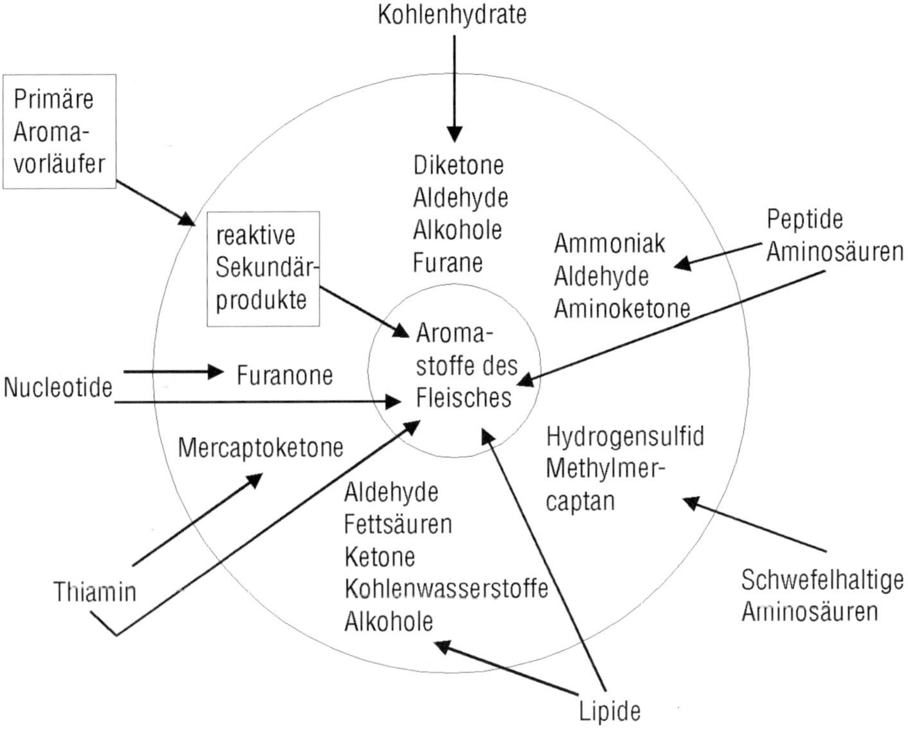

Abb. 6.1-12 Vorläufer und Zwischenprodukte des Fleischaromas

Eng verbunden mit der Herausbildung des Fleischaromas ist die Fleischreifung, in deren Verlauf der Abbau von ATP, Proteinen und Lipiden vor sich geht. ATP wird über ADP zu IMP und Ammoniak abgebaut. Die Salze der Inosin- und der proteolytisch entstehenden Glutaminsäure haben keinen unmittelbaren Eigengeschmack, sie wirken jedoch als Geschmacksverstärker. Das im weiteren aus Inosinsäure gebildete Hypoxanthin hat einen beißigkratzigen Geschmack. Die genannten Stoffe können ebenso wie Peptide, Aminosäuren, reduzierende Zucker oder Zuckerphosphate nur als Vorläufer des Fleischaromas betrachtet werden. Wenngleich sie, wie auch organische Säuren und freie Fettsäuren, den Grundcharakter des Aromas bilden, entstehen die spezifischen Aromastoffe erst bei der thermischen Behandlung.

Das Fleischaroma setzt sich aus einer Vielzahl von Komponenten zusammen. Dabei fällt besonders der hohe Gehalt an Monocarbonylverbindungen und Schwefelverbindungen auf.

Erhitztes Schaffleisch weist als spezifische Komponente 4-Methyloctansäure und -nonansäure auf. Zum größeren Teil entstammen die Aromastoffe jedoch der Maillard- und Strecker-Reaktion.

Schlüsselverbindungen des Fleischaromas gibt es nicht. Einen summarischen Überblick über Vorläufer und Zwischenprodukte des Fleischaromas vermittelt Abbildung 6.1–12.

6.2 Funktionelle Eigenschaften

6.2.1 Begriffsbestimmung

Funktionelle Eigenschaften sind die physikalischen und chemischen Eigenschaften, die das Verhalten der Proteine in Lebensmittelsystemen während der Herstellung, Lagerung und Konsumtion beeinflussen. Sie spiegeln die Zusammensetzung und Konformation der Proteine und ihre Wechselwirkung mit anderen Lebensmittelbestandteilen wider und werden durch die Verfahrensbedingungen beeinflußt [59]. Eine Zuordnung wichtiger Klassen von funktionellen Eigenschaften zu allgemeinen Eigenschaften von Proteinen wird in Tabelle 6.2-1 gegeben.

Tab. 6.2-1 Allgemeine und funktionelle Eigenschaften von Proteinen (nach [59])

Allgemeine Eigenschaften	Funktionelle Eigenschaften
Sensorik	Farbe, Aroma, Textur, Mundgefühl
Kinäthetik	Weichheit, Sandigkeit, Trübheit
Hydratation	Benetzbarkeit, Dispergierbarkeit, Wasserabsorption, Quellung, Eindickung, Gelierung, Fließverhalten, Wasserbindevermögen, Synärese, Viskosität, Teigbildung, Löslichkeit
Grenzflächenwirkung	Emulgiervermögen(Emulsionskapazität und -stabilität), Schaumbildung und -stabilisierung, Protein/Lipid-Filmbildung, Aroma- und Lipidbindung
Struktur	Elastizität, Sandigkeit, Kohäsion, Kaubarkeit
Textur	Adhäsion, Viskosität, Netzwerkbildung
Rheologie	Aggregation, Klebrigkeit, Gelierung, Teigbildung, Elastizität, Texturier- und Extrudierbarkeit, Faserbildung

Zu den wichtigsten funktionellen Eigenschaften der Muskelproteine zählen ihr Wasserbinde-, Emulgier- und Gelbildungsvermögen.

6.2.2 Wasserbindevermögen

Die Muskeln lebender Tiere bzw. mageres Fleisch bestehen zu 70 – 76 % aus Wasser. Dieses Wasser ist unterschiedlich stark im Muskelgewebe gebunden. Ein sehr kleiner Teil des Wassers, das sogenannte konstitutionelle Wasser (etwa 0,1 %), ist innerhalb der Proteinmoleküle lokalisiert. Etwa 4 % des Wassers (das Hydratationswasser) sind ein- oder mehrschichtig relativ fest an das Protein gebunden.
Die Veränderungen im Wasserbindevermögen des Fleisches sind jedoch abhängig von den verbleibenden 90 – 95 % des Muskelwassers. Diese etwa 95 % des Wassers werden durch verschiedene Mechanismen im Muskel gebunden bzw. immobilisiert, die größte Bedeutung dürfte dabei der räumlichen Anordnung sowie dem Quellvermögen der Proteinfilamente der Myofibrillen zukommen [60]. Das bedeutet, daß die Aufnahme oder Abgabe von Wasser im wesentlichen auf der Quellung oder Schrumpfung der Myofibrillen beruht und durch das Ausdehnen bzw. Zusammenziehen des Netzwerkes der Filamente bedingt wird.
HAMM [13] versteht dabei unter Wasserbindevermögen (WBV) die Fähigkeit des Fleisches, sein eigenes oder auch zugesetztes Wasser bei Einwirkung irgendwelcher äußerer Kräfte (z.B. Pressen oder Erhitzen) festzuhalten. Als Quellungsvermögen wird dagegen die mit Masse- und Volumenzunahme verbundene spontane Aufnahme von Wasser aus einer umgebenden Flüssigkeit definiert. Im Bereich der Fleischwarenherstellung sind weitere Begriffe gebräuchlich [61]:

Tropfsaft- oder Dripverlust:	Bildung eines Exsudats aus Fleisch ohne Anwendung äußerer Kräfte unter spezifizierten Bedingungen,
Tauverlust:	Bildung eines Exsudats aus Fleisch nach Gefrieren oder Auftauen ohne Anwendung äußerer Kräfte,
Kochverlust:	Freisetzen von Flüssigkeit nach dem Erhitzen von Fleisch mit oder ohne Anwendung äußerer Kräfte,
auspreßbarer Saft:	Freisetzung von Saft aus nicht erhitztem Fleisch (auch nach Gefrieren und Auftauen) bei Anwendung äußerer Kräfte.

Die zahlreichen Faktoren, die das Wasserbindevermögen beeinflussen, sind gut bekannt und oft beschrieben worden [60, 61, 62, 13], es werden daher hier nur einige Beispiele genannt:

Innere Faktoren
- Alter und Geschlecht des Tieres, Species, Muskeltyp innerhalb eines Tieres, Anteil des intramuskulären Fettes
- Wasserstoffionenkonzentration; am isoelektrischen Punkt des Actomyosins (pH 5,0) hat das WBV ein Minimum

- Postmortaler physiologischer Status; der Abbau von ATP und die Ausbildung des Actomyosin-Komplexes haben einen nachteiligen Effekt auf das WBV, der Prärigor-Muskel hat ein höheres WBV als der Postrigor-Muskel.

Äußere Faktoren
- Bedingungen ante mortem, Fütterungszustand, Bewegung vor dem Schlachten
- Schlachtmethode
- „Postmortem-Prärigor-Behandlung", z. B. Kühlung, Elektrostimulierung, Warmfleischverarbeitung
- „Postmortem-Postrigor-Behandlung", z. B. Reifung von Rindfleisch, Zeitdauer der Kühllagerung
- Charakteristik des Fleischstückes, z. B. Größe, Form, Schnittfläche
- Verarbeitungstechnik, z. B. Erwärmen, Trocknen, Gefrieren; die Gefriergeschwindigkeit wie auch Lagerzeit und -temperatur und Auftaugeschwindigkeit beeinflussen das WBV
- Natriumchlorid, Phosphate und Citrate in den üblichen Konzentrationen erhöhen, zweiwertige Kationen, z. B. Calcium und Magnesium, hingegen erniedrigen das WBV
- Prinzip und Reproduzierbarkeit der angewandten Methode zur Bestimmung des WBV.

Auf die Methoden zur Bestimmung des WBVs wird in Kapitel 12 eingegangen. Prinzipiell sollte die Methode eingesetzt werden, die der technologischen Fragestellung am nächsten kommt.

6.2.3 Emulgiervermögen

Emulsionen sind Dispersionen von Flüssigkeitströpfchen in einem flüssigen Dispersionsmedium, in dem die disperse Phase nicht oder nur begrenzt löslich ist. Besteht die äußere Phase aus Wasser und die innere aus einem Öl, so spricht man von einer „Öl-in-Wasser" (O/W)-Emulsion. Theoretisch lassen sich Fleischprodukte den O/W-Emulsionen zuordnen; insbesondere für Brühwurstbrät wird daher im amerikanischen Schrifttum der Begriff „Emulsion" verwendet. Emulsionen werden mit Hilfe grenzflächenaktiver Stoffe, sogenannter Emulgatoren, hergestellt bzw. stabilisiert. Die Emulgatoren haben hydrophile und lipophile Gruppen mit denen sie sich in Wasser bzw. der nichtwäßrigen Phase lösen. Das Verhältnis von hydrophilen zu lipophilen Gruppen (HLB-Wert) bestimmt deren Wirksamkeit und Einsatzgebiet. Fleischproteine selbst haben einen HLB-Wert von 14. Typische grenzflächenaktive Stoffe sind Mono- und Diglyceride von Speisefettsäuren und deren Milch- und Citronensäureester, Phosphatide, Sorbitanfettsäureester und Proteine. Bei der Untersuchung der Wirkung zahlreicher Emulgatoren in Brühwurstbräten zeigte jedoch nur ein Citronensäureester einen günstigen Effekt auf den Geleeabsatz und dies bei einem Salzgehalt der Wurst von 2 %.

Betrachtet man das Brühwurstbrät näher, stellt es sich als ein komplexes Mehrkomponenten- bzw. Mehrphasensystem dar:
- echte Lösung von Proteinen, Salzen und niedermolekularen Bestandteilen
- Gellösung aus Proteinen des Muskelgewebes (vgl. Kap. 6.2.4)
- grobe Suspension von größeren Gewebsbestandteilen

- Emulsion von Fettkügelchen in einer wäßrigen Phase
- Dispersion von Luftblasen (Schaum) in einer Proteinlösung.

Während der Herstellung von Brühwurstbrät kommt es beim Zerkleinern im Schneidmischer bzw. Kutter zum Öffnen der Zellwände und zur Freilegung und teilweisen Lösung der myofibrillären Proteine unter Anwesenheit von Kochsalz und/oder Phosphaten. Über den Grad der erforderlichen Zerkleinerung (Myofibrillenauffaserung, Strukturauflösung bis zum molekular-dispersen Bereich) wie auch den Grad des „In-Lösung-Gehens" der Proteine gibt es unterschiedliche Auffassungen (siehe Kap. 10). Obwohl die wasserlöslichen Sarkoplasmaproteine etwa 30 % der Proteine einer Muskelzelle ausmachen, spielen die salzlöslichen myofibrillären Proteine die entscheidende Rolle bei der Emulsionsbildung (Tab. 6.2-2).

Tab. 6.2-2 Charakteristik löslicher Muskelproteine (nach [66])

	Sarkoplasmatische Proteine	Myofibrilläre Proteine
Konformation	kugelförmig	fadenförmig
Relative Molekülmasse	etwa 80 000	400 000-800 000
Löslichkeit	Wasser, schwache Salzlösungen	Salzlösungen
Wasserbindevermögen	sehr gering	sehr groß
Viskosität von Lösungen	niedrig	hoch
Emulgiervermögen	schwach	stark
Gelbildungsvermögen	ohne (Koagulat)	ausgeprägt (Proteinmatrix)

Neben der Löslichkeit ist dabei eine hohe Oberflächenhydrophobizität, die beim Myosin im nativen Zustand in der Kopfregion und nach Denaturierung (Erwärmen) auch in der Schwanzregion vorliegt, von Bedeutung. Die Oberflächenaktivität nimmt von Myosin über das Actomyosin zum F- und G-Actin hin ab [63]. Die Emulgierkapazität der einzelnen Proteinfraktionen scheint in Abhängigkeit von den Extraktions- und Untersuchungsbedingungen (pH, Ionenkonzentration) bei 0,3 M NaCl in der Reihenfolge Myosin > Actomyosin > Sarkoplasmaproteine > Actin abzunehmen [64, 65]. Die gequollenen myofibrillären und andere Proteine bilden im Brät einen viskoelastischen Film bzw. eine Membran um die Fettpartikeln. Die Bildung einer solchen Interface-Proteinmembran wird als prinzipiell verantwortlich für die Stabilität von rohen Wurstsystemen und Protein-Protein-Wechselwirkungen (Gelbildung, vgl. Kap. 6.2.4) als weitgehend stabilisierend in gekochten Wurstsystemen angesehen [65].
Bei Kochwürsten wird das Brät im Unterschied zu den Brühwürsten aus gegartem Material hergestellt, so daß die Emulgatorfunktion der Proteine infolge ihrer Denaturierung aufgehoben ist. Eine Ausnahme bildet Leberwurst; hier übernehmen die nativen Leberproteine die Förderung der Fettverteilung. Zugesetzte Citronen- und Milchsäureester von Fettsäuremono- und -diglyceriden wirken emulsionsstabilisierend.

6.2.4 Gelbildungsvermögen

Gele sind kolloidale Systeme aus mindestens zwei sich gegenseitig zusammenhängend durchdringenden Komponenten mit viskoelastischen Eigenschaften, von denen die eine fest und die andere flüssig ist. Sie bilden spezifische Strukturen aus, indem sich die dispersen Bestandteile netz- oder wabenartig im Dispersionsmittel anordnen und an den Berührungsstellen z. T. miteinander verknüpfen. Bei Gelen hängt die Ausbildung spezifischer dreidimensionaler Strukturen von folgenden Faktoren ab [67]:

- Form, Ladung, spezifische chemische Gruppen und Konzentration der gelbildenden Moleküle
- Dispersionsgrad des Gelbildners im Solzustand bzw. in der Gellösung
- Schnelligkeit der Sol-Gel-Umwandlung
- Quellung und Kristallisation der die Gele beeinflussenden Begleitstoffe.

Für die Schnittfestigkeit von Wurstmassen wie auch für die Bindung bei restrukturiertem Fleisch ist eine zwischenpartikuläre Proteinmatrix verantwortlich, die bei Rohwurst vor allem in Folge der bakteriellen Säuerung und bei Brühwurst sowie restrukturiertem Fleisch (Formfleisch) durch Wärmeeinwirkung ausgebildet wird.
Die Rolle der verschiedenen Muskelproteine bei der Gelbildung wurde in Modellsystemen untersucht [66, 67, 68, 69]. Die meisten Sarcoplasmaproteine denaturieren bei Temperaturen zwischen 40 und 60 °C. Bei Abwesenheit von Salz oder bei niedrigen Ionenstärken (μ = 0,4 mol/l) verstärken Sarcoplasmaproteine die Gelstärke von Myosingelen. Bei höheren Ionenstärken im Modellsystem wirkten die Sarcoplasmaproteine negativ auf die Stärke der Myosingele. Isolierte Sarcoplasmaproteine konnten keine Gelstrukturen bilden [68, 69, 70].
Bei Temperaturen um 60 °C übten auch die Stromaproteine, von denen Kollagen das thermolabilste ist, einen negativen Effekt auf die Gelbildung des Myosins aus. Durch Zugabe von Actin- und Myosin-freiem Stroma-Protein zu einem Modellsystem (0,6 M KCl, pH 6,0) nahm die Gelstärke in folgender Reihenfolge ab: Actomyosin > Myosin > HMM > LMM > F-Actin [68].
Die molekularen Mechanismen der Gelbildung von Actin und Myosin sind weitgehend bekannt [66, 67,68, 69, 70]. Das betrifft auch die zugrundeliegenden Denaturierungsvorgänge mit ihren für die Konformationsänderungen spezifischen Übergangstemperaturen, die von pH-Wert und Ionenstärke abhängen. Im differentialkalorimetrischen Thermogramm (Abb. 6.2-1) sind drei Übergänge erkennbar, von denen die beiden anfänglichen dem Myosin und der dritte dem Actomyosin zukommt [71].

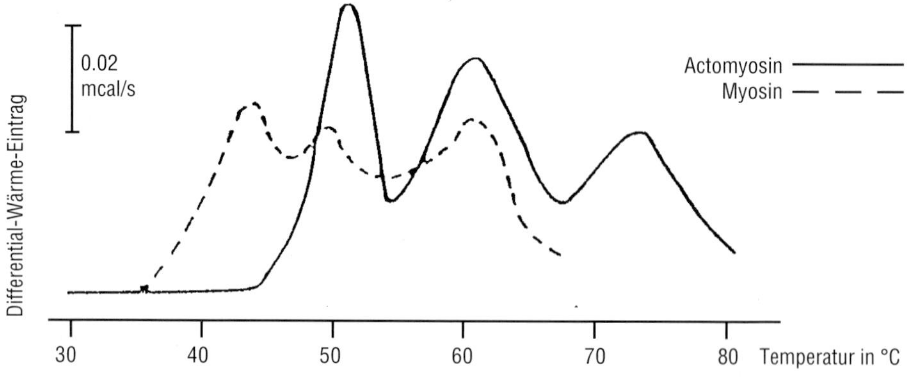

Abb 6.2-1 Differentialkalorimetrisches Thermogramm von isoliertem Myosin und Actomyosin [71]

Die Untersuchungen von ASGHAR et al. [68] zeigten, daß hauptsächlich das Myosin die Bindungseigenschaften eines Wursterzeugnisses bestimmt. Dabei sind diese Bindungseigenschaften abhängig von der Extraktion der kontraktilen Proteine aus den Myofilamenten und der Gelbildung dieser Proteine während der Wärmebehandlung.

In Anwesenheit von Myosin (bei 0,6 M KCl) übt Actin einen synergistischen Effekt auf die Myosingelbildung aus. Actin-Filamente können bei Vorhandensein verschiedener „Cross-Link-Proteine" ein dreidimensionales Netzwerk (Gel) bilden [68]. Die Gelstärke des Myosin-Actin-Systems ist abhängig vom molaren Verhältnis (2,7 Optimum) Myosin zu Actin, vom molaren Verhältnis freies Myosin zu Actomyosin, vom pH-Wert (Optimal pH 5,0 – 6,3 bei 0,6 M KCl, 60 °C), von der Ionenkonzentration, der Temperatur (Gelstärke maximal bei 55 – 65 °C), der Lagerzeit sowie dem Fett- und Wassergehalt [68]. Myosin, aus blassen Muskelfasern isoliert, weist eine 2- bis 5fach höhere Gelstärke aus als Myosin, das aus roten Muskelfasern extrahiert wurde.
Auf Methoden zur Bestimmung des Gelbildungsvermögens wird im Kapitel 12 eingegangen.

Quellen und Literatur

[1] HOWARD, A.; LAWRIE, R. A.: Studies of Beef Quality. Div. Food Preserv., Transport, Technic. Paper, Nr. 2, Melbourne 1956

[2] WUNDRAM, G.; SCHÖNBERG, F.: Tierärztliche Lebensmittelüberwachung. Ein Praktikum. Berlin und Hamburg: Verlag Paul Parey 1953

[3] HAMM, R.: Postmortale Veränderungen in der Muskulatur unter Berücksichtigung der Warmfleischverarbeitung vom Rind. International Symposium. Advances in hot meat processing. Rydzyna/Polen, 16. – 20. August 1981

[4] CHRYSTALL, B. B.; HAGYARD, C.: Elektrische Stimulierung von Lamm. - New Zealand Journal of Agricultural Research 19, 7 (1976)

[5] SANSHMJATAWYN, D.: Untersuchungen zum Nachweis und zur Vermeidung der Kälteverkürzung bei Hammelfleisch. - Diss. Ingenieurhochschule Köthen, 1981

[6] BENTLER, W.: Über postmortale Vorgänge im Skelettmuskel, vor allem bei Schlachtschweinen. - Fleischwirtschaft 52 (1972), S. 1015

[7] PINGEL, H.; JEROCH, H.: Biologische Grundlagen in der industriellen Geflügelproduktion. Gustav Fischer Verlag, Jena 1980

[8] NIEWIAROWICZ, A; PIKUL, J.: pH-Wert der Hautoberfläche vor der Schlachtung als Indikator für PSE– und DFD–Fleisch bei Broilern. - Die Fleischwirtschaft 59 (1979), S. 406

[9] HOFMANN, K.: Das Redoxpotential. - Die Fleischwirtschaft 54 (1974), S. 465 – 468

[10] LABUZA, T. P.; TANNENBAUM, S. R.; KAREL, M.: Watercontent and stability of low moisture and intermediate-moisture foods, Food Technol. 24 (1970), S. 543

[11] WIRTH, F.; LEISTNER, L.; RÖDEL, W.: Richtwerte der Fleischtechnologie, 2. Auflage Frankfurt/M: Deutscher Fachverlag 1990

[12] LEISTNER, L.; RÖDEL, W.; KRISPIEN, K.: Microbiology of meat and meat products in high- and intermediate-moisture range, in: Rockland, L. B.; Steward, G. F.: Water activity: influences on food quality. Academic Press, New York 1981

[13] HAMM, R.: Kolloidchemie des Fleisches. Hamburg: Verlag Paul Parey 1972

[14] LOMAURO, C. J.; BAKSHI, A. S.; LABUZA, T. P.: Evaluation of food moisture Sorption isotherm equations, Part I u. II. Lebensm., Wiss. u. Technologie 18 (1985), No. 2, S. 111 – 124
[15] AUTORENKOLLEKTIV: Fleischgewinnung und -verarbeitung. Leipzig: Fachbuchverlag 1980
[16] TSCHEUSCHNER, H. D.: Lebensmitteltechnik. Leipzig: Fachbuchverlag 1986
[17] PHAM, Q. T.: Prediction of thermal conduktivity of meats and other animal products from composition data, in: Spiecs, W. E. L.; Schubert, H.: Engineering and food. Vol. 1, S. 408 – 423. London: Elsevier Appl. Sci. Publ. 1990
[18] HÖFT, K. H.: Die elektrische Leitfähigkeit von Fleisch als objektive Stoffkenngröße für die Prozeßkontrolle. Berlin, Humboldt-Universität, Diss. A, 1977
[19] HAMM, R.: Muskelfarbstoff und Fleischfarbe. – Die Fleischwirtschaft 55 (1975), S. 1415 – 1417
[20] BELITZ. H. D.; GROSCH, W.: Lehrbuch der Lebensmittelchemie. Berlin, Heidelberg, New York, London, Paris, Tokyo, Hong Kong, Barcelona, Budapest: Springer Verlag 1989
[21] FAUSTMANN, C.; CASSENS, R. G.: The biochemical basis for discoloration in fresh meat: a review. Journal of Muscle Foods 1 (1990), S. 217 – 243
[22] SWATLAND, H. J.: A review of meat spectrophotometry. Can. inst. Food Sci. Technolg. J. 22 (1989) 4, S. 390 – 402
[23] KLETTNER, P. G.: Zu den Begriffen Konsistenz und Textur bei Fleisch und Fleischerzeugnissen. Mitteilungsblatt der Bundesanstalt für Fleischforschung, Kulmbach, Nr. 53 v. 1. 9. 1976, S. 2811 – 2814
[24] SZCZESNIAK, A. S.: Objektive Measurements of Food Texture. J. Food Sci. 28 (1963), S. 385 – 410
[25] LEE, YOUNG JIN; SCHÖN, L.: Untersuchungen über die Abhängigkeit der Zartheit von Rindermuskeln. 1. Definition, morphologische und chemische Grundlagen der Zartheit sowie Einflußfaktoren. Fleischwirtschaft 65 (1985) 9, S. 1144 – 1149
[26] DEAN, P.; SUTTON, H.; PROUDFOOD, F. G.: Poult. Sci. 51
[27] WABECK, C. J.: Poultry Sci. 53 (1974), S. 1623
[28] SCHOLTYSSEK, S.; EHINGER, F.; LOMAN, F.: Arch. Geflügelk. 41 (1977) 27
[29] RISTIC, M.: Die Fleischwirtschaft 58 (1978), S. 1031
[30] EHINGER, F.; GSCHWINDT, B.: Arch. Geflügelk. 45 (1981), S. 260
[31] HOOF, J. VAN: Influence of ante- and peri-mortem factors on biochemical and physical characteristics of turkey breast muscle. Vet. Quart. 1 (1979) S. 29
[32] FRONING, G. W.; BABJII, A. S.; MATHER, F. B.: Poult. Sci. 57 (1978), S. 630
[33] DE FREMERY, D.; LINE-WEAVER, H.: Early post mortem chemical and tenderness changes in poultry. 1. Congress of Food Science and Technology (1964). Zit. in Scholtyssek, 1988
[34] HEISS, R; EICHNER, K.: Haltbarmachen von Lebensmitteln. Berlin, Heidelberg, New York, London, Paris, Tokyo, Hong Kong: Springer Verlag 1990, S. 127
[35] HECHT, H.: Reifung und Zartheit von Fleisch. Fleischwirtsch. 67 (1987) 5, S. 534 - 546
[36] KATSARAS, K.; STENZEL, R.: Fleischwirtsch. 64 (1984), S. 955
[37] AUTORENKOLLEKTIV: Fleischgewinnung und -verarbeitung. Technologische Grundlagen, Leipzig: Fachbuchverlag 1980
[38] SEUSS, I.; HONIKEL, K.-O.: Einfluß von Erhitzungen und Kochmedium auf die Zartheit von Rindfleisch. Ernährungs-Umschau 35 (1988) 12, S. 423 - 426

[39] HONIKEL, K.-O.; SEUSS, I.: Fleischzubereitung und Fleischzartheit. Mitteilungsblatt der Bundesanstalt für Fleischforschung Kulmbach, Nr. 100 v. 1. 6. 1988, S. 7 926 - 7 932
[40] KATSARAS, K.; POSPIECH, E.: Morphologische Veränderungen der Rindermuskulatur beim Erhitzen. Fleischwirtsch. 68 (1988) 5, S. 671 - 674
[41] SEUSS, I.; HONIKEL, K.-O.: Fleischzartheit und Einflußfaktoren bei der Zubereitung. Fleischwirtsch. 69 (1989) 5, S. 824 - 830
[42] SIELAFF, H.; THIEMIG, F.: Textureigenschaften des Fleisches. Fleischwirtsch. 70 (1990) 9, S. 982 - 999
[43] HULTIN, H. O.: Textural attributes of proteinaceous animal foods as influenced by reactions during food processing. In: Lawrie, R. A.: Developments in Meat Science, 3. Aufl., London: Elsevier Applied Science 1985
[44] DAVEY, C. L.; WINGER, R. J.: Muskelstruktur und Fleischzähigkeit. In: Parry, D. A. A.; Creamer, L. K.: Fibrous Proteins: Scientific, industrial and medical aspects Vol. I u. II. London, New York, San Francisco: Academic Press 1979
[45] BEILKEN, S. L.; BOUTON, P. E.; HARRIS, P.V.: J. Food Sci. 51 (1986) S. 791
[46] ROBERTSON, J.; RATCLIFF, D.; BOUTON, P. E.; HARRIS, P. V.; SHORTHOSE, W. R.: J. Food Sci. 49 (1984) S. 1 163
[47] BOUTON, P. E.; HARRIS, P. V.; RATCLIFF, D.: J. Food Sci. 45 (1981) S. 1 082
[48] BOUTON, P. E.; HARRIS, P. V.; SHORTHOSE, W. R.: J. Textur Stud. 7 (1976) S. 193
[49] SEIDEMAN, S. C.; CROSS, H. R.; CROUSE, J. D.: J. of Food Quality 12 (1989) S. 29
[50] BOCCARD, R. L.; NAUDE, R. T.; CRONJE, D. L.; SMIT, M. C.; VENTER, H. J.; ROSSOUW, E. J.: Meat Sci. 3 (1979) S. 261
[51] TILGNER, D. J.: Die Technologie der Garverfahren. Frankfurt am Main: Verlagshaus Sponholz 1974
[52] MAC FARLANE, J. J.: J. Food Sci. 38 (1973) S. 294
[53] WILKINSON AND DAWSON: zit. nach Priestley, R. I.: Effects of heating on foodstuffs. London: Applied Science Publishers 1979
[54] BOOREN, A. M.; MANDIGO, R. W.; OLSON, D. G.; JONES, K. W.: Effect of muscle type and mixing time on sectioned and formed beef steak. J. Food Sci. 46 (1981) S. 1 673
[55] JONES, M. L.; RAY, E. E.; THOMAS, J. D.; TSAO, H. M.: Effects of Electrical Stimulation, Hot-Boning and Mixing vs Tumbling on the physical and chemical Properties of Beef Legs. J. Food Sci. 51 (1986)
[56] LAMKEY, J. W.; MANDIGO, R. W.; CALKINS, C. R.: Effect of Salt and Phosphate of the Texture and Color Stability of Restructured Beef Steaks. J. Food Sci. 51 (1986) S. 873
[57] MANDIGO, R. W.: Restructuring of Muscle Foods. Food Technology (1986) S. 85
[58] BAINES, D. A.; MLOTKIEWICZ, J. A.: The chemistry of meat flavour, S. 119, in: Bailey, A. J. (Hrsg.): Recent advantages in the chemistry of meat, The Royal Soc. of Chemistry, London 1984
[59] KINSELLA, J. E.: Functional properties of proteins in food: A survey. Crit. Rev. Food Sci. and Nutrit 7 (1976) S. 219
[60] OFFER, G.; TRINICK, J.: On the mechanism of water holding in meat: The swelling and shrinking of myofibrils. Meat Sci. 8 (1983) S. 245
[61] HAMM, R.: s. [78] in: Bechtel, P. J. (Hrsg.): Muscle as a food. New York: Academic Press, Inc. 1986
[62] FENNEMA, O. R.: Comparative water holding properties of various muscle food. J. of Muscle Food 1 (1990) S. 363 - 381

[63] O'NEILL, E.; MORRISSEY, P. A.; MULVIHILL, D. M.: The surface-active properties of muscle proteins. Food Chem. 35 (1990) S. 1 - 12

[64] SCHUT, J.: Meat emulsions, S. 385 - 458 in: Friberg, S. (Hrsg.): Food emulsions. New York: Marcel Dekker 1976

[65] MORRISSEY, P. A.; MULVIHILL, D. M.; O'NEILL, E. M.: Functional properties of muscle proteins, S. 195 - 256, in: Hudson, B. J. F. (Ed.): Developments in food proteins. London: Elsevier Applied Science Publ. (1987)

[66] ACTON, J. C.; ZIEGLER, G. R.; BURGER, D. L.: Functionality of muscle constituents in the processing of comminuted meat products. Crit. Rev. Food Sci. Nutrit 18 (1983) S. 99

[67] PFEIFFER, G.; SACHER, F.; SOMMER, K.: Modelluntersuchungen an Aktomyosingel. Die Fleischerei (1985) Nr. 6

[68] ASGHAR, A.; SAMEJIMA, K.; YASUI, T.: Functionality of muscle proteins in gelation mechanism of structured meat products. Crit. Rev. Food Sci. a. Nutrit. 22 (1985), S. 27 - 106

[69] ZIEGLER, G. R.; ACTON, J. C.: Mechanisms of gel formation by proteins of muscle tissue. Food Technol. 5 (1984), S. 77 - 80

[70] REGENSTEIN, J. M.: Are comminuted meat products emulsions or a gel matrix? S. 179 - 184 in: Kinsella, J. E.; Soucie, W. G.: Food Proteins. The American Oil Chemists' Society Champain, 1989

[71] WRIGHT, D. J.; LEACH, I. B.; WILDING, P.: Differential scanning calorimetric studies of muscle and its constituent proteins. J. Sci. Food Agric. 28 (1977) S. 557

7 Nichtoriginäre Stoffe in Fleisch und Fleischerzeugnissen

F. KRETZSCHMANN

7.1 Definition und Einteilung der nichtoriginären Stoffe

Unter „nichtoriginären Stoffen“ werden hier Inhaltsstoffe von Fleisch und Fleischerzeugnissen verstanden, die nicht natürliche Bestandteile desjenigen Schlachttieres bzw. derjenigen Schlachttierspecies sind, von der sie stammen. Das sind zunächst einmal alle Stoffe, die nicht natürlichen Ursprungs sind, also alle rein chemisch hergestellten (synthetischen) Stoffe sowie die chemisch abgewandelten (modifizierten) Naturstoffe. Hier ist alles eindeutig. Aber zu den nichtoriginären Stoffen gehören auch Stoffe, die von anderen Lebewesen produziert worden sind, die also auch natürlichen Ursprungs sind, aber normalerweise nicht im Organismus der betreffenden Tierart vorkommen. In der Hauptsache handelt es sich dabei um Stoffe von Pflanzen oder Mikroorganismen.

Fremdartige Stoffe gelangen entweder gewollt (beabsichtigt) oder ungewollt (unbeabsichtigt) in Fleisch und Fleischerzeugnisse. Im ersten Falle spricht man von Zusatzstoffen, im zweiten von Kontaminanten (chemischen Verunreinigungen, die aber nicht mit den „groben“ Verunreinigungen im herkömmlichen Sinne verwechselt werden dürfen). Zusatzstoffe gelangen in der Regel erst durch die Verarbeitung des Rohmaterials Fleisch in Fleischerzeugnisse, denn sie werden bei diesen Prozessen bewußt zugesetzt. Kontaminanten sind dagegen oft schon im Muskelfleisch, Fettgeweben und Organen der Tiere enthalten, wenn diese geschlachtet werden. Sie gelangen gewöhnlich mit dem Futter in die Tierorganismen. Das trifft für Umweltkontaminanten ebenso zu wie für natürliche Schadstoffe aus Giftpflanzen (Alkaloide), die auf einer Weide aufgenommen worden sind, oder von Mikroorganismen, mit denen das Futter befallen war. (Auf diese beiden Stoffgruppen wird hier nicht eingegangen.) Auch für Masthilfsmittel trifft das zu. Sie werden zwar den Tieren gezielt verabreicht, aber ihre Rückstände in den Schlachtprodukten sind unerwünscht und gelten daher als Kontaminanten. Aber auch Zusatzstoffe können schon dem Tierfutter zugemischt worden sein und treten dann im Endprodukt auf. Das geschieht meist in betrügerischer Absicht und ist dann selbstverständlich verboten. So lassen sich zum Beispiel Eidotter schön gelb färben, wenn man dem Hühnerfutter synthetische Farbstoffe zusetzt.

Die Unterscheidung zwischen „originär“ und „nichtoriginär“ erscheint auf den ersten Blick leicht, sie kann aber auch schwierig sein. Im Falle der toxischen Schwermetalle ist es nur eine Frage der Konzentration, denn sie lassen sich mit modernen analytischen Hilfsmitteln in allen biologischen Materialien nachweisen. In Spurenmengen ist ihr Vorkommen „normal“, in höheren sind sie Kontaminanten.
Ein weiteres Beispiel: Zu den originären Bestandteilen gehören die Fette. Die Fettsäurezusammensetzung der tierischen Fette ist jedoch stark von der Zusammensetzung der aufgenommenen Fette abhängig. Bei Schweinen ist es das Fett des Futters, das die Fettsäurezusammensetzung des Körperfetts prägt, bei den Wiederkäuern das Fett, das die Pansenflora liefert. Wenn man an Schweine Hefe verfüttert, die auf Erdöl gewachsen ist, dann treten in den Fetten dieser Schweine

sogenannte atypische Fettsäuren auf. Das sind ungeradzahlige und verzweigtkettige Fettsäuren, die in der Tier- und in der Pflanzenwelt sonst nicht oder nur sehr vereinzelt vorkommen. Diese Fettsäuren gelten als nichtoriginär und damit unakzeptabel. Die Fettsäuren der Butter (und auch des Rindertalgs) stammen ebenfalls von Mikroorganismen, nämlich von denen des Pansens, ab. Sie gelten herkömmlicherweise als „arteigen“ und sind sogar begehrt.

Die Frage, ob ein Stoff originär oder nichtoriginär ist, wird sich in Zukunft noch öfter stellen, wenn die Produkte von genveränderten Schlachttieren auf den Markt kommen. In deren Organen und Geweben können Stoffe enthalten sein, die es vorher dort nicht gegeben hat. Diese Stoffe müssen nicht, aber sie können nachteilige physiologische Wirkungen auf den menschlichen Organismus haben. Der Zulassung derartiger Nahrungsmittel wird daher eine ebenso sorgfältige ernährungstoxikologische Begutachtung vorausgehen müssen, wie das bei Vorhandensein nichtoriginärer Stoffe Vorschrift ist.
Im Rahmen dieses Buches kann auf das Vorkommen und die Bedeutung nichtoriginärer Stoffe in Fleisch und Fleischerzeugnissen nur kurz eingegangen werden. Dieses Kapitel kann daher nur eine Einführung sein, deren Hauptanliegen es ist, die lebensmitteltoxikologischen Belange der wichtigsten Stoffklassen verständlich zu machen.

7.2 Zusatzstoffe

7.2.1 Allgemeines

Nach dem „Gesetz über den Verkehr mit Lebensmitteln und Bedarfsgegenständen“ (kurz: Lebensmittel- und Bedarfsgegenständegesetz, LMBG) der Bundesrepublik Deutschland, Paragraph 2 sind Zusatzstoffe „Stoffe, die dazu bestimmt sind, Lebensmitteln zur Beeinflussung ihrer Beschaffenheit oder zur Erzielung bestimmter Eigenschaften oder Wirkungen zugesetzt zu werden; ausgenommen sind Stoffe, die natürlicher Herkunft oder den natürlichen chemisch gleich sind und nach allgemeiner Verkehrsauffassung überwiegend wegen ihres Nähr-, Geruchs- oder Geschmackswerts oder als Genußmittel verwendet werden, sowie Trink- und Tafelwasser.“ [8]. Dem sollte hinzugefügt werden, daß Zusatzstoffe dazu bestimmt sind, im Lebensmittel zu verbleiben und mitgegessen zu werden.
Demgemäß muß bei Zusatzstoffen auf absolute gesundheitliche Unbedenklichkeit für den Verbraucher geachtet werden. Ihr Einsatz ist nur statthaft, wenn dem Verbraucher daraus nach menschlichem Ermessen kein Schaden erwächst und wenn ihre Anwesenheit gleichzeitig mit einem erkennbaren Nutzeffekt bekömmlichkeitsfördernder oder technischer Art verbunden ist. Nötigenfalls sind Höchstwerte festzulegen. Voraussetzung für die Zulassung eines Zusatzstoffes ist das Vorliegen eines ADI-Wertes. ADI heißt Acceptable Daily Intake und gibt die Menge je Kilogramm Körpergewicht an (mg/kg oder g/k), die ein gesunder, erwachsener Mensch ein Leben lang täglich aufnehmen kann, ohne seine Gesundheit zu schädigen [12].

7.2.2 Kochsalz

Kochsalz ist kein Zusatzstoff im Sinne der oben genannten Definition. Es ist im lebensmittelrechtlichen Sinne ein Lebensmittel. Das bedeutet, daß es ohne amtliche Genehmigung und (theoretisch!) in jeder beliebigen Menge zugesetzt werden darf. Nur die Akzeptanz durch den Käufer begrenzt die Höhe seines Einsatzes nach oben. Seit längerem weiß man jedoch, daß eine zu hohe tägliche Salzaufnahme gesundheitsschädigend ist, insbesondere zu Bluthochdruck führen kann, und daß die Menschen in den industriell entwickelten Ländern zu viel Salz zu sich nehmen. Deshalb, und weil Kochsalz einer der wichtigsten technischen Hilfsstoffe bei der Fleischwarenherstellung ist, soll es hier kurz behandelt werden.

Kochsalz ist ein natürlich vorkommendes Mineral. Chemisch ist es Natriumchlorid mit einem geringen Anteil anderer mineralischer Bestandteile, die sich aber kaum bemerkbar machen und gesundheitlich unbedenklich sind. Kochsalz ist ein vorzüglicher Geschmacksstoff. Eine der vier Grundgeschmacksarten, „salzig“, hat davon sogar ihren Namen. Darüber hinaus ist Kochsalz für die Bildung von Salzsäure im Magen (Magensäure) und damit für die Verdauung der Eiweiße unentbehrlich, was heute von Anhängern einer „Ohne-Salz“-Bewegung leider übersehen wird. In dieser Funktion kann es nur durch andere Chloride ersetzt werden, was bei der Herstellung natriumarmer Diäterzeugnisse zu beachten ist. Kochsalz ist auch ein gutes Konservierungsmittel, weil es das Wasser von frischem Fleisch für Mikroorganismen unverfügbar macht und dadurch deren Wachstum hemmt. Außerdem erhöht Kochsalz die Wasserbindungsfähigkeit des Fleisches.

Eine besondere, für einen spezifischen Verwendungszweck vorgesehene Variante des Kochsalzes ist das Pökelsalz. Es ist Kochsalz mit einem Zusatz von 0,4 – 0,5 % Natriumnitrit [7]. Darauf wird in Kapitel 7.2.3 näher eingegangen.

7.2.3 Salpeter, Nitrat, Nitrit

Salpeter ist ein Naturprodukt, das schon im Altertum in Verbindung mit Kochsalz zum Pökeln und damit Konservieren von Fleisch benutzt worden ist. Chemisch ist es Kaliumnitrat oder Natriumnitrat (Kali- bzw. Natronsalpeter). Die wirksame Substanz des Salpeters ist jedoch nicht das Nitrat, sondern das Nitrit, in welches das Nitrat unter Mitwirkung nitratreduzierender Bakterien auf dem Fleisch umgewandelt wird [12]. Das Nitrit ist das Salz der salpetrigen Säure, die in ihrer freien Form sehr labil ist und leicht das freie Radikal Stickstoffmonoxid (·NO) bildet. Auf Umsetzungen des Stickstoffmonoxids mit Fleischbestandteilen beruht die Wirkung der Zusatzstoffe Nitrit und Nitrat bzw. Salpeter. Durch ihre Anwendung wird dreierlei erreicht [12]:

- Der Geschmack des Fleisches wird durch Ausbildung des sogenannten Pökelaromas verbessert.
- Die rote Farbe des Fleisches wird stabilisiert. Das geschieht durch Umwandlung des instabilen natürlichen Muskelfarbstoff Myoglobin in den sauerstoff- und kochbeständigen, ebenfalls roten Farbstoff Nitrosomyoglobin.

- Fleischverderbende Bakterien, vor allem *Clostridium botulinum*, welches die hochtoxischen, lebensbedrohenden Botulinus-Toxine bildet, werden beeinträchtigt. Diese konservierende Funktion des Nitrits ist, zumindest vom gesundheitlichen Standpunkt aus gesehen, die wichtigste.

Nitrit ist ein starkes Gift. Nitrat ist relativ harmlos, kann aber durch Umwandlung in Nitrit ebenfalls giftig werden. Eine solche Umwandlung kann beim Aufbewahren und Wiederaufwärmen nitrathaltiger Speisen eintreten, aber auch im menschlichen Organismus erfolgen. Auch hier ist das Stickstoffmonoxid-Radikal die wirksame Form: Es wandelt das zweiwertige Eisen des Blutfarbstoffs Hämoglobin in dreiwertiges um, so daß Methämoglobin entsteht, das Sauerstoff nicht mehr binden und im Blut transportieren kann. Die Folge sind Atemnot, Cyanose (Blausucht) und Tod. Weiterhin setzt sich die salpetrige Säure mit sekundären Aminen und Amiden zu Nitrosaminen und Nitrosamiden um, von denen einige zu den stärksten Carcinogenen gehören [17]. Sekundäre Amine und Amide sind in allen eiweißhaltigen Lebensmitteln enthalten.

Trotz der genannten Nebenwirkungen gelten Salpeter bzw. Nitrat und Nitrit als unentbehrliche Hilfsmittel bei der Fleischwarenherstellung. Um akute Vergiftungen mit Nitrit infolge Unachtsamkeit zu vermeiden, wird Nitrit nicht in reiner Form, sondern nur als Nitrit-Pökelsalz abgegeben. Nitrit-Pökelsalz ist Kochsalz, dem 0,4 – 0,5 % Natriumnitrit zugesetzt worden sind [6]. Die Einbettung in Kochsalz verhindert Überdosierungen durch die damit verbundene Übersalzung.

7.2.4 Phosphate

Phosphate sind die Salze der verschiedenen Phosphorsäuren. Die einfachste Phosphorsäure ist die ortho-Phosphorsäure (H_3PO_4). Durch Kondensation (Austritt von Wasser) entstehen kondensierte Phosphorsäuren, die aber nur in ihren Salzen beständig sind. Bei linearer Kondensation entstehen Di-, Tri- bis hochmolekulare Polyphosphate, bei Ringbildung die cyclischen Metaphosphate. Da alle Phosphorsäuren mehrbasisch und dazu schwache Säuren sind, gibt es von den sauren bis zu den alkalischen Phosphaten viele Übergänge [12].

Phosphate können zu vielen verschiedenen Zwecken eingesetzt werden: als Puffer, Komplexbildner, sauer oder alkalisch machende Mittel, Stabilisatoren, Weichhaltemittel u.ä. Bei Fleisch erhöhen sie die Zartheit und das Wasserbinde- bzw. Wasserhaltevermögen. Phosphate sind nicht toxisch, sie sind sogar funktionelle Bestandteile vieler Biomoleküle, von denen einige als Zwischenprodukte an Stoffwechselprozessen entscheidend beteiligt sind. Früher hat es in Notzeiten Befürchtungen einer Phosphat-Unterversorgung der Bevölkerung gegeben [5]. Heute wird dagegen wegen der Vielfältigkeit des Phosphateinsatzes auch in anderen Zweigen der Lebensmittelindustrie mitunter vor den möglichen Gefahren einer Überdosierung gewarnt. Es wird befürchtet, daß es zu Imbalancen im Mineralstoffhaushalt kommen könnte. Insbesondere wird die Möglichkeit einer Unterversorgung mit den lebenswichtigen Mineralstoffen Eisen und Calcium infolge Bildung unlöslicher und schwer resorbierbarer Phosphate angenommen [12]. Ein signifikanter Zusammenhang zwischen Phosphataufnahme und dem Auftreten von Eisen- oder Calcium-Mangelerscheinungen konnte jedoch bisher nicht gefunden werden.

7.2.5 Emulgatoren und Stabilisatoren

Emulgatoren sind im allgemeinen niedrigmolekulare Stoffe, welche die Fähigkeit haben, die Grenzflächenspannung zwischen den zwei nicht mischbaren Flüssigkeiten Öl und Wasser herabzusetzen [12]. Es sind längliche Moleküle, bei denen das eine Ende in Öl löslich ist und das andere in Wasser. Auf diese Weise lassen sich Emulsionen herstellen und erhalten. Stabilisatoren sind im allgemeinen hochmolekulare Stoffe, die auf Grund ihrer molekularen Oberflächenbeschaffenheit mit einer Hydrathülle umgeben sind und dadurch sich und andere wasserunlösliche Stoffe in Wasser kolloidal in Lösung halten können. Beide Stoffgruppen lassen sich mitunter nicht so genau trennen und bilden daher eine Einheit.

In der Fleischwarenindustrie spielen die für Lebensmittel zugelassenen Emulgatoren und Stabilisatoren mit Ausnahme der schon genannten Phosphate eine untergeordnete Rolle, weil die Fleischproteine selbst schon eine hohe Bindekapazität haben. Außerdem kann man auf Lebensmittel mit emulgierenden Eigenschaften zurückgreifen (z. B. Eidotter). Zur Herstellung energiereduzierter Erzeugnisse (Mayonnaisen, Dressings, Soßen) sind sie jedoch unentbehrlich.

Eine eigene toxische Wirkung haben die für Nahrungszwecke zugelassenen Emulgatoren und Stabilisatoren nicht, da aber bei oraler Aufnahme die Frage der Resorbierbarkeit eines Stoffes entscheidend für seine Giftwirkung sein kann und Emulgatoren die Resorbierbarkeit von Giften und anderen Stoffen im Verdauungstrakt verändern können, lassen sich nachteilige Nebeneffekte nicht immer ausschließen.

7.2.6 Konservierungsstoffe

Konservierungsstoffe sind chemische Verbindungen, die das Wachstum von Bakterien, Hefen und Schimmelpilzen und damit den „mikrobiellen Verderb“ von Lebensmitteln hemmen [11]. Die heute zugelassenen Konservierungsstoffe sind „weiche“ antimikrobielle Stoffe, welche die Kleinstlebewesen nicht abtöten, sondern nur an ihrer Entfaltung hindern. Sie sind nur gegen kleine Populationen wirksam und darum hat ihr Einsatz nur bei noch einwandfreier Ware einen Sinn. Gegen große Mikrobenpopulationen können sie nichts ausrichten. Von ihnen können die organischen Konservierungsstoffe sogar als Nahrungsquelle genutzt werden [11]. Im fortgeschrittenen Stadium des Verderbs wirken nur noch die „harten“ Konservierungsstoffe, die keimabtötend wirken. Sie sind schon fast als Desinfektionsmittel zu bezeichnen und ihre Anwendung ist nicht mehr erlaubt.

Der wichtigste Konservierungsstoff für die Fleischwarenherstellung ist das schon in Kapitel 7.2.3 genannte Nitrit bzw. Nitrat. Salpeter (Kalium- oder Natriumnitrat) ist einer der ältesten Konservierungsstoffe. Seine wirksame Form, das zu Nitrit reduzierte Nitrat, wirkt baktericid, ist also ein „harter“ Konservierungsstoff. Eigentlich hätte das Nitrit (und damit auch das Nitrat) schon verboten werden müssen, aber es ist für die Fleischwarenherstellung nahezu unentbehrlich, weil es schon im neutralen pH-Bereich antimikrobiell wirksam ist [11]. Von den anderen zugelassenen Konservierungsstoffen sind die meisten nur in saurem Milieu wirksam, können darum nur in säurehaltigen Erzeugnissen (Fleischsalat, Sülze u. ä.) eingesetzt werden. Die ebenfalls im Neutralen wirksamen Parahydroxybenzoesäure-Ester (PHB- Ester) erzeugen einen phenolischen Geschmack.

Als biologisch aktive Substanzen haben Konservierungsstoffe auch eine gewisse Warmblütertoxizität. Sie ist aber sehr gering und tritt bei sachgemäßer Anwendung auf Grund der geringen Einsatzmengen, die erforderlich sind, nicht in Erscheinung. Einige Konservierungsstoffe können jedoch bei empfindlichen Menschen allergische Reaktionen auslösen.

Inzwischen ist eine neue Generation von Konservierungsstoffen herangereift. Es handelt sich hierbei um Antibiotika und einige Enzyme. Von den Antibiotika kommen wegen der möglichen Herausbildung von Resistenzen nur solche in Betracht, die weder in der Human- noch in der Veterinärmedizin als Arzneimittel eingesetzt werden. Empfohlen werden die Antibiotika Nisin und Natamycin (Pimaricin) sowie das Enzym Lysozym [1]. Alle diese Stoffe sind Eiweißstoffe. Sie haben eine ausgezeichnete antimikrobielle Wirkung mit breitem Wirkungsspektrum bei gleichzeitigem Fehlen nachteiliger Nebenwirkungen. Vor allem sind sie auch im neutralen pH-Gebiet wirksam. Dennoch sind bestehende Bedenken noch nicht ausgeräumt. In der Bundesrepublik sind sie bisher nicht zugelassen worden [8].

Ein anderes Konservierungsverfahren ist die Bestrahlung mit ionisierenden Strahlen (γ-Strahlen, Elektronenstrahlen) [1]. Dabei werden Mikroorganismen samt ihrer Sporen abgetötet, aber auch Keimanlagen von Pflanzen zerstört. Es ist also ein radikales Verfahren, das der Wirkung harter Konseriverungsstoffe nahekommt. Die WHO hat Strahlendosen bis zu 10 kGy als gesundheitlich unbedenklich deklariert [18]. Für die meisten Zwecke kommt man jedoch schon mit 1 – 4 kGy aus. Aber auch das sind bereits hohe Strahlendosen, wenn man bedenkt, daß 5 – 10 Gy, also der tausendste Teil davon, für den Menschen tödlich sind. Nach deutschem Lebensmittelrecht ist die Bestrahlung von Lebensmitteln nicht zugelassen, nach europäischem Recht ist sie für bestimmte Produkte erlaubt.

7.2.7 Antioxidantien

Antioxidantien sind Stoffe, die den „oxidativen Verderb“ von Lebensmitteln verhindern, zumindest für eine gewisse Zeit [6]. Dieser oxidative Verderb ist eine spontan einsetzende Umsetzung sauerstoffempfindlicher Lebensmittelbestandteile mit Luftsauerstoff. In der Hauptsache handelt es sich dabei um Fette, aber auch Vitamine und andere Stoffe zumeist pflanzlicher Herkunft unterliegen der Autoxidation. Bei den Fetten werden ungesättigte Fettsäuren oxidiert und in einer Reihe von Folgereaktionen in Stoffe umgewandelt, die Ranzigkeit hervorrufen. Antioxidantien brechen die Reaktionsketten ab, wobei sie selbst oxidiert werden. Pflanzliche Fette enthalten viel von dem natürlichen Antioxidans Tocopherol (Vitamin E) und sind darum stabiler als tierische Fette, obwohl deren Gehalt an mehrfach ungesättigten (also besonders oxidationsanfälligen) Fettsäure mit Ausnahme der Öle von Seetieren wesentlich geringer ist.

Um tocopherolarme Fette (z. B. Schweineschmalz) über längere Zeit genußtauglich zu erhalten, setzt man ihnen synthetische Antioxidantien zu. Die bekanntesten sind Gallussäureester (Propyl- oder andere Gallate), Di-tertiär-Butylhydroxytoluen (BHT) und tertiär-Butylhydroxyanisen (BHA). Über nachteilige Nebenwirkungen auf den menschlichen Organismus ist nichts bekannt. Als Radikalfänger können sie sich sogar an der Unterbindung schädlicher Oxidationsprozesse im Organismus beteiligen.

7.2.8 Fleischaromakonzentrate

Fleischaromakonzentrate sind Aromastoffkompositionen, die durch Erhitzen von billigen Eiweißen (Casein, Pflanzeneiweiß) in Gegenwart von Kohlenhydraten erhalten werden. Die nach Art der Maillard-Reaktion ablaufenden Prozesse führen zur Bildung einer Vielzahl aromaintensiver organischer Verbindungen: Ketone, Aldehyde, Ester, stickstoff- und schwefelhaltige cyclische Verbindungen [1]. Durch Variation der Reaktionspartner und der Reaktionsbedingungen lassen sich die erhaltenen Endprodukte in ihrer Zusammensetzung und damit auch in ihrem Geschmack verändern. Es lassen sich Geschmacks- und Geruchsnoten erzielen, die den gewünschten sehr nahe kommen (Rouladengeschmack, Gulaschgeschmack usw.). Gute Imitationen sind von den nachgeahmten Originalen sensorisch kaum und analytisch nur sehr schwer zu unterscheiden.

Fleischaromakonzentrate sind zwar aus natürlichen Rohstoffen hervorgegangen, sind aber so gewaltigen chemischen Veränderungen unterworfen worden, daß die Entstehung toxischer Stoffe nicht ausgeschlossen werden kann. Sie sind daher wie andere Zusatzstoffe einer toxikologischen Prüfung zu unterziehen, bevor sie der menschlichen Ernährung zugeführt werden können.

7.2.9 Fleischaustauschstoffe

Ausgangspunkt für die Herstellung von Fleischaustauschstoffen ist pflanzliches Eiweiß, hauptsächlich das Eiweiß von Ölsamen. Diese Eiweiße fallen nach der Gewinnung von Pflanzenölen als Preß- oder Extraktionsrückstände in großen Mengen an und wurden bisher ausschließlich der Tierernährung zugeführt. Die Proteine in den Ölsamenrückständen sind hochwertig und stellen einen wertvollen Futterzusatz dar.

Die Preß- und Extraktionsrückstände der Ölsamen sind zwar sehr eiweißreich, enthalten aber noch eine Reihe anderer Stoffe: Stärke, Cellulose, Ballaststoffe, Mineralstoffe und in vielen Fällen auch eine Reihe pflanzeneigener artspezifischer Schadstoffe. Die wichtigsten von ihnen sind [10]: Hämagglutinine, Proteaseinhibitoren, Saponine, Thioglycoside und die daraus hervorgehenden Goitrine (kropferzeugende Stoffe), Flatulenzfaktoren (Oligosaccharide, die für den Menschen unverdaulich sind, aber von der Darmflora abgebaut werden und dadurch Blähungen verursachen), Phytinsäure und Gossypol. Einzelne dieser Schadstoffe kommen in bestimmten Schroten in solchen Mengen vor, daß diese auch an Tiere nur anteilweise verfüttert werden dürfen, z. B. Rapssamenextraktionsschrot, das erhebliche Mengen Goitrin und Nitrile enthält.

Die Ölsamenproteine bestehen hauptsächlich aus Globulinen mit einem gewissen Anteil Albuminen. Die Extraktionsschrote enthalten neben diesen nur noch wasser- bzw. alkohollösliche Substanzen, geringe Mengen fettlöslicher Stoffe sowie Substanzen, die in nichts löslich sind. Indem man diese Stoffe abtrennt, entfernt man gleichzeitig den größten Teil der Schadstoffe, oder diese werden, wenn es sich um Eiweiße handelt, bei Erhitzungen inaktiviert. Der Reinigungsprozeß ist in groben Zügen folgender [14]: Das Extraktionsschrot wird mit Wasser (nötigenfalls auch noch mit Alkohol) extrahiert. Dabei werden wasserlösliche Kohlenhydrate und Mineralstoffe, aber auch die Albumine entfernt. Man erhält auf diese Weise ein „Konzentrat“. Dieses wird in einer alkalischen

Salzlösung aufgeschlämmt, wobei die Globuline in Lösung gehen. Nach Abzenztrifugieren des Ungelösten werden die Globuline durch Ansäuern ausgefällt. Man erhält das „Isolat", ein ziemlich reines Eiweißprodukt, das aber noch aromatisiert, strukturiert und texturiert werden muß, um fleischähnlich zu werden.

Fleischaustauschstoffe sind keine Zusatzstoffe. Man kann sie zwar zerkleinertem Fleisch zur „Streckung" zusetzen, aber die Mengen übersteigen das für Zusatzstoffe übliche Maß bei weitem. Auch sie bedürfen eines toxikologischen Gutachtens und einer amtlichen Genehmigung, bevor sie der Ernährung zugeführt werden dürfen.

7.3 Kontaminanten

7.3.1 Allgemeines

Kontaminanten sind definitionsgemäß nichtoriginäre Stoffe, die – im Gegensatz zu den Zusatzstoffen – unbeabsichtigt in Fleisch und Fleischerzeugnisse gelangt sind. Für Kontaminanten, die aus der Umwelt stammen, ist die Bezeichnung „unbeabsichtigt" oder „ungewollt" vollkommen berechtigt, weil für das Auftreten dieser Stoffe in Fleisch und Fleischerzeugnissen der einzelne Produzent nicht persönlich verantwortlich gemacht werden kann. Für Masthilfsmittel, deren Rückstände ebenfalls zu den Kontaminanten gezählt werden, trifft das nicht mehr zu, denn sie werden bewußt eingesetzt. Sie sollen jedoch so angewendet werden, daß Rückstände in den eßbaren Teilen der Tiere nach dem Schlachten sowie auch in anderen Tierprodukten nicht auftreten. Zusatzstoffe und Masthilfsmittel unterscheiden sich prinzipiell darin voneinander, daß die einen, die Zusatzstoffe, im verzehrsfähigen Lebensmittel noch vorhanden sind, also mitgegessen werden, während die anderen, die Masthilfsmittel, im Endprodukt nicht mehr enthalten sein sollen.

Bei den Zusatzstoffen hat man es in der Hand, nur solche Stoffe zuzulassen, die lebensmitteltoxikologisch völlig unbedenklich sind. Bei den Kontaminanten ist das nicht so einfach. Sie sind schon da, wenn die Verarbeitung der Rohstoffe beginnt und daraus eliminieren lassen sich diese nur in Spuren auftretenden Stoffe nicht, ohne daß gleichzeitig das Lebensmittel zerstört oder unbrauchbar gemacht wird. Man kann nur höchstzulässige Konzentrationen („tolerierbare Tagesaufnahme-Mengen") festlegen und darüber wachen, daß diese nicht überschritten werden. Andernfalls ist das betreffende Lebensmittel aus dem Verkehr zu ziehen.

Nicht immer lassen sich ADI-Werte benennen, denn sie sollen anzeigen, welche täglichen Mengen auch bei lebenslanger Aufnahme keinen Schaden verursachen. Das kann man aber bei mutagenen oder carcinogenen Stoffen nicht sagen, und auch nicht bei solchen, die im Körper angereichert werden, weil sie weder abgebaut noch ausgeschieden werden, zumindest nur sehr langsam (z. B. toxische Schwermetalle). Für solche Stoffe gibt es keinen ADI-Wert. Als Ersatz dafür ist der PTWI-Wert in Gebrauch gekommen. PTWI ist die Abkürzung für „Provisional Tolerable Weekly Intake" und wird – wie der ADI-Wert – in mg/kg oder µg/kg Körpergewicht angegeben. Es ist die Menge, die nach bisher vorliegenden Erkenntnissen (daher „provisional") ein gesunder Erwachsener je Kilogramm seiner Körpermasse allwöchentlich mit der Nahrung aufnehmen darf, ohne eine Schädigung seiner Gesundheit befürchten zu müssen. Der PTWI-Wert ist die Grundlage für die Festlegung von höchstzulässigen Konzentrationen eines Kontaminanten, für den es keinen ADI-Wert gibt [12].

7.3.2 Umweltkontaminanten

7.3.2.1 Chlorierte Kohlenwasserstoffe

Chlorierte Kohlenwasserstoffe sind eine Gruppe chemischer Verbindungen von unterschiedlicher Grundstruktur. Sie haben folgende Gemeinsamkeiten [4]: Sie sind nicht natürlichen Ursprungs, kommen aber heute in nahezu allen Teilen der Umwelt vor, weil sie schwer abbaubar sind und sich mit Wind und Regen verteilen; sie sind gut fettlöslich und lagern sich daher in Fettgeweben ab; sie reichern sich in Nahrungsketten an, so daß die Endglieder von Nahrungsketten wie der Mensch und viele Raubtiere die höchsten Konzentrationen in ihren Organen und Fettgeweben aufweisen. Sie sind toxisch, einige sogar hochtoxisch. Solange sie im Depotfett gespeichert sind, sind sie zwar biologisch inaktiv, stellen in diesem Zustand aber stets eine latente Gefahr dar.
Der bekannteste Vertreter ist das Insecticid DDT (Dichlordiphenyltrichlorethan). Es wurde früher massenhaft zur Schädlingsbekämpfung eingesetzt, und seine Rückstände erreichten auf dem Höhepunkt seiner Anwendung, Ende der 60er Jahre, ihre größte Verbreitung. In menschlichen Fettgeweben wurden bis zu 10 mg/kg gefunden [4]. Nach dem Verbot der DDT-Anwendung in den meisten Industrieländern gingen die Rückstandswerte in der Umwelt langsam zurück. Dafür stiegen aber die Rückstandswerte der polychlorierten Biphenyle (PCB), einer Mischung von vielen mehr oder weniger stark chlorsubstituierten Biphenylen, die breite und vielseitige Anwendung als Weichmacher für Kunststoffe, als Getriebeöle, Kühl- und Isolierflüssigkeiten sowie zur Herstellung von Lacken und Farben gefunden hatten. Ihre Persistenz (Widerstandsfähigkeit gegenüber biotischen und abiotischen Einflüssen in der Umwelt) ist noch größer als die von DDT. Man rechnet mit einer Halbwertszeit von 10 bis 100 Jahren (je nach Medium), die von DDT wird auf 1 bis 10 Jahre geschätzt [4]. Wie früher DDT-Rückstände, so treten jetzt auch PCB-Rückstände in Fleisch und Fleischerzeugnissen auf. Die PCB-Anwendung ist inzwischen eingeschränkt, aber noch nicht völlig untersagt worden.

Als Ersatz für das verbotene DDT ist Lindan eingesetzt worden, dessen Hauptbestandteil, das γ-Hexachlorcyclohexan (γ-HCH) verhältnismäßig leicht abbaubar ist. Dafür haben sich die viel persistenteren Nebenbestandteile α-HCH und β-HCH allmählich angereichert [1]. Sie sind nicht insecticid wirksam, aber für Warmblüter toxischer als γ-HCH und wurden vor allem auch in Fleisch und Fleischprodukten gefunden. Heute darf nur noch reines γ-HCH eingesetzt werden.

Eine wichtige Gruppe chlororganischer Umweltkontaminaten sind die polychlorierten Dibenzodioxine (PCDD) und polychlorierten Dibenzofurane (PCDF). Sie werden gewöhnlich „Dioxine“ genannt. Erstmals bekannt geworden sind sie durch ihr massenhaftes Auftreten nach einem Unfall in einem chemischen Werk in Seveso in Oberitalien 1976. Sie sind daher auch als „Seveso-Gift“ bekannt. Ihr wichtigster Vertreter ist das 2,3,7,8-Tetrachlordibenzodioxin (TCDD), eine der giftigsten Substanzen, die es gibt [2, 16]. Es entsteht als technisches Nebenprodukt bei der Herstellung des Herbicids 2,4,5-T (Trichlorphenoxyessigsäure). Noch schwerwiegender ist, daß Dioxine bei der Verbrennung von Müll bei niedrigen Temperaturen (300 bis 400 °C) entstehen. Verantwortlich dafür sind chlorhaltige Stoffe, wie PVC, und mit Holzschutzmitteln, wie PCP (Pentachlorphenol), behandelte Hölzer. Solches Material darf nicht in normalen Feuerungsanlagen verbrannt werden, sondern nur in Spezial-Müllverbrennungsanlagen, in denen Temperaturen über 800 °C herrschen. Besonders gefährlich sind die Schwelbrände von Deponien und Müll-Containern [4].

Im Boden haben Dioxine eine Halbwertszeit von 1 bis 3 Jahren. Mit hochempfindlichen Analysenverfahren sind sie in fast allen biologischen Materialien nachweisbar. Sie werden auch in Fleisch und anderen tierischen Produkten gefunden, allerdings in Konzentrationen, die um einige Zehnerpotenzen niedriger sind als die Rückstandswerte von DDT und PCB [2].

7.3.2.2 Toxische Schwermetalle

Die wichtigsten toxischen Schwermetalle sind Blei, Cadmium und Quecksilber [2]. Sie gelangen vor allem durch die Industrie und durch den Hausmüll in die Umwelt. Der Ausstoß von Blei aus Benzinmotoren ist deutlich zurückgegangen und die früher verwendeten quecksilberhaltigen Pflanzenschutzmittel sind verboten worden.

Die toxikologische Bewertung von Schwermetallrückständen in Lebensmitteln ist schwierig, denn die Toxizität verschiedener chemischer Bindungsformen des gleichen Metalls kann sehr unterschiedlich sein. Sie hängt vor allem von der Resorbierbarkeit im Darm ab. Bei freien Kationen beträgt die Resorptionsrate 5 – 10 %, andere zweiwertige Kationen verringern sie, Eiweiße erhöhen sie. Komplexe werden entweder gar nicht oder besser resorbiert. Bei organischen Verbindungen wie Methylquecksilber beträgt sie 30 %. Eine große Rolle spielen auch die Verteilung der Schwermetalle im Organismus und ihre Ausscheidungsgeschwindigkeit. Sie werden hauptsächlich in der Leber und in den Nieren abgelagert und akkumuliert, Blei außerdem noch in den Knochen, Cadmium in den Nebennieren und Quecksilber im Gehirn. Das sind zugleich auch die Orte ihrer hauptsächlichen toxischen Wirkungen. Ausgeschieden werden sie nur langsam. Die biologische Halbwertszeit von Quecksilber liegt zwischen 37 und 70 Tagen, die von Blei ist sehr hoch, weil das in den Knochen abgelagerte Blei dort sehr lange verweilt. Sie beträgt schätzungsweise einige Jahre. Für Cadmium wird sogar eine mittlere biologische Halbwertszeit von 30 Jahren angegeben [4, 15].

Entsprechend der unterschiedlich hohen Ablagerung der toxischen Schwermetalle sind die eßbaren Teile von Tieren auch unterschiedlich stark belastet. Innereien enthalten mehr von ihnen als Muskelfleisch. Und da Wildtiere im allgemeinen höher kontaminiert sind als Stalltiere, ist bei Innereien von Wildtieren besondere Vorsicht geboten. Beispielsweise kann Wildschweinleber enorm hohe Bleiwerte aufweisen.

7.3.2.3 Radionuclide

Radionuclide sind instabile Atomkerne, die spontan zerfallen. Dabei senden sie entweder α- oder ß-Strahlen und zusätzlich α-Strahlen aus. Die γ-Strahlen sind für Lebewesen besonders gefährlich [19]. Es gibt natürliche Radionuclide, und einige davon kommen auch in Lebensmitteln vor. Das bekannteste ist das Kalium-40. Es ist zu 0,011 % im natürlichen Kalium enthalten und überall dort anzutreffen, wo Kalium vorkommt. Kalium-40 ist ein schwacher ß-Strahler.

Lebensmitteltoxikologische Bedeutung haben die Radionuclide, die durch Kernspaltungsreaktionen in die Umwelt gelangen. Bei Atombombentests im Freien und Reaktorunfällen werden auf einen Schlag große Mengen der verschiedensten Radionuclide freigesetzt [9, 13], Sie bedecken dann alles, was sich im Freien befindet. Oberirdische Pflanzenteile sind danach für Mensch und Tier nicht mehr genießbar. Sie müssen verworfen werden. Die nachwachsenden Pflanzen nehmen aus dem Boden jedoch nur wenige Nuclidarten auf und diese bleiben dann über Jahre ein lebensmitteltoxikologisches Problem, weil sie mit der Nahrung in den menschlichen Organismus gelangen und ihn von innen her bestrahlen. Die Radionuclide, um die es sich dabei handelt, sind ß-Strahler. Entscheidend ist, wie stark sie strahlen und wie lange sie sich im Körper aufhalten:

Jod-131 hat eine physikalische Halbwertszeit (Zeit, in der die Strahlungsintensität auf die Hälfte abgeklungen ist) von 8 Tagen und eine biologische Halbwertszeit (Zeit, bis zu der die Hälfte des Stoffs aus dem Körper ausgeschieden ist) von 40 bis 140 Tagen. Gespeichert wird es wie normales Jod in der Schilddrüse durch Bindung an Thyronin zu Tri- und Tetrajodthyronin (Thyroxin) und verursacht Schilddrüsenkrebs. In der Umwelt klingt die Strahlung verhältnismäßig rasch ab, nach 4 bis 6 Wochen ist sie praktisch Null.

Strontium-89 hat eine physikalische Halbwertszeit von 54 Tagen, aber Strontium-90 hat eine von 29 Jahren, bleibt also über Jahrzehnte radioaktiv. Strontium wird wie Calcium in die Knochen eingebaut, wo es lange festliegt. Seine biologische Halbwertszeit ist etwa 50 Jahre. Es schädigt das umgebende Gewebe, unter anderem das Knochenmark, wo die Erythrozyten produziert werden. Die Folge ist die Entstehung von Leukämie.

Cäsium-134 hat eine physikalische Halbwertszeit von 2,3 Jahren und Cäsium-137 eine von 30 Jahren. Im Organismus verhält es sich wie die beiden anderen Alkalimetalle Natrium und Kalium, d. h. es verteilt sich über den gesamten Organismus. Seine Inkorporation hat daher einen ähnlichen Effekt wie eine Ganzkörperbestrahlung. Die biologische Halbwertszeit beträgt 81 bis 143 Tage.

Strontium-90 und Cäsium-137 sind die lebensmittelrelevanten Radionuclide, die am längsten in der Biosphäre aktiv bleiben. Ihre toxikologische Bewertung ist noch mit großen Unsicherheiten behaftet. Radioaktive Strahlen erzeugen Krebs, das steht fest, aber es ist noch nicht klar, wo die kleinste wirksame Strahlendosis liegt und ob es einen solchen Schwellenwert überhaupt gibt, welche Rolle Selbstheilungskräfte spielen und welchen Einfluß andere Umweltfaktoren haben.

Im Fleisch ist hauptsächlich mit dem Auftreten von Radiocäsium zu rechnen, bei Wildtieren stärker als bei Stalltieren. Radio-Strontium findet sich vorwiegend dort, wo auch Calcium auftritt, also in den Knochen, aber auch in der Milch. Wenn kein neuer Fallout hinzukommt, tritt im Laufe der Jahre ein Verdünnungseffekt infolge gleichmäßigerer Verteilung in der Umwelt ein.

7.3.3 Rückstände von Masthilfsmitteln (Ergotropica)

7.3.3.1 Antibiotica

Bei Einhaltung der festgelegten Dosierungen und Karenzzeiten treten im Fleisch geschlachteter Tiere nachweisbare Rückstände normalerweise nicht auf. Wenn diese Antibiotica dennoch in die Nahrung gelangen, besteht die Gefahr, daß es zu Allergien oder auch zu Resistenzerscheinungen kommt. Es können sich Krankheitserreger entwickeln, die gegen diese Antibiotica resistent sind, so daß diese Antibiotica im Krankheitsfalle unwirksam sind. Aus diesem Grund dürfen Antibiotica, die im humanmedizinischen Bereich Anwendung finden, als Tierbehandlungsmittel nicht eingesetzt werden. Das gleiche gilt für die Antibiotica, die als Konservierungsstoffe Verwendung finden (vergl. Kap. 2.2 und 7.2.6).
Penicilline und Tetracycline sind nicht hitzebeständig und werden bei Temperaturen >100 °C zerstört. Beim kurzzeitigen Braten, wo Kerntemperaturen um 75 °C im Fleischstück erreicht werden, ist die Zerstörung allerdings unvollständig (etwa um 50 %). Die anderen Antibiotica werden durch Hitze nicht beeinflußt, es sei denn, es herrscht ein saures Milieu (pH-Wert < 4,0). Bei längerer Kühl- oder Gefrierlagerung werden einige Antibiotica etwas abgebaut, beim Reifen oder Pökeln jedoch nicht [3]. Es wird empfohlen, Penicilline und Tetracycline nicht mehr einzusetzen.

Chloramphenicol wird nicht mehr verwendet, weil es leberschädigend wirkt. Bevorzugt werden solche Antibiotica, die nicht (oder fast nicht) resorbiert werden: Bacitracin, Moenomycin, Nourseothricin und Streptomycine [12].

7.3.3.2 Hormone und Stoffe mit Hormonwirkung (Anabolica)

Natürliche Sexualhormone, männliche und weibliche, insbesondere Östrogene, bewirken eine verbesserte Futterverwertung und einen erhöhten Proteinansatz. Man nennt sie darum auch Anabolica. Die besten Effekte erzielt man bei Jungtieren. Nähere Ausführungen enthält Kapitel 2.2.

Es gibt auch synthetische Sexualhormone, die wie die natürlichen Steroidcharakter haben (Trenbolon, Ethinylestradiol, Norethisteron), und es gibt Stoffe, die eine östrogene Wirkung aufweisen, aber eine ganz andere chemische Struktur als die Sexualhormone haben. Die bekanntesten sind das Diethylstilbestrol (DES), das Stilbestrol und das Hexestrol [1, 6]. Sie werden nur schwer abgebaut und auch nur sehr langsam aus dem Tierorganismus ausgeschieden. Ihre Exkretion erfolgt über die Galle und beim Passieren des Darmes findet eine erneute Resorption statt (enterohepatischer Kreislauf). Die Gefahr, daß sich Rückstände dieser Stoffe im Fleisch befinden, ist daher groß. Als Folge einer Aufnahme solcher Stoffe mit der Nahrung können Cyclus- und Fertilitätsstörungen bei Frauen und Feminierungserscheinungen bei Männern auftreten [12]. Der Einsatz dieser Stoffe als Masthilfsmittel ist verboten.

7.3.3.3 Andere Masthilfsmittel

Als Antistreßmittel werden Tranquilizer und ß-Rezeptorenblocker eingesetzt. Sie sollen die unter dem Streß der industriellen Mast stehenden Tiere beruhigen und auf diese Weise die Mastergebnisse verbessern. Dazu kommt, daß die heutigen, auf mehr Fleisch- und weniger Fettansatz gezüchteten Schweinerasse besonders sensibel und streßempfindlich sind. Sie brauchen Beruhigungsmittel [1].

In der Tierhaltung eingesetzte Tranquilizer sind Promazin, Stresnil und Hydroxyzin. Carazolol ist ein ß-Rezeptorenblocker [12]. Die Anwendung dieser Stoffe muß rechtzeitig vor dem Schlachten eingestellt werden. Die Karenzzeit beträgt meist 3 bis 5 Tage. Für Muskelfleisch reicht das gewöhnlich aus, für innere Organe, insbesondere die Leber und die Nieren, jedoch nicht immer. Es ist üblich geworden, Tieren auf dem Weg in den Schlachthof solche Mittel zu verabreichen, damit sie den Transport besser überstehen und um Transportverluste niedrig zu halten [1]. Hier wird die Karenzzeit nicht immer eingehalten.

In der Geflügelhaltung werden häufig Coccidiostatica zur Prophylaxe gegenüber Darmerkrankungen bei Hühnern und Puten eingesetzt. Bekannte Coccidiostatica sind Amprolium, Zoalen und Furozolidon [12]. Sie sind wenig toxisch und werden aus dem Tierorganismus schnell ausgeschieden, so daß sie im Mastbetrieb eingesetzt werden können, ohne daß mit Rückständen in den Schlachtprodukten zu rechnen ist.

Sulfonamide werden als Tierarzneimittel zur Behandlung von Infektionen, jedoch nicht als Masthilfsmittel eingesetzt [1]. Sie gehören darum eigentlich nicht hierher, aber sie werden erwähnt, weil ihre Rückstände im Fleisch (und auch in der Milch, wo sie Störungen bei der Käseherstellung verursachen) auftreten können. Sie werden sogar relativ häufig gefunden, weil die Sulfonamide lange im Tierkörper verweilen (bis zu 14 Tagen). Es dürfen jedoch keine Sulfonamide eingesetzt werden, die in der Humanmedizin Verwendung finden. Die Rückstände werden durch Erhitzen und andere Küchenbehandlungen des Fleisches nicht verändert [3]. Ein häufig als Tierarzneimittel angewendetes Sulfonamid ist das Prontalbin (Sulfanilamid).

Quellen und Literatur

[1] BALTES, W.: Lebensmittelchemie, 2. Aufl. Berlin, Heidelberg, New York, London, Paris, Tokyo, Hong-Kong: Springer-Verlag 1989
[2] Deutsche Forschungsgemeinschaft: Rückstände in Lebensmitteln tierischer Herkunft. Weinheim: Verlag Chemie 1983
[3] DOMSCHKE, J.; UNGETHÜM, B.: Literaturrecherche über den Einsatz und das Rückstandsverhalten ausgewählter Stoffe mit pharmakologischer Wirkung bei Schlachttieren, Geweben und Organen sowie in tierischen Produkten. Diplomarbeit, Humboldt-Univ. Berlin, Juni 1991
[4] FELLENBERG, G.: Chemie der Umweltbelastung. Stuttgart: Verlag G. B. Teubner 1990
[5] FLEISCHEL, H.: Phosphorbedarf und Phosphorversorgung des Menschen. Die Phosphorsäuren 27 (1967) 186
[6] FRANZKE, C.: Lehrbuch der Lebensmittelchemie, Band 1: Lebensmittelinhaltsstoffe, 2. Aufl.

Berlin: Akademie-Verlag 1990
[7] FRANZKE, C.: Lehrbuch der Lebensmittelchemie, Band 2: Die Lebensmittel, 2. Aufl., Berlin: Akademie-Verlag 1990
[8] GLANDORF, K. K., KUHNERT, P.: Handbuch der Lebensmittelzusatzstoffe. Hamburg: Behr's Verlag GmbH & Co. 1991
[9] KAUL, A.: Reaktorunfall von Tschernobyl – Fakten, Maßnahmen, Konsequenzen. Fleischwirtschaft 66 (1986) 1486 – 1488
[10] LINDNER, E: Toxikologie der Nahrungsmittel, 4. Aufl. Stuttgart, New York: Georg Thieme Verlag 1990
[11] LÜCK, E.: Chemische Lebensmittelkonservierung – Stoffe, Wirkungen, Methoden, 2. Aufl. Berlin, Heidelberg, New York, Tokyo: Springer Verlag 1986
[12] MACHOLZ, R.; LEWERENZ, H.-J.: Lebensmitteltoxikologie. Berlin, Heidelberg, New York, London, Paris, Tokyo, Hong Kong: Springer Verlag 1990
[13] PFEIFFER, G.; SACHER, F.: Radionuklide im Fleisch – Einfluß des aktuellen Unfalls in Tschernobyl im Vergleich zur Belasötung durch Kernwaffentests in den sechziger Jahren. Fleischwirtschaft 66 (1986) 1488 – 1496
[14] SCHWENKE, K. D.: Eiweiß-Quellen der Zukunft. Leipzig, Jena, Berlin: Urania-Verlag 1985
[15] TREPTOW, H.; LIST, D.: Die Schwermetallkontamination von Obst, Gemüse und Speisepilzen in ihrer Bedeutung für die Ernährung. Ernährungsumschau 30 (1983) 301 – 303
[16] WHO: Polychlorinated Dibenzo-para-dioxins and Dibenzofurans. Environmental Health Criteria 88, World Health Organization, Geneva, 1989
[17] WHO: Nitrates, Nitrites, and N-Nitroso Compounds. Environmental Health Criteria 5, World Health Organization, Geneva, 1978
[18] WHO: Wholesomeness of irratiated food. Report of a Joint FAO/IAEA/WHO Expert Committee. WHO Technical Report Series 659, World Health Organization, Geneva, 1981
[19] YALOW, R. S.: Strahlung und Gesellschaft. Naturwiss. Rundschau 41 (1988) 219 – 224

8 Ausgewählte technologische Grundlagen

H. SIELAFF

8.1 Temperaturverlauf und Stoffübertragung bei der Wärmebehandlung

Bei vielen Prozessen wird die Überwachung des Temperaturverlaufs auf indirektem Wege durchgeführt. Aus der Kenntnis der Temperatur des erhitzten Mediums wird auf die Temperaturverhältnisse im Lebensmittel geschlossen. Die Berechtigung dieses Schlusses wird mit langjährigen Erfahrungswerten, die sich wiederum aus der Qualität des Produkts ergaben, oder mit Kontrollmessungen vor Einführung dieser Methode begründet. Die Mängel eines solchen Vorgehens liegen in der nur überschlagsmäßigen Berücksichtigung der die Wärmeübertragung bestimmenden Produkteigenschaften und damit großen Ungenauigkeit bei der Einhaltung geforderter Sterilitäts- oder Qualitätsgrade sowie in der Vernachlässigung energetischer Effektivitätsforderungen. Um die Unsicherheiten in der Einhaltung bestimmter Pasteurisations- und Sterilisationsgrade auszugleichen, wird häufig die Zeit des Haltens der Erhitzungstemperatur verlängert. Die Folge sind dann überpasteurisierte bzw. -sterilisierte Lebensmittel mit Einbußen an sensorischer Qualität.
Bisher haben sich nur Temperaturüberwachungseinrichtungen durchgesetzt, die den Temperaturverlauf direkt im Lebensmittel feststellen.
Der Messung im „kältesten Punkt" einer Konserve liegt die *F*-Wert-Steuerung zugrunde, bei der ein vorgegebener *F*-Wert durch computergesteuertes Umschalten von Erhitzungs- in Kühlphase mit hoher Genauigkeit reproduziert werden kann. Der Umschaltzeitpunkt muß allerdings durch eine Probesterilisation ermittelt werden.

Der Vorteil dieser Methode liegt in der bis auf Meßfehler genauen Kenntnis der Temperatur. Schwankungen der Anfangstemperatur des Füllgutes sind für die Ergebnisse von unterschiedlicher Bedeutung (s. Kap. 10.5.5.4.2). Ein Nachteil ist, daß das Meßobjekt besonders vorbereitet werden muß. Unter den Bedingungen der industriellen Massenproduktion sind aber zeitaufwendige Manipulationen zur Vorbereitung einer Temperaturmessung am Meßobjekt Lebensmittel, ob verpackt oder unverpackt, keine Zukunftslösung. Deshalb ist eine Methode anzustreben, die folgendermaßen zu charakterisieren ist:

- Es erfolgt keine Messung im Objekt, sondern an dessen Oberfläche oder in einem bestimmten Abstand von der Oberfläche.
- Zur Kennzeichnung der wärmephysikalischen Eigenschaften der Lebensmittel wird eine Klassifizierung vorgenommen, welche die Zusammensetzung, Form und Verpackung der Lebensmittel berücksichtigt.

Mathematische Methoden
Neben der Ermittlung der Temperatur mit Hilfe meßtechnischer Einrichtungen können Aussagen über den Temperatur-Zeit-Verlauf im Lebensmittel durch Berechnungen auf der Grundlage theoretischer oder empirisch gewonnener Formeln gewonnen werden (Tab. 8.1-1).

Tab. 8.1-1 Möglichkeiten der Berechnung des Temperaturverlaufes in wärmebehandelten Lebensmitteln

Grundgleichungen der Wärmeübertragung	Empirische Gleichungen der Wärmeübertragung
Analytische Lösungsverfahren • Integration	*f*-Wert der Erhitzungsphase gleicht dem der Abkühlphase
• Laplace-Transformation Numerische Lösungsverfahren	j-Wert der Abkühlphase konstant
• numerische Integration • Potenzreihenentwicklung • Differenzenverfahren	variable *f*- und *j*-Werte

Immer werden aber Kenntnisse über die wärmephysikalischen Eigenschaften des Lebensmittels vorausgesetzt. Da im Lebensmittel während der Zuführung von Wärmeenergie chemische, biochemische und physikalische Vorgänge ablaufen, unterliegen auch die wärmephysikalischen Eigenschaften Veränderungen.

Die chemisch-biochemischen Reaktionen sind charakterisiert durch
- Stärkegelatinierung
- Maillard-Reaktion
- Eiweißdenaturierung
- Aromabildung
- Umsetzungen mit Gasbildung.

Bei den physikalischen Vorgängen handelt es sich um
- Änderungen des Aggregatzustandes
- Volumen- und Oberflächenveränderungen.

Die sich daraus ergebenden Änderungen der stoffabhängigen Größen spezifische Wärme, Wärmeleitfähigkeit, Wärmeübergangskoeffizient oder andere zweckmäßig konstruierter Charakteristika sind bei der Berechnung zu berücksichtigen. Der Versuch, alle diese Reaktionen in ein Gesamtmodell einzubeziehen, kompliziert dieses jedoch weiter. Neben der Temperaturabhängigkeit unterliegt darüber hinaus das Reaktionsmilieu Veränderungen. Zu beachten sind weiterhin die Inhomogenitäten des Aufbaus und der Zusammensetzung von Lebensmitteln, die nicht ohne Auswirkungen auf die Wärmeübertragung innerhalb des Gutes bleiben können.
Schließlich haben die geometrische Form, Art und Beschaffenheit der Verpackungsmaterialien (Dosen, Gläser, Assietten) Einfluß auf den Verlauf der Temperaturdurchdringungskurve des Lebensmittels. Diese Faktoren sind determinierte Größen, sie finden in der anzuwendenden mathematischen Modellgleichung ihren Niederschlag.

Die aufgeführten Probleme zeigen, daß die exakte Berechnung des Temperatur-Zeit-Verlaufes in den einzelnen Volumenelementen des Lebensmittels relativ kompliziert ist. Insbesondere bestehen Schwierigkeiten bei der Gewinnung von Aussagen über die wärmephysikalischen Eigenschaften des Gutes während des Prozesses. Es ist deshalb zweckmäßig, sie als nicht determiniert zu betrachten. Wegen der Vielzahl wechselseitig wirkender Faktoren sind die wärmephysikalischen Größen als Zufallsgrößen anzusehen. Ihr Erwartungswert kann durch Auswertung von Meßdaten bestimmt werden. Aus der Kenntnis der Variabilität des betrachteten Merkmals lassen sich dann Schlußfolgerungen auf den Streuungsbereich der berechneten Temperatur ziehen. Die Übereinstimmung der berechneten Temperatur mit dem gemessenen Wert ist um so größer, je geringer die Varianz des wärmephysikalischen Charakteristikums durch Inhomogenitäten und den Komplex von verschiedensten Reaktionen ist.

In Abhängigkeit von den äußeren Bedingungen kann mittels mathematischer Methoden der Temperatur-Zeit-Verlauf in beliebigen Punkten bzw. Volumenelementen des Guts berechnet werden. Das wurde bereits mittels theoretischer oder empirischer Formeln durchgeführt. Unter der Bezeichnung „theoretische Formeln" sollen die klassischen Gleichungen der technischen Thermodynamik verstanden werden, welche die Vorgänge der Wärmeleitung, -strömung und -strahlung sowie des Wärmeübergangs beschreiben. Bei der Grundgleichung der Wärmeleitung, mit der am häufigsten Wärmeübertragunsprozesse in der Lebensmittelindustrie beschrieben werden, handelt es sich um eine partielle Differentialgleichung, die mit den elementaren Methoden nicht gelöst werden kann. Die Bestimmung der Temperatur als Funktion der Ortskoordinaten und der Zeit ist mit Hilfe der Laplace-Transformation oder aber mit anderen, insbesondere numerischen Methoden möglich. Gerade die numerischen Methoden haben durch die Entwicklung der elektronischen Rechentechnik an Bedeutung gewonnen. Die Vorteile numerischer Lösungsverfahren bei lebensmitteltechnologischen Aufgaben sind ihre Anwendbarkeit im Rahmen rechnergestützter Prozeßberechnungen und die Möglichkeit der Steuerung von Wärmebehandlungsprozessen mittels Prozeß- oder Mikrorechners.

Problematisch an der Anwendung der theoretischen Gleichungen der Wärmeübertragung ist also nicht ihre schwierige Lösbarkeit, sondern das Vorliegen von mehreren Arten des Wärmetransportes. Oft liegen Wärmeleitung und Konvektion im Lebensmittel gleichzeitig vor, und ihr Anteil am Wärmetransport unterliegt erheblichen Schwankungen.
Trotzdem bezieht sich eine Vielzahl von Prozeßberechnungen auf die Differentialgleichung der Wärmeleitung. Für feste und pastöse Lebensmittel zeigen die berechneten Temperaturwerte im allgemeinen eine gute Übereinstimmung mit den gemessenen. Größere Abweichungen sind in den Bereichen festzustellen, in denen chemisch-biochemische Vorgänge oder Phasenveränderungen (z. B. Verflüssigung des Fettes) ablaufen.
Wegen der nur näherungsweise oder in Spezialfällen erfüllten Voraussetzungen für die Gültigkeit der theoretischen Gleichungen der Wärmeübertragung wurden schon frühzeitig empirische Formeln unter Nutzung experimentell leicht bestimmbarer Parameter entwickelt.
Ein anderer Weg war die Ermittlung von Funktionen, die das Verhalten von Lebensmitteln bei Wärmebehandlungsprozessen gut nachbilden und breit anwendbar sind. Der entscheidende Vorteil liegt darin, daß dieses Verfahren unabhängig von der Art des Wärmetransports, d. h. auch bei Überlagerung von Konduktion und Konvektion, nutzbar ist. Der Anwendungsbereich dieser empirischen Gleichungen ist auf zylindrische und quaderförmige Konserven beschränkt. Anstatt der klassischen wärmephysikalischen Größen werden ebenfalls die empirischen Parameter *j*- und *f*-Wert verwendet. Durch Wahl des j-Wertes ist es möglich, den Temperatur-Zeit-Verlauf in jedem Punkt des Lebensmittels zu berechnen.
Verbesserungen in der Prozeßführung und suboptimale Arbeitsregime können nicht nur durch Nutzung der Rechentechnik, sondern auch durch die Arbeit mit Nomogrammen erreicht werden [1]. Vorteile von nomographischen Darstellungen sind ihre schnelle Verfügbarkeit und leichte Handhabbarkeit ohne großen finanziellen Aufwand. Der geringeren Genauigkeit als bei direkten

rechnerischen Methoden infolge begrenzten Auflösungsvermögens graphischer Darstellungen kann in gewissem Umfang durch gestalterische Maßnahmen entgegengewirkt werden. Während Nomogramme das Resultat vorheriger Berechnungen sind, führen graphische Methoden der Lösung bestimmter Aufgaben der Wärmeübertragung erst im Ergebnis zu numerischen Aussagen. Sie haben wegen ihres hohen zeichnerischen Aufwandes keine große praktische Bedeutung.

Stoffübertragung

Stoff- und Wärmeübertragung sind eng miteinander verknüpft und laufen gleichzeitig ab. Bei der Konservierung von Fleisch sind die Stoffübertragung durch Diffusion (Trocknen, Rohwurstreifung, Räuchern, Pökeln) und der Stoffübergang von Oberflächen (Verdunsten, Sublimieren) von Bedeutung.
Während der Stoffübertragung durch Diffusion ergibt sich eine deutliche Änderung im Feuchtigkeitsgehalt des Produktes.
Beim Stoffübergang erfolgt der Stoffaustausch vorwiegend von einer festen Oberfläche in ein umgebendes Medium auf Grund des Dichteunterschiedes des Dampfes.
Ausgehend von den Analogiebeziehungen zwischen Wärme- und Stoffübertragung lassen sich bei Kenntnis des konvektiven Wärmeübergangskoeffizienten produktspezifische Verdunstungs- bzw. Stoffübergangskoeffizienten bestimmen.

8.2 Auswirkungen der Wärmebehandlung auf Inhaltsstoffe und Qualitätsmerkmale von Fleisch

8.2.1 Thermisches Haltbarmachen

Die Wärmebehandlung von Fleisch dient zum einen der Haltbarmachung und zum anderen der Erhöhung des Verzehrs- und Genußwertes. Je nach der angewandten Verarbeitungs- und Zubereitungstechnik sowie der Verzehrsabsicht wird dabei feuchte oder trockene Hitze bzw. eine Kombination beider Garverfahren angewandt. Als Medium oder Energieüberträger dienen dementsprechend Wasser, Dampf, Luft, Fett, Direktkontakt, Infrarotstrahlen und Mikrowellen. Die Erzeugnisse werden pasteurisiert (Temperaturen gewöhnlich < 100 °C) oder sterilisiert (Temperaturen > 100 °C). Von besonderem Interesse ist das Hochtemperatur-Kurzzeit-Erhitzen (HTST-Verfahren). Ein wesentliches Kriterium ist hierbei das Ausnutzen der VAN'T HOFFschen Regel, die besagt, daß sich bei Änderung der Temperatur um 10 K in bestimmten Grenzen die Reaktionsgeschwindigkeit im behandelten Material beschleunigt oder verlangsamt. Für chemische Reaktionen ist der Faktor 2 bis 3, für die Abtötung von Mikroorganismen mit 3,8 bis 10,7 und für Diffusionsvorgänge mit 1 bis 1,4 anzusetzen.
Die gezielte Anwendung dieser Gesetzmäßigkeit hat große Bedeutung für eine beschleunigte Abtötung von Mikroorganismen einerseits und die relativ geringe Schädigung der Inhaltsstoffe eines Lebensmittels andererseits. Ihren mathematischen Ausdruck findet die VAN'T Hoffsche Regel im Q_{10}-Wert.
Zur Haltbarkeitsverlängerung muß im Kern mindestens eine Temperatur von 70 °C erreicht werden, da erst dann die meisten fleischeigenen Enzyme inaktiviert und die vegetativen Formen von Bakterien abgetötet sind.

Tab. 8.2-1 Vergleich der Hauptinhaltsstoffe rohen und gegarten Fleisches in % (nach [3])

Fleischart	Rohes Fleisch				Gegartes Fleisch				
	Protein	Wasser	Fett	Mineralstoffe	Garart	Protein	Wasser	Fett	Mineralstoffe
Rind									
Querrippe	14,8	47,2	37,4	0,6	Braten	19,9	40,0	39,4	0,7
Filet	17,4	56,5	25,3	0,8	Braten	23,6	48,1	27,3	1,0
Lende	16,9	55,7	26,7	0,8	Schmoren	23,0	43,9	32,0	1,1
Zunge	16,4	68,0	15,0	0,9	Dünsten	21,5	60,8	16,7	0,6
Leber	19,9	69,7	3,8	1,3	Schmoren	26,4	56,0	10,6	1,7
Schwein									
Kotelett	17,1	57,2	24,9	0,9	Braten	24,5	45,8	28,5	1,2
Keule	15,9	56,5	26,6	0,7	Braten	23,0	45,5	30,6	0,9
Niere	15,1	81,0	2,7	0,1	Dünsten	25,2	68,9	4,7	0 (?)
Leber	20,6	71,6	3,7	1,5	Schmoren	29,9	54,0	11,5	2,1
Schaf									
Kotelett	16,3	57,4	24,8	1,3	Schmoren	22,0	47,0	29,4	1,7
Schulter	15,3	59,6	23,9	1,1	Braten	21,7	49,6	27,2	1,4
Herz	16,8	71,6	9,6	1,0	Dünsten	29,5	54,1	14,4	0,9
Kalb									
Kotelett	19,2	69,0	11,0	1,0	Schmoren	26,4	58,9	13,4	1,3
Brust	18,8	66,0	14,0	1,0	Braten	27,2	54,6	16,9	1,3
Bries	17,8	78,4	2,0	1,8	Dünsten	32,6	62,7	3,2	1,5

Die auffälligsten Erscheinungen bei der Wärmebehandlung von Fleisch sind die Volumenschrumpfung, die Masseverluste durch Fleischsaftaustritt, Änderungen der Fleischfarbe und der Textur. Direkt oder indirekt sind damit Veränderungen der Inhaltsstoffe verbunden. Auf letztere wird näher eingegangen.

Beim Vergleich der Hauptinhaltsstoffe (Tab. 8.2-1) fallen im großen und ganzen lediglich der unterschiedliche Wassergehalt rohen und gegarten Fleisches und die damit im Zusammenhang stehenden Veränderungen der Nährstoffanteile auf. Im einzelnen bedeutet der beim Garen eintretende Verlust an Wasser allerdings ebenso den nicht offensichtlichen an wasserlöslichen Stoffen. Diese gehen, soweit sie nicht zerstört werden, unmittelbar oder in Form von Reaktionsprodukten in das Kochwasser oder den Bratensaft über. Mineralstoffe gehen partiell in das Kochwasser bzw. in den Bratenfond über. Die Höhe des Wasserverlustes hängt von der Art und Dauer des Erhitzens und den dabei herrschenden Temperaturverhältnissen ab. Daß bei der Wärmebehandlung von Fleisch darüber hinaus auch Fett aus- bzw. abgeschmolzen wird, läßt sich an der Nährstoffzusammensetzung gegarten Fleisches wegen des sich überlagernden Wasserverlustes nicht ohne weiteres ablesen (Tab. 8.2-1).

Tab. 8.2-2 Proteinveränderungen beim Garen von Fleisch (nach [4.5])

Veränderung	Temperatur (°C)
Sarkoplasmaproteine	
– Löslichkeitsverlust, Denaturierung	40-60
Myofibrilläre Proteine	
– Denaturierung	40-50
– Koagulation	55-75
Proteine der A-Bande	
– Denaturierung	55
Filamente der I-Bande	
– Denaturierung	65
Lückenfilament	
– Denaturierung	60
a-Actinin	
– Denaturierung	50
Actomyosin	
– Molekülentfaltung	≤ 70
Myosin	
– Löslichkeitsverlust	40-50
– Denaturierung	55
Actin	
– Löslichkeitsverlust	≤ 80
Tropomyosin und Troponin	
Denaturierung	35-70
– Unlöslichkeit	80
Kollagen	
– Schrumpfung (je nach Tierart und -alter)	60-75
– Löslichwerden	60-70
– Umwandlung in Gelatine	beginnend ab 75
– Faserzerfall	60-80

Das Garen des Fleisches erfolgt üblicherweise im Bereich zwischen 65 und 85 °C (Kerntemperatur). Da die Saftigkeit in Verbindung mit der Textur ein wesentliches Kriterium der sensorischen Qualität und auch in ökonomischer Hinsicht bedeutungsvoll ist, muß man versuchen, eine möglichst optimale Lösung durch entsprechende Vorbehandlung des Fleisches – hierbei steht an erster Stelle das ausreichende Reifen – und durch die Auswahl des Garverfahrens zu finden. Bei der Bewertung ist darüber hinaus das Verhältnis von Fleischsaft und Fett zueinander für die Zartheit und Saftigkeit zu berücksichtigen. Die Qualitätsfaktoren Saftigkeit und Zartheit (Kaubarkeit) von Rindfleisch erhalten die höchste sensorische Bewertung bei einer Kerntemperatur von 75 °C und etwas abfallend bei 80 °C. Bei Säugetieren und Vögeln erfolgt das Schrumpfen des Kollagens bei Temperaturen überwiegend zwischen 50 und 65 °C. Oberhalb von 50 °C kommt es zum Austritt von Wasser, was zu einem Schrumpfen und Verfestigen des Muskelgewebes führt. Bei Temperaturen > 75 – 85 °C wird Kollagen mehr und mehr in Richtung Gelatine umgewandelt, es tritt eine Lockerung der Struktur ein, und die erforderliche Scherkraft sinkt.

Näherungsweise kann man die Zartheit zubereiteten Fleisches als das Kompromißergebnis zweier entgegenlaufender Vorgänge ansehen: einer Erweichung des Gewebes infolge der Umwandlung von Kollagen in Richtung Gelatine einerseits und einer Erhärtung infolge der Koagulation von Myofibrillenproteinen andererseits.
Die für den zuletzt genannten Vorgang verantwortlichen Veränderungen der Muskelproteine beim Erhitzen sind insbesondere an der Abnahme ihrer Löslichkeit in Salzlösungen erkennbar. Schon beim Erwärmen von Muskelgewebe auf 40 °C geht diese Löslichkeit bei den myofibrillären Proteinen zurück. Die stärkste Abnahme erfolgt jedoch bei einem weiteren Anstieg der Temperatur auf 60 °C, d. h. im Bereich der größten Proteinkoagulation. Oberhalb von 60 °C werden die Muskelfaserproteine nahezu unlöslich (Tab. 8.2-2). Neben den Veränderungen des Fleischgefüges

Tab. 8.2-3 Garezustände von Rind-, Schweine-, Lamm- und Hammelfleisch nach erreichter Kerntemperatur und Farbe des Fleischkernes (modifiziert nach [2])

Fleischart und Garezustand	Kerntemperatur (°C)	Farbe im Fleischkern
Rindfleisch		
halbroh	55	fleischrot, Saft blut-rot
halbgar	65-70	hellrosa, an der Außenschicht graubraun verblassend
vollgar	75-85	einheitlich graubräunlich
Kalbfleisch		
vollgar	über 77	rötlich braun
halbgar	70	hellrosa verblassend bis gelblich-bräunlich
Schweinefleisch		
halbgar	65	hellrosa
vollgar	75	gelblichbraun, grau-weißer Fleischsaft
gepökelt-vollgar	65	blaßrot, Saft bräunlich oder fast farblos
Lammfleisch		
vollgar	79	grau bis blaßrot
Hammelfleisch		
vollgar	82	grau, Saft blaß-rötlich

sind die Wirkungen auf das Myoglobin und damit auf die Farbe augenscheinlich. Angaben über Garezustände und Farbveränderungen bei verschiedenen Fleischarten in Abhängigkeit von der Kerntemperatur sind in Tabelle 8.2-3 zu finden.

8.2.2 Inhaltsstoffe

Proteine

Die drastischen Veränderungen des Fleischgefüges, die beim Erhitzen eintreten, vollziehen sich in zwei Phasen: Die erste liegt zwischen 40 und 60 °C, die zweite zwischen 60 und 90 °C. Die zugrunde liegenden Veränderungen der verschiedenen temperaturempfindlichen Muskelproteine sind in Tabelle 8.2–2 ausgewiesen.
Für die erste Phase sind vornehmlich die Denaturierung und Hitzekoagulation der molyfibrillären Proteine verantwortlich. Dabei bilden sich zwischen den aufgefalteten Proteinmolekülen verhältnismäßig instabile Querverbindungen aus; diese bedingen ein dichteres Netzwerk der Proteinstruktur, als es bis dahin bestanden hat.
In der zweiten Phase erfolgen die Denaturierung des Kollagens (Auffaltung der Tripelhelics), Schrumpfen bei 60 – 75 °C, Quellen (etwa 70 °C), Umwandlung in Gelatine (beginnend ab etwa 75 °C). Die Bildung neuer, verhältnismäßig stabiler Querverbindungen innerhalb des koagulierten Actomyosinsystems ist typisch für die zweite Phase.
Die zwischen 40 und 60 °C eintretende Hitzekoagulierung der Sarkoplasmaproteine hat für die anfängliche Abnahme der Zartheit und den Rückgang im Wasserbindevermögen relativ wenig Bedeutung.

Kohlenhydrate

Außer einer Karamelisierung, an der nur Kohlenhydrate beteiligt sind, erfolgt bei der Wärmebehandlung von Fleisch eine komplexe Umsetzung von reduzierten Zuckern mit Aminosäuren, Peptiden und/oder Proteinen, die nach ihrem Entdecker Maillardreaktion und wegen ihrer Art und Folgeprodukte als nicht enzymatische Bräunung bezeichnet wird. Sie beschränkt sich nicht nur auf die Bildung brauner Pigmente, der sogenannten Melanoidine, sondern sie führt auch zu zahlreichen Geruchs- und Geschmacksstoffen.
Im Bereich hoher Gutsfeuchten, wie sie bei Fleischprodukten vorliegen, verlangsamt sich der Ablauf der Maillardreaktion. Daraus ableitend ist bei Fleischkonserven weniger mit solchen Veränderungen zu rechnen. Anders liegen dagegen die Verhältnisse bei Wurstkonserven (Leberwurst) und bei den Zubereitungsverfahren der Speisenproduktion, wo die Bildung brauner Umsetzungs- bzw. Zersetzungsprodukte unumgänglich ist, z. T. sogar angestrebt wird. Das gilt gleichermaßen auch für die bei diesen Produkten mögliche Bildung karamelartiger Verbindungen aus Zuckern.

Lipide

Spalt- und Abbaureaktionen der Fette können durch Wasser, Sauerstoff, katalytisch wirkende Metalle, energiereiche Strahlung und erhöhte Temperaturen eingeleitet, unterhalten und beschleunigt werden.

Bei der hydrolytischen Spaltung der Fette erfolgt die Freisetzung von einer oder mehreren Fettsäuren aus dem Fettsäureglycerid. Dieser Vorgang ist an die Mitwirkung der wäßrigen Phase des Produkts gebunden, da im Molekularbereich sowohl H^+- als auch OH^--Ionen an die das Fettmolekül zusammensetzenden Einzelkomponenten angelagert werden. Dieser relativ langsam verlaufende Vorgang erfährt bei erhöhten Temperaturen eine gesetzmäßige Beschleunigung gemäß einem Q_{10}-Faktor von etwa 2. Das bedeutet, daß während der Langzeitlagerung sterilisierter Erzeugnisse hydrolytische Spaltprodukte in höheren Konzentrationen vorliegen und sich dann analytisch durch eine erhöhte Säurezahl und sensorisch über eine sauer-seifige Geschmacksabweichung ausdrücken.
Die oxidative Veränderung der Fette ist an die Anwesenheit von Sauerstoff (allerdings nur in geringen Spuren) und reaktionsfähiger freier Valenzen im Fettsäuremolekül gebunden. Solche Radikalbildungen werden durch die Einwirkung hoher Energien, z. B. Wärme oder UV-Strahlung, ausgelöst und führen zur Abschlagung deines H-Atoms aus einer zu einer Doppel- oder Mehrfachbindung des Fettsäuremoleküls benachbarten CH_2-Gruppe.
Die Endprodukte sind allgemein gesättigte und ungesättigte sowie Epoxi-, Hydroxi- und Oxosäuren, Aldehyde, Alkane, Alkene, Alkylfurane, Alkohole, Epoxide, Ether, Ketone, Lactone und andere cyclische sowie oligo- und polymere Verbindungen.

Erhitztes, kühlgelagertes Fleisch – insbesondere Schweinefleisch – entwickelt relativ schnell (bereits nach 24 – 48 h) beim Wiedererwärmen einen abweichenden Geruch und Geschmack, der als Aufwärmungsgeschmack (englisch: Warmed-Over Flavour, abgekürzt WOF) bezeichnet und mit den Eindrücken oxidiert, alt, ranzig, unangenehm beschrieben wird. Dieser Aufwärmungsgeschmack ist in seiner Entstehung und in seinen sensorischen Eindrücken verschieden von der in kühl- oder gefriergelagertem rohem Fleisch und vor allem in rohen Fleischerzeugnissen entstehende Ranzigkeit.

Ursachen für die Ausbildung des WOF scheinen autoxidative Vorgänge bei Phospholipiden der Zellmembranen zu sein; einfache Triglyceride sind anscheinend kaum beteiligt. Alle technologischen Maßnahmen mit membranzerstörenden Wirkungen verstärken die Ausprägung des WOF, da sie die in den Membranen gebundene Lipide freisetzen.
Unter den vier Erhitzungsmethoden (Kochen in Wasser, Braten, Grillen im Kontaktgrill und Garen im Mikrowellenofen) erhielten die im Kontaktgrill erhitzten Proben die besten sensorischen Bewertungen. Es wurde kein Aufwärmaroma beobachtet, das Grillaroma war dominant. Das in der Mikrowelle gegarte Fleisch wurde am schlechtesten beurteilt, langandauernde Erhitzung und eingestrahlte Energieintensität hatten kaum Einfluß. Die Verwendung von gewolftem Frischfleisch ergab keine Geschmacksminderungen, wohl aber die von eingefrorenem Hackfleisch. Gepökeltes Schweinefleisch, ob frisch oder gefriergelagert, entwickelte unter keinen Erhitzungsbedingungen erkennbares WOF. Die Thiobarbitursäurezahlen waren unter allen Bedingungen hoch, wobei allgemein zu beobachten war, daß höhere Energiezufuhr die Thiobarbitursäurezahlen erniedrigte, was sich aber in den sensorischen Beurteilungen des WOF nicht niederschlug. Es zeigte sich keine Beziehung zwischen den klar differenzierenden sensorischen Beurteilungen und den gefundenen Thiobarbitursäurezahlen.
Diese Ergebnisse weisen auf den großen Einfluß der Erhitzungsmethode bei der Entstehung des Aufwärmgeschmackes hin, sie zeigen den positiven Einfluß des Pökelns sowie den negativen des Gefrierlagerns von Fleisch. Eine Mikrowellenerhitzung sollte dann auf keinen Fall für die Erhitzung von Frischfleisch Anwendung finden, wenn dieses zum Wiederaufwärmen nach einer längeren Lagerzeit bestimmt ist.

Vitamine

Die Wärmebehandlung bewirkt eine unterschiedliche Schädigung der Vitamine. Generell sind die fettlöslichen Vitamine weitgehend beständig, die wasserlöslichen hingegen thermolabil. So wird das Vitamin A durch die Sterilisation nur geringfügig zerstört. Von den im Fleisch vorkommenden Vitaminen der B-Gruppe wird das Thiamin (B_1) am stärksten geschädigt. Die übrigen Vitamine der B-Gruppe sind stabiler gegenüber der Wärmebehandlung (Tabelle 8.2-4).

Tab. 8.2-4 Vitaminverluste bei der Fleischzubereitung (in % des Vitamingehaltes vom Frischfleisch [6])

Fleischart	Thiamin	Riboflavin	Nicotinsäure	Pantothensäure
Rostbeef	28-30	13-27	9-35	14-31
Handelsübliche Fleischkonserve	30-40	0-10	0-10	20-30
Dehydratisiertes Fleisch	24-37	0	8	27-32
Pökelschinken, Räucherschinken	10-20	0-3	0-5	
Frankfurter Würstchen	2-14	0	3-5	

Für B_1 werden Zerstörungen von 32 – 80 % durch die Sterilisation mit Temperaturen von 110 – 121 °C beschrieben. Stärker betroffen sind jeweils die Randpartien der Dosen, sofern das Füllgut während der Sterilisation nicht durchmischt wird. Nach RALTSCHOVSKA [7] verläuft die Zerstörung des Vitamins nach einer Reaktion erster Ordnung. Der Q_{10}-Faktor wird mit 1,94 angegeben. Auch bei der Lagerung von Fleischkonserven können Vitamin-B_1-Verluste auftreten. Diese sind vor allem von der Lagertemperatur und -dauer abhängig.
FEASTER [6] untersuchte das Verhalten von Vitamin B_1 in gelagerten Schweinefleischkonserven und fand nach zwölfmonatiger Aufbewahrung bei 7 °C Verluste um 10 %. Die Verluste erhöhten sich bei 21 °C auf etwa 35 % und bei 36 °C auf 74 – 88 %.

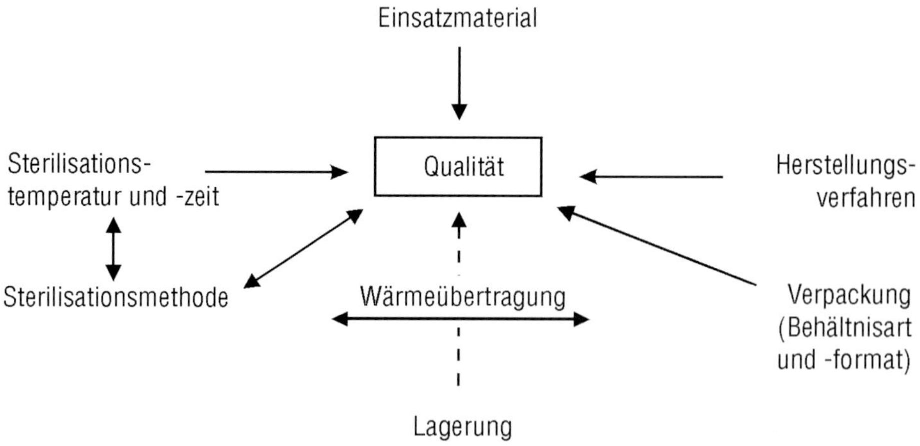

Abb. 8.2-1 Einflußfaktoren auf die Qualität des Fertigungsproduktes [14]

Für Rindfleischkonserven wird der Thiaminverlust mit 20 – 30 % bei einer Lagerdauer von neun Monaten und Temperaturen zwischen 20 und 30 °C beziffert. Durch das Pökeln und Räuchern treten nur geringfügige Vitaminverluste (mit Ausnahme bei B_1) auf. Das in geringen Mengen im Fleisch vorkommende Vitamin C wird vollständig zerstört.

8.2.3 *C*-Wert als Maß der Kochschädigung

Die Produktqualität ist eine Funktion der Beschaffenheit der Einsatzmaterialien und des gesamten Verfahrens der Konservenherstellung. Die Zusammenhänge werden in Abbildung 8.2-1 veranschaulicht.

Die Kochschädigung läßt sich in Anlehnung an die Berechnung der *L*-Werte in analoger Weise nach der Gleichung 8/22 (s. Kap. 8.3.3.1) ermitteln, wenn der Reaktionsablauf einer Reaktion 1. Ordnung folgt. Zur Zeit kennt man jedoch nur einige solcher Reaktionsabläufe, z. B. den Abbau von Vitamin B_1, Ascorbinsäure [8], Myoglobin [9] und Chlorophyll a. Die *z*-Werte sind nicht einheitlich, sondern schwanken zwischen $z = 23{,}2 - 40$ °C. Bei nicht bekanntem *z*-Wert wird für Berechnungen vielfach der Wert $z = 33$ °C ($Q_{10} = 2$) verwendet. Mit diesen Werten läßt sich jedoch eine Kochschädigung nur relativ pauschal charakterisieren. Dies trifft sowohl für die Beeinträchtigung der Inhaltsstoffe als auch für Veränderungen der sensorischen Qualität zu. Von HERRMANN wurden verschiedene Arbeiten [10] mit dem Ziel der Qualitäts- und Prozeßoptimierung der Lebensmittelproduktion durch Kombination sensorischer und reaktionskinetischer Daten durchgeführt. BAUDER [11] hat bei Leberwurstkonserven versucht, den Abbau von Vitamin B_1 und Farbmeßdaten mit einem sensorischen Bewertungsschema in Beziehung zu setzen. Um Qualitätsveränderungen, die entsprechend einer Reaktion 1. Ordnung verlaufen, vergleichbar erfassen zu können, schlägt BAUDER [11] analog der Mikroorganismenabtötung bei gleicher Bezugstemperatur von 121,1 °C die Berechnung nach folgender Gleichung vor:

$$CH = \int_{t_1}^{t_2} 10^{\frac{\vartheta(t) - 121{,}1}{z_{CH}}} dt \qquad (8/1)$$

Der Integralausdruck von CH (chemische Veränderung) entspricht der Qualitätsänderung im Lebensmittel, z_{CH} dem *z*-Wert und (t) der Temperatur-Zeit-Kurve auf der Basis thermoelektrischer Messungen. Üblicherweise wird jedoch zur Berechnung der Teilraten bei Kochschädigungen die Gleichung

$$C_o = 10^{\frac{T - 100}{z}} \qquad (8/2)$$

angewandt.

C_0 = Teilrate des C-Wertes
T = während 1 min. wirkende mittlere Temperatur, Bezugstemperatur 100 °C
z = *z*-Wert der betrachteten Reaktion 1. Ordnung

Zur *C*-Wert-Ermittlung können die Additionsmethode (Tab. 8.2-5) und die graphische Methode angewandt werden. Die thermoelektrischen Messungen sollten ab 70 °C beginnen und wiederum bis 70 °C während der Kühlung in Minutenabständen im thermisch ungünstigsten Punkt und in

Tab. 8.2-5 Teilraten zur Ermittlung des Kochungseffektes C und des Garungsgrades C_g für T = 100 °C (212 °F) und z = 33 °C (60 ° F) (nach [13] berichtigt und erweitert)

$$C_o = C_g = 10\frac{T-100}{33}$$

(°C)	Teilraten	(°C)	Teilraten
55	0,0433	97	0,8111
56	0,0464	98	0,8697
57	0,0498	99	0,9326
58	0,0534	100	1,0000
59	0,0572	101	1,0722
60	0,0614	102	1,1497
61	0,0658	103	1,2328
62	0,0705	104	1,3219
63	0,0756	105	1,4174
64	0,0811	106	1,5199
65	0,0869	107	1,6297
66	0,0932	108	1,7475
67	0,1000	109	1,8738
68	0,1072	110	2,0092
69	0,1149	111	2,1544
70	0,1232	112	2,3101
71	0,1321	113	2,4770
72	0,1417	114	2,6560
73	0,1519	115	2,8480
74	0,1629	116	3,0538
75	0,1747	117	3,2745
76	0,1873	118	3,5112
77	0,2009	119	3,7649
78	0,2154	120	4,0370
79	0,2310	121	4,3287
80	0,2477	122	4,6416
81	0,2656	123	4,9770
82	0,2848	124	5,3367
83	0,3053	125	5,7223
84	0,3274	126	6,1359
85	0,3511	127	6,5793
86	0,3764	128	7,0548
87	0,4037	129	7,5646
88	0,4328	130	8,1113
89	0,4641	131	8,6975
90	0,4977	132	9,3260
91	0,5336	133	10,0000
92	0,5722	134	10,7227
93	0,6135	135	11,4976
94	0,6579	140	16,2976
95	0,7054	150	32,7457
96	0,7564	166	100,0000

der äußeren Schicht durchgeführt werden. Der Einfachheit halber kann der Temperaturverlauf des wärmeübertragenden Mittels an der Behältnisoberfläche für die Produktoberfläche zugrunde gelegt werden. Nach REICHERT [8] lassen sich mit Hilfe von *C*-Werten folgende Feststellungen und Vergleiche durchführen:

- Bestimmung der absoluten Kochschädigung von definierten Erwärmungsbedingungen, wenn die Reaktionskinetik von spezifischen Veränderungen (z. B. Vitamin- und/oder Farbabbau, Garungs- und/oder sensorische Veränderungen) bekannt ist
- Vergleich zweier oder mehrerer unterschiedlicher Erwärmungsbedingungen, bei denen ein gleicher *F*-Wert erzielt wurde, im Hinblick darauf, ob 1. der erreichte *E*-Wert ausreichend und 2. die Kochschädigung (Höhe des *C*-Wertes) geringer ist
- Vergleich zweier oder mehrerer Verfahren, Behältnisarten oder -formate, bei denen ein gleicher *F*-Wert erzielt wurde, im Hinblick auf eine geringere relative Kochschädigung.

In Abbildung 8.2-2 wird die Temperatur-Zeit-Beziehung bei sprunghafter Temperaturänderung im Gut für das Erreichen des üblichen *F*-Wert-Bereichs von 5 – 10 min. mit dem Vitamin-B_1-Abbau verglichen. Es wird unterschieden zwischen dem Bereich der Untersterilisation für *F*-Werte < 5 min.

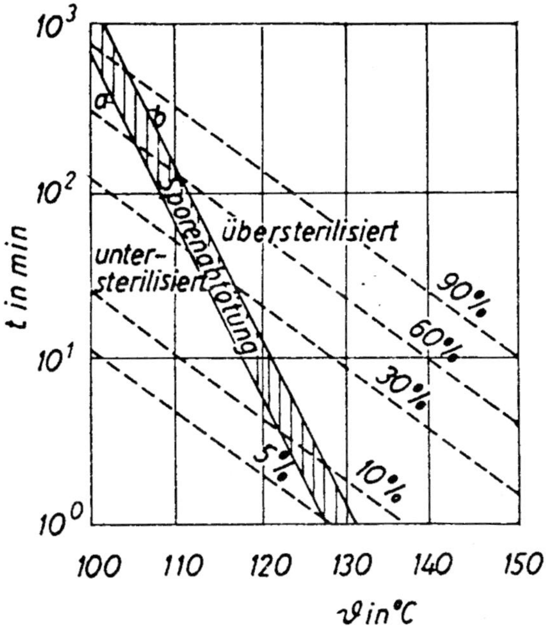

Abb. 8.2-2 Abtötung von Mikroorganismen und Qualitätsveränderung bei der Sterilisation [12]
——— Mikroorganismenabtötung
(Q_{10} = 10)
a F = 5 min
b F = 10 min
— — — Vitamin-B1-Abbau in Leber
(Q_{10} = 2,4)

und dem Bereich der Übersterilisation für *F*-Werte > 10 min. Man erkennt, daß während einer Sterilisation bei hohen Temperaturen sehr kurze Sterilisationszeiten, aber auch sehr geringe Qualitätsverluste durch Vitamin-B_1-Abbau zu erwarten sind. Bei niedrigen Sterilisationstemperaturen werden die Sterilisationszeiten sehr hoch. Die Qualitätsveränderungen nehmen dann bei etwa 110 °C ein hohes Ausmaß an, was auf die unterschiedlichen *z*- bzw. Q_{10}-Werte zwischen Mikroorganismenabtötung und dem Vitamin-B_1-Abbau zurückzuführen ist.

Es kommt also darauf an, die Prozeßbedingungen so zu wählen, daß sich ein möglichst niedriger *C*-Wert an der Oberfläche ergibt und die *C*-Wert-Differenz zwischen Zentrum und Oberfläche des Füllgutes klein ist.

Ein konkretes Beispiel der *C*-Wert-Ermittlung und dem Energieaufwand wird an Leberwurstkonserven in den Tabellen 8.2-6 und 8.2-7 dargestellt. Es handelt sich um die Sterilisation von

Tab. 8.2-6 Temperaturmeßwerte *T* > 66 °C und zugehörige *C*-Raten (Meßwerte in Minutenabständen für die Dose (Leberwurst) 90 mm x 63 mm

Temperatur-meßwert (°C)	C-Teilwert (min)	Temperatur-meßwert (°C)	C-Teilwert (min)
68	0,158	106	1,413
70	0,178	106,8	1,496
72	0,200	107,2	1,496
74	0,224	108	1,589
76	0,251	109	1,679
78	0,282	110	1,788
80	0,316	110	1,788
81,5	0,355	110,2	1,788
83	0,376	110	1,788
85	0,422	110	1,788
86,2	0,447	109,8	1,788
87	0,473	109	1,679
89	0,531	94	0,708
90,1	0,562	92	0,631
92	0,631	90	0,562
93	0,668	88	0,501
94	0,708	87	0,473
95	0,750	85,5	0,447
96,5	0,794	84	0,398
97,5	0,891	83	0,376
98,5	0,891	82	0,355
99,2	0,994	81	0,335
100	1,000	79	0,299
101	1,059	78	0,282
102,5	1,112	76	0,251
103,5	1,259	74,8	0,237
104	1,259	73	0,211
105,5	1,413	71	0,188
		69	0,168
Teilsumme	18,204	Teilsumme	26,498
		Summe *C* =	44,702

feingekutteter Leberwurst in Metalldosen vom Format 99 mm x 63 mm und 99 mm x 36 mm, Einwaage 400 g bzw. 200 g, *F* = 0,9 bzw. 1,0 min. Bei etwa gleichem *F*-Wert ergibt sich für die 400 g-Dosen ein *C*-Wert von 44,702 und für 200 g-Dosen von nur 26,274 min., jeweils bezogen auf das Dosenzentrum. Die Randzonen weisen relativ hohe *F*- und *C*-Werte auf. Neben der Zeitverkürzung erweist sich bei Verwendung des günstigen Dosenformats von 99 mm x 36 mm auch die Energieeinsparung als positiv [14].

Tab. 8.2-7 Energieaufwand, *F*- und *C*-Werte für unterschiedliche Erhitzungsregimes und Dosenformate, Füllgutmasse des Autoklaven 614,4 kg

Dosenformat		a [1)]		b [2)]	
		99 mm x 63 mm		99 mm x 36 mm	
		Rand	Zentrum	Rand	Zentrum
Regime I:	F_0/min	58,6	0,9	19,5	1,0
t_a = 10 °C	C/min	201,0	44,7	67,0	26,3
Δt = 111 K	τ/min	60		20	
	Q/10⁵k]	7,34		6,22	
Regime II:	F_0/min			7,4	1,0
t_a = 10 °C	C/min			71,1	34,3
Δt = 105 K	τ/min			30	
	Q/10⁵k]			6,33	

[1)] 400-g-Dosen [2)] 200-g-Dosen

8.2.4 Inaktivierung von Enzymen

Reaktionskinetik und Berechnung der Enzyminaktivierung

Die Reaktionsgeschwindigkeit der katalysierten Reaktion ist nach der MICHAELIS-MENTEN-Theorie von der Enzym- und der Substratkonzentration abhängig. Wenn das Substrat in relativ geringer Konzentration vorliegt, verläuft die Umsetzung nach einer Reaktion 1. Ordnung. Bei Substratüberschuß ist die Reaktionsgeschwindigkeit von der Substratkonzentration unabhängig und folgt einer Reaktion 0. Ordnung.

Für den Reaktionsablauf, auch bei der Hitzeaktivierung von Enzymen, spielen zahlreiche Milieufaktoren eine Rolle. Einflußfaktoren sind neben der Temperatur insbesondere pH-Wert, Lagerdauer des Fleisches vor der Verarbeitung, Wasser-, Kochsalz- und Nitritgehalt und andere Zusätze, Aktivatoren und Inhibitoren.

Die Enzyminaktivierung erfolgt bei höherer Temperatur durch Veränderung der Proteinstruktur. Die Inaktivierungstempertatur scheint für jedes Enzym verschieden zu sein. Sie variiert auch bei gleicher Herkunft des Enzyms beträchtlich. Die Inaktivierung tritt nach bisheriger Auffassung bei Temperaturen zwischen 60 und 80 °C ein. Muskelphosphatasen werden bei 70 °C nach 90 min.

inaktiviert. Bemerkenswert thermostabil ist die Peroxidase, die selbst nach Erwärmen auf über 100 °C nachweisbar ist bzw. sich reaktivieren kann.

Das Phänomen der Thermostabilität von Enzymen ist weitgehend ungeklärt. Bei den als sehr robust bekannten Proteasen fanden CHRISTOPHERSEN [15] und andere Autoren drei bis vier Fraktionen, von denen einige hitzestabil, andere wiederum relativ hitzelabil waren. Die bei höheren Temperaturen auftretenden Stimulierungsphasen deuten auf reversible Veränderungen an Eiweißmolekülen hin, deren Natur bisher ungeklärt ist (Abb. 8.2-3 und 8.2-4).

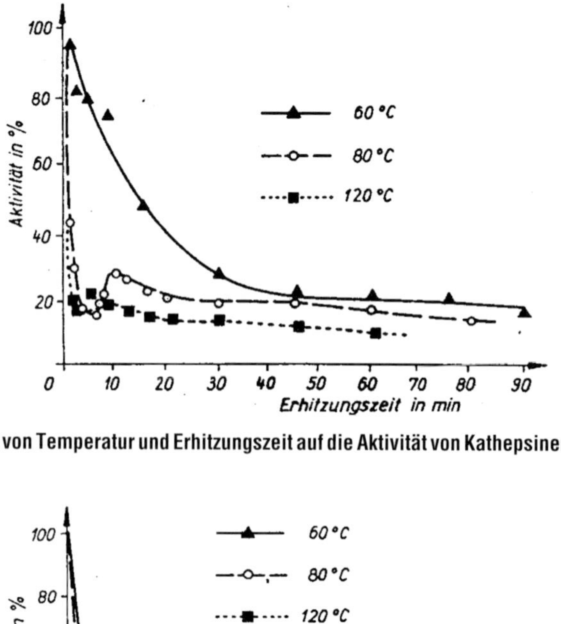

Abb. 8.2-3 Einfluß von Temperatur und Erhitzungszeit auf die Aktivität von Kathepsinen aus Dorschmuskel [15]

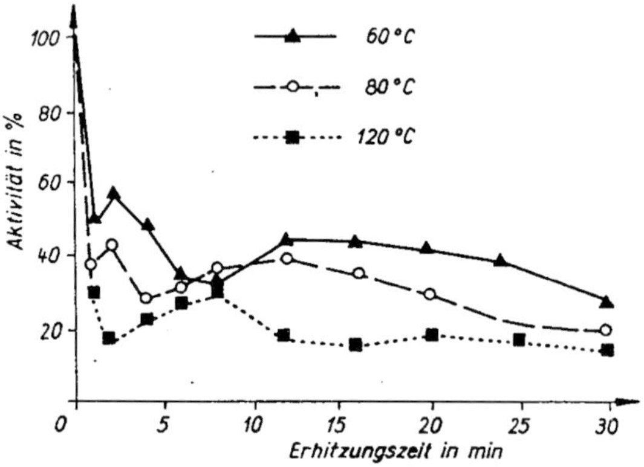

Abb. 8.2-4 Einfluß von Temperatur und Erhitzungszeit auf die proteolytische Aktivität von Proteasen aus Rindermuskel [15]

Die Bedeutung der Enzymkonzentration auf die Hitzeinaktivierung der Enzyme ist mit dem Einfluß der Mikoorganismenzahl (Keimzahl) auf die thermische Abtötung der Mikroorganismen vergleichbar: Je höher die Enzymkonzentration ist oder je mehr Keime vorhanden sind, eine umso stärkere Wärmebehandlung ist erforderlich. Die Enzyminaktivierung läßt sich – mit erheblichen Einschränkungen – mathematisch mit dem *E*-Wert beschreiben. Zur Berechnung finden sich beispielsweise Angaben in [15], [16] und [8]. Wenn die Enzyminaktivierung nach einer Reaktion erster Ordnung verläuft, läßt sich die Berechnung analog der zur Ermittlung der Letalraten zur Abtötung von Mikroorganismen nach folgender Gleichung durchführen:

$$L_E = 10^{\frac{T-100}{z}} \qquad (8/3)$$

Die Bezugstemperatur für die Ermittlung des *E*-Wertes wird wie zur Bestimmung des *C*-Wertes mit 100 °C gewählt. Das bedeutet, daß unter dem Wert $E = 1$ min. die Einwirkung einer Temperatur von 100 °C für die Dauer von 1 min. zu verstehen ist. Die *z*-Werte schwanken zwischen $z = 10{,}3$ °C und 17,5 °C (Enzyminaktivierung in Kartoffeln und Kirschen) und $z = 48{,}9$ °C (Enzyminaktivierung in grünen Bohnen). Bei REICHERT [8] finden sich die Berechnungstabelle zur Ermittlung der *F*-, *E*- und *C*-Werte sowie Angaben über weiterführende Literatur.
Die Berechnung der *E*-Werte ist nach der Additions- und graphischen Methode möglich. Ob der durch die Wärmeeinwirkung bei der Sterilisation eingetretene Verlust der Enzymaktivität als gesichert anzusehen ist, muß man nach CHRISTOPHERSEN [15] bei Proteasen als fraglich ansehen. Der Nachweis von Enzymaktivitäten (übriggebliebene Restaktivität nach Erhitzung) scheint eine Frage der Empfindlichkeit der analytischen Methode zu sein. Proteolytische Restaktivitäten fanden auch KÁS et al. [17] in Leberpasteten , Luncheon meat und in Rindfleischkonserven. Die Autoren konnten in den zuletzt genannten Produkten proteolytische Aktivitäten vornehmlich im Fleisch, in geringer Menge in der Soße und im Jus, nicht aber im Fett nachweisen. Ob sich geringe Restaktivitäten von etwa 10 % (s. Abb. 8.2–3) in den Produkten auswirken, wird überwiegend verneint, von anderen Autoren aber nicht ausgeschlossen [14], [15], [17].
Lipasen und Carboxylesterhydrolasen vermögen eine thermische Behandlung von 110 °C in Schweinefleisch und auch in sehr fettreichen Geweben nicht zu überstehen.

8.3 Kinetik der Abtötung von Mikroorganismen

8.3.1 Logarithmische Absterbeordnung

Bis heute ist der genaue Mechanismus des Abtötens der Mikroorganismen durch Wärme und ebenso durch ionisierende Strahlen und Gifte nicht genau bekannt. Der Zelltod wird durch eine Denaturierung von lebenswichtigen Proteinen bzw. eine Schädigung von Genen (DNS) herbeigeführt. Aus bakteriologischer Sicht wird eine Zelle als tot bezeichnet, wenn sie ihre Vermehrungsfähigkeit auf Dauer verloren hat und diese durch keine Art der Behandlung wiedergewonnen werden kann.

Der Effekt der Wärmeauswirkung hängt vom gewählten Temperatur-Zeit-Verhältnis und der Kinetik der Mikroorganismenabtötung ab. Hierbei spielen endogene und exogene Faktoren eine Rolle (s. auch Kap. 4). Die Abtötung von Mikroorganismen wird im allgemeinen als eine Reaktion erster Ordnung wie der Abbau chemischer Stoffe dargestellt. Bei der üblichen Darstellung, die die Abweichungen von der logarithmischen Absterbeordnung außer acht läßt, ergibt sich im halblogarithmischen Koordinatensystem – auf der Ordinatenachse die Logarithmen der überlebenden Keime, auf der Abszissenachse die Zeit der Hitzeeinwirkung bei konstanter Temperatur – eine Gerade, die sog. Überlebenskurve (Thermal-Death-Time-Kurve; Abb. 8.3–1).

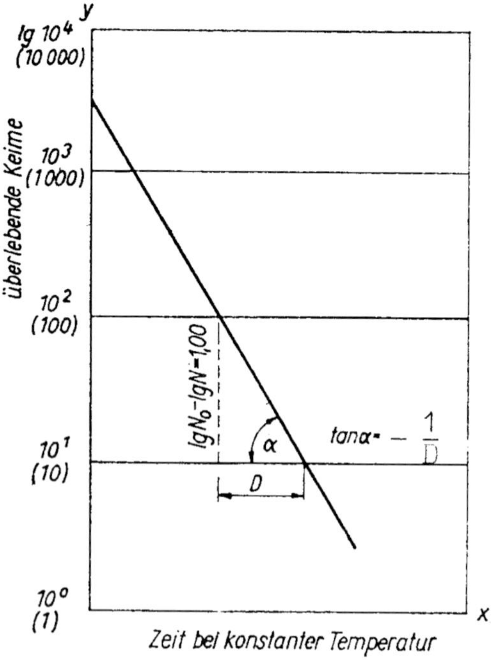

Abb. 8.3-1 Abtötung von Mikroorganismen in Abhängigkeit von der Erhitzungsdauer bei konstanter Temperatur (Thermal Death Time Curve, TDT-Curve)

Die Experimente, die zur Klärung der Kinetik der Absterbeordnung von Mikroorganismen und zu deren mathematischer Darstellung führten, wurden in der Regel unter solchen Bedingungen durchgeführt, die ein schlagartiges Erhitzen und Abkühlen des Mediums, in dem sich die Mikroorganismen befanden, zuließ. Meist wurde hierzu Bouillon mit einer bekannten Anzahl von Sporen und/oder vegetativen Zellen in schmalen Tuben oder Kapillaren beimpft [18, 19].

Streng genommen gilt die Aussage über die logarithmische Absterbeordnung nur für eine bestimmte Spezies. Sobald sich bestimmte Bedingungen ändern, z. B. wenn ein Gemisch einer Mikroorganismenart unterschiedlichen Alters verwendet wird, das keine gleiche Hitzeresistenz aufweist, tritt eine Änderung der Absterbegeschwindigkeit ein. Dennoch haben die experimentellen Untersuchungen und deren Ergebnisse grundlegende Bedeutung.
Allgemein betrachtet ist die Reaktionsgeschwindigkeit V gleich dem Differentialquotienten der Konzentration c (Keimgehalt) des zerfallenden Stoffes nach der Zeit:

$$V = \frac{dc}{dt} \tag{8/4}$$

Bei einer Reaktion erster Ordnung ist die Reaktionsgeschwindigkeit V zu jedem Zeitpunkt proportional der Konzentration des reagierenden Stoffes bzw. der Keimzahl. Da die Konzentration c während der Reaktion abnimmt, läßt sich der Reaktionsablauf demzufolge darstellen als

$$\frac{dc}{dt} = -k \cdot c \tag{8/5}$$

k ist die Reaktionsgeschwindigkeitskonstante (Abtötungsgeschwindigkeitskonstante für Mikroorganismen). Sie ist eine temperatur- und stoffabhängige Größe und damit unabhängig von der jeweiligen Konzentration. Aus der Gleichung (8/5) ist zu ersehen, daß die Reaktionsgeschwindigkeit am Anfang ihren größten Wert hat. Die Konzentration c ist für diesen Zeitpunkt gleich der Ausgangsmenge (Anfangskeimzahl) c_0. Mit der Zeit wird c abnehmen und damit die Reaktionsgeschwindigkeit. Zur Integration der Gleichung (8/5) werden die Variablen c und t getrennt:

$$\frac{dc}{c} = -k \cdot dt \tag{8/6}$$

Die Integration erfolgt von der Ausgangskonzentration c_0 bis zur Konzentration zu Zeit $t(c_t)$ bzw. vom Zeitpunkt $t_0 = 0$ bis zur Zeit t:

$$\int_{c_0}^{c_t} \frac{dc}{c} = -k \int_0^t dt \tag{8/7}$$

Daraus folgt

$$\ln c_t - \ln c_0 = -k \cdot t \tag{8/8}$$

Die Auflösung nach c_t ergibt:

$$\ln c_t = \ln c_0 - k \cdot t \qquad c_t = c_0 e^{-kt} \tag{8/9}$$

und nach k:

$$k = \frac{1}{t} \ln \frac{c_0}{c_t} \tag{8/10}$$

oder nach der Umrechnung in dekadischen Logarithmen

$$k = \frac{2{,}3026}{t} \lg \frac{c_0}{c_t} \tag{8/11}$$

Zur Berechnung der Geschwindigkeitskonstanten genügen danach die Ausgangskonzentration und die Konzentration zur Zeit t. Setzt man für c_0 die Anfangskeimzahl N_0 und für c_t die Zahl der zur Zeit t noch lebenden Keime N ein, so ergibt sich

$$k = \frac{2{,}3026}{t} \lg \frac{N_0}{N} \tag{8/12}$$

oder nach der Zeit t aufgelöst

$$t = \frac{2{,}3026}{k} \lg \frac{N_0}{N} \tag{8/13}$$

Aus den bisherigen Darlegungen läßt sich aus dem Reaktionsablauf nach dem Schema einer Reaktion erster Ordnung bezüglich der Abtötung der Mikroorganismen folgendes ableiten:

- Eine gegebene Anzahl von Mikroorganismen wird bei einer bestimmten Temperatur nicht plötzlich abgetötet, ihre Abtötung erfolgt vielmehr exponentiell.
- Bei einer gegebenen Temperatur ist die zur Abtötung der Mikroorganismen benötigte Zeit abhängig von der Anfangskeimzahl, ein höherer Anfangskeimgehalt erfordert längere Abtötungszeiten (Beachtung der Hygiene!).

Aus der logarithmischen Absterbeordnung leitet sich auch ab, daß das Abtöten aller Mikroorganismen im unendlichen Bereich liegt und eine absolute Sterilität praktisch nicht erreichbar ist (lg 0 ist nicht definiert).

8.3.1.1 *D*-Wert

Um eine Zeitgröße zu haben, die nicht von der Anfangskeimzahl abhängig ist, wurde die Bezeichnung *D*-Wert eingeführt. Der *D*-Wert (auch Destruktionswert, thermal destruction, genannt) gibt die Zeit an, die benötigt wird, um die jeweils vorhandenen Keime bei einer konstanten Temperatur um 90 % bzw. auf ein Zehntel bzw. um eine Zehnerpotenz zu reduzieren (decimal reduction time). Demzufolge ist *D* nicht mehr von der Keimzahl abhängig und umgekehrt proportional von *k*.

Tab. 8.3-1 Anzahl der überlebenden Keime in Abhängigkeit von der Wärmebehandlung

Zeit als Vielfaches von D:	Zahl der überlebenden Keime		
0.D	10^{6}	1 000 000	
1.D	10^{5}	100 000	
2.D	10^{4}	10 000	
3.D	10^{3}	1 000	
4.D	10^{2}	100	
5.D	10^{1}	10	gleichbedeutend:
6.D	10^{0}	1	1 Spore in 1 Dose
7.D	10^{-1}	0,1	1 Spore in 10 Dosen
8.D	10^{-2}	0,01	1 Spore in 100 Dosen
9.D	10^{-3}	0,001	1 Spore in 1 000 Dosen
10.D.	10^{-4}	0,0001	1 Spore in 10 000 Dosen
11.D	10^{-5}	0,00001	1 Spore in 100 000 Dosen
12.D	10^{-6}	0,000001	1 Spore in 1 Mio. Dosen

Betrachtet man *D* als Zeiteinheit und erwärmt bei konstanter Temperatur, so nimmt die Keimzahl bei einem Anfangswert von 10^6, wie in Tabelle 8.3-1 angegeben, ab. Es wird deutlich, daß die Abtötungsgeschwindigkeit anfangs hoch ist und sich dann mehr und mehr verlangsamt.
Aus der verbalen Erklärung des *D*-Wertes und Gleichung (8/13) folgt:

$$D = \frac{2{,}3026}{k} \lg \frac{N_0}{N}, \text{ somit}$$
$$D = \frac{2{,}3026}{k} \qquad (8/14)$$

Der Wert D bedeutet also die notwendige Anzahl von Minuten, in der die Überlebenskurve einen logarithmischen Zyklus durchläuft (TDT-Kurve, Abb. 8.3-2).

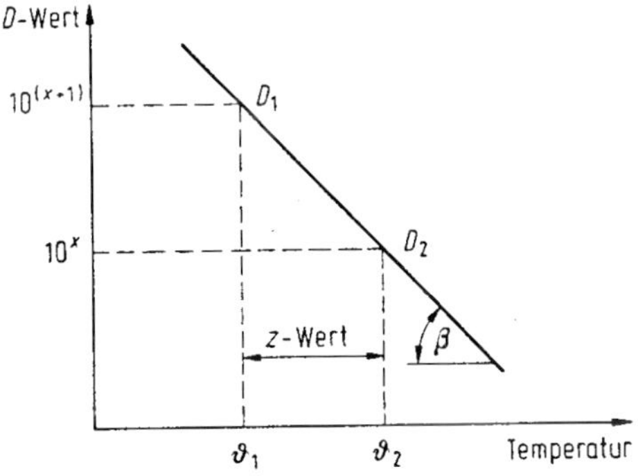

Abb. 8.3-2 Abtötungs-Zeitkurve

Die Funktionsgleichung der Überlebenskurve ergibt sich in explizierter Form, wenn Gleichung (8/13) nach lg N aufgelöst wird:

$$\lg N = \lg N_0 - \frac{k \cdot t}{2{,}3026}$$
$$\lg N = \lg N_0 - \frac{t}{D} \qquad (8/15)$$

In der linearen Funktion (8/15) stellt $-\frac{1}{D}$ den Anstieg der Geraden dar (vgl. Abb. 8.3-1). Bezeichnet man den Winkel der Überlebenskurve gegen die Zeitachse mit α, dann ist $\tan\alpha = -\frac{1}{D}$. Je hitzeempfindlicher eine Keimart ist, um so steiler verläuft die Gerade im halblogarithmischen Maßstab.

Die D-Werte der verschiedenen Mikroorganismen sind unterschiedlich. Tabelle 8.3-2 gibt die D-Werte, die bei konstanter Temperatur von 121,1 °C (250 °F) ermittelt wurden, von thermophilen und mesophilen Keimen in schwach sauren und sauren Lebensmitteln wieder. Als Ergänzung findet man in der Tabelle die D-Werte bei konstanter Temperatur von 65,5 °C (150 °F) für nicht sporenbildende Bakterien, Hefen und Schimmelpilze in stark sauren Lebensmitteln.

Nach CERNY [21] ist der Einfluß des pH-Wertes auf die Hitzeabtötung bei vegetativen und sporenbildenden Bakterien unterschiedlich. Er ist bei ersteren über 65 °C weitgehend zu vernachlässigen. Bakteriensporen zeigen hingegen bei höheren Temperaturen bezüglich ihrer Abtötungskinetik deutliche pH-Einflüsse. Am Beispiel von *Clostridium botulinum* und *Bacillus subtilis* läßt sich demonstrieren, daß im schwach sauren bis neutralen Bereich die Sporen weitaus beständiger gegen Wärmeeinwirkung sind als bei einem pH-Wert von 3 – 5 (Abb. 8.3-3 und 8.3-4). Im sauren Milieu evtl. überlebende Sporen vermögen nicht auszukeimen.
Sind die D-Werte bekannt, so ermöglicht die umgeformte Gleichung (8/15) die Berechnung der Zeit t, mit der bei konstanter Temperatur erwärmt werden muß, um den vorliegenden Anfangskeimgehalt N_0 auf den gewünschten Endkeimgehalt N zu reduzieren:

$$t = D(\lg N_0 - \lg N) \qquad (8/16)$$

Tab. 8.3-2 Vergleich der Destruktionswerte (D-Werte) einiger für Lebensmittelkonserven wichtiger Mikroorganismen [20]

Konservengruppen mit wichtigen Mikroorganismen	D-Wert in Minuten
Schwachsaure Lebensmittel (pH-Wert > 4,5)	
a) Thermophile	D 121,1 °C (250 °F)
Gruppe der nichtgasbildenden säuernden („flat-sour") Verderbniserreger (*B. stearothermophilus*)	4,0-5,0
Gruppe der gasbildenden Verderbniserreger (*Cl. thermosaccharolyticum*)	3,0-4,0
Gruppe der schwefelwasserstoffbildenden Verderbniserreger (*Cl. nigrificans*)	2,0-3,0
b) Mesophile	*D* 121,1 °C (250 °F)
Gruppe der Fäulnis verursachenden Clostridien (*Cl. sporogenes*, einschl. P.A. 3679)	0,10-1,5
Gruppe der Lebensmittelvergiftung verursachenden Clostridien (Cl. botulinum, Typ A und B)	0,10-0,21
Saure Lebensmittel (pH-Wert 4,0-4,5)	
a) Thermophile	*D* 121,1 °C (250 °F)
B. coagulans (fakultativ mesophil)	0,01-0,07
b) Mesophile	*D* 100 °C (212 °F)
B. polymyxa und *B. macerans*	0,10-0,50
Buttersäure bildende Clostridien (*Cl. pasteurianum*)	0,10-0,50
Starksaure Lebensmittel (pH-Wert < 4,0)	
a) Mesophile	*D* 65,5 °C (150 °F)
nichtsporenbildende Bakterien, wie *Lactobacillus*- und *Leuconostoc*-Arten sowie Hefen und Schimmelpilze	0,50-1,00

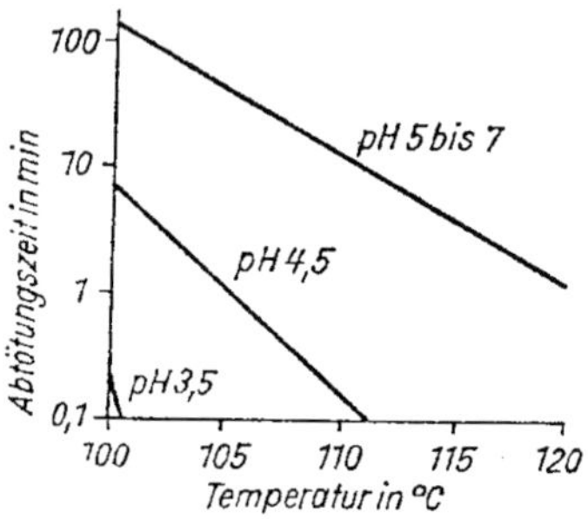

Abb. 8.3-3 Einfluß des pH-Wertes auf die Hitzeresistenz von Cl.-botulinum-Sporen [22]

Ist dagegen der *k*- und damit der *D*-Wert bei einer bestimmten Temperatur unbekannt, so kann *D* nach Messung von N_0, N und t aus der Gleichung

$$D = \frac{t}{\lg N_0 - \lg N} \tag{8/17}$$

berechnet werden.

Zur Verringerung der Keimzahl von *Clostridium botulinum* von 10^{12} auf 10^0 (12-*D*-Konzept nach BALL) ist z. B. bei der Temperatur 121,1 °C eine Sterilisationsdauer von 2,52 min. notwendig. Daraus ergibt sich für *D*:

$$D = \frac{2{,}52}{12 - 0} = 0{,}21 \text{ min}$$

Mit diesem Wert wird gewöhnlich gerechnet (s. auch Tab. 8.3-2).

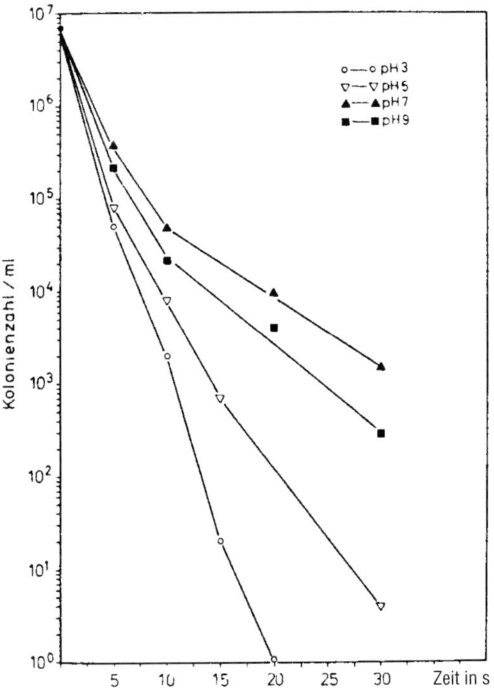

Abb. 8.3-4 Abhängigkeit der feuchtthermischen Abtötung von B.-subtilis-Sporen vom pH-Wert bei 110°C [21]

8.3.1.2 *z*-Wert

Der *z*-Wert gibt die Temperatur an, um welche die Sterilisationstemperatur erhöht werden muß, damit die Abtötungszeit um 90 % bzw. auf 1/10 reduziert werden muß, wobei *z* die zum Durchlaufen eines logarithmischen Zyklus der Abtötungs-Temperaturkurve notwendige Temperaturerhöhung darstellt (vgl. Abb. 8.3-2).

Der Zahlenwert von *z* reflektiert die Hitzewiderstandsfähigkeit einer Keimart. Je steiler die Gerade, umso kleiner wird die erforderliche Temperaturerhöhung. Beispiele für *z*-Werte der Sporen von:

Cl. botulinum und *Cl. sporogenes*	8,3 – 11,0	°C
Bac. subtilis	6,8	°C
Bac. stearothermophilus	9,6 – 10,75	°C

Für Berechnungen schwach saurer Füllgüter setzt man bei Sporenbildnern einen z-Wert von 10,0 °C und bei vegetativen Keimen gewöhnlich 5,0 oder 5,5 °C ein. Die Hitzewiderstandsfähigkeit in Abhängigkeit von der Temperatur kommt auch mit dem Q_{10}-Wert zum Ausdruck. Der Temperaturkoeffizient Q_{10} steht mit *z* in Relation:

$$z = \frac{10}{\lg Q_{10}} \tag{8/18}$$

Bei $z = 10$ °C ist der Q_{10}-Wert gleich 10.

Vergleicht man die Zeit, die erforderlich ist, um die Abtötung von Mikroorganismen bei einem Q_{10}-Wert gleich 10 zu erzielen, mit dem Ausmaß der chemischen Veränderungen von $Q_{10} = 2$, so zeigt sich, daß mit Erhöhung der Temperatur das Abtöten wesentlich beschleunigt wird und sich die chemischen Veränderungen in Grenzen halten (Tab. 8.3-3). Hierdurch wird der Vorteil der Anwendung des HTST-Verfahrens unterstrichen.

Tab. 8.3-3 Abtötung von Mikroorganismen mit einem Q_{10}-Wert = 10 und der chemischen Veränderungen mit einem Q_{10}-Wert = 2 [23]

Erhöhung der Ausgangstemperatur ϑ_1	Zeit *t*, die erforderlich ist, um die gleiche Abtötung von Mikroorganismen zu erzielen	Verhältnis der chemischen Veränderungen in der Zeiteinheit	Außmaß der chemischen Veränderungen in der Zeit *t* (Spalte2 mal Spalte 3)
ϑ_1	1	1	1
ϑ_1 + 10 K	0,1	2	0,2
ϑ_1 + 20 K	0,01	4	0,04
ϑ_1 + 30 K	0,001	8	0,008

8.3.2 Abweichungen von der logarithmischen Absterbeordnung

Die Feststellung mehrerer Autoren – in der klassischen Form insbesondere von BALL und OLSON [24] –, daß die Abtötung der Mikroorganismen einem logarithmischen Zeitgesetz folgt, wurde durch Beobachtungen anderer Wissenschaftler in Zweifel gezogen [25, 26, 27]. HANSEN und RIEMANN [28] haben diese Ergebnisse zusammengefaßt und den Vorgang der Abtötung im halblogarithmischen Netz durch drei typische Kurven dargestellt, die einen linearen, konvexen bzw. konkaven Verlauf haben (Abb. 8.3-5). Für die beiden letztgenannten Kurven, die die Abweichungen von der logarithmischen Absterbeordnung zeigen, machen PRECHT et al. [29] insbesondere die unterschiedliche Resistenz der Mikroorganismen verantwortlich. Den Autoren zufolge gibt es für die Annahme, daß alle Keime einer Bakterienpopulation die gleiche Resistenz haben, keinen experimentellen Beweis. Wiederholt wird auf den asymptotischen Verlauf der Kurven (tails) aufmerksam gemacht [25, 26, 27, 28]. BURTON et al. [25] fanden häufiger Abweichungen des Sterilisationseffekts unter praktischen Bedingungen im Vergleich zur Methode der schlagartigen Erhitzung in schmalen Kapillaren. Es wird auch darauf hingewiesen, daß die Abtötungsraten unter Verwendung konstanter *z*-Werte bei Temperaturen von 120 – 150 °C nicht korrekt wiedergegeben werden. Für diesen Temperaturbereich wird die Berechnung nach der Arrhenius-Beziehung empfohlen [27], [31].

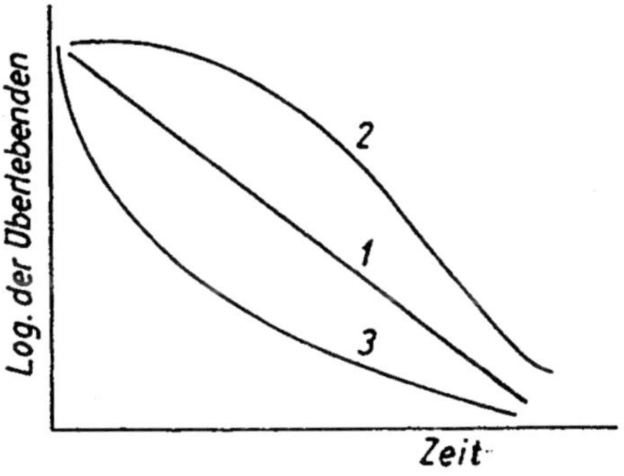

Abb. 8.3-5 Typen von Überlebenskurven [28]
1 linearer Verlauf
2 konvexer Verlauf
3 konkaver Verlauf

Eine andere Erklärung für die Ursachen der Abweichungen vom linearen Verlauf im halblogarithmischen Netz geben HERRMANN, AL-KHAGAT und SCHLEUSENER [30]. Sie wiesen nach, daß die konkaven und konvexen Äste der Überlebenskurve entstehen, wenn die Abtötung der Bakteriensporen als Folgereaktion

$$1 \xrightarrow{k_1} 2 \xrightarrow{k_2} 3$$

angesehen wird. Die lebenden nichtaktivierten Sporen (1) werden mit der Aktivierungsgeschwindigkeitskonstante (k_1) zunächst in aktivierte Sporen (2) überführt und dann mit der Abtötungsgeschwindigkeitskonstante (k_2) abgetötet.

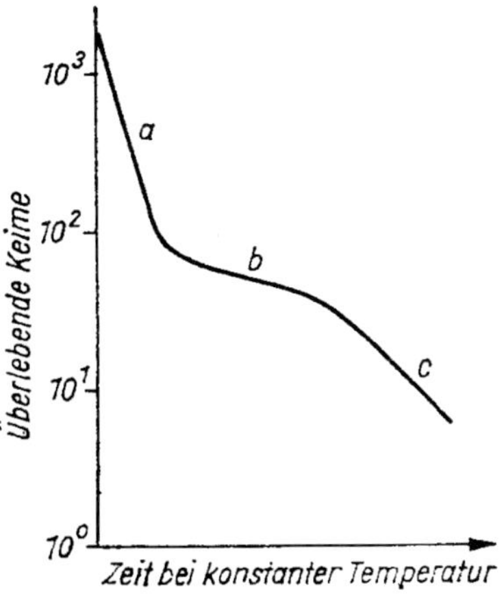

Abb. 8.3-6 Kurvenverlauf beim Auftreten von Verklumpungen zu Beginn der Wärmebehandlung (Erläuterung im Text) [31]

Die verschiedenen Abweichungen treten als Folge der Variation des Verhältnisses von k_1 zu k_2, das temperaturabhängig ist, und des unterschiedlichen Anfangsgehaltes an schon bei normaler Temperatur vorhandenen aktivierten Sporen auf.
Die Geschwindigkeit der Gesamtreaktion wird durch die langsamste Reaktion bestimmt. Somit ist der D-Wert aus dem kleineren der beiden k-Werte zu berechnen. Dieser D-Wert ist für die Ermittlung der notwendigen Sterilisationszeiten zu verwenden.
Abweichungen von der logarithmischen Absterbeordnung können auch auftreten, wenn es bei der Wärmebehandlung zu Ausfällungen oder Verklumpungen von Inhaltsstoffen mit Einschluß von Mikroorganismen kommt. Möglichkeiten dieser Art sind z. B. bei Suppen und Wurstkonserven gegeben. Abbildung 8.3-6 zeigt einen solchen Fall, bei dem Verklumpungen frühzeitig während der Wärmebehandlung eintreten. Der erste Teil (a) der Kurve verdeutlicht einen gemischten Vorgang von Verklumpung und Abtötung der Mikroorganismen. Der zweite Teil (b) repräsentiert eine Reduktion von lebensfähigen Keimen in der Ausfällung. Der dritte Teil (c) beschreibt eine Reduktion einer Kolonienzahl, von der jede Kolonie aus einer überlebenden Zelle entstanden ist [31].

8.3.3 Berechnung des Sterilisations- und Pasteurisationseffekts

8.3.3.1 *F*- und *L*Wert

Für die Konservenindustrie ist es im Interesse der Sicherheit des Sterilisationsprozesses, verbunden mit dem Erreichen einer höheren Arbeitsproduktivität und Energieeinsparung, von großem Nutzen, hinreichend genaue Aussagen über den Sterilisationseffekt zu erhalten. Die Parameter, die dem Verfahren zur Sterilisation und Pasteurisation zugrunde liegen, lassen sich definieren und messen.
Damit der relative Sterilisationseffekt jeder Wärmebehandlung von Füllgütern vergleichbar wird, wurde als Einheit für die Abtötung von Mikroorganismen ihr F-Wert (F_0-Wert) eingeführt. In der Literatur wird vielfach die Bezeichnung F_0 bei Zugrundelegung der Temperatur von 121,1 °C und des Wertes $z = 10$ °C verwendet. Der F-Wert ist die prozeßbeschreibende Einheit ausgedrückt in Minuten bei 121,1 °C (250 °F). Für den *F*-Wert gilt nach BALL [32] folgende Begriffsbestimmung:

- Der *F*-Wert entspricht der Abtötung einer bestimmten Keimart mit einem gegebenen *z*-Wert nach der Einwirkung des gesamten letalen Effektes des angewandten Verfahrens und wird ausgedrückt mit der Anzahl Minuten, die bei 121,1 °C (250 °F) denselben letalen Effekt herbeiführen würden.

$F = 1$ min. oder $F = 5$ min. bedeutet demnach, daß eine Temperatur von 121,1 °C (250 °F) für die Dauer von einer bzw. fünf Minuten eingewirkt hat. Der große Vorteil der Einführung des *F*-Wertes besteht in der Vergleichbarkeit von Sterilisationseffekten. Nach der Begriffsbestimmung von *F* entspricht diese Größe der Zeit *t* nach Gleichung (8/16). Es ist also

$$F = D(\lg N_0 - \lg N) \qquad (8/19)$$

Das Symbol *Fs bringt* die Summe des Abtötungseffekts von Mikroorganismen in allen Bereichen und F_c die Temperatur im kältesten Punkt des Konservengutes zum Ausdruck. F_s wird deshalb auch als integrierter Abtötungseffekt bezeichnet.

Der F_i-Wert ist die Umrechnung der auf 121,1 °C bezogenen F-Werte für beliebige andere Temperaturen. Es gilt:

$$F_i = 10\frac{121{,}1 - T}{z} \qquad (8/20)$$

oder

$$\lg F_i = \frac{1}{z}(121{,}1 - T)$$

T ist die wirkende Temperatur im Autoklaven und z der Zahlenwert des betrachteten Mikroorganismus (in °C).

- F_i bedeutet die Zeit in Minuten, die bei einer beliebigen anderen Temperatur T die gleiche Reduktion einer Keimart mit bestimmtem z-Wert bewirkt, wie die Einwirkungszeit von einer Minute bei 121,1 °C (250 °F).

Jeder Temperatur kann nun eine bestimmte Letalitätsrate L

$$L = \frac{1}{F_i} \text{ (dimensionslos)} \qquad (8/21)$$

zugeordnet werden. Die L-Werte geben die Geschwindigkeit der Mikroorganismenabtötung wieder. Die Beziehung zwischen der Temperatur T = 121,1 °C und der Letalitätsrate L lautet

$$L = 10\frac{T - 121{,}1}{z} \qquad (8/22)$$

In der Literatur haben sich dafür auch die Schreibweisen

$$L = \lg^{-1}\frac{T - 121{,}1}{z} \text{ und}$$
$$\lg L = \frac{1}{z}(T - 121{,}1) \qquad (8/23)$$

eingebürgert.

L wird aus T und z berechnet. Es kann somit eine Letalitätskurve $L = f(t)$ aus der gemessenen Temperatur und den Letalraten konstruiert werden.

Als Beispiel wird eine im Füllgut erreichte Temperatur von 122 °C angenommen; der z-Wert wird mit 10 °C eingesetzt. Als L-Wert erhält man:

$$L = \lg^{-1}\frac{122 - 121{,}1}{10} = \lg^{-1}\ 0{,}09$$
$$L = 1{,}23 \qquad (8/24)$$

Für F_i folgt dann nach Gl. (8/21)

F_i=0,81 min.

Tab. 8.3-4 Letalitätsraten L für Pasteurisation bzw. Sterilisation [33]

Erhitzungstemperatur			z-Wert (°C)									
Pasteurisation		Sterilisation										
Bezugstemperatur (°C)												
71,1	91,1	121,1	1,0	2,0	3,0	4,0						
50,0	70,0	100,0					0,00006	0,00030	0,00097	0,00230	0,00452	0,00776
51,0	71,0	101,0				0,00001	0,00010	0,00045	0,00134	0,00307	0,00504	0,00977
52,0	72,0	102,0				0,00002	0,00015	0,00066	0,00187	0,00410	0,00755	0,01230
53,0	73,0	103,0				0,00003	0,00024	0,00096	0,00260	0,00546	0,00975	0,01549
54,0	74,0	104,0				0,00005	0,00038	0,00141	0,00361	0,00729	0,01259	0,01940
55,0	75,0	105,0				0,00009	0,00060	0,00207	0,00501	0,00972	0,01626	0,02455
56,0	76,0	106,0			0,00001	0,00017	0,00095	0,00304	0,00696	0,01296	0,02100	0,03090
57,0	77,0	107,0			0,00002	0,00030	0,00151	0,00447	0,00968	0,01220	0,02712	0,03890
58,0	78,0	108,0			0,00004	0,00053	0,00240	0,00656	0,01345	0,02304	0,03503	0,04898
59,0	79,0	109,0			0,00009	0,00094	0,00380	0,00962	0,01868	0,03073	0,04524	0,06166
60,0	80,0	110,0			0,00020	0,00168	0,00603	0,01413	0,02596	0,04097	0,05843	0,07762
61,0	81,0	111,0			0,00043	0,00299	0,00955	0,02073	0,03607	0,05464	0,07547	0,09772
62,0	82,0	112,0		0,00003	0,00093	0,00531	0,01514	0,03043	0,05012	0,07286	0,09747	0,12303
63,0	83,0	113,0		0,00009	0,00200	0,00944	0,02399	0,04467	0,06964	0,09716	0,12589	0,15488
64,0	84,0	114,0		0,00028	0,00430	0,01679	0,03802	0,06556	0,09676	0,12957	0,16260	0,19498
65,0	85,0	115,0		0,00089	0,00926	0,02985	0,06026	0,09624	0,13445	0,17278	0,21000	0,24547
66,0	86,0	116,0		0,00282	0,01995	0,05309	0,09550	,014125	0,18682	0,23041	0,27123	0,30903
67,0	87,0	117,0	0,00008	0,00891	0,04299	0,09441	0,15136	0,20733	0,25959	0,30726	0,35030	0,38905
68,0	88,0	118,0	0,00079	0,02818	0,09261	0,16788	0,23988	0,30432	0,36070	0,40973	0,45243	0,48978
69,0	89,0	119,0	0,00794	0,08913	0,19953	0,29854	0,38019	0,44668	0,50119	0,54639	0,58434	0,61659
70,0	90,0	120,0	0,07943	0,28184	0,42987	0,53088	0,60256	0,65564	0,69640	0,72862	0,75471	0,77625
71,0	91,0	121,0	0,79433	0,89125	0,92612	0,94406	0,95499	0,96235	0,96764	0,97163	0,97474	0,97724
72,0	92,0	122,0	7,94327	2,81838	1,99526	1,67880	1,51356	1,41254	1,34453	1,29569	1,25893	1,23027
73,0	93,0	123,0	79,43274	8,91250	4,29866	2,98538	2,39883	2,07332	1,86822	1,72783	1,62596	1,54882
74,0	94,0	124,0		28,18381	9,26118	5,30884	3,80189	3,04322	2,59589	2,30409	2,10001	1,94984
75,0	95,0	125,0		89,12503	19,95262	9,44061	6,02559	4,46684	3,60697	3,07256	2,71227	2,45471
76,0	96,0	126,0			42,98661	16,78803	9,54992	6,55642	5,01187	4,09732	3,50303	3,09029
77,0	97,0	127,0			92,61182	29,85382	15,13561	9,62350	6,96397	5,46386	4,52434	3,89045
78,0	98,0	128,0				53,08842	23,98832	14,12537	9,67641	7,28618	5,84341	4,89779
79,0	99,0	129,0				94,40604	38,01892	20,73321	13,44532	9,71628	7,54706	6,16595
80,0	100,0	130,0					60,25593	30,43219	18,68222	12,95687	9,74740	7,76247
81,0	101,0	131,0					95,49922	44,66835	25,95886	17,27826	12,58925	9,77237
82,0	102,0	132,0						65,56416	36,06972	23,04092	16,25964	12,30268
83,0	103,0	133,0						96,235,3	50,11871	30,72557	21,00014	15,48816
84,0	104,0	134,0							69,63972	40,97321	27,12271	19,49844
85,0	105,0	135,0							96,76407	54,63864	35,03034	24,54708
86,0	106,0	136,0								72,68179	45,24342	30,90295
87,0	107,0	137,0								97,16275	58,43412	38,90451
88,0	108,0	138,0									75,47056	48,97787
89,0	109,0	139,0									97,47400	61,65948
90,0	110,0	140,0										77,62469

Tab. 8.3-5 P_i- bzw. F_i-Werte für Pasteurisation bzw. Sterilisation [33]

Erhitzungstemperatur			z-Wert (°C)									
Pasteurisation		Sterilisation										
Bezugstemperatur (°C)												
71,1	91,1	121,1	1,0	2,0	3,0	4,0	5,0	6,0	7,0	8,0	9,0	10,0
50,0	70,0	100,0										
51,0	71,0	101,0										
52,0	72,0	102,0										81,28305
53,0	73,0	103,0										64,56541
54,0	74,0	104,0									79,43281	51,28614
55,0	75,0	105,0									61,50194	40,73803
56,0	76,0	106,0								77,17914	47,61872	32,35936
57,0	77,0	107,0								57,87619	36,86945	25,70396
58,0	78,0	108,0							74,37527	43,40102	28,54667	20,41738
59,0	79,0	109,0							53,52681	32,54617	22,10265	16,21810
60,0	80,0	110,0						70,79457	38,52248	24,40619	17,11328	12,88250
61,0	81,0	111,0						48,23178	27,72408	18,30206	13,25019	10,23293
62,0	82,0	112,0					56,06934	32,85993	19,95262	13,72461	10,25914	8,12830
63,0	83,0	113,0					41,68693	22,38721	14,35962	10,29200	7,94328	6,45654
64,0	84,0	114,0				59,56621	26,30269	15,25223	10,33441	7,71791	6,15019	5,12861
65,0	85,0	115,0				33,49654	16,59587	10,39122	7,43753	5,78762	4,76487	4,07380
66,0	86,0	116,0			50,11873	18,83649	10,47128	7,07946	5,35268	4,34010	3,68695	3,23594
67,0	87,0	117,0			23,26305	10,59254	6,60693	4,82318	3,85225	3,25462	2,85467	2,57040
68,0	88,0	118,0		35,48135	10,79775	5,95662	4,16869	3,28599	2,77241	2,44062	2,21027	2,04174
69,0	89,0	119,0		11,22019	5,01187	3,34965	2,63027	2,23872	1,99526	1,83021	1,71133	1,62181
70,0	90,0	120,0	12,58926	3,54814	2,32631	1,88365	1,65959	1,52522	1,43596	1,37246	1,35002	1,28825
71,0	91,0	121,0	1,25893	1,12202	1,07978	1,05925	1,04713	1,03912	1,03344	1,02920	1,02591	1,02329
72,0	92,0	122,0	0,12589	0,35481	0,50119	0,59566	0,66069	0,70795	0,74375	0,77179	0,79433	0,81283
73,0	93,0	123,0	0,1259	0,11220	0,23263	0,33497	0,41687	0,48232	0,53527	0,57876	0,61502	0,64565
74,0	94,0	124,0	0,00126	0,03548	0,10798	0,18836	0,26303	0,32860	0,38522	0,43401	0,47619	0,51286
75,0	95,0	125,0	0,00013	0,01122	0,05012	0,10593	0,16596	0,22387	0,27724	0,32546	0,36869	0,40738
76,0	96,0	126,0	0,00001	0,00355	0,02326	0,05957	0,10471	0,15252	0,19953	0,24406	0,28547	0,32359
77,0	97,0	127,0		0,00112	0,01080	0,03350	0,06607	0,10391	0,14360	0,18302	0,22103	0,25704
78,0	98,0	128,0		0,00035	0,00501	0,01884	0,04169	0,07079	0,10334	0,13725	0,17113	0,20417
79,0	99,0	129,0		0,00011	0,00233	0,01059	0,02630	0,04823	0,07438	0,10292	0,13250	0,16218
80,0	100,0	130,0		0,00004	0,00108	0,00596	0,01660	0,03286	0,05353	0,07718	0,10259	0,12882
81,0	101,0	131,0		0,00001	0,00050	0,00335	0,01047	0,02239	0,03852	0,05788	0,07943	0,10233
82,0	102,0	132,0			0,00023	0,00188	0,00661	0,10525	0,02772	0,04340	0,06150	0,08128
83,0	103,0	133,0			0,00011	0,00106	0,00417	0,01039	0,01995	0,03255	0,04762	0,06457
84,0	104,0	134,0			0,00005	0,00060	0,00263	0,00708	0,01436	0,02441	0,03687	0,05129
85,0	105,0	135,0			0,00002	0,00033	0,00166	0,00482	0,01033	0,01830	0,02855	0,04074
86,0	106,0	136,0			0,00001	0,00019	0,00105	0,00329	0,00744	0,01372	0,02210	0,03236
87,0	107,0	137,0				0,00011	0,00066	0,00224	0,00535	0,01029	0,01711	0,02570
88,0	108,0	138,0				0,00006	0,00042	0,00153	0,00385	0,00772	0,01325	0,02042
89,0	109,0	139,0				0,00003	0,00026	0,00104	0,00277	0,00579	0,01026	0,01622
90,0	110,0	140,0				0,00002	0000017	0,00071	0,00200	0,00434	0,00794	0,01288

Bei 122 °C genügen somit 0,81 min., um den gleichen Sterilisationseffekt zu erzielen wie bei 121,1 °C und 1 min.

Da $L = 1$ bei 121,1 °C, hat sich die Letalitätsrate um 0,23 erhöht.

In den Tabellen 8.3-4 und 8.3-5 sind die L-Werte bzw. P_i- und F_i-Werte für den Temperaturbereich 50 – 140°C berechnet und nach Gl. (8/20) und (8/21) für z = 10 °C aufgeführt. Bei der Sterilisation bleiben Temperaturen < 90 °C und bei der Pasteurisation < 50 °C unberücksichtigt, da der durch sie verursachte Anteil an der Gesamtletalität verschwindend klein ist.

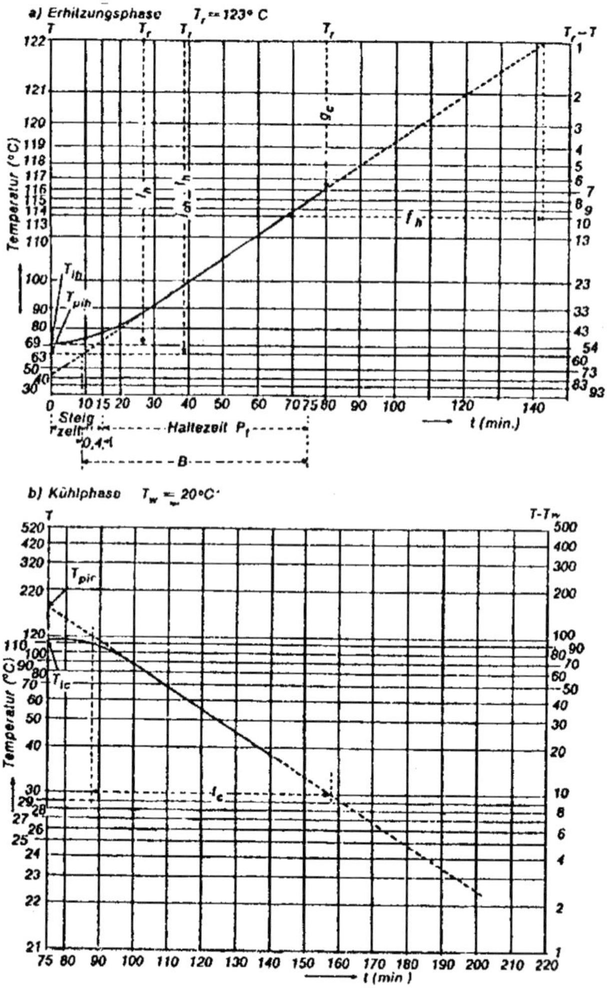

Abb. 8.3-7 Kerntemperaturverlauf in einem pastösen Füllgut, Steigzeit 15 min., Haltezeit 60 min., Fallzeit 15 min., [31]

8.3.3.2 Ermittlung des *F*-Wertes

Der Nachweis des tatsächlichen Wärmebehandlungseffektes kann nach verschiedenen Methoden erfolgen, und zwar nach der graphischen, der Additions-, der mathematischen und tabellarischen (monographischen) Methode.
Die graphische Methode sowie die Additionsmethode beziehen sich auf die thermisch ungünstigste Stelle des Füllgutes. Ihre Anwendung erfordert die Kenntnis des Temperaturdurchgangs an diesem Ort. Mit beiden Methoden kann der erreichte F_c-Wert bestimmt werden. Am häufigsten wird auf Grund der einfachen Handhabung die Additionsmethode angewendet. Sie wurde von PATASHNIK [34] entwickelt.
Die mathematische Methode wurde für zylinderförmige Konserven entwickelt und mehrfach modifiziert [24, 31, 35, 36, 37].
Diese Methoden können in zwei Gruppen eingeteilt werden: Verfahren, die auf der Ermittlung der Letalität im kältesten Punkt des Lebensmittels beruhen und Verfahren, die auf der Ermittlung der durchschnittlichen Letalität aller Volumenelemente des Lebensmittels beruhen (F_c- bzw. F_s-Wert).
Die mathematische Bestimmung geeigneter Hitzebehandlungsverfahren basiert im wesentlichen auf der Verwendung von Werten, die zu der letalen Wirkung der Hitzebehandlung in enger Beziehung stehen. Um diese Werte zu berechnen, werden die experimentell oder theoretisch bestimmten Temperaturen in Lebensmitteln mathematisch mit reaktionskinetischen Gleichungen für die thermische Inaktivierung von Mikroorganismen verbunden. Bei den meisten mathematischen Methoden werden empirische Formeln für die Ermittlung von Temperatur-Zeit-Kurven genutzt. Um Hitzebehandlungsverfahren mit Hilfe empirischer Formeln zu berechnen, wird der Sterilisationswert einer Erhitzungsphase nur aus den geradlinigen Teilen der Erhitzungskurve berücksichtigt. Hierbei muß die Wärmedurchdringung im thermisch ungünstigsten Punkt bekannt sein, aus der dann die zur Anwendung der Methode benötigten wärmephysikalischen Größen (f_h-, f_c-, j-Wert usw.) berechnet bzw. aus Tabellen abgelesen werden (ausführliche Ausführungen bei den genannten Autoren). Bei der Darstellung im halblogarithmischen Maßstab ergibt sowohl die Kurve für die Erwärmung als auch für die Abkühlung eine Gerade (Abb. 8.3-7).
Derartige Bedingungen sind nur bei der Wärmeübertragung durch Konvektion oder Wärmeleitung gegeben. Da bei Fleisch und Fleischerzeugnissen die beiden Wärmeübertragungsarten fast ausschließlich gemischt vorliegen, ist die Methode hierfür nicht und für Obst- und Gemüseprodukte teilweise anwendbar. Das gleiche gilt auch für die von WOJCIECHOWSKI und HARABASZ [38] entwickelte tabellarische Methode.

8.3.3.3 Berechnung des Pasteurisationseffekts

Zu den Lebensmitteln, die der Pasteurisation unterzogen werden, zählen außer Fleisch- und Fischprodukten z. B. Milch, Fruchtsäfte, Eiprodukte, Backwaren und Flaschenbier. Bei den Erzeugnissen handelt es sich um leicht verderbliche Lebensmittel, die durch die Wärmebehandlung für eine relativ kurze Zeit haltbar gemacht werden. Pathogene Keime werden ausgeschaltet, so daß gesundheitliche Störungen des Konsumenten auszuschließen sind.
Im Prinzip ist die Bestimmung des Pasteurisationseffekts analog der des Sterilisationseffekts. Die Unterschiede bestehen jedoch darin, daß die Bezugstemperatur nicht auf einen bestimmten Wert festgelegt werden kann. Der Grund liegt in den unterschiedlich angewandten Temperaturen bei Pasteurisationsprozessen.

Der ermittelte Pasteurisationswert wird mit *P*- oder *PU*-Wert (Pasteurisation Units), auch als *F*-Wert, z. B. F_{70}^{10} bezeichnet. In der Bierbrauerei ist die Bezeichnung Pasteurisierungseinheit üblich. Für pasteurisiertes Bier wird unter 1 PU oder 1 P die Wärmebehandlung von 1 min. bei 60 °C verstanden. Man verlangt für pasteurisiertes Bier einen *P*-Wert von 20 min. Im allgemeinen wird bei den Berechnungen von der logarithmischen Absterbeordnung ausgegangen.

In der internationalen Obst- und Gemüsekonservenindustrie hat sich als Bezugstemperatur 93,3 °C (= 200 °F) durchgesetzt. Es finden sich auch bereits in der Fachliteratur Zusammenstellungen über gebräuchliche bzw. erforderliche $F_{93,3}^{8,9}$ -Werte für eine Vielzahl von Konserven. Die Hochzahl gibt den *z*-Wert an, *z* = 8,9 °C wird bei diesen Berechnungen allgemein verwendet.

Aus Abbildung 8.3-8 kann man ersehen, daß *Staph. aureus* innerhalb von 10 min. bei 71 °C von 10^6 auf 10^0 reduziert wird. Bei der Temperatur von 71 °C werden jedoch eventuell vorhandene Toxine nicht inaktiviert. Zum Pasteurisieren von Fleischerzeugnissen kommen Kerntemperaturen von etwa 70 °C in Betracht, um die vegetativen Mikroorganismen abzutöten.

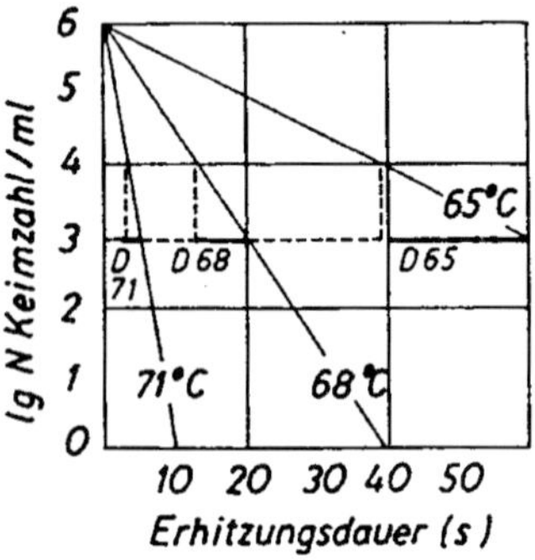

Abb. 8.3-8 Absterberaten eines vegetativen Keimes (Staphylococcus aureus) bei verschiedenen Tempe-raturen und zugehörige D-Werte [15]

Zu den hitzeresistenten vegetativen Keimen zählen Streptokokken, zu denen u. a. *Sc. thermophilus*, *Sc. faecalis* und *Sc. faecium* gehören. Prinzipiell können als Teststämme alle genannten hitzeresistenten Mikroorganismen in Frage kommen. Streptokokken sind sowohl als Verderbniserreger als auch in gesundheitlich-hygienischer Hinsicht bedenklich. Es empfiehlt sich, einen Stamm aus dieser Gruppe auszuwählen. Als Teststamm wird *Sc. faecium* vorgeschlagen.

Zur Quantifizierung der Abtötungseffekte beim Pasteurisieren wird weiter vorgeschlagen, das für das Sterilisieren verwendete Berechnungsverfahren analog auf das Pasteurisieren zu übertragen und modifiziert anzuwenden. Die Bezugstemperatur sollte dabei so gewählt werden, daß die Maßzahlen für den erreichten Gesamteffekt etwa in den Intervallen liegen, die bei der Letalitätsbestimmung für Sterilisationsprozesse in Betracht kommen. Es ergibt sich eine Vereinfachung, wenn die bekannten Tabellen erweitert und Bezugstemperaturen von 91,1 °C für die Obst- und Gemüseindustrie und 71,1 °C für die Fleisch- und Fischwirtschaft verwendet werden. Diese Bezugstemperaturen würden nicht zu übermäßig hohen oder zu kleinen *P*-Werten führen.

Die Berechnung der Letalraten ergibt analog zu Gleichung (8/22)

$$L_p = 10^{\frac{T - Tr}{z}} \quad \text{(Tr:Bezugstemperatur)} \tag{8/25}$$

entsprechend zur *F*-Wert-Berechnung nach Gleichung (8/19)) ergibt sich:

$$P = D(\lg N_0 - \lg N) \tag{8/26}$$

8.3.3.4 Praktische Ermittlung des *F*- und *P*-Wertes

Die Zielstellung, die Wärmebehandlung so zu bemessen, daß sowohl die Stabilität als auch die Qualität der Konserven Berücksichtigung finden, ist nur auf konventioneller Basis lösbar. Da nicht zuletzt ökonomische Konsequenzen zu beachten sind, muß festgelegt werden, wie hoch das Risiko des möglichen Verderbs von Konserven sein darf. Im allgemeinen dürfte es ausreichend sein, wenn man bei handelsüblichen Vollkonserven eine Sicherheit (Abtötungseffekt von Mikroorganismen) von $10^4 : 1$ anstrebt. Das heißt, die Bedingungen der Sterilisation sind so zu gestalten, daß von 10 000 Behältnissen eine Konserve unsicher ist und verderben könnte.

Tab. 8.3-6 In der Fachliteratur empfohlene Fo-Werte (min) (nach [23])

Produkt	STORK	ALSTRAND	STUMBO EKLUND	PAULUS	ANDERSEN	WIRTH, LEISTNER	TAKACS, HEIDTMANN, REICHERT
Fleisch							
Corned Beef		5				4,0-4,9	
Roast Beef		5					
Schinken		5			0,1-0,3	(0,6)[1]	0,6-0,8
Würstchen					1,0-3,0	4,2-4,7	
Fleisch							
Luncheon Meat					0,3-0,8		
Rindfleisch im eigenen Saft						4,1-4,3	
Schweinefleisch im eigenen Saft						3,9-4,1	
Gulasch						4,0-4,5	
Sülze						4,5-4,7	
Fertiggerichte							
Bohnen in Tomatensoße		8-15					
Spaghetti			5,5				
Linsen m. Bauchfleisch						3,9-4,6	
Ochsenschwanzsuppe						4,0-4,9	

[1] kann Haltbarkeit von 6 bis 12 Monaten bei 15 °C ergeben.

- **Beispiel 1**

Wenn der Anfangssporengehalt (*Cl. sporogenes*) mit einem Keim je 1 g Rohmasse angesetzt wird, der Inhalt des Behältnisses 1 000 g beträgt und eine Sicherheit von 10^4 : 1 gefordert ist, ergibt sich:

$$F = 1\ (\lg 10^3 - \lg 10^{-4})$$
$$F = 1\ (3 + 4) = 7\ \text{min}$$

Es liegt in diesem Fall ein 7-*D*-Konzept bezogen auf die Reduzierung von *Cl. sporogenes* zugrunde.

- **Beispiel 2**

Unterstellt man einen Anfangskeimgehalt von 10 Sporen je 1 g einer Dose mit 400 g Inhalt und soll eine Sicherheit von 10^4 : gegeben sein, so errechnet sich ein *F*-Wert-Bedarf von 7,6.

$$F = 1\ (\lg 4\,000 - \lg 10^{-4})$$
$$F = 1\ (3{,}6021 + 4) = 7{,}6021\ \text{min}$$

Der *F*-Wert für die Herstellung von handelsüblichen Vollkonserven sollte 5 – 8 min. betragen (Tab. 8.3-6).

Analog verfährt man bei der Berechnung des *P*-Wertes. Hierfür stehen die Daten aus den Tabellen 8.3-4 und 8.3-5 zur Verfügung, die Temperaturbereiche von 50 – 140 °C und *z*-Werte von 1,0 – 10,0 °C in Schritten von 1 K beinhalten. Die Berechnung der Letalraten ergibt sich aus

$$Lp = 10^{\frac{T - 71{,}1}{z}} \qquad (8/27)$$

Quellen und Literatur

[1] SCHLEUSENER, H.; SIELAFF, H., ZSIGO, I.: Fleisch 36 (1982) 32

[2] TILGNER, D. J.: Die Technolgie der Garverfahren. Frankfurt/Main: Verlagshaus Sponholz 1974

[3] SCHWEIGERT, B. S.: The nutritional content and value of meat and meat products, S. 275 in Price, J. F., Schweigert, B. S.: The science of meat and meat products, 3. Auflage, Westport, Connecticut USA Food and Nutrition Press, Inc. 1987

[4] CROSS, H. R., DURLAND, P. R., SEIDEMAN, S. C.: Sensory quality of meat, S. 279, in Bechtel, P. J. (Hrsg.): Muscle as a food. New York: Academic Press, Inc. 1986

[5] HAMM, R.: Die Fleischwirtschaft 4 (1952) S. 273

[6] FEASTER, J. F.: Vitamin retention in processed meat and effect of storage. Inc. Eng. Chem. Ed 38 (1946) S. 47

[7] RALTSCHOVSKA, E.: Die Vitamin-B_1-Zerstörung bei verschiedenen Haltbarmachungsprozessen von Fleisch. Diss. Humboldt-Universität zu Berlin, 1973

[8] REICHERT, J. E.: Z. f. Lebensmitteltechnologie und Verfahrenstechnik 28 (1977) S. 1 – 7

[9] NOUR, S.: Reaktionskinetische Studien über die Veränderung der Lebensmittel bei Erhitzungsprozessen im Haushalt. Diss. Humboldt-Universität zu Berlin, 1977

[10] HERRMANN, J.: Die Lebensmittelindustrie 23 (1976) S. 399, 469, 515, 537

[11] BAUDER, U.: Untersuchungen über den Zusammenhang zwischen Hitzesterilisation und Qualitätserhaltung von Lebensmitteln unter Berücksichtigung des Behälterformats. Diss.

Techn. Univ. München, 1974
[12] LANGE, H.-J.: Untersuchungsmethoden in der Konservenindustrie. Berlin und Hamburg: Verlag Paul Parey 1972
[13] EISNER, M.: Einführung in die Technik und Technologie der Rotationssterilisation. Wolfsburg: Verlag Günter Hempel 1985
[14] SCHLEUSENER, H.; SIELAFF, H.: Lebensmittelindustrie 27 (1980) S. 297
[15] CHRISTOPHERSEN, J.: Über den Einfluß thermischer Behandlung auf Proteasen in Lebensmitteln. Z. Lebensm. Technol. u. Verf. 31 (1980) S. 49
[16] PREUSSKER, H.: Ernährungswissenschaft 17 (1970) S. 770
[17] KÁS, J.; RAUCH, P.; DENMEROVA, K.; SEBESTA, J.: Proteolytische Aktivitäten in Fleischkonserven. J. Lebensmittel Unters. Forschg. 169 (1982) S. 271
[18] BIGELOW, W. D.; BOHARD, G. S.; RICHARDSON, G. S.; BALL, C. O.: Natl. Canners' Assoc. Bull. 16-L (1920)
[19] STERN, J. A.; PROCTOR, B. F.: Food Technol. 8 (1954) S. 139
[20] STUMBO, C. R.: Thermobacteriology in Food Processing. New York und London: Academic Press 1965 und Food Technol. 20 (1966) S. 341
[21] CERNY, G.: Abhängigkeit der thermischen Abtötung von Mikroorganismen vom pH-Wert der Medien. Z. Lebensm. Unters. und Forschg. 170 (1980) S. 180 – 186
[22] DESROSIER, N. W.: The Technology of Food Preservation. Westport/Conn.: The Avi Publishing Co. Inc. 1959
[23] HEISS, R.; EICHNER, K.: Haltbarmachen von Lebensmitteln. Berlin, Heidelberg, New York, Tokyo: Springer Verlag 1990
[24] BALL, C. O.; OLSON, F. C.: Sterilization in food technology. New York: 1957
[25] BURTON, H.; PERKIN, A. G.; DAVIES, F. L.; UNDERWOOD, H.: J. Food Technol. 12 (1977) S. 149 – 161
[26] PERKIN, A. G.; BURTON, H.; UNDERWOOD, H.; DAVIES, F. L.: J. Food Technol. 12 (1977) S. 131 – 148
[27] DAVIES, F. L.; UNDERWOOD, H.; PERKIN, A. G.; BURTON, H.: J. Food Technol. 12 (1977) S. 115 – 129
[28] HANSEN, N. H.; RIEMAN, H.: Journal of applied bacteriology 26 (1963) S. 314
[29] PRECHT, J.; CHRISTOPHERSEN, J.; HENSEL, H.: Temperatur und Leben: Springer Verlag 1955
[30] HERRMANN, J.; AL-KHAYAT, M.; SCHLEUSENER, H.: V. Internat. Symposium über Sterilisation, Desinfektion und Antiseptik. Erfurt, 1974
[31] STUMBO, C. R.: Thermobacteriology in Food Processing. New York und London: Academic Press 1965
[32] BALL, C. O.: Univ. Calif. Public Health 1 (1928) S. 15 – 245
[33] SIELAFF, H.; SCHLEUSENER, H.; KÖLLER, M.: Wiss. Zeitschrift der Humboldt-Univ. zu Berlin, Math.-Nat. R. XXX (1981), 2/3, S. 145
[34] PATASHNIK, M.: Food Technol. 7 (1953) S. 1 – 6
[35] SCHULTZ, O. T.; OLSON, F. C.: Food Research 51 (1940) S. 359 – 407
[36] TAKÀCS, J.; WIRTH, F.; LEISTNER, L.: Die Fleischwirtschaft 49 (1969) S. 1 166
[37] HAYAKAWA, KAN-ICHI: Kritischer Rückblick auf mathematische Verfahren zur Bestimmung geeigneter Hitzesterilisationsverfahren. Food Technology (1978) S. 59 – 64
[38] WOJCIECHOWSKI, J.; HARABASZ, J. S.: Die Fleischwirtschaft 56 (1976) S. 255, 58 (1978) S. 1996

9 Ausrüstungen für die Fleischverarbeitung

K. ZWEIG/H. SIELAFF

9.1 Wölfe – Bauarten und Wirkprinzipe

Neben der Standardausführung wird in zunehmendem Maße die Entwicklung von der Einzweckmaschine zum Mehrzweckaggregat deutlich. Für diese Feststellung stehen Begriffe wie Mischwölfe, Gefrierfleischwölfe, Kochwölfe und Trenn- bzw. Separierwölfe. Sonderbauarten sind Fettwölfe und Knochenbrecherwölfe als Bestandteile von Fettschmelz- bzw. Entfleischungsanlagen (Abb. 9.1-1).

9.1.1 Standard-Bauart

Beim Wolfen führt ein als Zuführungsschnecke bezeichnetes Förderelement als großdimensionierte Vollschnecke im Unterteil des konisch geformten Aufnahmebehälters das Schneidgut geradlinig der Druckschnecke (auch als Arbeitsschnecke oder Preßschnecke bezeichnet) zu, die in einem mit Zügen versehenen Schneckengehäuse rotiert. Unter Druckanstieg erfolgt dann der Übergang des Schneidgutes von der zweiten Förderphase in die Schneidphase. Der Schneidsatz besteht aus dem sog. Vorschneider mit 3 bzw. 5 Stegen, Lochscheiben mit unterschiedlichen Bohrungen (d = 1-20 mm) und i.d.R. auf dem Druckschneckenzapfen angebrachten zwei-, drei-, vier-, neuerdings auch fünfflügeligen Kreuzmessern, die beiderseits geschliffen sind oder mit auswechselbaren Schneiden („Klingen") ausgestattet sein können (Abb. 9.1-2).

Erst vereinzelt werden 6 schneidige Rundmesser, ähnlich dem Vorschneider, mit Wechsel-Schneiden angewendet, denen eine besonders gute Schneidqualität nachgesagt wird. Beim „short-cutting"-Schneidsystem werden Druckschnecke und Kreuzmesser mit voneinander unabhängigen Drehzahlen betrieben (Messer: hohe Drehzahl, Druckschnecke: geringe Drehzahl). Die einzelnen Bestandteile des Schneidsatzes werden formschlüssig mittels Spann- und Verschlußrings aneinandergepreßt. Unter Beachtung der physikalischen Eigenschaften des Schneidgutes und der technologischen Zielstellung für den Schneidprozeß wird der Schneidsatz unterschiedlich zusammengesetzt. (Beispiel für die Zusammensetzung eines fünfteiligen Schneidsatzes: Vorschneider – Kreuzmesser – Lochscheibe mit 2-mm-Bohrungen – ggf. Stützeinrichtung – Spannring.) Eine Umkehrung derart, daß mit feststehenden Messern und rotierenden Lochscheiben, dann allerdings mit Schrägbohrungen, gearbeitet wird, ist prinzipiell möglich, ohne daß das Schneidprinzip „Ausnutzung der auf das Schneidgut wirkenden Schubbeanspruchung, konkret des Scherens sowie des kombinierten Scherens und Schneidens gegen feststehende Kanten" verändert wird. Die Druckschnecke mit in Förderrichtung zunehmender Steigung drückt das Schneidgut in die Bohrungen der Lochscheibe. Die dabei entstehenden Kugelkalotten werden in Fließrichtung vor der Lochscheibe abgetrennt. Das nachdrückende Schneidgut schiebt die abgetrennten Partikeln durch die Lochscheibenbohrungen in Richtung Auslaß.

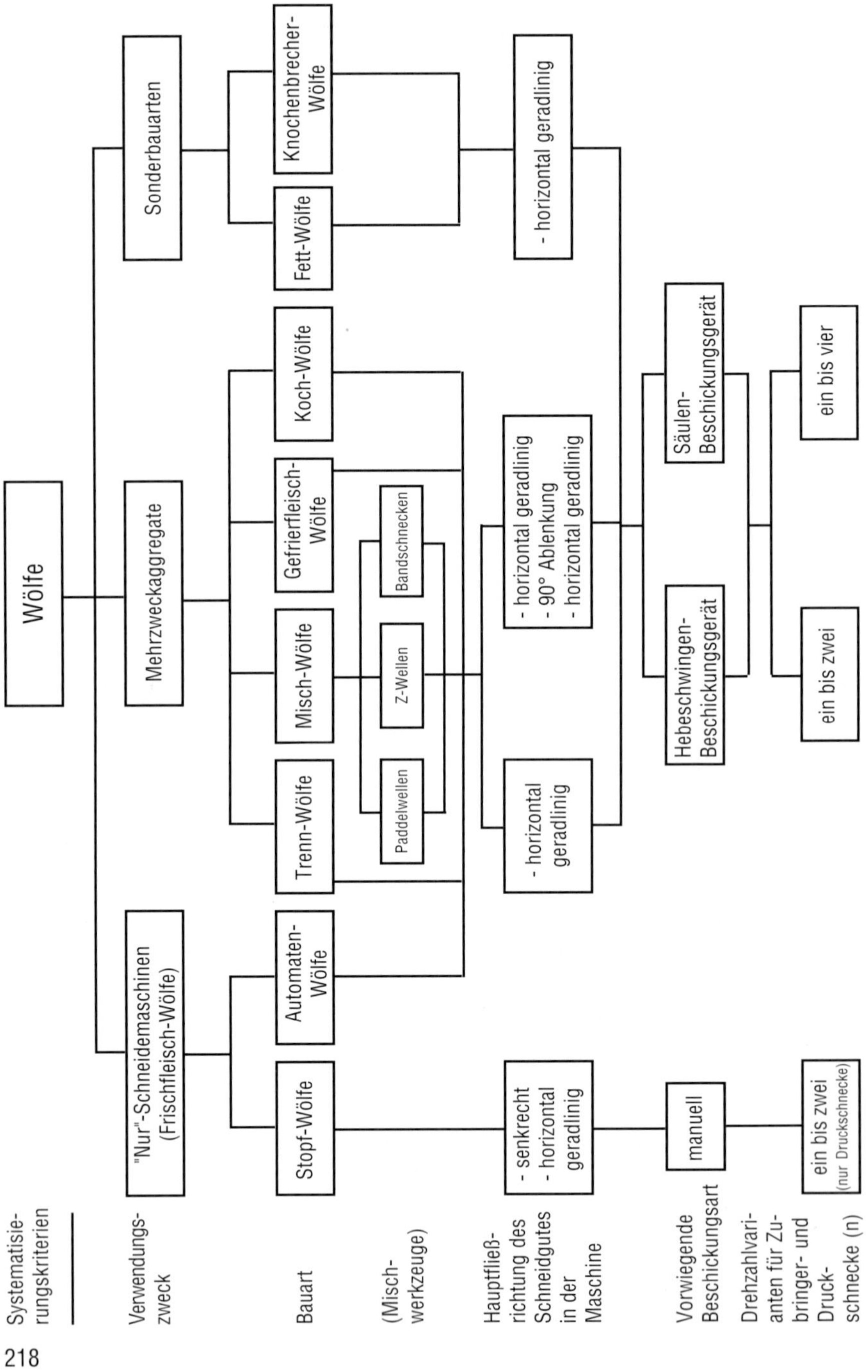

Abb. 9.1-1 Systematisierungskriterien für Wölfe

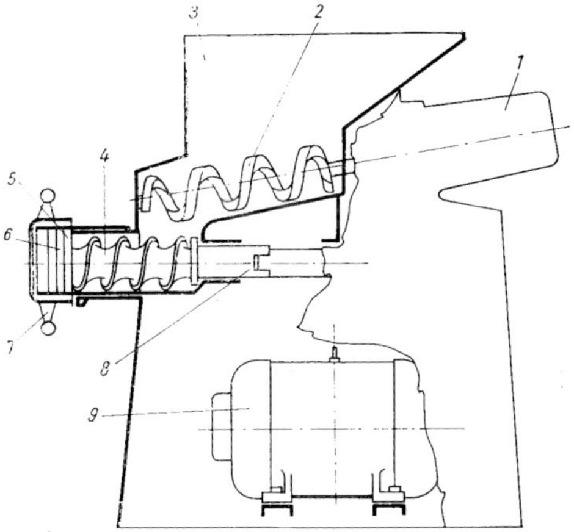

Abb. 9.1-2 Aufbau und Bauelemente eines Wolfes (nach [1])

1 Antriebsmotor für die Zubringerschnechen
2 Zubringerschnecken
3 Aufnahmebehälter
4 Druckschnecke
5 Messer
6 Lochscheibe
7 Spannkopf
8 Klauenkupplung
9 Antriebsmotor für Druckschnecke und Messer

9.1.2 Mehrzweckaggregate

Alle konstruktiven Lösungen mit dieser Zweckbestimmung zielen darauf ab, mindestens zwei notwendige Prozeßschritte apparativ zu vereinigen, um damit den technologischen Prozeß insgesamt effektiver zu gestalten.

Mischwölfe

Der neben einem Automaten-Wolf normaler Bauart oder einem Winkel-Wolf angebrachte Mischbehälter mit einem der Wolf-Durchsatzleistung angepaßten Volumen (z.B. Lochscheibendurchmesser d = 200 mm; Mischbehälter-Volumen V = 1200 l) ermöglicht das Vormischen eines aus mehreren Komponenten bestehenden Schneidgutes durch Mischwerkzeuge unterschiedlicher Wirkprinzipe, z.B. Paddelwellen, Band- oder Spiralschnecken, Z-Wellen. Die rückwärts laufende Zuführungsschnecke kann am Mischprozeß beteiligt werden (Abb. 9.1-3). Der Mischmaschineninhalt wird über eine Entleerklappe direkt in den Aufnahmebehälter des Wolfes übergeben. Mischmaschine und Wolf können aber auch unabhängig voneinander beschickt und entleert werden.

Gefrierfleischwölfe

Eine vorgeschaltete Brechereinrichtung (pre-breaker) zerkleinert die Gefrierfleischblöcke soweit, daß die Bruchstücke dem normalen Förder- und Schneidprozeß zugeführt werden können. Eine Verzahnung der Druckschnecke bewirkt bereits in der Förderphase eine weitere Vorzerkleinerung. Die Eingangstemperatur des Schneidgutes kann bis zu ϑ = -25 °C betragen. Mit dieser zwangsläufig äußerst robusten Bauart soll sich der Einsatz eines speziellen Gefrierfleischzerkleinerers, z.B. im technologischen Prozeß der Rohwurstherstellung, erübrigen. Die Möglichkeit, auch gekühlte Schneidgüter mit dieser Wolf-Bauart zu zerkleinern, erweitert das Einsatzspektrum.

Abb. 9.1-3 Sortierschneideinsatz für Winkel-Wolf nach dem „Short-Cutting-System" (Messerdrehzahl >> Druckschneckenzahl) (Werkfoto: ALFA α-LAVAL KRÄMER + GREBE GmbH u. Co. KG, Biedenkopf-Wallau

Kochwölfe

Durch eine lösbare Verbindung der Auslaßöffnung des Wolfes mit einem 1000 mm langen Rohr, dem sog. Kochrohr, wird es möglich, Vorgar- und Zerkleinerungsprozesse für Kochwurst-Ausgangsmaterialien apparativ zu vereinen. Die Reihenfolge ist dabei gegenüber der sonst üblichen Verfahrensweise umgekehrt. Das rohe Schneid-Gar-Gut wird im Wolf auf die den verwendeten Lochscheibenbohrungen entsprechende Körnung zerkleinert und passiert kontinuierlich das mit Mischelementen versehene „Kochrohr". In den Doppelmantel des Rohres wird Dampf mit einem Druck von p = 0,6-0,7 MPa und einer Temperatur von $\vartheta > 100$ °C eingeleitet. Durch dieses indirekte Erwärmen kommen weder Dampf noch Kondensat mit dem Ausgangsmaterial in Berührung. Der angestrebte Vorgareffekt wird auf Grund der geringen Teilchengröße des Gargutes innerhalb kürzester Frist erreicht (Abb. 9.1-4).

Trennwölfe (Separierwölfe)

Bei dieser Bauart wird anstelle des üblichen drei- oder fünfteiligen Schneidsatzes ein spezieller Trenn- und Sortier-Schneidsatz eingesetzt. Sortiermesser, in Fließrichtung vor der zweiten Lochscheibe angeordnet, trennen Fleisch- und Knochenteile. Dadurch wird die Qualität des Ausgangsmaterials erhöht, u.a. durch Reduzierung des Kollagengehaltes, der Schneidsatz wird geschont, Lochscheiben mit kleineren Bohrungen setzen sich nicht mehr zu.

Bei einer ähnlichen konstruktiven Lösung wird vor der Auslaßöffnung eines mit normalem dreiteiligem Schneidsatz bestückten Wolfes ein Separiervorsatz angeordnet. Die darin befindliche Separierschnecke ist mit der Druckschnecke des Wolfes verbunden. Diese Vorrichtung hat die Aufgaben einer Entfleischungsmaschine, deren Funktionsweise im Zusammenhang mit der Fleischzerlegung erläutert wird.

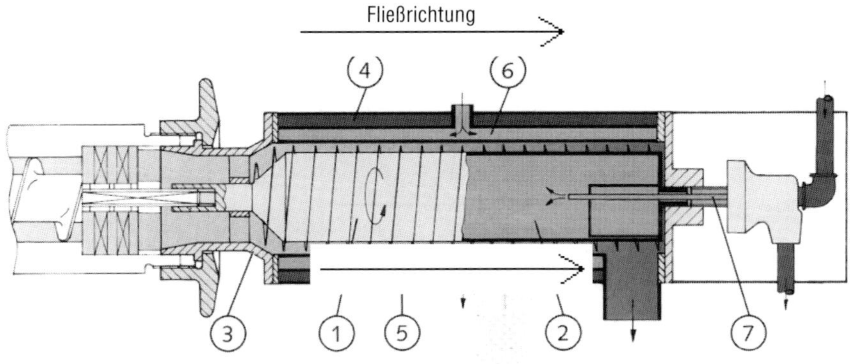

Abb. 9.1-4 Koch-Wolf (Werkfoto: α ALFA-LAVAL KRÄMER + GREBE, Biedenkopf-Wallau)
1 Schnecke 2 Beheizung 3 Übergangsstück 4 Rohrmantel 5 Schneckengehäuse 6 Dampfraum 7 Ableiten von Kondensat

9.1.3 Beschickungsgeräte (Hubgeräte, Lifte, Elevatoren)

Die Ausführungen zu diesem Thema sind sinngemaß auf eine Reihe anderer Maschinen, wie Kutter, Mischmaschinen, Füllmaschinen u.a., übertragbar.
Für Wölfe mit hohen Durchsatzleistungen und einer Aufnahmebehälterhöhe $h \geq 1400$ mm ist die Komplettierung mit einem Beschickungsgerät für den Einsatz von 200-l-Standardwagen aus Gründen einer erheblichen Arbeitserleichterung und höherer Sicherheit unerläßlich. Es sind verschiedene Bauarten bekannt:

- Integrierte oder beigestellte, ein- oder zweiarmige Hebe-Schwingen-Beschickungsgeräte (Schwingen-Elevatoren)
- Beigestellte Säulen-Beschickungsgeräte (Mast-, Spindel-Beschickungsgeräte, Säulen-Elevatoren) in selbsttragender Leichtbauschweißkonstruktion, auf einem entsprechenden Grundrahmen mit der jeweiligen Maschine fest verbunden oder in Fundamentaufstellung.

Die Beschickungshöhe muß der Höhe des Aufnahmebehälters entsprechen, deshalb ist die obere Endlage innerhalb bestimmter Grenzen, z.B. h = 1100-2200 mm, stufenlos einstellbar.
Bei den Hebeschwingen-Beschickungsgeräten vollführt der 200-l-Standardwagen vor dem Kippen, z.B. um 45°, eine Viertelkreis-Bewegung. Die Antriebsaggregate bei der sog. integrierten Bauart sind im Maschinengehäuse installiert. Bei den Säulen-Beschickungsgeräten wird die Aufwärtsbewegung bei senkrechter oder leicht zum Aufnahmebehälter geneigter Säulenstellung durch einen elektromotorischen Spindel- oder Kettentrieb bewirkt. Auch hydraulische Antriebe sind bekannt. Nach Erreichen der oberen Endlage wird der Hubvorgang selbsttätig beendet. Das Senken erfolgt entweder nach einem zeitlich festlegbaren Verharren in der Kippstellung ohne Zutun des Bedienungspersonals oder im sog. Tippbetrieb. Dabei muß ein Taster während des gesamten Rücklaufes betätigt werden.

Abschließend soll auf die Möglichkeit hingewiesen werden, daß Wölfe mit geringem Lochscheibendurchmesser, z.B. d = 106 mm, 114 mm, mit Kuttern, z.B. V = 45 l, zu sogenannten Zwillingsmaschinen mit getrennten Antrieben apparativ vereinigt werden können.

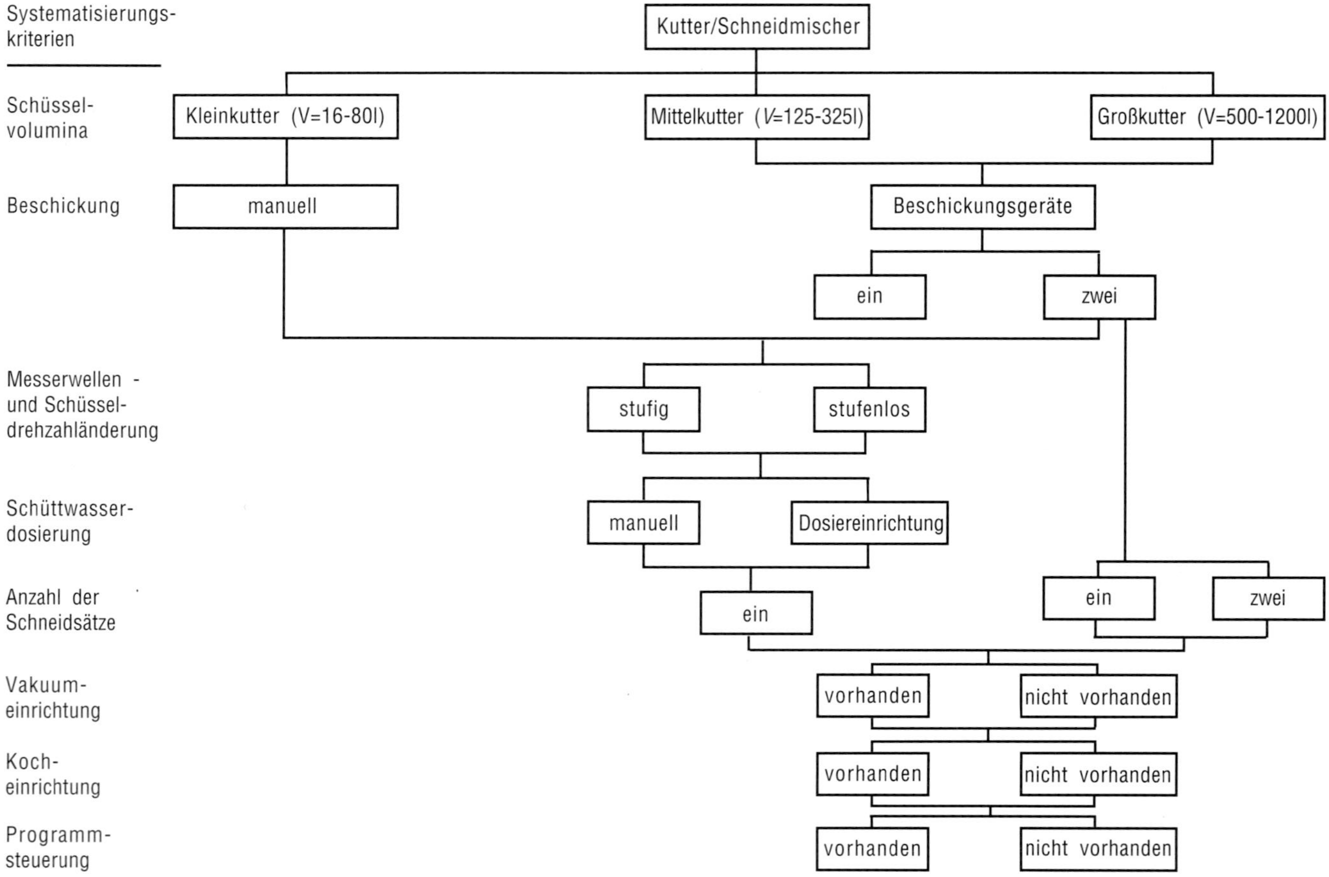

Abb. 9.2-1 Systematisierung vun Kuttern/Schneidmischern

9.2 Kutter/Schneidmischer, Brätautomaten

9.2.1 Überblick

Von großer Bedeutung für die Durchsatzleistung eines Kutters sind das Schüsselvolumen, die Messeranzahl und die Messerwellendrehzahlen. Durch das Schüsselvolumen wird im wesentlichen die Masse der jeweiligen Chargen bestimmt. Im Laufe der Entwicklung hat sich eine Standardreihe für Schüsselvolumina herausgebildet: V = 45 l, 80 l, 120 l, 200 l, 320 l, 500 l, 750 l, 1200 l, 1800 l (Abweichungen ± 5% sind möglich). Mit Hilfe empirisch ermittelter sog. Füllfaktoren δ kann abhängig vom jeweiligen Schneidgut die Masse einer Charge durch eine überschlägige Berechnung bestimmt werden.

Beispiele für Füllfaktoren:

Brühwurst	δ	=	0,70-0,75
Kochwurst	δ	=	0,75
Rohwurst, streichfähig	δ	=	0,60-0,70
Rohwurst, schnittfest	δ	=	0,60
Rohwurst, ausgereift	δ	=	0,45-0,50

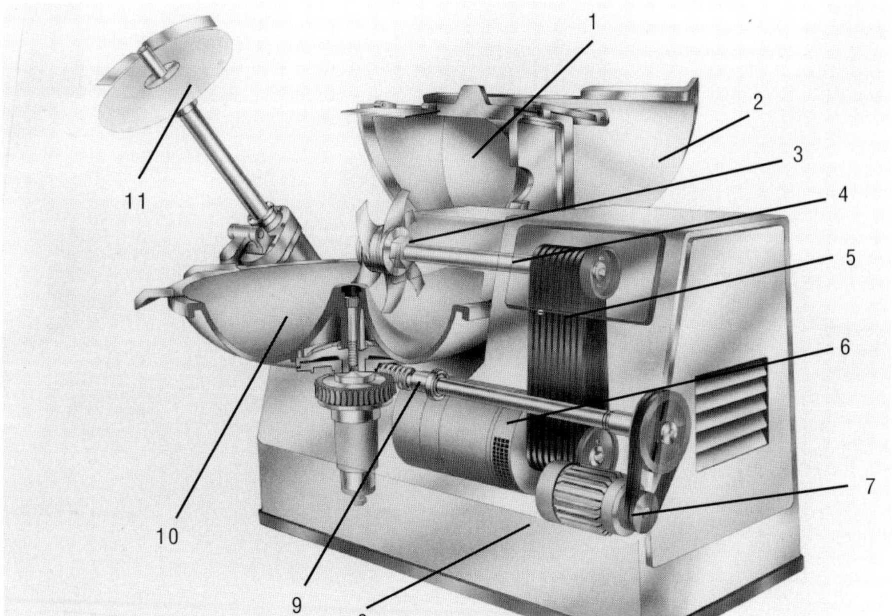

Abb. 9.2-2 Aufbau und Antriebsschema eines Kutters (Werkzeuchnung: Hoegger-Alpia CH-9292 Gossau 1 Schneidraum 2 Kutterdeckel 3 Schneidsatz (6 Messer) 4 Messerwelle 5 Keilriementrieb für Messerwelle 6 Messerwellen-Antriebsmotor 7 Schüssel-Antriebsmotor 8 Maschinenständer aus massivem Stahlguß 9 Schneckentrieb für Schüssel 10 Kutterschüssel 11 Drehschirmentleerer (Scheibe aus Kunststoff)

Infolge unterschiedlicher Schüsseltiefen bei gleichem Schüsselvolumen können sich geringfügige, typabhängige Unterschiede ergeben.
Zur Standardausrüstung gehören eine Reihe von Meßgeräten, die es dem Bedienungspersonal ermöglichen, auf einem Anzeigetableau prozeßrelevante Parameter zu ermitteln und zu verfolgen, so z.B. die Brättemperatur, die Messerwellen- und Schüsseldrehzahlen, die Anzahl der Schüsselumdrehungen, die Laufzeit, die Schüttwassermenge u.a. (Abb. 9.2-1 und 9.2-2) .

Die Beschickung der Schüssel übernehmen rechts- oder linksseitig angeordnete integrierte oder beigestellte Hebeschwingen-Beschickungsgeräte für 200-l-Standardwagen. Bei sehr großen Schüsselvolumina, z.B. $V \geq 500$ l, können zwei Beschickungsgeräte die schnelle Schüsselfüllung sichern. Für die Entleerung sind hydraulisch, pneumatisch, seltener manuell schwenkbare Drehschirmentleerer (auch Drehschirmauswerfer genannt), meist aus einem hochwertigen Kunststoff und mit einem Dünnbrätpflug komplettiert, üblich.

9.2.2 Technische Besonderheiten

Schneidsatz- und Schneidraumgestaltung
Schärfe, Form, Anzahl, Anschliff sowie Anordnung der Messer, der eingestellte Spalt zwischen Messerschneide und Kutterschüsselwandung (z.B. 0,75 mm) sind neben der Schüsseltiefe und

Abb. 9.2-3 High-Speed-Messerkopf für Brühwurst-Herstellung – Schneidmischer V = 45-125 l (Werkfoto: Kutter und Gerätebau WETTER, Biedenkopf-Wallau)

Abb. 9.2-4 PBS-(precision-balance-system)Messerkopf für Brühwurst-Herstellung - Schneidmischer V = 200-750 l (Werkfoto: α ALFA-LAVAL KRÄMER + GREBE, Biedenkopf-Wallau)

der Schneidraumgestaltung in Verbindung mit den Messerwellen- und Schüsseldrehzahlen für den Zerkleinerungs- und Mischeffekt, die Brätstabilität sowie die Durchsatzleistung von großer Bedeutung. Als Messerformen sind besonders Kombinationsmesser mit stufen- und sichelförmigem Schneidenverlauf sowie durchweg sichelförmige Messer, deren Schneiden der mathematischen Funktion einer logarithmischen Spirale folgen, bekannt. Die konstruktiven Lösungen für Schneidsätze zielen allesamt auf einen vibrationsarmen Lauf, auf eine schnelle, gefahrlose Auswechselbarkeit und auf eine Möglichkeit zur Vorjustierung außerhalb der Maschine ab. Strömungstechnisch günstig gestaltete, ggf. durch Stauwand-Einsätze im Schneidraumdeckel veränderbare Schneidräume wirken bei groben Rohwurstsorten staumindernd, bei Brühwurstsorten stauerhöhend und beeinflussen damit u.a. die Schneidhäufigkeit je Schüsselumdrehung sowie den Temperaturverlauf im Schneidgut. Die Messeranzahl schwankt in Abhängigkeit von der Konstruktion und der herzustellenden Wurstsorte zwischen 3 und 12. Häufig verwendete Varianten sind 6 oder 8 Messer als Einzelmesser oder Messerpaare. Als Richtschnur dabei kann der Satz gel-

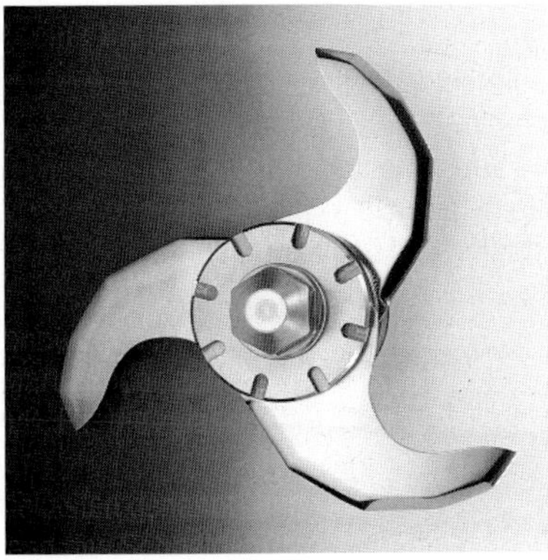

Abb. 9.2-5 PBS-(precision-balance-system)Schneidsatz für Rohwurst-Herstellung ▫ Schneidmischer V = 200-750 l (Werkfoto: α ALFA-LAVAL KRÄMER + GREBE, Biedenkopf Wallau)

ten: Bei Rohwurstsorten eine kleinere Anzahl schmaler Messer, bei Brühwurst- und Kochwurstsorten eine größere Anzahl breiter Messer. Kutter mit zwei getrennten Schneidsätzen als Spezialmaschinen für die Rohwurst-Herstellung gewinnen in letzter Zeit wieder an Bedeutung (sog. Duo-Ausführung). Die Abbildungen 9.2-3 bis 9.2-5 zeigen spezielle Schneidsätze für die Herstellung von Brüh- und Rohwurst.

Drehzahlen der Messerwelle

Die Messerwellendrehzahlen sind ein wesentliches Kriterium für die Dauer des Kutterprozesses, für den Zerkleinerungsgrad und die Brätstabilität bei Brühwurstsorten sowie für die gleichmäßige Körnung bei groben Rohwurstsorten. Je nach Zustand des Ausgangsmaterials (Teilegröße, Temperatur, Bindegewebsanteile) und dem geforderten Brät-Endzustand (Körnung, Feinheitsgrad, Wasserbindung, Fettemulgierung) sind unterschiedliche Messerwellendrehzahlen anzuwenden. Bei stufiger Drehzahlregulierung durch den Einsatz polumschaltbarer Drehstrom-Asynchronmotoren wird häufig mit zwei Schaltstufen, z.B. Stufe 1: $n = 1600\ \text{min}^{-1}$, Stufe 2: $n = 3200\ \text{min}^{-1}$ und einem sog. Mischgang, z.B. $n = 150\ \text{min}^{-1}$, gearbeitet. Eine stufenlose Drehzahlregulierung, z.B. $n >$ 0-7000 min^{-1}, wird durch den Einsatz von Gleichstrommotoren (DC-Antrieb) oder durch Frequenzumwandler erreicht. Neben einer besseren Anpassung an die sich verändernden Stoffparameter des Schneidgutes werden Stromspitzen beim Anlauf und Umschalten sowie ein Bremsstrom vermieden. Als Richtwerte für Messergeschwindigkeiten können genannt werden: $v = 30\text{-}35\ \text{ms}^{-1}$ für grobe Rohwurstsorten, $v = 40\ \text{-}45\ \text{ms}^{-1}$ für feinere Körnungen, $v = 100\text{-}130\ \text{ms}^{-1}$ für feine und sehr feine Bräte. Aus diesen Werten resultieren dann je nach Messerabmessungen, also letztendlich je nach Schüsselvolumen, unterschiedliche Messerwellendrehzahlen. Dafür wird ein Beispiel genannt. Bei einem Schüsselvolumen von $V = 40$ l ergeben sich folgende Zusammenhänge: $n = 2980\ \text{min}^{-1} \mathrel{\hat{=}} v = 51{,}49\ \text{ms}^{-1}$; $n = 6850\ \text{min}^{-1} \mathrel{\hat{=}} v = 118{,}36\ \text{ms}^{-1}$. Besonders für Brühwurstsorten sind hohe Messerwellendrehzahlen bedeutsam, da die Zellverbände infolge ihrer Massenträgheit in der ersten Phase von den Messern besser erfaßt und die Freisetzung des fibrillären Muskeleiweißes verbessert werden kann. Die Möglichkeiten zur Schaltung von 2-3 Mischgängen oder auch deren stufenlose Drehzahländerungen, ergänzt durch einen Vor- oder Rückwärtslauf, erweitert das Einsatzspektrum des Kutters auf das Untermischen grober Bestandteile und macht den Einsatz spezieller Mischmaschinen häufig überflüssig.

Drehzahlen der Kutterschüssel

Auch hierbei sind stufig bzw. stufenlos variierbare Lösungen bekannt. Als Beispiele werden genannt: Stufige Drehzahländerung: $n = 6\ \text{min}^{-1}$; $12\ \text{min}^{-1}$; $18\ \text{min}^{-1}$, stufenlose Drehzahländerung: $n >$ 0-24 min^{-1}. Während in der Vergangenheit feste Relationen zwischen Messerwellen- und Schlüsseldrehzahlen üblich waren, herrschen jetzt getrennte Antriebe vor. Damit wird eine bessere Einflußnahme auf das Fließverhalten des Schneidgutes, z.B. bei einer eventuellen Staubildung im Schneidraum, gesichert.

9.2.3 Sonderbauten

Vakuumkutter

Kutter mit einem Schüsselvolumen $V \geq 30$ l können mit Vakuumtechnik ausgerüstet werden. Die Bedeutung und Verbreitung der Vakuumkutter hat in den letzten Jahren sprunghaft zugenommen.

Besonders in der Brühwurst-Herstellung werden bedeutsame technologische Vorteile durch den partiellen Sauerstoffentzug erreicht. Leistungsfähige Vakuumpumpen entlüften in Sekundenschnelle den hermetisch abgeschlossenen Raum zwischen Kutterschüssel und „Vakuumdeckel" (zur Unterscheidung vom Lärmschutzdeckel und von der Kutterhaube so genannt) bis zu einem vorwählbaren Restdruck (z.B. ist ein 50-70 %iges Vakuum möglich). Wird das Postulat „Je feiner ein Brät, um so früher muß evakuiert werden, je grober ein Brät, desto später kann noch evakuiert werden" anerkannt, so ist der Prozeßschritt „Zerkleinern und Mischen" im Kutter der optimale Zeitraum für die Anwendung der Vakuumtechnik. Erfahrungsgemäß bringt das Evakuieren in Misch- und/oder Füllmaschinen nur geringere Entlüftungseffekte im Brät. Zunehmend werden Vakuumkutter mit Begasungseinrichtungen für flüssigen Stickstoff oder Kohlendioxid komplettiert. Durch die Zugabe von LN_{T2} nach der Evakuierung kann der technologischen Forderung nach einem hohen Zerkleinerungsgrad bei niedrigen Temperaturen besser entsprochen werden als durch die Zugabe von gekühltem Schüttwasser oder Scherbeneis. CO_2 soll unerwünschte Oxidationsvorgänge mit deren negativen Folgen für Farbbildung und -stabilität ausschalten und einer allzu ausgeprägten Brätverdichtung im Sinne einer Volumenkompensation ggf. entgegenwirken. Als Nebeneffekt der Vakuumeinwirkung sollte die beträchtliche Schalldruckpegel-Senkung nach dem Schließen des „Vakuumdeckels" erwähnt werden.

Kochkutter

Häufig in Verbindung mit dem Vakuumkutter wird das Einsatzspektrum in der Kochwurst-Produktion durch die Komplettierung mit einer Kocheinrichtung (Gareinrichtung) erweitert. In den Raum zwischen Schüssel-Außen- und Gehäuse-Innenwand, den sog. Heizraum, auch in die Zwischenräume eines doppelwandigen Deckels, wird Dampf, z.B. p = 0,2 MPa und ϑ = 125 °C, injiziert. Die schnell ansteigende Brättemperatur bewirkt kurzfristig einen Vorgareffekt (t = 10-15 min.), dem der Zerkleinerungsprozeß apparativ und zeitlich überlagert ist. Eine Berührung zwischen Heizmedium, Kondensat und Schneidgut ist ausgeschlossen, da es sich um ein geschlossenes Dampfsystem mit Kondensatrückleitung handelt. Neben der schnellen Erwärmung z.B. auf ϑ= 60-70 °C, ist auch eine Wasserkühlung der Kutterschüssel, z.B. zur Zugabe der rohen Leber, möglich. Der Wegfall von Prozeßschritten und Ausrüstungen (z.B. Beschicken und Entleeren von Wasserbad-Kochkesseln oder „Luftkochschränken" und der zeit- und energieaufwendige Vorgarprozeß selbst) sowie eine Reduzierung der Vorgar-Substanz- und Aromaverluste sowie die Vermeidung von Rekontaminationen können als Vorzüge des Kochkutters genannt werden.

Brätautomaten

Die Einordnung dieser Ausrüstungsgruppe ist nicht problemlos, da in deren Wirkprinzipien sowohl Elemente des Kutterns, z.B. der sog. ziehende oder freie Schnitt, als auch Elemente der Feinstzerkleinerung (siehe Kap. 9.3), z.B. die kontinuierliche Arbeitsweise, kombiniert sind. Die Bezeichnung „Mehrzweckaggregate" ist insofern an dieser Stelle gerechtfertigt, da immer mehrere Prozeßschritte apparativ vereinigt werden:

- Mischen, Vorzerkleinern, Vakuumieren, erforderlichenfalls durch thermische Prozesse überlagert
- Feinstzerkleinern im Lochscheibenschneider oder Zentrifugalschneider (Mikrocut)
- Fördern.

Handelsnamen wie „Brätautomat", „Combicut", „Contiflow", „Combi-Cutter" weisen auf diese Mehrfachfunktion hin.

Starmix-Wirkprinzip
Weniger verbreitet ist eine spezielle Bauart, die mit vergleichbaren Zielsetzungen in der Brüh- und Kochwurstproduktion eingesetzt werden kann.
Beim sog. Starmix-Prinzip arbeitet diese Zerkleinerungsmaschine mit feststehendem Behälter, vertikal hineinragender Messerwelle und horizontal umlaufenden Messern. Der kippbare Behälter kann mit einem Deckel hermetisch verschlossen und erforderlichenfalls evakuiert werden. Auch Gar- und Mischprozesse sind realisierbar.
Auf die gerade beim Kutter besonders ausgeprägten Möglichkeiten, Programm- bzw. MC-Steuerungen zur gezielten Einflußnahme auf den Kutterprozeß einzusetzen, wurde bereits weiter vorn hingewiesen.

9.3 Feinstzerkleinerungsmaschinen

9.3.1 Überblick

Maschinen dieser Gruppe werden in der Fleischverarbeitung vorrangig zur Herstellung der Feinbrät-Anteile von Brüh- und Kochwurstsorten eingesetzt. Es wird ein hoher Feinheitsgrad der Ausgangsmaterialien einschließlich der Bindegewebsanteile erreicht. In allen Fällen muß das Schneidgut vor dem Eintritt in den Schneidraum des Zerkleinerungsmechanismus auf eine mittlere Korngröße, z.B. 5-8 mm, vorzerkleinert und bei mehreren Einsatzkomponenten auch vorgemischt sein, da der dem Zerkleinerungsprozeß überlagerte Mischeffekt relativ gering ist. Innerhalb dieser Maschinengruppe können fünf Wirkprinzipe nachgewiesen werden:

- Lochscheibenschneider (Feinstzerkleinerer, „Durchlaufkutter", Emulsitator, Cut Emulsor)
- Kolloidmühlen (Mikronisator)
- Zentrifugalschneider (Mikrocut)
- Korundscheibenmühle (Karbokorundmühle)
- Kontinuierlich arbeitender Kutterautomat (CCA).

Die drei erstgenannten Bauarten werden entweder für geringere Durchsatzleistungen (z.B. m = 1200-3000 kgh^{-1}) in vertikaler oder für höhere Durchsatzleistungen (z.B. $m > 4000$ kgh^{-1}) in horizontaler, verfahrbarer Ausführung angeboten. Die horizontale Bauart gestattet infolge ihrer niedrigen Beschickungshöhe das Aufstellen unter den Auswerfer eines Kutters oder unter die Öffnung einer vorgestellten Mischmaschine. Damit verkürzen sich die Förderwege, und es entfällt die Notwendigkeit einer speziellen Beschickungseinrichtung (Abb. 9.3-1).

9.3.2 Bauarten und Wirkprinzipien

Lochscheibenschneider (Feinstzerkleinerer, „Durchlaufkutter")
Das Schneidsystem besteht bei vertikalem aus einem, bei horizontalem Materialfluß i.d.R. aus zwei Messerköpfen mit jeweils drei auswechselbaren Messerklingen und dementsprechend aus einer oder zwei im Schneidgehäuse fixierten Lochscheibe(n) mit unterschiedlichem Durchmesser, z.B.

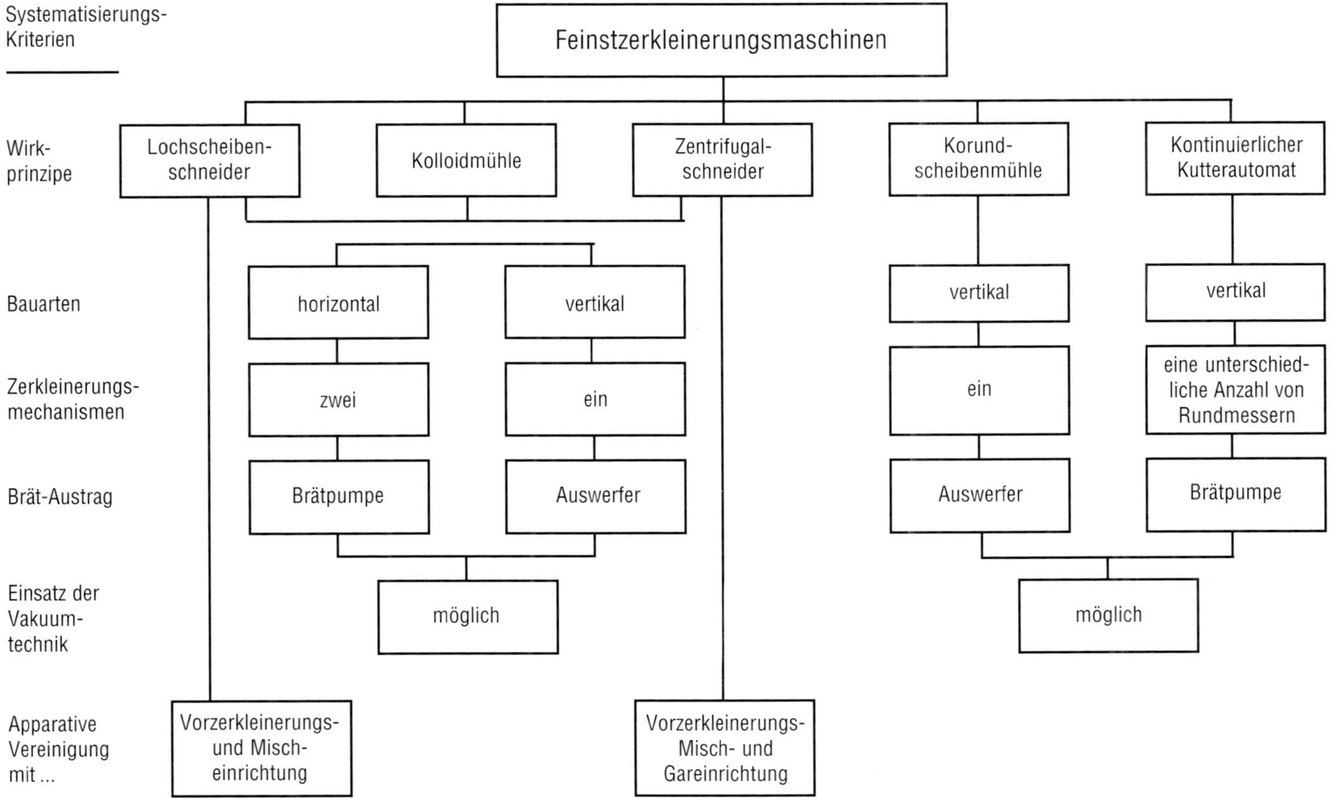

Abb. 9.3-1 Systematisierungskriterien für Feinstzerkleinerungsmaschinen

d = 225 mm, und unterschiedlichen Bohrungen zwischen d= 0,5-18 mm. Durch eine direkte Verbindung ist die Messerdrehzahl gleich der Motorwellendrehzahl (z.B. n = 2950 min^{-1}). Der Spalt zwischen Messerklingen und Lochscheibe ist auch während des Zerkleinerungsvorganges durch eine axiale Verschiebung der Motorwelle veränderbar. Dadurch sind die Durchsatzleistung, der Zerkleinerungsgrad und der digital angezeigte Temperaturanstieg im Brät beeinflußbar. Eine Veränderung des beschriebenen Schneidsatzes mit dem Ziel eines höheren Feinheitsgrades derart, daß ein Lochscheibenschneidsatz mit einem Kolloidmahlsatz kombiniert wird, ist bei Inkaufnahme einer reduzierten Durchsatzleistung und eines höheren Temperaturanstieges bei manchen Konstruktionen möglich. Der Austrag des Brätes erfolgt bei horizontalen Konstruktionen mittels einer zweiarmigen Flügelpumpe über ein Auslaufrohr. Dieses ist gebogen und kann wahlweise rechts- oder linksseitig angeordnet werden. Dadurch wird z.B. die direkte Beschickung einer nachgestellten Mischmaschine mit Feinbrät ermöglicht (Abb. 9.3-2).

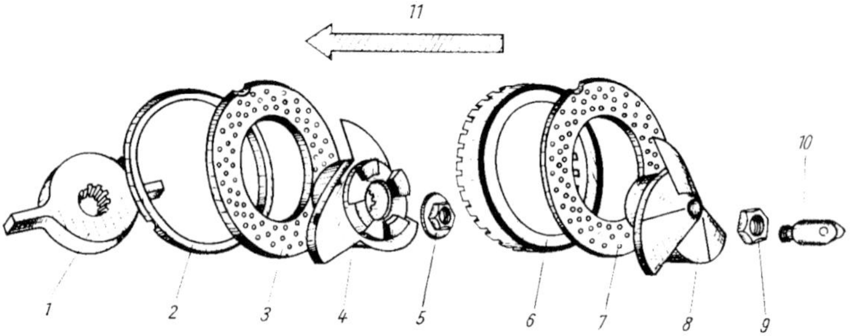

Abb. 9.3-2 Doppelschneidsatz eines Lochscheibenschneiders, horizontale Bauart [1]

1 Zweiflügel-Brätpumpe
2 Zwischenring
3 Lochscheibe
4 Messer
5 Mutter
6 Zwischenring
7 Lochscheibe
8 Messer
9 Mutter
10 Feststellschraube
11 Fließrichtung des Schneidgutes

Kolloidmühlen

Die vorangegangenen Ausführungen bezüglich vertikaler und horizontaler Bauarten können sinngemäß auf diesen Abschnitt übertragen werden. Die Zerkleinerung des vorzerkleinerten und gemischten Einsatzmaterials erfolgt im Mahlwerk der Maschine. Dieses besteht aus einem leicht konischen, scharfkantig profilierten Stator und dem darin mit hoher Drehzahl rotierenden, ebenfalls konischen, scharfkantig profilierten Rotor. Beide bilden zusammen einen in Materialflußrichtung enger werdenden Spalt, den sog. Homogenisierspalt. Hier wird das Zerkleinerungsgut mechanischen und hydrodynamischen Beanspruchungen unterworfen. Der Feinheitsgrad ist in erster Linie abhängig von der Homogenisierspaltweite (einstellbar innerhalb bestimmter Grenzen bis zu s = 30 µm), von der Anzahl der Zahnstufen, i.d.R. 3-5, von der Drehzahl des Rotors, z.B. n = 2920 min^{-1}, und von den Eingangsparametern des Zerkleinerungsgutes. Dessen Förderung wird bei vertikaler Ausführung von entsprechend gestalteten Rotorelementen übernommen, Brätpumpen bewirken auch den Austrag bei horizontalen Bauarten (Abb. 9.3-3).

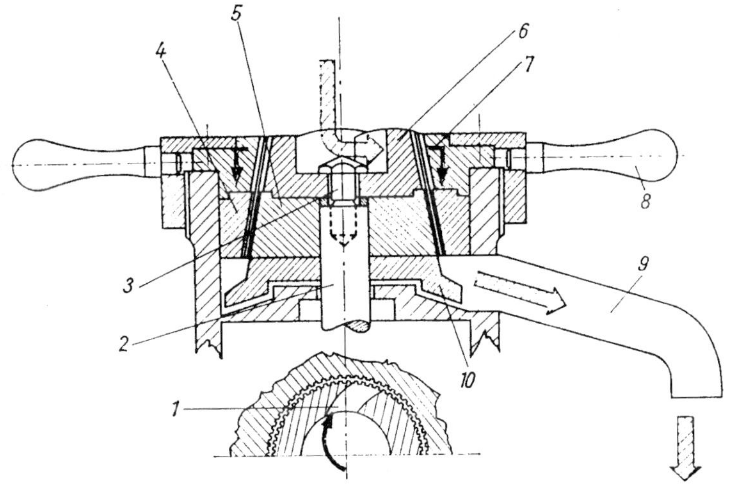

Abb. 9.3-3 Kolloidmühle, vertikale Bauart [1]

1 Eintrittsöffnung
2 verlängerte Motorwelle
3 Feststellschraube
4 Stator, feine Verzahnung
5 Rotor, feine Verzahnung
6 Rotor, grobe Verzahnung
7 Stator, grobe Verzahnung
8 Stellhelbel für Feinheitsgrad
9 Austragrohr
10 Austragteller

Zentrifugalschneider

Das Wirkprinzip beruht auf dem Einsatz eines Doppelschneidsatzes aus Chrom-Nickel-Stählen mit Hartmetallbestückung in Tandemanordnung. Aus dem Aufnahmebehälter wird das Zerkleinerungsgut mittels einer seinem Fließverhalten angepaßten Schnecke zügig in den Schneidraum gefördert und infolge der Fliehkraft-Einwirkung durch die feststehenden, mit feinen, geschärften Spalten versehenen Schrägzahn-Schneidringe nach außen gepreßt (Abb. 9.3-4). Berührungsfrei innerhalb der Schneidringe rotierende Messer (z.B. $n = 2950\ min^{-1}$) schneiden das Material ab. Die Spaltbreiten des Schneidringes sind entsprechend dem erforderlichen Feinheitsgrad vorwählbar und bleiben während der Zerkleinerungsvorgänge konstant, so daß sich eine Nachregulierung erübrigt. Förderschnecke und Schneidwerkzeuge sind fest mit der Motorwelle verbunden, daraus folgt auch hier: Motorwellendrehzahl = Schneckendrehzahl = Messerdrehzahl.

Korundscheibenmühlen

Mit diesem Wirkprinzip sind extrem hohe Feinheitsleistungen zu erreichen, die bei Brüh- und Kochwurst-Erzeugnissen kaum, dagegen beim Herstellen von Soßen und Pasten für tischfertige Gerichte sicher notwendig sind. Das Wirkprinzip beruht auf der Ausnutzung starker Scherkräfte, die dadurch entstehen, daß eine schnellaufende Spezialkorundscheibe ($n = 2950\ min^{-1}$) gegen eine feststehende Scheibe aus gleichem Material läuft. Neben den vorherrschenden Schwerkräften treten in den Wirbelzonen, das sind kurzzeitig gebildete Hohlräume, Kavitationskräfte auf, die weitere Zerkleinerungs-, Misch-, Homogenisier- und Emulgiereffekte bewirken. Der zwischen Rotor und Stator befindliche horizontale Spalt läßt sich in bestimmten Grenzen, z.B. $s = 5\text{-}10\ \mu m$, regulieren. Infolge einer hohen Laufgenauigkeit der rotierenden Scheibe treten nennenswerte Temperatur-

Abb. 9.3-4 Doppelschneidsatz eines Zentrifugalschneiders, horizontale Bauart (TANDEM-Anordnung), (Werkfoto: A- Stephan u. Söhne GmbH u. Co. Hameln) v.l.n.r.: Förderschnecke (rotierend), erster Schneidring (feststehend), erstes Schrägzahnschneidwerkzeug (rotierend), Ring (feststehend), zweiter Schneidring (feststehend), zweites Schrägzahnschneidwerkzeug (rotierend)

erhöhungen nicht auf. Für spezielle Verwendungszwecke ist es bei einigen Konstruktionen möglich, Rotor und Stator zu kühlen. Die vertikale Bauart ist bei Korundscheibenmühlen vorherrschend.

Kontinuierlich arbeitende Kutterautomaten

Mit dieser Bauart wird für die Brühwurst-Feinbrät-Herstellung der Versuch unternommen, einige Vorteile des Schüsselkutters, z.B. den „ziehenden“ Schnitt, mit den Vorteilen der übrigen Feinstzerkleinerungsmaschinen, wie hohe Feinheitsleistung und kontinuierliche Arbeitsweise, zu verbinden. Der Zwang zur Vorzerkleinerung auf eine 4- bis 6-mm-Körnung und zum intensiven Vermischen aller Einsatzkomponenten bleibt allerdings erhalten.
Das „Vorbrät“ wird mittels Brätpumpe von unten in einen rotierenden, senkrecht angeordneten Zylinder gefördert. Die vertikale Welle eines sog. „Satelliten-Messerkopfes“, bestückt mit 6-24 Rundmessern in 6 Etagen, rotiert mit hohen Drehzahlen (konstant: n = 4600 min^{-1}, stufenlos veränderbar: n = 3500-4600 min^{-1}) und zerkleinert das infolge der auftretenden Zentrifugalkräfte in dünner Schicht an der Zylinderwandung anhaftende Schneidgut. Eine Evakuierung des Zylinders ist möglich. Ein im Oberteil des Zylinders angeordneter Schneckenförderer bewirkt den Austrag des Feinbrätes in 200-l-Standardwagen, ggf. auch über eine Brätpumpe direkt in den Aufnahmebehälter einer Füllmaschine.

9.4 Mehrzweckschneider

Diese Maschinen, auch als Vielzweckschneider, Allesschneider bezeichnet, werden in der Fleischverarbeitung überall dort eingesetzt, wo gekühltes, gegartes oder gefrorenes Fleisch zu Würfeln, Plättchen, Scheiben oder Streifen zerkleinert werden muß. Für die zulässige Schneidguttemperatur wird ein Bereich von ϑ =-5-60 °C angegeben.
Das Schneidgut gelangt in die Vorfüllkammer (auch Ladekasten genannt) und weiter in die Arbeitskammer (Schneidkammer). Beide Kammern sind während des Schneidvorganges durch einen hydraulisch betätigten, horizontalen, mit einer Schneide versehenen Schieber getrennt. In der Arbeitskammer wird das Schneidgut einer beidseitigen Vorpressung unterworfen. Eine mehr-

stufige Vorpressung in Längsrichtung bewirkt, daß das in Stücken unterschiedlicher Abmessungen zugeführte Schneidgut verdichtet und in eine weitgehend geometrisch bestimmte Blockform gebracht wird.

Bauarten und Wirkprinzipe
Vor der Austrittsöffnung der Arbeitskammer sind zwei Gatter angeordnet, die sich rechtwinklig in zwei Ebenen gegeneinander bewegen. Der Abstand der einzelnen Messer innerhalb eines Gatters ergibt die sog. Gatterabmessung, von 6 mm x 6 mm in zahlreichen Zwischenmaßen bis 50 mm x 50 mm, für das Würfelschneiden. Spezialgatter werden zum Schneiden von Rouladen, Schnitzeln und Fleischsalatstreifen verwendet. Zum Scheibenschneiden sind Führungsrahmen ohne Messer geeignet. Die Gattermesser können eine geradlinige Schneide oder einen Wellenschliff aufweisen, Feinzahnmesser bleiben speziellen Zielstellungen vorbehalten. Rotierende Abschlag- oder Abtrennmesser unterschiedlicher Gestaltung und konstanter Drehzahl bilden den Abschluß des Schneidmechanismus (Sichelförmige Standardrundmesser, Mehrflügelmesser, zwei- und vierfach, sowie Scheibenmesser, drei- und vierfach). Der Austrag des Schneidgutes erfolgt im freien Fall, entweder bei kleineren Aggregaten in Fleischsatten oder an überwiegend in 200-l-Standardwagen. Das Volumen der Einzelstücke des geschnittenen Materials ist vom Vorschub und von den Gatterabmessungen sowie der Messerdrehzahl abhängig.

Zum Würfel- bzw. Streifenschneiden aus Gefrierfleischballen und -blöcken sind Maschinen in besonders schwerer Ausführung geeignet. Hier muß der unförmige Gefrierfleischblock mit Hilfe einer sog. Kalibrierpresse auf solche Abmessungen gepreßt werden, die den Zugang zur Schneidkammer und zu den Schneidwerkzeugen ermöglichen.

Andere Schneidmaschinen ermöglichen das Portionieren von größeren Fleischteilen zu Koteletts, Schnitzeln, Rouladen bei einer Scheibendicke von s = 2-43 mm. Sie werden in Fachkreisen, unzulässig einschränkend, häufig als Kotelettschneider bzw. -hacker bezeichnet.

9.5 Gefrierfleischzerkleinerer

Vorrangig zum Zerkleinern gefrorener Ausgangsmaterials (ϑ = -5 bis -30 °C), wie es z.B. in modernen Rohwurst-Technologien benötigt wird, wurden spezielle Gefrierfleischzerkleinerer mit unterschiedlichen Wirkprinzipien entwickelt. Der verbreitete Begriff „Gefrierfleischschneider" wird hier nicht verwendet, da nicht bei allen bekanntgewordenen Wirkprinzipien Schneidprozesse nachweisbar sind.
Die Durchsatzleistung dieser Maschinen schwankt je nach Typgröße, gewünschtem Zerkleinerungsgrad und der Eingangstemperatur des Zerkleinerungsgutes zwischen m = 500 – 20 000 kg h^{-1}.

Guillotine-Prinzip
Das Zerkleinerungsgut gleitet nach Eingabe in den Einlaufschacht selbsttätig gegen eine Haltevorrichtung und wird hydraulisch oder pneumatisch fixiert. Ein leicht geneigtes Guillotinemesser mit geradliniger Schneide führt bei vorwählbarer Hubzahl, z.B. 40-60 Hübe min^{-1}, eine geradlinige Bewegung von oben nach unten aus und trennt Scheiben (Platten) gewünschter Dicke, ggf. auch Breite, aus dem Block bzw. Ballen.

Fräser-Prinzip (Schneidezahn-Prinzip)
Hartmetallbestückte, dreischneidige Fräswerkzeuge, die in wahlweise festgelegten Abständen auf einer Welle fixiert sind, bewirken bei ihrer Rotation das Herauslösen kommaformiger Späne aus dem in einem schrägen Eingabetrichter mittels Führungs- oder Anpreßplatte fixierten Gefrierfleischblock. Die Ähnlichkeit dieses Wirkprinzips mit dem Metallfräsen ist unverkennbar.

Schneidewalzen-Prinzip
Rotierende Schneidwalzen mit Bügelmessern unterschiedlicher Abmessungen, vorwählbar nach dem erforderlichen Zerkleinerungsgrad, oder Schneidwalzen mit Spezial-Schneidezähnen, trennen im Gegenschnittverfahren (Zwei-Walzen-Schneidprinzip) Scheiben aus dem Zerkleinerungsgut heraus.
Neben dem bisher betrachteten Zerkleinern von Blöcken und Ballen zu Produktionsfleisch soll auf die bei einigen Typen bestehenden Möglichkeiten zum Portionieren gefrorener Kotelettstränge und zum Schneiden dicker Wurstscheiben hingewiesen werden.

9.6 Mischmaschinen

Für Mischmaschinen kommen insbesondere zwei Einsatzbereiche in Betracht:
- Vermischen aller Komponenten eines Erzeugnisses nach der Chargenzusammenstellung und vor den Zerkleinerungsprozessen
- Vermischen von Feinbräten mit groben Bestandteilen nach der Zerkleinerung und vor dem Füllen in Wursthüllen oder andere Hüllenmaterialien.

Hauptziel des Mischens ist immer, bei möglichst schonender Behandlung des Mischgutes durch Einwirken mechanischer Kräfte zur Überwindung des Verschiebewiderstandes der einzelnen Teilchen ein möglichst gleichmäßiges Verteilen der Bestandteile zu erreichen. Dieser Effekt, der Gleichverteilungsgrad oder die Mischgüte, ist abhängig von der Konstruktion der Mischwerkzeuge, des Mischbehälters und von den physikalisch-mechanischen Eigenschaften des Mischgutes.

Eine Einteilung der Mischmaschinen kann z.B. auf der Grundlage einer unterschiedlichen Ausbildung der Aufnahmebehälter erfolgen (Abb. 9.6-1):
- Trog- (oder Bottich-) Mischmaschinen
- Kasten-Mischmaschinen
- Trommel-Mischmaschinen
- Mischmaschinen für 200-l-Standardwagen.

Trog-Mischmaschinen mit einem Behältervolumen von $V = 100\text{-}450$ l arbeiten nach dem Drehhebel-, seltener in der Fleischverarbeitung nach dem Stoßhebelprinzip. Die dreirädrigen Tröge sind ausfahrbar. Der gravierende Nachteil dieser Bauart liegt in der manuellen Über-Rand-Entleerung des Mischgutes. Die zur Ausschaltung dieses Nachteils bekanntgewordenen Trog-Hubgeräte sind sehr flächenintensiv und gestalten den Auswurf des Mischgutes aus dem Trog, z.B. in den Aufnahmebehälter einer Füllmaschine, sehr problematisch. Das Absaugen des Behälterinhaltes mittels flexibler Rohrleitungen und Brätpumpe ist nur für Bräte geringer Viskosität praktikabel.

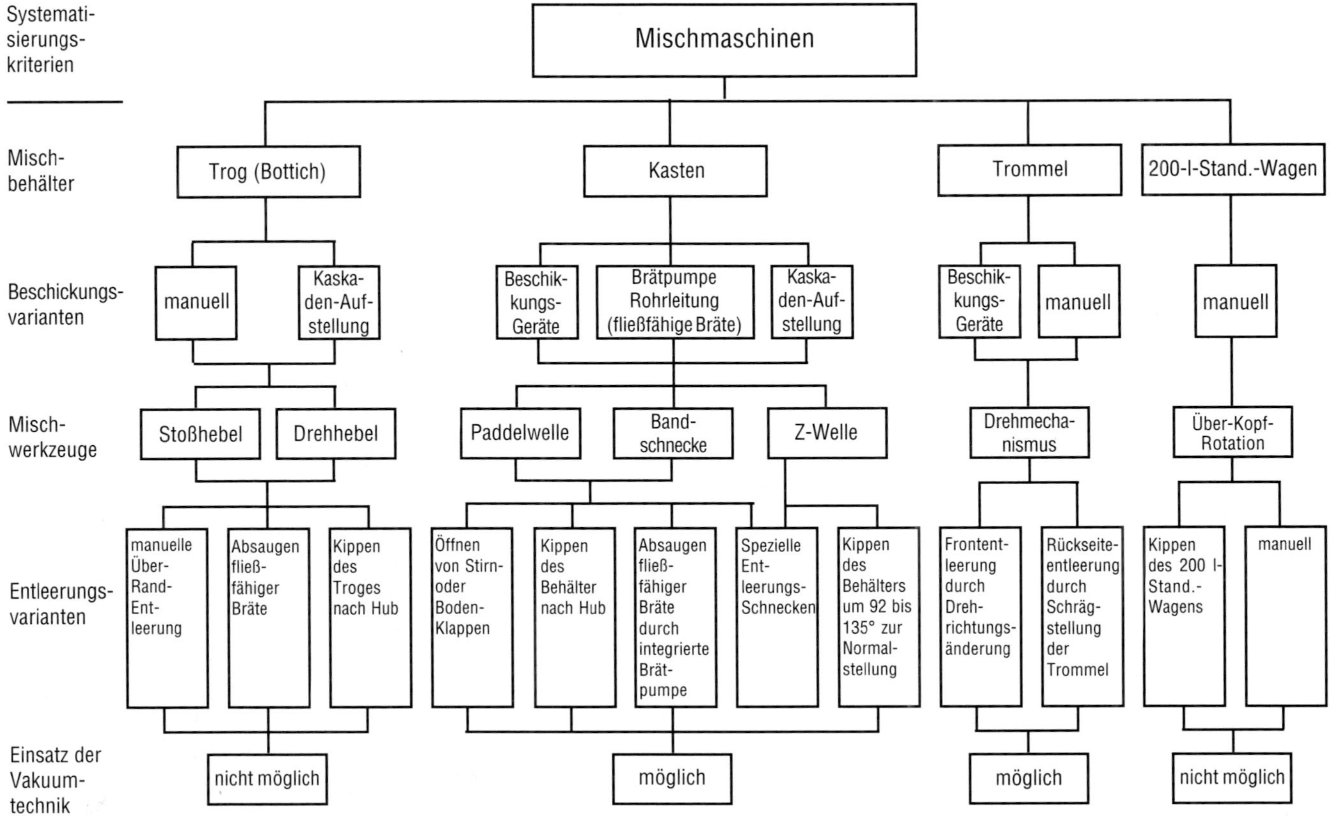

Abb. 9.6-1 Systematisierungskriterien für Mischmaschinen

Kasten-Mischmaschinen stellen die vor allem für die industrielle Fleischverarbeitung geeignete konstruktive Lösung dar. Das Behältervolumen liegt bei $V = 100\text{-}8000$ l. Bei einem durchschnittlichen Füllfaktor δ von 0,70-0,75 für fließfähige und von 0,50-0,60 für körnig-festere Bräte läßt sich das Fassungsvermögen und damit die Masse einer Charge auch hier überschlägig errechnen. Unterschiedlich sind die in Kasten-Mischmaschinen verwendeten Mischwerkzeuge:

- Paddelwellen
- Bandschnecken (auch als Spiralwellen oder Mischspiralen bezeichnet)
- Z-Wellen
- Kombinationen, z.B. von Paddelwellen und großdimensionierten Bandschnecken.

Die genannten Mischwerkzeuge werden überwiegend in der sog. Twin-shaft-Variante, also in Doppelwellen-Ausführung, angeboten. Überschneidende bzw. nicht überschneidende Arbeitskreise, stufig bzw. stufenlos veränderbare Drehzahlen, z.T. sogar von Welle zu Welle, Intervallschaltung, Möglichkeiten der Drehrichtungsänderung bei bis zu drei Drehrichtungsvarianten, Evakuierung, Erwärmungs- und Kühlmöglichkeiten, Dosiereinrichtungen, Wiegeeinrichtungen, CIP-Reinigung, Programmsteuerung, höhenverstellbare, schwingungsreduzierende Ständer sowie automatische Funktionssperre bei geöffnetem Schutzgitter sind konstruktive Möglichkeiten, um Einsatzspektrum und Sicherheit der Kasten-Mischmaschine zu erweitern. Auf eine mögliche „Pufferfunktion" dieser Maschinen bezüglich des Materialflusses, etwa zwischen Kutter und Füllmaschine, sei hingewiesen.

Für die Entleerung der Mischbehälter sind verschiedene Lösungen bekannt:

- hydraulisches oder pneumatisches Öffnen von meist zwei Klappen an der Stirnseite, seltener im Boden des Behälters
- Kippen des Behälters um 95-135° zur Normalstellung
- Absaugen fließfähiger Bräte mittels einer im Mischergehäuse integrierten Brätpumpe
- Nutzung einer speziellen Entleerungsschnecke, die bei Bauarten mit Z-Wellen und Paddelwellen am tiefsten Punkt des Mischbehälters liegt.

Trommel-Mischmaschinen sind vorrangig im Bereich der Pökelwaren-Herstellung anzutreffen. Eine konstruktive Ähnlichkeit mit Beton-Mischmaschinen ist unverkennbar. Das Ansalzen sowie die Massage von Pökelrohlingen, häufig unter konstantem oder alternierendem Vakuum, sind häufige technologische Zielstellungen. Das Fassungsvermögen der Trommeln kann bis zu $m = 500$ kg und mehr betragen. Mechanische Beschickung, Drehzahl- und Drehrichtungsänderungen, auch als Pendelbewegungen, einstellbare Mischdauer sowie eine Entleerung über Rutschen (Schurren) sind weitere konstruktive Merkmale. Für die Wurstproduktion mit fließfähigen Bräten sind Trommel-Mischmaschinen nicht, für das Ansalzen von Ausgangsmaterial mit Hinblick auf dessen weitgehende Unifizierung durchaus geeignet.

Mischmaschinen für 200-l-Standardwagen sind in ihren Einsatzmöglichkeiten ebenfalls begrenzt. Ansalzen von Produktionsfleisch vor einer Zwischenlagerung, Untermischen von Gewürzen und Zusatzstoffen vor der Zerkleinerung, Ansalzen und Tumbeln von Pökelrohlingen kleinerer Abmessungen können als Möglichkeiten genannt werden. Für das Vermischen von Feinbräten mit Grobbestandteilen sind Maschinen dieser Bauart nicht geeignet. Besonderes Merkmal ist die Nutzung von 200-l-Standardwagen als Wechselbehälter, dadurch kann unter Umständen auf ein mehrmaliges Umladen des Mischgutes verzichtet werden. Das einfache Wirkprinzip beruht auf einer Über-Kopf-Rotation des von einer Deckplatte hermetisch verschlossenen Behälters. Spezielle Mischwerkzeuge sind nicht vorhanden.

9.7 Füllmaschinen, Portionier-, Zusatz- und Verschlußgeräte

Die Konstruktion der verschiedenen Fördermechanismen, dem Herzstück jeder Füllmaschine, soll einen schonenden, reibungs-, quetschungs- und erwärmungsarmen, ganz allgemein gesagt, qualitätserhaltenden Durchlauf des Füllgutes vom Aufnahmebehälter bis zum Übergang in das jeweilige Hüllmaterial sichern. Die Einhaltung dieser generellen Forderung ist bekanntermaßen nicht für jedes Füllgut von jedem Förderprinzip gleichermaßen problemlos möglich. Der Füllvorgang, wie aufgezeigt, auch immer ein Förderprozeß, erfolgt unter Nutzung verschiedener Wirkprinzipe (Abb. 9.7-1):

- geradliniger Kolbenvorschub in vertikalen oder horizontalen zylindrischen Aufnahmebehältern (Kolbenfüllmaschine)
- kreisförmige Rotorbewegung mit fließendem Übergang in eine geradlinige Vorwärtsbewegung (Flügelzellen- und Zahnradfüllmaschinen)
- Vorschub mit transversalen und longitudinalen Bewegungselementen einer Schneckenförderung (Doppelschraubenspindelpumpen-Füllmaschinen).

9.7.1 Bauarten und Wirkprinzipe

Kolbenfüllmaschinen

Der Kolbenvorschub in vertikaler Füllzylinderstellung erfolgt überwiegend elektro-hydraulisch, seltener für Bräte sehr geringer Viskosität, z.B. Kochwurstbräte, elektro-pneumatisch. Das Zylindervolumen liegt bei $V = 35\text{-}200$ l. Der Arbeitsdruck für den Kolbenvorschub kann stufenlos bis etwa $p = 2{,}5$ MPa eingestellt werden. Dieser wird einerseits vom Fließverhalten des Füllgutes und durch die Deformationsgefahr für Grobbestandteile sowie andererseits durch die Festigkeitseigenschaften des Hüllmaterials nach unten bzw. nach oben begrenzt. Der Füllvorgang wird i.d.R. durch die Betätigung eines Knie- oder Hüfthebels ausgelöst bzw. beendet. Bei Füllmaschinen mit vertikaler Füllzylinderstellung kann die sich zwangsläufig ergebende Fließrichtungsänderung in den horizontalen Auslauf bei einigen empfindlichen Füllgütern zu Problemen führen.

In die Gruppe der Kolbenfüllmaschinen sind auch spezielle Rohwurst-Füllanlagen einzuordnen. Deren konstruktive Hauptmerkmale können wie folgt beschrieben werden: Die Füllzylinderstellung und damit der Kolbenvorschub sind horizontal, d.h., es ergibt sich keine Fließrichtungsänderung für das Brät. Es werden Wechsel-Füllzylinder (auch als Transportzylinder oder Kartuschen bezeichnet) mit einem Volumen $V \approx 80$ l eingesetzt, die in einem Vakuumverdichter unabhängig vom Füllvorgang beschickt und entweder über einen Drehmechanismus oder nach Anhebung auf eine leicht geneigte Förderstrecke (Schienenlaufbahn) in die Füllage vor den Kolben gebracht, nach dem Leeren durch erneute Drehung oder im zweiten Falle nach automatischem Absenken auf einer entgegengesetzt geneigten Förderstrecke zum Vakuumverdichter zurückgeführt werden. Jede Füllstation verfügt über eine separate Druckerzeugungsanlage, so daß die für im niedrigeren Temperaturbereich ($\vartheta = -2$ bis 2 °C) bereitgestellten Rohwurstsorten benötigten hohen Arbeitsdrücke, z.B. $p = 5{,}0$ MPa, zuverlässig gesichert werden können. Die Füllgeschwindigkeit ist in Abhängigkeit vom Fließverhalten des Füllgutes und den meist sehr hohen Festigkeitseigenschaften

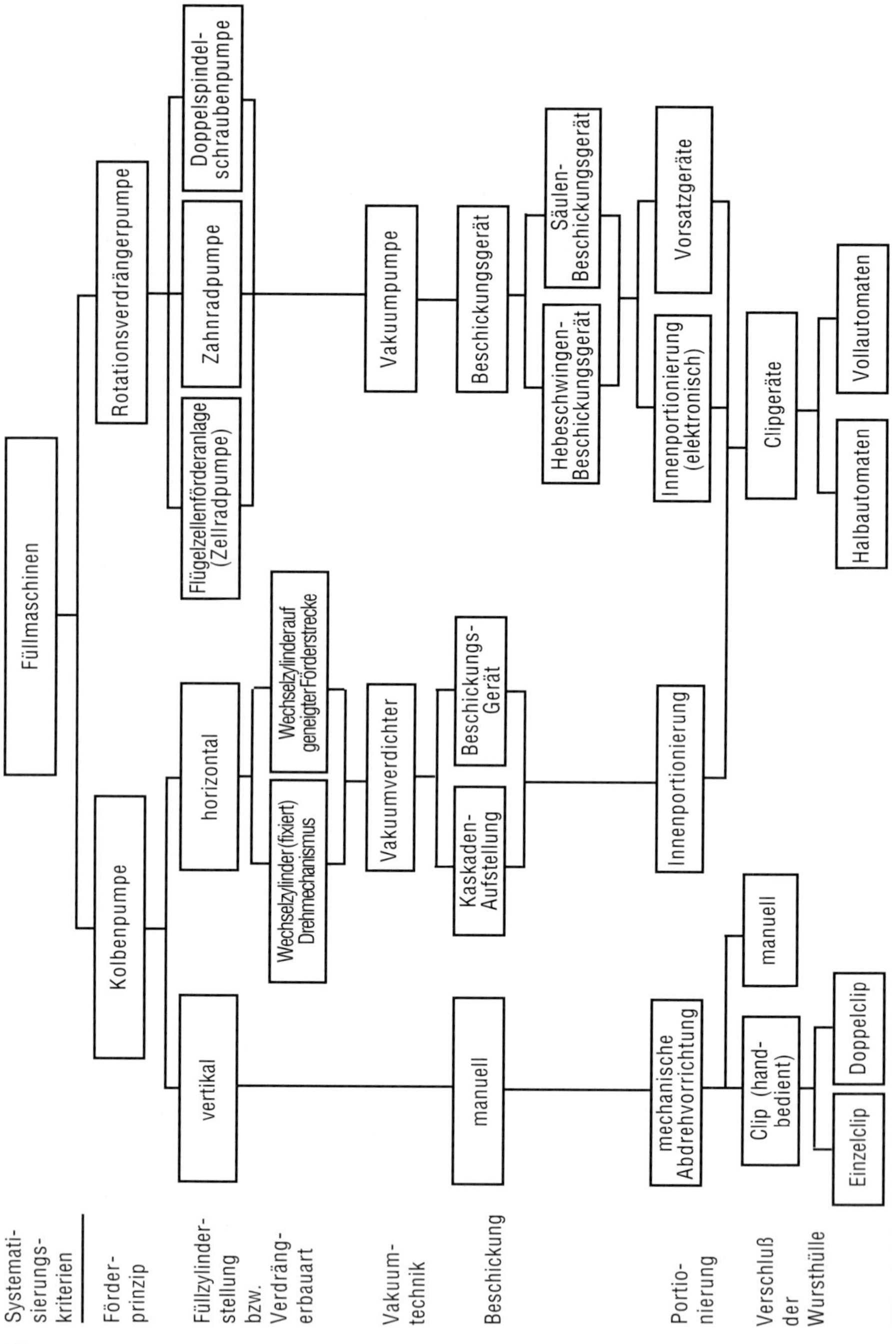

Abb. 9.7-1 Systematisierungskriterien für Füllmaschinen

des Füllmaterials stufenlos regulierbar. Eine elektronisch gesteuerte Dosierung der ausgestoßenen Einzelportionen ist ebenso möglich wie eine Dauerportionierung mit nachgeschaltetem Füll-Clip-Automaten.

Rotationsverdrängerfüllmaschinen
Durch das Evakuieren mittels vorwählbarer Saugleistung wird in den leeren Aufnahmeräumen der Rotationsverdränger ein druckgeminderter Zustand erreicht. Eine begrenzte Brätentlüftung wird erreicht, vor allem größere Lufteinschlüsse können dadurch vermieden werden. Es ist möglich, 2-4 Vorsatz-, Portionier-, Abdreh- sowie auch Clipgeräte schaltungstechnisch mit einer Vakuum-Füllmaschine zu verknüpfen (Abb. 9.7-2).

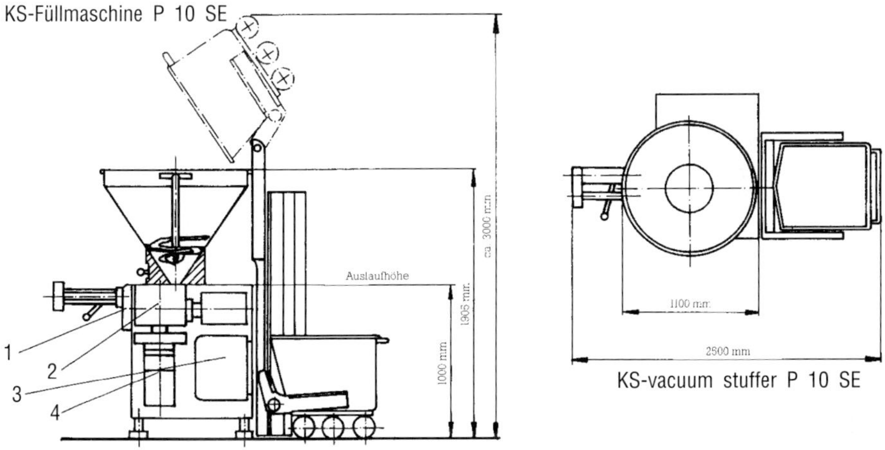

Abb. 9.7-2 Vakuum-Füllmaschine mit nachgeschalteten Portionier- und Abdrehgeräten; Säulen-Beschickungsgerät für 200-l-Standardwagen (Werkzeichnung: Karl Schnell GmbH u. Co. Winterbach)

1 Abdreheinheit	**3 Vakuum-Pumpe**
2 Untersetzungsgetriebe	**4 Drehstromservoantrieb**

Je nach Konzeption und Konstruktion der Füllmaschine können weitere Zusatzeinrichtungen angebracht werden: Drillingsköpfe, pneumatisch gesteuerte Doppelausläufe, Schinkenfüllrohre, Kroketten-Abschneidevorrichtungen, Darmaufzieh- und haltegeräte, mikroelektronisch gesteuerte Abfüllkontrollgeräte u.a.m. Die Mehrzahl der Bauarten ist mit einer elektronischen Innenportionierung ausgestattet, deren Schalthäufigkeit 350-450 Portionen min^{-1}, bei einem Portionierungsbereich von 5-10 000 g beträgt. Der verschleißarme elektro-hydraulische Antrieb des Fördersystems überwiegt.

Je nach Ausstattungsniveau sind Vakuum-Füllmaschinen mit einer Logik- oder einer MC-Steuerung ausgerüstet. Unabhängig von Bauart und Typ sowie den daraus resultierenden geringfügigen Unterschieden können nachstehende Möglichkeiten einer MC-Steuerung im Zusammenhang mit Füllmaschinen genannt werden:

- Einstellen, Kontrollieren und Korrigieren der ausgestoßenen Portionen in g-Schritten bei digitaler Anzeige
- Einstellen und Kontrollieren der Rotordrehzahl, stufenlos und durch ±-Taster regulierbar
- Einstellen und Kontrollieren eines konstanten Fülldruckes für die Füllmaschine und alle nachgeschalteten Portionier-Abdrehgeräte
- Einstellen der Abdrehungsanzahl, z.B. 1-5
- Einstellen und Kontrollieren des anliegenden Vakuums
- Heben, Kippen, Verweilen in Kippstellung und Senken der 200-l-Standardwagen
- Zu- und Abschalten der Zubringerkurve im Aufnahmebehälter
- digital angezeigte Fehlerdiagnose
- weitere Möglichkeiten: Anzeige der Portionen innerhalb eines Stranges sowie innerhalb der Gesamt- oder einer Teilproduktionsmenge, Abschalten der Maschine, nachdem eine vorgewählte Portionszahl erreicht wurde, Erzeugung eines begrenzen Rücksaugeffektes an der Tülle zur verbesserten Sauberkeit und Hygiene am Arbeitsplatz.

Zellradpumpe (Flügelzellenförderwerk)
Das Füllgut gelangt aus dem Aufnahmebehälter in die sog. Zellen (Kammern), die jeweils vom exzentrisch gelagerten, elektrohydraulisch über ein Zahnradgetriebe angetriebenen Rotor, beiderseitig radial eingepaßten, nahezu spielfreien Flügeln (Schiebern) und der Wandung des Brätpumpenringes gebildet werden. Im Moment der Brätaufnahme haben die Zellen das größte Volumen. Die Exzentrizität des Rotors und die Führung der Flügel durch einen Spannexzenter bewirken eine Volumenverringerung in Richtung Auslaß. Das Füllgut wird auf einem relativ kurzen, strömungstechnisch günstigen Wege bei durchgängiger Evakuierung und nur geringer Erwärmung gefördert: kreisförmige, dann geradlinige Bewegung schon vor dem Übergang in das Füllrohr (Tülle). Dadurch werden unkontrollierbare „Wolf"- und Mischeffekte weitgehend ausgeschaltet. Der Druckanstieg, in enger Korrelation mit dem Ausstoßdruck, kurz vor dem Übergang in den geradlinigen Förderabschnitt, ist zunächst von der Kompressibilität des jeweiligen Füllgutes abhängig und kann durch den Einsatz geeigneter Rotoren, die sich in der Flügelanzahl (z.B. 18, 12 oder weniger) unterscheiden, beeinflußt werden. Eine Flügel-Bruchsicherung besteht darin, daß der federbelastete Spannexzenter immer dann nach hinten ausweicht, wenn ein Flügel, z.B. durch einen Fremdkörper, stärker belastet wird.

Zahnradpumpe
Auch bei diesem Wirkprinzip werden Kammern zur Brätförderung gebildet, in diesem Falle durch Pumpenritzel und -rad sowie durch sog. Drucksegmente. Mit unterschiedlichen Zähnezahlen für die Kombination Pumpenritzel/Pumpenrad kann das Fördersystem an die jeweiligen Füllguteigenschaften angepaßt werden. Dabei gilt: geringere Zähnezahlen, z.B. 4/6, bedeuten größere Kammervolumina für Bräte mit Grobbestandteilen, höhere Zähnezahlen, z.B. 8/12 oder 11/16, sind für normale Bräte und eine höhere Portionsgenauigkeit geeignet. Die bisherigen Ausführungen über die Anwendung der Vakuumtechnik sind auf diese Bauart voll übertragbar. Die Förderung von der Brätaufnahme in das Pumpenrad bis zum Auslaß in die Tülle ist ebenfalls als relativ kurz, strömungstechnisch günstig und damit als schonend und qualitätserhaltend einzuschätzen.

Doppelspindelschraubenpumpe (Förderkurven)
Das Fördersystem besteht aus zwei gegenläufig arbeitenden, im direkten Eingriff stehenden elektro-mechanisch angetriebenen Förderschnecken, die auch als Förderkurven bezeichnet wer-

den. Zur optimalen Anpassung an das jeweilige Füllgut stehen Förderschnecken mit unterschiedlicher Steigung und Teilung sowie unterschiedlichem Durchmesser zur Verfügung. Gleichgroße, dichte Förderkammern werden dadurch gebildet, daß bei gleicher Steigung der beiden Förderschnecken während der Drehbewegungen brätgefüllte Räume entstehen. Füllgüter mit hohen Grobanteilen benötigen Förderkurven mit großer, Feinbräte geringerer Viskosität solche mit kleinerer Steigung und Teilung. Die Evakuierung des Füllgutes erfolgt durch einen Vakuumansatz im hinteren Teil der Förderschnecken, dazu werden Spalten zwischen den sich überschneidenden Flanken genutzt. Die eigentliche Förderbewegung wird durch den vom Füllrohr her betrachtet vorderen Bereich der Förderschnecken bewirkt (Abb. 9.7-3).

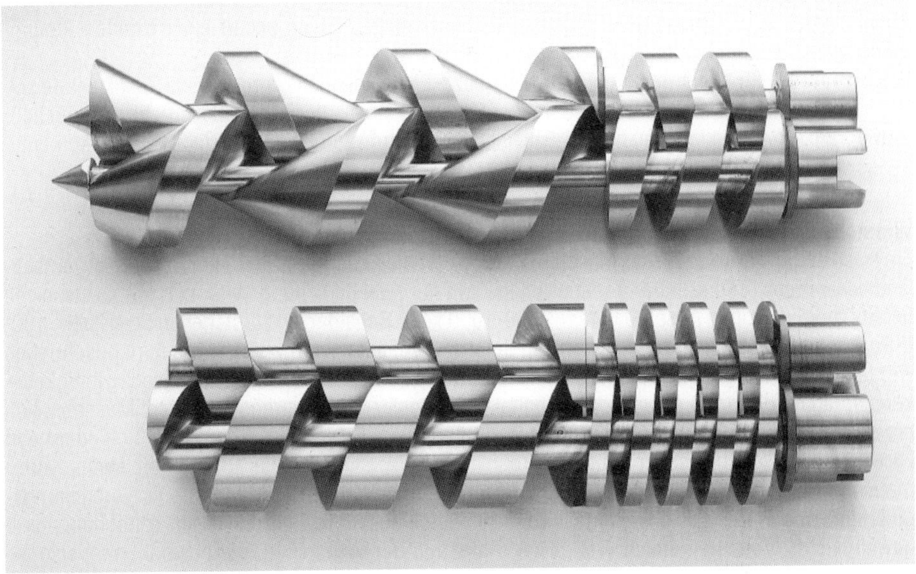

Abb. 9.7-3 Doppelspindelschraubenpumpe – „Förderkurven" mit unterschiedlicher Teilung und Steigung (Werkfoto: VEMAG Maschinenbau GmbH Verden)

9.7.2 Ausgewählte Zusatzgeräte

Darmaufziehgeräte

Durch das beträchtliche Verkürzen der zum Darmaufziehen erforderlichen Unterbrechung des Füllvorganges kann mit diesen Geräten die Fülleistung bei Naturdärmen deutlich erhöht werden. Darmaufziehgeräte lassen sich mit wenigen Handgriffen an die Füllmaschine anbauen, ihre Bedienung ist einfach. Der Darm wird durch profilierte Rollen gleichmäßig und schonend auf die Abdrehtülle aufgezogen.

Diese Abdrehrollen beginnen sich automatisch zu drehen, sobald das Gerät zum Darmanfang auf die Tülle geschwenkt wurde.

Darmhaltevorrichtungen

Beim Abdrehbetrieb bewirkt die Darmhaltevorrichtung in Verbindung mit der eingebauten Darmbremse neben einer wesentlichen Arbeitserleichterung für die Bedienungsperson eine wesentliche Leistungssteigerung, die Reduzierung von Darmplatzern und eine verbesserte Kalibertreue bei Natur- und Kunstdärmen.

Doppelausläufe, Mehrfachausläufe

Hierbei wird das gleichzeitige oder wechselseitige Füllen über zwei oder mehr Füllrohre einer Füllmaschine ermöglicht. Das ist eine im Bereich der Kochwurstherstellung häufig anzutreffende technische Lösung, die eine beträchtliche Steigerung der Durchsatzleistung zuläßt. Die Füllstellen werden häufig pneumatisch betätigt. Wird an den Tüllen gleichzeitig gefüllt, so muß das Füllgut an alle Abnahmestellen gleichmäßig verteilt sein. Wechselseitiges Füllen bedarf einer exakten Abstimmung zwischen dem Bedienungspersonal.
Weitere, jeweils für bestimmte, meist eng begrenzte Einsatzbereiche vorgesehene Zusatzgeräte sollen nachstehend genannt werden: Schinkenfüllgeräte, Kroketten-, Frikadellen- bzw. Klößchenformgeräte, Ko-Extrusionsanlagen für Fülleinlagen in geformten Röllchen, Wäge- und Dokumentationssysteme für Kontrollaufgaben.

Würstchen-Füll-, Portionier-, Abdreh- und Aufhängemaschinen

Ein klassischer Vertreter dieser Maschinengruppe ist die in den fünfziger Jahren auch in Deutschland bekanntgewordene Frank-a-matic-Anlage. Mit nur zwei Bedienungspersonen war es seinerzeit bereits möglich, einen Ausstoß von $m = 800\text{-}1000$ kgh^{-1} Schäldarm-Würstchen in 50-g- bzw. 100-g-Portionen zu erreichen. Das Wirkprinzip derartiger Anlagen kann verkürzt wie folgt beschrieben werden: Eine Vakuum-Füllmaschine führt entlüftetes Brät im druck- und fließgeschwindigkeitskonstanten Förderstrom einem vorgeschalteten Portionier- und Abdrehgerät zu. Im Massebereich bis zu 140 g liefert dieses Gerät 400-450 Portionen min^{-1}. Geraffte Kollagen- bzw. Schäldärme in Form einseitig verschlossener Raupen werden automatisch auf die Tülle aufgezogen, ebenso automatisch erfolgt der Raupenwechsel aus dem großdimensionierten Magazin. Die verpackungsgünstige konstante Würstchenlänge wird durch einen ausstoßsynchronisierten Längenvorschub gewährleistet. Vollautomatisch erfolgt das Aufhänge der Würstchen, die sowohl paarweise als auch schleifenförmig (3, 4, 6, 8, 10, 12, 16 oder 20 Würstchen je Schleife) erfolgen kann. Es folgt die Übergabe der Würstchen an die Räucherspieße, die gespeichert vorrätig sind. Die gleichmäßige Verteilung auf die gesamte Länge der Räucherspieße ist sichergestellt, deren Abnahme und Übergabe an die Räucherwagen erfolgt manuell.

Clipgeräte, -halb- und -vollautomaten

Als Alternative zum manuellen Verschließen („Abbinden“) der gefüllten Würste mit Wurstgarn und zum Portionieren können Clipeinrichtungen unterschiedlichen technischen Niveaus eingesetzt werden. Bei allen Bauarten wird auf Leistungssteigerung im Prozeßabschnitt „Darmaufziehen, Füllen, Portionieren und Verschließen von Wursterzeugnissen“ sowie auf eine Arbeitserleichterung für das Bedienungspersonal abgezielt. Es wird generell zwischen Einfach- und Doppelclippern unterschieden.

Es werden manuell betätigte Clipgeräte, Halb- und Vollautomaten angeboten. Zum Einsatz kommen Labyrinthclips (Rollenclips), S-Clips (Single-Clips) und Rundclips (Runddraht-Clips).

9.8 Ausrüstungen zur rauch- und klimatechnischen sowie thermischen Behandlung

9.8.1 Räucherraucherzeuger

Mittels Räucherrauch-Erzeugern kann man folgende Arten von Rauch produzieren: Schwel- oder Glimmrauch, Reib- oder Friktionsrauch, Dampf- oder Kondensationsrauch oder Fluidisationsrauch. In Abbildung 9.8-1 wird dies anhand von Anlagen zur heißrauchtechnischen und thermischen Behandlung verdeutlicht.
Neuerdings wurden Kombinationsvarianten, z.B. Schwelrauch- und Dampfrauch sowie Reibrauch und Dampfrauch, bekannt.

Schwel- oder Glimmrauch-Erzeuger
Eine begriffliche Trennung von Schwel- und Glimmrauch wird nicht vorgenommen. Diese Räucherraucherzeugungsmethode gilt als technisch gut beherrschbar. Das Schmokmaterial, Sägespäne oder Hackspäne, wird aus einem mit Rührwerk oder Schütteleinrichtung versehenen Aufnahmebehälter in Intervallen der Schwelzone zugeführt und dort auf einer elektrisch beheizten Platte oder mittels Gasflamme gezündet. Zündtemperatur, Frischluftzufuhr in Volumen und Geschwindigkeit sowie die zugeführte Schmokmaterial-Menge sind regelbar. Außerdem ist es möglich, das Schmokmaterial zu befeuchten, um damit die Rauchentstehungstemperatur herabzusetzen. Damit sind die Forderungen nach Räucherrauch in gleichbleibender Menge, Intensität und Dichte bei Rauchentstehungstemperaturen im gewünschten Sinne weitgehend erfüllbar. Eine im Rauchrohr angeordnete Rauchwäsche erhöht den Reinheitsgrad des Räucherrauches. Moderne Schwelrauch-Erzeuger arbeiten vollautomatisch mit einem hohen Sicherheitsniveau. Dadurch verringert sich u.a. auch der Beaufsichtigungszwang (Abb. 9.8-2.)

Konstruktive Veränderungen mit dem Ziel, Räucherzeiten zu verkürzen sowie Energiebedarf, Schmokmaterial-Verbrauch und Abluftmenge entscheidend zu vermindern, führten zu neuen Lösungen. So wurde z.B. erreicht, daß durch ein verändertes Temeraturregime bei der Schwelrauch-Erzeugung auf Hackspäne-Basis, beginnend mit $\vartheta = 230$ °C und mit steigender Tendenz, schon im niedrigen Temperaturbereich ein hoher Anteil räucherwirksamer Substanzen gewonnen werden kann. Infolge ihrer thermischen Instabilität würden diese Verbindungen bei den sonst wesentlich höheren Rauchentstehungs-Temperaturen das Räuchergut in der Kammer nicht erreichen. Ein weiterer Vorteil besteht darin, daß der Räucherrauch direkt vom Erzeuger ohne Umweg über Rohrleitung und Gebläse in die Kammer geleitet wird. Schwellrauch-Erzeuger können mehrheitlich wahlweise für Heißrauch- und Klimarauch-Anlagen eingesetzt werden.

Reib- oder Friktionsrauch-Erzeuger
Durch Reiben eines Kantholzes, das mechanisch, hydraulisch oder pneumatisch mit veränderbarem Druck gegen eine schnell rotierende profilierte Stahltrommel gepreßt wird, kommt es im günstigen Temperaturbereich von $\vartheta = 300 - 400$ °C zur Pyrolyse. Der flammenlos erzeugte, helle, dichte und aromatische Räucherrauch enthält große Anteile räucherwirksamer Substanzen (Phenole, Carbonyle, verschiedene Säuren), dagegen nur wenig Teerstoffe. Eine Einflußnahme auf Rauchdichte, -menge und -entstehungstemperatur ist dadurch möglich, daß Anpreßdruck, Rotor-

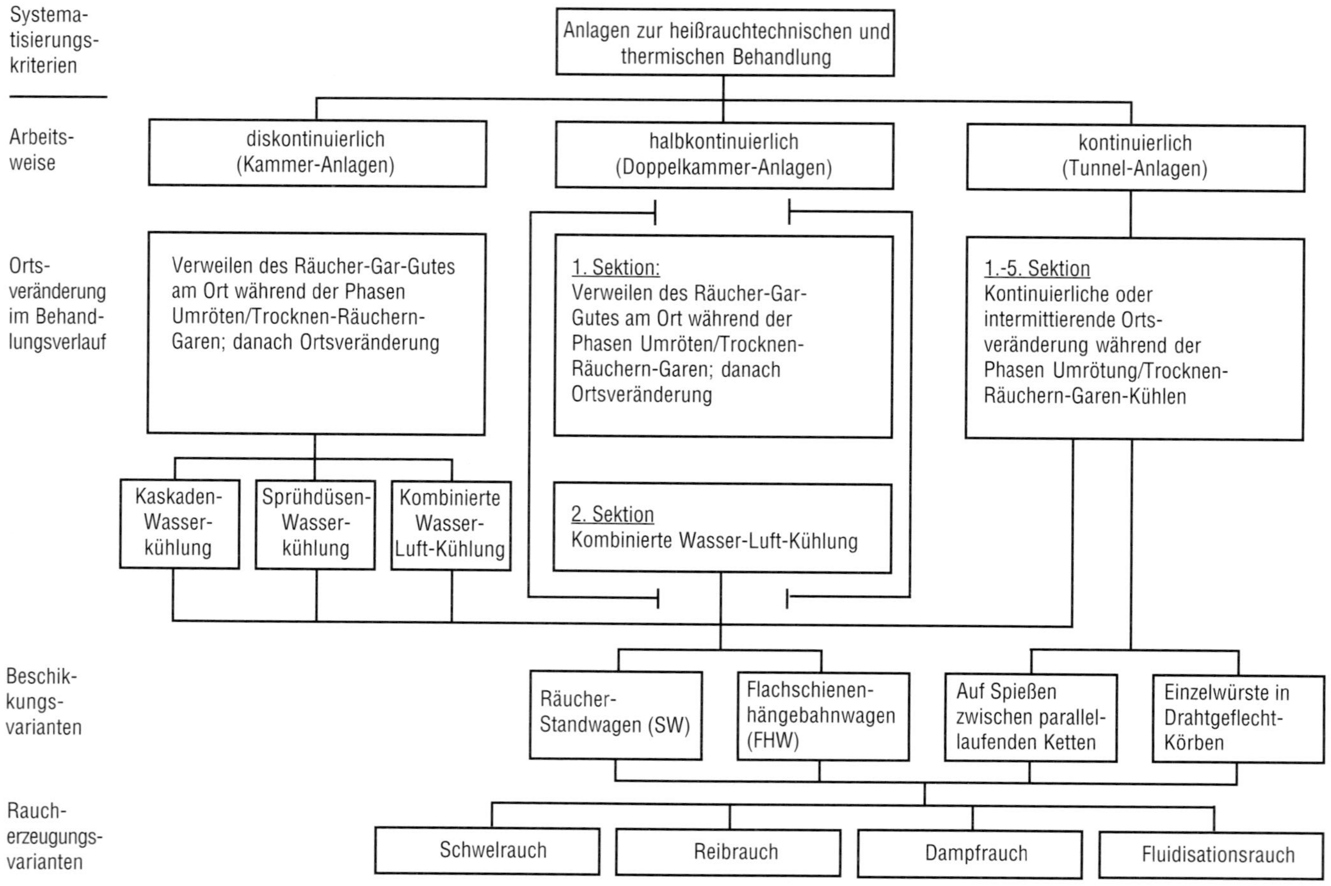

Abb. 9.8-1 Systematisierungskriterien für Anlagen zur heißrauchtechnischen und thermischen Behandlung

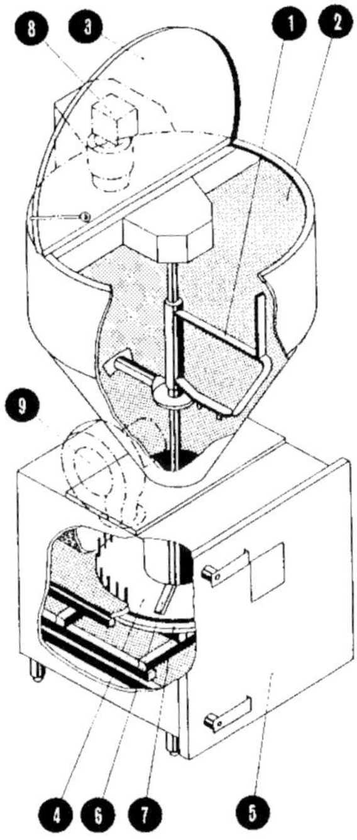

Abb. 9.8-2 Schwel-(oder Glimm-)Rauch-Erzeuger-Wirkprinzip-Darstellung (Werkzeichnung: ATMOS (Foodco-Atmos-Group), Glinde b. Hamburg)

1 Rührwerk
2 Trichter
3 Einfüllklappe
4 Heizplatte
5 Raucherzeugertür
6 Vorschubarm
7 Heizspirale
8 Getriebemotor
9 Gebläse

drehzahl, Frischluftzufuhr und Reibezeit variabel sind. Die Raucherzeugung kann in Sekundenschnelle begonnen und beendet werden. Der Betrieb derartiger Raucherzeuger erfolgt vorwiegend in diskontinierlicher Arbeitsweise, d.h. einer kurzen Reibezeit folgt eine bis zwanzigfach längere Stillstandszeit. Dadurch wird auch der unvermeidliche Temperaturanstieg während der Reibezeit weitgehend kompensiert.
Die zur Oxidation erforderliche Frischluftmenge wird durch Öffnungen in den „Tälern" der profilierten Trommel dosiert zugeführt. Als zusätzliche Funktion werden dadurch Kühlung und Transport des Räucherrauches bewirkt. Neuerdings wurden geräuschärmere Reibrauch-Erzeuger bekannt, die bei minimalem Platzbedarf in der Rauchkammertür untergebracht sind. Der gute Zugang für Service- und Wartungsarbeiten ist ein weiterer nennenwerter Vorteil dieser technischen Lösung (Abb. 9.8-3).

Dampf- oder Kondensatrauch-Erzeuger
Als Schmokmaterial werden ausschließlich konditionierte Hackspäne verwendet. Mit der Luft vermischter Dampf eines definierten Zustandes, z.B. Sattdampf, ϑ = 110-115 °C und p = 0,05 MPa, wird in einem elektrischen Überhitzer auf eine Temperatur von ϑ = 320-420 °C erwärmt und durchströmt das einem perforierten Zylinderabschnitt mittels Schneckenfördererstaktweise zugeführte Schmokmaterial. Dabei erfolgen Pyrolyse und Oxidation. Das Dampf-Räucherrauch-Gemisch tritt mit einer Temperatur von ϑ = 65-95 °C und einer relativen Luftfeuchte von φ = 100 % in die Räucherkammer ein. Die Verunreinigungen des Räucherrauches durch Teer- und Aschepar-

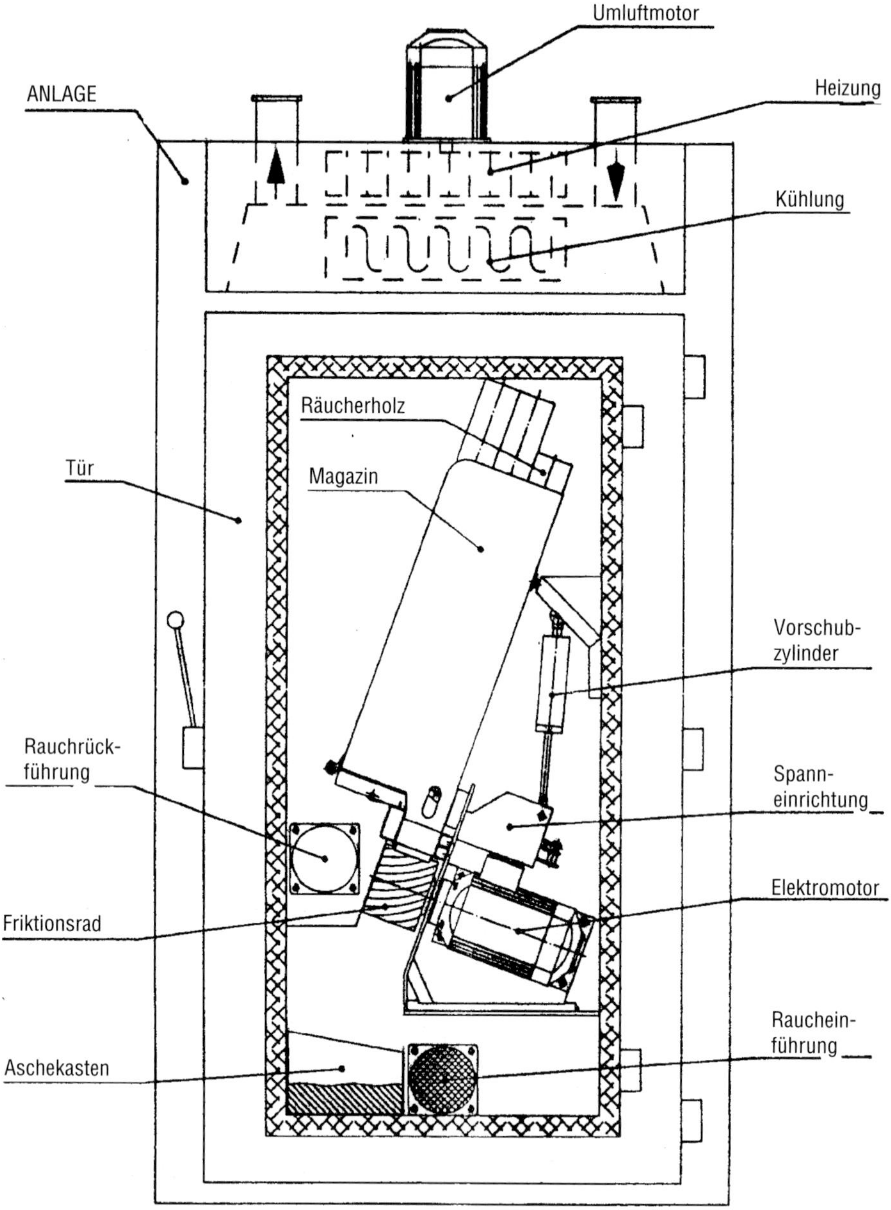

Abb. 9.8-3 Friktions-(oder Reib-)Rauch-Erzeuger, Wirkprinzip-Darstellung) (Werkzeichnung: H. Maurer + Söhne Rauch- und Wärmetechnik GmbH u. Co. KG, Insel Reichenau)

tikeln ist äußerst gering, der Gehalt an polycyclischen Kohlenwasserstoffen liegt unterhalb der Nachweisgrenze. Infolge der hohen Wasserdampfpartialdruck-Differenz zwischen Kammeratmosphäre und Räuchergut kondensiert das Dampfrauch-Gemisch schnell und intensiv auf der Wurstoberfläche, Emissionsprobleme bestehen nicht, da ein Kaminanschluß bei diesem Verfahren nicht benötigt wird (Abb. 9.8-4). Das Dampfrauch-Gemisch kondensiert und wird über das Abwasser aus der Anlage abgeführt. Dampfrauch-Erzeuger werden für Heißrauch-Anlagen eingesetzt. Die von einigen Autoren beschriebene und wohl auch prinzipiell mögliche Nutzung dieses Verfahrens zur Kalträucherei hat offensichtlich keine Verbreitung gefunden.

Fluidisationsrauch-Erzeuger

Hierbei werden Sägespäne mittels Druckluft einem Reaktor zugeführt, dort verwirbelt und während des Schwebezustandes durch Heißluft, die elektrisch exakt und in kleinen Abstufungen auf eine Temperatur von $\vartheta = 300–400$ °C erhitzt wurde, in kürzester Zeit, z.B. $t = 10$ s, pyrolisiert. Vor dem Ableiten des so gewonnenen Räucherrauches in die Kammer werden in einem Zyklon die Glimmrückstände dadurch abgetrennt, daß die Partikel aus einer turbulenten in eine überwiegend laminare Störmung überführt werden, gegen eine Prallplatte treffen und dadurch von der Gasphase des Räucherrauches getrennt werden.

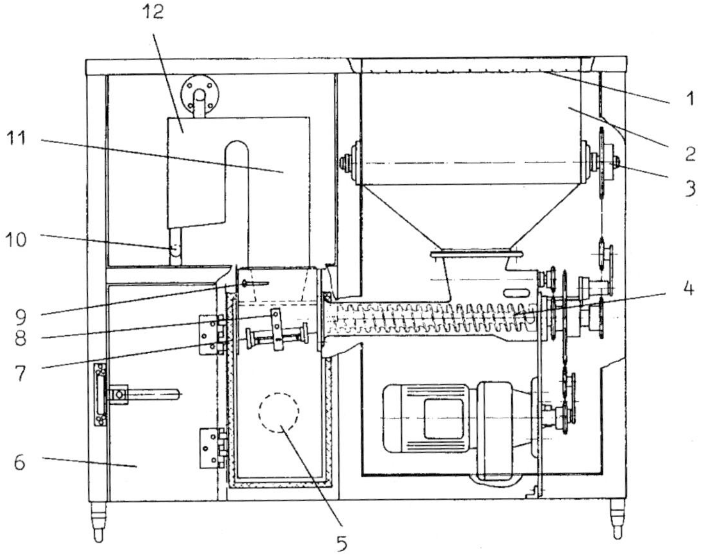

Abb. 9.8-4 Dampf-(oder Kondensat-) Raucherzeuger; (Werkzeichnung: ATMOS (Foodco-Atmos-Group) Glinde b. Hamburg)

1 Schutzgitter
2 konditionierte Hackspäne
3 Rührwerk
4 Schneckenförderer
5 Räucherrauch-Anschluß
6 Ascheschieblade
7 Räucherrauch-Rost
8 Reaktionsraum
9 Thermometer
10 Kondensat-Ableitung
11 Elektrischer Überhitzer
12 Dampf-/Lufteintritt

9.8.2 Anlagen zur heißrauchtechnischen und thermischen Behandlung

Universal-Heißrauch- und Garanlagen mit diskontinuierlicher Arbeitsweise

Diese Anlagen haben ein Fassungsvermögen von 1-36 Räucher-Stand- oder Hängebahnwagen, die abhängig von Kaliber und Behängungsdichte mit je m = 150–400 kg Räucher-Gar-Gut beschickt werden können (Abb. 9.8-5).

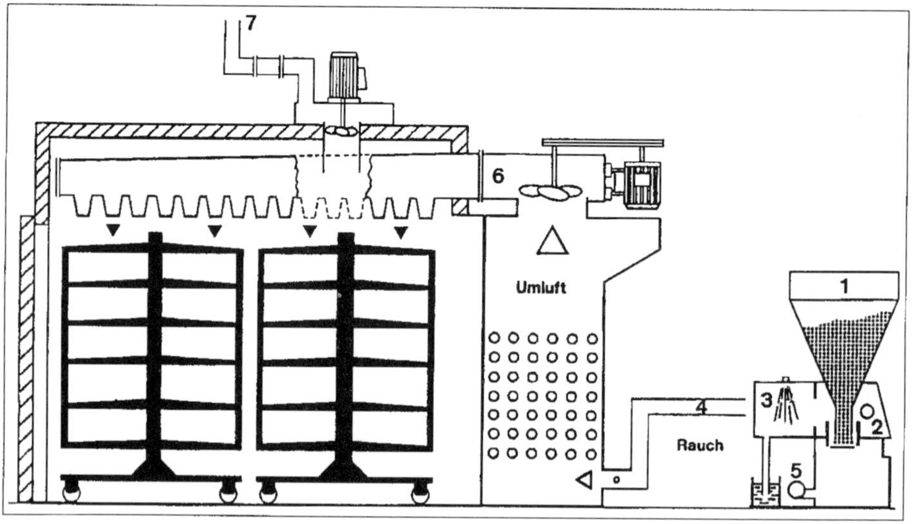

Abb. 9.8-5 Universal-Heißrauch- und Garanlage (Werkzeichnung: ATMOS (Foodco-Atmos-Group), Glinde b. Hamburg)

1 Spänetrichter
2 Schwelkammer
3 Rauchwäsche
4 Rauchrohr
5 Dosierventilator
6 Rauch-/Luftmischung
7 Abluftrohr

Die Räucherwagen werden ein- oder zweireihig angeordnet. Weit verbreitet sind einreihige 3-Wagen-Kammern. Vorherrschend sind die Skelettbauweise oder fugenlos verschweißte selbsttragende Konstruktionen, doppelwandig und mit wärmedämmenden Materialien, z.B. Polyurethan-Schaum, zwischen den korrosionsbeständigen Blechen. Die eintürige Ausführung gilt als Standardbauart. Die zweitürige Ausführung, sog. Transitbauweise, könnte bei räumlicher Enge den innerbetrieblichen Transport entlasten, da sich rückläufige Bewegungen der Räucherwagen zumindest reduzieren lassen. Die externe Aufstellung der Raucherzeuger kann entsprechend den betrieblichen Bedingungen beim Anwender rechts- oder linksseitig, an der Rückwand, als Dachaufbau oder im Keller erfolgen. Zunehmend gewinnt die flächensparende Integration des Schwelrauch-, Dampfrauch- oder Reibraucherzeugers in die Rauchkammertür oder in das Rauchkammergehäuse an Bedeutung. Dabei konnte zusätzlich der Raucherzeuger verkleinert und auf lange Rauchrohre verzichtet werden.

Allerdings ist diese Aufstellungsvariante nur für „geschlossene Systeme" möglich. Die Kammern werden überwiegend durch Hochdruck- bzw. Niederdruckdampf (p_{max} = 0,8 bzw. 0,08 MPa) beheizt, aber auch elektrisch, öl-, thermoöl- und gasbeheizte Kammern sind bekannt. Der erforderliche Temperaturbereich liegt bei ϑ = 40-95 °C. Während der Behandlung tritt das jeweilige Medium mit hoher Geschwindigkeit, z.B. v = 50 ms^{-1}, durch seitlich in Längsrichtung angeordnete Blasdrüsen oder durch Luftschlitze, meist wechselseitig, mit Voll- bzw. Teil-Luftstrom in die Kammer ein, dringt unter Geschwindigkeitsverlust in den beiderseits der Räucherwagen befindlichen Freiräumen senkrecht in Richtung Kammerboden vor, wird auf Grund unterschiedlicher Druckverhältnisse horizontal abgelenkt und bewirkt im Aufwärtsgang Richtung Absaugkanäle in der Kammerdecke die angestrebten Effekte Rauchbeaufschlagung und Wärmeübertragung (Abb. 9.8-6).

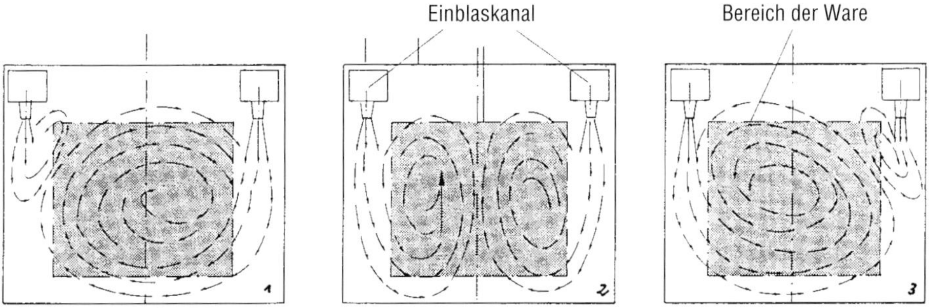

Stellung der Wechselklappen:
1 links 10 %, rechts 90 % **2 links 50 %, rechts 50 %** **3 links 90 %, rechts 10 %**

Abb. 9.8-6 Universal-Heißrauch- und Garanlage – Umluftbewegung im Kammerquerschnitt; Wirkprinzip-Darstellung: ATMOS (Foodco-Atmos-Group, Glinde bei Hamburg

Durch die im Aufwärts-Luftstrom hängenden Würste kommt es zu ausgeprägten Turbulenzen, die rechnerisch nur überschlägig erfaßbar sind. Die für den Garprozeß erforderliche feuchte Atmosphäre wird durch feuchtigkeitsgesättigte, stark turbulente Heißluft oder durch das Einblasen von gesättigtem Niederdruckdampf erreicht. Zum allgemein anerkannten Standard dieser Ausrüstungsgruppe gehören: Sicherung einer gleichmäßigen Luft- bzw. Rauchverteilung durch entsprechende Luftleitsysteme, gezielte Einflußnahme auf Temperatur- und Feuchteverläufe, elektromechanische Folgeprogramm-Steuerung bei gesicherter Wiederholbarkeit der gespeicherten Programme. Bei einigen Anlagen ist auch Kalträuchern, Schwarzräuchern, ΔT-Kochen möglich.
Die verbreitet anzutreffende Steuerung des Gesamtprozesses erfolgt über die Vorgabe bestimmter Soll-Werte für die prozeßrelevanten Parameter, wie Kammertemperatur, relative Luftfeuchte, Luftumwälzung u.a., auf der Basis von Zeitplan-Folge-Steuerungen. Bei rechnergestützter Prozeßführung wird es möglich, durch messende Verfolgung des Luftzustandes in der Kammer, der durch die Reaktionen des Räucher-Gar-Gutes fortlaufend verändert wird, eine vollautomatische Optimierung der Prozeßparameter zu erreichen. Dafür werden vom Anwender lediglich sog. Freiheitsgrade für diese Kennwerte in den Rechner eingegeben.

Heißrauch- und Garanlagen mit integrierter Intensivkühlung (Halbkontinuierliche Verbundanlage)
Es handelt sich bei diesen Anlagen um Zweisektions-Kammern, die mit 2-4 Räucherstandwagen oder Hängebahnwagen beschickt werden. Die Funktionsweise der Sektion 1 ist mit der im vorhergegangenen Abschnitt beschriebenen weitgehend identisch. Mikroprozessorgesteuert erfolgt der Übergang der Räucherwagen in die Sektion 2. Nach Öffnen der Trenntür wird die Ortsveränderung durch einen pneumatischen power-and-free-Förderer, angeordnet am Kammerboden bzw. an der Kammerdecke, realisiert. Danach kann die Sektion 1 bereits wieder beschickt werden. Ein Betreten der Anlage durch die Bedienungsperson ist nicht erforderlich. Die Intensivkühlung in der Sektion 2, die als kombinierte Wasser-Luftkühlung in dieser Reihenfolge durchgeführt wird, bewirkt beim zügigen Durchschreiten mikrobiell kritischer Temperaturbereiche, ϑ = 45–15 °C, eine schnelle Kerntemperatursenkung auf Werte um ϑ = 10-6 °C. Nach einer kurzen Wasserkühlungsphase, die nur im Bereich bis zu einer Kerntemperatur von ϑ = 45–40 °C als optimal angesehen werden kann, beginnt die Luftkühlung. Dabei tritt befeuchtete Kaltluft, ϑ = ± 0-6 °C, über den Kammerboden oder von der Kammerdecke in den Nutzraum der Kammer ein, wird abgesaugt und über ein Kühlregister dem Kreislauf wieder zugeführt. Durch das rasche Abkühlen wird die Haltbarkeit der Fertigerzeugnisse erhöht, eine alsbaldige Verpackung bzw. Expedition wird möglich.
Werden Kerntemperaturen von ϑ ± 0 °C gefordert, wird das Kühlgut unter Ausschaltung der Luftkühlung mit einer Sole, ϑ = -10 °C, intensiv besprüht.

Kontinuierlich arbeitende Tunnelanlagen
Diese Anlagen sind als Mehrsektions-Tunnel im Baukastenprinzip ausgebildet. Die luft-, wärme- und rauchtechnischen Aggregate sind häufig als Dachkonstruktionen ausgebildet. Jeder Behandlungsphase ist eine bestimmte Anzahl von Sektionen (Zonen) zugeordnet. Bestimmend für die Sektionsanzahl ist der jeweils erforderliche Zeitaufwand. Auf Räucher-Standwagen, häufiger auf Hängebahnwagen, wird das Räucher-Gargut in den Tunnel eingefahren, mit einem Förderer, z.B. einem Schleppkettenförderer, verbunden und entweder mit stufenlos regulierbarer Schleichgeschwindigkeit kontinuierlich oder intermittierend im vorwählbaren, gleichbleibenden zeitlichen Rhythmus durch die Anlage bewegt. Luftschleieranlagen trennen die von Sektion zu Sektion unterschiedlichen Luftzustände voneinander ab, so daß Zwischentüren nicht benötigt werden. Daraus folgt, daß die Luftzustände in den einzelnen Sektionen im wesentlichen konstant bleiben. Die in Kammeranlagen notwendigen Änderungen der Prozeßparameter nach Abschluß jeder Phase sowie das zwangsläufig wiederholte Aufheizen entfallen. Häufigere Sorten- und Kaliberwechsel mit den sich daraus ergebenden veränderten Behandlungszeiten sind nicht völlig problemlos. Vorrangig für kleinkalibrige, portionierte Brühwursterzeugnisse (Würstchen) eignen sich Tunnelanlagen, die nach dem Paternostersystem in vertikaler Hauptbewegungsrichtung, d.h. im wechselnden Auf- und Abwärtsgang, arbeiten. Dazu werden die Würstchen auf Räucherspießen zwischen zwei parallel laufenden Ketten eingehängt und mit variabler Geschwindigkeit durch die Anlage gefördert. Bei dieser technischen Lösung entfallen demnach die Räucherwagen. Das Paternostersystem gestattet gegenüber Tunnelanlagen mit horizontalem Vorschub eine geringere Baulänge, damit eine bessere Auslastung der verfügbaren Produktionsfläche. Erforderlichenfalls kann in derartigen Anlagen auch sog. Stangenware behandelt werden. Einzelne, größerkalibrige Würste werden durch Drahtgeflechtkörbe aufgenommen und unter sich wiederholenden Drehungen getrocknet, geräuchert und gegart.

9.8.3 Klima-Kaltrauchanlagen

Gegenüber den technisch überholten „Nur-Räucheranlagen“ mit sehr begrenzter Einflußnahme auf die bedeutsamen Prozeßparameter, ermöglichen moderne Klima-Kaltrauchanlagen die Einhaltung exakt definierter klimatischer Bedingungen in den einzelnen Behandlungsphasen. Gemauerte Anlagen, häufiger aber Kammern in Stahlskelettbauweise haben ein Fassungsvermögen von 1-50 flurfreien oder flurgebundenen Räucherwagen. Es ist möglich, mehrere Kammern übereinander in Etagen-Bauweise anzuordnen. Als Prozeßparameter haben die Temperatur (ϑ = 15-30 °C), die relative Luftfeuchte (φ = 0,60-0,98) sowie Luftmenge-, -zustand und -geschwindigkeit (v = 0,10-0,01 ms^{-1}) vorrangig Bedeutung.
Bei vollklimatisierten Anlagen mit konventionellem technisch-technologischen Niveau vollzieht sich im sog. „Umluft-Verfahren“ die Luftkonditionierung in einer Mischkammer. Erwärmen und Abkühlen, Be- und Entfeuchten, Erhöhen und Verringern der Luftgeschwindigkeit müssen realisierbar sein und aufeinander abgestimmt werden. Bei technisch weniger anspruchsvollen teilklimtisierten Anlagen fehlen vielfach die Kühl- und Entfeuchtungsmöglichkeiten. Für das Erwärmen der Luft im Wärmeaustauscher stehen die von den Heißrauch-Anlagen bekannten Möglichkeiten zur Auswahl. Ein Erwärmen mittels Warmwassers, das aus einer Wärmerückgewinnungsanlage bereitgestellt wird, verspricht erwähnenswerte energetische Vorteile. Das Luftkühlen, im engen Zusammenhang mit dem Entfeuchten, erfolgt durch das Überleiten des Luftstromes über einen Kältemittelverdampfer. Hierbei erfolgt durch die Kondensation des besonders in der ersten Behandlungsphase für Rohwurst reichlich abgegebenen Wasserdampfes eine Lufttrocknung. Die gekühlte und entfeuchtete Luft muß vor dem erneuten Kammerdurchgang erwärmt und entsprechend dem Sollwert wieder befeuchtet werden. Daraus resultiert ein relativ hoher Energiebedarf für diese Verfahrensweise. Um diesen Nachteil teilweise auszuschalten, kann das Adsorptionsvermögen einiger Stoffe, z.B. des kristallinen Silikagels, zum Entfeuchten der Luft genutzt werden. Zum seltener erforderlichen Befeuchten wird auf der Grundlage einer psychrometrischen Luftfeuchtebestimmung Niederdruckdampf in die Kammer eingeleitet oder ganz einfach Wasser eingesprüht. Die bereits genannten Luftzustandsparameter haben beim Eintritt und beim Durchströmen der Kammer in Richtung Absaugöffnung sowie beim gleichmäßigen Verteilen in allen Kammerbereichen eine große technologische Bedeutung. Die konditionierte Luft gelangt aus der Mischkammer über Luftleiteinrichtungen und über ein beiderseitig angeordnetes Blasdüsensystem mit großer Austrittsgeschwindigkeit in die Kammer. Die Drosselklappen am Düsenaustritt öffnen und schließen phasenverschoben, so daß wechselnde Luftgeschwindigkeiten erreicht werden. Die abgesaugte Luft wird nach dem ebenfalls schon erläuterten Entfeuchten wieder in die Mischkammer zurückgeführt.

Beim „Frischluftsystem“ (auch „Frischluftvorrangschaltung“) können die Erfassung und mikroprozessorgestützte Bewertung der Außen- und Kammerluft-Zustände als Führungsgrößen betrachtet werden. Ergibt ein Vergleich, daß die Außenluft für die Einflußnahme auf einige Prozeßparameter, wie Entfeuchten oder Kühlen, geeignet ist, kann z.B. auf die energieintensive Entfeuchtung der Kammerluft durch Kondensation des Wasserdampfes am Kühlregister verzichtet und die kältere, trockenere Außenluft in den Kreislauf einbezogen werden.

Ein anderes Verfahren ist mit dem Begriff „Umluftautomatik“ belegt. Als Führungsgröße fungiert dabei die Wasserabgabe der Erzeugnisse. Im Kern kann diese Methode auf das Anpassen der Luftumlaufmenge und -geschwindigkeit an die zunächst höhere, dann geringer werdende Feuchteabgabe des Räucher-Reife-Gutes zurückgeführt werden. Ein als „Produktorientierte Steuerung“ bezeichnetes System verzichtet auf die allgemein übliche Vorgabe von Prozeß-Sollwerten und legt lediglich die Prozeß-Rahmenbedingungen, die „Freiheitsgrade“ fest.

9.8.4 Klima-Reife- und Lagerräume

Eine Reihe hochwertiger Produkte, schnittfeste Rohwurst-Sorten, Dauerpökelwaren u.a., werden nach dem Räuchern einer Reifung bzw. Nachreifung und einer Lagerung in klimatisierten Räumen unterzogen. Diese oft gemauerten Räume zur Aufnahme von Standwagen, Hängebahnwagen, auch mit eingebauten Stellagen zur spießweisen Aufnahme der Erzeugnisse, können ein sehr großes Fassungsvermögen, bis zu 400 Wagen, aufweisen. Sie arbeiten im Temperaturbereich, ϑ = 10-30 °C, mit variabler relativer Luftfeuchte, φ = 0,60-0,98, und einer relativ geringen Luftgeschwindigkeit, v = 0,08-0,01 ms^{-1}. Auch für diese letzte Behandlungsphase vor dem Fertigstellen des Erzeugnisses ist die Gleichmäßigkeit der Luftzustände in allen Bereichen der Anlage von gravierender Bedeutung.

9.8.5 Anlagen zur thermischen Behandlung

Wasserbadkessel (Fleisch-Kochkessel)

Zur Herstellung von Kochwurst und Garfleischwaren wird die erforderliche thermische Behandlung, d.h. das Garen im weitesten Sinne, überwiegend in Wasserbadkesseln durchgeführt. Kochkessel mit einem Volumen von V = 150-1 450 l, quaderförmig, seltener rund, werden in Einzel-, Reihen- oder Gruppen-(Batterie-)Aufstellung, letzterer häufig in Kombination mit Kühlbehältern, angeordnet. Dicke Isolierschichten, z.B. aus keramischen Dämmstoffen, sichern eine konstante Temperatur, geringe Abstrahlungsverluste und damit einen hohen Energiewirkungsgrad. Es wird zwischen Direkter und indirekter Beheizung unterschieden. Bei der indirekten Beheizung befindet sich im Doppelmantel des Kessels ein spezielles Wärmeübertragungsmedium, z.B. Glycerol oder Wasserdampf. Daraus ergibt sich ein Wärmeübergang auch an den Seitenflächen des Kessels, während bei der direkten Beheizung das Wärmemedium lediglich auf die Bodenfläche einwirkt.

Vorrangig für die Fertiggericht- und Konservenproduktion sind Kipp-Kochkessel, stationär oder mobil, mit oder ohne Rührwerk von Interesse. Bei einem Inhalt von V = 400-1 200 l sind die größeren Kessel mit einem Beschickungsgerät für 200-l-Standardwagen ausgestattet. Die Kipp-Auslaßhöhe liegt im Bereich um h = 700 mm. Kochprozesse bis ϑ = 96 °C und Bratprozesse bis ϑ = 170 °C sind realisierbar.

Durchlaufkochanlagen

Für sehr hohe Leistungsanforderungen, vorrangig in der Kochwurst-Herstellung, wurden Durchlaufkochanlagen entwickelt. Das Garmedium ist wie bei den stationären Kochkessen heißes Wasser. Charakteristisch für diese Anlagen sind die zeitliche Überlagerung vom thermischen Einwirken auf das Gargut und die Ortsveränderung durch einen im meist zylindrischen und doppelwandigen Behälter angeordneten, großvolumigen Schneckenförderer. Auch wannenförmige Behälter mit

Bandfördereinrichtungen sind bekannt. Während bei den genannten Bauarten der Förderweg des Gargutes geradlinig von der Eingabe- zur Auslaßöffnung verläuft, vollzieht er sich bei sog. Rundlaufkochern kreisförmig. Das Gargut befindet sich dabei in perforierten Körben. Bei allen Durchlaufgaranlagen können die Fördergeschwindigkeit, damit die Behandlungsdauer, die Wassertemperatur und die erwünschte Kerntemperatur vorprogrammiert werden, Für den Bereich der Fertiggericht-Herstellung werden Durchlauf-Kontaktbratanlagen und Durchlauf-Bandfriteusen eingesetzt.

Dämpfanlagen (Dampfkochanlagen, „Luftkochschränke")
Das Garmedium ist entweder feuchtigkeitsgesättigte, stark turbulente Heißluft oder auch direkt eingeblasener Frischdampf. Diese Anlagen, überwiegend als Kammern im stationären Betrieb, ähneln im äußeren Aufbau den bereits beschriebenen Universal-Heißrauch- und Garanlagen. Vergleichbar sind sie mit diesen auch bezüglich des Fassungsvermögens, einreihig bis 6, zweireihig bis 12 Stand- oder Hängebahnwagen sowie in der Beheizungsart: Hochdruck- bzw. Niederdruckdampf, Öl, Gas, Thermoöl, Heißdruckwasser, Elektroenergie, letztere auch als Zusatzheizung bei Niederdruckdampf-Anlagen. Zum Steuern der Garprozesse können Programmsteuerungen, Zeitplanfolge-Steuerungen oder MC-Steuerungen verwendet werden. Damit ergeben sich die Möglichkeiten, Betriebs- und Kerntemperaturen, relative Luftfeuchte, Luftgeschwindigkeit, Zeitabläufe messend und korrigierend zu führen und andere Betriebszustände, wie sie zur ΔT-Kochung bzw. zum Erreichen bestimmter F-Werte notwendig sind, zu sichern. Als technologische Vorteile, z.B. gegenüber dem Garen von Kochwurst-Ausgangsmaterial und von Garfleischwaren im Wasserbad-Kessel, werden genannt: schonendere, d.h. qualitätsfördernde, sowie ernährungsphysiologisch günstigere Behandlung, verringerte Masseverluste und verbesserte Lagerfähigkeit. Dem allgemeinen Trend zum „Mehrzweck-Aggregat" folgend, wird das Einsatzspektrum der ursprünglich „Nur"-Dämpfanlagen ständig erweitert, so daß Braten, Backen, Toasten, Schmoren, Grillen, Pasteurisieren, Trocknen und Auftauen möglich werden.

9.9 Ausrüstungen zum Herstellen von Pökelwaren

Pökelinjektoren
Die nachfolgenden Ausführungen beziehen sich auf das Muskelspritzverfahren, vorrangig angewendet bei der Herstellung gegarter Pökelfleischerzeugnisse, einiger geringvolumiger Rohpökelwaren sowie von Kasseler-Erzeugnissen.
Beim Darstellen sog. Handinjektoren, das sind manuell geführte Pökelspritzen, soll lediglich auf die relativ einfach aufgebaute Elektro-Pökelpumpe eingegangen werden. Eine mit Filter versehene Saugleitung wird in den Lakebehälter eingehängt, die Zahnrad- oder Kreiselpumpe saugt die Lake an und gibt diese mit regulierbarem Druck, z.B. p = 0,05-0,3 MPa, über die Druckleitung und die 1-5 Injektionsnadel (Hohlnadeln) in die Spritzpistole an das Pökelgut weiter.

Moderne, häufig mikroprozessorgesteuerte, automatisch arbeitende Mehrnadel-(Vielnadel-) Pökelinjektoren haben einen hohen Entwicklungsstand erreicht. Charakteristika derartiger Maschinen sind: stabile Edelstahl-Konstruktion, mechanischer Antrieb über Regelgetriebe, stufenlos veränderbare Nadeleinstich-Frequenz, bis 50 min^{-1}, variabler taktweiser Vorschub des Pökelgutes durch Metall- oder Kunststoff-Gliederbandförderer, Lakeförderung mittels Drehkolben- oder

Impellerpumpe bei stufenlos varrierbarer Förderleistung, typenabhängige, teilweise sehr hohe Anzahl von im Stichrahmen geführten Injektionsnadeln, z.B. 10, 30, 52, 72, 100, 240 Stück, mit unterscheidlichen, den jeweiligen Verwendungszweck angepaßten Durchmessern. Großzügig dimensionierte Druckausgleichssysteme ermöglichen kontinuierliche Lakezirkulation, hohe Einspritzgenauigkeit und -gleichmäßigkeit sowie einen gleichbleibenden Einspritzdruck, z.B. im Bereich p = 0,10-0,35 MPa bis in die mittleren und unteren Schichten, der sich u.a. auch auf die eingespritzte Lakemenge (i.d.R. 10-20 % von der Masse des Pökelrohlings) auswirkt. Alle genannten Faktoren sind für die Qualität des Fertigerzeugnisses von großer Bedeutung. Schaumbildung und Lakeerwärmung müssen ausgeschlossen werden. Die Injektionsnadeln stechen bei den meisten Konstruktionen senkrecht vom oberen zum unteren Totpunkt in das Pökelgut ein. Beim sog. Diagonalinjektor in Tandemausführung stechen die Nadeln dagegen wechselseitig schräg in das Pökelgut ein. Mit dieser sicher aufwendigeren Anordnung soll die Lake besser verteilt werden. Jede einzelne Nadel ist federnd gelagert. Damit wird sichergestellt, daß die Nadel, sobald sich der Eindringwiderstand durch das Auftreffen auf einen Knochen erhöht, am Ort verweilt. Einzel- oder Blocksteuerung des Lakeflusses, d.h. ein Ventil für jede Nadel bzw. für einen Block mehrerer Nadeln, verhindert unnötigen Lakeumlauf dadurch, daß Lake nur dann fließen kann, wenn die Nadel in das Pökelgut eingedrungen ist, sonst bleibt das Ventil geschlossen. Die jede Nadel umgebenden Niederhalter sichern die Trennung von Nadeln und Pökelgut nach erfolgter Injektion, Rückzugsfedern führen die Nadeln in die Ausgangslage zurück. Anzahl, Anordnung und Abstand der Injektionsnadeln, Bandförderer-Vorschubgeschwindigkeit und -rhythmus, Einspritzdruck und -frequenz sowie Lakemenge müssen aufeinander abgestimmt werden, sind sogar teilweise voneinader abhängig. Sie sollen eine gleichmäßige Lakeverteilung in allen Bereichen des Pökelgutes sichern, damit ein partielles Überangebot oder einen ebenso problematischen Mangel an Pökelstoffen weitgehend ausschalten. Die Laketemperatur kann bis ϑ = -8 °C abgesenkt werden. Durch eine spezielle Nadel-Messer-Kombination wird dem Spritzvorgang ein Mürbungs-Effekt überlagert.

Ausrüstungen zum Massieren, Poltern und Tumbeln

Mehr oder weniger unterschiedliche technische Lösungen zielen allesamt mit verschiedenen Wirkprinzipien auf eine mechanische Behandlung von Pökelrohlingen, vornehmlich im Rahmen der Herstellung gegarter Pökelfleischerzeugnisse, seltener bei der Herstellung geringvolumiger Rohpökelwaren, z.B. Schinkenspeck, Lachsschinken oder Nußschinken, ab. Während beim Massieren die Reibung ein- oder zweiflügliger Massier-Misch-Arme sowie die gegenseitige Reibung der Pökelrohlinge, auch die Reibung an der Behälterwandung, die mechanische Beanspruchung bewirken, wird beim Poltern und Tumbeln, hier synonym gebraucht, vorwiegend die kinetische Energie in Form einer Fallbewegung zur Verformung und strukturellen Veränderung des Muskelgewebes genutzt. Die genannten Massierarme sind i.d.R. in feststehenden Behältnissen angeordnet, während für Tumbler stationäre, liegende Hohlzylinder (V = 55-10 000 l) mit entsprechenden Rotationsmechanismen charakteristisch sind.

Die Trommeldrehzahlen sind stufig oder stufenlos, die Drehrichtung ist häufig dreifach variierbar: Rechtsdrehung, Linksdrehung oder Pendelbewegung, abwechselnd rechts- oder linksherum. Behandlungszeiten und Ruhepausen sind über einen Zeitintervall-Steuergerät programmierbar. Zur Standardausrüstung moderner Tumbler gehören Evakuierungs- und Begasungseinrichtungen. Das Vakuum kann konstant oder alternierend geführt werden. Neben den bekannten Vorteilen, die sich aus einem verringerten O_2-Angebot für die Intensität und Stabilität der Pökelfarbe ergeben, kann durch eine wechselnde Druckbelastung auf das Muskelgewebe ein zusätzlicher Massageeffekt erreicht werden: ein „Aufblähen" bei verringertem, ein „Zusammenpressen" bei at-

mosphärischem Druck. Ziel dabei ist u.a. die schnellere und gleichmäßigere Verteilung der Pökelstoffe im Muskelgewebe. Auf die Gefahr, daß durch zu starkes und zu langes Evakuieren nitrose Gase entweichen können, muß hingewiesen werden.
Speziell für die Produktion von Dosenschinken wurde eine quasi-kontinuierliche Arbeitslinie entwickelt. Kernstück dieser Anlage ist eine Über-Kopf-Rotations-Vorrichtung, in die flurgebundene, zwangsgeförderte, mit Pökelgut beschickte Behälter einzeln angebracht werden. Nach kurzzeitiger Rotation unter Vakuum, z.B. t = 20-25 min, erfolgt ein Behälterwechsel. Nach einer programmierbaren Ruhezeit wird der Tumbel-Vorgang innerhalb eines 24-h-Zyklus mehrfach wiederholt. Zur Anlage gehören 13 Behälterwagen, jeweils mit einem Fassungsvermögen von m = 500–600 kg.

Quellen und Literatur

BERSZÁN, G.: Maschinen der Fleischindustrie, 3., verb. Auflage. Leipzig: Fachbuchverlag 1989

HEILMANN, K.-H.: Kombinierte Heißrauch- und Kochanlagen. Die Fleischerei, Sonderdruck aus Heft 3, 1986

KLETTNER, P.-G.: Heutige Räuchertechnologien bei Fleischerzeugnissen. Die Fleischwirtschaft 59 (1979) S. 17

MÖHLER, K.: Das Räuchern. Alzey: Verlag der Rheinischen Druckwerkstätte 1978

10 Verfahren, Erzeugnisse und ausgewählte Ausrüstungen der Fleischgewinnung, -bearbeitung und -verarbeitung

10.1 Schlachtbetriebe und Vermarktungsformen

F. THIEMIG

10.1.1 Aufgaben eines Schlachtbetriebes

Die erste Stufe zur Gewinnung des Fleisches stellt die Schlachtung dar, die den ökonomischen, hygienischen und mikrobiologischen Anforderungen, die naturgemäß steigen, gerecht werden muß. Hinsichtlich der Endqualität des Lebensmittels Fleisch bestehen auch im Hinblick auf seine biochemischen Eigenschaften zu erfüllende notwendige Forderungen an die Schlachtbetriebe.

Ein Schlachtbetrieb hat folgende Aufgaben zu erfüllen:

- Die zur Schlachtung zugeführten Tiere sind so zu behandeln, daß Verluste möglichst gering sind und eine gute Fleischqualität gesichert ist.
- Die Schlachtung ist so durchzuführen, daß sie für das Tier so schonend und schmerzlos wie möglich erfolgt, eine Gefahr für die Bevölkerung ist auszuschließen, eine Belästigung ist auf ein Minimum zu reduzieren (Umweltschutz).
- Eine gute technisch/technologische Gestaltung, eine exakte Organisation und eine hohe Schlachthygiene haben eine entsprechende Fleischqualität und -ausbeute bei Ausnutzung aller Rohstoffressourcen zu sichern.
- Die Schlachtung ist so rationell und wirtschaftlich zu gestalten, daß die Kosten für die Gewinnung des Fleisches auf ein Minimum reduziert werden.

Immer wichtiger wird es, seitens der Fleischindustrie Einfluß auf die Primärproduktion zu nehmen, um für das Erreichen einer hohen Endqualität die notwendigen Voraussetzungen zu schaffen. Vor allem den Qualitätsabweichungen des Schlachtkörpers bei Schweinen in Form von gehäuft auftretenden PSE- (pale, soft, exudative – blaß, weich, wäßrig) und DFD- (dark, firm, dry – dunkel, fest, trocken) Erscheinungen ist verstärkt entgegenzuwirken.
Von der Erkenntnis ausgehend, daß in Zukunft vor allem bei Schweinen die Phase vom Transport der Tiere bis zur Tötung unter dem Gesichtspunkt der Endqualität analysiert und beherrscht werden muß, werden nachfolgend diese Probleme, soweit bekannt, umfangreicher als üblich angesprochen.
Bewußt werden international übliche bzw. in der Fachliteratur diskutierte neue Verfahren auch dann vorgestellt, wenn eine unmittelbare Anwendung in Europa nicht sinnvoll erscheint. Hiermit soll dem Leser lediglich Anregung und Einblick in die internationalen Bemühungen um die angesprochene Problematik gegeben werden.

10.1.2 Hygienische Anforderungen an einen Schlachtbetrieb

Für Betriebe, in denen Tiere geschlachtet werden, gelten die hygienischen Anforderungen, die auch für Räumlichkeiten zutreffen, in denen Tiere zerlegt bzw. verarbeitet werden. Das betrifft die baulichen Gestaltungen, die Reinigungsmöglichkeiten für das Personal, die Ausführungen der Einrichtungsgegenstände und Arbeitsgeräte und die Qualitäten des Wassers und Abwasser. Ebenso sind gesetzlich geregelt die Untersuchungspflicht des Personals, die notwendige Hygiene- und Arbeitsschutzkleidung des Personals sowie der Einsatz von Reinigungs- und Desinfektionsmitteln usw. Exakte Regelungen sind der Fleischhygieneverordnung vom 30.08.1986 zu entnehmen [1].

Über die allgemeinen Anforderungen an Fleischbetriebe hinaus gibt es für Schlachtbetriebe besondere Hygienevorschriften, die Beachtung finden müssen (Kapitel III der Fleischhygieneverordnung). So ist beispielsweise geregelt, daß Stallungen verfügbar sein müssen für die Tiere, die über Nacht im Schlachtbetrieb verbleiben. Die Anordnung der Betäubungs- und Entbluteplätze unterliegt Vorschriften. Die Schlachträume sind bis zu einer Höhe von 3 m abwaschfest zu gestalten. Kühlräume sind ausreichend zu dimensionieren. Besonders geregelt ist die Bearbeitung des Magen-Darm-Traktes, die außerhalb der Schlachträume zu erfolgen hat. Auch der zeitliche Ablauf der Schlachtung wird vorgegeben. So sind in Schlachträume verbrachte Tiere unverzüglich zu schlachten (betäuben, entbluten). Nach der Entblutung muß sofort enthäutet bzw. bei Schweinen gebrüht und entborstet werden. Spätestens vor Beginn des Ausnehmens sind (außer bei Schweinen und Kaninchen) die Köpfe abzutrennen. Nach entsprechender Behandlung werden sie dem Schlachtkörper zugeordnet und verfügbar gehalten. Für die Fleischuntersuchung ist bedeutungsvoll, daß die Wirbelsäulen von Rindern, Schweinen und Einhufern mittig getrennt werden (Ausnahme: Spanferkel und Kälber).
Die Reinigung der Schlachtkörper und Organe mit Tüchern, Schwämmen oder ähnlichen Gegenständen ist wegen der hohen Kontaminationsgefahr untersagt.

Insgesamt muß gesichert werden, daß über den ganzen Schlachtablauf hinweg Schlachtkörperteile nicht vom Schlachtkörper entfernt oder behandelt werden, um dem Tierarzt eine komplette Untersuchung zu ermöglichen.
Besondere rechtliche Vorschriften existieren außerdem für den Umgang beanstandeter Tiere bzw. Schlachtkörper und in diesem Zusammenhang auch für das Betreiben von Freibänken und Isolierschlachtbetrieben (Kapitel VII Fleischhygieneverordnung).

Wichtig für den Technologen ist es, den Schlachtprozeß so zu gestalten, daß die Kontaktmöglichkeiten der Arbeitskräfte mit dem Schlachtkörper möglichst gering sind, um Keimkontaminationen auszuschließen oder in Grenzen zu halten. Das kann durch einen hohen Mechanisierungsgrad erreicht werden. Typisch hierfür ist z. B. der mechanische Enthäutungsprozeß bei Rindern. Auch die Schaffung angemessener Arbeitsbedingungen durch Klimatisierung und Entnebelung dient diesem vorgegebenen Ziel.

10.1.3 Bauten der Schlachtung

Erste Bauten, die als Schlachtstätten dienten, sind bereits etwa im Jahre 2 500 vor der Zeitenwende im Sonnenheiligtum des Königs Nioerre bei Abu Culab (Ägypten) nachzuweisen. Hier waren die Schlachtstätten gleichzeitig oder sogar in erster Linie Kultstätten, da die getöteten Tiere Opfer für die Götter darstellten.
Mit der Erweiterung und Konzentration der Wohnstätten wurden die Versorgungsaufgaben mit Fleisch umfangreicher, und im gleichen Maße wurden die kommerziellen und hygienischen Zwecke entsprechend wichtiger.
In Deutschland kam es im 12. Jahrhundert mit der Entstehung der Städte zur umfangreichen Ausbildung des Berufsstandes der Fleischer, in deren Folge auch die ersten Schlachthöfe entstanden, die gewisse Grundvoraussetzungen der Gestaltung der Schlachtung und der Hygiene zu verzeichnen hatten. Die Probleme des Wasserbedarfs und der Entsorgung wurden dadurch gelöst, daß die Schlachthöfe, teilweise auch Kuttelhöfe genannt, in der Nähe von Wasserläufen angesiedelt wurden.

Wesentliche Fortschritte bei der bautechnischen Gestaltung von Schlachthöfen wurden im europäischen Raum territorial unterschiedlich im 18. Jahrhundert erreicht. Hier ist historisch nachweisbar, daß große Tierseuchen herrschten, die auslösend dafür waren, daß öffentliche Schlachthäuser auf Kosten der Städte errichtet wurden. In diesem Zusammenhang wurden in vielen Fürstentümern der öffentliche Schlachtzwang, das Verbot von Hausschlachtungen und eine mehr oder weniger strenge Fleischbeschau vorgeschrieben. Diese Entwicklung, die zunächst in Frankreich zu verzeichnen war, setzte sich Jahrzehnte später (etwa Mitte des 19. Jahrhunderts) auch in Deutschland, begünstigt durch die Entdeckung der Schweinefinne von KÜCHENMEISTER (1852) und der Trichine von ZÄNKER (1860) durch. Ausgehend von diesen Entdeckungen wurde in Preußen das erste Schlachthofgesetz erlassen, das die Schlachtbetriebe u. a. dazu verpflichtete, ihre Gewinne für die Verbesserung der Betriebsgestaltung und der Hygiene einzusetzen. Ab etwa 1880 wurden diese Bestimmungen auf alle deutschen Bundesländer ausgedehnt, und es setzte von dieser Zeit an eine stürmische Entwicklung zum Neubau von Schlachthöfen in Deutschland ein. Während 1880 in Deutschland 12 Schlachthöfe existierten, waren es im Jahre 1903 bereits 893.
Die Ende des 19. Jahrhunderts errichteten Schlachthöfe stellten Schlacht- und Viehhöfe dar, die nach bestimmten Grundsystemen gebaut wurden und hinsichtlich der räumlichen Eingliederung und des innerbetrieblichen Transportes Unterschiede aufwiesen. Eine Vielzahl heute noch vorhandener Schlachthöfe hat ihren Ursprung in diesen Schlachthofbauten, die teilweise nur durch Rekonstruktion und Erweiterung eine Veränderung erfahren haben.
Der moderne Schlachthofbau weicht in der Regel heute, wenn es sich um Neubauten handelt und demzufolge keine Rücksicht auf vorhandene Bausubstanz und verfügbare Bebauungsflächen genommen werden muß, von den historisch gewachsenen Baumodellen vergangener Jahrhunderte ab.
Die bauliche Anordnung und Gestaltung der Gebäude ist wesentlich für einen gut funktionierenden Produktionsprozeß. Sie wird vor allem durch eine optimale Lösung des innerbetrieblichen Transportes vorgegeben, wobei die Gestaltung des Transportflusses unter Beachtung der Trennung in eine „reine" und eine „unreine" Seite aus hygienischen Gründen beachtet werden muß. Ebenfalls aus hygienischer Sicht werden verschiedene bauseitige Forderungen erhoben,

wie die Gestaltung der Fußböden und Wände, die Anordnung der Abwassereinläufe, die Anordnung von Fenstern zur Belüftung usw.
Die Wahl des Standortes ist eine der wichtigsten Fragen bei Neuinvestitionen. Insbesondere folgende Faktoren sind zu berücksichtigen [2]:
- Erzeugungsgebiet der Rohstoffe (Tierproduktion)
- Versorgungsgebiet
- Arbeitskräfteangebot
- Verkehrsverbindungen
- Größe und Relief des verfügbaren Baugeländes
- Verfügbarkeit von Energieträgern
- Wasser- und Abwasserprobleme.

10.1.4 Betriebsteile der Schlachtung

Nachfolgend sollen die wichtigsten Betriebsteile und Einrichtungen eines Schlachtbetriebes aufgezeigt werden, um die Vielfalt der einzelnen Aufgaben sichtbar zu machen Anschließend wird infolge der notwendigen Abgrenzung nur auf ausgewählte Einrichtungen bzw. bedeutungsvolle Prozesse eingegangen.

Hauptbetriebsteile
- Tierannahme und Warteställe
- Schlachtungen nach Tierarten getrennt
- Kühl- und Gefrierräume
- Expedition.

Abteilungen für die Verarbeitung von Schlachtnebenprodukten und Sanitätsschlachtung
- Dunglagerstätte
- Häutelager
- Borstenlager
- Blutsammlung und -bearbeitung
- Magen- und Darmbearbeitung
- Fettschmelze
- Konfiskatsammlung (evtl. Weiterverarbeitung)
- Sanitätsschlachtbetrieb und evtl. Freibank.

Technische Einrichtungen
- Wärmeerzeugung, Dampf- und Heißwasserversorgung
- Kälteerzeugung
- Energieversorgung
- Wasserbewirtschaftung (Frisch- und Abwasser).

Sozialräume

Verwaltungsräume

10.1.5 Vermarktung

Unter Vermarktung versteht man die Bewertung und den Verkauf der Schlachttiere durch den Primärproduzenten an den Schlachtbetrieb. Man unterscheidet die Lebend- und Schlachtkörpervermarktung.
Bei der Lebendvermarktung basiert die Bewertung des Tieres vorrangig auf der Ermittlung der Lebendmasse. Subjektive Qualitätskriterien, wie ungenaue Aussagen zu Fleisch/Fettanteil, Restfuttergehalt und verdeckten Mängeln und Krankheiten lassen nur eine ungenaue Klassifizierung zu.
Die Schlachtkörpervermarktung ist definiert als die Bestimmung der Qualität entsprechend den Merkmalen der Klassifizierung von Schlachtkörperhälften unter Zugrundelegung der Masse der ausgeschlachteten Tierkörper unmittelbar nach der Schlachtung.
Gegenüber der Lebendvermarktung ergeben sich Vorteile insbesondere hinsichtlich der exakten Bewertung von Schlachtkörperausbeute und Fleischqualität [3].
Die Schlachtkörpervermarktung wird nach verschiedenen Systemen vorgenommen, die bislang in den europäischen Ländern noch Differenzierungen aufweisen, aber im Rahmen der EU einheitliche Regelungen erfahren haben.

Quellen und Literatur

[1] Fleischhygieneverordnung, Verordnung über die hygienischen Anforderungen und amtlichen Untersuchungen beim Verkehr mit Fleisch vom 30. Okt. 1986 (BGBl. Teil I, S. 1 678)
[2] HUTSCHENREUTHER, G.: Bauten der Lebensmittelindustrie. Berlin: Verlag für Bauwesen 1983
[3] POPP, H.: Untersuchungen über die ökonomischen, rechtlichen und planmethodischen Probleme beim Übergang von der Lebendvermarktung zur Schlachtkörpervermarktung bei Schwein und Rind in der DDR. 1972, Hochschule Bernburg, Diss. A

10.2 Schlachtung von Schweinen, Rindern und kleinen Wiederkäuern

F. THIEMIG

10.2.1 Schweineschlachtung

10.2.1.1 Transport und sein Einfluß auf die Schlachtschweine

Der Schlachttiertransport umfaßt das Austreiben der Tiere aus dem Stall, das Verladen in Fahrzeuge, den eigentlichen Transportvorgang, das Entladen und das Aufstallen der Tiere vor der Schlachtung.
Die durch den Transport bedingten veränderten Umweltbedingungen stellen für die meisten Tiere eine große Belastung dar. Besonders bei Schweinen kann es infolge eines unsachgemäßen Transportes zu Verletzungen und häufig zu enormen Beeinträchtigungen der Fleischqualität oder gar zu Totalverlusten kommen.

Untersuchungen ergaben neben nicht optimalen Umweltbedingungen nachfolgende Ursachen für die hohe Transport- und Streßempfindlichkeit der Schweine [1]:

- Besonderheiten des Kreislaufs, Wärmehaushaltes und des motorischen und endokrinen Systems, d. h. unzureichendes Temperaturregulationsvermögen und Neigung zum anaeroben Stoffwechsel
- leichte Erregbarkeit, die schnell zu einer unphysiologischen Hormonausschüttung und zur Ausbildung eines allgemeinen Erschöpfungszustandes führt
- vergleichsweise geringe Herzmuskelausbildung (die Herzmasse beträgt nur etwa 0,3 % der Lebendmasse)
- relativ niedrige Gesamtblutmenge von nur 1/22 der Körpermasse, während andere Tierarten eine Blutmenge von 1/12 – 1/15 der Körpermasse aufweisen
- industriemäßige Aufzucht ohne Bewegung und körperliche Belastung sowie unsachgemäße Fütterung
- teilweise Überfütterung kurz vor dem Transport
- Züchtung auf mehr Muskelmasse
- Verladefehler.

Da die züchterische Beeinflussung der Streßempfindlichkeit der Schweine nur langfristig zum Ziel führen kann, muß durch die Schaffung optimaler Transportbedingungen und die Vermeidung von Stressoren Einfluß auf die Transportverluste genommen werden.
Als Stressoren sind in diesem Zusammenhang zu sehen:

- fremde Umgebung
- übermäßiges Treiben beim Be- und Entladen
- Lärm
- Aggressivität der Tiere infolge Mischens von Gruppen
- Überladen von Transportfahrzeugen
- Transportdauer und Fahrweise

- ungünstige Klimaverhältnisse während des Transportes (Temperatur und Luftfeuchtigkeit)
- ungenügende Wasserversorgung und falsche Fütterung.

Durch einen tierschutzgerechten Transport lassen sich diese Stressoren vermeiden bzw. einschränken.
Der EG-Ministerrat hat in einer „Richtlinie über den Schutz von Tieren beim Transport" vom 19.11.1991 festgelegt, daß der Transport nur von sachkundigem Personal durchgeführt werden darf und die Transportmittel bestimmte Mindestanforderungen zu erfüllen haben.
Bei längeren Transportstrecken ist ein Transport mit der Eisenbahn anzustreben, da hier die Tiere einer geringeren Belastung ausgesetzt werden. Es konnte nachgewiesen werden, daß sich die Verluste beim LKW-Transport auf das 3fache gegenüber dem Eisenbahntransport erhöhen.
Bei einem schonenden Transport müssen folgende Kriterien erfüllt sein:

- maximaler Transportweg von 50 – 70 km, so daß die Transportdauer 1 – 2 h nicht überschreitet
- Außentemperatur von -5 bis 25 °C
- ausreichende Lüftung und normale Fütterung vor dem Transport
- Einsatz von Spezialfahrzeugen.

Transporte über 60 km beeinflussen die Fleischqualität, z. B. den pH-Wert, das Wasserbindevermögen und die Farbhelligkeit, deutlich stärker als Transporte über kurze Entfernungen [2].
Ein unsachgemäßer Transport wirkt sich jedoch stärker auf die Fleischqualität aus, als die Transportlänge. Er führt gehäufter zu PSE-Fleisch [3].
Die Belastung während des Transports ist an der Herz- und Atemfrequenz meßbar. Diese steigt bei den Schweinen während des Beladens auf das Doppelte des Ausgangswertes und nimmt während des Transportes wieder ab, um sich auf einen bestimmten Wert einzupendeln.
Mit steigendem Transportweg oder steigender Transportgeschwindigkeit steigt die Herzfrequenz ebenfalls. Deshalb ist eine Geschwindigkeitsbegrenzung für Tiertransportfahrzeuge notwendig. Durch scharfes Bremsen und Beschleunigen des Fahrzeuges steigt die Herzfrequenz stärker als beim Beladen (Abb. 10.2-1).

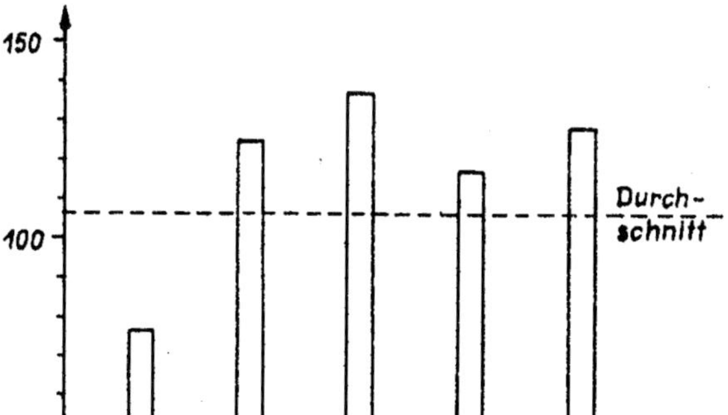

Abb.10.2-1 Verhalten der Herzfrequenz in Abhängigkeit von der Fahrweise [4] RW – Ruhewert, Be – Beladen, Bes – Beschleunigen, uF – unregelmäßiges Fahren, sB – scharfes Bremsen

Durch einen langen Transportweg sinken die Glycogenreserven, so daß es infolge ungenügender Fleischsäuerung p. m. zu DFD-Fleisch kommen kann.
Andererseits kann es während des Transportes durch die Belastung der Tiere zu einer verstärkten Wärmeproduktion kommen, die zu einer Beschleunigung aller biochemischen Prozesse und somit auch zu einem beschleunigten Glycogenabbau und einer schnellen pH-Wert-Senkung p. m. führt. Diese Bedingungen führen zu Fleisch mit PSE-Eigenschaften. Eine Adrenalinausschüttung der Tiere bei Angst und Aufregung bewirkt ebenfalls einen beschleunigten Glycogenabbau und fördert die Bildung von PSE-Fleisch [5].

Durch die transportbedingten Einflüsse auf das Schwein kommt es zu einer Reihe unterschiedlicher Körperreaktionen, die in enger Wechselbeziehung stehen und auch bei weniger dazu veranlagten Tieren zu PSE- und DFD-Fleisch bzw. zu Totalverlusten während des Transportes führen können.
Die ungewohnten physischen und psychischen Bedingungen des Beladens, Treibens usw. lösen Erschrecken und Angst bei den Tieren aus, was eine vermehrte Ausschüttung vor allem von Adrenalin bewirkt. Es kommt zu einer Erhöhung der Leistungsfähigkeit des Kreislaufes, Gefäßreaktionen bewirken eine bessere Durchblutung der Muskulatur, gleichfalls wird eine beschleunigte Glykolyse hervorgerufen. Dieser Zustand wird als Kampf- und Flucht-Syndrom bezeichnet.
Ungünstige klimatische Bedingungen, wie hohe Außentemperaturen und Luftfeuchtigkeit, führen zu einer Hyperthermie, da Schweine keine Schweißdrüsen haben und somit eine Thermoregulation unmöglich ist. Die Folge ist eine zusätzliche Kreislaufbelastung.
Weiterhin wird neben einer vermuteten Unterfunktion der Nebennierenrinde beim Zusammenspiel von Nebennierenrinde und Hirnanhangdrüse die Ursache der besonderen Streßanfälligkeit der Schweine in ihrem Energiestoffwechsel gesehen und durch die Myopathietheorie erklärt. Diese geht davon aus, daß eine Insuffizienz des Mitochondrienstoffwechsels vorliegt, die verschiedene Ursachen haben kann.
Infolge der erhöhten körperlichen Belastung steigt der Energiebedarf, d. h. Fette und Kohlenhydrate werden schneller abgebaut. Der dazu notwendige Sauerstoff wird einerseits durch Erhöhung der Atemfrequenz (aerober Stoffwechsel) und andererseits durch zusätzlichen anaeroben Stoffwechsel zugeführt. Die Energiegewinnung als Folge dieses Prozesses findet in winzigen Zellbestandteilen, den Mitochondrien, statt.
Bei Schweinen, die streßanfällig sind, konnte nachgewiesen werden, daß die anaerob aus den Mitochondrien abgegebenen Calciumionen wesentlich umfangreicher sind als bei streßresistenten Tieren. Diese Tatsache wird in Verbindung mit dem Unvermögen des sarkoplasmatischen Reticulums, Calciumionen zu binden, als auslösender Faktor für die hinlänglich bekannten PSE-Erscheinungen gesehen [6].
Eine weitere Folge des anaeroben Abbaus ist eine erhöhte Wärmeproduktion, die Körpertemperatur steigt, was von Schweinen schlecht ausgeglichen werden kann, da kaum eine Thermoregulation stattfindet. Es kommt zu einer starken Belastung des Kreislaufes.
Diese Reaktionen können durch hohe Außentemperaturen und hohe Luftfeuchtigkeit, das Kampf- und Fluchtsyndrom, eine Überfütterung und andere Stressoren beschleunigt werden [7].

Diese Erkenntnisse zeigen, daß gleiche Wirkungen durch verschiedene Ursachen hervorgerufen werden können. Es ist deshalb wichtig, negative Faktoren durch geeignete Maßnahmen möglichst komplex zu vermeiden. Dazu gehören beispielsweise:

- Einsatz geeigneter Tiertransportfahrzeuge, die eine gute Durchlüftung gewährleisten.
- Vermeiden von Transporten, wenn bestimmte Werte der Außentemperaturen überschritten bzw. unterschritten werden.
- Einhaltung kurzer Standzeiten der Fahrzeuge während des Transports.
- Vermeiden von extremen körperlichen Anstrengungen und zusätzlichen Belastungen der Schweine während des Be- und Entladens. Es sind Rampen mit trittfester und rutschsicherer Oberfläche und seitlicher Begrenzung sowie einem Neigungswinkel von maximal 30° zu verwenden. Die Benutzung von hydraulischen Ladebordwänden hat sich als sehr günstig erwiesen, da hier die körperlichen Anstrengungen der Tiere auf ein Minimum begrenzt werden.
- Für jedes Tier ist ein ausreichender Platzbedarf während des Transportes zu gewährleisten. Je 100 kg Lebendmasse werden Erfahrungswerte empfohlen, die je nach Ausmästungsgrad bei 0,5 – 0,8 m^2 liegen. Bei Temperaturen über 22 °C sind entsprechende Zuschläge zu machen. Der Platzbedarf ist um 10 % zu erhöhen. Zwischen sinkendem Platz, sinkender Luftmenge, schlechter Belüftung, steigender Lufttemperatur und Luftfeuchtigkeit besteht eine hochsignifikante Beziehung zur steigenden Zahl der herz- und kreislaufinsuffizienten Tiere [8].
- Vermeidung von starken psychischen Belastungen der Tiere während des Transportes, d. h. möglichst kurze und übersichtliche Treibgänge, ruhiges und buchtenweises Verladen und Aufstellen auf den Fahrzeugen, um Rangordnungskämpfe zu vermeiden. Hierfür sind abteilbare Fahrzeuge gut geeignet.
- Zügige, aber schonende Fahrweise. Plötzliches Bremsen und ruckartiges Anfahren sind zu vermeiden, da sie zu Tierverletzungen und steigender Unruhe führen können.

Neben der Schaffung optimaler Transportbedingungen sind im wesentlichen zwei Möglichkeiten zur Senkung der Transportverluste zu nennen. Dazu gehören die Anwendung von Tranquilizern und der Containertransport. Der Einsatz von Psychopharmaka kann nur als vorübergehende Maßnahme zur Senkung der Transportverluste angesehen werden, da in den Prozeßstufen vor der Schlachtung wieder erhebliche Beeinflussungen möglich sind.

► Einsatz von Tranquilizern

Tranquilizer sind Psychopharmaka, die zur Gruppe der Neuroleptika gehören. Sie greifen am Zentralnervensystem an und verringern durch ihre dämpfende Wirkung die Transportbelastung und -mortalität. Die Verabreichung dieser Mittel hat eine Verlangsamung der Glykolyse zur Folge, was die Gefahr der Entstehung von PSE-Fleisch mindert. International ist eine große Anzahl von ihnen versuchsweise zum Einsatz gekommen, so z. B. Meprobamat, Dazepam, Visken und Azeperon [9, 10, 11].

Nachteilig sind eine erhöhte Streßanfälligkeit zwischen Sedierungsende und Schlachtung, notwendige Wartezeiten vor der Schlachtung zur Einhaltung der Karenzzeit mit all ihren Problemen, z. B. Gefahr der Krankheitsübertragung, Streß, Substanzverlust und höherer finanzieller Aufwand zum Bau und Erhalt von Warteställen sowie Rückstandsprobleme und eine Beeinträchtigung der Lebendbeschau [11].
Bei Wertung der Vor- und Nachteile läßt sich konstatieren, daß der Einsatz von Tranquilizern zur Senkung der Letalitätsrate und Erhöhung der Fleischqualität sehr problembelastet ist. Insbesondere die ungeklärten Fragen der Rückstände begründen diese Feststellung.

► Containertransport

Viele Wissenschaftler sehen im Containertransport die zukünftige Transportmethode der Schlachtschweine. Die Tiere werden in Containern, die eine Gruppe von Tieren aufnehmen können, wie sie in der Aufzucht üblich ist, transportiert.
Untersuchungen in einem holländischen Schlachtbetrieb weisen nach, daß bei herkömmlichem Transport etwa das Vierfache an Notschlachtungen gegenüber dem Containertransport auftrat [12].
Einige Autoren halten die Anwendung des Containertransportes nur dann für sinnvoll, wenn die gesamte Schlachttechnologie auf Container eingestellt wird. Die Prozeßstufen Betäuben, Entbluten, Ausschlachten und Kühlen sollen demnach über innerbetriebliche Transportcontainer miteinander verbunden werden [12, 13, 14]. Das würde beim Neubau von Schlachtbetrieben die Investitionskosten wesentlich senken.
Durch den Übergang zum Containerverfahren ist eine weitgehende Trennung zwischen Baukörper und betrieblicher Funktion möglich, so daß die rationellen Fertigungstechniken des Fertigbaus nutzbar werden. Zur Zeit besteht in der Fleischwirtschaft noch eine totale Integration zwischen betrieblicher Funktion und Baukörper, die eine Anwendung des Fertigbaus nicht möglich macht und somit einen hohen Bauaufwand verursacht.
Der Containertransport sowie eine Containertechnologie haben neben einigen Vorteilen, wie die nachgewiesenen Qualitätsverbesserungen des Schlachtkörpers, zahlreiche, vor allem transporttechnische Nachteile. Ebenfalls müßte eine perfekte und einheitliche Abstimmung mit den Erzeugerbetrieben erfolgen. Diese Tatsache hat bisher den größeren Einsatz dieser interessanten Lösung in der Praxis verhindert.

► Transportfahrzeuge

Um die Transportbelastungen der Tiere möglichst gering zu halten, werden bei Straßentransporten Spezialfahrzeuge eingesetzt, die bestimmte Kriterien zu erfüllen haben. So ist die Gestaltung der Ladeflächen so auszuführen, daß sie leicht zu reinigen und zu desinfizieren sind; sie müssen aber gleichzeitig rutschfest sein. Außerdem müssen sie Gewähr dafür bieten, daß tierische Exkremente, aber auch Streumittel und Futter, die Fahrbahnen nicht verschmutzen. Die Seitenverkleidungen haben bestimmte Höhen aufzuweisen und müssen sichern, daß Tierkörperteile nicht nach außen gelangen können.
Zur Verhinderung von Abstürzen müssen die Fahrzeuge über Beladeklappen oder Hebebühnen mit Seitenschutz verfügen.
Die Klimatisierung erfolgt durch seitliche Ventilationsöffnungen über die gesamte Transportlänge und Ventilationsklappen an der Stirnseite, die den Fahrwind ausnutzen. Um zu verhindern, daß die Tiere während des Transportes im Durchzug stehen, sollten sich die Belüftungsöffnungen 40 cm über dem Boden befinden. Nur durch eine ausreichende Frischluftzufuhr ist eine Sauerstoffverarmung der Atemluft vermeidbar. Die Zersetzung des Schweineharns zu Ammoniak bewirkt besonders in Bodennähe einen Sauerstoffmangel.

► Ausruhzeiten

Unstrittig ist die Tatsache, daß möglichst ausgeruhte Tiere der Schlachtung zugeführt werden sollten. Bei ermüdet geschlachteten Tieren sind folgende Schlachtbefunde feststellbar [15]:

- mangelnde Ausblutung
- frühzeitiger Rigor mortis
- abnormer pH-Wert-Verlauf
- sensorisch negative Abweichungen bei Kochproben
- mikrobiologische Beeinflussung des Fleisches durch Aufheben der Epithelschranke.

Diesen genannten Faktoren kann man bei ermüdeten Tieren durch Ausruhzeiten, die z. T. mit einer Fütterung verbunden werden, entgegenwirken. Die Meinungen hinsichtlich der Zweckmäßigkeit von Ausruhzeiten sind widersprüchlich. Einige Autoren [16] konnten in Versuchen überhaupt keine Qualitätsverbesserungen für derartige schlachtvorbereitende Maßnahmen nachweisen.

10.2.1.2 Schlachtverfahren

Die Schlachtung der Schweine in den Schlachtbetrieben erfolgt unter den Bedingungen der Fließfertigung. Internationale Bestrebungen gehen dahin, den Mechanisierungsgrad weiter zu erhöhen, um eine Senkung der körperlich schweren Arbeit zu erreichen. Diesem Ziel ordnet sich das Bemühen unter, die Schlachtung möglichst durchgehend in vertikaler Form zu gestalten. Schlachtsysteme zwischen horizontaler und vertikaler Richtung bedingen einen relativ hohen Aufwand an Transporttechnik, die ohnehin im Prozeß der Schlachtung umfangreich nötig ist. Insbesondere die Prozeßstufen Brühen, Enthaaren und z. T. Crouponieren werden in vielen Betrieben derzeit in horizontaler Lage ausgeführt.
Sollen Schlachtverfahren miteinander verglichen werden, ist es notwendig, sowohl die technologischen Abläufe als auch die Leistungsgrößen, die Ausrüstungen und den Arbeitskräfteeinsatz ins Verhältnis zu setzen. Gleichzeitig müssen Abgrenzungen festgelegt und die einzelnen Arbeitsgänge und Arbeitsverrichtungen fixiert werden.
Folgende Abgrenzungen werden in der Regel für die Beschreibung der Schlachtverfahren zugrunde gelegt:

Beginn:	Übernahme der Schweine aus der mechanischen Vortriebseinrichtung.
Ende:	Übergabe nach dem Wägen in der Schlachthalle einschließlich Räumen der Wägestelle.
Seitliche Abgrenzung:	Direkter Schlachtprozeß ohne Innereientransport und ohne Drüsensammlung, ohne Klassifizieren sowie ohne Fleischbeschau.

Die verschiedenen Arbeitsgänge und entsprechende Arbeitsverrichtungen sind in der Tabelle 10.2-1 dargestellt.

10.2.1.2.1 Treibmittel

Vielfach wird die Ansicht vertreten, daß der Streß vor der Schlachtung, d. h. das Treiben der Tiere von den Warteställen bis zur Betäubung, einen größeren Einfluß auf die Fleischqualität hat als der Transport [17]. Daraus resultiert die Forderung nach geeigneten Treibmitteln und einer Fixierung der Tiere vor der Betäubung.

Tab. 10.2-1 Arbeitsgänge und Arbeitsverrichtungen in der Schweineschlachtung – Übersicht [35]

Arbeitsgänge	Arbeitsverrichtungen
Zuführen der Schweine zur Betäubung	Vereinzelung der mit der mechanischen Vortriebseinrichtung transportierten Schweine, Eintreiben in die automatische Betäubungsanlage
Betäuben	Automatische Elektroschockbetäubung
Aufhängen	Hinterbein einschlingen und Schlingkette in Mitnehmerhaken des Schrägconveyers einhängen
Blutentzug	Schweine im Hängen stechen
Vorwaschen	Automatisches Vorwaschen
Brühen	Ablegen der Schlachtkörper, Schlingketten vom Bein entfernen, Einlegen der Schlachtkörper in der Brühkessel, kontinuierliches Brühen, automatische Übergabe an die Enthaarungsmaschine
Entborsten	Mechanisches Entfernen von Epidermis, Borsten und Hornschuhen
Nachbearbeiten	Entfernen evtl. noch vorhandener Borsten, Epidermisreste sowie Hornschuhe, Entfernen der inneren Ohrenknorpel und Augen, Freischneiden der Hinterbein-Beugesehne, teilautomatisches Sengen und manuelles Abflammen
Waschen	Mechanisches Nachreinigen im kontinuierlichen Durchlauf
Crouponieren (falls vorgesehen!)	Vorschneiden und Freischneiden des Croupons, maschinelles Abtrennen des Croupons, Übergabe des Schlachtkörpers an den Conveyer, selbständige Spreizung und kontinuierlicher Transport
Ausnehmen	Öffnen der Bauchdecke, Lösen des Enddarms, Entfernen der Blase und der Genitalien, Gewinnen des Darmpaktes, Öffnen der Brusthöhle, Gewinnen des Geschlinges
Trennen	Trennen der Wirbelsäule und des Kopfes in zwei gleiche Hälften, Abduschen der Hälften
Endbearbeitung	Herausnehmen von Nieren, Flomen sowie Rückenmark und Hirn, Beschneiden, mechanische Zuführung zur Wiegeeinrichtung mit integrierter Datenerfassung
Klassifizieren	Ermittlung der Handelsklasse

Es sind möglichst kurze und übersichtliche Treibgänge zu schaffen. Vorteilhaft wirken sich getrennte Ein- und Ausgänge der einzelnen Wartebuchten aus, so daß ein langsames Durchtreiben der Tiere möglich ist. Durch eine günstige Gattergestaltung sind Ecken und tote Winkel zu vermeiden (Schwenktüren). Bei der Belegung der Wartebuchten sollte die Gruppeneinteilung der Tiere beibehalten werden, um Rangkämpfe und Unruhe auszuschließen. Eine Wasserberieselung beruhigt die Tiere, bewirkt eine Vorreinigung und schafft gute Voraussetzungen für eine effektive elektrische Betäubung. Die Verwendung von mechanisch oder pneumatisch verschiebbaren Buchtenrückwänden ermöglicht ein gleichmäßiges, ruhiges Vortreiben der Tiere durch eine entsprechende Verkleinerung der Buchten und einen leichten Druck in Bewegungsrichtung der Tiere (Gruppentreiber). Durch Abtrenngitter kann ein Zurückgehen der Schweine verhindert werden. In verschiedenen Betrieben sind Fächereinrichtungen installiert, die aus einzelnen Abschnitten bestehen, in die jeweils ein Schwein getrieben wird. Für jedes Tier erfolgt eine separate mechanische Förderung bis zur Betäubung.

10.2.1.2.2 Fixierung der Tiere während der Betäubung

Folgende Möglichkeiten der Tierfixierung werden gegenwärtig praktiziert:
- kreisförmige Buchten mit schwenkbaren Gittern
- Restrainer
- Betäubungsfallen.

Kreisförmige Buchten mit schwenkbaren Gittern lassen sich in Abhängigkeit von der Anzahl der Tiere verändern, so daß die Bewegungsfreiheit während der Betäubung der Tiere stark eingeschränkt wird. Nachteilig wirkt sich aus, daß das Anketten und Aufhängen der betäubten Tiere am Boden erfolgt; daraus resultiert eine unbequeme Arbeitshaltung der Arbeitskraft.

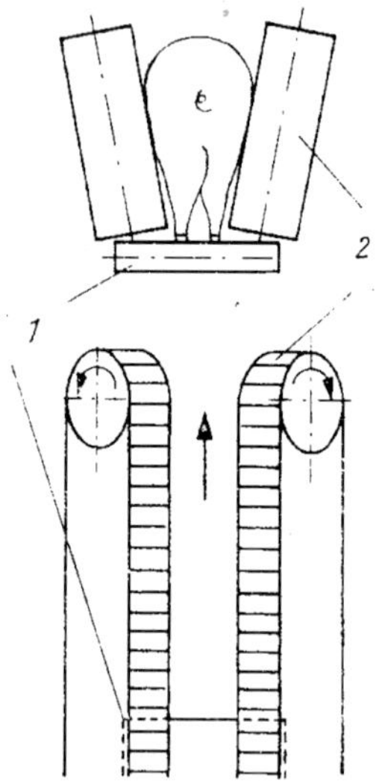

Abb. 10.2-2 Restrainer [47]
1 unteres Förderband
2 seitliche, schräg liegende Gliederbandförderer

Ein als Restrainer bezeichneter kontinuierlich arbeitender Gliederbandförderer bietet durch eine exakte Fixierung die Möglichkeit einer automatischen Betäubung. Wie in Abbildung 10.2-2 dargestellt, werden die Schweine durch zwei V-förmig zueinander angeordnete Förderbänder fixiert und durch das Herabklappen des Bodens an den Flanken gehalten und zwangsgefördert. Die Bewegungsfreiheit der Schweine wird hierbei maximal eingeschränkt, so daß ein exaktes Ansetzen der Elektroden zur elektrischen Betäubung möglich ist.
Der Auswurf der betäubten Tiere erfolgt auf Förderbänder oder Bearbeitungstische zur Durchführung der nachfolgenden Arbeitsgänge.

Betäubungsfallen sind längs zur Querachse nach vorn kippbare Anlagen (Abb. 10.2-3). Die Ein- und Auslaßvorrichtungen schließen, nachdem sich das Tier in der Anlage befindet. Anschließend erfolgt durch Schwerpunktverlagerung ein Kippen der Falle um einen Winkel von 20 ° nach vorn, wodurch das Schwein mit zwei an der Stirnseite befindlichen Elektroden Kontakt bekommt. Die elektrische Betäubung läuft nunmehr automatisch ab. Nach Abschluß des Betäubungsvorganges öffnet sich die Auslaßvorrichtung und das betäubte Tier rutscht aus der Betäubungsanlage auf einen Rollentisch.

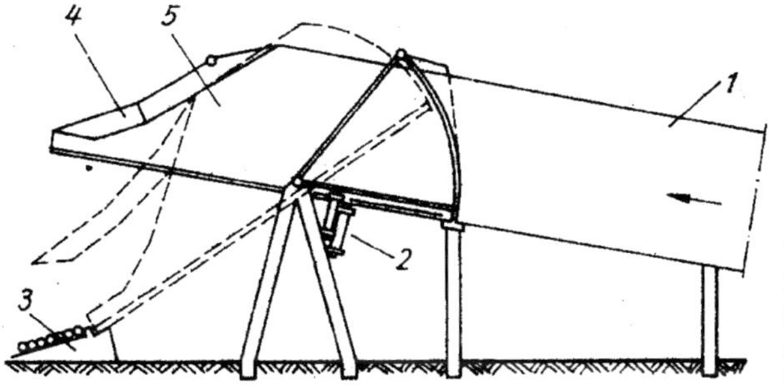

Abb. 10.2-3 Automatische Betäubungsfalle [35]

1 Zuführung der Schweine
2 Kippvorrichtung
3 Rollentisch
4 Betäubungskontakte
5 Betäubungsfalle in Kippstellung mit geöffneter Auslaßvorrichtung

Restrainer bzw. Betäubungsfallen stellen die Voraussetzungen für eine automatische Betäubung dar. Aus tierschützerischen und technologischen Gründen werden diese Anlagen zukünftig Bestandteil eines modernen Schlachthofes sein, da die Erfahrung lehrt, daß individuell durchgeführte Betäubungen keine sichereren Betäubungskriterien gewährleisten.

10.2.1.2.3 Betäubung

Unter Betäubung versteht man die Ausschaltung des Bewußtseins und der Schmerzempfindung eines Tieres zur Vorbereitung auf die Schlachtung.
Gesetzliche Regelungen legen verbindlich fest, daß warmblütige Tiere beim Schlachten vor Beginn des Blutentzuges zu betäuben sind. Die Betäubung hat schnell und nachhaltig zu erfolgen, unnötige physische und psychische Belastungen müssen vermieden werden. Das Betäubungsverfahren darf keine fleischhygienischen Nachteile verursachen.

In der Vergangenheit wurde die Meinung vertreten, daß die Betäubung nur unwesentlichen Einfluß auf die Fleischqualität hat. Zahlreiche Veröffentlichungen belegen, daß eine unsachgemäße Betäubung für die Schweine eine enorme kurzzeitige Belastung darstellt, die in ihren Auswirkungen auf die Fleischqualität mit denen durch eine langandauernde Transportbelastung identisch ist [18]. Von Bedeutung ist ebenfalls die Methode der Betäubung und die Zeitspanne zwischen der Betäubung und dem Blutentzug. Bei der Einhaltung einer Zeitspanne von maximal 30 s zwischen Betäuben und Entbluten wird kein Einfluß der Betäubung auf die Entstehung von PSE-Fleisch festgestellt.
Auch das Problem der Muskelblutungen durch Kapillarrisse, die durch zu lang anhaltende Blutdruckerhöhungen hervorgerufen werden, ist Folge einer nicht vorschriftsmäßigen Betäubung bzw. Entblutung. Insbesondere durch das Stechen in der tonischen Phase wird ein Wiedereindringen des Blutes in die Kapillaren verhindert und somit die Blutpunktbildung in der Muskulatur verringert.
Die Entstehung von Blutlungen wird vorrangig nicht durch Stechfehler verursacht, sondern steht ebenfalls im Zusammenhang mit der Zeitspanne zwischen dem Betäuben und dem Stechen [19].
Damit kann festgestellt werden, daß die Optimierung des Betäubungsprozesses nicht nur ein technologisches, sondern auch ein dringendes materialökonomisches Erfordernis ist.
Hinsichtlich der angewendeten Betäubungsart gibt es sehr unterschiedliche Auffassungen und Erfahrungen, da eine umfassende wissenschaftliche Klärung aller Einzelvorgänge bislang noch aussteht. Sicher ist, daß auch bei dem jetzigen Kenntnisstand große Verluste vermieden werden könnten, wenn die angewendeten Verfahren exakt ausgeführt würden.

In der Praxis werden derzeit drei Betäubungsarten, die mechanische, die elektrische und die chemische Betäubung angewendet.

► Mechanische Betäubung

Die mechanische Betäubung mit Hilfe von Bolzenschußgeräten hat in der industriellen Schlachtung bei Schweinen praktisch keine Bedeutung mehr. Neben Problemen in der Verfahrensführung sind negative Qualitätsbeeinflussungen der Schlachtkörper möglich. So führt die Anwendung der mechanischen Betäubung zu einer erhöhten Glykolyserate und kann bei nicht exakter Durchführung Muskelblutungen sowie spärliches Ausbluten zur Folge haben [20].
Neuere Arbeiten, die aber in der Praxis noch keine Anwendung gefunden haben, beschäftigen sich mit der Jet-Injektion. Hier wird zur Betäubung ein Hochdruckwasserstrahl verwendet, der die Schädeldecke des Tieres penetriert und in kurzer Zeit Teile des Zentralnervensystems lähmt. Die bei der Betäubung auftretenden krampfartigen Bewegungen sollen sich durch einen schwachen Stromstoß, der zum Streckkrampf führt, verhindern lassen [21].

► Elektrische Betäubung

Bei der elektrischen Betäubung kommt es infolge des Stromflusses durch das Gehirn zu einer maximalen unphysiologischen Beanspruchung desselben. Die normale Aktivität des Gehirns erhöht sich um das 10- bis 50fache, die Hirndurchblutung steigt um 60 % und die Sauerstoff-

aufnahme um 100 % [22]. Zur Aufrechterhaltung dieses Zustandes ist ein hoher Energietransport notwendig, der vom Körper nicht über eine längere Zeit abgesichert werden kann. Die Folge sind epileptische Anfälle, die durch eine tonische und eine klonische Phase gekennzeichnet sind. Begleitet werden diese Erscheinungen durch sinkenden Puls und eine Verflachung der Atmung, die nach 7 – 10 s Bewußtlosigkeit zur Folge hat.
Die klonische Phase, in der es zu starken reflektorischen Bewegungen kommt, wirkt sich negativ auf das Schlachtverfahren aus, da sie ein Einhängen der betäubten Tiere in den Aufzugsconveyer sowie das Stechen erschwert. Die Bemühungen sind daher darauf gerichtet, das Stechen in der tonischen Streckungsphase durchzuführen.
Bei der elektrischen Betäubung ist zu beachten, daß bei zu langer Stromeinwirkung Herzflimmern, Atemstillstand und Tod eintreten können, was zu einer schlechten Entblutung führt. In der Literatur wird auch nicht ausgeschlossen, daß der epileptische Anfall beim Tier bis zum Eintritt der Bewußtlosigkeit starke Schmerzen und auch Organblutungen, Wirbelsäulenbrüche und Muskelblutungen verursachen kann. Spannungen über 180 V sollen zu einer Verkürzung der schmerzhaften Phase führen, die Häufigkeit der inneren Verletzungen infolge starker Muskelverkürzungen soll aber ansteigen.
Die Effektivität der elektrischen Betäubung wird insbesondere durch folgende Faktoren beeinflußt [23]:

- Spannung und Stromstärke
- Typ der Betäubungszange und Elektrodenzustand
- Elektrodenplazierung
- Zustand der Haut
- Stromfrequenz.

Dabei haben die angelegte Spannung und die Elektrodenplazierung den größten Einfluß. Die Elektroden sind so anzulegen, daß der Strom auf kürzestem Wege durch das Gehirn fließen kann, d. h. die Plazierung Auge und Ohr ist am günstigsten, sie darf keinesfalls hinter dem Gehörgang in Richtung Körper erfolgen, da es beim Durchfließen des ganzen Körpers zum Herzstillstand kommen kann.
Nachteile der elektrischen Betäubung sind:

- evtl. auftretende multiple Blutungen und Verletzungen der Tiere
- eine notwendige kurzzeitige Tierfixierung, um ein exaktes Anlegen der Elektroden zu ermöglichen
- Abhängigkeit des Erfolges der Betäubung vom handwerklichen Können der Arbeitskräfte, wenn die Voraussetzungen für eine automatische Betäubung nicht gegeben sind.

International ist der Trend zur Betäubung mit hoher Spannung und kurzer Betäubungszeit zu verzeichnen. Da die elektrische Betäubung weit verbreitet ist, sind bisher viele verschiedene technische Ausführungen dieser Betäubungsart entwickelt worden. Eine automatisierte elektrische Betäubung wird in modernen Anlagen praktiziert. So werden z.B. Restrainer bzw. Betäubungsfallen mit Elektroden ausgerüstet. Teilweise erfolgt eine Anwendung des elektrischen Stromes im Intervall, wodurch Muskelblutungen und Knochenbrüche entgegengewirkt werden soll [24, 25, 26].

► Chemische Betäubung

Obwohl bei der Schweineschlachtung in den meisten europäischen Betrieben der elektrischen Betäubung wegen ihrer verhältnismäßig geringen Investitions- und Betriebskosten der Vorzug gegeben wird, erfolgt in einigen Ländern der EU auch eine chemische Betäubung.
Als Betäubungsmittel können CO_2 oder Narkotika eingesetzt werden. Während der Einsatz von Narkotika nicht über den Stand von Versuchen hinaus beurteilt werden kann, gibt es umfangreiche praktische Erfahrungen beim Einsatz von CO_2.
Kohlendioxid ist ein farb- und geruchloses Gas. Es wird meist in Form eines CO_2-Luft-Gemisches, das aus 65 – 70 % CO_2 und 30 – 35 % Luft besteht, verwendet. Die je Tier benötigte Menge richtet sich nach verschiedenen Faktoren, z. B. Ausmästungsgrad, Grad der Erschöpfung usw.; sie beträgt 80 – 200 g CO_2.
Stärkeren Schwankungen unterliegt auch die erforderliche Einwirkzeit. Konzentration und Einwirkzeit bestimmen den Eintritt der Bewußtlosigkeit. Es konnte nachgewiesen werden, daß mit steigender CO_2-Konzentration eine Verringerung der Betäubungszeit einhergeht [27, 28, 29, 30]. Zu hohe und zu lang einwirkende CO_2-Konzentrationen führen zum Erstickungstod der Tiere.
Erfahrungsgemäß tritt nach etwa 40 – 45 s eine tiefe Bewußtlosigkeit ein. Die Muskulatur ist über mehrere Minuten völlig entspannt, was ein leichtes und gefahrloses Stechen ermöglicht. Die Atemfrequenz sinkt auf 5 bis 7 Atemzüge je Minute. Der Blutdruck steigt und beeinflußt den Ausblutungsgrad positiv [31].

Der Wirkungsmechanismus der Betäubung wird in der Fachliteratur in der Regel so dargestellt, daß infolge einer im Vergleich zu O_2 stärkeren Affinität des CO_2 zum Hämoglobin ein Sauerstoffmangel (Anoxie) eintritt, der zu einer tiefen reflexlosen Bewußtlosigkeit führt [32].
Nach neueren Erkenntnissen kann diese Erklärung nicht hingenommen werden [33]. Danach zeigt CO_2 keine besondere Affinität zum Hämoglobin, diese Aussage ist nur für CO zutreffend, dessen Affinität zum Hämoglobin etwa 300mal so stark ist wie die von O_2. Es konnte nachgewiesen werden, daß mehr als 90 % des CO_2 im Blut in Form von Hydrogencarbonat und gelöstem CO_2 aufgenommen werden. Weniger als 10 % des CO_2 werden von NH-Gruppen des Hämoglobinmoleküls gebunden und bilden Carbaminoverbindungen. Demnach steht CO_2 nicht im Zusammenhang mit dem Teil des Hämoglobinmoleküls, das den Sauerstoff bindet. Eine O_2-Verdrängung findet demzufolge nicht statt.
Auch die Aussage, daß bei einer CO_2-Einwirkung insbesondere im Zentralnervensystem eine Anoxie eintritt, wurde widerlegt, indem die Sauerstoffspannung im arteriellen Blut bestimmt wurde. Der ermittelte pO_2-Wert CO_2-behandelter Tiere lag mit 54 mm Hg höher als der elektrisch betäubter Tiere, wo 36 bzw. 45 mm Hg ermittelt wurden. Es ist daraus zu folgern, daß eine Hypoxie für das Erlangen der Bewußtlosigkeit nicht ursächlich ist.

Andere Erkenntnisse in der Fachliteratur zum Wirkungsmechanismus der CO_2-Betäubung lassen den Schluß zu, daß nicht das CO_2 selbst eine Bewußtlosigkeit der Tiere hervorruft, sondern ein gewisser Acidosegrad des Zentralnervensystems, der infolge der CO_2-Einwirkung erreicht wird. Das belegen Versuche, bei denen der pH-Wert der Zerebrospinalflüssigkeit nach erfolgter CO_2-Betäubung bestimmt wurde [33].

Die CO_2-Betäubung galt über Jahrzehnte als die Methode, die das Tier am wenigsten belastet. In den letzten Jahren ist diese Form der Betäubung aus tierschützerischen Gründen in einigen Ländern teilweise in die Kritik geraten. Maßgeblich dafür sind umfangreiche elektroencephalo-

graphische Untersuchungen, in denen nachgewiesen wurde, daß die Exzitationsphase bereits einsetzt, wenn das EEG noch völlig normale Gehirnströme aufzeigt. Die Autoren vertreten den Standpunkt, daß die Exzitation als eine Reaktion des nicht betäubten Tieres anzusehen ist [34]. Abbildung 10.2-4 gibt die Beziehungen zwischen Verhalten der Tiere und Gehirnaktivität während der CO_2-Betäubung wieder.
Die genannten Untersuchungen führten in einigen Anwenderländern zum Verbot der CO_2-Betäubung.

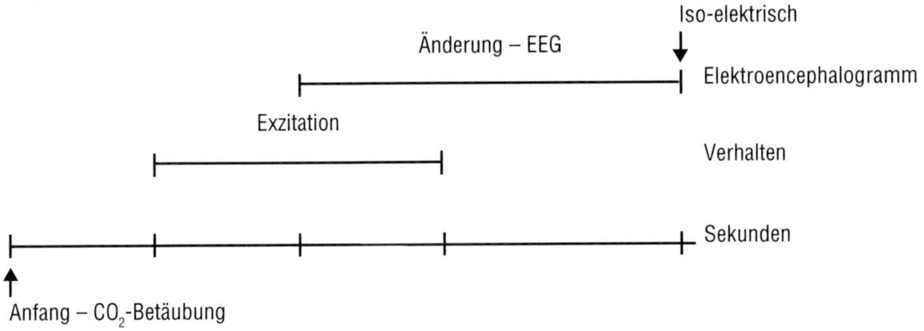

Abb. 10.2-4 Relation zwischen dem Verhalten des Schweines und dem Elektroencephalogramm während der Kohlendioxid-Betäubung [23]

Es soll hier nicht unerwähnt bleiben, daß es international zahlreiche Befürworter der chemischen Betäubung gibt. Diese unterschiedlichen Meinungen resultieren aus der ungeklärten Problematik der Schmerzempfindung der Tiere.

Zu technischen Lösungen der CO_2-Betäubung gibt es eine Vielzahl von Möglichkeiten, z. B. Gerade- und Oval-Tunnel-Anlagen, Aufzug-Dip-Lift, Kompakt-Anlage (Pariser Rad).
Bei allen CO_2-Betäubungsanlagen befindet sich das CO_2-Luft-Gemisch in einer Bodengrube, durch die die Tiere zwangsgefördert werden. Abbildung 10.2-5 macht das am Beispiel einer Kompakt-Anlage (Pariser Rad) deutlich.

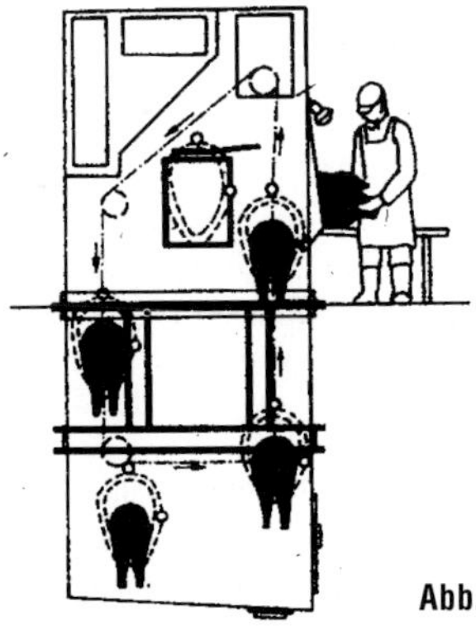

Abb. 10.2-5 CO_2-Betäubungsanlage „Kompakt“ (Pariser Rad) [35]

10.2.1.2.4 Blutentzug

Die Entblutung dient der Tötung des Tieres und einer Verlängerung der Haltbarkeit des Fleisches.
Einen entscheidenden Einfluß auf die Entblutung hat die Durchführung des Entblutungsstiches. In der Regel wird der Bruststich angewandt, der die Arterien vom Aortenbogen trennt, so daß der Truncus brachiocephalicus verletzt und die Arteria subclavia sinistra kurz vor ihrer weiteren Verzweigung durchschnitten wird. Bei dieser Schnittführung ist gewährleistet, daß das aus den Gefäßen herausgedrückte Blut nur nach außen abfließt. Das Stoßblut (etwa die Hälfte der Blutmenge) tritt innerhalb von 7 – 10 s mit einer Geschwindigkeit von etwa 3 ms^{-1} aus. Eine unsachgemäße Ausführung des Entblutestiches verringert die Blutmenge und führt zu einer Verlängerung der Entblutezeit.
Bei der vertikalen Entblutung wird in der Regel ein besserer Ausblutungsgrad erzielt als bei der horizontalen Entblutung; gleichzeitig ist mit einer Verkürzung der Entblutezeit zu rechnen. Tabelle 10.2-2 macht das in der Tendenz deutlich [36].

Tab. 10.2-2 Restblutgehalt und Entblutezeit in Abhängigkeit von der Tierkörperlage [37]

	Vertikale Lage	Horizontale Lage
Restblutgehalt (%)	27,7	31,7
Entblutezeit (s)	38-40	90-100

Ein wesentlicher Vorteil der vertikalen Entblutung besteht darin, daß durch die Gravitation und die Unmöglichkeit der Rückstauung eine gute Entblutung erreicht wird, der Blutstrahl (Stoßblut) die Haut des Tieres nicht berührt und die Kontamination mit Bodenkeimen vermieden wird [37].
Ein Vergleich unterschiedlicher Entblutungsverfahren hinsichtlich der mikrobiologischen Belastung des Blutes während des Entblutevorgangs wird in Tabelle 10.2-3 gezogen.

Tab. 10.2-3 Keimgehalt in Abhängigkeit vom Entbluteverfahren [38]

Lage des Tieres	Anzahl der Keime pro cm^3 Entblutungsbeginn	Entblutungsende
Tier liegt auf dem Fußboden	622	6077
wie 1, doch gereinigte Geräte und Stichstellen	480	1903
vertikale Entblutung	569	2431
Verwendung eines Hohlmessers	im Mittel 368	

Die Tabelle zeigt, daß das Blut gesunder und ausgeruhter Tiere fast keimfrei ist. Durch den bei der Entblutung entstehenden Sog werden keimhaltiges Blut aus den Organen sowie Darmbakterien angesaugt, woraus eine Zunahme des Keimgehaltes des Blutes mit steigender Entblutezeit resultiert. Das ist ursächlich für die Festlegung, daß nur Stoßblut für die menschliche Ernährung genutzt werden darf.

Gleichfalls wird deutlich, welchen Stellenwert die Reinigung und Desinfektion während des Produktionsprozesses für die Qualität des gewonnenen Blutes hat.
Die geschlossene Entblutung (Verwendung eines Hohlmessers) stellt die hygienisch günstigste Variante dar. Sie verhindert eine Verunreinigung des Blutes durch das vom Tierkörper ablaufende Schmutzwasser, verschmutzte Hände der Arbeitskräfte, tierische Exkremente, Schmutzteilchen, Rachenschleim sowie eine Blutverdünnung durch Spülwasser. Die geschlossene Entblutung erfordert höhere Investitionskosten als die offene Entblutung, so daß ihr Einsatz aus betriebswirtschaftlicher Sicht oft nur in Verbindung mit einer Blutplasmagewinnungs- und -konservierungsanlage vertretbar ist.

Für eine vertikale Entblutung sind folgende technologische Voraussetzungen zu schaffen:
- bestimmte Höhe der Entblutebahn (Tierkörperlänge und Länge der Schlingkette)
- bestimmte Länge der Entblutebahn, um eine vollständige Entblutung zu ermöglichen
- Schräg- oder Senkrechtelevator zum Hochziehen der Schweine in die vertikale Lage
- Transport- und Übergabevorrichtung zur Weiterbearbeitung an der Transportbahn.

In einigen Ländern überwiegt die Anwendung der horizontalen Entblutung. Die betäubten Tiere gelangen hier zum Stechen, Entbluten und Transport zur Brühanlage auf einen Tisch mit Förderketten. Am Tisch sind Blutsammelbehälter angebracht. Die Fördergeschwindigkeit der Kette ist entsprechend der Schlachtkapazität regelbar.
Durch eine Neigung der Tischplatte im Winkel von 15° wird eine gute Ausblutung erreicht. Über die Gravitation erfolgt der Transport der Schlachtkörper in den Brühkessel.

Ein Vorteil der horizontalen gegenüber der vertikalen Entblutung besteht im Wegfall des Anschlingens und Aufhängens der Tiere, wodurch Arbeitskräfte eingespart werden können. Die Zeit zwischen Betäubung und Blutentzug kann beträchtlich verringert werden, da das Anschlingen, Einhängen und Hochziehen des Tierkörpers in die vertikale Lage entfällt [39]. Auch Zusammenhänge zwischen pH-Wert-Entwicklung und Lage des Tieres während der Entblutung wurden verschiedentlich nachgewiesen [40, 41].
Die Frage nach dem günstigsten Blutentzug läßt sich nur in Verbindung mit der technologischen Gestaltung der Schlachtanlage beantworten.

Generell kann gesagt werden, daß eine geschlossene Entblutung aus verfahrenstechnischer und qualitativer Sicht eine elegante Lösung darstellt. Das Prinzip der geschlossenen Entblutung besteht in der Ableitung des Blutes über ein in den Schlachtkörper eingestochenes Stechhohlmesser und einen sich daran anschließenden Blutableitungsschlauch in ein geschlossenes Sammelgefäß. Es wird in verschiedenen Varianten realisiert.
Allen Anlagen gemeinsam ist ein Entblutungshohlmesser, das aus einer Hohlklinge, einem Griff, einer Sammelschale zwischen Griff und Klinge und einem Zufluß für Antigerinnungsflüssigkeit besteht. Infolge eines Unterdruckes saugt sich die Sammelschale während der Entblutung um die Stichwunde fest und verhindert somit weitgehend die Verunreinigung des Blutes durch den Kontakt mit der Schlachtkörperoberfläche. Die Anwendung von Unterdruck beeinflußt nicht den Entblutevorgang im Schlachtkörper direkt, sondern fördert vor allem einen schnelleren Bluttransport innerhalb des Schlauchsystems [42].
Die Blutsammeltanks zur Zwischenlagerung sind in der Regel so ausgelegt, daß Blut von 40 Tieren gewonnen werden kann. Sie dienen zur Aufbewahrung des Blutes bis zur tierärztlichen

Untersuchung. Erst das als tauglich beurteilte Blut fließt in einen zentralen Sammeltank. Die geschlossene Entblutung ist ein sehr schonendes Verfahren, bei dem die korpuskulären Blutbestandteile in ihrer Form erhalten bleiben, was bei der offenen Entblutung nicht garantiert werden kann.
Es gibt verschiedene Vorrichtungen, die es ermöglichen, die Schlachtkörper in geschlossener Form zu entbluten. Abbildung 10.2-6 veranschaulicht ein geschlossenes System des Blutentzugs [42, 43].

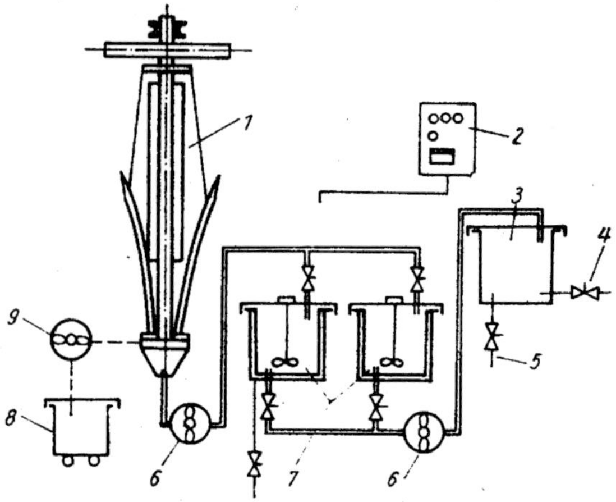

Abb. 10.2-6 Geschlossenes System des Blutenzuges [35]

1 Stechkarussell mit Stechhohlmessern
2 zentrale Steuerungsanlage
3 Sammelbehälter
4 Blut für die Plasmagewinnung
5 Blut für die Futtermittelgewinnung
6 Blutpumpen
7 automatisches Ausscheidungssystem mit Rührwerk und Wasserkühlung
8 Fibrisolbehälter
9 Fibrisolzumischpumpe

Hier erfolgt der Blutentzug mit Hilfe von Hohlmessern, die in Entblutekarussells angeordnet sind. Entblutekarussells bestehen aus mehreren Stechhohlmessern (bis zu 12 Stück). Sie sind meist für eine Leistung von 400 Schweinen/h ausgelegt. Die Stechhohlmesser sind durch ein Schneckengewinde mit Vor- und Rücklauf hinter der Klinge versehen. Durch den Vorlauf des Gewindes wird das Messer bei der Drehbewegung des Karussells in der Stichwunde fixiert. Die Entfernung des Messers nach der Entblutung aus der Wunde erfolgt selbsttätig durch Einschalten des Rücklaufs [42].
Das anfallende Blut muß innerhalb weniger Minuten entsprechend behandelt werden, um eine Gerinnung und damit die Bildung eines Blutkuchens zu verhindern. Durch Zuführung einer Antigerinnungsflüssigkeit an der Messerklinge wird eine Blutgerinnung im Schlauchsystem und somit eine Verstopfung verhindert.
Die Feindosierung und kontinuierliche Zuführung des Antigerinnungsmittels, der gesamte Bluttransport bis zum Endsammeltank sowie die Reinigung und Desinfektion werden elektronisch gesteuert, so daß die Bedienung des Karussells durch eine Arbeitskraft möglich ist.
Die mit dieser Anlage erreichte Qualität des Blutes ist sehr hoch, sie ist aber nur für große Schlachtkapazitäten wirtschaftlich vertretbar.

10.2.1.2.5 Brühen

Beim Brühen werden die Voraussetzungen für das Entfernen der Borsten und der Epidermis für das sich anschließende Enthaaren geschaffen. Infolge der thermischen Beeinflussung des Schlachtkörpers kommt es zur Spaltbildung und damit zur Lockerung der Borsten. Das geschieht durch Aufhebung der Adhäsionskräfte zwischen Borsten und Corium sowie durch weitgehende Aufhebung der Kohäsionskräfte der Epidermis.
Der Brühprozeß muß auf die Haut- und Borsteneigenschaften abgestimmt sein. Die Qualität der Schweineborsten ist sehr unterschiedlich. Dicke und Größe variieren z. B. in Abhängigkeit von Rasse, Alter und Jahreszeit und werden von genetischen Merkmalen ebenso beeinflußt wie von den Haltungsbedingungen der Tiere.
Kenntnisse über den Aufbau der Haut sind bei der Beurteilung der Probleme des Brühens von ausschlaggebender Bedeutung [44, 45].
Ein wesentlicher Bestandteil der Haut ist das Corium, jene Schicht, die nach entsprechender Bearbeitung als Leder verwendet werden kann. Aus der Zusammensetzung des Coriums (v. a. kollagenes Bindegewebe) resultiert, daß das Brühen an einen bestimmten Temperaturbereich gebunden ist, um Denaturierungserscheinungen entgegenzuwirken. Kollagen denaturiert in feuchter Wärme über mehrere Stufen während der thermischen Behandlung. Bereits bei Temperaturen > 60 °C kommt es zu Beeinflussungen der Kollagenstruktur [46].
Voraussetzung für einen hygienisch vertretbaren und guten Brüheffekt sind von Schmutz und Blutresten befreite Schlachtkörper. Spezielle Wascheinrichtungen, die technologisch zwischen Blutentzug und Brühanlage eingeordnet sind, haben diese Voraussetzungen zu schaffen. Insbesondere für Schlachtkörper, die der Schlachtung vertikal zugeführt werden, gibt es praxiserprobte Anlagen.
Während in zahlreichen Betrieben die entbluteten Tiere noch vor dem Brühkessel abgelegt und anschließend mit hohem Arbeitsaufwand in die Fördereinrichtung der Brühanlage gegeben werden, sind bereits moderne Anlagen im Einsatz, die diese Arbeitsgänge selbsttätig bewältigen.

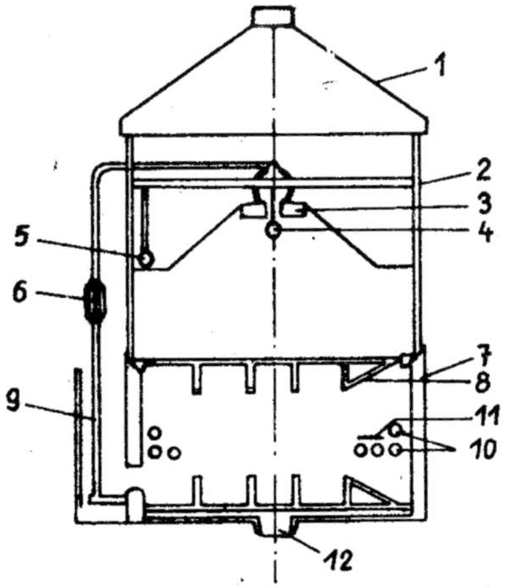

Abb. 10.2-7 Schematische Darstellung eines Brühkesses [47]

1 Absaugvorrichtung
2 Stahlrahmen
3 Überlaufkasten
4 Berieselungsvorrichtung zum Ganzbrühen
5 Berieselungsvorrichtung
6 Pumpe
7 isolierte Brühkesseswand
8 Brühkorb
9 Pumpenkasten
10 Heizrohre
11 Abschirmblech
12 Abfluß

Das Brühen wird häufig in Brühkesseln durchgeführt. Diese Kessel sind im Grundaufbau für Ganz- und Teilbrühverfahren gleich. Lediglich die Arretierung bzw. das Fördersystem für die Schlachtkörper weisen wesentliche Unterschiede auf. Abbildung 10.2-7 zeigt die schematische Darstellung eines Brühkessels.
In der Regel sind die Brühkessel 2 m breit und haben eine Länge von 12 m bei einer Höhe von etwa 0,9 m. Das im Kessel befindliche Wasser wird mit Dampf über eine Rohrschlange beheizt. Die Rohrschlange ist am Boden des Kessels angeordnet, sie kann geschlossen oder perforiert sein; entsprechend erfolgt eine direkte Dampfabgabe oder eine indirekte Erwärmung über die Heizungsrohre.
International finden das „Ganzbrühverfahren" und das „Teilbrühverfahren" Anwendung. Die Bezeichnungen geben einen Hinweis, in welchem Umfang die Oberfläche des Schlachtkörpers einer feuchtthermischen Behandlung unterzogen wird.

► Teilbrühverfahren

Teilbrühverfahren werden ausschließlich angewendet, wenn eine Crouponierung vorgesehen ist. Beim Teilbrühverfahren werden nur bestimmte Körperpartien des Tieres einer thermischen Behandlung im Brühkessel ausgesetzt. In der Praxis erfolgt das in der Form, daß die Tiere in Brühkörben kontinuierlich durch ein Brühbad transportiert werden. Dabei tauchen die ventral liegenden Körperpartien in das Wasserbad. Die dorsalen Körperpartien (Rücken, Teile der Keule und des Kopfes) ragen aus dem Wasserbad heraus (Abb. 10.2-8).

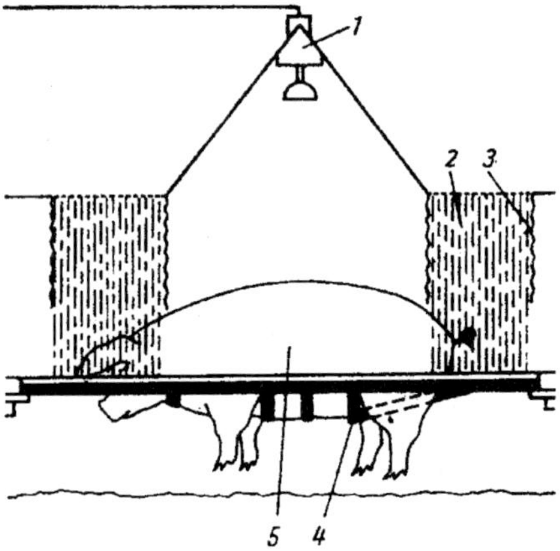

Abb. 10.2-8 Lage des Schlachtkörpers im Förderkorb während des Brühens [35]

1 Überlaufkasten
2 Brühwasser
3 Wasserabweiser
4 Förderkorb
5 Croupon, nicht gebrüht

Die Temperatur des Brühwassers wird auf etwa 61 – 63 °C eingestellt. Die Brühzeit, die in der Regel 6 min beträgt, wird durch die Geschwindigkeit des Kettenförderers der Brühkörbe geregelt.
Der Brühvorgang an Kopf und Keule erfolgt, indem nach dem Sprüh- oder Überlaufprinzip eine Benetzung dieser Körperpartien mit Brühwasser herbeigeführt wird. Wichtig ist, daß hier eine scharfe Abgrenzung zwischen zu brühenden und nicht zu brühenden Körperpartien erreicht wird, um eine Schädigung des Croupons, die auch durch Wasserspritzer möglich ist, zu vermeiden.

► Ganzbrühverfahren

Beim Ganzbrühverfahren wird der Schlachtkörper vollkommen dem Brühmedium ausgesetzt. Das wird technisch so gelöst, daß der Transport der Schlachtkörper durch Schwimmbrühkessel mit Hilfe von Förderrechen erfolgt.
Ganzbrühverfahren können unabhängig davon eingesetzt werden, ob eine Croupongewinnung erfolgen soll oder nicht. Um einen qualitativ hochwertigen Croupon für die Lederherstellung zu erhalten, sind Brühtemperatur und Brühzeit exakt einzuhalten. Die Brühtemperatur darf 59 °C nicht überschreiten, während die Brühzeit etwa 7 min beträgt. Soll der Croupon nicht gewonnen werden, entsprechen die technischen Parameter dem Teilbrühverfahren.
Trotz nachgewiesener technologischer und qualitativer Vorteile herkömmlicher Ganzbrühverfahren sind bei bisher praktizierten Verfahren die hygienischen und mikrobiologischen Aspekte noch unbefriedigend gelöst.
Bestimmungen des Keimgehaltes von Brühwasser ergaben, daß nach dem Brühen von 450 Tieren ein Keimgehalt von 10 000 bis 1,5 Millionen Keimen, vorwiegend aerobe und anaerobe Stäbchen und Sporenbildner feststellbar war. Infolge der Temperatur des Brühwassers können zwar partiell vegetative Mikroorganismen abgetötet werden, Sporen von Bazillen und Clostridien bleiben jedoch erhalten [48, 49, 50].
Eine mikrobiologische Belastung des gesamten Schlachtkörpers erfolgt insbesondere dadurch, daß während des Brühprozesses infolge des im Blutgefäßsystem herrschenden Unterdrucks Brühwasser bis zu einer Menge von 3 % der Lebendmasse aufgenommen werden kann [51, 52]. Eine Kontamination des gesamten Schlachtkörpers ist daher nicht auszuschließen.
Ein weiterer Nachteil des Brühens in Brühbottichen ist das Auftreten von Brühwasserlungen. Untersuchungen belegen, daß bis 4 min nach dem Blutentzug noch Atmungserscheinungen und bis 59 min nach dem Blutentzug nach vorübergehender Brustkorbverengung eine Erweiterung um 2 – 3,6 cm eintritt, wodurch Brühwasser eingesogen wird. Man versucht, dem Problem der Brühwasseraufnahme dadurch zu begegnen, daß

- sog. Rachenkolben eingesetzt bzw.
- die Lunge pneumatisiert wird.

Durch den Einsatz eines Rachenkolbens wird der Eingang der Luftröhre mechanisch verschlossen. Beim Pneumatisieren wird Luft in die Pleurahöhlen am hinteren Rand des Musculus trapecius im 5. bis 6. Intercortalraum eingeblasen. Dies geschieht mit einer Spritzpistole, die in der Regel an einen Luftkompressor angeschlossen ist. Die Luft wird mit einem Druck von etwa 0,5 – 0,55 MPa eingepreßt.
Neben dem Vermeiden von Brühwasserlungen wird durch das Pneumatisieren auch der Auftrieb der Schlachtkörper verbessert, was sich auf den Transport im Brühkessel günstig auswirkt.

► Sonstige Brühverfahren

International gibt es Bemühungen, den durch das Brühen im Bottich bedingten mikrobiologischen und hygienischen Problemen dadurch zu begegnen, daß vorrangig vertikal arbeitende Brühverfahren eingesetzt werden und das Brühmedium kontinuierlich den Schlachtkörper umströmt. Bei diesen Verfahren wird das Brühwasser durch Duschwasser, aber auch durch andere Energieträger, z. B. Wasserdampf, Infrarotstrahlen oder Heißluft, ersetzt.
Eine anschließende Crouponierung ist allerdings infolge entstandener Hautschäden nicht sinnvoll bzw. nicht möglich.

Allen Verfahren haften, wenn auch in unterschiedlichem Umfang, folgende Mängel an:

- hoher Wasser- bzw. Energiebedarf
- hohe Investitions- und Betriebskosten
- teilweise ungenügender Brüheffekt.

Um insbesondere dem Problem des hohen Wasser- und Energiebedarfs zu begegnen (er beträgt bei einigen Verfahren etwa 800 – 900 l Brühwasser je Schlachtkörper), ist bei vielen Anlagen eine Mehrfachverwendung bzw. eine Aufbereitung des Wassers vorgesehen. Die angestrebte Verbesserung der hygienischen Bedingungen wird dadurch teilweise bzw. vollständig eingebüßt [53].

Der Einsatz von Infrarotstrahlern zum Brühen wurde untersucht, aber bisher noch nicht mit Erfolg angewendet [54].

10.2.1.2.6 Enthaaren

Beim Enthaaren werden die durch das Brühen gelockerten Borsten entfernt. Dabei beeinflußt der zeitliche Abstand zwischen dem Brühen und der Enthaarung den Enthaarungserfolg. Bei zu langen Zeitabständen kommt es zu einem Antrocknen der gelösten Epidermis, und die Enthaarung wird verschlechtert.

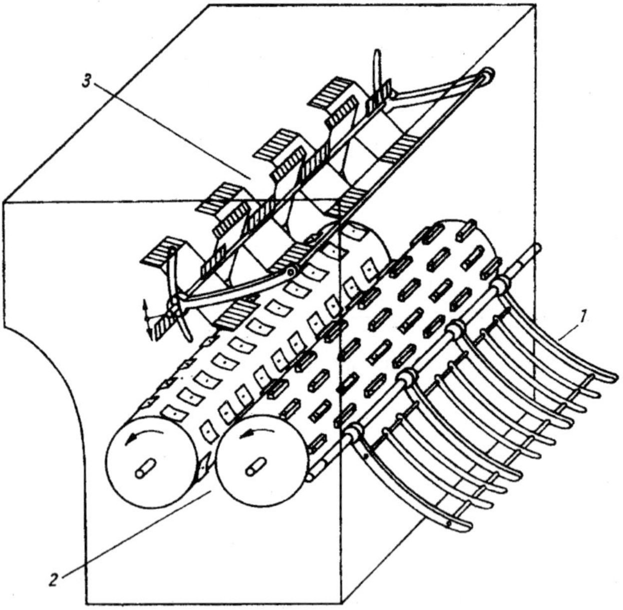

1 Hebeschwinge
2 Schabewalzen
3 Polierwalze

Abb. 10.2-9 Enthaarungsmaschine (horizontal) [35]

Entsprechend den technologischen Bedingungen erfolgt der Einsatz horizontaler oder vertikaler Enthaarungsmaschinen.
Die in Abbildung 10.2-9 dargestellte Enthaarungsmaschine besteht aus drei in gleicher Richtung laufenden Walzen, von denen die zwei unteren langsamer laufen und mit steifen Schabeisen besetzt sind. Sie dienen der Drehung des Schlachtkörpers, drücken diesen gegen die obere Walze und führen die Grobenthaarung durch, weshalb sie als Schabe- oder Enthaarungswalzen bezeichnet werden. Die obere Walze ist mit Gummischlägern und Schabern besetzt und rotiert sehr schnell. Sie führt die Feinenthaarung durch und wird als Polierwalze bezeichnet. Der Enthaarungseffekt wird durch das Aufschlagen der Schaber und Schläger auf die Haut erreicht, wobei die gelösten Borsten entfernt werden. Durch das Anheben der Polierwalze erfolgt der Auswurf des Schlachtkörpers nach beendeter Enthaarung. Durch eine Berieselung mit Wasser werden die Borsten abgespült. Sie gelangen mit dem Wasser auf ein Siebförderband und werden von dort abtransportiert.
Es existieren auch Zwei-Walzen-Enthaarungsmaschinen, die mit je einer versetzt angeordneten Schabe- und Polierwalze ausgestattet sind. Der Schlachtkörper wird durch einen Rechen auf die Walzen gedrückt, was seinen vorzeitigen Auswurf verhindert.
Auch Ein-Walzen-Enthaarungsmaschinen sind gelegentlich im Einsatz. Die Walze ist mit festen Metall- und biegsamen Gummischiebern bestückt und läuft hochtourig. Zum Andrücken des Schlachtkörpers an die Walze wird ebenfalls ein Rechen benutzt.

Ein Spezialverfahren ist das Anco-Tobin-Verfahren, das insbesondere der Nachenthaarung dient. Die gebrühten und in der Regel vorenthaarten Schlachtkörper werden in heiße, flüssige Harze (Kolophonium mit Paraffinöl) getaucht. Die Masse haftet am Schlachtkörper und bildet einen siegelartigen Überzug, der nach Erkalten abgestreift wird, wobei die Haare restlos entfernt werden. Die verbrauchte Tauchmasse läßt sich durch Einschmelzen und Reinigen regenerieren. Bei diesem Verfahren tritt eine Keimreduzierung analog wie beim Sengprozeß ein. Wegen der aufwendigen Verfahrensweisen konnte sich der Einsatz von Tauchmassen in der Praxis bislang nicht durchsetzen.

Nach dem Auswurf des Schlachtkörpers aus der Enthaarungsmaschine auf den Här- oder Nachbearbeitungstisch werden die Achillessehnen freigelegt, die Haken für den Förderer eingehängt, eventuell noch vorhandene Hornschuhe entfernt und Kopf und Gliedmaßen manuell nachenthaart, da an diesen Stellen die mechanische Enthaarung oft unzureichend ist. Eine Gestaltung des Härtisches als Rollenförderer oder Plattenförderer erleichtert die Arbeit der dort tätigen Arbeitskräfte.

10.2.1.2.7 Sengen

Durch hohe Temperaturen beim Sengen werden die noch am Schlachtkörper verbliebenen Haare verbrannt und anschließend durch Polieren entfernt. Auf diese Weise ist jedoch eine vollständige Enthaarung nicht mehr möglich, da die Haarwurzeln in der Haut verbleiben und nach dem Kühlen wieder fühlbar werden. Daher ist es wichtig, schon durch die Enthaarungsmaschine eine optimale Enthaarung zu erreichen.

Durch die kurzzeitige Temperatureinwirkung von 800 – 1 000 °C auf die Schlachtkörperoberfläche während des Sengens kommt es zu einer Keimreduzierung.
Der Sengprozeß wird in kleineren Betrieben manuell ausgeführt. Automatisch arbeitende Sengöfen bzw. Abflammtunnel sind in der Praxis dort eingesetzt, wo auf eine Croupongewinnung verzichtet wird und die Durchsatzleistung den Einsatz solcher Anlagen rechtfertigt. Abbildung 10.2-10 verdeutlicht den Aufbau eines Abflammtunnels.

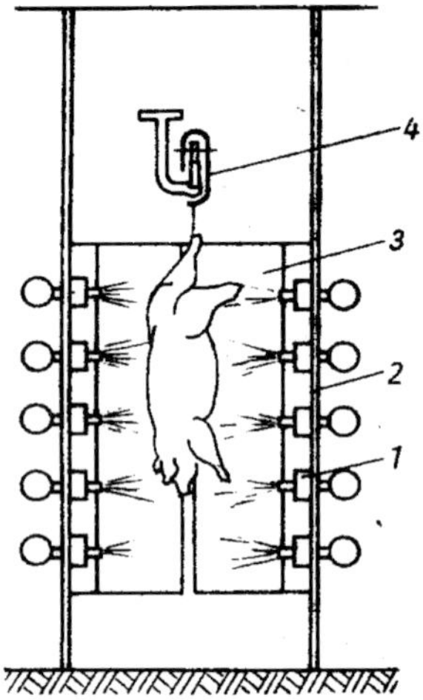

Abb. 10.2-10 Abflammtunnel [47]

1 Gasbrenner
2 isolierte Seitenwand
3 Gummipendeltür
4 Hängebahn

In Ländern, die Bacon produzieren, werden Sengöfen für diesen Arbeitsgang eingesetzt, die eine Temperatur von 1 700 – 2 000 °C erreichen.

Ein Sengofen besteht aus einem mit Schamotte ausgekleideten Zylindermantel, der in zwei Segmente geteilt ist und dessen Schamotteauskleidung bis zum Glühen erhitzt wird. Betrieben wird der Ofen durch Gas oder Öl, das mit Dampf zerstäubt wird. Der Ofen wird während des Betriebes mit Hilfe eines Pneumatikzylinders verschlossen. Um einer starken Erwärmung der Hängebahn entgegenzuwirken, wird diese durch Wasser gekühlt [47].
Nach einer Durchlaufzeit der Schlachtkörper von 8 – 10 s kommt es infolge der thermischen Einwirkung zu einer gelblichen Verfärbung der Schwarte, zu Ohrverkrümmungen und Sehnenschrumpfungen. Deshalb konnten sich diese Sengöfen in vielen Ländern nicht durchsetzen. Die Darstellung eines Sengofens zeigt Abbildung 10.2-11.

Beim Einsatz von Sengöfen, in denen die Tiere nur Temperaturen von 700 °C für 5 – 6 s ausgesetzt werden, wird eine Verfärbung der Schwarten in Grenzen gehalten.

10.2.1.2.8 Kombinierte Verfahren

Beim Ganzbrühverfahren ist eine Tendenz zum Einsatz kombinierter Brüh- und Enthaarungsmaschinen sowie Enthaarungs- und Abflammaschinen zu verzeichnen. Kombinierte Brüh- und

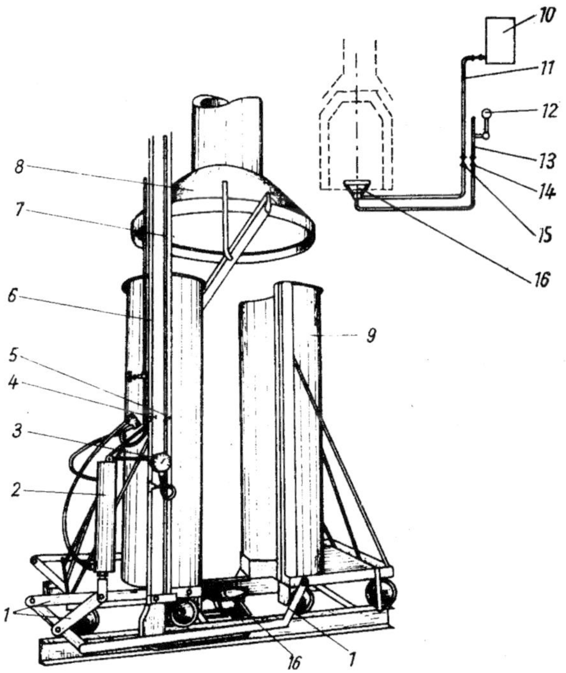

Abb. 10.2-11 Sengofen [47]

1 Gestänge zum Bewegen der Zylindersegmente
2 Pneumatikzylinder
3 Manometer
4 Dampfventil
5 Absperrhahn
6 Dampfleitung
7 Ölleitung
8 Abzug
9 Zylindersegment
10 Öltank
11 Ölleitung
12 Manometer
13 Dampfleitung
14 Dampfventil
15 Absperrventil
16 Brennkopf

Enthaarungsmaschinen bestehen z. B. aus mehreren gleichartigen, nacheinander angeordneten Segmenten, wobei sich in jedem Segment sogenannte Wälzer mit einem Brühwasserbehälter befinden. Über den Wälzern sind Sprühdüsen angebracht. Unter den Enthaarungswalzen und über den Brühwasserbehältern durchzieht ein als Kratzband ausgebildetes Borstenförderband alle Segmente. Es läuft entgegengesetzt der Bewegungsrichtung der Schlachtkörper, enthaart diese und transportiert die Borsten anschließend in einen Sammelbehälter [53].
Andere Entwicklungen bestehen aus einer zweistöckigen Brüh- und Enthaarungsmaschine. Hier werden die Schlachtkörper in der oberen Etage gebrüht, darunter erfolgt die Enthaarung mit Hilfe mehrerer Schlägerwalzen.

Durch die enge Verbindung von Brühen und Enthaaren erfolgt eine bessere Enthaarung, da der günstige Einfluß des Brühklimas für den Enthaarungsprozeß ausgenutzt wird.

Bei kombinierten Enthaarungs- und Abflammaschinen erfolgen nach dem Einwerfen des gebrühten Schlachtkörpers die Arbeitsgänge Enthaaren, Abbrausen mit Warmwasser, Abflammen mit Hilfe von Gasbrennern, Duschen mit Kaltwasser und Auswerfen.
Abbildung 10.2-12 zeigt eine spezielle Durchlaufanlage, in der die Prozeßstufen Brühen, Enthaaren und Abflammen automatisch ablaufen. Die Schlachtkörper werden vom Einlegetisch aus hydraulisch in den Brühtrog gegeben, wo sie von einer 5- bis 12geteilten Förderhaspel übernommen und unter die Wasseroberfläche transportiert werden. Der Takt der Förderhaspel bestimmt die Brühzeit. Durch die Drehbewegung dieser Haspel wird das Brühwasser bewegt, so daß sich die Schlachtkörper in einem Wellenbad befinden. Die anschließende Enthaarung

erfolgt durch zwei Walzenpaare, wobei das erste Paar die Grobenthaarung und das zweite Paar die Feinenthaarung übernimmt. Vor dem Auswurf wird der Schlachtkörper abgeflammt und abgespült [55].

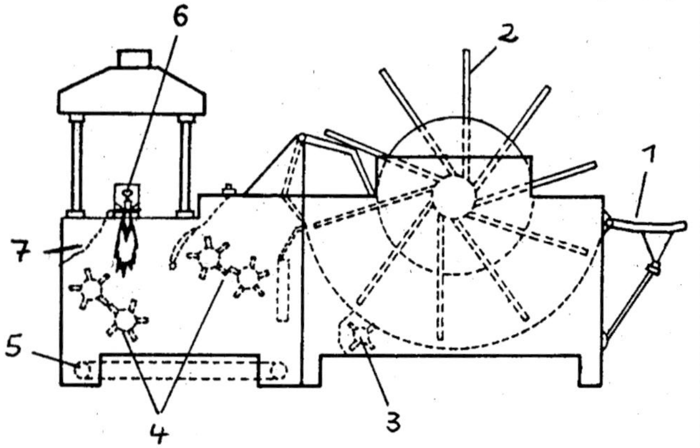

Abb. 10.2-12 Automatisch arbeitende Brüh-, Enthaarungs- und Absenganlage [55]

10.2.1.2.9 Waschen und Polieren

Nach dem Enthaaren ist eine Nachreinigung der Schlachtkörper erforderlich, um alle Borsten, Hautreste und Sengrückstände zu beseitigen. Die Bearbeitung des Kopfes und der Gliedmaßen bringt auch hier die größten Schwierigkeiten mit sich. So wurden z. B. für die Kopf- und Beinreinigung Spezialbürsten entwickelt, die durch eine Spaltung in der Bürstenmitte eine gute Anpassung an die Kopf- bzw. Fußform der Schweine ermöglicht.

10.2.1.2.10 Crouponieren und Enthäuten

Die Gewinnung der Schweinehaut in bestimmten Abmessungen für die Lederindustrie ist für die osteuropäischen Länder typisch. Der dafür notwendige Mehraufwand an Investitionskosten und Arbeitskräften soll durch die Haut- und damit Ledergewinnung kompensiert werden.
Vor dem maschinellen Abzug ist der Croupon vorzureißen und vorzuschneiden. Diese Arbeit erfolgt manuell und kann in horizontaler oder vertikaler Lage des Schlachtkörpers durchgeführt werden.
Beim Vorschneiden erfolgt das Loslösen eines 20 cm breiten Hautstreifens, um ein Fixieren der Haut in der Abzugsvorrichtung zu ermöglichen. Danach wird der Croupon mit einer speziellen Abzugsmaschine vom Schlachtkörper entfernt.
Crouponabzugsmaschinen gibt es in horizontaler und vertikaler Ausführung (Abb. 10.2-13).
Vertikal arbeitende Abzugsmaschinen ist der Vorzug zu geben, da sie sich besser in die Gesamttechnologie integrieren lassen.

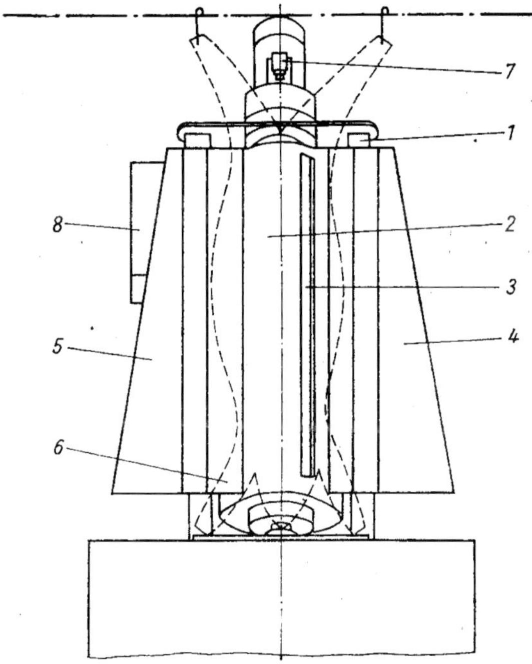

Abb. 10.2-13 Vertikal arbeitende Croupon-Abzugsamschine [47]

1 Ständer
2 Abscherwalze
3 Klemmeinrichtung
4 vorderes Leitblech
5 hinteres Leitblech
6 Schermesser
7 Getriebemotor
8 Schalttafel

Die Abzugsmaschinen bestehen aus einer Abscherwalze mit einer Klemmschiene, die an einem federnd gelagerten Messer vorbeigeführt wird. Beim Crouponieren wird der vorgeschnittene Crouponstreifen faltenfrei in die geöffnete Abscherwalze eingelegt. Der Hautabzug erfolgt durch eine ruckartige Drehbewegung der Walze. Das federnd gelagerte Messer dient dazu, den Fettbehang an der Haut durch Führung eines sachgerechten Schnittes minimal zu halten.

In einigen osteuropäischen Ländern erfolgt eine Ganzenthäutung der Schlachtkörper, was eine erhebliche Reduzierung des Brühprozesses bedeutet, da nur das Brühen und Enthaaren der Gliedmaßen und des Kopfes notwendig sind.

Speziell dafür existieren verschiedene technologische Vorrichtungen (z. B. Brühwannen für Köpfe, Schweinekopfbrüh- und -enthaarungsmaschinen). Der Hautabzug erfolgt nach den gleichen Wirkprinzipen wie bei der Rinderenthäutung (Parabel, Trommel, Seilzug). Die Anlagen müssen jedoch den Körpermaßen der Tiere angepaßt sein.

Üblich ist z. B. eine Vorenthäutung über der Nackenpartie des Tieres. Nach Fixierung des Kopfes in einer Bodenverankerung wird die Haut über eine Trommel geführt und dort befestigt. Durch eine senkrecht nach oben verlaufende Bewegung der Trommel wird die Haut von unten nach oben gezogen.

Auch die Verwendung von einfachen Elektro-Hebezeugen zur Enthäutung ist möglich (Abb. 10.2-14).

Der Enthäutungsvorgang kann durch die Anwendung von Preßluft unterstützt werden. Mit einer Hohlnadel wird Preßluft (0,4 – 0,6 MPa) in die Bauchhöhle eingeleitet, so daß sich der Schlachtkörper aufbläht. Durch die straffe Hautspannung ist eine leichtere Enthäutung mög-

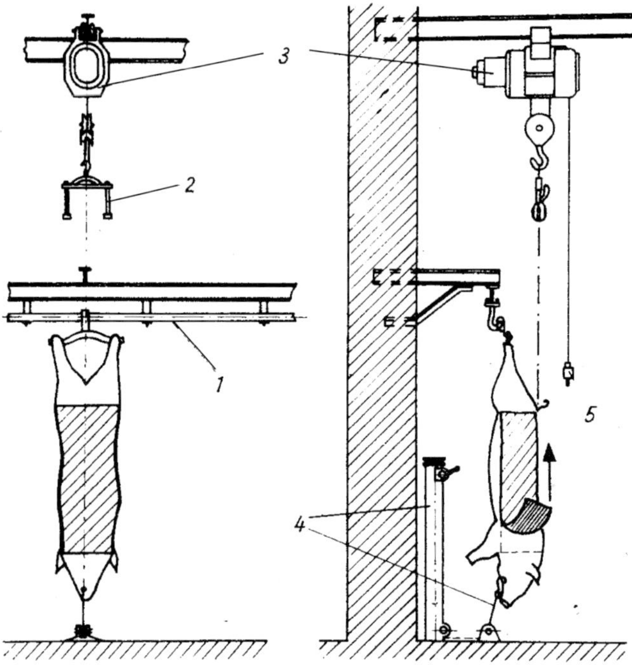

Abb. 10.2-14 Elektro-Hebezug-Enthäuter [47]

1 Hängebahn
2 Hauteinspannvorrichtung
3 Elektro-Hebezug
4 Fixiervorrichtung für den Kopf
5 Schalter

lich. Ein Einreißen der Speckschicht soll nicht erfolgen. Der Fettbesatz der Haut ist gegenüber anderen Verfahren geringer. Negative Einflüsse auf die hygienische Beschaffenheit der Schlachtkörper und Organe sollen nicht auftreten.
Vorteilhaft ist bei der Ganzenthäutung der Wegfall der Prozeßstufen Brühen und Enthaaren, was neben einer Kosteneinsparung eine Verminderung der Kontaminationsgefahr beim Brühen mit sich bringt.

10.2.1.2.11 Ausschlachten

Nach dem Eintakten der Schlachtkörper in den Ausschlachtförderer und der anschließenden Schlachtkörperspreizung beginnt das Ausschlachten. Dieser Abschnitt der Schweineschlachtung ist durch einen geringen Mechanisierungsgrad gekennzeichnet. Folgende Arbeitsgänge werden manuell durchgeführt:

- Öffnen der Bauchdecke
- Lösen des Enddarmes
- Entfernen von Blase und Genitalien
- Entfernen des Magens- und Darmpakets sowie des Geschlinges.

Durch eine sinnvolle technologische Gestaltung des Schlachtens ist es möglich, günstige Arbeitsbedingungen und gewisse Arbeitserleichterungen in diesem Schlachtabschnitt zu schaffen, z. B. durch

- optimalen Schlachtkörpertransport mit erforderlicher automatischer Spreizung
- Einsatz von Arbeitspodesten, die eine bequeme Arbeitshaltung zulassen
- Einsatz von Geschlingeförderern, die eine entsprechende Höhe haben und damit das Ablegen des Geschlinges erleichtern
- Einsatz von Fördersystemen für den Transport des Darmpaketes.

Eine Klimatisierung, Be- und Entlüftung und gute Ausleuchtung sind weitere Möglichkeiten, die Arbeitsbedingungen zu erleichtern.

10.2.1.2.12 Trennen der Schlachtkörper

Nach dem Ausschlachten erfolgt die Trennung in Hälften längs der Wirbelsäule. In der Regel wird die Schlachtkörpertrennung mit Hilfe von zugentlasteten Kreissägen vorgenommen (Abb. 10.2-15).
Für die Schnittqualität ist der Einsatz von Sägen allerdings ungünstig. Durch Verschmieren der Schnittflächen wird das Mikroorganismenwachstum gefördert. Gleichzeitig treten durch das Sägemehl nicht unerhebliche Materialverluste für den Schlachtbetrieb ein.
Aus den genannten Gründen werden in modernen Betrieben Hackvorrichtungen eingesetzt, die die früher übliche manuelle Trennung mit den sogenannten Spaltern (Spezialbeile) maschinell nachvollziehen. Das Problem beim Einsatz derartiger Hackvorrichtungen besteht in der notwendigen Anpassung der Anlage an die jeweils unterschiedliche Anatomie des Schlacht-

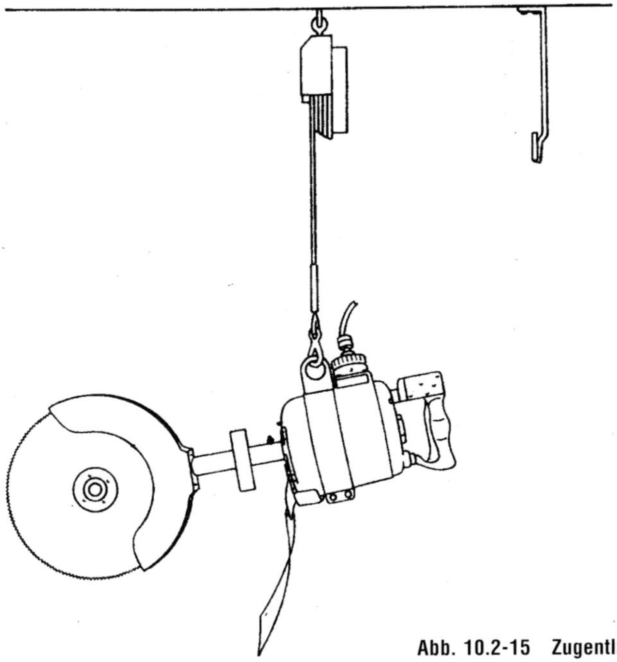

Abb. 10.2-15 Zugentlastete Kreissäge [35]

körpers. Diesem Problem versucht man in den verschiedenen Anlagen dadurch zu begegnen, daß entweder Führungsschienen oder -rollen den Schlachtkörper ausrichten oder daß z. B. ein Führungsdorn die Hackeinrichtung entsprechend den anatomischen Gegebenheiten des Tieres führt.
Fehler beim Trennen wirken sich auf die Schlachtkörperqualität aus und führen zu einem Verlust an Edelfleischteilen wie z. B. Filet und Kotelett.
Die folgenden Anforderungen an eine automatische Spaltanlage werden häufig von den bisher entwickelten Anlagen nicht ausreichend erfüllt:

- minimale Substanzverluste
- mittige Trennung im Wirbelsäulenkanal vom Schwanz bis zum Kopf
- Anwendung des Hackprinzips
- synchrone Arbeitsweise mit dem Ausschlachtförderer.

10.2.1.2.13 Endbearbeitung

Bevor die Schlachtkörper zur Klassifizierung gelangen, machen sich eine Anzahl von Arbeitsverrichtungen notwendig, die der Tabelle 10.2-4 zu entnehmen sind.

Tab. 10.2-4 Restarbeiten am Schweineschlachtkörper [35]

Arbeitsverrichtung	Gewinnung des Organs bzw. Abschnittes
Auslösen der Niere aus der Fettkapsel	Niere
Trennen des Zwerchfells vom Fettgewebe	Flomen
Herausnehmen des Gehirns aus der Kopfhälfte	Gehirn
Abschneiden des Zwerchfells	Kronenfleisch
Abtrennen des Schwanzes an der Schwanzwurzel	Schwanz
Herausziehen des Rückenmarks aus dem Rückenmarkkanal der Wirbelsäule	Rückenmark
Beschneiden evtl. vorhandener Zipfel usw.	Schlachtabschnitte
Durchschneiden des Rüssels	
Übergabe der Schlachtkörper zum Klassifizieren	

Die genannten Arbeitsverrichtungen sind kaum mechanisiert. Eine Ausnahme bildet der vereinzelte Einsatz von Vakuumsauggeräten für das Rückenmark und das Gehirn.
Weiterhin findet vor der Übergabe der Schlachtkörper zur Klassifizierung eine tierärztliche Untersuchung statt, auf die aber hier nicht näher eingegangen werden soll.

10.2.1.2.14 Schlachtkörperklassifizierung

Die Einstufung der Schlachtkörperhälften in die entsprechenden Qualitätsklassen ist die letzte Prozeßstufe der Schweineschlachtung. Es erfolgt eine wertbezogene Einordnung des Schlachtkörpers nach verschiedenen Kriterien. Ziel umfangreicher wissenschaftlicher Untersuchungen

war und ist es, angewendete subjektive Kriterien durch objektive zu ersetzen.
Verschiedene Untersuchungen [56] haben nachgewiesen, daß

- die Rückenspeckdicke in Verbindung mit anderen Parametern gute Aussagen über den Verfettungsgrad zuläßt (Korrelationsfaktor > 0,8)
- die Muskel- und Fettfläche und das Fleisch-Fett-Verhältnis am Querschnitt hinter der 13. Rippe in enger Beziehung zum Gesamtfleisch und Gesamtfett der Schlachtkörperhälfte steht
- die Ausbildung der Keule und der Fleischanteil des Tieres eine hohe Korrelation ($r > 0,8$) aufweisen [57, 58].

Andere Autoren versuchten, die Dichte als Maß für die Fett- und Fleischanteile zugrunde zu legen. Die ermittelten Korrelationskoeffizienten betrugen $r = 0,6 - 0,8$ [59].

Auch die Messung der Radioaktivität der im Körper natürlich vorkommenden Elemente wurde zu Aussagen über die Schlachtkörperqualität genutzt. So besteht z. B. zwischen der K^{40}-Radioaktivität und dem Fleischanteil im Schinken eine Korrelation von $r > 0,9$. Das ist möglich, weil sich das K^{40} nur in der fettfreien Trockensubstanz befindet. Der große Vorteil dieser Methode ist, daß sie ohne wertmindernde Schnitte am Schlachtkörper durchgeführt werden kann. Nachteilig ist ihr hoher Kostenaufwand.

Die Anwendung von Ultraschall wird ebenfalls als Methode zur zusätzlichen Charakterisierung des Schlachtkörpers vorgeschlagen; auch hier ist eine Bearbeitung des Schlachtkörpers nicht notwendig [60, 61]. Es werden dabei Frequenzen > 20 kHz benutzt, bei denen sich Ultraschallwellen leicht in tierischen Geweben fortpflanzen. An den Grenzflächen erfolgt eine Reflektierung dieser Schallwellen, die durch einen Empfänger aufgenommen werden und somit eine Speckdickenmessung ermöglichen. Weiterhin ist mit diesem Verfahren die Ermittlung der Stärke des M. longissimus dorsi möglich, wenn die Rückenspeckdicke und das seitliche Speckmaß gemessen werden.
Auch Ultraschallmessungen am Schinken und an der Schulter verliefen erfolgreich.

An anderer Stelle [62] wird vorgeschlagen, die in Tabelle 10.2-5 genannten Quotienten für die Schlachtkörperklassifizierung einzuführen. Bei der Abschätzung des Gesamtfleischanteils am Schlachtkörper ergibt sich folgende Reihenfolge bei der Sicherheit der Einschätzung:

$$QB > QR > QL$$

Zwischen dem QB-Wert und dem Fleisch-Fett-Verhältnis wurde eine Korrelation von $r = 0,96$ nachgewiesen.

Tab. 10.2-5 Quotienten für die Schlachtkörperklassifizierung (nach [62])

Quotienten	Kriterium
QB (Quotient Speckmaß B)	dünnste Speckauflage am M. longissimus dorsi, gemessen bis zur ventralen Begrenzung dieses Muskels.
QR (Quotient Rippe)	Speckdicke an der letzten Rippe, gemessen bis zur dorsalen Kante des Rückenmarkkanals.
QL (Quotient Lende)	größte Speckdicke als variables Maß an der Lende, gemessen bis zur dorsalen Kante des Rückenmarkkanals

Wie bereits gesagt, ermöglicht die Schlachtkörpervermarktung eine objektive Klassifizierung, die nach der ab 1. Januar 1991 geltenden Neufassung der „Verordnung über die gesetzlichen Handelsklassen für Schweinehälften" vorgenommen wird. Der Handelswert eines Schlachtkörpers wird durch die Schlachtmasse und den Muskelfleischanteil, aber auch durch bestimmte Qualitätsmerkmale (PSE- und DFD-Eigenschaften) bestimmt. Basierend auf der Rechtsakte des Rates und der Kommission der Europäischen Gemeinschaften über das Gemeinschaftliche Handelsklassenschema für Schweinefleisch wurden die in Tabelle 10.2-6 dargestellten gesetzlichen Handelsklassen auf der Grundlage der objektiven Bewertung des Muskelfleischanteils an Hand der Schlachtkörpermasse und der Rückenspeckdicke eingeführt. Zusätzlich erfolgte die Einführung der in Abschnitt II, Spalte 1 der Tabelle bezeichneten Handelsklassen.

Tab. 10.2-6 Handelsklassenschema für Schweineschlachtkörper [63]

Handelsklasse	Anforderungen
	I
	Gemäß § 2 Abs. 2 ermittelter Muskelfleischanteil des Schweineschlachtkörpers mit einer Schlachtmasse von 50 kg und mehr, jedoch weniger als 120 kg (%)
E	55 und mehr
U	50 und mehr, jedoch weniger als 55
R	45 und mehr, jedoch weniger als 50
O	40 und mehr, jedoch weniger als 45
P	weniger als 40
	II
M1	Schlachtkörper von vollfleischigen Sauen
M2	Schlachtkörper von anderen Sauen
V	Schlachtkörper von Ebern und Altschneidern

Weiter ist festgelegt, daß der Handelswert nicht nur vom Muskelfleischanteil bestimmt wird. In den Bundesländern, in denen der Handelswert überwiegend auch nach der Ausbildung der fleischtragenden Körperpartien bestimmt wird, sind zusätzliche Unterklassen (Tab. 10.2-7) als gesetzliche Handelsklassen eingeführt [63].

Tab. 10.2-7 Unterklassenschema für Schweineschlachtkörper [63]

Unterklasse	Anforderungen
1	Hervorragende Ausbildung der fleischtragenden Körperpartien
2	gute bis sehr gute Ausbildung der fleischtragenden Körperpartien
3	geringe Ausbildung der fleischtragenden Körperpartien

Schlachtkörper, die nach einer gesetzlichen Handelsklasse in den Verkehr gebracht werden, müssen die in der Tabelle 10.2-6 genannten Anforderungen erfüllen. Die Unterklassen sind nicht verbindlich.

Zur Einordnung in die entsprechende Handelsklasse wird der Muskelfleischanteil unmittelbar nach der Fleischuntersuchung nach dem in Abbildung 10.2-16 bezeichneten Ermittlungsverfahren bestimmt.

Für Betriebe mit einer Schlachtleistung von weniger als 200 Schweinen wöchentlich wird das in Abbildung 10.2-17 dargestellte Verfahren angewendet.

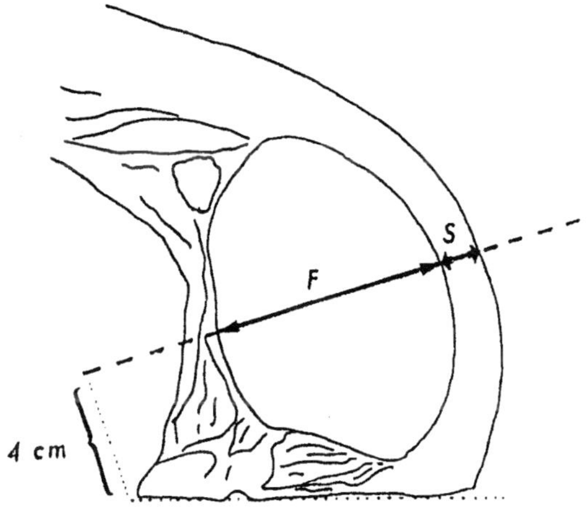

Abb. 10.2-16 Verfahren zur Ermittlung des Muskelfleischanteils von Schweineschlachtkörpern [63]

1. An der durch Spaltung des Schlachtkörpers längs der Wirbelsäule hergerichteten Schweinehälfte ist folgendes Speck- und Fleischmaß zu ermitteln: (S) Rückenspeckdicke (einschließlich Schwarte) in mm, 7 cm seitlich der Trennlinie auf der Höhe der zweit- und drittletzten Rippe gemessen: (F) Muskeldicke in mm, gleichzeitig und an gleicher Seite wie (S) gemessen.
2. Der Muskelfleischanteil wird ermittelt durch Einsetzen des Speckmaßes (S) und des Fleischmaßes (F) in folgende Formel: Muskelfleischanteil (MF %) = 54,456 - 0,75027 (S) + 0,21181 (F) Maßlinie im Kotelettquerschnitt in Höhe der zweit- und drittletzten Rippe

Stand 1. Jan. 1995

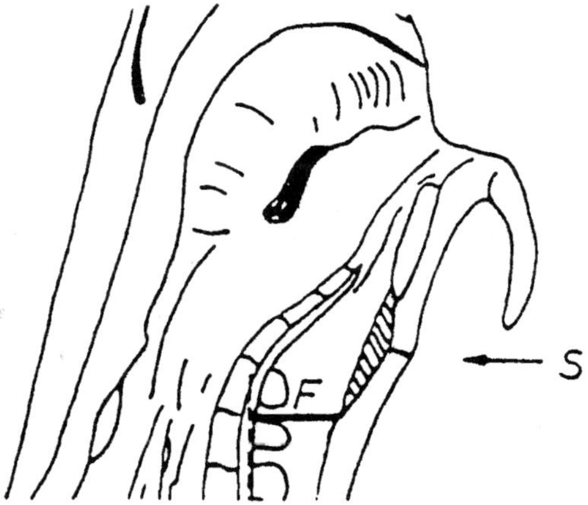

Abb. 10.2-17 Verfahren zur Ermittlung des Muskelfleischanteils von Schweineschlachtkörpern [63]

1. An der durch Spaltung des Schlachtkörpers längs der Wirbelsäule hergerichteten Schweinehälfte ist folgendes Speck- und Fleischmaß zu ermitteln: Speckmaß (S): Speckdicke, gemssen an der dünnsten Stelle des Speckes (einschließlich Schwarte) über dem M. glutaeus medius (in mm) Fleischmaß (F): Dicke des Lendenmuskels, gemessen als kürzeste Verbindung des vorderen (cranialen) Endes des M. glutaeus medius zur oberen (dorsalen) Kante des Wirbelkanals (in mm)
2. Der Muskelfleischanteil wird rechnerisch ermittelt durch Einsetzen des Speckmaßes (S) und des Fleischmaßes (F) in folgende Formel: 47,978 + (26,0429 · S_F) + (4,5154 · F) - (2,5018 · lg S) - (8,4212 · S)

Derzeit sind für den deutschen Markt verschiedene Geräte zur Klassifizierung zugelassen [64]. Mit dem FOM-Gerät (Fat-o-Meat'er) z. B., das mit Einstichsonden arbeitet, in denen sich eine Lichtquelle befindet, die die reflektierten Werte aufnimmt und an ein Fotometer weiterleitet, werden Helligkeitsunterschiede zwischen Muskel- und Fettgewebe erkannt und meßtechnisch umgesetzt.
Ein anderes Gerät, das SKG (Schlachtkörperklassifizierungsgerät) erfaßt das Linear- und Winkelmaß gemäß Abbildung 10.2-16. Der Fleischanteil wird über eine Schätzformel errechnet, in der neben einer Konstanten der Lendenspeck, der Schinkenwinkel und die Breitenmaße des Schinkens bzw. der Taille enthalten sind.

Die Schlachtkörper sind in jedem Fall mit den Zeichen der Handelsklasse nach Spalte 1 der Tabelle 10.2-6 oder dem Prozentsatz des anhand eines vorgeschriebenen Einstufungsverfahrens ermittelten Muskelfleischanteils zu kennzeichnen.

Neben der noch genaueren Ermittlung des Fleisch-Fett- und Knochenverhältnisses macht es sich infolge der eingangs beschriebenen zunehmenden Qualitätsprobleme zukünftig verstärkt erforderlich, auch die qualitative Beurteilung der Schlachtkörper hinsichtlich ihrer Verarbeitungseigenschaften stärker in die Bewertung einzubeziehen.

10.2.2 Rinderschlachtung

10.2.2.1 Transport und sein Einfluß auf die Schlachtrinder

Rinder sind nicht so transport- und streßempfindlich wie Schweine. Daher ist der Transport aus dieser Sicht unproblematisch. Die Letalitätsraten beim Transport von Rindern betragen international etwa nur 1/10 der bei Schweinen festzustellenden.

Gesetzlich wird der Transport von Tieren zur Schlachtung durch das Gesetz zu dem Europäischen Übereinkommen über den Schutz von Schlachttieren vom 10. Mai 1979 geregelt, wobei zu sagen ist, daß die Forderungen z. T. recht allgemein gehalten sind und eine Konkretisierung zu Transportbedingungen und -belastungen erfolgen muß. So sollten Rinder über soviel Raum verfügen, daß sie beispielsweise alle gleichzeitig liegen könnten. Es wird ein Platzbedarf von 1,4 – 1,6 m^2 je Tier empfohlen. Der Platzbedarf erhöht sich bei warmer Witterung um 10 %. Als Transportfahrzeuge sind Spezialtransporter vorgeschrieben.
Rinder sollten in kleineren Gruppen befördert werden, um die Unfall- und Verletzungsgefahr zu senken. Nach längeren Transport- und Wartezeiten kommt es zu Substanzverlusten. Die Transportzeit sollte 24 h nicht überschreiten.

10.2.2.2 Schlachtverfahren

Für die Mehrzahl aller Schlachtbetriebe ist festzustellen, daß hochmechanisierte Rinderschlachtlinien, die eine Schlachtung nahezu durchgängig in vertikaler Form ermöglichen, dominieren. Die in den Schlachtbetrieben angewendeten Verfahren differieren in den technologischen Abläufen, Leistungsgrößen, Ausrüstungen und dem Arbeitskräfteeinsatz [65]. Abgrenzungen, Arbeitsgänge und Arbeitsverrichtungen werden unterschiedlich zugeordnet. Die Tabelle 10.2-8 läßt die seitliche Abgrenzung des Schlachtprozesses an Hand eines Beispiels erkennen.

Tab. 10.2-8 Seitliche Abgrenzung des Schlachtprozesses [35]

Neben- bzw. Folgeprozeß	Letzte technologische Aktivität im Hauptprozeß	Erste technologische Aktivität im Nebenprozeß
Blutverarbeitung	Stechen und Entbluten	Füllen des Blutsammeltanks
Häutebearbeitung	Enthäuten und Übergabe an Förderer bzw. Beladen des Transportmittels	Übernahme der Rinderhäute
Darmbearbeitung	Endbeurteilung und Übergabe	Übernahme und Trennen
Fettschmelze	Entnahme loser Innenfette, Masseermittlung des Nierentalgs und Übergabe	Übernahme der Fette
Drüsenbearbeitung	Entnahme aus dem Schlachtkörper und Ablage im Kühlbehälter	Übernahme und Transport

Verschiedene Arbeitsgänge und Arbeitsverrichtungen bei der Rinderschlachtung sind der Tabelle 10.2-9 zu entnehmen.

10.2.2.2.1 Zuführen und Fixieren der Tiere zur Betäubung

Die Übergabe der Tiere zur Schlachtung geschieht nach Möglichkeit in Gruppen aus jeweils einem Produktionsbetrieb. Kühe und Färsen werden getrennt von den männlichen Rindern bereitgestellt. Zuchtbullen sind unter Einhaltung besonderer Sicherheitsbestimmungen einzeln zur Schlachtung zu führen.

Die Zuführung der Tiere erfolgt über umfriedete Treibgänge zur Betäubungsstelle. Unmittelbar vor der Betäubung werden die Tiere durch Verengung der Treibgänge vereinzelt. Infolge der hohen Verletzungsgefahren beim Umgang mit Rindern werden sie vor und während der Betäubung fixiert. Hierfür werden sowohl Betäubungsfallen als auch Betäubungsboxen eingesetzt. Abbildung 10.2-18 zeigt die Gestaltung einer Betäubungsfalle.
Zwischen dem Treibgang und der Falle befinden sich vertikal bewegliche Türen mit Gegengewichten. Der Fallenboden ist erhöht und weist ein Gefälle in Richtung der seitlichen Auslaßtüren auf. Durch die keilförmige Bodengestaltung soll ein senkrechtes Fallen des Tieres auf den Boden verhindert werden. Diese Gestaltung des Bodens gewährleistet außerdem ein schnelles Herausgleiten des Tieres nach der Entsicherung der Drehtüren.

Tab. 10.2-9 Arbeitsgänge und Arbeitsverrichtungen bei der Rinderschlachtung ([35], gekürzt)

Arbeitsgänge	Arbeitsverrichtungen
Zuführung der Rinder zur Betäubung	Eintreiben des Rindes aus dem Bereitstellungsraum in die Betäubungsbox
Betäuben	Bolzenschußapparat bedienen, betäuben, Schlingketten anlegen und arretieren, Rind hochziehen
Blutentzug	Sammelgefäß bereitstellen und mit Antigerinnungsmittel versehen, stechen, Stoßblut auffangen
Kopf entfernen	Kopf abtrennen und ablegen, Schlachtkörper weitertransportieren
Kopfbearbeitung	Hörner entfernen, Kopfhaut freischlachten, Ohrenränder und Augen entfernen, Maske abschlachten, Zunge freischneiden, Kopf am Geschlingeförderer arretieren
Umhängen	Rind mit Doppelseilzug auf Rohrbahnhöhe aufziehen, freien Doppelseilzug herunterfahren, Achillessehne von beiden Beinen freischneiden, Haken einhängen, Rohrbahnhaken einhängen, Aufzug betätigen
Hinterhessen freischlachten	Haut von Schwanz und Hinterhessen vorschneiden und ablösen, Enddarm freischneiden (einkappen), bei Bullen Peniswurzel und bei Kühen Bauchhaut bis Mitte Euter freischneiden
Eintakten in Förderer	Eintakten in den Förderer, Hinterhessen mit Wasser reinigen
Keulen freischlachten	Keulen freischlachten, Hautzipfel abschneiden und ablegen, Keulen reinigen
Bauchseite freischlachten	**Bulle:** Haut bis Brust vorschneiden, Penis freischneiden, Hoden entfernen, Haut bis Brustspitze vorschneiden und freischlachten **Kuh:** Euter einschneiden und absetzen, Haut bis Brustspitze vorschneiden und freischlachten, Schlachtkörper abwaschen
Aufschlossen	Schloßknochen freischneiden und durchhacken (aufschlossen), bei Bullen Penis abschneiden und ablegen, Enddarm weiter lösen
Hinterbeine absetzen	Hinterbeine mit Klippgerät absetzen und ablegen
Vorderhessen	Vom Hals bis zur Brustspitze Haut vorschneiden
Freischlachten und Vorderbeine absetzen	Vom rechten und linken Vorderbein Haut vorschneiden und freischlachten, Unterbeine abschneiden und ablegen
Mechanischer Hautabzug	Hautabzugsmaschine in Grundstellung bringen, Beinkette arretieren und anschlingen, Hautabzugskette anschlingen und in Abzugsförderer einhängen, Hautabzug überwachen und mit Messer unterstützen, nachschneiden, Nackenschnitt, Beinkette lösen, Hautabzugskette lösen
Magen-Darm-Paket auswerfen	Brust öffnen, Bauchdecke bis zur Brustspitze öffnen, Magen-Darm-Paket lösen, ausschneiden und auf Podest herausziehen, Nieren auskapseln, Geschlinge vorschneiden, Darmpaket weiterschieben.
Geschlinge ausschneiden	Geschlinge ausschneiden und abspülen, an Geschlingeförderer hängen, Schlachtkörper reinigen, Magen-Darm-Paket trennen, Netzfett abschneiden und ablegen
Trennen	Schwanzwurzel vorschneiden, Schwanzquaste abschneiden, Trennen des Schlachtkörpers
Nacharbeiten	Nieren abschneiden und ablegen, Stichfleisch abschneiden und ablegen, Nierentalg abschneiden und wiegen, Ergebnis auf Beleg notieren, Rückenmark ziehen und ablegen, Schlachtkörper abspülen, abvierteln und umhängen
Klassifizieren	Masseermittlung, Klassifizierung, Stempeln, Beleg ausfüllen, Waage freischieben

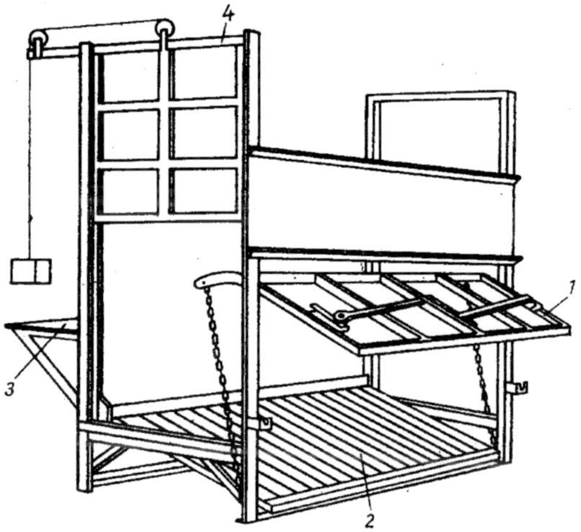

Abb. 10.2-18 Betäubungsfalle [47]

1 Seitenöffnung
2 Fußboden in Kippstellung
3 Arbeitspodest
4 Falltür

10.2.2.2.2 Betäubung

Bei Rindern wird sowohl die mechanische als auch die elektrische Betäubung angewendet.

► Mechanische Betäubung

In den meisten Schlachtbetrieben werden die Rinder vorwiegend mechanisch mit Hilfe eines Bolzenschußapparates betäubt. Der Bolzenschußapparat besteht aus einem zylindrischen Gehäuse, in dessen Mitte sich ein scharfkantiger Schlagbolzen mit einer Rückholfeder befindet. Gleichzeitig verfügt er über eine Aufnahmevorrichtung und einen Zündmechanismus für eine Platzpatrone. Nach Zündung der Platzpatrone wird der Schlagbolzen durch die entstehenden Explosionsgase aus dem zylindrischen Gehäuse getrieben, die Rückholfeder befördert anschließend den Schlagbolzen in die Ausgangsstellung zurück. Der Schlagbolzen durchtrümmert den Schädelknochen und zerstört das Großhirn, so daß es zu einer Krampfauslösung kommt. Da diese Verkrampfung die Entblutung hemmt, muß sie durch das Reizen des Nachhirns gelöst werden. Dazu wird ein Draht in die Schußwunde eingeführt, der das Zwischenhirn und die Medulla oblongata zerstört.

In einigen Schlachtbetrieben wurde der noch häufig eingesetzte Bolzenschußapparat durch ein pneumatisch betriebenes System ersetzt, bei dem ein beweglicher Stempel mit einem verdickten rundlichen Ende an der Schlagseite verwendet wird, der ein Durchstoßen der Schädeldecke unmöglich macht. Die notwendige Schlagwirkung wird durch komprimierte Luft erzeugt. Das bringt den Vorteil, daß das Großhirn nicht zerstört wird. Es kommt nicht zu klonischen Krämpfen und damit entfällt die Notwendigkeit, Zwischenhirn und Medulla oblongata zu zerstören.

Die mechanische Betäubung des Rindes zeigt in der Praxis positive Auswirkungen auf den Schlachtkörper. So wird eine gute Ausblutung festgestellt und die Bildung von Extravasaten im

Vergleich zur elektrischen Betäubung nicht oder kaum beobachtet. Mit Hilfe elektroencephalographischer Messungen wurde versucht, die unmittelbare Wirkung der mechanischen Betäubung nachzuweisen. Es konnte folgendes festgestellt werden [66]:

- Der Bolzenschuß bewirkt eine schwerste Gehirnerschütterung, die mit an Sicherheit grenzender Wahrscheinlichkeit eine Schmerzempfindung ausschließt
- Direkt nach der Betäubung steigt die Herzfrequenz auf über 300 Kontraktionen/min, wodurch die Entblutung gefördert wird
- Nach 28 s wird die Nullinie im EEG erreicht, d. h. ein irreversibler Funktionsverlust des Gehirns tritt ein.

► Elektrische Betäubung

In einigen Ländern, insbesondere im osteuropäischen Raum, ist es üblich, Rinder elektrisch zu betäuben.

Es gibt verschiedene Methoden. So kann z. B. ein Elektrodenpaar an Kopf und Rücken des Tieres angesetzt werden, wobei zunächst eine unwirksame, niedrige Spannung zur Beruhigung der Tiere angelegt wird. Allmählich wird die Spannung auf die betäubende Spannung erhöht, für eine bestimmte Zeit konstant gehalten und dann wieder langsam gesenkt.

Ein anderes Prinzip stellt die E-Schock-Betäubung dar. Dazu wird eine zweipolige Lanze verwendete. Die Spannung wird entsprechend variiert, sie beträgt bei Jungrindern 130 V, bei Kühen 145 V, bei Bullen 180 V. Die Stromstärke beträgt 1 A und die Betäubungszeit 25 s. Die Betäubung erfolgt in zwei Phasen:

1. Phase: Die Lanze wird im Genick des Tieres eingesetzt, so daß es durch einen Elektroschock zusammenbricht.
2. Phase: Die Lanze wird bis zur Erreichung des Betäubungseffektes an der Augenpartie gehalten, wobei sich die verkrampfte Haltung des Tieres entspannt.

Ein Problem bei der elektrischen Betäubung stellen die unterschiedlichen Reaktionen der Tiere unter gleichen Bedingungen dar, die zu einer unkontrollierten Betäubung führen können. So ist teilweise eine ungenügende Bewußtlosigkeit feststellbar, andererseits kann es zum Herzstillstand und einer dadurch initiierten schlechten Ausblutung kommen.

In einzelnen Betrieben konnten bei bis zu 20 % der betäubten Tiere Brüche im Lendenwirbelbereich und Extravasate vor allem am M. longissimus dorsi festgestellt werden. Als Ursache wurden insbesondere eine unsachgemäße Betäubung und in diesem Zusammenhang auftretende heftige Muskelkontraktionen erkannt.

Verschiedene Wissenschaftler [67] haben sich bemüht, diesem Problem durch eine Erhöhung der Stromfrequenz auf 300 – 600 Hz zu begegnen. Bei Anwendung dieser Frequenzen wurden allerdings andere abträgliche Veränderungen im Schlachtkörper festgestellt, z. B. ein höherer Restblutgehalt der Organgefäße und eine Gefäßwanddurchlässigkeit.

10.2.2.2.3 Blutentzug

Im Gegensatz zum Blutentzug beim Schwein ist bei der Entblutung von Rindern bisher keine bedeutende Mechanisierung erreicht worden. Das läßt sich damit erklären, daß Rinderblut aus sensorischen Gründen kaum für die menschliche Ernährung genutzt wird.
In den meisten Schlachtbetrieben wird noch die offene Entblutung angewendet, wobei das Stoßblut aufgefangen und gesammelt wird. Das sich anschließende Tropfblut fließt über Entblutungsrinnen ab und wird zu Futterzwecken oder für technische Zwecke genutzt. Ähnlich wie bei der Blutgewinnung in der Schweineschlachtung wird der Ausblutungsgrad durch eine Vielzahl von Faktoren beeinflußt. So hat die technische Durchführung, die Kenntnisse über die anatomische Lage der anzuschneidenden Gefäße voraussetzt, die größte Bedeutung.
Die Öffnung der Blutbahn erfolgt durch Halsschnitt, Halsstich oder Bruststich. Üblicherweise wird der Bruststich angewendet. Ziel ist es, die vom Aortenbogen abgehende Arterie (Truncus brachiocephalicus) zu durchtrennen.
Erfolgt keine sachgerechte Schnittführung, hat das Auswirkungen auf die Menge des zu gewinnenden Blutes und auf die Entblutezeit. Letztere beträgt unter optimalen Bedingungen etwa 40 s, wobei in den ersten 7 s die Hälfte der Blutmenge abfließt und mit steigender Entblutezeit eine Abnahme der Geschwindigkeit des Blutaustritts erfolgt.
In den meisten Schlachtbetrieben wird die Entblutung in vertikaler Lage vorgenommen. Neben einem guten Ausblutungsgrad spricht hierfür die Tatsache, daß die weitere Bearbeitung des Schlachtkörpers in der Regel in vertikaler Lage erfolgt.
Ebenso wie bei Schweinen ist auch bei Rindern einer geschlossenen Entblutung der Vorzug zu geben. International werden Blutgewinnungsanlagen für Rinder bereits angeboten, wobei in der Regel das in der Schweineschlachtung angewendete Grundprinzip genutzt wird. Auch hier erfolgt die Fixierung des Stechhohlmessers in der Stichwunde durch ein Schneckengewinde. Das Herausdrehen des Messers aus der Wunde geschieht automatisch und läßt sich z. B. durch pneumatische Zeitglieder regeln. Der Entblutevorgang kann durch ein luftmotorangetriebenes Stechhohlmesser beschleunigt werden. Entbluteanlagen sind für Leistungen von etwa 60 Rindern je Stunde ausgelegt, was einer Blutmenge von ungefähr 800 l entspricht.
Es ist abzusehen, daß in Zukunft vielfältigere Verarbeitungs- und Veredlungsmöglichkeiten des Blutes genutzt werden. Analog dazu werden stärkere Bestrebungen als bisher zu verzeichnen sein, auch Rinderblut in größerer Menge für die menschliche Ernährung zu gewinnen.

10.2.2.2.4 Vorschlachten

Nach dem Entbluten erfolgt das Absetzen des Kopfes, wenn die Enthäutung nach einem kranial-kaudal arbeitenden System vorgenommen wird (s. Kap. 10.2.2.2.5). Die abgesetzten Köpfe werden an besonders eingerichteten Arbeitsplätzen bearbeitet, wo zunächst die Hörner und anschließend die Kopfhaut (Maske) abgetrennt werden. Dann werden die Augen und Ohren entfernt und die Zunge beidseitig eingeschnitten. Nach einer Reinigung des Kopfes wird dieser gemeinsam mit der vorhandenen Ohrmaske zur weiteren Kennzeichnung des Tieres für die Schlachtkörpervermarktung und Fleischuntersuchung an dem synchron zum Schlachtkörper laufenden Organförderer fixiert.

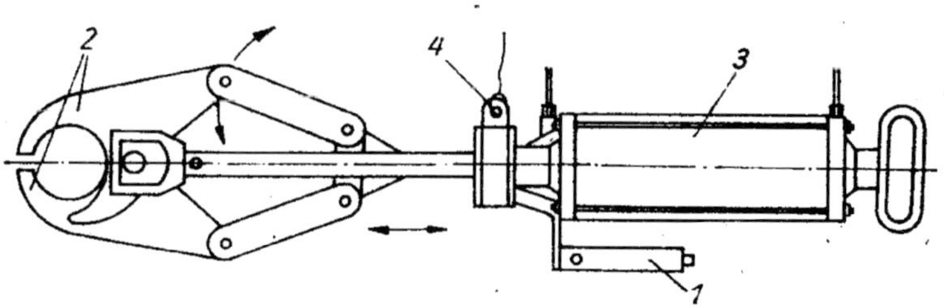

Abb. 10.2-19 Beinabsetzgerät [35]

1 Steuergriff **3 Pneumatischer Zylinder**
2 Schermesser **4 Aufhängung**

Anschließend werden die Schlachtkörper von der Entblutebahn auf die Schlachtbahn umgesetzt. Es folgen das Freischneiden und Absetzen der hinteren Unterbeine und das Freilegen der Achillessehnen. Mechanische Beinabsetzgeräte (Abb. 10.2-19) erleichtern diese Arbeitsoperationen.
Für das sich anschließende Umhängen kann entweder eine Höhendifferenz zwischen Entblute- und Ausschlachtbahn genutzt werden oder ein Elektrozug zum Einsatz kommen. Die Ausnutzung einer Höhendifferenz ist technologisch günstiger, da sie eine kontinuierliche Arbeitsweise ermöglicht.

10.2.2.2.5 Enthäuten

Die qualitätsgerechte Gewinnung von Rinderhäuten ist eine wichtige wirtschaftliche Aufgabe. Diesem Ziel dienen folgende Maßnahmen bei der Enthäutung:
- sachgerechte Schnittführung
- Vermeidung von Einschnitten
- exakte Trennung der Haut zwischen Cutis und Subcutis
- Vermeiden von Verschmutzungen.

Die Maßnahmen müssen darauf gerichtet sein, den Fleisch-Fett-Behang der Rinderhäute so gering wie möglich zu halten, da dieser ansonsten der menschlichen Ernährung verlorengeht und Probleme bei der weiteren Bearbeitung, insbesondere bei der Konservierung der Häute, bereitet. Der Hautanteil an der Lebendmasse variiert bei Schlachtrindern zwischen 6 % und 7,5 %.

► Vorenthäuten

In dieser Prozeßstufe erfolgt zunächst ein Einschneiden bzw. Trennen der Haut an der ventralen Seite des Schlachtkörpers und an den Vorder- und Hintergliedmaßen, was auch als Vorschneiden bezeichnet wird.
Dem schließt sich die eigentliche Vorenthäutung an, wobei ein Loslösen der Haut der Hals-, Vorderbein- und Hinterbeinpartien sowie der Haut des Unterbauches entlang des ventralen Trennschnittes erfolgt. Für diese Arbeiten machen sich infolge der Höhe des Schlachtkörpers Podeste notwendig. Während für das Umhängen und die Beinbearbeitung Standpodeste aus-

reichen, sind für die Vorenthäutung heb- und senkbare Podeste erforderlich, da hier die Arbeitshöhe ständig wechselt.
Es hat sich als günstig erwiesen, bei der Vorenthäutung mechanische Trenngeräte zu verwenden. Insbesondere Rundmesser und mechanische Enthäuter kommen zum Einsatz.

Rundmesser (Abb. 10.2-20) sind gezahnte, kreisrunde Trennscheiben, die mit hohen Umdrehungen (> 5 000 Umdrehungen min^{-1}) arbeiten.

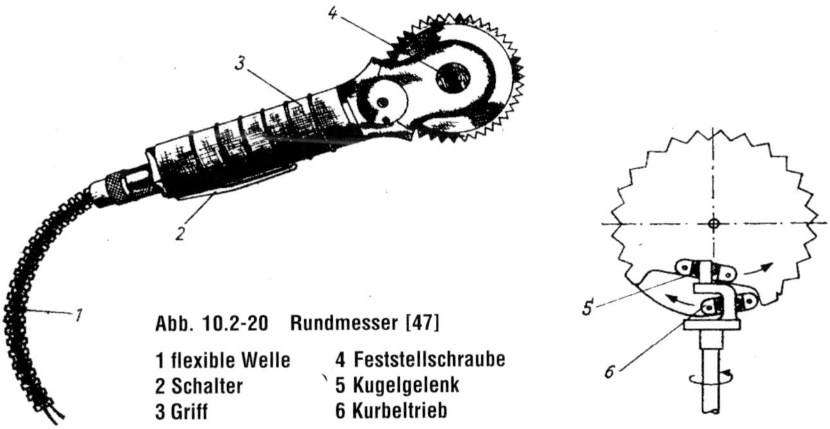

Abb. 10.2-20 Rundmesser [47]

1 flexible Welle
2 Schalter
3 Griff
4 Feststellschraube
5 Kugelgelenk
6 Kurbeltrieb

Enthäutemesser (Abb. 10.2-21) sind in der Form handelsüblichen Messern ähnlich. Die Klinge des Messers bewegt sich innerhalb eines Klingenschutzes, der eine Beschädigung der Haut ausschließt. Mit dem Messer, das in der Regel pneumatisch angetrieben wird, sind je nach Ausführung 200 und mehr Schnitte je Minute möglich. Der Umfang der Vorenthäutung richtet sich nach dem jeweils eingesetzten maschinellen Enthäutungsverfahren.

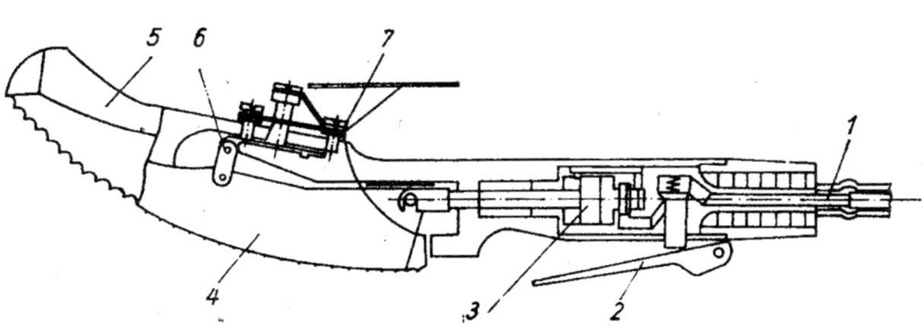

Abb. 10.2-21 Pneumatisches Enthäutemesser [35]

1 Luftzufuhr
2 Ventilhebel
3 Kolben
4 Messerklinge
5 Klingenschutz
6 Klingenhebel
7 Vorrichtung zum Schärfen der Klinge

► Maschinelles Enthäuten

Dem manuellen Vorenthäuten schließt sich die maschinelle Enthäutung an. Von besonderer Bedeutung ist, daß bei den angewendeten Verfahren die Keimkontamination der enthäuteten Schlachtkörperoberfläche minimal gehalten wird. Die Enthäutungsqualität wird neben den technischen Gegebenheiten der Enthäutungsvorrichtung von schlachttierspezifischen Besonderheiten beeinflußt, z. B. von Rasse, Masse und Ausmästungsgrad der Tiere.
Liegt infolge eines hohen Ausmästungsgrades eine starke subcutane Fettschicht vor, treten unabhängig von der angewendeten Enthäutungstechnik erhöhter Fettbehang der Haut und Einrisse im Fettgewebe auf.
Um eine Verringerung der Hautbeschädigungen und des Fett- und Fleischbehangs der Haut zu erreichen, muß die Abzugsrichtung beim maschinellen Hautabzug weitgehend mit der Lage und Richtung der Körpermuskulatur übereinstimmen. Abbildung 10.2-22 zeigt, daß die Muskeln entsprechend ihrer Funktion in den einzelnen Körperpartien eines Rindes einen unterschiedlichen Verlauf nehmen. Bei der Muskulatur überwiegt die dorsal-ventrale und die kranial-kaudale Richtung.

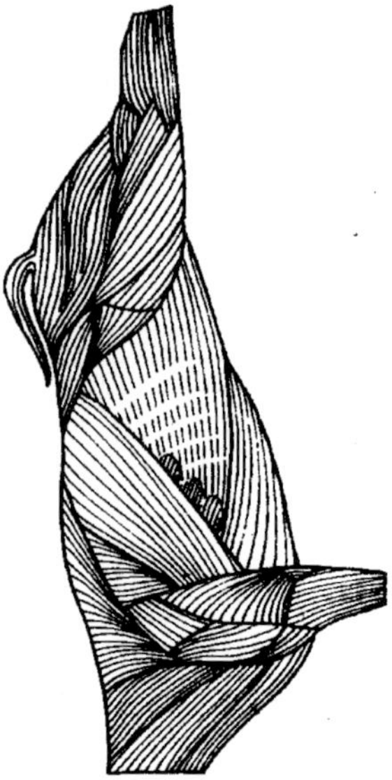

Abb. 10.2-22 Muskelverlauf am Rinderschlachtkörper [35]

Der Abzug der Haut wird in der Praxis je nach Art der Abzugsvorrichtung in der Hauptsache in ventral-dorsaler, ventral-kaudaler, kaudal-kranialer oder kranial-kaudaler Richtung durchgeführt. Alle Richtungen können nur dem Verlauf bestimmter Muskelgruppen gerecht werden. Bei manchen Verfahren wird die Abzugsrichtung während des Abzugsvorgangs dem Muskelverlauf angepaßt.
Der Hautabzug wird technisch unterschiedlich realisiert. Er kann in horizontaler oder vertikaler Lage des Schlachtkörpers durchgeführt werden. Letzterem wird in der Praxis auch international der Vorzug gegeben. In Abhängigkeit vom Ausmästungsgrad ist bei vielen Verfahren noch ein manuelles Nachschneiden notwendig.

Von großer Bedeutung ist die Einhaltung der Schlachthygiene beim Hautabzug. Insbesondere deshalb wird bei einigen Verfahren die Haut während des Abzuges über eine Rolle eingerollt oder zwischen einem Bügel eingefaltet. Untersuchungen des Keimgehaltes weisen aus, daß

- die Brustpartie des Schlachtkörpers durch die manuelle Vorenthäutung den höchsten Keimgehalt hat
- maschinell enthäutete Schlachtkörperteile unmittelbar nach der Enthäutung nahezu keimfrei sind
- es von außerordentlicher Bedeutung ist, daß keine Schmutzteilchen während des Enthäutungsvorganges auf die Fleischpartien gelangen.

Ein Enthäutungsverfahren kann als so gut bewertet werden, wie seine technische Gestaltung es erlaubt, den anatomischen Gegebenheiten des Schlachtkörpers Rechnung zu tragen und dadurch eine schnelle und exakte Enthäutung bei minimalen manuellen Zuarbeiten unter Wahrung der Hygienebedingungen gestattet.

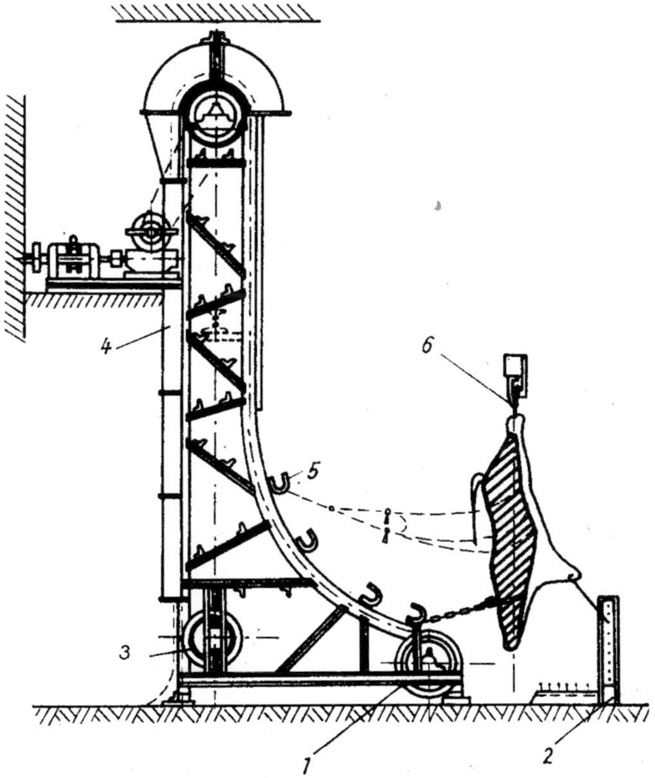

1 Leitrad
2 Gestell zum Fixieren des Schlachtkörpers
3 Spannrad
4 Fallrohr
5 Haken
6 Hängebahn

Abb. 10.2-23 Omsker Rinderenthäutungsanlage [47]

► Vertikale Enthäutungsverfahren

Eine Vielzahl von vertikal arbeitenden Enthäutungsverfahren arbeitet in *kranial-kaudaler* Richtung, weil diese dem Muskelverlauf des Tieres am nächsten kommt und eine gute Enthäutung unter Anwendung geringer Zugkräfte ermöglicht. Ein kranial-kaudal arbeitendes System ist z. B. die „Omsker Parabel". Hier wird der Schlachtkörper in vertikaler Lage an den Vorderhessen fixiert und die vorgeschlachtete Haut der Vordergliedmaßen mit einer Schlingkette an einem Schlitten befestigt, der sich auf einer parabelförmig gebogenen Schiene aufwärts bewegt (Abb. 10.2-23).
Entsprechend der Parabelform wird die Haut zuerst waagerecht und dann spitzwinklig (70°) zur Schlachtkörperachse abgezogen. Die abgezogene Haut fällt auf die Rückseite des Gestells mit der Kette in einen Transportwagen, wo die Kette gelöst werden muß.
Bei diesem Verfahren ist ein verhältnismäßig geringes Vorschneiden nötig und bei Wahl einer zweckmäßigen Abzugsgeschwindigkeit wird ein guter Enthäutungseffekt erreicht. Neben dem Einsatz einer Laufkatze, die durch einen Elektrozug bewegt wird, besteht die Möglichkeit, den Parabelabzug durch eine stetig umlaufende Kette zu realisieren.
Ungünstig ist, daß bei diesem Verfahren eine große Bauhöhe (bis zu 8 m) gewährleistet sein muß und eine Austaktung der Tiere aus dem Förderprozeß erfolgt. Letzteres kann durch technische Lösungen, indem die Parabel kippbar oder drehbar angeordnet wird, beseitigt werden, wodurch eine direkte Eingliederung des Verfahrens in den kontinuierlichen Förderprozeß gegeben ist.
Zahlreiche Hersteller bieten Modifikationen des Systems der Omsker Parabel an. So weisen einige Anlagen hydraulische Fixiereinrichtungen zum Befestigen der Hessen auf, mit denen eine straffe Spannung des gesamten Schlachtkörpers gewährleistet werden soll, um den Abzugseffekt günstiger zu gestalten.

In der GUS existieren Verfahren, die grundsätzlich andere technische Lösungen beinhalten, so z.B. das Leningrader System und das Moskauer System [68]. Währenddessen beim Leningrader System ein Hautabzug über Umlenkrollen erfolgt, wird beim Moskauer Verfahren der Hautabzug dadurch erreicht, daß durch unterschiedliche Geschwindigkeiten des Fixier- und Abzugssystems eine Geschwindigkeitsdifferenz entsteht, die zum schonenden Hautabzug genutzt wird. Das Moskauer System eignet sich für sehr hohe Schlachtleistungen (bis 1 140 Rinder/Schicht).

Häufig kommt auch eine Enthäutung durch Hautabzug über eine Rolle zum Einsatz. Hierbei wird die Haut über eine horizontale auf- und absteigende Rolle durch Zug entfernt und aufgerollt. Von Nachteil ist, daß nach jedem Enthäutungsvorgang die Haut wieder von der Rolle abgerollt werden muß (geringe Leistung, diskontinuierliche Arbeitsweise).

Vielfache Nachteile bei der Anwendung von kranial-kaudal arbeitenden Systemen veranlassen zahlreiche Fachleute, eine *kaudal-kraniale* Abzugsrichtung zu befürworten [69]. Hier erfolgt gleichzeitig eine Enthäutung des Kopfes. Der Abzug der Haut über den Nacken und die Hornwulst macht sehr große Zugkräfte notwendig, in deren Folge es zu Brüchen am Rückgrat kommen kann. Um diese zu verhindern, muß die Muskulatur des Schlachtkörpers zum Mittragen gebracht werden, was durch die Einleitung von elektrischem Strom mittels Elektroden möglich ist. Den Gegenpol zu diesen Elektroden bildet die Abzugsmaschine.

Nach der Vorenthäutung wird die freigeschlachtete Haut der Hinterbeine an der Hautabzugskette befestigt, die durch eine Förderkette nach unten und über eine untere Umlenkrolle anschließend wieder nach oben gezogen wird. Die abgezogene Haut läuft über eine untere Walze (Umlenkwalze). Eine Fixierung der Vorderbeine ist nicht notwendig. Die Kettengeschwindigkeit ist regulierbar, so daß bei der Rückenenthäutung eine höhere Kettengeschwindigkeit als bei der Schulter- und Kopfenthäutung gewählt werden kann. Nach der Schulterenthäutung wird das Elektrodenpaar automatisch an den Schlachtkörper angesetzt und der Stromkreis geschlossen. Dadurch kommt es zu einer Straffung der Muskelpartien zwischen den Elektroden und zu einer Entlastung der Wirbelsäule.
Nachteile dieses Systems müssen zweifelsohne in einer nicht so exakten Hautentfernung gesehen werden (dem Muskelverlauf wird nur begrenzt entsprochen), die Erzeugung großer Zugkräfte ist ebenso notwendig wie eine massive Gestaltung der Rohrbahn und der Rohrbahnhaken, die diesen Belastungen gewachsen sein müssen. Außerdem arbeitet die Anlage diskontinuierlich.

► **Horizontale Enthäutungsverfahren**

In den letzten Jahren finden sich Befürworter der Rinderschlachtung in horizontaler Lage des Schlachtkörpers, auch erste horizontal arbeitende Schlachtlinien werden international bereits angeboten.

Vorteile einer horizontalen Rinderenthäutung und -schlachtung sind:
- Das Risiko einer Kontamination der reinen Schlachtkörperoberfläche durch die vorenthäuteten Hautteile ist gering, da diese Hautteile infolge der Gravitation nach unten fallen.
- Bei der Eröffnung der Brust- und Bauchhöhle ist die Verletzungsgefahr der Organe durch die Schneidwerkzeuge minimal, da sich diese durch ihre Masse nach unten verlagern. Der Arbeitsgang kann automatisiert werden (z. B. durch Kreissägen).
- Horizontale Enthäutungsverfahren lassen eine Senkung der Bau- und Betriebskosten zu, da eine Verkürzung der Schlachtstraße erfolgt und die erforderliche Bauhöhe der Schlachthalle auf 3 m begrenzt werden kann [70].

Obwohl es sich nicht bestreiten läßt, daß mit einer horizontalen Schlachtung zahlreiche Vorteile gegeben sind, bedarf es der gründlichen Analyse und des experimentellen Nachweises, inwieweit das Verfahren in großem Umfang zur Anwendung und weiteren Entwicklung empfohlen werden kann.

10.2.2.2.6 Ausschlachten

Eine umfangreiche Mechanisierung dieser Prozeßstufe ist international bisher nicht erreicht worden. Folgende Arbeiten werden manuell durchgeführt:
- Öffnen der Bauch- und Brusthöhle
- Herausnehmen von Blase und Genitalien
- Herausnehmen des Magenpaketes
- Herausnehmen des Darmpaketes
- Herausnehmen der Innereien.

Eine Arbeitserleichterung wird durch den Einsatz angetriebener Sägen, heb- und senkbarer Podeste oder durch Plattenförderbänder erreicht.
Zur Öffnung der Brust eignet sich eine am Federzug hängende Stich- oder Kreissäge, mit der das Brustbein durchtrennt werden kann.
Günstig ist der Einsatz von Sägen mit Pansenschutz, um bei der Bruströffnung eine Pansenbeschädigung zu vermeiden. Der Schloßknochen wird durchgehackt oder ebenfalls mit Sägen durchtrennt.
Nach dem Öffnen der Bauchdecke erfolgt die Entnahme von Enddarm, Blase und Genitalien. Es schließt sich die Entnahme des Magen- und Darmpaketes und der Innereien an. Diese werden auf den Innereienförderer abgelegt und synchron zum Schlachtförderer bis zur Fleischuntersuchung transportiert. Teilweise werden Darmabnahmebänder eingesetzt, um die schwere körperliche Arbeit zu reduzieren.

10.2.2.2.7 Trennen der Schlachtkörper

Nach dem Ausschlachten erfolgt eine mittige Wirbelsäulentrennung. Hier werden zunächst die Kreuzbeinwirbel und danach die Lenden-, Brust- und Halswirbel getrennt. Auch die Dornfortsätze der Wirbelknochen müssen genau in der Mitte gespalten werden.
Vorwiegend erfolgt die Trennung an mit heb- und senkbaren Podesten ausgerüsteten Arbeitsplätzen mit Hilfe von Bügelsägen, die rhythmische Hin- und Herbewegungen ausführen (Abb. 10.2-24).

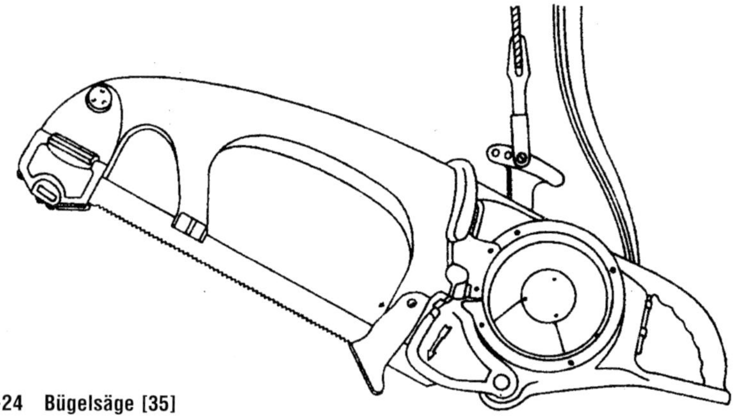

Abb. 10.2-24 Bügelsäge [35]

Zur Vermeidung einer zu starken Verunreinigung der Schnittfläche mit Sägemehl und zur Kühlung des Sägeblattes und der Schnittstelle erfolgt eine Wasserberieselung während des Trennvorganges.

Vorteilhafter ist der Einsatz von Trennvorrichtungen, die höher mechanisiert sind. Abbildung 10.2-25 zeigt eine mechanisierte Rindertrennsäge.

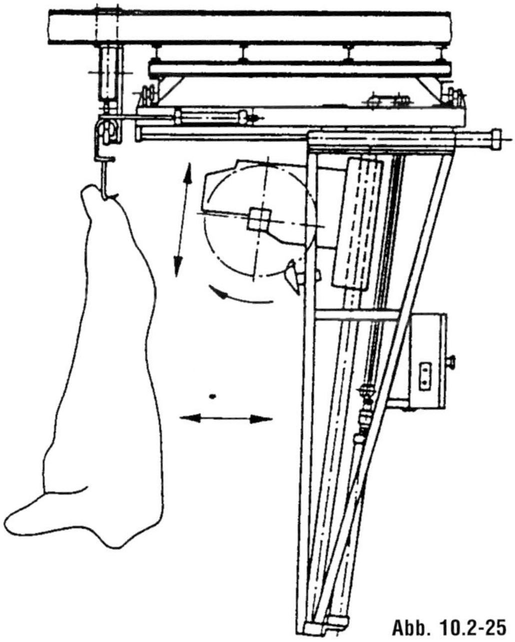

Abb. 10.2-25 Rindertrennsäge [35]

Der sich in vertikaler Lage befindende, gespreizte Schlachtkörper wird über einer Förderbahnsperre fixiert. Die Säge ist an einer Bühne befestigt und bewegt sich an den Führungsschienen des Sägegestells selbständig nach unten. Die genaue Justierung des Schlachtkörpers wird durch eine Arbeitskraft vorgenommen. Verschiedene Hersteller von Schlachthofausrüstungen bieten auch Spaltanlagen an, bei denen die Nachteile des Sägeschnittes eliminiert sind. Zur exakten Trennung sind z. B. Taster eingesetzt, die die Wirbelsäule seitlich abgreifen und so eine mittige Trennung bewirken. Der Trennprozeß wird über einen Hackmechanismus hervorgerufen.

10.2.2.2.8 Endbearbeitung

Vor dem Vierteln und Klassifizieren der Schlachtkörper sind die in Tabelle 10.2-10 aufgelisteten Restarbeiten erforderlich.
In Verbindung mit diesen Restarbeiten hat eine Reinigung der Schlachtkörper zu erfolgen. Das geschieht in der Regel mit Hilfe von Wasser. Gelegentlich wird auch Druckluft, insbesondere zum Entfernen von durch den Trennvorgang entstandenen groben Knochensplittern eingesetzt. In einigen Ländern werden die Schlachtkörper mit Trockentüchern gereinigt und abgetrocknet. Hierbei ist zu sichern, daß die Tücher nur einmal benutzt werden. Dieses Verfahren ist allerdings in Deutschland verboten.

Tab. 10.2-10 Restarbeiten an Rinderschlachtkörper [35]

Arbeitsverrichtung	Gewinnung des Organs bzw. Abschnittes
Auslösen der Niere aus der Talgkapsel	Niere
Herauslösen des Nierentalgs	Nierentalg
Abschneiden des Zwerchfells	Kronenfleisch
Abtrennen des Schwanzes an der Schwanzwurzel	Schwanz
Herausziehen des Rückenmarks aus dem Rückenmarkkanal der Wirbelsäule	Rückenmark
Abschneiden des Stichfleisches	Stichfleisch
Beschneiden von Zipfeln, blutigen Stellen, Einrissen usw.	Schlachtabschnitte
Abschneiden von Hautresten und Verunreinigungen	Konfiskate
Übergabe der Rinderhälfte zum Abvierteln	

Teilweise wird ein Besprühen der Schlachtkörperoberfläche mit 0,5 – 1 %iger Milchsäure empfohlen. Hierdurch sinkt der pH-Wert der Fleischoberfläche, wodurch ein bakteriostatischer Effekt erreicht wird. Höhere Säurekonzentrationen führen allerdings zu Fleischverfärbungen. Sämtliche Blutreste müssen vorher vom Schlachtkörper entfernt werden, da es bei einer Säurebehandlung zu irreversiblen Verfärbungen des Blutes kommt.

Insgesamt sollten die Bestrebungen dahingehen, eine Verschmutzung des Schlachtkörpers während des Schlachtens zu vermeiden. Besonders trifft das für die Prozeßstufe Ausschlachten zu, da es durch Verletzungen des Magen-Darm-Traktes zu direkter Kontamination des Schlachtkörpers kommt. Durch ein Abspritzen mit Wasser ist nur ein Teil der Keime wieder entfernbar, und viele Keime werden nur zu anderen Stellen des Schlachtkörpers gespült [71]. Bei starken Verschmutzungen empfiehlt sich ein Entfernen und Verwerfen der beschmutzten Körperpartien.

Es schließt sich die tierärztliche Fleischuntersuchung an. Diese ist in ihrer Form und ihrem Umfang durch den Gesetzgeber klar geregelt (s. Fleischhygiene-Verordnung vom 30.10.1986 BGBL 1, S. 1 678 i. d. Fassung der Änderung vom 11.3.1988 BGBL 1, S. 303) [63]. Sie liegt nicht im Verantwortungsbereich der Technologen, sondern wird durch den veterinärmedizinischen Dienst wahrgenommen, weshalb sie hier auch nicht inhaltlich dargestellt wird. Durch den Technologen sind jedoch die Voraussetzungen für eine geordnete veterinärmedizinische Untersuchung zu schaffen.

10.2.2.2.9 Schlachtkörperklassifizierung

Wie bei anderen Schlachttieren existieren auch hier die Systeme Lebendvermarktung und Schlachtkörpervermarktung. Lebend vermarktete Tiere werden in die Kategorien Bullen, Ochsen, Kühe und Färsen unterteilt und in Abhängigkeit von ihrem Ausmästungsgrad in die Handelsklassen A bis D eingeordnet.

Geschlachtete Tiere werden nach der „Verordnung über gesetzliche Handelsklassen für Rindfleisch" in der ab 1. Januar 1992 geltenden Neufassung klassifiziert. Für ganze, halbierte und geviertelte Rinderschlachtkörper wurden die in den Tabellen 10.2-11 und 10.2-12 dargestellten Handelsklassen eingeführt, in denen die Fleischigkeit und der Fettgewebebesatz im Verbund mit ergänzenden Bestimmungen festgelegt sind.

Die Handelsklasse wird den in der Tabelle 10.2-13 dargestellten Kategorien zugeordnet.

Der Gesetzgeber schreibt verbindlich vor, daß eine Kennzeichnung der Schlachtkörper zu erfolgen hat, die Kategorie und Handelsklasse ausweist [63].

Tab. 10.2-11 Handelsklassen und deren Merkmale – Fleischigkeit (Entwicklung der Profile der Schlachtkörper und insbesondere ihre wesentlichen Teile) [63]

Fleischigkeitsklasse	Beschreibung	Ergänzende Bestimmungen	
E vorzüglich	Alle Profile konvex bis superkonvex; außergewöhnliche Muskelfülle	Keule: Rücken: Schulter: Oberschale: Hüfte:	stark ausgeprägt breit und sehr gewölbt bis in Schulterhöhe stark ausgeprägt tritt stark über die Beckenfuge (Symphisis pelvis) hinaus stark ausgeprägt
U sehr gut	Profile insgesamt konvex; sehr gute Muskelfülle	Keule: Rücken: Schulter: Oberschale: Hüfte:	ausgeprägt breit und gewölbt bis in Schulterhöhe ausgeprägt tritt über die Beckenfuge (Symphisis pelvis) hinaus ausgeprägt
R gut	Profile insgesamt geradlinig; gute Muskelfülle	Keule: Rücken: Schulter: Oberschale: Hüfte:	gut entwickelt noch gewölbt, aber weniger breit in Schulterhöhe ziemlich gut entwickelt leicht ausgeprägt leicht ausgeprägt
O mittel	Profile geradlinig bis konkav; durchschnittliche Muskelfülle	Keule: Rücken: Schulter: Hüfte:	mittelmäßig entwickelt mittelmäßig entwickelt mittelmäßig entwickelt bis fast flach geradlinig
P gering	Alle Profile konkav bis sehr konkav; geringe Muskelfülle	Keule: Rücken: Schulter:	schwach entwickelt schmal mit hervortretenden Knochen flach mit hervortretenden Knochen

Tab. 10.2-12 Handelsklassen und deren Merkmale – Fettgewebe (Dicke der Fettschicht auf der Außenseite des Schlachtkörpers und auf der Innenseite der Brusthöhle) [63]

Fettgewebeklasse	Beschreibung	Ergänzende Bestimmungen
1 Sehr gering	Keine bis sehr geringe Fettabdeckung	Kein Fettansatz in der Brusthöhle
2 Gering	Leichte Fettabdeckung; Muskulatur fast überall sichtbar	In der Brusthöhle ist die Muskulatur zwischen den Rippen deutlich sichtbar
3 Mittel	Muskulatur mit Ausnahme von Keule und Schulter fast überall mit Fett abgedeckt; leichte Fettansätze in der Brusthöhle	In der Brusthöhle ist die Muskulatur zwischen den Rippen noch sichtbar
4 Stark	Muskulatur mit Fett abgedeckt, an Keule und Schulter jedoch noch teilweise sichtbar; einige deutliche Fettansätze in der Brusthöhle	Fettstränge der Keule hervortretend. In der Brusthöhle kann die Muskulatur zwischen den Rippen vom Fett durchzogen sein
5 Sehr stark	Schlachtkörper ganz mit Fett abgedeckt; starke Fettansätze in der Brusthöhle	Die Keule ist fast vollständig mit einer dicken Fettschicht überzogen, so daß die Fettstränge nicht mehr sichtbar sind. In der Brusthöhle ist die Muskulatur zwischen den Rippen von Fett durchzogen

Tab. 10.2-13 Kategorien der gesetzlichen Handelsklassen für Rindfleisch [63]

Kategorie	Bezeichnung	Beschreibung
Kalbfleisch	KA	Fleisch von Tieren mit einem Zweihälftengewicht[1] bis zu 150 kg mit Kalbfleischeigenschaften
Jungrindfleisch	JR	Fleisch von anderen nicht ausgewachsenen männlichen und weiblichen Tieren
Jungbullenfleisch	A	Fleisch von ausgewachsenen[2] jungen männlichen nicht kastrierten Tieren[3] von weniger als zwei Jahren
Bullenfleisch	B	Fleisch von anderen ausgewachsenen männlichen nicht kastrierten Tieren
Ochsenfleisch	C	Fleisch von ausgewachsenen männlichen kastrierten Tieren
Kuhfleisch	D	Fleisch von ausgewachsenen weiblichen Tieren, die bereits gekalbt haben
Färsenfleisch	E	Fleisch von anderen ausgewachsenen weiblichen Tieren

[1] Zweihälftengewicht ist die Masse des längsgeteilten oder ungeteilten ausgeweideten Schlachtkörpers ausschließlich der Haut, des zwischen Hinterhauptbein und erstem Halswirbel abgetrennten Kopfes, der im Karpal- und Tarsalgelenk abgetrennten Gliedmaßen sowie der Organe in der Brust- und Bauchhöhle, jedoch einschließlich der Nieren und des Nierenfettgewebes.

[2] Ausgewachsene Rinder: Rinder mit einem Lebendgewicht von mehr als 300 kg.

[3] Die Schlachtkörper junger männlicher nicht kastrierter Tiere unterscheiden sich von den Schlachtkörpern anderer männlicher nicht kastrierter Tiere durch den Grad der Verknöcherung der Dornfortsatzkappen. Die knorpeligen Enden der Dornfortsätze der vier vorderen Brustwirbel dürfen für die Einstufung als Schlachtkörper junger männlicher nicht kastrierter Tiere von weniger als zwei Jahren nicht mehr als Anzeichen einer Verknöcherung und die Dornfortsätze des fünften bis neunten Brustwirbels noch keine wesentliche Verknöcherung aufweisen.

10.2.3 Schlachten von kleinen Wiederkäuern

Die verfahrenstechnische Gestaltung beim Schlachten von kleinen Wiederkäuern hat zahlreiche Analogien zum Schlachtprozeß von Rindern. Allgemein läßt sich feststellen, daß der Mechanisierungsgrad gering ist. Das erklärt sich daraus, daß diese Tiere in kleineren Stückzahlen bzw. nur saisonbedingt geschlachtet werden. Prozeßstufen, wie Betäuben, Entbluten usw., werden dennoch nach dem System der Fließfertigung angeordnet. Unterschiede gibt es im Transportsystem, wo viele Übergabefunktionen per Hand bewältigt werden. Die Enthäutung wird manuell oder über oft technisch wenig ausgereifte Systeme vollzogen. Die Schlachtung erfolgt sowohl in vertikaler als auch in horizontaler Lage der Tiere. Bei letzterer Variante kommen meist Schlachtschragen zum Einsatz, um eine angemessene Arbeitshaltung der Arbeitskräfte zu ermöglichen. Infolge der relativ niedrigen Masse der Schlachtkörper wird auf eine mittige Trennung meistens verzichtet.

In vielen Schlachtbetrieben existieren keine besonderen Linien zur Schlachtung von kleinen Wiederkäuern. Hier werden Teile der Rinderschlachtlinie für den Schlachtprozeß eingesetzt, wobei aus hygienischen Gründen die Schlachtungen zeitlich versetzt zu gestalten sind.

Tab. 10.2-14 Handelsklassenschema für Schlachtkörper von Schafen [63]

I. Fleischigkeit
Entwicklung der Profile der Schlachtkörper und insbesondere der wichtigsten Teile (Hinterviertel, Rücken, Schulter)

Fleischigkeitsklasse	Zusätzliche Bestimmungen	
S	Hinterviertel:	doppelt bemuskelt, sehr stark abgerundet, außerordentlich breit und dick
Erstklassig	Rücken:	sehr stark abgerundet, hervorragend breit und dick
	Schulter:	hervorragend breit und dick
E	Hinterviertel:	sehr dick und abgerundet
Vorzüglich	Rücken:	sehr abgerundet, an der Schulter sehr breit und dick
	Schulter:	sehr abgerundet und dick
U	Hinterviertel:	dick und abgerundet
Sehr gut	Rücken:	an der Schulter breit und dick
	Schulter:	dick und abgerundet
R	Hinterviertel:	meist flach
gut	Rücken:	dick, an der Schulter weniger breit
	Schulter:	gut entwickelt, weniger dick
O	Hinterviertel:	geringfügig einfallend
Mittel	Rücken:	weniger breit und dick
	Schulter:	fast schmal, ohne Dicke
P	Hinterviertel:	eingefallen bis stark eingefallen
Gering	Rücken:	schmal und eingefallen, mit hervorstehenden Knochen
	Schulter:	schmal, flach, mit hervorstehenden Knochen

II. Fettgewebe

Dicke der Fettschicht auf der Außen- und Innenseite des Schlachtkörpers

Fettgewebeklasse	Zusätzliche Bestimmungen[1] Außen	Innen	
1 Sehr gering	Kein sichtbares Fett nur Anzeichen	Bauchhöhle	kein sichtbares Fett oder nur oder Anzeichen über den Nieren
		Brusthöhle	kein sichtbares Fett oder nur Anzeichen zwischen den Rippen
2 Gering	Der Schlachtkörper ist teilweise mit einer dünnen Fettschicht bedeckt, die auf den Gliedmaßen weniger ausgeprägt sein kann	Bauchhöhle	die Nieren sind teilweise von Fettspuren oder einer dünnen Fettschicht umgeben
		Brusthöhle	die Muskulatur zwischen den Rippen ist deutlich sichtbar
3 Mittel	Der Schlachtkörper ist ganz oder fast ganz mit einer dünnen Fettschicht bedeckt. Am Schwanzansatz leichte Fettablagerungen	Bauchhöhle	die Nieren sind ganz oder teilweise von einer dünnen Fettschicht umgeben
		Brusthöhle	die Muskulatur zwischen den Rippen ist noch sichtbar
4 Stark	Der Schlachtkörper ist vollständig oder fast vollständig mit einer dicken Fettschicht bedeckt, die jedoch auf den Gliedmaßen etwas schwächer und an der Schulter etwas stärker ausgeprägt sein kann	Bauchhöhle	die Niere ist mit einer Fettschicht umgeben
		Brusthöhle	die Muskulatur zwischen den Rippen kann fettdurchwachsen sein; auf den Rippen können Fettansätze sichtbar sein.
5 Sehr stark	Sehr starke Fettabdeckung, teilweise sichtbare Fettanhäufungen	Bauchhöhle	die Niere ist mit einer dicken Fettschicht umgeben
		Brusthöhle	die Muskulatur zwischen den Rippen ist fettdurchwachsen; auf den Rippen sind Fettansätze sichtbar

[1] Die Zusatzbestimmungen zur Bauchhöhle sind für die Zwecke von Teil III. Kategorien nicht anwendbar

III. Kategorien

	Kategorie A		Kategorie B		Kategorie C	
Schlachtkörpermasse	≤7 kg		7,1-10 kg		10,1-13 kg	
Fleischqualität	1.	2.	1.	2.	1.	2.
Fleischfarbe	hellrosa	andere Farbe oder anderer Fettanteil	hellrosa	andere Farbe oder anderer Fettanteil	hellrosa	andere Farbe oder anderer Fettanteil
Fettgewebeklasse [1]	(1) (2)		(1) (2)		(2) (3)	

[1] Wie in Teil II der Tabelle definiert.

Schlachtkörperklassifizierung

Die Klassifizierung von Kälbern erfolgt nach dem in Kapitel 10.2.2.2.9 dargestellten Kriterien für Rinder.

Für Schlachtkörper von Schafen wurde mit der Verordnung (EWG) Nr. 2137/92 ein gemeinschaftliches Handelsklassenschema eingeführt. Zusätzliche Bestimmungen zur Definition der Fleischigkeits-, der Fettgewebe, der Gewichts- und der Farbklasse sind in der Verordnung (EWG) Nr. 461/93 der Kommission der EU festgelegt. Diese Bestimmungen bilden die Grundlage für die Klassifizierung und sind in Tabelle 10.2-14 dargestellt.

Die Einteilung der Schlachtkörper erfolgt in die Kategorien
L Schlachtkörper von unter zwölf Monate alten Schafen (Lämmern) und
S Schlachtkörper anderer Schafe.

Wie bei anderen Schlachttieren besteht eine Kennzeichnungspflicht unmittelbar nach der Schlachtung. Die Kennzeichnung erfolgt durch Stempelaufdruck, der die Angabe der Kategorie sowie der Fleischigkeits- und Fettgewebeklasse enthält.

Quellen und Literatur

[1] HEUTGENS, L.: Über Verluste bei Schlachtschweinetransporten. Schlacht-Viehhof-Zeitung 70 (1970) S. 93 – 95

[2] SCHEPERE, J.: Über den Einfluß des Transportes auf die Fleischbeschaffenheit bei Schweinen. Jahresbericht der Bundesforschungsanstalt für Fleischforschung in Kulmbach, 1962

[3] BARBE, J.: Über die Auswirkungen von Transport- und Ausruhzeiten auf den pH-Wert im M. adductores von Schlachtschweinen. 1975, Universität Leipzig, Sektion Tierprod. u. Vet.-Med., Diss.

[4] SCHIEFER, G.; SCHARNER, E.: Zur Problematik der Transportbelastung bei Schlachtschweinen. Fleisch 29 (1975) 8, S. 145 – 148

[5] LERCHE, M.: Die Bedeutung der Schlachtschweine für die Fleischwarenqualität. Münch. Tierärztliche Wschr. – Berlin, München 54 (1954), S. 40

[6] PRÄNDL, O.; FISCHER, A.; SCHMIDHOFER, T.; SINELL, H.-J.: Fleisch. Technologie und Hygiene der Gewinnung und Verarbeitung. Stuttgart: Verlag Eugen Ulmer 1988

[7] FISCHER, K.: Was ist ein streßempfindliches Schwein? Die Fleischwirtschaft 55 (1975) 10, S. 1 411 – 1 414

[8] MAYER, K.: Untersuchungen über Transportschäden und Transportverluste bei mit LKW zur Schlachterei transportierten Schweinen. 1970, Tierärztliche Hochschule Hannover, Diss.

[9] ROGDAKIS, E., HAID, W.: Einfluß von Visken auf die Fleischqualität. Fleischwirtschaft 56 (1976) 9, S. 1 360

[10] RUSS, P.: Zur Fleischqualität azaperonbehandelter Schlachtschweine. 1974, Universität München, Tierärztl. Fak., Diss.

[11] WENZEL, F.: Das Sedativum Azaperon für Schlachtschweine und das Fleischbeschau-

gesetz. Tierärztliche Umschau 26 (1971), S. 334
[12] DE KONING, K.: Welche Möglichkeiten bietet der Containertransport von Schlachtschweinen? Die Fleischwirtschaft 57 (1977) 6, S. 1 185 – 1 188
[13] HORNUNG, H.: Beschreibung eines neugeplanten Schlachthofes. Der containerbetriebene Schlachthof. Schlacht- und Viehhof-Zeitung 70 (1970) 9, S. 355 – 356
[14] VAN PUTTEN, G.: Eine strukturelle Änderung beim Transport der Schlachtschweine. Fleischwirtschaft 53 (1973) 12, S. 1 719
[15] AUGUSTINI, C.; FISCHER, K.; SCHÖN, L.: Auswirkungen unterschiedlicher Transportbelastungen auf intra vitam und post mortem erfaßbare Parameter beim Schwein. Die Fleischwirtschaft 57 (1977) 11, S. 2 037 – 2 043
[16] SACKMANN, G.; STOLLE, F.; REUTER, G.: Einfluß verschiedener Ruhephasen vor der Schlachtung auf Fleischqualitätsparameter bei Schlachtschweinen mit einer Bewertung klinischer Beurteilungsmerkmale. Fleischwirtschaft 68 (1988) 3, S. 369
[17] FISCHER, L.: Der Einfluß des Treibens und der Ausruhzeiten von Schlachtschweinen auf den pH-Wert im Schinken. 1968, Universität Leipzig, Vet.-Med., Diss.
[18] SCHEPER, J.: Inwieweit beeinflußt das Betäubungsverfahren die Fleischbeschaffenheit bei Schweinen. Die Fleischwirtschaft 57 (1977) 8, S. 1 489 – 1 495
[19] FARCHMIN, G.; BEUTLING D.: Hygiene der Fleischgewinnung. Jena: Gustav Fischer Verlag 1978
[20] SCHATZMANN, U.; LEUENBERGER, TH.; FUCHS, P.; HOWALD, M.; HOWARD J.: Jet-Injektion – Untersuchungen über die Anwendbarkeit eines Hochdruckwasserstrahls zur Betäubung von Schlachtschweinen. Fleischwirtschaft 70 (1990) 8, S. 890
[21] SCHATZMANN, U.; HOWARD, J.; PITTINO, J.; FUCHS, P.: Jet-Injektion zur Betäubung von Schlachtschweinen. Fleischwirtschaft 73 (1993) 2, S. 126
[22] THELOE, G.: Schlachthofkunde. Arbeiten des IfF Magdeburg (1973) 12, S. 89, 1977
[23] HOENDERKEN, R.: Zur Betäubung von Schlachtschweinen. Schlachten und Vermarkten (1979) 8, S. 235 – 237
[24] LAMBOOY, E.; RING, C.: Elektrische Betäubung von Schlachttieren. – Gegenwärtiger Stand und Entwicklungen. Fleischwirtschaft 69 (1989) 9, S. 1 347
[25] RING, C.; KORTMANN, R.: Auswirkungen der elektrischen Betäubung von Schlachtschweinen auf die Fleischqualität. Fleischwirtschaft 68 (1988) 3, S. 259
[26] TROEGER, K.; WOLTERSDORF, W.: Elektrobetäubung und Fleischbeschaffenheit beim Schwein. Fleischwirtschaft 69 (1989) 8, S. 1 210
[27] WERNBERG, N. E.: Eine neue Kohlendioxid-Schweinebetäubungsanlage in den dänischen Baconfabriken. Die Fleischwirtschaft 58 (1978) 11, S. 1 744 – 1 746
[28] RING, C.; ERHARDT, W.; KRAFT, H.; SCHMID, A.; WEINMANN, H.-M.; BERNER, H.; UNSHELM, J.: Zur Betäubung von Schlachtschweinen mittels CO_2. Fleischwirtschaft 68 (1988) 10, S. 1 304 – 1 307
[29] RING, C.; ERHARDT, W.; KRAFT, H.; SCHMID, A.; WEINMANN, H.-M.; BERNER, H.; UNSHELM, J.: Zur Betäubung von Schlachtschweinen mittels CO_2. Fleischwirtschaft 68 (1988) 10, S. 1 478 – 1 484
[30] LAMBOOY, E.: Anwendung von CO_2 zur Betäubung von Schlachtschweinen. Bericht über eine vom 26. – 27.1.90 in Heeze abgehaltene Expertentagung. Fleischwirtschaft 70 (1990) 10, S. 1 161
[31] CANTIENI, J.: Ein Beitrag zur CO_2-Betäubung von Schlachtschweinen. 1977, Universität Zürich, Vet.-Med., Diss.

[32] GRÄTZ: CO_2-Betäubung und -Anlagen. Fleischwirtschaft 61 (1981) 4, S. 513
[33] LOMHOLT, N.: Zum Thema CO_2-Betäubung von Schlachtschweinen – Erwiderung. Fleischwirtschaft 62 (1982) 4, S. 488 – 489
[34] HOENDERKEN, R.; VAN LOGTESTIJN, J.G.; SYBESMA, W.; SPANJAARD, W.J.M.: Kohlendioxid-Betäubung von Schlachtschweinen. Fleischwirtschaft 59 (1979) 11, S. 1 572
[35] AUTORENKOLLEKTIV: Fleischgewinnung, 4. Aufl. Leipzig: Fachbuchverlag 1989
[36] STOLLE, F.; PAULICK, CH.: Ausblutungsgrad bei Schlachttieren. Möglichkeiten einer objektiven Bestimmmung und Beurteilung. Fleischwirtschaft 70 (1990) 3, S. 274
[37] DORER, F.: Oberflächenverkeimung geschlachteter Rinder in der neuen Bandschlachtanlage des Schlachthofes München. 1973, Universität München, Tierärztl. Fakultät, Diss.
[38] KRÜCKEN, F.: Beitrag zur Frage einer hygienischen Blutgewinnung. 1950, Universität Gießen, Diss.
[39] ANTAL, J.: Entwicklung von Schlachtanlagen in Ungarn. Fleischwirtschaft 33 (1979) 12, S. 229
[40] HÖLSCHER, T.; HERTHUM, S.; KALM, E.: Einfluß von CO_2-Betäubung und Entblutung im Liegen auf die Fleischbeschaffenheit beim Schwein. Fleischwirtschaft 69 (1989) 5, S. 904
[41] RÖSENER, CH.; BRENNER, K.-V.: Effekt einer Liegendentblutung auf die Fleischbeschaffenheit von Schweinen verschiedener genetischer Herkunft. Fleischwirtschaft 69 (1989) 11, S. 1 737
[42] HEINZ, G.: Eine neuartige Anlage zur geschlossenen Entblutung von Schweinen im Bandschlachtbetrieb. Fleischwirtschaft 52 (1972) 4, S. 437 – 438
[43] HEINZ, G.: Blutverwertung. Die Fleischwirtschaft 50 (1970) 5, S. 562
[44] KOHNEN, B.: Technologie des Brühens und Enthaarens. Auswirkungen auf die Schweinehaut – I. Literaturzusammenstellung. Fleischwirtschaft 68 (1989) 5, S. 844
[45] KOHNEN, B.: Technologie des Brühens und Enthaarens. Auswirkungen auf die Schweinehaut – II. Untersuchungen zur Anwendung eines Kurzzeit-Hochtemperatur-Verfahrens zur Brühenthaarung von Schlachtschweinen. Fleischwirtschaft 69 (1989) 6, S. 988
[46] RENATUS, K.: Die Bedeutung hydrothermischer Einwirkungen auf die Qualität der Schweinehautcroupons und deren Konsequenzen. Fleischwirtschaft 44 (1990) 5, S. 103 – 110
[47] BERSZÁN, G.: Maschinen der Fleischindustrie, 3. Aufl. Leipzig: Fachbuchverlag 1989
[48] Tändler, K.: Hygienisch vorbildliche Schweineschlachtung. Fleischwirtschaft 54 (1974) 9, S. 1 425
[49] SÖRQVIST, S.: Aus dem Brühwasser von Schweinen isolierte thermophile Bacillus-Stämme. Fleischwirtschaft 68 (1988) 3, S. 376
[50] SÖRQVIST, S.; Danielsson-Tham, M.-L.: Überleben von Campylobacter-, Salmonella- und Yersinia-Arten im Brühwasser bei der Schweineschlachtung. Fleischwirtschaft 70 (1990) 12, S. 1 460
[51] EKSTAM, M.: Brühwasser als Kontaminationsquelle – Ein Beitrag zur hygienischen Schweineschlachtung. Die Fleischwirtschaft 59 (1979) 11, S. 1 593
[52] SCHÜTZ, F.; FILIPP, M.: Überwachung der Kontaminationsrate bei der Schweinebandschlachtung. Fleischwirtschaft 70 (1990) 2, S. 161
[53] SNIJDERS, J.M.A.: Hygiene bei der Schlachtung von Schweinen. I. Das Brühen der Schlachtschweine. Die Fleischwirtschaft 55 (1975) 6, S. 836 – 840
[54] BECHER, G. R.: Verfahren zur Entborstung von Schlachtschweinen mit Infrarotstrahler. Schlachten und Vermarkten 59, S. 108 – 112
[55] FA. RENNER und HÄUßLER: Vollautomatisches Brühen und Enthaaren. Nachdruck mit Ge-

nehmigung der Redaktion der Fleischwirtschaft, Erstveröffentlichung Fleischwirtschaft Nr. 8/1979, S. 1 197
[56] HANKINS, E.: Soft porc studies. Formation of fat in the pig on a ration moderately bow in fat. Biol. Chem. 66 (1925), S. 101 – 107
[57] SIEBURG, H.: Methoden zur Bestimmung des Schlachtwertes an lebenden und geschlachteten Schweinen. 1957, Univ. Göttingen, Diss.
[58] WODE, U.: Beitrag zur wirtschaftlichen und marktgerechten Erzeugung von Fleischschweinen. 1956, Univ. Göttingen, Diss.
[59] PEZACKI, W.: Versuch zur Bestimmung des Fleisch- und Fettanteils bei Bacon-Schlachtkörpern auf Grund des spezifischen Gewichtes. Die Fleischwirtschaft 50 (1970) 9, S. 1 257
[60] MILLER-HAYE, B.: Die Anwendung von Ultraschallmessungen zur Abschätzung der grobgeweblichen Zusammensetzung von Schlachthälften bei Schweinen. 1965, Univ. Göttingen, Ldw. Fak., Diss.
[61] DOLATOWSKI, Z. J.: Ultraschall. 1. Mathematische Analyse des Einflusses von Ultraschall auf Muskelgewebe. Fleischwirtschaft 68 (1988) 9, S. 1 193
[62] BLENDL, H. M.; HUSSLEIN, E.: Lendenstärke-Speck-Quotient (LSQ), EG-Handelsklassenschema und Schlachtkörperwert beim Schwein. Fleischwirtschaft 60 (1980) 2, S. 259 – 262
[63] ZIPFEL, W.; RATHKE, K. D.: Lebensmittelrecht – Kommentar der gesamten lebensmittel- und weinrechtlichen Vorschriften sowie des Arzneimittelrechts, 5. A., Stand: Januar 1995. München: Verlag C. H. Beck
[64] KALLWEIT, E.; FRIES, R.; KIELWEIN, G.; SCHOLTYSSEK, S.: Qualität tierischer Nahrungsmittel – Fleisch – Milch – Eier. Stuttgart: Verlag Eugen Ulmer 1988
[65] SCHÜTZ, F.: Analyse der Schlachttechnik: Rinderbandschlachtung unter Berücksichtigung der Hygieneanforderungen. Fleischwirtschaft 70 (1990) 6, S. 662
[66] GROß, R.: Elektroencephalographische und elektrokardiographische Verlaufsuntersuchungen nach der Bolzenschußbetäubung und nach dem Töten durch Entbluten in der Form des rituellen Schlachtens. 1976, Univ. Hannover, Diss.
[67] KRECHOW, N. M.; WESSELOWA, P. P.; BELOUSOW, A. A.; PLOTNIKOW, W. I.: Der Einfluß verschiedener Frequenzen bei der Rinderbetäubung auf die Fleischqualität. Die Fleischwirtschaft 55 (1975) 3, S. 338
[68] TÄNDLER, K.: Kontinuierlich arbeitende Anlagen zur Rinderenthäutung. Die Fleischwirtschaft 50 (1970) 6, S. 792 – 794
[69] BAUMGÄRTEL, E.: Neue Hautabzugsmaschine für Schlachttiere. Schlachten und Vermarkten (1977) 3, S. 79
[70] MAROT, A.: Kritischer Rückblick auf die vertikale Rinderschlachtung. Schlachten und Vermarkten (19778) 8, S. 260 – 263
[71] SNIJDERS, J.: Oberflächenbehandlung von Schlachttierkörpern. Möglichkeiten und Grenzen zur Verringerung der Keimbelastung des Fleisches. Fleischwirtschaft 68 (1988) 7, S. 829

10.3 Geflügelschlachtung

F. THIEMIG

Moderne Geflügelschlachtbetriebe weisen, verglichen mit Schlachtbetrieben für Schweine und Rinder, erheblich höhere Durchsatzleistungen auf. Ursächlich hierfür ist die gute Konfektionierbarkeit von Geflügel. Das betrifft sowohl die Endmassen als auch geringe Abweichungen im Exterieur der Tiere. Die Tiere werden bereits im Mastbetrieb weitgehend auf einheitliche Endmassen eingestellt und in Großchargen verfügbar gemacht. Eine tierärztliche Lebendschau in Form einer Einzeltierbegutachtung erfolgt im Schlachtbetrieb nicht, sondern es werden die Lebendtierbefunde der Mastbetriebe zugrunde gelegt.

10.3.1 Transport des Geflügels

Der Transport von Geflügel ist in der „Verordnung zum Schutz von Tieren bei der Beförderung in Behältnissen" vom 20. Dezember 1988 geregelt. Die Anlieferung des zu schlachtenden Geflügels erfolgt zumeist mit LKW in leichten aber stabilen Transportkäfigen, in denen die Tiere aufrecht stehen können. Zu beachten ist das vorsichtige Einfangen und Einsetzen der Tiere in die Käfige, um Knochenbrüche, Extravasate, Quetschungen und Druckstellen zu vermeiden. Darüber hinaus dürfen die Transportkäfige nicht überbesetzt werden. Zum Schutz gegen Brustquetschungen haben sich Gummimatten in den Käfigen bewährt. Der Transport ist so zu gestalten, daß die Tierverluste so gering wie möglich gehalten werden und eine negative Beeinträchtigung der Fleischbeschaffenheit verhindert wird.

Auftretende Tierverluste sind abhängig von der Jahreszeit und den Transportbedingungen. Sie treten vor allem als Folge akuten Kreislaufversagens auf, daneben spielen Verletzungen und bereits vorliegende Erkrankungen eine Rolle. Die Einflüsse des Transports auf die Fleischbeschaffenheit des Schlachtgeflügels sind abhängig von Tiermaterial, Geschlecht, Alter, Masse, Nüchterungsdauer, Jahreszeit, Transporttemperatur und Besatzdichte. Lange Anfahrtswege zu den Geflügelschlachtbetrieben erhöhen nicht nur die Transportkosten, sondern verursachen auch Masseverluste der Tiere. Bei längerer Transportdauer werden Quetschungen der Tierkörper festgestellt, ebenfalls konnten Konsistenzbeeinträchtigungen und eine Verringerung des Wasserbindevermögens nachgewiesen werden, was insbesondere im Bereich des Brust- und Schenkelfleisches auffällig war [1].
Der Anlieferungsrhythmus muß mit der Schlachtkapazität koordiniert sein, wobei bestimmte Nüchterungszeiten einzuhalten sind. Letztere sind insbesondere für die Eviszeration (s. Kap. 10.3.2.6) der Schlachtkörper bedeutungsvoll, um Verunreinigungen der Schlachtkörper mit dem Inhalt des Magen-Darm-Traktes zu vermeiden.

Zur Verhinderung von Transportschäden verwendet man für größeres Geflügel (z. B. Puten) auf dem Transportfahrzeug fest installierte Käfige, die in mehreren Etagen angeordnet sind. Solche Käfige bestehen häufig aus Plastewerkstoffen, die korrosionsbeständig und stabil sind, eine geringe Masse aufweisen und sich leicht reinigen lassen. Für den Transport von kleinerem Geflügel (z. B.

Hähnchen) werden vorwiegend transportable Käfige genutzt. Eine weitere Möglichkeit stellt der Transport in Aluminium-Gittercontainern dar, die in vier Etagen angeordnet sind. Nach Ankunft der Transporter im Schlachtbetrieb werden diese Container schräg gestellt und die seitlichen Klappen geöffnet, so daß die Hähnchen auf ein Transportband rutschen. Ein ähnliches Prinzip liegt dem sogenannten Schubkastensystem zugrunde. Die Container bestehen aus einem Aluminiumgestell mit vier bis fünf Ebenen, in die Seitenwände aus Kunststoff eingeschoben werden.

Der weitere Transport der Käfige erfolgt durch eine Rollenbahn. Die Lebendtiere werden vorzugsweise mittels einer in die Rollenbahn eingebauten Waage verwogen. Das Einhängen der lebenden Tiere in die Förderbahn der Schlachtlinie erfolgt manuell. Diese Arbeitsverrichtung ist mit einer hohen Staub- und Keimbelastung der Arbeitskraft verbunden, weshalb Atemschutztücher benutzt werden sollten. Eine Minderung der Schmutzbelästigung wird durch ein Absaugsystem erreicht.

10.3.2 Schlachtverfahren

Die wichtigsten Prozeßstufen beim Schlachten sind das

- Betäuben
- Entbluten
- Brühen
- Rupfen
- Entfernen von Kopf und Luftröhre
- Waschen
- Abschneiden der Ständer.

Der innerbetriebliche Transport erfolgt durch Kreisförderer, die zur Lastaufnahme mit speziellen Aufnahmebügeln versehen sind. Die Fixierung der Tiere an den Lastlaufwerken wird manuell bzw. automatisch vorgenommen.

10.3.2.1 Betäubung

Analog zu den Großtieren besteht beim Geflügel die Möglichkeit der Betäubung auf elektrischem, chemischem und mechanischem Wege. Am meisten verbreitet sind die verschiedenen Arten der Elektrobetäubung. Die elektrische Kontaktbetäubung ist weitgehend von der Wasserbadbetäubung abgelöst worden (Abb. 10.3-1).
Der Kopf der Schlachttiere läuft durch ein Wasserbad, das unter Spannung steht. Das Wasserbad stellt eine Elektrode dar, die zweite Elektrode ist durch den metallenen Aufhängebügel gegeben, wodurch eine elektrische Durchströmung des Schlachtkörpers gewährleistet wird. Die Betäubungsbäder sind höhenverstellbar und lassen sich damit an die Körpergröße der Tiere anpassen. Die Betäubungspannung für Hähnchen liegt zwischen 60 V und 110 V und für Puter bei 75 – 120 V. Aus Gründen des Tierschutzes wird empfohlen, die Betäubungsspannung noch höher zu wählen. Allerdings hat das häufig den Tod durch Herzstillstand zur Folge, was den Ausblutungsgrad negativ beeinflußt.

Abb. 10.3-1 Wasserbadbetäuber [2]

Das Arbeiten mit höheren Frequenzen (1 700 – 2 000 s^{-1}) ermöglicht eine Betäubung, die sich auf die Herztätigkeit nicht nachteilig auswirken soll. Dieses Verfahren hat sich bisher insbesondere aus Gründen des Arbeitsschutzes nicht durchsetzen können.
Die Betäubungszeiten richten sich nach den technischen Bedingungen und der Art der zu betäubenden Tiere, sie variieren zwischen 2 s und 15 s.
Chemische Betäubungsverfahren sind generell anwendbar, haben sich aber in der Geflügelschlachtung nicht durchsetzen können [3]. Ursächlich hierfür sind vermutlich die benötigten Mengen an CO_2, das infolge der Einlagerung im Federkleid der Tiere nur uneffektiv einzusetzen ist. In der Literatur wird in Abhängigkeit von der Geflügelart von notwendigen CO_2-Konzentrationen zwischen 30 % und 50 % bei Hühnern und Hähnchen gesprochen. Bei Puten werden Konzentrationen bis zu 77 % empfohlen. Die Betäubungszeiten variieren analog von 20 – 120 s [3].

Mechanische Betäubungsverfahren sind aus verfahrenstechnischer Sicht in Industriebetrieben abzulehnen. Bei Einzelschlachtungen teilweise angewendet, bewirken sie als Folge der mechanischen Einwirkung Bewußtlosigkeit.
Allgemein läßt sich feststellen, daß es angeraten erscheint, die Betäubungsmodalitäten aus tierschützerischer und verfahrenstechnischer Sicht neu zu bestimmen.

10.3.2.2 Blutentzug

Um ein vollständiges Ausbluten zu erzielen, wird die Halsschlagader durchtrennt. Der Zeitpunkt des Blutentzuges sollte so gewählt werden, daß die reflektorischen Bewegungen des Tieres eine exakte Positionierung des Stechgerätes ermöglichen. Günstig ist es deshalb, den Entblutungsvorgang 5 – 10 s nach der Betäubung einzuleiten. Eine einwandfreie Schnittführung wird durch mechanisierte bzw. automatisierte Arbeitsgänge realisiert. Entblutungsgeräte mit einem Kreismesser führen den Entblutungsschnitt nur an einer Halsseite aus. Soll der Schnitt beidseitig angesetzt werden, verwendet man Geräte mit zwei Kreismessern. Letztere Methode sichert eine schnellere Ausblutung. Es existieren Systeme, die Verletzungen von Speise- und Luftröhre weitgehend ausschließen. Dazu werden die Schlachtkörper in den Entblutungseinheiten eines Karussellgerätes fixiert. Rechteckige Metallklingen, die auf einer Schmalseite einen V-förmigen Einschnitt haben, dienen als Schneidwerkzeug, deren Ränder scharf geschliffen sind, wodurch beim seitlichen Anpressen des Halses beide Halsvenen getrennt werden. Dieses Verfahren ermöglicht eine hohe Durchsatzleistung (bis 10 000 Schnitte je Stunde) und führt zu einer guten Ausblutung (der Ausblutungsgrad innerhalb von 1 – 2 min beträgt etwa 50 %).

10.3.2.3 Brühen

Das Brühen ist eine vorbereitende Prozeßstufe für das sich anschließende Rupfen, das zu einer Beeinflussung der Kohäsions- und Adhäsionskräfte der äußeren Hautschichten führt. Es erfolgt meist in Brühbädern und ist hygienisch nicht unbedenklich, da das Brühwasser stark verschmutzt wird und eine hohe Keimbelastung nicht zu vermeiden ist. Um den Keimgehalt in Grenzen zu halten und den Brüheffekt effektiv zu gestalten, sollte die Brühtemperatur möglichst hoch angesetzt werden. Zu beachten ist jedoch, daß zu hohe Temperaturen teilweise erhebliche Qualitätsverluste bewirken. So können negative Konsistenz- und Farbveränderungen die Folge sein. Daher bietet es sich an, einen Kompromiß zu suchen. Häufig werden Brühtemperaturen von etwa 60 °C angewendet. Die Brühdauer beträgt dann 40 – 60 s.

Puten haben eine besonders empfindliche Haut. Die Temperatur des Brühwassers sollte aus diesem Grund 52 °C bei einer Brühdauer von 1 – 2 min nicht überschreiten. Neben der Temperatur des Brühmediums hängt die Brühdauer auch von der Turbulenz des Brühwassers ab. Daher ist es ratsam, eine Umwälzung des Brühwassers zur Verbesserung der Wärmeübertragung durchzuführen. In der Regel werden die Schlachtkörper zweimal durch das Brühwasser mit dem Rücken zur Behältermitte gefördert, wo Rührgeräte angeordnet sind. Dadurch wird das warme Wasser besonders unter die Rückenfedern getrieben und bewirkt eine Lockerung dieser dichten Federpartien. Das Brühwasser wird mit Heißwasser oder Dampf über Wärmeaustauscher erwärmt. Direktes Dampfeinblasen ist ebenso möglich, hygienisch jedoch nicht unbedenklich.
Es finden auch Brühverfahren Anwendung, bei denen das Brühen in feuchter Heißluft erfolgt. Die Keimbelastung ist hier deutlich geringer.
Die Bearbeitungszeit beim Brühen und Rupfen kann durch Kombination beider Vorgänge erheblich verkürzt werden.

10.3.2.4 Rupfen

Grundsätzlich wird zwischen Trocken- und Naßrupfen unterschieden. Vorrangig wird das Naßrupfen angewendet, da der Prozeß durch die bereits im Brühvorgang gelockerten Federn verkürzt wird.
Technisch ist der Prozeß des Rupfens gut gelöst. Bei allen zum Einsatz kommenden Verfahren werden Arbeitselemente verwendet, die über Gummi- oder Kunststoffinger verfügen und das Federkleid mechanisch stark bearbeiten. Die Federn werden aus den Follikelwänden herausgerissen und gemeinsam mit Teilen der Epidermis entfernt. Hierbei finden Tellerrupfgeräte verbreitet Einsatz. Kleineres Geflügel wird mit zwei bis drei hintereinander installierten Rupfmaschinen behandelt, für größeres Geflügel werden drei bis vier Rupfmaschinen benötigt. Es gibt Tellerrupfmaschinen, auf denen drei seitliche Rotorbalken angebracht sind. An den Rupftellern befinden sich senkrechte Gummifinger. Andere Konstruktionen sind mittig mit einem weiteren Rotorbalken bestückt, und die Gummifinger zeigen nach oben. Mit diesen Anlagen wird insbesondere der schwer zugängliche Halsbereich sauber bearbeitet. Auch seitliche Anordnungen der Rotorreihen, bei denen halbkugelförmige Rotorteller vorhanden sind, werden von den Herstellern angeboten. Hier sind die Gummifinger schräg nach allen Seiten ausgerichtet.
Bei mit niedriger Temperatur gebrühtem Geflügel ist ein größerer maschineller Aufwand notwendig. Hier werden häufig Rupfmaschinen (Abb. 10.3-2) mit gegeneinander arbeitenden Rupffingerscheiben eingesetzt. Jeder Rupferkasten besteht aus 2 Reihen mit je 8 Rupffingerscheiben. Jede Scheibe ist mit 10 Rupffingern bestückt [2].

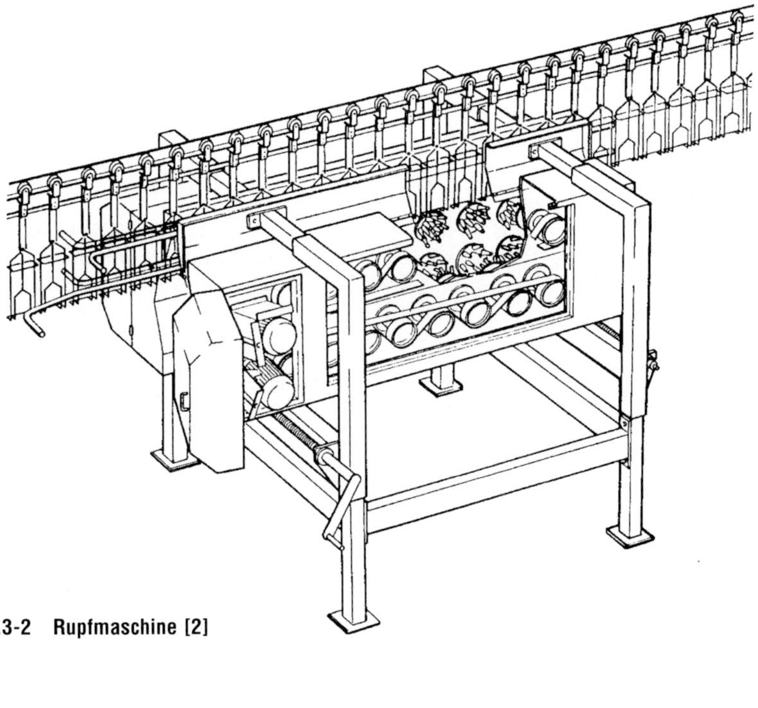

Abb. 10.3-2 Rupfmaschine [2]

Zum Trockenrupfen wurden spezielle Maschinen entwickelt. Auf einer Achse sind z. B. mehrere Scheiben angeordnet, die nicht parallel zueinander stehen. Das Geflügel wird zwischen diese Scheiben geschoben und durch die Klemmwirkung gerupft.
Nach dem maschinellen Rupfen verbleiben am Geflügelkörper oft feine Federreste. Diese können durch spezielle Sengverfahren entfernt werden. Es besteht auch die Möglichkeit, die Schlachtkörper in ein temperiertes Wachsbad zu tauchen. Nach dem Erstarren der Wachsschicht durch Kühlen kann diese zusammen mit den Federresten entfernt werden. Nachteile des Trockenrupfens sind die diskontinuierliche Arbeitsweise, eine geringe Leistung und eine starke Staub- und Keimbelastung der Arbeitskräfte.

10.3.2.5 Absetzen des Kopfes und der Füße

Der Hals der Schlachtkörper wird zwischen zwei in Transportrichtung konvergierende Führungsschienen eingeführt. Luft- und Speiseröhre werden dabei aus dem Hals herausgezogen und der Kopf automatisch entfernt. Abbildung 10.3-3 verdeutlicht dieses Verfahren.

Abb. 10.3-3 Köpfe- und Luftröhrenzieher [2]

Das Absetzen der Füße erfolgt, indem die Beingelenke zunächst über eine dreieckförmige Messerklinge geführt werden und ein Kurzschnitt im Tarsalgelenk ausgeführt wird. Ein rotierendes Kreismesser ermöglicht einen Längsschnitt, der eine genaue und vollständige Durchtrennung des Gelenkes zur Folge hat.

Bei Puten werden spezielle Techniken eingesetzt, um die im Schenkelbereich vorhandenen starken Sehnen gesondert zu trennen.
Beim Absetzen der Füße von Geflügel muß generell darauf geachtet werden, daß es nicht zum Splittern der Knochen kommt, da sonst scharfe Kanten entstehen, die das Verpackungsmaterial beschädigen, was zu Qualitätseinbußen während der Lagerung führt.

10.3.2.6 Bearbeitung der Schlachtkörper über Bratfertiglinien

Das Geflügel wird in der Regel im Schlachtbetrieb küchenfertig bearbeitet. Hierzu existieren in den Betrieben sogenannte Bratfertiglinien, die kontinuierlich bzw. diskontinuierlich arbeiten. Zur technischen Realisierung werden zahlreiche Lösungen angeboten, die meistens nach dem Karussellprinzip arbeiten.

► Kontinuierliche Bratfertiglinie

Zum Einsatz kommen mehrere Karussellgeräte, die je einen Arbeitsgang ausführen (Umschneiden der Kloake, Öffnen der Bauchhöhle, Ausnehmen der Eingeweide, Aussaugen der Körperhöhle, Halsbearbeitung, Sprühwaschung der Schlachtkörper).

Zunächst wird die Eviszeration vorgenommen, d. h. das Um- und Ausschneiden der Kloake, das Öffnen der Leibeshöhle sowie das Entfernen der inneren Organe und des Verdauungstraktes. Dazu existieren Kloakenschneid- und -öffnungsautomaten, die die Kloake freischneiden und diese gleichzeitig mittels eines rotierenden Rundmessers und einer entgegengesetzt drehenden Zentriereinheit entfernen. Danach wird eine Messerklinge in die Kloakenumschneidung eingeführt, und es erfolgt der Öffnungsschnitt der Bauchhaut.

Gelegentlich werden zwei Karussellgeräte kombiniert und die Schnitte zeitlich versetzt ausgeführt. Die Eingeweide werden mittels Ausnehmeautomaten entfernt, die ebenfalls als Karussellgeräte ausgebildet sind. Hier greifen gabelförmige Geräte entlang der Bauchdecke und des Brutstbeins tief in die Körperhöhle des Schlachttieres ein und entfernen die inneren Organe (Abb. 10.3-4).
Der Greifer ist der Anatomie des Schlachtkörpers angepaßt, wodurch die Gefahr von Organverletzungen vermindert wird. Am Ende der Bratfertiglinie wird die Halsbearbeitung vorgenommen. Dazu gehören das Abquetschen des Halses zwischen dem letzten Hals- und dem ersten Brustwirbel, das Herauslösen des muskulösen Teiles und das Längsaufschneiden der Halshaut. Dazu werden die Halsstümpfe von klammerähnlichen Schließvorrichtungen erfaßt und die Halswirbel gebrochen. Gleichzeitig wird die Halshaut aufgeschnitten. Mit einem Halsabziehgerät erfolgt das Absetzen. Die am Schlachtkörper verbleibende Halshaut kann mit einem Halshauttrimmer, der mit rotierenden Rundmessern ausgestattet ist, entfernt werden. Um den Hals zu säubern, setzt man Entkropfungsgeräte ein, die ebenfalls nach dem Karussellsystem arbeiten.

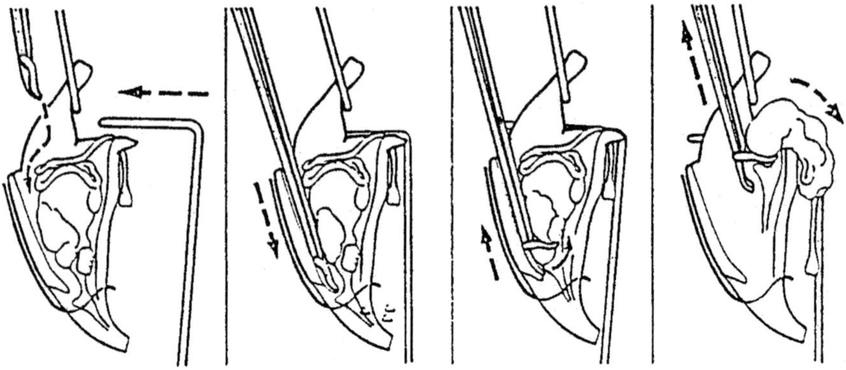

Abb. 10.3-4 Prinzip des Ausnehmens [2]

► Diskontinuierliche Bratfertiglinie

Hier wird in mehreren Bearbeitungseinheiten eine Anzahl von Schlachttieren den oben beschriebenen Arbeitsgängen unterzogen. Die Schlachtkörper werden auf Transfertischen mit Bügeln fixiert und zur jeweils folgenden Bearbeitungseinheit transportiert.

Zunächst wird der Kloakenschnitt von horizontal arbeitenden Kloakenschneidern automatisch ausgeführt. Dabei wird der Enddarm nach außen verlagert. Dann erfolgt der Öffnungsschnitt der Körperhöhle. Der Transfertisch bewegt sich weiter zur Ausnehmestation, wo die inneren Organe durch löffelförmige Geräte nach außen verlagert werden. Sie hängen ohne Kontakt zum äußeren Schlachtkörper über den Tischen, so daß eine Kontamination vermieden wird. Die Tische werden um 90 ° geklappt. In dieser vertikalen Position werden das Halssäubern, die Halsentfernung und die Waschung vorgenommen. Der Aufbau einer solchen Anlage läßt sich auf relativ geringem Raum realisieren.

10.3.2.7 Reinigung der Schlachtkörper

Die Reinigung der Schlachtkörper wird durch eine Innen- und Außenwaschung durchgeführt. Die hierfür entwickelten Geräte sind in ihren Arbeitsorganen der Anatomie der Schlachttiere angepaßt.. Um Kreuzkontaminationen entgegenzuwirken, sind Sprühwaschanlagen zu empfehlen. Die Körperhöhle wird mit Sprühlanzen gereinigt, die sich nach Einführung in den Schlachtkörper auf- und abwärts bewegen können. Das Äußere des Schlachtkörpers wird durch einen Wasserstrahl aus einer stationären Sprühleiste gewaschen. Günstig erweisen sich Anlagen, die mit Saugvorrichtungen kombiniert sind, wodurch Restwasser am Schlachtkörper, aber auch anhaftende Blut- und Gewebepartikel, entfernt werden können.

10.3.2.8 Schlachtkörperkühlung

Nach dem Ausnehmen beträgt die Temperatur der Schlachtkörper ungefähr 30 °C. Eine schnelle Abkühlung auf 5 °C verringert die Geschwindigkeit der biochemischen Vorgänge im Fleisch und hemmt die Entwicklung unerwünschter Mikroorganismen. Des weiteren werden durch die Abkühlung Rötungen und Schrumpfungen der Haut in Grenzen gehalten. Es existieren verschiedene Kühlverfahren (s. Kap. 14.2.1.2.2), die durch Unterschiede in der Abkühlungsgeschwindigkeit, der Keimkontamination, im technischen Aufwand usw. gekennzeichnet sind [4, 5].

10.3.2.9 Schlachtkörperklassifizierung

Die Klassifizierung des Geflügels erfolgt im Rahmen der Geflügel-Handelsklassen-Verordnung [6]. Die Vorschriften sind für rohes Geflügel bzw. Geflügelfleischteile anzuwenden. Die gesetzlichen Handelsklassen untergliedern sich in die Klassen A, B und C, in denen die Qualitätsmerkmale der Tabelle 10.3-1 Berücksichtigung finden müssen.

Tab. 10.3-1 Qualitätsmerkmale der Handelsklassen für Geflügel [6]

Qualitätsmerkmale	Handelsklasse A	Handelsklasse B	Handelsklasse C
a) Fleischansatz	Vollfleischig, Brust breit und lang, Brustbein nicht hervortretend	fleischig, Brustbein mäßig hervortretend	Geflügelfleisch, das nicht die Qualitätsmerkmale der Handelsklasse A oder B aufweist
b) Fettansatz	gleichmäßig und gering; bei Suppenhühnern, Enten und Gänsen stärkere Fettschicht zulässig	ungleichmäßig, Fleisch nicht deutlich unter der Haut vorscheinend	
c) Federkiele, Haarfedern	nur an Halslappen, Flügelspitze, Bürzel und Fußgelenken, bei Truthühnern, Enten und Gänsen auch an anderen Körperteilen vereinzelt zulässig	bei Hühnern auch an anderen Körperteilen, ausgenommen Brust und Schenkeln, vereinzelt, bei anderem Geflügel vermehrt zulässig	
d) Verletzungen, Quetschungen, Verfärbungen	an Brust und Schenkeln keine, an anderen Stellen kleine zulässig	auch an Brust und Schenkeln kleine zulässig	
e) Gefrierbrand	nicht zulässig		
f) Kühlverfahren	gefrorene oder tiefgefrorene Hähnchen oder Hähnchenteile dürfen vor dem Gefrieren nicht im gemeinsamen Eiswasserbad gekühlt worden sein.	Mäßig zulässig	

Geflügelschlachtung

Geflügelfleisch, das in Fertigpackungen angeboten wird, muß neben der Verkehrsbezeichnung die gesetzliche Handelsklasse, den Angebotszustand und das angewendete Kühlverfahren aufweisen. Die Verkehrsbezeichnungen regeln sich nach Tabelle 10.3-2.

Tab. 10.3-2 Verkehrsbezeichnungen für Geflügel [6]

Verkehrsbezeichnung	Beschreibung
Hähnchen, junges Truthuhn, junge Ente, Frühmastgans	junges Masttier, Brustbeinfortsatz biegsam
Junge Gans	Brustbeinfortsatz noch biegsam
Suppenhuhn, Truthuhn, Ente, Gans	nach der Geschlechtsreife geschlachtet, Brustbeinfortsatz verknöchert
Hälfte	halber Schlachtkörper, längs des Brustbeins und der Wirbelsäule geteilt
Brust	Muskulatur beiderseits des Brustbeins und Brustbeinfortsatzes mit Haut und Knochen wie gewachsen
Schenkel	Ober- und Unterschenkelknochen mit Muskulatur und Haut wie gewachsen
Oberschenkel	Oberschenkelknochen mit Muskulatur und Haut wie gewachsen
Unterschenkel	Unterschenkelknochen mit Muskulatur und Haut wie gewachsen

Die Angebotszustände sind gemäß Tabelle 10.3-3 kenntlich zu machen.

Tab. 10.3-3 Angebotszustände für Geflügel [6]

Angebotszustand	Beschreibung
Gekühlt oder frisch	von der Schlachtung an nicht durch Kälteeinwirkung erstarrt
Gefroren	unverzüglich nach der Schlachtung oder Zerlegung auf eine Kerntemperatur von mindestens -12 °C eingefroren und auf dieser Temperatur gehalten
Tiegefroren	unverzüglich nach der Schlachtung oder Zerlegung auf eine Kerntemperatur von mindestens -18 °C eingefroren und auf dieser Temperatur gehalten. Der Temperaturbereich der maximalen Kristallisation muß beim Einfrieren möglichst schnell durchschritten werden

Ebenso ist das Kühlverfahren nach Tabelle 10.3-4 auszuweisen.

Tab. 10.3-4 Kühlverfahren für Geflügel [6]

Kühlverfahren	Beschreibung
Luft-Sprüh-Kühlung	Kühlung in Kaltluft, die zur Erhöhung der Kühlleistung und zur Erhaltung einer gewissen Oberflächenfeuchtigkeit mit Wassernebel durchsetzt wird
Luftkühlung	Kühlung in Kaltluft ohne Wasserzusatz
Eiswasserkühlung	im gemeinsamen Eiswasserbad gekühlt

Quellen und Literatur

[1] RISTIC, M.: Einfluß der Transportbelastung auf die Fleischbeschaffenheit von Broilern. Die Fleischwirtschaft 68 (1978), S. 1 031
[2] Prospektmaterial der Fa. Stork PMT B.V., Boxmeer, Niederlande
[3] ZELLER, W.; METTLER, D.; SCHATZMANN, U.: Untersuchungen zur Betäubung des Schlachtgeflügels mit Kohlendioxid. Fleischwirtschaft 68 (1988) 10, S. 1 308 – 1 312
[4] VEERKAMP, C. H.; HOFMANS, G.J.P.: Kühlung von „sub-scald" Schlachtgeflügel. Schlachten und Vermarkten 78 (1978), S. 15
[5] ZIOLECKI, J.: Neue Verfahren zur Kühlung von Geflügelschlachtkörpern. Fleisch 40 (1986) 7, S. 137
[6] ZIPFEL, W.; RATHKE, K. D.: Lebensmittelrecht – Kommentar der gesamten lebensmittel- und weinrechtlichen Vorschriften sowie des Arzneimittelrechts. München: C. H. Beck'sche Verlagsbuchhandlung 1991

10.4 Zerlegen, Sortieren und Verwenden von Fleisch

H. SIELAFF

10.4.1 Allgemeines und Begriffsbestimmungen

Die Grob- und Feinzerlegung des Fleisches ist durch einen großen Arbeitsaufwand, relativ geringen Mechanisierungsgrad und körperlich schwere Arbeit charakterisiert. Die konventionelle Zerlegung bedient sich vornehmlich des Messers und der Säge. Größere Betriebe sind mit Fördereinrichtungen und Zerlegebändern ausgestattet. Erst seit den letzten zwei Jahrzehnten gibt es eine Reihe von Entwicklungen, das Zerlegen, Entbeinen (Auslösen von Knochen, boning) und Abtrennen des Restfleisches von den Knochen (deboning) mittels Separatoren zu mechanisieren.

Das grobe Zerlegen stellt eine Form des Zerteilens ganzer, halbierter oder geviertelter Schlachtkörper in Teilstücke dar. Die Grobzerlegung ist die Voraussetzung für die Feinzerlegung. Grobzerlegtes Fleisch dient als Produktions- und Handelsfleisch. Bei der Feinzerlegung werden die Knochen aus dem Fleisch herausgelöst, größere Fleischstücke in kleinere Teilstücke zerlegt und Fett- sowie Bindegewebe abgetrennt. Das feinzerlegte Fleisch wird sortiert und dann weiterverarbeitet oder nach bestimmten Kriterien als Handelsfleisch, z.T. mit Knochen, bereitgestellt. Das grobe und feine Zerlegen ist nich genormt. Die Schnittführungen erfolgen mehr oder weniger nach anatomischen Gegebenheiten. Die Zuschnitte haben regional unterschiedliche Bezeichnungen. Daraus leitet sich insbesondere auch der Verkaufswert ab. Für den internationalen Handelsverkehr ist diese Situation unbefriedigend.
In der BR Deutschland wurde schon zu Beginn der fünfziger Jahre mit der Normierung der Grobzerlegung in Form der DLG (Deutsche Landwirtschaftsgesellschaft)-Schnittführung und der Einführung einheitlicher Bezeichnungen begonnen, um ursprünglich insbesondere Vergleichsmöglichkeiten für Prüfzwecke zu haben. Um den Handel mit Fleischteilstücken möglich zu machen, wurden Kataloge mit eindeutigen Bezeichnungen erarbeitet, nach denen die Käufer ihre Bestellungen aufgeben können.
In der Branche hat der sogenannte Schweizer Schnitt Eingang gefunden. Hierunter versteht man das Zerlegen von ladenfertigen Teilstücken, bei denen das subkutane und intermuskuläre Fett, Sehnen und Faszien weitgehend abgetrennt sind. Man erhält auf diese Weise zusätzliche Teilstücke für den Ladenverkauf. Das Schweizer Schnittführungsmodell ist jedoch relativ arbeitsaufwendig, und es fallen mehr Abschnitte an, die zur Verarbeitung gelangen. Die Schweizer Schnittführung hat sich in ökonomischer Hinsicht als vorteilhaft erwiesen und wird u.a. im "GEHA-Kalkulationssystem" für die Berechnung der Preise für Fleisch und Wurstwaren zugrunde gelegt.
Die in Kapitel 10.4.4, erwähnten Schnittführungen bei verschiedenen Schlachtkörpern in Frankreich, der Schweiz und den USA stellen nur Beispiele dar. Auch in diesen und anderen europäischen und außereuropäischen Ländern gibt es offensichtlich keine standardisierten Zerlegevorschriften.

10.4.2 Vorrichtungen zur Grobzerlegung und zum Entbeinen

Für die Grobzerlegung von Schlachtkörpern stehen Handkreissägen und Bandsägen zur Verfügung [1]. Schweinehälften und Rindervorderviertel werden mittels Bandsägen bearbeitet. Bei Schweinen wird vorher meist manuell der Kopf abgetrennt, der Bauch bis zur 1. Rippe heruntergeschnitten und das Filet entfernt. Bei Rindervordervierteln wird vor dem Einsatz der Bandsäge der Bug im hängendem Zustand manuell mittels Messers oder mit Hilfe des sogenannten Schlumberger Spaten (Patent BRD, Frankreich, Tab. 10.4-1) abgetrennt. Hierbei wird durch vertikale Bewegung eines schaufelförmigen Messers (Spaten) das Schulterstück vom arretierten Vorderviertel "abgestochen".
Für die Grobzerlegung wurden Mechanisierungsmittel entwickelt, die mit Hilfe von Zugvorrichtungen, z.B. Keulenzuggerät und Zugwerkzeug, eine Arbeitserleichterung zum Ziel haben. Weitere Entwicklungen gehen in Richtung der Schaffung von selbsttätigen Vorrichtungen (Roboter). Es handelt sich z.Z. überwiegend um Erprobungsmuster, bei denen für die Bestimmung der Schnittstellen z.B. eine farbliche Markierung durch eine Fachkraft und die Erfassung mit einer Farbvideokamera erfolgt (US-Patent 3916484). Die Daten werden gespeichert und dienen zur Steuerung der Schneidevorrichtungen. Die einzelnen Trennoperationen werden an verschiedenen Arbeitsplätzen nacheinander durchgeführt. Die abgetrennten Teilstücke fallen auf ein Förderband und gelangen zur Feinzerlegung. In den Patenten DD-PS 129860 und 129861 wird eine sog. Gesamtstanzform konzipiert (Tab. 10.4-1). Darin wird ein Verfahren beschrieben, das es gestattet, mittels Trennelementeeinstellvorrichtung eine mechanische Grobzerlegung von Schweineschlachtkörpern im liegenden Zustand in einem Arbeitsgang vorzunehmen.

Tab. 10.4-1 Erfindungsbeschreibungen zur Grobzerlegung (nach [3])

Titel	Land/ Priorität	Nr.	Klasse/ Gruppe	Art	Erfinder/ Inhaber	Anmelde-datum
Vorrichtung zum Trennen von Schlachttierkörpern	DDR	129859	A 22 B 7/00	WP	HAACK, GROTHE, WOLF, Dr. SCHARNER u.a.	03.03.77
Vorrichtung zum Trennen von Schlachttierkörpern	DDR	129860	A 22 B 7/00	WP	dto.	03.03.77
Verfahren und Trennelementenstelleinrichtung für Vorrichtungen zur automatischen Schlachttierkörpergrobzerlegung	DDR	129861	A 22 B 7/00	WP	dto.	03.03.77
Verfahren und Apparatur zur automatischen Zerlegung von Tierkörpern	USA	3916484	A 22 C 17/00	PS	RAYMOND A. KENNEDY, Dowa USA	04.11.75
Verfahren und Anordnung zum Verarbeiten gehäuteter Rumpfhälften von Rindern oder anderen vierbeinigen Schlachttieren	BRD Frankreich	2421339	A 22 B 7/00	OS	CHIRON, G., La Gaubretiere, FRADIN, M., Saint Jean de Monts Frankreich	02.05.74
Vorrichtung zur Entfernung der Schulter von Schlachtvieh-Vordervierteln	BRD Frankreich	2235733	A 22 C 17/04	OS	N. SCHLUMBERGER & Cie., Guebwiller, Frankreich	23.07.71

In diesem Zusammenhang wurden an Schweine- und Rinderschlachtkörpern sowie Teilstücken morphometrische Untersuchungen durchgeführt. Die Korrelationen zwischen dem Schlachtkörper und den einzelnen Teilstücken wiesen jedoch nur niedrige Werte auf, so daß aufgrund der großen Streubreiten die Zerlegung mit feststehenden Trennelementen nicht sinnvoll ist, wenn auf die Genauigkeit einer bestimmten Schnittführung Wert gelegt wird [4, 5, 6, 8]. Andere Lösungen enthalten die Bestimmung der äußeren Konturen mittels Video-Abtast- und Speichersystems. Danach erfolgt das Zerlegen von fixierten Schweineschlachtkörpern. Es existieren verschiedene Anlagen zum selbsttätigem Zerlegen von Geflügel,speziell von Broilern. Ein Zerlegesystem der Firma Stork (ACM-2000) bietet Trennoperationen für das Zerlegen im hängenden Zustand an. Die Kapazität der Anlage liegt bei 2400 Broilern je Stunde. Mit Hilfe von Filetiermaschinen läßt sich die Brust (als Filet bezeichnet) abtrennen.

Tab. 10.4-2 Vergleich neuartiger Wirkprinzipien für Trennprozesse nach [9]

	CO2-Laser Eximer-Laser	Urtraschall plus Arbeitselement	Flüssigkeitsstrahl
Wirkung	thermisch/ mechanisch	mechanisch	kinetische Energie
Physikalischer Grundeffekt	Photonen-emission	elektrisch erzeugte Schwingungen werden in mechanische umgewandelt	kinetische, Energie von Flüssigkeitsteilchen
Trennflächen-belastung	thermisch-hoch/ thermisch-niedrig	mechanisch-thermisch	druck-niedrig
Notwendige Zusätze	Trägergas	Ultraschallgenerator plus Arbeitselement	keine
Negative Einflüsse	Verbrennungsrück-stände je Trennspalt	keine	keine
Eindringtiefe	relativ gering	bis 10 cm	groß
Wirkung auf organische Materialien beim Trennen	schmale thermische Einflußzone	minimale thermische Einflußzone	keine thermische Einflußzone
Bestandteile:	Rubinstab, Wendelblitzlampe, Zündelektrode, Werkstück, optische Linse	Ultraschallgenerator, Schallwandler, Resonator, Arbeitssegment (Messer)	Flüssigkeit, Düse, Flüssigkeitsstrahl, Werkstück

Andere Trennmöglichkeiten, z.B. mittels Laserstrahlen, Flüssigkeitsstrahls, Hochfrequenzstroms und Ultraschlls einschließlich Arbeitselement, sind in der Erprobung (Tab. 10.4-2) bzw. in der Patentliteratur niedergelegt. Bei der Bearbeitung der Problematik geht es insbesondere um das Finden von Fixpunkten an der Wirbelsäule und die Wiedergabe von Konturen, an Hand derer die Schnittführung erfolgen kann. Ob und welche Lösungen aus der Grundlagen-

forschung Eingang in die Praxis finden werden, ist zur Zeit nicht abzusehen. Nach dem jetzigen Stand dürfte die Lasertechnik wenig Zukunftschancen haben, da es zumindest bei den CO_2-Lasern regelmäßig zu Randverkohlungen an den Schnittstellen kommt. Diese sollen sich jedoch bei Eximer-Lasern (Tab. 10.4-2) weitgehend vermeiden lassen. Eine große Zukunft für die Fleischindustrie könnten Roboter der 3. Generation (Roboter mit künstlicher Intelligenz) erlangen, die über eine automatisierte Informationsverarbeitung und die Möglichkeit verfügen, Prozesse bzw. Zustände zu modellieren.
Für das Entbeinen sind in der Patentliteratur zahlreiche Lösungen beschrieben, von denen bisher nur einige angewendet werden. Die Knochen werden z.B. mittels Preßluft herausgedrückt, herausgefräst oder -gezogen. Mit Hilfe solcher Vorrichtungen lassen sich insbesondere Röhrenknochen, Schulterblattknochen und Rippen aus dem Fleisch entfernen. Mit dem sogenannten Schinken-Auslöse-System werden folgende Einzeloperationen an Schweinekeulen mechanisch ausgeführt:

- Ausschneiden der Kniescheibe mit einem speziell angetriebenen Messer
- Herausziehen des Wadenbeines durch eine Trenn- und Greifvorrichtung
- Herausziehen des Oberschenkelknochens einschließlich Schienbein unter Einwirkung entsprechender Schneidsysteme.

Von der niederländischen Firma Protecon wird eine "automatische Ausbeinanlage" vorgestellt und im Prospektmaterial wie folgt beschrieben:
"Beim Abschieben des Fleisches vom Knochen werden die Bindegewebe und Sehnen von zwei Schneidvorrichtungen entfernt. Das Fleisch wird durch Schwerkraft aus der Maschine abgeführt, während die Knochen vom Förderband ausgetragen werden. Während dieser Tätigkeit wird die Anlage für den nächsten Ausbeinzyklus beschickt."
Für Geflügel wurden Schenkelentknochungsgeräte entwickelt. Diese Geräte haben Metallwalzen mit speziell geformten Vertiefungen. Mit einer Einpreßvorrichtung werden je zwei Schenkel eingelegt. Während sich die Walze dreht, drückt ein Stempel das Fleisch vom Knochen. Die auftretende Verformung des Fleisches ist nachteilig zu bewerten.
Weitere Aggregate in Zerlegeeinrichtungen sind u.a. Entschwartungsmaschinen sowie Vorrichtungen zum Positionieren und Spalten von Schweine- und Rinderköpfen.

10.4.3 Vorrichtungen zum Entfleischen und Entsehnen sowie qualitative Parameter

10.4.3.1 Entfleischen/Separieren

An den Knochen verbleibt nach dem Entbeinen Restfleisch. Dieses kann manuell oder mit Hilfe von Entfleischungsvorrichtungen (Separatoren) abgetrennt werden. Das Separieren kann durch die Injektion von Enzymen, z.B. Ficin, Papain, Bromelin, Kollagenase und Elastase, oder durch Kochen der Fleischknochen unterstützt werden. Der Einsatz von Enzymen hat sich aus verschiedenen Gründen nicht durchgesetzt. Die Hitzebehandlung von fleischtragenden Knochen schränkt die Verwendung des Fleisches ein, so daß die Bemühungen darauf abzielen, das Restfleisch im rohen Zustand zu gewinnen.

Da das manuelle Entfleischen auch unter Verwendung von Rundmessern (Whizard-Messer) wenig arbeitsproduktiv ist, wird dem mechanischen Entfleischen der Knochen aller Schlachttiere der Vorzug gegeben. Zur Vorzerkleinerung der fleischtragenden Knochen werden Knochenbrecher und zur Entfleischung Separatoren, die in einer oder in mehreren Arbeitsstufen arbeiten, genutzt. Man unterscheidet das Rotationsschneckenpreßverfahren und das Kolbenpreßverfahren. Dabei entsteht als Weichseparat die Fleischrohmasse und ein Hartseparat, das je nach Anlage ein grobes oder feinkörniges Knochenschrot darstellt. Am weitesten verbreitet sind Vorrichtungen, bei denen das Fleisch-Knochen-Gemisch gegen einen perforierten Mantel gedrückt wird. Bei den Separatoren wird der zum Separieren notwendige Druck durch einen Haupt- und Gegenzylinder gesichert. Der Gegenzylinder schließt den Separierraum auf der einen Seite ab, von der anderen Seite bewegt sich der Hauptzylinder nach innen. Durch den entstehenden Druck tritt die Fleischrohmasse durch den perforierten Mantel und wird so von den Knochenteilen getrennt.

Die zu entfleischenden Knochen werden in drei Komponenten, in grobes und feines Knochenschrot mit bindegewebigen Bestandteilen sowie in die Fleischrohmasse, getrennt. Von dem an den Knochen haftenden Fleisch können mit Hilfe der genannten Entfleischungsanlagen etwa 30-90 % gewonnen werden. Relativ hohe Ausbeuten werden bei Geflügelfleischknochen erzielt. Fleischrohmasse ist als Zusatz für Koch- und Brühwurstprodukte in einer Menge von 5 %, bezogen auf die Gesamtmasse, einsetzbar. Das feine Knochenschrot wird als Futter für Pelztiere verwendet. Das grobe Knochenschrot kann zu Soßengrundfond und Soßenkonzentraten weiterverarbeitet werden.
International bekannt sind besonders die Paoli-, Selo-Bibun-, Beehive- und Selo-Entfleischungsanlage MRS 40. Die Wirkprinzipe der Anlagen werden von LIEBERS und HAACK [7] beschrieben.

10.4.3.2 Trennen von bindegewebigen Bestandteilen

Durch den Einsatz von Mechanisierungsmitteln zur Nachentsehnung von Fleisch kann man dem durch Bindegewebe bedingten qualitätsmindernden Einfluß entgegenwirken.
International lassen sich drei Varianten für die technische Gestaltung des Entsehnungsprozesses erkennen [10]. Es werden eingesetzt bzw. empfohlen:

- Trennwölfe
- Band-Preß-Passier-Maschinen
- Schnecken-Preß-Passier-Maschinen.

Alle Trennverfahren sind mit einer weitgehenden Zerkleinerung des Fleisches verbunden. Der Trennvorgang beruht auf der unterschiedlichen Konsistenz zwischen Muskel- und Bindegewebe. Das zu bearbeitende Fleisch wird mittels definierten Druckes, der durch einen Extruder oder andere geeignete technische Einrichtungen erzeugt wird, durch Kanäle oder Matrizen gepreßt, die durch ihre Perforierung mit determinierten Abmessungen ein Verformen und damit ein Passieren des Muskelgewebes zulassen. Schwer verformbare Teile (Bindegewebe, Knochensplitter usw.) werden zurückgehalten und separat abgeführt.
Der Grad der Trennung von Muskel- und Bindegewebe ist abhängig von der Temperatur des Ausgangsmaterials, seinem Gehalt an Bindegewebe und Fett, der Art des Bindegewebes, dem

Grad der Vorzerkleinerung, dem anliegenden Preßdruck und der Größe der Perforationslöcher im Verhältnis zur Größe der Öffnungen zum separaten Abführen der Bindegewebsteile.

10.4.3.3 Zusammensetzung und Qualität des Separatorenfleisches

Die Zusammensetzung der mittels Separatoren gewonnenen Fleischrohmasse ist vom Rohmaterial und von der Ausbeute abhängig. Man kann ein oder zwei Fraktionen gewinnen, die sich in der Zusammensetzung unterscheiden. Um höhere Ausbeuten zu erzielen, wird der Druck in der Anlage verstärkt. Höhere Drücke bewirken eine Temperatursteigung um 5 - 10 K und mehr sowie ein stärkeres Auspressen von Fett des Knochenmarks. In die Fleischrohmasse gelangen Teile vom Periost und Knochenteilchen (Knochengrieß). Besonders die zweite Fraktion enthält durch den relativ hohen Preßdruck einen höheren Anteil an Knochengrieß. Sensorisch wahrnehmbare Knochenpartikel und Fremdgeschmack können die Qualität des Gutes beeinträchtigen. Nach CZAPO [11] sowie STADELMANN [12] enthält Separatorenfleisch von Rind und Schwein einen verhältnismäßig hohen Fettanteil, der beim Geflügel insbesondere von der Fettmenge der Haut beeinflußt wird, daneben Eiweiß, Wasser und Asche. Die Werte für Calcium und Fluoride sind unterscheidlich hoch (Tab. 10.4-3 und 10.4-4). Das Wasser-Eiweiß-Verhältnis liegt entsprechend den Werten der Tabellen durchschnittlich bei 3 : 5. In der letzten Spalte von Tabelle 10.4-4 sind auch die USDA-Vorschriften (Lebensmittelgesetz in den USA ¤ Food and Drug Act) für die Maximalgehalte bestimmter Inhaltsstoffe genannt. Als weitere chemische Kennwerte werden von CZAPO [11] aufgeführt: Peroxidzahl 3,6 – 14,7, Gesamtpigmentgehalt 2,8 – 4,8 mg Myoglobin/g und 0,2 % Kreatingehalt.

Tab. 10.4-3 Chemische Zusammensetzung von Separatorenfleisch [11]

Knochen	Wasser (%)	Fett (%)	Eiweiß (%)	Wasser/ Eiweiß	Asche (%)	Calcium (%)
Schwein						
Schinken	45,19	39,02	10,21	4,43	4,07	1,39
Schulterblatt	44,41	42,37	9,06	4,90	3,68	1,22
Schulterstück	56,85	26,04	13,50	4,21	2,71	0,73
Rippenstück	53,85	29,53	14,01	3,84	1,77	0,41
Kalb						
Schulterblatt	73,73	7,56	12,85	5,74	5,36	1,76
Rippen	73,36	6,79	17,57	4,17	2,59	0,71
Kamm	75,79	5,81	15,98	4,74	2,21	0,54
Rind						
Rippe	50,33	31,87	12,98	3,88	4,57	1,55
Schwanzstück	58,06	41,89	10,05	5,78	4,35	1,55
Lende	50,97	33,38	11,62	4,38	4,35	1,50
Hals	35,13	13,76	17,18	2,04	3,43	1,06

Der durchschnittliche pH-Wert liegt im Schweinefleisch bei 6,5 und im Rinderseparatorenfleisch bei 6,7. Das Wasserbinde- und Fettemulgiervermögen wird durch das Separieren nicht beeinträchtigt, so daß hierfür die Beschaffenheit des Ausgangsmaterials ausschlaggebend ist. Die Keimzahlen ähneln denen des Hackfleisches. Im Separatorenfleisch von Geflügel ist mit dem Vorkommen von Salmonellen zu rechnen.

Tab. 10.4-4 Chemische Zusammensetzung von Geflügelseparatorenfleisch [11]

Bezeichnung	Mittelwert	Streuung	Minimum	Maximum	Probenzahl	USDA-Vorschrift
Wasser	66,04	4,09	55,51	72,87	65	-
Fett	18,78	4,93	10,00	33,68	65	max. 30
Eiweiß	13,98	1,46	10,34	19,34	65	min. 14
Bindegewebe	1,96	0,49	1,16	3,41	46	-
Bindegewebe des Gesamteiweißes in %	14,18	3,54	8,50	24,34	46	- -
Asche	0,73	1,13	0,56	1,19	22	-
Calcium	0,047	0,016	0,020	0,087	22	max. 0,75 mm
Knochensplitter	0,099	0,096	in Spuren	0,314	22	max. 1mm
Abmessung	0,7-1,0 mm		-	2 mm	22	max. 2 % über 0,85 mm
Wasser/Eiweiß	4,65	0,53	3,01	5,74	65	-

Haltbarkeit und Verwendung von Separatorenfleisch

Als Grundsatz hat zu gelten, daß nur frische Fleischknochen separiert werden. Aufgrund des hohen Anfangskeimgehalts und der günstigen Bedingungen für die Vermehrung von Mikroorganismen ist zur Verhinderung des Verderbs zu fordern, daß das Separatorenfleisch am Tage seiner Gewinnung zu verarbeiten ist. ZWINGMANN [13] empfiehlt sofortiges Ansalzen des Fleischrohmasse. LIENHOP [14] fordert, daß Separatorenfleisch bei -2 °C höchstens bis zu 96 h zwischengelagert wird und eine Lagerung bei -18 °C nur bis zu 30 Tagen erfolgt. Eine nur kurze Lagerung – selbst bei Gefriertemperaturen – ist anzuraten, da relativ schnell geschmackliche Veränderungen infolge Oxidation des Fettes auftreten. Die Lipidoxidation wird durch den höheren Anteil ungesättigter Fettsäuren, die insbesondere dem Fett des Knochenmarks entstammen, und die große Fleischoberfläche des zerkleinerten Materials begünstigt.

Separatorenfleisch kann bestimmten Brüh- und Kochwürsten sowie hackfleischähnlichen Produkten, wie Buletten, Hamburgern und Klößchen zugesetzt werden. Wegen der Quantität und Qualität der Mikroorganismen kommt die Verwendung von Separatorenfleisch zu rohen Erzeugnissen nicht in Betracht. Es sollte insbesondere wegen des erhöhten Fluoridgehalts für Kinder- und Säuglingsnahrung (Fleckigwerden der Zähne) nicht verwendet werden.

10.4.4 Grob- und Feinzerlegung

10.4.4.1 Erkennungsmerkmale von männlichen und weiblichen Rinder- und Schweineschlachtkörpern

Eine Unterscheidung von männlichen und weiblichen Rinderschlachtkörpern ist relativ leicht möglich. Für Bullen ist der gedrungene Körperbau mit starkem Kamm und kräftiger Schulter, das schwach entwickelte Fett, das relativ dunkle Fleisch, der offene Leistenkanal, die starke Winkelung des Beckenbodens und das deutliche Hervortreten des Tuberculum pubicum (Schambeinkeule) des Schambeins sowie die dreieckige oder rhombische Form des M. gracilis kennzeichnend [15]. Bei Kühen hingegen ist die Muskulatur schwächer entwickelt und heller, der Beckenboden nur schwach gewinkelt, der Schloßknochen wenig vorspringend und der M. gracilis bohnenförmig.

Zur Unterscheidung männlicher und weiblicher Schweine finden sich bezüglich der Form des M. gracilis die gleichen Unterschiede wie beim Rind. Für Eber ist der Schild charakteristisch sowie die durch Entfernung von Nabelbeutel und Penis entstehenden Ausbuchtungen der Schnittlinien bzw. die Hautlücke nach der Entfernung der Hoden. Börge haben zwar weiblichen Habitus, sind aber sonst den Ebern ähnlich. Bei weiblichen Schweinen verläuft die Schnittlinie in der Mitte des Bauches gerade, bei älteren Sauen ist das Gesäuge gut entwickelt.

10.4.4.2 Zerlegen von Rindern

Zur Zeit (1994) liegen keine EU-Richtlinien vor, weshalb der nachfolgenden Darstellung die DLG-Schnittführungen bei Rind, Kalb, Schaf und Schwein zugrundegelegt werden. Beim Rinderschlachtkörper beginnt die Teilung der Hälften in Viertel durch den Trennschnitt zwischen der Fehl- und Hochrippe, der 8. und 9. Rippe (Abb. 10.4-1). Die hierbei sichtbaren Mus-

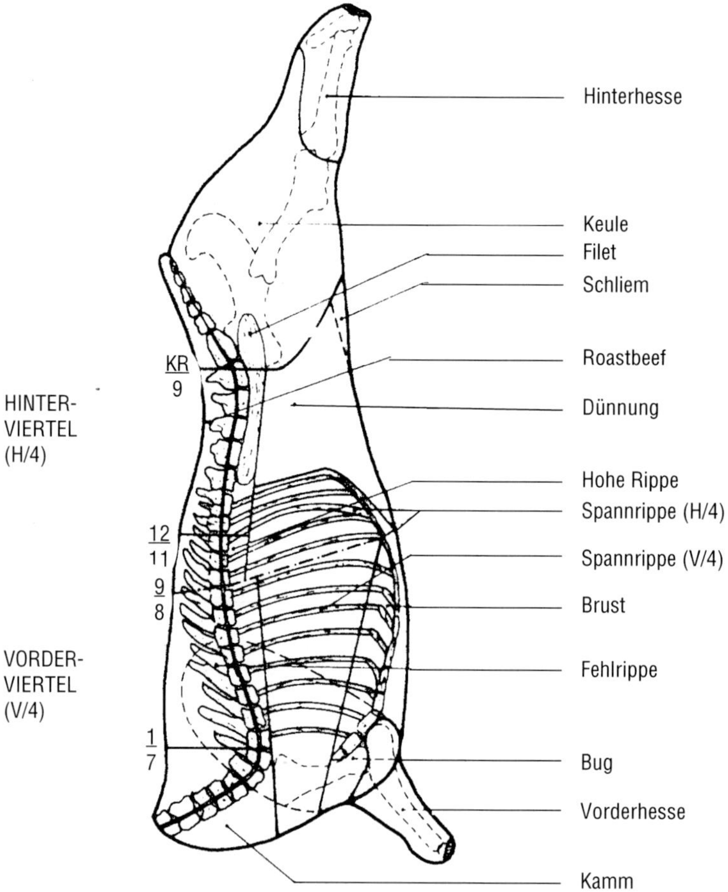

Abb. 10.4-1 Zerlegung eines Rinderschlachtkörpers

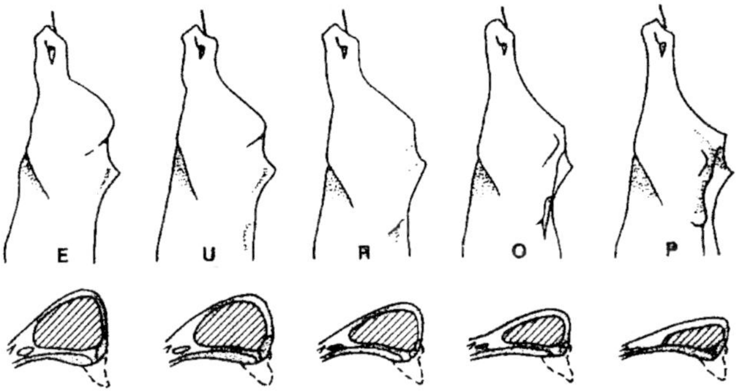

Abb. 10.4-2 Profile der Keule und Schnitt durch den Rückenmuskel (untere Reihe) (AID Nr. 128, nach [2])

Tab. 10.4-5 Zerlegen des Rindes

Teilstück	Lokale Bezeichnung
Kamm (1.-7. HW)	Hals, Nacken
Fehlrippe (1.-8. Rippe)	abgedeckte Rippe, Kammstück
Hochrippe, Hohe Rippe (9.-11. Rippe)	Schorrippe, Vorderrippe
Roastbeef (12. BW - 6. LW)	Lende, Rostbraten, Contre-Filet (Fleischscheibe ohne Knochen wird als Rumpsteak oder Sirloin-Steak bezeichnet)
Rundes Roastbeef (M. longissimus dorsi)	Auge der Hochrippe, Rib-Eye, Hochrippen-Medaillon, Rib-Eye-Steak
Filet	Lende, Schlachtbraten, Lungenbraten (dickeres Ende des Filets heißt Filetkopf, dünnes auslaufendes Ende Filetspitze)
Fleischdünnung	dicker Lappen, dicker Bauchlappen, Bauchfleisch
Knochendünnung	dünner Lappen, dünne Weiche
Spannrippe, Querrippe	Flachrippe, Überzwerch, Zwerchrippe
Brust	Brustkern
Vorderbrust	Brustspitze, Spitzbrust, Brustbein
Mittelbrust	Dicke Brust, Brustkern
Nachbrust	Henkel, Dünne Brust
Bug	Blatt, Schulter
Falsches Filet	Schulterfilet, Buglende, falsche Lende, rundes Blatt, runde Schulter, Bugschlachtbraten
Schaufelstück	Schaufelbraten, mittleres Blatt, Mittelbug
Dickes Bugstück	dicker Bug, dicke Schulter
Schaufeldecke	Blattdeckel, Bugdeckel
Vorderhesse	Vorderbein, Wade, Beinfleisch, Wadenstück mit Bein, vorderer Wadschenkel
Keule	Knöpfel, Trümel
Oberschale	Oberschlag, Eckle, Kluft, Kluftschale
Kugel oder Nuß	Vorschlag, Sternrose
Blume oder Hüftstück	dicke Lende, Rose, Rosenspitz
Schwanzstück	Schweifstück, Pökelstück, Semer, Oberschenkel
Tafelspitz	Hüftdeckel, Schliem
Hinterhesse	Hinterbein, Waden, Beinfleisch, Wadenstück, hinterer Wadschenkel

keln sind insbesondere der lange Rückenmuskel M. longissimus dorsi, der an der Hochrippe als "Auge" bezeichnet wird, die Mm. multifidi, M. spinalis et semispinalis thoracis, M. trapezius und Mm. intercostales. Rib-Eye, Hochrippen-Medaillon oder Rib-Eye-Steak sind Scheiben des runden Roastbeefs. Die Muskelflächen bzw. der Muskelanteil und Fettanteil können je nach Rasse und Ausmästungsgrad unterscheidlich sein (Abb. 10.4-2).

Beim sogenannten Pistolenschnitt verbleibt die Dünnung (meist Fleisch- und Knochendünnung) am Vorderviertel. Der Rest des Hinterviertels, bestehend aus Keule, Roastbeef, Filet und Hochrippe (bei Trennung zwischen 8. und 9. Rippe), wird als Pistole bezeichnet. Weitere ortsübliche Trennschnitte können zwischen der 7. und 8. Tippe oder 9. und 10. Rippe, aber auch zwischen der 10. und 11. sowie 11. und 12. Rippe liegen. Die Benennungen für die einzelnen Teilstücke sind aus Tabelle 10.4-5 ersichtlich. Bezüglich der Anteile an Fleisch, Fett und Knochen wird auf Tabelle 3.2-13 in Kapitel 3 verwiesen. In den Tabellen 10.4-6 und 10.4-7 wird die Feinzerlegung der Teilstücke Keule und Bug mit den dazugehörigen Muskeln nach FISCHER [17] wiedergegeben (s. auch Abb. 10.4-3).

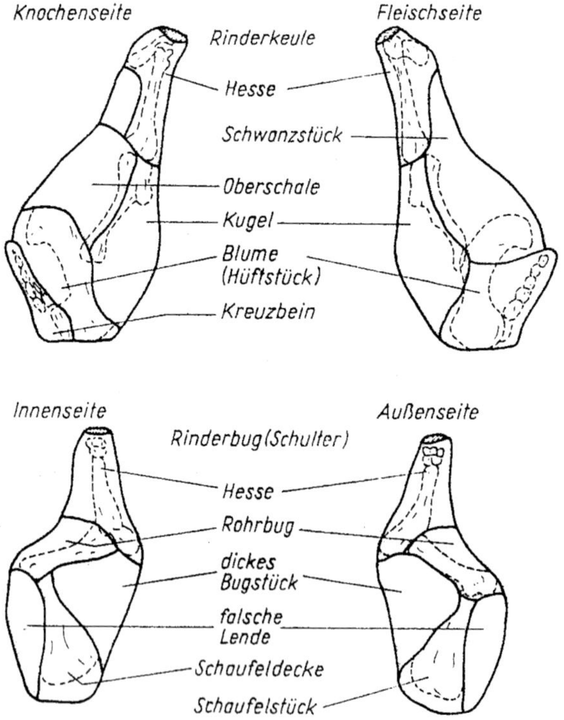

Abb. 10.4-3 Teile von Rinderkeule und -bug

Beim Abtrennen der Keule ist darauf zu achten, daß die Hessensehne am Schwanzstück verbleibt, da sie zum Aufhängen dieses Stücks dient. In der weiteren Aufteilung wird das Kreuzbein vom Hüftknochen getrennt und dieser kurz vor dem Schloßknochen eingesägt. Danach erfolgt nacheinander das Abtrennen der in Tabelle 10.4-6 genannten Teile.

Tab. 10.4-6 Feinzerlegung der Rinderkeule (nach [17])

Teilstück	lokale Berechnungen	zugehörige Muskeln
Oberschale		M. gracilis
	Oberschlag	M. semimembranosus
	Kluft	M. adductor
		M. pectineus
		M. sartorius
Oberschalendeckel		M. gracilis
		M. pectineus
Oberschalenstück		M. semimembranosus
Großes Kluftstück		M. adductor
Kleines Kluftstück		M. pectineus
		M. gracilis
Kugel		M. rectus femoris
	Nuß	M. vastus lateralis
	Knopfstück	M. vastus intermedius
	Vorschlag	M. vastus medialis
	Sternrose	M. tensor fasciae latae
		M. sartorius
		M. glutaeobiceps
		M. quadriceps
Runde Kugel		M. rectus femoris
	Runde Nuß	
Flache Kugel		M. vastus lateralis
	Flache Nuß	
Kugeldecke		M. vastus intermedius
	Schale der Nuß	M. vastus medialis
		M. glutaeobiceps
Blume/Hüfte		M. glutaeus medius
	Mürbe Schoß	M. glutaeus accessorius
	Rose	M. glutaeus profundus
		M. glutaeobiceps
		M. semitendinosus
Schmales		M. semitendinosus
Hüftstück		
Breites Hüftstück		M. glutaeobiceps
Hüftzapfen		M. glutacus medius
Hüftdeckel		
Schwanzstück		
	Schweifstück	
Tapfelspitz		M. glutaeobiceps
	Huftdeckel	
Mittelschwanzstück		M. glutaeobiceps
	Äußeres Scherzl	

Vom Vorderviertel wird zunächst der Bug abgetrennt. Dieser wird im Liegen weiter zerlegt in die in Tabelle 10.4-7 genannten Teile (s. auch Abb. 10.4-3):

Tab. 10.4-7 Feinzerlegung des Rinderbugs (nach [17])

Teilstück	Lokale Bezeichnungen	Zugehörige Muskeln
Falsches Filet		M. supraspinatus
	Schulterfilet	
	Buglende	
	Runde Schulter	
	Rundes Blatt	
Schaufelstück		M. infraspinatus
	Schaufelbraten	M. biceps brachii, caput longum
	Mittelbug	
	Mittleres Blatt	
Dickes Bugstück		M. triceps brachii, caput longum
	Dicke Schulter	M. Tensor fasciae antebrachii
	Dickes Blatt	M. latissimus dorsi
		M. teres major
Ellenbogenstück		M. triceps brachii, caput mediale und
	Hessenbraten	caput longum
	Eckbugstück	M. brachialis
Bugstück		M. biceps brachii
	Bugrolle	
Schaufeldeckel		M. subscapularis
	Bugdeckel	M. teres major
	Blattdeckel	M. biceps brachii
		M. brachialis
Vorderhesse		M. extensor carpi radialis
	Vorderer	M. abductor pollicis longus
	Wadschenkel	M. extensor digitalis communis
		M. extensor digitalis lateralis
		M. extensor carpi ulnaris
		M. flexor digitalis superficialis
		M. flexor digitalis profundus
		M. pectoralis profundus

Am Filet unterscheidet man den Filetkopf (beckenseitiger, stumpfer Teil) und die Filetspitze (brustseitiger, spitzer Teil).

Wie man Rinderschlachtkörper in Frankreich und in der Schweiz zerlegt, ist aus den Abb. 10.4-4 und 10.4-5 zu ersehen.

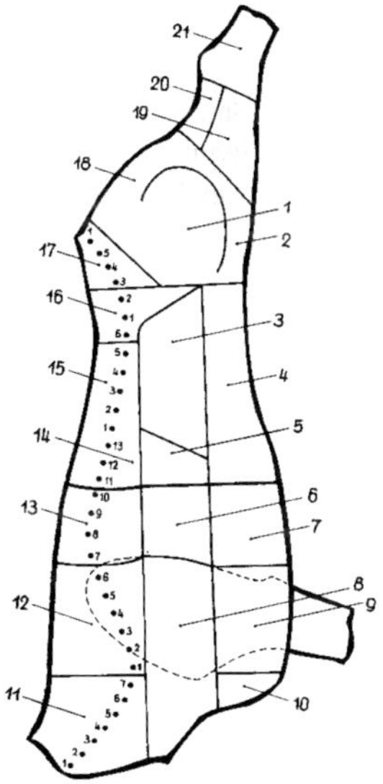

1 Tranche
2 Tranche grasse
3 Beefsteak
4 Flanchet
5 Bavettes
6 Plat de cote vouvert
7 Tendron
8 Plat de cote découvert
9 Poitrine
10 Gros bout
11 Surlonge
12 Basses cotes
13 Entrevotes
14 Filet
15 Faux filet
16 Rumsteak
17 Culotte
18 Gite-noix
19 Cite-Gite
20 Gite-noix nerveux
21 Crosse

Abb. 10.4-4 Zerlegen eines Rindes in Frankreich (nach [16])

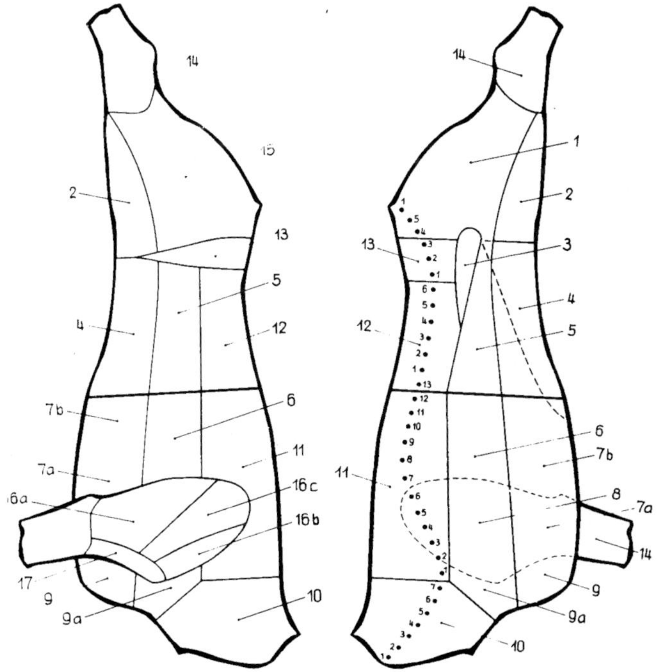

Abb. 10.4-5 Zerlegen eines Rindes in der Schweiz (nach [16])

1 Eckstück
2 Vorschlag
3 Filet
4 Dünner Lempen
5 Dicker Lempen
6 Federstück II
7 Brustkern und Nachbrust
8 Federstück II
9 Brustspitz und Stich
10 Hals
11 Hochrücken, abgedeckter Rücken
12 Roastbeef
13 Huft
14 Schenkel
15 Unterspälte
16 Dicke Schulter, Filet und Spitz
17 Bug, Deckel, Schenkel

10.4.4.3 Zerlegen von Kälbern und Schafen

Die Aufteilung der Kälber lehnt sich eng an die von Rinderschlachtkörpern an. Sie gestaltet sich durch den Wegfall der Viertelung und die nicht so weitgehende Feinzerlegung des kleineren Schlachtkörpers einfacher. Die Abbildungen 10.4-6 und 10.4-7 sowie Tabelle 10.4-8 geben die Schnittführungen und Bezeichnungen der Teilstücke wieder. Nacheinander werden abgetrennt: das Kotelett caudal zwischen dem 5./6. Lendenwirbel bzw. 6. Lendenwirbel/1. Kreuzbeinwirbel und cranial zwischen dem 4. und 5. Brustwirbel. Der Kamm erstreckt sich vom 1. Brustwirbel bis zum 4./5. Brustwirbel und der Hals vom Hinterhauptbein bis zum 7. Halswirbel. Die Brust wird ausgelöst, oder man entfernt nur die Rippen. Die übrigen Teile wie Schulter und Keule werden analog zum Rind abgretrennt. Die Keule wird entbeint, indem man die Schloß- und

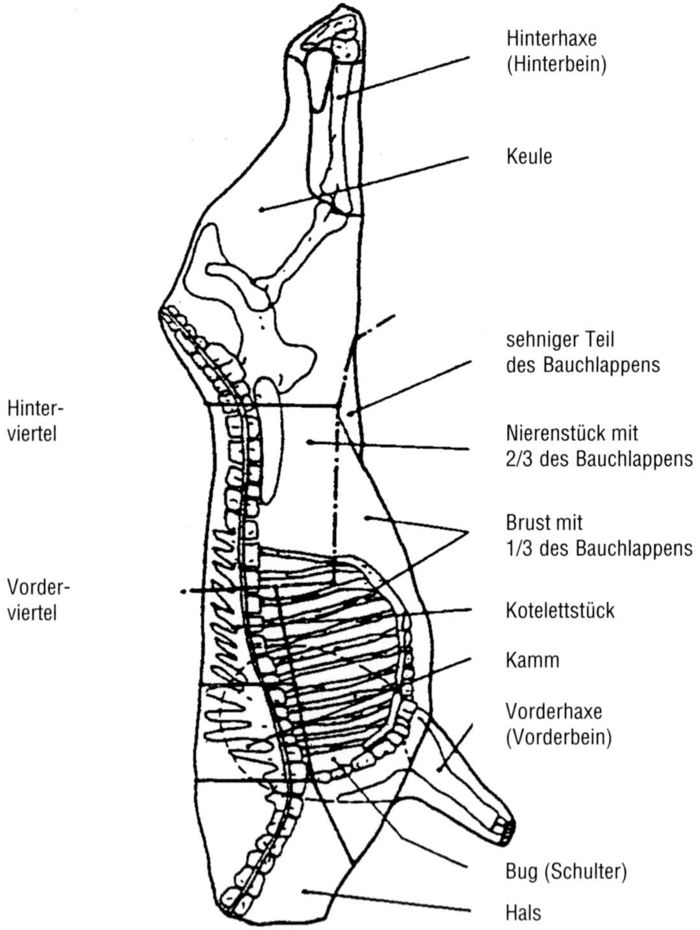

Abb. 10.4-6 Zerlegen einer Kälberhälfte

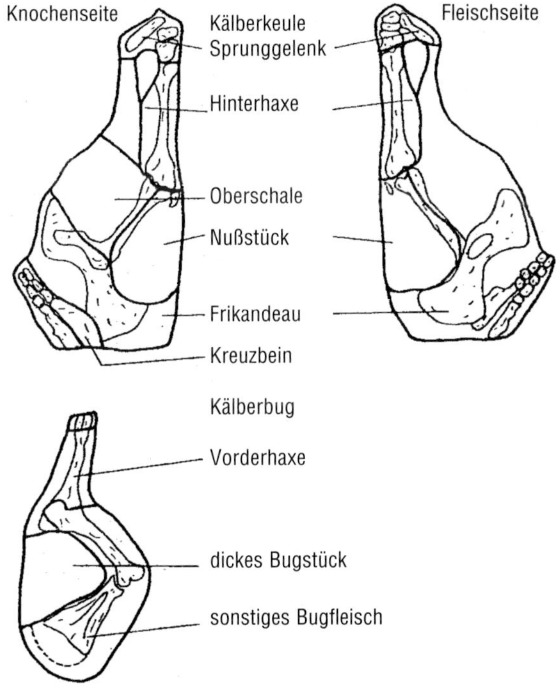

Abb. 10.4-7 Teile von Kälberkeule und -bug

Tab. 10.4-8 Zerlegen des Kalbes

Teilstück	Lokale Bezeichnungen
Hals oder Kamm	Halsgrat, Nacken, Spitzkamm
Kotelett, Rücken	Kotelettengrad
Kotelettstück	Karree
Nierenstück	Nierenbraten
Filet, Lende	wird meist nicht herausgetrennt, sondern verbleibt am Nierenbraten, Lungenbraten
Brust	
Dünnung	Bauch, Lappen
Bug	Blatt, Schulter, Schultergrat
Dicker Bug	Dicke Schulter
Schulterblatt	Mittelbug
Falsches Filet	Rundes Bugstück, Falsche Lende
Vorderhaxe	Vorderbein
Keule	Schlegel
Oberschale	Schnitzelschale, Schale
Nußstück	Nuß, Kugel
Frikandeau	Unterschale, Schwanzstück
Hüfte (wird nicht generell gewonnen)	Hüfte, Schloßstück
Hinterhaxe	Hinterbein

Hüftknochen herauslöst. Im Gegensatz zum Rind verbleibt hierbei die Knochenhaut am Fleisch. Danach wird die Hinterhesse separiert, so daß die Sehne an der Unterschale zum Aufhängen der knochenfreien Keule dienen kann. Es folgt das Auslösen des Mittelröhrenknochens. Danach können Oberschale, Mußstück (Kugel) und Hüfte (Blume) von der Unterschale (Frikandeau) abgetrennt werden. Wenn man große Schnitzelstücke haben möchte, werden Ober- und Unterschale nicht getrennt.
Das Zerlegen von Schaf unterscheidet sich nicht wesentlich von dem des Kalbes (Abb. 10.4-8). Nach der DLG-Schnittführung werden die Teilstücke wie folgt abgetrennt: das Filet in Höhe des Schloßknochens vom Darmbein; die Keule mit Hinterhaxe cranial zwischen 5./6. Lendenwirbel; der Bug mit Vorderhaxe dorsal zwischen Schulterblatt und Knorpel; Rundschnitt im Vlies; der Hals cranial zwischen dem Hinterhauptbein und 1. Halswirbel und caudal zwischen 7. Halswirbel und 1. Brustwirbel; der Kamm cranial zwischen dem 7. Halswirbel und 1. Brustwirbel und caudal zwischen dem 5./6. Brustwirbel; das Kotelett cranial zwischen dem 5./6. Brustwirbel und caudal zwischen dem 13. Brusttwirbel und 1. Lendenwirbel (Tab. 10.4-9). Der Trennschnitt für die Dünnung erfolgt cranial zwischen der 5./6. Rippe bzw. deren Knorpel und caudal im Rundschnitt in der Fleischnaht zwischen Keule und Dünnung, dorsal wird der Schnitt von der

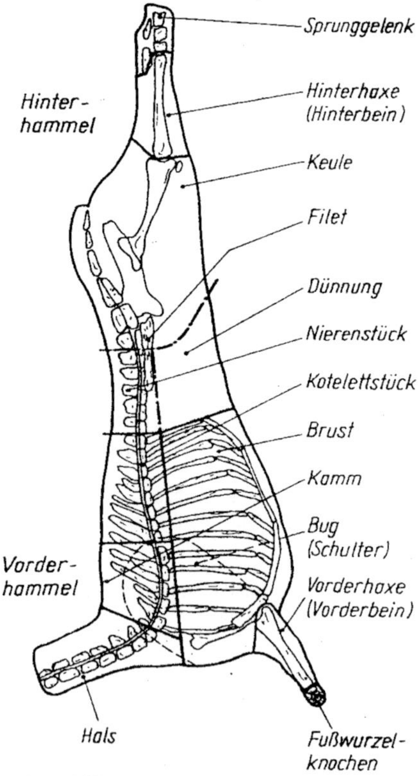

Abb. 10.4-8 Zerlegen einer Schafhälfte

Tab. 10.4-9 Zerlegen des Schafes

Teilstück	Lokale Bezeichnungen
Hals (1.-7. HW)	
Kamm 1.-5. Rippe)	
Rücken	Karree
Kotelett (6.-13. Rippe)	Rippenstück
Lammkotelett	Lamb chops
Lende (1.-5. LW)	Rücken, Nierenstück
Filet	Lungenbraten
Bug, Schulter	Blatt
Brust	
Dünnung	Lappen
Keule	Schlegel
Oberschale	Backstück
Unterschlegel	Unterer Schlegel
Nuß	
Hüft	
Haxe, Hachse	

vorderen Kante des Darmbeins parallel zur Rückenoberfläche geführt. Der Brustschnitt geht caudal zwischen der 5./6. Rippe bzw. dem Rippenknorpel und dorsal entsprechend dem ventralen Schnitt beim Kamm.

Die Schlachtkörper von Mastlämmern weisen durchschnittlich folgende Teilstückanteile auf: Keule mit Hinterhaxe 31,0 %, Lende 6,5 %, Kotelett 7,5 %, Filet 2 %, Kamm 5,9 %, Hals 6,3 %, Brust 5,5 %, Dünnung 13,8 %, Bug mit Vorderhaxe 17,2 %, Talg, Nieren und Schwanz 3,8 %. Den Zerlegeverlust kann man mit etwa 0,5 % ansetzen.

10.4.4.4 Zerlegen von Schweinen

Zunächst werden der Kopf zwischen Hinterhauptbein und 1. Halswirbel, das Flomen und das vordere Eisbein abgetrennt. Anschließend werden Schulter, Wamme und Bauch abgeschnitten. Der Schinken wird abgesetzt, indem das Fettgewebe entlang der runden Nuß durchgeschnitten und dann die Lendenwirbelsäule zwischen dem 5. und 6. Wirbel, üblicherweise aber zwischen dem letzten Lenden- und ersten Kreuzbeinwirbel, durchgetrennt wird. Der Bug wird durch Anlegen eines Schnittes, der etwa eine Handbreit oberhalb des Brustbeins beginnt und im Fettgewebe zwischen dem Schaufeldeckel und dem äußeren Brustmuskel (M. pectoralis superficialis) bis zum Schulterblattknorpel geht, abgelöst; die vordere Begrenzung bildet das Falsche Filet (M. supraspinalis), die hintere die Dicke Schulter (M. triceps brachii, caput longum) in der Höhe des 4. bis 5. Brustwirbels [17]. Bei der weiteren Feinzerlegung wird der Kamm cranial im Bereich der 3. bis 5. Rippe vom Kotelett abgetrennt. Entsprechend der DLG-Schnittführung hat die Trennung zwischen dem 4./5. Brustwirbel zu erfolgen. Die weiteren Trennschnitte und Bezeichnungen sowie Anteile der Teilstücke sind aus den Abbildungen 10.4-9 und 10.4-10 sowie den Tabellen 10.4-10 und 10.4-11 zu ersehen.

Vor dem Auslösen der Knochen aus dem Schinken wird das hintere Eisbein abgesetzt. Als Handelsfleisch sind Schweine mit einem möglichst hohen Anteil an magerem und wertvollem Fleisch geringer Rückenspeckdicke erwünscht. Der M. longissimus dorsi, gemessen an der gekühlten Schweinehälfte, hinter der 13. Rippe, soll durchschnittlich eine Kotelettfläche von 40 – 50 cm^2 aufweisen. (Bei Maßangaben ist stets die Schnittstelle anzugeben). Zur Gewinnung von Fleischteilen des Schweines siehe auch [18].

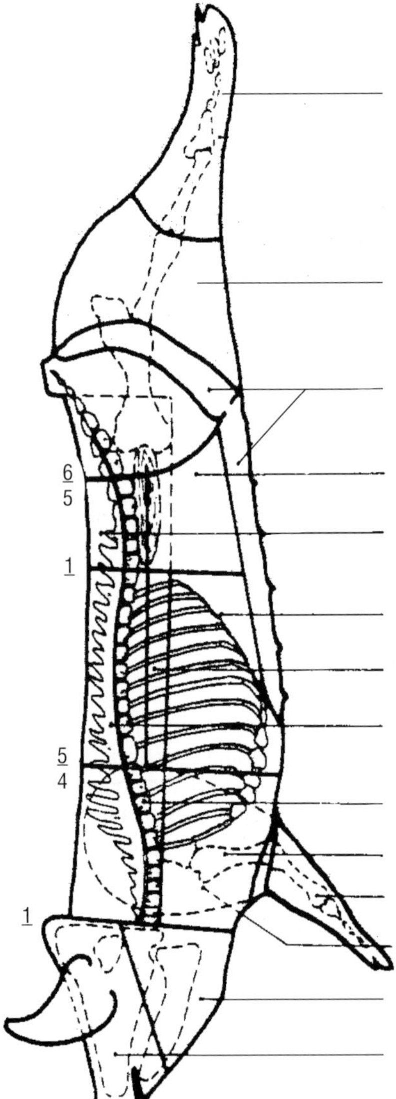

Abb. 10.4-9 Zerlegung eines Schweineschlachtkörpers

Tab. 10.4-10 Zerlegen des Schweines

Teilstück	Lokale Bezeichnungen
Kopf	
Kamm	Hals
Kotelett, Kotelettstück	Karree, Karbonade, Rücken
Lendenkotelett	Kotelettgrad, Nierenstück, Kotelettstrang
Filet	Lende, Lummel
Rückenspeck	
Bauch, Wamme	Bauchlappen, Griff
Bug	Blatt, Schulter, Vorderschinken
Dickes Stück	Dicke Schulter
Schulterstück	
Eisbein	Hachse, Haxe, Dickbein
Spitzbein	Pfote, Fuß
Schinken, Keule	Schlegel, Hinterschinken
besteht aus:	
Oberschale	Schnitzelstück
Unterschale	Schinkenstück
Nuß	Kugel
Hüftstück	Schinkenspeck
Eisbein	Hachse (Haxe), Dickbein, Schinkeneisbein
Kniebein	
Spitzbein	Pfote, Fuß
Flomen, Liesen	Schmer, Lünte, Bauchfett

Tab. 10.4-11 Teilstückanteile in Prozent des Schlachtkörpers Schwein (DLG-Arbeitsunterlagen) [25]

Teilstück	Handelsklassen			
	E	U	R	O
Spitzbein hinten	1,5	1,4	1,4	1,5
Eisbein hinten	2,7	2,7	2,7	2,6
Schinken	25,9	24,7	24,0	23,4
Kotelett	13,0	12,3	11,8	10,8
Filet	1,5	1,4	1,3	1,3
Kamm	7,2	7,0	6,7	6,3
Wamme	5,9	6,2	6,2	6,4
Bauch	9,2	9,4	9,4	9,5
Brustspitze	3,2	3,1	3,0	2,8
Bug	12,4	12,1	11,9	11,7
Eisbein vorn	1,9	1,8	1,8	1,7
Spitzbein vorn	0,9	0,8	0,8	0,9
Rückenspeck	3,9	5,2	6,3	7,5
Kammspeck	1,5	1,7	1,9	2,2
Kopf	4,6	4,6	4,6	4,6
Backe	2,6	2,7	2,8	2,9
Flomen	1,5	2,2	2,7	3,3
Nieren/Zerlegeverlust	0,6	0,7	0,7	0,6
Schlachthälfte	100,0	100,0	100,0	100,0

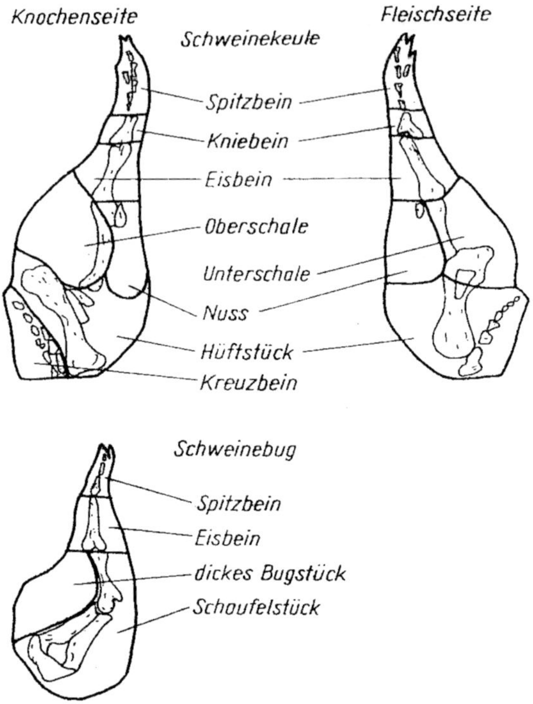

Abb. 10.4-10 Teile von Schweinekeule und -bug

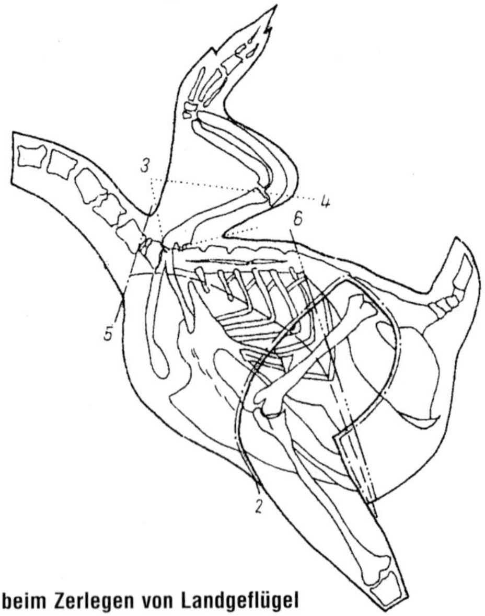

1 Brustschnitt
2 Keule
3/4 Flügelschnitt
5 Halsschnitt
6 Viertel

Abb. 10.4-11 Schnittführung beim Zerlegen von Landgeflügel

10.4.4.5 Zerlegen von Geflügel und Kaninchen

Das Zerlegen von Geflügel ist manuell und maschinell möglich. Es ist sehr mannigfaltig und richtet sich nach den Erfordernissen. Abbildung 10.4-11 zeigt mögliche Schnittführungen bei Landgeflügel. Es fallen die Teilstücke Keule, Brust, Rücken, Hals und Flügel an. Mit Hilfe der maschinellen Zerlegung lassen sich bei hoher Arbeitsproduktivität praktisch alle Teilstücke gewinnen (Abb. 10.4-12).

Fettablagerungen, insbesondere am Abdomen, lassen sich per Hand ablösen. Dies kann bereits bei Broilern erforderlich sein, wenn Abdominalfett übermäßig ausgebildet ist. Unmittelbar verbunden mit dem Zerlegen ist das Verpacken der Teilstücke. Die grobgewebliche Zusammensetzung und die Fleischanteile verschiedener Rassen sind aus Tabelle 3.2-19 ersichtlich. Besonders wertvoll sind Keule und Rücken, deren Fleischanteile mehr als 50 % des gesamten Schlachtkörpers ausmachen.

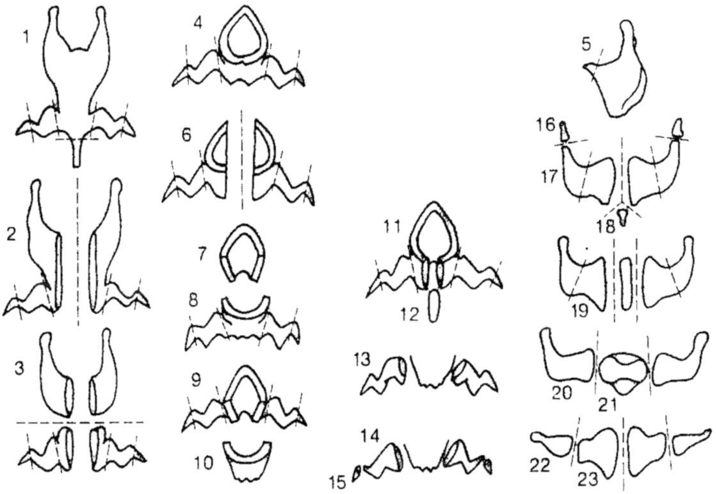

Abb. 10.4-12 Ergebnis der maschinellen Zerlegung [2]

1 Ganzer Broiler
2 Halber Broiler
3 Broiler in vier Teilen
4 Vorderhälfte
5 Hinterhälfte
6 Halbe Brust mit oder ohne Rückenstrang
7 Brustkappen mit kurzer oder mittellanger Rippe
8 Vorderer Rückenteil mit Flügeln (Pipistrello)
9 Brustkappe mit Flügeln
10 Vorderer Rückenteil ohne Flügel
11 Brust mit langer Rippe (ohne Rückenstrang)
12 Rückenstrang
13 Ganzer Flügel
14 Flügel ohne Spitze
15 Flügelspitze
16 Stümpfe („long leg"-Produkt)
17 Bein mit Rücken
18 Sterz
19 Bein mit Rückenteil (ohne Rückenstrang)
20 Anatomisches Bein
21 Hinterer Rückenteil
22 Unterschenkel
23 Oberschenkel mit Rücken

Bei der Aufteilung von Kaninchen entstehen folgende Teile: Keule, Rücken, Bauchlappen, Vorderfleisch mit Läufen oder Läufe separat und Kopf (Abb. 10.4-13). Die Schnittführung wird nacheinander, wie in Tabelle 10.4-12 dargestellt, vorgenommen. Über die Masseanteile der wertvollen Teilstücke Rücken und Keule gibt Tabelle 3.2-20 Auskunft.

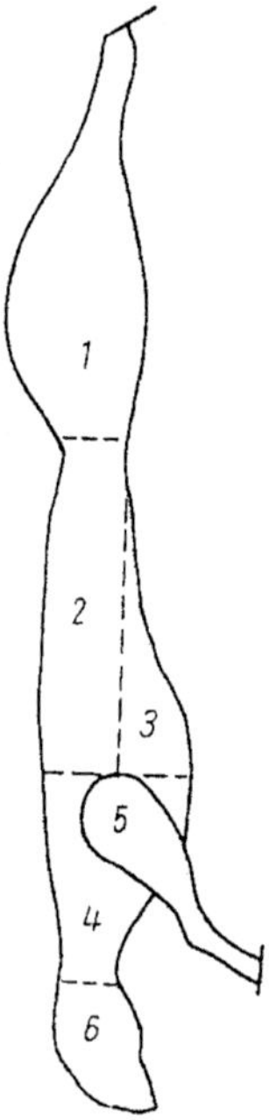

Abb. 10.4-13 Zerlegen von Kaninchen

1 Keule
2 Rücken
3 Bauchlappen
4 Vorderfleisch
5 Lauf
6 Kopf

Tab. 10.4-12 Schnittführungen zum Zerlegen von Kaninchen

Teilstück		Schnittführung
Keule	1	Teil der Dünnung an den linken und rechten Bauchlappen zugeschnitten; horizontaler, geradliniger Schnitt zwischen unterem Auslauf der Keulen und dem Rücken
Rücken	2	von der Keule wird der Rücken abgetrennt; horizontaler, geradliniger Schnitt zwischen Rücken und Vorderteil, am Auslauf der Schaufelknochen beider Läufe; Bauchlappen nach 3 abgetrennt
Bauchlappen	3	vertikaler, geradliniger Schnitt zwischen Rückenmuskel und Bauch; mit zugeschnittener Dünnung nach 1
Vorderteil	4	horizontaler, geradliniger Schnitt zwischen Rücken und Vorderteil, am Auslauf der Schaufelknochen beider Läufe; Läufe nach 5 und Kopf nach 6 abgetrennt
Lauf	5	vom Vorderteil bis zum äußeren Auslauf des Schaufelknochens abgetrennt
Kopf	6	vom Vorderteil zwischen Hinterhauptbein und Atlas abgetrennt

10.4.5 Zerlegen und Verarbeiten von Warmfleisch

In früheren Jahren war es aus Mangel an Kühleinrichtungen in den Kleinbetrieben und bei Hausschlachtungen üblich, den überwiegenden Teil des Schlachtfleisches in schlachtwarmem Zustand zu Wurstwaren und bestimmten Fleischwaren zu verarbeiten. Mit der fortschreitenden technischen Entwicklung trat eine Änderung der Struktur der Fleischwirtschaft in den Produktionsstufen Schlachtung, Zerlegung und Verarbeitung ein. Aufgrund der örtlichen Trennung oder der Schwierigkeit der unmittelbaren Herstellung von Endprodukten machte man mit zunehmender Entwicklung der Kühl- und Lagerwirtschaft bei Betonung der hygienischen Sicherheit von Lebensmitteln davon Gebrauch, das Fleisch grundsätzlich nach der Schlachtung einer Kühlung zu unterziehen. Wenn hierzu die örtlichen Bedinungen gegeben sind und organisatorische Lösungen im Betriebsablauf geschaffen werden können, ist es auch heute möglich, Erzeugnisse aus Warmfleisch, die sich insbesondere durch einen vorzüglichen Geruch und Geschmack auszeichnen, herzustellen.

Die Warmfleischzerlegung ist durch den Schneidwiderstand des Fleisches unmittelbar p.m. erschwert. Aus Abbildung 10.4-14 ist zu ersehen, daß der Schneidwiderstand nach dem Schlachten schnell ansteigt und sich nach etwa 20 h verdoppelt hat. Bei manueller Zerlegung unter Verwendung von Messern ergibt sich dadurch eine Arbeitsbelastung und eine erhöhte Verletzungsgefahr, worauf vielfach hingewiesen wird.

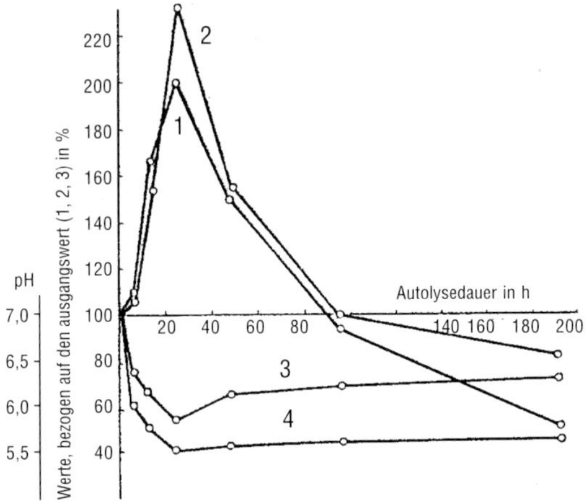

Abb. 10.4-14 Veränderung der Eigenschaften des Muskelgewebes während der Autolyse [19]

1 Schneidkraft
2 Schubspannung
3 Wasserbindevermögen
4 pH-Wert

Warmfleisch hat ein gutes Wasserbindevermögen (WBV) und eine relativ hohe Fettemulgierungskapazität.
Die Eigenschaften von Warmfleisch lassen sich durch verschiedene, meist auf Salzzugabe beruhende Methoden erhalten [20]. Das gängiste Verfahren ist das Vorsalzen von geschrotetem oder auf etwa 8 mm Korngröße zerkleinertem und danach sorgfältig gemengtem Warmfleisch. Die Masse ist kühl zu lagern und behält ein gutes WBV. Von dieser Möglichkeit wird in der Praxis zur Herstellung von Brühwurst häufig Gebrauch gemacht. Aus mikrobiologischen Gründen ist das Material innerhalb von drei Tagen zu verwenden. Die Wirkung des Kochsalzes auf die Muskeleiweiße hängt vom Zustand des Muskelfleisches ab. Wird nach dem Zerkleinern Kochsalz zugefügt, kommt es wahrscheinlich nicht zur Verknüpfung der Aktin- und Myosinfilamente, d.h. der Rigor mortis kommt nicht zustande. Das Nichtzustandekommen des Rigor mortis wird durch eine starke Abstoßung zwischen benachbarten Proteinmolekülen in Verbindung mit der kombinierten Wirkung von ATP bewirkt.
Aus Warmfleisch lassen sich in guter Qualität Brühwurst- und Kochwursterzeugnisse produzieren, ferner Luncheon meat, Hackfleischerzeugnisse, Bacon, Fleischkonserven sowie gepökelter und anschließend geräucherter bzw. gekochter Schinken.

10.4.6 Fleischsortierung entsprechend den Leitsätzen

Für die Einteilung des Fleisches in verschiedene Sorten ist neben dem Magerfleischanteil (Muskeleiweiß) der Gehalt an Binde- und Fettgewebe maßgebend. Nach den erkennbaren Gewebeanteilen erfolgt die Fleischsortierung. Sie ist eine wesentliche Voraussetzung für die Rezepturgestaltung zur Herstellung von Erzeugnissen. Den Fleischsorten liegen serienmäßige chemisch-analytische Untersuchungen zugrunde. Daraus läßt sich eine durchschnittliche chemische Zusammensetzung der einzelnen Fleischsorten ableiten, die eine weitgehende Gewähr dafür gibt, daß die Fertigerzeugnisse den Anforderungen entsprechen. Naturgemäß weicht die chemische Zusammensetzung der Einzelstücke voneinander ab. Auftretende Streuungen werden dadurch ausgeglichen, daß bei der Chargenzusammenstellung Fleischteile verschiedener Herkunft als Gemisch vorliegen. Neben der Sortierung nach Gewebeanteilen erfolgt die Rohstoffauswahl nach weiteren objektiven und subjektiven Kriterien, wie pH-Wert, Fleischfarbe, Alter der Tiere, Vorliegen von PSE- oder DFD-Fleisch. Die Fleischsortierung für Produktionsfleisch wird sich in Zukunft vereinfachen lassen, wenn leicht handhabbare Schnellbestimmungsmethoden zur Ermittlung der Hauptinhaltsstoffe des Fleisches zur Verfügung stehen werden. Vorerst ist es unumgänglich, daß der Fachmann eine sorgfältige Fleischsortierung vornimmt.
Eine wertvolle Hilfe für den Produzenten stellen die "Leitsätze für Fleisch und Fleischerzeugnisse des Deutschen Lebensmittelbuches und ihre praktische Anwendung" aus dem Jahre 1975, zuletzt ergänzt 1987 und 1992, dar. Sie sind zwar nicht rechtsverbindlich, sondern stellen den Charakter objektivierter Sachverständigengutachten dar, unterliegen der gerichtlichen Nachprüfung und ergänzen andere Rechtsnormen [21]. Unabhängig davon, ob sie im Rahmen des europäischen Marktes Bestand haben werden, soll hier der wesentliche Inhalt der Leitsätze im Hinblick auf die Verwendung verschiedener Fleischsorten auszugsweise dargestellt werden. Für die Beschreibung des Ausgangsmaterials für die einzelnen Erzeugnisse werden in den Leitsätzen Begriffe, die unter den angegebenen Textziffern (TZ) jeweils genauer bestimmt sind, wie folgt definiert:

1.11 Sehnen- und gewebsarmes Rindfleisch:
Skelettmuskulatur des Rindes, die von Natur aus nur sehr wenig Bindegewebe und Fettgewebe enthält (z.B. Oberschale) oder deren Gehalt an diesen Geweben durch Ausschneiden ("Entsehnen") entsprechend verringert worden ist (z.B. entsehntes Bugstück). – Entspricht R I.

1.112 Grob entsehntes Rindfleisch:
Rindfleisch mit Bindegewebe- und Fettgewebegehalten, wie sie bei Verarbeitung von nicht übermäßig muskelarmen Rinderhälften ohne Filet, Lende und Oberschale nach Entfernung der groben Sehnen und größeren Fettgewebeansammlungen zu erwarten sind. Fleisch mit höheren Bindegewebe- und Fettgewebegehalten wird entsprechend ausgeschnitten. – Entspricht nach HACK et al. [22] R II; der sichtbare Fettanteil sollte 5 % nicht überschreiten.

1.113 Sehnenreiches Rindfleisch:
Rindfleisch mit einem Bindegewebegehalt, der höher ist als bei grob entsehntem Rindfleisch, jedoch niedriger als bei ausschließlicher Verwendung von Beinfleisch, Fleisch, das von grob ausgelösten Knochen abgetrennt wird ("Knochenputz"), und Kopffleisch. Rindfleisch der Schnittstelle zwischen Kopf und Hals sowie der Stichstelle wird als sehnenreich gewertet und nur für Brüh- und Kochwürste verwendet. Maschinell von

grob ausgelösten Knochen abgetrenntes Fleisch (Hartseparatorenfleisch) und manuell von grob ausgelösten Knochen abgetrenntes Fleisch werden als sehnenreich gewertet und nicht für schnittfeste Rohwurst verwendet. – Nach HACK et al. [22] entspricht das Fleisch R III und R IV; im Falle von R III mit einem Fettanteil von etwa 15 %, z.B. Fleisch von Lappen und sehnenhaltige Abschnitte. Für R IV wird ein Material mit einem sichtbaren Fettanteil von etwa 20 % angegeben, es ist stark bindegewebseiweißhaltig. Als R V weisen die Autoren Bullen- und Kuhfleisch mit über 30 % sichtbarem Fettanteil, jedoch ohne Sehnen aus.

HACK et al. [22] geben für Kalbfleisch die folgenden Eingruppierungen an:

KA I: (enstpricht TZ 1.111)	Mageres und sehnenfreies Fleisch von Keule und Schulter ohne sichtbaren Fett- und Sehnenanteil.
KA II: (entspricht TZ 1.112)	Kalbfleischabschnitte mit einem sichtbaren Fettanteil von etwa 5 % und mit gering sichtbarem Sehnenanteil, ferner Teile vom Kalbsnacken und von der Brust sowie Abschnitte.
K III: (entspricht TZ 1.113)	Kalbfleischabschnitte mit einem sichtbaren Fettanteil von etwa 5 %, ferner Brust- und Lappenfleisch, Abschnitte

1.12 Bei Schweinefleisch werden unterschieden:

1.121 Fettgewebe- und sehnenarmes Schweinefleisch:
Skelettmuskultuar des Schweines, die von Natur aus nur wenig Fettgewebe und Sehnen enthält oder deren Gehalt an Fettgewebe und Sehnen durch Ausschneiden entsprechend verringert worden ist. – Nach HACK [22] entspricht das Material S I, z.B. vom Schinken, von der dicken Schulter oder vom Sauenrücken.

1.122 Grob entfettetes Schweinefleisch:
Schweinefleisch mit einem Fettgewebeanteil, wie er bei nicht übermäßig fetten Schweinehälften nach grober Entfernung von Backen-, Kamm-, Rücken- und Bauchspeck sowie Flomen zu erwarten ist. – Entspricht nach [22] S II, z.B. Fleischabschnitte mit einem sichtbaren Fettanteil von etwa 5 % sowie Mittelstücke von Eisbeinen, Schinken und Schulterabschnitten; ferner zählen die Autoren dazu S III, wie Eisbein, Stichfleisch, Wadenfleisch, Mittelbugstück, magerer Knochenputz und Zwerchfell.

1.123 Fettgewebereiches Schweinefleisch:
Schweinefleisch mit einem Fettgewebeanteil, wie er bei nicht übermäßig fettem Bauchspeck zu erwarten ist.
Schweinefleisch der Stichstelle wird als fettgewebereich gewertet und nur für Brüh- und Kochwürste verwendet. Maschinell von grob ausgelösten Knochen abgetrenntes Fleisch (Hartseparatorenfleisch) und manuell von grob ausgelösten Knochen abgetrenntes Fleisch werden als fettgewebereich gewertet und nicht für schnittfeste Rohwurst verwendet. – Entspricht nach den zitierten Autoren [22, 24] S IV und S V, wobei dem Material von S IV u.a. zugeordnet werden: Brustspitzenfleisch, Abschnitte von magerem Bauch oder mageres Bauch- und Wammenfleisch, Schulter- und Schinkenabschnitte bis zu einem sichtbaren Fettanteil von etwa 30 % ohne Sehnen und Schwartenzug. Als Beispiel für S V kommen in Betracht: kerniger Schweinebauch mit einem sichtbaren Fettanteil bis etwa 60 %.

Bei den Autoren finden sich weitergefächerte Aufteilungen fetthaltiger und schwartenhaltiger Materialien vom Schein. KOCH [24] führt auch eine Beschreibung für Lammfleisch der Sorte L I, L II und L III auf. Für die einzelnen Fleischsorten werden von HACK et al. [22], WAHL [23], KOCH [24] durchschnittliche Analysenwerte ausgewiesen, die darüber hinaus auch Angaben zu den Gehalten an Fleischeiweiß, Bindegewebseiweiß und bindegewebseiweißfreiem Fleischeiweiß enthalten.

1.13 Bei Geflügelfleisch werden unterscheiden:

1.131 Sehnen- und fettgewebearmes Geflügefleisch:
Skelettmuskulatur (Geflügelfleisch ohne Haut) von Geflügel, die von Natur aus nur wenig Bindegewebe oder Fettgewebe enthält (z.B. Brust) oder deren Gehalt an diesen Geweben entsprechend verringert worden ist.

1.132 Grob entsehntes Geflügelfleisch:
Geflügelfleisch mit Bindegewebegehalten, wie sie bei der Verarbeitung von ganzem Geflügel ohne Brust nach Entfernung von großen Sehnen und der Flügel zu erwarten sind. Bei Mitverwendung von Geflügelhaut ist das übrige Fleisch bindewebeärmer, und die Mindestanteile an bindegewebseiweißfreiem Fleischeiweiß (1.72; II Abs. 3) liegen dann in den Enderzeugnissen absolut um 1 % (z.B. 9 % statt 8 %), bezogen auf Fleischeiweiß um 5 % (z.B. 75 % statt 70 %) höher.

1.133 Sehnenreiches Geflügelfleisch:
Geflügelfleisch mit anhaftender Haut, dessen Bindegewebeanteile höher liegen als bei "grob entsehntem Fleisch".
Manuell oder maschinell von grob ausgelösten Knochen abgetrenntes Geflügelfleisch wird als sehnenreich gewertet und nur für Brüh- und Kochwürste verwendet.

Weitere Definitionen:

1.31 **Bindegewebe** ist Gewebe, dessen Eiweißanteil überwiegend aus Bindegewebseiweiß (Kollagen, Elastin) besteht; es umschließt straffes und lockeres Bindegewebe, ausgenommen Fettgewebe.

1.311 **Sehnen** sind straffes Bindegewebe (Sehnen einschließlich Sehnenscheiden, Sehnenplatten, Bindegewebehäute und Bänder mit Ausnahme des Nackenbandes des Rindes). Ansammlungen von lockerem sowie elastischem Bindegewebe, die beim Ausschneiden von Fleisch anfallen, sind den Sehnen gleichgestellt.

1.312 **Schwarten** sind Teile der gebrühten und enthaarten Haut des Schweines. Gebrühte und enthaarte Fuß- und Kopfhaut vom Kalb, gebrühte und enthaarte Fußhaut sowie Flotzmaul ("Ochsenmaul") des Rindes sind der Schwarte gleichgestellt.

1.313 **Schwartenzug** ist bindegewebereicher Speck unter der Schwarte.

Von großer Bedeutung für die Fleischsortierung bzw. für die Zusammensetzung von Erzeugnissen ist der Gehalt an bindegewebseiweißfreiem Fleischeiweiß (BEFFE, andere Bezeichnungen sind kollagenfreies Eiweiß oder Muskeleiweiß) und Bindegewebseiweiß (BE). Hierzu sind in den Leitsätzen die Begriffe wie Gesamteiweiß usw. definiert:
Als **Gesamteiweiß** (TZ 1.7) gilt die Summe der Stickstoffverbindungen. Sie ergibt sich aus dem Vergleich des Gehaltes an Rohprotein (Stickstoffgehalt x 6,25) mit dem Gehalt an organischem Nichtfett (= Differenz zwischen 100 und der Summe aus den Prozenten an Wasser, Fett und Asche). Sofern sich die Gehalte an Rohprotein und organischem Nichtfett decken, ist die-

ser Wert für den Gehalt an Gesamteiweiß repräsentativ. Wenn sich die Werte nicht decken, gilt der niedrigere Wert als Gesamteiweiß. Gleiches gilt auch dann, wenn der Wert von organischem Nichtfett abzüglich etwa vorhandener Kohlenhydrate und anderer nicht stickstoffhaltiger organischer Substanzen niedriger liegt als der Rohproteingehalt.
Als **Fleischeiweiß** (TZ 1.71) gelten die von den geschlachteten warmblütigen Tieren stammenden Stickstoffverbindungen. Sie ergeben sich aus der Differenz zwischen Gesamteiweiß und der Summe aus Fremdeiweiß und fremden Nichteiweißstickstoffverbindungen.
Als **bindegewebseiweißfreies Fleischeiweiß** (BEFFE, TZ 1.72) gilt die Differenz zwischen Gesamteiweiß und der Summe aus Fremdeiweiß, fremden Nichteiweißstickstoffverbindungen und Bindegewebseiweiß. Eine Differenzierung der Stickstoffverbindungen erübrigt sich, wenn ein gefordertes Minimum an bindegewebseiweißfreiem Fleischeiweiß schon vom undifferenzierten Anteil nicht erreicht wird.
Bindegewebseiweiß (TZ 1.72) ist aus Bindegewebe stammendes Eiweiß, vor allem Kollagen und Elastin.
Fremdeiweiß ist Eiweiß, das nicht von Schlachtkörperteilen stammt (z.B. Eiklar, Milcheiweiß, Sojaeiweiß, Weizeneiweiß).
Fremde Nichteiweißstickstoffverbindungen (TZ 1.75) stammen nicht von Schlachtkörperteilen. Sie werden bevorzugt durch Eiweißhydrolyse gewonnen und haben teilweise höhere Stickstoffgehalte als Eiweiß.
Sind dem Fleischerzeugnis keine Fremdeiweiße und keine fremden Nichteiweiß-Stickstoffverbindungen zugefügt, so entspricht der Anteil Fleischeiweiß zugleich dem Gesamteiweiß. Das Fleisch besteht zum kleineren Teil aus Bindegewebseiweiß. BEFFE findet sich vor allem in Muskelfleisch und in den Organen. Der BEFFE-Gehalt eines Fleischerzeugnisses bringt also den Anteil an bindegewebsarmem Magerfleisch zum Ausdruck. Je höher dies ist, umso höher ist auch der BEFFE-Gehalt. In Abbildung 10.4-15 werden die Zusammenhänge verdeutlicht.
Weitere Ausführungen zu den Inhaltsstoffen von Wurstwaren und deren Bewertung finden sich in den Darstellungen über die Rohwurst- und Brühwurstherstellung in Kapitel 10.5.3, 10.5.4 und 12.3.1.1.

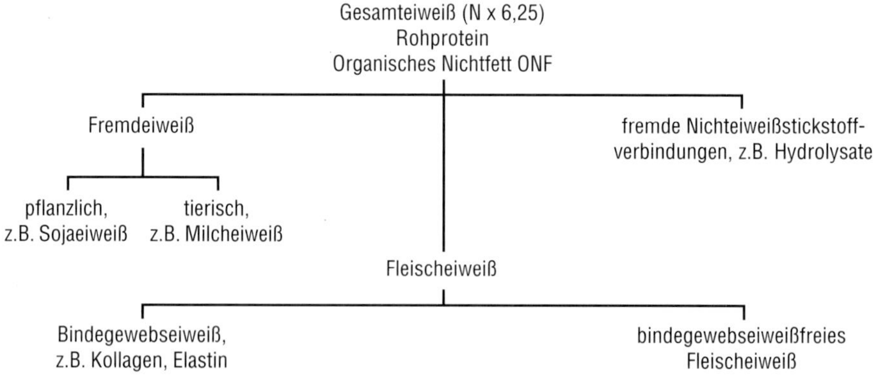

Abb. 10.4-15 Eiweißhaltige Bestandteile in Fleisch bzw. Fleischerzeugnissen

10.4.7 Verwenden von Fleisch

Von wenigen Ausnahmen abgesehen (Wellfleisch, Fleisch von Spanferkeln) wird Fleisch im gereiften Zustand verwendet. Ungereiftes Rindfleisch z.B. ist glasig, von gummiartiger Konsistenz, trocken und wenig schmackhaft. Auch nach der Zubereitung ist frisches, ungereiftes Fleisch von mangelhafter Schmackhaftigkeit, fade und relativ zäh. Erst nach abgeschlossener Reifung erhält es einen säuerlich-aromatischen Geschmack, wird saftig und mürbe.
Die Verwendung des Fleisches im Haushalt, in Restaurants bzw. in der Industrie richtet sich nach Zusammensetzung und Qualität und ist auch durch Tradition geprägt. Aus Keule und Bug vom Rind werden Rouladen-, Braten-, Schmor- und Gulaschfleisch gewonnen. Verbleibende Teile können für die Herstellung von Schabefleisch und Gehacktem genutzt werden. Roastbeef (Rinderrücken) wird als Braten- und Schmorfleisch oder auch zum Kochen verwendet. Ohne Knochen bezeichnet man es als Rumpsteak. Es wird gebraten und dient auch als Aufschnitt. Das Filet wird als Braten- und Schmorfleisch, Filetgulasch, gepökelt, geräuchert oder gebraten als Aufschnitt sowie als Filetsteak verwendet. Chateaubriand sind etwa 5 cm dicke Scheiben aus dem Kopf oder Mittelteil des Filets. Das Fleisch vom Bug wird zum Braten und z.T. zur Gulaschherstellung genutzt. Die Hochrippe mit und ohne Knochen dient als Schmorfleisch zum Braten und auch Kochen. Aus der Fehlrippe gewinnt man Gulasch- und Schabefleisch sowie Gehacktes. Als Kochfleisch nutzt man u.a. Brustfleisch, Kamm, Bauchdünnung, Spannrippe, Hesse und Schwanz.
Die Keule vom Kalb eignet sich als Kalbsbraten. Aus der Oberschale und der Kugel bereitet man Schnitzel; sie werden auch zu Schmorbraten, u.a. Rouladen, verwendet. Wiener Schnitzel ist paniertes Kalbsschnitzel. Als Schnitzel à la Holstein bezeichnet man ein unpaniertes Kalbsschnitzel mit Garnierung und Spiegeleiauflage. Ein Cordon bleu besteht aus zwei gleichgroßen Schnitzeln, dazwischen Schinken und Käse, meist paniert (ohne Angabe der Tierart handelt es sich um Kalbsschnitzel). Unter Geschnetzeltem (Schnetzel, Schnitzelchen, Geschnitzeltes) sind ohne Angabe der Tierart kleine dünne, quer zu den Fasern geschnittene Scheiben oder Streifen aus sehnen- oder fettgewebearmem Kalbfleisch zu verstehen. Das Nierenstück bevorzugt man mit Niere und Filet als Braten- oder Schmorfleisch oder ohne Knochen mit dem Bauchlappen umwickelt als Nierenrolle. Die Brust und der Bug dienen als Schmorfleisch, Ragout und Frikassee. Ragout fin enthält neben Kalbfleisch auch Geflügelfleisch und teilweise Kalbsbries und Kalbszunge. Zum Kochen werden Hals, Kamm, Brust und Haxen verwendet. Aus Kochfleisch lassen sich Kalbfleischfrikassee und Ragout fin zubereiten. Kalbfleisch eignet sich nicht zum Grillen, da es zu trocken wird.
Vom Schaf verwendet man zur Bratenherstellung den Rücken und das Kotelett. Diese Fleischteile werden ebenso wie Keulen und Schultern auch als Schmorfleisch genutzt. Man kann daraus ebenfalls Gulasch herstellen. Alle übrigen Teile liefern Kochfleisch. Filet und Keulen vom Schaf dienen zum Kurzbraten und als Bratenfleisch.
Vom Lamm nimmt man zum Grillen Filet, Kotelettstück und Lende. Schmackhafter Schaschlik läßt sich aus Schaffilet durch das Grillverfahren erzeugen. Schaf- oder Lammfleisch ist der Hauptfleischanteil bei dem gegrillten Kebaptscheta (Cavapcici) oder Kabab, das oft kräftig gewürzt auf dem Balkan oder in Indien gegessen wird. Rückenfleisch wird als Kotelett und Rollbraten verwendet. Hals, Kamm, Brust und Dünnung dienen als Ragout und Stew (Braten). Der Bug wird als Bratenfleisch genutzt.
Vom Schwein gewinnt man aus der Keule (Schinken) und dem Bug Schnitzel- und Bratenfleisch, auch Gulasch. Aus beiden Teilstücken werden Pökelwaren, insbesondere Schinken ver-

schiedener Art, und auch Gehacktes sowie Hackepeter hergestellt. Das Filet dient als Bratenfleisch, Filetsteak und Schaschlik. Es kann auch gepökelt, gefüllt und geräuchert werden. Das Kotelettstück findet eine vielfältige Verwertung, u.a. der Kotelettstrang (Rückenmuskel) ohne Knochen als Lachsschinken. Der Kamm dient als Braten- oder Kammrauchfleisch sowie Kaßlerkamm. Fleischscheiben aus dem Hals- oder vorderen Brustwirbelbereich bis zur 3. Rippe werden als Kammkotelett, Nackenschnitzel oder Nackenkotelett bezeichnet. Das Fleisch von Bauch und Brustspitze verwendet man im allgemeinen zum Kochen. Aus dem Vorder- und Hinterbein (Dickbein) wird das Pökeleisbein hergestellt.
Vom Geflügel eignet sich das Fleisch von jungen Tieren zum Braten oder Grillen und von älteren zu Suppen, Frikassee sowie Ragout. Gänse- und Entenkeulen kann man auch zum Schmoren verwenden. Aus der Keule von Puten kann man Schnitzel bereiten. Beliebt sind Geflügelklein – bestehend aus Kopf, Hals, Flügel, Magen sowie Herz – und Geflügelsalate verschiedener Art. Geflügelfleisch wird auch für Ragout fin verwendet. Kaninchenbraten läßt sich aus dem Fleisch vom Rücken, den Keulen und Läufen zubereiten. Die Bauchlappen ergeben mit Füllmasse versehen Rouladen.

Quellen und Literatur

[1] BERSZÁN, G.: Maschinen der Fleischindustrie, 3. Aufl. Leipzig: Fachbuchverlag 1989
[2] KALLWEIT, E.; FRIES, R.: KIELWEIN, G.: SCHOLTYSSEK, S.: Qualität tierischer Nahrungsmittel. Fleisch-Milch-Eier. Stuttgart Verlag: Eugen Ulmer 1988
[3] HARNISCH, R.; WOLF, K.: Beitrag zur technisch-technologischen Gestaltung der Produktionsstufe Fleischbearbeitung. 1987 Berlin, Humboldt-Univ., Diss.
[4] KRAHMER, R.: Beitrag zur Ermittlung anatomischer Meß- und Bezugspunkte bei Schlachtschweinen als Grundlage für mechanische TGL-gerechte Grobzerlegung. Archiv für Tierzucht 17 (1974) S. 199-208
[5] KRAHMER, R.; SCHARNER, E.: Morphometrische Untersuchungen an Tierkörperteilstücken und Schlachtkörperhälften von Schlachtschweinen. Fleisch 29 (1975) 1 S. 16-18, 6 S. 115-177, 7 S. 133-135
[6] KRAHMER, R.; SCHARNER, E.: Beitrag zur Ermittlung anatomischer Meßstrecken und Bezugspunkte an Schlachtkörperhälften von Mastbullen und Schlachtkühen. Fleisch 37 (1983) S. 103
[7] LIEBERS, M.; HAACK, E.: Die Anwendung effektiver Verfahren in der Fleischbearbeitung. 1981 Berlin, Humboldt-Univ., Diss.
[8] WEINECK, H.: Ermittlung morphologischer Daten und Korrelationen bei Schweineschlachtkörpern. 1987 Berlin, Humboldt-Univ., Diplomarb.
[9] RATH, D.: Entwicklung eines neuen Trennprinzips, insbesondere in der Fischbearbeitung – ein Beitrag zur Erhöhung der Zuverlässigkeit und Stabilität von Fertiggungsprozessen. 1986 Wismar, Diss.
[10] THIEMIG, F.; SIELAFF, H.; EFFLER, R.; ZIEGS, H.: Möglichkeiten der Trennung von Fleisch und groben Bindegewebsbestandteilen. Fleisch 39 (1985) S. 96-97
[11] CSAPÓ, I.; KÖRMENDY, L.: A szeparátorhús jellemzöl. Húsipar 34 (1985) S. 13-16
[12] STADELMAN, W. J.; OLSON, V.M.; SHEMWELL, G. A.; PASCH, S.: Egg and Poultry-Meat Processing. Chichester (England): Ellis Horwood Ltd. 1988

[13] ZWINGMANN, W.: Lebensmittelhygienische und -rechtliche sowie chemisch-analytische Beurteilung von mit ambulant eingesetzten Separatorenanlagen gewonnenem Restfleisch. Fleischwirtschaft 60 (1980) S. 63-71
[14] LIENHOP, E.: Änderungen der Leitsätze. Die Fleischerei 1/1988, S. 26
[15] LERCHE, M.; GOERTTLER, V.; RIEVEL, H.: Lehrbuch der tierärztlichen Lebensmittelüberwachung. Jena: Gustav Fischer Verlag 1957
[16] European Association of Animal Production: Publication No. 18, 1976
[17] PRÄNDL, O.; FISCHER, A.; SCHMIDHOFER, T.; SINELL, H.-J.: Handbuch der Lebensmitteltechnologie. Fleisch – Technologie und Hygiene der Gewinnung und Verarbeitung. Stuttgart: Verlag Ulmer 1988
[18] N.N.: Der Fleischteilstücke-Katalog. Centrale Marketinggesellschaft der deutschen Agrarwirtschaft m.b.H., Bonn (Bad Godesberg) 1991 (Bilder 2315 bis 2319 und 2400 bis 2412)
[19] Autorenkollektiv: Fleischgewinnung und -verarbeitung. Technologische Grundlagen. Leipzig: Fachbuchverlag 1980
[20] HAMM, R.: Kolloidchemie des Fleisches. Berlin und Hamburg: Verlag Paul Parey 1972
[21] WINTER, R.: Bedeutung und Rechtscharakter der Leitsätze. Die Fleischerei 3/1988, S. 225
[22] HACK, K.-H.; STAFFE, E.; GERHARDt, U.: - GEHA Fleischvermarktungssysteme - Verarbeitungsmaterial-Atlas und Kalkulations-Atlas für die Fleisch- und Wurstwarenproduktion. Stuttgart: 1976 und 1979, herausgeg. von Gewürzmüller
[23] WAHL, W.: Ausgezeichnete deutsche Wurstrezepte. Fleischstandards, Herstellungstechnik, Chemische Analysen, Lebensmittelrechtliche Aspekte. Bad Wörishofen: Hans Holzmann 1987
[24] KOCH, H.: Die Fabrikation feiner Fleisch- und Wurstwaren, 20. Aufl., Frankfurt/M.: Deutscher Fachverlag 1992
[25] N.N.: Beiträge zum Schlachtwert von Schweinen. Bundesforschungsanstalt für Fleischforschung. Kulmbacher Reihe Band 3, 1982

10.5 Erzeugnisherstellung

10.5.1 Pökelwarenherstellung und Räuchern

P. OELKER

10.5.1.1 Erzeugnischarakteristik

Pökelwaren sind äußerlich entweder gar-rosa oder tiefbräunlich bis nahezu schwarzfarbene, mattglänzende, großstückige Fleischerzeugnisse mit oder ohne Fettgewebe- und Schwartenauflage in natürlicher oder verschiedenartig gestalteter Formgebung und/oder Umhüllung.
Einige Pökelerzeugnisse sind durch Knochenanteile gekennzeichnet. Die meisten Pökelerzeugnisse weisen ein appetitanregendes Heiß- oder Kaltraucharoma auf. Frische Anschnitte oder Scheiben zeigen eine mehrere Tage beständige hellrosa oder tiefrote Färbung, die bei einigen Erzeugnissen mit schneeweißem aufgelagerten Fettgewebe kontrastiert. Pökelwaren aus rekonstruiertem Fleisch sind durch exakte Formgebung und Größe, durch farblich unterschiedliche Fleischteile, auch im Wechsel mit einigen Fettgewebestückchen, sowie durch hohe Zartheit und Saftigkeit gekennzeichnet. Pökelerzeugnisse müssen sich ohne auseinanderzufallen in hauchdünne, rollfähige Scheiben aufschneiden lassen.
Pökelerzeugnisse zeichnen sich durch ein mildsalziges, bei einigen Erzeugnissen durch Oberflächenwürzung und/oder Räucherung verfeinertes Pökelaroma und eine „auf der Zunge zergehende“ Textur aus.
Ein Teil der Pökelwaren ist zum Kalt-, ein anderer zum Warmverzehr (vor allem Kaßlerprodukte) bestimmt.
Begriffsbestimmungen, allgemeine und spezielle Beurteilungsmerkmale, Qualitätsmerkmale sowie Angaben zur Herstellung und Bezeichnung von gegarten und rohen Pökelwaren werden in Deutschland in den Leitsätzen des Deutschen Lebensmittelbuches [1] zusammengefaßt.

10.5.1.2 Sortiment

Das deutsche Pökelwarensortiment gliedert sich in die Untersortimente

- gegarte Pökelwaren
- rohe Pökelwaren.

Die Erzeugnisbezeichnung erfolgt nach verschiedenen Gesichtspunkten, z.B. nach

- örtlicher Herkunft, z.B. Mecklenburger Landschinken
- verwendeten Schlachtkörperteilen, z.B. Vorder- oder Hinterschinken
- Zuschnittart, z.B. Nußschinken
- Räucherart, z.B. Schwarzgeselchtes.

Die meisten heißgeräucherten Kochpökelwaren führen die Bezeichnung „Kaßler,“ und die meisten Rohpökelwaren „Schinken“ in der Erzeugnisbezeichnung.

10.5.1.3 Rohstoffe, Zutaten und Hilfsstoffe

Rohstoffe

Zur Herstellung von Pökelwaren eignet sich das Fleisch aller Schlachttiergattungen, auch von Wild und Geflügel. Alttier- und überfettetes Fleisch sowie PSE-und DFD-Fleisch sollten nicht eingesetzt werden.

Die Anforderungen an die Pökelwaren-Rohstoffe gliedern sich wie bei allen Fleisch- und Wurstwaren in :

- Anforderungen an die Muskel-, Fett- und Bindegewebezusammensetzung, ausgedrückt in verbalen Beschreibungen und als chemisch-analytische Grenzwerte
- technologische Eigenschaften.

Die Anforderungen an die Rohstoffzusammensetzung gehen aus folgendem Beispiel hervor:
Für Westfälischen Knochenschinken-Rohling lautet die Beschreibung : Schinken mit Oberschenkelknochen vom Schwein; ohne Eisbein, Becken- und Schwanzknochen; Schinkenspeck rund zugeschnitten.

Die verbale Rohlingbeschreibung charakterisiert dessen Verwendbarkeit zu Pökelwaren in Abgrenzung zu anderen Fleisch- und Wurstwaren noch nicht hinreichend. Daher sind die Rohlinge durch geeignete Vorbehandlungsverfahren auf die technologischen Eigenschaften einzustellen.

Technologische Rohstoffeigenschaften sind solche, die die Umwandlung in ein Finalerzeugnis mit vorgegebenen Produkteigenschaften maßgeblich beeinflussen. Technologische Eigenschaften gliedern sich in verschiedene Kategorien:

- Eigenschaften, die die gewünschte Produktstrukturbildung (Kaubarkeit) und Saftigkeit sowie den Produktionsschwund beeinflussen
- Eigenschaften, die auf die Aromabildung Einfluß nehmen
- Eigenschaften, die für die Farberhaltung oder Farbbildung Bedeutung haben.

Technologische Rohstoffeigenschaften für die Pökelwarenherstellung sind danach

- hohe Diffusionsbereitschaft der Muskelgewebestruktur für die Pökelstoffe
- hoher Gehalt an „Aromavorboten“ im Rohfleisch
- Erhaltung des 2^+-Ladungszustandes des zentralen Eisenions im roten Muskelfarbstoff Myoglobin und offenhalten der „Hämtasche“(Bezeichnung der Proteinkomponente des Myoglobins) für den Gasaustausch beim Pökelprozeß.

Die Einstellung der technologischen Eigenschaften der Pökelrohlinge erfolgt bei der Fleischreifung. Aus hygienischen und betriebswirtschaftlichen Gründen kann aber eine abgeschlossene Fleischreifung vor der Pökelbehandlung nicht abgewartet werden. Die nach 2 bis 3 Tagen p.m. begonnene Proteolyse des Actomyosinkomplexes wird durch den Einsalzeffekt der Natriumionen des Pökelsalzes beschleunigt und kann mit dem Umrötungsprozeß kombiniert werden.

Zutaten und Hilfsstoffe

Die Pökelzutaten haben die Aufgabe, die Diffusionsbereitschaft des Muskelgewebes durch partielles Auflösen der Sarkomeren zu erhöhen, die innere Wasserspeicherung in den Interzellularräumen durch Quellung der Kollagenfasern vorzubereiten, das Nitrat bzw. Nitrit für die Myoglobin-Umrötung bereitzustellen sowie auf das Wachstum der Pökelflora und die Haltbarkeitsverlängerung gegenüber Rohfleisch Einfluß zu nehmen. Neben diesen Aufgaben sollen verschiedene Zutaten auch einen sensorischen Beitrag bei der Aromabildung leisten.

Zugelassene Zusatzstoffe zum Pökeln von Fleisch und Fleischerzeugnissen sind Nitritpökelsalz und Kaliumnitrat, ferner Natrium-L- oder Kalium-L-Ascorbat als Pökelhilfsmittel. Der Gebrauch dieser Zutaten wird in Deutschland durch die Fleisch-Verordnung, Anlage 1, geregelt. Zutaten sind ferner Gewürze, Kohlenhydrate, wie Stärkehydrolysat, Dextrose, Saccharose und Maltose sowie Trinkwasser.

Hilfsstoffe bei der Pökelwarenherstellung sind Anschlaufgarne, die auch zum Schinkenwickeln verwendet werden, sowie Netze und Hüllen zur Formstabilisierung.

10.5.1.4 Darstellung des Arbeitsverfahrens

In mittelständischen und Großbestrieben der Fleischverarbeitung wird das Arbeitsverfahren zur Pökelwarenherstellung in folgende Verarbeitungsbereiche und Verfahrensstufen untergliedert:

- Verarbeitungsbereich 1:
  Übernahme der Rohstoffe, Zutaten und Hilfsstoffe; Mengen- und Qualitätskontrolle, Vorbereiten der Rohlinge, Einlagern in entsprechende Lagerräume, Zusammenstellen der Chargen, Einsalzen der Pökelrohlinge und Lakeinjizieren; Raumbedarf: zwei Produktionsräume
- Verarbeitungsbereich 2:
  Zwischenlagern der pökelbehandelten Rohlinge; Raumbedarf: ein bis zwei Kühllagerräume
- Verarbeitungsbereich 3:
  Nachbehandeln und/oder Nachbearbeiten des umgeröteten Pökelgutes, Qualitätskontrolle; Raumbedarf: zwei Produktionsräume
- Verarbeitungsbereich 4:
  Zwischenlagern, Versandverpacken und -chargieren, Ausliefern der Versandchargen; Raumbedarf: ein Produktionsraum, gemeinsam genutzt von allen produzierenden Abteilungen.

Der Schwerpunkt der nachfolgenden Verfahrensdarstellung wird auf die Verarbeitungsbereiche 1 und 2 gelegt. Verarbeitungsbereich 3 umfaßt als dominierende Verfahrensstufe das Räuchern. Da diese Verfahrensstufe auch für die Darstellung der Wurstwarenherstellung relevant ist, wird das Räuchern gesondert in Kapitel 10.5.1.5 behandelt.

10.5.1.4.1 Verarbeitungsbereich 1

► Technologische Zielsetzung

Technologisches Ziel ist es,

- die Pökelrohlinge durch Zurechtschneiden auf die erzeugnistypische Formgebung vorzubereiten oder aus den Vakuumreifepackungen zu entnehmen
- die Pökelstoffe auf die Rohlingsoberfläche zu bringen oder die Pökellake zu bereiten und in die Rohlinge zu injizieren
- die gleichmäßige Diffusion der gelösten Pökelstoffe in das Muskelgewebe durch mechanische Hilfsverfahren zu unterstützen
- die vorbereiteten Rohlinge zu Chargen zusammenzustellen.

► Verfahrensführung der Pökelbehandlung

Vorbereitung und Vorbehandlung der Rohlinge

Vor der Pökelbehandlung werden Rohlinge durch Zurechtschneiden für die Produktformgebung vorbereitet. Die Rohlinge erhalten dabei möglichst glatte, kantige Oberflächen. Unnötige Beschädigungen äußerlicher Faszien müssen vermieden werden. Ferner sind wertlose oder ekelerregende Teile sowie Verunreinigungen, lose Gewebeteile und Schmutzstellen zu entfernen.
Wurden die Rohlinge der Vakuumreifung unterworfen, beschränkt sich die Vorbereitung auf die Entfernung der Folienverpackung.

Trockenpökelbehandlung

Die älteste Pökelbehandlung ist das Trockenpökeln. Sie beginnt mit dem Einsalzen der vorbereiteten Rohlinge mit etwa 50g salpeterhaltigem Pökelsalz je 1kg Fleisch. Anschließend werden die Rohlinge schichtweise dicht nebeneinanderliegend in Pökelbehälter eingelegt. Die erste Schicht liegt auf einem etwa 20 cm über dem Gefäßboden angeordneten Rost. Zwischen die Rohlingsschichten werden dicke Pökelsalzlagen gestreut.
Kurze Zeit nach der Einsalzung beginnt Fleischsaft, die „Mutterlake“, als Folge des hohen osmotischen Gefälles zwischen der äußeren und inneren Ionenkonzentration abzutropfen. Die Mutterlake wird unterhalb des Rostes abgeführt. Sie enthält Pökelstoffe, salzlösliche Proteine, Muskelfarbstoff und andere Fleischinhaltsstoffe sowie die halotolerante Pökelflora.
Zeitgleich zur Lakebildung vollzieht sich die Diffusion der Pökelsalzionen in das Innere der Rohlinge sowie die Umrötung des roten Muskelfarbstoffes Myoglobin.
Nach jeweils einer Woche wird der Behälterinhalt in einen anderen Behälter umgepackt. Dabei wird erneut eingesalzen. Zu beachten ist dabei, daß die Rohlinge in umgekehrter Reihenfolge umgepackt werden müssen. Ferner sind Geruchsprüfungen durch Anstechen der Rohlinge zur Kontrolle möglicher Verderbnisvorgänge durchzuführen.
Schinkenrohlinge mit Massen von 5–10 kg müssen 3– 4 mal umgepackt werden. Zur Bestimmung der Pökeldauer gilt die Faustregel: 2 bis 2,5 d je 1kg eingesalzener Rohlingsmasse.
Die Faustregel deutet an, daß den Praktikern seit langem der Zusammenhang zwischen der Masse sowie der Querschnittsfläche und -dicke des Rohlings bekannt ist. Sie besagt, daß die Zeit t zur Einbringung einer ausreichenden Pökelstoffmenge m in die Rohlinge vom Konzentrationsgefälle c zwischen der Pökellake und der Gewebeflüssigkeit sowie von der Querschnittfläche A und der Rohlingsdicke *l* abhängt. Der mathematische Zusammenhang zwischen den aus der Faustregel abgeleiteten Pökelprozeßgrößen wird durch das erste FICK'SCHE Diffusionsgesetz beschrieben:

$$dm = D \cdot \frac{dc \cdot dA \cdot dt}{dl} \qquad (10.5.1/1)$$

D = Diffusionskonstante

Gleichung (10.5.1/1) verdeutlicht, daß die in den Rohlingen diffundierte Pökelsalzmenge proportional dem Ionenkonzentrationsgefälle, Querschnittfläche und Zeit und umgekehrt proportional dem Diffusionsweg ist.
Da die äußere Salzkonzentration zwischen den Umpackzyklen ständig abnimmt, vergrößert sich die Diffusionszeit vor allem bei großstückigen Rohlingen. Faszien zwischen einzelnen Muskelgruppen eines Rohlings verlangsamen als Diffusionsbarrieren die Pökelstoffdiffusion und beeinträchtigen darüber hinaus die Gleichmäßigkeit der Diffusion über die gegebene Querschnittfläche. Hieraus

resultieren die praxisbekannten mikrobiellen Risiken während der Trockenpökelung. Wird das erste Diffusionsgesetz nach dt aufgelöst, läßt sich nachweisen, daß eine Prozeßverkürzung mit der Erhöhung des Ionenkonzentrationsgefälles oder Verringerung des Diffusionsweges durch Reduzierung der Rohlingmaße erzielt werden kann. Praktisch läßt sich aber beim Trockenpökeln daraus kein Nutzen ziehen, weil das Ionenkonzentrationsgefälle nach der Einsalzung der Rohlinge bis zum Umpacken nicht mehr beeinflußt werden kann. Eine lineare Verkleinerung des Diffusionsweges erbringt nach dem zweiten Diffusionsgesetz über die zeitlich-räumliche Ausbreitung des Diffusionsprozesses sogar eine quadratische Verkürzung der Diffusionszeit, jedoch entspricht eine Rohlingverkleinerung nicht den Verbrauchererwartungen. Eine Verringerung der Rohlingabmessungen läßt sich nur bei Formfleisch-Pökelerzeugnissen verwirklichen. Eine Steigerung der Diffusionsgeschwindigkeit über die vant' HOFFsche Regel ist ebenfalls nicht möglich, weil der Q10-Wert der Diffusion bei nur 1,3 liegt. Eine Minderung des mikrobiellen Risikos während des Diffusionsprozesses läßt sich durch das Naßpökeln erzielen.

Naßpökelbehandlung

Bei der Naßpökelbehandlung werden die Rohlinge nach dem Einsalzen in Pökellake eingelegt. Die Pökellake wird heute mit Lakebereitungsanlagen hergestellt und kann neben Pökelstoffen auch die bereits angegebenen Pökelhilfsmittel sowie Gewüze bez. Gewürzauszüge enthalten. Als Pökelbehälter wurden früher Holz- oder Steingutbottiche verwendet. Heutzutage sind Behälter aus Kunststoff oder Edelstahl in Gebrauch.

Die Salzkonzentration der Lake differiert je nach Länge des Diffusionsweges zwischen 10 % und 23 %.

Bei der Naßpökelung nimmt die Lakekonzentration im Verlauf der Pökelung, ähnlich wie bei der Trockenpökelung, stetig ab. Sie läßt sich aber mit dem Aräometer, geeicht in Masse-% oder in Grad Baumé (°Be), täglich kontrollieren und durch Salzzugabe auf Niveau halten. Nach 7 bis 10 Tagen bzw. nach der Hälfte der Pökeldauer muß auch beim Naßpökeln das Umpacken, Einsalzen und Lakeaufgießen wiederholt werden.

Die praxisbekannte Faustregel schreibt bei einem Lake-Fleisch-Verhältnis von 1:1 bis 1:2 eine Pökeldauer von etwa 2 Tagen je 1kg Fleisch vor. Folglich ist eine deutliche Prozeßzeitverkürzung auch mit diesem Pökelverfahren nicht möglich. Von praktischem Vorteil ist es aber, daß die frisch bereitete Lake mit sog. Alt- oder Stammlake „geimpft" werden kann. Hierdurch wird die frische Lake mit der für den Umrötungsprozeß notwendigen Pökelflora angereichert.

Trocken-Naß-Pökelbehandlung

Die Schinkenrohlinge werden wie beim Trockenpökeln zuerst mit Pökelsalz eingerieben und in Pökelbehälter eingelegt, jedoch nicht auf Rosten liegend. Die sich nach einiger Zeit bildende Eigenlake verbleibt in den Pökelbehältern und wird meistens mit frisch bereiteter Lake auf die erforderliche Konzentration verdünnt.

Das mikrobielle Risiko während der Pökelbehandlung kann auch durch dieses Kombinationsverfahren nicht völlig ausgeschaltet werden. Ferner gelingt es wiederum nicht, die Prozeßzeit wesentlich zu verkürzen.

Untersucht man die drei traditionellen Pökelverfahren nach Möglichkeiten, die Pökelstoffdiffusion zu beschleunigen, um das mikrobielle Risiko zu senken, so ist festzustellen, daß die Diffusionsgesetze einen direkten Ansatzpunkt hierzu nicht erbringen. Eine Beschleunigung der Pökelbehandlung und Minderung des Verderbnisrisikos während des Pökelns läßt sich nur durch eine technisch erzwungene Verkürzung des Diffusionsweges erreichen. Unter Beibehaltung traditioneller

Stückgrößen läßt sich der Diffusionsweg am wirkungsvollsten durch Injizieren der Pökellake verkürzen. Die Aufnahme dieser „unit operation" in die Technologie der Pökelwarenherstellung löste die Entwicklung der sog. Schnellpökelverfahren aus. Diese werden in Ader- und Muskelinjektionsverfahren gegliedert.

Aderinjektionsverfahren

Beim Aderinjektionsverfahren wird die frisch bereitete Lake in Arterien, z.B. bei Hinterschinken in die auf dem Filetkopf liegende A. femoralis oder bei Vorderschinken in die zwischen Schulterblatt und Oberarmknochen liegende A. axillaris, injiziert. Das Aderinjektionsverfahren erfordert beim Rohling-Ausschneiden die Beachtung einiger anatomischer Besonderheiten, um solche Blutgefäße freizulegen, die die Lakeverteilung über die sich im Rohling verzweigenden Arteriolen sichern. Der Injektionsdruck beträgt 0,2–0,3 MPa.

Das Aderinjektionsverfahren wird vor allem bei der Baconherstellung angewendet. Vorteilhaft können Warmfleisch-Schlachtkörperteile unter der Verfahrensbezeichnung „thermo-curing" mit dem Aderinjektionsverfahren behandelt werden. Die Lake sollte bei diesem Verfahren auf 38 °C angewärmt werden. Nach der Lakeinjektion werden die Bacon für etwa 12 h in eine handwarme Pökellake eingelegt. Thermo-cure-behandelte Pökelware „zeichnet" sich durch hohe Rohstoffausbeute aber ein nur flaches Pökelaroma aus.

Muskelinjektionsverfahren

Beim Muskelinjektionsverfahren wird die Lake mit Hand- oder Multiinjektoren intramuskulär in die Rohlinge eingespritzt. Die Pökelnadeln sind im Gegensatz zu medizinischen Kanülen an der Spitze verschlossen und haben dafür zahlreiche seitliche Öffnungen. Da sich die Lake dennoch weniger gleichmäßig als beim Aderinjektionsverfahren verteilt, muß die Lakediffusion nach dem Injizieren mit mechanischen Hilfsverfahren unterstützt werden. Die meisten Hilfsverfahren erzeugen durch partielle Gewebeauflockerung zusätzliche Mikrokapillaren im Fleisch. Das zu pökelnde Muskelgewebe kann z.B. durch Ultraschallbehandlung (Kavitationswirkung), vor allem aber durch Tumbeln (Poltern, Massieren) infolge impulsartig auftretender Schubspannungen und Schergeschwindigkeiten oder/und durch Eindringen von dünnen Massiernadeln gelockert werden.
In der Praxis hat sich das kombinierte Muskelinjektions-Massierverfahren durchgesetzt, weil eine größere Anzahl an Pökelrohlingen gleichzeitig behandelt werden kann. Das Lakeinjizieren und Tumbeln ist in produktspezifische Phasen eingeteilt, zwischen denen „Ruhephase" des Pökelgutes zur inneren Diffusion und Umrötung des roten Muskelfarbstoffes eingehalten werden. Außerdem wird die Diffusion noch zusätzlich durch alternierendes Anlegen von Normalluftdruck und Vakuum, als „Beatmung" bezeichnet, unterstützt.

Pökellakebereitung

Bei den Injektionsverfahren müssen produktspezifisch konzentrierte Pökellaken zubereitet werden. Folgende Salzkonzentrationen sind zu empfehlen:

- für Rohschinken 18–25 %
- für Kochschinken 10–14 %
- für Lachsschinken 8–10 %.

Die Lakekonzentration können in %NaCl oder in %Nitritpökelsalz angegeben und in folgender Weise eingestellt werden:

- Masseanteile Salz (Nitritpökelsalz) und Masse- bzw. Volumenanteile Wasser in 100 Masseanteilen fertiger Lake
- Masseanteile Salz (Nitritpökelsalz) in 100 Volumenanteilen fertiger Lake
- Masseanteile Salz (Nitritpökelsalz) auf 100 Volumenanteile Wasser.

Da sich bei allen drei Beispielen trotz gleicher Salzmenge eine andere Konzentration der Lake einstellt, muß sich jeder Hersteller auf eine der Möglichkeiten festlegen. Unter Praxisbedingung hat sich die Berechnung der Salzmenge zur Lakeherstellung nach Gleichung (10.5.1/2) bewährt:

$$m_S = \frac{m_L \cdot c}{100} \qquad (10.5.1/2)$$

m_S = benötigte Salzmenge in kg
m_L = gewünschte Lakemenge in kg
c_S = gewünschte Salzkonzentration der Lake in %

Praxisüblich ist es auch, die Salzkonzentration der Lake durch Dichtemessung mit dem Aräometer zu bestimmen.
Bei der Einstellung der Salzkonzentration in den Pökelerzeugnissen ist zu beachten, daß gelöstes Salz aus der Lake nur in die wässrige Phase des Fleisches eindringen kann. Schieres Fleisch hat einen durchschnittlichen Wassergehalt von 74 %. Intramuskuläres Fett verringert diese Lösungswassermenge. Unter Berücksichtigung eines gewünschten Fleisch-Lake-Verhältnisses läßt sich mit Gleichung (10.5.1/3) der Salzgehalt der Lake berechnen, der zur Einstellung eines gewünschten Salzgehaltes im Pökelerzeugnis erforderlich ist:

$$c_L = \frac{c_F(q_{F/L} \cdot W + 1)}{W} \qquad (10.5.1/3)$$

c_L = Salzkonzentration der Lake in kg/100 kg
c_F = gewünschte Salzkonzentration im Pökelfleisch in %
W = Lösungswassermenge des Rohlings
$q_{F/L}$ = Fleisch-Lake-Verhältnis

Die Lösungswassermenge des Rohlings kann bei Kenntnis seines Fettgehaltes nach Gleichung (10.5.1/4) berechnet werden:

$$W = (1 - \frac{F}{100}) \cdot \frac{W_{Sch}}{100} \qquad (10.5.1/4)$$

W = Lösungswassermenge des Rohlings
F = Fettgehalt des Rohlings in %
W_{sch} = Lösungswassermenge des schieren Fleisches (74 %)

10.5.1.4.2 Verarbeitungsbereich 2

► Technologische Zielsetzung

Der zweite Verarbeitungsbereich ist traditionell im Pökellagerraum lokalisiert. Dort sollen sich die zur Umrötung des Muskelfarbstoffes und zur Bildung der Flavour- und Produktstruktur notwendigen Stoffwandlungsprozesse vollziehen und die gewünschte Salzkonzentration in den Pökelfleischstücken einstellen. Bei kombinierten Muskelinjektions-Massierverfahren finden diese Prozesse während der „Ruhephasen" statt. Zur Unterdrückung der Entwicklung von Verderbniserregern müssen die Stoffwandlungsvorgänge unter Kühllagerbedingungen durchgeführt werden.

► Mikrobielle und Stoffwandlungsprozesse während der Zwischenlagerung

Im Pökelkühllagerraum laufen folgende Prozesse in den Pökelrohlingen ab:

- Entwicklung der Pökelflora
- Produktstrukturbildung
- Wasser- bzw. Massereduzierung und a_W-Wertsenkung
- Pökelaromabildung
- Nitratreduktion, NO-Bildung
- Umrötung des Muskelfarbstoffes.

Entwicklung der Pökelflora

Unmittelbar nach der Lakeinjektion und diffusionsunterstützenden Zusatzbehandlung ist zu erwarten, daß die pökelflorahaltige Lake den Interzellularraum erreicht hat. In diesem dürfte sich die Pökelfloravermehrung, vor allem die für die Pökelung mit Salpeter notwendige Vermehrung der nitratreduzierenden Mikroorganismen, vollziehen.
Das mit der Pökelflora „beimpfte" Fleisch wird während der Zwischenlagerung zu einer Kultur in statischem Zustand. Sie erhält von außen keine weiteren Nährstoffe, und mikrobielle Stoffwechselprodukte können kaum abgeführt werden. In diesem gleichsam geschlossenen System herrschen zu jedem Zeitpunkt der Pökelbehandlung andere Kulturbedingungen.

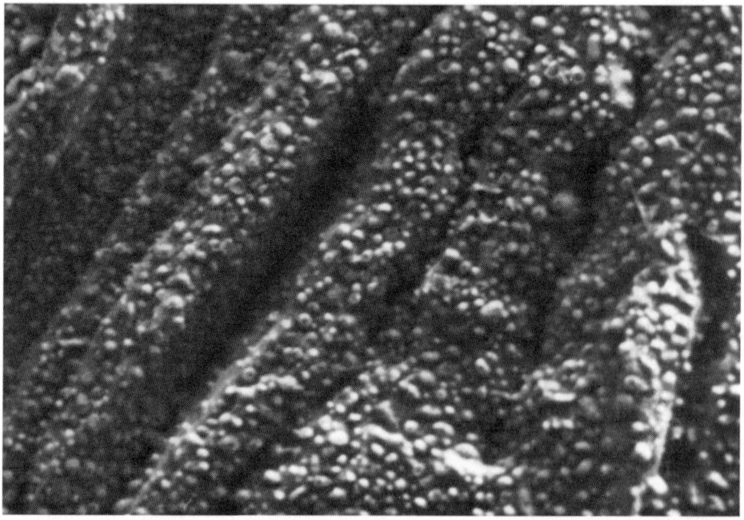

Abb. 10.5.1-1 Muskelfasern von Lachsschinken mit pustelförmigen Quellungserscheinungen der endomysialen Bindegewebsfasern, übersichtartig; M 250:1

Durch vorherige Einstellung der Millieubedingungen muß Einfluß auf die Entwicklung erwünschter und die Unterdrückung unerwünschter Keime genommen werden. Die dabei entscheidende Einflußgröße ist die „vor Ort" erreichbare Salzkonzentration. Selektierend auf die Keimvermehrung wirkt aber auch der undissoziierte Anteil der aus Nitrit entstehenden salpetrigen Säure.
Bei gegarten Pökelerzeugnissen können sie Salz- und Nitritkonzentrationen infolge der keimreduzierenden Wärmewirkung geringer gehalten werden.

Produktstrukturbildung und a_w-Wertsenkung

Obwohl die Erzeugnisbezeichnung „rohe Pökelwaren" das Attribut „roh" enthält, sind derartige Pökelerzeugnisse keineswegs mit Rohfleisch vergleichbar. Das wird für den Verbraucher besonders bei den unterschiedlichen Kaubarkeitseigenschaften spürbar. Während der Pökelbehandlung müssen die unangenehm empfundene Rohfleischelastizität und Hintergrundzähigkeit überwunden werden. Die dafür notwendigen Stoffwandlungsvorgänge vollziehen sich beim Übergang der Rohfleisch- in die Produktstruktur. Bei den gegarten Pökelerzeugnissen ist hierfür die Heißräucher- und/oder Wärmebehandlung, bei den rohen Pökelerzeugnissen hingegen ein „kalter" Garprozeß mit salzinduzierten Quellungs-(Lockerungs-) und Verdichtungsvorgängen in Zusammenwirken mit proteolytischen Enzymen an den beiden großen Eiweißkörpersystemen des Fleisches verantwortlich. Hierzu müssen die Salzionen zu ihren Wirkungsstellen vor Ort, den Kollagenfibrillen des Endo- und Perimysiums und den Myofibrillen, diffundieren.
Die Kollagenfibrillen quellen bei Salzionenstärken $\mu \geq 1{,}5$ zunächst herdförmig und später nahezu durchgängig über die gesamte Längsachse auf. Die Abbildungen 10.5.1–1 und 10.5.1–2 zeigen Muskelfasern von Lachsschinken mit gequollenem endomysialem Bindegewebe im Rasterelektronenmikroskop; zuerst bei geringer und danach in hoher Vergrößerung. Die zahlreichen rundlichen Pusteln auf den Muskelfasern sind Reste von bei der Objektpräparation abgerissenen Kollagenfibrillen.

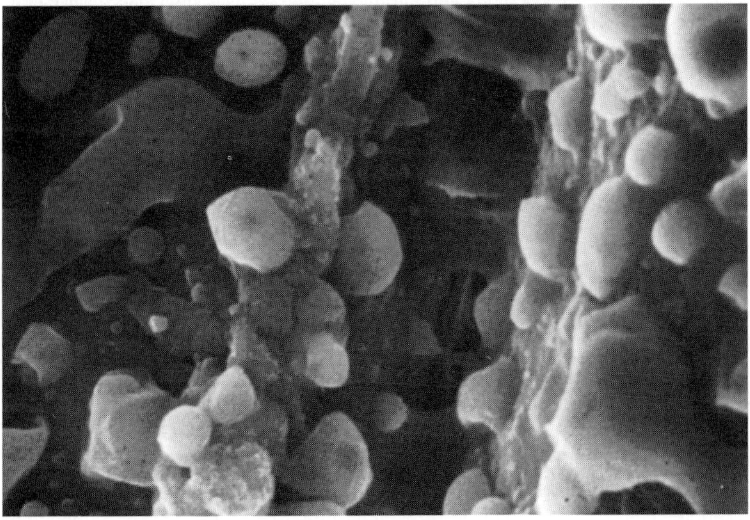

Abb. 10.5.1-2 Gequollenes Endomysium zwischen zwei Muskelfasern von Lachsschinken. Die rundlichen Pusteln sind Reste von Kollagenfasern, die beim Präparieren zerrissen wurden; M 2000:1

Abb. 10.5.1-3 Gequollene Basallamina einer eröffneten Muskelfaser von Lachsschinken; M 3000:1

Die Quellung dehnt sich, wie bei den Abbildungen 10.5.1-3 und 10.5.1-4 erkennbar, auch auf die Basallaminae der Sarkolemma sowie auf die Kollagenfasern des Fettgewebes aus. Das Pökelfleisch verliert hierduch seine Hintergrundzähigkeit. Das gequollene Bindegewebe stellt ferner einen „inneren Speicher“ locker gebundenen Wassers dar, der das fertige Schinkenprodukt bis zum Verzehr „saftig“ hält.

Während das Bindegewebe sehr bald nach der Lakeinjektion mit der hochkonzentrierten Pökelsalzlösung konfrontiert wird, steigt die Salzkonzentration im Inneren der Muskelfasern je nach den lokalen Diffusionsbedingungen langsamer an. Erst nach einigen Stunden ist damit zu rechnen, daß die Ionenstärke auch dort Werte $\mu > 1$ angenommen hat. In der Zwischenzeit können Salzionenstärken von $\mu = 0,3$ bis 1,0 auf salzlösliche Teile der Sarkomeren einwirken. Dieser Vorgang wird im Weiteren als „Halolyse“ bezeichnet. Elektronenoptische Untersuchungen über Salzeinwirkung auf Sarkomeren von KIESSLING [2] zeigen, daß vor allem die Z-Scheiben und die I-Bänder halolytisch destrukturiert werden. Abbildung 10.5.1-5 zeigt den Halolyseeffekt nach 5stündiger Behandlung von Schweinefleisch mit 2 %iger Salzlake unter idealisierten Bedingungen. Die Myosinfilamente sind von der halolytischen Wirkung weniger betroffen. Innerhalb des o.a. Ionenstärkebereiches „öffnet“ sich die intrazelluläre Ultrastruktur des Fleisches noch über das Maß der Fleischreifung hinaus. Hierdurch entstehen die technologisch erwünschten Voraussetzungen für die NO-Anlagerung an die im Sarkoplasma befindlichen Myoglobinmoleküle.

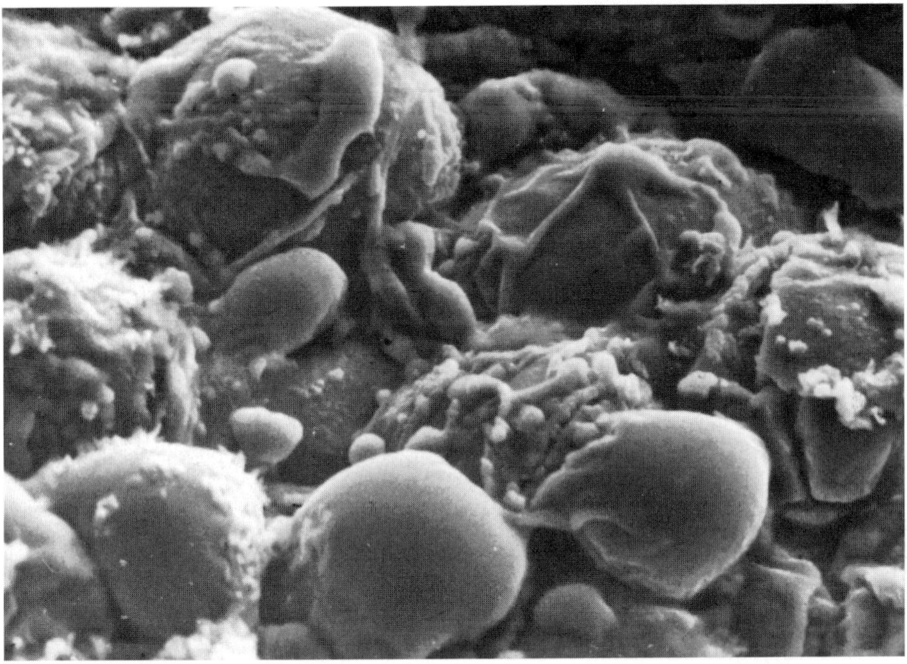

Abb. 10.5.1-4 Gequollene Kollagenfasern von intramuskulären Lobuli in Lachsschinken; M 500:1

Abb. 10.5.1-5 Halolyseerscheinungen in Muskelfasern von Schweinefleisch nach 5-stündiger Salzlakebehandlung; M 36000:1 (nach [2])

Wenn die Salzionenstärke in den Muskelfasern auf μ >1 ansteigt, konkurrieren derartig viele Natriumionen um das an den Muskeleiweißkörpern immobilisierte Wasser, daß die Sarkomerenreste zumindest teilweise ihre Wasserschichten abgeben müssen. Hierdurch können sich die Sarkomerenreste zu einem kleinlumigen Agglomerat verdichten. Diese durch Aussalzen bedingte Strukturverdichtung dürfte nach der Säurebildung irreversibel fixiert werden. Sie stellt den Hauptbeitrag zur Überwindung der unangenehm empfundenen Rohfleischelastizität dar.
Das bei der intrazellulären Proteinaussalzung frei gewordene Wasser diffundiert dem osmotischen Gefälle folgend nach außen und verdünnt die Lake bei der Naßpökelung oder verdunstet. Im Pökelfleisch verringert sich der a_W-Wert. Die Wasserverluste sind bei der Naßpökelung größer als bei der Injektionspökelung.

Pökelaromabildung

Die Bildung des Pökelaromas ist eng an den während der Pökelbehandlung ablaufenden halolytischen und enzymatischen Proteinabbau geknüpft. Die entstehende Peptide und Aminosäuren sowie die reaktionsfreudigen Carbonylverbindungen sind teils Ausgangsprodukte, teils Komponenten des Pökelfleischaromas. Aromabildende Bedeutung haben auch die Abbauprodukte des ATP. Wenn sich durch Wasserentzug, z.B. in der Durchbrennphase, allmählig die Konzentration der Aromastoffe erhöht, erreicht die Aromabildung ihren Höhepunkt. Das Pökelfleischaroma ist in der wäßrigen Phase der Pökelerzeugnisse lokalisiert.
Wenn die Salzkonzentration in den Muskelfasern Werte über 8 % erreicht, kommt die Aromabildung zum Stillstand. In den später folgenden Verfahrensstufen Räuchern und/oder Garen wird das Pökelfleischaroma vervollständigt.

Umrötung

Die „Umrötung" des roten Muskelfarbstoffes Myoglobin mit Pökelstoffen soll die natürliche rote Fleischfarbe erhalten. Die chemische Grundreaktion der Umrötung ist Anlagerung von Stickoxid an das zentrale Eisenion des Myoglibins, wobei Nitrosomyoglobin entsteht.
Die Nitrosomyoglobin-Bildung beginnt, gegebenenfalls nach mikrobieller Reduktion von Alkalinitrat zu Nitrit, mit der Nitrithydrolyse [3]:

$$NaNO_2 + H_2O \leftrightarrow HNO_2 + Na^+ + OH^-$$

Diese Startreaktion hat große Bedeutung für die NO-Bildung und damit für den Umrötungserfolg. Sie wird daher näher behandelt. Das Natriumnitrit ist das Salz einer starke Base und einer schwachen Säure. Es dissoziiert daher bei der Lakebildung vollständig. Seine Anionen reagieren mit den Protonen zu salpetriger Säure. Die Gleichgewichtskonstante dieser Reaktion wird als Hydrolysekonstante K_H bezeichnet:

$$K_H = \frac{c_{HNO_2} \cdot c_{OH^-}}{c_{NO_2^-}} \qquad (10.5.1/5)$$

Da die Hydrolysekonstante des Salzes einer schwachen Säure der Dissoziationskonstanten Ks dieser Säure umgekehrt proportional ist, wird:

$$K_H = \frac{K_W}{K_s} \qquad (10.5.1/6)$$

K_W ist das Ionenprodukt des Wassers. Da bei der Hydrolyse des Nitrites äquimolare Mengen an salpetriger Säure und Hydroxylionen entstehen, können die Gleichgewichtskonzentrationen beider

Hauptreaktionsprodukte nach Gleichung (10.5.1/7) berechnet werden:

$$c_{HNO_2} = c_{HO^-} = \sqrt{K_H \cdot c_{NO_2^-}} \qquad (10.5.1/7)$$

Der Umsetzungsgrad im Gleichgewicht kann als Hydrolysegrad α berechnet werden :

$$\alpha = \frac{c_{HNO_2}}{c} \qquad (10.5.1/8)$$

mit $c = c_{HNO_2} + c_{NO_2^-}$

Der Hydrolysegrad ist als der hydrolisierte Bruchteil der Gesamtkonzentration c des Salzes definiert. Daraus folgt:

$$\begin{aligned} c_{HNO_2} &= c_{HO^-} = \alpha \cdot c \\ c_{NO_2^-} &= (1-\alpha)c \end{aligned} \qquad (10.5.1/9)$$

$$K_H = \frac{c \cdot \alpha^2}{1-\alpha} = \frac{K_W}{K_s} \qquad (10.5.1/10)$$

Wenn das Ausmaß der Hydrolyse klein ist, so ist $\alpha < 1$, und der Hydrolysegrad läßt sich überschlagsmäßig berechnen:

$$\alpha \approx \sqrt{\frac{K_W}{K_s \cdot c}} \qquad (10.5.1/11)$$

Gleichung (10.5.1/11) sagt aus, daß mit abnehmender Salzkonzentration der Hydrolysegrad wächst. Folglich wird bei hohem Nitritzusatz mit einem geringen Hydrolysegrad zu rechnen sein. Ein geringer Nitritzusatz bewirkt hingegen einen höheren Hydrolysegrad, so daß anteilig mehr Nitrit in salpetrige Säure überführt wird und weniger Hydroxylionen entstehen als bei hohen Nitritzugaben.

In der Startreaktion des Umrötungsprozesses bildet sich so lange salpetrige Säure, bis die Pufferkapazität der Sarkoplasmaproteine erschöpft ist und sich in Abhängigkeit vom pH-Wert des Fleisches das Hydrolysegleichgewicht eingestellt hat.

Der Einfluß der Salzkonzentration auf den pH-Wert des Reaktionsmillieus geht aus den folgenden Gleichungen hervor:

$$c_{HO^-} = \alpha \cdot c \approx \sqrt{\frac{K_s \cdot c}{K_W}} \qquad (10.5.1/12)$$

$$c_{H^+} = \frac{K_W}{c_{HO^-}} \approx \sqrt{\frac{K_s \cdot K_W}{c}} \qquad (10.5.1/13)$$

Die aus den Gleichungen (10.5.1/9) und (10.5.1/11) abgeleiteten Gleichungen (10.5.1/12) und (10.5.1/13) machen deutlich, daß bereits mit relativ niedrigen Pökelsalzkonzentrationen solche Mengen an salpetriger Säure gebildet werden, die zu einer effektiven Umrötung führen können. Ferner zeigt sich, daß die Effektivität der Startreaktionen durch Protonenzusatz noch weiter gesteigert werden kann. Ein säurekatalysierter Zerfall der salpetrigen Säure zu NO wird aber nur unter den Bedingungen der Rohwurstreifung für möglich gehalten [4]. Die NO-Bildung in gereiftem Fleisch mit pH-Werten >5,4 soll bevorzugt durch Reduktion der salpetrigen Säure erfolgen. Reduzierende Agentien können gezielt zugesetzt werden oder fleischeigener Herkunft sein. Besonders die fleischeigenen Redoxsysteme dürften hierbei von Bedeutung sein. Ob jedoch nach dem Rigor mortis solche Redoxsysteme wie Cystein–Cystein, Cytochrom-c oder NADH noch funktionsfähig sind, ist derzeitig noch nicht geklärt. Tabelle 10.5.1–1 faßt die Möglichkeiten der Stickoxidbildung zusammen. Das in den Pökelrohlingen aus salpetriger Säure entstehende Stickoxid kann vom Myoglobin direkt gebunden werden [4].

Tab. 10.5.1-1 Möglichkeiten der Stickoxidbildung (nach [4], ref. in [5])

Reaktionsart	Gleichung
säurekatalytischer HNO_2-Zerfall	$3HNO_2 \xrightarrow{H^+} 2NO + HNO_3 + H_2O$
Reduktion	
• Cystein-Cystin-Redoxsystem	$HNO_2 + R_1-SH + HS-R_2 \xrightarrow{-2H_2O} NO + R_1-S-S-R_2$
• Redox-Enzymsystem, z.B.	$NO_2^- + Cyt.-c\ (red.) \longrightarrow NO - Cyt.-c\ (oxid.)$ NADH / NAD+ NO+Cyt.–c (red.)
• reduzierende Zusatzstoffe, z.B. Ascorbinsäure	$C_6H_8O_6 + 2HNO_2 \xrightarrow{-2H_2O} 2NO + C_6H_6O_6$

Cyt. = Cytochrom

Beim Pökeln ist zu beachten, daß Metmyoglobin nicht umgerötet werden kann, da das zentrale Eisenion in den dreiwertigen Zustand übergegangen ist. Es muß zunächst wieder zu Myoglobin reduziert werden. Hierzu eignet sich am wirkungsvollsten Ascorbinsäure. Diese vermag darüber hinaus auch Nitrit zu reduzieren. Somit kann Nitrosopigmentbildung sowohl aus Myoglobin als auch aus Metmyoglobin erfolgen.
Zu beachten ist ferner, daß in gewolftem und gekuttertem Fleisch der Anteil an Oximyoglobin sehr hoch ist. Um zu guten Umrötungsergebnissen zu kommen, muß diese Farbstoffkomponente reduziert werden [6].

Anfang der siebziger Jahre wurde bekannt, das Alkalinitrite in Gegenwart von sekundären Aminen unter bestimmten Millieubedingungen cancerogene Nitrosamine bilden können. Dieser Befund löste die Herausgabe von WHO-Empfehlungen über den Restnitritgehalt in Lebensmitteln und kritische Untersuchungen über den technologisch notwendigen Alkalinitritbedarf beim Pökeln aus. Nach den bisherigen Untersuchungen zeichnet sich ab, daß eine bestimmte Anfangsmenge für den Start der Umrötung notwendig ist. Bei der Schinkenherstellung sollte diese mindestens 20 ppm betragen [5]. Bei niedrigeren Nitritzugaben besteht die Gefahr, daß das Nitrit bereits abgebaut ist, bevor es in die Muskelfasern diffundieren konnte. Hierdurch können Fehlfabrikate entstehen. Die Untersuchungen erbrachten ferner, daß für eine 66 bis 90 %ige Umrötung von Rind- und Schweinefleisch im Mittel nur etwa ein Zehntel der in Deutschland gesetzlich erlaubten Nitritmenge erforderlich ist. Zu berücksichtigen sind aber die biologischen Schwankungen des Myoglobingehaltes und der hohe Nitritverbrauch für Nebenreaktionen. Die Nitriteinsatzmenge sollte daher >20 ppm sein, als optimal gilt eine Einsatzmenge von 50 mg $NaNO_2$ je 1 kg Fleisch [7].
Die Nitrosomyoglobinbildung im Pökelgut ist temperaturabhängig. Im Pökellagerraum (6 – 8 °C) kann nach der praxisüblichen Prozeßdauer mit einer 40 %igen Umrötung des Myoglobins gerechnet werden. Beim Kalträuchern (22 °C) erhöht sich die Pigmentausbeute auf etwa 50 %.

Wenn gegarte Pökelwaren Kerntemperaturen um 65 °C erreichen, wird mit einer Umrötung von 60 – 80 % gerechnet. Oberhalb 70 °C geht das Nitrosomyoglobin in das denaturierte Nitrosomyochromogen über. Diese Pigmentkörper verleihen dem Pökelfleisch eine rosarote Färbung. Eine gesicherte Zunahme der Pigmentausbeute ist ab dieser Kerntemperatur nicht mehr gegeben.
Die Unvollständigkeit der Nitrosopigmentbildung hat auf den optischen Farbeindruck von Pökelwaren keinen Einfluß, sofern Werte um 40 % nicht unterschritten werden. Mikrobielle Stoffwechselprodukte können aber wegen des kolonieartigen Wachstums der Mikroflora zu unerwünschten örtlichen Verfärbungen führen. Durch mikrobiell erzeugten Schwefelwasserstoff entstehen ekelerregende grüne Sulfmyoglobin-Pigmente. Grünverfärbungen können auch bei Ascorbinsäurezusätzen von mehr als 0,05 % bezogen auf die Rohlingsmasse auftreten.
Bei örtlich stark konzentrierter Wasserstoffperoxid- oder Schwefelwasserstoffeinwirkung wird der Prophyrinring des Häms aufgespalten. Nach Freiwerden des Eisens und Abspaltung des Globins können unansehnliche gelbe Gallenpigmentkörper entstehen [6]. Alle Verfärbungserscheinungen stellen gravierende Qualitätsmängel der Pökelwaren dar und sind deshalb zu vermeiden.

Durchbrennen und Wässern

Nach den drei traditionellen Pökelverfahren schließt sich das sog. „Durchbrennen" der Rohlinge an. Dazu werden die Rohlinge aus den Pökelbehältern entnommen und luftig aufgehängt oder in Stellagen eingelagert. Das Durchbrennen kann auch in Schinkenpressen unter höherem Preßdruck vorgenommen werden. Während des Durchbrennens findet ein Salzkonzentrationsaustausch zwischen den äußeren und inneren Gutsschichten statt. Gleichzeitig reduziert sich der Wassergehalt der Pökelfleischstücke durch Verdunstung bis zum erzeugnisüblichen Endwert, und das Pökelaroma bildet sich heraus. Die relative Luftfeuchte im Raum sollte daher zwischen 80 % und 60 % regulierbar sein. Die Durchbrennzeit beträgt erfahrungsgemäß zwei Drittel der Pökeldauer.
Nach dem Durchbrennen müssen die Pökelfleischstücke „gewässert" werden, da ihre Außenschichten meistens eine sensorisch nichttolerierbare hohe Salzkonzentration beibehalten, was zu einem unerwünschten Salzausschlag führen würde. Das Pökelgut wird daher zuerst mit handwarmem Wasser abgewaschen und danach bis zu 12 h (über Nacht) in fließendem, kaltem Wasser gewässert.
Vor dem Räuchern sind die Pökelstücke so lange zu trocknen, bis das anhaftende Wasser verdunstet ist. Anschließend können Rollschinkenstücke gewickelt und danach, wie auch alle anderen Pökelstücke, angeschlauft werden.
Kochschinkenstücke werden nach der Injektionspökelung meistens in Formen eingebracht und unter Preßdruck in Kochkesseln oder Garschränken auf Kerntemperaturen zwischen 65 und 75 °C erwärmt. Nach dem Erwärmen müssen die Kochschinkenerzeugnisse rasch abgekühlt werden. Der Kerntemperaturbereich um 37 °C sollte möglichst innerhalb einer Stunde durchschritten werden.

10.5.1.5 Räuchern

Das Räuchern gliedert sich in die Teilbereiche Kalt- und Heißräucherei. Es erfolgt in beiden Teilbereichen meisten in Kombination mit anderen Verfahrensschritten. Das Kalträuchern kann mit partiellem Trocknen und Reifen, das Heißräuchern mit feuchtem Garen und Kühlen kombiniert werden. Entsprechende Räucheranlagen gliedern sich in die Anlagenteile Raucherzeuger und Behandlungskammern. Anlagen zum ausschließlichen Räuchern werden nur noch zur

Spezialitätenräucherung, z.B. für Westfälischen Knochenschinken oder Schwarzwälder Schinken, eingesetzt.

► Technologische Zielsetzung

Technologisches Ziel des Räucherns von Fleisch- und Wurstwaren ist es:

- den Flavour von Fleisch- und Wurstwaren mit einem stark appetitanregenden Raucharoma zu vervollständigen
- dem Räuchergut eine ansprechende Räucherfärbung zu verleihen
- die Haltbarkeit der Fleisch- und Wurstwaren durch oberflächen- beaufschlagte und ins Gutsinnere diffundierende antimikrobielle Rauchbestandteile, bei Kaßler- und Brühwurstwaren in Verbindung mit Wärmebehandlung, zu verlängern
- bei Rohpökel- und Rohwurstwaren neben der Rauchbeaufschlagung eine produktspezifische Trocknung und Reifung einzuleiten.

Der Verarbeitungsbereich Räuchern ist in Industriebetrieben meistens in zwei Verarbeitungsräumen, der Kalt- und der Heißräucherei, lokalisiert. In Handwerksbetrieben ist eine räumliche Trennung beider Räucherverfahren gewöhnlich nicht vorhanden.

► Verfahrensführung der Raucherzeugung

Räucherholz und Räucherrauchbildung

Zur Gewinnung von Räucherrauch werden folgende Holzarten verwendet:

- Laubharthölzer, wie Buche, Esche, Eiche
- Laubweichhölzer, wie Akazie, Pappel, Erle, Ahorn
- Nadelhölzer, wie Tanne, Fichte, Kiefer.

Bevorzugt wird Weißbuche eingesetzt. Laubweich- und Nadelhözer, vor allem deren Wurzelholzanteile, werden als Zusätze verwendet. Als Zusätze zur Rauchgewinnung gelten auch Wacholderreisig und -beeren.

Das Räucherholz gelangt in verschiedenen Zerkleinerungszuständen zum Einsatz. Früher wurden in Räucherkammern ganze Buchenholzscheite zur Verglimmung gebracht. In modernen Rauchgewinnungsanlagen wird das Räucherholz in Form von Holzstäben oder als „Schmok“ eingesetzt. Räucherschmok können Holzstückchen mit Kantenlängen von etwa 5 mm, Hobelspäne oder Sägemehl, sein.

Zu beachten ist, daß in jeglicher Art chemisch vorbehandeltes Holz, leimhaltiges Holz oder Holz mit Anstrichen aller Art nicht zu Räucherholz verwendet werden darf. Auch die Verwendung von Torf ist wegen des hohen Schadstoffgehaltes des daraus erzeugten Räucherrauches abzulehnen.

Die Räucherrauchbildung vollzieht sich beim Verglimmen oder Verschwelen des Holzes. Das Verschwelen ist die Pyrolyse von Holz bei Zutritt von Luftsauerstoff. Die bei der Holzverkohlung ohne Luftzutritt nacheinander ablaufenden endo- und exothermischen Pyrolysephasen vollziehen sich im offenen System der Verschwelung nebeneinander. Die Hauptmenge an pyrolytischen Zersetzungsprodukten bildet sich bei der offenen Pyrolyse ab Temperaturen oberhalb von 270 °C. Im Gegensatz zur Verkohlung wird die thermische Zersetzung des Holzes von Oxidationsprozessen der Pyrolyseprodukte begleitet. Hierdurch kann die Glutbett-Temperatur bis auf etwa 900 °C ansteigen. Die Rauchbildung läuft dabei in heterogener Kettenreaktion weiter. Die Art und Menge der Reaktionsprodukte ist von der verfügbaren Sauerstoffkonzentration und von der erreichten Temperatur im Glutbett abhängig.

Rauchdichte und Bestandteile des Räucherrauches
Der bei der Pyrolyse des Holzes entstehende Rauch ist ein Aerosol, d.h. ein Gemisch aus Luft und anderen Gasen sowie Dämpfen, Flüssigkeiten und festen Bestandteilen, wobei die flüssigen und festen Anteile in den gasförmigen dispergiert sind.
Zu den Gasen zählen u.a. Sauerstoff, Stickstoff, Wasserstoff, Kohlenoxide, Methan und Ethin. Die flüssigen Anteile des Rauches liegen als Tröpfchen kondensierter und polymerisierter organischer Verbindungen vor. Feste Bestandteile sind Ruß- und Aschepartikeln.
Die Durchmesser der dispergierten Rauchanteile bewegen sich zwischen 0,1 µm und 1 µm. Die qualitative Zusammensetzung an wirksamen Rauchbestandteilen ist in der gasförmigen und dipergierten Phase gleich. Die quantitative Zusammensetzung beider Rauchphasen differiert jedoch erheblich. Die disperse Phase enthält vorwiegend hochsiedende Komponenten und das Dispersionsmittel vor allem leichtflüchtige Verbindungen. Das Verhältnis zwischen Gasen und Dämpfen sowie den dispergierten Partikeln hängt von der Verdünnung des Rauches mit Luft, vom Wasserdampfgehalt und von der Rauchtemperatur ab. Bei kaltem Rauch mit Temperaturen zwischen 20 und 24 °C beträgt es etwa 8 : 1, bei heißem Rauch um 300 °C liegt es bei 10 : 1.
Aus den drei Hauptbestandteilen des Holzes, Cellulose (50 %), Hemicellulose (20 %) und Lignin (30 %), entstehen bei der Verschwelung schätzungsweise 1000 verschiedene Bestandteile. Davon sind bisher etwa 200 Verbindungen identifiziert worden. Diese lassen sich zu folgenden Gruppen zusammenfassen:

- Phenole 45
- Carbonyle 70
- organische Säuren 20
- Alkohole und Ester 13
- Furane 11
- Lactone 13
- polycyclische aromatische Kohlenwasserstoffe >40 .

Die meisten Rauchbestandteile wirken sowohl aroma- und farbgebend als auch antimikrobiell. Das Raucharoma ergibt sich aus der Summe aller Rauchbestandteile. Die Herausbildung der Räucherfarbe vollzieht sich teils durch Beaufschlagung mit farbgebenden Rauchbestandteilen, teils durch die Maillardreaktion zwischen Rauch- und Gutsbestandteilen. Die antimikrobielle Wirkung des Räucherrauches darf nicht überbewertet werden. Sie beschränkt sich bei den meisten Räuchergütern auf eine Oberflächenwirkung. Lediglich bei Rohwürsten, ausgenommen streichfähige Rohwürste, diffundieren Rauchbestandteile auch in das Wurstinnere und leisten dort einen Aroma- und Haltbarkeitsbeitrag.

- Phenole:
  Phenole sind durch ein bis drei Hydroxylgruppen substituierte Benzole (Benzene). Im Räucherrauch treten Mono- und Dihydroxibenzole und die Homologen Kresole und Xylenole auf. Zu den Dihydroxibenzolen des Räucherrauches gehören auch alkylierte Verbindungen, z.B. das Guajakol. Phenole sowie ihre Homologen und Derivate sind für die mikrobizide Wirkung, für die Räucheraroma- und -farbausbildung verantwortlich. Darüber hinaus haben sie eine antioxidative Wirkung. Auf bzw. in den Räucherwaren können je nach Räucherintensität 300 – 3 000 mg kg^{-1} phenolische Verbindungen nachgewiesen werden. Im Übermaß erzeugen diese Verbindungen den unangenehmen „Medizingeruch“. Phenole neigen über Kondensationsreaktionen z.B.

mit Formaldehyd zur Verharzung, was rasch zur Verschmutzung von Räucherwagen und Räucherspießen sowie den Kammerwandungen führen kann.

- Carbonylverbindungen:
  Zu dieser Gruppe zählen aliphatische und aromatische Aldehyde und Ketone. Der wichtigste Vertreter dieser Gruppe ist der Formaldehyd. Auf der Oberfläche des Räuchergutes können bis zu 50 mg kg^{-1} und im Gutsinneren bis zu 10 mg kg^{-1} Formaldehyd nachgewiesen werden. Formaldehyd wirkt stark antimikrobiell. Außerdem hat es eine „härtere". d.h. vernetzende Wirkung auf Eiweiße. Naturdärme erhalten durch Einwirkung des Formaldehyds auf ihr kollagenes Netzwerk die nötige Festigkeit, um die thermische Belastung z.B. beim Pasteurisieren oder Sterilisieren ohne zu platzen zu überstehen. Auch höhere Aldehyde, besonders Dialdehyde, wirken härtend auf Kollagen.
  Zu den Ketonen des Räucherrauches zählt z.B. das Aceton. Das hydroxilierte Aceton ist das Acetol. Dies kondensiert mit Aminen und Proteinen zu braunen Farbkomponenten. Carbonylverbindungen bzw. ihre Abbauprodukte (Reductone) polymerisieren zu Melanoidinen.

- Organische Säuren, Alkohole, Ester, Furane und Lactone:
  Im Räucherrauch sind aliphatische und aromatische Carbonsäuren enthalten. Unter diesen finden sich vor allem die Ameisen- und Essigsäure. Je nach Gehalt des eingesetzten Holzes an Cellulose und Hemicellulose kann ein höherer oder niedrigerer Anteil dieser Säuren nachgewiesen werden. Von beiden Säuren geht eine antimikrobielle Wirkung aus. Im Räucherrauch ist Methanol nachweisbar. Höhere Alkohole mit mehr als vier Kohlenstoffatomen wirken aromatisierend. Sehr aromaintensiv sind auch die Ester. Furane können einen chloroformartigen Flavour erzeugen und neigen bei Einwirkung von Säuren zur Polymerisation. Hierbei entstehen dunkle Harze. Ein brotartiges Aroma geht vom Furfural aus, das sich an der Luft rasch braun verfärbt. Lactone sind innere Ester der Hydrocarbonsäuren. Sie sind sehr reaktionsfreudig und weisen einen starken, meist unangenehmen Geruch auf.

- Polycylische aromatische Kohlenwasserstoffe:
  Von den im Räucherrauch nachgewiesenen polycylischen aromatischen Kohlenwasserstoffen (PAK) wirken einige krebserregend. Am stärksten krebserregend ist das Benzo[α]pyren, etwas schwächer wirkt das 1,12-Benzperylen, und danach folgen das 1,2,5,6-Dibenzanthracen und andere. Die Bildung der PAK korreliert mit der Pyrolysetemperatur. Sie beginnt bei etwa 400 °C und nimmt mit steigender Temperatur zu. Bei 800 °C erreicht die PAK-Bildung das Maximum. Daher sollte die Verschwelungstemperatur in den Raucherzeugern so niedrig wie möglich gehalten werden.
  Beim Nachweis der PAK beschränkt man sich derzeitig auf die Bestimmung des Benzo[α]pyren-Gehaltes. In geräucherten Fleisch- und Wurstwaren oder Fleischerzeugnissen mit einem Anteil an Geräuchertem dürfen Benzo[α]pyren-Gehalte von 1 µg nicht überschritten werden.

► Verfahren zur Raucherzeugung

Zur Raucherzeugung sind vier Verfahren bekannt. Das älteste ist das **Glimmrauchverfahren**. Ursprünglich wurde bei diesem Verfahren der Räucherrauch direkt in der Räucherkammer durch

Verglimmen von Sägespänen erzeugt. In den heutigen Glimmrauchgenerationen werden die Sägespäne auf Rosten liegend mit elektrischen oder gasbetriebenen Zündvorrichtungen zum Verglimmen gebracht. Die Rauchentwicklung läßt sich durch die Frischluftzufuhr steuern. Die Glutbett-Temperatur liegt bei diesem Verfahren zwischen 400 °C und 800 °C. Der Anteil an cancerogenen PAK ist folglich im Glimmrauch hoch. Zur Minderung dieser Anteile kann der Rauch gefiltert werden. Eine deutlichere Minderung der cancerogenen Rauchanteile enthält man, wenn die Sägespäne fest zusammengepreßt und unter geringer Luftzufuhr mit elektrischer Kontaktbeheizung auf 300 – 400 °C erwärmt werden.

Das zweite Verfahren zur Rauchgewinnung ist das **Reibrauchverfahren**. Hierbei wird ein Holzstück mit konstantem Druck auf ein rotierendes Reibrad gepreßt. Durch Einstellung von Preßdruck, Rotorgeschwindigkeit und Frischluftzufuhr sowie über das Reibungsprofil des Rotors und das Zeitraster von Rotorumlauf und -stillstand kann die Verschwelungstemperatur unterhalb des PAK-bildungsniveaus gehalten werden. Reibrauch läßt sich schnell erzeugen, ist arm an Teerstoffen, daher hell und von gleichmäßiger Rauchdichte.

Das dritte Rauchgewinnungsverfahren verwendet die Wärme von Dampf zur Verschwelung der Räucherspäne und wird daher als **Dampfrauchverfahren** bezeichnet. Dabei wird ein auf 300 °C erwärmtes Luft-Dampf-Gemisch durch die Holzspäne geblasen. Die Glutbett-Temperatur der Pyrolyse ist gleich der Temperatur des Wärmeübeträgers. Teer- und Aschebestandteile sind im Dampfrauch nicht enthalten. Dafür ist beim Abkühlen des Rauches mit einem starken Anstieg der relativen Luftfeuchte zu rechnen. Dampfrauch sollte daher bevorzugt zur Heißräucherung von Brühwürsten verwendet werden. Der Gehalt an cancerogenen Stoffen liegt bei diesem Verfahren unterhalb der Nachweisgrenze.

Das vierte Rauchgewinnungsverfahren ist das **Fluidisationsverfahren**. Bei diesem Verfahren wird anstelle von Dampf trockene Heißluft als Wärmeüberträger eingesetzt. Die Pyrolysetemperatur kann auf jeden beliebigen Wert eingestellt werden. Da die Verschwelung der Sägespäne im Wirbelstrom der in den Reaktor eingeblasenen Luft erfolgt, ist der Abbrandanteil des Rauches sehr hoch. Der Abbrand läßt sich jedoch wirkungsvoll mit einem integrierten Zyklonabschneider vom Räucherrauch abtrennen.

► Verfahren der Rauchbehandlung

Rauchführung in der Räucherkammer

Ziel der Rauchbehandlung ist die allseitige und gleichmäßige Rauchbeaufschlagung der Räuchergüter. Hierzu muß der Rauch möglichst gezielt an deren Oberflächen herangeführt werden. Dies läßt sich durch ein erforderliches Maß an Gerichtetheit und Turbulenz der Rauchströmung in Gutsnähe erreichen. Der Räucherrauch wird hierzu durch zwei Reihen in den Räucherkammern oben angeordneter Raucheintrittsöffnungen mit einer Geschwindigkeit von etwa 1 ms^{-1} eingeblasen. Der Rauch bewegt sich danach vorwiegend entlang der seitlichen Kammerwandungen, bis er auf den Kammerboden auftrifft. Dort verwirbelt sich der Rauch, verliert an Strömungsgeschwindigkeit und steigt mit hoher Turbulenz durch das in den Räucherwagen befindliche Gut. Die Strömungsrichtung nach oben erfährt der Rauch durch mittig im Kammerdach eingelassene Absaugöffnungen. Der Sog zieht ihn mit einer Geschwindigkeit von etwa 0,03–0,1 ms^{-1} gleichmäßig durch die Kammer. Durch eine alternierende Raucheintrittsführung wird die Gleichmäßigkeit der Rauchführung durch die gefüllte Räucherkammer noch erhöht. Der langsam nach oben steigende, turbu-

lent strömende Rauch erreicht alle Oberflächenbereiche des Räuchergutes, auch die oberen Zipfel von Wurstwaren, sofern die Kammer nicht mit Räuchergut überfüllt ist. Wenn beim Würstchenräuchern Räucherspieße mit ⊥-förmigem Profil eingesetzt werden, bleibt die ungeräucherte Auflagefläche der Würstchen auf diesen sehr klein.
Ein Teil der an die Gutsoberfläche herangeführten flüssigen Rauchbestandteile klebt dort fest, während die gasförmigen Rauchbestandteilen je nach Räuchergutstruktur mit Kammertemperatur in das Räuchergut hinein diffundieren. Andere in der Gas- und Dampfphase befindliche Rauchbestandteile können auf der Gutoberfläche kondensieren, sofern die Gutsoberfläche kälter als der Räucherrauch ist. Schließlich können einige Rauchbestandteile auch durch Adsorption an der Gutsoberfläche festgehalten werden.

Die traditionellen Verfahren der Rauchbehandlung gliedern sich je nach der Temperatur des Räucherrauches in der Räucherkammer in Kalt- und Heißräucherverfahren. Weniger gebräuchlich ist das zwischen dem Kalt- und Heißräuchern stehende Warmräucherverfahren.

Kalträuchern
Kaltgeräuchert werden Rohpökelwaren, Rohwürste und Kochwürste im Naturdarm. Folgende Räucherparameter werden angewendet:

• Rauchtemperatur	12–24 °C
• Strömungsgeschwindigkeit des Rauches eintrittseitig	0,5–1 ms^{-1}
in Gutsnähe	0,03–0,1 ms^{-1}
• Räucherzeit (je nach Räuchergut)	1h bis 7 d
• Rauchdichte	dünn bis mitteldicht
• relative Luftfeuchte	95–75 %.

Das Räuchern von Rohpökelwaren und Rohwürsten wird in Kombination mit partiellem Trocknen unter der Bezeichnung Klimaräuchern durchgeführt. Hierbei erfolgt eine alternierende Behandlung des Räuchergutes mit Kaltrauch und Kaltluft innerhalb definierter Zeitintervalle. Folgende Beispiele geben einen Einblick über praktikable Klimarauchführungen:

- Beispiel 1: Lachsschinken
  - Trocknen bei 25 °C, relative Luftfeutigkeit 80 %, Lufteintrittsgeschwindigkeit 0,65 ms^{-1}
  - Kalträuchern bei 22 °C, Rauchdichte dünn, Raucheintrittsgeschwindigkeit 0,65 ms^{-1}
  - Zeitintervall - 2 mal je 4 h Trocknen und Kalträuchern.

- Beispiel 2: Kochwurst
  Kochwürste im Naturdarm werden nicht klimageräuchert. Das Trocknen der Oberfläche soll nur die Rauchannahme der Würste verbessern.
  - Trocknen bei 20 – 25 °C, relative Luftfeuchtigkeit 86 % bis zum Rückgang der Oberflächenfeuchte
  - Kalträuchern bei 18 °C, Rauchdichte dünn bis mitteldicht
  - Dauer 24 h

Heißräuchern
Heißgeräuchert werden Garpökelfleisch - insbesondere Kaßlererzeugnisse und die meisten Brühwurstwaren. Heißgeräuchert wird nach einer vorangegangenen Vortrocknungsphase zur Ober-

flächenabtrocknung und ist mit dem Garen in feuchter Heißluft kombiniert. Für das Heißräuchern von Kaßlererzeugnissen werden folgende Parameter empfohlen:

- Rauchtemperatur 70–85 °C
- relative Luftfeutigkeit 40–60 %
- Rauchdichte dünn bis mitteldicht
- Dauer 40–60 min.

Neben den traditionellen Räucherverfahren sind das elektrostatische Räuchern und die Gutsbehandlung mit Flüssigrauch-Präparaten bekannt. Beim elektrostatischen Räuchern wird das Räuchergut elektrostatisch aufgeladen. Hierdurch werden vor allem feste und zähflüssige Rauchbestandteile von der Gutsoberfläche angezogen. Die gasförmigen Bestandteile werden von der elektrostatischen Wirkung der Gutsoberfläche nicht erfaßt. Daher ist ein voller Räucherflavour mit diesem Verfahren kaum erzielbar.
Das „Räuchern" mit Flüssigrauch-Präparaten ermöglicht eine Rauchbehandlung ohne cancerogene Belastung des Räuchergutes. Flüssigrauch-Präparate können Schwelrauchkondensate sein, die durch fraktionelle Destillation gewonnen und in flüssige Träger, z.B. Wasser, Speiseöl oder Gelatinelösungen, eingebracht werden. Die „Rauchbehandlung" erfolgt durch Eintauchen oder Besprühen des Räuchergutes. Um Raucharomaeinbußen nicht hinnehmen zu müssen, sollten die Kondensate aus bereits PAK-freiem Räucherrauch hergestellt werden. Hierbei erübrigt sich das fraktionierte Destillieren.

Quellen und Literatur

[1] Deutsches Lebensmittelbuch: Leitsätze/ red. bearb. von HANS HAUSER, Köln: Bundesanzeiger, 1988

[2] KIESSLING, I: Struktur und strukturmechanische Eigenschaften frischer Rohwurst. Diss. der TU Dresden, 1982

[3] BRDICKA, R.: Grundlagen der physikalischen Chemie. Deutscher Verlag der Wissenschaften Berlin 1985

[4] TOTH, L.: Reaktionen des Nitrits beim Pökeln von Fleischwaren. Fleischwirtschaft 62 (1982), 1256

[5] INGRAM,M.: Probleme bei der Verwendung von Nitrit. Fleischwirtschaft 57 (1977), 211

[6] ZATOCIL,O.: Zur Frage der Nitritwirkung in Fleischwaren. Die Fleischwirtschaft 15 (1965), 798

[7] MÖHLER,K.: Das Pökeln. Fleischforschung u. Praxis. Schriftenreie H. 7, Verlag der Rheinhessischen Druckwerkstätte, Alzey 1980

10.5.2 Kochwurstherstellung

P. OELKER

10.5.2.1 Erzeugnischarakteristik

Kochwürste sind entweder streichfähige oder schnittfeste Wurstwaren in mattglänzenden ungeräucherten oder geräucherten natürlichen bzw. verschiedenartigen künstlichen Wursthüllen. Bei hausschlachtenen und verschiedenen ortsüblichen streichfähigen Kochwürsten gehört ein sichtbarer Fettmantel unter der Wursthülle zum Qualitätsbild. Unter der Wursthülle aller anderen Kochwürste dürfen keine Lufteinschlüsse sowie Fettnester oder gelierte Jusansammlungen sichtbar sein.
Der frische Anschnitt von streichfähigen Kochwürsten zeigt unter dem gegebenenfalls vorhandenen Fettmantel entweder eine rosa oder grau-bräunliche homogene Wurstmasse, in der Gewürzteile, unterschiedlich große gepökelte Fleisch- und Innerei- sowie Fettgewebeeinlagen enthalten sein können.
Schnittfeste Blutwürste zeigen appetitanreizende Anschnitte, die sich durch verschiedenartige, unterschiedlich farbige und gestaltete Fleisch- bzw. Brät-, Fettgewebe- und/oder Innerei-Einlagen in der Blutgrundmasse ergeben. Der optische Anreiz solcher Erzeugnisse läßt sich durch mosaikartige Gestaltung der Einlagen noch erheblich steigern.
In schnittfesten Sülzwürsten stellen die verschiedenartig gestalteten Einlagen aus Fleisch, Fettgewebe, Gemüse, Gewürzteile oder Eiern in unterschiedlichen Mengenverhältnissen die appetitanregenden Anreizpunkte zur Gallertmasse dieser Erzeugnisse dar.
Alle Einlagen sollten in der jeweiligen Wurstgrundmasse gleichmäßig verteilt sein und dürfen sich beim Aufschneiden nicht aus den Wurstscheiben herauslösen. Ferner sind Fett- und Jusabsatznester sowie größere Lufteinschlüsse im Anschnitt unzulässig. Das Fett von Fettgewebeeinlagen darf nicht schmalzig sein.
Kochwürste zeichnen sich durch ein geruchlich und geschmacklich abgestimmtes Aroma nach den namengebenden Innereien und Grundmassen, den Einlagen sowie den ortsüblichen Gewürzen aus. Unter Kühlbedingungen müssen Kochwurstwaren mehrere Tage haltbar sein. Begriffsbestimmungen und Beurteilungsgrundsätze für Kochwürste sind in Deutschland in „Leitsätzen" festgelegt [1].

10.5.2.2 Sortiment und Rezepturen

Das Kochwurstsortiment untergliedert sich in Deutschland in folgende Untersortimente:

- Leberwürste, wenn der Leberanteil über 10 % liegt
- Blutwürste
- Sülzwürste.

Leberwürste sind streichfähige, Blut- und Sülzwürste schnittfeste Kochwürste. Blutwürste können als Frisch- oder Halbdauerware in den Verkehr gebracht werden.
Kochwürste werden seit jeher aus fett- und bindegewebsreicheren Materialien, die für die Verarbeitung zu Roh- und Brühwurst kaum in Betracht kommen, sowie Innereien, Blut und Gallertmasse hergestellt. Um die Attraktivität dieser Erzeugnisse zu erhöhen, sind seit der Frühzeit

des Fleischerhandwerkes und der bäuerlichen Hausschlachtungen zahlreiche Rezepturen entstanden, die vor allem die Schnittbildgestaltung und Würzung variieren. Einlagen schnittfester Kochwürste erhielten definierte geometrische Formen. Hierbei entwickelte sich die Faustregel, daß fleischreichere Einlagen meistens größere Kantenlängen als Fettgewebeeinlagen aufweisen. Zur Würzung wurden aromaintensive einheimische und ausländische Gewürze eingesetzt. Bei der Rezepturentwicklung bildeten sich ferner bei gleichartigen Erzeugnissen Qualitätsstufen heraus, wobei die mittleren Sorten zumeist die „normale" Qualität repräsentieren. Spitzenqualitäten sollten anspruchsvollere Verbrauchererwartungen erfüllen und einfache Qualitäten besonders preisgünstige Wurstwarenangebote ermöglichen. Bei der Entwicklung der Kochwurstrezepturen hat sich die „Ortüblichkeit" der zahlreichen deutschen Landstriche und Orte in hohem Maße erhalten.
Die Namensgebung der Kochwurstwaren richtet sich hauptsächlich nach den Zutaten, der geographischen Herkunft und der Qualitätsstufe. Zahlreiche Kochwurstrezepturen sind in Handbüchern zusammengefaßt [2].

10.5.2.3 Rohstoffe

Als Kochwurstrohstoffe werden hauptsächlich Teile vom Schwein eingesetzt, z.B. Bauch, Wammen, Backen, Kamm, Eisbein, Kopfputz. Spitzensorten können z.B. Kalbfleischzusätze erhalten.
Als natürliche „Bindemittel" der Kochwürste gelten Schwarten und Sehnen. Speck, Flomen, und andere Fettgewebe sowie Innereien, vor allem Leber und Blut, werden teils zur Brät- bzw. Grundmassenherstellung, teils als Einlagen eingesetzt.
Die Anforderungen an die Kochwurstrohstoffe gliedern sich in:

- Anforderungen an die Muskel-, Fett- und Bindegewebszusammensetzung
- technologische Eigenschaften
- hygienische Anforderungen, vor allem an die Innereien.

Kochwurstrohstoffe, einschließlich Innereien, lassen sich durch eine innerbetrieblich standardisierte Fleischzerlegung nach Sortierungssystemen, z.B. nach dem GEHA-System [3], gewinnen. Zur Bräthertstellung werden vor allem die fett- und bindegewebsreicheren Fleischteile eingesetzt. Das Einlagematerial kann hingegen fett- und bindegewebsarm sein.

Die technologischen Rohstoffeigenschaften sind:

- geringe Verfestigungsbereitschaft der Sarkoplasmaeiweiße im Leberwurstbrät beim Wurstgaren
- hohes Geliervermögen der gequollenen Bindegewebsanteile beim Abkühlen der Kochwürste.

Auf diese Eigenschaften werden die Kochwurstrohstoffe vor ihrer Verarbeitung durch die thermische Vorbehandlung eingestellt.

Die hygienischen Anforderungen ergeben sich aus der hohen Verderbnisanfälligkeit der Innereien. Zu Kochwursterzeugnissen werden neben Innereien, wie Milz, Lunge, Pansen, Gekröse und Euter, vor allem Schweineleber verarbeitet. Der pH-Wert von frischer Leber liegt etwas über 7. Leber hat bei Kühltemperaturen zwischen 0 °C und 4 °C eine Haltbarkeit von 4 bis 8 Tagen. Bei Bevorratung von Leber unter Gefrierlagerungsbedingungen ist zu beachten, daß sich mit zunehmender Gefrierlagerdauer das Aroma durch Veränderungen der Phospholipide und z.T. auch der Neutralfette verschlechtert.

Der Einsatz von Rinderleber zur Leberwurstherstellung wird wegen des höheren Restgallegehaltes und der dunkleren Farbe nicht empfohlen.

Das zur Blutwurstherstellung verwendete Schweineblut ist noch verderbnisgefährdeter als die Innereien. Sein pH-Wert liegt bei etwa 7,4. Zur Minderung des Anfangskeimgehaltes sollte es daher unter strengen hygienischen Bedingungen, vorzugsweise mit dem Stechhohlmesser gewonnen und ebenfalls so frisch wie möglich verarbeitet werden. Wenn das Blut bis zur Verarbeitung zwischengelagert werden muß, sollte die Lagertemperatur bei 0 – 2 °C liegen und die Zwischenlagerung nicht länger als 4 Tage dauern. Das Blut kann mit Antigerinnungsmittel vorbehandelt oder defibriniert zur Verarbeitung gelangen.

10.5.2.4 Zutaten und Hilfsstoffe

Zutaten haben die Aufgabe, die Umrötung der Einsatzmaterialien, einschließlich des Blutes, herbeizuführen bzw. sich an der Farbausbildung der Erzeugnisse zu beteiligen und den Flavour der Erzeugnisse abzurunden.

Kochwurstzusatzstoffe und Zutaten sind Nitritpökelsalz, Glucono-delta-Lacton, Natriumcitrat, Gewürze, Trinkwasser, Zwiebeln, verschiedene Cerealien, Milch, Trüffeln, Sardellen, Flüssigei, flüssiges Eigelb, gefrorenes Vollei oder Eigelb, Sahne.

Hilfsstoffe für die Kochwurstherstellung sind natürliche und künstliche Hüllmaterialien, Abbinde- oder Nähfäden sowie Clips. Als Hüllmaterialien vom Schwein werden Mägen, Dünndarm, Blinddarm, Grimmdarm, Nachende und Mastdarm eingesetzt. Vom Rind werden Dünndarm, Blinddarm sowie Übergangsstücke zum Dickdarm und Grimmdarm verwendet.

An künstlichen Wursthüllen kommen Hautfaserdärme, Cellulosehydrat- und Zellglasdärme mit und ohne Faserverstärkung sowie Sperrschichtlackierung, Polyester- und Polyamiddärme sowie Mischpolymerisatdärme mit unterschiedlicher Konfektionierung zum Einsatz.

10.5.2.5. Darstellung des Arbeitsverfahrens

In mittelständischen und Großbetrieben der Fleischverarbeitung wird das Arbeitsverfahren zur Kochwurstherstellung in folgende Verarbeitungsbereiche und Verfahrensstufen untergliedert:

- Verarbeitungsbereich 1:
  Übernahme der Roh-, Zusatz- und Hilfsstoffe; Mengen- und Qualitätskontrolle; Vorchargieren; Zwischenlagern in entsprechenden Lagerräumen; Bereitstellen vor Produktions-

beginn; Vorgaren der Brät- und Einlagematerialien, hydrothermischer Aufschluß der Bindegewebe; Temperieren des Blutes; Ausbeinen der vorgegarten Einsatzmaterialien; Kühlen der vorgegarten Einlagematerialien; Raumbedarf: bis zu vier Produktionsräumen

- Verarbeitungsbereich 2:
  Herstellen der Einlagen; Chargenzusammenstellen; Brät- bzw. Blutgrundmassen- und Sulzbereitung; Füllen des Brätes bzw. der Massen in Hüllmaterialien; Raumbedarf: bis zu zwei Produktionsräumen
- Verarbeitungsbereich 3:
  thermische und Kaltrauchbehandlung der Würste; Raumbedarf: bis zu zwei Produktionsräumen
- Verarbeitungsbereich 4:
  Qualitätskontrolle der Kochwürste; Zwischenlagern, Versandverpacken, Ausliefern der Versandchargen; Raumbedarf: ein Produktionsraum; gemeinsam von allen produzierenden Abteilungen genutzt.

Der Schwerpunkt der Verfahrensdarstellung wird auf die Verarbeitungsbereiche 1 bis 3 gelegt.

10.5.2.5.1 Verarbeitungsbereich 1

► Technologische Zielsetzung

Technologisches Ziel im ersten Verarbeitungsbereich ist es,

- das Geliervermögen der natürlichen Bindemittel Schwarten und Sehnen durch hydrothermisches Aufschließen einzustellen
- die Schneidwiderstände der Einsatzmaterialien mit mittlerem und hohem Bindegewebsgehalt durch thermische Vorbehandlung aneinander anzugleichen; die „Bindefähigkeit" der Muskelproteine thermisch auszuschalten; einen ansprechenden Kochfleischflavour auszubilden und den Gesamtkeimgehalt der Einsatzmaterialien zu senken
- vorgegarte Materialien auszubeinen und zu chargieren.

Der Verarbeitungsbereich 1 kann in den Produktionsräumen Materialkühllagerraum, Pökelkühllagerraum, Manipulationsraum und Garraum lokalisiert sein. Die Kühllagerräume werden in kleineren Verarbeitungsbetrieben gemeinsam von den Verarbeitungsbereichen der Koch-, Brüh- und Rohwurstherstellung genutzt.

► Verfahrensführung

Zwischenlagern des Einsatzmaterials
Nach der Eingangskontrolle werden die für die Kochwurstherstellung vorsortierten Einsatzmaterialien bis zum Vorgaren im Materialkühllagerraum zwischengelagert.

Hydrothermische Vorbehandlung der Bindemittel
Entfettete und gewässerte Schwarten und Sehnen für Schwartenmasse werden im Garraum in Kochkesseln mit perforierten Einsätzen in Wasserüberschuß gargezogen. Die Verfahrensführung des Garziehens von Schwarten und Sehnen beginnt meistens mit dem Ankochen bei 100 °C und setzt sich mit langsamem Abkühlen und Temperaturhalten bei etwa 85 °C fort. Die Schwarten und Sehnen müssen so lange gegart werden, bis die Schrumpftemperatur der Kollagenfibrillen erreicht ist. Danach quellen sie unter Wasseraufnahme und lösen sich später auf.
Die Gutskerntemperatur sollte 90 °C keinesfalls längere Zeit überschreiten, weil sonst die entstehende Gelatinelösung in nicht mehr gelierfähiges Gelatosesol übergeht. Der optimale Vorbehandlunggrad ist erreicht, wenn sich die Schwarten nach 4 – 6h Garzeit „mühelos" mit den Fingern durchgreifen lassen. Anschließend werden sie heiß durch die 2 mm–Lochscheibe, gegebenenfalls unter Zusatz von rohen Zwiebeln, gewolft und mit der gelatinehaltigen, entfetteten Kesselbrühe vermischt.
Wenn die Schwartenmasse nicht sofort weiterverarbeitet wird, kann sie in flache, konisch ausgebildete Behälter gefüllt und bis zur Erstarrung abgekühlt werden. Danach ist eine mehrtägige Aufbewahrung der Schwartenmasseblöcke unter Kühllagerbedingungen möglich. Vor dem Einsatz der verfestigten Schwartenmasse ist sie durch die 2 mm–Lochscheibe zu wolfen.

Vorbereitung und Vorbehandlung der Brätmaterialien für Leberwurst
In den meisten Gegenden Deutschlands werden Leberwürste mit pökelrotem Schnittbild bevorzugt. Daher wird das Brätfleisch 12 – 24 h vor dem Vorgaren mit Nitritpökelsalz trocken oder mit 8- bis 10 %iger Pökellake naß behandelt (z.B. Lakeinjizieren, anschließend 12 h Naßpökeln). Aus der möglichst noch schlachtwarmen Leber (bis 6 h p.m.) müssen vor der Verarbeitung die Blutgefäße, Lymphknoten und Gallengänge entfernt werden. Ferner empfiehlt es sich, die Leberstücke in fließendem Wasser zu wässern.

Das vorgepökelte Brätfleisch und die Innereien (außer Leber) werden stets mit feuchten Garverfahren vorgegart. Das traditionelle Garverfahren ist das Garziehen im Kessel. Das neuere Verfahren ist das Garen in turbulent stömender feuchter Heißluft. In Handwerk und Industrie hat sich inzwischen das Garen in turbulent strömender feuchter Heißluft durchgesetzt. Das Dämpfen mit Luft-Dampf-Gemischen wird in der Praxis noch häufig als „Luftkochen" oder „Brühen" bezeichnet. Da aber nicht nur mit Luft gekocht wird und für ein Garverfahren „Brühen" physikalische Charakteristika zur Abgrenzung gegenüber anderen Garverfahren unbekannt sind, sollte auf derartige Verfahrensbezeichnungen verzichtet werden [4]. Gegenüber dem traditionellen Garziehen in Wasser vollzieht sich beim Dämpfen in Luft-Dampf-Gemischen die Wärmeübertragung auf das Gargut nicht nur durch Konduktion, sondern auch durch die effektivere erzwungene Konvektion, was eine Verminderung des Energieverbrauchs bis zu 20 % gegenüber dem Garziehen zur Folge haben kann [5]. Der Dampfanteil des Luft-Dampf-Gemisches gibt zunächst die bei seiner Kondensation freiwerdende Wärme an die Gutsoberfläche ab. Hierdurch bildet sich in der Anfangsphase des Dämpfens eine starke und nahezu geschlossene Kondensatschicht auf der Gutsoberfläche aus. Die Wärmeübertragung erfolgt während dieser Phase hauptsächlich durch Konduktion. Mit abnehmender Temperaturdifferenz zwischen Gutsoberfläche und Wärmeübertragungsmittel verringert sich die Kondensatschicht und reißt schließlich auf. Die Wärmeübertragung kann nun an den nicht mit Kondensat bedeckten Oberflächenpartien durch erzwungene Konvektion fortgesetzt werden. Hierdurch wächst die Wärmeübertragungsgeschwindigkeit an. Da sich die Enthalpie des Dampfes im Gartemperaturbereich von 60 – 90 °C nur geringfügig unterscheidet, das Volumen des Dampfes dagegen große Unterschiede aufweist, muß bei einer Gartemperatur von z.B. 60 °C 1,5 mal mehr Luft-Dampf-Gemisch in den Garraum geleitet werden, als bei 80 °C, wenn die gleiche Wärmemenge auf das Gargut übertragen werden soll. Daraus folgt, daß Strömungsgeschwindigkeit und Temperatur des Luft-Dampf-Gemisches in angepaßter Relation zu dessen Zustandsänderung stehen müssen.

Wenn der Dämpfschrank nicht vorgewärmt wird, sollte die Anfangstemperatur des Luft-Dampf-Gemisches bei 100 °C liegen. Nach Wirksamwerden der erzwungenen Konvektion kann sie auf 75 – 85 °C gesenkt werden. Nur sehr bindegewebsreiche und knochenhaltige Fleischteile, wie Eisbeine, erfordern Dämpftemperaturen von 90 – 95 °C.

Während des Vorgarens der Brätmaterialien laufen verschiedene Stoffwandlungen ab, von denen die thermischen an den Eiweißkörpern die bedeutungsvollsten für die nachfolgende Brätherstellung sind.

Während bei der thermischen Zubereitung von bindegewebsarmem Fleisch, z.B. Steaks, die thermodenaturativen Veränderungen der kontraktilen Muskelproteine zu mehr als 50 % für die Herausbildung der Kaubarkeitseigenschaften verantwortlich sind und die Kollagenlöslichkeit eine untergeordnete Rolle spielt, tritt die mit der Vorgardauer zunehmende Aktomyosinzähigkeit der Leberwurstbrätmaterialien gegenüber der Gesamtzartheitausbildung zurück. Die Thermodenaturation der Aktin- und Myosinfilamente beim Vorgarprozeß ist jedoch für die Ausschaltung ihrer Verfestigungsbereitschaft während des Wurstgarens notwendig. Die Thermodenaturation der kontraktilen Eiweißkörper ist bei etwa 65 °C weitgehend abgeschlossen.

Die Zartheit und damit auch der Schneidwiderstand ist bei bindegewebsreicherem Fleisch hauptsächlich von der Quellung der Kollagenfibrillen des Bindegewebes abhängig. Die Thermodenaturation der unlöslichen Kollagenfibrillen vollzieht sich in Gegenwart von Wasser in drei Stufen:

- Beim Erreichen der Kollagenschrumpftemperatur brechen zuerst „herdförmig", später zahlreiche, über die gesamte Fibrillenlänge verteilte Brückenbindungen auf und lockern das Gefüge der Kollagenmikrofibrillen unter erheblicher Verbreiterung und Verkürzung der Bindegewebsfasern. Die Faserverkürzung kann ein Drittel bis ein Viertel der ursprünglichen Länge unter Beibehaltung des Faservolumens betragen [6]. Die Schrumpfung des Bindegewebes ist bei etwa 70 °C abgeschlossen. Die Festigkeit des Bindegewebes ist nach dieser Denaturationsstufe noch kaum verändert.

- Nach der Schrumpfung dissoziiert das Kollagen in die α- und ß- sowie in geringerem Maße in die γ-Komponente. Das dissoziierte Kollagen bildet ungeordnete Knäuele. Im mikroskopischen Bild zeigt sich ein Übergang von der fibrillären in eine granuläre Struktur des Kollagens. Derartiges Kollagen ist nach wie vor unlöslich, hat aber schon gummiartige Eigenschaften. Ab Temperaturen von 70 °C quillt das α-Kollagen unter erheblicher Wasseraufnahme auf. Der Quellungsvorgang ist mit deutlicher Erweichung und weiterer Volumenzunahme verbunden [7].
- Das gequollene Kollagen kann sich in Anwesenheit von Wasser zu Gelatine auflösen, sofern hierzu genügend Zeit auf dem bisher erreichten Temperaturniveau eingeräumt wird. Gelatine besteht aus längerkettigen Bruchstücken der ursprünglichen α-Ketten, die noch intramolekular vernetzt sind. Beim Abkühlen entwickelt das Gelatinesol ein starkes self-assembly-Vermögen, im Bestreben, die ursprüngliche fibrilläre Struktur wieder aufzubauen.

Es entstehen jedoch nur dreidimensionale Netzwerke mit je nach Konzentration und Alterungsgrad unterschiedlich großen Maschen. In diesen werden große Mengen Wasser locker festgehalten [8].

Der Vorgarprozeß des Leberwurstbrätfleisches sollte beendet werden, wenn etwa 25 % des Kollagens in Gelatine umgewandelt worden sind. [5]. In diesem Zustand läßt sich das Garfleisch ohne sonderlichen Kraftaufwand von den Knochen lösen.
Die Gutskerntemperatur des Brätfleisches sowie der Innereien sollte 75 °C nicht überschreiten, um die Garverluste, insbesondere den Fettaustritt, gering zu halten. Als Richtwert gilt, daß ab einer Kerntemperatur von 55 °C sich die Masseverluste von Schweinefleisch um jeweils 5 % erhöhen, wenn die Temperatur um 10 K zunimmt. Verglichen mit dem Garziehen, entstehen beim Garen in turbulent strömender feuchter Heißluft geringere Garverluste, weil ein Ausschwemmen von Inhaltsstoffen nur in der Kondensationsphase des Dämpfprozesses auftreten kann.

Beim feuchten Garen erhält ungepökeltes Fleisch eine hellgraubraune Oberflächenfärbung ohne Krustenbildung. Der für feuchtes Garen spezifische Farbton entsteht durch Oxidation der Myoglobinkomponente Häm zu Hämatin, in dem das zentrale Eisenion dreiwertig ist. Vorgepökeltes Fleisch hat nach dem Vorgaren hingegen eine rosa Färbung, wie sie von Kaßlererzeugnissen bekannt ist.

Der beim Garen des Brätfleisches entstehende Flavour resultiert aus dem komplexen Zusammenwirken von zahlreichen Aroma- und Geschmacksstoffen, Geschmacksverstärkern und den die oralen Tastempfindungen betreffenden Eigenschaften. Das gewünschte Kochfleischaroma ist im wasserlöslichen Anteil des Garfleisches lokalisiert. Dessen flüchtige Komponente wird oft als Grundnote des Garfleischaromas bezeichnet. Für die tierartspezifische Aromabildung sollen die bei den thermischen Veränderungen der Fettanteils entstehenden Carbonylverbindungen verantwortlich sein.
Während des Vorgarens werden die vegetativen Formen von Mikroorganismen abgetötet, sofern eine Kerntemperatur von 75 °C mindestens 10 min gehalten wird.

Chargieren der Einsatzmaterialien
Das vorgegarte Material, die vorbereitete Leber, frische heiße oder kalte vorgewolfte Schwartenmasse werden getrennt nach Brät- und Einlagematerial rezepturgerecht meistens in Transportwagen eingewogen. Die Chargengröße richtet sich nach den Durchsatzparametern der eingesetzten Ausrüstung zur Brätherstellung. Bei Schneidmischern wird ein Füllungsgrad der Mulde von 70 % zu Grunde gelegt.

10.5.2.5.2 Verarbeitungsbereich 2

Technologische Zielsetzung

Technologisches Ziel im zweiten Verarbeitungsbereich ist es
- Grundbrät für Leberwurst, Blutgrundmasse für Blutwurst und Aspikmasse (Sulz) für Sülzwurst herzustellen

- Einlagen mit meist definierter Form herzustellen
- das Grundbrät mit den Einlagen zu Brät zu vermischen
- das Kochwurstbrät in Hüllmaterialien zu füllen.

Der Verarbeitungsbereich 2 ist im Maschinenraum lokalisiert.

► Verfahrensführung im Verarbeitungsbereich

Leberwurstbrätherstellung

Bei der Leberwurstbrätherstellung vollziehen sich folgende Stoffwandlungsvorgänge:

- Auflösung der Garfleischstruktur in Strukturelemente unterhalb der augenscheinlichen Erkennungsgrenze
- Fettdispergierung
- thermostabile Emulgierung des dispergierten Fettes.

Die Verfahrensführung ist vom Wirkprinzip der eingesetzten Feinstzerkleinerungsmaschinen abhängig. Grundsätzlich können der Schneidmischer sowie der Garkutter (mit und ohne nachgeschalteter Kolloidmühle) verwendet werden. Grobstrukturierte Leberwurst kann man mit Wolf und Mischanlage herstellen. Das Kuttern im Schneidmischer wird in mehrere Phasen eingeteilt.

In der ersten Kutterphase wird die Leber zerkleinert. Sie darf keinesfalls vorgegart werden, da ihre Eiweiße einen Teil der Fettemulgierung übernehmen müssen. Auch auf das in manchen Gegenden gebräuchliche „Anbrühen" der Leber sollte mit Ausnahme der Einlageleberanteile verzichtet werden.

Die Leber wird mit Kühllagertemperatur in den Schneidmischer eingegeben und danach im Schnellgang so lange zerkleinert, bis sie „Blasen" wirft. Nun wird das Pökelsalz der Gesamtcharge zugesetzt. Die sofort einsetzende Viskositätszunahme des Leberbreies muß durch manuelle Prüfung kontrolliert werden. Beim Erreichen des Viskositätsmaximums ist das Kuttern zu beenden. Der Leberbrei wird ausgebracht und bis zur Weiterverarbeitung kühl gestellt.

Zur Vorbereitung der zweiten Kutterphase sollte der Schneidmischer mit heißem Wasser vorgewärmt werden. Anschließend werden das chargierte und noch heiße Brätmaterial sowie die vorgewolfte Schwartenmasse zusammen mit allen ortsüblichen Zutaten bis zur Kremigkeit ausgekuttert. Das Brät kühlt sich dabei bis auf Temperaturen um 50 °C ab. Auf diesem Wärmeniveau kann die kalte Lebermasse eingebracht werden. Um nicht zu große Anteile der freigelegten Lebereiweißmoleküle vor der Fettpartikelumhüllung thermodenaturieren zu lassen, sollte der Leberbrei unverzüglich nach der Eingabe mit der höchsten Kuttergeschwindigkeit untergearbeitet werden.
Während des Kutterns löst sich ein Teil der Schwartenmasse zu Gelatinelösung auf und beteiligt sich zusammen mit der aus dem Garfleisch kommenden Gelatine an der Fettemulgierung. Voraussetzung zur Nutzung der Emulgiereigenschaften der Gelatinelösung ist aber, daß der Zusammenhalt der α-Kettenbruchstücke untereinander zeitweilig aufgehoben wird. Vor der Reorientierung der fadenförmigen α-Kettenbruchstücke zu Netzstrukturen können sich diese

infolge ihrer hohen logitudinalen Dipolmomente an die Oberfläche der flüssigen Fettpartikeln anlagern und auf diese Weise deren Zusammenlaufen verhindern. Die Turbulenz der Brätströmung zwischen der PRANDLschen Grenzschicht der Kuttermesser und dem davor angestauten Brät reicht jedoch kaum aus, um den α-Kettenzusammenhang in erforderlichem Maße aufzuheben. Daher sollte das kremige Leberwurstbrät zur weiteren Fettemulgierung in eine Kolloidmühle überführt werden.

Wenn die Fettemulgiereigenschaften der Gelatinelösung genutzt werden sollen, muß das ausgekutterte Leberwurstbrät in einer dritten Phase mit Temperaturen oberhalb der Gelierungstemperatur der Gelatinelösung in einer Kolloidmühle weiterbehandelt werden. Das Leberwurstbrät kann vom Schneidmischer zur Kolloidmühle mit einer Massepumpe durch Rohrleitungen, nötigenfalls unter Einbeziehung eines Wärmeaustauschers zur Bräterwärmung gepumpt werden. Der Spaltabstand zwischen Rotor und Stator der Kolloidmühle sollte sehr eng gewählt werden. Die dadurch entstehenden sehr hohen Schubkräfte reißen in nächster Nähe der flüssigen Fettpartikeln das Netzwerk der α-Kettenbruchstücke auf und vereinzeln die fadenförmigen Kollagenteilchen kurzzeitig. Hierdurch wird ihnen Gelegenheit gegeben, sich an

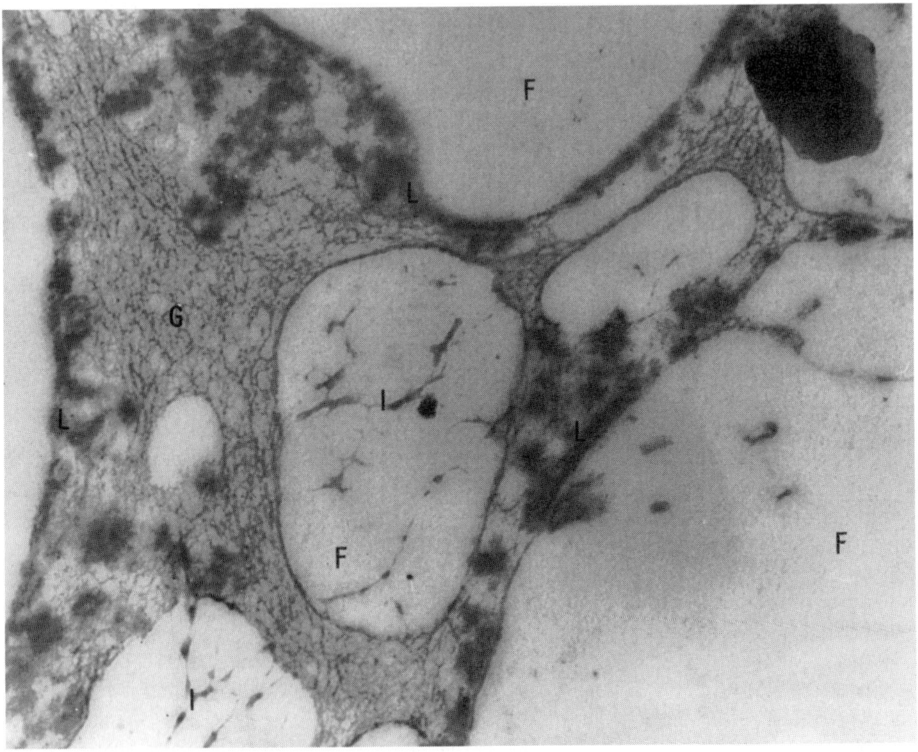

Abb. 10.5.2-1 Ultrastruktur von Leberwurstkrem; M 54000:1 [9]
(F) Fettpartikel (G) Gelatine (L) Umhüllung aus geflocktem Lebereiweiß (I) inkorporiertes Gelatinematerial

den Fettpartikeloberflächen anzulagern. Durch das hohe Drehmoment der Fettpartikeln legen sich diese anschließend „bündig“ an die Partikeloberfläche an und bilden eine mehr oder weniger geschlossene Hülle. Abbildung 10.5.2-1 zeigt das elektronenoptische Bild von Leberwurstkrem nach zusätzlicher Kolloidmühlenbehandlung [9]. Deutlich können in der Krem Fettpartikeln mit flockiger Lebereiweiß- und Gelatinefädenumhüllung unterschieden werden. Am mittleren Fettpartikel ist ein „Anhang“ mehr oder weniger radial orientierter Gelatinefäden erkennbar. Der Maschenabstand des Gelatinewerkes ist infolge der hohen Konzentration der Lösung vor Ort sehr eng. Abbildung 10.5.2-2 zeigt einen Ausschnitt der Leberwurstkrem in geringerer Vergrößerung. Innerhalb des Gelatinenetzwerkes sind Areale von geflocktem Eiweiß erkennbar. Die Übersichtsaufnahme der Leberwurstkrem verdeutlicht ferner, daß die meisten Fettpartikeln relativ groß und bizarr geformt sind. Im Inneren einiger Fettpartikeln sind in beiden Bildern Fetzen von Gelatine enthalten. Die Fettemulgierung nach mehrfachem Kolloidmühlendurchgang hat eine sehr hohe Thermostabilität.

Aus den elektronenoptischen Befunden geht hervor, daß die Grundstruktur von feinem Leberwurstbrät ein mit Eiweißflöckchen durchsetztes Gelatinenetzwerk ist. In dieser Grundstruktur sind zahlreiche, meistens große Fettpartikeln als „Störkörperchen“ eingebettet, die von

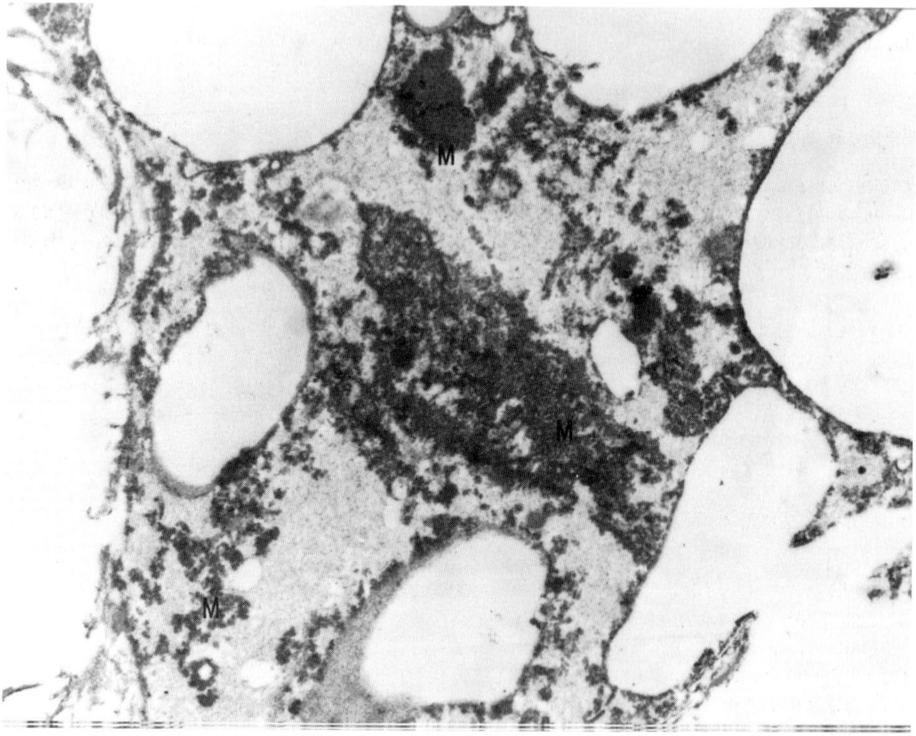

Abb. 10.5.2-2 Elektronendichter koaguliertes Leber- oder Muskeleiweiß (M) in der Ultrastruktur von Leberwurstkrem; M 16200:1 [9]

Lebereiweißflöckchen oder/und Gelatinefäden umhüllt sind und Gelatineeinschlüsse aufweisen können. Diese strukturellen Merkmale bedingen die Fettbindung und die geschätzte Streichfähigkeit des Leberwurstbrätes.

Der Fettmantel um Leberwurstbrät bei hausschlachtenen Erzeugnissen resultiert entweder aus der gezielten Überdosierung von Fett gegenüber den emulgierenden Rezepturanteilen oder ergibt sich aus der Brätbereitung mit dem Fleischwolf, in dessen Wirkpaarung es nicht zu einer ausreichenden Fettemulgierung kommen kann.

Mit dem Kochkutter lassen sich die Verfahrensstufen Vorgaren und Kuttern technologisch vorteilhaft zusammenfassen. Das chargierte Brätmaterial wird in der ersten Kutterphase im Mischgang von Messerwelle und Kuttermesser gleichzeitig vorzerkleinert und bis auf etwa 40 °C vorgewärmt.
In der zweiten Kutterphase wird die Maschine in den Schnellgang geschaltet und weiter bis auf Temperaturen zwischen 65 °C und 75 °C erwärmt.
Wenn die Masse den gewünschten Feinheitsgrad erreicht hat, wird die Kutterschüssel in den Mischgang zurückgeschaltet, die Messerwelle jedoch hochtourig gehalten und der Kutter auf Kühlung umgeschaltet. Bei etwa 50 °C werden die Leber sowie die Zusatzstoffe und Zutaten zugesetzt.
Bei Temperaturen um 45 °C kann das Grundbrät, wie beim vorgenannten Verfahren, in eine Kolloidmühle gepumpt werden. Nach einigen Durchläufen oberhalb der Fett- und Gelatineerstarrungstemperatur ist das Fett thermostabil emulgiert. Zusätze von Emulgatoren und Stabilisatoren sind bei Anwendung der Kolloidmühle nach dem Kuttern nicht notwendig.

Empfohlen wird ferner, den gesamten Fettanteil mit der anteiligen Schwartenmasse in der Kolloidmühle vorzuemulgieren [10] und die wertgebenden Ingredienzen, wie vorgegartes Fleisch und die rohe Leber, im Kutter bis zum gewünschten Feinheitsgrad des Grundbrätes einzuarbeiten.

Das vorgegarte Einlagematerial wird nach der Grundbrätbereitung in den Schneidmischer gegeben und im Mischgang auf die gewünschte Größe zerkleinert. Wird zur Nachemulgierung die Kolloidmühle eingesetzt, müssen die Einlagematerialien im Wolf oder Würfelschneider vorzerkleinert und in einer Mischmaschine unter das Grundbrät gehoben werden.

Blut- und Sülzwurstbrätbereitung

Zuerst wird die Blutgrund- und Aspikmasse bereitet. Zu Blutgrundmasse kann frisches oder zwischengelagertes Schweineblut verwendet werden. Frisches Blut muß zur Unterdrückung klumpiger Gerinnnung mit Antigerinnungsmitteln vorbehandelt werden. Zwischengelagertes Blut wird vor seiner Verarbeitung auf Temperaturen oberhalb der Gelatineverflüssigung vorgewärmt. Hierzu wird es in den Temperiergeräten unter ständigem Rühren bis höchsten 5K unterhalb der Gerinnungstemperatur (60 °C) erwärmt. Kurz vor dem Entleeren des Temperiergefäßes muß dessen Wassermanteltemperatur so weit gesenkt werden, daß sich das Restblut nicht an den Gefäßwandungen verfestigen kann. Das erwärmte Blut wird im

Schneidmischer (langsamer Gang, Füllungsgrad 60 %) zur Farbaufhellung belüftet. Frischem Blut werden hierbei 2 % Nitritpökelsalz zugesetzt. Nach Wiedererreichen der ursprünglichen Blutfarbe werden die vorgegarten, heißen Schwarten oder die vorgewolfte Schwartenmasse zugesetzt und im Schnellgang ausgekuttert. Hierzu ist der Spaltabstand zwischen Kuttermessern und Schüssel so klein wie möglich einzustellen, um die Schwartenteilchen weitgehend auflösen zu können.
Aspikmasse für Sülzwürste wird entweder aus frischen, sorgfältig entfetteten und gegarten Schwarten oder aus vorgefertigter Schwartenmasse hergestellt. Beide Ausgangsmaterialien werden durch die feinste Scheibe des Wolfes gelassen und mit fettfreier Kesselbrühe zu einem dickflüssigen Sulz vermischt. Klare Gallerte für Aspikwaren wird zur Vermeidung der Trübung durch im Schwarteneiweiß enthaltene Globuline und Albumine überwiegend aus 6 %iger Speisegelatinelösung hergestellt.
Zur geschmacklichen Abstimmung werden der Aspiklösung Essig, Salz und Gewürze zugefügt.

Zur Herstellung der Einlagen wird das vorgegarte und im Kühlraum abgekühlte Einlagematerial mit Würfelschneidern in definierte Würfel oder Streifen geschnitten. Einlagespeck wird vor dem Würfeln nicht vorgegart.
Vor dem Unterheben in die Blutgrund- oder Aspikmasse, wird das gewürfelte Einlagematerial kurz in heißes Wasser getaucht. Hierbei erwärmen sich die Würfel, was den Eigenanteil an Gelatine partiell in Lösung bringt, so daß es sich in die Blutgrundmasse einbinden kann. Bei Speckwürfeln werden die angeschnittenen Fettzellen entfettet und thermisch so weit „verschlossen“, daß später Blut in sie nicht eindringen kann.

Füllen des Kochwurstbrätes in Hüllenmaterialien und Formen
Leberwurstbrät wird grundsätzlich in Hüllenmaterialien gefüllt. Blut- und Sülzwürste sowie Aspikwaren können darüber hinaus auch in Formen gefüllt werden. Blut- und Sülzwurstbrät muß oberhalb der Gelatineerstarrungstemperatur abgefüllt werden, um Brückenbildungen im Fülltrichter sowie Störungen der Brätzuführung zu den Förder- und Dosierelementen der Füllmaschine und Mängel der Schnittbildqualität zu vermeiden. Darüber hinaus können für diese Bräte nur Füllmaschinen eingesetzt werden, deren Wirkpaarung nicht die Würfel- oder Streifenform der Einlagen beeinträchtig.

Kochwürste mit mosaikartiger Schnittbildgestaltung können nur mit erheblichem manuellem Aufwand gefüllt werden.

10.5.2.5.3 Verarbeitungsbereich 3

► Technologische Zielsetzung

Technologisches Ziel im dritten Verarbeitungsbereich ist es,
- die Kochwürste zu pasteurisieren
- die Umrötung des roten Muskel- und/oder Blutfarbstoffes zum Abschluß zu bringen
- den Flavour von Kochwürsten im Naturdarm mit einem appetitanregenden Räucheraroma zu vervollständigen.

Der Verarbeitungsbereich 3 ist im Gar- und Kalträucherraum lokalisiert. Für das Wurstgaren können die bereits beim Vorgaren beschriebenen Kesselanlagen und Dämpfschränke eingesetzt werden. Großbetrieben sind kontinuierliche Gar- und Kühlanlagen zu empfehlen.

► Verfahrensführung

Infolge der hohen Verderbnisgefahr und der Warmverarbeitung der Kochwurstrohstoffe findet im dritten Verarbeitungsbereich eine zweite thermische Behandlung statt. Der Wurstgarprozeß dient folglich mehr der Pasteurisation als dem Garmachen von Kochwurstinhaltsstoffen. Die noch warmen, vor allem in Natur- oder grobkalibrige Kunstdärme gefüllten Kochwürste sind sehr bruchanfällig. Daher erfordert das Beschicken und Entleeren der genannten Gargeräte, vor allem der Kessel und kontinuierlichen Garanlagen große Umsicht. Kessel sollten nur zu 50 % ihres Volumens mit Würsten gefüllt werden. Kontinuierliche Garanlagen, vor allem mit taktgebundenen Schnecken- oder Stegförderern, sollten bevorzugt für das Garen von Kochwürsten mit Kalibern < 70 mm beschickt werden, um die Gefahr des Einklemmens der Wursthüllen zwischen Förderelementen und Bassinwandungen zu verringern. Geringere Bruchquoten entstehen in Garanlagen mit Korbförderern. Kochwürste mit Kalibern > 70 mm sollten liegend oder hängend im Dämpfschrank gegart werden.
Beim Wurstgaren müssen Kerntemperaturen von mindestens 75 °C erreicht und 10 min gehalten werden. Leberwürste werden meist bei Medientemperaturen von 80 °C, Blut- und Sülzwürste bei 85 – 87 °C gegart. Da es technisch schwierig ist, einen Kerntemperatursensor in den Kochwürsten zu fixieren, wird die Garprozeßsteuerung meistens nach Temperatur-Zeitplan-Programmen durchgeführt. Mit Gleichung 10.5.2/1 läßt sich die Garzeit unter Berücksichtigung des Wurstkalibers überschlagsmäßig berechnen:

$$t_G = k \cdot D_K \qquad (10.5.2/1)$$

D_K ist das Darmkaliber in mm und k der Garzeitkoeffizient in min mm^{-1}. Bei Kalibern < 40 mm ist $k = 1$; bei 40–60 mm ist $k = 1{,}2$; bei 60–100 mm ist $k = 1{,}3$ und bei Kalibern > 100 mm ist $k = 1{,}4$.

Nach der Wärmebehandlung müssen die Kochwürste unverzüglich abgekühlt werden. Hierbei ist der Kerntemperaturbereich um 37 °C möglichst rasch, in praxi innerhalb einer Stunde, zu durchschreiten, um die Auskeimung mikrobieller Dauerformen zu unterdrücken. Die Kühlung wird daher in zwei Schritten durchgeführt. Die Vorkühlung von Leber- und Blutwürsten erfolgt in fließendem kaltem Wasser. Um die Bildung von unerwünschten Fetträndern bei Leberwürsten zu vermeiden, empfiehlt es sich, die Kühlung stufenweise durchzuführen und zuerst mit lauwarmem und danach mit kaltem Wasser zu kühlen. Während des Kühlens sollten die Leberwürste vorsichtig bewegt werden. Bei dennoch auftretenden Fetträndern müssen die Leberwürste massiert werden.
Sülzwürste, vor allem solche mit besonderer Einlagegestaltung, werden nach dem Garen schräg auf feuchte Metalltische abgelegt, mit lauwarmem Wasser abgespült und nach mehrmaligem Wenden bis zur Gelierung der Aspikmasse bei Raumtemperatur abgekühlt. Manche

Sülzwurstarten werden während des Kühlens mit Abdeckplatten beschwert, um glatte Wurstoberflächen und eine ortsübliche Formgebung zu erhalten.
Das Nachkühlen aller Kochwurstarten auf 8 – 6 °C erfolgt im Kühlraum. Zur Unterdrückung von Hefe- und Schimmelbelägen können die Blut- und Sülzwürste mit 5 %iger Essigsäure abgerieben werden.

Nach abgeschlossener Wurstkühlung kann bei Erzeugnissen mit Naturdarm das Kalträuchern durchgeführt werden. Hierzu werden die Kochwürste auf Räucherspieße gehängt und in der Kaltrauchanlage etwa 5 h bei Räucherkammertemperaturen von 18 °C geräuchert.Nach Übergabe zum Versand sollten die verkaufsfertigen Kochwürste bei Temperaturen unter 2 °C zwischengelagert werden.

Quellen und Literatur

[1] Deutsches Lebensmittelbuch: Leitsätze/ red. bearb. von HANS HAUSER, Köln: Bundesanzeiger 1988
[2] KOCH, H.: Die Fabrikation feiner Fleisch- und Wurstwaren. 20. Aufl. Frankfurt/O.: Deutscher Fachverlag 1992
[3] HACK, K.-H; STAFFE, E.; und GERHARDT, U. : Verarbeitungsmaterialatlas für die Fleisch- und Wurstwarenfabrikation. 3. Aufl. Herausg. Gewürzmüller Stuttgart 1976
[4] ZOBEL, M.: Versuch einer eindeutigen Begriffserklärung der Garmachungsarten auf Grund ihrer physikalischen Daten. Ernährungsforschung 9 (1964) 139
[5] TILGNER, D.: Die Technologie der Garverfahren. Frankfurt/M.: Verlagshaus Sponholz, 1974
[6] ENGEL, J.: Investigation of the Denaturation and Renaturation of soluble Collagen by Ligth Scattering. Arch. of Biochem. and Biophys. 97 (1962) 150
[7] WOLPERS, C.: Kollagenquerstreifung und Hitzeschrumpfung. Biochem. Ztschr. 318 (1948) 373
[8] REICH, G.: Kollagen. Dresden: Verlag Theodor Steinkopff, 1966
[9] SCHAUB, J.: Beitrag zur Verbesserung der Qualität des Konservenerzeugnisses Leberwurst, fein. Diss. der Humboldt-Universität zu Berlin, 1987
[10] GROTHE, O.: Untersuchungen zur Emulgatorwirkung von Gelatine in Fett-Wasser-Modell-Emulsionen. Belegarb. der Sektion NGW und LMT der Humboldt-Universität zu Berlin, 1990

10.5.3 Brühwurstherstellung

P. OELKER

10.5.3.1 Erzeugnischarakteristik

Brühwürste, früher auch Anrührwürste genannt, sind schnitt- bzw. bißfeste, mattglänzend weiße bis rauchfarbene Wurstwaren in glatten Natur- oder Kunstdärmen mit Kalibern von 20 – 120 mm. Brühwürste im Naturdarm und einige, meist kleinkalibrige Erzeugnisse im Kunstdarm verfügen über ein bereits äußerlich wahrnehmbares angenehmes Heißraucharoma. Unter der Hülle darf kein Fett- oder Jusabsatz sichtbar sein.
Der frische Anschnitt zeigt außer bei Weißwürstchen eine pökelrosafarbene, saftig glänzende, nicht wasserlässige, luft- und fetteinschlußfreie, homogen feine oder grobe Garproduktstruktur, die je nach Wurstsorte Fleisch-, Fettgewebe-, Innerei- oder / und pflanzliche Einlagen enthalten kann.
Brühwürste sind durch ein geruch- und geschmacklich intensiv wahrnehmbares Aroma nach gepökelter, gewürzter und „gebrühter" Fleischmasse; bißfester oder „knackiger" Kaubarkeit und je nach Wurstsorte und Verzehrstemperatur durch eine geringe bis hohe Saftigkeit kennzeichnet. Brühwurstwaren sind unter Kühlbedingungen einige Tage haltbar.
In Deutschland werden Begriffsbestimmungen und Beurteilungsgrundsätze für Brühwürste in „Leitsätzen" festgelegt [1].

10.5.3.2 Sortiment und Rezepturen

Das deutsche Brühwurstsortiment gliedert sich in folgende Untersortimente:
- Brühwürstchen
- Brühwürste, fein gekuttert
- grobe Brühwurst
- Brühwurst mit Einlagen.

Für die Brühwurstherstellung sind zahlreiche Rezepturen bekannt. Ihre genaue Befolgung wird nicht zwingend vorgeschrieben.
Es empfiehlt sich, die Brühwurstrezepturen betrieblich zu standardisieren. Hierdurch läßt sich bereits vor der Produktion erkennen, ob das herzustellende Erzeugnis sowohl den betriebswirtschaftlichen Erwartungen als auch den Leitsatzanforderungen entsprechen wird.
Am Beispiel von Stuttgarter Schinkenwurst soll die Rezepturaufstellung und rechnerische Kontrolle der zu erwartenden Analysenwerte dargestellt werden.
Der Leitsatz [1] schreibt für Stuttgarter Schinkenwurst vor:

– BEFFE		nicht unter 8 %
– BEFFE im Fleischeiweiß	histometrisch	nicht unter 70 Vol.-%
	chemisch	nicht unter 80 %
– BE im Fleischeiweiß	chemisch	nicht über 20 %

Tab. 10.5.3-1 Rezeptur und analytische Werte für Stuttgarter Schinkenwurst (nach [2])

Material kg	Wasser %	Wasser kg	Fett %	Fett kg	FE %	FE kg	BEFFE %	BEFFE kg
13 R II	72	9,36	8	1,04	20	2,6	17	2,21
9 S III	70	6,3	11	0,99	19	1,17	16,1	1,44
12 Eis	100	12,0	-	-	-	-	-	-
10 S VI	40	4,0	50	5,0	10	1,0	7	0,7
16 S IX	25	4,0	70	11,2	5	0,8	2,5	0,4
25 S II für Einlagen	71	17,75	10	2,5	19	4,75	17,5	4,37
15 S IV für Einlagen	53	7,95	33	4,95	14	2,1	11,9	1,78
2,4 Zutaten auf Fleisch und Fett								
0,7 Zutaten auf Gesamtmasse								
103,1 Rohmat.- Gesamtmasse		61,36		25,68		12,96		10,9
- 2,1 Schwund		- 2,1						
101 Verkaufsmasse		59		26		12,9		10,9
daraus analytische Werte, rechnerisch	58,4		25,7		12,7		10,7	

R = Rindfleisch
S = Schweinefleisch

Aus dem rechnerisch ermittelten Fleischeiweißanteil (Tabelle 10.5.3-1) ergibt sich folgender BE- Anteil im Verkaufsgewicht:

Fleischeiweiß (FE) 12,7 %
abzüglich BEFFE 10,7 %

ergibt BE 2.0 %.

Die Ermittlung des prozentualen Anteils an BEFFE und BE im Fleischeiweiß ergibt:

$$\text{BEFFE} = \frac{100\ \% \cdot 10{,}7\ \%}{12{,}7\ \%} = 84{,}2\ \%$$

Der BEFFE – Anteil für Stuttgarter Schinkenwurst liegt bei Anwendung der GEHA – Fleischklassen – Sortierung 4,2 % über der Leitsatz – Forderung und damit auf der sicheren Seite.

$$\text{BE} = \frac{100\ \% \cdot 2{,}0\ \%}{12{,}7\ \%} = 15{,}8\ \%$$

Der Bindegewebseiweißanteil liegt 4,2 % unter der Leitsatz - Forderung und damit ebenfalls auf der sicheren Seite.

Brühwürste mit hervorgehobenen Hinweisen, wie „Delikateß-“, „Feinkost-“, „Gold-“, „prima“, „extra“, „spezial“, „fein“, müssen sich von den unter der betreffenden Bezeichnung sonst üblichen Erzeugnissen durch besondere Auswahl des Ausgangsmaterials, insbesondere durch den Anteil an schierem Fleisch unterscheiden. Der BEFFE-Anteil muß, sofern in den Leitsätzen keine anderen Forderungen gestellt sind, um absolut ein Zehntel (z.B. 11 % statt 10 %), bezogen auf den Fleischeiweißwert; histometrisch um 10 Vol.-% und chemisch um 5 % höher liegen.

10.5.3.3 Rohstoffe

An Brühwurstrohstoffen werden folgende Anforderungen gestellt :
- Anforderungen an die Muskel-, Fett- und Bindegewebszusammensetzung, ausgedrückt als verbale Beschreibung und als chemisch-analytische Grenzwerte
- technologische Eigenschaften.

Leitsatzgerechte Anforderungen an die Gewebezusammensetzung sollen am Beispiel Schweinefleisch „S I“ des GEHA-Systems [2] erläutert werden.

S I von Sau und Schwein
Beschreibung:
Material ist frei von sichtbarem Fett und ohne Sehnen, z.B. vom Schinken, von der dicken Schulter oder vom Sauenrücken.
Verwendungsbeispiel:
Einlagenmaterial für Brühwurstwaren, z.B. Bierschinken.
Analysenwerte:

Wasser	75 %
Fett	5 %
Fleischeiweiß	20 % relativ; davon BEFFE 19 % absolut
Bindegewebseiweiß im Fleischeiweiß	5 % relativ; 1 % absolut

Materialanfall:
SI-Material ist überwiegend für den Fleischverkauf (z.B. Schnitzel) vorgesehen. Der Materialanfall ist abhängig vom Zuschnitt.

Die Anforderungen an die analytische Zusammensetzung charakterisieren die Verwendbarkeit der Einsatzmaterialien zu Brühwursterzeugnissen in Abgrenzung zu den anderen Wurstwaren noch nicht hinreichend. Daher sind die Rohstoffe meistens durch geeignete Vorbehandlungsverfahren auf die technologischen Eigenschaften zur Brühwurstproduktion einzustellen.

Technologische Rohstoffeigenschaften für die Brühwurstherstellung sind:
- Hohe Destruktionsbereitschaft der Muskeleiweißkörper zu Strukturelementen, aus denen die neue Garproduktstruktur über die dazu notwendige Zwischenprodukt-(Brät-)struktur gebildet werden kann
- Hoher Gehalt an Aromavorboten
- Erhaltung des 2^+-Ladungszustandes des zentralen Eisenions in der Hämgruppe des roten Muskelfarbstoffes
- Offenhalten der Hämtasche des roten Muskelfarbstoffes für den Gasaustausch

10.5.3.4 Zutaten und Hilfsstoffe

Zutaten haben die Aufgabe, die mechanische Destruktion der Myofibrillen durch partielles Auflösen zu unterstützen, die Umrötung des Muskelfarbstoffes herbeizuführen und sich am Aufbau der wasserbindenden und fettemulgierenden Brätstruktur zu beteiligen. Neben diesen Aufgaben sollen einige Zutaten auch einen sensorischen Beitrag bei der Aromabildung leisten. Brühwurstzutaten sind Kochsalz, Nitritpökelsalz, Natriumdi-, -tri- und -tetraphosphate, Emulgatoren und Strukturbildner, Kutterhilfsmittel, Gewürze und Trinkwasser.

Hilfsstoffe für die Brühwurstherstellung sind die einzusetzenden Hüllmaterialien sowie Abbinde- oder Nähfäden und Clips.

10.5.3.5 Darstellung des Arbeitsverfahrens

In mittelständischen und Großbetrieben der Fleischverarbeitung wird die Brühwurstherstellung in vier Verarbeitungsbereiche eingeteilt:

- Verarbeitungsbereich 1:
  übernahme der Roh-, Zusatz- und Hilfsstoffe, Mengen- und Qualitätskontrolle, Einlagern in entsprechende Lagerräume, Bereitstellen vor Produktionsbeginn, Zusammenstellen der Chargen nach Grundbrätmaterial und Einlagematerial, Vorsalzen und Vorzerkleinern des Grundbrät- und Einlagematerials, Zwischenlagern; Raumbedarf: bis drei Produktionsräume
- Verarbeitungsbereich 2:
  Brätbereitung, Füllen des Brätes in Hüllmaterialien; Raumbedarf: bis zwei Produktionsräume
- Verarbeitungsbereich 3:
  Heißrauch- und/oder thermische Behandlung, einschließlich Kühlung der Brühwürste; Raumbedarf: ein Produktionsraum
- Verarbeitungsbereich 4:
  Qualitätskontrolle der Brühwürste, Zwischenlagern, Versandverpacken, Ausliefern der Versandchargen; Raumbedarf: ein Produktionsraum, meistens gemeinsam genutzt von allen produzierenden Abteilungen

Der Schwerpunkt der nachfolgenden Verfahrensdarstellung wird auf die Verarbeitungsbereiche 1 bis 3 gelegt.

10.5.3.5.1 Verarbeitungsbereich 1

► Technologische Zielsetzung

Technologisches Ziel im ersten Verarbeitungsbereich ist es:

- das Einsatzmaterial in Einlage- und Grundbrätmaterial sowie die Zutaten und Hilfsstoffe zu chargieren
- die Diffusion von zugesetzen Pökelstoffen an ihre Wirkstellen im Muskelgewebe zu fördern
- die Einsatzmaterialien auf ihre technologischen Eigenschaften einzustellen, z.B. die Destruktionsbereitschaft der originären Eiweißkörper zu erhöhen, den 2^+-Ladungszustand des zentralen Eisenions in der Hämgruppe möglichst vieler Myoglobinmoleküle zu erhalten, den Gehalt an Precursors ansteigen zu lassen.

► Verfahrensführung

Zwischenlagern des Einsatzmaterials

Nach der Qualitäts- und Quantitätskontrolle werden die nach dem gewählten Zerlegesystem sortierten Einsatzmaterialien im Fleischkühlraum bis zur Chargenzusammenstellung eingelagert. Dieser Kühlraum erfüllt damit hauptsächlich eine Zeitpufferfunktion für einen flüssigen Produktionsrhythmus.

Chargenzusammenstellung, Vorsalzen und Vorzerkleinern

Die Chargenzusammenstellung erfolgt im Manipulationsraum. Die Brät- und Einlagematerialien werden entsprechend der gewählten Rezepturen getrennt – in Großbetrieben mit Chargierungsvorrichtungen – sonst per Handverwägung zu Kutterchargen zusammengestellt. Hierbei ist von einem Schüsselfüllungsgrad von 70 – 75 % auszugehen. Die mit dem eingewogenen Fleisch gefüllten Satten oder Transportwagen werden mit einer Hubvorrichtung über der Mengmaschine entleert. Im Wirkbereich dieser Maschine – in den Umlenkbereichen zwischen den Hohlschnecken – erfolgt bei Zugabe der Pökelstoffe und sonstigen Zutaten ein intensives Vermischen. Zusätzlich wird auch eine mechanische Gefügeauflockerung erzielt. Die dabei austretende Gewebeflüssigkeit löst bereits einen Teil der Pökelstoffe, so daß die Pökelstoffdiffusion beginnen kann. Poltermaschinen bewirken den gleichen Effekt. Zur Verkürzung des Diffusionsweges und damit zur Beschleunigung der Pökelstoffdiffusion wird das vorgesalzene Material durch die 2 mm-Lochscheibe gewolft.
Das vorgesalzene Feinschrot kann und das über den gleichen Weg vorgesalzene und rezepturentsprechend vorzerkleinerte Einlagematerial muß im Brühwurstfleisch-Pökelraum zur Fortsetzung der Salzbehandlung zwischengelagert werden.

Stoffumwandlungsvorgänge im Feinschrot und Einlagematerial:
Im vorgesalzenen Feinschrot und Einlagematerial vollziehen sich während der Zwischenlagerung im Brühwurstfleisch-Pökelraum Stoffumwandlungsvorgänge, die zur vollen Ausprägung der technologischen Rohstoffeigenschaften führen.
Die Muskeleiweißkörper des Postrigor–Fleisches erhalten ihre optimale Destruktionsbereitschaft durch proteolytischen Abbau des Aktomyosinkomplexes während der Fleischreifung. Für eine zügige Brühwurstverarbeitung entfällt aber aus betriebswirtschaftlichen Gründen eine abgeschlossene Fleischreifung. Durch Vorsalzen des Fleisches kann in praxi die Destruktion des kontraktilen Eiweißsystems unterstützt werden. Abbildung 10.5.1-5 verdeutlicht, daß sich halolytisch vorbehandelte Myofibrillen im Kutter „müheloser“ in noch kleinere Teilchen zerlegen lassen.

Die höchstmögliche Destruktionsbereitschaft hat Warmfleisch, weil sich in ihm der die mechanische Auffaserung der Myofibrillen hemmende Aktomyosinkomplex noch nicht gebildet hat. Die hohe Destruktionsbereitschaft des Warmfleisches kann durch Sofortsalzung und Gefrierlagerung längere Zeit aufrecht erhalten werden. Wird die Gefrierbehandlung allein angewendet, ist beim Auftauen der Taurigor [3] durch sofortige Salzung des Fleisches zu unterdrücken.

Für die Brühwurstherstellung ungeeignet ist Fleisch im Rigor mortis. Die Sarkomeren des kontraktilen Apparates in Rigorfleisch sind auf das Äußerste verdichtet. Kein mechanisches

Destruktionsverfahren vermag es, dieses komplexe filamentäre System in fettemulgierende und wasserbindende Elemente zu zerlegen.

Die Umrötung des Myoglobins erfolgt durch Austausch der Liganden O_2 oder H_2O mit NO an der sechsten Koordinationsstelle des zentralen Eisenions des roten Muskelfarbstoffes. Unklar ist bisher die umrötungsbeeinflussende Bedeutung der Veränderung der Hämtasche (Globinkomponente) des roten Muskelfarbstoffes p. m. Allen Praktikern bekannte Umrötephänomene bei der Würstchenkonservenherstellung vor und nach der Pasteurisation könnten für eine Mitbeteiligung der Ultrastrukturveränderungen der Globinkomponente bei der Farbstabilisierung sprechen.

Die Precursor-Bildung geht mit dem enzymatischen ATP-, Eiweiß- und Glykogenabbau während der Fleischreifung einher. In der Praxis wird daher etwa 3 Tage gereiftes Fleisch zum Einsatz gebracht. Während der halolytischen Aktomyosin- und Umrötungsbehandlung dürfte sich der Precursoranteil weiter erhöhen.

10.5.3.5.2 Verarbeitungsbereich 2

► Technologische Zielsetzung

Technologisches Ziel im zweiten Verarbeitungsbereich ist es,

- das mit Pökelsalz vorbehandelte und/oder vorzerkleinerte Fleisch zusammen mit Zusatzstoffen und Zutaten in ein optimal strukturiertes Brühwurstgrundbrät mit thermostabiler Wasserbindung und thermostabiler Fettemulgierung umzuwandeln
- sortenspezifische Einlagebestandteile herzustellen und gleichmäßig im Grundbrät zu verteilen
- das Brät mechanisch belastungs- und lufteinschlußarm, gegebenenfalls grammgenau in Wursthüllen oder Formbehältnisse zu portionieren
- die Umrötung des Muskelfarbstoffes im Brät fortzusetzen.

Der 2. Verarbeitungsbereich kann in zwei integrierten Produktionsräumen, „dem Maschinen- und Schneidmischerraum“, lokalisiert sein, sofern ein Schneidmischer ohne Vakuumvorrichtung verwendet wird. Solche Schneidmischer erzeugen derzeitig noch soviel Lärm, daß Schalldruckpegel über 85 dB(A) entstehen. Daher erhalten Schneidmischer schalldämmende Umbauungen, einschließlich Decke und Tür.

► Verfahrensführung

Grundbrätbereitung

Bei der Grundbrätbereitung sollen sich folgende Stoffwandlungsvorgänge vollziehen:

- Auflösung der originären Fleischstruktur und Fettdispergierung
- thermostabile Emulgierung des dispergierten Fettes
- Aufbau einer neuen wasserbindenden Zwischenproduktstruktur, die die Fähigkeit haben

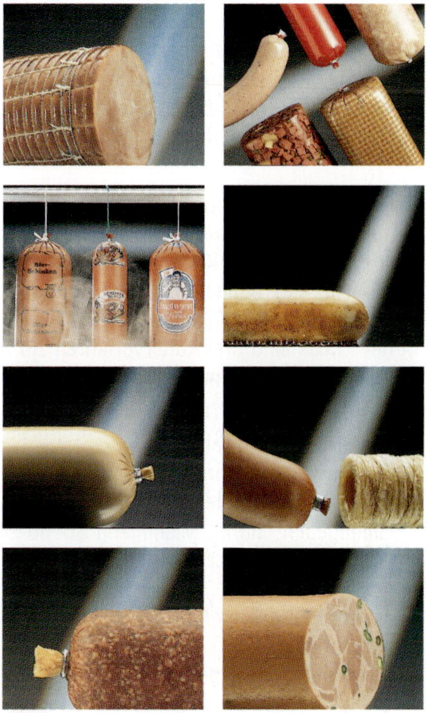

muß, bei der anschließenden thermischen Behandlung zu einem biß- bzw. schnittfest zusammenhängenden, nicht wasserlässigen porösen oder gummiartigen Garprodukt zu koagulieren
- Fortsetzung der Umrötung der Myoglobins.

Die Thermostabilität der Fettemulgierung und Wasserbindung sowie die Feinkoagulierbarkeit des Brühwurstbrätes werden
- von der Art und Menge sowie der Erhaltung der self-assembly- und Hydratationseigenschaften der Ultrastrukturelemente des eingesetzten Muskel-, Fett- und Bindegewebes sowie
- von den erreichbaren Wechselwirkungen zwischen den Ultrastrukturelementen, Wasserdipolen und Salzionen beeinflußt.
  Die beim mechanischen Destrukturieren unvermeidliche Reibungswärmebildung in der Nähe der PRANDLschen Grenzschicht der Kuttermesser kann den Erhalt der o.g. technologischen Eigenschaften der Brätstrukturelemente gefährden.

Die Verfahrensführung der Grundbrätherstellung ist vom Wirkprinzip der eingesetzen Zerkleinerungsmaschine, wie Kolloidmühle, Turbowolf (Durchlaufkutter), Schneidmischer (Kutter) oder kontinuierlicher Kutter, abhängig. Da sowohl in Industrie- als auch in Handwerksbetrieben der Einsatz des Schneidmischers dominiert, wird die Grundbrätherstellung mit dem Schneidmischer dargestellt.
In der Praxis sind drei Kutterverfahren zur Brätherstellung bekannt, die die angegebenen Stoffwandlungsvorgänge herbeiführen sollen.

- Magerbrätverfahren:
  Der auf 2–4 °C vorgekühlte, durch die 2 mm-Lochscheibe vorgewolfte und gegebenenfalls danach umgerötete sowie halolytisch vorbehandelte Magerfleischanteil wird in den Kutter eingegeben und im Mischgang 30–60 sec. „trocken" gekuttert.
  Während des Trockenkutterns erfolgt die Zugabe der pulverförmigen Zusatzstoffe und Zutaten.
  Danach wird in den Schnellgang geschaltet und mit der portionierten Schuppeneiszugabe begonnen.
  Während des Magerbrätkutterns werden zweimal ein Drittel des Eises in kurzen Zeitabständen zugesetzt. Nach Erreichen einer festgelegten Brättemperatur (Empfehlung: 6–8 °C) wird das durch die 2 mm-Lochscheibe gelassene fette Material zugefügt und bis auf eine vorbestimmte Brättemperatur (Empfehlung: 12–14 °C) weitergekuttert. Danach wird das letzte Drittel Eis zugegeben. Das Brät kühlt sich hierdurch noch einmal erheblich ab und soll daher bis auf eine vorgegebene Temperatur (Empfehlung: 10 °C) „hochgekuttert" werden. In manchen Betrieben ist es üblich, erst jetzt die Gewürze unterzukuttern.
  Nach Erreichen der vorgegebenen Temperatur wird der Kutter in den Mischgang zurück geschaltet. Die Entscheidung über die Prozeßbeendigung erfolgt durch manuelle Viskositätsprüfung oder nach Erreichen einer festgelegten Brättemperatur (Empfehlung: 12 °C).
  Nun wird entweder das Einlagematerial zur Zerkleinerung eingegeben oder der Drehschirmentleerer zur Kutterentleerung betätigt. Kleine Schneidmischer werden zur manuellen Entleerung in den Kriechgang geschaltet.

- Fettbrätverfahren:
  Die chargierten Anteile an Magerfleisch und fetten Ausgangsmaterialien werden getrennt fein ausgekuttert, wobei das Magerbrät nach dem o.a. Verfahren hergestellt wird. Danach wird das „Magerbrät“ portionsweise unter das „Fettbrät“ gekuttert.Das Fettbrätverfahren ist hauptsächlich in Süddeutschland verbreitet und findet bei der Produktion von Gelb- und Weißwurst mit heller Brätfarbe und lockerer Textur Anwendung.

- Gesamtbrätverfahren:
  Das Gesamtbrätverfahren ist bei effektiver Benutzung von Vakuum- und/oder Begasungskuttern anzuwenden.Gleich zu Prozeßbeginn wird die gasamte Materialcharge in den Schneidmischer gegeben. Unmittelbar nach dem Trockenkuttern mit Zugabe der pulverförmigen Zusätze erfolgt die gesamte Eisschüttung.
  Danach wird der Kutter zum Vakuumanlegen oder zur Stickstoffbegasung verschlossen und der Prozeß nach einem festgelegten Zeitplan- oder Temperatursteuerverfahren zu Ende geführt.

Die Empfehlung zur Auswahl der skizzierten Kutterverfahrensführungen hinsichtlich Erreichung einer optimalen Brätqualität stützen sich derzeitig noch vorwiegend auf maschinell bedingtes und/oder auf empirischen Erfahrungen beruhendes Handling der Materialeingabe-Reihenfolge in den Kutter und auf möglichst nicht zu überschreitende Brättemperaturen.
Danach ist das Magerbrätverfahren gegenüber dem Gesamtbrätverfahren arbeits- und zeitaufwendiger. Hinsichtlich der Erfüllung der technologischen Zielstellung ist dem Magerbrätverfahren jedoch der Vorzug zu geben, was sich wie folgt begründen läßt:
Beim Magerbrätverfahren werden die drei Stoffwandlungsvorgänge
- Destruktion des Muskel- und Bindegewebes sowie Fettdispergierung
- Fettemulgierung
- Aufbau der neuen Brätstruktur

zeitlich in zwei Kutterphasen aufgetrennt. Die Darstellung der Brätherstellung erfolgt daher am Beispiel des Magerbrätverfahrens.

- Erste Kutterphase
  Zuerst wird die Muskelgewebedestruktion in fettemulgierende sowie hydratisations- und self-assembly-fähige Ultrastrukturelemente vorgenommen.
  Das entstehende Teilchenspektrum des Magerbrätes umfaßt hauptsächlich folgende Ultrastrukturelemente:

- Muskelfaserstückchen	Länge: 1 mm bis mehrere cm Durchmesser: 10–200 µm
- Bindegewebsfaserteile	Länge 1mm bis mehrere cm Durchmesser: 100–200 µm
- Fettläppchenteile	sehr unterschiedliche Größen
- Kollagenfibrillen	Länge: bis zu mehreren mm, emulgierwirksame Länge: 200–700 nm, Durchmesser: etwa 30–70 nm
- Sarkolemmreste	in aufgerollter Form bis Mitochondriendurchmesser

- Myofibrillenteilchen	Länge: < 1 mm, Durchmesser: je nach Quellungsgrad etwa 100–300 nm
- Filamentteilchen	Länge: 100–500 nm Durchmesser: etwa 5–15 nm
- Proteinmoleküle	

Die Gewebedestruktion zu diesem Teilchenspektrum erfolgt in der Trockenkutterphase überwiegend durch die unit operation „Schneiden". Je gleichmäßiger und tiefer das zu zerkleinernde Material vorgekühlt ist, um so einheitlicher werden die Schneidwiderstände der verschiedenen Gewebearten und um so langsamer steigt die Brättemperatur an. Mit abnehmender Teilchengröße erhöht sich allmählich die Wirkung der unit operation „Zerreiben" der Teilchen im Hochturbulenzströmungsbereich zwischen der PRANDLschen Grenzschicht der Kuttermesser und dem vor den Messern angestauten Brät.
Die Brättemperatur würde am Ende der Trockenkutterphase beschleunigt ansteigen, wenn nun nicht die Schüttung als"Kühlmittel" zugesetzt wird.

Während des Trockenkutterns wird der Teilchenzusammenhalt durch Aussalzen der auf die Gewebeteilchen-Oberflächen ausgetretenen Proteine bewirkt, sofern die Teilchen in Wirknähe zueinandergebracht werden. Dies erfolgt beim Aufeinandertreffen der tangentialbeschleunigten Teilchen im Kutterdeckel nach jeder Passage durch die Kuttermesser.
Nach Zugabe der Schüttung bilden sich starke Wasserschichten um die Partikeln aus. Mit zunehmender Kutterdauer reduzieren sich diese wieder infolge einsetzender Quellung der immer kleiner werdenden Teilchen. Der Teilchenzusammenhalt wird jetzt hauptsächlich durch elektrostatische Wechselwirkungen aller um die freien Wasserdipole konkurrierenden Brätteilchen bewirkt.
Hierbei dürfte den zahlreichen Kationen des zugesetzten Pökelsalzes – seine Konzentration beträgt im Magerbrät etwa 3 – 4 % – eine „vermittelnde" Funktion zwischen den peripher negativ geladenen, hydratisierten Eiweißteilchen zukommen.

Wenn die Mehrzahl der Muskelgewebeteilchen auf das Niveau der Myofilamente aufgerieben worden ist, dürfte ein Teil der Wasserbindung durch Quellung wieder aufgehoben werden. Dieser WBV-Rückgang läßt sich durch grafische Darstellung der WBV-Zeit-Funktion deutlich nachweisen [4]. Zu diesem Zeitpunkt ist eine Magerbrätstruktur mit vielen fettemulgierfähigen Eiweißteilchen und -molekülen entstanden. Jetzt kann mit der zweiten Kutterphase begonnen werden.

- Zweite Kutterphase
  Die zweite Kutterphase wird mit der Zugabe des vorzerkleinerten Fettes eingeleitet. In manchen Betrieben ist es üblich, die Messerwellendrehzahl bis zur augenscheinlich gleichmäßigen Verteilung des Fettmaterials im Magerbrät auf die Hälfte zu reduzieren und danach wieder auf das Maximum zu erhöhen. Bei hochtourigen Kuttern ist diese Maßnahme nicht erforderlich. Im hochtourigen Drehzahlbereich der Messerwelle beginnt nach Zerstörung der Fettläppchen und Fettzellen die Fettdispergierung zu Partikeln mit Durchmessern von wenigen Nanometern bis zu etwa 50 µm. Nahezu zeitgleich mit der Fettdispergierung erfolgt die Fettemulgierung.

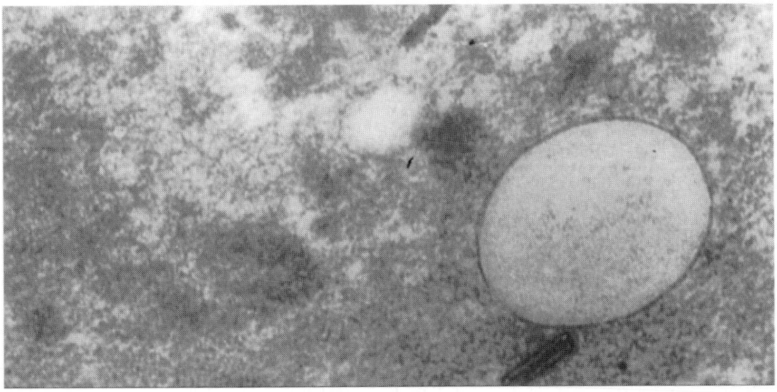

Abb. 10.5.3-1 Fettpartikel in Brühwurstbrät mit molekularer Eiweißhülle; M 62000:1

- Über die Fettemulgierung im Brühwurstbrät besteht derzeitig noch keine einheitliche Auffassung. Nach der Proteinlösungstheorie [5,6] sollen für die emulgierende Umhüllung der Fettpartikeln vor allem Eiweißmoleküle mit ihren hydrophoben und hydrophilen Gruppen technologische Hauptbedeutung aufweisen.
  Aus transmissionselektronenoptischen Befunden von BORCHERT et al. [7] geht hervor, daß die Proteinhüllen monomolekularen Aufbau haben und lückenhaft sein können. Beim späteren Garprozeß tritt das verflüssigte Fett aus solchen Öffnungen aus. Bei gleichzeitiger Störung der Wurststrukturbildung, z.B. durch Kanälchenbildung im Wurstgut [8], kann das Aufplatzen von Eiweißmolekülen zur gefürchteten Fettabsatzbildung unter der Wursthülle führen. Da die Menge an Proteinmolekülen, die beim Vorsalzen und Kuttern gelöst werden

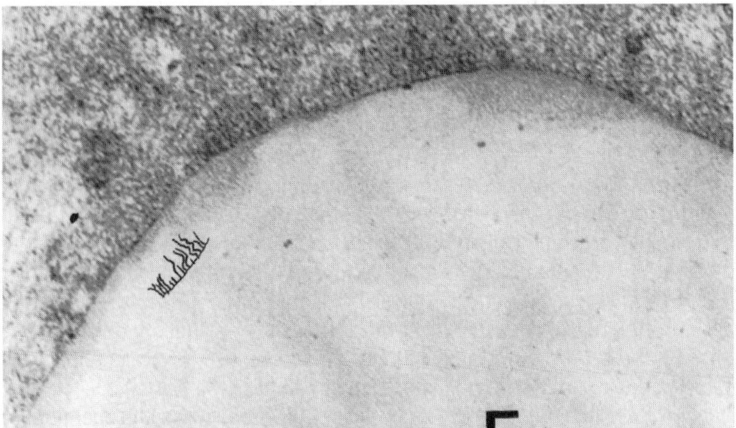

Abb. 10.5.3-2 Fettpartikel (F) in Brühwurstbrät mit überwiegend filamentärer Eiweißhülle nach [10]; ein kleiner Abschnitt der filamentären Eiweißhülle wurde unterhalb der Fettpartikeloberfläche nachgezeichnet; M 70000:1

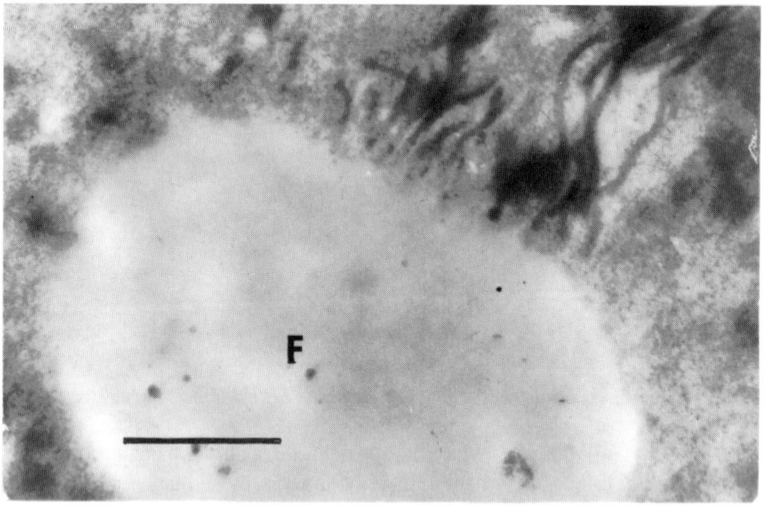

Abb. 10.5.3-3 Fettpartikel (F) in Brühwurstbrät mit partieller Hülle aus Kollagenfibrillen; M 43000:1 (nach [10])

kann, aber nicht ausreicht, um möglichst alle dispergierten Fettpartikeln umhüllen zu können, wird die Auffassung vertreten, daß auch das mechanische Einschließen von nicht emulgierten Fettpartikeln in Hohlräume zwischen den größeren Myofibrillenstückchen eine Koaleszenz der verflüssigten Fettpartikeln wirkungsvoll verhindert [9]. Bereits die von BORCHERT et al. [7] veröffentlichten elektronenoptischen Aufnahmen zeigen aber, daß Myofibrillenstückchen nicht den Hauptanteil des Brätteilchenspektrums ausmachen.

Technologische Hauptbedeutung bei der Fettemulgierung dürften die zahlenmäßig größten Gruppen von Eiweißteilchen im Brät haben. Diese sind die Myofilamente oder Filamentteile und Eiweißmoleküle [10]. Die Bilder 10.5.3-1 bis 10.5.3-3 zeigen die im Brühwurstbrät möglichen Eiweißhüllentypen. Zwischen diesen sind gleitende Übergänge möglich.

Der Hüllentyp 1 stellt den von BORCHERT et al. [7] erstmals elektronenoptisch nachgewiesenen molekularen Typ dar. Vermessungen der Aufnahmen haben ergeben, daß diese Hüllen Dicken bis zu 15 nm erreichen. Hieraus läßt sich schließen, daß derartige Hüllen hauptsächlich aus einer monomolekularen Schicht globulärer Proteinmoleküle gebildet werden.

Der Hüllentyp 2 wird von radial angelagerten fadenförmigen Teilchen gebildet. Durch Dreh- und Stauchbewegungen der Fettpartikeln bei der Kuttermesserpassage können die Eiweißfäden an die Fettpartikeloberfläche angedrückt oder untereinander „verfilzt“ werden. Da die Fadenlängen zwischen etwa 100 und 500 nm differieren und die Fadenradien bei 5–15 nm liegen, dürften diese Teilchen Myofilamente oder Filamentteile sein.

Der seltenere 3. Hüllentyp entsteht durch radiale Anlagerung von Kollagenfibrillenfragmenten. Solche Hüllen können partiell bis zu 700 nm dick werden. Denkbar ist auch der von JONES [11] postulierte Hüllentyp aus in Kopf-Schwanz-Manier an die Fettpartikeln angelagerten Myosinmolekülen. Der Autor schreibt aber selbst: „It is presently unknown to what extent free myosin (solubilized) occurs in minced meat batters as opposed to free actomyosin.“

Bei der Bildung von Eiweißhüllen aus fadenförmigem Material ist davon auszugehen, daß an der Oberfläche jedes kolloidalen Teilchens, so auch an den dispergierten Fettpartikeln Ladungen in zwei Schichten angeordnet sind. Die innere Schicht wird als „starre" Schicht und die äußere als diffuse oder GOUYsche Schicht bezeichnet. Die Ladungsdichte in der diffusen Schicht nimmt mit zunehmendem Abstand von der Partikeloberfläche exponentiell ab. Als Folge davon darf angenommen werden, daß sich von der Fettphase über die Phasengrenze zur wässrigen Phase im Brühwurstbrät ein gleichartig abklingendes Oberflächenpotential in radialer Richtung ausbreitet.
Abbildung 10.5.3-4 zeigt den Oberflächenpotentialverlauf schematisch. Diesem Potential folgend, dürften sich fadenförmige Brätteilchen mit hohen Dipolmomenten zu einer mehr oder weniger radialen Hülle an den Fettpartikeloberflächen anlagern.
Das von der Fettphase über die Phasengrenze bis in die wässrige Phase reichende Oberflächenpotential ergibt sich nach FORKER [12] aus:

$$\Delta V = \psi_D + \psi \qquad (10.5.3/1)$$

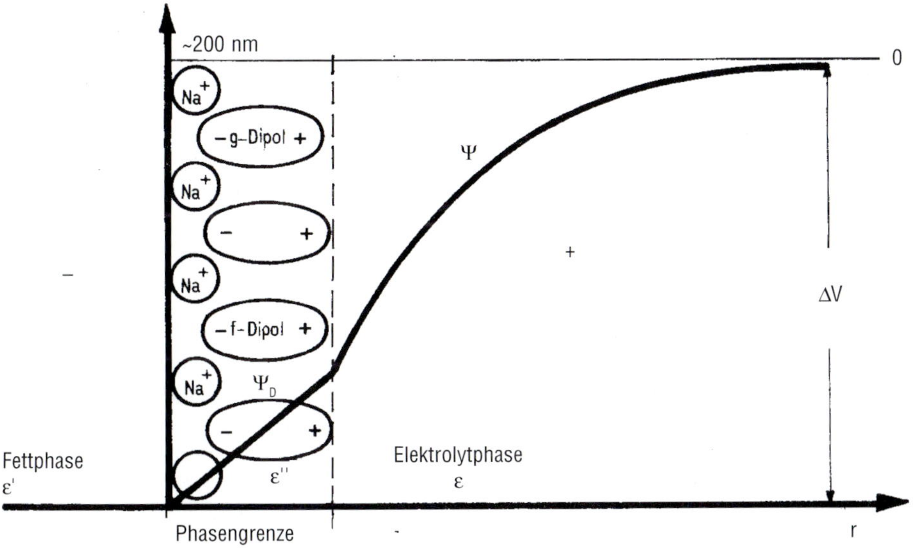

Abb. 10.5.3-4 Schematische Darstellung des Oberflächenpotentialverlaufs ausgehend von einer Fettpartikeloberfläche in Brühwurstbrät (nach [15])

ΔV = Oberflächenpotential
ψ = Gouy-Chapman-Potential
ψ_D = Dipolpotential
ε' = Dielektrizitätskonstante des Fettes
ε'' = Dielektrizitätskonstante des Elektrolyten
r = Abstand vom Mittelpunkt des Teilchens

g-Dipol = globulärer Dipol
f-Dipol = fadenförmiger Dipol
Na^+ = Natriumion

ψ_D ist das Dipolpotential an der Phasengrenze und errechnet sich aus:

$$\psi_D = 4\pi n\mu_1 + 4\pi n\mu_2 \qquad (10.5.3/2)$$

Es besteht aus den verschiedenen Dipolmomenten μ_i der Fettphase, der Filamente und Eiweißmolekühle sowie der Anzahl n der Teilchen je Flächeneinheit. μ_1 ist das Dipolmoment oder die Polarisation der Fettvolumenkomponente und μ_2 das Dipolmoment der polaren hydrophilen Gruppen der hydratisierten Eiweißteilchen.
ψ ist das GOUY-CHAPMAN-Potential der diffusen Ladungsschicht an der Phasengrenze und entsteht aus:

$$\psi(r) = \frac{ze}{r\varepsilon} \cdot \frac{e^{k(a-r)}}{1+ka} \qquad (10.5.3/3)$$

mit $r > a + r^{\prime}$.

z = Ladungszahl
ε = Dielektizitätskonstante
a = Radius der Fettpartikeln
r = Abstand vom Mittelpunkt des Teilchens
k = Radius der umliegenden Ionen
$r^{\prime}$ = Radius der umliegenden Ionen

Die Gleichungen (10.5.3/1) bis (10.5.3/3) beschreiben einen idealisierten Zustand, der unter verschiedenen Voraussetzungen abgeleitet wurde. Solche sind z.B., daß die Fettpartikeln als Punktladungen aufgefaßt, einheitliche DK's angenommen wurden oder die Polarisation der Ionen vernachlässigt wurde und die Inhomogenität der Partikeloberflächen unberücksichtigt blieb. Eine exakte Berechnung des Oberflächenpotentials ΔV ist daher nicht möglich. Seine Existenz dürfte aber mit verschiedenen Meßmethoden nachgewiesen werden können [12].

Hinsichtlich der thermischen Festigkeit der Proteinhüllen sind einige Unterschiede zu erwarten. Während vorwiegend molekulare Hüllen bereits bei geringer thermischer Belastung aufplatzen, halten die filamentären, insbesondere die „verfilzten", dem Ausdehnungsdruck des sich verflüssigenden Fettes und der eigenen thermodenaturativen Volumenschrumpfung weit besser stand.Hieraus folgt, daß der Materialdestruktionsprozeß im Kutter so zu führen ist, daß möglichst viele Filamente unter Erhaltung ihres hohen longitudinalen Dipolmoments entstehen. Dies gelingt einerseits beim separaten „Magerbrätkuttern". Andererseits haben Kuttermesserform und -anzahl darauf einen maßgeblichen Einfluß.

Günstig wirkt sich auch die Ausbildung eines Brätabströmkanals im Kutterdeckel aus, da hierdurch die „Brätkloßbildung" im Kutterdeckel unterdrückt wird. Periodisch entstehende und in den Kutter zurückfallende Brätklöße würden in ein gegebenes Brät immer wieder Portionen geringeren Zerkleinerungsgrades einbringen, was einen optimalen Brätstrukturaufbau stören kann.

Technologisches Problem ist beim Brühwurstbrätkuttern neben der Fettemulgierung, die Elemente des zerkleinerten Muskelgewebes mit den Wasserdipolen und Salzionen zu einer optimal wasserbindenden Brätstruktur in Wechselwirkungsbeziehungen zu bringen. Über die Brätstrukturbildung und Wasserbindung gibt es, ähnlich wie bei der Fettemulgierung, noch keine einheitliche Auffassung. Einigkeit besteht jedoch darin, daß Brühwurstbrät ein kolloides Mehrphasensystem ist, in dem echte Lösungen, Gellösungen aus fibrillären Eiweißkörpern, Suspensionen, Emulsion und Schaum integriert sein sollen.

Bei der technologischen Deutung des kolloiden Mehrphasensystems „Brühwurstbrät" stehen sich die „Proteinlösungstheorie" [5,6] und die „Myofibrillenquellungstheorie" [9] gegenüber. Bei beiden Theorien bleiben, auch nach ihrer Zusammenfassung [13], vor allem die Fragen nach der Art der Wechselwirkungen der gelösten oder gequollenen Eiweißteilchen und der technologischen Bedeutung ausgeprägter Wechselwirkungen der hydratisierten Brätstrukturelemente überhaupt unbeantwortet.Hierüber sollen nachstehende mikroskopische Brätstrukturuntersuchungen [10,14,15] Auskunft geben.
Eine vergleichende Betrachtung von ausgekuttertem Brühwurstgrundbrät mit dem Licht- und Elektronenmikroskop ergibt, daß die Struktur des Zwischenproduktes „Brät" je nach dem gewählten Vergrößerungsmaßstab in mehrere optische Ebenen gegliedert werden kann. Aus technologischer Sicht sollten mindestens ein Makro- und ein Mikrobereich unterschieden werden.

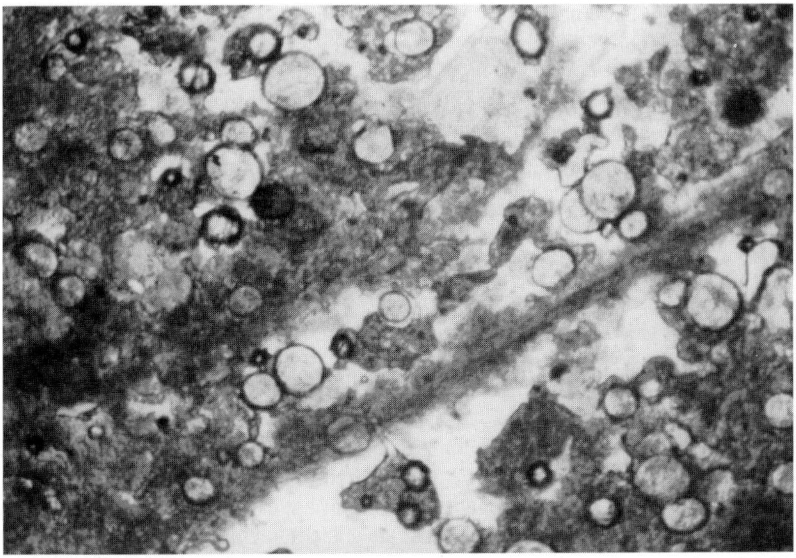

Abb. 10.5.3-5 Auflichtmikroskopische Aufnahme von Brühwurstbrät; M 36:1

Einen Ausschnitt des Makrobereiches der Brätstruktur zeigt die auflichtmikroskopische Darstellung bei 36 facher Vergrößerung in Abbildung 10.5.3-5. Deutlich können unregelmäßig geformte Muskelgewebefragmente und zahlreiche rundliche Fettzellen erkannt werden. Die hellen Areale stellen eine lichtmikroskopisch nicht mehr differenzierbare „Feinmasse" des Brätes dar. Diese dürfte aber die technologische Hauptbedeutung für die thermostabile

Wasserbindung und Fettemulgierung haben, während die Teilchen des Makrostrukturbereiches die geschätzten, sensorischen Merkmale „knackiger Biß“ bzw. „gute Schnittfestigkeit“ hervorrufen.

Um die Ultrastruktur der Feinmasse zu untersuchen, muß das Elektronenmikroskop benutzt werden. Die rasterelektronenoptische Aufnahme in Abbildung 10.5.3-6 zeigt Brühwurstbrät in 500 facher Vergrößerung. Drei Fettpartikeln sind mit einer Hülle umgeben, wobei die des linken und rechten Partikels perforiert ist. Auch diese wesentlich höhere Vergrößerung der Feinmasse läßt die Ultrastruktur der Feinmasse noch nicht erkennen. Das wird erst mit transmissionselektronenoptischen Aufnahmen ab etwa 30 000 facher Vergrößerung möglich.

Abb. 10.5.3-6 Rasterelektroenoptische Aufnahme von Brühwurstbrät; M 500:1

Abbildung 10.5.3-7 zeigt einen Ausschnitt des transmissionselektronenoptischen Bildes von Brühwurst-Feinbrät. Ein ähnliches Bild wurde bereits 1967 von BORCHERT et al. [7] veröffentlicht. Das die Fettpartikel F umgebende Feinbrät hat eine auffällig feingliedrige Struktur. Innerhalb dieser Struktur läßt sich eine fast einheitlich graugetönte „Grundmatrix“ (Kreis 1) erkennen. In dieser Grundmatrix sind zahlreiche elektronendichtere, unregelmäßig geformte Strukturgebilde (Kreis 2) sowie Zellorganell- und Sarkolemmreste und/oder Reste des sarkoplasmatischen Retikulums eingebettet. Ferner können auch Areale mit geringerer Elektronendichte und von optisch leeren Räumen durchsetzter Strukturgebiete beobachtet werden. (Kreis 3).
Wenn die Feinbrätstruktur noch stärker vergrößert wird, zeigt die Grundmatrix einen überwiegend filamentären Aufbau. Zur besseren Verdeutlichung dieser Ultrastruktur wird in Abbildung 10.5.3-8 ein Bildausschnitt im Bereich eines „aufgelockerten“ Matrixareals (analog

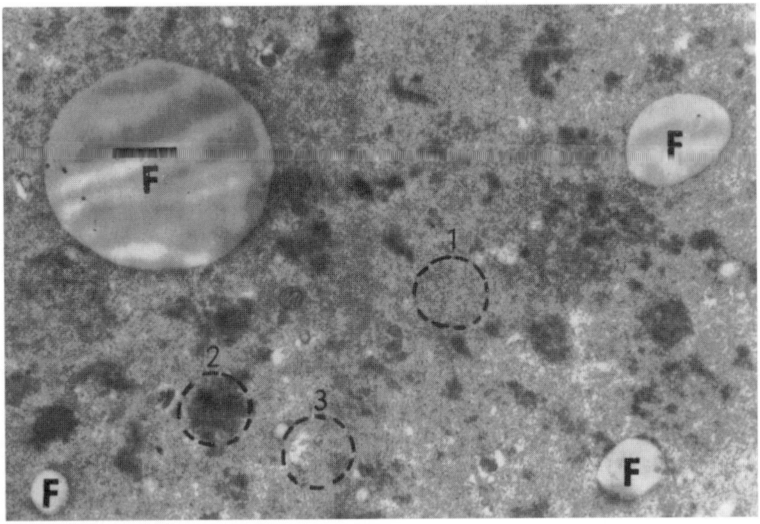

Abb. 10.5.3-7 Brühwurstbrät, (F) Fettpartikeln; Kreis 1 Grundmatrix; Kreis 2 elektronendichtere Strukturbestandteile; Kreis 3 Areal geringer Elektronendichte; M 16800:1 (nach [14])

Kreis 3 in Abbildung 10.5.3-7) dargestellt. Erkennbar sind einzeln und paarweise liegende Myofilamente bzw. -fragmente sowie kleine, noch zusammenhängende Filamentbündel.

Die Abbildungen 10.5.3-9 und 10.5.3-10 zeigen zwei verschiedenartige Sarkomerenteile. In Abbildung 10.5.3-9 ist eine Z-Scheibe mit rechts und links abstahlenden Aktinfilamenten

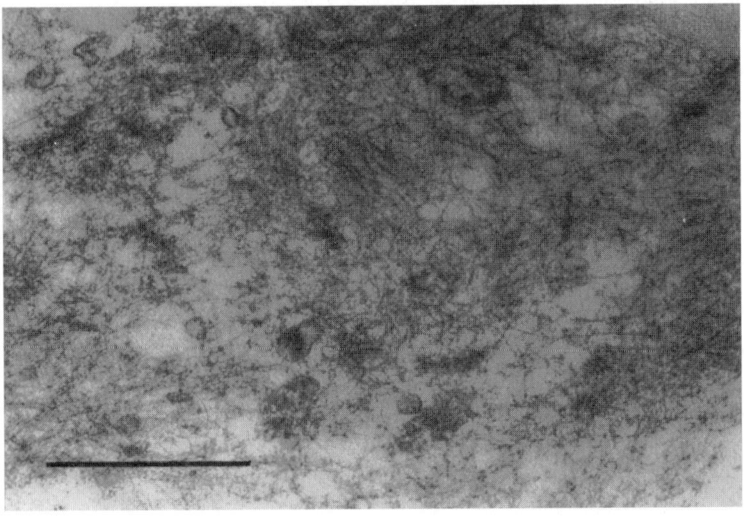

Abb. 10.5.3-8 Stark vergrößerter Ausschnitt der Grundmatrix von Brühwurstbrät; M 56000:1 (nach [14])

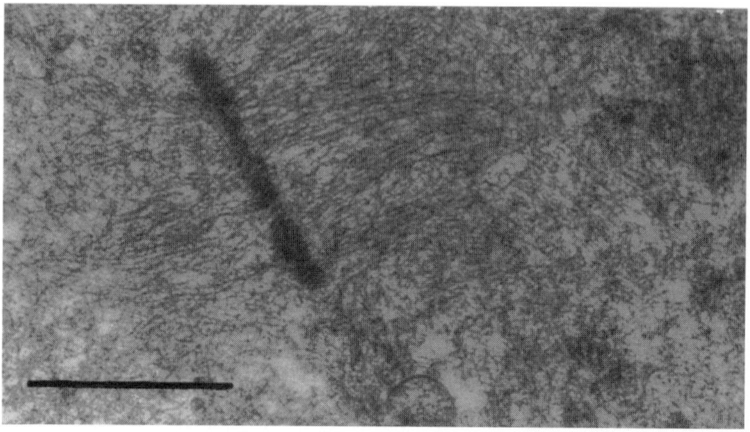

Abb. 10.5.3-9 Sarkomerenteil in Brühwurstbrät; Z-Scheibe mit beiderseits abstrahlenden Actinfilamenten; M 56000:1 (nach [14])

und in Abbildung 10.5.3-10 ein A-Band mit Mittelscheibe im Längsschnitt zu erkennen. Das erstere Sarkomerenfragment ist gequollen, das zweite aber nicht. Auffällig ist, daß sich diese Gebilde größenmäßig deutlich von den Fäden der Grundmatrix abheben.

Werden solche Sarkomeren- oder Myofibrillenfragmente im elektronenoptischen Bild nicht längs, sondern in einer anderen Schnittrichtung und bei geringerer Vergrößerung erkennbar, stellen sie sich als Strukturgebilde des Kreises 2 in Abbildung 10.5.3-7 dar.

Unter den Fäden der in den Abbildungen 10.5.3-1, 10.5.3-2 und 10.5.3-7 erkennbaren Grundmatrix scheint auf den ersten Blick kein Ordnungsprinzip zugrunde zu liegen. Auffällig

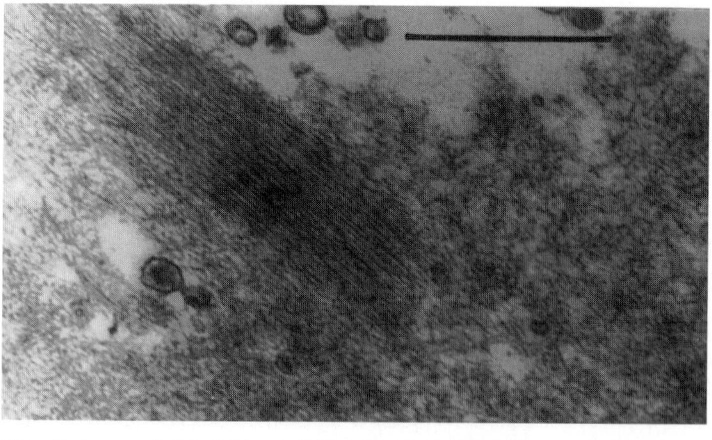

Abb. 10.5.3-10 Sarkomerenteil in Brühwurstbrät; A-Band mit Mittelscheibe; M 56000:1 (nach [14])

ist aber, daß in der Grundmatrix unterschiedlich große Areale von Fäden mit Parallelorientierung erkennbar sind und daß sich die vereinzelten Fäden nicht untereinander „verknüpfen", wie es z.B. in Gelatinestrukturaten der Fall ist. Die vereinzelten, stochastisch verteilten Filamente berühren sich nicht, sondern scheinen sich an den „Berührungsstellen", wo es erkennbar ist, auf Vorzugsabstände von etwas weniger als einen Filamentdurchmesser einander anzunähern.

Zu viel in das Brät eingearbeitete Luftbläschen wirken u.a. auf das self-assembly-Vermögen der Brätteilchen störend und beanspruchen darüber hinaus Eiweißteilchen zu ihrer Umhüllung, die der Fettemulgierung verloren gehen. Daher empfiehlt sich, außer bei „weißer Ware", bei der ein „flaumiger" Biß angestrebt wird, das Kuttern unter 40 bis 80 % igem Vakuum. Die Höhe des anzuwendenden Vakuums ist nach WIRTH [16] abhängig vom Anteil an strukturbildendem Eiweiß, vom Fett- und Wasserzusatz sowie von der Brühtemperatur. In praxi gilt, je fleischreicher die Rezeptur, je geringer der Fett- und Wasserzusatz und je höher die Brühtemperatur, umso geringer das Vakuum.
Zu hohe Brätverdichtungen können beim Vakuumkuttern durch Stickstoffeinleitung ausgeglichen werden. Bewährt hat sich die Vorgabe eines 80 % igen Vakuums und die anschließende Reduzierung mit Stickstoff auf 40 – 10 %. Das wirkt sich auch günstig auf die Brätkühlung [17] aus. Unter Vakuum gekutterte Ware zeichnet sich meistens durch eine kräftigere Pökelfärbung und einen frischeren und aromatischeren Flavour aus. Von großem technologischen Interesse ist das unterschiedliche, oft antagonistische Verhalten der ein- und zweiwertigen Metallionen Na^+ und K^+ sowie Mg^{2+} und Ca^{2+} hinsichtlich ihres Strukturbildungsvermögens und ihres Einflusses auf die Wasserbildung des Brätes. Bei den beiden einwertigen Kationen genügt die geringe Differenz ihrer Ionenradien (Na = 0,096 nm; K = 0,133 nm), daß das erstere als Strukturbildner und das andere als Strukturbrecher wirkt. Die beiden zweiwertigen Kationen gehören zwar zu den Strukturbildnern, binden jedoch Wasser ungleich stark. Das Magnesium bindet sein Hydratwasser so fest, daß es sich kaum zwischen zwei Filamenten einbinden läßt. Das Calcium ist ein Chelatbildner und verliert wahrscheinlich einen Teil seines Hydratwassers bei der Einbindung zwischen zwei benachbarte Brätfilamente. Es kann aber leicht wieder aus der Chelatbindung gelöst werden [18].
Erklärlich wird damit auch der „Weichmachereffekt" von Diphosphatzusätzen im Brühwurstbrät. Sofort nach Zugabe von 0,3 % Diphosphat fällt die Viskosität des Brätes signifikant (r_{xy}=0,83) ab [19]. Eine alleinige Aktomyosinkomplex auflösende Wirkung kann zu diesem fortgeschrittenen Destruktionszeitpunkt vom Diphosphatzusatz nicht mehr erwartet werden. Nach HAMM [3] verursacht der Diphosphatzusatz eine Komplexbindung von zweiwertigen Metallionen an das Anion. Da die Ca^{2+}-Konzentration der beim Kuttern frei werdenden Interzellularflüssigkeit bei etwa 1 mMol/l liegt, könnte ein Komplexbinden dieser Ca^{2+}-Ionen zu einem Austausch von zweiwertigen gegen einwertige Metallionen an Filamentberührungsstellen führen und hierdurch den Viskositätsrückgang verursachen. Gleichartig sollen auch die sogenannten Kutterhilfsmittel wirken. Erklärlich wird ferner, daß zur Entfaltung des wechselwirkungsvermittelnden Effekts der Natriumionen dem Brühwurstbrät eine Mindestmenge an Salz zugesetzt werden muß. Die Grenzkonzentration für ein „bindiges" Brät liegt bei 1 % [19,20]. Für den Aufbau der Brätstruktur gilt ein Salzzusatz von 2 % bezogen auf den Fleischeinsatz als optimal.
Sind die peripartikulären Dipol- und negativen Globalladungsfelder der Eiweißteilchen durch Denaturationsereignisse, z.B. mikrobielle Säurebildung oder zahlreiche „Punkterwärmun-

gen" vor und/oder während des Kutterns, vermindert worden, können sich die zur „Bindigkeit" und Wasserbindung führenden Wechselwirkungen weniger gut ausprägen.
Faßt man die Ergebnisse der Brätstrukturuntersuchung bis hierher zusammen, kann festgestellt werden, daß durch ausgeprägte Wechselwirkungen zwischen Strukturelementen des zerkleinerten Fleisches, den Wasserdipolen und Salzionen zwei Strukturkomponenten mit höherem Ordnungsgrad im Brühwurstbrät entstehen. Die eine stellt die radial orientierten filamentären Proteinhüllen um die Fettpartikeln und die andere die Areale einheitlicher elektronenoptischer Dichte in der Feinmasse des Brätes. In beiden wird das Wasser bipolar gebunden und damit am Brätstrukturaufbau beteiligt.

Auch zwischen den beiden Strukturbereichen höherer Ordnung und den Bestandteilen der „Makrostruktur" dürften nach entsprechender Annäherung Wechselwirkungen in der Reihung Eiweißkörper-Wasserdipol-Kation-Wasserdipol-Eiweißkörper- möglich sein.

Je ausgedehntere Areale in Wechselwirkung stehender Eiweißteilchen, Wassermoleküle und Salzionen beim Kuttern gebildet werden, um so geringer wird die Größe der später entstehenden flöckchenartigen Eiweißkoagulate auf dem gegebenen thermokinetischen Niveau des „Brühprozesses".

Die Wechselwirkungen zwischen allen Brätteilchen unterliegen infolge der etwa zwanzigmaligen Passage je Minute durch die Kuttermesser einer auf- und abbauenden Dynamik. Der Kutterprozeß muß daher beendet werden, wenn sich das Gleichgewicht zwischen Auf- und Abbau der Mikrostruktur gerade auf die abbauende Seite zu verschieben beginnt.

Der dynamische Brätstrukturbildungsprozeß läßt sich mit der Bestimmung der Viskosität oder der elektrischen Leitfähigkeit im Brät erfassen. Ansätze der Entwicklung von objektiven Kuttersteuerverfahren finden sich in der Literatur [21,22,23,24].

Umrötung des Muskelfarbstoffes
Die Umrötung des Myoglobins setzt sich während des Kutterprozesses fort, sofern das geschrotete Brätmaterial vorgesalzen wurde, oder sie wird eingeleitet, wenn das Schrot erst beim Kuttern mit dem Pökelsalz zusammengebracht wird.
Infolge des hochgradigen Aufschlusses der Muskelgewebestruktur in den mit hochtourigen Messerumdrehungen arbeitenden Schneidmischern ist eine Vorsalzung des Brätmaterials heutzutage nicht mehr notwendig. Die Diffusionszeit der NO-Moleküle zu den Myoglobinmolekülen verkürzt sich derartig, daß der Umrötungserfolg nur noch von der Geschwindigkeit der NO- Bildung selbst abhängen dürfte. Die Zeit zu einer ausreichenden NO- und Nitrosopigmentbildung wird jedoch in dem durchschnittlich nur 5 min. dauernden Kutterprozeß kaum ausreichen. Für eine ansprechende Umrötung bleibt daher die Erhöhung der Farbbildungsgeschwindigkeit während des heißrauch-thermischen Prozesses abzuwarten.

Einarbeitung der Bräteinlagen
Nach der Grundbrätbereitung werden die erzeugnistypischen und rezepturdeterminierten Fleisch- und Fetteinlagen eingearbeitet. Hierzu wird das vorbereitete und vorbehandelte Einlagematerial in das Grundbrät eingegeben und im Mischgang von Mulde und Messer auf die gewünschte Stückgröße zerschnitten und gleichmäßig verteilt.

Füllen des Brätes in Hüllmaterialien

Nach der Fertigstellung muß das Brät in Hüllmaterialien gefüllt und bei Würstchen grammgenau portioniert werden. Hierzu wird das Brät z.B. in Förderwagen zu den Füllmaschinen transportiert und dort bis zum Füllvorgang bereitgestellt. Während der Standzeit vor den Füllmaschinen können sich mikrobielle und rheologische Veränderungen im Brät vollziehen.

Bei den oft hohen Umgebungstemperaturen können sich die im Brät befindlichen Mikroorganismen rasch in unerwünschtem Maße vermehren. Neben Toxinbindung durch Proteolyten können vor allem Säurebildner die Brätstruktur durch lokale pH-Senkung so beeinträchtigen, daß beim heißrauch-thermischen Prozeß Wasserlässigkeit und krümeliges Wurstgut entsteht.

In Förderwagen abgestelltes Brühwurstbrät unterliegt der Selbstverdichtung.
Die durch die Schwerkraft hervorgerufene Druckbeanspruchung begünstigt bei längeren Standzeiten das Abpressen von immobilisiertem Wasser aus der sich verdichtenden Teilchenanordnung Filament-Wasserdipol-Kation-Wasserdipol-Filament. Nach Aufhören dieser Belastung stellt sich die ursprüngliche Brätstruktur nicht wieder ein, da das ausgepreßte Wasser auch nach Umrühren des Brätes nicht wieder in die nun stabilere Brätstruktur aufgenommen wird. Ein nach längerer Standzeit aufgerührtes Brühwurstbrät hat daher eine spürbar geringere Viskosität als unmittelbar nach dem Kuttern. Bei der Passage durch die Förderelemente der Füllmaschine kommt es sogar zur Vereinigung der zunächst sehr kleinen zu größeren Wassertröpfchen im Brät. Diese können im abgefüllten Brät Kanälchen bilden und beim nachfolgenden heißrauch-thermischen Prozeß unerwünschten Wasser-(Jus-) und Fettabsatz hervorrufen.

Beim Abfüllen von Brühwurstbrät müssen Füllmaschinen eingesetzt werden, deren Förderwirkung mit einer möglichst geringen Brätverdichtung erzielt wird. Hierbei stehen Füllmaschinen mit Flügelzellenförderwerken an erster Stelle. Durch Verwendung von Rotoren mit unterschiedlicher Flügelanzahl kann die Zellkompression der Brätkompressibilität angepaßt werden.
An zweiter Stelle können Füllmaschinen mit Schraubpumpenförderwerken eingesetzt werden. Die beiden gegeneinander laufenden Voll-, Band- oder Spiralschnecken bilden infolge gleicher Steigung immer gleichgroße Kammern, in denen das Brät zwar rotiert, aber bei entsprechenden Schneckendurchmessern, Achsabständen, Steigung und Stegbreiten nur wenig komprimiert wird.
Im Förderwerkbereich aller kontinuierlichen Füllmaschinen wird zur Minderung aerober Verhältnisse 40 – 70 % der vorhandenen Luft mit einer Vakuumvorrichtung entzogen. Dieser Luftentzug dürfte nur eine geringe Kompressionswirkung auf das Brät ausüben, jedoch wirkungsvoll Grünverfärbungen, wie „grüner Kern“ und grünverfärbtes Brät in Nähe von Lufteinschlüssen, unterdrücken, da den aeroben Laktobazillen der Luftsauerstoff entzogen wird und somit die Choleglobin- bzw. Verdoglobinbildung ausbleibt.

Die gelegentlich zu beobachtende „grüne Ringbildung“, etwa 5 mm unterhalb des Wurstrandes bei großkalibriger Ware läßt sich durch Brätentlüftung kaum ausschließen. Diese dürfte durch Abfüllen von zu kaltem Brät mit zu hoher Füllgeschwindigkeit verursacht werden. In solchem Fall entstehen zwischen dem am Hüllmaterial entlang gleitenden und in den Wurstkern einströmenden Brät solche Schergeschwindigkeitsgefälle, daß sich dort ein ringförmiger Bereich gestörter Brätstruktur bildet, in den Restluft eindringen und den Laktobazillen lokal günstigere Lebensbedingungen eröffnen kann. Brühwurstbrät sollte daher nicht mit Temperaturen < 12 °C und Förderleistungen $> 2\ ls^{-1}$ abgefüllt werden.

Füllmaschinen lassen sich durch Vorsatzgeräte und -maschinen zu Füllanlagen komplettieren. Vorsatzmaschinen werden bei der Würstchenherstellung zum mechanisierten Portionieren und Abdrehen sowie zum Abfüllen des Brätes in gerafftes Hüllenmaterial eingesetzt. Durch solche Maschinen wird eine weitere Kompressionsbelastung auf das Brät ausgeübt.

Nach dem Füllen werden die Hüllmaterialien verschlossen. Bei großkalibriger Ware wird eine farbige Aufhängeschlaufe in einen der Wurstverschlüsse eingebunden. Vielfach wird auch mit farbigen Clips verschlossen. In gerafftes Hüllmaterial gefüllte Würste müssen nach dem Verschließen mit einer Trennvorrichtung vereinzelt werden.Danach werden die Würste zur heißrauch-thermischen Behandlung untereinander berührungslos auf Räucherspieße aufgezogen und Würstchenketten in lockeren Schleifen darauf aufgewickelt. Das Profil der Räucherspieße sollte bei Würstchen zur Vermeidung von „Sattelstellen“, an denen keine Rauchbeaufschlagung erfolgen kann, ⊥-förmig sein. Die mit dem Räuchergut bestückten Spieße werden zuletzt in die Räucherwagen eingehangen, die beschickten Räucherwagen zur Heißrauchanlage transportiert und dort für die heißrauch-thermische Behandlung bereitgestellt.

10.5.3.3 Verarbeitungsbereich 3

► Technologische Zielsetzung

Technologisches Ziel im Verarbeitungsbereich 3 ist es, durch die heißrauch-thermische Behandlung aus dem abgefüllten Brät Brühwürste entstehen zu lassen mit

- einer schnitt- bzw. bißfesten Textur, hohem thermostabilen Wasserhaltevermögen und thermostabiler Fettemulgierung
- einer stabilen Pökelfarbe
- einem erzeugnistypischen Brühwurstaroma
- einer bis zum Verbrauch ausreichenden Haltbarkeit
- einer appetitanregenden Rauchnote und Räucherfärbung, außer bei „weißer Ware“.

Der Verarbeitungsbereich 3 ist in einem Produktionsraum lokalisiert.

► Verfahrensführung

Das in Hüllmaterialien gefüllte Brät wird in den vier Verfahrensstufen Vortrocknen, Heißräuchern, „Brühen“ und Kühlen in verbrauchsfertige Brühwürste umgewandelt. Die ersten drei Verfahrensstufen laufen in der Heißrauch-Garanlage nach wählbaren Steuerprogrammen nacheinander ab. Das Kühlen kann je nach technischer Ausführung der Heißrauch-Garanlage intern oder extern erfolgen.

Vortrocknen

Das Vortrocknen hat die Aufgabe, das Kondenswasser von der kalten Gutsoberfläche abzuführen. Nasse Würste nehmen nur wenig und ungleichmäßig Räucherrauch an. Folgende Verfahrensparameter können zur Führung des Vortrocknens empfohlen werden:

- Kammertemperatur 40–60 °C
- relative Luftfeuchte 40–60 %

- Dauer 10–30 min, je nach Wurstkaliber und Füllungsgrad der Kammer.

Werden Brühwürste bei der o.a. niedrigen relativen Luftfeuchte auf höhere Temperaturen erwärmt, führt dies bei der weiteren heißrauch-thermischen Behandlung zu Fehlfabrikaten mit Fettabsatz, Wasserabsatz oder/und lederartiger Verhärtung der Wursthülle bei Naturdarmware bzw. zu Pseudohautbildung bei Schäldarmwürstchen.
Die gegebenenfalls beim Vorbehandlungs- bzw. Brätherstellungsprozeß eingeleitete Umrötung des Myoglobins setzt sich beim Vortrocknen mit zunehmender Gutskerntemperatur beschleunigt fort.

Heißräuchern

Das Heißräuchern erhöht die Gutskerntemperatur bis in den Garbereich des Brätes, läßt Naturdärme infolge von Vernetzungsreaktionen des Kollagens durch Formaldehyd härter werden und verleiht den Wursterzeugnissen die geschätzte Räucherfärbung und das appetitanregende Räucheraroma. Folgende Verfahrensparameter können zur Heißräucherführung empfohlen werden:

- Heißrauchtemperatur 60 – 85 °C
- relative Feuchtigkeit 40 – 60 %
- Dauer etwa 50 min, je nach Wurstkaliber und Füllungsgrad der Kammer.

Die Temperatur sollte zu Beginn des Heißräucherns 10 – 15 K über der Gutstemperatur liegen, damit die Würste nicht abkühlen. Das Heißräuchern ist zu beenden, wenn die Brühwürste je nach Sorte eine gleichmäßig goldgelbe bis hellbraune, glänzende Farbe aufweisen, keinen Feuchteausschlag mehr zeigen und sich prall anfassen. Während des Heißräucherns setzt sich der Umrötungsprozeß weiter fort. In den Gutsrandpartien ist bereits mit der Bildung von Nitrosomyochromogen zu rechnen.

Garen

Das Garen der Brühwürste vollzieht sich in turbulent strömender feuchter Heißluft. Die Strömung der feuchten Heißluft in der Kammer ist analog des Heißrauches. Für die zeitliche Bemessung des Garprozesses gilt die Faustregel, daß je Millimeter Wurstdurchmesser eine Minute bis zu einer Kerntemperatur von 75 °C gegart werden sollte. Die heutigen Garanlagen sind jedoch meistens mit Kerntemperaturmeß- und -steuereinrichtungen ausgestattet, die die Garprozeßführung nach Programmsteuerung übernehmen.

Beim Garen finden die Stoffwandlungsvorgänge Produkstruktur-, Brühwurstaroma- und Pökelfarbausbildung statt.

- Produktstrukturbildung:
  Mit zunehmender Erwärmung wird das feinmaschige Netzwerk der Brätstruktur in immer heftigere thermomechanische Schwingungen versetzt. Nach der Treffertheorie wächst hierbei zuerst die Möglichkeit der gegenseitigen Brätteilchenannäherung bis zur gegenseitigen Durchdringung ihrer Globalladungsfelder. Beim Wirksamwerden der peripartikularen Dipolfelder der Eiweißteilchen, die nach dem Coulombschen Gesetz nur mit der vierten Potenz ihrer Entfernung zueinander aktiv werden können, treten die Eiweißteilchen unter Abdrängung von Teilen ihrer Hydrathüllen untereinander in Kontakt. Hierbei entstehen erste, noch lockere Proteinaggregate. Bei weiterer Temperaturzunahme im Brät geht die bisher noch

reversible Strukturverdichtung in den irreversiblen Zustand über. Ursächlich hierfür sind tiefgreifende Veränderungen der sterischen Konfiguration der Eiweißmoleküle.
Intra- und intermolekulare Bindungen brechen entsprechend des erreichten Energieniveaus auf und schließen sich unmittelbar danach wieder zu nunmehr stabilen Bindungen unter Volumenreduzierung des Substrates. Im Kerntemperaturbereich über 50 °C sind an der fortschreitenden Strukturverdichtung nicht mehr nur nichtkovalente Bindungsarten beteiligt, sondern durch SH-SS-Austauschreaktionen und Lanthioninbildung nehmen auch kovalente Bindungen an der Fortsetzung der Koagulation teil.

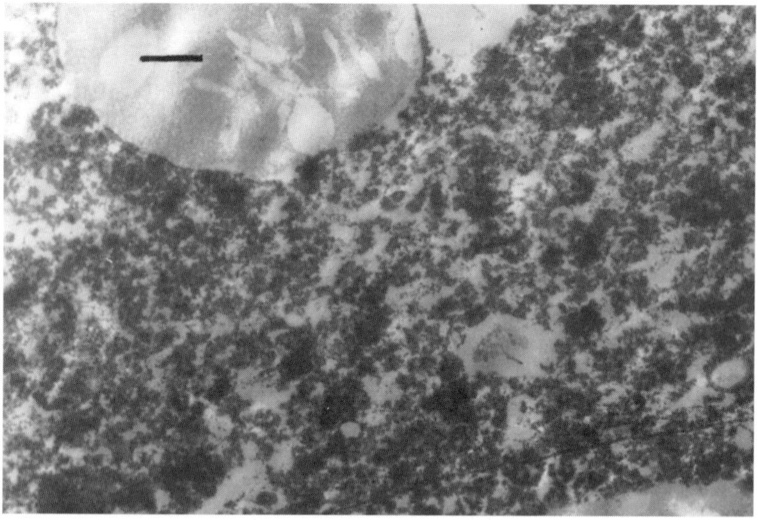

Abb. 10.5.3-11 Mikroflöckchenstruktur von Brühwurst mit eingebetteten Fettpartikeln; M 16800:1 (nach [14])

Abbildung 10.5.3-11 zeigt eine elektronenoptische Aufnahme von gegarter Brühwurst. Sie ist der von Borchert et al. [7] erstmals 1967 veröffentlichter Aufnahme sehr ähnlich. Ein Vergleich der Abbildungen 10.5.3-7 und 10.5.3-11, die gleiche Vergrößerungsmaßstäbe haben, macht deutlich, daß die Zwischenräume zwischen den sichtbaren Elementen der Wurststruktur bei weitem größer als im Brät sind. Die Wurststruktur scheint aus zahlreichen „Mikroflöckchen" aufgebaut zu sein, die untereinander in mehrfachem Kontakt stehen. Da Brühwürste beim Garen nicht schrumpfen, findet bei der Thermodenaturation des Brätes offenbar eine „innere Ausflockung" der Eiweißkörper unter Beibehaltung des Wurstvolumens statt. Das bei der Eiweißkoagulation abgepreßte Hydratwasser sammelt sich in den Zwischenräumen zwischen den Mikroflöckchen. Je kleiner die Zwischenräume ausgebildet sind, um so fester dürfte das darin befindliche Wasser gehalten werden. Die Temperaturführung des Wurstgarprozesses muß daher hinsichtlich der Aufwärmgeschwindigkeit, Höhe der zu erreichenden Kerntemperatur und Gardauer sowie des Wurstkalibers so bemessen werden, daß möglichst kleine Mikroflöckchen entstehen und ein allseitiger Brückenkontakt zwischen ihnen erhalten bleibt. Je schneller das Brät im gesam-

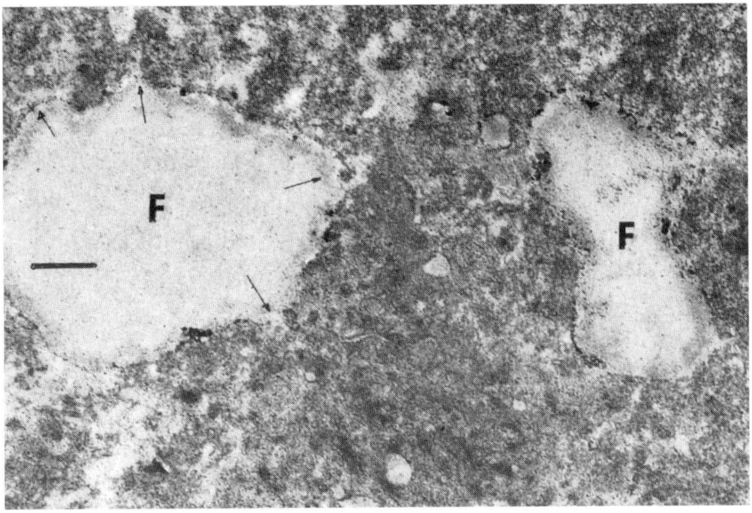

Abb. 10.5.3-12 Deformierte Fettpartikel (F) in Brühwurst nach [10]; M 17900:1

ten heißrauch-thermischen Prozeß auf die Endtemperatur erwärmt wird, um so eher werden die beim Kuttern ausgebildeten Areale in Wechselwirkung stehender Eiweißteilchen, Wassermoleküle und Salzionen aufreißen und hierdurch zu großen Flöckchen koagulieren. Die Folge davon sind Kanälchenbildungen im Wurstgut, die zu unerwünschten Wasseransammlungen in den unteren Wurstzipfeln führen können. Außerdem kann flüssiges Fett aus

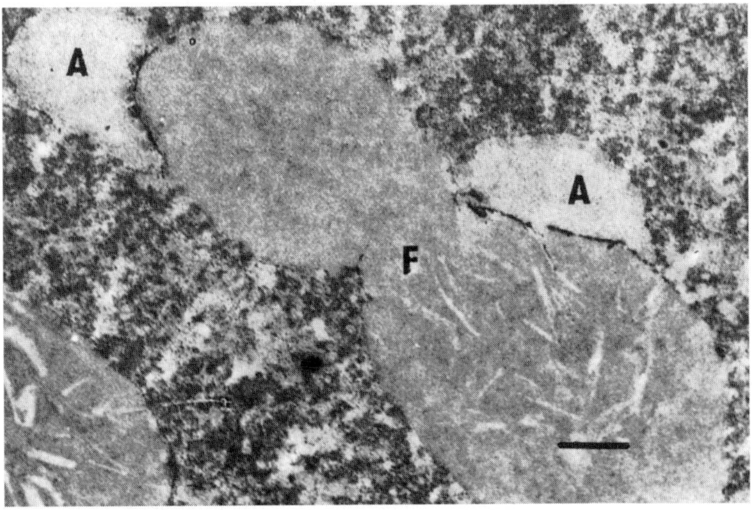

Abb. 10.5.3-13 Perforierte Fettpartikel (F) in Brühwurst mit ausgetretenem Fett (A) M 17900:1 (nach [10])

aufgeplatzten Fettpartikeln ausgeschwemmt und zu Fettnestern unter der Wursthülle abgelegt werden. Gleiche Effekte treten bei zu hohen Gartemperaturen auf. Beide Erscheinungen gelten als gravierende Qualitätsmängel, die zur Nichtverkaufsfähigkeit der Ware führen.
Die im Brät dispergierten Fettpartikeln erfahren beim Garprozeß Formveränderungen. Je nach den lokalen Ausdehnungsmöglichkeiten der sich verflüssigenden Fettpartikeln erhalten sie, wie Abbildung 10.5.3-12 zeigt, verschieden große Ausbuchtungen. Hält die Eiweißhülle dem Ausdehnungsdruck des sich verflüssigenden Fettes nicht stand, tritt flüssiges Fett in den freien Brätraum und verdrängt Teile der Flöckchenstruktur (Abbildung 10.5.3-13). Fettpartikeln mit einer Proteinhülle vom Typ 2 dürften dem Ausdehnungsdruck des Fettes den höchsten, molekulare Hüllen des Typs 1 hingegen den geringsten Widerstand entgegensetzen. Der Kutterprozeß ist daher so zu führen, daß möglichst viele Fettpartikeln mit filamentären Proteinhüllen umgeben werden. Die Kerntemperatur der Brühwürste sollte beim Garprozeß 75 °C nicht überschreiten. Zur Pasteurisation der Brühwürste genügt eine Kerntemperatur von 70 °C über eine Zeitdauer von 10 min.

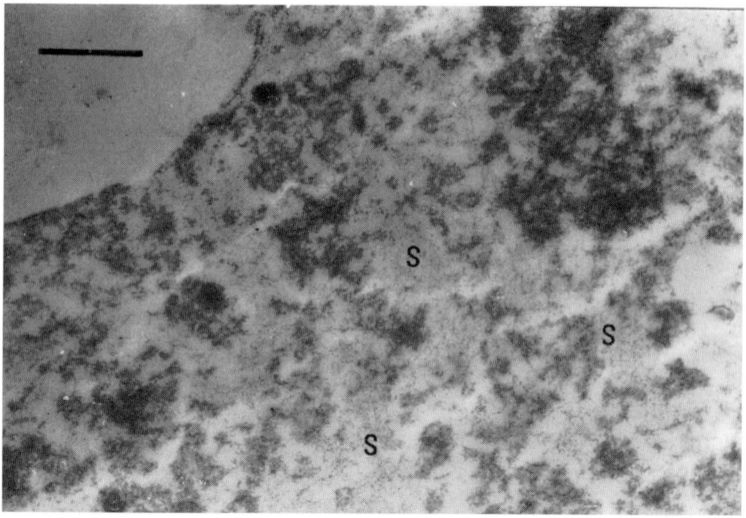

Abb. 10.5.3-14 Substrukturbereiche (S) aus Natriumkopräzipität der Milch innerhalb der elektronendichteren Mikroflöckchenstruktur von Brühwurst; M 28000:1 (nach [14])

Die Zwischenräume zwischen den Mikroflöckchen können durch Zusätze von Fremdproteinpräparaten verringert werden. Abbildung 10.5.3-14 zeigt eine Substruktur aus Natriumkopräzipitat der Milch innerhalb der Zwischenräume der Brühwurststruktur. Sie weist einen deutlich filigraneren Aufbau als die Mikroflöckchenstruktur auf. Die großen Zwischenräume der Wurststruktur werden durch die feine Substruktur in zahlreiche kleinere Räume aufgeteilt, aus denen das frei fließbar gewordene Brätwasser kaum in die Wurstzipfeln abfließen kann. Je höher aber der Anteil an feiner Substruktur in der originären Flöckchenstruktur ist,um so mehr geht in die „Knackigkeit“ bzw. Schnittfestigkeit der Fertigware zurück.

- Aromabildung:
  Die Brühwurstaromabildung ist noch wenig erforscht. Es wird heute allgemein angenommen, daß sich das Aroma aller Garfleischprodukte aus Aromavorstufen, den precursors, innerhalb der wässrigen Phase bildet. Der unlösliche bzw. strukturierte Teil der Fleischprodukte hat hingegen Aromaträgerfunktion. Ungeklärt ist, ob bei der Aromabildung vor allem niedermolekulare Verbindungen aromagebend sind oder ob diese erst zu höhermolekularen Verbindungen reagieren müssen und damit höhermolekulare Komponenten den Vorrang haben. Das Aroma aller Fleischprodukte scheint aber auf dem Zusammenwirken von mehreren Hundert Geschmacks- und Geruchsstoffen zu beruhen. Als geschmacksgebende Komponenten wurden z.B. IMP, Glycoproteine, Amine, Dipetide, Aminosäuren, Ribose und Umwandlungsprodukte aus diesen erkannt. Eine besondere Rolle bei der Aromabildung spielen die Carbonylverbindungen.Ferner scheint bei der Bildung erzeugnistypischer Aromen der Gehalt an freien Fettsäuren von Bedeutung zu sein. Am Brühwurstaroma dürfen darüber hinaus die Aromastoffe der Gewürze, die Räucherrauchkomponenten sowie die desaminierende Wirkung der salpetrigen Säure auf Aminosäuren einen signifikanten Aromabeitrag leisten.

- Pökelfarbe:
  Das im Verlauf der Brätherstellung gebildete Nitrosomyoglobin denaturiert unter der Wärmewirkung zum Nitrosomyochromogen. Dieses verleiht den Brühwürsten eine intensiv rosa Anschnittfärbung. Die hohe Farbintensität des Nitrosomyochromogens soll durch Bindung einer zweiten NO-Gruppe an den beim Denaturieren vom Globin gelösten Hämkern begründet sein.

Kühlen
Nach dem heißrauch-thermischen Prozeß müssen die Brühwürste rasch abgekühlt werden, um das Wachstum überlebender Mikroorganismen vor allem im Temperaturbereich um 37 °C zu verhindern. Um Beeinträchtigungen der Wurststruktur zu vermeiden, wird die Abkühlung der Brühwürste mit lauwarmer Brausekühlung begonnen und danach bis unterhalb von 37 °C mit kalter Brausekühlung fortgesetzt. Diese Kühlung ist das verbreitetste Kühlverfahren.

Nach dem Kühlen werden die Würste zum Abtrocknen aus der Kammer entnommen. Die abgetrockneten Brühwürste müssen bis zum Versand bei Temperaturen zwischen 2 und 4 °C und einer relativen Luftfeuchte von 75 – 80 % zwischengelagert werden.

Quellen und Literatur

[1] Deutsches Lebensmittelbuch. Leitsätze 1988, red. bearb. von HANS HAUSER, Köln: Bundesanzeiger, 1988
[2] HACK, K.-H; STAFFE, E.; GERHARDT, U.: Verarbeitungsmaterialatlas für die Fleisch- und Wurstwarenproduktion. 3. Aufl., Herausg. Gewürzmüller international u. HACK, K.-H., Stuttgart 1976
[3] HAMM, R.: Kolloidchemie des Fleisches. Berlin und Hamburg: Verlag Paul Parey 1972
[4] VARTANJAN, G; BAKUNZ, G.: Die Theorie über die Behandlung des Fleisches im Kutter

(russ.) Mjasnaja Industrija SSSR 3, 1975
[5] KOTTER, L; PRÄNDL, O.: Chemisch-physikalische Vorgänge bei der Brühwurstfabrikation Arch. Lebensmittelhyg. 7 (1956) 219
[6] KOTTER, L; FISCHER, A.: Der Einfluß von Phospaten oder Polyphosphaten auf die Stabilität von Schäumen und Emulsionen in der Fleischtechnologie. Fleischwirtschaft 55 (1975) 360
[7] BORCHERT, L.L.; GRAESER, M.L.; BARD, J.C.; CASSENS, E.J.; BRISKEY,E.J.: Electron microscopy of a meat emulsion. J. Food Sci. 32 (1967) 419
[8] PUOLANNE, E. :Strukturbildung, Qualität und Ausbeute als Ergebnis des komplexen Brätbildungsprozesses im Schneidmischer. Kolloquium an der Sektion Verarbeitung und Verfahrenstechnik der TU Dresden am 22.5.1985
[9] HAMM, R.: Die Bedeutung des Wasserbindevermögens bei der Brühwurstherstellung. Fleischwirtschaft 53 (1973) 73
[10] OELKER, P.: Elektronenoptische Beobachtungen über ultrastrukturelle Bedingungen der Fettemulgierung und Wasserbindung in Brühwurstbrät. 1: Untersuchung über die ultrastrukturellen Bedingungen der Fettemulgierung. Fleischwirtschaft 67 (1987) 1405
[11] JONES, K. W.: Effects of chopping temperature on the microstructure of meat emulsions. J. Food. Sci. 47 (1982) 1930
[12] FORKER, W.: Elektrochemische Kinetik. Berlin: Akademie Verlag 1966
[13] HONIKEL, K. O.: Wasserbindung und „Fettemulgierung" bei der Verarbeitung zu Brühwurstbräten. Fleischwirtschaft 62 (1982) 16
[14] OELKER, P.: Elektronenoptische Beobachtungen über ultrastrukturelle Bedingungen der Fettemulgierung und Wasserbindung in Brühwurstbrät. 2.: Untersuchungen über die ultrastrukturellen Bedingungen der Wasserbindung. Fleischwirtschaft 68 (1988) 116
[15] OELKER, P.; DEHMLOW, R.: Elektronenoptische Beobachtungen über ultrastrukturelle Bedingungen der Fettemulgierung und Wasserbindung in Brühwurstbrät. 3.: Zur Theorie der Wasserbindung, Fettemulgierung und Ultrastrukturbildung. Fleischwirtschaft 68 (1988) 502
[16] WIRTH, F. : Vakuumkuttern bei Brüh- und Kochwurst auch im Handwerk Fleischwirtschaft 53 (1973) 1080
[17] BETTINGER, A.: Flüssiger Stickstoff als Kühlmedium im Kutter-LINKUT-Verfahren. Informationsfachtagung Techn. Fachhochschule Berlin u. Staatl. Fachschule für Lebensmitteltechnik Berlin am 31.5.91
[18] SEGAL, J.; KÖRNER, U.; LEITERER, K.: Die Entstehung des Lebens aus biophysikalischer Sicht. Jena: Gustav Fischer Verlag, 1983
[19] GRABEIN, P.; RAEUBER, H.-J.: Automatisierung des Kutterprozesses. 2.: Experimentelle Untersuchungen des Schneid- und Mischprozesses von Wurstbrät. Fleischwirtschaft 68 (1988) 111
[20] STEINBACH, A.; WOLTER, A.: Untersuchungen zur Optimierung des Auskutterungsgrades von Brühwurstbrät. Diplomarb. Humboldt-Universität zu Berlin, Sektion NGW u. LMT, 1986
[21] BAKUNZ, G.: Methode zur Bestimmung der Auskutterungsqualität von Wursterzeugnissen (russ.). Mjasnaja Industrija SSSR 1971, 9
[22] GRABEIN, P.; RAEUBER, H.-J.; DÖRSCHNER, U.: Verfahren zum Regeln des Kutterns. DD

WP 260013, B02 C18/08 vom 24.4.1987
[23] OELKER, P.; OELKER, D.; DEHMLOW, R.: Verfahren zur Steuerung des Kutterprozesses von Fleisch- und Fischmassen. DE OS 3910636, A22 C5/00 vom 1.4.1989
[24] VARTANJAN, G.: Zur Theorie des Kutterns von Fleisch. Veränderungen des Wasserbindevermögens von Brät. (russ.) Mjasnaja Industrija SSSR 1973, 386

10.5.4 Rohwurstherstellung

H. SIELAFF

10.5.4.1 Erzeugnischarakteristik

Rohwürste werden aus Schweinefleisch, Rindfleisch und Fettgewebe unter Verwendung von Zutaten hergestellt. Bei manchen Sorten wird auch Schaffleisch verwendet. Sie werden üblicherweise geräuchert. Es handelt sich um umgerötete, roh zum Verzehr gelangende Wurstwaren. Ihre Einteilung wird nach der Konsistenz und Haltbarkeitsdauer vorgenommen. Es werden streichfähige und schnittfeste Rohwürste sowie Dauerrohwürste (Dauer- oder Hartwürste) unterschieden.

Zu den streichfähigen Rohwürsten zählt man z. B. Teewurst und Streichmettwurst. Das Sortiment der schnittfesten und Dauerrohwürste umfaßt u. a. die Erzeugnisse Salami, Zervelat- und Schlackwurst, Katenwurst und Schinkenpolnische.

Rohwürste sind, mit Ausnahme von Sorten mit feinzerkleinertem Brät, durch das weitgehende Beibehalten der natürlichen Struktur gekennzeichnet. Die Qualität der Erzeugnisse hängt wesentlich von den Ausgangsmaterialien und Zutaten sowie der optimalen Steuerung der Verfahrensparameter ab. Im Laufe des Reifungsprozesses kommt es zum Umröten, zur Aroma- und Geschmacksbildung. Die je nach dem Charakter der Rohwurstsorte angestrebte Haltbarkeit wird durch zwei nebeneinander ablaufende Vorgänge, die pH-Wert-Senkung (Säuerung) und den Entzug von Wasser, erzielt. Unterstützt wird der Haltbarmachungseffekt durch die Zugabe von Kochsalz in Kombination mit Nitrit. Demzufolge liegen der Konservierung von Rohwurst eine chemisch und eine physikalisch bedingte Haltbarmachung zugrunde. Der gesamte Reifungsprozeß wird in hohem Maße von Mikroorganismen bestimmt. Man kann sagen, daß die Rohwurst ein mikrobielles Reifungsprodukt ist. Im besonderen haben die Mikroorganismen hinsichtlich der Aromatisierung eine qualitätsbildende Funktion.

10.5.4.2 Rohstoff, Zutaten, Wursthüllen

10.5.4.2.1 Auswahl und verarbeitungstechnische Vorbereitung der Rohstoffe

Für die Rohwurstproduktion müssen bestimmte Bedingungen bereits beim Primärproduzenten erfüllt werden. Fleisch gesunder, mit geeigneten Futtermitteln ausgemästeter Tiere gibt eine weitgehende Gewähr dafür, daß der Keimgehalt des Fleisches gering ist und derartiges Fleisch keine direkte Gefahrenquelle für die Rohwurstherstellung darstellt. Um eine starke Anreicherung des Oberflächenkeimgehaltes zu vermeiden, sind die Schlachtkörper sofort einem wirksamen Kühlverfahren zu unterziehen und bis zur Bearbeitung unter dauernder Kühlung zu halten. Es ist darauf zu achten, daß das für die Rohwurst bestimmte Fleisch eine ausreichende Säuerung aufweist. Der pH-Wert soll möglichst zwischen 5,5 und 6,0 liegen. Fleisch mit pH-Werten > 6,0 ist für die Herstellung von Rohwurst weniger geeignet. Speck weist einen pH-Wert von 6,2 – 7,0 auf. Mit der Säuerung des Fleisches geht eine Schrumpfung der Myofibrillen und damit eine Erweiterung der Kapillarräume einher. Dadurch wird eine schnellere und gleichmäßigere Durchsalzung begünstigt. Fleisch mit niedrigem pH-Wert weist einen größeren Anteil an locker gebundenem Wasser auf, wodurch die Feuchtigkeitsabgabe des Brätes erleichtert wird. Bei niedrigen pH-Werten werden die Keimarten, die hauptsächlich für das Auftreten von Fabrikationsfehlern verantwortlich sind, in ihrer Entwicklung gehemmt, bzw. es wird somit die Möglichkeit einer übermäßigen Vermehrung von unerwünschten Keimen während der Reifungsperiode durch die Auswahl gut gesäuerten Fleisches vermindert.

Für die Herstellung von Dauerrohwurst wird das Fleisch von nicht zu fetten Kühen, Sauen und ausgewachsenen Bullen bevorzugt. Geeignet sind Schultern, Schinken, Keulen und auch Bäuche. Besonderes Augenmerk ist auch auf die Auswahl des Speckes zu richten. Am günstigsten ist es, wenn der Rückenspeck sofort in noch schlachtwarmem Zustand vom Schlachtkörper abgetrennt wird. Bei sehr schweren Schweinen kann man außer dem Rücken- und Schinkenspeck auch noch den Schulterspeck verarbeiten. Wichtig ist, daß der Speck frisch, kernig, derb und schneeweiß ist. Etwa gleiche Anforderungen an die Rohstoffauswahl sind für die Herstellung von schnittfester Rohwurst zu stellen. Das Fleisch kann anteilig auch von jüngeren, weniger ausgemästeten Tieren stammen. Für die Herstellung streichfähiger Rohwurst kann weicher Speck verarbeitet werden. Nicht immer steht der Rohstoff mit den idealen Eigenschaften zur Verfügung. Gelegentlich müssen auch Anteile von PSE- und DFD-Fleisch mitverarbeitet werden. Letzteres sollte für die Herstellung von schnittfester und Dauerrohwurst nicht verwendet werden.

Die verarbeitungstechnische Vorbereitung des Produktionsfleisches bezieht sich auf das Entsehnen und Entschwarten, eventuelles Ablaken und das Kühlen bzw. Gefrieren von Fleisch und Speck.

Das von Knochen befreite Fleisch ist je nach Qualität der Rohwurst ganz oder teilweise zu entsehnen. Mit Blut durchsetzte Teile sind zu entfernen. Der für die Herstellung von schnittfester und ausgereifter Rohwurst vorgesehene Speck ist sorgfältig zu entschwarten. Schwartenzug sollte nicht verwendet werden, da er zäh ist. Das Ablaken des Fleisches erübrigt sich bei trockenem Einsatzmaterial, bei gefrorenem Fleisch und für die Herstellung von frischer Rohwurst. Dagegen wird das Ablaken von feuchtem Fleisch, das für die Produktion von schnittfester Rohwurst und Dauerwurst vorgesehen ist, von manchen Fachleuten empfohlen. Das Verfahren ist im Kühlraum vorzunehmen. Das zerkleinerte Fleisch ist so aufzubewahren, daß der Fleischsaft ablaufen kann. In keinem Falle darf es sich auf einer nassen Unterlage befinden. Die Methode des Ablakens ist keineswegs unproblematisch, da sich der Keimgehalt des zerkleinerten Materials in feuchtem Milieu erhöht und Verderbsgefahr besteht. Sie darf also nicht unkritisch angewandt werden. Die Notwendigkeit des Ablakens beschränkt sich nur noch auf Ausnahmefälle.

Das Einsatzmaterial wird in gekühltem und/oder gefrorenem Zustand verwendet, damit es fest genug ist und glatte Schnitte ermöglicht. Speck und Bauchteile sollten im Interesse gleichmäßiger Körnung und Schnittbilder sowie zur Vermeidung von Fehlprodukten in jedem Fall auf etwa -10 °C gefroren werden. Vom Gefrieren des gesamten Magerfleisches ist man weitgehend abgekommen. Je nach Rezeptur wird empfohlen, nur einen Teil des Magerfleisches auf -5 bis -10 °C zu gefrieren (wenn dazu die technischen Möglichkeiten gegeben sind) und den Rest in Form von Kühlfleisch zuzusetzen. Die Brättemperatur soll nach dem Kuttervorgang bzw. im Füllaggregat (Verhinderung von Schmiereffekten) bei schnittfester Rohwurst und Dauerware um 0 °C betragen; für streichfähige Rohwurst genügt eine Brättemperatur von etwa + 10 °C.

10.5.4.2.2 Zutaten und Hilfsstoffe

Als Zutaten werden Nitritpökelsalz (für Dauerrohwurst auch Salpeter und Zucker), Kohlenhydrate, Gewürze und Natriumascorbat verwendet. Ferner können Starterkulturen und Glucono-delta-Lacton eingesetzt werden. Für streichfähige Rohwürste können Mono- und Diglyceride als Emulgatoren in Betracht kommen.

► Nitritpökelsalz, Kaliumnitrat und Kochsalz

Dem Wurstbrät werden etwa 30 g Nitritpökelsalz (nach deutschem Recht mit einem Nitritgehalt von 0,4 – 0,5 %) je Kilogramm zugesetzt, um damit die Umrötung des Brätes zu erzielen. In der Bundesrepublik Deutschland ist Kaliumnitrat (NKO_3) für die Herstellung von Rohwürsten zugelassen, die vor dem Inverkehrbringen mindestens vier Wochen gereift worden sind. Die Zusatzmenge beträgt 300 mg/kg Fleisch und Fett. Die gleichzeitige Verwendung von Nitritpökelsalz ist nicht zulässig. Die Nitratreduktion erfolgt bakteriell. Die Reduktion von Nitrit zu Stickoxid geschieht auf chemischem Wege. Zum Nitritabbau sind auch verschiedene Mikroorganismen befähigt.

Das Kochsalz hat verschiedene Funktionen zu erfüllen. Es dient der Geschmacksgebung und hat Einfluß auf die während der Reifung ablaufenden physikalischen, chemischen und mikrobiellen Vorgänge sowie auf die Texturbildung. Es hat schon bei Konzentrationen von 2 – 4 % beachtliche antimikrobielle Wirkung (vgl. Kap. 4.1.5). Die Kochsalzzugabe wird aus geschmacklichen und gesundheitlichen Gründen begrenzt.

Da das Wurstbrät einen Wasseranteil von etwa 50 % hat und dieser auch nicht vollständig zum Lösen des Kochsalzes zur Verfügung steht, ergibt sich eine relativ hohe Kochsalzkonzentration. In Verbindung mit dem entstehenden niedrigen pH-Wert ist das Wasserbindevermögen der Brätmasse relativ gering, bzw. die Wasserabgabe aus dem Wurstgut kann beschleunigt ablaufen.

Wasserentzug und ansteigende Kochsalzkonzentration bewirken ein Absinken des a_w-Wertes, der wesentlichen Einfluß auf das Wachstum und die Vermehrungsfähigkeit von Mikroorganismen hat. Schließlich wird die Bindung zwischen den Fleisch- und Fettpartikeln beeinflußt. Kochsalz vermag einen Teil der Muskeleiweiße auf der Oberfläche der Fleischteilchen zu lösen.

Als Pökelhilfsstoff wird zur Verbesserung der Umrötung Natriumascorbat in einer Menge von 0,2 – 0,5 % angewandt. Die Verwendung ist aus Gründen der Einsparung von Nitrit und aus toxikologischen Erwägungen von Interesse.

► Kohlenhydrate

Die Zugabe von Kohlenhydraten zum Rohwurstbrät ändert den Charakter der Rohwürste insbesondere durch die damit verbundene mikrobielle Vergärung zu Milchsäure. Es kommen Traubenzucker und als Disaccharid Rüben- und Rohrzucker, an deren Saccharose-Molekül unter Austritt von Wasser je eine Molekül Glucose und Fructose beteiligt sind, in Betracht. Von den Polysacchariden wird Trockenstärkesirup (Trockenglucosesirup) eingesetzt. Er besteht aus 16,1 % Glucose, 39,1 % Maltose, 40,9 % Maltotriose und höhermolekularen Sacchariden sowie 2,7 % Wasser, 0,20 % Protein und 0,48 % Asche (nach [1]). In neueren Veröffentlichungen findet man auch folgende Angaben über die durchschnittliche Kohlenhydratzusammensetzung des Trockenstärkesirups: 20 % Glucose, 30 % Maltose und 50 % Polysaccharose. Zu beachten ist, daß aus einem Molekül des Disaccharids Maltose mittels α-Glucosidase zwei Moleküle Glucose entstehen. Die Dosierung von Zuckerstoffen wird im Vergleich zu früheren Jahren differenzierter durchgeführt. Im allgemeinen wird eine höhere Dosierung, z. T. eine übermäßig hohe Kohlenhydratmenge, verwendet. Art und Menge der zugesetzten Kohlenhydrate hängen von der beabsichtigten Produktion ab. Schnellreifender Wurst werden vorzugsweise 0,5 – 1 % (und höhere Konzentration) Saccharose z. T. mit Anteilen von Glucose zugegeben, während bei langsamreifenden Würsten dem Brät Polysaccharide vornehmlich in Form von Trockenstärkesirup zugefügt werden. Man verwendet etwa 0,4 %. Schnittfester Rohwurst werden meist auch nicht mehr als 0,4 % Kohlenhydrate in Form von Saccharose oder auch Anteilen von Traubenzucker zugesetzt. Die Verwendung von Zuckerstoffen wird außerordentlich variabel praktiziert und hängt insbesondere davon ab, ob eine rasche oder langsamer einsetzende Säuerung des Brätes erreicht werden soll, die wesentlichen Einfluß auf die Selektion der Mikroflora nimmt. Der Grund für die anteilige Zugabe von Monosacchariden besteht darin, daß diese schnell in den Stoffwechsel von Mikroorganismen einbezogen werden. Bei langsamreifenden Würsten wird der im Trockenstärkesirup enthaltene Glucoseanteil als ausreichend für den genannten Zweck angesehen.

► Gewürze

Gewürze enthalten Aromastoffe, insbesondere ätherische Öle, die den charakteristischen Geruch und Geschmack bewirken. Oftmals werden Gewürzmischungen eingesetzt und durch spezielle Gewürze oder Rum, Glutamat u. a. ergänzt, um damit den Verbraucherwünschen zu entsprechen. Verschiedene Gewürze zeichnen sich durch eine antimikrobielle Wirkung (z. B. Knoblauch, Zwiebeln, Pfeffer, Kümmel, Piment) und zum Teil auch durch antioxidative Wirkung aus. Naturgewürze können stark keimhaltig sein. Die oftmals in Gewürzen enthaltenen Sporenbildner können die Ursache für Fehlchargen sein oder zu verschiedenen Fehlern in der Farbe und Bindung sowie im Geruch und Geschmack führen.

Keimarm sind Gewürzextrakte, die in flüssiger Form oder an Trägerstoffe gebunden Verwendung finden. Würzflüssigkeiten werden mit geeigneten Aromastoffen (ätherische Öle) und Trägermaterialien so kombiniert, daß während einer mehrmonatigen Aufbewahrung kein oder ein nur geringer Aromaverlust durch Zersetzung der Flavourstoffe eintritt. Die Würzflüssigkeiten müssen wegen der Empfindlichkeit der Aromastoffe lichtgeschützt in dunklen Flaschen und kühl aufbewahrt werden. Vorrats- und Nachfüllbehälter sind so zu wählen, daß durch einen geruchsdichten Verschluß und geringe Luftpolster über der Flüssigkeit eine übermäßige Sauerstoffeinwirkung unterbleibt.

► Starterkulturen und Glucono-delta-Lacton

Der Einsatz von Starterkulturen ist bei allen Rohwurstsorten möglich. Ihre Beimischung zum Wurstbrät führt zu einer Verdrängung der zufällig anwesenden Mikroflora auf das technologisch notwendige Maß. Die Starterkulturen stehen in Konkurrenz vor allem zu den Fäulnisbakterien. Sie können dem Hersteller eine wirksame Hilfe bei der Bekämpfung bakteriell bedingter Fehlfabrikate sein, die vor allem auf die unzweckmäßige Zusammensetzung der betrieblichen Mikroflora zurückzuführen sind und sich in fehlerhafter Ausbildung von Farbe und Flavour äußern. Die Funktion der Starterkulturen ist je nach Species unterschiedlich. Sie beeinflussen die genannten Eigenschaften, insbesondere aber dienen sie der relativ schnellen Säuerung der Würste, der Aromabildung, der Reduzierung von Nitrat und gegebenenfalls auch von Nitrit, der Verbesserung der Umrötung und Farbhaltung.

Ihre Funktion als Starthilfe zu Beginn des Reifungsprozesses hängt von verschiedenen Voraussetzungen ab:

- Die Starterkulturen müssen ihre physiologische Tätigkeit, das heißt vor allem den Kohlenhydratabbau, möglichst bald nach der Beimischung zum Wurstbrät aufnehmen. Sie sollen das Brät relativ schnell bis auf einen pH-Wert von etwa 5,3 ansäuern und damit den für die Rohwurstreifung problematischen Zeitabschnitt verkürzen. Wenn sich die Starterkulturen im lyophilisierten Zustand befinden, müssen sie vor der Zugabe zum Wurstbrät aktiviert werden.

- Starterkulturen entwickeln sich in verschiedenen Temperaturbereichen. Die Temperaturhöhe muß in der Anfangsphase den Wachstumsbedingungen der Bakterien optimal angepaßt sein.

Üblich sind Temperaturen zwischen 28 und 32 °C und die Zugabe von Kohlenhydraten in Form von Di- und Monosacchariden zwischen 0,5 und 1 %.

Starterkulturen können als Rein- oder als Mischkulturen angewandt werden. Verwendung finden u. a. Mikrokokken, Milchsäurebakterien, Hefen (*Debaryomyces*- und *Saccharomyces*-Species), Streptokokken und auch Streptomyceten (*Streptomyces griseus*). Genutzt werden auch Pediokokkenstämme (*Pediococcus acidilactici*). Bezüglich der Stoffwechselleistungen der einzelnen Species wird auf Kapitel 3.1 verwiesen.

Tab. 10.5.4-1 Einsatz von Starterkulturen und Glucono-delta-Lacton (GdL) bei Rohwurst

Zusatz	Rohwurst streichfähig		schnittfest Dauerware		
	frische Mettwurst; Einfach- und Mittelqualitäten	bessere Qualität, z.B. Teewurst	schnell gereift (≧ 25 °C)	langsam gereift (≦ 20 °C)	schimmelpilzgereift (< 20 °C)
GdL	++	–	(+)	—	—
Milchsäurebakterien	+	+	++	–	–
Micrococcaceae	(+)	+	+	+	+
Schimmelpilze (Oberflächen-Beimpfung)	–	–	–	(+)	++

++ aus hygienischen Gründen erforderlich
\+ vorteilhaft
(+) möglich
– überflüssig/schädlich
— überflüssig/schädlich

Um in Flüssigkulturen Fremdkeime zu unterdrücken, werden durch entsprechende Maßnahmen die a_w- und pH-Werte gesenkt, etwa auf 0,87 bzw. 4,2.

Sehr bald fand man heraus, daß Lactobazillen vornehmlich für die bakterielle Steuerung der Schnellreifung und Mikrokokken für die Herstellung langsam zu reifender Dauerware prädestiniert sind. (Tab. 10.5.4-1).
Die Tendenz geht zum Gebrauch von Mischkulturen, die nicht nur zur Starthilfe dienen, sondern neben der Beschleunigung der Umrötung auch die Aromatisierung insbesondere schnellreifender Rohwürste beeinflussen.

Vor allem im Ausland kommen auch Schimmelpilze bei der Herstellung von Dauerwürsten zum Einsatz. Die Schimmelbildung erfolgt spontan an der Oberfläche der Würste in Räumen, in denen bereits schimmelpilzbefallene Ware hängt. Da diese Pilze an der Aromabildung beteiligt sind, können auch sie den Starterkulturen zugerechnet werden. Sie wachsen unter aeroben Bedingungen und bei relativ niedrigen a_w-Werten. Schimmelpilzgereifte Rohwürste, deren Aromanote besonders geschätzt wird, werden vor allem in Rumänien, Italien, Ungarn, Spanien, Frankreich und in der Schweiz gegessen. Weniger üblich sind diese Produkte in Belgien, Österreich und Deutschland (etwa 5 %) sowie in den USA. Schimmelpilzgereifte Salami werden entweder nicht oder nur leicht geräuchert. Sollen die Würste geräuchert werden, so muß ein zeitlicher Abstand zwischen Räucherprozeß und Schimmelpilzbesiedlung eingehalten werden, damit das gewünschte gleichmäßige Bewachsen nicht durch fungistatische Rauchbestandteile beeinträchtigt wird.

Von den durch LEISTNER et al. untersuchten original Italienischen Salami enthielten 66,2 % und von den Ungarischen Salami 77,1 % verschiedene *Penicillium*-Arten, z. B. *P. verrucosum* var. *cyclopium* und *P. chrysogenum*. Die Autoren verweisen darauf, schimmelpilzgereifte Rohwurst nur mit Starterkulturen, die vorher auf Pathogenität bzw. Toxinogenität (Mykotoxinbildner) geprüft wurden, herzustellen und empfehlen die Anwendung von Penicillium nalgiovensis „Stamm Kulmbach".
Eine wirksame pH-Wert-Senkung auf chemischem Wege erzielt man durch die Zugabe von Glucono-delta-Lacton (GdL). Glucono-delta-Lacton ist der innere Ester der D-Gluconsäure, die aus D-Glucose durch Oxidation entsteht (Abb. 10.5.4-1).

Glucono-delta-Lacton wird dem Rohwurstbrät in Anteilen von 0,1 – 0,5 % zugesetzt. Darüber hinausgehende Dosierungen sollen die Vermehrung von peroxidbildenden Lactobazillen fördern und Fehlfabrikate verursachen [3]. Ähnlich wie bei der Verwendung von Natriumascorbat kann die Nitritmenge herabgesetzt werden. Bei Zusatz von GdL kann Rohwurst in zwei bis vier Tagen fertiggestellt werden. Die Aromatisierung befriedigt nicht immer. Der pH-Wert sinkt relativ stark ab. Es können Werte von 5,0 – 4,8 erreicht werden. Bei GdL-Zusätzen von mehr als 1 % tritt die Bindung der Wurstmasse bereits nach einigen Stunden der Aufbewahrung ein; der nachfolgende Füllprozeß wird nicht nur erschwert, sondern es kann auch zum Zerreißen der Bindung mit entsprechenden Fehlern in der fertigen Wurst kommen. Die frühzeitige Bindung des Brätes hängt mit der schnellen pH-Wert-Senkung zusammen. Aus Gründen der Veränderung sensorischer Qualitätsmerkmale sollte mit GdL-Zusatz hergestellte Wurst innerhalb von zwei bis drei Wochen verbraucht werden. Zu beachten ist, daß GdL nur bei Verwendung von Nitritpökelsalz ohne weiteren Zusatz von Kohlenhydraten für schnell zu reifende Würste einzusetzen ist. Manche Autoren empfehlen einen mäßigen Zusatz von GdL auch für Dauerrohwürste.

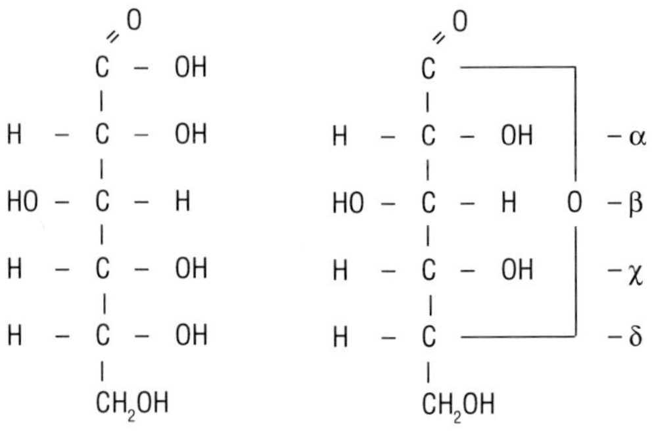

D-Gluconsäure ($C_6H_{12}O_7$)

D-Glucono-delta-Lacton (1,5 Gluconsäurelacton, $C_6H_{10}O_6$)

Abb. 10.5.4-1 Bildung von GdL

► Wursthüllen

Es können Natur- und Kunstdärme eingesetzt werden. Die Verwendung der zuletzt genannten Därme zur Rohwurstherstellung setzt voraus, daß sie wasserdampf- und gasdurchlässig sind. Das zum Teil erwünschte Schimmelpilzwachstum ist auch auf diesen Därmen gegeben.

Naturdärme müssen frisch sein. Besonderer Wert ist neben der hygienischen Gewinnung auf die restlose Entfernung des Fettes von den Därmen zu legen. Vor dem Füllen müssen die gesalzenen Därme gut gewässert werden, um einem möglichen Salzausschlag auf der Oberfläche der Rohwurst zu begegnen. Die gewässerten Därme sind vor dem Füllen gut auszustreifen, damit keine Wasserreste in der Darmhülle verbleiben, die an den Wurstenden zu Farbfehlern führen können. Kunstdärme erhalten durch das Wässern oftmals erst die notwendige Elastizität und Durchlässigkeit für Wasserdampf.

Die Darmwanddurchlässigkeit ermöglicht einerseits den Wasserentzug aus der Rohwurst und andererseits das Eindringen von Räucherstoffen während des Räucherns. Erst während der Lagerung der Rohwurst kann es zweckmäßig sein, die Durchlässigkeit des Darmes herabzusetzen oder ganz aufzuheben, da mit dem Wasserdampf und Kohlendioxid auch Aroma- und Geschmacksstoffe (flüchtige chemische Verbindungen, wie flüchtige Fettsäuren und Carbonylverbindungen) entweichen. Der Verlust dieser Stoffe trägt wesentlich zur Verschlechterung der sensorischen Qualität der Rohwürste bei. Als Gegenmaßnahmen werden Überzugsmassen oder -hüllen verwendet. In Frage kommen Tauchmassen, bestehend aus einem Weißpigment wie Calciumcarbonat, Calciumsulfat, Calciumhydroxid, Magnesiumoxid u. a. und Bindemittel wie Gelatine, Alginat und Traganth [4]. Die Überzugsmasse, die man im Betrieb herstellen kann, besteht aus Wasser (75 %), Glycerol (3 %), Gelatine (20 %) und z. B. aus Calciumsulfat (2 %). Bei „klarer" Überzugsmasse verwendet man auch Kaliumsorbat. Laut Fleischverordnung sind in Deutschland Ester der Mono- und Diglyceride von Speisefettsäuren mit Essig- oder Citronensäure und Glycerol als Überzugsmasse für Fleischerzeugnisse zugelassen. Zur Oberflächenbehandlung der Hüllen luftgetrockneter ausgereifter Rohwürste darf Talkum benutzt werden. Es ist auch das Tauchen gereifter Rohwürste in eine 20 %ige Kaliumsorbatlösung (Kenntlichmachung) erlaubt. Die Methode ist besonders in den Sommermonaten empfehlenswert. Ferner können Umhüllungen in Form von Kunststoffolien eingesetzt werden. Es ist zu vermeiden, daß sich Kondenswasser auf der Wurstoberfläche bildet. Das Wurstgut würde schmierig werden. Die Verwendung von Überzugsmassen oder -hüllen hat den Vorteil, daß sich der Sauerstoff der Luft nicht auf das Gut auswirken kann.

10.5.4.3 Mikrobiologische, chemische und physikalische Vorgänge bei der Rohwurstreifung

Der Reifungsprozeß, der sich nach dem Füllen des Brätes in Wursthüllen anschließt, hat einen wesentlichen Einfluß auf die Qualität von Rohwürsten. Es kommt in seinem Verlauf durch verschiedene mikrobiologische, chemische und physikalische Vorgänge zur Veränderung des pH-Wertes, zur Umrötung, Aromatisierung, zum Entzug von Wasser und zur Herausbildung einer bestimmten Textur. Die Vorgänge laufen nicht unabhängig voneinander und zeitlich getrennt ab, sondern sie überlagern sich im Ablauf, bedingen sich oftmals wechselseitig und sind Bestandteil der Verfahrensführung. Die Prozesse sind von Temperatur, Zeit und pH-Wert-Verlauf abhängig.

Der Reifungsprozeß kann bei Anwendung höherer Temperaturen zur Herstellung von schnittfester Rohwurst beschleunigt oder im Falle der Produktion von Dauerware bei relativ niedrigen Temperaturen verlangsamt werden. Mit Hilfe der Temperatur, verschiedener Zutaten (insbesondere Art und Menge der zugesetzten Kohlenhydrate) und anderer Parameter lassen sich die angeführten Vorgänge technologisch beeinflussen.

10.5.4.3.1 Mikrobiologie der Rohwurstreifung

Die Reifung der Rohwurst ist ein kompliziertes mikrobielles und chemisches Geschehen, bei dem die Rohwurstbestandteile in verschiedener Weise verändert werden. Dabei entstehen neue Stoffe, die der Rohwurst das spezifische Gepräge geben.

Auch für die Rohwurstreifung gilt, daß hohe Wasseraktivitäten und Eiweißgehalte mit niedrigem oder mangelndem Gehalt an leicht fermentierbaren Zuckerstoffen die Entwicklung einer gramnegativen, eiweißzersetzenden Keimflora fördern, besonders bei Erzeugnissen mit neutralem Milieu. Niedrige a_w- und pH-Werte dagegen lassen stets eine grampositive Keimflora erwarten, vor allem, wenn noch vergärbare Kohlenhydrate vorhanden sind. Eine bedeutende Rolle spielen hierbei die Temperatur und Zeit. Niedrige Temperaturen sind speziell für langsam reifende Produkte wesentlich. Dem konsequenten und stetigen Wasserentzug ist besonders zu Beginn der Reifung große Aufmerksamkeit zu widmen. Mit entsprechender Verfahrensführung läßt sich der mikrobielle Reifungsprozeß in gewünschter Weise beeinflussen. (s. folgende Kapitel).

Hinsichtlich ihrer Bedeutung für die Rohwurstherstellung kann man die Mikroflora des Rohwurstbräts in zwei Gruppen einteilen. Die erste Gruppe umfaßt die erwünschten oder nützlichen Mikroorganismen, die in das Reifungsgeschehen aktiv eingreifen und die man deshalb auch als Reifungsmikroorganismen bezeichnet. Sie sind an der Umrötung, Säure- und Aromabildung maßgeblich beteiligt. Bei diesen Vorgängen treten die Mikroorganismen z. T. nur vorübergehend in Erscheinung. Das liegt daran, daß mit zunehmender Reifung und Trocknung der Wurst die Lebensbedingungen für die empfindlichen Keimarten schlechter werden und sie dabei zugrunde gehen oder wichtige Veränderungen hervorrufen und das Rohwurstmilieu für andere Reifungsmikroorganismen günstig vorbereitet haben. Der Keimgehalt der Rohwürste steigt innerhalb weniger Tage bei einem Anfangskeimgehalt von etwa 10^4 auf etwa 10^{11}/g Wurstbrät. Zu Beginn der Reifung ist die Mikroflora sehr mannigfaltig. Anfangs dominieren die saccharolytischen Keime wie Lactobazillen, Mikrokokken, Streptokokken, Pediokokken und auch Leuconostoc-Arten. Ihre physiologischen Leistungen erstrecken sich vornehmlich auf die Bildung von Säuren und die Nitratreduktion (Mikrokokken, z. B. *Micrococcus denitrificans*).

Starke Säurebildner sind die Lactobazillen, deren Stoffwechselleistung man in zwei Gruppen unterteilt, und zwar in die Milchsäure bildenden homofermentativen Arten und die heterofermentativen Arten, die außer Milchsäure Essigsäure, Ethanol und Kohlendioxid produzieren. Sie bilden auch Peroxide, die durch Katalase zerstört werden. Lactobazillen können aus GdL entstandene Gluconsäure zu Essigsäure abbauen. Sie wachsen bei relativ niedrigen Temperaturen und geringem Sauerstoffangebot. Aufgrund dieser Eigenschaften sowie der Säurebildung dominieren sie in

Tab. 10.5.4-2 Konkurrenzfähigkeit einiger Mikroorganismen mit Bedeutung für Fleisch und Fleischerzeugnisse (nach [5])

Gattung	Konkurrenzfähigkeit bei			
	<7 °C	a_w <0,96	pH <5,3	O_2 fehlend
Grampositive Bakterien				
Lactobacillus (Streptobacterium)	1	2	1	1
Pediococcus	3	2	1	1
Micrococcaceae	3	1	3	3
Bacillus	3	2	3	3
Clostridium	3	3	3	1
Gramnegative Bakterien				
Pseudomonas	1	4	3	4
Escherichia, Salmonella	4	3	3	2
Serratia, Enterobacter	2	3	3	2
Vibrio	2	1	3	2
Penicillium (Schimmelpilze)	2	1	1	4
Debaryomyces (Hefe)	2	1	1	3

1 = gut konkurrenzfähig
2 = eingeschränkt konkurrenzfähig
3 = wenig konkurrenzfähig
4 = nicht konkurrenzfähig

schnellreifenden Würsten. Ihre Vermehrung wird insbesondere durch Zugabe entsprechender Kohlenhydrate gefördert. Sie bilden keine Katalase.

Mikrokokken benötigen Sauerstoff, d. h. sie gedeihen bei sich entwickelnden anaeroben Verhältnissen sehr schlecht. Niedrige pH-Werte vertragen sie weniger gut, dennoch scheint die Produktion von Katalase auch noch bei pH-Werten < 5,0 ausreichend zu funktionieren. Ihre Ansprüche an Kohlenhydrate als Energiequelle sind gering. Sie sind halotolerant und wachsen noch bei relativ niedrigen a_w-Werten (Tab. 10.5.4-2). Mikrokokken sind für die Langsamreifung, insbesondere für die Aromatisierung der Rohwurst-Dauerware, vorteilhaft. Sie sollten tunlichst nicht durch zu starke Säurebildung - bedingt durch höhere Kohlenhydratmengen und entsprechende Keimflora - unterdrückt werden.

Streptokokken bilden die gleichen Produkte wie die heterofermentativen Milchsäurebakterien und darüberhinaus auch Ameisensäure. Sie bilden jedoch insgesamt wenig Säuren, ebenso wie Mikrokokken. *Leuconostroc*-Arten vermögen aus Saccharose und Glucoseresten Dextrane zu produzieren und können in größerer Anzahl Fehlprodukte verursachen.

Pediokokken sind homofermentativ. Sie bilden Milchsäure, gewöhnlich keine Katalase. Die meisten Stämme sind halophil; sie können Nitrat nicht zu Nitrit reduzieren.

Lactobazillen und Mikrokokken sowie Streptokokken, Pediokokken und Hefen sind im Stadium der beginnenden Reifung erwünscht. Deshalb sind diese Keimarten auch besonders häufig unter den empfohlenen Starterkulturen anzutreffen.

Hefen leisten einen Beitrag zur Aromabildung. Ihre Wirkung kommt besonders bei Rohwürsten, die nur schwach oder gar nicht geräuchert werden, zum Ausdruck. Neben Carbonylverbindungen können sie Fettsäuren bilden. Sie vermögen von Lactobazillen produzierte Peroxide zu zerstören.

Verschiedene Schimmelpilzarten verhindern das durch Hefen und Mikrokokken unter bestimmten äußeren Bedingungen hervorgerufene Schmierigwerden der Wurstoberfläche. Sie können einen Schutz gegen die Bildung von Mycotoxinen durch Fremdschimmelpilzbefall darstellen. Reinkulturen sind antioxidativ wirksam und sind am Abbau von Peroxiden beteiligt.

Streptomyceten wachsen aerob. Sie reduzieren Nitrat zu Nitrit. Säuren bilden sie normalerweise nicht aus Kohlenhydraten. Durch die Erzeugung von teilweise intensiv geruchsaktiven Stoffwechselprodukten haben sie Anteil an der Aromabildung. Manche Stämme zeigen antioxidative Wirkung.

Aus der Gruppe der gramnegativen Bakterien werden Keime der Gattungen *Pseudomonas, Escherichia, Alcaligenes, Enterobacter und Proteus* nachgewiesen. Sie zählen überwiegend zu den unerwünschten Keimen, die frühzeitig gehemmt und weitgehend eliminiert werden müssen. Es handelt sich überwiegend um fett- und eiweißspaltende Mikroorganismen, die an der Aromabildung beteiligt sind und auch das Entstehen von Fehlfabrikaten bewirken. Als aerobe Sporenbildner konnten *B. subtilis*, *B. cereus* und *B. megaterium* identifiziert werden [20]. Diese Keime werden offenbar infolge Säurenbildung und der vorherrschenden anaeroben Verhältnisse dezimiert und verschwinden im Laufe der Reifung fast vollständig.

Ob Vibrionen, die an sich zur typischen Pökelflora rechnen, eine Rolle bei der Rohwurstreifung spielen, ist wenig bekannt. Sie wachsen in einem breiten Temperaturspektrum, sind halophil und gut konkurrenzfähig bei a_w-Werten < 0,96. Ihr Wachstum ist jedoch bei pH-Werten < 5,3 deutlich eingeschränkt.

Zur Gruppe der unerwünschten oder schädlichen Keime zählen ferner alle Krankheitserreger und Mikroorganismen, die Lebensmittelvergiftungen verursachen. Von einigen Ausnahmen abgesehen, werden diese Keime bei normalem Reifungsverlauf in ihrem Wachstum gehemmt. Besonders hervorzuheben sind die grampositiven Staphylokokken, vor allem *Staphylococcus aureus*, der fakultativ anaerob, bei niedrigen pH-Werten (Grenzwert 4,4) und a_w-Werten (Grenzwert 0,86) wächst und die Vermehrung und Toxinbildung erst unterhalb von 6 °C einstellt. Darüberhinaus ist seine Salztoleranz außerordentlich hoch. Zur Vermeidung von Enterotoxikosen wird in einer Richtlinie des American Meat Institute (AMI-Richtlinie) die Forderung hervorgehoben, durch entsprechende Maßnahmen wie Zugabe von Milchsäurebakterien, den pH-Wert der Rohwürste möglichst schnell auf 5,3 und niedriger zu reduzieren.

Ein weiterer, als problematisch zu bezeichnender Erreger ist *Listeria monocytogenes* und *Listeria ivanovii*. Listerien sind aufgrund ihrer Resistenz gegenüber Säurebildung, Wasserentzug und Kochsalz aus reifender Rohwurst nicht vollständig zu eliminieren.

LEISTNER [6] weist darauf hin, daß zu Beginn der Reifung eine ausreichende Nitritmenge in Verbindung mit Kochsalz vorhanden sein muß, damit gramnegative Bakterien, u.a. auch Salmonellen, gehemmt bzw. abgetötet werden. Eine besondere Bedeutung kommt aus diesem Grunde dem Nitritzusatz bei schnell zu reifenden Rohwürsten zu.
Die Reduzierung verschiedener Keime wie *Pseudomonas, Penicillium* (Schimmelpilze), Mikrokokken, Hefen und Bazillen erfolgt insbesondere wegen Sauerstoffmangels bereits im Verlauf des

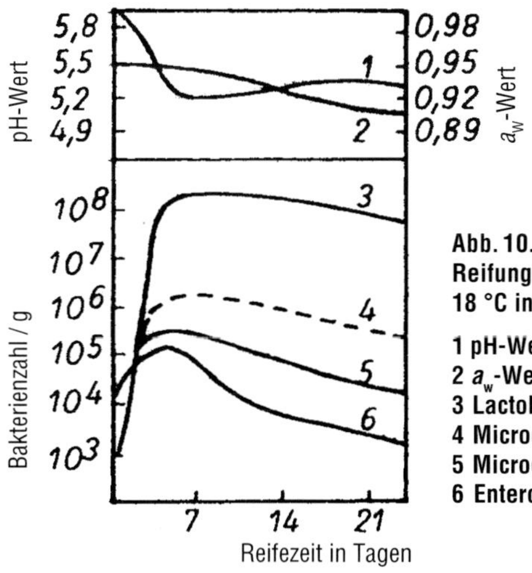

Abb. 10.5.4-2 Schematische Darstellung der „langsamen" Reifung von Salami, Kaliber etwa 75 mm, 0,3 % Saccharose, 18 °C in der 1. Woche (nach [5])

1 pH-Wert
2 a_w-Wert
3 Lactobazillen
4 Micrococcaceae (Randzone)
5 Micrococcaceae (Kernzone)
6 Enterobacteriaceae

Räucherprozesses. Nach zwei bis drei Wochen und im Verlauf der Lagerung nimmt auch der Gehalt an Lactobazillen fortlaufend ab, so daß man in drei Monate alten Dauerwürsten nur noch etwa 10^2 bis 10^4 Keime/g findet. Die aerob wachsenden Hefen und Schimmelpilze treten besonders auf der Oberfläche der Würste auf. Es handelt sich vorwiegend um fettspaltende Hefen (*Hebaryomyces*) und Schimmelpilze der Gattungen *Penicillium, Aspergillus* und gelegentlich *Fusarium.*

Im Fertigerzeugnis, speziell in Rohwurst-Dauerware, findet man im wesentlichen Milchsäurebakterien, Streptokokken, Mikrokokken, Hefen und Schimmelpilze. Die Reduzierung auf wenige Arten von Mikroorganismen ist in hohem Maße vom a_w- und pH-Wert mitbestimmt (Abb. 10.5.4-2). Die Kombination beider Werte ist ausschlaggebend für das Wachstum von Mikroorganismen [7, 8, 9, 11]. Man kann kavon ausgehen, daß das Wachstum der Keime bei einem Wassergehalt der Wurst von 35 % aufhört und nach weiterem Absinken ein langsames Absterben der Mikroorganismen zu beobachten ist. Entsprechend ist etwa ein a_w-Wert von 0,90 – 0,88 erreicht. Sinkt der Wassergehalt des Gutes auf 30 – 32 %, was einem a_w-Wert von etwa 0,83 bis 0,88 entspricht, hört das Wachstum von Hefen auf. Das Wachstum von Schimmelpilzen ist bei einem Wassergehalt von 20 % nicht mehr zu erwarten. Der dazugehörige a_w-Wert liegt bei etwa 0,75. Xerotolerante Pilzarten können jedoch bei niedrigeren a_w-Werten auftreten. Sie werden gelegentlich auf der Oberfläche von Rohwürsten und Schinken angetroffen. Entsprechend den angegebenen Werten weisen Erzeugnisse wie Rohwurst, Schinken, Speck usw., mit a_w-Werten zwischen 0,80 und etwa 0,90 eine gute Haltbarkeit auf.

10.5.4.3.2 Kohlenhydratvergärung und pH-Wert

Die Vergärung von Kohlenhydraten in Rohwürsten ist relativ gut erforscht. Aus fleischeigenen und insbesondere zugesetzen Zuckerstoffen produzieren Mikroorganismen, wie bereits erwähnt, Milch- und Brenztraubensäure, flüchtige Fettsäuren wie Essig- und Ameisensäure und Ethanol. Die Heterofermentation verläuft wie in Abbildung 10.5.4-3 gezeigt.
Milchsäure ist das mengenmäßig dominierende Vergärungsprodukt. Sie hat einen Anteil von 87 – 90 % [12, 13]. Nach Untersuchungen der zuletzt aufgeführten Autoren schwankt der Gehalt an Brenztraubensäure zwischen 0,26 und 0,45 %, an flüchtigen Fettsäuren zwischen 1,31 und 3,39 % und an Ethanol zwischen 0,20 und 0,41 %.

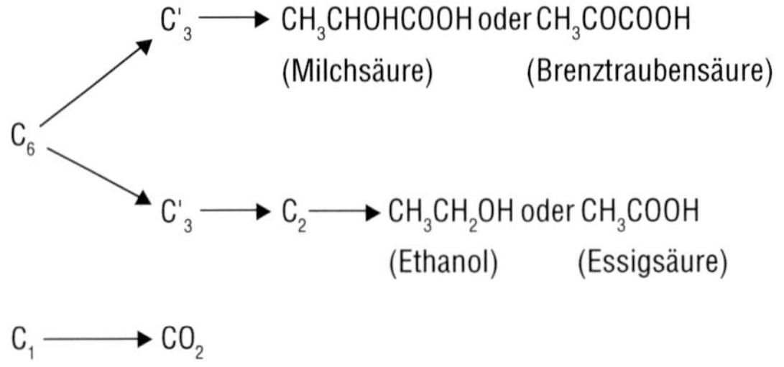

Abb. 10.5.4-3 Vorgärung von Kohlenhydraten in Rohwurst (nach [13])

Das zur Rohwurstherstellung einzusetzende Schweine- und Rindfleisch hat bei normalem Reifungsverlauf drei bis fünf Tage p. m. einen pH-Wert zwischen 5,5 und 6,0 (5,4 – 6,2). Infolge der Glycolyse sind nach zwei- bis viertägiger Lagerung nur noch geringe Mengen an Glycogen vorhanden. Hingegen finden sich noch beachtliche Glucoseanteile, die für den mikrobiellen Stoffwechsel von Bedeutung sind. Am vierten Tag sind es etwa 0,2 %. Die Menge an Milchsäure nimmt in Abhängigkeit vom ursprünglichen Glycogengehalt zu und wächst nach der Zugabe von Kohlenhydraten durch bakteriell-enzymatische Aktivitäten weiter an. Zusätze von Speck und Schwarten erhöhen den pH-Wert des Brätes und haben auch Einfluß auf den pH-Wert in der Rohwurst. Das Rohwurstbrät weist nach Mischung aller Bestandteile pH-Werte zwischen 5,8 und 6,2 auf.

Die Reifung der Rohwurst beeinflussen entscheidend das herrschende Redox-Potential, der Sauerstoffpartialdruck und der pH-Wert. Die Verschiebung des pH-Wertes in die saure Richtung wird, wie bereits ausgeführt, durch Mikroorganismen bzw. deren Enzymaktivität, fleischeigene Enzyme und durch chemische Zusätze, z. B. Glucono-delta-Lacton, bewirkt. Der pH-Wert bzw. die Dynamik der Fleischsäuerung beeinflussen ausschlaggebend den Wasserentzug (Trocknung der Wurst), die Veränderung der Eiweißstoffe, die Texturbildung, die Aromatisierung, die Umrötung sowie das Wachstum von Mikroorganismen und die Enzymaktivität.

Der pH-Wert ist insbesondere von der Quantität und Qualität der zugesetzten Zuckerstoffe und der sie vergärenden Mikroorganismen sowie anderer Zusätze und der Verfahrensführung abhängig. Im Laufe der Reifung kommt es bei vorwiegender Verwendung von Mehrfachzuckern und relativ niedrigen Temperaturen (etwa 15 bis 20 °C) zu einer langsamen bzw. mäßigen Sendung des pH-Wertes auf 5,8 innerhalb von 24 h bzw. 5,5 – 5,6 innerhalb von 24 – 48 h. Nach Ablauf von einer Woche können sich pH-Werte bis 5,2 einstellen (Abb. 10.5.4-4). Aufgrund des Glucoseanteiles im Trockenstärkesirup ist in der Anfangsphase der Reifung die Bildung einer gewissen Menge Milchsäure gewährleistet, wodurch in Verbindung mit dem Wasserentzug eine Produktstabilität erzielt wird. Damit erweist sich die Verwendung von Trockenstärkesirup für die Herstellung von Rohwurstdauerware als besonders vorteilhaft. 2 bis 4 Wochen nach der Herstellung kommt es wieder zum Anstieg des pH-Wertes auf 5,4 – 5,7. Würste, die bei niedrigen Temperaturen zwischen 12

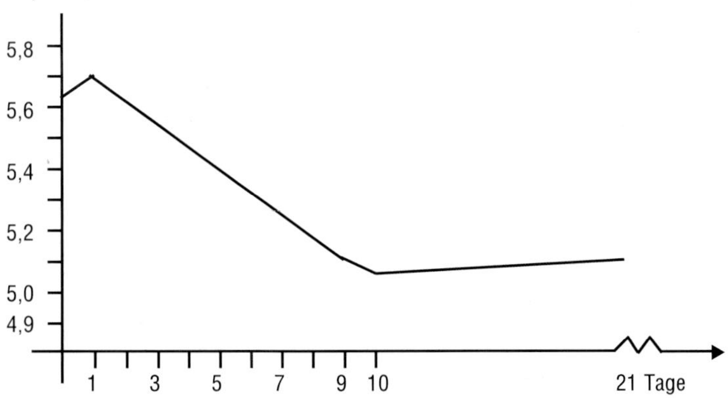

Abb. 10.5.4-4 pH-Verlauf während der Reifung einer Dauerwurst

und 15 °C gereift werden, weisen meist höhere pH-Werte auf. An fertigen ungarischen, jugoslawischen und anderen meist nur luftgetrockneten Rohwürsten, deren Reifung etwa bei diesen Temperaturen erfolgt und bei denen der pH-Wert nicht unter 5,5 absinkt, werden Werte zwischen 5,8 und 6,5 festgestellt.

Bei schnellreifender Wurst werden pH-Werte unter 5,0 erreicht. In den USA ist es üblich, das Verfahren der Reifung so zu steuern, daß innerhalb kurzer Zeit ein niedriger pH-Wert in der Wurst zustande kommt. Um einen pH-Wert von 5,3 zu erzielen, wendet man

- 23,9 °C für die Dauer von 80 h
- 26,7 °C für die Dauer von 60 h
- 35,0 °C für die Dauer von 28 h
- 43,0 °C für die Dauer von 18 h an.

Es werden im weiteren Verlauf pH-Werte bis zu 4,5 und niedriger erreicht, d. h. also eine so starke Säuerung der Erzeugnisse, die in Europa unüblich ist.

Würde nur Glucose in unterschiedlicher Dosierung zugesetzt, erreichte der pH-Wert relativ tiefe Werte. Nach Andersen [12] weist eine im Schwitzverfahren hergestellte Rohwurst mit einem Ausgangs-pH-Wert von 6,0 am fünften Tag einen pH-Wert von 5,3 bei 0,3 % Glucosezusatz, von 5,0 bei 0,6 % und von 4,7 bei 0,9 % Glucosezusatz auf.

Die Menge der dem Wurstbrät zugemischten Kohlenhydrate entscheidet über die Gesamtmenge aller Gärungsprodukte (vor allem der Milchsäure). Man kann näherungsweise davon ausgehen, daß aus einem Mol Glucose homofermentativ 2 Mol Milchsäure entstehen, d. h. je Gramm angewandter Glucose jeweils 1 g Milchsäure gebildet wird. Danach kann man etwa den sich einstellenden End-pH-Wert abschätzen. Eine definitive Aussage über den End-pH-Wert ist aufgrund des unterschiedlichen Puffervermögens des jeweiligen Wurstbrätes nicht möglich. Hinzu kommt, daß die Kohlenhydrate nicht total homofermentativ zu Milchsäure umgewandelt werden, sondern, wie bereits ausgeführt wurde, auch andere Produkte entstehen und ein Restgehalt an Kohlenhydraten im Produkt verbleibt.

10.5.4.3.3 Farbbildung und Farbveränderung

Wesentlichen Einfluß auf die Umrötung haben der Gehalt an Myoglobin im Fleisch, der zugesetzte Pökelstoff und der pH-Wert. Die Reaktion ist temperatur- und zeitabhängig.

Voraussetzung für die Umrötung ist das Vorhandensein einer ausreichenden Menge der zuerst genannten Komponenten. Von Würsten mit zu hohem Fettanteil kann eine genügend kräftige Umrötung nicht erwartet werden, insbesondere, wenn es sich um feinzerkleinertes Wurstbrät handelt. Bei zu hoher Speck- bzw. zu geringer Fleischmenge ist die Farbe mit zunehmender Zerkleinerung blasser, auch dann, wenn der Fleischanteil umgerötet ist.

In einer reifenden Rohwurst befinden sich die einzelnen Farbkomponenten Myoglobin, Metmyoglobin, Nitrosomyoglobin (Stickoxidmyoglobin) und Nitrosomyochromogen in einem Gemisch nebeneinander. Farbeffekt und Farbstabilität hängen vom mengenmäßigen Anteil der einzelnen Farbverbindungen ab. Die Rohwurst erscheint in der Farbe leuchtend rot (pökelrot), wenn etwa die Hälfte des Farbstoffes umgerötet ist, d. h. in Form von Nitrosomyoglobin oder Nitrosomyochromogen vorliegt. Größere Anteile von Metmyoglobin verleihen der Wurst einen grauen Farbton.

Bei der Verwendung von Kochsalz und Salpeter muß dem pH-Wert-Verlauf besondere Beachtung geschenkt werden, da der Abbau von Nitrat zu Nitrit bakteriell-enzymatisch erfolgt. Hierfür ist ein pH-Wert um 6,0, nicht jedoch kleiner als 5,5 erforderlich. Für den Nitritabbau sind günstige Bedingungen bei pH-Werten = 5,5 gegeben.
Aufgrund der Temperatur- und Zeitabhängigkeit der Umrötung wird eine Zwischenlagerung des Wurstbrätes im Kühlraum und ein beabsichtigter langsam ablaufender Reifungsprozeß bei niedrigeren Temperaturen zu einer Verzögerung und bei höheren Temperaturen, wie bei Schnellreifungsverfahren üblich, zur Beschleunigung der Umwandlung des Nitrits zu Stickoxid führen.

Beginn und Abschluß der Umrötung hängen, wie bereits angeführt, von verschiedenen technologischen Maßnahmen des Herstellers ab. Als Faustregel läßt sich der Abschluß der Umrötung wie folgt angeben:

- bei Zusatz von Starterkulturen oder GdL in etwa 24 h
- bei Anwendung von Schnellreifeverfahren nach etwa 48 h
- bei Anwendung langsamer Reifungsverfahren nach 4 – 7 d.

Im Laufe der Lagerung ist eine Abnahme des Nitrosomyoglobins bzw. Nitrosomyochromogens zu beobachten. Nach vierzigtägiger Lagerung fand PEZACKI [13] noch etwa 60 – 65 % des Farbstoffs in den Rohwürsten. Infolge der biochemischen Umwandlung ändert sich der rote Spektralanteil sämtlicher Farben. Mit zunehmender Lagerdauer geht die rote in eine bräunliche Farbe über. In der Farbreinheit und -stabilität schnitten immer solche Rohwürste besser ab, denen Zuckerstoffe höherer Molekülmasse zugesetzt worden waren. Eine relativ schnelle Verschlechterung der Farbreinheit ist bei Zugabe eines größeren Glucoseanteils zu beobachten. Die photometrische Farbhelligkeit variiert während der Herstellung und Lagerung in den Grenzen von 10 – 15 %. Ihre Veränderung war während der Vortrocknung und Räucherung relativ unabhängig von der Art der Kohlenhydratmischung. Deutliche Unterschiede ergaben sich erst nach 10- bzw. 20-tägiger Lagerung. Die Farbhelligkeit erreichte nicht mehr das Niveau, das für das Brät zum Zeitpunkt des Füllens in die Wursthüllen charakteristisch war.

Aus den Versuchsergebnissen der Autoren ist zu folgern, daß die Farbstabilität um so größer ist, je langsamer der Abbau der Kohlenhydrate vor sich geht. Je größer das Kohlenhydratmolekül ist, desto größer ist die Stabilität der photometrischen Farbhelligkeit der Würste. Der Räucherungsprozeß wirkt sich auf die Farbbildung und Farbhaltung von Rohwürsten positiv aus.

Durch Lichteinwirkung kann es in Rohwürsten je nach Intensität, spektraler Verteilung und Dauer der Einstrahlung sowie des Absorptionsvermögens zu vielfältigen Veränderungen kommen. Über Farbveränderungen infolge Lichteinwirkung gibt es bei Rohwürsten nur spärliche Untersuchungsergebnisse. Einen Einfluß hat insbesondere das ultraviolette Licht. Bekannt ist seine direkte farbverändernde Wirkung auf Fleisch und Fleischerzeugnisse sowie indirekte Beeinflussung durch Fettsäureperoxide. Letztere entstehen in einer Art Kettenreaktion u. a. katalysiert durch UV-Licht und verursachen durch Oxidation im Hämmolekül die Umwandlung von zweiwertigem zu dreiwertigem Eisen, so daß Braunverfärbungen resultieren. Im Wellenbereich von 570 – 630 nm werden bei den meisten ungefärbten Kunstdärmen nur etwa 10 % des für Fleisch fotochemisch wirksamen Teils des Lichtes zurückgehalten. Da die Oxidation verschiedener Farbkomponenten und des Fettes besonders durch den ultravioletten Bereich des Spektrums, d. h. Licht der Wellenlänge von etwa 350 – 450 nm, aktiviert wird, besteht bei derartigen Därmen kein Schutz gegen die katalytisch wirkenden elektromagnetischen Wellen. Die genannte Größenordnung trifft auch für die Lichtdurchlässigkeit von Fensterglas zu. Daraus ist zu schlußfolgern, daß ein Schutz vor Lichteinwirkung in Rohwurstlagerräumen durch Farbanstriche (blau oder schwarz), wie dies in der Praxis seit vielen Jahren üblich ist, angebracht ist und damit sowohl die direkten Einflüsse des Lichtes als auch die über die peroxidativen Fettsäureveränderungen eintretenden indirekten Wirkungen stark gemindert werden können.

Die Wirkung des Sauerstoffes bezüglich der MbO_2-Bildung ist vor allem von der Eindringtiefe des O_2 und der Dauer der Lagerung abhängig. O'Keeffe und Hood [14] konnten zeigen, daß die Eindringtiefe innerhalb bestimmter Fristen nur einige Millimeter beträgt. Hingegen war sie bei vakuumverpackten Fleischstücken größer und erreichte Werte bis zu 10 mm. Die Geschwindigkeit der Farbveränderung in Abhängigkeit vom Sauerstoffpartialdruck ist deutlich ausgeprägt und ist unterschiedlich je nachdem, ob frisches Fleisch oder Pökelwaren einem bestimmten Sauerstoffpartialdruck, z. B. in Vakuumverpackungen, ausgesetzt werden. Die Umwandlung von Myoglobin zu Metmyoglobin nimmt im Bereich zwischen 200 mbar (20 kPa) und etwa 30 mbar (3 kPa) zu und bei weiterem Abfall des Sauerstoffpartialdruckes ab. Hingegen ist ein fast stetiger Anstieg der Geschwindigkeit der Verfärbung bei Pökelwaren einschließlich Rohwurst im Bereich von 0 – 20 kPa zu beobachten (Abb. 10.5.4-5, s. auch Abb. 6.1-7).

Mikroorganismen sind in der Lage, das Redoxpotential zu verändern. Im Falle seiner Verringerung kann ein farbverstärkender und bei Erhöhung des Redoxpotentials ein farbmindernder oder -zerstörender Einfluß auftreten. Die durch verschiedene Mikroorganismen gebildeten Peroxide bewirken eine Oxidation des Eisens im Myoglobin und führen zu graubraunem Metmyoglobin.

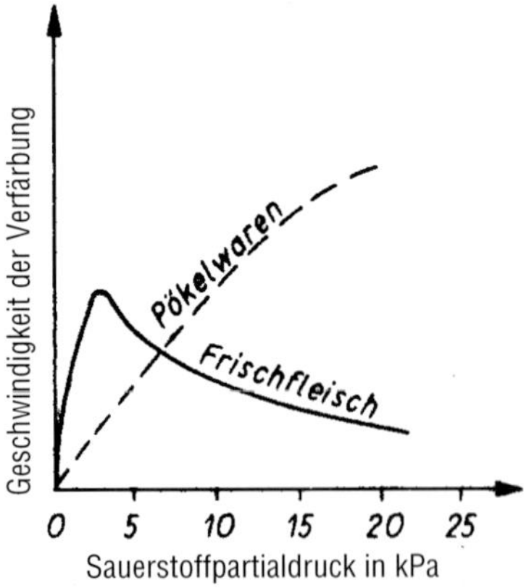

Abb. 10.5.4-5 Geschwindigkeit der Verfärbung von Fleisch und Fleischwaren, abhängig vom Sauerstoffpartialdruck (nach [15])

10.5.4.3.4 Veränderungen des Eiweißes

Der Übergang vom Rohstoff zum genußfähigen Erzeugnis wird durch qualitative Veränderungen insbesondere der Proteine geprägt. Sie betreffen vorrangig Strukturänderungen und die Aromabildung.

Die Denaturierung der Muskeleiweiße soll bei Kochsalzkonzentrationen mit einer Ionenstärke von ≥ 1 (5 – 6 % NaCl) einsetzen. Sie wird insbesondere durch die Milchsäurebildung beeinflußt. Es treten Denaturationen an den sarkoplasmatischen und myofibrillären Proteinen auf. Neben den Sturkturänderungen, die durch den Zerkleinerungsprozeß eintreten, verursacht die Kochsalzzugabe Myofibrillenquellung und Proteinlösung.

Durch Enzymeinwirkungen kommt es zum Abbau von Peptidketten. Dabei wirken sowohl muskeleigene als auch mikrobielle Proteasen, und es entstehen niedermolekulare Proteine, Peptide und freie Aminosäuren. Es werden überwiegend Cytoplasmaeiweiße abgebaut. Polypeptidstickstoff nimmt besonders vom 5. bis 7. Tag zu. Der Gehalt an freien Aminosäuren nimmt in den ersten Wochen zu und dann wieder ab.

Körmendy[16]untersuchten die Änderung des Gehaltes an Aminosäuren in ungarischer Salami, die nach 10-tägiger Räucherung bei 15 °C nachgereift wurde, über einen Zeitraum von 100 Tagen. Sie fanden einen Anstieg der meisten Aminosäuren bis zum 45. Tag und danach eine Abnahme. Homofermentative Lactobazillen, Pediokokken und Streptokokkenstämme zeichnen sich durch die Freisetzung von Asparagin- und Glutaminsäure sowie Alanin und Valin aus.

PEZACKI und DUDA [17] fanden, daß die Proteine Myosin, Myogen und Myolalbumin zum Teil bis zu den Aminosäuren abgebaut werden. Allerdings werden diese geringen Mengen bald wieder desaminiert oder decarboxiliert. Lactobazillen decarboxilieren frei werdende Aminosäuren, es entstehen Amine. Mikrokokken können Aminosäuren unter Freisetzung von Ammoniak desaminieren.

Rohwürste enthalten relativ geringe Mengen Histamin. TSCHARBUN [18] und SICK [19] fanden in 42 Handelsproben österreichischer Rohwürste Histamingehalte von 1 – 655 mg/kg Trockensubstanz. Eine Beziehung zum Produkttyp konnte nicht festgestellt werden.

10.5.4.3.5 Veränderungen des Fettes

Unter dem Einfluß von Sauerstoff, Mikroorganismen, Lipasen, Licht, höheren Temperaturen sowie durch die An- bzw. Abwesenheit von oxidationsfördernden (prooxidativen) oder oxidationsverhindernden (antioxidativen) Stoffen können an den Lipiden Veränderungen eintreten, die zu einer sensorischen Wertminderung führen. Die hierfür in Betracht kommenden Stoffe können, wenn sie unterhalb des off flavours bleiben, auch Bestandteil des erwünschten Aromas sein (Kap. 10.5.4.3.6). Das Fett der Rohwürste unterliegt vor allem oxidativen und hydrolytischen Veränderungen. Das Bild der Veränderungen wird von der Fettoxidation geprägt. Es ist eine Autoxidation, die an ungesättigten und gesättigten Fettsäuren stattfindet. Die Abbauprodukte, insbesondere Carbonylverbindungen, bedingen die sensorisch wahrnehmbare Ranzigkeit. Später, wenn keine

Kohlenhydrate in der Wurstmasse vorhanden sind, wird sie von einer enzymatisch bedingten Lipolyse überlagert. Während der Nachreifungsperiode steigen die Gehalte an freien nichtflüchtigen Fettsäuren wie Öl-, Linolen-, Palmitin-, Stearin- und Palmitoleinsäure, allmählich an. Freie flüchtige Fettsäuren können bereits in geringen Mengen zur sensorischen Wertminderung beitragen. Wie bei anderen Produkten sind die Auswirkungen der Fettveränderungen mitbestimmend für den Flavour der Rohwürste. In lange aufbewahrten, hart ausgereiften Rohwürsten nimmt man sensorisch hauptsächlich nur die Reaktionsprodukte der Fettoxidation wahr. Als Stimulatoren der Fettoxidation in der Rohwurstmasse kommen vor allem in Betracht:

- der Gehalt an ungesättigten Fettsäuren in dem gewöhnlich verarbeiteten Schweinespeck
- die Zerkleinerung der Speckstücke und damit Vergrößerung der Gesamtoberfläche
- das teilweise Auspressen des Fettes aus den Zellen bei Zerkleinerung des Speckes
- das Eindringen der Luft in die Wurstmasse durch die Hülle
- der fortschreitende Wasserentzug und die damit verbundene Steigerung der Natriumchloridkonzentration
- das Einbeziehen des Fettes durch die Mikroflora in den Stoffwechsel, wenn in der Rohwurstmasse keine Kohlenhydrate mehr vorhanden sind.

Infolge der Gesamteinwirkung dieser Faktoren hat die Ansammlung der Fettoxidationsprodukte in den Rohwürsten die Gestalt einer exponentiellen Zeitfunktion, das heißt, mit forschreitender Zeit wird ihre Ansammlung immer stärker. Hierdurch wird deutlich, daß mit einem unerwünschten Einfluß der Fettoxidation auf die sensorischen Eigenschaften bei hart ausgereiften Rohwürsten auf jeden Fall zu rechnen ist. Bei frischen und schnittfesten Rohwürsten hat die Fettoxidation keine Bedeutung.

Die Oxidationsgeschwindigkeit verläuft bei gesättigten Fettsäuren wesentlich langsamer als an ungesättigten Fettsäuren. Große Bedeutung für die Lagerfähigkeit von Rohwurst haben die Bedingungen bei der Reifung und Trocknung der Wurst. Für Dauerrohwürste ist es anzustreben, die Temperatur relativ niedrig zu halten. Bei der Anwendung von Temperaturen zwischen 12 und 15 °C zeichnen sich die Würste durch gute Aromatisierung und lange Lagerfähigkeit aus.

Zu beachten ist ferner, daß die abiotischen, oxidativen Veränderungen reduziert werden, je geringer die Beleuchtungsstärke ist und eine je kleinere „Lichtstundenzahl" auf die Würste einwirkt.

Die Fetthydrolyse kann unter aeroben und anaeroben Bedingungen verlaufen. Es handelt sich neben der praktisch unbedeutenden chemischen Hydrolyse um eine durch originäre im rohen Fleisch vorhandene oder von Mikroorganismen stammende Lipasen bedingte Umsetzung. Es ist eine enzymatische Esterspaltung. Die enzymatische Hydrolyse schreitet ebenfalls nur langsam voran.

Die lipolytischen Mikroorganismen, die an Fettveränderungen in der Rohwurst beteiligt sind, gehören verschiedenen Gattungen an. Unter den Gattungen Pseudomonas, Alcaligenes, Serratia, Proteus, Bacillus, Clostridium und Micrococcus gibt es fettspaltende Bakterienarten. Viele in der Rohwurst vorkommende Lipolyten tragen zur Aromabildung bei. Die durch Hydrolyse entstehenden freien flüchtigen Fettsäuren bewirken, wie bereits erwähnt, Geruchs- und Geschmacksveränderungen, sie können auch die Autoxidation beeinflussen. Optimale Verhältnisse für das Wachstum der Bakterien und deren Lipaseaktivität entsprechend einander nicht immer.

10.5.4.3.6 Aromatisierung

Für schnellgereifte Rohwurst ist ein mild-säuerlicher bis pikant-säuerlicher Geruch und Geschmack typisch, während bei Dauerwürsten die säuerliche Geschmacksnote zugunsten eines vollen Reifearomas in den Hintergrund tritt. Die Herausbildung des Aromas und Geschmackes ist im wesentlichen das Ergebnis fleischeigener Enzyme, mikrobieller Tätigkeit und chemischer Reaktionen. Sie bedingen verschiedenartige Vorgänge und Veränderungen im Fleisch p. m. und in der reifenden Wurst. Erstere stellen also die Eingangsgrößen bei der Herstellung und Reifung der Rohwurst dar. Die verschiedenartigen Komponenten sind je nach Reifungszustand unterschiedlich ausgeprägt und unterliegen in der reifenden Wurst weiteren Veränderungen durch Ab- und Umbauvorgänge [13].

Bezüglich der Bedeutung der Mikroorganismen für die Aromabildung sei zunächst nach LERCHE [24] in allgemeiner Form auf die Ausbildung und den Einfluß der betriebseigenen Flora hingewiesen. Die Betriebsflora wird am zweckmäßigsten so zusammengesetzt sein, daß die für die Umrötung, Säuerung und Aromatisierung notwendigen Keimarten (Nitratreduzierer, Säure- und Aromabildner) zahlenmäßig überwiegen, während die schädlichen Keime in der Minderzahl sind. Manche Fehlprodukte in der Rohwurstherstellung (Farbfehler, Geschmacksfehler) lassen sich mit einer unzweckmäßig zusammengesetzten Mikroflora erklären. Die Zusammensetzung der Mikroflora kann sich von Betrieb zu Betrieb unterscheiden. Ebenso kann die Zusammensetzung der Mikroflora eines Betriebes Schwankungen unterworfen sein, die von den Veränderungen der Umweltfaktoren (Temperatur, Feuchtigkeit, Jahreszeit, hygienische Maßnahmen) abhängig sind.

Bei der Aromabildung mikrobieller Genese tritt Fett-, Eiweiß- und Zuckerabbau auf. Es bestehen Meinungsverschiedenheiten darüber, aus welchen Stoffen (Fetten, Eiweiß, Kohlenhydraten) die produktspezifischen Aromasubstanzen gebildet werden. Es ist auch relativ wenig darüber bekannt, welche Keimarten konkret für die Aromatisierung der Rohwurst verantwortlich zu machen sind.

An den durch Fettspaltung entstehenden Carbonylverbindungen sind besonders gramnegative Bakterien beteiligt, ferner Mikrokokken und einige Hefearten. Als typische Aromaträger dieser Stoffklasse werden Diacetyl, Acetal- und Formaldehyd sowie Propin-, n-Butyr- und iso-Butyraldehyd gebildet. Ferner sind Aceton, Methyl-Ethylketon, n-Hexanal, n-Heptanal und n-Octanal nachgewiesen worden.

Während die durch die Lipasen gebildeten niedrigen Fettsäuren weiter verstoffwechselt werden können, werden höhere Fettsäuren kaum angegriffen und verbleiben in der Rohwurst, wo sie sich anreichern können. Bei übermäßiger Fettzersetzung durch unerwünschte Keime treten Aromafehler, z. B. beißiger Geschmack und Ranzigkeit, auf.

Im Stadium der fortschreitenden Reifung beherrschen, wie bereits ausgeführt, die Vorgänge der Autoxidation das Bild. Die primär aus der Autoxidation hervorgehenden Hydroperoxide sind geruch- und geschmacklos. Geruchs- und geschmacksintensive Veränderungen treten erst dann auf, wenn sekundär flüchtige Verbindungen entstehen, die oftmals schon in geringer Konzentration das Aromapotential beeinflussen.

Die hauptsächlichen Flavourstoffe aus der Autoxidation sind wiederum Carbonylverbindungen, wobei Art und Menge von Bedeutung sind. Daneben spielen auch Kohlenwasserstoffe (Alkane, Alkene, Alkylfurane) und Alkohole eine Rolle [22].

Besonders intensive Aromastoffe werden durch die Autoxidation der α-Linolensäure gebildet. Als ein weiteres Beispiel mit einem hohen Aromapotential führen BELITZ und GROSCH [22] Rinder- und Schaffett an, bei dem sich cis-4-Heptanal bilden kann (Schwellenwert: 10 µg/kg).

Die auf mikrobielle Proteolyse zurückgehende Aromabildung ist umstritten. Nach TERPLAN [20] ist die teils nachgewiesene Zu- oder Abnahme von Rest-Stickstoff auch von der Art der Reifung abhängig. Er schließt aus seinen Untersuchungen, daß die durch variierende Reifungstemperatur bedingte Flora nicht nur unterschiedlich proteolytisch wirkt, sondern auch im Prozeß der Proteolyse gebildete Aminosäuren verbraucht. Mit Ausnahme von Lactobazillen konnte MURSIC-PREAC [21] bei allen aus Rohwürsten isolierten Keimen Desaminase nachweisen. Neben Peptiden und Aminosäuren sollen in Spuren auch NH_3 und H_2S auftreten. Im Idealfall sollten genügend Keime vorhanden sein, um die unerwünschten Abbauprodukte zu verstoffwechseln.

Durch den Abbau von ATP entstehen Adenosindi- und Adenosinmonophosphat und weiter durch Abspaltung von Ammoniak Inosinmonophosphat, das zu Inosin und Hypoxanthin abgebaut wird. Alle genannten Substrate haben Anteil an der Bildung der Geruchs- und Geschmacksstoffe oder deren Vorläufer. Hinzu kommen Flavourstoffe, die je nach Tierart, Geschlecht und Alter der Tiere sowie auch durch die Fütterung beeinflußt werden.

Durch die Kohlenhydratvergärung - insbesondere Säurebildung - entstehen mehrere Aromastoffe (vgl. Kap. 10.5.4.3.2).
Zweifellos stellt die Säuerung der Wurst eine wichtige Teilkomponente des Geruchs und Geschmacks dar. Das gilt insbesondere für schnellreifende Rohwürste, die nach kurzer Reifungszeit in den Handel gelangen. Ein mild-säuerlicher bis säuerlicher Geschmack gehört zum erwünschten Aromabild dieser Würste. Es werden pH-Werte um 5,0 bis etwa 4,7 erreicht. Bei darunter liegenden pH-Werten ist die Wurst übersäuert. Bei Dauerwürsten werden Spaltprodukte gebildet, die den säuerlichen Geschmack mildern oder sogar aufheben. Die Erfahrung lehrt, daß mittels Schnellverfahren produzierte schnittfeste Rohwurst noch nicht nach 5 bis 7 Tagen, sondern erst etwa 14 Tage nach ihrer Herstellung einen annehmbaren Geruch und Geschmack aufweist. Reifungstemperaturen im Bereich von 12 – 18 °C wirken sich auf die Stabilität der Rohwürste und durch Begünstigung einer bestimmten Mikroflora auf deren Aroma vorteilhaft aus. Die Luftdurchlässigkeit der Darmwand verursacht eine ungleichmäßige räumliche Verteilung der aus den Kohlenhydraten entstehenden Gärungsprodukte. In der Randzone des Wurstbrätes findet man weniger Milchsäure als im Innern des Wurstbrätes vor. Die Kernpartie der Würste ist demnach etwas säuerlicher und i. d. R. auch schmackhafter. Bei Verkleinerung des Darmkalibers und größerer Gasdurchlässigkeit des Darmes sind die geschilderten Unterschiede weitgehend ausgeglichen.

Der Räucherungsprozeß als integraler Bestandteil der Rohwurstherstellung nimmt einen günstigen Einfluß auf die Geruchs- und Geschmacksbildung. FISZER und PEZACKI [23] haben festgestellt, daß durch das Räuchern die Dynamik der Kohlenhydratvergärung während der Herstellung und Lagerung von Rohwürsten verändert wird. Der Höchstgehalt an Milchsäure wird bei geräucherten Produkten um mehrere Tage später erreicht als bei ungeräucherten. Die geräucherten Rohwürste enthalten den Autoren zufolge nach längerer Lagerungszeit mehr Aldehyde und Ketone im Vergleich zu den ungeräucherten. Obwohl die beiden Carbonylverbindungen nur einen unbedeutenden Teil innerhalb der Umwandlungsprodukte darstellen, bleiben sie keineswegs ohne Einfluß auf die Aromatisierung der Erzeugnisse. Geräucherte Produkte enthalten weniger Ethanol als ungeräucherte.

Unumstritten ist, daß die Aromatisierung von Rohwürsten durch Gewürze und Pökelstoffe mehr oder weniger stark beeinflußt wird. Nach TERPLAN [20] ist das Pökelaroma an wasserlösliche Muskelbestandteile gebunden, die sich in eine dialysierbare Fraktion (Nicht-Proteine) und eine nicht dialysierbare Fraktion (Eiweiße) trennen lassen. Verbindungen des Nitrits und seine Abbaustufen bilden mit den Muskelbestandteilen das Grundpökelaroma.

Neben der Anwendung von Zusätzen nimmt das Verfahren, vor allem die Temperaturführung, Einfluß auf die mikrobiellen, biochemischen und physikalisch-chemischen Abläufe.

Die besten Bewertungsnoten werden unter den Bedingungen der langsamen Reifung für Dauerware 4 bis 6 Wochen nach der Herstellung gegeben. Der Zeitpunkt verschiebt sich bei Würsten, die bei Temperaturen um 12 – 15 °C gereift werden, um einige Wochen. Luftgetrocknete Rohwürste sind durch einen hefigen oder leicht hefigkäsigen Geschmack charakterisiert. Ungarische Salami wird erst nach etwa dreimonatiger Reifung in den Handel gegeben. Sie zeichnet sich durch einen leicht beißigen, bei älteren Produkten auch ranzigen Geschmack aus. Die Haltbarkeit ordnungsgemäß gereifter Rohwürste wird durch das Auftreten der Ranzigkeit begrenzt. Der Zeitpunkt kann bereits nach 6 Monaten oder erst nach etwa 9 Monaten erreicht sein.

10.5.4.3.7 Steuerung des Wasserentzuges

► a_w-Wert

Durch die Säuerung des Wurstgutes ergibt sich ein pH-Wert, bei dem der isoelektrische Punkt der meisten Eiweißfraktionen erreicht ist. Dadurch wird die Wasserabgabe begünstigt. Um einen kontinuierlichen Wasserentzug zu ermöglichen, müssen bereits zu Beginn der Rohwurstreifung die Verfahrensparameter entsprechend gestaltet werden. Da im Verlaufe der Rohwursttreifung der Wasserdampfpartialdruck kleiner wird, soll die Dynamik der Wursttrocknung allmählich abnehmen. SIELAFF [25] hat einen Wasserverlust von 0,12 – 0,15 %/h während der ersten Tage nach der Herstellung bei Zervelatwurst ermittelt. Daraus resultiert ein Wasserentzug bis zu 2,0 %/d. Im allgemeinen rechnet man damit, daß innerhalb der ersten 6 Tage des Reifungsprozesses der Wurst 2 – 3 % Wasser je Tag entzogen werden. Bis zum 21. Tag sinkt der Wasserverlust auf 1,5 – 0,5 %, danach fällt der Wert langsam weiter ab und geht gegen 0. Obwohl bei streichfähigen Rohwürsten die Wasserabgabe durch den hohen Fettgehalt erschwert wird, verliert sie auch etwa 10 % innerhalb von fünf Tagen. Der Wassergehalt zwischen Wurstkern und -oberfläche differiert über mehrere Wochen und hat entsprechend dem Beispiel erst nach 50 Tagen Gleichstand erreicht (Abb. 10.5.4-6). Während der Reifung kommt es zu einer Wanderung von Kochsalz aus der Rand- in die Kernzone. Hierbei erfolgt jedoch nur sehr langsam ein vollständiger Ausgleich der Konzentration zwischen beiden Zonen. Das heißt, das Randgebiet der Wurst weist über längere Zeit aufgrund des Vorliegens einer konzentrierten Lösung (im wesentlichen Kochsalz in Wasser) im Vergleich zum Wurstkern mit einem höheren Wassergehalt bzw. einer weniger stark konzentrierten Lösung einen niedrigeren Wasserdampfpartialdruck auf. Auf diese Weise kann das Wasser in der Wurst mittels Diffusion vom Wurstinneren zur Oberfläche transportiert werden und dort in die Umgebung verdunsten. Damit die Wasserabgabe über die Wurstoberfläche an die Umgebung erfolgen kann, muß eine entsprechende Differenz zwischen dem Dampfdruck des Wassers im Produkt und dem Sättigungsdruck des Wassers in der Luft vorhanden sein.

Mit der gedanklichen Brücke, daß der a_w-Wert im bzw. auf dem Lebensmittel gleichbedeutend mit der relativen Luftfeuchte $\varphi = a_w \cdot 100$ ist, läßt sich die Beziehung zur relativen Luftfeuchte der Umgebung leichter herstellen.

Das Dampfdruckgefälle ist entsprechend zu steuern. Um ein entsprechendes Gefälle zu sichern bzw. die Geschwindigkeit der Wasserabgabe sachgemäß zu steuern, soll die Differenz des a_w-Wertes der Wurst zur relativen Luftfeuchte des Milieus (Kammer) anfangs 5 bis maximal 7 %, nach 7 Tagen etwa 3 % und später stetig abnehmend etwa 0,5 % betragen.

Die dargestellten Einflüsse müssen immer im Zusammenhang mit der Temperatur gesehen werden. Eine Erhöhung der Temperatur führt bei gleichbleibendem Wassergehalt zu einer Erhöhung der Gleichgewichtsfeuchte des Gutes; umgekehrt liegen die Verhältnisse bei Erniedrigung der Temperatur. Verdeutlichen lassen sich die Beziehungen, wenn die Verhältnisse der Umgebungsluft betrachtet werden. Erwärmt man feuchte Luft, so bleibt der Feuchtigkeitsgehalt konstant. Beim Anstieg der Temperatur fallen die relative Luftfeuchte und der Sättigungsgrad. Die Luft wird also relativ, aber nicht absolut trockener; sie vermag bis zur Sättigung mehr Wasser aufzunehmen, bis schließlich der Zustand erreicht ist, wo das Luft-Dampf-Gemisch mit dem vorhandenen Dampf gerade gesättigt ist. Es liegt dann Sättigungsdampfdruck vor, und es ist der Taupunkt erreicht, bei dem Kondenswasser auftritt.

Nach der Brätherstellung beträgt der a_w-Wert etwa 0,98. Die Werte schwanken nach 7 Tagen zwischen 0,95 und 0,93; nach 21 Tagen werden Werte zwischen 0,89 und 0,90 und nach 28 Tagen zwischen 0,88 und 0,89 ermittelt. Beide Parameter - Wassergehalt und a_w-Wert - weisen in Abhängigkeit von der Reifezeit eine parallele Entwicklung auf, d. h. sie unterliegen von Beginn bis zum Ende der Lagerung einer ständigen Abnahme.

Man kann davon ausgehen, daß eine schnittfeste Rohwurst mit einer genügenden Stabilität einen a_w-Wert von $\leq 0{,}95$ und einen pH-Wert von $\leq 5{,}3$ aufweist.

Bei langsam reifender Wurst, deren Stabilität primär durch den Wasserentzug gesichert wird, sollte der a_w-Wert 0,90 – 0,88 betragen, das entspricht einem Wassergehalt der Wurst von 35 %. Der pH-Wert der Rohwurst-Dauerware beträgt $\geq 5{,}3$.

Es ist zu beachten, daß jede Änderung der Zusammensetzung des Brätes, Salz- und Fettgehaltes eine Verschiebung des a_w-Wertes zur Folge hat. Die Ermittlung des a_w-Wertes stellt ein wertvolles Hilfsmittel dar und läßt Rückschlüsse auf das Wachstum von Mikroorganismen sowie auf die Steuerung der Prozeßparameter Temperatur, relative Luftfeuchte und Strömungsgeschwindigkeit der Luft zu.

► Bedeutung von Temperatur, relativer Luftfeuchte und Strömungsgeschwindigkeit der Luft

Man ist heute in der Lage, die Prozeßabläufe der Reifung so zu steuern, daß schnittfeste Rohwürste u. a. in Abhängigkeit vom Kaliber nach 4 bis 10 Tagen und ausgereifte Dauerwürste nach etwa drei bis fünf Wochen an den Verbraucher abgegeben werden können. Eine exakte Steuerung der Rohwurstreifung entsprechend den inneren Bedingungen der Würste ist nicht möglich. Die erwähnte Aufnahme des a_w-Wertes oder der Sorptionsisotherme nimmt zur Zeit noch mehrere Stunden in Anspruch. Die inneren Bedingungen des Reifeablaufes lassen sich bis zu einem gewissen Grade durch die gezielte Zugabe von Zusätzen, z. B. Kohlenhydraten, Starterkulturen und Glucono-delta-Lacton sowie durch sachgemäße Auswahl des Rohstoffes beeinflussen.

Aufgrund der mangelnden Kenntnisse der inneren Bedingungen, d. h. vor allem der mikrobiellen und chemischen Abläufe sowie der Problematik des aktuellen Erfassens des a_w-Wertes, ist es von besonderer Bedeutung, die Prozeßparameter Temperatur, relative Luftfeuchte und Strömungsgeschwindigkeit der Luft meßtechnisch zu erfassen und durch den Fachmann so zu steuern, daß erwartungsgemäß ein qualitätsgerechtes Erzeugnis entsteht.

Die Einhaltung der Prozeßparameter ist weniger problematisch für die Herstellung von frischer Rohwurst. Es genügt, die folgenden Richtwerte einzuhalten:

- Räucherzeit 2 – 3 d
- Raumtemperatur 18 – 26 °C
- Relative Luftfeuchte 85 – 90 %
- Strömungsgeschwindigkeit der Luft bis 0,2 m/s.

Tab. 10.5.4-3 Vergleich der Reifungsverfahren bei schnittfester und Dauerrohwurst

Verfahren	Langsame Reifung	Schnellreigung
Zusatzstoffe	Nitritpökelsatz (oder Salz und Salpeter) 0,2-0,6 % Trockenstärkesirup (vorzugsweise) bzw. Rüben- oder Rohrzucker	Nitritpökelsalz, 0,6-1,0 % Zuckerstoffe, bestehend aus Rüben- und zusätzlich Traubenzucker, Starterkulturen, Ascorbinsäure
Reifetemperatur[1]		
• Vorklimatisierung	15-25 °C	15-25 °C
• Räucherprozeß	15-20 °C, z.T. bis 24 °C	20-28 °C (bei Starterkultureinsatz höhere Temperaturen)
• Nachreifen	12-16 °C	
relative Luftfeuchte		
• Vorklimatisierung	< 60 %	< 60 %
danach	95-90-85-80-75-70 % (Kammer)	95-90-85-80 %
• a_w-Wert der Wurst jeweils	7-0,5 % über φ liegend ($a_w \cdot 100 = \varphi$)	
Strömungsgeschwindigkeit der Luft		
• Vorklimatisierung	0,5-0,7 m s^{-1}	0,5-0,7 m s^{-1}
• Räuchern/Reifen	0,1-0,3 m s^{-1}	0,1-0,3 m s^{-1}
• Nachreifen	0,2-0,05 m s^{-1}	0,1-0,3 m s^{-1}
Dauer		
• Vorklimatisierung	6-12 h (je nach Kaliber)	6-12 h (je nach Kaliber)
• Räuchern	2-6 Tage	1-3 Tage
• Nachreifen	3-8 Wochen	1-3 Tage

[1] liegt bei langsam reifenden, luftgetrockneten Würsten (fermentierte Rohwürste) zwischen 12 und 15 °C

Ein zeitweiliges Unter- bzw. Überschreiten der Richtwerte Temperatur und relative Luftfeuchte ist möglich und wird insbesondere zur Prozeßbeschleunigung unter Anwendung von Temperaturen bis zu 25 °C und darüber praktiziert. Diffiziler sind die Verhältnisse bei der Produktion von schnittfester Rohwurst und Rohwurst-Dauerware. Für die Herstellung der zuerst genannten Produktgruppe wird die Schnellreifung angewandt. Diese wird sehr variantenreich durchgeführt. Es lassen sich grundsätzlich zwei Methoden während des Räucherprozesses unterscheiden:

- Langsamreifung für die Dauerwarenproduktion. Es werden für den Räucherprozeß Temperaturen von 15 – 20 °C (anfangs auch bis 24 °C) bevorzugt.
- Schnellreifung für schnittfeste Rohwürste bei Temperaturen von 20 – 28 °C.

Trotz verschiedener Varianten lassen sich beide Methoden in ein Grundschema fassen. Das Schema, in Tabelle 10.5.4-3 dargestellt, enthält Richtwerte, die ein sicheres Herstellen von schnittfester Rohwurst oder hart ausgereifter Dauerware ermöglichen. Bei beiden Verfahren wird davon ausgegangen, daß z. T. gefrorenes Einsatzmaterial verarbeitet wird, so daß die Temperatur des Brätes zum Zeitpunkt des Einhängens der Würste in die Räucher- oder Klimaanlage etwa 0 °C beträgt. Hieraus resultiert die Notwendigkeit, zu Beginn des Reifungsprozesses einen Abschnitt vorzuschalten, den man als Vorklimatisierung oder Anpassungsphase bezeichnet. Eine solche Vorklimatisierung ist bei der Herstellung streichfähiger Rohwürste nicht erforderlich, da während des Produktionsprozesses mit Brättemperaturen $\geq$ 10 °C zu rechnen ist. Durch das sachgemäße Führen der äußeren Prozeßtemperatur (T), relative Luftfeuchte (φ) und Strömungsgeschwindigkeit der Luft lassen sich die biologischen, chemischen und physikalischen Vorgänge in der Rohwurst technologisch hinreichend genau beeinflussen.
Da die Geschwindigkeit der chemischen Reaktionen und die Vermehrung der Mikroorganismen in bestimmten Grenzen temperaturabhängig sind, hat der Parameter Temperatur ausschlaggebenden Einfluß auf den schnellen oder verlangsamten Reifungsablauf. Auf der Basis einer Temperaturführung zwischen 20 °C und 26 °C oder sogar um 32 °C (bei Zugabe von Starterkulturen) wird durch mikrobielle Gärung von Kohlenhydraten eine beschleunigte pH-Senkung erreicht.
Bei mäßiger Wärme bildet sich, wie bereits erwähnt, das beste Aroma aus. Die Reifungsvorgänge verlaufen entsprechend, und die langsamgereifte Wurst ist erst nach einigen Wochen verkaufsfähig. In modernen Klimaanlagen lassen sich die Temperaturen genau regeln und auf die Bedürfnisse der Rohwurst-Produktion einstellen.

Um eine Kondensation von Wasser auf der Wurstoberfläche zu vermeiden, sind die genannten Prozeßparameter während der Vorklimatisierung für die Dauer von 6 bis 12 h in Abhängigkeit vom Wurstkaliber besonders zu beachten. Sie sind bei beiden Reifungsverfahren gleich. Für die nachfolgenden Phasen können für die Luftfeuchtigkeit keine festen Werte angegeben werden, da es sich immer wieder zeigt, daß das Verhalten der Würste sehr unterschiedlich ist. Die Luftfeuchtigkeit muß daher dem jeweiligen Zustand der Würste angepaßt werden. Diese sollen nicht zu stark abgetrocknet sein und eine samtartige Oberfläche aufweisen. Als Faustzahlen können folgende Werte angegeben werden:
- am 1. Tag 92 – 95 % relative Luftfeuchtigkeit
- am 2. Tag 89 – 92 % relative Luftfeuchtigkeit
- am 3. Tag 88 – 90 % relative Luftfeuchtigkeit.

Allerdings braucht man die angegebenen Werte für die relative Luftfeuchte nicht zu eng betrachten. In der Praxis werden innerhalb der ersten Reifungswoche und gelegentlich auch später kurzzeitige

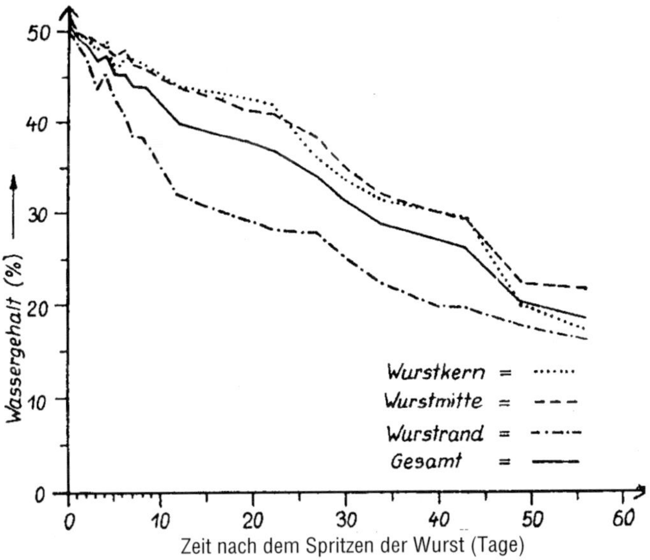

Abb. 10.5.4-6 Wasserverlust einer Zervelatwurst im Cutisindarm (nach [26])

Schwankungen von 5 – 10 % ohne nachteilige Folgen beobachtet. Eine gewisse Schwankungsbreite der φ-Werte scheint auch für die Geschmeidigkeit und Durchlässigkeit des Darmes vorteilhaft zu sein. Nach den ersten 14 Tagen des Reifungsprozesses liegt die Größe des täglichen Wasserentzuges unter 1 %. Das Abtrocknen von fettarmen Würsten bereitet gelegentlich Schwierigkeiten. Aufgrund des höheren Wassergehaltes derartiger Würste muß während des Reifens die relative Luftfeuchte langsamer als üblich abgesenkt werden. Bei kleinkalibrigen Würsten erfolgt der Wasserentzug wegen der größeren Oberfläche und der kürzeren Distanz vom Kern zum Wurstrand verhältnismäßig schnell. Relativ schwierig ist die Wasserabgabe bei großkalibrigen Würsten zu steuern. Man versucht, die Bereitschaft zur Abgabe von Wasser durch rasche pH-Senkung zu verbessern.

Eine wertvolle Hilfe für das Einstellen der relativen Luftfeuchte in der Kammer kann das Taupunktdiagramm sein. Ein Anwendungsbeispiel nach BELICA [7] soll die Nützlichkeit des Taupunktdiagrammes belegen (Abb. 10.5.4-7):

- Gesuchter Wert: relative Luftfeuchte des Raumes
- Bekannte Werte: Lufttemperatur des Raumes 14 °C; Oberflächentemperatur der kälteren Produkte 6 °C
- Ableseverfahren: Vom Schnittppunkt der beiden bekannten Werte ausgehend, ablesen. Um die Kondenswasserbildung zu verhindern, darf dieser Wert der relativen Luftfeuchte weder erreicht noch überschritten werden.

Die Parameter lassen sich ohne Klimaanlage unter Praxisbedingungen nicht einhalten. Abweichungen hinsichtlich der Luftfeuchtigkeit und der Luftumwälzung können in allen Teilen des Raumes auftreten. Auch in modernen Klimaanlagen ist es schwierig, die Luftbewegung so zu steuern, daß das Wasser von der Wurstoberfläche nicht nur verdunsten, sondern auch aus der Kammer abgeführt werden kann. An wenig belüfteten Stellen, insbesondere in größeren, nicht so gut beherrschbaren Klimaanlagen, kommt es zu Schimmelpilzwachstum auf den Würsten. Da das Einstellen der Prozeßparameter immer noch nach empirischen Werten erfolgen muß, ist der Fachmann, der ständig die Werte kontrolliert und reguliert, unentbehrlich.

Falls es zur Bildung von Kondenswasser auf der Wurstoberfläche kommt, trocknet die Wurst in der Anfangsphase der Reifung nur verzögert ab. Sie nimmt sogar noch Wasser auf, anstatt es abzuge-

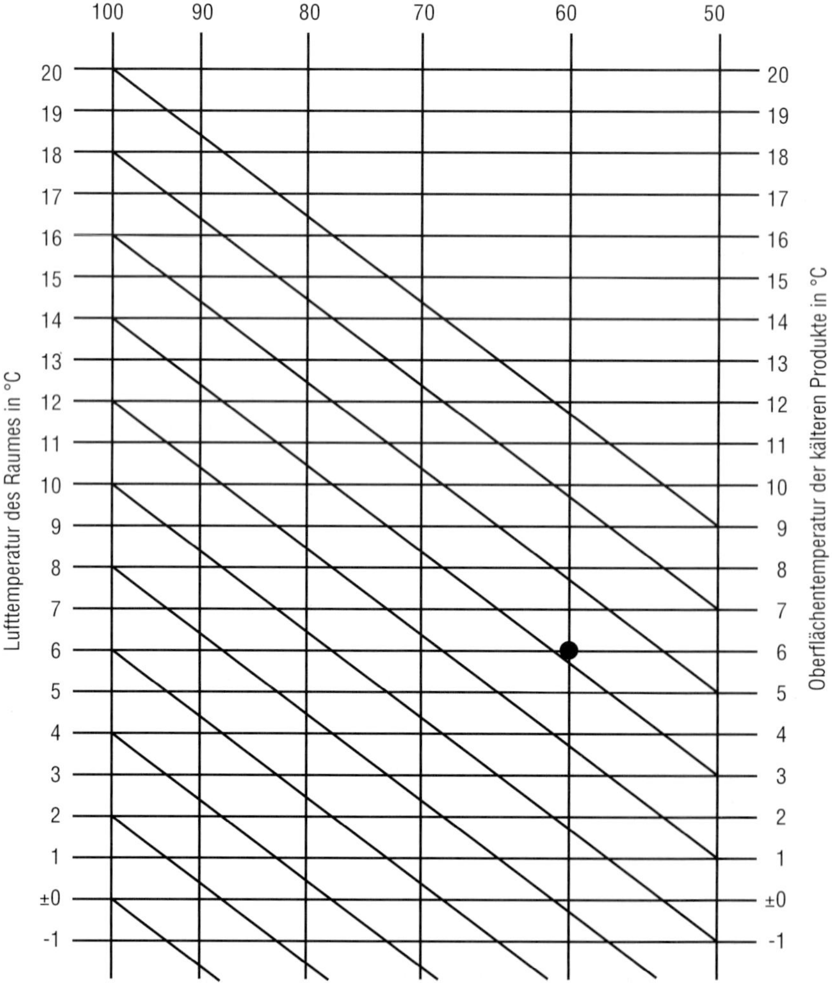

Abb. 10.5.4-7 Graphische Darstellung zur Ermittlung des Taupunktes und der Kondenswasserbildung auf Oberflächen von kälteren Produkten [7]

ben. Da das aufgenommene Wasser der Wurst später wieder entzogen werden muß, ist ein Zeitverlust im Prozeßablauf zu verzeichnen.
Ein großer Nachteil der Kondenswasserbildung besteht darin, daß dadurch ein Beschlagen und Schmierigkeiten der Wursthülle, bedingt durch das Wachstum von Mikrokokken, Hefen und Schimmelpilzen, in den ersten Tagen der Reifung begünstigt wird.

Um die Kondenswasserbildung auf der Wurstoberfläche zu verhindern, bieten sich folgende Möglichkeiten an:

- Senkung, d. h. gezielte Regulierung der relativen Luftfeuchte in den Räumen
- gezielte Regulierung von Luftfeuchtigkeit und Raumtemperatur.

Während der Vorklimatisierung sind die gewünschte Reifetemperatur und niedrige relative Luftfeuchten einzustellen, was der zweiten Möglichkeit entspricht. In der nachfolgenden Räucher-Reifezeit und Nach-Reifezeit ist die Steuerung der Prozeßparameter mit Hilfe des Taupunktdiagrammes sowie durch eine ständige Kontrolle der Beschaffenheit der Wurst vorzunehmen.

Von besonderer Bedeutung ist eine gleichmäßige Luftzirkulation, da das sich an der Wurstoberfläche immer wieder aufbauende Mikroklima durch die Luftbewegung abgebaut werden muß. Bei unzureichender Luftumwälzung können sich trotz richtig gesteuerter Luftfeuchtigkeit Stauzonen in der Anlage bilden, die zu einer verzögerten Abtrocknung führen. Es kommt also nicht nur darauf an, daß die für die einzelnen Reifungsphasen genannten Werte der Luftzirkulation nur an einigen Stellen des Raumes, sondern überall, also auch in der Raummitte und in den Randzonen (tote Winkel), eingehalten werden.

Die Luftbewegung darf nicht zu stark sein, da es dann zu einem übermäßigen Austrocknen der Wurstrandzone kommen kann. Es würde sich der gleiche Fehler wie bei mangelnder Steuerung der Luftfeuchte ergeben. Zu vermeiden ist auch einseitiger Zug, wie er etwa durch Einsatz von Ventilatoren auftreten könnte. Schließlich ist darauf hinzuweisen, daß bei der Steuerung der Prozeßparameter jeweils das Kaliber und die Körnung der Wurst zu beachten sind und gemeinsames Reifen von dünn- und großkalibrigen Rohwürsten in einer Kammer nicht durchgeführt werden.

Für die Herstellung von hart ausgereifter Dauerwurst schließt sich an das Reifen eine mehrwöchige Phase des Nachreifens und der Lagerung an.

Unterschätzt wird die Notwendigkeit, niedrige Luftfeuchten bie der Aufbewahrung von Rohwurst-Dauerware einzuhalten. Infolge der Wasserverdunstung verschiebt sich die Zusammensetzung des Wurstgutes. Der Salzgehalt kann über 5 % ansteigen. Die Wurst wird hygroskopisch und kann bei zu hoher Luftfeuchtigkeit Wasser aufnehmen. Es sollte eine Temperatur von 12 – 16 °C eingehalten werden. Der Wert für die relative Luftfeuchte liegt zwischen 80 und 70 % (75 %).

10.5.4.3.8 Textur der Rohwurst

Der Mechanismus der Bindung bzw. Texturbildung in Fleischerzeugnissen ist komplexer Art. Wenngleich eine vollständige Klärung bisher nicht möglich ist, sind hierfür als bestimmende Einflußfaktoren für nichterhitztes Fleisch bekannt:

- Proteinextraktion myofibrillärer Eiweiße
- Art und Menge zugegebener Salze
- pH-Wert
- Alter des Fleisches p. m.

Der entscheidende Vorgang ist die Überführung gelöster Eiweiße von einem Sol- in einen Gelzustand. Dieser Vorgang geht mit einem Wasseraustritt einher und führt zur Schrumpfung (Synärese) des Gels. Die höchste Extrahierbarkeit myofibrillärer Proteine wird bei Kochsalzkonzentrationen von etwa 4 – 10 % angegeben.
Einen Einfluß auf die Extrahierbarkeit hat der Grad der Zerstörung von Muskelfasern durch mechanische Einwirkung. Die Extraktion der Proteine aus Fleisch liegt im prae-rigor-Zustand um 50 % höher als bei Fleisch, das im post-rigor-Stadium eingesetzt wird.

Unumstritten ist der dominierende Einfluß der myofibrillären Proteine. Durch Salzzugabe kommt es zur Quellung, Gellösung und teilweise gehen sie auch in Lösung. Die in Lösung gegangenen Eiweiße umhüllen die Fleisch- und Fetteilchen mehr oder weniger. Aus den löslichen Proteinen entsteht bei entsprechender Ionenstärke des Salzes und infolge der pH-Wert-Senkung ein Gel. Die Gelbildung soll sich nur nach einer teilweisen Denaturierung der Proteine, insbesondere durch die Einwirkung von Säuren, vollziehen. Sie wird durch den Entzug von Wasser unterstützt. Die genannten Vorgänge sind bei allen Rohwurstarten gleich. Im Resultat ergeben sich jedoch Unterschiede, weshalb die Verhältnisse bei streichfähiger und schnittfester Rohwurst differenziert dargestellt werden [28].

► Streichfähige Rohwurst

Die Streichfähigkeit frischer Rohwürste wie Tee- und Mettwurst bleibt im Verlaufe des Trocknungs- und Reifungsprozesses nur dann erhalten, wenn ein entsprechend hoher Anteil an fein zerkleinertem Fett vorliegt. Die Eiweißpartikeln müssen von fein zerkleinertem Fett so eingehüllt sein, daß sie untereinander keine intensive Verbindung mehr aufnehmen können. Es kommt auch zur Herausbildung von Gelen, die raumnetzartige, überwiegend zusammenhängende Eiweißstrukturen bilden und somit zur Verfestigung der streichfähigen Rohwürste beitragen [29]. Bei einem zu niedrigen Fettanteil wird die Streichfähigkeit im Laufe der Lagerung in steigendem Maße beeinträchtigt, weil die Eiweißpartikel zu wenig gegeneinander abgeschirmt sind. Dies wird dann besonders deutlich, wenn das Fett infolge feiner Zerkleinerung des Fleisches eine relativ große Eiweißoberfläche abzudecken ist.

► Schnittfeste und hart ausgereifte Rohwurst

Bei den schnittfesten und Dauerrohwürsten hingegen müssen insbesondere die Proteine den Zusammenhalt garantieren, was nur dann möglich ist, wenn sie die Fettgewebspartikeln ganz umschließen. Das Fett darf also bei schnittfest gewünschten Rohwurstsorten nicht zu reichlich bemessen sein und auch nicht teilweise in fein verteilter Form vorliegen. Die Fleischpartikel werden während der Trocknung und Reifung an den korrespondierenden Stellen allerdings nur dann in ausreichendem Maße miteinander verbunden, wenn unter dem Einfluß des zugesetzten Kochsalzes eine ausreichende Menge an Muskeleiweiß in Lösung geht und mit dem Vollzug der Gelbildung an den Grenzflächen als Kittsubstanz zur Wirkung kommt.

Was vorher hinsichtlich der Herauslösung von Eiweiß aus dem festen Verband zur Verkittung der Fleischteilchen gesagt wurde, gilt für den Kontakt zwischen Fettgewebe und Fleischteilchen in besonderem Maße. Es genügt nicht, wenn die Speckteilchen lediglich beziehungslos von Fleischpartikeln umgeben werden. Die feste Verbindung der Fleisch- und Speckteilchen muß ebenfalls durch die gelösten Proteine gewährleistet werden.

Ob die Salzzugabe zum mageren Fleisch oder zum in dünnen Scheiben vorliegenden Speck erfolgt, scheint gleichgültig zu sein. Es bleibt wohl der Erfahrung des Herstellers überlassen, welche Methode er wählt. In jedem Falle muß eine entsprechend hohe Salzkonzentration an den Grenzflächen zwischen den Speck- und Fleischteilchen gesichert sein, damit der Austritt von fibrillärem Muskeleiweiß begünstigt wird. Inwieweit auch Sarkoplasmaproteine und Bindegewebsproteine (Kollagenfibrillen und -mikrofibrillen) an dem Strukturbildungsprozeß beteiligt sind, ist noch nicht hinreichend untersucht.

Zu welchem Zeitpunkt die Würste schnittfest werden, läßt sich nicht genau angeben. Er ist abhängig vom Verfahren und insbesondere von den sich ändernden Parametern pH-Wert, Salz- und Wassergehalt des Wurstgutes. Bei Anwendung von Starterkulturen rechnet man mit dem Eintritt dieses Vorganges nach etwa 48 – 72 h. Ohne die Zugabe dieser oder ähnlich wirkender Zusätze wird die Wurst gewöhnlich innerhalb 72 – 96 h schnittfest.

10.5.4.4 Verfahren und Erzeugnisse

10.5.4.4.1 Ausrüstungen zum Zerkleinern, Füllen, Räuchern und Reifen

► Zerkleinern

Die Rohwurstherstellung ist durch die Chargenproduktion gekennzeichnet (Abb. 10.5.4-8 und 10.5.4-9). Optimal schneidfähige Rohstoffe und die Zerkleinerung mit scharfen Messern sind grundlegende Voraussetzungen für das Gelingen der Rohwurstproduktion. Die genannten Prämissen gelten vornehmlich für die Herstellung von schnittfester und Dauerrohwurst. Hochtourige Wölfe oder Kutter üben einen erheblichen Druck und stärkere Reibungen auf die Rohstoffe aus und erwärmen das Fleisch und Fettgewebe. Um glatte Schnittflächen beim Zerkleinern zu erreichen und das Schmieren des Fettmaterials zu verhindern, werden die Rohstoffe z. T. gefroren oder bei der Herstellung von frischer Rohwurst im gekühlten Zustand eingesetzt.

Für das Zerkleinern werden überwiegend die Aggregate Wolf, Gefrierfleischschneider und Schneidmischer verwendet. Das Kuttern dauert für Rohwurst im Normalkutter etwa 4 – 8 min., in einem Schneidmischer mit hochtourigen Messerwellen 2 bis 4 min. Durch die Verwendung moderner hochtouriger Kutter wird eine Wurst mit einem klaren Schnittbild erzielt. Die kleinen Muskelfaszien bzw. -sehnen werden beim Einsatz moderner Kutter - scharfe Messer vorausgesetzt - zerschnitten, so daß sie kaum auf dem Schnittbild in Erscheinung treten. Hingegen können offenbar die feinen, festen Bestandteile den weniger schnell rotierenden Messern des Normalkutters ausweichen.

Man kann zwischen ein- und zweiphasigem Prozeß unterscheiden. Bei einphasigem Prozeßablauf wird im Schneidmischer das Zerkleinern von Rind- und Schweinefleisch sowie gefrorenem Speck vorgenommen und mit dem Salz, Gewürzen und anderen Zutaten gemischt. Anschließend wird das Brät ohne Zwischenlagerung in Wursthüllen gefüllt. Der zweiphasige Prozeßablauf ist durch die Zwischenlagerung (1 bis 2 Tage) des gewolften Fleisches, dem Pökelsalz und Zuckerstoffe zum Vorpökeln zugefügt werden, charakterisiert. Danach erfolgt das Zerkleinern bis zur gewünschten Korngröße im Kutter unter Zugabe von Speck und den weiteren Zusatzstoffen.
Als Erfahrungswert für die Füllung der Kutterschüssel kann zur Herstellung von Dauerrohwurst der Faktor 0,5 angesetzt werden. Zur Rohwurstherstellung ist der Kutter im allgemeinen mit einer kleineren Anzahl schmaler Messer ausgestattet.

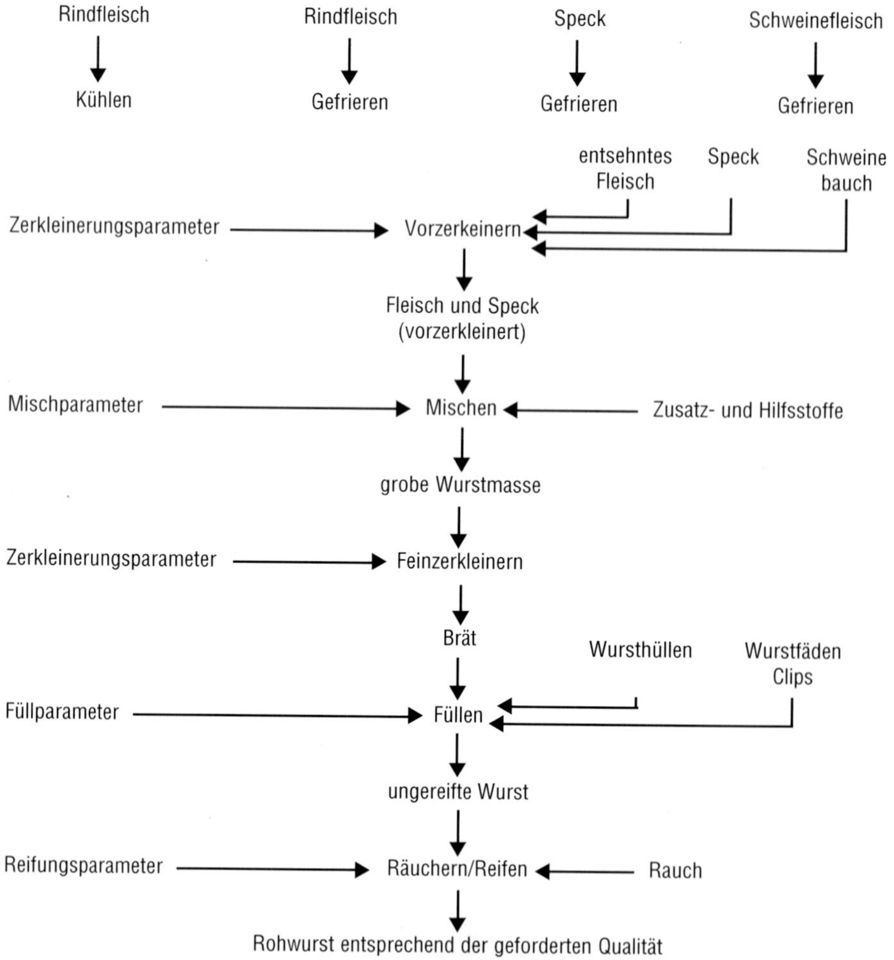

Abb. 10.5.4-8 Stufenmodell der Rohwurstherstellung

► Füllen

Beim Füllen wird das zur Herstellung von schnittfester und Dauerrohwurst dienende Wurstbrät möglichst bei 0 – 2 °C verarbeitet, um ein Schmieren im Füllaggregat und im Füllrohr zu vermeiden. Die Einhaltung der genannten Temperatur ist besonders bei Füllmaschinen erforderlich, deren Bauart eine vertikale Zylinderstellung aufweist. Eine Richtungsänderung aus vertikaler in horizontale Fließrichtung bringt zwangsläufig eine Belastung des Brätes mit sich. Um die negativen Folgen auszuschalten, werden für die Herstellung schnittfester Produkte Füllmaschinen mit horizontaler Füllzylinderstellung bevorzugt. Zu beachten ist, daß das Wurstgut unter hohem Druck durch die Tülle in den Darm gepreßt wird. Die Tüllen sollen nicht länger als 15 cm sein und eine glatte, mög-

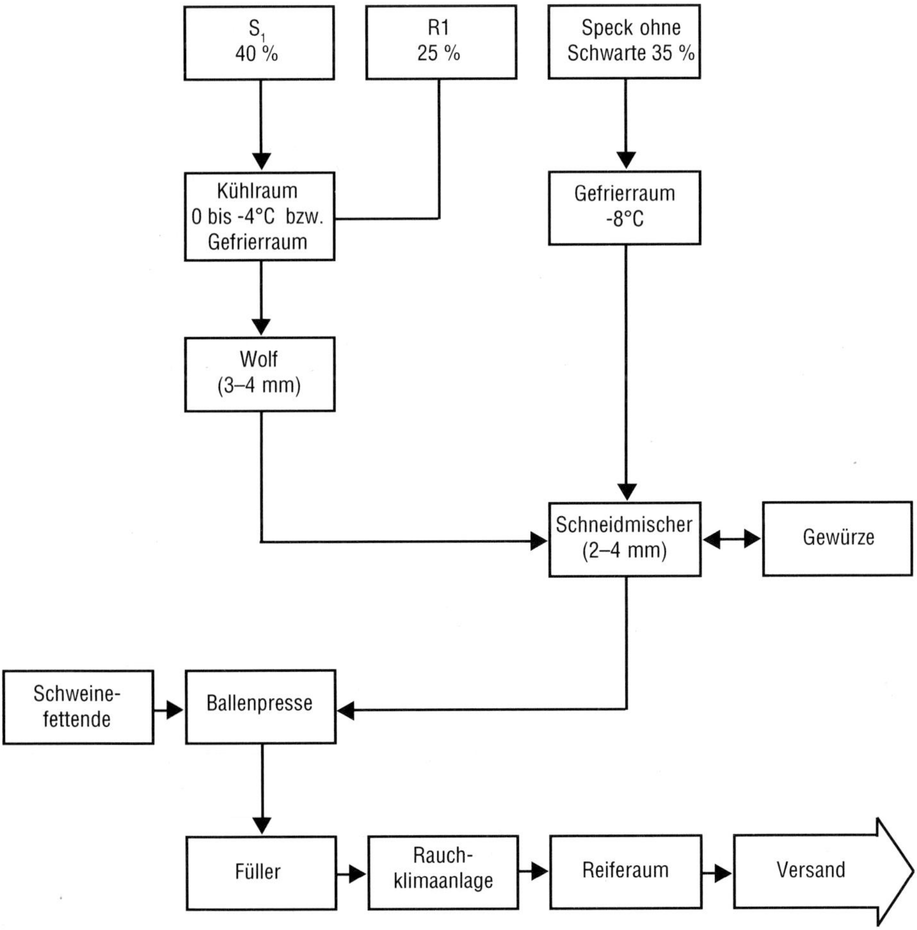

Abb. 10.5.4-9 Produktionsdurchlauf zur Herstellung einer Schlackwurst

lichst polierte Innenfläche haben. Das Brät soll wenig Lufteinschlüsse aufweisen. Zu diesem Zweck wird das Material so in Ballen geformt, daß wenig Luft im Brät verbleibt, und/oder es werden Vakuumfüllmaschinen eingesetzt. Als Beispiel wird nachfolgend die Arbeitsweise einer Rohwurstanlage dargestellt.

Zur Anlage gehören folgende Maschinen und Ausrüstungen:

1 Schneidmischer, 1 Vakuum-Presse mit Steuerpult und Vakuum-Pumpe, 1 Hebevorrichtung, 2 bis 6 Öldruck-Füllstationen mit Transportsystem, 2 bis 6 Portioniergeräte mit Abdrehvorrichtungen, 6 bis 18 Zylinder und 1 Ölaggregat.

Arbeitsweise: Das Rohwurstbrät (0 – 2 °C) wird nach der Herstellung im Schneidmischer mit einem Auswerfer in eine Vakuumpresse entleert, dort evakuiert und in einen am konischen Auslauf der Presse eingespannten Transportzylinder gepreßt. Das Abschneiden des Stranges erfolgt mit einem hydraulisch betriebenen Messer. Eine Hebevorrichtung bringt dann den gefüllten Zylinder auf der oberen Bahn zu den Füllstationen. Der Zylinder wird über einen horizontal angeordneten Füller soweit abgesenkt, daß er vor dem Ausstoßkolben liegt. Dieser stößt das Wurstbrät, durch einen Kniehebel oder eine Portioniereinrichtung gesteuert, in Natur- oder Kunstdärme. Nach Entleerung und Rückzug des Kolbens senkt der Zylinder sich auf die untere Bahn und rollt zur Vakuumpresse zurück.

► Räuchern und Reifen

Die Wahl des Reifungsverfahrens richtet sich nach der herzustellenden Rohwurst und nach der technischen Ausrüstung des Betriebes. Im Vergleich zum Entwicklungsstand vor einigen Jahrzehnten sind verschiedene technische Neuerungen eingetreten, die die Verfahrensführung sicherer gemacht und den Prozeßablauf beschleunigt haben.

Die Vorgänge der Reifung stehen in einem engen Zusammenhang mit der Räucherung, und zwar nicht nur, weil die Technologie der Rohwurstherstellung in unserem Land das Räuchern an sich vorsieht, sondern weil sich ein Teil der Reifung bereits in der Räucherkammer vollzieht. Es werden das Klima- und konventionelle Reifungsverfahren sowie das Schnellverfahren angewandt. Alle modernen Einrichtungen zum Räuchern und Reifen sind mit Meßgeräten zur Bestimmung der Temperatur und relativen Luftfeuchte ausgestattet und sollten auch Vorrichtungen zum Erfassen der Strömungsgeschwindigkeit der Luft und der Rauchdichte haben. Die Meßgeräte sind regelmäßig zu kontrollieren, zu warten und zu pflegen.

Es existieren noch einige weitere Verfahren, z. B. das Preßreifungsverfahren sowie die Salz- und Lakereifung. Aus traditionellen Gründen wird zunächst das Naturreifungsverfahren dargestellt.

• Naturreifungsverfahren

Es ist an die örtlichen klimatischen Bedingungen gebunden. Hohe Außentemperaturen sind ungeeignet, so daß die Herstellung von Dauerware in der warmen Jahreszeit nicht durchgeführt werden kann. Die Rohwürste werden in bestimmten Wintermonaten hergestellt und im Sommer als „Sommersalami“ in den Verkehr gebracht.

Die Würste werden 1 bis 6 Wochen vorgetrocknet, danach für 4 bis 7 Tage kalt geräuchert und dann mehrere Wochen im Abhängeraum nachgereift.

Wegen der zeitlichen Einengung der Produktion, der Dauer des gesamten Prozesses und der ungenügenden Steuerungsmöglichkeiten wird das Naturverfahren nicht mehr angewandt.

- **Klimareifungsverfahren**

Bei dem Klimareifungsverfahren oder Klimaverfahren bedient man sich sogenannter Klimakammern, die die Einhaltung der Parameter Temperatur, Luftfeuchte und Strömungsgeschwindigkeit der Luft gewährleisten. Die Klimakammern ermöglichen unabhängig von den veränderlichen klimatischen Verhältnissen die Aufrechterhaltung der genannten Prozeßparameter.

In diesen Anlagen ist es prinzipiell möglich, mittels vorgegebener Programme das Wirken bzw. Zusammenwirken der Parameter in der Zeitabfolge zu steuern. Es kann die Kaltrauch- und klimatechnische Behandlung insgesamt einschließlich Nachreifen durchgeführt werden. Zur besseren Nutzung der Anlagen wird in ihnen gewöhnlich nur das Vortrocknen und Räuchern vorgenommen. Das Nachreifen der Rohwurst-Dauerware wird also separat in klimatisierten Räumen durchgeführt. Praktische Erfahrungen belegen, daß mittels des Klimareifungsverfahrens subjektive und auch objektive Fehlerquellen weitgehend auszuschalten sind.

- **Konventionelles Reifungsverfahren**

Die Steuerung der Rohwurstreifung ist mangels entsprechender Anlagen nicht in allen Betrieben durchführbar. Man versucht daher, die genannten klimatechnischen Parameter so gut wie möglich einzustellen. Während die Temperaturbeeinflussung am ehesten gelingt, bereitet das Einstellen der Luftfeuchtigkeit und der Strömungsgeschwindigkeit der Luft größere Schwierigkeiten. Probleme ergeben sich insbesondere in einigen Herbst- und Frühjahresmonaten, wenn die Luftfeuchtigkeit witterungsbedingt relativ hoch ist. Hierzu zählen einige Monate, die mit dem Buchstaben r enden, und zwar November, Dezember, Januar und Februar. Befall der Würste mit Schimmelpilzen und auch Hefen ist in diesen Jahreszeiten nicht auszuschließen.

- **Schnellverfahren**

Die Schnellverfahren zur Rohwurstreifung werden für die Herstellung von streichfähiger und schnittfester Wurst, seltener jedoch bei Dauerrohwurst genutzt. Man unterscheidet nach Schwitzverfahren und Feuchträucherverfahren.

Bei dem Schwitzverfahren wird die Wurst nach der Fertigstellung in eine Kammer gebracht, die bis zum nächsten Tag eine Temperatur von 10 – 15 °C und eine relative Luftfeuchte von 75 – 85 % aufweist. Danach wird die Temperatur auf 25 – 28 °C und die relative Luftfeuchte auf 90 – 100 % erhöht. In Zeitabständen von 2 – 3 h läßt man die Temperatur auf etwa 20 °C absinken, um sie anschließend wiederum für 2 – 3 h auf 25 – 28 °C zu erhöhen. Dieser Wechsel wird etwa 2 Tage fortgesetzt; dabei kommt es zum Schwitzen und zum partiellen Durchreifen der Wurst. Danach läßt man die Temperatur auf 15 °C absinken und in den Raum frische Luft einströmen. Bei diesem Verfahren kann die Darmoberfläche schmierig werden, so daß eine Behandlung mit Kochsalzlösung erforderlich wird. Nach dem Abtrocknen werden die Würste im üblichen Kaltrauch bei Temperaturen um 20 °C geräuchert. Der Räucherprozeß wird oftmals nur für die Dauer von 4 – 12 h durchgeführt.

Beim Feuchträucherverfahren werden Reifen und Räuchern der Wurst fast in einem Gang vorgenommen. Die Wurst wird nach dem Füllprozeß in die Kammer eingehängt und verbleibt dort bei 18 – 22 °C und einer relativen Luftfeuchte von 90 – 95 %. Am nächsten Tag wird schwacher Rauch eingeleitet, der nach zwei bis vier Tagen auf die Dichte des Normalrauches verstärkt wird. Oftmals wird in der Praxis wie beim Schwitzverfahren mit Temperaturen zwischen 25 und 28 °C gearbeitet. Bei beiden Schnellverfahren sind Fehlfabrikate nicht auszuschließen.

- **Weitere Verfahren**

In der Schweiz ist ein Preßreifungsverfahren noch gebräuchlich, bei dem die zu reifende Wurst einem Preßdruck ausgesetzt wird. Hierbei werden die Würste in durchlöcherte Preßformen gegeben oder übereinander gestapelt und durch Zwischenbleche getrennt in Preßkästen eingelegt [3]. Durch Anziehen von Spannketten werden die Würste unter Druck gesetzt, wobei viereckige oder Kantformen entstehen. Nach einigen Tagen Aufbewahrung bei 20 – 24 °C sind die Erzeugnisse umgerötet und schnittfest. Sie werden anschließend geräuchert oder nur luftgetrocknet. Bekannte Erzeugnisse mit der typischen viereckigen Form sind bulgarische Lukanka und Schweizer Landjäger.

Nach einem alten, in den skandinavischen Ländern entwickelten Lakereifungsverfahren wurden die Rohwürste zum Reifen und Vortrocknen für etwa 2 Wochen in Salz eingelegt [3]. Es entsteht eine konzentrierte Salzlake wie beim Trockenpökelverfahren. Der Kochsalzgehalt der Würste liegt bei 5 – 8 %. Man kann danach kalträuchern und läßt sie etwa 2 Monate lang bei 8 –12 °C reifen bzw. nachreifen.

Bei der Lakereifung verwendet man eine 6 – 12 %-ige Kochsalzlake, der Salpeter und eventuell Ascorbinsäure und auch noch Gewürze zugesetzt werden. Die Lakepökelung wird bei 8 °C oder auch bei Temperaturen zwischen 18 und 22 °C durchgeführt und nimmt etwa 10 Tage in Anspruch. Nach dem Umröten und Vorliegen der Schnittfestigkeit erfolgen das Räuchern und Nachreifen.

Die Produktion von nur luftgetrockneten, aber nicht geräucherten Rohwürsten ist vor allem in Bulgarien, Ungarn, Italien, Frankreich und Spanien üblich. Die Würste zeigen meist ein dunkelrotes Schnittbild und weisen eine typische Aromatisierung auf.

10.5.4.4.2 Erzeugnisse

Die Zusammensetzung von Rohwürsten wird durch überlieferte und auch neu entwickelte Rezepturen bestimmt. Eine wesentliche Voraussetzung hierfür ist die Fleischsortierung, die durch die Feinzerlegung realisiert wird. Der Einsatz von sortiertem Fleisch, dessen durchschnittliche Zusammensetzung durch langjährige chemisch-analytische Untersuchung bekannt ist, sichert dem

Hersteller anhand bewährter Rezepturen (z. B. [30, 31, 32]) eine den „Leitsätzen für Fleisch und Fleischerzeugnisse des Deutschen Lebensmittelbuches" entsprechende Produktion.

Durch den Materialeinsatz und die Reifungsdauer kommt die Qualität des Produktes zum Ausdruck. Man kann nach einfachen, mittleren und Spitzensorten unterscheiden. Für die Spitzenqualitäten findet man die Bezeichnungen wie „Delikateß", „Prima", „fein", „ff."; andere Qualitätshinweise wie „Original", „Echt", „Extra" oder „Spezial" sind ebenso gebräuchlich. Zu den wertvollsten Dauerwurstsorten zählen Salami-, Schlack- und Zervelatwürste. Die genannten Erzeugnisse sind weltweit verbreitet.

Nach einer Faustregel verwendet man für die Salami (Bezeichnung von Salme aus dem italienischen: Salzfleisch) je ein Drittel Rind- und Schweinefleisch sowie ein Drittel festen, kernigen Speck. Ein Charakteristikum der Salamiproduktion ist die Verwendung von Knoblauch (Weingeist mit Knoblauch) und auch Rotwein oder Rum. Die echte ungarische Salami wird aus Schweinefleisch und Speck hergestellt. Sie trägt einen aus Hefen und Schimmelpilzen gebildeten weißen Überzug. Die italienischen Salamiwürste – Salami tipo di Milano – werden aus Schweinefleisch und die Salamit tipo die Verona und Salmetti aus Schweine- und Rindfleisch hergestellt. Früher war die Verarbeitung von Esel- und Pferdefleisch üblich.

Unter den Schlackwürsten sind die Produkte um Braunschweig (Braunschweiger Schlackwurst) schon im vorigen Jahrhundert sehr berühmt geworden. Die Wurstmasse wird in die „Schlacke" (Fettdarm oder Fettende vom Schwein) gefüllt. Die Därme sind durch eine gleichmäßige Ablagerung von Fett in der Darmwand gekennzeichnet; dadurch ist die Wasserabgabe verzögert und die Verkaufsausbeute liegt relativ hoch. Bei sachgemäßer Verfahrensführung liegt der Darm in allen Phasen der Reifung dem Wurstgut eng an, so daß die Wurst eine glatte Oberfläche aufweist.

Die Zervelatwurst, deren Bezeichnung von cervus (Hirsch) herrührt und die man früher unter Verwendung von Hirschfleisch herstellte, wird in machnen Gegenden auch Schlackwurst genannt. Berühmt war schon früher die Gothaer Zervelatwurst, als deren Erfinder der Fleischergeselle Bufleg gilt. Bekannt sind weiterhin die Westfälische und Holsteiner Zervelatwurst. Sie ist wie die Schlackwurst durch eine feine Körnung charakterisiert. Zervelatuwurst läßt sich auch unter Verwendung von Gänsefleisch (Brust und Keulen) herstellen. Es wird dunkles Fleisch von alten Schweinen und fester Speck empfohlen. Das Verhältnis Schweineflisch und Speck zu Gänsefleisch beträgt etwa 2 : 1. Neben Pökel- und Zuckerstoffen sind die Gewürze weißer Pfeffer, Ingwer und Kardamon erforderlich. Die Wurst wird bis zum Erreichen eines gelben Farbtons geräuchert. Sie ist infolge des Fettgehaltes, der auch in relativ magerem Gänsefleisch enthalten ist, saftig und sehr schmackhaft.
Die Qualität von Rohwürsten wird insbesondere vom Magerfleisch bestimmt. Je höher der Anteil an bindegewebsarmem Magerfleisch ist, um so höher ist auch der BEFFE-Gehalt. Die in den Leitsätzen für Fleisch und Fleischerzeugnisse des Deutschen Lebensmittelbuches vorgegebenen Anteile für BEFFE sind Mindestwerte.

Die Rezepturen der genannten Autoren [30, 31, 32] sind relativ gut vergleichbar, da bei allen ein Materialeinsatz bzw. eine Fleischsortierung zugrunde liegt, die in einer mittleren chemischen Zusammensetzung entspricht. Der Materialeinsatz ist in allen Kalkulationen der Leitsätze und bei den genannten Autoren so gewählt, daß die BEFFE-Werte nicht unterrschritten werden und Beanstandungen in der Regel auch bei geringen Schwankungen der Materialzusammensetzung nicht auftreten. Daneben sind Mindestanforderungen für die Fett- und Wassergehalte in lebensmittelrechtlicher Hinsicht von Bedeutung. Ihre Summe ist durch die Vorgabe für BEFFE und BE begrenzt. Die Fleischerzeugnisse können jedoch je nach Ortsüblichkeit unterschiedliche Fett- und Wassergehalte aufweisen. Das Einhalten des zu tolerierenden Fettgehaltes kann Schwierigkeiten bereiten, weil während des Räucherns oder Abhängens Wasserverluste auftreten, die die absoluten und relativen Werte der Zusammensetzung verändern. Um dem zu begegnen, wird vielfach in den Rezepturempfehlungen das Fett-Eiweiß-Verhältnis und das Wasser-Eiweiß-Verhältnis für das Fertigerzeugnis angegeben. Diese Verhältnisse sind konstant. Schließlich hat der Hersteller auch die Möglichkeit, den Fettgehalt der Erzeugnisse mit Angabe der ortsüblichen Toleranzwerte zu kennzeichnen.

10.5.4.4.3 Verpackung und Lagerung

Bei der Verpackung von Rohwürsten und Aufschnittware sind die Parameter Temperatur und Luftfeuchtigkeit des Raumes und die Eigenschaften des Verpackungsmaterials zu beachten. Die Raumtemperatur sollte ≤ 15 °C sein. Die relative Luftfeuchte des Verpackungsraumes muß so beschaffen sein, daß es nicht zur Kondensation von Wasserdampf auf die Wurstoberfläche kommen kann. Mit Hife des in Abb. 10.5.4-7 dargestellten Taupunktdiagramms lassen sich die Parameter entsprechend steuern. Das Verpackungsmaterial sollte bei nicht vakuumverpackten Erzeugnissen wasserdampfdurchlässig sein.

Schnittfeste Rohwürste und Dauerwürste sowie vorverpackte Aufschnittware werden bei Temperaturen von 5 – 15 °C aufbewahrt. Die Räume sollen trocken sein (etwa 75 % relative Luftfeuchte). Zu niedrige Aufbewahrungstemperaturen können zur Verminderung des Aromas und der Pökelfarbe führen. Schnellgereifte Würste werden vorzugsweise bei Temperaturen von 5 °C gelagert. Die Lagerräume sind dunkel zu halten. In den Verkaufseinrichtungen ist die Beleuchtungsstärke so gering wie möglich zu wählen. Eine hohe Intensität der Beleuchtung würde das Auftreten von Ranzigkeit (Fettautoxidation) wesentlich beschleunigen.

Während der Rohwurstreifung, aber auch der Lagerung kommt es zur Wasserverdunstung. Sie ist insbesondere von den unter Kap. 10.5.4.3.7 dargestellten Einflußgrößen abhängig. Es verschieben sich die absoluten und relativen Werte für den Wassergehalt und die Werte der übrigen Inhaltsstoffe des Wurstgutes. Bezüglich der Veränderung der Zusammensetzung im Laufe der Reifung und Lagerung kann auf die Arbeiten von SCHÖN und STOSIEK [33]sowie BELICA [34] verwiesen werden. Die Berechnung des Wassergehaltes im Erzeugnis geschieht nach Gleichung (10.5.4/1):

$$x = \frac{a \cdot b}{c} \qquad (10.5.4/1)$$

x = Wassergehalt im Erzeugnis in %
a = Wassergehalt in % in der Rohwurstmasse minus Wasserverlust in dem gegebenen Moment
b = Anfangsmasse der Rohwurstmasse in g

c = Masse des fertigen Erzeugnisses in g, d. h. anfängliche Rohwurstmasse in g minus Masseverlust in g

Wird der Wasserverlust jedoch auf die veränderte Masse während der Reifung und Lagerung bezogen, so ergibt sich eine andere Situation. Es ist also zu beachten, daß Angaben über Masseverluste ohne Bezug auf den Wassergehalt in der Wurstmasse nur einen geringen Aussagewert haben. Nach BELICA [34] lassen sich die Veränderungen des BEFFE-Gehaltes der Rohwürste ebenfalls nach Gleichung (10.5.4/1) ermitteln:

$$x = \frac{a \cdot b}{c} \qquad (10.5.4/1)$$

x = BEFFE-Gehalt in %
a = anfängliche Rohwurstmasse in g
b = BEFFE-Gehalt in der Rohwurstmasse in %
c = Masse des fertigen Erzeugnisses in g

In analoger Weise kann man auch die anderen sich verändernden Werte, wie BEFFE im Fleischeiweiß und den Fettgehalt, errechnen.

Quellen und Literatur

[1] HEIMANN, W.: Grundzüge der Lebensmittelchemie. Darmstadt: Dr. Dietrich Steinkopff Verlag 1976
[2] LEISTNER, L.; ECKARDT; C.: Vorkommen toxinogener Penicillien bei Fleischerzeugnissen. In: 25. Europäischer Fleischforscherkongreß, Budapest 1979
[3] CORETTI, H.: Rohwurstreifung und Fehlerzeugnisse bei der Rohwurstherstellung. Alzey: Verlag der Rheinhessischen Druckwerkstätte 1971
[4] REUSSE, U.: Die Verwendung von Tauchüberzugsmassen als Verpackung bei Würsten. Fleisch 50 (1970) S. 132
[5] LÜCK, F.-K.: Mikrobiologische Vorgänge bie der Herstellung von Rohwurst und Rohschinken. Die Fleischwirtschaft 66 (1986) S. 302
[6] LEISTNER, L.: Allgemeines über Rohwurst. Fleischwirtschaft 66 (1986) S. 290
[7] HECHELMANN, H.; KASPROWIAK, R.: Mikrobiologsiche Kriterien für stabile Produkte. Fleischwirtschaft 71 (1991) S. 374
[8] LEISTNER, L.: Lebensmittelverderb und Lebensmittelvergiftungen. Hygiene in Industrie, Handwerk und im Haushalt. Kulmbacher Reihe, Bd. 9, 1989, S. 82
[9] SINELL, H.-J.: Einführung in die Lebensmittelhygiene, 2. Aufl. Berlin und Hamburg: Verlag Paul Parey 1985
[10] SOKOLOV, A.-A.: Fleischgewinnung und -verarbeitung. Übersetzung aus dem Russischen. Leipzig: Fachbuchverlag 1980
[11] INCZE, K.: Roh fermentierte, getrocknete Fleischerzeugnisse. Fleischwirtschaft 72 (1992) 1, S. 8
[12] ANDERSEN, G.; TEN CATE, L.: Zuckerzusatz und pH-Wert-Senkung bei der Rohwurstherstellung. Die Fleischwirtschaft 45 (1965) S. 599
[13] PEZACKI, W.: Die Technologische Steuerung der Rohwurstreifung, Teil V, VI, VII. Die Fleisch-

wirtschaft 55 (1975) S. 1431, 56 (1976) S. 1621, 58 (1978) S. 110, 71 (1991) S. 923, 72 (1992) S. 98

[14] O'KEFFE, M; HOOD, D.-E.: Biochemical factors influencing metmyoglobin formation of beef from muscles of differing colour stability. Meat Sc. 7 (1982) S. 209

[15] HEISS, R.; EICHNER, K.: Haltbarmachen von Lebensmitteln. Berlin, Heidelberg, New York: Springer Verlag 1990

[16] KÖRMENDY, L.; GANTNER, G.: Über freie Aminosäuren bei der Rohwurstreifung. Fleischwirtschaft 14 (1962) S. 744

[17] PEZACKI, W.; DUDA, Z.: bei Terplan, s. dort [20]

[18] TSCHARBUN, R.: Bildung von Histamin in schnittfesten Rohwürsten. 1988 Wien, Dissertation an der Vet. med. Universität

[19] SICK, K.: Nachweis histaminbildender Mikroorganismen aus Rohwürsten, 1988 Wien, Dissertation an der Vet. med. Universität

[20] TERPLAN, G.: Biologische, chemische und physikalische Vorgänge bei der Herstellung von gepökelten und gereiften Fleischwaren. München: G. Röttger 1969

[21] MURSIC-PREAC, V.: Über den Abbau von nativem Protein durch verschiedene Mikroorganismen. 1966 München, Univ., Diss.

[22] BELITZ, H.-D.; GROSCH, W.: Lehrbuch der Lebensmittelchemie, 3. Auflage. Berlin, Heidelberg, New York, London, Paris, Tokyo: Springer Verlag 1987

[23] FISZER, W.; PEZACKI, W.: Die technologische Steuerung der Rohwurstreifung, X. Teil. Die Fleischwirtschaft 58 (1978) S. 1839

[24] LERCHE, M.; RIEVEL, H.; GOERTTLER, V.: Lehrbuch der tierärztlichen Lebensmittelüberwachung. Jena: Gustav Fischer Verlag 1957

[25] SIELAFF, H.; THIEMIG, F.; WOLF, K.: Technologie der Rohwurstherstellung. Fleisch 40 (1986) S. 11, 41 (1987) S. 21, 46 (1987)

[26] ZIMMERMANN , M.: Gewichtsverluste von Zervelatwurst während des Räucherns und der Aufbewahrung auf dem Trockenboden unter betrieblichen Bedingungen. 1967 Berlin, Humboldt-Univ., Diplomarb.

[27] BELICA, J.: Über „Luftfeuchtigkeit" in Lebensmittelbetrieben. Die Fleischwirtschaft 54 (1974) S. 751

[28] KOTTER, L.; PRÄNDL, O.: Physikalisch-chemische Vorgänge bei der Fabrikation schnittfester Rohwürste. Die Fleischwirtschaft 10 (1958) S. 26, 14 (1962) S. 175

[29] KATSARAS, K.; BÜSCH, W.; LINKE, H.: Morphologische Studien über die Veränderung der Streichfähigkeit von Rohwürsten. Die Fleischwirtschaft 70 (1990) S. 1078 und 71 (1991) S. 254

[30] KOCH, H.: Die Fabrikation feiner Fleisch und Wurstwaren, 20. Aufl. Frankfurt/M: Deutscher Fachverlag 1992

[31] WAHL, W.: Ausgezeichnete deutsche Wurstrezepte. Fleischstandards, Herstellungstechnik, Chemische Analysen, Lebensmittelrechtliche Aspekte. Bad Wörishofen: Hans Holzmann Verlag 1987

[32] HACK, K.-H.; STAFFE, E.; GERHARDT, U.: GEHA-Fleischvermarktungssysteme - Verarbeitungsmaterial-Atlas für die Fleisch- und Wurstwarenproduktion. Stuttgart 1976

[33] SCHÖN, L.; STOSIEK, M.: Beziehungen zwischen Rohmaterial und Fertigware. II. Mitt.- Die Fleischwirtschaft 9 (1957) S. 329

[34] BELICA, J.: Veränderung einiger Analysenwerte während der Reifung schnittfester Rohwürste. Die Fleischwirtschaft 56 (1976) S. 1573

10.5.5 Fleisch- und Wurstkonserven

H. SIELAFF

10.5.5.1 Einführung und Erzeugnischarakteristik

Das Ziel der Konservenherstellung ist das Haltbarmachen von Lebensmitteln für längere Zeit. Zur Erreichung dieses Zieles bedient man sich der Pasteurisation und Sterilisation, deren Zweck darin besteht, die im Gut befindlichen Keime erheblich zu reduzieen, abzutöten oder in ihrer Entwicklung so zu hemmen, daß durch sie das Verderben des Konservengutes verhindert wird. Mittels der Wärmeenergie sollen die pathogenen, toxigenen und die Verderbnis erregenden Keime ausgeschaltet werden. Mit dieser Zielstellung wird sowohl der Schutz des Verbrauchers vor gesundheitlichen Schäden gesichert als auch die Wirtschaft vor Verlusten bewahrt. Das angewandte Verfahren muß ferner sicherstellen, daß eine Inaktivierung der Enzyme erfolgt und die Inhaltsstoffe weitestgehend geschont werden.

Der heutige Stand der Kenntnisse erlaubt es, Verfahren der thermischen Behandlung so zu führen, daß man die genannte Zielstellung immer besser erfüllen kann. Die Technik und Technologie der Wärmebehandlung, Verbesserungen auf dem Gebiet des Behältermaterials sowie die Ermittlung und Optimierung der Sterilisationsbedingungen sind die hauptsächlichen Fortschritte, die die Konserven herstellenden Betriebe in die Lage versetzt haben, unter Beachtung ökonomischer Aspekte qualitativ hochwertige Erzeugnisse zu produzieren. Von besonderer Bedeutung ist die Entwicklung von Methoden, die die Berechnung des Sterilisationseffektes von Konserven ermöglicht haben. In den letzen Jahrzehnten wurden hierfür fundierte theoretische Grundlagen erarbeitet, auf die sich sichere reproduzierbare Sterilisationsregimes stützen können. Auch zur Berechnung des Pasteurisationseffektes und zur objektiven Bestimmung von Qualitätsparametern, z. B. des sogenannten Kochwertes, gibt es bereits anwendbare Methoden.

Je nach dem durch die Wärmebehandlung erzielten Effekt der Abtötung von Mikroorganismen unterscheidet man Halbkonserven, Dreiviertel- und Vollkonserven. In der Literatur wird darüberhinaus nach Tropenkonserven und Shelf-Stable-Products untergliedert.
Während Halbkonserven und Shelf-Stable-Products überwiegend bei Temperaturen unter 100 °C behandelt (pasteurisiert) werden, erfolgt das Haltbarmachen bei den anderen Konservenarten bei Temperaturen über 100 °C und zwar vornehmlich bei Temperaturen zwischen 110 und 125 °C.

Halbkonserven sind Fleisch- und Wurstwaren, die lediglich befristet haltbar sind und kühl gelagert werden müssen. Sie sind durch einen entsprechenden Hinweis zu kennzeichnen. Sie können lebende Mikroorganismen enthalten, müssen jedoch frei von pathogenen Keimen sein.
Dreiviertel-, Voll- und Tropenkonserven sind langfristig lagerfähige Konserven. Von ihnen erwartet man, daß sie nur vereinzelt Mikroorganismen enthalten. Sie müssen frei von pathogenen Keimen sein. Bei den Shelf-Stable-Products liegt der a_w-Wert unter 0,95 oder der pH-Wert $\leq$ 4,5 (Tab. 10.5.5-1). Lebensfähige Sporen können in diesen Produkten enthalten sein. Die auch für Vollkonserven gebräuchliche Bezeichnung „handelsüblich steril“ oder „prak-

Tab. 10.5.5-1 Einteilung der Konserven nach der Wärmebehandlung und Haltbarkeit (nach [1], erweitert)

Bezeichnung	Temperatureinwirkung und F-Wert	Abtötung der Mikroorganisamen	Haltbarkeit
Halbkonserven	65-99 °C F: = 0,2	vegetative Mikroorganismen	6 Monate unter 5 °C
Kesselkonserven	0,3-0,6	wie bei 1 und teilweise Abtötung von Sporenbildnern	12 Monate unter 10 °C
Dreiviertelkonserven	über 100 °C F: 0,65-0,80	wie bei 1 und weitgehende Abtötung der Sporen mesophiler Keimarten der Gattung Bacillus	6 bis 12 Monate unter 10 °C
Vollkonserven oder Sterilkonserven	117-130 °C F: 5,0-8,0	wie bei 3 und die Sporen mesophiler Keimarten der Gattung Clostridium	4 Jahre unter 25 °C
Tropenkonserven	etwa 121 °C F: 10,0-20,0	wie bei 4 und die Sporen der thermophilen Keimarten der Gattungen Bacillus und Clostridium	1 Jahr unter 40 °C
Shelf-Stable-Products	Kerntemperatur von 80 bis 90 °		
	a_w-Wert = < 0,95 und/oder pH-Wert = < 4,5 in Kombination u.a. mit Nitritpökelsalz	vegetative Mikroorganismen, überlebende Sporenbildner werden gehemmt	12 Monate unter 20 °C

tisch steril“ bringt zum Ausdruck, daß unter üblichen Lagerbedingungen nicht mit Verderb zu rechnen ist.

Die Konserven werden handelsüblich eingeteilt in Fleischkonserven, Wurstkonserven, tischfertige Konserven, Mischkonserven, Geflügelkonserven, Wildfleischkonserven und Suppen. Zu den Fleischkonserven zählen u. a. die Produkte Schweinefleisch im eigenen Saft, Rind-, Kalb- und Schaffleisch sowie Eisbein im eigenen Saft, Schmalzfleisch sowie Kraftfleisch vom Rind. Zu den Wurstkonserven rechnen die Brühwurstkonserven Bierschinken, Mortadella, Jagdwurst und Bierwurst sowie die Kochwurstkonserven Leber-, Blut- und Sülzwurst. Die genannten Wurstkonserven werden als Dreiviertel- oder Vollkonserven hergestellt. Wiener Würstchen, Würstchen geschält, Bockwurst und Brühpolnische werden als Dreiviertel- und Vollkonseren hergestellt. Zu den tischfertigen Konserven zählen z. B. Gulasch und Braten vom Schwein, Rind und Kalb, geschmorte Nieren, Rinderrouladen und Rinderzunge. In die Kategorie der tischfertigen Konserven kann man auch die Mischkonserven eingruppieren. Sie bestehen aus Gemüse und Fleisch, und zwar im Verhältnis 2 : 1 und z. T. auch 1 : 1. Typische Mischkonserven sind z. B. weiße Bohnen mit Bauchspeck, weiße Bohnen mit Rindfleisch, Schweinefleisch mit Linsen, Kohlrouladen, Schaffleisch mit grünen Bohnen und Rinderbraten mit Karotten. Geflügel- und Wildfleischkonserven enthalten Fleisch der entsprechenden Tierarten und finden zunehmend Absatz. Das gleiche gilt für Suppen. Von letzteren sind im Handel u. a. Schildkröten-, Mockturtle-, Ochsenschwanz- und Gulaschsuppe anzutreffen.

10.5.5.2 Auswahl und Vorbereitung der Rohstoffe

Die Entscheidung über den günstigsten Verarbeitungszeitpunkt des Fleisches stellt einen Kompromiß zwischen den erwünschten Stoffwandlungen und den mikrobiologischen Veränderungen dar. Das Fleisch soll einen bestimmten Reifegrad aufweisen.

Schweinefleisch weist unter Kühllagerbedingungen bereits nach 3 – 4 Tagen optimale Reifequalität auf, während Rindfleisch hierfür einige Tage länger benötigt. Beabsichtigt man, Konserven für eine Vorratslagerung von etwa 6 – 12 Monaten zu produzieren, so ist der Rohstoffeinsatz mit der genannten Reife zu empfehlen. Hingegen soll für längerfristig zu lagernde Vollkonserven 1 – 2 Tage altes Schweine- und 3 – 5 Tage altes Rindfleisch verwendet werden. Die Begründung für dne Einsatz unterschiedlich alten Fleisches steht im Zusammenhang mit der Veränderung der sensorischen Qualitätsmerkmale während der Wärmebehandlung und der Konservenlagerung. Für eine kurzfristige Aufbewahrung von Konserven kann auch auf einige Monate altes Gefrierfleisch zurückgegeriffen werden. Dagegen ist der Einsatz von Gefrierfleisch für längerfristig zu lagernde Konserven keinesfalls empfehlenswert.

Bei der Verwendung von Knochen zur Soßenherstellung ist es wegen relativ schnell beginnenden Veränderungen dringend geboten, nur frische Knochen einzusetzen und zerkleinertes Knochenmaterial unverzüglich zu verarbeiten.

Für die Herstellung von Fleisch- und Wurstkonserven läßt sich folgender Grundsatz aufstellen: Die Qualität des Endproduktes kann nur so gut sein wie die Beschaffenheit der einzelnen Rohstoffe. Ein unerwünschter oder zu weitreichender Abbau der Inhaltsstoffe des Fleisches während der Fleischreifung kann bei der Verarbeitung nicht mehr rückgängig gemacht werden.

Das für die Konservenherstellung bestimmte Fleisch wird je nach Erzeugnis roh oder vorgegart in die Verpackungsmittel gefüllt. Im rohen Zustand werden z. B. Rind- und Schweinefleisch im eigenen Saft, Schweinerippchen in Gelee und Schmalzfleisch eingefüllt. Gulasch und Rinderrouladen werden dagegen in der Regel vorgegart. Einem Vorgarprozeß werden u. a. auch Zungen- und Kalbsragout, Ragout fin, Eisbein in Gelee und gepökelte Rinderbrust in Meerrettichsoße unterzogen. Das Vorgaren bietet den Vorteil, daß die nachfolgende Wärmebehandlung im Autoklaven verkürzt werden kann und bereits erwünschte Aromastoffe gebildet werden. Das Fleisch soll man aber nur mäßig vorkochen oder vorbraten, da es sonst durch das nachfolgende Sterilisieren zu weich und trocken wird. Im rohen Zustand eingedostes Fleisch ist meist saftiger.

10.5.5.3 Zutaten und Hilfsstoffe

Zutaten für Fleisch- und Wurstkonserven sind: Kochsalz, Nitritpökelsalz, Gewürze, Bindemittel für Soßen und Suppen, Emulgatoren, Fremdeiweiße und Quellsalze. Zur Herstelung von Fleisch- und Wurstwaren dürfen keine Farbstoffe und Konservierungsmittel verwendet werden. Anstelle der früher üblichen Zugabe von Kochsalz zur Lake von Würstchen- und Bockwurstkonserven setzt man neuerdings Nitritpökelsalz zu. Dadurch wird eine intensivere pökelrote

Tab. 10.5.5-2 Wärmestabilität von Gewürzen (nach [3])

Gewürz	Zusatz (g/kg)	Wirkung
Pfeffer, weiß	2	Aroma wird durch Erhitzung abgebaut, Schärfe wird nach der Hocherhitzung als verstärkt empfunden. Extraktgewürz reagiert wie Naturgewürz
Pfeffer, schwarz	2	Ergebnis ähnlich wie bei weißem Pfeffer
Muskatnuß	2	Ergebnis ähnlich wie bei weißem Pfeffer. Bei Erhitzung trat ein unangenehmer Bittergeschmack auf. Bei Extrakt war diese Bitternote nicht bemerkbar, es trat jedoch ein starker Aromaabbau ein.
Mazis	2	Obgleich man aufgrund der botanischen Verwandtschaft gleiches Hitzeverhalten vermuten würde, verhalten sich beide Gewürze verschieden. Mazis erwies sich als bedeutend hitzestabiler. Im Gegensatz zur Muskatnuß traten keine unangenehmen Geschmacksrichtungen auf. Es war nur ein Abbau des Aromas bemerkbar. Der Extrakt verhält sich ähnlich wie das Rohgewürz
Paprika, edelsüß	2	Es war ein starker geschmacklicher Abbau festzustellen, auch die Farbe blieb nicht stabil
Kümmel	2	Das Aroma wurde abgebaut. Die Aromaverluste beim Extrakt waren wesentlich größer
Koriander	2	Beim Naturgewürz leichter Geschmacksabbau, beim Extrakt war der Abbau noch geringer
Nelken	1,5	Durch die Erhitzung ist ein geschmacklicher Abbau zu bemerken, die Bitternote wird durch die Erhitzung erhöht
Piment	1,5	Leichte geschmackliche Abweichung, die Bitternote wird erhöht. Der Extrakt verhält sich ähnlich wie das Naturgewürz
Knoblauch-pulver	1	Es ist ein geschmacklicher Abbau und eine Geschmacksabweichung feststellbar
Zwiebelpulver	2	Brandiger, stark abwegiger Geschmack. Der unangenehme Hocherhitzungsgeschmack wird dadurch verstärkt
Kardamon	2	Es sind eine geschmackliche Veränderung und ein Abbau zu bemerken. Der Abbau ist beim Extrakt und beim Rohgewürz gleich
Ingwer	2	Nur sehr geringe Abweichungen, sowohl beim Naturgewürz als beim Extrakt
Bohnenkraut	1	Sehr starke Abweichung, ungeeignet
Chillies	0,5	Kein Abbau der Schärfe bemerkbar
Liebstöckel	1	Starke geschmackliche Veränderung
Petersilienwurzeln	3	Starke Geschmacksabweichung, nicht geeignet
Zimt	2	Unangenehmer Nebengeschmack bei Erhitzung. Dieser Effekt war nur beim Naturgewürz zu beobachten, der Extrakt war auch nach Erhitzung geschmacklich einwandfrei
Majoran	3	Es war ein heuartiger, abweichender Geschmack bei der Erhitzung zu bemerken. Das Extraktgewürz verhält sich besser, verlor jedoch auch stark an Aroma
Kurkuma	2	Abbau des Aromas, ungeeignet
Sellerieblätter	2	Starker Heugeschmack, nicht verwendbar
Sellerie-knollenpulver	2	Starke Geschmacksabweichung, nicht verwendbar
Thymian		Ein heuartiger, strohiger Geschmack beim Rohgewürz, nicht verwendbar. Der Extrakt ist besser, zeigt jedoch auch eine Geschmacksabweichung
Lorbeerblätter		Sehr starker Geschmacksabbau bei der Hocherhitzung.

Gewürz	Zusatz (g/kg)	Wirkung
Meerrettichpulver	2	Bringt Geschmack nach Zwiebel, der nach Hocherhitzung noch verstärkt wird
Senfmehl	4	Leichter nußartiger Geschmack, ohne Abweichung.
Glutamat	0,5	Kann den Hocherhitzungsgeschmack nicht korrigieren Bringt keinen Fremdgeschmack in das Brät ein
Milchzucker	1, 2, 3,	Bringt schon in diesen geringen Mengen einen leicht verstärkten Brandgeschmack, der sich bei Anwendung einer noch höheren Dosis verstärken dürfte
Dextrose	1, 2, 3,	Bei dieser Zugabemenge konnten keine Nachteile nach der Hocherhitzung festgestellt werden.
Milcheiweiß	10, 15,	Schon ab 10 g Zugabe konnte ein abweichender Geschmack festgestellt werden
Kristallzucker	6, 10, 20	Mit der Zusatzmenge ansteigender Brandgeschmack, völlig ungeeignet

Farbe des Wurstgutes erzielt. Die Verwendung der genannten Zutaten ist nach Art und Menge produktbezogen. Spezielle Hinweise finden sich deshalb bei den entsprechenden Erzeugnissen.

Relativ schwierig gestaltet sich für die Konservenherstellung der Einsatz von Gewürzen, da diese überwiegend bei Erwärmung mit Temperaturen über 100 °C erheblich an Würzkraft verlieren oder sich so verändern, daß unerwünschte Aromastoffe gebildet werden. Darüber hinaus kommt es zum Abflachen der Würznote während der Lagerung. Von verschiedenen Autoren wurden Prüfungen der Hitzestabilität von Gewürzen, Gewürzextrakten und ätherischen Ölen vorgenommen, z. T. wurden auch Geschmacksverstärker, Kohlenhydrate und Milcheiweiß in die Untersuchung einbezogen [2, 3]. Die in Tabelle 10.5.5-2 dargestellten Ergebnisse stimmen mit den zitierten Autoren gut überein.

Als relativ hitzestabil bei Anwendung von Sterilisationstemperaturen erweisen sich weißer und schwarzer Pfeffer. Es kommt jedoch auch zu Veränderungen; die Schärfe des Pfeffers wird nach der Hitzebehandlung verstärkt empfunden. Günstiger als Naturgewürze sind Pfefferextrakte anzusehen. Zu den relativ hitzestabilen Gewürzen zählen ferner Chillies, Paprika-Extrakt, Salbei, Ingwer, Thymian-Extrakt, Mazis und mit Einschränkung auch Senfmehl. Mehr oder weniger starker Abbau oder Abweichungen in Geruch und Geschmack werden bei Knoblauch- und Zwiebelpulver, Kümmel, Nelken, Kardamon, Bohnenkraut, Petersilienwurzel, Zimt, Majoran, Sellerie, Meerrettichpulver und Lorbeerblättern beobachtet. Bei Koch [3] wird vielfach die Verwendung von Zwiebeln empfohlen.

Unterschiede bei den nicht konstanten, wertbestimmenden Inhaltsstoffen der Gewürze hängen offenbar auch mit Anbaugebiet, Erntejahr, Alter und u. a. mit der Zusammensetzung des zu würzenden Lebensmittels zusammen. So läßt z. B. bei Verwendung von Milcheiweiß zu Soßen die Intensität verschiedener Gewürze nach. Offenbar werden dabei ätherische Öle emulgiert und verlieren somit an Würzkraft.
Aus den Versuchen verschiedener Autoren läßt sich folgendes ableiten: Je intensiver die Wärmebehandlung erfolgt, um so mehr ist bei Gewürzen und Würzstoffen mit Intensitäts- und Aromaveränderungen zu rechnen.

Wenn unter sonst gleichen technologischen Bedingungen und entsprechendem Rohstoffeinsatz Mängel in der sensorischen Bewertung auftreten, müssen die Würzansätze überprüft und gegebenenfalls Umstellungen in der Würzrezeptur vorgenommen werden. Die Zugabe von Geschmacksverstärkern (Glutamat, Inosinat und Guanylat) hat keinen Effekt. Im Falle der Verwendung von Milch- und Kristallzucker wäre mit erheblichen Geruchs- und Geschmacksbeeinträchtigungen zu rechnen. In technologischer Hinsicht ist die Verwendung von Milcheiweiß, Emulgatoren und Polyphosphaten für die Herstellung von Wurstkonserven bedeutsam. Als weitere Zutaten kommen Gelatine (Dosenschinken, Sülzwurst) und Carrageenan in Betracht.

Als Verpackungsmittel kommen insbesondere Metall- unnd Glasdosen sowie Aluminium-Plastverbunde und flexible Umverpackungen in Betracht.

10.5.5.4 Verfahren und Erzeugnisse

10.5.5.4.1 Ausrüstungen zum Verschließen von Dosen und zum Sterilisieren

Das Kernstück der Konservenherstellung sind die Prozeßstufen Füllen, Verschließen der Dosen und Sterilisieren. Zwischen den Maschinen zum Füllen von Fleischmasse in Natur- oder Kunstdärme und in Dosen gibt es Analogien, so daß bezüglich des Einsatzes von Füllaggregaten auf die Ausführungen in Kapitel 9 verwiesen werden kann. Ausrüstungen zum Verschließen und Sterilisieren von Dosen sind spezieller Art und werden nur in konservenherstellenden Betrieben eingesetzt.

► Dosenverschließmaschinen

• Verschließen von Metalldosen

Verschließmaschinen haben die Aufgabe, Deckel und Rumpf der Metalldose zusammenzufalzen. Sie lassen sich vom Grundtyp her einteilen in Vorrichtungen, bei denen Zu- und Abführung der Behältnisse per Hand erfolgt und in solche, bei denen der gesamte Verschließvorgang selbsttätig abläuft. Eine einfache Verschließmaschine (ohne Vakuum) besteht im wesentlichen aus dem Verschließkopf mit Verschließrollen, Verschließteller (Pinolenteller), auf dem das Behältnis steht, und dem Antriebsmechanismus für die Verschließrollen.
Das Verschließen von Dosen umfaßt die folgenden Arbeitsgänge: Von den Vorverschließrollen wird die Bördelung des Deckels um die des Mantels gelegt; dabei werden beide durch Falze miteinander locker verbunden. Durch die Endverschließrollen wird die Verbindung dann dicht verschlossen.
Als Prototyp einer kontinuierlich arbeitenden Anlage, mit der pastöse und auch stückige Füllgüter dosiert werden können, ist die kombinierte Dosenfüll- und -verschließmaschine (Abb. 10.5.5-1) anzusehen. Die Dosenfüllmaschine ist über eine Schnecke und Rohrleitung (2) unmittelbar mit einem Aggregat (1) verbunden. Das Aggregat stellt eine umfunktionierte Füllmaschine dar und ist mit einer Hebeeinrichtung (3) versehen. Die Schnecke läßt die abzufüllende Masse unter dem Fülldruck in den Füllzylinder der Dosenfüllmaschine gelangen (4), über dem ein Druckausgleichszylinder (5) angebracht ist. In ihm wird durch einen freien Kol-

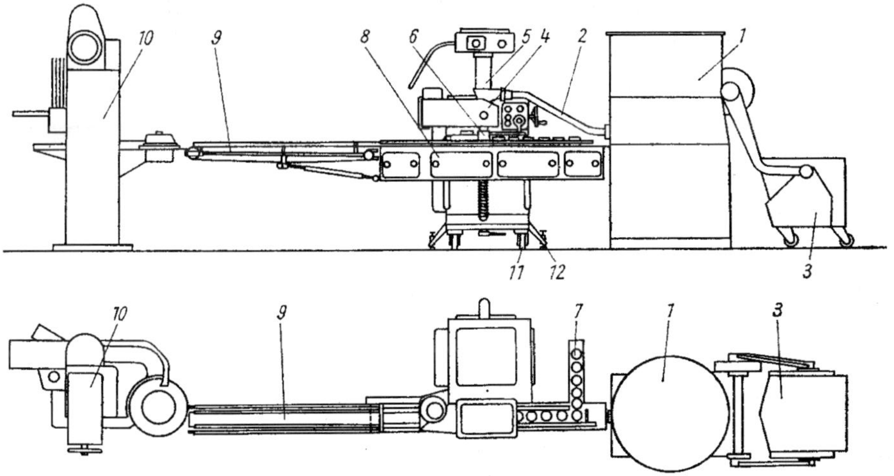

Abb. 10.5.5-1 **Automatische Dosenfüll- und Verschließmaschine**

1 Aggregat
2 Rohrleitung
3 Hebeeinrichtung
4 Dosenfüllmaschine
5 Druckausgleichzylinder
6 Rotationsmesser
7 Dosen-Zulauf
8 Hebezapfen
9 Transportband
10 Verschließmaschine
11 Rad
12 Fußschraube

ben, auf dessen einer Seite die Masse und auf seiner anderen Seite die Luft mit einem Druck von 0,4 – 0,8 MPa wirkt, ein Gleichgewicht aufrechterhalten. Auf das Gestell des Dosierungsrohres ist ein Rotationsmesser (6) montiert, das eine glatte und gleichmäßige Oberfläche der Masse gewährleistet. Die leeren Dosen (7) bewegen sich von der Seite kontinuierlich unter den Füllkopf. Dort werden sie durch einen verstellbaren Hebezapfen (8) angehoben. Die unter Einhaltung eines erforderlichen Leerraumes bei quellbaren Produkten bzw. auch bei Dosen mit kleinem Durchmesser und relativ großer Höhe gefüllten Dosen werden über das Transportband (9) zur Verschließmaschine (10), die mit der Füllmaschine synchron geschaltet ist, befördert und dort durch Falzvorgänge verschlossen (10.5.5-1). In den Dosenverschließmaschinen werden die gefüllten Dosen und die zuvor durch besondere Signiervorrichtungen oder durch eine in den Verschließmaschinen eingebaute Prägestation signierten Deckel zusammengefaßt. Für Vakuum- oder Gaspackungen sind Verschließmaschinen mit Evakuierteil erforderlich, die diskontinuierlich, über Schleusen, aber auch kontinuierlich beschickt werden können. Wesentlich ist, daß der Deckel in einer Vorfalzstation aufgeclincht wird, wo er zwar schon mechanisch fest auf der Dose haftet, für Luft bzw. Gase aber noch passierbar ist. In diesem Stadium wird die Dose evakuiert oder begast, ehe sie in der Vakuumkammer durch Vor- und Andrückrollen endgültig verschlossen wird. Die Höhe des gewünschten Vakuums ist einstellbar und über Manometer kontrollierbar. Es lassen sich so Vakua bis zu 0,01 MPa erreichen.

Dem Lauf und dem Profil bzw. der Abnutzung der Verschließrollen ist im Interesse eines einwandfreien Verschlusses und der Dichtigkeit der Konservendosen große Aufmerksamkeit zu schenken. Nur bei regelmäßiger Wartung und Kontrolle sind Fehlverschlüsse mit zu straffen oder lockeren Falzen durch zu eng oder zu lose eingestellte Verschließrollen zu vermeiden. Entscheidend für die Falzbildung ist auch der im Verschließkopf auf Deckel und Dosenunterteil wirkende Anpreßdruck, der die Überlappung von Deckelrand und Rumpfbördel, d. h. die Länge des Rumpfhakens, beeinflußt. Als Hilfsmittel zur Erkennung der richtigen Falzbildung können die visuellen Kontrollen über Dosenfalzprüfgeräte, die Ausmessung der ausgesägten Falzteile und die Dichtigkeitsprüfung der beidseitig verschlossenen leeren Dosen vorgenommen werden. Besondere Aufmerksamkeit ist der Falzbildung im Bereich von Dosenrumpfnaht/Deckel (Kreuznaht) zu widmen, da hier die doppelte bzw. sogar vierfache Blechlage gefalzt werden muß.

- **Verschließen von Gläsern**

Alle Gläserverschlüsse haben gemeinsam, daß sie mittels einer eingelegten oder eingespritzten Dichtungsmasse, die auf die Mündung des Konservenglases aufgedrückt wird, eine Abdichtung bewirken. Beim Verschließvorgang wird der Verschluß durch Druck des Verschließkopfes fest auf die Glasmündung gepreßt. Die mechanische Befestigung des Metalldeckels an der Glasmündung geschieht maschinell, und zwar überwiegend durch Anbördelung des Verschlußrandes an die Mündung des Glases oder durch Aufschrauben auf Verschlüsse, die Nocken oder Gewinde aufweisen. Es werden heute praktisch nur noch Vakuumverschlüsse unter Einsatz von Vakuumverschließmaschinen verwendet. Weitere Verschließmöglichkeiten (Verpacken in Beutel, Schalen, Becher usw.) und verschiedene Operationen vor und nach dem Sterilisationsprozeß werden im Kapitel 12 behandelt. Die Geschwindigkeit und Leistung der Verschließmaschinen sind von der Dosenform und der Dosengröße abhängig. Als Zusatzvorrichtung stehen u. a. Pinolenhub- und Signiervorrichtung, Stampfeinrichtung, Einlaufzwischenscheibe, Dosenzähler und Bedampfungsvorrichtung zur Verfügung.

► Sterilisationsapparate

Für die Sterilisation oder auch nur Pasteurisation von Konserven werden Kochkessel in Handwerksbetrieben, üblicherweise aber Sterilisationsapparate (Autoklaven) eingesetzt. Als Wärmeübertragungsmittel werden Wasser, Wasserdampf oder Wasserdampf und Luft verwendet. In Europa ist es überwiegend üblich, die Energieübertragung durch Erwärmung des Wassers im Autoklaven mittels Dampfes vorzunehmen. Man spricht deshalb auch von Wasserautoklaven. Beim Dampfautoklaven wird direkt Dampf zur Erwärmung der Konserven eingesetzt. Autoklaven sind geschlossene Druckkessel. Sie sind mit Thermometern und Manometern ausgestattet. Es stehen Geräte zur Verfügung, die die Druck- und Temperaturmeßdaten registrieren und weiterverarbeiten zur Ermittlung von F-, P- und C-Werten. Auch das Messen des aktuellen Innendruckes in den Dosen ist möglich, so daß über eine gezielte Gegendrucksteuerung Dosendeformationen oder Brüche verhindert werden können. Üblicherweise werden Meßkabel mittels Stopfbuchsen in die Dose eingeführt. Es werden Multi-Meßpunktfühler angeboten, die das Messen (und auch Registrieren) der Temperatur in mehreren Dosen gestatten. Derartige Messungen sind ebenfalls bei Verwendung von Rotationsautoklaven möglich. Hierbei werden die Meßkabel durch die Rotorachse geleitet und an die Steckdosen am rotierenden Teil des Schleifringes angeschlossen. Die Steckdosen am stillstehenden Teil des Schleifringes und die Steckdosen des Meßgerätes werden durch Verlängerungskabel miteinander verbunden. Bei

Weichbehältnissen aus Aluminium und/oder Kunststoffmaterialien kann die Ausdehnung der Behältnisse während der Wärmebehandlung und Kühlung erfaßt und darüber der erforderliche Gegendruck gesteuert werden.
Die Autoklaven (Druckkessel) unterliegen der Überwachung. Die Betreiber sind gehalten, die Vorschriften der Hersteller u. a. über das Entlüften während der Steigzeit genau zu beachten.
Aus mikrobiologischen Gründen wird dem Kühlwasser meist Chlor zugesetzt. Manche Autoren empfehlen auch die Verwendung von abgekochtem Wasser.
Nach ihrer Arbeitsweise wird nach diskontinuierlich und kontinuierlich arbeitenden Vorrichtungen unterschieden.

• Autoklaven mit diskontinuierlicher Arbeitsweise

Zu den diskontinuierlich arbeitenden Apparaten gehören die Überdruckautoklaven. Um die Entwicklung auf dem Gebiet der Herstellung von Sterilisationsapparaten zu charakterisieren, sollen zunächst die vor Jahren üblichen Normal- und Druckkühlautoklaven kurz beschrieben werden.

Beim Normalautoklav handelt es sich um einen stehenden Autoklaven in Zylinderbauweise. Der Druckkessel besteht aus einem mit Knebelverschluß verschließbaren Gefäß und ist für etwa 0,25 MPa Überdruck ausgelegt.
Eine Weiterentwicklung des praktisch nicht mehr verwendeten Normalautoklaven stellt der Druckkühlautoklav dar. Er ist dadurch gekennzeichnet, daß während der Kühlphase unter Druck Wasser in den Apparat eingeleitet wird. Ein Normalautoklav läßt sich relativ einfach in einen Druckkühlautoklaven umbauen, indem eine Wasserdruckleitung und ein Überströmventil für die Druckkühlung eingebaut werden. Dadurch kann der beim Dampfablassen im Normalautoklaven auftretende Druckabfall vermieden werden (Abb. 10.5.5-2).
Die Arbeitsweise ist grundsätzlich der des Normalautoklaven ähnlich. Aus energetischen Gründen fließt das heiße Wasser, das beim Sterilisieren entsteht, in ein Bassin und wird bei der

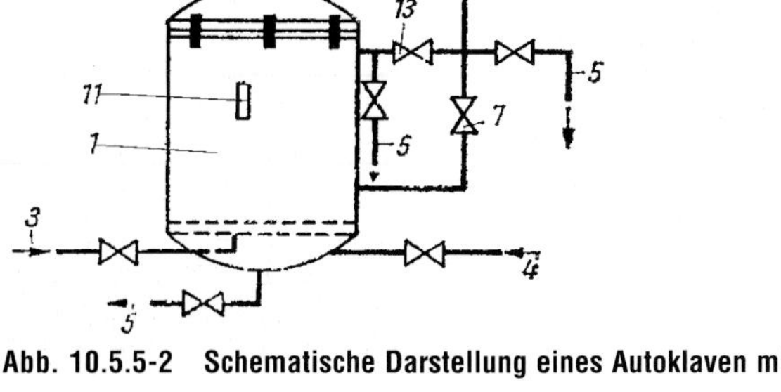

1 Autoklav
2 Wasserspeicher
3 Dampfzufuhr
4 Kaltwasseranschluß
5 Abfluß zum Kanal
6 Druckleitung
7 Warmwasserrücklauf
8 Überlaufrohr
9 Dampfhahn
10 Sicherheitsventil
11 Thermomenter
12 Manometer
13 Überströmventil

Abb. 10.5.5-2 Schematische Darstellung eines Autoklaven mit Druckkühlung

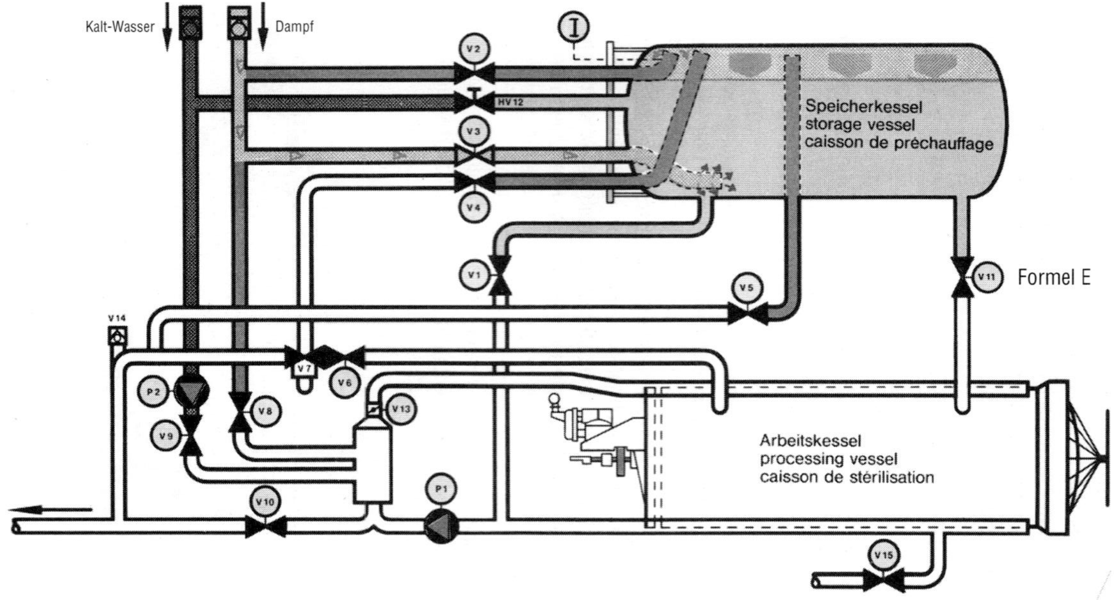

Abb. 10.5.5-3 Schematische Darstllung eines modernen Überdruckautoklaven (Werkfoto: Herrmann Stock Maschinenfabrik GmbH Neumünster)

V 1 Verbindungsventil
V 2 Systemdruckventil
V 3 Heizung/Speicherkessel
V 4 Steuerdruck für V 7
V 5 Kleines Entlüfungsventil
V 6 Entlüftungsventil
V 7 Drucksteuerventil Kühlen II
V 8 Heizventil Arbeitskessel
V 9 Kühlwasserventil
V 10 Ablaßventil
V 11 Verbindungsventil (nur bei Formel E)
VH 12 Handventil Kaltwasser-Speicherkessel
V 13 Drosselklappe
V 14 Rückschlagventil
V 15 Ventil-Restentleerung (Option)
P 1 Umwälzpumpe
P 2 Kühlwasserpumpe
Initiator Niveau Speicherkessel

Neubeschickung dem Autoklaven wieder zugeführt. Steig- und Haltezeit entsprechen dem Normalautoklaven. Nach Ablauf der vorgesehenen Haltezeit wird das heiße Wasser über das Überströmventil (13) und die Druckleitung (6) in den Wasserspeicher gedrückt. Übersteigt der Autoklavendruck den auf Hochdruck eingestellten Druck im Überströmventil, wird das heiße Wasser durch das Überdruckventil hindurch in das Warmwasserbassin gedrückt. Der Druck in der Kühlwasserzuleitung muß mindestens um 0,02 MPa größer sein als der für die Sterilisation vorgeschriebene Überdruck. Wenn der größte Teil des Warmwassers aus dem Autoklaven entfernt ist, wird die Zuleitung zum Warmwasserbassin verschlossen und das aus dem Autoklaven hinausgedrückte Wasser nunmehr in die Kanalisation geleitet (Zweiwegehahn). Sind die Dosen unter Druck genügend abgekühlt, wird die Kühlung drucklos fortgesetzt.

Der Überdruckautoklav ist dadurch gekennzeichnet, daß während aller Phasen des Sterilisationsprozesses ein zusätzlicher Gegendruck im Autoklaven erzeugt wird. Druck und Temperatur im Apparat stehen bereits von Beginn der Steigzeit an bis zum Ende der Kühlzeit nicht mehr in direkter Beziehung. Überdruckautoklaven werden als Standautoklaven oder in liegender Form hergestellt.

Moderne Überdruckautoklaven bestehen aus Speicher- und Arbeitskessel. Das Aufheizen des Wassers geschieht überwiegend durch Einblasen von Hochdruckdampf. Vom Oberkessel gelangt das heiße Wasser in den Arbeitskessel. Mittels Dampfzufuhr oder über heißes Wasser einer Mischbatterie erfolgt eine gleichmäßige Erhitzung des Wassers im Unterkessel. Im allgemeinen ist ein zusätzlicher Rohranschluß am Kopf des Autoklaven vorhanden, durch den Preßluft oder Dampf für den Zusatzdruck eingeleitet werden kann (Abb. 10.5.5-3).

Überdruckautoklaven sind entsprechend der vorgesehenen Prozeßtemperatur in verstärkter Ausführung zu bauen. Die erforderliche genaue Einhaltung der gewünschten Druck- und Temperaturwerte kann von Hand oder auch mechanisch erfolgen. Neuere Ausführungen haben grundsätzlich halb- oder vollautomatische Steuerungsvorrichtungen. Die Programmsteuerung befindet sich in einem Schaltschrank, an dessen Front sämtliche Bedienungs- und Anzeigeinstrumente übersichtlich angeordnet sind. Nacheinander laufen vier Arbeitsvorgänge ab, und zwar Füllen, Sterilisieren, Rückpumpen und Kühlen. Zwei- oder Dreifachbandschreiber registrieren den Prozeßablauf - Druck, Temperatur und Drehzahl - auf einem Diagramm. Eine exakte Einhaltung der Sterilisations- und Kühlzeit ist gesichert. Der Druckabfall während der Kühlung kann unabhängig von der Kühlzeitdauer eingestellt und gesteuert werden. Programmeingaben mit verschiedenen Temperatur- und Zeitvarianten sind möglich. Temperatur-, Zeit- und Druckwerte werden mittels Digitalprinters ausgedruckt.

Der Rotationsautoklav ist mit einer Rotationsvorrichtung ausgestattet, die es ermöglicht, die Behältnisse während der Sterilisation zu bewegen. Auf diese Weise erfolgen ein Druckmischen des Konserveninhaltes und eine relativ günstige Wärmeübertragung im Gut. Durch seinen Einsatz kann bei geeigneten Füllgütern eine z. T. erhebliche Verkürzung des Sterilisationsprozesses erzielt werden. Die Füllgüter unterliegen einer schonenderen Wärmbehandlung.

Die Rotationsvorrichtung besteht aus einer Trommel, in der die Käfige mit den Konserven untergebracht werden. Die Umdrehungsgeschwindigkeit ist stufenlos regelbar und gestattet bis zu 60 Umdrehungen je Minute. Die Blechdosen bzw. die Gläser rotieren Kopf-über-Kopf (end-over-end). Die Rotation kann sowohl in einer Richtung erfolgen oder auch als Pendelrotation vor sich gehen. Es ist zweckmäßig, den Rotor vor Beendigung der Kühlzeit abzustellen, da es sonst zur streifenförmigen Ablagerung von Fett auf der Oberfläche des Gutes kommen kann. Diesen Nachteil muß man - falls die Rotationsvorrichtung wegen der Gefahr des Glasbruches überhaupt genutzt wird - insbesondere bei Verwendung von Glasverpackungen vermeiden.

Mit dem Halbwasserautoklav wurden Überdruckkautoklaven entwickelt, deren Speicher- und Arbeitskessel mit einer erheblich geringeren Wassermenge gefüllt werden und für deren Erwärmung weniger Energie notwendig ist. Zu Beginn des Prozesses strömt das heiße Wasser des Oberkessels in den Arbeitskessel, in dem es mit Hilfe einer Pumpe umgewälzt wird. Die Käfige tauchen aufgrund des geringeren Wasserstandes im Arbeitskessel im Vergleich zur Vollwassersterilisation nur etwa bis zur halben Höhe in das Wasser ein. Die Käfige bzw. Behältnisse werden während der Sterilisation ständig rotiert. Hierbei kommt es zu einer starken Umwirbelung des Wassers mit der Folge, daß die Wärmeübertragung relativ gut vonstatten geht. Eine weitere Entwicklung stellt der Rotations-Überdruck-Autoklav mit Berieselung der Konserven dar. Als Zirkulationsmedium dient Wasser, das die Behältnisse während der Wärmebehandlung und des Kühlens berieselt. Es wird eine relativ schnelle Wärmeübertragung ermöglicht.

Dampfautoklaven bestehen gewöhnlich aus einem Arbeitskessel, in dem die Wärmebehandlung der Behältnisse mittels Dampfes erfolgt. Für die Aufrechterhaltung des gewünschten Druckes wird zusätzlich Preßluft verwendet. Die Wärmebehandlung geschieht in einem Dampf-Luft-Gemisch. Zur besseren Temperaturverteilung sind moderne Apparate mit Ventilatoren und Leitblechen ausgestattet. Die Kühlung erfolgt mit Wasser.
Für Versuchszwecke stehen Autoklaven mit den bekannten Verfahren Vollwasser-Sterilisation, Berieselungs-Sterilisation, reine Dampf-Sterilisation und Dampf-Druck-Luftsterilisation zur Verfügung.

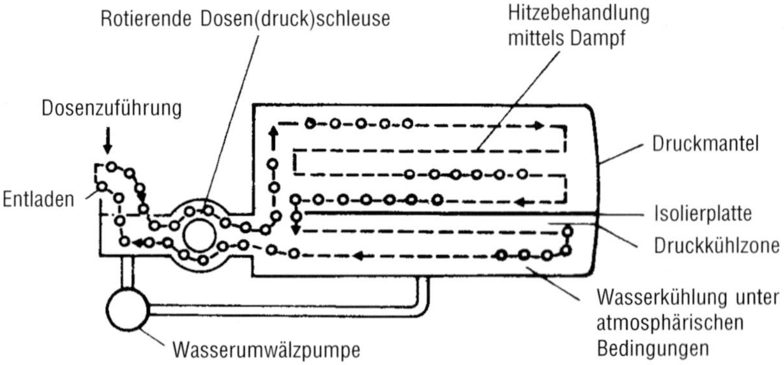

Abb. 10.5.5-4 Kontinuierlicher Hydrolok-Sterilisator [4]

• Kontinuierlich arbeitende Anlagen

Zu den kontinuierlich arbeitenden Anlagen gehören im wesentlichen Kesselsterilisatoren und Turmautoklaven.

Als Kesselsterilisatoren sind Ausführungen mit zwei, drei und vier Kesseln bekannt. Im ersten Fall besteht die Anlage aus Sterilisator und Kühler und im zweiten aus Vorerhitzer, Sterilisator und Kühler bzw. Druckkühler. Sterilisatoren mit vier Kesseln haben zwei Kessel für den unmittelbaren Sterilisationsvorgang. Die Kesselanlagen sind mit Druckschleusen ausgestattet. Auf spiralförmigen Führungsschienen bewegen sich die Dosen fort, wobei sie sich um die Rotorachse und um ihre eigene Achse drehen.

Die Aufgabe der Dosen in den Sterilisator, die Übergabe aus dem Kessel in den anderen und der Ausstoß der Dosen erfolgen mit Hilfe entsprechender Drehkreuzschleusen. Den Sterilisationsprozeß kontrollieren und regulieren automatische Geräte, die Sterilisationstemperaturen liegen zwischen 100 und 124 °C.

Weitere Vertreter der Kesselsterilisatoren sind der liegende Hydrolok-Sterilisator (Abb. 10.5.5-4) und die FMC-Sterilmatic-Druckkoch- und Kühlanlage. Beim Hydrolok-Sterilisator werden die Behältnisse über eine Schleuse mittels Kettenantriebs unter axialer Rotation vorgewärmt, sterilisiert und gekühlt.

Die FMC-Sterilmatic-Anlage (Drehtrommel-Autoklav, Spiral-Drucklocher) besteht aus drei zylindrischen Kesseln, und zwar dem Vorwärmer, dem Sterilisator und dem Kühlaggregat. Die Dosen werden mittels eines rotierenden Rades in die Drehtrommel transportiert. Der Mantel der Drehtrommel besteht aus länglichen Profilstahlstreifen, zwischen denen die Dosen liegen. Die kontinuierliche Bewegung der Dosen in der Trommel gewährleistet eine Schneckenlinien-Zwangsbahn. Die Dosen bewegen sich dabei um die Längsachse. Zwischen Vorwärmer, Sterilisator und Kühler sind Druckschleusen installiert.

Turmautoklaven oder hydrostatische Sterilisatoren werden in verschiedenen Typen hergestellt. Die hydrostatischen Sterilisatoren bestehen aus drei oder mehr (Hunister) vertikalen Türmen. Bei Anlagen mit drei Türmen dient der erste der Vorerwärmung, der zweite der eigentlichen Sterilisation und der dritte der Abkühlung. Im unteren Teil befinden sich jeweils am Übergang von einem zum anderen Turm Druckschleusen. Die Anlagen sind sowohl für die Pasteurisation als auch für die Sterilisation geeignet. Es können Metall- oder Glasdosen verwendet werden. Die Behältnisse werden in spezielle Dosenträger, die zu Trommeln zusammengefügt sind, gelegt oder gestellt. Die Behältnisse gelangen über eine Transportvorrichtung von oben her in den ersten Turm. Die Trommeln sind an einer endlosen Transportkette befestigt und werden nacheinander durch alle Türme transportiert (Abb. 10.5.5-5). Die Behältnisse können auch auf Paletten gelagert durch den Turmautoklaven befördert werden. Der Antrieb der Transportkette ist mit einem stufenlos regelbaren Getriebe ausgestattet. Der Ausstoß der Dosen erfolgt ebenfalls kontinuierlich. Während des Transportes der Konserven durch die Anlage erfolgt eine axiale Rotation. Sie ist relativ gering, so daß der Doseninhalt ungenügend durchmischt wird. Die Rotation kann erhöht werden, indem man für die Trommeln einen separaten Antrieb verwendet.

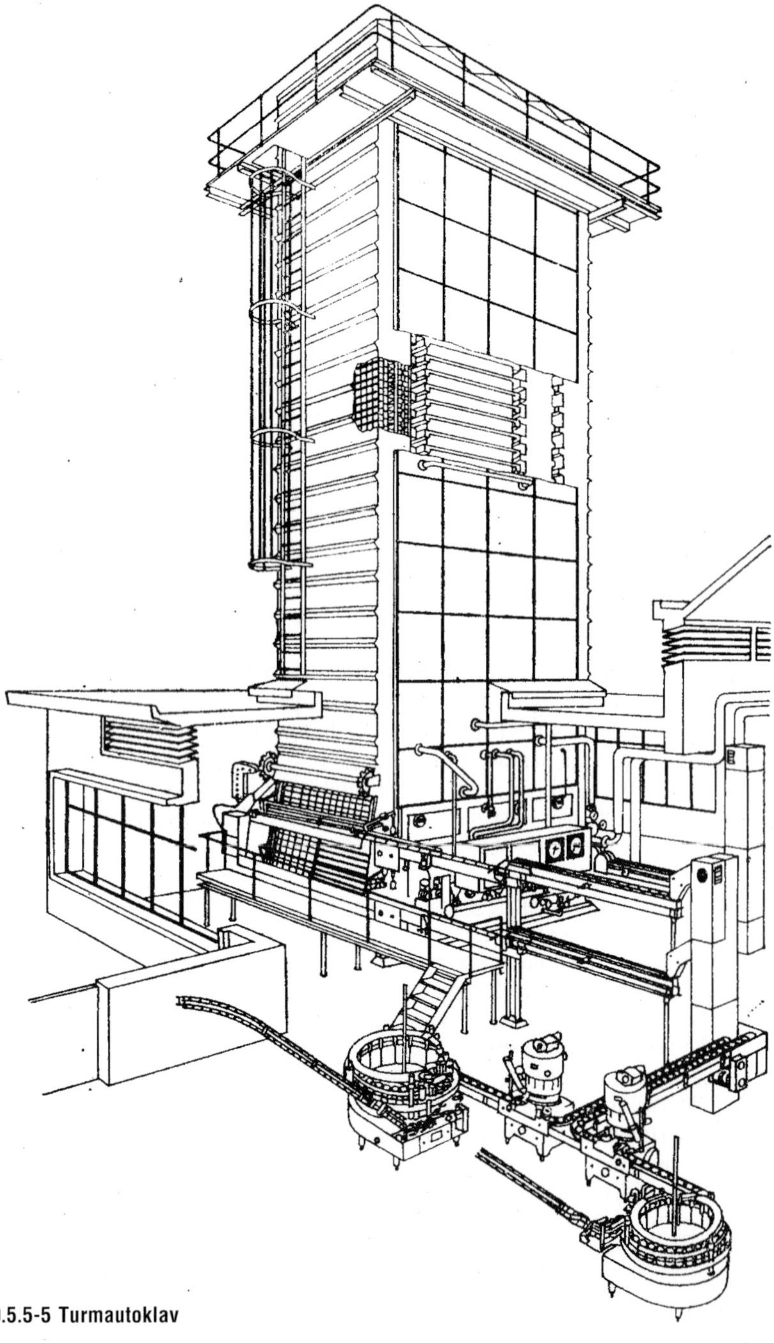

Abb. 10.5.5-5 Turmautoklav

Sofern man die Dosen stehend in die Trommeln einführt, ist eine Rotation End-über-End möglich. Der Sterilisationsprozeß wird mit Hilfe von Meßgeräten und Reglern kontrolliert und reguliert. Die Wärmebehandlung erfolgt im Sterilisationsturm. Es wird mit Wasser sterilisiert (pasteurisiert) oder zum Teil auch mit einem Dampf-Luft-Gemisch. Zur Aufrechterhaltung des Druckes im Sterilisationsturm dienen die beiderseits angeordneten Türme, in denen sich Wasser befindet.

Im ersten Turm weist das Wasser eine Temperatur von etwa 70 °C auf. An der Grenze zum Sterilisationsturm herrscht eine Temperatur von ungefähr 95 °C. Nach dem Passieren des Sterilisationsturmes werden die Konserven auf 30 – 40 °C abgekühlt. Da der Gegendruck der Wassersäulen nicht dem sich in den Dosen entwickelten Innendruck entspricht und ein Anwachsen des Wirkdruckes eintritt, verwendet man zusätzlich Preßluft.
Eine andere kontinuierlich arbeitende, vorerst für die Fischindustrie existierende Anlage ist der Hydroklav. Er besteht aus einer langen Rohrleitung mit einzelnen Abschnitten, die mit heißem bzw. kaltem Wasser durchströmt werden. Mit dem Wasser werden die Konserven transportiert und entsprechend den Wassertemperaturen thermisch behandelt. Druckaufbau und Transportströmung werden mittels Strahlapparaten erzeugt.

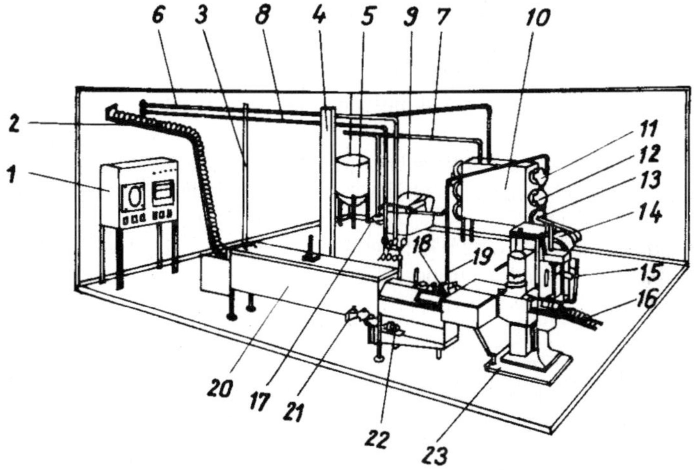

Abb. 10.5.5-6 Aseptische Sterilisation nach dem MARTIN-System

1 Temperaturanzeige und Alarmanlage
2 Dosenzufuhr
3 Dampfzuleitung
4 Dampfabzug
5 Füllgutgefäß
6 Dampf
7 Wasser
8 Gas
9 Pumpe
10 Kontinuierliche Sterilisations- und Kühlzone
11 Kühlzone
12 Heißhaltezone
13 Sterilisationszone
14 Deckelmagazin
15 Deckelsterilisator
16 Eingedostes Produkt
17 Dreiwegehahn
18 Füllanlage
19 Zufuhr des sterilen Füllgutes
20 Dosensterilisator
21 Gasregelung
22 Geschwindigkeitsregelung
23 Verschließmaschine

• Anlagen zur Hochtemperatur-Kurzzeit-Erhitzung (HTST- oder UHT-Verfahren)

Einen Meilenstein bei der Weiterentwicklung von Sterilisationsvorrichtungen stellt die Erfindung von Aseptikanlagen dar. Hierbei wird in den meisten Fällen der Konserveninhalt getrennt vom Behältnis sterilisiert. Diese Funktionstrennung hat mehrere Vorteile. Die Inhaltstoffe werden wenig geschädigt, das Behältermaterial braucht nicht mehr so hohen Temperaturen ausgesetzt zu werden, es werden Energie und Zeit eingespart.

Die Anwendung der Hochtemperatur-Kurzzeit-Erhitzung oder Ultrahocherhitzung (HTST- oder UHT-Verfahren) ist dadurch gekennzeichnet, daß die Wärmebehandlung des Füllgutes im Temperaturbereich von 125 bis etwa 165 °C für die Dauer von einigen Sekunden bis zu etwa 5 min erfolgt. Sie ist z. Z. auf flüssige bzw. pumpfähige Füllgüter begrenzt. Eine Aseptikanlage erfordert relativ hohe Investitionskosten, die Durchsatzleistung ist jedoch bedeutend.

Als Wärmeübertragungsmittel wird Dampf unter Druck verwendet. Neben Dampf werden andere sterile Gase, z. B. heißer Stickstoff oder heißes Helium, eingesetzt. Für schwach saure Lebensmittel liegen die Temperaturen um 130 °C.

HTST- oder UHT-Verfahren werden u. a. für die Konservierung von Kondensmilch, Milchgetränken, Fruchtsäften und Suppen angewandt. Sie sind z. B. unter der Bezeichnung HCF-Verfahren (heat-cool-fill), Martin-Dole-Verfahren und Tetra Pak bekannt. Die in Abbildung 10.5.5-6 dargestellte Anlage befindet sich in einem geschlossenen Raum, der unter Überdruck steht.

Ein typisches Profil des Temperaturverlaufes mit äquivalentem Abtötungseffekt von Mikroorganismen in einer Aseptikanlage im Vergleich zu einem Standautoklaven zeigt Abbildung 10.5.5-7.
Zu den Vorrichtungen, die nach dem HTST-Verfahren arbeiten, gehören auch die Heißluft- und Flammensterilisatoren. Sie sind als Tunnel konzipiert, durch den ein Transportband mit den

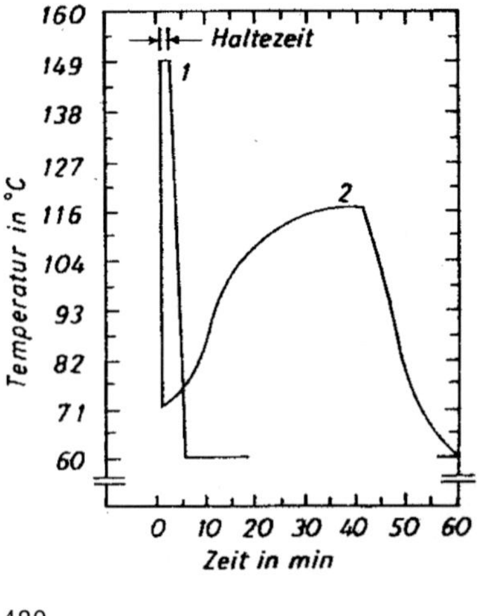

Abb. 10.5.5-7 Vergleich der Produkterhitzung mit äquivalentem Abtötungseffekt von Mikroorganismen in einer Aseptikanlage (149 °C) und in einem konventionellen Standautoklaven (120 °C [4]

1 Separate Sterilisation des Füllgutes bei 149 °C
2 Sterilisation im Behälter bei 120 °C

Dosen die Stationen Heißwasserbesprühung, Heißluftabteilung und Sprühwasserkühlung durchgeführt wird. In der ersten Abteilung wird der Doseninhalt auf etwa 95 °C erwärmt und in der zweiten auf etwa 130 °C. Die Hitzebehandlung in der Heißluftabteilung erfolgt mittels Gasflammen bei bis zu 1400 °C. Die Anlage arbeitet ohne Gegendruck. Nach kurzer Haltezeit schließt sich die Wasserkühlung der Dosen an.

► Einschätzung diskontinuierlich und kontinuierlich arbeitender Sterilisatoren

Der Normalautoklav ist nur noch in wenigen Betrieben anzutreffen. Aufgrund des entstehenden hohen Wirkdruckes können Glaskonserven im Normalautoklaven nicht sterilisiert werden. Die Sterilisation von Metalldosen ist möglich. Es treten aber häufig Deformationen auf. In Druckkühl- und Überdruckautoklaven können grundsätzlich alle üblichen Packungen sterilisiert werden. Eine sichere Sterilisation unter Vermeidung von Brüchen ist insbesondere in Überdruckautoklaven möglich. Hier können auch sehr empfindliche Verpackungsmittel, z. B. Aluminium-Plastverbunde, verwendet werden.

Bei Rotationsautoklaven wird in der Praxis oftmals nicht die Möglichkeit der Rotation von Behältnissen mit geeigneten Füllgütern genutzt. Dadurch werden entscheidende Vorteile vergeben. Die Verwendung von Überdruck- und modernen Druckkühlautoklaven mit Speicherkessel ist in ökonomischer Hinsicht vorteilhaft, da sowohl eine Einsparung von Wärmeenergie als auch von Wasser erzielt wird. Der Vorteil des Überdruckautoklaven gegenüber den anderen Typen liegt insbesondere in der wesentlich schnelleren Aufheizung begründet. Die dadurch verkürzte Prozeßzeit führt zu einer Steigerung der Leistung solcher Apparate. Wasserbeheizte Autoklaven unterliegen in Abhängigkeit von der Beschaffenheit des Wassers und der Temperatur einer Korrosion, die man durch entsprechende Wasserbehandlung mindern kann. Die Korrosionsanfälligkeit ist beim Einsatz von Dampfautoklaven bedeutend größer. Dampf und der in der Preßluft enthaltene Sauerstoff bewirken eine schnellere Korrosion der Autoklavenwände und greifen darüberhinaus auch die Metalldosen an. Zur Vermeidung von Schäden werden Dampfautoklaven mit nichtrostender Stahl-Innenbeschichtung angeboten.
In Kesselsterilisatoren können nur Dosen einer Größe installiert werden.
Die Sterilisation in Turmautoklaven ist sehr produktiv. Derartige Anlagen haben sehr hohe Durchsatzleistungen, z. B. 60 bis 1 500 Dosen je Minute. Ein Turmautoklav mit einer Kapazität von 300 Konserven je Minute kann etwa 18 klassische Autoklaven ersetzen. Es werden Arbeitskräfte, die für die Bedienung der Autoklaven sowie das Bereitstellen und Entleeren der Autoklavenkäfige benötigt werden, freigesetzt. Durch die hohe Durchsatzleistung sind dem Verfahren Grenzen gesetzt. Es eignet sich nur für Betriebe mit sehr großem Produktionsvolumen, mit entsprechendem Absatzmarkt und einem gleichmäßigem, nicht allzu häufig wechselndem Produktionssortiment. Turmautoklaven werden insbesondere in der Milchindustrie zur Herstellung von Kondensmilch eingesetzt. Hier handelt es sich um Dosen eines bestimmten Formates, das meist über Jahre nicht gewechselt wird. Darüberhinaus findet die Anlage Einsatzmöglichkeiten auch in der Obst- und Gemüseverarbeitung sowie in einigen wenigen Fällen in der Fleischwarenindustrie.

Vergleicht man die Leistungen von Sterilisationsapparaten, so erkennt man, daß die kontinuierlich arbeitenden Anlagen das größere Leistungsvermögen haben. Der Wasserverbrauch diskontinuierlich arbeitender Autoklaven ist höher als bei Kessel- und Turmautoklaven.

Über den Einsatz von Einrichtungen zur Hochtemperatur-Kurzzeit-Erhitzung in Aseptikanlagen sind aus der Fleischindustrie keine Beispiele bekannt. Die insbesondere in Patentschriften beschriebenen Anlagen sind technisch relativ aufwendig. Als kritisch sind mögliche Rekontaminationen nach der Hocherhitzung in den Leitungen, Tanks und bei den Verpackungsmitteln zu betrachten. Es ist nicht bekannt, wie man bei Verwendung von Flammensterilisationen dem zu erwartenden hohen Wirkdruck in den Dosen begegnen kann.

10.5.5.4.2 Parameter der Wärmeübertragung und des Energiebedarfs

Abbildung 10.5.5-8 stellt die einzelnen Phasen des Sterilisationsprozesses und den Temperaturverlauf im Konservenbehältnis dar. Der Kurvenverlauf im Zentrum des Konservengutes kennzeichnet eine relativ ungünstige Wärmeübertragung, die für Wärmeleitung charakteristisch ist. Die schematisierte Darstellung verdeutlicht, daß die Abtötung der Mikroorganismen nicht nur in der Haltezeit, sondern auch in der Kühlzeit erfolgt. Am Ende der Kühlzeit hat das Füllgut noch eine durchschnittliche Temperatur von 35 – 40 °C.

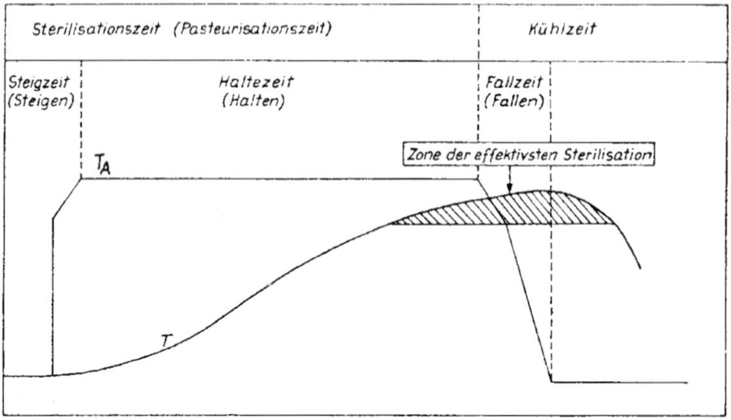

Abb. 10.5.5-8 Phasen des Sterilisationsprozesses im Autoklaven

TA-Temperatur im Autoklaven
T-Temperatur im Kern des Füllgutes

Der Sterilisationsprozeß läßt sich durch folgenden Ausdruck kennzeichnen:

$$\frac{t_1 + t_2 + t_3}{T_A} \qquad (10.5.5/1)$$

t_1 = Dauer der Temperatur- und Druckerhöhung bis zum Erreichen der erforderlichen Werte - Steigzeit - in min

t_2 = Dauer der Aufrechterhaltung einer konstanten Temperatur und eines konstanten Druckes im Apparat - Haltezeit - in min
t_3 = Dauer der Temperatur- und Drucksenkung im Apparat - Fallzeit bzw. Kühlzeit - in min
T_A = Temperatur im Apparat in °C

► Temperaturverlauf im Sterilisationsapparat

Die Verteilung der Temperatur in den Sterilisationsapparaten ist nicht an allen Stellen gleich. Verbesserungen lassen sich erreichen durch Wasserumwälzung mit Pumpen, Ventilatoren in Dampfautoklaven und durch die Anwendung der Rotationssterilisation. Die Temperaturverteilung im Autoklav sollte von Zeit zu Zeit durch Temperaturmessung an verschiedenen Punkten kontrolliert werden. Messungen an Stand- und Rotationsautoklaven haben ergeben, daß sich ein Ausgleich der Wassertemperatur an verschiedenen Punkten erst während der Haltezeit einstellt. Der Ausgleich der Temperaturverteilung kann insbesondere bei Standautoklaven relativ spät erfolgen. Durch Luft (Ausbildung sog. Luftpolster) wird das Auftreten von Temperaturdifferenzen begünstigt. Mit Temperaturdifferenzen ist in jedem Fall in der Steigzeit und in der Kühlzeit zu rechnen. Selbst unter optimalen Bedingungen, die eingangs erwähnt wurden und z. B. durch eine Pendelbewegung der mit Dosen gefüllten Käfige und das Verwenden von perforierten Zwischenlagen zwischen den Behältnissen begünstigt werden, vergehen mehrere Minuten, ehe sich an allen Punkten im Wasser des Autoklaven eine gleichmäßige Temperaturverteilung einstellt.

► Art des Füllgutes

Die Geschwindigkeit des Wärmetransportes im Produkt hängt entscheidend von seiner Zusammensetzung ab. Die wesentlichen Einflußfaktoren sind die Struktur, die Dichte, das Verhältnis von flüssigen zu festen Bestandteilen, deren Viskosität und Teilchengröße.
Nach dem Mechanismus der Wärmeübertragung kann man die Füllgüter wie folgt einteilen:

- Produkte mit ungehinderter Konvektion; zu diesen Produkten gehören ungebundene Suppen und Soßen
- Produkte mit Wärmeübertragung durch Wärmeleitung; hierzu zählen Kochschinken, kompaktes Eisbein und Brühwurst
- Produkte mit Wärmeübertragung durch Wärmeleitung und Konvektion; in diese Kategorie sind die meisten Fleischprodukte einzuordnen.

Zu Erzeugnissen der zuletzt genannten Kategorie zählen u. a. Schmalzfleisch, alle Fleischerzeugnisse im eigenen Saft sowie zum Teil Leberwurstkonserven. Bei diesen Produkten tritt während der Wärmebehandlung eine Viskositätsänderung infolge Zunahme des Flüssigkeitsanteils auf, wodurch die Wärmeübertragung durch Konvektion begünstigt wird.

Der Wärmedurchgang im Konservengut wird auch vom Zerkleinerungsgrad der Fleisch- und Fetteile beeinflußt. Während aus fein zerkleinertem Fleisch eine zusammenhängende kompakte Masse (Brühwurstbrät) entsteht, bilden sich bei grob zerkleinerten Fleischstücken infolge Schrumpfung der Fleischfasern Hohlräume, in denen Flüssigkeit strömen kann. Fettgewebe verhält sich umgekehrt. Bei grober Zerkleinerung schmilzt das Fett zu langsam. Es fehlt zunächst an Flüssigkeit, die die Wärmeübertragung durch Konvektion beschleunigen könnte. Für diesen Zweck ist deshalb eine feine Zerkleinerung des Fettes bzw. bestimmter Fettanteile empfehlenswert.

► Dosenformat und Behältnisart

Unter sonst gleichen Bedingungen ist der Anstieg der Temperatur nicht nur von der Art der Wärmeübertragung im Füllgut, sondern u. a. auch vom Dosenformat abhängig. Möglichkeiten für die Umrechnung der f_h-Werte von einem Dosenformat auf eine anderes hat STUMBO [6] für Füllgüter mit Wärmeübertragung durch Konvektion und Wärmeleitung angegeben. Danach läßt sich für Produkte, die durch Konvektion erwärmt werden, die Umrechnung des f_h-Wertes nach Gleichung (10.5.5/2) durchführen:

$$f_{h2} = f_{h1} \cdot \left[\frac{(r_2 y_2)}{r_2 + y_2} \cdot \frac{(r_1 + y_1)}{r_1 y_1} \right] \qquad (10.5.5/2)$$

Hierbei sind f_{h2} das eine und f_{h1} das andere Dosenformat, r_2 ist der Radius der einen Dose und r_1 der Radius der anderen Dose, y_2 und y_1 stellen die entsprechenden Dosenhöhen dar.

Die Verwendung der Dosenformate ist überwiegend traditionsbedingt. Aus wärmetechnischen Gründen ist es nicht gleichgültig, welche Abmessungen und Form die Behältnisse aufweisen. Im Gegenteil, die spezifische Oberfläche (Verhältnis von Oberfläche zu Volumen) und die äußere Form der Behältnisse sind für die Wärmeübertragung und den Wärmedurchgang vor allem bei Produkten mit Wärmetransport durch Leitung entscheidend.

(1) V=50 cm³		(2) V=200 cm³		(3) V=
Bezeichnung	Höhe H	Durchmesser D	Verhältnis H/D	1 000 cm³ d
	in m	in m	in mm⁻¹	in m²m⁻³
A	0,047	0,073	0,646	97,25
B	0,026	0,099	0,270	114,60
C	0,019	0,111	0,175	134,80
D	0,003	0,102	0,029	350,72

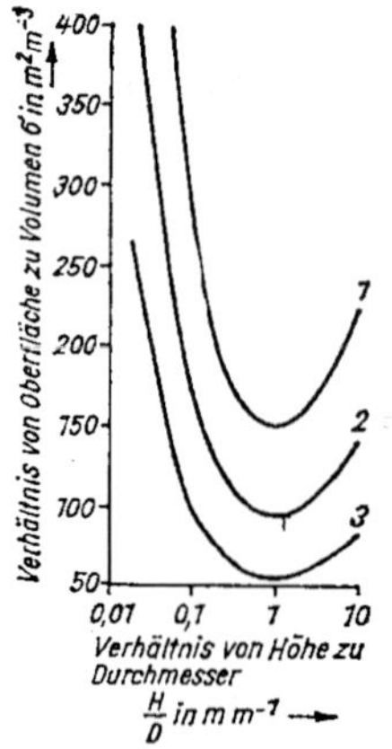

Abb. 10.5.5-9 Spezifische Oberfläche in Abhängigkeit vom Formverhältnis H/D für Zylinder unterschiedlicher Volumina *V* [7]

Für zylindrische Formen ergibt sich zwischen dem Verhältnis aus Höhe H und Durchmesser D sowie Verhältnis Oberfläche zu Volumen der in Abbildung 10.5.5-9 dargestellte Zusammenhang. Man erkennt, daß die volumenbezogene Oberfläche bei konstantem Verhältnis *H/D* mit zunehmendem Volumen kleiner wird. Unter dieser Bedingung (*H/D* = const.) ist deshalb bei steigendem Volumen eine langsamere Aufheizung des Füllgutes zu erwarten. Bei einem Formatverhältnis *H/D* = 1 wird bei jedem Volumen die kleinste spezifische Oberfläche erreicht. Die Versuchsergebnisse von Bauder [7] und Reichert [8] über die Wärmeübertragung in Produkten mittels Wärmeleitung zeigen folgendes Bild. Je größer die Oberfläche des Behältnisses im Verhältnis zum Volumen ist, um so schneller läßt sich der gewünschte Sterilisationseffekt erreichen. Es kann festgestellt werden:

- Die kleinste spezifische Oberfläche ergibt sich unabhängig vom Volumen des Behältnisses bei einem Verhältnis von Höhe/Durchmesser bzw. Höhe/Seitenkante = 1. Derartige Formate sind für Füllgüter mit Wärmeleitung am ungünstigsten, d. h. bei solchen Abmessungen ist im Vergleich zu anderen Formaten unter gleichen Bedingungen eine längere Sterilisationsphase erforderlich.
- Bei flachen Behältnissen (Höhe/Durchmesser bzw. Höhe/Seitenkante < 1) nimmt die spezifische Oberfläche in stärkerem Maße zu als für Formate mit kleinerem Durchmesser.
- Rechteckige und quadratische Behältnisse haben eine größere spezifische Oberfläche als runde und benötigen daher unter sonst gleichen Bedingungen eine kürzere Sterilisationszeit.

Als nicht vorteilhaft erweist sich, daß bei der Herstellung von Behältnissen mit relativ großer spezifischer Oberfläche der Materialverbrauch an Verpackungswerkstoff erhöht ist. Da der Nachteil einer schlechteren Wärmeübertragung sich weniger bei Produkten mit vorherrschender Wärmeübertragung durch Konvektion als durch Wärmeleitung bemerkbar macht, sollte man die Wahl des Behältnisformates vom Konservengut und der angestrebten Qualität abhängig machen.

Die Erkenntnis aus diesen Ausführungen ist durch praktische Versuche belegt. Während der Inhalt von flachen Dosen mit 125 g oder 200 g Füllmasse bei gleicher Höhe von 30 – 36 mm annähernd gleich schnell zu sterilisieren ist, können die Haltezeiten vergleichbarer Füllmassen, z. B. des Formates 99 mm x 63 mm, bis zu 100 % länger sein. Bei dem Format 99 mm x 33 mm verkürzte sich die Haltezeit im Vergleich zum Format 73 mm x 58 mm (beide 200 g Füllmasse) bei verschiedenen Produkten wie Brühwurst, Leberwurst, Rind- und Schweinefleisch bis zu 40 % (Tab. 10.5.5-3).

Tab. 10.5.5-3 Einfluß der Behältnisformate auf den Wärmedurchgang bei Leberwurstkonserven [8]

Behältnisformat (mm)	Einwaage (g)	Temperatur (°C)	Zeit t (min)	F-Wert (min)
63 x 64	200	107	87	0,6
82 x 60	200	110	85	0,6
73 x 58	200	110	68	0,6
99 x 33	200	110	49	0,6
163 x 10	200	112	15	0,6

► Anfangstemperatur des Füllgutes und Kopfraum

Die Anfangstemperatur des Füllgutes sollte aus mikrobiologischen Gründen möglichst niedrig gehalten werden. Eine niedrige Anfangstemperatur hat jedoch eine längere Prozeßdauer zur Folge. Über die Wahl optimaler Anfangstemperaturen fehlen bisher systematische Untersuchungen. Orientierende Versuche haben gezeigt, daß bereits eine Differenz von wenigen Kelvin bedeutungsvoll sein kann.

Bei der Betrachtung der Wärmeübertragung im Füllgut sind bezüglich des Kopfraumes oder Leerraumes von Behältnissen drei Dinge zu berücksichtigen:

- Art und Menge des Gases (Luft)
- Volumen
- Evakuieren.

Im folgenden interessiert lediglich die Luftmenge. Nicht evakuierte Metall- und Glasdosen haben einen mit Luft gefüllten Kopfraum. Die eingeschlossene Luft vermag bei optimaler Rotationsgeschwindigkeit als Luftblase durch das Gut zu wandern und den Durchmischungsvorgang zu unterstützen. Hierdurch kann die Wärmeübertragung im Produkt beschleunigt werden. Die Luftmenge ist als ausreichend anzusehen, wenn ein Leerraum von 7 – 10 % verbleibt. Andererseits ist das Vorhandensein von Luft von Nachteil, da in Gegenwart von Sauerstoff besonders die Oberfläche von Wurstkonserven Farbveränderungen erleiden kann. Da Luft ein schlechter Wärmeleiter ist, können sich eine zu große Menge im Kopfraum oder auch größere Lufteinschlüsse im Konservengut hinsichtlich der Wärmeübertragung störend auswirken. Wenn die Spitzen von Würstchen in den lufterfüllten Kopfraum ragen und nicht von der Lake umspült werden, ist die Abtötung von Mikroorganismen beeinträchtigt. Infolge des Überlebens von Bazillen (u. a. der Spezies B. subtilis) können Spitzenerweichungen auftreten.

► Temperaturverlauf im Zentrum des Füllgutes in Abhängigkeit von Sterilisationstemperatur und -verfahren

Die technologischen Maßnahmen sind darauf gerichtet, die Wärmeübertragung im Füllgut, insbesondere in dessen Zentrum, zu beschleunigen.
Von Bedeutung sind hierbei die physikalischen Eigenschaften des Füllgutes und das angewandte Verfahren. Im Falle der Wärmeübertragung durch Leitung erfolgt der Wärmestrom vom Rand zum Gefäßkern hin. Der Vorgang nimmt relativ lange Zeit in Anspruch und ist bezüglich der stärkeren Schädigung von Inhaltsstoffen in der Randzone ungünstig.

Für bestimmte Anwendungsfälle in der Fleischwirtschaft ist die Rotationssterilisation und mit Einschränkung auch die modifizierte Anwendung von überschwingenden Temperaturen von Interesse. Je nach der angewandten Technik kann insbesondere der Anstieg der Temperatur im Zentrum des Füllgutes beeinflußt werden.

Die Anwendung der Rotation verfolgt das Ziel, die Wärmeübertragung im Füllgut durch Konvektion zu verstärken oder eine Konvektion wenigstens teilweise zu erreichen. Sie kann entweder als Axialrotation (Rotation um die Längsachse des Behältnisses) oder als End- über End-Rotation (Rotation um die Querachse) erfolgen. Die letztgenannte Methode ist bei richtiger Anwendung als weitaus günstiger anzusehen. Die Rotationsgeschwindigkeit ist je nach Füllgut verschieden einzustellen und ist insbesondere abhängig von dessen Konsistenz. Untersuchungen haben ergeben, daß nur bei Produkten mit hohem Flüssigkeitsanteil wie Gulasch, Würstchen und Suppen, die Umdrehungszahl etwa 20 – 30 je Minute betragen sollte. Bei anderen Gütern haben sich 6 – 10 Umdrehungen je Minute als optimal erwiesen. Vorteilhaft kann auch die sog. Pendelrotation sein.

Für die Rotationssterilisation eignen sich neben den genannten Produkten solche Füllgüter, bei denen sich während der Wärmeeinwirkung eine flüssige Phase bildet, z. B. Schmalzfleisch, in dem relativ viel Fett flüssig wird, oder auch Rindfleisch im eigenen Saft und Schweinefleisch im eigenen Saft.

Die Sterilisation unter Rotation kann gegenüber der Standsterilisation Zeitverkürzungen von 20 – 40 % und mehr ergeben. Bei geeigneten Gütern sollte die Rotationssterilisation mit Temperaturen zwischen 120 und 130 °C durchgeführt werden. Die Anwendung solcher Temperaturen erfordert bei Gulasch keine, jedoch bei Würstchen außerordentliche technologische Maßnahmen. Die Vorteile der Anwendung der Sterilisation unter Rotation mit geeigneten Füllgütern lassen sich wie folgt zusammenfassen:

- schnellere Wärmedurchdringung
- Verkürzung der Zeit des Sterilisationsprozesses
- weitgehende Schonung der Inhaltsstoffe
- Einsparung von Energie.

Ein weiteres Verfahren zur Beschleunigung der Wärmeübertragung in Konserven ist die Anwendung von überschwingenden Temperaturen nach LERCHE [9]. Es beruht darauf, daß etwa im letzten Drittel der Haltezeit die Temperatur von 121 auf 131 °C erhöht wird. Die Verfahrensweise konnte sich nicht durchsetzen, da durch die hohen Temperaturen die Randpartien von Füllgütern (insbesondere mit Wärmeleitung) einer starken Wärmeeinwirkung ausgesetzt werden. Die Methode wurde deshalb durch zwei Varianten modifiziert, und zwar in Form der Stufenkochung und in der sogenannten umgekehrten Stufenkochung.

Bei der Stufenkochung wendet man zunächst Temperaturen zwischen 80 und 100 °C an, um im Verlaufe der Haltezeit die Temperatur zu erhöhen. Die Methode ist auch für Glasdosen geeignet.

Die Methode der umgekehrten Stufenkochung sieht in der 1. Stufe eine Temperatur von etwa 125 °C für die Dauer von 10 min vor. Danach senkt man die Temperatur im Autoklav auf 117 – 120 °C. Die Verfahrensweise ist für Metalldosen mit Füllgütern, bei denen die Wärmeübertragung überwiegend durch Wärmeleitung erfolgt, von Interesse.

Alle genannte Sterilisationsmethoden zielen darauf ab, die Temperatur so zu steuern, daß die Kerntemperatur möglichst schnell auf den gewünschten Wert gebracht wird. Der Kurvenverlauf im Zentrum der Produkte soll so vonstatten gehen, daß der Steigungswinkel nicht zu flach ist. Im Interesse der Schonung der Inhaltsstoffe und auch aus energetischen Gründen sollen die Sterilisationsprozesse auf das Produkt bezogen sein. Die Steuerung des Sterilisationsprozesses sollte über die Kontrolle des Temperaturverlaufes im Zentrum des Behältnisses erfolgen. Als optimal ist ein steiler Anstieg der Kurve, bis zum Erreichen der gewünschten Kerntemperatur anzusehen. Bei einer zu hohen Temperaturführung und entsprechender Einwirkungsdauer können besonders Produkte mit Wärmeübertragung durch Wärmeleitung verschiedene Schäden zeigen: Das Fleisch wird faserig und strohig, oder es kommt zum Zerfall des Fleisches. Rind- und Kalbfleisch weisen überhöhten Gelee-Austritt, bräunliche Verfärbung und deutliche Geschmackseinbußen auf.

► Energiebedarf zum Betreiben von Autoklaven

Berechnungen müssen berücksichtigen, daß das zur Sterilisation benutzte Wasser bzw. Kondensat einem Kreislauf unterliegt. Das heiße Wasser des Arbeitskessels wird nach der Sterilisation nicht abgelassen, sondern in den Speicherkessel gepumpt, d. h. es wird nur für den ersten Sterilisationsprozeß bei Arbeitsbeginn Wasser von 12 auf 121 °C erwärmt, während für die folgenden Operationen nur noch Energie aufzuwenden ist, um Wasser des Speicherkessels auf die gewünschte Temperatur zu bringen. Die Temperaturdifferenz zwischen dem heißen Wasser des Arbeits- und Speicherkessels liegt zwischen 15 und 25 K.

Bezüglich des Wärmemengenbedarfes kann man zwei Phasen unterscheiden.

- *Phase 1*: Wärmemengenbedarf (Q^s) während der Steigzeit

In dieser Phase ergibt sich ein Energieaufwand für:
- Erwärmen des Wassers im Speicherkessel
- Erwärmen des Autoklaven (in der 1. Operation werden Speicher- und Arbeitskessel erwärmt)
- Erwärmen der Käfige
- Erwärmen des Verpackungsmaterials
- Erwärmen des Füllgutes
- Ersatz für die Wärmeverluste des Autoklaven an die Umgebung.

- *Phase 2*: Wärmemengebedarf (Q^H) während der Haltezeit

In dieser Phase wird gemäß Rechenansatz lediglich die Energiemenge benötigt, die die Wärmeverluste des Autoklaven an die Umgebung ersetzt.
Beim Vergleich der Energieaufwendungen bei Wasser- und Dampfautoklaven ergibt sich ein geringerer Bedarf an Wärmeenergie bei Dampfautoklaven [25].

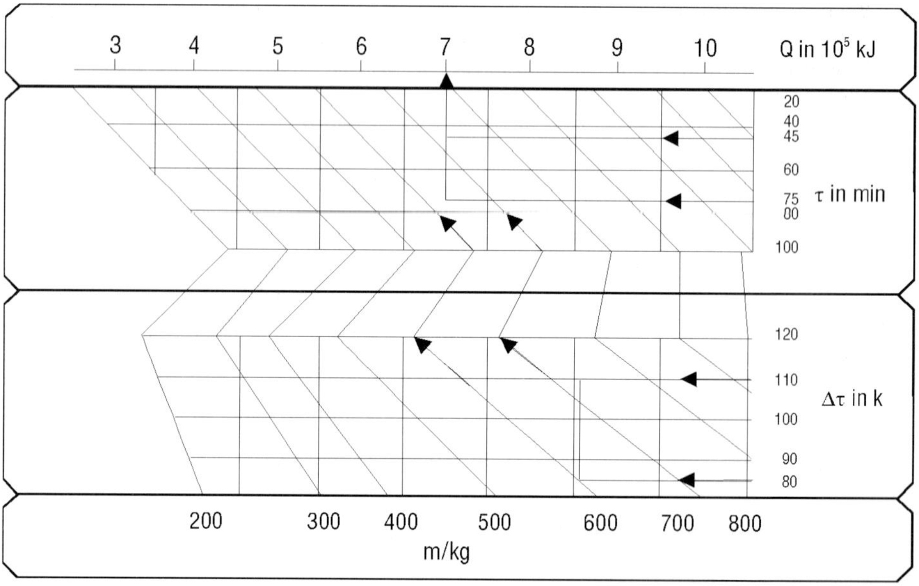

Abb. 10.5.5-10 Nomogramm zur Bestimmung des Energiebedarfs für die Sterilisation ◘ Varianten der Verfahrensführung mit gleichem Energiebedarf (Δt = 111 K, τ = 45 Min; Δt = 80 K, τ = 75 min; Q = 7 . 10^5 kJ)

Zur schnellen Orientierung über den Energiebedarf zum Betreiben von Autoklaven kann die nomographische Methode dienen. Die Anwendung des in Abbildung 10.5.5-10 dargestellten Nomogrammes erfolgt entsprechend der nachstehenden Beschreibung.
Der Energieaufwand zur Erwärmung von Autoklaven und Käfigen wird indirekt erfaßt. Die Wärmemenge zur Temperaturerhöhung des Wassers und der Konservenbehältnisse wird als proportional zu der für die Füllguterwärmung betrachtet. Dies entspricht den tatsächlichen Verhältnissen. Als spezifische Wärme des Füllgutes liegt dem Nomogramm der Wert

$$c = 3{,}35 \text{ kJ kg-1 K}^{-1}$$

zugrunde.

Im Speicherkessel des Wasserautoklaven soll bereits erwärmtes Wasser zur Verfügung stehen. Entsprechend den in der Praxis herrschenden Bedingungen wird eine Verringerung der Temperatur des Wassers im Speicherkessel nach Beendigung eines Sterilisationsvorganges und erfolgtem Rückpumpen um 30 K unterstellt.

Das Nomogramm ermöglicht die Bestimmung des Energiebedarfes der Sterilisation für Füllgutmassen m zwischen 200 kg und 800 kg, bei Temperaturerhöhungen Δt des Füllgutes von 80 – 120 K und Haltezeiten τ zwischen 20 und 100 min. Damit werden die praktisch interessierenden Bereiche eingegrenzt.

Das Nomogramm besteht aus zwei Teilen, die durch Hilfslinien miteinander verbunden werden. Ausgangspunkt ist die Füllgutmasse m. Senkrecht zur Skala der Masse wird bis zum Schnittpunkt mit dem Δt-Wert gegangen. Von dort aus ist der entsprechenden Geraden des Netzes bis zum Ende des ersten Teilnomogrammes zu folgen. Der Übergang zum zweiten Teilnomogramm vollzieht sich entlang der Verbindungslinien. Hier wird auf der am Endpunkt der Verbindungslinie beginnenden Geraden der Kurvenschar des Netzes bis zu dem Punkt fortgeschritten, dessen Ordinate mit der Haltezeit τ übereinstimmt. Die Abszisse dieses Punktes gibt den Energiebedarf für diese Sterilisationsregime an und ist auf der oberen Skala abzulesen.

Eine entscheidende Erhöhung des Wirkungsgrades würde durch qualitativ veränderte Verfahren der Konservierung erreicht werden können. In diesem Sinn bietet die Sterilisation mit unmittelbarer Erwärmung des Füllgutes und anschließender aseptischer Abfüllung mittels aseptischer Anlagen in energetischer Hinsicht wesentliche Vorteile (s. Kap. 10.5.5.4.1 und bei [25]).

10.5.5.4.3 Druck im Behältnis und Steuerung des Gegendruckes

Wird eine Konservendose bei Raumtemperatur gefüllt und über 100 °C erwärmt, so machen sich in ihr der entstehende Überdruck zunächst durch das Ausfedern der Deckel bemerkbar. Am Zustandekommen dieses Überdruckes sind folgende Faktoren beteiligt:
- Temperatur des Füllgutes beim Verschließen
- Temperatur des Füllgutes während der Sterilisation
- Druck in dem mit Luft gefüllten Kopfraum (Volumen des Leerraumes)

- Partialdampf- und Partialluftdruck
- Austreten bzw. Verhinderung des Austrittes von Gasen aus dem Behältnis (atmende oder nichtatmende Verschlüsse)
- Lösen von Lufteinschlüssen aus dem Füllgut
- Füllungsgrad des Behältnisses
- Wärmeausdehnung bzw. Schrumpfen des Produktes (Volumenänderung)
- Wärmeausdehnung des Behältnisses (Volumenänderung) sowie Art und Form des Behältnisses.

Der Innendruck einer Konservendose ist eine Funktion der Temperatur des Füllgutes zum Zeitpunkt des Verschließens des Behältnisses und während des Sterilisationsprozesses sowie des Kopfraumes und der Luftmenge im Kopfraum und im Füllgut. Die hierbei entstehenden Partialdampfdrücke und Partialluftdrücke bestimmen in erster Linie den Innendruck.

► Volumenänderung des Füllgutes und der Verpackungsmittel

Bei einer Temperaturerhöhung von 20 auf 120 °C dehnt sich Wasser um 5,93 % aus. Die Volumenzunahme des Wassers errechnet sich nach der Gleichung (10.5.5/3):

$$V = \frac{S_1 - S_2}{S_2} \cdot 100 \qquad (10.5.5/3)$$

S_1 = Dichte des Wassers bei ϑ_1
S_2 = Dichte des Wassers bei ϑ_2
ϑ_1 = bei 20 °C ≙ 0,99820
ϑ_2 = bei 120 °C ≙ 0,94268

Luft dehnt sich bei dieser Temperaturerhöhung um etwa 0,5 % aus. Glas zeigt eine Volumenvergrößerung/K von $25{,}5 \times 10^{-6}$, Weißblech von 36×10^{-6} und Aluminium von 75×10^{-6}. Die Volumenvergrößerung würde bei einer Erhöhung der Temperatur um 100 K bei Glas + 0,26 % und bei Weißbleich + 0,36 % betragen. Da sich das Volumen von Glasdosen im Vergleich zu Metalldosen bei der thermischen Behandlung fast nicht verändert, dient als Faustregel, daß für je 10 K Temperaturerhöhung 0,6 % des Glasvolumens als Kopfraum vorzusehen ist. Wenn man also ein Gut von 20 auf 120 °C erwärmt, müßte demzufolge der Kopfraum etwa 6 % betragen. Betrachtet man nur die Volumenänderung eines Füllgutes in bezug auf die Inhaltsstoffe Wasser und Trockensubstanz und geht davon aus, daß die thermische Ausdehnung der Trockensubstanz gegenüber Wasser vernachlässigbar klein ist, so ergibt sich die Volumenänderung z. B. an den Produkten Schmalzfleisch, Schweinefleisch und Kalbfleisch im eigenen Saft wie folgt: Schmalzfleisch besteht aus 65 % Trockensubstanz und 35 % Wasser. Somit ist das Gesamtvolumen der Füllung bei 120 °C gleich der Summe aus dem Volumen der Trockensubstanz (etwa 65 %) und dem Wasservolumen nach der thermischen Ausdehnung bei 120 °C (etwa 37,07 %), zusammen also gleich 102,07 % des ursprünglichen Volumens im Gegensatz zu 105,93 % bei reiner Wasserfüllung. Der entsprechende Wert für Schweinefleisch im eigenen Saft mit 60 % Wasser beträgt 103,56 % und bei Kalbfleisch im eigenen Saft mit 72 % Wasser 104,27 %. Je geringer der Trockensubstanzgehalt ist, desto mehr nähert sich das Gesamtvolumen dem Volumen des reinen Wassers. Für genaue Berechnungen wäre bei stark fetthaltigen Produkten die Ausdehnung des flüssigen Fettes zu berücksichtigen. Der Ausdehnungskoeffizient für flüssiges Fett liegt bei 0,00098 – 0,001 g^{-1} K^{-1}.

► Art des Behältnisses

Im Hinblick auf die Verformbarkeit lassen sich die zur Konservenherstellung verwendeten Behältnisse in elastische, teilelastische und starre Gefäße einteilen. Zu den elastischen Behältnissen zählen flexible Umverpackungen, Weichpackungen und Metalldosen, als teilelastische sind Gläser mit Metalldeckeln zu bezeichnen, und zu den starren Gefäßen zählen die Gläser mit Glasdeckeln.

Metall- und Glasdosen verhalten sich nicht nur in bezug auf ihre Volumenveränderung, sondern auch hinsichtlich der Druckbelastung unterschiedlich. Im folgenden werden die beiden typischen Behältnisse Metalldosen und Glasdosen mit Metalldeckeln getrennt besprochen.
Bei der Sterilisation mit einer Temperatur um 120 °C tritt bei Metalldosen aufgrund des Auswölbens von Deckeln und Böden sowie der Volumenzunahme über die Sicken an diesen und auch an den Dosenrümpfen eine Volumenzunahme zwischen 8 und 10 % auf. Infolgedessen spielt bei der Verwendung von Metalldosen die Volumenänderung des Füllgutes während der Sterilisation keine Rolle. Das heißt, man kann bei der Verwendung von Metalldosen randvoll füllen. Zu beachten sind jedoch der Druck bzw. die Durckbeanspruchung hinsichtlich des Dosenformates während der Sterilisation. Je größer der Durchmesser einer Dose im Vergleich zur Höhe ist, desto leichter können Deckel und Boden die Volumenzunahme ermöglichen. Bei schlanken Dosen ist über die Deckel und Böden nur eine geringe Volumenvergrößerung möglich. Hier muß ein entsprechender Kopfraum berücksichtigt werden. Um den Partialluftdruck herabzusetzen, ist eine Evakuierung anzustreben. Der kritische Druck, bei dem eine Deformierung des Deckels und Bodens eintritt, hängt vom Dosendurchmesser, der Metalldicke und der Härte sowie der Elastizität des Deckelmaterials ab. In der Tabelle 10.5.5-4 werden die kritischen Drücke bei zwei verschiedenen Metalldosentypen dargestellt.

Tab. 10.5.5-4 Belastungsgrenzen von Blechdosen – dargestellt als Wirkdruck in MPa [10]

Veränderungen	Dosengrößen	
	90 mm x 122 mm mit Sicken	73 mm x 148 mm Einheitsprofil
Ausfederung der Deckel	0,078–0,115	0,09807
Rückfederung der Deckel	-0,025–0,042	-0,025–0,047
Nasenbildung bzw. Dauerverformung	0,226	0,255
Knicken der Rümpfe bei Unterdruck in der Dose	-0,113	-0,108

Bei hohen Dosenformaten (99 mm x 240 mm) kommt es bereits zu einer Ausfederung der Deckel bei einem Wirkdruck ab 0,05 MPa. Falls diese Dosenformate für die Konservierung von Bockwürsten und Würstchen eingesetzt werden, ist wegen der Gefahr des Platzens der Würste darauf zu achten, daß das Auswölben der Deckel oder Böden nicht plötzlich erfolgt. Die Knickgefahr für die Rümpfe (Längsnahteinbeulung) steigt mit der Höhe der Gefäße (Vermeidung von hohem Außendruck). Im allgemeinen sind Dosen, deren Höhen sich zu den Durchmessern

etwa wie 1 : 1 verhalten, am stabilsten und in bezug auf die thermische Ausdehnung der Füllgüter am günstigsten.
Die Belastbarkeit des Glases ist abhängig von der Boden- und Wanddicke sowie der gleichmäßigen Beschaffenheit des Materials. Glasdosen haben eine Widerstandsfähigkeit von 0,4 MPa und mehr. Die Widerstandsfähigkeit der Glasverschlüsse gegenüber Druckdifferenzen hängt wesentlich von der Art des Deckels ab. Nichtatmende Verschlüsse sind im Vergleich zu den atmenden Verschlüssen stabiler. Bei der Verringerung des Leerraumes im Glas erhöht sich der Innendruck wesentlich, der bei nicht entsprechender Gegendrucksteuerung insbesondere gegen Ende der Haltezeit und zu Beginn der Kühlphase zum Abheben der Deckel führen kann.

► Form des Behältnisses und Kopfraum

Die Druckbelastung im Behältnis wird wie bereits erwähnt von dessen Abmessungen beeinflußt. Entsprechende Versuche hat man schon frühzeitig an Dosen mit verschiedenen Kopfräumen und Höhenverhältnissen durchgeführt (Tab. 10.5.5-5).

Tab. 10.5.5-5 Abhängigkeit der Wirkdrücke von den Kopfräumen bei verschiedenen Höhenverhältnissen; Sterilisationstemperatur 120 °C [10]

Höhenverhältnis	Dosengröße(mm)	Wirkdrücke (MPa) für Kopfräume von			
		0 cm³	50 cm³	100 cm³	200 cm³
0,92	99 x 91,5	0,0647	0,0986	–	–
1,23	99 x 122	0,0998	0,1142	0,1185	0,1219
1,85	99 x 183	0,1731	0,1528	0,1438	0,1364
2,46	99 x 247	0,2504	0,2000	0,1753	0,1547

1 Die in kp cm^{-2} angegebenen Originalwerte wurden zur Umrechnung in MPa mit dem Faktor 0,1 multipliziert.

Die Versuche wurden mit wassergefüllten Dosen (Durchmesser 99 mm) bei 120 °C vorgenommen. Aus den Tabellenwerten ist die Abhängigkeit von verschiedenen Höhenverhältnissen erkennbar. Danach steigen die Wirkdrücke in den Blechdosen geringer Höhen mit der Vergrößerung des Kopfraumes leicht an, während in Dosen mit großem Höhenverhältnis - vergleichsweise bei Spargeldosen - der Wirkdruck mit der Vergrößerung des Kopfraumes stark abfällt.

► Partialluft- und Partialdampfdruck

Der Partialdruck des Wasserdampfes ist bei den während der Sterilisation herrschenden Drükken nur temperaturabhängig, der Partialdruck der Gase temperatur- und volumenabhängig.
Zum Zeitpunkt des Verschließens ist der Betrag des Druckes im Behältnis (p_1) gleich dem Betrag des Druckes der Umgebung und gleich der Summe der Beträge der Partialdrücke von Wasserdampf p_d und Luft p_L. Die Summe der Partialdrücke ergibt den Innendruck des Behältnisses. Der Innendruck ist dem Außendruck entgegen gerichtet. Wenn das Behältnis ohne Luftentzug verschlossen ist, ergibt sich:

$$p_1 = p_{d'} + p_{L'} \qquad (10.5.5/4)$$

Der Druck im Behältnis während der Sterilisation p_2 ist ebenfalls gleich der Summe der Partialdrücke des Dampfes $p_{d''}$ und der Luft $p_{L'}$ oder

$$p_2 = p_{d''} + p_{L''} \qquad (10.5.5/5)$$

Die Größe des Partialdruckes des Wasserdampfes zum Zeitpunkt des Verschließens entspricht dem Dampfdruck bei der Temperatur des Füllgutes. Die Unterschiede des Partialdampfdruckes vor und nach der Sterilisation sind durch die Differenz $p_d - p_d$ gegeben

War von Anfang an das Gefäß vollständig gefüllt, so stellt sich zunächst der Dampfdruck der der Gefäßwand anliegenden Flüssigkeitshaut entsprechend ihrer Temperatur ein. Erst mit der aus dem Gut austretenden gelösten Luft überlagert sich dem Partialdruck des Wasserdampfes noch der Partialdruck der Luft. Aufgrund der angeführten Überlegungen ist also für die Bestimmung des Wasserdampfpartialdruckes die Kenntnis der Temperatur im Gefäßkern nicht nötig, sondern man kann ohne großen Fehler wegen der geringen Dicke der Gefäßwandung und des geringen Wärmedurchgangswiderstandes als Bezugstemperatur die Außentemperatur nehmen.

Für die Berechnung des Partialdampfdruckes von Lebensmitteln, bei denen die Wärmeübertragung durch Konvektion oder Konduktion erfolgt, ergeben sich keine Unterschiede.

Die Unterschiede des Luftdruckes vor und nach der Sterilisation sind durch die Differenz $p_{L''}$ - $p_{L'}$ gegeben.

Die Berechnung des Partialluftdruckes bei beliebigen Temperaturen kann auf einfache Weise erfolgen:

Normzustand der Gase: $p = 0{,}09807$ MPa, $T = 273{,}16$ K

Für eine Temperatur von 293,16 K (20 °C) erhält man

$$p_2 = \frac{0{,}09807 \cdot 293{,}16}{273{,}16}$$

$$p_2 = 0{,}105 \text{ MPa} = 105 \text{ kPa}$$

Für höhere Temperaturen ergeben sich deutlich größere Werte des Luftdruckes, und zwar

bei 40 °C ist $p = 0{,}112$ MPa,
bei 50 °C ist $p = 0{,}116$ MPa,
bei 100 °C ist $p = 0{,}134$ MPa,
bei 121 °C ist $p = 0{,}142$ MPa,
bei 130 °C ist $p = 0{,}145$ MPa.

Aufgrund der Unterschiede bezüglich der Veränderung der Volumina bei Glas- und Metalldosen ist eine getrennte Betrachtung der Verhältnisse von Glas- und Blechdosen erforderlich.

► Berechnung des Innendruckes in Glasdosen

Die mathematische Erfassung des Druckverlaufes in einem Glasbehältnis ist relativ gut möglich.

Wenn sich Druck, Volumen und Temperatur gleichzeitig ändern, hat die allgemeine Zustandsgleichung Gültigkeit:

$$\frac{p_1 V_1}{T_1} = \frac{p_2 V_2}{T_2} \qquad (10.5.5/6)$$

Für ein ideales Gas ist das Produkt aus Druck und Volumen, dividiert durch die Temperatur, konstant, oder für ein Gas ist der Druck, geteilt durch das Produkt aus Dichte und Temperatur, unveränderlich:

$$\frac{p_1}{\varphi \cdot T_1} = \text{const.} \qquad (10.5.5/7)$$

Wenn man das Volumen des Leerraumes (Kopfraumes) des Behältnisses mit $V_{1'}$ während der Sterilisation mit V_2 und die absolute Temperatur mit Behältnis entsprechend mit T_1 und T_2 bezeichnet, so erhält man für die beiden Zustände der Luft vor und nach der Sterilisation folgende Gleichungen:

vor der Sterilisation: $p_{L'} \, V_1 = R \, T_{1'}$ (10.5.5/8)

nach der Sterilisation: $p_{L''} \, V_2 = R \, T_2$ (10.5.5/9)

R ist die Gaskonstante für Luft.

Der Druck der Luft während der Sterilisation im Behältnis ist:

$$p_{L''} = p_{L'} \cdot \left(\frac{V_1 \cdot T_1}{V_2 \cdot T_1} - 1\right) \qquad (10.5.5/10)$$

(Die Größen V_1 und V_2 stellen den Kopfraum und der Wert 1 das Volumen des ganzen Behältnisses dar; unberücksichtigt kann die unbedeutende Ausdehnung des Behältnismaterials bleiben.)

Nunmehr lassen sich die Partialdrücke der Luft und des Dampfes (p_d) im Behältnis während der Sterilisation feststellen, indem die Größe $p_{L''}$ eingesetzt wird.

Aus den Gleichungen ergibt sich der Ausdruck

$$p_2 = p_{d''} + p_{L'}\left(\frac{V_1}{V_2} \cdot \frac{T_2}{T_1} - 1\right) \qquad (10.5.5/11)$$

$$p_{L'} = p_1 - p_{d'} \qquad (10.5.5/12)$$

Durch Einsetzen des Wertes von p_L erhält man

$$p_2 = p_{d''} - p_{d'} + (p_1 - p_{d'})\left[\left(\frac{V_1}{V_2} - \frac{T_2}{T_1} 1\right)\right] \qquad (10.5.5/13)$$

Nach PFLAUMENBAUM [12] ist das Verhältnis der Volumina in den Gläsern durch die Gleichung

$$\frac{V_1}{V_2} = \frac{1-a}{1-ya} \qquad (10.5.5/14)$$

zu ersetzen.

a =Füllungsgrad des Glases
y =Ausdehnungskoeffizient des Füllgutes

Ersetzt man das Verhältnis $\frac{V_1}{V_2}$ durch $\frac{1-a}{1-ya}$, so erhält man die Formel zur Bestimmung der Summe der Partialdrücke von Luft und Dampf während der Sterilisation im Glasbehältnis.

$$p_2 = p_{d''} - p_{d'} + (p_1 - p_{d'})\left[(\frac{1-a}{1-ya})\frac{T_2}{T_1} - 1\right] \qquad (10.5.5/15)$$

Mit dieser Gleichung werden Veränderungen des Füllgutes, wie Quellung und eventuelle Gasbildung, nicht berücksichtigt. In bestimmten Fällen kann sich der Druck infolge Quellung des Füllgutes während der Sterilisation ändern. Unter Berücksichtigung des Füllungsgrades des Glases und eines mittleren Ausdehnungskoeffizienten des Gutes von y = 1,04 läßt sich der Innendruck bei Verwendung von nichtatmenden Glasverschlüssen annähernd nach der zuletzt genannten Gleichung berechnen.

Mit den Werten

Füllguttemperatur	T_1 = 293,16 K (= 20 °C)
Dampfdruck bei T_1	$p_{d'}$ = 2,5 kPa
atmosphärischer Druck	p_1 = 100 kPa
Sterilisationstemperatur	T_2 = 394,16 K (=121 °C)
Dampfdruck bei T_2	$p_{d''}$ = 205 kPa
Füllungsgrad	a = 0,9

ergibt sich:

$$p_2 = 205 kPa - 2{,}5 kPa + (100 kPa - 2{,}5 kPa)\left[(\frac{1-0{,}9}{1-1{,}04\cdot 0{,}9})\cdot\frac{394{,}16K}{293{,}16K} - 1\right]$$

$$p_2 = 202{,}5 \text{ kPa} + 107{,}32 = 309 \text{ kPa}$$

$$p_2 = 0{,}31 \text{ MPa}$$

Die rechnerisch ermittelten Werte stimmen mit den praktischen Verhältnissen annähernd überein.
Schwierigkeiten für die Berechnung des Innendruckes treten auf, wenn die Sterilisation in Gläsern mit atmendem Verschluß durchgeführt wird. Erfolgt ein Luftentzug beim Verschließen der Gläser, so gilt:

$$p_1 = N - W \qquad (10.5.5/16)$$

Dabei sind N der im Moment vorhandene atmosphärische Druck im Behältnis und W der durch Luftentzug reduzierte Druck.
Andere Verhältnisse sind bei der Verwendung von Metalldosen festzustellen. Infolge der Wärmeeinwirkung dehnt sich ihr Volumen, wie bereits ausgeführt, bei Erhöhung der Temperatur von 20 auf 120 °C um 8 – 10 % aus. Dadurch vergrößert sich das Volumen, und der Druck sinkt. Abgesehen von stark quellungsfähigen Produkten ist die Wärmeausdehnung des Füllgutes gewöhnlich geringer als die Ausdehnung des Dosenvolumens. Der Druck in der Dose läßt sich gleichfalls wie bei Gläsern näherungsweise berechnen. Wegen der Ausdehnung der Metall-

dosen während der Wärmebehandlung werden die Verhältnisse jedoch unübersichtlicher, und Berechnungen können größere Ungenauigkeiten ergeben.
Eine Überprüfung des erforderlichen Gegendruckes ist durch praktische Versuche sowohl bei Metall- als auch bei Glasdosen erforderlich.

► Steuerung des Gegendruckes von hermetisch verschlossenen und von evakuierten Behältnissen

Im Handel sind kombinierte Geräte zur Temperatur- und Druckmessung, u. a. von den Fa. Ellab A/S, DK Rodovre und Stock, Neumünster, erhältlich. Bei der Druckmessung werden der Gegendruck im Autoklaven und der Innendruck im Behältnis ermittelt. Es wird überwiegend nach empirischen Gesichtspunkten gearbeitet und der erforderliche Gegendruck nach Erfahrungswerten angesetzt. Der auftretende Innendruck ist, wie oben ausgeführt, einer mathematischen Erfassung weitgehend zugänglich. Um Deformationen oder das Bersten von Behältnissen zu vermeiden, ist es erforderlich, den Wirkdruck so zu führen, daß er gegen Null strebt. Der Wirkdruck p_w ergibt sich aus:

$$p_w = p_D - p_A \qquad (10.5.5/17)$$

Die Größe des Gegendruckes und die Führung des Druckregimes während des Sterilisationsprozesses richten sich danach, ob nichtatmende oder atmende Verschlüsse verwendet werden und zu welchem Zeitpunkt das Evakuieren vorgenommen wird. Die Verhältnisse für hermetisch verschlossene nichtatmende Dosen sind in den Abbildungen 10.5.5-11 und 10.5.5-12 dargestellt.

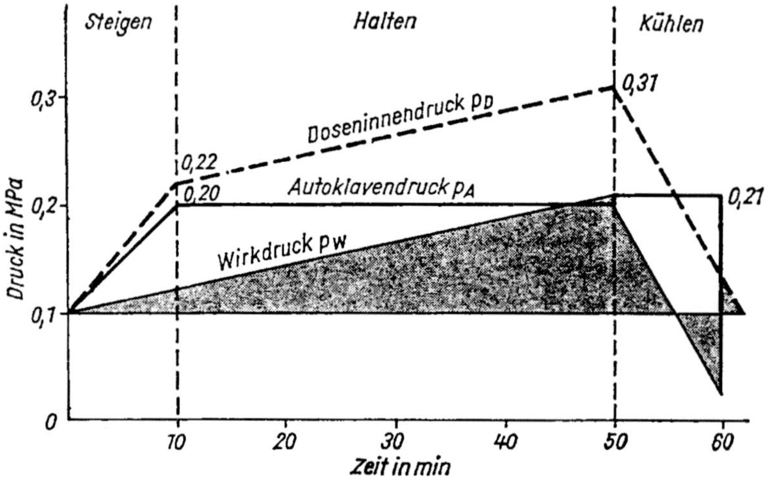

Abb. 10.5.5-11 Druckverlauf im Druckkühlautoklav (modifiziert nach [13])

In Abbildung 10.5.5-11 beträgt die Temperatur des Auoklaven in der Haltezeit 119,6 °C; das entspricht einem Druck p_A von 0,1 MPa Überdruck bzw. 0,2 MPa Absolutdruck. Bei der Darstellung in Abbildung 10.5.5-12 beträgt die Sterilisationstemperatur 121 °C. Durch den zusätzlichen Gegendruck zu Beginn der Kühlphase wird der Wirkdruck im Druckkühlautoklav reduziert. Hingegen wird bei Verwendung von Überdruckautoklaven ein zusätzlicher Gegendruck im Laufe des gesamten Sterilisationsprozesses angewandt. Hierbei tritt ein positiver Wirkdruck von maximal 0,04 MPa nach 50 min Prozeßzeit auf. Der negative Wirkdruck (Unterdruck) darf Werte, die zum Knicken der Rümpfe führen können, nicht erreichen. Der Gesamtdruck im Überdruckautoklav setzt sich zusammen aus dem Dampfdruck, der der Sterilisationstemperatur entspricht, und dem zusätzlich mit Preßluft oder Wasserdampf erzeugten Druck. Als Anhaltspunkte können für die Steuerung des Gegendruckes bei Metalldosen folgende Werte dienen:

- 100 °C etwa 0,2 – 0,23 MPa
- 108 °C etwa 0,25 – 0,28 MPa
- 118 °C etwa 0,3 – 0,33 MPa
- 121 °C etwa 0,32 – 0,35 MPa
- 125 °C etwa 0,34 – 0,39 MPa
- 130 °C etwa 0,41 – 0,44 MPa.

Ein sprunghaftes Erhöhen oder Fallen des Druckes ist zu vermeiden. Plötzliche Druckdifferenzen von 0,03 MPa sollten möglichst nicht überschritten werden. Dies gilt für nichtatmende Behältnisse, besonders bei Würstchen oder Bockwürsten sowie für Aluminium-Leichtbehälter und Folienverpackungen sowohl während der Haltezeit als auch während der Abkühlung. Bei der Gegendruckführung ist zu beachten, daß der Partialdampfdruck mit einsetzender Kühlung abfällt, und durch die damit verbundene Entspannung kühlt sich auch die im Kopfraum befindliche Luft ab. Die Temperatur der Flüssigkeitsoberfläche bestimmt den Dampfdruck.
Der Doseninnendruck nimmt demzufolge relativ rasch niedrigere Werte an.

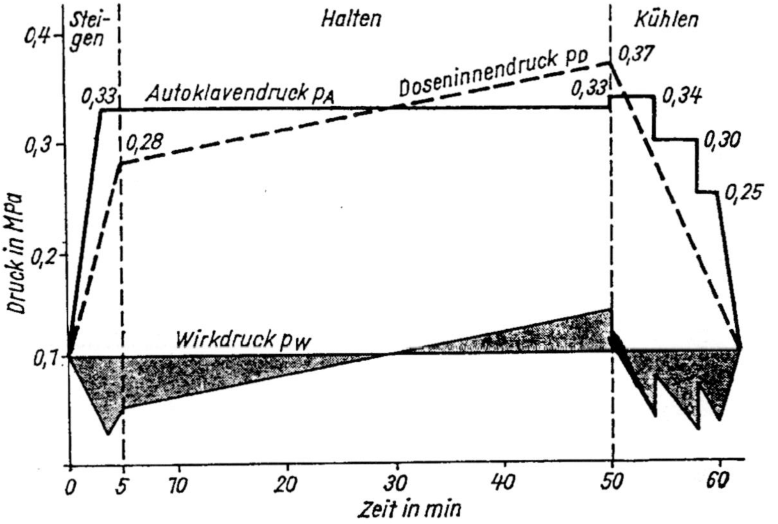

Abb. 10.5.5-12 Druckverlauf im Überdruckautoklav (modifiziert nach TANGERMANN [13])

Tab. 10.5.5-6 Temperaturen und Zeiten, die für die Herstellung von Vollkonserven erforderlich sind. (Gleichzeitig wird angegeben, bei welcher Temperatur im Füllgut die Kühlung zur Erreichung der aufgeführten F_c-Werte eingeleitet werden sollte) [14]

Dosenformat 99 mm x 63 mm		Rindfleisch	Schweinefleisch	Cornedbeef	Gulasch		Würstchen	Suppen						Fertiggerechte						Brühwurst	Leberwurst	Blutwurst	Sülze
								Bouillon		Ochsen-schwanz		Lauch-krem		Linsen mit Bauch		Erbsen mit Speck		Reis mit Rindfleisch					
erforderliche Temperatur (°C)		120	120	120	120	130	125	120	130	120	130	120	130	120	130	120	130	120	130	120	120	120	120
Rotations-sterilisation	Erwärmungszeit (min)	41	71	35	33	21	9	10	3	27	16	45	36	29	18	25	15	16	9	80	87	99	29
	F_c-Wert	4,2	4,2	4,4	4,4	4,2	4,3	5,5	5,7	4,7	4,9	4,7	4,8	4,6	4,0	4,7	4,0	4,9	4,3	4,1	4,0	4,0	4,7
	Beginn der Kühlung (°C)	118	116	117	117	115	120	120	126	118	119	117	115	118	118	117	120	118	120	113	114	115	118
Stand-sterilisation	Erwärmungszeit (min)	64	82	68	54	46	11	12	4	72	52	81	62	34	23	50	30	35	21	80	91	99	33
	F_c-Wert	4,1	4,1	4,1	4,1	4,0	4,2	5,1	5,5	4,0	4,5	4,4	4,8	4,1	3,9	4,7	3,7	4,4	3,8	4,1	4,0	4,0	4,5
	Beginn der Kühlung (°C)	116	115	114	116	115	121	120	123	115	115	114	114	117	117	116	117	116	118	113	114	115	117

Die Versuchsergebnisse beziehen sich auf das Dosenformat 99 mm x 63 mm.

10.5.5.4.4 Herstellung ausgewählter Erzeugnisse

Die Herstellung von Konserven ist rezeptur- und verfahrensdeterminiert. Das Verfahren ist auf das herzustellende Erzeugnis abzustellen. In manchen Fällen lassen sich die Rezepturen so gestalten, daß die Wärmeübertragung im Füllgut durch Konvektion begünstigt wird. Ein Beispiel ist die Verwendung von Spezialstärken (spätquellende Stärken), die entweder erst nach stärkerer Erwärmung oder sogar erst nach der Sterilisation den gewünschten Dickungseffekt hervorrufen. Für die separate Herstellung von Suppen, Krems und Soßen oder in Verbindung mit Erzeugnissen wie Gulasch und anderen tischfertigen Gerichten mit Soßenanteil bietet sich die Verwendung von spätquellender Stärke an. Bei der Herstellung von Reis mit Rindfleisch kann das Verhältnis von flüssiger zu fester Phase im Produkt günstiger gestaltet werden, indem der Reis nicht vorgekocht, sondern roh in das Behältnis abgefüllt wird. Der Reis quillt dann erst am Ende der Haltezeit und in der Kühlphase. Analoges gilt für Gerichte mit Hülsenfrüchten und Teigwaren, die gleichfalls ungequellt eingefüllt werden können. Die genannten Beispiele beeinflussen unmittelbar das Sterilisationsverfahren.

Einen schnellen Überblick über das erforderliche Temperatur-Zeit-Regime zur Herstellung einer Vielzahl von Konservenerzeugnissen vermittelt Tabelle 10.5.5-6. Bei der Darstellung des Herstellungsverfahrens werden nur solche Erzeugnisse berücksichtigt, die z. B. im Falle der Wurstkonserven im Vergleich zur Produktion von Frischware eine abweichende Zusammensetzung aufweisen oder bestimmte Inhaltsstoffe erfordern oder wo das Sterilisationsverfahren relativ diffizil ist.

► Leberwurstkonserven

Der Einsatz schlachtfrischer Leber und die Verwendung einer Feinstzerkleinerungsmaschine werden empfohlen. Zur Vermeidung eines brandigen und bitteren Geschmackes werden Temperaturen zwischen 110 und 115 °C angewandt. Die Erzeugnisse haben den Status einer Dreiviertel- oder Vollkonserve. Von besonderer Bedeutung ist die Auswahl des Behältnisformates. Die Rotationssterilisation mit etwa 6 Umdrehungen pro Minute erweist sich als vorteilhaft und kann eine Zeitverkürzung gegenüber der Autoklavierung im Stand von 5 – 10 % erbringen.
Die Herstellung eines streichfähigen Produktes ohne Fett- und Jusabsatz wird besonders bei grober Leberwurst als nicht einfach angesehen. Die Problematik besteht darin, daß Streichfähigkeit und Fettemulgierung erzielt werden sollen. Ersteres wird durch einen relativ hohen Fettanteil und durch das Vorgaren des Muskelfleisches erreicht. Die Fettemulgierung ist schwierig zu gestalten, da natives Eiweiß nur in Form der rohen Leber zur Verfügung steht. Es sind deshalb besondere technologische Maßnahmen erforderlich, die sowohl die Rezepturgestaltung einschließlich Verwendung von Zutaten (Milcheiweiß) als auch das Verfahren betreffen. Je mehr natives Lebereiweiß zur Verfügung steht, um so sicherer ist der Emulsionseffekt. Bei feiner Leberwurst erweisen sich 20 – 30 % Leberzusatz in Verbindung mit möglichst hohem Einsatz von magerem Schweinefleisch (z. B. Kopffleisch) als günstig. Ein Materialeinsatz, bestehend aus 45 % gegartem Schweinefleisch, 30 % Schweinebacken und 25 % Schweineleber, ergab nach eigenen Untersuchungen ein Produkt, das keinen Fettabsatz aufweist.

Über positive Ergebnisse bei der Verwendung von Milcheiweiß berichtet REICHERT [8].
Die Verwendung von Emulgatoren (Mono- und Diglyceriden) und Sojaproteinisolaten scheint keinen Effekt auf das Absetzen von Fett zu haben. Hingegen ist durch Kartoffelstärke und Verwendung eines Stärkehydrolyseproduktes nach KRÜGER [17] eine positive Wirkung zu beobachten.
Als wesentliche Einflußgrößen auf die Stabilisierung der Fettverteilung konnten neben dem Fett- und Lebergehalt des Brätes die Brättemperatur bis zum Abfüllen der Masse in die Dosen sowie der Einsatz von stark bindegewebshaltigem Material als signifikante Parameter ermittelt werden.
Brättemperaturen oberhalb 35 °C bieten gute Voraussetzungen für eine homogene Verteilung des flüssigen Fettes sowie für die Ausbildung von Absorptionskräften zwischen dem Fett und den Proteinmolekülen. Bei dieser Temperatur sollte das Brät in die Dosen gefüllt werden. Der Abkühlungsprozeß im Autoklaven sollte langsam vonstatten gehen und erst abgebrochen werden, wenn die Kerntemperatur der Wurstmasse etwa 30 °C erreicht hat.

► Schmalzfleischkonserven

Auch die Herstellung von Schmalzfleisch bereitet allgemein Schwierigkeiten, da dieses Erzeugnis mehr oder weniger großen Fett- und vielfach auch noch Geleeabsatz aufweist. Es kommt zu Geschmacksbeeinträchtigungen wie „zu trocken, bröckelig, schmalzig".
Die Ursache des Absetzens von Fett und Gelee liegt darin, daß die Bildung einer stabilen Emulsion aufgrund der gewünschten groben Fleischstruktur nicht möglich ist.
Die Schmalzfleischherstellung wird industriell meistens wie folgt durchgeführt:
Die rohen Fleischmaterialien - Bauchabschnitte oder Bäuche ohne Schwarte, Eisbeine und Flomen - werden vorzerkleinert und je nach gewünschter Struktur durch eine 5- bis 8-mm-Scheibe des Wolfes gegeben. Die vorgegarten Schwarten werden durch eine 1- bis 2-mm-Scheibe gewolft. Alle zerkleinerten Rohstoffe werden mit Gewürzen und Nitritpökelsalz intensiv gemischt und dann in Dosen abgefüllt.
Es scheint wichtig zu sein, daß ab einer Autoklaventemperatur von 50 °C die Kühlgeschwindigkeit langsam und ohne Rotation verläuft, da dann die Fetterstarrung beginnt. In der ersten Kühlphase kann jedoch eine schnelle Kühlung erfolgen.

► Kochschinken

Größere Fertigkeiten und Kenntnisse erfordert auch die Produktion von Saftschinken oder Kochschinken.
Schinken werden üblicherweise als Halb- oder Vollkonserven hergestellt. Es handelt sich um Erzeugnisse, an die hohe Qualitätsanforderungen gestellt werden. Als Einsatzmaterial wird Schinken oder auch Schulterfleisch von nicht zu jungen Schweinen verwendet, die eine Mastendmasse von 100 – 110 kg aufweisen. Die Qualität der Produkte wird maßgeblich von der Auswahl des Rohstoffes und der Verfahrensführung beeinflußt. Um die Kontamination mit Mikroorganismen so niedrig wie möglich zu halten, muß bei der Schlachtung, Zerlegung, beim Pökeln und den weiteren Arbeitsgängen in hygienischer Hinsicht mit großer Sorgfalt gearbeitet werden. Im Interesse der Verzögerung des Wachstums von Mikroorganismen ist das Fleisch nach dem Schlachten rasch abzukühlen. Die Aufbewahrung des Rohstoffes sowie des Zwi-

schen- und Fertigerzeugnisses muß bei Temperaturen nahe dem Gefrierpunkt erfolgen. Diese Maßnahmen sind Grundbedingungen für die spätere Haltbarkeit und den Wohlgeschmack der Kochschinken.
Beim Zuschnitt des Schinkens ist auf das sorgfältige Entfernen von intermuskulärem Fett zu achten. Einzelne Fettgewebsrückstände verhindern das Zusammenhaften der Fleischflächen. Darüberhinaus kann das Fett während der thermischen Behandlung ausschmelzen. In den entstehenden Lücken setzt sich dann Gelee ab. Es werden üblicherweise solche flachen Dosenformate eingesetzt, die ein günstiges Verhältnis von Durchmesser zur Höhe aufweisen.
Ein wichtiges Qualitätskriterium für Dosenschinken ist die Menge des Geleeabsatzes. Er kann durch die Auswahl des Rohstoffes und die Einhaltung eines bestimmten Temperatur-Zeit-Regimes gesteuert werden. Hierauf soll zunächst bei der Herstellung von Kochschinken als Halbkonserve eingegangen werden. Von besonderer Bedeutung für das Geleeabsetzen sind der pH-Wert des eingesetzten Fleisches und die Temperaturführung während der Pasteurisation. Es wird 24 – 72 h altes Fleisch verwendet, dessen pH-Wert zwischen 5,8 und 6,2 liegt. Ein relativ hoher pH-Wert sichert infolge guter Wasserbindung ein saftiges Produkt und einen niedrigen Geleeanteil. Auszuschließen ist Fleisch von Schlachtschweinen, bei denen der pH-Wert-Abfall in den ersten 24 h p. m. anormal verläuft. Dies gilt u. a. für PSE- und auch für DFD-Fleisch, obwohl letzteres aufgrund des pH-Wertes günstige Voraussetzungen hätte. Unbefriedigend sind bei DFD-Fleisch die nicht erwünschte dunkle Farbe und die trockene Beschaffenheit. Nach Janicke [18] steigt der Geleeabsatz um jeweils etwa 1,4 % , wenn der pH-Wert um 0,1 pH-Einheiten in den Grenzen von 6,5 – 5,2 gesenkt wird. Bei einem pH-Wert in der Nähe des isoelektrischen Punktes kann man etwa 18,5 % Geleeabsatz erwarten. Dosenschinken, die einer ausreichenden Wärmebehandlung unterzogen worden sind, sollen nicht mehr als 9 – 12 % Geleeabsatz aufweisen. Da die Umwandlung des Bindegewebes in Gelee hauptsächlich eine Funktion von Temperatur und Zeit ist, wird in der Praxis streng darauf geachtet, daß die Temperaturen des Wassers bei 72 – 80 °C liegen. Wegen des erhöhten Geleeabsatzes auf der Schinkenoberfläche hat sich die gelegentlich propagierte Methode der Stufenkochung nicht durchgesetzt. Diese Methode bestand darin, zunächst für die Dauer von etwa einer Stunde die Temperatur des Wassers bei 90 – 100 °C zu halten und danach den Prozeß innerhalb der o. g. Temperaturgrenzen zu führen.
Der Verlauf der Temperatur läßt sich mittels Thermoelementen verfolgen. Die Kerntemperatur sollte in jedem Fall 68 °C nicht unterschreiten und mindestens für die Dauer von 20 min einwirken. Die Anwendung höherer Temperaturen über eine zu lange Zeit hat größere Geleeanteile zur Folge. Bei unzureichenden Transport- und Lagerbedingungen sollte man jedoch die oberen Grenzwerte wählen. Der dabei entstehende höhere Geleeanteil steht dann in keinem Verhältnis zu möglichen Totalverlusten durch Verderb der Produkte. Gegenüber der traditionellen Herstellung von Kochschinken haben sich in den letzten Jahren, insbesondere in Polen und Holland, Verfahren durchgesetzt, die eine wesentliche Prozeßbeschleunigung beinhalten. Der Pökellake werden dort Phosphate (etwa 0,3 %) Natriumascorbat, Glutamin und Carrageenan (0,3 – 0,5 %) zugesetzt. Damit lassen sich das Wasserbindevermögen, der Geschmack und der Zusammenhalt der Schinkenscheiben verbessern. Es wird eine Tumblevorrichtung bzw. ein Drainkarn (Niederlande) verwendet, mit deren Hilfe sich eine Auflockerung der Gewebestruktur und eine vermehrte Extraktion von salzlöslichen Proteinen an der Fleischoberfläche erzielen läßt. Letztere bilden eine Art Kittsubstanz, die beim nachfolgenden Garprozeß wesentlich zur Verbindung einzelner Fleischteile, z. B. bei Verwendung von Schulterfleischstücken, beiträgt. Neben dem Gebrauch von Metalldosen werden z. T. auch hitzebeständige Folien eingesetzt.

Dosenschinken als Vollkonserve werden seltener produziert. Es handelt sich um 0,5 – 1,5 kg schwere Konserven, die aus geteilten Schinken hergestellt werden. Die Wärmebehandlung erfolgt bei Temperaturen von 110 – 112 °C und beträgt mindestens 130 min/kg Schinkenmasse. Obwohl der Geleeabsatz bei der Wärmebehandlung unter Gegendruck vermindert wird, muß man mit Geleeanteilen bis zu 30 % und mehr rechnen. Auch beim Kühlen ist mit Gegendruck zu arbeiten, da hierdurch ebenfalls Einfluß auf den Geleeabsatz genommen werden kann.

► Würstchen und Bockwürste

Würstchen und Bockwürste lassen sich als Halb-, Dreiviertel- und Vollkonserven herstellen. Es werden Natur- und z. T. auch Kunstdärme verwendet. Als Naturdärme werden Dünndärme vom Schwein und Schaf eingesetzt. Die Kunstdärme sind auf der Basis von Cellulosehydrat hergestellt. Die thermische Behandlung erfolgt bei Halbkonserven mit Temperaturen < 100 °C und bei Dreiviertel- und Vollkonserven mit Temperaturen zwischen 104 und 125 °C. Für die Herstellung von Würstchen und Bockwürsten gilt in besonderem Maße, daß die Rezeptur und das gesamte Verfahren im Interesse einer optimalen Produktqualität aufeinander abgestimmt sein müssen. Neben der Beachtung der Qualität muß das Platzen der Würste während der Wärmebehandlung vermieden werden.

Zum Erreichen der Zielstellung sind bestimmte technologische Maßnahmen, insbesondere für die Produktion von Dreiviertel- und Vollkonserven, erforderlich. Als Voraussetzung zur Produktion von Würstchen als Halb-, Dreiviertel- und Vollkonserven gelten folgende allgemeine Grundsätze:

- Verwendung von keimarmen Roh-, Hilfs- und Zusatzstoffen
- zügiges Arbeiten
- Verwendung von geeigneten Därmen
- Vermeidung von Lufteinschlüssen im Brät
- gleichmäßiges, sattelstellenfreies Räuchern der Hüllen
- Vermeidung eines zu engen Packens der Würste im Behältnis
- ausreichende Füllung der Behältnisse mit Lake, die die Würste vollständig bedecken soll.

Aufgrund des relativ hohen Kontaminierungsgrades zerkleinerten Fleisches, der Vermehrung von Keimen in derartigem Material und der Gesetzmäßigkeiten der Absterbeordnung von Mikroorganismen bei der thermischen Behandlung ist die Forderung nach zügigem Arbeiten von der Brätherstellung bis zum Abschluß der Wärmebehandlung zu unterstreichen.

Die Wärmebehandlung von Halbkonserven ist relativ unproblematisch. Da sie unter 100 °C durchgeführt wird, gibt es weniger Probleme bezüglich der Platzfestigkeit und der Produktqualität. Zur Erzielung eines möglichen hohen Pasteurisierungseffektes ist bei der Verwendung von Kochkesseln dafür Sorge zu tragen, daß die Temperatur im Kern der Würste mindestens 85 °C erreicht und die Temperatur im Kessel nicht unter 90 °C sinkt.
Besonders in der warmen Jahreszeit kann ein vorzeitiger Verderb der Halbkonserven auftreten. Als Gegenmaßnahme wird in manchen Betrieben vor allem während des Sommers die fraktionierte Pasteurisation (Sterilisation) angewandt.
Die Lake wird im abgekochten Zustand verwandt.
Bei der Produktion von Dreiviertel- und Vollkonserven weichen die Brätherstellung und die Verfahrensführung von der üblichen Herstellung ab. Hinsichtlich der Massebereitung ist be-

sonderes Augenmerk auf die Herstellung eins gut bindenden, nach Wärmeeinwirkung stabilen Brätes zu richten.
Die technologische Aufgabe besteht darin, eine optimale Wasserbindung, Fettemulgierung und Texturbildung zu gewährleisten. Es sind folgende Maßnahmen von Bedeutung:
- Zusatz von Phosphat
- Zusatz von Fremdeiweiß und Emulgatoren
- Anwendung der Hochsalzung
- Verwendung von kollagenem Material
- Luftentzug
- optimale Zerkleinerungs- und Emulgierungstechnik.

Die Maßnahmen sind darauf gerichtet, den Innendruck im Brät während der Hitzebehandlung möglichst gering zu halten und damit die Gefahr des Platzens der Naturdärme herabzusetzen. Es werden 0,3 % Natrium- oder auch Kaliumphosphat zu nicht schlachtwarmem Fleisch gegeben. Neben der erwünschten Zunahme des Wasserbindevermögens haben Phosphate einen günstigen Einfluß auf die Ausbildung eines stabilen Eiweißnetzwerkes. Die Fettbindung wird positiv beeinflußt.

Die Verwendung von **Fremdeiweiß** dient der Verbesserung der Wasserbindung und **Fettemulgierung**. Es werden je nach lebensmittelrechtlichen Bestimmungen Milch- und Sojaeiweiß sowie Trockenblutplasma eingesetzt. Milcheiweiß ist besonders für die Fettemulgierung prädestiniert und leistet gute Dienste, insbesondere auch bei der Herstellung von sogenannter Heißemulsion. Der Zusatz von Fremdeiweiß fördert bei Schäldarmwürsten die Eigenhautbildung. Bei dem Zusatz von Fremdeiweiß kommt es darauf an, durch entsprechende Wasserzugabe die volle Wasserbindung zu gewährleisten. Eine zu geringe Wasserschüttung kann durch Aufnahme von Lake ein Quellen des Brätes und damit eine erhöhte Platzgefahr während der Wärmebehandlung zur Folge haben. Die zur Fettemulgierung in Betracht kommenden Mono- und Diglyceride zeigen relativ wenig Wirkung. Ob bessere Ergebnisse hinsichtlich Reduzierung von Fett- und Geleeabsatz erzielt werden, wenn die Glyceride von Speisefettsäuren mit Milch- oder Citronensäure verestert vorliegen, hat REICHERT [8] untersucht. Der

Tab. 10.5.5-7 Herstellung von Brühwürsten unter Verwendung von Kutterhilfsmitteln [8]

	Kontrolle	Diphosphat	Diphosphat +MDCE	Diphosphat +MDCME	Citrat	Citrat +MDCE	Citrat +MDCME
Zusatzmenge (g/kg)	0	3	3+5	3+5	3	3+5	3+5
pH-Wert des Brätes	5,6	5,6	5,6	5,5	5,7	5,5	5,7
Kutterendtemperatur	11,0	12,0	11,0	9,0	10,7	10,5	10,8
Geleeabsatz in Relation zur Wärmebehandlung (%)							
$F = 0{,}6$							
110 °C 6 min/70 min	9,94[a]	4,58[c]	4,68[c]	3,90[c]	7,63[b]	6,49[b]	10,59[a]
S (%)	1,34	0,26	2,75	0,44	2,27	0,91	1,88
100 °C 40 min	1,02[e]	0,16[e]	0,14[e]	0,18[e]	0,32[e]	0,64[e]	2,23[d]
S (%)	0,30	0,07	0,03	0,15	0,19	0,27	1,13
80 °C 60 min	0,37[e]	0,21[e]	0,16[e]	0,18[e]	0,07[e]	0,29[e]	0,36[E]
S (%)	0,10	0,20	0,07	0,05	0,05	0,06	0,07

Die verwendeten Abkürzungen werden im Text erläutert.

Autor hat Zusatzstoffe, nämlich Diphosphat, Diphosphat + Monoglycerid verestert mit Citronensäure (MDCE), Diphosphat + Monoglycerid verestert mit Citronensäure und Milchsäure (MDCME), Citrat sowie Citrat + MDCE und MDCME Brühwürsten zugegeben und diese bei 80 °C, 100 °C und 110 °C erhitzt. Aus den Resultaten leitet er folgende Schlußfolgerungen ab: Zur Herstellung von Frischwaren mit relativ geringer Wärmebelastung und hohem BEFFE-Gehalt ist die Verwendung der genannten Kutterhilfsmittel nicht erforderlich. Bei höherer Wärmebelastung zeigten die Würste mit Diphosphatzusatz den geringsten Geleeabsatz. Alle geprüften Glyceride hatten keine positive Wirkung, auch in Kombination mit Diphosphaten und Citraten war dies festzustellen, z. T. wurden sogar negative Effekte erreicht (vgl. auch Tab. 10.5.5-7). Ähnliche, z. T. auch widersprüchliche Resultate, liegen auch von GERHARDT [19] und HONIKEL [20] vor.

Das Prinzip der **Hoch- oder Intensivsalzung** besteht in der Anwendung einer hohen Salzkonzentration, die das Wasserbindevermögen der myofibrillären Muskeleiweiße maximal ausschöpft und eine spätere Volumenzunahme der Brätmasse im Darm durch Wasseraufnahme während der Sterilisation verhindern soll. Wenn diese Methode Vorteile ergeben soll, müssen auch die der Brätherstellung unmittelbar folgenden Prozeßstufen des Füllens und Räucherns Beachtung finden. Es wird vorgeschlagen, auf das Magerfleisch 2 % Nitritpökelsalz plus 2 – 2,5 % Kochsalz zu geben. Die Lake wird mit 0,5 % Kochsalz angesetzt, oder es wird reines Leitungswasser verwendet. Der Austausch der Salzionen zwischen Lake und Wurstmasse vollzieht sich durch Diffusion innerhalb von 2 bis 3 Tagen nach der Konservenherstellung. Bei eigenen Versuchen erweisen sich die hochgesalzenen Würstchen, die Kerntemperaturen von 106 – 117 °C sowie F-Werte von 0,25 – 0,33 aufwiesen, als platzfest. Jedoch war die Qualität der Produkte mangelhaft. Es zeigten sich folgende Mängel: Fehlende Knackigkeit und Geschmacksabweichungen. Mit steigender Sterilisationstemperatur war eine Abwertung der Erzeugnisse zu verzeichnen.

Als **kollagenes Material** werden Sehnen, nicht aber Schwarten, eingesetzt. Schwarten quellen durch die Aufnahme von Wasser relativ stark und tragen infolge der Volumenzunahme zur Erhöhung des Druckes im Brät bei. Außerdem beeinflussen sie die Textur der Würste ungünstig. Sehnen hingegen quellen bei der thermischen Behandlung wenig. Überdies tragen sie in vorteilhafter Weise zur gewünschten Strukturbildung (Knackigkeit) bei.

Wenn möglich, sollte das **Luftentziehen** beim Zerkleinern, Füllen und Verschließen angewandt werden. Das Evakuieren hat nicht nur Bedeutung für die Qualität einschließlich Textur des Produktes, sondern es hilft, den Partialdruck herabzusetzen.

Die Art des Füllens von Naturdärmen hat wesentlichen Einfluß auf die spätere Textur und Prallheit. Das Platzen der Wursthüllen läßt sich weitgehend vermeiden, wenn die Füllung des Darmes, die Wärmeausdehnung und Quellung des Brätes während der Sterilisation und beim Wiedererwärmen vor dem Verzehr berücksichtigt werden. Die Därme sollen nicht zu stramm gefüllt werden. Die Forderung ist nicht ohne weiteres zu erfüllen, da das Fassungsvermögen der Därme nicht immer gleich ist. Wenn die Därme zu locker gefüllt werden, können Formveränderungen auftreten. Die Würste nehmen eine birnenförmige Gestalt an, da sich das Brät beim Aufhängen der Würstchen auf die Räucherspieße nach unten verlagert. Von Bedeutung scheint bei Füllmaschinen, die auf der Basis der Volumendosierung arbeiten, die regelmäßige, sorgfältige Prüfung auf Dosierungsgenauigkeit und Fülldruck zu sein.

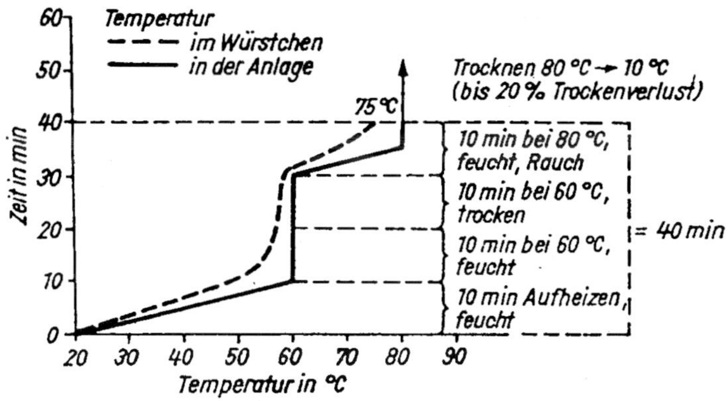

Abb. 10.5.5-13 Rationelles Verfahren zum Umröten und Räuchern von Brühwurst Kaliber 18/22 zur Dosenwürstchen-Produktion [21]

Die anschließende Behandlung in der Räucheranlage sollte nach dem Vorschlag von WIRTH [21] gegenüber dem üblichen Verfahren eine Änderungen erfahren. Der Autor schlägt darüberhinaus vor, nach dem **Räucherprozeß** unmittelbar in der Anlage die Würste relativ stark abzutrocknen. Die Prozeßstufe soll in einer Klima-Räucheranlage folgendermaßen ablaufen (Abb. 10.5.5-13).

Phase 1: Aufheizen der Anlage für die Dauer von 10 min bei einer Temperatur von 60 °C
Phase 2: 10 min Abtrocknen bei einer Temperatur von 60 °C
Phase 3: 10 – 15 min Raucheinwirkung bei einer Temperatur von 80 °C
Phase 4: Abtrocknen bis zu einem Wasserverlust von etwa 20 °C.

In den Phasen 1 und 3 liegt die relative Luftfteuchte knapp unter 100 %. Durch die Anwendung einer hohen Luftfeuchtigkeit ist eine Prozeßbeschleunigung durch schnellen Wärmeübergang möglich. Vor dem Räuchern ist eine Abtrocknung (Phase 2) erforderlich, damit die Rauchbestandteile auf der Wurstoberfläche haften und in den Darm eindringen können. In dieser Phase ist die Luftfeuchtigkeit rasch zu senken. Die relativ kurze Raucheinwirkung reicht aus, da bei Anwendung höherer Temperaturen im Sterilisationsprozeß Raucharoma und -geschmack stärker ausgeprägt werden. Das Räucherverfahren mit anschließender Abtrocknung bis zu einem Wasserverlust von 20 % ist eine wichtige Voraussetzung für das Herabsetzen des Innendruckes im Wurstbrät während des Sterilisationsprozesses. Die vorgeschlagene Verfahrensweise erfordert eine gute Wasserbindung und stabile Fettemulgierung durch das Eiweiß im Brät. Das sonst übliche Garen (Brühen) der Würstchen entfällt bei Dosenware.
In der Kette der besonderen technologischen Maßnahmen stellt der **Sterilisationsprozeß** das letzte Glied dar. Grundsätzlich kann man davon ausgehen, daß die kurzzeitige thermische Behandlung mit höheren Temperaturen das bessere Produkt ergibt. Die Eigenschaften Textur (Festigkeit und Knackigkeit im Biß), Aroma und Geschmack werden positiv beeinflußt. Prozeßdaten für das Sterilisationsregime sind aus Tabelle 10.5.5-6 zu ersehen. Naturgemäß

differieren die Werte bei unterschiedlichen Darmkalibern, Behältnisformaten, Temperaturen und F-Werten. Der Zeitunterschied zwischen Stand- und Rotationssterilisation ist gering. Die Erklärung liegt in der Art der Wärmeübertragung im Wurstgut begründet. Dennoch ist der Einsatz eines Rotationsautoklaven vorteilhaft.
Bei Verwendung von Metalldosen wird der Sterilisationsprozeß so geführt, daß im Arbeitskessel die Sterilisationstemperatur innerhalb weniger Minuten (etwa nach 3 min) erreicht ist. Es ist deshalb vorteilhaft, die Temperatur im Speicherkessel um 20 – 25 °C höher als die vorgesehene Sterilisationstemperatur einzustellen. Eigene Erfahrungen und die Ergebnisse anderer Autoren zeigen, daß nach der Sterilisation das heiße Wasser schnell abgeführt und die Kühlung zügig vollzogen werden muß. Die Bedingungen werden am besten in Autoklaven mit einer Vorrichtung zur Wasserumwälzung und Rotation bzw. Pendelrotation erfüllt. Für Würstchen und Bockwürste wird die Temperatur vorzugsweise auf 108 – 110 °C begrenzt. Es sind auch Sterilisationstemperaturen bis zu 125 °C möglich. Die Gefahr des Platzens der Naturdärme ist bei derartig hohen Temperaturen, selbst bei Beachtung der angeführten technologischen Maßnahmen, relativ groß. Hierbei spielen nicht nur die Temperatur, sondern auch das Kaliber der Naturdärme und die Kaliberdifferenzen innerhalb einer Charge eine Rolle. Die Anwendung von 110 – 115 °C ist bei der Wärmebehandlung von Würsten im Schäldarm relativ unproblematisch. Hierzu liegen positive Ergebnisse aus der Praxis und u. a. von STAMENKOVIC [22] vor, der mit Temperaturen zwischen 95 und 125 °C gearbeitet hat.

Zur Vermeidung von Glasbruch sollte, wie bereits ausgeführt wurde, die Oberkesseltemperatur moderner Autoklaven zu Beginn auf 80 – 90 °C aufgeheizt werden. Der Prozeß ist so zu führen, daß innerhalb von 10 min die gewünschte Sterilisationstemperatur von z. B. 110 °C im Unterkessel erreicht wird. Falls nur Kochkessel zur Verfügung stehen, ist es dennoch möglich, mit Temperaturen um 108 °C zu arbeiten, indem man dem Wasser Kochsalz zusetzt. Bei dieser Temperatur ist eine Kochsalzkonzentration von 14 % erforderlich [3]. Die Metalldosen müssen nach dem Kohlen getrocknet und eingefettet werden, da sonst mit Rostbildung zu rechnen ist. Wenn man die Temperaturgrenze von 100 °C unterschreiten oder nur geringfügig überschreiten will, kann auch die fraktionierte Pasteurisation in Betracht kommen.

Ein entscheidendes Kriterium der Sterilisation von Würstchen und Bockwürsten ist die **Steuerung des Druckes** im Sterilisationsprozeß. Die Drücke sollen generell an der oberen Grenze der angegebenen Werte (s. auch Kap. 10.5.5.4.3) oder sogar darüber liegen.

Die Würste dürfen in den Konservenbehältnissen nicht zu eng gepackt, nicht gestaucht und nicht gedrückt werden. Es werden sonst die Wärmeübertragung sowie die Druckverhältnisse beeinträchtigt und das Platzen von Wursthüllen begünstigt. Durch ein zu enges Packen können auch Verformungen an den Würsten auftreten. Innerhalb der Dose müssen die Produkte allseitig von Lake umspült werden. Das Verhältnis von Lake zur Wurst soll 1 : 1 betragen. Die Würste dürfen im Interesse einer optimalen Wärmeübertragung die Innenwand sowie Deckel und Boden möglichst nicht berühren.
Bei Verwendung von schlanken Metalldosen, die im Interesse der Ausbilanzierung des Innendruckes Sicken an den Deckeln, Böden und Rümpfen aufweisen, ist ein entsprechender Kopfraum zu berücksichtigen wie das folgende Berechnungsbeispiel zeigt. Dabei wird von Dosen des Formates 73 x 180 mm ausgegangen. Das entspricht einem Volumen von 700 cm^3. Das Volumen der Lake beträgt 293 cm^3.

- Volumenzunahme des Wassers

$$V_F = \frac{s_1 - s_2}{s_2} \cdot 100 \qquad (10.5.5/18)$$

$= 5{,}48\ \%$

s_1 = Dichte H_2O bei T_1
s_2 = Dichte H_2O bei T_2
ϑ_1 = 20 °C 0,99820
ϑ_2 = 115 °C 0,94627

- Metallausdehnung bei Temperaturanstieg um 95 K
  $(36 \cdot 10^{-6}) \cdot 95 = 0{,}34\ \%$

- Ausdehnung des Füllgutes (H_2O und Luft) etwa 3 % bei einem Wassergehalt der Wurst von etwa 60 %.

Die Ausdehnung von Wasser und Füllgut ergibt 8,48 %; hiervon sind 0,34 % (Metallausdehnung) abzuziehen, so daß sich der Wert von 8,14 % rechnet. Es ist ein Kopfvolumen von 56,98 cm^3 bezogen auf das Volumen von 700 cm^3 vorzusehen, bzw. es sind etwa 1,5 cm Kopfraumhöhe erforderlich.

Zur Herstellung von Würstchen und Bockwürsten in Gläsern mit atmendem Verschluß werden Vakuumverschließmaschinen eingesetzt, die das Einstellen eines Vakuums in den Behältnissen von etwa 0,07 – 0,05 MPa gestatten. Wenn nunmehr dafür Sorge getragen wird, daß der Außendruck in allen Phasen der Sterilisations- und Kühlzeit größer ist als der Doseninnendruck, platzen die Därme innerhalb eines bestimmten Temperaturbereiches nicht.
Zur Herstellung von Würstchen und Bockwürsten in Gläsern mit atmendem Verschluß wird folgende Verfahrensführung vorgeschlagen:
- Räuchern der Würste mit 75 °C Kerntemperatur ohne nachfolgenden Garprozeß und Erzielen eines Wasserverlustes von 20 %
- pH-Wert der Lake um 6,0 und Salzkonzentration (vorzugsweise Nitritpökelsalz) in der Lake 2,0 %
- Einsatz einer Vakuumverschließmaschine
- Steigzeit 5 min auf 100 °C im Arbeitskessel
- Haltezeit 40 min bei 110 °C im Arbeitskessel
- 0,28 MPa Gegendruck
- Kühlzeit 30 min, 20 °C im Wurstkern bei sinkendem Gegendruck.

Details zur Begründung der Verfahrensführung werden in der Arbeit [23] genannt. Es soll hier lediglich darauf hingewiesen werden, daß auf den Garprozeß nach dem Räuchern verzichtet wird, um die Darmstabilität so wenig wie möglich zu beeinträchtigen.

10.5.5.5 Haltbarkeit von Konservenerzeugnissen

Der Qualitätsabfall wird bei den als geschlossenes System anzusehenden Dosenkonserven über die beiden Vorgänge „abiotischer natürlicher Abbau" und „korrosionsbedingte Veränderungen" durch viele Einzelfaktoren bestimmt.
Die Haltbarkeitsfristen für Fleisch- und Wurstkonserven werden im wesentlichen durch die Eigenschaften der Einsatzmaterialien, das Verfahren, die Beschaffenheit und Eignung der Verpackung sowie die Temperatur-Zeit-Bedingungen beeinflußt. Angaben über Haltbarkeitsfristen sind nur bei näherer Kenntnis der genannten Parameter vergleichbar.
Zwischen Veränderungen, die durch den Sterilisationsprozeß und solchen, die durch die nachfolgende Lagerung entstehen, existieren gleitende Übergänge. Oxidative Veränderungen, z. B. am Fett bei Verwendung von Gefrierfleisch, an Aromastoffen und Vitaminen, gehen nach dem Sterilisieren weiter. Das Fortschreiten der Veränderungen ist insbesondere zu erwarten, wenn der Sauerstoff während der Hitzebehandlung nicht verbraucht wurde. Auch die nichtenzymatische Bräunung, falls sie bei entsprechend hohen Temperaturen einmal eingesetzt hat, setzt sich fort [15]. Hiervon können bei längerer Lagerung besonders Leberwurstkonserven und Rouladen betroffen sein. Gepökelte Erzeugnisse sind generell weniger empfindlich. Bei der Lagerung von Fleisch- und Mischkonserven sind die Vitamin-B_1-Verluste recht hoch und belaufen sich in zwei Jahren bei 20 °C auf 45 %, bei 0 °C auf 10 % [15]. Ob mit Veränderungen am Füllgut durch Restaktivitäten von Enzymen zu rechnen ist, muß nach dem jetzigen Stand der Untersuchungen offen bleiben.
Wenn korrosionsbedingte Veränderungen das Qualitätsbild beeinflussen, können in bezug auf das Füllgut Verfärbungen, Metallgeschmack und Metallgehalte und hinsichtlich des Verpackungsmittels Oberflächenveränderungen (z. B. Lackveränderungen und -ablösen, Ätzung des Metalls, Marmorierung und Porosität der Deckschicht) auftreten [30].
Wenngleich Veränderungen von Inhaltsstoffen in Abhängigkeit von der Temperatur relativ wenig untersucht sind, kann man davon ausgehen, daß bei höheren Lagertemperaturen abiotische Veränderungen beschleunigt ablaufen. Es sollten deshalb auch bei Vollkonserven im Interesse einer längeren Lagerfähigkeit möglichst Temperaturen unter 10 °C gewählt werden. Je nach Produkt sind Haltbarkeitsfristen mit entsprechendem Gebrauchswert von 24 – 48 Monaten bei Vollkonserven möglich.

Quellen und Literatur

[1] WIRTH, F.; LEISTNER, L.; RÖDEL, W.: Richtwerte der Fleischtechnologie. Deutscher Fachverlag Frankfurt/Main 1990

[2] TÄNDLER, K.; HÖHNE, H.; PÖLLEIN, H.: Die Fleischwirtschaft 58 (1978) S. 1107

[3] KOCH, H.: Die Fabrikation feiner Fleisch- und Wurstwaren, 20. Aufl. Frankfurt/Main: Deutscher Fachverlag 1992

[4] LOPEZ, A.: A Complete Course In Canning, Bd. 2. Canning Trade Inc., Baltimore, Maryland 1987

[5] EISNER, M.: Einführung in die Technik und Technologie der Rotationssterilisation. Wolfsburg: Verlag Günter Hempel 1985

[6] STUMBO, C.-R.: Food Technol. 2 (1948) S. 115 - 132 und Thermobacteriology in Food

Processing. New York, London 1965
[7] BAUDER, U.: Untersuchungen über den Zusammenhang zwischen Hitzesterilisation und Qualitätserhaltung von Lebensmitteln unter Berücksichtigung des Behälterformates. 1974 München, Techn. Univ., Diss.
[8] REICHERT, J.-E.: Die Wärmebehandlung von Fleischwaren. Bad Wörishofen: Hans Holzmann Verlag 1985
[9] LERCHE, M.; RIEVEL, H.; GOERTTLER, V.: Lehrbuch der tierärztlichen Lebensmittelüberwachung. Jena: Gustav Fischer Verlag 1957
[10] RIGHI, H.: Die industrielle Obst- und Gemüseverwertung 37 (1952) S. 162
[11] DIKIS, M.-J.; MALSKI, A.-N.: Die Maschinen und Apparate der Konservenindustrie. Leipzig: Fachbuchverlag 1955
[12] PFLAUMENBAUM, B.-L., zit. in: DIKIS, M.-J.; MALSKI, A.-N.: Die Maschinen und Apparate der Konservenindustrie. Leipzig: Fachbuchverlag 1955
[13] TANGERMANN, D.: Die industrielle Obst- und Gemüseverwertung 39 (1954) S. 392
[14] WIRTH, F.; LEISTNER, L.; RÖDEL, W.: Die Fleischwirtschaft 55 (1975) S. 1698
[15] HEISS, R.; EICHNER, K.: Haltbarmachen von Lebensmitteln. Heidelberg - New York - London - Paris - Tokyo - Hong Kong: Springer Verlag 1990
[16] LEISTNER, L; KORAN-DJURDJIC, S.: Die Fleischwirtschaft 50 (1970) S. 1547
[17] KRÜGER, H.: Einsatz von Zusatzstoffen in der Fleischindustrie. Fleisch 35 (1981) S. 134
[18] JANICKE, M.-A.; WALCZAK, Z.: Przemysel, Spozywczy 14 (1960) S. 475, zit. in Pezacki, W.: Fleisch 23 (1969) S. 10 - 12
[19] GERHARDT, U.: Zusatzstoffe und Zutaten als Kutterhilfsmittel, Emulgatoren und Stabilisatoren für Fleischerzeugnisse. Fleischforschung und Praxis, Schriftenreihe Heft 12. Alzey: Verlag der Rheinhessischen Druckwerkstätte 1979
[20] HONIKEL, K.-O.; HAMM, R.: Untersuchungen zur Wirkungsweise von Emulgatoren bei der Brühwurstherstellung. Mitteilungsblatt der Bundesanstalt für Fleischforschung, Kulmbach Nr. 80 (1983) S. 5474
[21] WIRTH, F.: Die Fleischwirtschaft 56 (1976) S. 476 - 483
[22] STAMENKOVIC, T.: Technol. mesa 15 (1974) S. 203, ref. in: Die Fleischwirtschaft 55 (1975) S. 922 und Technol. mesa 10 (1975) S. 278
[23] SIELAFF, H.; PETERS, H.; THIEMIG, F.: Herstellung von Bockwurstkonserven in Gläsern. Fleisch 39 (1985) S. 214
[24] CHEFTEL, H.; THOMAS, G.: Grundlagen und Methoden für die Aufstellung von Sterilisationsmaßstäben bei Lebensmittelkonserven. Braunschweig: Verlag Günter Hempel 1967
[25] SIELAFF, H.; ANDRAE, W.; OELKER, P.: Herstellung von Fleischkonserven und industrielle Speisenproduktion. Leipzig: Fachbuchverlag 1982
[26] SIELAFF, H.; SCHLEUSENER, H.; KÖLLER, M.: Wiss. Zeitschrift der Humboldt-Universität Berlin, Math.-Nat. R. - XXX (1981) 2/3 S. 145
[27] SIELAFF, H.; SCHLEUSENER, H.: Zur Berechnung des Sterilisationseffektes von Konserven. Fleisch 32 (1978) S. 53
[28] PEZACKI, W.: Technologiczne odchylenia jakosci wyrobow miesnych. Warschau: Verlag PWRL 1968
[29] SCHALLER,A.: Lebensmittel und Ernährung 17 (1964) S. 5
[30] ANDRAE, W. In: SIELAFF, H.; ANDREAE, W.; OELKER, P.; Herstellung von Fleischkonserven und industrielle Speisenproduktion. Leipzig: Fachbuchverlag 1982 S. 266

11 Verpacken von Fleisch und Fleischerzeugnissen

W. ANDRAE

Die mit verschiedener Zielstellung und unterschiedlichen Maßnahmen angestrebte Haltbarkeitsverlängerung von portioniertem Frischfleisch wie auch der unterschiedlichsten Fleischerzeugnisse setzt fast ausnahmslos eine gegenüber den umgebenden Medien schützende Abdeckung einzelner Teile oder dosierter Massen voraus. Der unter Anwendung bestimmter Werkstoffe erfolgende Vorgang des Umhüllens und Abdichtens wird als Verpacken, die dafür eingesetzten Mittel als Verpackung bezeichnet. Erst mit dem Verpacken von Fleisch und Fleischerzeugnissen wird über die Dosierung und Haltbarmachung eine handels- und verbrauchergerechte Zirkulation, Lagerung und Konsumtion dieser Lebensmittel ermöglicht.
Über die Auswahl spezifisch geeigneter Verpackungswerkstoffe, die Bereitstellung technologisch anwendbarer Verpackungsmittel und den Einsatz einer verkettungsfähigen Verpackungstechnik lassen sich die Qualität und Gebrauchsfähigkeit der Erzeugnisse wie auch die Produktionsökonomie wesentlich beeinflussen. Voraussetzung dafür sind fundierte Kenntnisse über die Lebensmittel- und Verpackungsmittel-Eigenschaften, über die zwischen dem Füllgut und der Verpackung auftretenden Wechselwirkungen und über die während des Warenumschlags wirksamen Beanspruchungen, die vom Fleischtechnologen als dem Finalproduzenten zu erwarten und zur maximalen Qualitätssicherung des verpackten Lebensmittels zu berücksichtigen sind.

11.1 Allgemeine Anforderungen an die Verpackung

An die zum Verpacken von Fleisch und Fleischerzeugnissen eingesetzten Verpackungswerkstoffe, Verpackungsmittel und -hilfsmittel sind verschiedene allgemeingültige Anforderungen zu stellen. Grundsätzlich besteht für alle im Kontakt mit Lebensmitteln stehenden Verpackungsmittel die Forderung nach der physiologischen Unbedenklichkeit aller dafür angewandten Materialien. Es ist auszuschließen, daß von ihnen im Rahmen des vorgesehenen und voraussichtlichen Gebrauchs fremde Stoffe auf und in das Lebensmittel übergehen. Dem Stand der technischen Entwicklung Rechnung tragend sind davon gesundheitlich, geruchlich und geschmacklich unbedenkliche Anteile ausgenommen, die technisch unvermeidbar sind.
Die wesentlichste Aufgabe jeder Verpackung besteht in der weitgehenden Qualitätserhaltung des abgepackten Lebensmittels. Sie erstreckt sich auf den Schutz des Gutes gegenüber äußeren Umwelteinflüssen wie gleichermaßen auch gegen Austauschreaktionen mit den umgebenden Medien einschließlich der Verpackungswerkstoffe. Da in diesem voneinander abhängigen System das abzupackende Gut in seinen Eigenschaften nicht variabel ist, müssen alle qualitätsmindernden Einflüsse und Reaktionen neben einer temperatur- und zeitbezogenen Lagerung durch die selektive Anwendung geeigneter Verpackungsmittel ausgeschlossen oder verzögert werden.
Eine weitere Rationalisierung des technologischen Produktions- und Zirkulationsprozesses wird durch die weitgehende Automatisierung und Kombination von Verpackungs-Grundprozessen und die Erleichterung der Warenbewegung durch die Bildung größerer Transport-

einheiten ermöglicht. Auch der Austausch von müllbelastenden Verpackungen durch biologisch abbaubare oder recyclingfähige Verpackungswerkstoffe und -mittel ist darunter zu verstehen.

Von nicht zu unterschätzender Bedeutung ist die äußere Gestaltung der Verpackung in Form, Schriftbild und Farbe. Die auf den potentiellen Abnehmer ausgerichtete Portionierung, gebrauchserleichternde Konstruktion und Attraktivität der Packung tragen entscheidend zur Werbung für das abgepackte Erzeugnis, zu dessen Wettbewerbsfähigkeit und letztlich zum Absatz bei. Gleichzeitig müssen durch die gesamte Packung oder über entsprechende Verpackungshilfsmittel die gesetzlich vorgeschriebene Lebensmittel-Kennzeichnung wie auch besondere Gebrauchs- und Anwendungshinweise vermittelt werden.

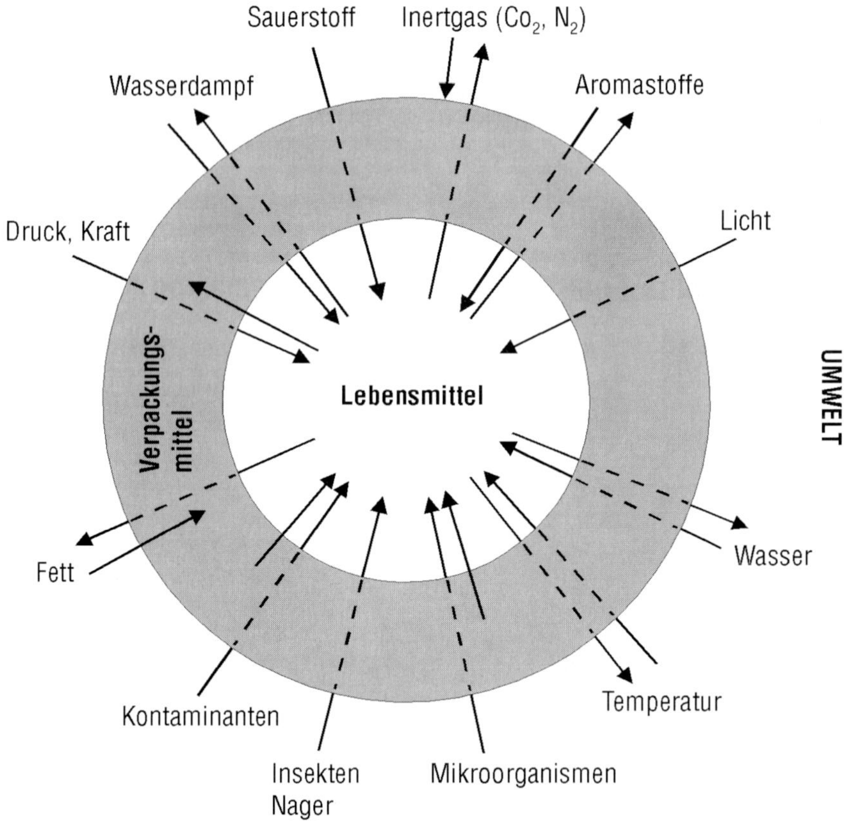

Abb. 11.2-1 Wechselwirkungen zwischen Lebensmittel, Verpackungsmittel und Umwelt durch Einfluß unterschiedlicher Faktoren

11.2 Schutzfunktion der Verpackung

Im direkten Kontakt und Austausch mit der Umwelt unterliegt jedes Lebensmittel bestimmten qualitativen und quantitativen Veränderungen. Sie sind abhängig von der Art und Dauer der einwirkenden Faktoren. Die Einwirkung einzelner, mehrerer oder auch der Summe dieser Faktoren läßt sich mit Hilfe des zwischen dem verpackten Gut und der Umwelt befindlichen Verpackungswerkstoffes in unterschiedlichem Grade beeinflussen. In Erfüllung dieser Schutzfunktion unterliegen auch die Verpackungswerkstoffe selbst diesen Einwirkungen und ggf. nachteiligen Veränderungen, die zur Minderung der vorgesehenen Schutzwirkung führen können.
Als qualitätsbeeinflussende Faktoren werden entsprechend Abbildung 11.2-1 die nachstehenden biotischen und abiotischen Einflüsse wirksam:

- Mikrobiologische Einflüsse durch Kontamination bzw. Rekontamination von Mikroorganismen mit resultierenden Nährstoffumsetzungen, Mycel-, Farbstoff-, off-Flavourstoff- und Toxinbildungen
- atmosphärische Einflüsse durch atmosphärische Verunreinigungen (Ruß, Staub, o. ä.) und durch Wasserdampf- und Sauerstoff-, ggf. auch Kohlendioxyd- und Stickstoff-Diffusion oder -strömung mit resultierender Oberflächenverschmutzung und mit Feuchtigkeitsaufnahme oder -abgabe, Sauerstoffaufnahme, Kohlendioxyd- oder Stickstoffverlust
- elektromagnetische Einflüsse durch Absorption elektromagnetischer Energien des sichtbaren und UV-Lichtes als Aktivierungsenergie mit resultierenden primären molekularen Strukturveränderungen und sekundären oxidativen Stoff- und Qualitätsveränderungen
- thermische Einflüsse durch Wärmeübertragung, -aufnahme und -transport und Beeinflussung der Reaktionsgeschwindigkeit ablaufender Prozesse mit resultierenden Texturveränderungen, Eiweißdenaturierungen und Flavour- oder off-Flavourbildung
- mechanische Einflüsse durch statische und dynamische Belastungen als Schlag, Stoß, Vibration und Druck mit resultierenden Oberflächenbeschädigungen, Deformationen, Bruch und sekundären Masseverlusten
- Verpackungswerkstoff-Einflüsse durch Wechselwirkungen zwischen Verpackungswerkstoff und Lebensmittel mit Werkstoff-Quellung, -Erweichung, -Korrosion, -Undichtigkeit und Aufhebung der Schutzfunktion und resultierender Füllgut-Kontamination, -Verfärbung, -Geschmacksbeeinträchtigung und -Verlust.

Weitere enzymatische und tierische Einflüsse sind im hier dargestellten Zusammenhang praktisch gegenstandslos. Die zwar in starkem Maße zu Qualitätsveränderungen führenden stoffumsetzenden enzymatischen Reaktionen einschließlich der intermediären Folgeumsetzungen lassen sich verpackungstechnisch nicht beeinflussen; durch tierische Invasion oder Penetration verursachte Fraßstellen und Verunreinigungen sind unter den hygienischen Bedingungen der Fleischbe- und -verarbeitung praktisch nicht zu erwarten.

11.2.1 Mikrobiologische Einwirkungen

Die verpackungstechnische Zielstellung liegt ausschließlich in der Verhinderung einer Kontamination bzw. Rekontamination des Füllgutes durch keimhaltige oder -durchlässige

Verpackungsmittel. Je nach den Herstellungsbedingungen eines Verpackungswerkstoffes, seiner Oberflächenbeschaffenheit und elektrostatischen Aufladung, seiner weiteren Bearbeitung und Behandlung, seiner Eignung als Mikroorganismen-Nährboden und letztlich auch nach den Fertigungsbedingungen der Verpackungsmittel ist mit sterilen, praktisch keimfreien oder zumindest an der Oberfläche keimhaltigen Behältnissen zu rechnen. Steril und keimfrei sind zunächst alle unter Anwendung hoher Temperaturen und Drücke gefertigten Verpackungsmittel, also Glasdosen oder thermogeformte Kunststoffbecher und -schalen. Das bedeutet, daß demzufolge ohne mikrobielle Gefährdung „ofenfrische“ Glasdosen oder die auf einer Form-, Füll- und Verschließmaschine tiefgezogenen Plastebecher unbehandelt sofort mit dem Lebensmittel gefüllt werden können. Ungeachtet den bei der Papier- und Thermoplastfolienherstellung ebenfalls angewandten hohen Temperaturen ergeben sich bevorzugt bei den Celluloseprodukten aber nur praktisch keimfreie oder keimarme Werkstoffe, da hierbei evtl. hitzeresistente Sporen überleben können.

Tab. 11.2-1 Kurzzeichen für thermoplastische und Cellulosehydrat-Verpackungswerkstoffe (nach DIN 7728)

Kurzzeichen	Verpackungswerkstoff
ABS	Acrylnitril-Butadien-Styrol-Copolymer
EVA	Ethylen-Vinylacetat-Copolymer
EVAL	Ethylen-Vinylalkohol-Copolymer
PA	Polyamid
PA-M	Polyamid, einseitig Al-bedampft (Al ~ 0,04 µm)
PAN	Polyacrylnitril
PC	Polycarbonat
PE	Polyethylen, ohne Dichteangabe
LDPE	Polyethylen niedriger Dichte
HDPE	Polyethylen hoher Dichte
PETP	Polyethylenterephthalat (Polyester)
PETP-M	Polyethylenterephthalat einseitig Al-bedampft (Al ~ 0,04 µm)
PP	Polypropylen
PS	Polystyrol
PVAL	Polyvinylalkohol
PVC-H	Polyvinylchlorid, hart (weichmacherfrei)
PVC-W	Polyvinylchlorid, weich (weichmacherhaltig)
PVDC	Polyvinylidenchlorid
SAN	Styrol-Acrylnitril-Copolymer
VCVA	Vinylchlorid-Vinylalkohol-Copolymer
HV	Haftvermittler (Primerlack)
P	Cellulosehydrat, unlackiert (Zellglas)
PXS	Cellulosehydrat, dispersionsbeschichtet, siegelbar

Da bei einer weiteren Verarbeitung und Behandlung der Werkstoffe oder Behältnisse, der unsachgemäßen Zwischenlagerung und während des Transportes durch Raumluft, Staub, Abrieb, Infektionsherde und durch manuelle Tätigkeit leicht Keime übertragen werden, ist auf entsprechenden Verpackungsmitteln mit einer umgebungsbedingten Ansiedelung einer normalerweise nicht-pathogenen Mischflora von mesophilen bis thermophilen, aeroben und fakultativ aeroben Mikroorganismen, coliformen Keimen, Hefen und Schimmelpilzen zu rechnen. Nach zusammenfassenden Literaturmitteilungen bewegen sich die Keimgehalte einzelner Verpackungswerkstoffe und -mittel um die in Tabelle 11.2-2 angegebenen Werte. (Die Kurzzeichen der Verpackungswerkstoffe werden in Tabelle 11.2-1 erklärt.)

Tab. 11.2-2 Oberflächen-Keimgehalte von Verpackungswerkstoffen[1] und Verpackungsmitteln

Verpackungsstoff bzw. -mittel	Keimgehalt/100 cm^2
Schrenzpapier	bis zu 10^5
Pergamentpapier	0 – 6
Butter-Einwickler	3 – 12
Wachspapier	3 – 50
Faserguß-Schale	100 – 1000
Zellglas	0 – 7
PVC-Schrumpffolie	4 – 20
PVC-Schale	2 – 8
PVC-Becher	0 – 25
PE-Folie	2 – 10
PE-Milchbeutel	6 – 1700
PE-Flasche	4 – 12
PP-Folie	2 – 10
PS-Schale, -Becher	0 – 8
Al-Folie, lackiert	0
Karton/PE-Verbund	0 – 2
Zellglas/PE-Verbund	0 – 1
Zellglas/Al/PE-Beutel	0 – 35
Glasflasche, ungebraucht	11 – 16
Glasflasche eingeschrumpft	0 – 200
Glasflasche, gewaschen	5 – 45

[1]Erklärung der Plaste-Kurzzeichen siehe Tabelle 11.2–1

In Anbetracht dieser Verhältnisse empfiehlt sich aus allgemein-hygienischen Gründen eine Vorbehandlung keimbelasteter Verpackungswerkstoffe und -mittel unmittelbar vor dem Gebrauch. Als entsprechende Maßnahmen kommen in Betracht:

- Einwirkung chemischer Stoffe bei der Reinigung und Keimfreimachung von wiederverwendungsfähigen Glasdosen in Durchlauf-Reinigungsanlagen durch die Kombination von Lauge mit Dampf und Warmwasser; bei der Keimreduzierung von Kunststoffolien in den der Formanlage vorgesetzten Durchlaufwannen durch ein Wasserstoffperoxid (30%ig)-Bad oder -Aerosol mit anschließender Erwärmung der benetzten Flächen durch Heißluft, Bedüsung oder Infrarotstrahlung.
- Einwirkung von Ultraschall-, UV- oder ionisierender Strahlung bei der Keimreduzierung von Kunststoffolien oder -Verpackungsmitteln im Ultraschall-Reinigungsbad und/oder Durchlauf-Bestrahlungskammern durch Ultraschallgerät (Frequenz 35 000 Hz) oder UV-Strahler (254 nm); bei der Keimfreimachung von Verpackungswerkstoffen, wiederverwendungsfähigen Sammelverpackungsmitteln (Paletten) in zentralen Bestrahlungsanlagen durch γ-Strahlung.
- Einwirkung hoher Temperaturen bei der Keimreduzierung von Kunststoff-Bechern, -Deckeln o. ä. in vor der Füll- oder Verschließ-Station liegenden Kammern, Halterungen oder Kontaktheizplatten durch gesättigten Wasserdampf oder Heißluft; bei der Keimreduzierung bzw.

Keimfreimachung von abgepackten Lebensmitteln (Konservenproduktion) fraktioniert im Wasserbad oder Autoklaven durch Wärme.

- Beeinflussung der Packungs-Innenatmosphäre bei der Unterdrückung des Keimwachstums durch Sauerstoffentzug (Vakuumpackung) oder durch die Einstellung einer Stickstoff-, Kohlendioxyd- oder Gasgemisch-Atmosphäre (Gaspackung).

Diese unter normalen betrieblichen Bedingungen oder auch außerhalb der fleischverarbeitenden Industrie auszuführenden Verfahren, die einen mikrobiologischen Reinheitsgrad der Verpackungsmittel unter 10 Keime je 100 cm^2 Werkstoff-Oberfläche erbringen müssen, sind bei Einhaltung hygienischer Zwischenstufen auch miteinander kombinierbar. Solche stufenweise partiell wirksame Verfahren könnten ggf. zur Ablösung der qualitativ sehr beanspruchenden Autoklavierung, zumindest aber zur aseptischen Abfüllung bestimmter Erzeugnisse führen. In Ausnahmefällen ergibt sich unter Beachtung der einschlägigen lebensmittelrechtlichen Bestimmungen auch die Möglichkeit zum Einsatz imprägnierter Verpackungswerkstoffe und -mittel.

11.2.2 Atmosphärische Einwirkungen

Die in der Atmosphäre als Verunreinigungen enthaltenen festen Partikeln wie Ruß und Staub führen ggf. zu Oberflächen-Verunreinigungen, in extremen Fällen auch zu Geruchs- und Geschmacksbeeinträchtigungen. Das aus lebensmittelhygienischen Gründen selbstverständliche Gebot eines Schutzes der Lebensmittel wie auch der lagernden Verpackungswerkstoffe und -mittel vor derartigen Einflüssen läßt sich bereits mit einfachen, keine weiteren Funktionen erfüllenden Umhüllungen und Abdeckungen erreichen. Von den gasförmigen Bestandteilen der umgebenden Atmosphäre einschließlich des Kryptoklimas wirken sich der Wasserdampf und der Sauerstoff bei den meisten Lebensmitteln entsprechend ihrer spezifischen Empfindlichkeit nachteilig auf die Qualität aus. Zumindest für den Wasserdampf trifft die negative Einwirkung auch auf die Verpackungswerkstoffe zu, indem Quellungsvorgänge, Volumenänderungen und Korrosionsreaktionen ausgelöst und beeinflußt werden. Atmosphärischer Stickstoff und ebenso Kohlendioxyd verhalten sich als inerte Gase, sie erbringen aber in Form von Gasschutzpackungen oder als Imprägnierung besondere Haltbarkeits- und Geschmackseffekte.

Abhängig von den Gaskonzentrationen innerhalb und außerhalb einer Packung findet vom Ort der höheren Konzentration aus eine Gasströmung durch die im Verpackungswerkstoff bzw. in der Verpackung vorhandenen Löcher, Naht- und Verschlußundichtigkeiten oder eine Gasdiffusion durch den nicht-diffusionsfesten Werkstoff hindurch statt. Bei der besonders aus Gründen der Flüssigkeits- und Fettdichtigkeit vorauszusetzenden unverletzten Verpackung entfällt für die nachstehenden Betrachtungen der Gasaustausch durch Gasströmung. Im Falle der Anwendung absichtlich perforierter, sog. Nadelfolie für Schrumpfpackungen wird auf diesen Umstand besonders hingewiesen.

Die Diffusionsrichtung und -stärke des Wasserdampfes oder Sauerstoffes wird durch die in der Packung und in der Außen- bzw. Lageratmosphäre jeweils vorliegenden unterschiedlichen Partialdrücke p_I und p_A bestimmt. Bei der Wasserdampfdiffusion ergeben sich je nach den Feuchtegehalten der abgepackten Lebensmittel und der umgebenden Luft beidseitig variable Bedingungen, die zur reversiblen Wasserdampfaufnahme oder -abgabe, d. h. zu Wasseranreicherung oder -verlust des Lebensmittels führen. Als Folgereaktionen sind über Adsorptions-,

Kondensations- und Desorptionsvorgänge, Gleichgewichts- und Strukturveränderungen hydrolytische Spaltungen von Inhaltsstoffen mit einer Vielzahl weiterer Sekundärreaktionen zu erwarten. Als direkte Auswirkungen treten Quellungen, Erweichungen, Verfärbungen, Geschmacksverflachungen und Mikroorganismenwachstum, im Falle der Wasserdampfabgabe Schrumpfungen, Welkheit, Gefrierbrand u. a. auf. Für die Sauerstoffdiffusion ist der konstante Sauerstoff-Partialdruck p_A der Atmosphäre bestimmend. Abgesehen von einer gasförmigen Sauerstoff enthaltenden Gaspackung bedeutet dies, daß sich mit dem oxidativen Verbrauch des unter normalen Abfüllbedingungen mit eingeschlossenen Luftsauerstoffes ein Partialdruckgefälle $p_A > p_I$ einstellt, das die Sauerstoffdiffusion bestimmt. Die so bedingte irreversible Sauerstoff-Aufnahme, -Verteilung und ggf. auch -Lösung im Lebensmittel führt zu Oxidationsvorgängen, die häufig durch elektromagnetische Energie und bestimmte Lebensmittelbestandteile noch aktiviert, katalysiert oder sensibilisiert werden. Im Verlauf entsprechender Reaktionen von Fett- und Aminosäuren, Vitaminen, Pigment- und Aromastoffen ist mit dem Abbau und Verlust ernährungsphysiologisch wichtiger Inhaltsstoffe wie auch mit der Bildung sensorisch intensiver Flavour- und off-Flavourstoffe zu rechnen. Diesem qualitätsmindernden Sauerstoffeinfluß steht die qualitätsfördernde Sauerstoffwirkung zur Erhaltung des ziegelroten Oximyoglobins bzw. der Verhinderung des bräunlichen Metmyoglobins bei einem Partialdruck p_{02} von 24x133,3 Pa, am besten aber einem sehr hohen Sauerstoff-Partialdruck, gegenüber. Im Inneren von Gasschutzpackungen liegen gegenüber der Außen-Atmosphäre stets höhere Gaskonzentrationen und damit höhere Partialdrücke vor. Ein durch Gasströmung oder -diffusion eintretender Stickstoff- oder Kohlendioxyd-Verlust wirkt sich bei den zumeist sehr hohen Ausgangskonzentrationen nicht direkt als Qualitätsminderung aus. Die in der Zeiteinheit diffundierenden Gasmengen sind durch die jeweils vorliegenden Konzentrationen gegeben; sie lassen sich bei Kenntnis der betreffenden atmosphärischen und Füllgut-Bedingungen nach dem Diffusionsgesetz berechnen. Die einzuhaltenden Grenzen der Wasserdampfdiffusion ergeben sich aus den rechtlich fixierten oder qualitativ vertretbaren, analytisch leicht kontrollierbaren oder aus der Sorptionsisotherme erkennbaren Wassergehalten des abgepackten Gutes. Für die Sauerstoffdiffusion bestehen keine entsprechenden Festlegungen. Abgesehen von der schwierigen analytischen Bestimmung des ungleichmäßig verteilten gasförmigen und ggf. auch gelösten Sauerstoffes im Füllgut bzw. der Sauerstoff-Verbrauchsgeschwindigkeit des Lebensmittels als Funktion des in der Packung vorliegenden Partialdruckes p_I liegen bislang auch nur wenig Erfahrungen über qualitätsschädigende Sauerstoff-Höchstgehalte vor. In Auswertung einzelner Untersuchungen können als sensorische Toleranzgrenzen je nach Lebensmittel Beträge von 10 – 200 µg O_2/g angenommen werden, für gedünstetes Schweine- und Rindfleisch z. B. 100 µg O_2/g. Nach HEISS [1] sollte die Sauerstoff-Aufnahme von Fleischerzeugnissen wie auch vieler anderer Lebensmittel nicht über 15 µg/g liegen, grundsätzlich wird die Sauerstoff-Empfindlichkeit der Lebensmittel um 2 – 3 Zehnerpotenzen höher als die Wasserdampf-Empfindlichkeit eingeschätzt.

Die Gasdichtigkeit bzw. das Ausmaß der Gasdurchlässigkeit einer Verpackung wird neben der beschädigungsfreien Werkstoffverarbeitung in entscheidendem Maße durch den Aufbau und die Struktur des eingesetzten Verpackungswerkstoffes bestimmt. Die Diffusion der Gasmoleküle erfolgt allein durch Molekularbewegungen zwischen den im Molekülverband oder Metallgitter liegenden unregelmäßigen, gegenüber dem Gasmoleküldurchmesser aber relativ großen Abständen. Entsprechend diesen materialabhängigen Voraussetzungen eines Gasdurchtritts weisen die verschiedenen Verpackungswerkstoffe ein sehr unterschiedliches Verhalten und Gasdurchgangswerte auf. So können grundsätzlich Glas und metallische Werkstoffe einschließlich Aluminiumband ab 30µ Dicke als porenfrei und zugleich bei strukturbedingter Diffusionsfestigkeit als gasdicht angesehen werden. Bei Celluloseprodukten und Thermoplasten ist infolge des betreffenden großmolekularen Materialaufbaus dagegen mit hohen diffusionsbedingten Durchlässigkeiten zu rechnen. Die als Permeationskoeffizient P_D ausgewiesene Durchlässigkeit stellt eine Materialkonstante dar und kann experimentell bestimmt werden. Für die in der Praxis angewandten unterschiedlich dicken Monofolien (einlagig, einheitliches Ausgangsmaterial) und Verbundfolien (mehrlagig, verschiedenes Ausgangsmaterial) wird meist die am betreffenden Objekt vorgegebener Dicke bestimmte Durchgangszahl *q (in* Gasmenge je Flächen-, Zeit- und Druckeinheit) angegeben. Eine Zusammenstellung von *q*-Werten der wichtigsten Verpackungswerkstoffe wird in Tabelle 11.2-3 vorgenommen. Bei dem dabei erfolgten Bezug auf unterschiedliche Werkstoffdicken von 12 – 100 µm sei darauf verwiesen, daß zwischen dem Gasdurchgang und der Materialdicke eine lineare Abhängigkeit (umgekehrte Proportionalität) besteht, die aus der Fachliteratur (DIN 53122) zu entnehmen ist. Die Durchgangszahlen für Stickstoff und Kohlendioxyd sind bei dem geringeren praktischen Interesse in Tabelle 11.2-3 nicht mit erfaßt. Erstere sind den Sauerstoff-Durchgangszahlen etwa vergleichbar oder liegen leicht darunter, letztere liegen wertmäßig weit über denen des O_2-Durchgangs. Konkret für das als Verbund-Zwischenschicht häufig angewandte EVAL verhalten sich nach [3] die Permeationswerte für N_2:O_2:CO_2 wie 1:4:14.

Diese experimentell an unverformten Werkstoffen ermittelten Gasdurchgangszahlen lassen eine eindeutige Differenzierung nach wasserdampf- bzw. sauerstoffdichten oder -durchlässigen Materialien zu. Danach erbringen unveredelte Celluloseprodukte, besonders Papiere, keine entsprechenden Schutzwirkungen, wohingegen sich durch Oberflächenbeschichtungen schon wesentliche Verbesserungen ergeben. Von den besonders interessierenden Thermoplasten zeichnen sich Polyethylen., Polyvinylidenchlorid und das Polyvinylchlorid-Polyvinylidenchlorid-Mischpolymerisat durch eine hohe Wasserdampfdichtigkeit aus; vergleichbar gute Sperrwirkungen gegen Sauerstoff werden ebenfalls durch das genannte Mischpolymer wie auch durch metallbedampfte Polyesterfolie, nicht aber durch das im Gegenteil stark sauerstoffdurchlässige Polyethylen erbracht. Mit 2-,3- oder u.U. auch 4fach-Verbunden aus Monofolien bestimmter Dichtigkeiten, die in ihrem Aufbau zusätzlich als Haftvermittler oder Beschichtungen hochwirksame Sperrschicht-Harze (wie EVAL, modifiziertes PA u.a.) bzw. coextrudierte oder aufgedampfte Barriereschichten (PVDC, EVAL, Al u.a.) enthalten, lassen sich bei zumeist gleichzeitig positiver Beeinflussung der mechanischen Festigkeit und der Verarbeitungseigenschaften Verpackungsmittel für hohe Ansprüche, bei Einbeziehung von Aluminiumband über 30 µm Dicke auch absoluter Dichtigkeit herstellen. Setzt sich eine Verpackung aus mehreren, nicht miteinander verbundenen, sondern nur lose aufeinander folgenden Werkstoff-Lagen verschiedener Durchlässigkeiten (z.B. Schachtel aus Karton, Innenfutter aus Pergamentpapier, Beutel aus Thermoplast) zusammen, so ergibt sich der Gasdurchgang aus der Summe der Durchgangswiderstände der einzelnen Werkstoffe zuzüglich der Sperrwirkung der den Diffusionsweg jeweils unterbrechenden Luft-Zwischenschichten.
Die in direkten Kontakt mit Lebensmitteln kommenden, unterschiedlich gasdichten Thermoplaste weisen keine hydrophilen Eigenschaften auf. (Das hygroskopische und bis zu 15% Wasser aufnehmende Copolymer EVAL kommt nur als Verbundkomponente, abgedeckt z.B. mit PA, oder als Mehrschicht-Coextrusionsfolie, nicht aber als Monofolie, zur Anwendung. In Kombination mit einer produktseitig wasserdampfdurchlässigen und außenseitig gasdichten Folie kann EVAL aber als Absorber zur Reduzierung von Oberflächenfeuchtigkeit, z.B. beim Fleisch,

Tab. 11.2–3 Durchlässigkeitswerte *q* unbearbeiteter Verpackungswerkstoffe gegenüber Wasserdampf und Sauerstoff bei 20 °C (nach [2, 3, 4 u.a.])

Verpackungswerkstoff[1] (Materialdicke)	Wasserdampfdurchlässigkeit $g\ m^{-2}\ d^{-1}\ (133{,}3\ Pa)^{-1}$	Sauerstoffdurchlässigkeit $cm^3\ m^{-2}\ d^{-1}\ (760 \cdot 133{,}3\ Pa)^{-1}$
	Feuchtigkeitsgefälle 85 - 0 %	bei 85 %
Pergamentpapier (45 – 60 g m^{-2})	hohe Durchlässigkeit	hohe Durchlässigkeit
Papier, beidseitig paraffiniert (35 g m^{-2} / 12 g m^{-2})	12 - 20	–
Papier, PDVC-beschichtet (50 g m^{-2} / 25 g m^{-2})	10	15 - 50
Papier, LDPE-beschichtet (40 g m^{-2} / 30 g m^{-2})	12	–
Cellulosehydrat, unlackiert (40 g m^{-2})	500 - 600	30 - 50
Cellulosehydrat, beidseitig lackiert (45 g m^{-2})	15 - 20	10 - 20
PVC-H (15 µm)	21	150 - 200
PVC-W, Dehnfolie (15 µm)	29	213
PVDC (40 µm)	0,1 - 1,5	5 - 12
PVC-PVDC-Mischpolymerisat (100 µm)	0,1 - 3,0	0,5 - 5
LDPE (100 µm)	1 - 1,5	1500 - 2000
HDPE (100 µm)	0,4 - 0,7	500 - 700
EVAL (15 µm)	40 - 80	25 - 30
PP (15 µm)	2 - 6	2000 - 3500
PA (20 µm)	40 - 70	25 - 100
PA-metallisiert (20 µm)	45	0,5 - 3
PS (100 µm)	10 - 20	1000 - 1500
PETP (12 µm)	15 - 30	85 - 100
PETP-metallisiert (12 µm)	1,2	0,5 - 0,9
PETP, PVDC-beschichtet (12 µm / 6 – 8 g m^{-2})	–	5
Al-Folie (10 µm)	1 - 2	0 - 5000
Al-Band (> 30 µm)	dicht	dicht
Cellulosehydrat/LDPE-Verbund (35 µm / 50 µm)	2 - 4	10 - 15
Cellulosehydrat/Al/LDPE-Verbund (34 g m^{-2} / 11 µm / 70 µm)	1	1
PA/LDPE-Verbund (30 µm / 75 µm)	1 - 2,5	10 - 25
PETP/LDPE-Verbund (15 µm / 50 µm)	1,5 - 4	80 - 100
PETP-M/LDPE-Verbund (15 µm / 50 µm)	1	1
Al/LDPE-Verbund (10 µm / 70 µm)	1	5
PETP/Al/LDPE-Verbund (15 µm / 15 µm / 50 µm)	1	1
PA/PP-Verbund (30 µm / 40 µm)	1,5 - 2	30 - 45
PETP/PP-Verbund (15 µm / 40 µm)	1 - 2	100
PETP/Al/PP-Verbund (15 µm / 10 µm / 40 µm)	< 1	< 1
Al, lackiert/PP-Verbund (50 µm / 60 µm)	dicht	dicht
PVDC/LDPE/HV/EVAL/HV/LDPE-Verbund (100 µm)	0,2	< 0,1
Naturdarm (800 – 1200 µm)	1000 - 2000	300 - 500
Papierfaser-Darm (80 µm)	600 - 2000	50 - 150
Sperrschichtfaser-Darm (80 – 90 µm)	2 - 5	15 - 40
Hautfaser-Darm (80 – 130 µm)	800 - 900	70 - 90
PVDC-Darm (40 – 50 µm)	1,5 - 4	45 - 100
PA-Darm (40 – 60 µm)	12 - 20	150 - 300
PETP-Darm (20 – 25 µm)	5 - 10	60 - 80
PA/PVAL-Copolymer/PP-Darm (540 µm)	< 0,1	5

[1]Erklärung der Plaste-Kurzzeichen siehe Tabelle 11.2–1

genutzt werden.) Grundsätzlich besteht bei den üblicherweise eingesetzten Kunststoffolien keine Gefahr einer nachteiligen Werkstoffveränderung durch Wasserdampf- (bzw. Wasser-) Einfluß. Da andererseits aber bestimmte Werkstoffe, wie u.a. PE, hydrophob, also wasserabstoßend wirken, kann bei einer wasserdampfdichten Verpackung unter niedrigen Lagertemperaturen Wasserdampf an der Packungsinnenseite kondensieren und somit die Transparenz der Umhüllung beeinträchtigen. In solchen Fällen wird durch Oberflächenbehandlung des Polyethylens eine 'Antibeschlag'-Ausrüstung vorgenommen, d.h., die Werkstoff-Grenzfläche wird hydrophil und somit unter Einhaltung der Klarsichtigkeit gleichmäßig filmartig benetzbar.

Aus den Anforderungen der abzupackenden Lebensmittel hinsichtlich ihrer Wasserdampf- und Sauerstoffempfindlichkeit und der Berücksichtigung der während des Warenumschlages und der Lagerung zu erwartenden klimatischen Bedingungen wie auch der vorgesehenen Umlauffrist der Packung ergibt sich über die vorliegenden Gasdurchgangszahlen die Möglichkeit einer spezifischen Auswahl und Zuordnung erforderlicher Werkstoffe. Dabei ist jedoch zu beachten, daß die als Flächendurchgang am unverformten Werkstoff ermittelten Werte nicht auch für das geformte Verpackungsmittel zutreffen müssen. Vorwiegend durch Dickenreduzierungen im Ziehprozeß, aber auch über Nahtverbindungen, Knick- und Bruchstellen können sich höhere Durchlässigkeiten ergeben; solche Schwachstellen sind dann nur über analoge Prüfungen der gefertigten Verpackungsmittel erfaßbar.

11.2.3 Elektromagnetische Einwirkungen

In der gesamten Produktions- und Zirkulationssphäre wirkt als elektromagnetische Strahlung mehr oder weniger gehemmt natürliches und künstliches Licht des ultraroten, sichtbaren und ultravioletten Gebietes, also im Wellenbereich von $9 \cdot 10^{-5}$ bis $2 \cdot 10^{-5}$ cm, in einer Intensität zwischen 1 000 und 3 000 Lux auf Rohstoffe, Fertigprodukte und Verpackungsmittel ein.

Bestimmend für die Auslösung photochemischen Primär- und Sekundärreaktionen im bestrahlten Lebensmittel sind neben dem Spektralbereich der einwirkenden Strahlung die Intensität und Dauer der Bestrahlung und das Absorptionsvermögen des bestrahlten Gutes, also das effektiv aufgenommene Energiequantum. Während für praktische Verhältnisse Belichtungsart, -stärke und -dauer einigermaßen absehbar sind, liegen über das Absorptionsvermögen der verschiedenen Lebensmittelinhaltsstoffe und damit über die Auswirkung dieser Bestrahlung nur geringe Kenntnisse vor. Als spezifische Absorptionsspektren werden für Oximyoglobin 540 nm [5], für gefrorenes Rindfleisch die Wellenbereiche 560–630 nm [6] und für Milchfett und -eiweiß die Bereiche 440 nm und 480 nm [7] genannt. Das vermutlich als Sensibilisator, d.h. als Überträger von Lichtenergie wirkende Lactoflavin absorbiert in den Bereichen 220 nm, 270 nm, 370 nm und 440 nm. Danach wird Licht nicht nur des UV-, sondern auch des sichtbaren Bereiches absorbiert. Die Kenntnis solcher Absorptionsmaxima sagt nichts über die tatsächlich aufgenommenen Energiebeträge aus, sie ermöglicht über die Einfärbung der Verpackungswerkstoffe in den betreffenden Komplementärfarben aber eine spektrale Lichtfilterung und damit unter Beibehaltung zumindest einer teilweisen Transparenz den Ausschluß entsprechend kritischer Wellenbereiche.

In der Praxis äußern sich so verursachte Energieumsetzungen durch sterische Umlagerungen (Polymerisationen), Photolyse (Ringöffnung des Ergosterols), Photodissoziation (Farbstoffveränderung) und nicht-radikalische Photooxidation (Fettsäureabbau) mit vielfältigen qualitätsbeeinflussenden Lebensmittelveränderungen. Unter Einbeziehung von Sauerstoff und Sensibilisatoren in diese Reaktionsfolge treten als Strahlungs-unabhängige Sekundärreaktionen die radikalische Fettsäureoxidation und die Oxidation von Proteinen, Aminosäuren und Vitaminen mit der Bildung geruchs- und geschmacksintensiver Folgeprodukte auf. Solche Auswirkungen lassen sich in Form von talgigen, ranzigen, kohligen u.ä. Geschmacksabweichungen, dem sog. Lichtgeschmack, bei vielen Lebensmitteln feststellen. Aus simulierenden Belichtungsversuchen von Lebensmitteln mit Tageslichtlampen der Beleuchtungsstärke von 5 000 Lux (die Beleuchtungsstärken in geschlossenen Räumen liegen zwischen 100 und 2 000 Lux, im ungünstigsten Fall bei 6 000 Lux) werden die in Tab. 11.2-4 ausgewiesenen zeitbezogenen Ergebnisse erhalten.

Tab. 11.2-4 Qualitative Lebensmittelveränderungen nach Belichtung mit Tageslichtlampen der Beleuchtungsstärke 5 000 Lux [5]

Lebensmittel	Auswirkung	Zeitpunkt des Auftretens
Mayonnaise	Lichtgeschmack, ranzig	nach 4 – 5 h
Frischfleisch	Farbveränderung u. -abbau	nach 1 h
fetter Speck	alt, ranzig	nach 60 h
Rohwurst	Grauverfärbung, ranzig	nach 60 – 70 h
Würstchen in Zellglas	Lichtgeschmack, alt, stark ausgebleicht	nach 60 – 70 h

Mit diesen Versuchen wird gleichzeitig festgestellt, daß die sensorischen Abweichungen von vakuumverpackter Rohwurst unter gleichen Belichtungsbedingungen bei einem vorliegenden Sauerstoffpartialdruck P_{02} 15·133,3 Pa erst nach 120 h, bei P_{02} 3·133,3 Pa nach 5 Wochen auftreten. Als lichtinduzierte Veränderungen von Verpackungswerkstoffen treten bei Papieren Vergilbungen, bei Thermoplasten Alterung und Versprödung auf.
Zur Verhinderung elektromagnetisch ausgelöster Qualitätsschäden von Lebensmitteln bietet sich als einfachste Lösung der totale Lichtausschluß durch die Anwendung Licht- und UV-undurchlässiger Verpackungswerkstoffe an. Werden jedoch Sichtpackungen gewünscht, so verbleiben farbiges Glas oder eingefärbte Thermoplaste, wobei sowohl die Lichtdurchlässigkeit verringert als auch eine selektive Sperrung bestimmter Wellenbereiche vorgenommen werden kann. Für Portionspackungen werden zumeist Werkstoffe mit einer Lichtdurchlässigkeit von 90–75 % eingesetzt. Um visuell und sensorisch wirksame Lichtschädigungen solcher Produkte auszuschließen, empfiehlt sich zumindest während des Transportes und der Zwischenlagerung ein Lichtschutz durch nicht-transparente Transport-Verpackungsmittel oder die generelle Verkürzung der Einstrahlungszeit durch einen schnellen Warenumschlag. Bei Anwendung sauerstoffdichter Verpackungswerkstoffe können mit dem Absenken des inneren Sauerstoffpartialdruckes auf oder unter 3·133,3 Pa die besonders qualitätsschädigenden oxidativen Sekundärreaktionen nachhaltig ausgeschlossen werden.
Eine Bestrahlung von Verpackungsmitteln und Lebensmittelpackungen durch Elektronenbeschleuniger oder zumeist Kobalt-60-Quellen mit Röntgen- oder γ-Strahlung erfolgt – häufig als Methode der Wahl für wärmeempfindliche Produkte – mit dem Ziel der Keimfreimachung von Beuteln, Flaschen, Dosen und Verschlüssen, ggf. auch zur Keimhemmung oder zur Sterilisation bestimmter Lebensmittel. In diesen Fällen ist über die Verpackung die Strahleneinwirkung nicht auszuschließen, sondern im Gegenteil zu ermöglichen. Zu beachten ist dann allerdings, daß durch die Strahleneinwirkung in der erforderlichen Dosis (5–25 kGy) in keinem

Fall Kontaminationen der Lebensmittel, wohl aber Strukturveränderungen der Verpackungswerkstoffe mit sekundären Verfärbungen (Glas, PVC, PETP) oder Veränderungen der mechanischen Festigkeit und der Gasdurchlässigkeit (Thermoplaste) auftreten können. In Anbetracht der hohen Eindringtiefe von γ-Strahlen, die unter üblichen Bestrahlungsbedingungen bei Kunststoffen 50–60 cm erreichen, treten durch die gebräuchlichen Verpackungswerkstoffe keine Sperrwirkungen auf.

11.2.4 Thermische Einwirkungen

Durch die Verpackung werden temperaturbedingte Qualitätsveränderungen von Lebensmitteln, abgesehen von wärmedämmenden Schaumstoffpackungen für Tiefkühlkost, nicht beeinflußt. Wohl aber erfordert die Anwendung entsprechender Temperaturen im Produktionsablauf, während der Lagerung oder auch bei der küchenmäßigen Vorbehandlung im Mikrowellenherd den Einsatz bestimmter Verpackungswerkstoffe und -mittel, da sich mit der Wärmebehandlung des abgepackten Gutes auch Auswirkungen auf die Verpackungswerkstoffe ergeben können. Sie äußern sich in der Wärmeleitfähigkeit und in der thermischen Stabilität der betreffenden Verpackungen. Darüber hinaus werden wesentliche Verpackungsoperationen (Formen, Verschließen) mit Hilfe thermischer Werkstoffveränderungen vorgenommen, so daß dem Temperatureinfluß auch eine hohe produktionstechnische Bedeutung zukommt.

Tab. 11.2-5 Wärmeleitzahlen verschiedener Verpackungswerkstoffe

Verpackungswerkstoff	Wärmeleitzahl in W m^{-1} K^{-1}
Aluminium	209,0
Eisen	83,7
Zinn	64,5
Glas	0,58 – 0,93
HDPE	0,43
LDPE	0,35
PP	0,30
PA	0,29
PVC-H	0,15
PS-H	0,15
PS-Schaum	0,033 – 0,037

Zum Vergleich: Wärmeleitzahl Luft = 0,02 W m^{-1} K^{-1}

Die in Tabelle 11.2-5 ausgewiesenen Wärmeleitzahlen zeigen gravierende Unterschiede zwischen den metallischen und nicht-metallischen Werkstoffen, die sich ökonomisch-technologisch in kürzeren oder längeren Erwärmungs- und Kühlzeiten entsprechender Packungen während der Autoklavierung niederschlagen. So verringert sich bei der Anwendung von Metalldosen an Stelle von Glasdosen gleichen Hohlraums der zeitliche Ablauf des Sterilisationsvorganges werkstoffbedingt um 30 %. Im Vergleich zu Thermoplastflachbeuteln wirkt sich das unterschiedliche Werkstoff-Dickenverhältnis volumenmäßig vergleichbarer Metall- und Glasdosen von etwa 1:3 ebenfalls auf den Sterilisationsablauf aus. Da bei den dünneren Kunststoffpackungen die Gut-Kerntemperatur wesentlich schneller erreicht wird, verkürzt sich bei gleichem F_0-Wert der

Sterilisationsvorgang gegenüber den anderen genannten Packungen um etwa ein Drittel. Neben ökonomischen Vorteilen ergibt sich bei der Anwendung von Kunststoffbeuteln damit auch eine produktschonendere Haltbarmachung. Aus der geringen Wärmeleitfähigkeit des Glases leitet sich bei den in den betreffenden Flaschen und Dosen normalerweise vorliegenden Wanddicken von 2,0 bis 4,5 mm auch eine geringe Wechseltemperaturbeständigkeit dieses Werkstoffes ab. Sie beruht auf den bei schneller äußerer Erwärmung oder Abkühlung infolge des langsamen Ausgleiches zwischen äußerer und innerer Glasoberfläche auftretenden Temperaturdifferenzen, die zu äußeren Zugspannungen und Bruch führen. Die Wechseltemperaturbeständigkeit drückt die maximal zulässige Temperaturdifferenz aus, die noch nicht zur Zerstörung des Glashohlkörpers führt; für Behälterglas berechnet sie sich zu 83 K.
Von hoher praktischer Bedeutung ist die die mechanische Festigkeit der Verpackungsmittel bestimmende Temperaturbeständigkeit der Werkstoffe. Bei den metallischen Werkstoffen einschließlich der ggf. für Rumpfverbindungen eingesetzten Blei/Zinn-Lote und beim Glas liegen die Erweichungs- und Schmelzpunkte weit über den zur Lebensmittelsterilisation angewandten Temperaturen, so daß hier keine temperaturbedingten Festigkeitsverluste zu erwarten sind. Celluloseprodukte reagieren auf die Einwirkung hoher Temperaturen unterschiedlich. Bei gleichzeitigem Feuchtigkeitseinfluß ist Cellulosehydrat ohne Bräunungsreaktionen bis etwa 220 °C beständig, polyesterbeschichteter Sulfatzellstoff ist bis mindestens 120 °C beständig; höhere Temperaturen führen bei allen Werkstoffen dieser Stoffgruppe zu Bräunungen, Zersetzungen und Verkohlungen. Demgegenüber schränkt sich die thermische Belastbarkeit von Kunststoffen durch Verformungen oder auch Zersetzungen in oberen und infolge von Versprödungen auch in unteren Temperaturbereichen stark ein. Selbst bei guter Temperaturbeständigkeit können, z. B. beim Polyamid, Depolymerisationen mit der Rückbildung von geschmacksbeeinträchtigenden Monomeren auftreten. Die Grenztemperaturbereiche verschiedener Verpackungsfolien werden in Tabelle 11.2-6 angegeben.

Tab. 11.2-6 Grenztemperaturbereiche verschiedener Thermoplastfolien (nach [2, 8, u. a.])

Thermoplaststoffe	Grenztemperaturbereich in °C
PVC-H	- 15 bis + 65 – 80
PVDC	+ 70 – 95
PVC-PVDC-Mischpolymer	+ 125
LDPE	- 50 bis + 60 – 85
HDPE	- 50 bis + 100 – 120
PP	- 40 bis + 120 – 140
PA	- 30 bis + 80 – 100
PS	- 40 bis + 70 – 80
PETP	- 60 bis + 90 – 130
PC	+ 100 – 150

Nach diesen Werten sind PE, PP und PETP auch bei den tiefsten Temperaturen noch geschmeidig, flexibel und für Tiefgefrierpackungen anwendbar. Als sterilisierfest können bedingt das PVC-PVDC-Mischpolymerisat, HDPE und PETP; uneingeschränkt das PP und PC angesehen werden. Die Temperaturbeständigkeit von Verbundfolien richtet sich nach den betreffenden Eigenschaften der enthaltenen Einzelkomponenten. So werden für Kochbeutel, sterilisierfähige Schalen und Deckelfolie häufig Verbunde auf der Basis von HDPE, PP, PETP und Al angewandt, z. B. eine PETP/Al/PP-Verbundfolie oder die sehr gasdichte, von -20 bis +121 °C be-

ständige PP/PVAL-Copolymer/PA-Verbundfolie. Als mikrowellenfähig und -fest gelten nichtreflektierende und -absorbierende Werkstoffe hoher Temperaturbeständigkeit, wie PP- oder PETP-beschichteter Karton, coextrudiertes PP oder PETP und besonders mehrschichtige EVAL-Verbunde einschließlich so beschichteter Al-Folie. Für die thermische Stabilität von Kunstdärmen werden 60 – 120 °C angegeben, sie richtet sich ebenfalls nach der jeweils vorliegenden Werkstoffgrundlage.
Das von der Molekularstruktur der Plaste abhängige Temperaturverhalten dieser Werkstoffe wird verarbeitungstechnisch vielfältig zur Gestaltung von Verpackungsmitteln genutzt. So wird durch die mono- oder biaxiale Dehnung einer im Bereich von 100 – 180 °C plastifizierten Folie eine Parallelausrichtung und -orientierung der ursprünglich in Knäuelform vorliegenden Molekülketten erreicht, die durch Abkühlung unter Spannung fixiert werden kann. Ein derartig gereckter Werkstoff der Dicke 15 – 150 µm eignet sich als 'Schrumpffolie' vorzüglich zum Verpacken unregelmäßig geformter Güter, da sich bei erneuter kurzer Erwärmung auf etwa 150 – 230 ºC die aufgebrachte Spannung unter Strukturrückbildung löst und die so wirksam werdenden Kontraktionskräfte zum Schrumpfeffekt führen. Das Ausmaß der Schrumpfung ist abhängig von der Thermoplastart, dem Reckgrad zuzüglich vorhandener reversibler Molekularformationen und der Schrumpftemperatur. Die gebräuchlichsten Schrumpffolien sind PVC, PVDC, PVC-PVDC-Mischpolymere, LDPE, LDPE bestrahlt, PP, PS und PETP mit Schrumpffähigkeiten zwischen 15 % (LDPE) und 70 % (PVDC und PP). Schrumpffolien finden vorwiegend als Schlauchbeutel für Portionspackungen, als Einschläge für Ladeeinheiten und im bedruckten Zustand für Schrumpfetiketten Verwendung. Sie werden neuerdings anteilmäßig durch Stretchfolien ersetzt. Diese eine hohe Dehnbarkeit von 10 – 30 % aufweisenden PVC-Weich-, LDPE-, PP- und Copolymerisatfolien in der Dicke von 20 – 150 µm werden unter Spannung um das zu umhüllende Gut gewickelt und gesichert, eine anschließende Schrumpfung entfällt. Gegenüber den Schrumpffolien ergeben sich damit Energieeinsparungen bis zu 75 %, während vorwiegend durch den Wegfall von Übermaßen der Folienverbrauch um 50 % sinkt. Die mit der Dehnung der Folien in kaltem Zustand aufgebrachte Spannung fällt je nach Folienart aber schnell wieder ab, nach 10 Tagen wird ein Spannungsabfall von etwa 20 % erreicht. Das bedeutet, daß sich Stretchfolien zwar zum Verpacken von wärmeempfindlichen Gütern eignen, nicht unbedingt aber zur Sicherung von Transportpackungen. Die im Werkstoff-Fließbereich (150 – 250 °C) mögliche Thermoverformung planliegender Kunststoffolien zu oben offenen Hohlkörpern wird ebenso wie die Nahtverbindung von Folien im abpackenden Betrieb häufig vorgenommen. Entsprechende Vorrichtungen mit werkstoffspezifisch eingestellten Temperaturreglern finden sich in Form- und Verschließmaschinen als Tiefziehstation und in Schweiß- oder Siegeleinrichtungen zur Herstellung und zum Verschluß von Schalen, Bechern, Schlauch- und Siegelrandbeuteln.

11.2.5 Mechanische Einwirkungen

Während der technischen Bearbeitung, des Warenumschlages und der Lagerung erfolgen durch von außen oder innen wirkende Kräfte vielfältige mechanische Einwirkungen auf die Verpackungsmittel- und Gutoberfläche. Neben verkaufsmindernden Deformationen der Behältnisse mit möglichen Oberflächenbeschädigungen, Abrieb, Rißbildungen, Nahtlockerungen und Bruch sind über die so aufgehobene Schutzfunktion und resultierende Undichtigkeiten Füllgut-

Verformungen und -Verluste, Kontaminationen und letztlich der Verderb des Lebensmittels zu erwarten.
Über die Größen dieser statischen und dynamischen Belastungen liegt wenig konkretes Zahlenmaterial vor, das sich auch kaum prophylaktisch umsetzen läßt. Bekannt ist, daß beim Verschließvorgang gefüllter Konservendosen mit einem äußeren Druck von 0,13 – 0,52 MPa zu rechnen ist, während im Verlauf einer ohne Gegendruck geführten Sterilisation der Dosen-Innendruck auf einen Höchstwert von etwa 0,35 MPa ansteigen kann. Bei Thermoplast-Vakuumpackungen ist je nach dem Grad der Evakuierung ein Druck von 1 – 2 x 10^4 Pa wirksam. Bleibende Verformungen treten bei Weißblechdosen je nach Rumpfausführung mit Innendrücken ab 5x10^4 Pa (Brotdose) oder 0,8x10^4 Pa (Vakuum-Trinkwasserdose) auf. Die während der innerbetrieblichen Warenbewegung durch Schlag-, Stoß-, Fall-, Rüttel- und Stauchbeanspruchungen vorliegenden mechanischen Belastungen sowohl der Einzel- als auch der Sammel- und Transportpackungen werden zumeist nur verbal beschrieben, gleiches gilt auch für die im außerbetrieblichen Kraftfahrzeug- und Bahntransport auftretenden Lade- und Bewegungsvorgänge. Über das von der mechanischen Stabilität der Werkstoffe abhängige Rückstellvermögen nach technologisch bedingter Verformung und die für Thermoplaste bedeutsame Wärmeformbeständigkeit finden sich ebenfalls keine direkt aussagefähigen Angaben.
Im Gegensatz zu dieser Informationslücke ist durch physikalisch-technische Prüfungen die partielle mechanische Beständigkeit vieler Verpackungswerkstoffe wertemäßig nach Zug- und Druckfestigkeit, Dehnung, Berst- und Durchstoßwiderstand, Stauchwiderstand, Biegesteifigkeit u. a. Parametern weitgehend bekannt. In der Praxis wird bei der Verpackungsmittelgestaltung und dem -einsatz aber kaum von diesen vorliegenden Festigkeitswerten ausgegangen. Vielmehr dominieren sowohl bei der Werkstoffanwendung als auch bei der Verpackungsmittelkonstruktion empirische Erfahrungen und Analysen diesbezüglicher Ausfälle und Reklamationen. Häufig werden auch über die Ergebnisse simulierender Schwingungs-, Stoß- und Fallprüfungen betreffender Packungen mit der resultierenden Gut/Schlecht-Bewertung die Dimension und Sicherheit anzuwendender Verpackungsmittel abgeleitet.
Für die Erzeugnisse der fleischverarbeitenden Industrie werden an die mechanische Festigkeit der Verpackungsmittel sehr unterschiedliche Anforderungen gestellt. Bei dem Grundanspruch nach festen, Sterilisations- und Transport-beständigen Behältnissen reichen sie von sehr flexiblen und elastischen, druckbeständigen, starren oder ausfedernden Einzelverpackungsmitteln bis zu stoßdämmenden Sammel- und Transportverpackungsmitteln. Dementsprechend variiert der Werkstoffeinsatz zwischen Celluloseprodukten, Thermoplasten, Metallen und Glas und die Verpackungsmittelkonstruktion vom einfachen Kunststoffbeutel bis zur gesickten Metalldose und der durch Versteifungs- und Polsterelemente gesicherten Schachtel oder Palette. Der relativ hohen Gefahr des Bruches gläserner Verpackungsmittel wird durch eine plötzliche und hohe Temperaturdifferenzen ausschließende Temperatur/Druck-Führung während der Autoklavierung und durch die Anwendung stoßabweisender Umverpackungen begegnet.

11.2.6 Wechselwirkungen zwischen Verpackungs- und Lebensmitteln

Auch bei der vorausgesetzten, nach der Zusammensetzung und dem Reaktionsverhalten der abzupackenden Lebensmittel vorzunehmenden spezifischen Verpackungsmittel-Auswahl ist immer mit temperatur- und zeitabhängigen Wechselwirkungen zwischen Verpackungswerk-

stoff und Füllgut zu rechnen. Ihnen liegen sowohl physikalische Vorgänge als auch chemische Reaktionen zugrunde, die über die Veränderung des Verpackungswerkstoffes und die Migration von Werkstoffbestandteilen oder -reaktionsprodukten zur Wertminderung der Verpakkung und zur Kontamination des Lebensmittels führen.
Ausgelöst durch die wäßrige Phase des Lebensmittels treten bei den Werkstoffen auf Cellulosebasis Quellungs- und Lösungsvorgänge auf. Enthält das Füllgut natürliche oder zugesetzte Salze und Säuren, so liegen schwachkonzentrierte Lösungen bestimmter pH-Bereiche vor, sie können bei Glasoberflächen einen als Ionenaustausch aufzufassenden Lösungsvorgang, bei Metalloberflächen elektrolytische Korrosionsreaktionen verursachen. Auch Fette führen neben der hygienisch zu beanstandenden Durchfettung von Papier und Karton infolge ihres Anteiles an freien Fettsäuren zu entsprechenden Korrosionen, oder sie fungieren als Lösungsmittel gegenüber den in Thermoplasten, Dichtungsmitteln o. ä. möglicherweise enthaltenen, fettlöslichen monomeren Ausgangsstoffen und Fabrikationshilfsmitteln. Werkstoffseitig sind die meisten dieser Einwirkungen mit Strukturveränderungen und Auswirkungen auf die mechanische Festigkeit, mit visuell wahrnehmbaren, verkaufsbeeinträchtigenden Oberflächentrübungen, -marmorierungen und -korrosionen bis zur vollständigen Zerstörung verbunden.
Die Aufnahme gelöster Stoffe oder gebildeter Reaktionsprodukte durch das Lebensmittel führt neben einer evtl. Schädigung von Lebensmittelinhaltsstoffen durch katalytische oder Redoxprozesse zu Farbveränderungen und zu Geruchs- und Geschmacksbeeinträchtigungen, im Extremfall bis zu toxisch wirkenden Fremdstoffkonzentrationen. Analytisch fundierte Grenzzahlen oder Richtwerte für derartige Kontaminationen liegen nur z. T. vor; den spezifischen Gegebenheiten entsprechend sind sie sehr unterschiedlich. Für die Migration gesundheitlich bedenklicher Stoffe gelten Werte im Bereich von 5 – 50 µg je 1 kg Lebensmittel, für die Gesamtmigration der aus Verpackungsmitteln stammenden gesundheitlich unbedenklichen, aber technisch unvermeidbaren Stoffe wird für das EU-Wirtschaftsgebiet ein Höchstwert von 60 mg/kg Lebensmittel vorgeschlagen. Bei den Celluloseprodukten treten als Kontaminanten Füllstoffe, Farben, organische Restlösemittel aus dem Druckbild oder dem Kaschierkleber und aus verarbeitetem Altpapier stammende Verunreinigungen, wie polychlorierte Biphenyle und Schwermetalle, auf. Die Grenzwerte für die erstgenannten Stoffe liegen praktisch bei der visuell-sensorischen Erfassung (z. B. beim „Ausbluten" von Farben), für die organischen Verunreinigungen gilt als Richtwert ein Gesamtgehalt bis zu 10 mg/kg Werkstoff. Von den nachgewiesenen Metallen nehmen nach [9] Kupfer mit 15 – 44 µg/g und Blei mit 7 – 27 µg/g Werkstoff die höchsten Anteile ein, wobei aber der mit verdünnter Essigsäure extrahierbare Gehalt bei nur etwa 50 % liegt. Die Migration in ein Lebensmittel ist gegenüber den bereits im Lebensmittel enthaltenen natürlichen Metallmengen praktisch zu vernachlässigen. In Anbetracht einer durch den Oberflächenkontakt katalysierten Fettsäureoxidation wurde für Pergamentpapier als Buttereinwickler ein Kupfer-Grenzwert von 6 µg/100 cm^2 Werkstoff festgelegt. Reine Thermoplaste sind weitgehend indifferent und reaktionsträge. Soweit im Werkstoff aber nichtumgesetzte oder auch rückgebildete Ausgangsstoffe wie auch Zusatzstoffe vorliegen, können diese unter Geruchs- und Geschmacksbeeinträchtigungen in das Füllgut einwandern. Bei fetthaltigen, einer Wärmebehandlung ausgesetzten Lebensmitteln liegen die Gefahren einer solchen Kontamination durch die Diffusion betreffender Bestandteile besonders hoch. Für diese im einzelnen schwer zu erfassenden Stoffe sind Grenzkonzentrationen in Form von unter definierten Bedingungen extrahierbaren Anteilen festgelegt. Sie liegen für phenolische Stoffe bei 2 mg/kg Lebensmittel, für Vinylchlorid bei 1 mg/kg; als Geschmacksschwelle werden für monomeres Styrol 0,2 – 6 mg/kg angegeben. Der beim Glas bei pH ~7 und 100 °C auftretende Masse-

verlust in der Größenordnung von 1,5 mg x dm^{-2} x h^{-1}, der etwa einer abgetragenen Schicht von 0,6 µm pro Jahr entspricht und hauptsächlich aus Siliciumdioxid, Alkali- und Erdalkalioxiden besteht [10], ist als qualitätsbeeinflussender, sensorisch oder physiologisch wirkender Faktor zu vernachlässigen. Zumeist liegen diese Konzentrationen weit unter dem natürlichen Gehalt der Lebensmittel an diesen Stoffen. Bedeutung erlangt diese Oberflächen- und Innenflächenreaktion ggf. aber als sogenannte „Wasserbeständigkeit" des Glases. Im negativen Sinne äußert sie sich bei Mehrweggläsern als zumeist außenseitige, durch Wasch- und Autoklavenwasser ausgelöste Oberflächentrübung, während die ähnlich verursachte, als „Flaking" bezeichnete Bildung und Ablösung extrem dünner Schuppen oder Flitter mehr an der Glasinnenfläche auftritt. Die Häufigkeit der Wiederverwendung solcher Glasverpackungsmittel ergibt sich aus der visuell vertretbaren Trübungsgrenze, für das Lebensmittel selbst bestehen keine diesbezüglichen Einschränkungen. Die bei den metallischen Verpackungsmitteln in den verschiedensten Erscheinungsformen ablaufenden Korrosionsreaktionen beeinflussen in hohem Grade die Umlauf- und Verkaufsfähigkeit entsprechender Packungen wie auch die Qualität und Genußtauglichkeit der enthaltenen Füllgüter. Als begrenzende Kriterien gelten für das Verpackungsmittel visuell außen- und innenseitig erkennbare Korrosionsauswirkungen und Marmorierungen, wobei das als Grenze der Verkehrsfähigkeit anzusehende Ausmaß, soweit keine Bombagebildungen vorliegen, subjektiv stark variiert. So bedingte Veränderungen des Doseninhaltes sind visuell als Verfärbung, sensorisch als Geschmacksabweichung und chemisch-analytisch als erhöhter Metallgehalt, bei chemischen Bombagen auch über die stöchiometrisch entsprechende Wasserstoffbildung, erkennbar. Verfärbungen durch Metallchelate werden zumeist nur bei flüssigen Lebensmitteln geringer Eigenfarbe festgestellt, wobei für die Bildung solcher farbintensiver organischer Ringverbindungen mit koordinativer oder kovalenter Metallbindung bereits sehr niedrige Metallkonzentrationen von 5 – 10 mg Eisen, Zinn oder Aluminium [11] ausreichen. Streifenförmige und kleinflächige Schwarzfärbungen von festen Füllgutpartien, z.B. von Schmalzfleisch, werden zumeist durch die Ablösung und Übertragung schwarzer, aus Eisensulfiden bestehender Dosen-Korrosionsprodukte hervorgerufen. Geschmacksbeeinträchtigungen sind– je nach Aromafülle und Würzung der Lebensmittel – von Art und Konzentration der aufgenommenen Metalle abhängig. In geschmacksneutralen Füllgütern ist Eisen ab 5 – 10 mg/kg, in Fleischkonserven etwa ab 45 – 60 mg/kg sensorisch durch den typischen Metallgeschmack erfaßbar. Für Zinn und Aluminium liegen die sensorischen Nachweisgrenzen bei 200 – 300 mg/kg bzw. bei 50 mg/kg. Zur toxischen Wirkung solcher Metallaufnahmen ist aus der Literatur erkennbar, daß Eisen ohne Schädigung vom menschlichen Körper aufgenommen und zu 20 – 60 % resorbiert, der Rest zumeist unter auffälliger Dunkelfärbung des Stuhles ausgeschieden wird. Beim Zinn treten akute Vergiftungen mit Magen- und Darmstörungen ab Gehalten von 300 mg/kg Lebensmittel auf. Weitere Untersuchungen [12] weisen darauf hin, daß durch dieses Metall Enzyme (z. B. Cytochrom P 450) gehemmt werden und so durch Zinnaufnahmen die toxische Wirkung vieler anderer Stoffe erhöht wird. Auch Haut- und Schleimhautschäden sowie eine Beeinflussung der Hämoglobinsynthese sollen durch Zinngehalte bereits niedrigerer Konzentration (etwa 100 mg/kg) ausgelöst werden [13]; nach pharmakologischen Gutachten kann ein Zinngehalt der Lebensmittel von 100 – 120 mg/kg die Gesundheit des Verbrauchers nachteilig beeinflussen. Für das aus gelöteten Dosen stammende Blei oder aus verchromten Blechen gelöste Chrom sind als Grenzwerte rechtlich je 0,5 mg/kg Lebensmittel festgelegt. Bombierte Packungen sind unabhängig von der Verpackungsmittel-Art (Thermoplast-, Glas-, Metallpackung) und den Bombageursachen (chemisch, mikrobiologisch, physikalisch) grundsätzlich vom Umlauf ausgeschlossen.

11.3 Verpackungstechnische Realisierung spezifischer Schutzanforderungen von Fleisch und Fleischerzeugnissen

Sowohl Frischfleisch als auch die verschiedenen Fleischerzeugnisse weisen gegenüber den vorstehend genannten Einwirkungsfaktoren unterschiedliche Empfindlichkeiten, Reaktionen und Auswirkungen auf. Der Ausschluß oder die Einschränkung betreffender Einflüsse mit dem Ziel der weitgehenden Qualitätserhaltung kurzfristig umschlagbarer Frischhalte- und mittel- bis langfristig lagerfähiger Vorratspackungen muß maßgeblich durch die Verpackungsart erbracht werden.

11.3.1 Frischfleisch - zerlegte Teilstücke

Zur Fleischreifung, zur Bevorratung und zum Transport werden Frischfleisch-Teilstücke als Großportionen in flexible thermoplastische Verpackungsmittel sauerstofffrei unter Vakuum oder Schutzgas abgepackt und bei Kühltemperaturen gelagert.
Das Füllgut weist eine hohe mikrobiologische Anfälligkeit in Form von Oberflächeninfektionen und verstärkter Mikroorganismen-Vermehrung auf. Neben der mit Dunkelfärbung verbundenen Abtrocknung besteht die Gefahr des Fleischsaft-Austrittes. Abhängig vom Sauerstoffeinfluß ist die Umwandlung des purpurroten Myoglobins in das ziegelrote Oximyoglobin oder das verkaufsbeeinträchtigende graubraune Metmyoglobin möglich. Verfärbungserscheinungen sind auch durch lichtinitiierte Oxidationsreaktionen zu erwarten.
Entsprechend der spezifischen Empfindlichkeit des Frischfleisches und den vorliegenden Handelsbedingungen ist durch die einzusetzenden Verpackungswerkstoffe und -mittel vordergründig der hygienische Schutz des Lebensmittels gegenüber mikrobiellen Einflüssen und Veränderungen wie auch gegen Verschmutzung zu gewährleisten. In Anbetracht eines mehrfachen Warenumschlages und zwischenzeitlichen Lagerungen ist weiterhin eine ausreichende mechanische Festigkeit und Druckbeständigkeit des Verpackungsmaterials, auch im niedrigen Temperaturbereich, erforderlich. Der Wasserdampfaustausch ist durch weitgehend wasserdampfdichte Werkstoffe zu unterbinden. Zur Verhinderung der bei niedrigen Sauerstoffpartialdrücken einsetzenden Metmyoglobinbildung (Maximum bei 24 x 133,3 Pa) und der so bedingten irreversiblen Farbveränderung, zugleich auch von Oxidations- und Verderbsreaktionen, wird die Evakuierung der Packung und/oder eine Begasung mit Stickstoff bzw. einem 2-Komponenten-Schutzgasgemisch (10 – 20 % CO_2 + 80 – 90 % N_2) vorgenommen. Bei der unter diesen Bedingungen sehr niedrigen Konzentration von Rest-Sauerstoff bleibt die Farbe des Myoglobins erhalten, die erwünschte Umrötung zum Oximyoglobin erfolgt erst durch die Luftberührung des Fleisches nach dem Öffnen der Packung. Der Anteil des bakteriostatisch wirkenden Kohlendioxids im Mischgas zielt auf die Behinderung des Mikroorganismen-Wachstums. Diese verpackungstechnischen Maßnahmen setzen die Sauerstoffdichtigkeit und ggf. auch eine hohe Kohlendioxiddichtigkeit des anzuwendenden Verpackungswerkstoffes voraus. Ein Lichtausschluß ist in solchen Fällen nicht unbedingt erforderlich bzw. durch die Lagerart zu erbringen.
Diese produktspezifischen Anforderungen werden durch die Anwendung mechanisch fester, flüssigkeits- und gasdichter, schweiß- oder siegelfähiger, ggf. auch tiefzieh- und schrumpf-

fähiger thermoplastischer Mono- und Verbundfolien realisiert. Dazu bieten sich neben PVC-PVDC-Mischpolymerisat-, PVDC-. und PETP-Folien vor allem PVC/PE-, PA/PE-, PETP/PE- und PETP/Al/PP-Verbundfolien bis zu hochdichten Mehrlagen-Copolymerisatfolien (z. B. PP/HV/EVAL/HV/LDPE) in verschiedener Ausführung (variierende Dicke, gefärbt, bedruckt, Antibeschlag-beschichtet u. a.) an. Als Verpackungsmittel-Ausführung kommen zumeist vorgefertigte Schrumpffolien-Schlauchbeutel oder im Abpackbetrieb thermogeformte Schalen (Mulden) zur Anwendung, die nach Evakuierung oder mit geringem Überdruck von 0,2 – 0,35 x 10^5 Pa erfolgender Begasung abgeclipt und geschrumpft oder mit Dehnfolie eingeschlagen und versiegelt werden. Eine weitere Verpackungsform stellt die praktisch ohne ausgeformtes Verpackungsmittel hergestellte Skin-Packung dar, bei der das zwischen eine Unter- und Oberfolie eingebrachte Gut durch Thermo- und Vakuumformung der Abdeckung und anschließende Flächenversiegelung der überstehenden Folienteile hauteng umhüllt wird. Damit entfällt eine Schutzbegasung solcher Packungen. Diese Verpackungsart erbringt eine hohe mechanische Festigkeit und die Eignung als „Aufhänge“-Beutel, zugleich wird der Fleischsaft-Austritt und Masseverlust auf 1 – 2 % reduziert. Die Dicke der verwendeten Folien variiert je nach Anwendung als Schalen- oder Einschlag- bzw. Unter- oder Oberfolie zwischen 600 und 12 µm bzw. 300 und 20 µm.
Die Lagerdauer entsprechender Packungen erreicht bei Lagertemperaturen von -1 bis + 5 °C 1 bis 4 Wochen, bei geschrumpften oder flächengesiegelten Packungen bis zu 8 Wochen. Generell ist bei solchen Angaben zu berücksichtigen, daß die erreichbaren Haltbarkeitsfristen nicht nur von der angewandten Verpackung, sondern zumindest ebenso auch von der Art, Zusammensetzung, dem Anfangskeimgehalt und der Bearbeitung der betreffenden Lebensmittel selbst abhängen.

11.3.2 Portioniertes Frischfleisch

Für das Angebot und den Sofortverkauf im Selbstbedienungs-Einzelhandel wird portioniertes oder auch zerkleinertes Frischfleisch (Filet, Rumpsteak, Kamm, Roulade, Gulasch, Hackfleisch u. a.) als Kleinpackung in standfesten oder flexiblen thermoplastischen Verpackungsmitteln unter Normaldruck und möglichem Sauerstoffeinfluß, mit eingestellter Atmosphäre oder unter Vakuum abgefüllt und bei Kühl-Temperaturen gelagert.
Die Empfindlichkeit dieser Produkte entspricht praktisch der von Frischfleisch-Teilstücken, d. h. es liegen eine hohe mikrobielle Anfälligkeit und die Gefahr der Saftlässigkeit, des Schwundes einschließlich einer Dunkelfärbung, der Metmyoglobinbildung und von lichtinduzierten oxidativen Fettveränderungen vor.
Der Verpackungswerkstoffeinsatz und die Verpackungsmittelausführung müssen den allgemeinhygienischen, mikrobiologischen und mechanischen Schutz des Lebensmittels gewährleisten. Neben der erforderlichen Wasser- und Fettdichtigkeit ist die Bindung des evtl. austretenden Fleischsaftes vorzusehen. Darüberhinaus wird eine gute Wasserdampf- und Aromadichtigkeit gegenüber Fremdgerüchen bei gleichzeitig hoher Sauerstoffdurchlässigkeit vorausgesetzt.
Zur Erfüllung dieser Anforderungen werden Verpackungsmittel aus Celluloseprodukten und aus Thermoplasten eingesetzt. Von den erstgenannten finden vorgefertigte kunststoffbeschichtete Pappenguß-, Holzschliff- oder auch Reincellulose-Schalen bzw. -Tray-Unterlagen

und als ungeformter Werkstoff lackierte Cellulosehydrat-Folie Verwendung. In weitaus größerem Maße kommen aber erst im Abfüllbetrieb zu Schalen oder Trays verformte teil-transparente und zur Abdeckung dienende volltransparente Thermoplastfolien zur Anwendung. Als Monofolien eignen sich PVC-H-, die rechtlich umstrittene, hoch-gasdurchlässige und dehnfähige PVC-W-, PS- und Schaum-PS-Folien; als Verbundmaterialien die tiefzieh- und siegelfähigen PA/PE-, PVC/PE-, PETP/PE-, PA/PVDC/PP- o. ä. Folien. Hinsichtlich der Verpackungsmittel-Ausführung dominiert neben der standfesten Tray-Unterlage die seitenstabile, bis zu 100 – 130 mm tiefgezogene Schale (häufig aus Schaumpolystyrol) mit Folien- bzw. Dehnfolieneinschlag oder aufgesiegeltem Deckel. Da bei der bevorzugten Thermoplast-Anwendung die erforderliche Sauerstoffdiffusion nicht gesichert ist, erfolgt eine mit geringem Überdruck vorzunehmende Abfüllung unter kontrollierter, das Füllgut allseitig umspülender 2-Komponenten-Sauerstoffatmosphäre (60 – 80 % O_2 + 40 – 20 % CO_2), wobei das mitverwendete Kohlendioxid gleichzeitig durch eine pH-Senkung die Keimvermehrung hemmen soll. Um die volle Einwirkung der Sauerstoffatmosphäre auf die gesamte Gutoberfläche zu ermöglichen, sollte das Verpackungsmittel ein ausreichendes Volumen und eine innenseitig gerippte Oberfläche aufweisen. Auch unter Berücksichtigung eines teilweisen Sauerstoffverbrauches des Lebensmittels reicht bei einem Gasvolumen von 100 cm^3 für 100 g Fleisch die so vorliegende O_2-Konzentration während des üblichen Warenumschlages zur Aufrechterhaltung des Oximyoglobins aus. Bedeutend längere Lagerzeiten solcher Portions-Einzelhandelspackungen können mit einer Stickstoff/Kohlendioxid-Schutzbegasung bei Anwendung einer speziellen Schalen-Abdeckfolie (PETP/PVDC/PE o. a.) erreicht werden. Diese aus 2 Komponenten bestehende, abziehfähige (peelable) Verbundfolie weist füllgutseitig bei guter Wasserdampfdichte eine hohe Sauerstoffdurchlässigkeit, die abziehbare Außenseite eine hohe Sauerstoffdichtigkeit auf. Bei der Begasung einer derart verschlossenen Packung stellt sich die Myoglobinfarbe ein. Nach Abzug der außenseitigen gasdichten Barrierefolie im Rahmen der Verkaufsvorbereitung diffundiert Luftsauerstoff durch die verbleibende gasdurchlässige Abdeckung und rötet innerhalb weniger Minuten das Myoglobin zum Oximyoglobin um. Zur Verhinderung einer besonders in Schalenpackungen verstärkt in Erscheinung tretenden Fleischsaft-Ansammlung werden saugfähige Schaumstoffschalen angewandt oder der Packung ein die Flüssigkeit absorbierendes und zurückhaltendes Fließ (aus Zellstoff, oberflächenkaschiert mit Pergamentpapier) als Fleischauflage beigegeben. Als weitere Verpackungsmittelform kommt verstärkt die flächenversiegelte Vakuum-Skinpackung zur Anwendung, bei der ein Fleischsaftaustritt nahezu ausgeschlossen wird. Ungeachtet der hierbei vorliegenden Myoglobinfarbe ergibt sich mit solchen Packungen zumeist eine Verlängerung der Verbrauchsfrist. Die Werkstoffdicken der angewandten Thermoplaste entsprechen je nach Einsatz als Mulden-, Deckel-, Unter- oder Oberfolie den im vorstehenden Abschnitt angegebenen Abmessungen.

Portioniertes Frischfleisch erreicht in den genannten Verpackungsarten bei Temperaturen von 0 – 5 °C eine Umlauffrist von 3 – 12 Tagen.

11.3.3 Portionierte Fleischerzeugnisse

Unter diese Produktgruppe fallen gepökelte, gekochte und gebratene Erzeugnisse, z. B. Speck, Kassler, Fleischklöße, Schinken, Rollbraten u. ä., aber auch Fertiggerichte wie Hackbraten mit

Soße. Diese Produkte kommen portioniert in Stücken, Scheiben oder Fächeraufschnitt als zumindest einseitig transparente, unter Normaldruck oder besser unter Vakuum abgefüllte Kleinpackungen in den Handel. Die Lagerung erfolgt bei Kühl- und Normaltemperaturen.
Diese Lebensmittel sind ebenfalls mikrobiell stark anfällig. Zugleich unterliegen sie Feuchtigkeitsverlusten und Oxidationsreaktionen mit nachfolgenden Veränderungen des roten Pökelfarbstoffes und des Fettanteiles. Der Farbumschlag des Nitrosomyoglobins zu graubraunen bis grünlichen Farbtönen wird durch Lichteinfluß stark beschleunigt.
Die produktspezifischen Anforderungen an die Verpackung beziehen sich auf die Dichtigkeit und Beständigkeit gegenüber Mikroorganismen- und Fetteinwirkung. Bei hoher mechanischer Festigkeit für stückige Lebensmittel fester Oberfläche (Speck u. a.) sind weiterhin geringe Wasserdampf- und Sauerstoffdurchlässigkeiten und - abhängig von der vorgesehenen Lagerzeit - eine teilweise oder vollständige Lichtdichtigkeit erforderlich. Die Herstellung von Kochschinken erfordert ggf. temperaturbeständige Verpackungsmittel.
Als diesen Anforderungen genügende Verpackungswerkstoffe werden schrumpf-, tiefzieh- und siegelfähige, transparente und auch volldeckend eingefärbte thermoplastische Monofolien, zumeist aber gleichartige Verbunde auf der Basis von PVDC, PE, PP, PA, PETP und Al oder auch Copolymere, z. B. ein PVDC/PP/Al/PP-Laminat, eingesetzt. In diesen Kombinationen erbringen die einzelnen Komponenten eine ausreichende mechanische Festigkeit, hohe Gasdichtigkeit, eingeschränkte Lichtdurchlässigkeit und die verarbeitungstechnisch erforderlichen Eigenschaften. Gegenüber ausgewählten Erzeugnissen, Angebots- und Zubereitungsformen liegen auch die Temperaturbeständigkeit (für Folienschinken) und Mikrowellenfestigkeit (für Fertiggerichte) vor. Die Verpackungsmittelausführung ist mit der für Frischfleisch-Teilstücke und -Portionen vergleichbar. Sie erstreckt sich auf Beutel (u. a. als Vakuum-Kochbeutel), tiefgezogene Schalen einschließlich Menüschalen und auf Skinpackungen sehr variierender Höhe, die sämtlich im abpackenden Betrieb geformt und verschlossen werden. Die Packungen werden zumeist evakuiert, seltener mit einem Stickstoff/Kohlendioxid-Gemisch (60 – 80 % N_2 + 40 – 20 % CO_2) begast.
Bei einer Lagertemperatur von 2 – 8 °C und gutem Lichtschutz sind solche Packungen ein bis mehrere Monate (Folienschinken bis 6 Monate, tischfertige Gerichte in Servierschalen 18 Monate) haltbar.

11.3.4 Koch-, Brüh- und frische Rohwurst

Die Verpackung von Leberwurst, Sülzwurst, Bockwurst, Jagdwurst, Teewurst, Knackwurst u. a. zu dieser Erzeugnisgruppe gehörenden Wurstsorten dient der Portionierung und Handelsfähigkeit. Es sind flexible Kleinpackungen einzelner oder oft auch mehrerer ganzer oder angeschnittener Würste, ggf. auch von Scheiben oder Aufschnitt wie auch von Würstchen in Lake. Die Packungen werden unter Normaldruck oder unter Vakuum verschlossen und bei Kühl- und Normaltemperaturen gelagert. Wurst-Vollkonserven werden unter dieser Füllgutgruppe nicht mit erfaßt.
In kleinstückigem oder pastösem Zustand vorliegend weisen die wasser- und fettreichen Wurstmassen ungeachtet des vorhandenen Salzgehaltes eine hohe mikrobielle Anfälligkeit auf. Gleichermaßen liegt eine hohe Empfindlichkeit gegenüber Sauerstoff- und Lichteinfluß vor, die zu oxidativen Fettveränderungen und zu Verfärbungen führen.

Zur Erfüllung dieser Schutzanforderungen kommen mechanisch feste, jedoch flexible, dehnbare und ggf. auch schrumpffähige Werkstoffe in Betracht. Gegenüber Wasser und Fett müssen sie auch bei erhöhten Temperaturen dicht, fest und beständig sein. Weiterhin ist eine weitgehende Gas- und Aromadichtigkeit der volltransparenten bis deckend eingefärbten Werkstoffe zu fordern.

Die in der Praxis eingesetzten Verpackungsmaterialien reichen von sehr produktspezifischen Naturstoffen über Celluloseprodukte bis zu thermoplastischen Mono- und Verbundfolien. Als traditionelle Einzelverpackung überwiegt die Abfüllung der Wurstmasse in abbindbare Naturdärme, Blasen oder Mägen oder in gleichermaßen verschließbare Kunststoffschläuche folgender Varianten:

- Pergamentpapier-Darm (Cellulose)
- Regeneratcellulose-Darm (Cellulosehydrat)
- Papierfaser-Darm (Cellulosehydrat, faserverstärkt)
- Sperrschichtpapierfaser-Darm (Cellulosehydrat, faserverstärkt und PVDC-beschichtet)
- Hautfaser-Darm (Eiweiß, gehärtet)
- Sperrschichthartfaser-Darm (Eiweiß, gehärtet und PVDC-beschichtet)
- Alginat-Darm (Alginat)
- Kunststoff-Darm (PVC-PVDC-Mischpolymerisat, PVDC, PA, PETP, Thermoplast-Verbunde)
- Lichtschutz-Darm (Thermoplast-, metallisierte Thermoplast- und Thermoplast/Al-Verbunde, durchscheinend oder deckend eingefärbt).

Die Naturmaterialien genügen nach Vorbereitung allen verpackungsfunktionellen Anforderungen, bei den künstlichen Därmen ergeben sich je nach dem Ausgangsmaterial besondere Eigenschaften und Anwendungsgebiete. Die günstigsten Anwendungsbedingungen, besonders hinsichtlich der Dichtungseigenschaften und der thermischen Nachbehandlung der Würste, sind mit ggf. zusätzlich präparierten (beschichtet, eingefärbt, genadelt) Kunststoffschläuchen auf der Basis von PVDC zu erreichen. Dagegen erlaubt der einfache, nicht beschichtete und verstärkte Cellulosehydrat-Darm bei richtiger Behandlung das Abschälen des Darmes und das anschließende Verpacken der darmlosen Würstchen in Vakuumbeutel. Aus Werbegründen, zur Erleichterung des Warenumschlages oder zur Eliminierung auftretender mechanischer Belastungen wird auch die im Darm portionierte Wurst zusätzlich verpackt. Als betreffende Einzel-Umverpackungen sind lose umhüllende, bedruckte und siegelfähige Cellulosehydratschläuche, durch Metallclip verschlossene Kunststoffnetze oder siegelfähige Beutel aus metallbeschichteter Verbundfolie im Gebrauch. Unter Umgehung der Darmabfüllung werden streichfähige Wurstmassen, aber auch Wurstscheiben in thermogeformte flache Becher aus PETP randvoll gefüllt und ggf. unter Vakuum oder Schutzgas durch Aufsiegelung einer zumeist Al enthaltenden Verbundfolie verschlossen. Auf Pappe-, überwiegend aber auf Thermoplastzuschnitten plazierte ganze Würste, Wurstanschnitte oder dicke Scheiben werden im Warmform- und Siegelverfahren unter Vakuum hauteng durch Thermoplastfolien abgedeckt und unter Flächensiegelung verschlossen. Diesen Skinpackungen unregelmäßiger Gestalt vergleichbar sind flache rand- oder vollflächig versiegelte Schalen- oder Beutelpackungen für gefächerte Aufschnittware. Als betreffende Werkstoffe finden für die Unter- und Oberfolien PVDC/PE-, PA/PE-, PETP/PVDC/PE-, Cellulosehydrat/PE- o. ä., auch metallisierte Verbunde unterschiedlicher Dicke Verwendung. Würstchen ohne oder mit Lake werden nach gleichem System oder in vorgefertigte PETP/Al/PE- bzw. auch PETP/Al/PETP/PP-Beutel abgefüllt und die Packungen unter Vakuum durch Siegelung oder auch durch Abbinden und Abclipen verschlossen. Speziell für diese Würstchenverpackungen werden die sich aus der geringen Werkstoffmasse (5 – 14 %), dem

geringen Packungsvolumen (46 – 50 %) bei vergrößerter Werbefläche (300 – 400 %) gegenüber den die gleiche Wurstmasse enthaltenden Glas- oder Metalldosenpackungen ergebenden ökonomischen Vorteile von [14] nachgewiesen.
Die Haltbarkeit entsprechend verpackter Erzeugnisse beträgt bei Kühllagerung bis zu 10 °C 1 bis 4 Wochen. Über die mikrobiologische Auswirkung des Vakuumverpackens von Brühwurstaufschnitt in PVDC/PETP/PE-Verbundfolienbeutel teilt [15] mit, daß der Anfangskeimgehalt des Gutes von etwa 10^8 Keimen/g nach 9tägiger Lagerung bei 6 – 8 °C auf Werte von 10^6 Keime/g absinkt, nach insgesamt 15tägiger Lagerung aber wieder auf 10^9 Keime/g ansteigt. Dabei handelt es sich vorwiegend um Milchsäurebakterien.

11.3.5 Ausgereifte, schnittfeste Rohwurst

Bei den zu dieser Erzeugnisgruppe gehörenden Wurstsorten wie Salami, Zervelatwurst, Schlackwurst, u. ä. dient die Verpackung ebenfalls der Portionierung und Handelsfähigkeit. In Form ganzer Würste werden diese Produkte bei Normaltemperatur einer längeren Lagerung unterworfen, während der biochemische Reifungs- und physikalische Trocknungsvorgänge ablaufen. Die auch als flexible Kleinpackungen unter Vakuum oder Schutzgas abgefüllten ganzen Würste, Wurststücke und -scheiben unterliegen bei vorgesehenem schnelleren Umschlag nicht den o. g. Veränderungen.
Ausgehend vom fertigungsbedingten Wassergehalt dieser Würste ist durch entsprechende Maßnahmen die Abtrocknung und Verfestigung der Wurstmasse zu gewährleisten, anderenfalls ist mit Farb- und Geschmacksabweichungen und dem mikrobiellen Verderb zu rechnen. Begünstigt durch die längere Lagerzeit wirken sich Sauerstoff- und Lichteinflüsse nachteilig auf den hohen Fettgehalt aus. Angeschnittene und scheiblierte Ware unterliegt infolge der vergrößerten Oberfläche einem starken Wasserdampfaustausch mit der Umgebung. In Anbetracht der während eines längeren Warenumlaufes zu erwartenden vielfachen Berührung durch einen unkontrollierten Personenkreis ist der hygienische Schutz dieser Lebensmittel besonders zu sichern.
Der Verpackungswerkstoffeinsatz wird je nach Produktform maßgeblich durch die erforderliche oder zu verhindernde Wasserdampfdiffusion bestimmt, wonach der Reifungsprozeß wasserdampfdurchlässige, die ausgereifte Dauerwurst dagegen wasserdampfdichte Packstoffe voraussetzen. Entsprechend der Gutzusammensetzung sind weiterhin durch die Verpackung eine hohe Sauerstoffdichtigkeit und ein weitgehender Lichtschutz zu erbringen. Bei vorzunehmender Räucherung sind rauchbeständige und -durchlässige Wursthüllen erforderlich.
In der Praxis kommen zur Abfüllung der Wurstmassen neben Naturdärmen unbeschichtete Cellulose- und Cellulosehydrat- oder auch Hautfaserdärme, die abgebunden oder abgeclipt werden, zur Anwendung. Im abgetrockneten Zustand werden so umhüllte, nicht angeschnittene Rohwürste gegen eine weitere Wasserverdunstung, aber auch gegen Sauerstoff- und Lichteinwirkung und gegen Aromaverlust z. T. mit pigment- und bindemittelhaltigen Überzugsmassen als äußerem Schutz versehen. Verkaufsfördernde und zugleich hygienisch schützende zusätzliche Umverpackungen ausgereifter und abgetrockneter Würste sind in Form siegelfähiger, bedruckter und gefärbter, wasserdampfdurchlässiger Cellulosehydrat- oder gasdichter Thermoplast-Schläuche üblich. Für Schnittware treffen gleichermaßen die bereits im Kapitel 11.3.4 genannten Verpackungswerkstoffe und -mittel zu.

Die bei Temperaturen von 4 – 15 °C zu lagernden Würste erreichen Haltbarkeiten bis zu mehreren Monaten, die bei 4 – 8 °C zu lagernde Schnittware von 4 bis 5 Wochen.

11.3.6 Feinkost-Erzeugnisse

Hierzu zählen aus dem Angebot der fleischverarbeitenden Industrie u. a. Fleischsalate, Sülzen, Pasteten und Aspikware. In verbrauchergerechter Portionierung liegen halbstarre bis starre, zumeist nicht-transparente Kleinpackungen vor. Die kurzfristige Lagerung erfolgt bei Kühl- und Normaltemperaturen.

Diese Erzeugnisse weisen eine hohe mikrobiologische Anfälligkeit auf. In Auswirkung einer Wasserdampfdiffusion und lichtinduzierter Oxidation ist mit Oberflächenabtrocknungen, Verfärbungen und Geschmacksbeeinträchtigungen zu rechnen.

Verpackungstechnisch ist vordergründig der hygienische Schutz vor äußeren Fremdeinflüssen zu gewährleisten. Neben mechanischer Festigkeit, Fettdichtigkeit und -beständigkeit muß die Verpackung eine gute Wasserdampf- und Sauerstoffdichtigkeit und einen weitgehenden Lichtschutz erbringen.

Entsprechend den Schutzanforderungen kommen als Verpackungswerkstoffe ausschließlich thermoformbare, überwiegend tiefziehfähige Thermoplaste wie PVC, PS, PETP und als Verbundfolien die Kombinationen PA/PE und PA/PVDC/PE zur Anwendung. Die oft konischen Verpackungsmittel größeren Volumens werden im Formpreß- oder Spritzgießverfahren, flache Schalen und Becher auch im Tiefziehverfahren außerhalb und innerhalb der abpackenden Industrie gefertigt. Der u. U. besonders anfällige Verschluß dieser Packungen erfolgt durch übergreifende thermoplastische Stülp- oder Schnappdeckel, die allerdings nicht gasdicht sind. Zu bevorzugen ist die vollabdeckende Aufsiegelung einer Verbund-Deckelfolie (ggf. mit Al-Zwischenlage) auf den Schalen- bzw. Becher-Bordflansch. In zunehmendem Maße werden Erzeugnisse dieser Produktgruppe auch in Form von Skinpackungen in den Handel gebracht.

Die Haltbarkeit der bei Kühl- und Normaltemperaturen lagernden Packungen beträgt maximal 14 Tage. Davon ausgenommen sind Skinpackungen, für die Lagerzeiten bis zu 8 Wochen angegeben werden.

11.3.7 Halb-, Dreiviertel- und Vollkonserven

Die sich nach der Wärmebehandlung bzw. nach dem *F*-Wert unterscheidenden Konservenarten umfassen ein breites Sortiment von Fleisch-, Brüh- und Kochwurst-, tischfertige Gerichte- und Suppenkonserven. Bei gleichfalls vielfältigen Verpackungsvarianten in flexibler, halbstarrer und starrer Ausführung ermöglicht die Verpackung neben der Portionierung vorrangig die Haltbarmachung, aber auch den Warenumschlag und die Vorratshaltung der betreffenden Füllgüter. Die mittel- bis langfristig haltbaren Kleinpackungen erfordern nicht unbedingt besondere Lagertemperaturen.

Das zumeist in grob- bis feinzerkleinertem Zustand vorliegende Konservengut ist in hohem Grade mikrobiell anfällig. Bei Sauerstoff- und Lichteinfluß besteht, ggf. katalysiert durch aufgenommene Metallionen, die Gefahr nachteiliger Farb- und Geschmacksveränderungen und des

oxidativen Fettabbaues. Das Haltbarmachungsverfahren ist mit der kurzfristigen Einwirkung hoher Temperaturen und Innendrücke auf die dicht geschlossene Packung verbunden. Ausgelöst durch den Temperatureinfluß tritt über Denaturierungsvorgänge ein Proteinabbau bis zur Bildung von Disulfiden, Sulfhydrilen und Schwefelwasserstoff auf, die zur geschmacklichen Beeinflussung des Lebensmittels führen. In Verbindung mit der Korrosivität der kochsalzhaltigen Füllgüter erfolgen aber auch Wechselwirkungen mit metallischen Verpackungsmitteln in Form von Werkstoff-Oberflächenveränderungen, besonders von Marmorierungen.
Aus der Gutzusammensetzung, -empfindlichkeit und -reaktion leiten sich für die Verpackungswerkstoffe bei vorausgesetzter Wasser- und Fettdichtigkeit einschließlich -beständigkeit die Forderungen nach Wasserdampf-, Sauerstoff- und Lichtdichtigkeit ab. Die thermische Haltbarmachung der Lebensmittel erfordert Werkstoffe und Verpackungsmittel hoher Temperaturbeständigkeit und Wärmeleitfähigkeit, mechanischer Festigkeit gegen Innen- und Außendrücke wie auch hohes Dichtungsvermögen von Nahtverbindungen und Verschlüssen. Für die mehrjährige Vorratshaltung von Konserven wird eine hohe Korrosionsbeständigkeit der Dosenwerkstoffe und der Ausschluß qualitätsbeeinträchtigender Wechselwirkungen vorausgesetzt.
Abgeleitet aus diesen Anforderungen kommen von den thermoplastischen Werkstoffen siegelfähige Verbunde des Aufbaues PP/PVDC/PP, PETP/Al/HDPE u. ä. oder tiefziehfähige PA/PP-, PA/EVAL/PP-, PP/Al/PVC/PP-Verbunde zur Anwendung. Als Übergang zu den metallischen Werkstoffen kann der Verbund PP/Al-lackiert angesehen werden. Betreffende Verpackungsmittelausführungen sind Schlauch- und Siegelrandbeutel wie auch Schalen, Becher und Dosen, die überwiegend im Abfüllbetrieb gefertigt werden. Sie werden durch Quersiegelung oder Aufsiegelung einer meist gleichartigen Deckelfolie verschlossen. Die aus qualitativ und quantitativ unterschiedlich lackiertem Aluminium, Aluminiumlegierungen und Weißblech im Tiefzieh-, Fließstreck-, Löt-, Schweiß- und Bördelverfahren hergestellten Dosen und Falzdeckel variierender Formen und Abmessungen werden vorgefertigt von der blechverarbeitenden Industrie angeliefert, nur vereinzelt in den fleischverarbeitenden Betrieben selbst hergestellt. Der Einsatz von Glasdosen verschiedensten Fassungsvermögens mit Twist-off o. a. Verschließsystemen ist einschließlich der betreffenden Metalldeckel stets an den Bezug vorgefertigter Verpackungsmittel gebunden.
Die Haltbarkeit der Konserven liegt je nach eingehaltenem Sterilisationsregime und verwendeten Verpackungsmitteln bei Lagertemperaturen von 5 – 12 °C zwischen 6 und 48 Monaten. Die Haltbarkeitsbegrenzung ergibt sich vorwiegend aus dem abiotischen Qualitätsabbau der Lebensmittel, weniger durch die visuell erkennbaren Veränderungen der Verpackungsmittel.

11.4 Innerbetrieblicher Verpackungsprozeß

Der innerbetriebliche Verpackungsprozeß beinhaltet den technologisch-technischen Vorgang des Verpackens, d. h. der Herstellung einer Packung aus der Vereinigung von Lebensmittel und Verpackungsmittel zuzüglich der benötigten Verpackungshilfsmittel. Er schließt bei der Eigenproduktion von Verpackungsmitteln die Bereitstellung und Vorbereitung von Verpackungswerkstoffen, weiterhin wie auch bei fertig bezogenen Verpackungsmitteln deren Vorbehandlung, die Zusammenführung von Gut und Verpackung zu Verbraucherpackungen, die Fertigung und Sicherung von Transportpackungen und die Herstellung von Ladeeinheiten in einzelnen Verpackungsoperationen und verketteten Verpackungslinien ein. Verpackungsoperationen, d. h. die Einzelvorgänge des Formens, Vorbereitens, Füllens, Verschließens, Etikettierens, Nachbehandelns und Abführens der Verpackungsmittel oder Packungen, werden von Einfunktions- oder Mehrfunktionsmaschinen übernommen. Dementsprechend sind u. a. Formmaschinen, Etikettiermaschinen oder Reinigungs- und Trocknungsmaschinen, Form-, Füll- und Verschließmaschinen o. ä. in der Anwendung. Die Kombination und Zusammenfassung solcher Maschinen in der technologisch bedingten Reihenfolge führt zu verketteten Verpackungslinien unterschiedlichen Automatisierungsgrades. Sie ermöglichen den durchgängigen Verpackungsprozeß unter rationellen Bedingungen.

Bei der nachfolgenden Darstellung der verschiedenen Verpackungslinien werden die betreffenden Maschinen in der praxisbedingten Ablauffolge nach Funktionsprinzipien vorgestellt. Angaben zu technischen Parametern sind der einschlägigen Fachliteratur oder entsprechenden Firmenmitteilungen zu entnehmen.

11.4.1 Verbraucherpackungen

Verpackungslinien zur Herstellung von Verbraucherpackungen sind gekennzeichnet durch einen hohen Ausstoß meist kleinvolumiger Einzelpackungen, die direkt dem Konsumenten zugeführt werden können. Entsprechend den unterschiedlichen Eigenschaften der zu verpackenden Lebensmittel ergibt sich für die Packungen eine große werkstoff- und formenbedingte Verpackungsmittel-Variabilität. Demzufolge weisen die typenmäßig sehr unterschiedlichen Verpackungsmaschinen bei hoher Produktivität eine hohe Spezifität auf.

11.4.1.1 Verpacken in Beutel

Beutel sind aus nahtlosen Schläuchen oder aus Flachfolien durch Längs- und Quernahtbildungen hergestellte, eine Füllöffnung und ggf. einen besonders geformten Boden aufweisende Verpackungsmittel, die flachgelegt und flachliegend gestapelt werden können. Außer der volltransparenten Ausführung kommen teiltransparente, gefärbte und bedruckte Beutel als flexible Verpackungen für portionierte stückige, pastöse und flüssige Füllgüter zur Anwendung.
Als Werkstoffgrundlage steht eine breite Palette fester, dichter, temperaturbeständiger, schrumpffähiger und auch mikrowellenfester Thermoplaste und Thermoplastverbunde, für Ausnahmefälle auch veredelter Papiere zur Verfügung. Nach der Beutelausführung, besonders der Seiten (mit oder ohne Seitenfalten) und des Bodens (flach oder mit Boden) werden Schlauchbeutel und Schweiß- bzw. Siegelrandbeutel mit Abmessungen von 150 – 400 mm x 300 – 550 mm und Fassungsvermögen von 10 – 5000 cm^3 unterschieden.
Neben dem Bezug von Beuteln in vorgefertigtem Zustand erfolgt die Herstellung von Schlauch- und Siegelrandbeuteln überwiegend im abfüllenden Betrieb aus Folienbahnen auf Mehrfunktionsmaschinen. Der Verschluß der Beutelöffnung wird unter Normaldruck, Vakuum oder Schutzgasatmosphäre durch Verdrillen, Abbinden, Abclipen, Verschweißen oder Versiegeln vorgenommen. In Ablösung der herkömmlichen Etikettierung ist die Produktkennzeichnung vollautomatisiert in das Verpackungssystem integriert. Die elektronisch ermittelten, gespei-

cherten, jederzeit korrigier- und abrufbaren Artikel- und Werbetexte bzw. Codezeichen werden unabhängig von der zu bedruckenden Oberfläche mit Fließbandgeschwindigkeit berührungslos oder über Selbstklebeetiketten auf die Packungen übertragen. Die in Abbildung 11.4-1 skizzierte Beutelfertigung und -anwendung weist bei dem Einsatz periodisch-intermittierend oder kontinuierlich arbeitender Anlagen einen hohen Automatisierungsgrad auf. Als Verpackungsmaschinen liegen folgende Funktionstypen vor:

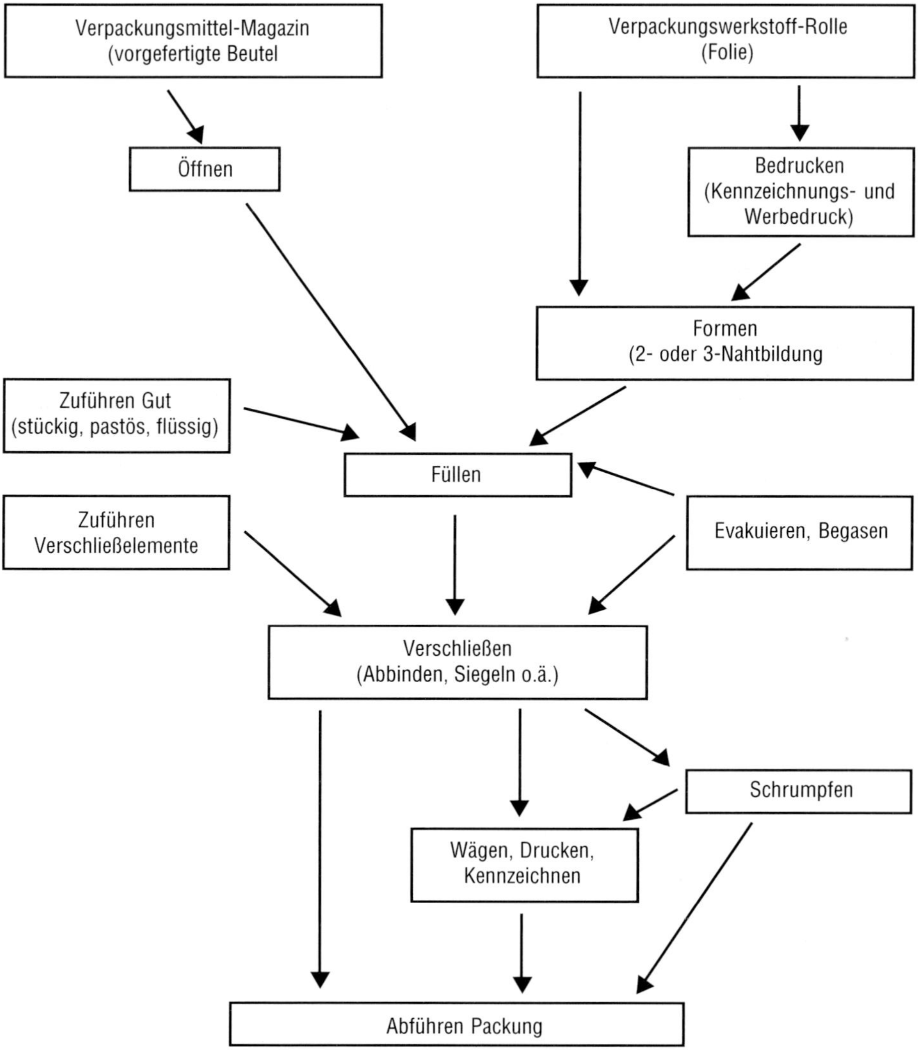

Abb. 11.4-1 Fließschema Verpacken in Beutel

- Flach- oder Bodenbeutel-Füll- und -Verschließmaschine
  Verpackungsmittel vorgefertigt vom Stapel oder über Bandförderer zugeführt; Beutelvorbereitung und -öffnung durch mechanische und pneumatische Entnahme-, Aufrichte- und Öffnungsstation; Beutelfüllung dosiert über schwenkbaren Abfüllkopf, über Förderbecher, Fülltrichter o. ä., ggf. mit Rütteleinrichtung; Beutelverschluß durch Clip, Klebemarke, Heißklebeband, Quernahtschweißung oder -siegelung; Durchsatzleistung 20 bis 120 Packungen/min, je nach Füllgut.

- Vakuum/Schutzgasbeutel-Verschließmaschine
  Schlauch-, Siegelrand- oder Bodenbeutel separat vorgefertigt und gefüllt, über Bandförderer zugeführt; Eingabe einseitig offener Packungen in Vakuum-Ein- oder -Mehrkammermaschine; Verschluß und Evakuierung der Kammer (96 – 98 % Vakuum), ggf. anschließend Druckausgleich mit Schutzgas; Beutelverschluß innerhalb der Vakuum- bzw. Begasungsstation durch Clip, Quernahtschweißung oder -siegelung; Belüften und Öffnen der Vakuumkammer, Entnahme der Packungen; Durchsatzleistung 3 bis 12 bzw. 24 bis 50 Packungen/min je nach Maschinenart.

- Schlauchbeutel-Form-, -Füll- und -Verschließmaschine
  Verpackungswerkstoff von der Rolle; Beutelformung horizontal über Formschacht, Längsnaht geschweißt oder gesiegelt, ggf. mit Seitenfalte und Aufreißperforation; Beutelfüllung durch Einschub des stückigen Füllgutes in den im Formschacht gebildeten Schlauch; Beutelverschluß durch 2 Quernahtschweißungen oder -siegelungen, mit Trennstation; Durchsatzleistung 4 bis 200 Packungen/min bei intermittierend oder kontinuierlich arbeitenden Maschinen.

- Flachbeutel-Form-, -Füll- und -Verschließmaschine
  Verpackungswerkstoffe Unter- und Oberfolie von der Rolle; Unterfolie ggf. geringe Thermoformung (Tiefung) über Vakuum-Formstation; Zuführung von flach-stückigem Füllgut auf Unterfolie durch Bandförderer; Abdeckung Füllgut einschließlich Auflage durch Oberfolie; Beutelformung und -verschluß horizontal durch zweifache Längs- und Quersiegelung, ggf. in integrierter Evakuier- und Begasungseinrichtung als Vakuum- oder Gaspackung; Vereinzelung der Packungen durch Trennmesser; Durchsatzleistung 50 bis 100 Packungen/min.

- Schrumpftank, Schrumpftunnel
  Schrumpfbeutel-Packungen diskontinuierlich oder kontinuierlich über Bandförderer zugeführt; Tauch-, Spritzwasser- oder Heißluftschrumpfung in Tank oder Tunnel bei Temperaturen von 90 – 200 °C; Gut-Transportgeschwindigkeit in kontinuierlicher Arbeitsweise 3 – 20 m/min, Gut-Kühlung über Luftgebläse; Durchsatzleistung 1 bis 20 Packungen/min, je nach Arbeitsweise.

- Produkt-Wäge- und -Auszeichnungsanlage
  Geschlossene Packungen kontinuierlich über Bandförderer zugeführt; Wägen Einzelpackungen (Brutto-, Netto-, Taramasse); Dateneingabe von Waage oder externem Rechner, Datenauswertung und -speicherung; elektronisch gesteuerter berührungsfreier Druck, klartextbeschriebenes Haftetikett oder Strichcodeinformation über Tintenstrahldrucker mit variabler Schriftart oder Code (bis zu 1500 Zeichen/s); Übergabe bedrucktes Thermo-Selbstklebeetikett an Packung; Durchsatzleistung 25 bis 30 Packungen/min.

11.4.1.2 Verpacken in Schalen und Becher

Diese Ein- oder Mehrportionsverpackungsmittel weisen bei abgerundet-eckiger, ovaler, elliptischer oder kreisförmiger Grundfläche und zylindrischem oder konischem Körper eine sehr unterschiedliche Höhe auf. Die halbstarren bis starren Behältnisse werden formbezogen für großstückige Güter (Schalen) oder für kleinstückige bis pastöse Güter (Becher) eingesetzt. Die mit Folieneinschlag umhüllten Tray- o. a. Auflagen sind den Schalenpackungen vergleichbar, so daß sie in diese Verpackungsmittelgruppe mit einbezogen werden.
Der Werkstoffeinsatz richtet sich nach der Verwendung für den Verpackungsmittel-Unterteil und den formstabilen Deckel oder für die flexible Deckel- bzw. Einschlagfolie. Für die oft dekkend weiß gefärbte Unterfolie bzw. Gutauflage werden mechanische Festigkeit, Fettdichtigkeit, Tiefziehfähigkeit und ggf. auch Koch- und Mikrowellenfestigkeit, für die transparente Oberfolie darüberhinaus Siegelfähigkeit, Dehnfähigkeit und bei produktbezogener Sauerstoffdurchlässigkeit Wasserdampf- und Aromadichtigkeit gefordert. Daraus ableitend kommen füllgutabhängig Faserguß, wachs- oder plastbeschichteter oder aluminiumkaschierter Karton, Aluminiumband, Thermoplastgranulat und ungeschäumte oder geschäumte thermoplastische Mono- und Verbundfolien zur Anwendung. Die Verpackungsmittelformung erfolgt im Kaltformpreßverfahren und im temperaturabhängigen Spritzgieß-, Tiefzieh-, Schweiß- und Siegelverfahren außerhalb und innerhalb des Abfüllbetriebes.
Die zwischen flachen Menüschalen ab 15 mm Tiefe und konischen Bechern bis zu 100 mm Höhe beträchtlich variierenden Rumpfhöhen der Verpackungsmittel und damit auch die resultierenden Hohlraumvolumina bis zu 1 000 cm^3 sind vom Herstellungsverfahren abhängig.
Der Verschluß der Schalenpackungen erfolgt bei den mit Bordflansch versehenen Behältnissen durch Aufsiegelung zumeist bedruckter Thermoplastfolien, in zunehmendem Maße mit peelfähigen Coextrusionsfolien zum leichten Abziehen besonderer Deckfolien. Auch mit gezielt angeordneten Aluminiumsegmenten ausgestattete Thermoplast-Deckelfolien wurden entwikkelt, womit die Mikrowelleneinwirkung differenziert nach Art und Lage von Menübestandteilen verteilt werden kann. Zum Volleinschlag der nicht mit Deckelfolie verschlossenen Packung findet Schrumpf- oder Dehnfolie Verwendung. Bei entsprechenden Randbildungen vorwiegend der Becher werden auch mechanisch haltende, bedruckte oder etikettierte Stülp-, Eindrück-, Klemm-, Schnapp- und Nietdeckel aus thermoplastischen Werkstoffen verwendet, die auch ein Wiederverschließen der Packungen gestatten.
Der weitgehend mechanisierte oder automatisierte, beim Dehnfolieneinschlag z. T. aber auch noch manuell ausgeführte Verpackungsprozeß wird in Abbildung 11.4-2 aufgezeigt. Als Verpackungsmaschinen kommen zur Anwendung:

- Schalen/Becher-Füll- und -Verschließmaschine
  Verpackungsmittel und -hilfsmittel (Deckel) vorgefertigt vom Stapel oder über Bandförderer zugeführt; Schalen/Becher-Füllung über Dosiereinrichtung; Schalen/Becher-Verschluß ggf. nach Auflage von Papier- oder Aluminiumfolie-Zwischenlage durch Schnapp-, Eindrück- o. ä. Deckel, durch Aufbördelung eines Falzdeckels oder durch Aufsiegeln eines von der Vorratsrolle abgezogenen Folienzuschnittes; Durchsatzleistung 25 bis 200 Packungen/min.
- Tray-Form- und -Füllmaschine
  Verpackungsmittel Tray- o. a. Zuschnitte vom Stapel; Tray-Formung durch Steck- und Klebeverbindungen; Trayfüllung manuell oder Gut dosiert über Bandförderer zugeführt; Abführung Traypackung über Bandförderer zur Einschlagmaschine; Durchsatzleistung 25 bis 30 Packungen/min.

- Schalen-Schrumpf/Dehnfolien-Einschlagmaschine
  Einschlagfolie von der Rolle; Zuführung gefüllte Schale über Bandförderer an Einschlagstation; Einschlagformung nach Durchstoßprinzip im Faltschacht oder Folienvorhang oder als Wickeleinschlag um Drehtisch; Einschlagverschluß durch Folientrennahtschweißung, Heißsiegelung oder über Folienhaftung; Durchsatzleistung 12 bis 60 Packungen/min.

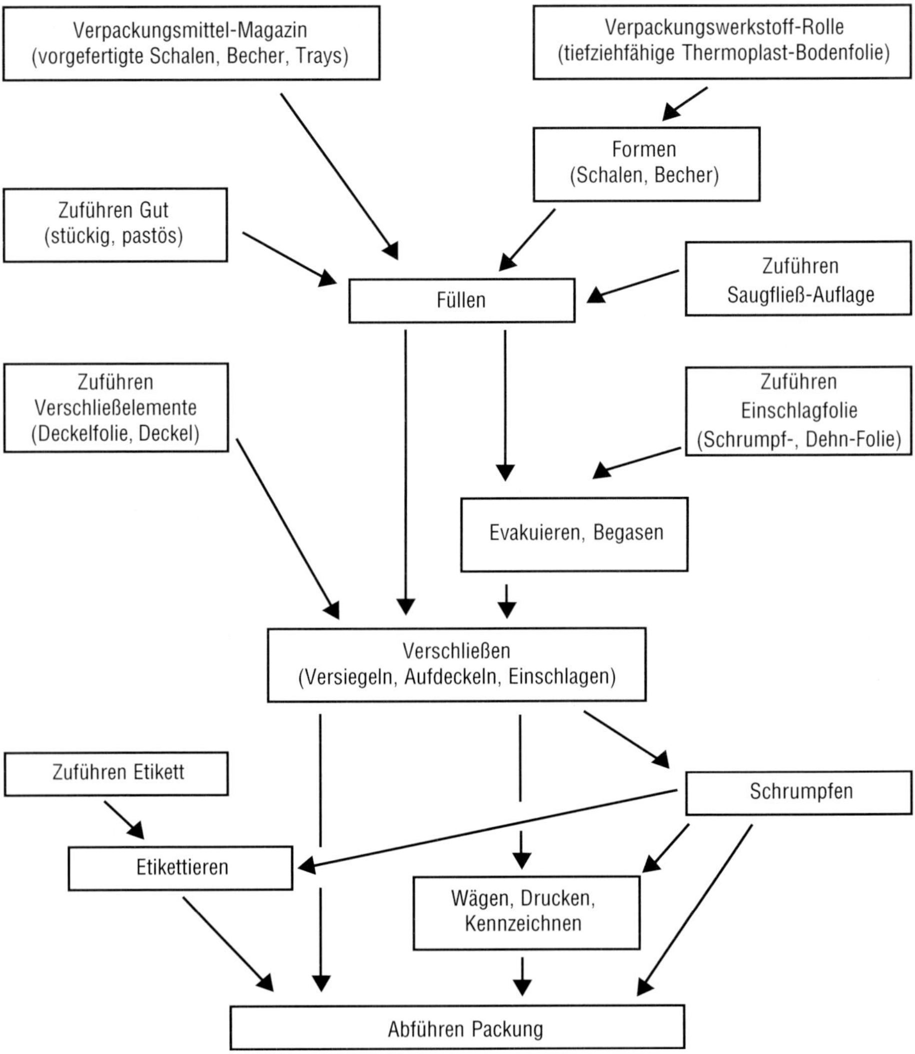

Abb. 11.4-2 Fließschema Verpacken in Schalen und Becher

- Schlauchbeutel-Form-, -Füll- und -Verschließmaschine
  Vergleiche Kapitel 11.4.1.1
- Schalen/Becher-Form-, -Füll- und -Verschließmaschine
  Verpackungswerkstoffe Boden- und Deckelfolie von der Rolle; Schalen/Becher-Formung durch Thermoformung zumeist pneumatisch, ohne oder mit Bodenprägung, ggf. Entkeimung der Bodenfolie in Wasserstoffperoxidbad; Schalen/Becher-Füllung über Dosiereinrichtung; Schalen/Becher-Verschluß durch Aufschweißen oder -siegeln der Deckelfolie, ggf. nach Entkeimung, in Vakuum- oder Begasungskammer; Vereinzeln der Packungen durch Schneiden oder Stanzen; Durchsatzleistung 20 bis 120 Packungen/min.
- Schrumpftank, Schrumpftunnel
  Vergleiche Kapitel 11.4.1.1
- Produkt-Wäge- und -Auszeichnungsanlage
  Vergleiche Kapitel 11.4.1.1
- Etikettiermaschine
  Verpackungshilfsmittel Selbstklebeetikett vom Stapel, Haftetikett vom Band; Zuführung gefüllte und geschlossene Packung auf Bandförderer; Etikettenentnahme durch Saugstempel mit mechanischer oder pneumatischer Übertragung oder Ablösung vom Band während Packungs-Kontakt durch scharfe Band-Rückführung; Etikettbefestigung durch mechanisches Anpressen; Durchsatzleistung 25 bis 100 Packungen/min.

11.4.1.3 Verpacken in beutel- und schalenähnliche Verpackungsmittel

Diese nach Form und Funktion, in der Herstellung und im Gebrauch den Beuteln und Schalen ähnelnden Umhüllungen sind als vorgefertigte Verpackungsmittel nicht existent; sie werden stets nur in Verbindung mit dem abzupackenden, als Formteil wirkenden Lebensmittel gefertigt. Von den genannten Vergleichs-Verpackungsmitteln unterscheiden sie sich durch das Fehlen charakteristischer Merkmale, wie vorgegebene Abmessungen, vorhandene Füllöffnung u. a., als flexible Ein- oder Mehrportions-'Skinpackungen' umschließen sie unregelmäßig geformte Füllgüter hauteng in sehr variablen Formen und Abmessungen.
Der Verpackungsvorgang geht von zwei nach Material und Dicke unterschiedlichen Werkstoffen oder -arten aus. Als Gutauflage kommen neben unbeschichtetem oder thermoplastbeschichtetem Karton bzw. Pappe vorwiegend tiefziehfähige oder ein Rückschrumpfvermögen aufweisende thermoplastische, z. T. auch metallbedampfte Mono- und Verbundfolien der Dicke 200 – 400 µm zur Anwendung. Zur Gutabdeckung werden dünnere, hochdichte, meist mit Haftvermittler versehene Copolymerisat-Verbundfolien der Dicke 12 – 20 µm eingesetzt, die transparent, dehnfähig, bis 135 °C temperaturbeständig und mikrowellenfest sein sollten. Hinsichtlich der weiteren Schutzeigenschaften werden die für Beutel und besonders für Schalen geforderten Ansprüche gestellt.
Zur Herstellung der Skinpackung wird der vorgefertigte Auflagen-Zuschnitt oder die flachliegende unverformte bzw. trayartig 5 – 15 mm getiefte („angemuldete") Unterfolie manuell oder mechanisch mit dem Gut belegt, über das bei geöffneter Formstation die Oberfolie geführt wird. Durch die schrittweise Evakuierung der geschlossenen Station, Plastifizierung der Oberfolie einschließlich der Aktivierung des Haftvermittlers durch Wärmestrahlung und Belüftung des Formoberteiles erfolgt durch die „herabfallende" Oberfolie die faltenfreie Umhüllung des

Gutes. Die überstehende Folienabdeckung wird im gutfreien Bereich mit materialsparendem schmalem Randstreifen auf die Unterfolie aufgesiegelt, wobei die Gutumrisse als Formteil fungieren. Anstelle der rahmenartigen Siegelwerkzeuge zur Bildung schmaler Siegelnähte kommen auch großflächige, glatte Siegelplatten zur Anwendung, die eine erweiterte Flächenversiegelung ermöglichen. Nach diesem Skin-Verfahren werden Packungen mit Flächenabmessungen bis zu 370 mm x 420 mm und bis zu 120 mm Höhe erhalten. Zum leichten Öffnen dieser Packungen sind die verwendeten Oberfolien z. T. mit peelfähigen Komponenten ausgerüstet.
Der teilweise manuell, mechanisiert oder in unterschiedlichem Grade automatisiert ablaufende Verpackungsprozeß wird schematisch in Abbildung 11.4-3 aufgezeigt. Als Maschinen kommen zur Anwendung:

- Vakuum-Skin-Verpackungsmaschine
  Verpackungshilfsmittel Auflagenzuschnitt vom Stapel, thermoplastische Unter- und Oberfolie von der Rolle; Gut-Auflage manuell oder über Dosiereinrichtung; Packungs-Formung entsprechend Gutabmessungen durch Thermo/Vakuumformung der Oberfolie; Packungs-Verschluß durch Rahmen- oder Flächensiegelung; Durchsatzleistung 30 bis 36 Packungen/min.

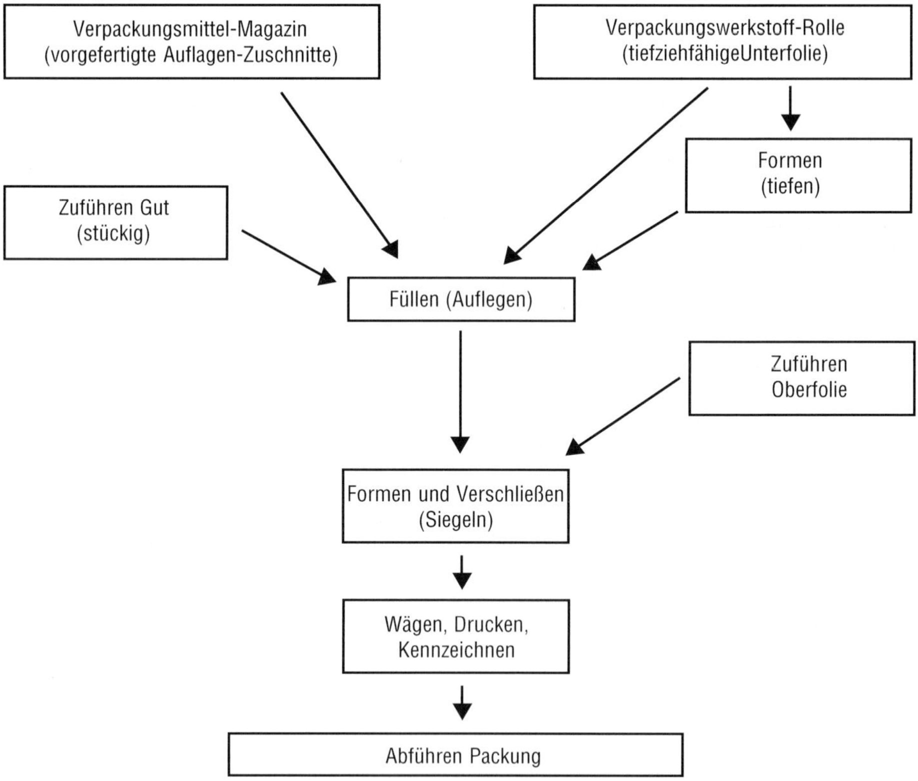

Abb. 11.4-3 Fließschema Verpacken in beutel- und schalenähnliche Verpackungsmittel

- Produkt-Wäge- und -Auszeichnungsanlage
  Vergleiche Kapitel 11.4.1.1

11.4.1.4 Verpacken in Schläuche und schlauchförmige Verpackungsmittel

Schläuche sind flexible langgestreckte, endliche Verpackungsmittel runden oder auch ovalen Durchmessers ohne oder mit einer Naht, ggf. auch mit zwei Nähten. Sie sind voll- oder teilweise transparent, farblos oder gefärbt, unbedruckt oder bedruckt. In der fleischverarbeitenden Industrie werden sie als Natur- oder Kunstdärme zur Herstellung von Würsten eingesetzt.
Die unter den Begriff Naturdarm fallenden Verpackungsmittel sind vorbehandelte Verdauungsorgane von Rind, Schwein, Kalb, Schaf, Ziege und Pferd. Je nach Tierart liegen anatomisch bedingte Abmessungen vor, d. h. eine Gesamtlänge von 1 – 40 m bei einem Kaliber von 35 – 65 mm. Aus den unterschiedlichen Werkstoffen hergestellte Kunstdärme weisen Schnittlängen von 25 – 60 cm und Durchmesser von 15 – 225 mm auf, Sonderausführungen aber auch andere Durchmesser. Für den Selbstbedienungshandel werden Würste fast ausschließlich zusätzlich umverpackt. Die dafür verwendeten schlauchförmigen oder auch netzartigen, zumeist den Kennzeichnungsdruck tragenden Cellulosehydrat- oder Thermoplasthüllen entsprechen in ihren Abmessungen ganzen Würsten oder betreffenden Portionspackungen.
Schläuche und schlauchförmige Verpackungsmittel liegen im abpackenden Betrieb überwiegend in vorgefertigtem Zustand vor. Vornehmlich die für Umverpackungen verwendeten, von planliegenden Werkstoffen ausgehenden Hüllen werden auf kombinierten Form-, Füll- und Verschließmaschinen aber auch selbst produziert. Das beidseitige Verschließen der gefüllten Natur- und Kunstdärme erfolgt durch Verdrillen und Abbinden oder Abclipen; von den Umverpackungen werden Netze ebenso verschlossen, Folienhüllen zumeist aber versiegelt.
Der in Abbildung 11.4-4 schematisch aufgezeigte betriebliche Verpackungsvorgang zeichnet sich durch die Einbeziehung halbmanueller und teilmechanisierter Arbeitsstufen aus. Als Verpackungsmaschinen kommen zur Anwendung:

- Darm-Füll- und -Verschließmaschine
  Verpackungsmittel vorgefertigt vom Stapel oder auf Dorn aufgezogener Schlauch; Füllung mit Wurstmasse nach mechanischer oder pneumatischer Öffnung über Füllrohr, Spritzen o. ä., ggf. mit Portionier-, Abdreh- und Trenneinrichtung; Verschluß durch Knoten (mit oder ohne Schlaufe) oder über Clip-Automat; Durchsatzleistung 25 bis 50 Packungen/min.
- Darm-Form-, -Füll- und -Verschließmaschine
  Verpackungswerkstoff Folie von der Rolle; Schlauch-Formung vertikal über Formschulter mit geschweißter oder gesiegelter Längsnaht; Schlauch-Füllung über massegesteuertes Portioniergerät; Schlauch-Verschluß durch Clip oder Schweiß- bzw. Siegelnaht; Durchsatzleistung 30 bis 40 Packungen/min.
- Schlauchbeutel-Form-, -Füll- und -Verschließmaschine
  Vergleiche Kapitel 11.4.1.1
- Schrumpftank, Schrumpftunnel
  Vergleiche Kapitel 11.4.1.1
- Produkt-Wäge- und -Auszeichnungsanlage
  Vergleiche Kapitel 11.4.1.1

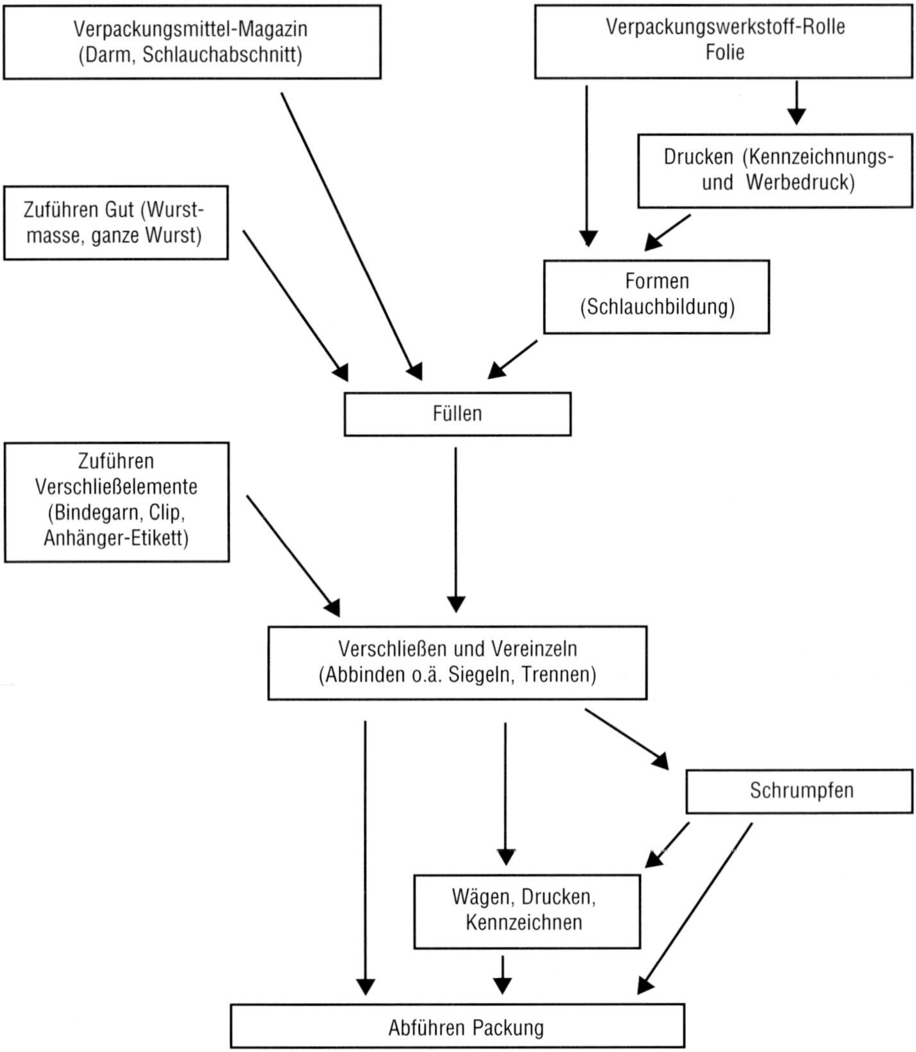

Abb. 11.4-4 Fließschema Verpacken in Schläuche und schlauchförmige Verpackungsmittel

11.4.1.5 Verpacken in Dosen

Dosen sind starre oder halbstarre Verpackungsmittel von runder, elliptischer, ovaler oder abgerundet-eckiger Grundfläche und zylindrischer oder konischer Form. In Verbindung mit der Lebensmittelkonservierung werden sie sehr vielseitig eingesetzt.

Aufgrund der hohen Beanspruchung dieser Verpackungsmittel nicht nur während der Füllgut-Haltbarmachung, sondern auch im Konservenumschlag und während der z. T. mehrjährigen Lagerung mit wiederholten Wälzungen müssen die anzuwendenden Werkstoffe eine hohe mechanische Stabilität, Flüssigkeits- und Gasdichtigkeit, Wärmebeständigkeit und weitgehende Indifferenz gegenüber den verschiedenen Füllgütern erbringen. Diesen Anforderungen entsprechend kommen metallische Werkstoffe, Metall/Thermoplast-Verbunde und Glas zur Anwendung. Nach der Materialgrundlage, der Oberflächenveredelung und -ausführung werden unterschieden:

- Weißblech (Stahlblech, verzinnt)
  Die Wahl von Blechen bestimmter Zinn- und Lackauftragshöhen und Lackarten richtet sich nach der zu erbringenden Korrosionsfestigkeit der Dosenwerkstoffe.
- Aluminium (Reinheitsgrad 99,5 %)
  Oberflächenlackierung, Farb- und Kennzeichnungsdruck nach Bedarf.
- Aluminiumlegierungen (AlMg1, AlMn1, AlFe 1,5 u. a.)
  Ausführung wie Aluminium.
- Aluminium/Polypropylen-Verbund
  Ausführung wie Aluminium.
- Glas (Behälterglas)
  liegt nicht als Werkstoff, sondern nur in Form der Verpackungsmittel vor.

Zur Verpackungsmittel-Herstellung werden die metallischen und Verbundwerkstoffe im Tiefzieh- oder Abstreckziehverfahren zu nahtlosen, aus Boden und ggf. gesicktem Rumpf bestehenden Dosenunterteilen, Weißblech darüberhinaus im Löt- oder Schweißfügeverfahren zu Dosenrümpfen verformt. Der die glatten oder zur Verstärkung der Dosenstabilität gesickten Rümpfe abdeckende Boden wird fast ausschließlich im Bördelverfahren, sehr selten im Aufsteck-Lötverfahren aufgebracht. Nach Formen und Abmessungen sind eine Vielzahl unterschiedlichster Dosen möglich und im Gebrauch. Bei üblichen Durchmessern von 53 – 230 mm und Höhen von 28 – 2500 mm ergeben sich Doseninhalte von 100 – 10 000 cm^3. Während Metall- und besonders Verbunddosen nach den genannten Verfahren in geringem Ausmaß auch im abfüllenden Betrieb oder angeschlossenen Betriebsteilen gefertigt werden, trifft das für die im Schmelz-Preßverfahren hergestellten Konserven-Glasdosen ähnlichen Formenreichtums und Fassungsvermögens von 130 – 900 cm^3 nicht zu.

Die Art des Dosenverschlusses wird durch die Ausgestaltung des Dosenrumpf-Mundstückes bestimmt. Bei ausgebildetem Bordflansch metallischer Dosen werden mit Dichtungspaste versehene Falzdeckel gleicher Werkstoffart und Oberflächenausführung aufgebördelt, bei fehlendem Bordflansch betreffende Steckdeckel aufgelötet. Als Alternative zu diesen ohne Werkzeug schwierig zu öffnenden Verschlüssen sind Voll- oder Teil-Aufreißdeckel im Gebrauch. Sie sind im Deckelspiegel mit gestanzten Prägelinien und in der auslaufenden Linienführung mit einer Lasche oder aufgenietetem Griff versehen, mit deren Hilfe der Deckel in der Linienprägung aufzureißen ist. Andere Ausführungen weisen eine auf einem Deckelausschnitt aufgesiegelte Membran aus Aluminium/Kunststoff-Verbund auf, die mittels einer Ringlasche in der Siegelnaht abgezogen wird. Tiefgezogene Verbunddosen werden mit einer aufgesiegelten Deckelfolie gleichen Materials verschlossen. Der Verschluß der Glasdosen erfolgt je nach der vorliegenden Mundstückausführung mit entsprechend geformten und mit Dichtungspaste versehenen Weißblech-, seltener Aluminiumdeckeln. Bevorzugt wird das mit Ausbildung eines Teilvakuums durch Dampfinjektion arbeitende Twist-off-System angewandt. Sehr vereinzelt, offenbar aus Werbegründen, finden sich als rustikale Glasdosenverschlüsse auch mit Gummiring abgedichtete Glasdeckel.

Der viele Operationen umfassende Prozeß des Verpackens in Dosen ist nur durch nacheinander geschaltete Einzelaggregate, nicht durch Mehrfunktionsmaschinen realisierbar. Dabei wird aber außer der z. T. noch manuellen oder nur teilmechanisierten Verpackungsmittel- und

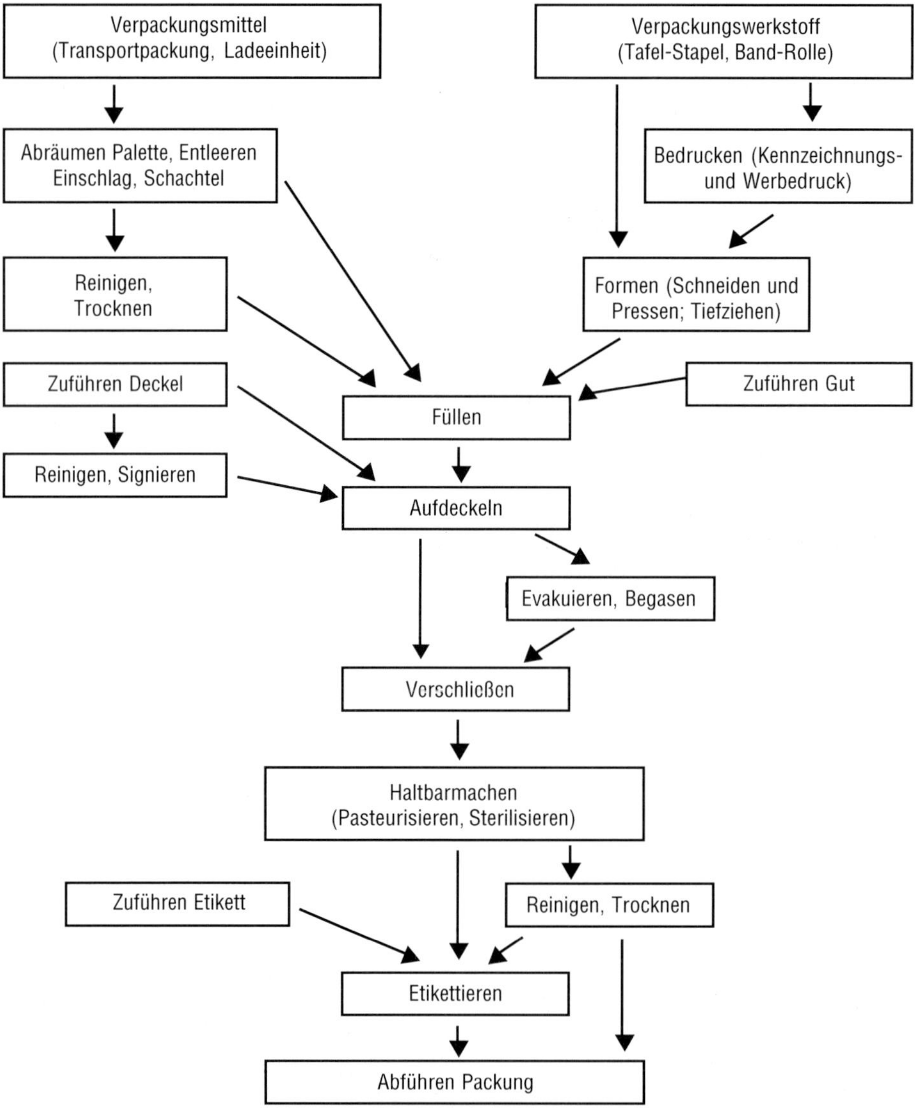

Abb. 11.4-5 Fließschema Verpacken in Dosen

Werkstoff-Zuführung prinzipiell ein hoher Automatisierungsgrad erreicht. Der verpackungstechnologische Vorgang wird in Abbildung 11.4-5 skizziert. Als betreffende Verpackungsmaschinen kommen bei Ausschluß lebensmittelspezifischer Füll- und Nivelliereinrichtungen und von Sterilisieranlagen zur Anwendung:

- Entpalettiermaschine für Dosen
  Beladene, von Umreifung, Schrumpf- oder Stretchfolie befreite Palette auf Rollenbahn; Anheben der Palette im Hubschacht auf Arbeitshöhe, manuelle oder pneumatische Abnahme der Abdeckung; Entladen durch schichtweises Abheben der gesamten Lage über Greifer mit Mehrfach-Spreiz- oder -Vakuumsaugköpfen; Absetzen der gesamten Lage auf Förderband oder reihenweises Abschieben der Dosenlage durch Abschiebesteg auf Förderband; Absaugen von Pappe- oder anderen Zwischenlagen; Rückschwenken des Greifersystems und Anheben der Palette für nächsten Entladungsvorgang; Absenken der leeren Palette im Hubschacht und Auslauf auf Rollenbahn; Durchsatzleistung 150 bis 1 000 Dosen/min je nach Größe und Form der Dosen sowie Größe der Palettenfläche.
- Auspackmaschine für Dosen
  Manuell geöffnete Einschläge und Schachteln oder offene Kästen auf Rollenbahn; Anheben der Packung auf Arbeitshöhe bzw. Absenken des Greifersystems; Entleeren durch flächenweises Abheben der gesamten Dosenlage durch Greifer mit Mehrfach-Spreiz- oder -Vakuumsaugköpfen; Absetzen der gesamten Lage nach Anheben und Schwenkbewegung auf Förderband; Rückschwenken des Greifersystems und Anheben der Packung zum nächsten Auspack-Vorgang; Absetzen der leeren Einschlaghülle bzw. Schachtel oder Kasten und Auslauf auf Rollenbahn; Durchsatzleistung 100 bis 500 Dosen/min.
- Wasch- und Trockenmaschine für Dosen
  Verpackungsmittel von Bandförderer oder durch manuelle Aufgabe in die Förderkette der Maschine zugeführt; Reinigung durch Tauch- und Spritzvorgang mit Lauge und Warmwasser; Trocknung im Luftstrom bei 45 °C; Abführung auf Bandförderer zum Sammeltisch oder zur Abfüllmaschine; Durchsatzleistung bis 300 Metall- und bis 150 Glasdosen/min.
- Ausspritzmaschine für Dosen
  Verpackungsmittel über Bandförderer zugeführt; Reinigung auf durchlaufendem Platten- oder Siebförderer durch Innen- und Außenspritzung mit Reinigungs-, Warm- und Kaltwasser mit anschließender Austropfzone; Abführung gereinigte, nicht getrocknete Dosen über Bandförderer; Durchsatzleistung bis 600 Dosen/min.
- Deckel-Reinigungs-Anlage
  Manuelles Auspacken der in Einschlägen, Schachteln oder auch in Boxpaletten angelieferten Deckel für Metall- und Glasdosen; Tauchweiche in Waschlauge mit anschließender Warm- und Kaltwasserbehandlung; Zuführung zum Magazin des separaten Signierautomaten oder der Verschließmaschine auf Bandförderer; Durchsatzleistung durch manuelle Arbeitsweise bestimmt.
- Deckel-Signier- und -Zeichenstanzmaschine
  Verpackungshilfsmittel (runde und unrunde Deckel) vom Stapel oder Bandförderer; Prägung von Buchstaben und Zahlen in Typengrößen 4 – 6 mm bis zu 3 Zeilen mit maximal je 9 Zeichen, Prägetiefe ohne korrosionsbegünstigende Verletzung der Lack- und/oder Metallauflage-Schichten; Abführung geprägte Deckel auf Bandförderer zum Deckelmagazin bzw. in Aufdeckelstation der Verschließmaschine; Durchsatzleistung bis zu 125 Deckel/min.
- Kombinierte Metalldosen-Fertigungslinie
  Verpackungswerkstoff Weißblechtafel oder Aluminiumband vom Stapel oder von der Rolle;

Dosenformung über Tafel- oder Bandzuführung, Stanze, Streifenauswerfer, Kurbelpresse, Dosenbeschneidemaschine und Stauchbördelmaschine zum nahtlosen einteiligen Dosenunterteil; Abführung Dose über Bandförderer innerhalb verketteter Linie zur Abfüllmaschine; Durchsatzleistung 75 bis 1 000 Dosen/min je nach Dosengröße.

- Form-, Füll- und Verschließanlage für tiefgezogene Verbunddosen
  Verpackungswerkstoff Aluminium/Polypropylen-Verbund von der Rolle; Dosenformung, ggf. mit Bodenprägung, durch Tiefziehpresse; Dosenfüllung über Dosiergerät; Deckelformung von Werkstoffrolle durch Deckelstanze; Dosenverschluß durch Aufsiegelung des Deckels; Durchsatzleistung 40 bis 100 Packungen/min.
- Deckel-Auflegeeinrichtung
  Verpackungshilfsmittel Deckel vom Stapel über Bandförderer der Abfüll- bzw. Verschließmaschine zugeführt; Deckelauflage auf gefüllte Dose manuell oder durch Schwerkraft; Abführung gedeckelte Dose über Bandförderer in die Anrollstation der Verschließmaschine, bei Vakuumverschließmaschinen in die vorgeschaltete Vorfalzstation (Clincher); Durchsatzleistung abhängig von Arbeitstakt der nachgeschalteten Verschließmaschine.
- Dosen-Verschließmaschine für Metalldosen
  Verpackungsmittel rund oder unrund, gefüllt, über Bandförderer und Verteilerstation (Schaltstern) zugeführt; Verpackungshilfsmittel Falzdeckel vom Stapel über Zuführschiene zugeführt; Deckelauflage durch Schwerkraft und/oder mechanischen Druck der Dosiereinrichtung; Dosenverschluß nach evtl. Vorfalzen (Clincher) und Evakuieren oder Begasen innerhalb besonderer Vakuum/Begasungs-Kammern durch Falzen des Deckel- und Dosenbordflansches im Anrollverfahren über Vor- und Andrückrolle entweder durch umlaufende Rollen bei stehender Dose oder durch örtlich feste Rollen bei rotierender Dose; Abführung verschlossene Dose über Bandförderer; Durchsatzleistung 50 bis 400 Dosen/min je nach Dosengröße und Anzahl vorhandener Verschließköpfe.
- Evakuier-Lötanlage für Metalldosen
  Verpackungsmittel meist unrunder Form (Schinkendose), gefüllt und verschlossen, Dose mit Evakuierstutzen ausgerüstet, über Bandförderer zugeführt; Evakuierung über Evakuierstutzen mit Hilfe einer Gummimanschette; Verschluß des Stutzens bzw. Evakuierloches durch Verlöten; Durchsatzleistung 2 bis 4 Dosen/min.
- Dosen-Verschließmaschine für Glasdosen
  Verpackungsmittel gefüllt über Bandförderer und Verteilerstation (Schaltstern) zugeführt; Verpackungshilfsmittel Aufdreh-, Auf- oder Andrückdeckel vom Stapel über Zuführschiene zugeführt; Deckelauflage durch Schwerkraft und/oder mechanischen Druck der Dosiereinrichtung; Dosenverschluß durch Aufdrehen nach Dampfinjektion in den Dosenkopfraum als kombinierter mechanischer/Vakuum-Verschluß oder durch Andrücken und Anrollen über Verschließrollen oder -kugeln als mechanischer Verschluß; Abführung verschlossene Dose über Bandförderer; Durchsatzleistung 20 bis 450 Dosen/min je nach Verschließsystem.
- Reinigungs- und Trocknungsmaschine für Dosen-Packungen
  Packungen auf Bandförderer zugeführt, stehender oder rollender Durchlauf durch Anlage; Berieselung mit Reinigungs- und Warmwasser zur Entfernung von Lebensmittelresten, Autoklavenwasserzusätzen o. ä.; Oberflächentrocknung durch Warm- und Kaltluft über Gebläse; Abführung über Bandförderer; Durchsatzleistung 100 bis 300 Dosen/min.
- Dosen-Etikettiermaschine
  Verpackungshilfsmittel ungummierte und ggf. datummarkierte Papieretiketten oder -bande-

rolen vom Stapel, Selbstklebeetiketten oder Siegelmarken vom Band; Dosen-Zuführung über Bandförderer und Einteilschnecke; Dosen-Etikettierung bzw. -Banderolierung im stehenden oder liegend-rollenden Durchlauf mit Beleimung, Etikettenaufnahme und -andrücken oder in Etikettenaggregat über beleimte Etiketten-Entnehmer und -Übergabezylinder oder durch Etikettierung mit Trägerband-Haftetiketten; Abführung etikettierte Packungen über Bandförderer; Durchsatzleistung 100 bis 1 000 Packungen/min, je nach Arbeitsprinzip.

- Produkt-Wäge- und -Auszeichnungsanlage
  Vergleiche Kapitel 11.4.1.1

11.4.2 Transportpackungen

Zur Erleichterung und Rationalisierung der Warenverteilung ist die Zusammenfassung vieler einzelner Packungen zu größeren transportablen Einheiten erforderlich.
Der betreffende Verpackungsvorgang schließt sich direkt an die Fertigstellung der Verbraucherpackung an. An die einzusetzenden Werkstoffe werden keine lebensmittelspezifischen Anforderungen gestellt, wohl aber sind neben einer guten Verarbeitungsfähigkeit vorrangig mechanische Festigkeit und Stabilität gefordert.
Die Verpackungslinie ist durch das Sammeln, Ordnen und Zusammenführen mehrerer Kleinpackungen gekennzeichnet. Sie weist bei geringer Spezifität der eingesetzten Verpackungsmaschinen auch eine geringe Produktivität auf.

11.4.2.1 Verpacken in Einschläge

Einschläge sind ungeformte Verpackungsmittel aus flexiblen Werkstoffen, die das Gut mehr oder weniger vollständig umhüllen. Von den als Einschlagwerkstoffen anzuwendenden Papier- oder Thermoplastfolien werden neben hoher mechanischer Festigkeit eine gute Verarbeitungsfähigkeit und nach Möglichkeit auch Dehn- oder Schrumpfvermögen gefordert. Stabilisierende Eigenschaften weisen die als Unter- oder Zwischenlagen verwendeten Karton- oder Pappe-Zuschnitte bzw. -Trays auf. Probleme können sich bei der Anwendung von Polyethylen-Einschlagfolien ergeben, die infolge ihrer hohen Wasserdampfdichtigkeit bei der Kaltlagerung der unter Zimmertemperatur abgefüllten Packungen eine innenseitige Kondenswasserbildung ermöglichen und u. a. zur Außenkorrosion so umverpackter Metalldosen führen. In solchen Fällen ist für den Einschlag sog. Nadelfolie, d. h. perforierte Folie, einzusetzen. Die Bildung des umhüllenden Hohlkörpers erfolgt durch Einschieben des Gutes in einen Schlauchbeutel, durch Umlegen und Falten von Werkstoffzuschnitten oder durch das Eindrücken des Gutes in einen Folienvorhang. Bei der bevorzugten Anwendung von Schrumpffolie wird die Festigkeit der Packung, aber auch das Verlaufen der überstehenden Folienenden durch den Schrumpfvorgang erreicht. Der Verschluß der Einschläge erfolgt durch Kleben, Schweißen oder Siegeln. Das Verpacken in Einschläge wird teil- oder vollautomatisiert entsprechend dem in Abbildung 11.4-6 skizzierten Ablauf durch den Lebensmittel-Produzenten vorgenommen. Als Maschinen stehen zur Verfügung:

- Tray-Form- und -Füllmaschine
  Vergleiche Kapitel 11.4.1.2
- Volleinschlag-Form-, -Füll- und -Verschließmaschine
  nach Prinzip Schlauchbeutel-Form-, -Füll- und -Verschließmaschine, vergleiche Kapitel 11.4.1.1
- Sammelpack- und Voll-/Banderoleneinschlagmaschine
  Einschlagwerkstoff vom Stapel (Zuschnitt) oder von der Rolle (Papier-, Thermoplastfolie), ggf. mit Kennzeichnungsdruck; Verpackungshilfsmittel Pappe-Zwischenlagen vom Stapel; Einzelpackungen über Bandförderer zugeführt, Gruppierung zu ein- oder mehrlagiger Grup-

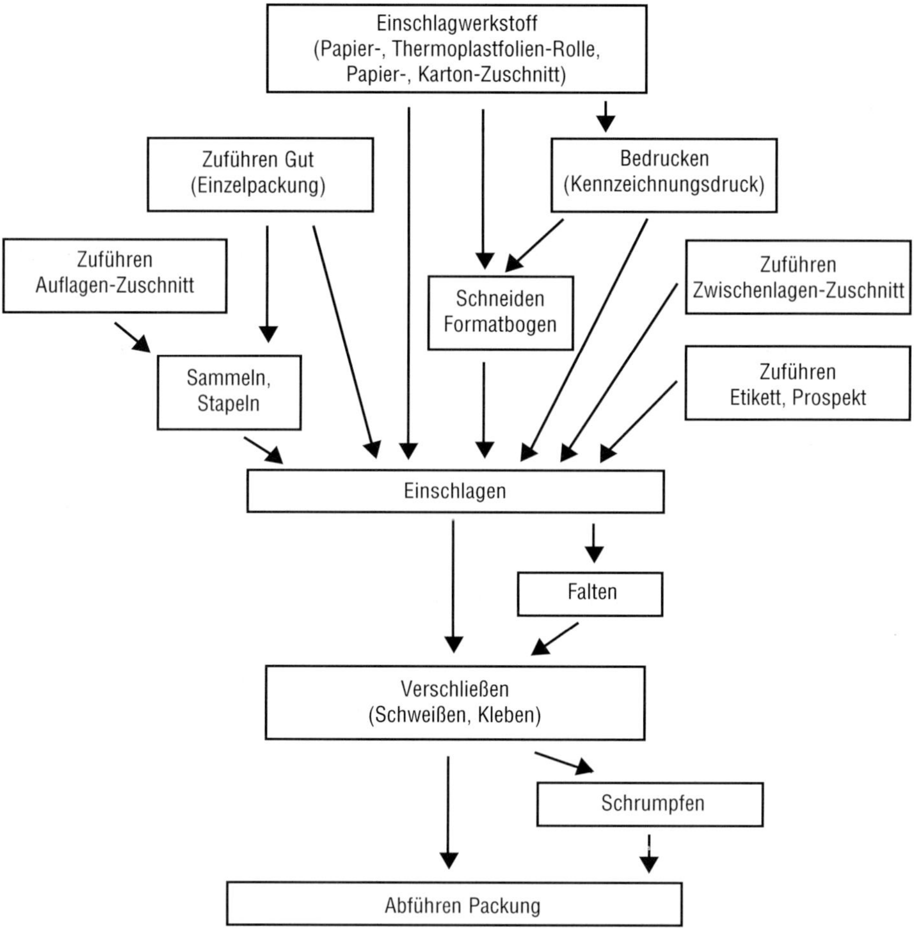

Abb. 11.4-6 Fließschema Verpacken in Einschläge

pe, ggf. Beilage von Etiketten u. ä.; Voll- oder Banderoleneinschlag durch Einschlagformung um Gut in Faltstation oder durch Guteinschub in Werkstoffvorhang mit Trennahtschweißung; Einschlagverschluß über Klebe- und Preßstation oder durch Längs- und Quernahtschweißung; Abführung Packung zum Versand oder zum Schrumpftunnel; Durchsatzleistung 12 bis 160 Packungen/min, je nach Arbeitsweise.

- Stückgut-Banderoleneinschlagmaschine
  Einschlagwerkstoff Schrumpffolie von der Rolle; Einzelpackungen über Bandförderer zugeführt, Packungsgruppierung über Transport-, Stapel-, Aufsetz- und/oder Einlegeeinrichtung; Banderoleneinschlag durch Gut-Einschub in Folienvorhang mit Trennahtschweißung; Abführung Packung zum Schrumpftunnel; Durchsatzleistung 12 bis 25 Packungen/min.
- Schrumpftunnel
  Vergleiche Kapitel 11.4.1.1

11.4.2.2 Verpacken in Schachteln

Falt- und Stülpschachteln sollen infolge ihrer Eigensteifigkeit von außen einwirkende Kräfte weitestgehend aufnehmen. Als Werkstoffe finden ausschließlich Celluloseprodukte in Form von Karton, Voll- und Wellpappe, z. T. auch in paraffin- oder plastbeschichteter Ausführung, Verwendung. Zur Erweiterung der Stabilität der Schachteln sind Verstärkungs- und Polsterelemente (Stege, Fächereinsätze) aus Wellpappe gebräuchlich. Dem Anwender werden die Schachteln in flachliegendem, vorgestanztem und -gerilltem Zustand angeliefert. Liegt ein bereits durch längsseitige Verklebung oder Heftung rumpfgefügter Zuschnitt vor, so wird durch das Aufrichten des Rumpfes, Falten und Verbinden der Verschlußklappen ein einteiliger Faltschachtel-Hohlkörper gebildet. Bei nicht rumpfverbundenen Zuschnitten wird über die Verschlußklappen ein offener Schachtelteil als Ober- oder Unterteil einer zweiteiligen Stülpschachtel erhalten. Der Verschluß der gefüllten Schachteln erfolgt ebenfalls durch das Zusammenstecken oder Verkleben von Verschlußklappen oder durch das Aufstülpen des Deckelteiles auf das Unterteil und deren Verklebung mit ggf. faserverstärktem Papierklebeband.
Die Abmessungen der Schachteln sind bei Abstimmung auf das zu verpackende Gut sehr variabel; der Rauminhalt der Schachteln reicht normalerweise von 1 – 100 dm^3.
Der zumeist nur über einzelne Verpackungsoperationen, also nicht durchgängig automatisierte Verpackungsvorgang verläuft entsprechend dem in Abbildung 11.4-7 aufgezeigten Schema. Als Maschinen kommen zur Anwendung:

- Stülpschachtel-Form- und -Füllmaschine
  Verpackungsmittel als flachliegender Zuschnitt über Vakuumsaugabgriff vom Stapel; Einzelpackungen über Bandförderer zugeführt und gruppiert; Aufsetzen oder Aufschieben des Gutes auf Schachtelzuschnitt; Schachtelunterteil-Formung über Formstempel durch mechanisches Falten, Stecken und Kleben der Stirn- und Seitenklappen; Abführen zur Komplettierung mit Versteifungselementen und/oder zum Schachtelverschluß durch Aufsetzen des analog über Formblock gebildeten Stülpschachteloberteiles; Durchsatzleistung 5 bis 20 Schachteln/min.
- Zuführung Versteifungselemente
  Verpackungshilfsmittel Faltgitter manuell oder durch Gittersteckautomat pneumatisch vom Stapel; manuelles oder automatisches Falten und Einsetzen oder Einschieben in die vom

Aufrichter kommende leere oder auch gefüllte Schachtel; Abführung zur Schachtelfüllmaschine oder zum Aufdeckeln; Durchsatzleistung abgestimmt auf Schachtelfüllmaschine.

- Faltschachtelzuschnitt-Form-, -Füll- und -Verschließmaschine
  Verpackungsmittel als flachliegender Zuschnitt über Vakuumsaugabgriff vom Stapel; Einzelpackungen über Bandförderer zugeführt und gruppiert; Aufsetzen oder Aufschieben von Gut auf Schachtelzuschnitt; Schachtelrumpf-Formung durch mechanisches Umschlagen des

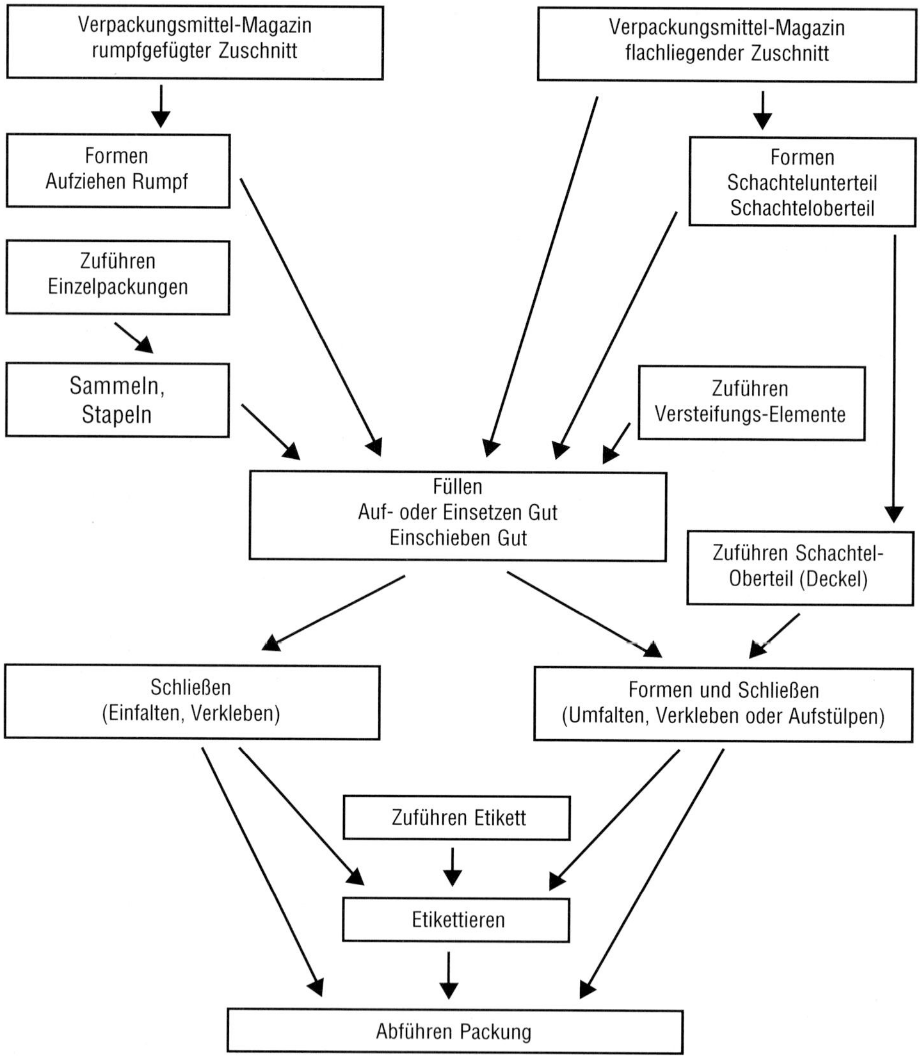

Abb. 11.4-7 Fließschema Verpacken in Schachteln

Gutes in Faltschacht; Schachtelverschluß durch weitere mechanische Faltvorgänge und Stirnseitenverklebung mit Anpressen; Abführung Packung zur Etikettiermaschine und/oder Versand; Durchsatzleistung 8 bis 35 Packungen/min.

- Faltschachtelrumpf-Form-, -Füll- und -Verschließmaschine
  Verpackungsmittel als rumpfgefügter Zuschnitt über Vakuumsaugabgriff vom Stapel; Schachtelformung durch pneumatisches Rumpfaufziehen; Schachtelfüllung durch Einschieben der über Bandförderer zugeführten und gruppierten Einzelpackungen; Schachtelverschluß durch beidseitiges mechanisches Einfalten der Stirnklappen und Beleimung, Einfalten und Anpressen der Seitenklappen oder leimfreies Einfalten der Seitenklappen und anschließender Verschluß durch Klebeband; Abführung Packung zur Etikettiermaschine und/ oder Versand; Durchsatzleistung 10 bis 50 Packungen/ min.
- Faltschachtel-Füllautomat
  Verpackungsmittel als geformte Falt- oder Stülpschachtel manuelle Zuführung zum Schachteleinschub; Einzelpackungen über Bandförderer gesammelt, geordnet und ggf. gestapelt der Füllstation zugeführt; Schachtelfüllung durch reihen-, lagen- oder stapelweises Einschieben oder vom Transportband schwerkraftbedingtes Einfallen in die in der Füllstation befindliche Schachtel (Fallpacker) oder durch Überstülpen des Füllgut-Stapels mit der obenseitig offenen Schachtel und Umwenden dieser nicht verschlossenen Packung; Abführung Packung an Verschließmaschine; Durchsatzleistung 3 bis 20 Packungen/min je nach Arbeitsweise.
- Faltschachtel-Verschließmaschine
  Schachteln gefüllt über Transportband zugeführt und durch Einlaßsperre vereinzelt; Naßklebeband von der Rolle mit Bürsten und Wasserbehälter zur Befeuchtung; Schachtelverschluß im Durchlauf durch manuelles oder mechanisch über Faltorgane bewirktes Einfalten der oberseitigen Verschlußklappen und wahlweise mittig oder seitlich erfolgendes Aufkleben, Trennen und Andrücken des befeuchteten Klebebandes, Kreuzverklebungen durch zweimaligen Durchlauf; Abführung Packung zur Etikettiermaschine und/oder Versand; Durchsatzleistung 12 bis 30 Packungen/min.
- Schachtel-Etikettiermaschine
  Schachtel gefüllt und verschlossen über Transportband zugeführt; ungummierte und ggf. datummarkierte Papieretiketten vom Stapel; Etikettierung im Packungsdurchlauf über Beleimungs-, Etikettenaufnahme- und -andrückstation; Abführung Schachtel zum Versand; Durchsatzleistung 10 bis 50 Packungen/min.

11.4.3 Ladeeinheiten

Zur weiteren Mechanisierung und Sicherung des Warenumschlages werden Transport- oder auch Verbraucherpackungen zu noch größeren Einheiten zusammengefaßt und abgesichert. Die eingesetzten Verpackungswerkstoffe und -mittel erbringen vorrangig nur einen mechanischen Schutz.

Der Verpackungsprozeß beinhaltet die großflächige oder -räumige Stapelung und Abfüllung einzelner Packungen auf Flach- oder in Gitterboxpaletten. Vorwiegend die beladenen Flachpaletten sind zur Erhaltung der Ladungsstabilität und zum Schutz vor Gutverlusten durch weitere Abdeckungen und Umhüllungen zu sichern.

11.4.3.1 Verpacken auf und in Paletten

Nach ihrer Konstruktion und Funktion sind Paletten als wiederverwendungsfähige Verpackungshilfsmittel oder Verpackungsmittel einzustufen. Gegenüber der aus Ober- und Unterdeck bestehenden Holzkonstruktion der Flachpaletten haben Boxpaletten einen aus Winkeleisenrahmen und Seitenwänden bestehenden Aufbau.
Der in manueller oder automatisierter Arbeitsweise ausgeführte Verpackungsprozeß auf oder in Paletten verläuft nach dem in Abbildung 11.4-8 aufgezeigten Schema. Als Maschinen stehen zur Verfügung:

- Flachpaletten-Stapel- und -Entstapelgerät
  Flachpalettenzuführung und -einlauf auf Rollenbahn; Stapelung durch Anheben der von Greiferarmen erfaßten Palette bzw. des Palettenstapels und Absetzen auf nachfolgend eingelaufene Palette; Entstapelung durch Anheben des von Greiferarmen erfaßten Palettenstapels und Abführen der jeweils untersten Palette; Palettenauslauf und Abführung auf Rollenbahn; Durchsatzleistung 100 Paletten/h bei maximaler Stapelhöhe von 15 Paletten.

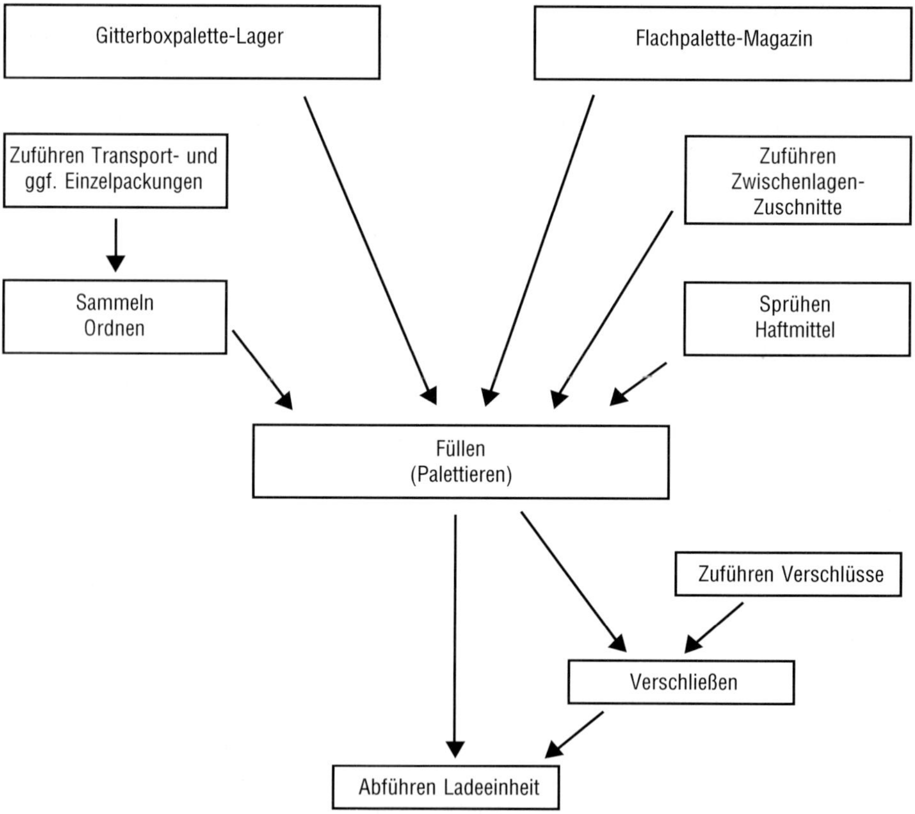

Abb. 11.4-8 Fließschema Verpacken auf oder in Paletten

- Flachpaletten-Füllmaschine für Stückgüter
  Flachpaletten vom Vorratsmagazin auf Rollenbahn zugeführt; Transport- oder Einzelpackungen über niedrig oder hoch angeordnetes Förderband zugeführt und über Zählwerk und Sortiertisch nach Palettierschema ggf. gewendet und reihen- und lagenweise geordnet; Palettenfüllung durch Anheben oder Absenken lagenweises Beschichten der im Füllschacht in Beladestellung angehobenen Palette; Zugabe von Zwischen- und Deckauflagen manuell oder automatisch, ggf. automatische Besprühung der einzelnen Lagen mit Haftmittel; Abführung beladene Palette auf Rollenbahn zum Gabelstapler; Durchsatzleistung 30 bis 60 Paletten/h.
- Boxpaletten-Entleerung und -Reinigung
  Boxpaletten einzeln durch Gabelstapler oder auf Rollenbahn bereitgestellt; Entleerung manuell, ggf. unterstützt durch mechanische Kippbewegungen; Reinigung durch Ausblasen mit Druckluft und/oder im Durchlauf durch Spritz-Waschanlage mit Warmluft-Trocknung; Abführung Boxpalette auf Gabelstapler oder auf Rollenbahn zur Füllung; Durchsatzleistung abhängig von manueller Arbeitsweise.
- Boxpaletten-Füll- und -Verschließeinrichtung
  Boxpaletten durch Gabelstapler oder auf Rollenbahn bereitgestellt; Transport- oder Einzelpackungen auf Förderband zugeführt, ggf. mit Reihen- und Lagenbildung auf Sammeltisch; Palettenfüllung manuell oder durch Schieberregelung abfallend vom Förderband, bei Palettenausrüstung mit beweglichem Boden durch lagenweises Einschieben und Absenken; Palettenverschluß manuell durch Zuklappen Boxpalette und Plombieren mit Handplombiergerät; Abführung gefüllte und verschlossene Palette auf Gabelstapler oder Rollenbahn; Durchsatzleistung bis 60 Paletten/h.

11.4.3.2 Sichern von Ladeeinheiten

Zusätzlich zu der schon während des Palettiervorganges erzielten Ladungsstabilität werden zur Vermeidung von Transportschäden und -verlusten weitere Sicherungen vorgenommen. Dafür kommen Schrumpf- und Stretchfolienumhüllungen und Umreifungen in Betracht. Der Verpackungsablauf beinhaltet die in Abbildung 11.4-9 aufgezeigten Einzeloperationen. Als Maschinen stehen dafür zur Verfügung:

- Ladeeinheit-Einschlagmaschine
  Schrumpffolie und ggf. Trennschichtfolie (für Schrumpfeinschlag PE-verpackter Güter) von der Rolle, mit Schneidvorrichtung; gefüllte Palette über Rollenbahn zugeführt; Banderolen- oder Volleinschlag manuell als Umwicklung mit Handgerät oder vollautomatisch durch von oben ausgehendes Umlegen des Stückgutstapels mit Folie und zweimaliger stirnseitiger Schweißnahtbildung oder durch Einschieben in Folienvorhang mit Trennahtschweißung; Abführung eingeschlagene Ladeeinheit auf Rollenbahn zum Schrumpftunnel; Durchsatzleistung 20 bis 100 Paletten/h.
- Ladeeinheit-Einwickelmaschine
  Stretchfolie von der Rolle; gefüllte Palette über Rollenbahn zugeführt; Spiralwickeleinschlag über Rollenhubsäule und Palettendrehteller bzw. durch einen um den Stückgutstapel herumschwingenden Folieschlitten oder Vollwand-Banderoleneinschlag über Folienvorhang mit Straffspanner und Trennahtschweißung, ggf. zusätzliches Einbinden einer Deckfolie in die

oberste Windung; Abführung eingeschlagene Ladeeinheit auf Rollenbahn zum Versand; Durchsatzleistung bis 100 Paletten/h.

- Ladeeinheit-Haubenüberziehmaschine
  Seitenfalten-Folienschlauch von der Rolle; gefüllte Palette über Rollenbahn zugeführt; Aufbringen der Haube nach Fallschirmprinzip von oben durch pneumatisches oder mechanisches Aufspreizen, Überziehen der Ladung mit Folienschlauch mittels Spreizbänder oder Spannfinger bis zur gewünschten Haubenlänge, nachfolgend Querschweißung und Abtrennung; Abführung eingeschlagene Ladeeinheit auf Rollenbahn zur Schrumpfeinrichtung oder zum Versand; Durchsatzleistung 15 bis 120 Paletten/h.
- Schrumpfeinrichtung für Ladeeinheiten
  Eingeschlagene Ladeeinheit auf Rollenbahn zugeführt; Folienschrumpfung durch um die Ladung kreisende oder stationär an Drehtellern angeordnete Handschrumpfgeräte, Brennersäulen bzw. Heißluftleisten oder im Durchlauf durch Schrumpfrahmen, Kammer- oder Tunnelöfen mit anschließender Umluftkühlung; Abführung geschrumpfte Ladeeinheit auf Rollenbahn zum Versand; Durchsatzleistung 10 bis 60 Paletten/h.

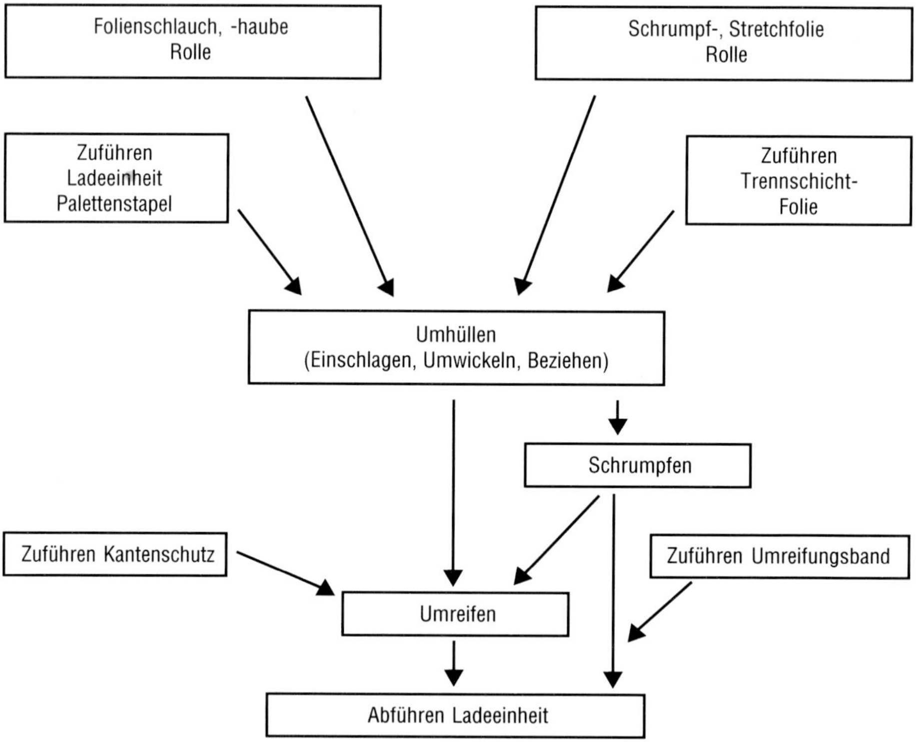

Abb. 11.4-9 Fließschema Sichern von Ladeeinheiten

- Ladeeinheit-Umreifungsanlage
  Umreifungsband von der Rolle, ggf. Zuführung von Kantenschutzwinkeln vom Vorratsmagazin; gefüllte und eingeschlagene, ggf. geschrumpfte Palette über Rollenbahn zugeführt; Umreifung vertikal oder/und horizontal des ggf. manuell mit Kantenschutz versehenen und fest abgedeckten Ladungsstapels manuell über Drehtisch mit Hand-Spanngerät durch Umschlagen und Bandverschluß durch Plomben, Hülsenklammern o. ä. oder vollautomatisch durch Rahmen-Bandspann- und -Verschließanlage mit variablen Durchlaßhöhen und -breiten; Mehrfach-Umreifung durch Zurückfahren des einfach umreiften Ladungsstapels mit Wendung auf Drehtisch und erneuter Umreifung; Abführung umreifte Ladeeinheit auf Rollenbahn zum Versand; Durchsatzleistung bei 2 Umreifungen je Ladungsstapel 15 bis 60 Ladeeinheiten/h.

Quellen und Literatur

[1] HEISS, R.: Lebensm.-Wiss. u. -Technol. 10 (1977), 123
[2] DIETZ, G.; LIPPMANN, R.: Verpackungstechnik Leipzig: Fachbuchverlag 1985
[3] DORMANN, K.: Verp.-Rdsch. 39 (1988), 1201
[4] STIEBING, A.: Fleischwirtschaft 69, (1989), 8
[5] HEISS, R.; RADTKE, R.: Verp.-Rdsch. 19 (1968), twB 17
[6] TOWNSEND, W.E.; BRATZLER, L.J.: Food Technol. 12 (1958), 663
[7] SCHOPPMEYER, W.: Verp.-Rdsch. Interpack 1969, 546
[8] N.N.: Neue Verp. 40 (12/1987), 32
[9] KNEZEVIC, G.: Verp.-Rdsch. 39 (1988), twB 67
[10] SCHOLZE, H.: Verp.-Rdsch. 32 (1981), 880
[11] SZECHENYL, E.: Konzerv- es Paprikaipar 6/1963, 182; ref. Fruchtsaft-Ind. 11 (1966), 163
[12] N.N.: Naturwissensch. Rdsch. 30 (1977), 263
[13] KNORR, D.: Lebensm.-Wiss. u. -Technol. 8 (1975), 51
[14] STIEGELER, A.; WALTNER, M.: Verp.-Rdsch. 32 (1981), 578
[15] HARTMANN, G.: Neue Verp. 34 (1/1981), 18

12 Qualitätsbewertung von Fleisch und Fleischerzeugnissen

H. PETERS

12.1 Fleischqualität

Der Begriff „Fleischqualität" wird je nach Standpunkt und Interessenlage vom Erzeuger, der Fleischindustrie, dem Handel und dem Verbraucher unterschiedlich angewendet und interpretiert.
Bei der Beurteilung der Fleischqualität kann es sowohl um den gesamten Schlachtkörper, um entbeintes, portioniertes oder verarbeitetes als auch um zubereitetes Fleisch gehen. Aus wissenschaftlicher Sicht kann man der Definition von HOFMANN [1] folgen:

„Fleischqualität ist die Summe aller sensorischen, ernährungsphysiologischen, hygienisch-toxikologischen und verarbeitungstechnischen Eigenschaften des Fleisches. Auf eine verkürzte Formel gebracht heißt dies: Die Qualität ist die Summe aller Qualitätsfaktoren.
Die sensorischen Faktoren lassen sich mit den Sinnen erfassen und bestimmen den Genußwert eines Erzeugnisses. Die sensorische Analyse von Fleischerzeugnissen ist u. a. in den DLG-Prüfbestimmungen festgelegt und gestattet unter Mitarbeit geschulter Prüfer, unter Anwendung bestimmter Methoden sowie unter Einhaltung festgelegter Bedingungen, eine objektive Qualitätsbeurteilung. Auf die Methoden der sensorischen Qualitätsuntersuchung wird in Kapitel 12.2 weiter eingegangen. Für den Verbraucher sind sensorische Merkmale wie Aussehen, Form, Farbe, Geruch, Zartheit, Saftigkeit und Aroma, entscheidend für die Beurteilung eines Produktes beim Kauf bzw. Verzehr. Die sensorischen Merkmale eines Erzeugnisses werden wesentlich durch die Syndrome PSE und DFD und durch den intramuskulären Fettgehalt des Muskelgewebes beeinflußt.

Der Nährwert des Fleisches wird vor allem durch seinen Gehalt an Proteinen, Fetten, Vitaminen und Mineralstoffen und deren Verwertbarkeit bestimmt. Die biologische Wertigkeit der Fleischproteine läßt sich darstellen als Protein Efficiency Ratio (PER), Net Protein Utilisation (NPU), Net Protein Value (NPV), Index Essential Amino Acids (IEAA) oder BEFFE-Wert. In diesem Zusammenhang spielt auch der Gehalt an Cholesterin sowie die während der Verarbeitung bzw. Zubereitung von Fleischprodukten auftretende Interaktion der Inhaltsstoffe (z. B. der Maillard-Reaktion) eine Rolle.

Zu den hygienischen Faktoren sind die Abwesenheit pathogener Mikroorganismen und Toxine sowie die Einhaltung der Grenzwerte für organische oder anorganische Rückstände zu rechnen. Wasseraktivität, Redoxpotential und pH-Wert beeinflussen in entscheidendem Maße die Haltbarkeit der Erzeugnisse.

Faktoren wie Bindegewebs- und Fettgehalt, Wasserbindevermögen u. a. beeinflussen wesentlich die Eignung des Fleisches für die verschiedenen Verarbeitungszwecke. Da die Qualitätsfaktoren einer objektiven Charakterisierung des Produktes dienen, müssen sie auch erfaßt bzw.

gemessen werden können. In der EU werden die Qualitätssicherungsmaßnahmen in Richtlinien und Normen, wie DIN EN ISO 9000 bis 9004, definiert. Sie dienen ebenso wie das „Globale Konzept für Zertifizierung und Prüfwesen" (1989) dem Ziel, eine hohe Produktqualität und -sicherheit zu gewährleisten. Tabelle 12.1-1 zeigt in Form von Beispielen, mit welchen Geräten sich einzelne Qualitätsfaktoren ermitteln lassen. Im nachfolgenden Kapitel wird auf die Methoden und Geräte zur Bestimmung physikalisch-chemischer, mikrobiologischer sowie sensorischer Faktoren ausführlicher eingegangen.

Tab. 12.1-1 Beispiele für die Bestimmung von Qualitätsfaktoren (nach [3])

Faktoren	Meßgröße	Meßgeräte
Sensorische Faktoren		
Farbe	Farbhelligheit Farbkomponenten	Göfo-Gerät Hunterlab
Zuschnitt	Größe der Schnittfläche	Planimeter
Festigkeit	Scherkraft	Warner-Bratzler, Instron-Gerät
Aroma	Aromaprofil	Gaschromatograph
Nährwert - Faktoren		
Eiweiß	Eiweißgehalt	Kjeldahlapparatur
Bindegewebe	Hydroxiprolingehalt	Photometer
Mineralstoffe	Aschegehalt	Veraschungsgerät
Schnell-Bestimmung Wasser/Fette/Eiweiß/Asche	Massedifferenzen	Ultra-X-Geräte
Vitamine	Vitamingehalte	Photometer
Hygiene-Faktoren		
pH-Wert	pH-Wert	pH-Meter
Haltbarkeit	Art und Zahl der Mikroorganismen	Keimzahlgerät
Rückstände	z.B. Schwermetalle	Atomabsorbtionsspektrometer
Technologische Faktoren		
Safthaltevermögen	Tropfsaftverlust	Meßzylinder
PSE-, DFD-Charakter	pH-Abfall post mortem	pH-Meter
Fette	Fettgehalt	Soxhletapparatur

12.2 Sensorische Lebensmitteluntersuchung

12.2.1 Anwendungsmöglichkeiten

Die sensorischen Untersuchungsmethoden sind durch den Einsatz der menschlichen Sinnesorgane als Meßinstrumente gekennzeichnet.
Es lassen sich folgende Anwendungsgebiete für die sensorische Lebensmitteluntersuchung nennen [6, 7]:

- Entwicklung neuer Erzeugnisse und Produktionsverfahren
- Rezepturverbesserung eines bestehenden Produktes
- Verbesserung der Herstellung (Messung des Einflusses der Prozeßveränderung auf die Qualität des Produktes)
- Kostensenkung bei Einhaltung gleicher Qualität
- Auswahl neuer Zulieferer, ohne daß die Qualität der eigenen Produktion abfällt
- Qualitätskontrolle (Einhalten gleicher Qualität bei Herstellung, Verarbeitung, Lagerung und Vertrieb)
- Produktionsbewertung eigener oder fremder Hersteller
- Auswahl der bestgeeigneten Muster für einen bestimmten Zweck
- Bestimmung der Verbraucherbeliebtheit eines Produktes beim Marketing
- Auswahl von Prüfern, die für einen bestimmten Prüfzweck die zuverlässigsten Ergebnisse liefern
- Ermittlung der Lagerstabilität von Roh-, Halb- oder Fertigprodukten
- in der Forschung (Ermitteln von Korrelationen sensorischer Analyseergebnisse mit chemischen, physikochemischen, physikalischen und/oder mikrobiologischen Kenngrößen).

Im folgenden wird auf Grundlagen und Methoden der Lebensmittelsensorik eingegangen, sensorische Qualitätsmerkmale von Fleisch und Fett einzelner Tierarten werden im Kapitel 2 und der Einfluß der thermischen Behandlung auf die sensorischen Eigenschaften von Fleisch im Kapitel 8 beschrieben.

12.2.2 Begriffe

Für die Sensorik sind die nachfolgend erläuterten Begriffe und Zusammenhänge von besonderer Bedeutung:

Geruch
Die Gesamtheit der mit Hilfe des Geruchssinnes beim Riechen von flüchtigen Substanzen wahrgenommenen Sinneseindrücke nennt man Geruch. Als Merkmal zur Beschreibung der sensorischen Qualität kann nach Art, Intensität und Ablauf der Geruchswahrnehmungen unterschieden werden.

Aroma
Sinneswahrnehmung, die sowohl von den direkt durch die Nase (Geruch) als auch von den indirekt beim Verzehr über die Mundhöhlen-Rachen-Nasen-Passage zu den Geruchsrezeptoren gelangenden Stoffen ausgelöst wird.

Flavour
Unter Flavour versteht man die Gesamtheit von Geschmacks-, Geruchs-, Tast-, Kraft-, Temperatur- und Schmerzempfindungen beim Schmecken, die vom olfaktorischen und gustatorischen Organ sowie haptisch mit Zunge, Mundhöhle und Rachen empfangen werden. In Abbildung 12.2-1 wird das Zusammenwirken der verschiedenen Teilfaktoren bei der Ausbildung von Aroma und Flavour erläutert.

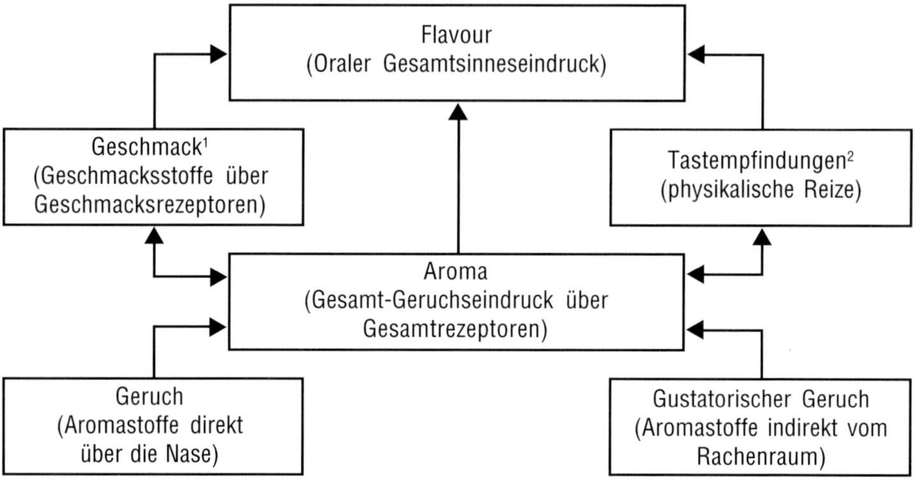

Abb. 12.2-1 Zusammenwirken verschiedener Teilfaktoren bei der Ausbildung von Aroma und Flavour (nach [9])

Off-Flavour

Dieser aus der englischsprachigen Literatur stammende Begriff dient zur Beschreibung negativer sensorischer Wahrnehmungen und wird für artfremde, nicht charakteristische Geruchs- und Geschmacksempfindungen bei der sensorischen Lebensmittelprüfung angewendet.

Geschmack

Unter Geschmack versteht man die Sinneswahrnehmung, die durch Reaktion von Stoffen (Geschmacksstoffen) mit den primär auf der Zunge befindlichen Geschmacksrezeptoren hervorgerufen wird und die vier Grundgeschmacksarten (süß, sauer, salzig und bitter) sowie bestimmte haptische Eindrücke wie Temperatur- und Reizschmerzempfindungen umfaßt. Da die eigentlichen Geschmackseindrücke nicht isoliert wahrgenommen werden, sind sie stets in Verbindung mit anderen Geruchs- und Aromaeindrücken zu sehen.

Geschmacksstoffe

Stoffe, die nicht oder nur wenig flüchtig sind und bei der Mundprobe einen gustatorischen oder haptischen Sinneseindruck hervorrufen, nennt man Geschmacksstoffe.

Aussehen

Das Aussehen ist das Merkmal, das alle visuell wahrnehmbaren Sinnenseindrücke eines Lebensmittels umfaßt. Teilmerkmale des Aussehens sind z. B. Form, Oberfläche, Gefüge, Farbe, Glanz, Klarheit, Trübung, Opaleszenz.

Farbe

Die Farbe ist eine von elektromagnetischen Wellen, Lichtreizen, ausgelöste Empfindung des Gesichtssinnes, die durch Ton, Sättigung und Helligkeit beschrieben wird und Teilmerkmal des Aussehens ist.

Haptische Sinneseindrücke
Unter diesem Begriff werden alle durch Hautzellen, Muskeln, Sehnen, Gelenkkapseln, Faszien der Hände, der Lippen, der Zunge, der Mundhöhle und des Rachens wahrnehmbaren Tast-, Temperatur-, Schmerz- und Kraftempfindungen zusammengefaßt. Zu den haptischen Sinneseindrücken zählen auch die taktilen und kinästhetischen Wahrnehmungen.

Kinästhetische Sinneseindrücke
Alle Eindrücke von Konsistenz/Textur, die beim Deformieren und Zerkleinern von Lebensmitteln mit den Händen oder beim Beißen und Kauen als Kraftempfindungen entstehen, sind kinästhetische Sinneseindrücke.

Konsistenz
Konsistenz bedeutet die mehr oder weniger feste Verbindung der Bestandteile, also Dichte, Festigkeit oder Zähflüssigkeit (Viskosität) eines Stoffes und dessen Wiederstand bzw. plastisches Verhalten bei stetiger Formveränderung [10] (z. B. streichfähige Konsistenz von Leberwurst).

Struktur
Struktur als energetisch bedingter Ordnungszustand bedeutet Gefüge, Zusammensetzung, Bauart, Körnigkeit, Gewebeaufbau als Makro- oder Mikrostruktur und je nach Netzwerkaufbau und Strukturstärke als flüssige, halbfeste (pastöse) und feste Lebensmittel [10] (z. B. die Struktur des Muskels).

Textur
Die Textur umfaßt alle Eigenschaften der Lebensmittel, die durch Kraft- und Berührungssinne (Muskulatur und Schleimhaut) im Mund wahrgenommen werden wie Zartheit, Dichte, Faserigkeit, Zähigkeit, Körnigkeit, Glätte, Feuchtigkeit u. a. [10].

Reiz
Unter diesem Begriff ist ein physikalischer und/oder chemischer Vorgang oder Zustand zu verstehen, der aus der Umwelt oder dem Inneren des Organismus auf entsprechende Reizempfänger (Rezeptoren) wirkt und dort eine Erregung verursacht.

Wahrnehmung
Unter Wahrnehmung sind zum Bewußtsein gelangte Zuflüsse von Informationen aus den Rezeptoren zu verstehen, wobei die Großhirnrinde aktiviert sein muß (Wachheitszustand). Die physiologische Wahrnehmung erfolgt auf mehreren Sinnesgebieten und zwar vorwiegend optisch, akustisch, haptisch sowie gustatorisch und olfaktorisch. Die Wahrnehmung als Widerspiegelung ist keine mechanische Kopie der objektiven Wirklichkeit, sondern enthält bereits Stellungnahmen zum Objekt und eine aktive Verarbeitung der Umweltreize, bei der die aktuelle Situation, vorhergehende Erfahrungen und die Entwicklung des Menschen eine erhebliche Rolle spielen.

Empfindung
Empfindung ist eine in der älteren Psychologie gebrauchte Bezeichnung für elementare Aussageinhalte, z. B. Farben, Klänge, Gerüche usw., und zwar ausgelöst durch physikalisch-

chemische Reize, die die Sinnesorgane treffen. Diese Auffassung ist überholt, da es die elementare Empfindung nicht gibt und die Wahrnehmung stets einen bereits verarbeiteten Bewußtseinsinhalt darstellt. Unter spezifischer Empfindung ist die Reizung einer bestimmten Rezeptorenart, z. B. Geruchsrezeptoren, und die folgende zentralnervöse Verarbeitung der Rezeptorerregung zu verstehen.

Erkennungsschwellenwert/Schwellenwert/Intensitätsschwelle
Der Schwellenwert ist die minimale Reizintensität, die eine qualitativ eindeutig beschreibbare Empfindung hervorruft.

WEBER-FECHNER-Gesetz [11, 12]
Erhöht man vom Schwellenwert ausgehend die Reizintensität, so bleibt die Empfindung zunächst gleich. Erst wenn ein bestimmter Zuwachs überschritten ist, wird die größere Reizintensität empfunden. Der dazu notwendige Betrag wird Reizintensitätsunterschiedsschwelle ΔI genannt. Der ihr zugeordnete Empfindungszuwachs ΔE wäre die Grundeinheit der Empfindung. Untersuchungen ergaben, daß der Empfindungszuwachs ΔE je nach Reizstärke andere Reizintensitätsunterschiedsschwellen erfordert. Bei vielen Sinneswahrnehmungen (Gehör-, Gesichts-, Tast-, Geschmacks- und Geruchswahrnehmungen) fand man in einem mittleren Intensitätsbereich, daß der Quotient $\frac{\Delta I}{I}$ konstant ist. Nimmt man an, daß die Empfindungsintensitätsschritte E immer gleich sind, kommt man durch Integration auf die Formel:

$$E = k \times \ln \frac{I}{I_0}$$

wobei I_0 die Intensitätsschwelle darstellt. Dieses Gesetz besagt, daß die Empfindungsgröße, die sozusagen die Anzahl der Unterschiedsschwellen vom Schwellenwert bis zur Reizstärke I darstellt, mit dem Logarithmus der Reizstärke wächst.

12.2.3 Allgemeine Prüfbedingungen

Die sensorische Lebensmitteluntersuchung wird nur dann vertrauenswürdige und reproduzierbare Ergebnisse liefern, wenn eine Reihe von Voraussetzungen erfüllt sind. Dazu zählen:

- Die Eignung der Prüfpersonen, die als Träger von Meßfunktionen ausgewählt, motiviert und geschult werden
- Die Planung der sensorischen Analysen, die eine ordnungsgemäße Vorbereitung, Durchführung und statistische Auswertung der Ergebnisse gewährleisten muß
- Die technischen Bedingungen, wie die Gestaltung des Prüfraumes, der Beleuchtung, der verwendeten Geräte und Materialien u. a. m.

International geht der Trend dahin, diese grundlegenden Forderungen zu standardisieren bzw. zu normen, um eine breite Anwendung der als zweckmäßig erkannten Regelungen zu sichern.

12.2.4 Sensorische Prüf- und Bewertungsmethoden

Die sensorischen Prüf- und Bewertungsmethoden stellen das Kernstück der sensorischen Analytik dar und führen bei richtiger Anwendung zu reproduzierbaren Ergebnissen. Auf die wichtigsten Methoden wird nachfolgend eingegangen. Alle in der Praxis durchgeführten sen-

Tab. 12.2-1 Übersicht sensorischer Prüfverfahren und ihrer statistischen Behandlung (nach [7])

Prüfverfahren	Statistische Auswertung	Erläuterung
Empfindlichkeitsprüfungen • Erkennen der 4 Grundgeschmacksarten • Bestimmung der Geschmacksempfindlichkeit • Geruchserkennung	Sequenzanalyse	Verfahren zur Überprüfung einer statistischen Hypothese Problemumfang nicht vorgegeben Das Ergebnis jeder Prüfung entscheidet über Weiterführung oder Abschluß
Beschreibende/bewertende Prüfung ohne oder mit Skale	Varianzanalyse	Verfahren der Streuungszerlegung bei Mehrfaktorenversuchen (z.B. Aussehen/Form, Geruch, Geschmack, Textur). Nachweis von Unterschieden zwischen einer Reihe von Mittelwerten und Einzelvarianzen.
	Häufigkeitsanalyse	Erstellung von Häufigkeitsverteilungen aus den Einzelnoten.
	Rangzahlverfahren	Rangsummenverfahren nach Kramer
Profilprüfung Verdünnungsprofilprüfung	graphische Auswertung	
Dreiecksprüfung	Binominalverteilung als Grundlage der Signifikanztabelle "einseitiger Test" Signifikanztabelle "zweiseitiger Test"	Basierend auf berechneten Wahrscheinlichkeitswerten
Paarweise Unterschiedsprüfung	Signifikanztabelle "einseitiger Test" Signifikanztabelle "zweiseitiger Test"	s. Dreiecksprüfung
Rangordungsprüfung	Varianzanalyse Rangzahlverfahren Signifikanztabellen "Kritische Rangsummen"	s. Beschreibende Prüfung Rangsummenverfahren nach Kramer Durch Vergleich der Rangsummen-Aussage über die Unterschiedlichkeit der verschiedenen Proben
Beliebtheitsprüfung	Varianzanalyse Signifikanztabelle "Zweiseitiger Test" Rangzahlverfahren graphische Auswertung	s. Beschreibende Prüfung s. Paarweise Unterscheidungsprüfung s. Rangordnungsprüfung

sorischen Prüfungen erfordern die Erstellung eines Prüfberichtes, der die wichtigsten Einzelheiten der Prüfung enthält. Von jedem Prüfer ist ein Prüfprotokoll zu führen. Ausführliche Darstellungen zur Protokollführung und Auswertung finden sich bei NEUMANN et al. [8] sowie FLIEDNER und WILHELMI [7]. Tabelle 12.2-1 gibt eine Übersicht, welche statistischen Methoden zur Auswertung der jeweiligen sensorischen Prüfverfahren angewendet werden können. Zu ausführlichen Beschreibungen der statistischen Methoden sei hier auf NEUMANN et al. [8] sowie RASCH et al. [26] verwiesen.

12.2.4.1 Methoden der Unterschiedsprüfung

Die Unterschiedsprüfung (Differenztest, Differenzanalyse, Differenzprüfung, Unterschiedstest) dient zur Feststellung von Unterschieden zwischen zwei oder mehreren Erzeugnissen (Proben) hinsichtlich sensorischer Merkmale wie Aussehen, Geruch, Geschmack, Textur bzw. Konsistenz. Die Differenzprüfungen werden sowohl zur Bewertung der Erzeugnisqualität als auch für Aufgaben der Qualitätsentwicklung, des Qualitätsvergleiches und der Qualifizierung von Prüfpersonen eingesetzt. Eine Übersicht zu ausgewählten Methoden der Unterschiedsprüfung gibt Tabelle 12.2-2.
Die Zahl der notwendigen Prüfpersonen liegt bei der Mehrzahl der Methoden zwischen 3 und 10.

Tab. 12.2-2 Ausgewählte Methoden der Unterschiedsprüfung (nach [8])

Bezeichnung	Form der Probenvorlage	Standard	Fragestellung	Ratewahrscheinlichkeit
Einprobenmethode	*A* oder *B/B – A – A – B* – ...	*A* oder *B*	Welche Proben sind mit dem Standard identisch und welche nicht?	1/2
Paarmethode	*AB – BB – AA – AB* – ...	ohne	Welche Proben sind identisch und welche unterschiedlich?	1/2
Duo-Trio-Methode	*A oder B/BA – AB – BA – AB*	*A* oder *B*	Welche Probe des Probenpaares ist mit der Standardprobe identisch?	1/2
Dreiecksmethode	*ABA – BAA – BAB* – ...	ohne	Welche ist die abweichende Probe?	1/3
	AAB – BBA – BAA – ...	ohne	Welche Probe(n) ist (sind) sauer, bitter usw.?	1/6
Tetradenmethode	*A* oder *B/ABA* – *A* oder *B/BBA*...	*A* oder *B*	Welche Probe(n) ist (sind abweichend?	1/6
Dual-Standard-Methode	*A* und *B/AB – BA – BA* – ...	*A* und *B*	Welche Probe ist *A* und welche ist *B*?	1/2
Rangfolgemethode	*A B C D E*...	ohne	Welche Probe ist die salzigste, zweitsalzigste usw.?	1/5[1]

[1] Bezogen auf den ersten Platz (Reziprokwert der Probenanzahl)

12.2.4.2 Methoden zur Beschreibung und Bewertung der sensorischen Lebensmittelqualität

12.2.4.2.1 Einfach beschreibende Prüfung

Bei der einfach beschreibenden Prüfung, die von geschulten Prüfern durchgeführt werden sollte, werden einzelne Merkmale, Merkmalskomponenten oder der Gesamteindruck eines Produktes mit selbst gewählten positiven oder negativen „beschreibenden Ausdrücken" in bezug auf bestimmte sensorische Standards charakterisiert. Eine Übersicht über die bei der sensorischen Untersuchung verwendbaren Ausdrücke ist in DIN 10964 zusammengestellt. Hilfreich ist bei der betrieblichen Qualitätskontrolle auch die Verwendung sogenannter Fehlerschlüssellisten, die die wesentlichen möglichen Fehler bzw. Qualitätsmängel eines Produktes beschreiben. Mit dieser Methode können Einflußfaktoren auf die Produktqualität, die durch Lagerung, Transport, Herstellung bzw. Zubereitung bedingt sind, ermittelt werden.

12.2.4.2.2 Profilmethode

Die sensorische Profilmethode ist eine anspruchsvolle sensorische Untersuchungsmethode und erfordert u. a. die methodische Schulung der Prüfperson, eine exakte Probenvorbereitung und -darbietung sowie einen hohen Zeitaufwand. Bei dieser Methode werden die Merkmale eines Produktes nach Art, Reihenfolge und Intensität der wahrgenommenen Sinneseindrücke anhand eines vorgegebenen Schemas beschrieben. Für die Bedeutung von Reihenfolge und Intensität der Komponenten bei der Qualitätsbewertung gilt [7]:

- die Reihenfolge der Wahrnehmung der produktspezifischen Inhaltsstoffe eines Lebensmittelerzeugnisses ist qualitätsbestimmend
- die für das untersuchte Produkt typischen Komponenten müssen in stärkerer Intensität wahrnehmbar sein als die Nebenkomponenten (entscheidend für die Qualitätseinstufung). Die Methode wird hauptsächlich zur Produkt- und Verfahrensentwicklung, zur Untersuchung von Lagerungseinflüssen, aber auch zur Prüferschulung eingesetzt. Wichtige Merkmale der Methode sind [8]:
- Es ist eine weitgehend vollständige Beschreibung von Geruch, Geschmack wie auch Konsistenz/Textur eines Lebensmittels möglich.
- Es ist eine erhöhte Aussagefähigkeit durch Gegenüberstellung von profilanalytischen und meßtechnischen Parametern sowie durch die Verwendung sensorischer Bezugsstandards möglich.
- Es kann eine hohe Reproduzierbarkeit der ermittelten Intensitäten für die einzelnen Komponenten erreicht werden, was eine wiederholbare Beschreibung des sensorischen Gesamtbildes ermöglicht.

Die Ergebnisse der Profilanalyse können in Diagrammen zusammengefaßt werden. Für die betreffenden Probenserien kann aber auch aus den einzelnen Intensitätsangaben der Prüfer das arithmetische Mittel (durchschnittliche Intensität) gebildet werden.

12.2.4.2.3 Verdünnungsprofilmethode

Mit dieser Methode werden verschiedene Komponenten, vor allem des Geruchs und des Geschmacks eines Lebensmittels, die in einem unverdünnten Produkt maskiert sind, bei verschiedenen Verdünnungsstufen untersucht. Die Methode kann zur Ergänzung der Profilmethode dienen und wird besonders bei der Mängel- bzw. Fehlersuche im Rahmen der Produktentwicklung angewandt. So kann z. B. die Ranzigkeit bei Fleischerzeugnissen, die durch starken Salzgehalt bzw. starke Würzung überdeckt ist, mit dieser Methode deutlich charakterisiert werden. Es ist festzustellen, daß sich bei dieser Untersuchungsmethode nicht nur die Reihenfolge des Auftretens der einzelnen Geruchs- bzw. Geschmackskomponenten bei den verschiedenen Verdünnungsstufen ändert, sondern daß einzelne Komponenten bei höheren Verdünnungen ganz verschwinden, andere jedoch erst in niedrigeren Verdünnungsstufen in Erscheinung treten [8]. Die Ergebnisse der Verdünnungsprofilanalyse sollten stufenweise über Einzel- und Gruppenprotokolle ausgewertet und entweder graphisch oder tabellarisch dargestellt werden.

12.2.4.2.4 Bewertende Prüfung mit Skale

Die bewertende Prüfung mit Skale bzw. Punktbewertung ist in der routinemäßigen sensorischen Untersuchung von großer Bedeutung. Die Methode wird angewandt zur Beurteilung vorher festgelegter Merkmale von Lebensmitteln nach einer bestimmten Skale, z. B. zur Erfassung unterschiedlicher qualitätsbeeinflussender Faktoren wie Rohware, Zutaten, Erzeugung, Verarbeitung, Behandlung, Verpackung und Lagerung. Die einzelnen sensorischen Merkmale werden nach Art und Intenistät erfaßt. Das Vorgehen bei dieser Methode läßt sich kurzgefaßt wie folgt beschreiben: Den Prüfpersonen werden die Proben einzeln oder gleichzeitig in beliebiger Reihenfolge gereicht. Die vorgegebenen Merkmale werden einzeln auf der Grundlage einer Skale gleichen Umfanges mit Hilfe eines beschreibenden Bewertungsschemas beurteilt. Die Untersuchungsergebnisse werden statistisch ausgewertet, wobei aus den Einzelwerten für das jeweilige Merkmal Häufigkeitsverteilungen erstellt und die Durchschnittswerte berechnet werden. Ebenso können Regressions- und Varianzanalyse durchgeführt werden.
Den einzelnen Noten einer Skale wird eine Merkmalsbeschreibung zugeordnet, die entweder unspezifisch oder spezifisch sein kann. Ein unspezifisches Bewertungsschema ist produktunabhängig und enthält für alle Kriterien allgemeingültige Beschreibungen, die den jeweiligen Noten zugeordnet werden. Ein spezifisches Bewertungsschema enthält für alle Kriterien eine produktspezifische Beschreibung, die den jeweiligen Noten zugeordnet wird. Ein Beispiel für ein spezifisches Bewertungsschema sind die von der Deutschen Landwirtschafts-Gesellschaft erarbeiteten „DLG-Prüfbestimmungen für Fleischerzeugnisse, Fertiggerichte und Feinkost“ [40]. Bei der bewertenden Prüfung mit Skale wird weiterhin eine Wichtung der einzelnen Kriterien (Merkmale) vorgenommen, um die unterschiedliche Wertigkeit der Kriterien in Abhängigkeit von dem zu bewertenden Erzeugnis zu verdeutlichen.

12.2.4.3 Sensorische „Schnellmethoden“

Tatsächliche Schnellmethoden gibt es in der Lebensmittelsensorik nicht. Prinzipiell lassen sich aber Methoden aus der Gruppe der Unterschiedsprüfungen und der bewertenden Prüfungen so um- bzw. ausgestalten, daß eine erhebliche Beschleunigung des Untersuchungsablaufes resultiert. Dabei müssen jedoch Verluste im Hinblick auf die Genauigkeit der Methode und in bezug auf die Aussagekraft der Ergebnisse in Kauf genommen werden. Strebt man zum Beispiel bei der statistischen Auswertung der sensorisch erhaltenen Ergebnisse nur ein Signifikanzniveau von 10 % (gegenüber sonst 5 – 1 %) an, so ist nur eine geringere Zahl von Prüfungen nötig und damit das Ergebnis schneller erreicht. Bei den Unterschiedsprüfungen sind besonders die Paar- und die Duo-Trio-Methode (Kapitel 12.2.4.1) als relativ schnelle Untersuchungsmethoden einsetzbar. Die bewertende Prüfung mit Skale (Kapitel 12.2.4.2.4) läßt sich in eine relativ schnelle Methode verwandeln, indem man sie als eine hedonische Prüfung, d. h. es wird nur die Beliebtheit als Kriteritum genommen, oder nach einem Bewertungsschema mit nur 3 Skalenbereichen durchgeführt [41].

12.3 Physikalisch-chemische Untersuchungen

12.3.1 Bestimmung von Fleisch- und Fremdeiweiß

12.3.1.1 Der BEFFE-Wert

Als wertbestimmend ist bei Fleischerzeugnissen in erster Linie ihr absoluter Anteil an binde- und fettgewebefreiem Fleisch und dessen relativer Anteil am Gesamtfleisch anzusehen.
Um den Charakter und die Qualität einzelner Fleischerzeugnisse zu erhalten, wurde das für deren Herstellung zu verwendende Ausgangsmaterial hinsichtlich seines Fett- und Bindegewebsgehaltes und z. T. auch hinsichtlich der Herkunft der zu verwendenden Teilstücke definiert. Die heute gültige „Allgemeine Verkehrsauffassung“ ist in den „Leitsätzen für Fleisch und Fleischerzeugnisse des Deutschen Lebensmittelbuches“ [42] festgelegt.
Da sich der Anteil an binde- und fettgewebefreiem Fleisch im Gesamtergebnis (absoluter Anteil) und im verarbeiteten Fleisch (relativer Anteil) weder am Ausgangsmaterial noch am Fertigerzeugnis direkt bestimmen läßt, wurde in den Leitsätzen ein indirekter Wert, der BEFFE-Wert (Gehalt an bindegewebseiweißfreiem Fleischeiweiß) definiert. Die Leitsätze legen in den besonderen Beurteilungsmerkmalen für die einzelnen Erzeugnisse Mindestwerte für das bindegewebseiweißfreie Fleischeiweiß im Gesamterzeugnis („BEFFE absolut“) und im Fleischeiweiß („BEFFE relativ“) fest. Diese Mindestwerte müssen vom Hersteller in jeder einzelnen Probe erreicht werden, wenn das Erzeugnis verkehrsfähig sein soll. Toleranzen werden nicht mehr eingeräumt, da Streuungen, die sich auch bei gleichbleibender Rezeptur aus den Herstellungsbedingungen - insbesondere dem unterschiedlichen Ausgangsmaterial oder auch aus der Untersuchungsmethode ergeben können, bereits berücksichtigt wurden.
Der BEFFE-Wert wird in den Leitsätzen folgendermaßen definiert: „Als bindegewebseiweißfreies Fleischeiweiß gilt die Differenz zwischen Gesamteiweiß und der Summe aus Fremdeiweiß, fremden Nichteiweißstickstoffverbindungen und Bindegewebseiweiß.“

Zur besseren Erklärung läßt sich diese Definition auch in zwei Schritten darstellen:
Zieht man vom Gesamteiweiß zuerst nur das Fremdeiweiß und die fremden Nichteiweißstickstoffverbindungen ab, so erhält man das Fleischeiweiß. Zieht man vom Fleischeiweiß den Gehalt an Bindegewebseiweiß ab, ergibt sich schließlich der Gehalt an bindegewebseiweißfreiem Fleischeiweiß:

	Gesamteiweiß
-	Fremdeiweiß
-	fremde Nichteiweißstickstoffverbindungen
=	Fleischeiweiß
-	Bindegewebseiweiß
=	bindegewebseiweißfreies Fleischeiweiß (BEFFE)

Die im Zusammenhang mit dieser Definition wichtigen Begriffe werden im folgenden kurz erläutert.
Als „Gesamteiweiß" gilt die Summe der Stickstoffverbindungen. Zur Bestimmung des Stickstoffes ist als Referenzmethode die KJELDAHL-Bestimmung (Kap. 12.3.1.2) vorgesehen. In den Leitsätzen wird weiter festgelegt, daß sich die Summe der Stickstoffverbindungen (das Gesamteiweiß) aus dem Vergleich des Gehaltes an Rohprotein (Stickstoff x 6,25) mit dem Gehalt an organischem Nichtfett (ONF) ergibt. Der Begriff „organisches Nichtfett" wird definiert als die „Differenz zwischen 100 und der Summe aus den Masseprozenten an Wasser, Fett und Asche". Die Bezeichnung ONF wurde Anfang des Jahrhunderts für die Berechnung des Fremdwassergehaltes in Fleischerzeugnissen eingeführt. Sofern eine Wurst also keine Kohlenhydrate (z. B. Zucker) und andere nicht-stickstoffhaltige organische Substanzen enthält, entspricht der ONF-Gehalt dem Eiweißgehalt. Sofern diese Gehalte übereinstimmen, gilt dieser Wert als Gesamteiweiß. Wenn sich diese Werte nicht decken, gilt der niedrigere Wert als Gesamteiweiß. Als „Fleischeiweiß" sind die von geschlachteten warmblütigen Tieren stammenden Stickstoffverbindungen anzusehen. Sie ergeben sich als Differenz zwischen Gesamteiweiß und der Summe aus Fremdeiweiß und fremden Nichteiweißstickstoffverbindungen. Sind einem Fleischprodukt weder Fremdeiweiß noch fremde Nichteiweißstickstoffverbindungen zugesetzt worden, so entspricht der Anteil des Fleischeiweißes dem Gesamteiweißgehalt.
Als „Bindegewebseiweiß" werden die aus dem Bindegewebe stammenden Eiweißstoffe, vor allem Collagen und Elastin, bezeichnet. Das Bindegewebseiweiß stammt aus Zellwänden, Muskelumhüllungen, Sehnen und Schwarten des Tieres. Der Bindegewebsgehalt läßt sich u. a. chemisch und histologisch bestimmen (Kap. 12.3.1).
Entsprechend diesen unterschiedlichen Methoden sind in den Leitsätzen bei den einzelnen Fleischerzeugnissen die Mindestwerte für bindegewebseiweißfreies Fleischeiweiß im Fleischeiweiß in Volumenprozent (für die histometrische Methode) und in Masseprozent (für die chemische Methode) angegeben.
„Fremdeiweiß" ist Eiweiß, das nicht von Schlachttieren stammt; es kann tierischer (z. B. Milcheiweiß, Hühnereiweiß) oder pflanzlicher (z. B. Sojaeiweiß, Weizeneiweiß) Herkunft sein. Fremdeiweiß kann in Fleischerzeugnissen nach Art (qualitativ) und Menge (quantitativ) vor allem durch elektrophoretische und immunologische Analysemethoden (Kap. 12.3.1.10) nachgewiesen werden. Wird einem Fleischerzeugnis Fremdeiweiß zugesetzt, so erfordert die Beurteilung nach dem BEFFE-Gehalt, daß der Gesamteiweißgehalt durch Abzug des Fremdeiweißgehaltes korrigiert wird.

„Fremde Nichteiweißstickstoffverbindungen" sind Stoffe, die nicht direkt von Teilen des Schlachttieres stammen, sondern erst nachträglich zugesetzt werden. Zu dieser Gruppe sind insbesondere Hydrolysate aus pflanzlichem oder tierischem Eiweiß sowie auch unerlaubte Zusätze von Harnstoff oder Ammoniumsalzen zu zählen. Im Gegensatz zu den fremden Nichteiweißstickstoffverbindungen kommen im Fleisch auch natürlicherweise Nichteiweißstickstoffverbindungen vor; zu ihnen zählen Amine, Amide, Aminosäuren, niedrige Peptide, Nucleotide, Nucleoside, Purinderivate, Kreatinin u. a. Diese fleischeigenen Nichteiweißstickstoffverbindungen sind definitionsgemäß Bestandteil des BEFFE [43].

12.3.1.2 Die KJELDAHL-Methode zur Bestimmung des Gesamtproteins (Rohprotein)

Diese Methode beruht auf der Erfassung des in den Aminosäuren enthaltenen Stickstoffes. Die Durchführung dieser Bestimmung gliedert sich in zwei Schritte.
Zuerst erfolgt ein Aufschluß der Probe (Fleisch bzw. Fleischerzeugnis) zumeist unter Verwendung konzentrierter Schwefelsäure (Aufschlußmittel) und Anwesenheit eines Katalysators (Kupfer, Selen bzw. Reaktionsgemisch nach WIENINGER) bei Temperaturen im Bereich von 300 – 400 °C. Der Aufschluß wird bis zur völligen Mineralisierung der organischen Substanz geführt. Der vorhandene Stickstoff liegt dann als Ammoniumsulfat vor, wobei aus einem Stickstoffatom während des Aufschlusses jeweils ein Molekül Ammoniumsulfat entsteht. Im zweiten Schritt erfolgt die Bestimmung der Menge des gebildeten Ammoniumsulfates (RAUSCHER et al. [44]).
Bei dieser Methode werden, außer Nitrit und Nitrat bei Pökelwaren, jedoch nahezu alle weiteren im Fleisch vorhandenen stickstoffhaltigen Substanzen miterfaßt. Zu diesen sogenannten stickstoffhaltigen Extraktivstoffen zählen Amine, Amide, Aminosäuren, niedere Peptide, Nucleotide, Nucleoside, Purinderivate, Harnstoff, Kreatin u. a. Dies sind Metaboliten des Intermediärstoffwechsels und ihr Gehalt im Fleisch ist relativ konstant. Diese Tatsache hat man dadurch zu berücksichtigen versucht, daß für den durchschnittlichen Stickstoffgehalt des roten Skelettmuskels 16 % festgelegt wurde, wohingegen der tatsächliche Stickstoffanteil in einem von allen Begleitstoffen befreiten, reinen Muskelprotein bei 16,7 % liegt. Daher wird in den Leitsätzen bestimmt, daß sich der sogenannte Rohproteingehalt durch Multiplikation des ermittelten Stickstoffgehaltes mit dem Faktor 6,25 errechnet. Dieser konventionelle Faktor stellt eine gewisse Ungenauigkeit bei der KJELDAHL-Methode dar, weil die Zusammensetzung der beiden Haupteiweißfraktionen des Fleisches sehr unterschiedlich ist. Das Bindegewebsprotein Kallagen z.B. besteht zu einem Drittel aus der Aminosäure Glycin (Glycocoll). Es hat demzufolge einen relativ hohen Stickstoffgehalt von etwa 18 %.
Für reines Kollagen bzw. Gelatine verwendet man daher den Umrechnungsfaktor 5,5. Es ist also ersichtlich, daß bei bindegewebsreichem Fleisch der Stickstoffgehalt nicht den gleichen Gesamteiweißgehalt wiedergibt wie bei bindegewebsarmem Fleisch. Trotz dieses Mangels ist die KJELDAHL-Methode die international am meisten verwendete Proteinbestimmungsmethode für Fleisch bzw. Fleischprodukte. Sie dient als Referenzmethode und zur Eichung zahlreicher anderer Bestimmungsverfahren.
Es liegen verschiedene automatisierte Varianten dieser klassischen Methode mit entsprechender Genauigkeit, z. B. das BÜCHI-System, das KJELTEC-System (Fa. Tecator), der AUTO-ANALYSER (Fa. Technicon) und die KJEL-FOSS-Automatic, vor.

12.3.1.3 Direkt-Destillation

Aus dem Protein wird beim Erhitzen in alkalischem Milieu Ammoniak abgespalten. Dieser stammt bei kurzen Erhitzungszeiten vorrangig aus der Hydrolyse von Glutamin und Asparagin. Etwa 5 min lang wird das freigesetzte Ammoniak in eine übliche Vorlage überdestilliert und anschließend durch Titration bestimmt, dabei sind stets gleiche Bedingungen einzuhalten. Die durch Direkt-Destillation bestimmte Ammoniakmenge wird über eine größere Zahl von KJELDAHL-Vergleichsproben zum Gesamtstickstoffgehalt in Beziehung gesetzt.

12.3.1.4 LECO-Pyrolyse-Technik

Mit der LECO-Pyrolysetechnik (z. B. Stickstoff-Protein-Analysenautomat FP - 428) wird das Proteinmaterial (max. Einwaage 2 g bzw. 100 mg N) bei 1050 °C verbrannt; der gesamte chemisch gebundene Stickstoff wird freigesetzt und in einer thermischen Leitfähigkeitszelle bestimmt. Die Anlaysendauer beträgt etwa 3 min [45].

12.3.1.5 Farbbindemethoden

Diese Methoden beruhen darauf, daß Proteine bestimmte Farbstoffe (z. B. Ninhydrin, Amidoschwarz, u. a.) binden. Bei der Biuret-Methode z. B. bilden die Proteine in einer alkalischen, tartrathaltigen Kupfersulfatlösung einen blauvioletten Farbkomplex. Der Proteingehalt der Probenlösung wird aus der Extinktion des Farbkomplexes unter bezug auf eine Albumin-Standardlösung errechnet [46].

12.3.1.6 Bestimmung von 3-Methylhistidin

Die Aminosäure 3-Methylhistidin kommt üblicherweise im Actin und Myosin der Skelettmuskulatur der Schlachttierarten vor, während diese Aminosäure im Bindegewebe wie auch in Fremdproteinen (z. B. Soja, Casein, Gluten) fehlt. Im Actin liegt der Gehalt von 3-Methylhistidin konstant bei etwa 1 Mol je Molekül G-Actin. Beim Myosin hängt der Gehalt an 3-Methylhistidin von der Art des Muskels ab. Die roten Muskeln enthalten kein methyliertes Histidin, wohingegen bei den weißen Muskeln auf 1 Mol Myosin 3 Mole 3-Methylhistidin entfallen. Zur Analyse kann die Aminosäure mit dem säurestabilen Fluorescamin derivatisiert und anschließend über HPLC bestimmt werden. Bei methodischer Weiterentwicklung kann die 3-Methylhistidinbestimmung in der Zukunft als eine direkte Methode zur Bestimmung des Muskelfleischanteiles in frischen oder wärmebehandelten Fleischprodukten dienen [47, 48].

12.3.1.7 Kernresonanzspektroskopie (NMR)

Die Kernresonanzspektroskopie wird sowohl zur Bestimmung des Kollagen- bzw. Hydroxyprolinanteiles als auch zur Rohproteinbestimmung in Fleisch und Fleischprodukten eingesetzt. Mit Kernresonanz-Impuls-Spektrometern werden nach Zusatz eines sogenannten „Relaxationsreagenzes“ (z. B. Kupfer) Relaxationszeiten gemessen und diese mit dem Proteingehalt korreliert. Unter Bindung des Kupfers an die Peptidbildung kommt es dabei zur Ausbildung eines Kupfer-Protein-Komplexes, der eine verringerte Relaxationsgeschwindigkeit gegenüber dem freien Kupfer hat.
Der P-100 Protein Analyzer (Fa. Newport, USA) wird z. B. zur Bestimmung des Proteingehaltes in Rind- und Schweinefleisch eingesetzt. Es ist eine Untersuchung von 30 Proben gleichzeitig bei einer reinen Meßzeit von nur 30 s möglich. Die Messung kann durch die Anwesenheit von Kohlenhydraten in der Probe gestört werden.
Nach saurer Hydrolyse (1,5 – 24 h) ist mittels pulsierender ^{13}C-FTNMR (Fouriertransformierte NMR) eine direkte Hydroxiprolinbestimmung im Fleisch möglich [49].

12.3.1.8 Hydroxiprolinmethode zur Bestimmung des Bindegewebsproteins

Bindegewebe, insbesondere Kollagen, hat einen hohen Gehalt an Hydroxiprolin (mittlerer Gehalt 12,5 %), während im Muskeleiweiß kein Hydroxiprolin gefunden wird. Der Gehalt an Hydroxiprolin läßt somit Rückschlüsse auf den Bindegewebsgehalt in Fleisch und Fleischprodukten zu.
Zur Hydroxiprolinbestimmung wird die Probe mit einer Zinn (II)-chloridhaltigen Säure hydrolysiert. Das Hydroxiprolin wird mit Chloramin T zu Pyrrol oxydiert. Das Oxydationsprodukt reagiert in Gegenwart von n-Propanol und Perchlorsäure mit p-Dimethylaminobenzaldehyd unter Bildung einer roten Verbindung, deren Farbintensität photometrisch gemessen wird (vgl. [44]). Aus dem photometrisch ermittelten Hydroxyprolingehalt wird durch Multiplikation mit dem Faktor 8 der Bindegewebseiweißgehalt errechnet.

12.3.1.9 Andere Methoden zur Bestimmung des Bindegewebsproteins

Eine Weiterentwicklung der traditionellen histologischen Untersuchungsmethode [50] stellt die Kopplung von histologischen Schnitt- und Färbetechniken mit einem Video-Bildverarbeitungssystem [51] dar, das bei einer erheblichen Zeitverkürzung mit der Genauigkeit der chemischen Analysen vergleichbar ist.
Während für das intakte Kollagen histologische und immunologische Methoden [52] zum Nachweis eingesetzt werden, kommen für die Hydroxyprolinbestimmung im Hydrolysat neben verschiedenen colorimetrischen Methoden [53] auch HPLC [54], NMR und Aminosäuren-Analysatoren in Betracht.

12.3.1.10 Methoden zur Tierartenidentifizierung und zur Fremdeiweißbestimmung

12.3.1.10.1 Elektrophoretische Methoden

Von den elektrophoretischen Methoden werden vor allem die Polyacrylamid-Gelelektrophorese und die isoelektrische Fokussierung zur Tierarten- bzw. Fremdeiweißidentifizierung genutzt. Bei der SDS-PAGE (Natriumdodecylsulfat-Polyacrylamid-Gelelektrophorese) werden die Proteine durch SDS denaturiert, entfaltet und in einem konstanten Ladung/Masse-Verhältnis negativ geladen. Da die Proteine alle gleichsinnig geladen sind, erfolgt eine Trennung während der Elektrophorese nur aufgrund ihrer unterschiedlichen Molekülmasse. Die SDS-PAGE ist zum qualitativen Nachweis von Fremdeiweißzusätzen in Fleischprodukten geeignet. Für die unterschiedlichen Fremdproteine, wie Soja-, Milch- und Eiklarproteine, ergeben sich verschiedene Bandenmuster (Abbildung 12.3-1). Probleme bei der Extraktion des Probenmaterials und die Reproduzierbarkeit des Elektropherogramms entstehen insbesondere bei Fleischerzeugnissen, die einer Wärmebehandlung von 100 °C und mehr (z. B. Konserven) unterzogen wurden.

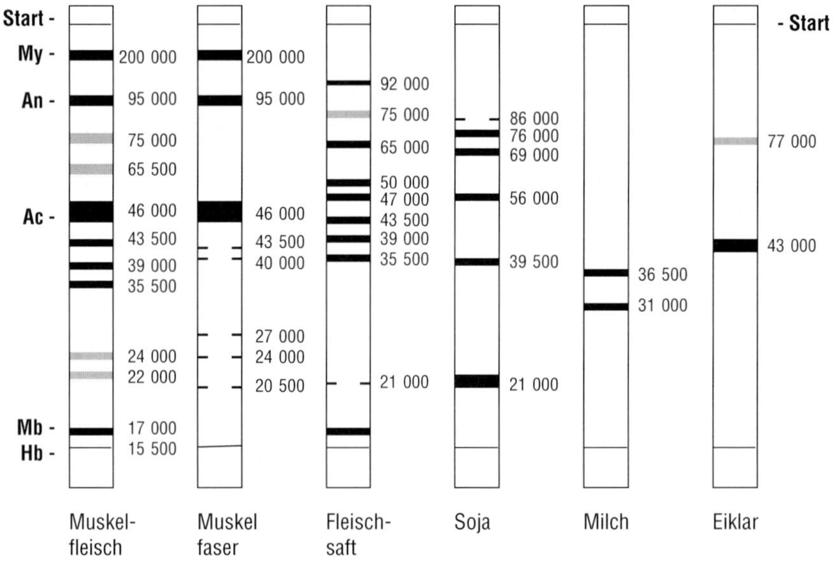

Abb. 12.3-1 SDS-Elektropherogramme von Fleisch und Fremdeiweiß (nach [57])

Die Methode der isoelektrischen Fokussierung (IEF) beruht auf der Ausbildung eines stabilen pH-Gradienten mit großer Pufferkapazität. Dieser pH-Gradient wird durch Anlagen einer Gleichspannung an die wäßrige Lösung einer Träger-Ampholyt-Mischung erhalten. Ein Protein wandert ebenfalls in diesem Feld und reichert sich an der Stelle des kontinuierlichen pH-Gradienten an, die seinem isoelektrischen Punkt entspricht. Die IEF ist für die Tierartendifferenzierung bei rohen Fleischproben (Coomassie-Blau- und Pseudoperoxydasefärbung, o-Dianisidinfärbung für Myoglobin) und unter Verwendung der Silberfärbung bzw. eines Harnstoffgels mit nachfolgender Coomassie-Blau-Färbung auch bei wärmebehandelten Fleischproben anwendbar [55, 56].

12.3.1.10.2 Immunologische Methoden

Aus dem breiten Spektrum der immunologischen Methoden werden hauptsächlich die Immundiffusion, die Gegenstromelektrophorese und der ELISA („Enzyme linked immunoabsorbend assay") zur Bestimmung von Tierarten, Fremdproteinen, Mikroorgansimen, bakteriellen Toxinen (vgl. Kap. 12.4), Drogen, anabolischen Hormonen, Pesticiden, Mycotoxinen und anderen Verunreinigungen in Fleisch und Fleischprodukten eingesetzt. Die genannten Methoden nutzen die Reaktion zwischen Antigen (Substanz, die eine Immunantwort auslöst, z. B. Protein mit Kohlenhydrat- oder Lipidgruppen) und Antikörper. In einem bestimmten Konzentrationsbereich kommt es zu einer Präzipitation zwischen den Reaktionspartnern, die beispielsweise in einem Agarosegel durch Anfärben sichtbar gemacht werden kann.

► Immundiffusion

Kommerziell verfügbare tierartspezifische Antiseren werden beim klassischen OUCHTERLONY-Doppelimmundiffusionstest eingesetzt. Bei diesem Test wandern Antiserum und Antigenlösung aus zwei verschiedenen Löchern im Agar aufeinander zu und bilden im Bereich optimaler Proportion nach etwa 24-stündiger Inkubation eine sichtbare Präzipitationsbande. Mit dieser Technik ist es möglich, Blutproteine von Rind, Schwein, Pferd, Schaf und Geflügel im Probegemisch qualitativ zu bestimmen.

► Gegenstromelektrophorese

Die Gegenstromelektrophorese wird im Agargel durchgeführt, dessen pH-Wert so eingestellt ist, daß Antigen negativ und Antikörper positiv geladen sind. Bei Anlegen einer elektrischen Spannung wandern Antigen und Antikörper aufeinander zu und präzipitieren. Das Prinzip entspricht dem der Doppelimmundiffusionstest, die Empfindlichkeit ist allerdings um das 10- bis 20-fache höher. Die Methode ist zur Identifizierung fleischfremder Proteine und verschiedener Tierarten geeignet. Neben den tierartespezifischen Antiseren stehen auch Antiseren gegen die wichtigsten fleischfremden Proteine, wie gegen Milch-, Soja-, Ei-, Weizen-, Hefe- und Molkenprotein, kommerziell zur Verfügung.

► ELISA

Eine spezifische, schnelle und empfindliche Methode mit einem hohen Probendurchsatz stellt der ELISA [58, 59] dar, der unter Verwendung von Testbestecks (Kits), Pipettiersystemen und Colorimetern automatisiert werden kann.
FUKAL 58 gibt einen Überblick über kommerziell verfügbare ELISA-Kits für Tierartenidentifizierung, Fremdproteinnachweis u. a. Anwendungszwecke in Fleisch und Fleischprodukten. Durch Verwendung von monoklonalen Antikörpern und Verstärkung der Farbreaktion, läßt sich eine Verkürzung der Analysenzeit auf wenige Stunden erreichen.

12.3.1.10.3 Molekularbiologische Methoden

Bei der Wärmebehandlung von Fleisch bzw. Fleischprodukten mit Temperaturen > 100 ºC kommt es zu Proteindenaturierung bzw. -strukturveränderungen. Diese Veränderungen der Proteinstrukturen erschweren bzw. verhindern eine exakte immunologische und/oder elektrophoretische Speziesidentifizierung. Eine Alternative bei derart wärmebehandelten Produkten können DNA-(Descoxyribo-nukleinsäure)-Hybridisierung und PCR (Polymerase-Kettenreaktion) Technik [86] darstellen. In Laboruntersuchungen wurden insbesondere Dot- und Slot-Blot-Hybridisierungstechniken erfolgreich zur Identifizierung von Rind-, Schweine-, Schaf-, Ziegen- und Geflügelfleisch angewendet. Bei bekannten Sequenzen und kommerziell verfügbaren Primer (synthetisierte Oligonucleotide von etwa 20-Basenpaar-Länge) bzw. Testkits ist in der Zukunft eine verstärkte Anwendung der PCR-Technik aufgrund ihrer schnellen und einfachen Handhabung auch auf diesem Gebiet zu erwarten.

12.3.2 Bestimmung des Fettgehaltes

Zu den bei der Untersuchung von Fleisch und Fleischprodukten routinemäßig erfaßten Bestandteilen zählt auch die Bestimmung des Fettgehaltes. Für die Untersuchung des Fettgehaltes steht eine Vielzahl von Methoden (Tab. 12.3-1) zur Verfügung. Auf spektroskopische Methoden zur Fettbestimmung wird in Kapitel 12.3.4 eingegangen.

12.3.2.1 Petroletherextraktion nach SOXHLET

Weit verbreitet und als Referenzmethode zugelassen, ist die Petroletherextraktion nach SOXHLET. Die Methode beruht auf der Erfassung des durch Extraktion der wasserfreien Probe mit Petrolether (Ether) gelösten Fettes (Tab. 12.3-1). Der dabei ermittelte Fettgehalt wird als „freies Fett“ bezeichnet. Da die Verwendung von wasserfreiem Material erforderlich ist, wird die Fettbestimmung vielfach mit der Wasserbestimmung gekoppelt, indem die bei dieser Bestimmung verbleibende Trockensubstanz der Extraktion unterworfen wird. Mit einer modifizierten Methode (WEIBULL-STOLDT-Methode) läßt sich mit hoher Genauigkeit neben dem „freien Fett“ auch das „gebundene Fett“ erfassen [44]. Durch den Säureaufschluß ergeben sich tendenziell um etwa 0,1 – 0,2 % erhöhte Fettgehalte.

12.3.2.2 Refraktometrische Fettbestimmung

Bei der refraktometrische Fettbestimmung nach RUDISCHER erfolgt nach dem Aufschluß die Messung des Brechungsindexes einer Fettlösung bei 50 °C im Refraktometer. Als Lösungsmittel werden halogenierte Naphtaline verwendet (vgl. Tab. 12.3-1).

Tab. 12.3–1 Wichtige Fettbestimmungsmethoden (nach. [61])

Methode/Prinzip	Analysendauer (personalgebundener Zeitbedarf/Ansätze)	Besonderheiten/Wiederholbarkeit (p = 0,90)
SOXHLET ohne Säureaufschluß, Extraktion durch kalte Perkloation z. B. mit Petrolether, gravimetrische Bestimmung nach Abdestillieren des Lösungsmittels	8 – 36 h (40 min/6)	Referenzmethode, erforderlichenfalls nach Säureaufschluß; Extraktion schonend, da Lösungsmittel kalt, Lösungsmittel meist brennbar Käse: 0,75 % Butter: 0,03 % andere milchprodukte: 0,02 % Fleisch: 0,75 %
RÖSE-GOTTLIEB	Milch: 6 – 8 h (10 min/1)	Referenzmethode bei Milch, Verwendung von NH_3 und brennbaren Lösungsmitteln Milch: 0,02 %
GERBER heiße Acidolyse der Einwaage in graduierten Spezialgläsern; Abzentrifugieren und volumetrische Bestimmung der Fettphase	Fleisch: 150 min (50 min/18) Milch: 54 min (45 min/18)	nicht an Labor gebunden, Benutzung konzentrierter Säure Milch: 0,05 % Käse: 0,07 % Fleisch 1,2 %
Refraktometrie mit 1-Bromnaphthalin, heiße Acidolyse der Einwaage, Aufschütteln mit 1-Bromnaphthalin; Refraktometrie	9 min (9 min/1)	So genau wie SOXHLET mit Säureaufschluß, Benutzung von offener Flamme und konzentrierter Säure; bei entsprechenden Proben gut als Mikromethode geeignet Fleisch: 0,30 %
MILKOTESTER (=ANRITSU-ANALYSER) Auflösen der Caseinminzelle mit EDTA; nephelometrische Fettbestimmung	45 s 45 s	nicht für homogenisierte Milch Milch: 0,1 %
MILKO-SCAN 104 oder 203B Absorbtion von IR-Lichtvariierender Wellenlänge	45 s 45 s	Milch: 0,3 %
FOSS-LET Maceration in Perchlorethylen, Densitometrie	10 min (10 min)	an einen Abzug, jedoch nicht an Labor gebunden; aufgrund großer Einwaage Homogenitätsmängel weniger bedenklich Fleisch: 0,70 %
Kernresonanz Ermittlung der Zeit (s), die durch einen Hochfrequenzimpuls abgelenkte Protonen benötigen, um in den stationären Zustand zurückzukehren.	30 min (4 min/1)	nur zur Bestimmung von Fett in Trockenmassen, z. B. in getrockneten Samenkörnern; bei Lebensmitteln mit einem Wassergehalt 4,5 % ohne Trocknung Fleisch: 0,3 % Milch: 0,3 % Ölsaat: 0,05 % Schokolade: 1 %
ANYL-RAY Einwiegen von 6-kg-Probe in Spezialbehälter; Ermittlung der absorbierten Röntgenstrahlungsenergie	4 min (4 min/1)	zerstörungsfrei, große Probeneinwaage, nur für Fleischgemenge ohne Salz und einen Knochensplittergehalt 0,5 %, nicht an Labor und Abzug gebunden, Einfache Handhabung Fleisch: 2,25 %

12.3.2.3 Densitometrische Methoden

► FOSS-LET-Methode

Eine schnelle Fettbestimmung ist mit der Foss-Let-Methode (Fa. Foss Electric, Hamburg) innerhalb von 5 – 10 min je Probe) möglich. Hierbei wird die Probe (45 g) mit einem definierten Volumen Lösungsmittel (Perchlorethylen) etwa 2 min einer mechanisch forcierten Extraktion unterzogen.
Entsprechend dem Fettgehalt der Probe ändert sich die Dichte des Fett-Lösungsmittel-Extraktes. Diese wird durch potentiometrisches Ausspindeln des Extraktes ermittelt. Mit Hilfe einer Eichkurve oder Tabelle kann aus den Meßwerten der Fettgehalt der Probe angegeben werden (Tab. 12.3-1).

► Protecon-System

Das Prinzip der Protecon-Analysatoren (Protecon Systems, Niederlande) PALM-6 und PALM-30 für Fleisch beruht auf der Nutzung der Dichtedifferenz zwischen Muskel- und Fettgewebe. Der Analysator ist für Fleisch mit einem Fettgehalt von 5 – 80 % in einem Temperaturbereich von 2 °C bis etwa 20 °C und einer Masse von 4 – 6 kg (PALM-6) oder 20 – 30 kg (PALM-30) geeignet. Die biologischen Variationen werden über Eichprogramme berücksichtigt, die für Rind- und Schweinefleisch zur Verfügung stehen. Unter Ausnutzung der Dichteunterschiede einer von Lufteinschlüssen weitgehend befreiten Probe arbeiten auch die Geräte „Digital-Fat-Controller“ (Hohegwell GmbH, Offenbach) und „Fat-Con“ (Meat Research Institute, Roskilde, Dänemark).

12.3.2.4 Elektrische Methoden

Das EMME-System (Electronic Meat Measuring Equipment Company, USA) zur Fettbestimmung basiert auf der Ausnutzung der unterschiedlichen Elektrolyt-Eigenschaften von Muskel- und Fettgewebe; so leitet Muskelgewebe bei einer Frequenz von 10 MHz elektrische Impulse etwa 20mal besser als Fettgewebe. Leitfähigkeit und Dielektrizitätskonstante ändern sich mit der Frequenz, aber das Verhältnis zwischen den Werten bleibt für Fett- und Muskelgewebe relativ konstant. Vom Geräte werden Impulse durch die zu untersuchende Probe gesendet; aus der Zahl der induzierten Ladungen und der Probenmasse wird der Fettgehalt errechnet. Die Untersuchungen können an Proben von 2,5 – 45,0 kg bzw. an ganzen Schlachtkörpern in kurzer Zeit (20 s) durchgeführt werden.

12.3.2.5 Messung der Absorption von Röntgenstrahlen

Beim Anyl-Ray-Analyzer (Seffelaar und Looyen GmbH, Mettmann) werden bis zu 7 kg Fleisch (z. B. Hackfleischmasse frei von Salz und Knochensplittern) in einem zylindrischen Probenbehälter einer kurzzeitigen Röntgenstrahlung ausgesetzt. Das Prinzip dieser zerstörungsfrei arbeitenden Methode beruht darauf, daß das mineralstoffhaltige Muskelgewebe die Röntgenstrahlen stärker absorbiert als das mineralstoffarme Fettgewebe. Die Firma PA Technology (Royston, Großbritannien) hat ein System entwickelt, das die Funktion eines Anyl-Ray-Fett-Analyzers mit einem Microcomputer verbindet, um auf diese Technik gestützt - den Fettgehalt von Produkten aus feinzerkleinertem Fleisch zu optimieren und während des Produktionsprozesses zu steuern.

12.3.3 Bestimmung des Wassergehaltes

Der Wassergehalt von Fleisch und Fleischerzeugnissen ist außer vom originären Anteil von der zugesetzten Fremd- oder Schüttwassermenge und den Verlusten bei der Lagerung und Verarbeitung abhängig. Der originäre Wassergehalt des Fleisches schwankt in weiten Grenzen und wird im wesentlichen vom Proteingehalt bestimmt. Das findet seinen Ausdruck in einem relativ konstanten Wasser-Protein-Verhältnis (Federzahl). Dieser Quotient wird bei der Berechnung des Fremdwassergehaltes genutzt, wobei als oberer Grenzwert bei Rindfleisch und Brühwurst der Quotient 4,0 und bei Schweinefleisch der Quotient 4,5 zugrundegelegt wird. Das für die Fleischverarbeitung in diesem Zusammenhang bedeutsame Wasserbindevermögen (WBV) sowie Methoden zu dessen Bestimmung werden im Kapitel 12.3.5 erläutert.
Üblicherweise erfolgt die Wassergehaltsbestimmung durch Trocknung (z. B. im Trockenschrank bei 105 °C), wobei im allgemeinen Probenmassen von etwa 10 g eingesetzt werden. In Abhängigkeit von der Trocknungsgeschwindigkeit bzw. -methode kann es bei Fleisch und Fleischerzeugnissen leicht zur Ausbildung einer dichten Trockenrandzone kommen, die den weiteren Austritt des Wassers verzögert oder behindert. Die Oberfläche der Probe sollte daher möglichst groß sein bzw. durch die Zugabe eines inerten Stoffes (z. B. Seesand) zusätzlich vergrößert werden. Ein solcher inerter Stoff kann außerdem die Bildung einer zusammenhängenden Trockenrandzone verhindern.
Einen Überblick über weitere direkte Bestimmungsmethoden, die in der Lebensmitteluntersuchung eingesetzt werden, gibt Tabelle 12.3-2, wobei nach thermischen und chemischen Verfahren unterschieden wurde. Die schnellen direkten Bestimmungsmethoden benötigen in der Regel Meßzeiten von 5 – 15 min, während es unter den indirekten Methoden echte Schnellmethoden gibt, die eine Bestimmung in weniger als einer Minute gestatten.
Bei den indirekten Methoden (Tab. 12.3-3) wurde nach optischen, elektrischen, spektroskopischen und akustischen Verfahren unterschieden. Im folgenden wird auf das Prinzip einiger ausgewählter, bei der Fleischuntersuchung anwendbarer Methoden eingegangen.

► Ultra-X-Methode

Eine einfache und ausreichend zuverlässige Bestimmung des Wassergehaltes ist unter Verwendung einer mit einer Oberschalenwaage kombinierten Infrarotlampe weit verbreitet. Nach etwa 15 min Trockenzeit der eingewogenen Probe ist an der Waage der Trocknungsverlust direkt in Prozent abzulesen. Aus dem getrockneten Rückstand ist innerhalb von etwa 10 min eine anschließende Fettbestimmung durch Extraktion mit heißem Lösungsmittel möglich. Der erhal-

Tab. 12.3-2 Methoden zur direkten Bestimmung des Wassergehaltes (nach [63])

Verfahrensgruppe	Verfahren	Meßprinziep	Gerätetyp	Hersteller (Vertrieb)
Thermisch	Dörr-Wäge-Verfahren mit • Trockenschrank • Vakuumtrocken-schrank	Massebestimmung vor und nach dem Trocknen	Waagen:	Bosch, Juningen Mettler, Gießen Sartorius, Göttingen
			Trockenschränke:	Heracus, Hanau Köttermann, Hänigsen Memmert, Schwabach
			Schnellwasser-bestimmer HAV	Brabender, Duisburg
	Infrarottrocknen	Schnelles Erwärmen durch Infrarot-strahlung	Ultra X Computrac Moistu-Trac IR-Strahler IR-Strahler IR-Strahler Feuchtigkeits-bestimmungswaage	Gronert, Lage Hankinson, Moers Bindicator, Hannover Mettler, Gießen Sartorius, Göttingen Ohaus, Florham Park, USA bzw. Frankfurt/M
	Mikrowellen	Sehr schnelles dielektrisches Erwärmen durch Mikrowellen	Labotron 600	Industries Micro-Ondes Internationales Epone, F (Berstorff, Hann.)
			MW Analysator	Gronert, Lage
			AVC-80	CEM, North Carolina, USA, (Colora, Lorch)
			Apollo	Apollo Microwave Products, Crystal Lake, USA
Chemisch	Karl-Fischer Titration	Volumetrische Titration mit Ein- oder Zweikompo-nenten-Reagenz	KF-TURBOtitrator KF-Titrimeter KF-Processor 658 KF-Titrator DL 18 Moisture Measurement System CA-05	Baird & Tatlock, Chadwell Heath, GB Fisher Scient., Pittsburgh, USA, Metrohm, Herisau, CH Mettler, Gießen Mitsubishi, Tokio, J (Abimed, Düsseldorf)
			ETS 850	Radiometer, Kopenhagen, DK
			Titrator TR 152	Schott, Mainz

tene wasser- und fettfreie Rückstand wird danach verascht.

► Mikrowellentrocknung

Schnell und einfach durchführbar ist eine Trocknung im Mikrowellenofen (Analysendauer 4 – 10 min). Moderne Geräte verfügen über eine Mikroprozessorsteuerung, die eine produktbezogene Gestaltung des Trocknungsprozesses ermöglicht. Durch gleichzeitiges Anlegen von Vakuum können zusätzlich Fehler, die durch Spritzen von Fett oder Verkohlung der Probe entstehen, vermieden werden. Neben der Bestimmung der Massedifferenz durch die eingebauten elektronischen Waagen ist häufig eine Kopplung mit einer Anlayseneinheit zur Fettbestimmung vorhanden.

Der FMP-1-Analysator (Hobart Corp., Troy, USA) nutzt die mikroprozessorgesteuerte Mikrowellenenergie zur schnellen (5 min) und einfachen Bestimmung von Wasser, Fett und

Tab. 12.3-3 Methoden zur direkten Bestimmung des Wassergehaltes (nach [63])

Verfahrensgruppe	Verfahren	Meßprinzip	Gerätetyp	Hersteller (Vertrieb)
Optisch	Polarimetrie	Messung des Drehwinkels der Schwingungsebene von polarisiertem Licht	Kreispolarimeter Digitalpolarimeter	Atago (Kübler, Karlsruhe) Bodenseewerk, Überlingen Jenoptik, Jena
	Refraktometrie	Messen der Brechzahl von monochromatischem Licht	Abbe-Refraktometer Eintauchrefraktometer Prozeßrefraktometer	Kernchen, Seelze Schmidt + Haensch, Berlin Technolab, Frankfurt Rütter, Enschede, NL Zeis, Oberkochen GSA, Schömberg Panametries, Weilheim
Elektrisch	Leitfähigkeitsmessung	Messen der elektrischen Leitfähigkeit		Radiometer, Willich WTW, Weilheim
	Dekametrie	Messen der Dielektrizitätszahl oder der Verlustfaktors		Brabender, Duisburg WTW, Weilheim
Spektroskopisch	Infrarot-Spektroskopie	Messen der Absorbtion oder Reflektion im Infrarotbereich	IR Process Analyser	Anacon, Marlboro, USA (Panametries, Wiesbaden)
			Multicpec 2	Berwind, Whelddrake, GB
			Moisture Control System	Bindicator, Hannover
			Grain Analysis Computer	Dickey-John Corp., Auburn, USA
			Infrapid 31 und 61	Labor MIM, Budapest, U
			Micro Quand 8000 und Quadra-Beam 476	Moisture Syst. Corp., Hopkinton, USA (Rütter, Enschede, NL)
			Inframatic 8120	PerKon, Hamburg
			Reflexions-Fotometer	Pier-Electronic, Hofheim
			InfraAlyzer	Technicon, Bad Vilbel
			IMS 18	Unimat, Düsseldorf
	Mikrowellen-Spektroskopie	Messen der Absorbtion von Mikrowellen	MW-Feuchtemesser	Plüschner, Schwanewede bei Bremen
			Restfeuchtemeßgerät	Pleva, Horb-Bildechingen
			Accu-Sense	Rosemount, Weßling
	Kernresonanzspektroskopie	Messen der kernmagnetischen Resonanz und der Relaxation	minispec p 120	Bruker, Karlsruhe
			Newport 4000	Oxford, Wiesbaden
			Praxis Analyzer	Praxix, San Antonio, Texas
Akustisch	Schallmessung	Messen der unterschiedlichen Schallgeschwindigkeiten		

Protein in Fleischproben (70 – 80 g).
Eine on-line-Wasserbestimmung ist unter Verwendung von Infrarot-Absorptionsmeßgeräten nach entsprechender Eichung direkt im Herstellungsprozeß möglich (z. B. Process Moisture Analyser Fa. Anacon Modell 1106; vgl. Kap. 12.3.4).

12.3.4 Methoden zur gleichzeitigen Bestimmung von Eiweiß-, Fett- und Wassergehalt

Gerätesysteme, z. B. das Ultra-X-System (Fa. Gronert, Lage) oder der Feuchte-Fett-Analysator AVC-80 (CEM Corporation und HANKINSON GmbH), die durch eine Kombination bereits dargestellter Methoden die Bestimmung der Hauptbestandteile von Fleisch und Fleischprodukten ermöglichen, werden in den entsprechenden Kapiteln beschrieben.

12.3.4.1 Infrarot-Spektroskopie

Die Infrarot (IR)-Strahlung erzeugt Wärme, da sie unter bestimmten Bedingungen Molekülbindungen zu Schwingungen anregt. Voraussetzung für eine solche IR-Anregung bzw. -Absorption ist, daß die Frequenz der zugeführten Strahlung derjenigen einer Eigenschwingung der Moleküle entspricht. Das bedeutet, der Resonanzfall tritt ein und daß die Schwingungen des Moleküls mit einer Änderung des elektrischen Dipolmoments verbunden sind. Filtert man eine spezifische Wellenlänge heraus, so werden auch nur bestimmte, für einen Inhaltsstoff charakteristische Molekülbindungen zu Schwingungen angeregt. Die sich daraus ergebende Absorption wird mit unterschiedlichen Techniken gemessen. Nach der Art der angeregten Schwingungen werden in der IR-Spektroskopie drei Wellenlängenbereiche unterschieden:
- Ferner IR-Bereich (FIR) 50 – 400 cm^{-1} = 200 – 25 µm
- Mittlerer IR-Bereich (MIR) 400 – 4000 cm^{-1} = 25 – 2,5 µm
- Naher IR-Bereich (NIR) 4000 – 12500 cm^{-1} = 2,5 – 0,8 µm

Bei der Lebensmitteluntersuchung spielen vor allem der MIR- und der NIR-Bereich eine Rolle. In der MIR-Spektroskopie wendet man üblicherweise die Transmissionsmessung und in der NIR-Spektroskopie die Reflexionsmessung (NIRS, Nah-Infrarot-Reflexionsspektroskopie) an [64].

► Infra-Alyzer-400

Der Infra-Alyzer-400 (Fa. Technicon, USA) arbeitet im IR-Bereich von 800 – 2500 nm. Um Aussagen über den Anteil bestimmter funktioneller Gruppen (N-H-, C-H-, O-H-Bindungen) der Inhaltsstoffe der Probe treffen zu können, muß das Analysensystem entsprechend sorgfältig kalibriert werden. Zur Kalibrierung werden Proben NIR-spektroskopisch vermessen und parallel mit bestmöglichen Referenzmethoden (z. B. KJELDAHL-Methode) analysiert. Die Reflexionswerte werden dann gegen die manuellen Analysenergebnisse korreliert. Nach vorangegangener Eichung ist die Analyse von Mehrkomponenten-Systemen wie Fleisch und Fleischprodukte in weniger als 5 min (mit Probenhomogenisierung) möglich. Die Genauigkeit der

Meßergebnisse beim Infra-Alyzer ist stark von der Homogenität der Probenoberfläche abhängig, da das NIR-Licht nur bis maximal 3 mm tief in die Probe eindringt und damit die Prüfung einer Analyse der Oberfläche entspricht.

► **Super-Scan IR-Analysator**

Häufig wird das IR-Analysensystem Super-Scan (Fa. Foss Elektric, Dänemark) als relativ schnelle Methode zur Bestimmung von Eiweiß, Fett, Kohlenhydraten und Wasser in Fleisch und Fleischprodukten eingesetzt. Das Gerät arbeitet im Bereich von 2 500 – 10 000 nm des IR auf der Basis einer Transmissionsmessung an einer flüssigen Probe. Die Fleischproben werden zu diesem Zweck mit einer emulgatorhaltigen Lauge vermischt, thermostatisiert und bei sechs verschiedenen durch Filter eingestellten Wellenlängen vermessen. Die Anlaysenzeit von der Einwaage (11 g) bis zum Erhalt des Ergebnisses beträgt etwa 15 min.

12.3.4.2 Videobildanalyse

Videobildanalyse-Systeme kombiniert mit einem Computer können u. a. zur Schlachtkörperklassifizierung und zur histologischen Bindegewebsbestimmung (vgl. Kap. 12.3.1.9) eingesetzt werden. NEWMANN [65] stellt ein on-line Videobildanalyse-System vor, mit dem unter Ausnutzung von Farbunterschieden der Muskel- und Fettgewebeanteil in Fleischprodukten bestimmt werden kann. Weitere Anwendungsmöglichkeiten dieses Systems ergeben sich für die Bestimmung von Kollagen bzw. Bindegewebe und Knochen in Fleischstücken oder zerkleinertem Fleisch (z. B. Brätmasse). Beim Glasfascan-Magerfleisch-Fett-Analysator (Micro-Measurement Engineering Limited, Cambridge, England) wird ähnlich wie beim Technicon-Infralyzer (Technicon GmbH, Bad Vilbel) eine elektro-optische Bestimmung des Fett-Muskelgewebe-Verhältnisses im Infrarot-Bereich durchgeführt. Der Glafascan-Analysator untersucht in 20 Millisekunden eine Probenfläche von etwa 30 – 40 cm² (kleinster erkennbarer Fettpartikel). Es kann frisches oder gefrorenes Fleisch ohne Probenvorbereitung auf einem kontinuierlich laufenden Förderband mit einer Genauigkeit von 1 % untersucht werden. Eine Kopplung der Videobild- mit einer Wassergehaltsanalyse ist vorgesehen, so daß eine on-line Protein-, Fett- und Wasserbestimmung möglich ist.

12.3.5 Bestimmung funktioneller Eigenschaften

12.3.5.1 Bestimmung des Wasserbindevermögens

In bezug auf die Praxis unterteilt HONIKEL [13] die Prinzipien zur Bestimmung des Wasserbindevermögens (WBV) in drei Gruppen:

- Messung ohne Anwendung eines äußeren Zwanges (ausgenommen die Schwerkraft; Ermittlung des Tropfsaftverlustes beim Lagern oder Abhängen des Fleisches)
- Messung unter Anwendung eines mechanischen Zwanges (Druck, Zentrifugation, Saugen: Filterpapier-Preß-, Zentrifugier-, Kapillarvolumetermethode)

Detaillierte Methodenbeschreibungen finden sich bei HAMM [17], HONIKEL [13] und GROSSE [14].

Der Tropfsaftverlust hängt von der Form der untersuchten Muskelprobe (Oberfläche/Masse), der Dauer der Meßzeit sowie der Struktur der Fibrillen (Totenstarre, Kälteverkürzung, Fleischreifung!) und der Zellmembranen (PSE-Fleisch!) ab.

Schlachtbetriebe sind außer am Tropfsaft- noch am Verdunstungsverlust interessiert; dieser wird ebenfalls von der Form des jeweiligen Fleischstückes und der Lagerungstemperatur, darüberhinaus jedoch vor allem von der Luftfeuchte und -geschwindigkeit bestimmt. Vergleichbare Werte werden in beiden Fällen nur unter standardisierten Bedingungen erhalten. Für die Ermittlung des Tropfsaftverlustes hat eine europäische Arbeitsgruppe deshalb eine Referenzmethode entwickelt [21].

Bei der Filterpapier-Preßmethode hängen die Meßergebnisse von der Stärke und Dauer des Preßdruckes sowie gleichfalls von der Plastizität der Fleischprobe ab. Letztere ist vornehmlich eine Funktion von Protein-Protein-Wechselwirkungen im myofibrillären System. Weil infolge des hohen Druckes Zellmembranen zerstört werden, wird sehr viel mehr Wasser freigesetzt, als dem Tropfsaftverlust entspricht. Bei einer Belastung mit 40 kp wird das Höchstmaß an auspreßbarem Saft erreicht. Dies ist an der Saftfläche (Ringzone) erkennbar [15, 16].

Da bei PSE-Fleisch die Zellmembranen bereits ohne Druckanwendung Läsionen aufweisen, ist mit der Filterpapier-Preßmethode eine Unterscheidung zwischen Normal- und PSE-Fleisch im allgemeinen nicht möglich.

Die nach Zentrifugiermethoden gewonnenen Ergebnisse sind nicht nur von der Geschwindigkeit und der Dauer der Zentrifugation, sondern auch von der Anordnung im Zentrifugiergefäß und ebenso von der Plastizität des Fleisches abhängig. Zu den Resultaten der Filterpapier-Preßmethode bestehen zumindest bei geringen Zentrifugationsgeschwindigkeiten gute Korrelationen.

Obwohl Zentrifugiermethoden eingeführt worden sind, um die auf der Schwerkraft beruhenden Verfahren der Tropfsaftbestimmung zu beschleunigen, stehen die Ergebnisse untereinander lediglich in Beziehung, wenn die zwanzigfache Erdbeschleunigung nicht überschritten wird, weil sonst Zellstrukturen zerstört werden. Überdies darf der End-pH-Wert nicht erreicht, die Actomyosinbildung somit nicht abgeschlossen sein. Eine Messung vor Eintritt der Totenstarre ist ebensowenig sinnvoll, da solches Fleisch zu weich ist.

Die Kapillarvolumetrie hängt von der Saugfähigkeit des Gipskörpers, der Meßzeit, der Frische des Fleischanschnittes und der Möglichkeit ab, den Gipskörper abgedichtet gegen die Umgebung auf die Fleischoberfläche aufzubringe. Von Vorteil ist, daß es nicht einer abgewogenen Fleischprobe bedarf, die Ergebnisse in direkter Beziehung zum MBV stehen und auch kinetische Messungen durchgeführt werden können. Als Nachteil gilt, daß zwar das mit dem Tropfsaftverlust vergleichbare extrazelluläre Wasser erfaßt wird, dessen Menge aber nicht in Anteilen des Gesamtwassers oder der Gewebemasse angegeben werden kann. Außerdem ist die Methode nicht bei zerkleinertem Fleisch bzw. Brät anwendbar [18].

Wesentlich für die Bestimmung des Kochverlustes sind die Probenform (Oberfläche/Masse) sowie die Geschwindigkeit, die Endtemperatur und die Bedingungen des Erhitzens (trocken oder feucht) [13].

Zwischen Tropfsaft- und Kochverlust gibt es keinerlei Zusammenhang. Auch von den mit der Filterpapier-Preßmethode erhaltenen Werten sind Rückschlüsse auf den Kochverlust nicht möglich. Die Bestimmung des Kochverlustes ist dafür die gewöhnlich angewandte und beste Technik zur Beurteilung der Bindungsqualität von Brühwürsten. Es ist deshalb vorgeschlagen

worden, sie insofern gleich unter Praxisbedingungen durchzuführen, als man das Brät in Därme füllt und erhitzt (30 min, 75 °C), anschließend in Eiswasser kühlt und die Wurstmasse nach Entfernen der Hülle und gutem Abtropfen zurückwiegt [22].
Die Bestimmung des Quellungsvermögens bringt mit sich, daß die Meßgrößen nicht nur vom MBV, sondern auch von Diffusionsvorgängen abhängen; diese betreffen außer Wasser noch Ionen und Zucker, die mit Salz- oder Zuckerlösungen eingebracht werden. Von besonderem Einfluß sind die Temperatur, die Größe der Fleischstücke und deren Struktur sowie der gleichzeitige Austritt von Salzen und Proteinen aus der Schnittfläche in die Quellungsflüssigkeit. Darum ist ein solches Vorgehen zur Ermittlung des WBV von Fleisch wenig geeignet.
Zusammenfassend und schlußfolgernd ist hinsichtlich der Bestimmung des Wasserbindevermögens von Fleisch festzustellen:

- Nach unterschiedlichen Methoden erhaltene Ergebnisse sind bestenfalls bedingt vergleichbar
- Es muß ein Verfahren angewandt werden, das im Prinzip und in den Untersuchungsbedingungen der vorgesehenen Fleischbehandlung (Lagerung oder Verarbeitung) und der damit verbundenen Fragestellung am nächsten kommt.
- Als Bezugsbasis sollte immer auf dieselben Arbeitsweisen und Untersuchungsbedingungen zurückgegriffen werden [13, 23].

12.3.5.2 Bestimmung des Emulgiervermögens

Mit dem Emulgiervermögen wird eine funktionelle Eigenschaft von Proteinen beschrieben. Im Zusammenhang mit Fleischerzeugnissen betrifft dies sowohl Fleischproteine als auch Proteinpräparate tierischer, pflanzlicher oder mikrobieller Herkunft, die Fleischerzeugnissen je nach Rechtslage als Hilfs- oder Streckmittel (Extender) zugesetzt werden sollen.
Gekennzeichnet wird das Emulgiervermögen zumeist durch zwei Prüfgrößen: die Emulgierkapazität (EC), die überdies als Emulgierfunktion bestimmt, und die Emulsionsstabilität (ES), die vergleichbar als Emulsions- oder Emulgieraktivität (EA) ausgedrückt werden kann.
Definitionsgemäß handelt es sich bei der EC um die auf eine bestimmte Proteinmasse (häufig 100 mg) bezogene Ölmenge (ml), bei der eine aus einer Lösung des Proteins und einem Pflanzenöl hergestellte Emulsion bricht bzw. vom O/W- in den W/O-Typ übergeht. Die Emulgierfunktion hingegen wird als der Ölgehalt (Volumen je Volumen) einer Emulsion ausgedrückt, bei dem eine Proteinlösung unterschiedlicher Konzentration im Verlauf der Ölzugabe den Emulsionscharakter wechselt. Der Endpunkt wird entweder visuell, gegebenenfalls mit Hilfe eines im Öl gelösten Farbstoffes, oder durch Verfolgung der elektrischen Leitfähigkeit festgestellt. Möglich sind auch die mikroskopische Bewertung der Emulsion und die Durchführung der Bestimmung im Mikromaßstab [22].
Unter der ES wird die Fähigkeit des Proteins verstanden, eine Emulsion gegenüber der Einwirkung von mechanischen Kräften (Scher-, Zentrifugalkräfte) oder Hitze stabil zu halten. Als Beurteilungsgröße dient zumeist der prozentuale Anteil des nach einer bestimmten Einwirkungszeit emulgiert verbliebenen Anteils am Gesamtvolumen. Dabei wird gewöhnlich von Emulsionen ausgegangen, in denen die höchstmögliche Ölmenge dispergiert worden ist.
Die zur Untersuchung von Hühnerfleischproteinen durch REGENSTEIN eingeführte [28] und praktizierte [29] zeitbezogene Emulgierung sieht eine zeitlich gestaffelte Emulgierung und

Probenahme mit jeweils einer ES-Bestimmung und/oder mikroskopischen Emulsionsbeurteilung vor.
Darüberhinaus ist u. a. versucht worden, das Emulgiervermögen von Fleisch- und Pflanzenproteinen durch Messen der Grenzflächenwirkung (Herabsetzung der Grenzflächenspannung) und der Emulsionsviskosität [30] oder durch Bestimmen von viskoelastischen Eigenschaften der gebildeten Grenzflächenfilme in Abhängigkeit von der Zeit [31] zu erfassen und zu begutachten.
Schließlich sind zur Simulierung der bei der Wurstherstellung gebräuchlichen Schneid- und Mischsysteme vergleichbare labortechnische Emulgierbedingungen vorgeschlagen worden [24].
Alle im Zusammenhang mit der Fleischverarbeitung vorgeschlagenen Verfahrensweisen zur Beurteilung des Emulgiervermögens von Proteinen gehen auf eine Mitteilung von SWIFT et al. [33] zurück. Variationen der Einfluß nehmenden Faktoren (einwirkende Kräfte, eingetragenes Lipid und Geschwindigkeit seiner Zugabe, eingehaltene Temperatur sowie einbezogene Proteine und deren Reinheitsgrad) sind in ihrer Auswirkung zumeist nach demselben Grundprinzip untersucht worden. Trotz zahlreicher Modifizierungen haftet der Methodik der entscheidende Nachteil an, daß sie auf Modell- und häufig sogar nur auf Zweikomponentensysteme zurückgreift. Auf die dadurch mögliche Fehlinterpretation von Ergebnissen ist im einzelnen von HALLING [34] eingegangen worden.
Es hat zwar nicht daran gefehlt, die Variablen der Modellsysteme in kleintechnischen Versuchsanlagen produktionsangepaßt zu untersuchen. Dabei sind aber mehr Basisinformationen über die Wechselwirkung von Proteinen und Lipiden in Emulsionen gewonnen, als Rückschlüsse auf die Emulgatorwirkung von fleischeigenen oder zugesetzten Proteinen und die Verfahrensführung ermöglicht worden. Aussagen dieser Art sind noch immer nur bedingt möglich, bei unterschiedlichen Untersuchungsbedingungen keineswegs vergleichbar, und am Ende entscheidet über Eignung und Zweckmäßigkeit ohnehin erst der produktionstechnische Versuch.
Deshalb ist auch schon früh die Fettbindekapazität als eine die Stabilität von Brät gegenüber der Freisetzung von Fett bei der Erhitzung besser kennzeichnende Größe einzuführen empfohlen worden [35]. Unter der Fettbinde- oder auch Ölabsorptionskapazität wird die von pulverigen Proteinpräparaten absorbierte und selbst nach Zentrifugieren (z. B. 15 min bei 9000 x g) noch fest gehaltene Masse eines flüssigen Lipids (zumeist Pflanzenöl) verstanden. Sie wird gewöhnlich auf 1 g Protein bezogen. Ihre Aussagekraft ist allerdings nicht weniger umstritten als die der anderen Kennziffern.
Eine der jüngeren Basisinformationen ist die Mitteilung, daß die Emulsionsstabilität von Peptiden kontrolliert werden kann [36]. Das muß bei der stabilisierenden Wirkung von hydrolytisch aufgeschlossenem Milcheiweiß als Zusatzstoff bei der Brühwurstherstellung in Betracht gezogen werden.

12.3.5.3 Bestimmung des Gelbildungsvermögens

Zur Bewertung des Gelbildungsvermögens fleischeigener oder als Zusatz bei der Fleischverarbeitung gedachter Proteine anderer Herkunft werden unter definierten Bedingungen Modellgele hergestellt, und es wird die Menge des Proteins bestimmt, die ein Gel von festgelegter Konsistenz (Festigkeit, Gelstärke) ergibt. Das Gelbildungsvermögen ist um so größer, je geringer die erforderliche Einsatzmenge ist.

Für die Messung der Gelfestigkeit steht heute eine Vielzahl von Geräten zur Verfügung (z. B. Penetrometer, BLOOM-Gelometer, VOLLAND-STEVEN LFRA Textur Analyser, F.I.R.A. Jelly Tester, Exchange Ridgelimeter, Marine Colloids Gel Tester, Schermodul-Tester, Prüfgerät nach WOLODKEWITSCH); diese sind im einzelnen anderenorts beschrieben (Literatur bei [37]).
Bei dem von TRAUTMANN [38] in die Fleischforschung eingeführten (halbquantitativen) Verfahren zur Ermittlung der Gelierfähigkeit wird die Mindestproteinkonzentration bestimmt, die beim Erhitzen ein Gel zu bilden imstande ist (LCE-Methode, least protein concentration as the endpoint). Proteine mit niedrigem Stickstoff-Löslichkeitsindex (NSI < 80 %) lassen sich auf diese Weise nicht untersuchen.
Für die Eignungsprüfung von Nichtfleischproteinen gebräuchlicher ist die Bestimmung des Gelbildungsvermögens, wie sie einleitend skizziert worden ist. Zumeist wird sie nach einer Verfahrensweise durchgeführt, die REGENSTEIN [39] beschrieben hat. Auch hier ist ein NSI-Wert > 80 % erforderlich.
Bei weniger gut löslichen Proteinpräparaten kann die Ermittlung der Hitzekoagulierbarkeit unter Einbeziehung einer Festigkeitsmessung Hinweise auf das Verhalten in Brätmassen geben.
Eine geeignete Kenngröße zur Beurteilung der Synärese von Fleischproteingelen, die mit oder ohne Zusatz von Fremdproteinen gebildet worden sind, ist die Wassermobilität. Darunter wird die bei konstantem Druck in der Zeiteinheit abzentrifugier-, abpreß- oder absaugbare Menge an freiem und locker gebundenem Wasser verstanden [25]. Je größer die Wassermobilität ist, um so ausgeprägter ist die Kommunikation von Kapillaren, Poren und Vakuolen, d. h. um so offener ist die Gelstruktur.
Für wissenschaftliche Zwecke, so zur Erforschung der Gelierfähigkeit der einzelnen Fleischproteine und deren Milieuabhängigkeit (Ionenart und -stärke, pH-Wert, andere Inhaltsstoffe), der hitzeinduzierten Denaturierungsvorgänge und Protein-Protein-Wechselwirkungen oder der molekularen Gegebenheiten und Mechanismen im Sol-Gel-Übergang, ist noch eine ganze Reihe anderer Parameter und Methoden herangezogen worden. Unter ihnen nehmen die Differential Scanning Calorimetrie und die histometrische Analyse (Bildanalyse) Vorrangstellungen ein.

12.3.6 Bestimmung des Aschegehaltes

Durch die Bestimmung des Aschegehaltes werden die in Fleisch und Fleischerzeugnissen vorhandenen Mineralstoffe summarisch erfaßt. Dabei kann es sich um originäre Mineralstoffe (z. B. Kalium, Phosphat), um zugesetzte Mineralstoffe (z. B. Kochsalz, kondensierte Phosphate, Natrium- und Kaliumsalze verschiedener Säuren) und um Kontaminanten (z. B. Schwermetallionen) handeln. Der originäre Mineralstoffgehalt beträgt bei Muskelgewebe 1 – 1,5 % und bei Fettgewebe 0,0 – 0,2 %. Er ist abhängig vom Eiweißgehalt des Gewebes und liegt in der Größenordnung von 1/20 des Eiweißgehaltes.
Die Veraschungstemperatur sollte 600 °C nicht überschreiten, da oberhalb dieser Temperatur mit dem Verlust von Alkalihalogeniden zu rechnen ist. Die „trockene" Veraschung ist nicht zur Erfassung leicht flüchtiger Metalle oder Nichtmetalle geeignet. Bei der Mineralisierung der organischen Substanz bedient man sich zur Erfassung der leicht flüchtigen Metalle oder Nichtmetalle der „nassen" Veraschung mit Schwefelsäure (vgl. KJELDAHL-Methode) bzw. Salpetersäure. Hinsichtlich der Methode der „trockenen" Veraschung unterscheidet man die Ver-

aschung nach Ausziehen mit Wasser, die direkte Veraschung und die Veraschung unter Verwendung von Zusätzen. Die Asche kann zum Nachweis und zur quantitativen Bestimmung der Einzelionen herangezogen werden.

12.3.7 Bestimmung des Kochsalzgehaltes

Die Kochsalzbestimmung kann im wäßrigen Extrakt des Fleischerzeugnisses oder auch der Asche als Fällungstitration durchgeführt werden. Traditionell sind dazu die Methoden nach MOHR oder - bei Anwesenheit alkalisch oder sauer reagierender Stoffe - die Methode nach VOLHARD (vgl. [44]) einsetzbar. Üblich ist auch die Analyse mittels natriumsensitiver Elektroden oder mittels Flammenphotometers.

12.3.8 Bestimmung von Nitrit und Nitrat

Als wasserlösliche Verbindungen können Nitrate und Nitrite in den wäßrigen Extrakten aus Fleischprodukten nachgewiesen bzw. quantitativ bestimmt werden.
Der Nachweis von **Nitrit** in Fleischprodukten kann mit Sulfanilsäure und N-(1-Naphthyl)-Ethylendiamin, mit Jodzinkstärkelösung oder semiquantitativ mit speziellen Teststreifen (z. B. Merckoquant) durchgeführt werden. Die quanitative Bestimmung von Nitrit beruht auf der kolorimetrischen Messung des roten Azofarbstoffes, der aus Nitrit, Sulfanilsäure und N-(1-Naphthyl)-ethylendiamin in essigsaurer Lösung entsteht (vgl. [44]).
Automaten zur Schnellbestimmung von Nitrit und Nitrat stehen u. a. von der Balimore Spice Company (USA) und der Fa. Technicon Instruments (USA) zur Verfügung.
Zur qualitativen und quantitativen Bestimmung von **Nitrat** wird bei Abwesenheit von Nitrit das vorhandene Nitrat mit Zink oder Cadmium zu Nitrit reduziert. Die Bestimmung wird dann wie bei Nitrit weitergeführt. Bei Nitritanwesenheit muß dieses vor der Reduktion aus der Probe entfernt werden (vgl. [44]).

12.3.9 Bestimmung von kondensierten Phosphaten

Natrium- und Kaliumdiphosphate können bestimmten Fleischprodukten unter gewissen Voraussetzungen in Mengen bis zu 0,3 % zugesetzt werden. Die qualitative Bestimmung kann mit papier- oder dünnschichtchromatographischen Methoden erfolgen. Da Diphosphate in Fleischerzeugnissen jedoch auch zu Monophosphat umgesetzt werden können, ist ein negativer dünnschichtchromatographischer Nachweis nicht ausreichend. Im Verdachtsfalle ist deshalb eine Bestimmung des Gesamtphosphatgehaltes notwendig. Dabei wird die Probe zunächst verascht, und die Phosphate werden mit Salpetersäure gelöst. Nach Umsetzung mit Vanadat und Molybdat entsteht eine Gelbfärbung, die photometrisch gemessen wird.

Unter dem Begriff **P-Zahl** versteht man das Verhältnis des mit dem Faktor 100 multiplizierten prozentualen Gesamtphosphorgehaltes (berechnet als Phosphorpentoxid) zum prozentualen Gesamteiweißgehalt einer Probe. Die P-Zahl ist eine empirische Konstante. Sie beträgt für Fleisch 2,2, für Bindegewebe hingegen nur 0,7.
Bei Brühwürsten weisen P-Zahlen > 2,4 auf die Verwendung von kondensierten Phosphaten hin. Erzeugnisse mit einem hohen Anteil an Innereien sowie Erzeugnisse, die unter Verwendung von durch maschinelles Entfleischen gewonnener Fleischrohmasse oder chemisch stabilisiertem Blut hergestellt wurden, weisen ebenfalls erhöhte P-Zahlen auf.

12.3.10 Bestimmung von Kohlenhydraten

Methode nach LUFF/SCHOORL
Mit dieser Methode werden neben Stärke auch Zucker und andere in Zucker überführbare Stoffe bestimmt. Dabei wird die Probe mit Säure aufgeschlossen, wobei sich die Stärke zu Zuckern umsetzt und anschließend nach CARREZ (vgl. [44]) geklärt.
Die Zucker werden durch Umsetzung mit Kupfer(II)-ionen und Rücktitrationen des Überschusses erfaßt.

Polarimetrische Stärkebestimmung
Die Anwesenheit von Stärke kann an der Blaufärbung, die beim Betupfen des frischen Anschnittes einer Probe mit Jod-Jodkaliumlösung entsteht, festgestellt werden. Die polarimetrische Bestimmung beruht auf der Messung der optischen Aktivität einer mit verdünnter Salzsäure hydrolysierten Probenlösung. Die Probe wird im Wasserbad in heißer, verdünnter Salzsäure gelöst und der Drehwert in der geklärten Lösung bestimmt. In einer Blindprobe wird die Drehung der übrigen optisch aktiven Stoffe ermittelt und vom Hauptversuch abgezogen. Auf Methoden zur enzymatischen Bestimmung von Kohlenhydraten wird im Kapitel 12.3.11 hingewiesen.

12.3.11 Enzymatische Bestimmungsmethoden

Unter enzymatischer Analyse versteht man sowohl die Analyse mit Hilfe von Enzymen - alle Substanzen, die von Enzymen umgesetzt werden, sind im Prinzip mit Hilfe der enzymatischen Analyse bestimmbar - als auch die Ermittlung von Enzymaktivitäten. Diese werden durch den zeitabhängigen Umsatz des Ausgangsstoffes (Substrat) oder durch die Bildung der Endprodukte der enzymkatalysierten Reaktion charakterisiert. Die Enzymaktivitätsmessung wird in der Lebensmittelchemie u. a. zur Prüfung auf ausreichende Erhitzung im Rahmen von Pasteurisation- oder Sterilisationsprozessen eingesetzt. Als Beispiel sei hier der Carbesterasetest zum Erhitzungsnachweis bei Fleischprodukten genannt (vgl. [44]). Die quantitative Bestimmung spezifischer Lebensmittelbestandteile mittels enzymatischer Methoden ist für die Lebensmittelanalytik von besonderem Interesse und nach erfolgter Probenvorbereitung und bei Verfügbarkeit entsprechender Test-Kits (z. B. Fa. Boehringer, Mannheim) relativ schnell und präzise durchführbar.

Standardisierte enzymatische Untersuchungsverfahren existieren u. a. für die Bestimmung von Ascorbinsäure, Citronensäure, Essigsäure, L- und D-Milchsäure, D-Gluconsäure, L-Glutaminsäure, Glucose, Lactose, Saccharose und Stärke in Fleisch und Fleischwaren.
Durch die Entwicklung spezieller Immobilisierungsmethoden stehen heute zahlreiche Enzymelektroden, deren Aufbau und Funktion mit den ionensensitiven Elektroden vergleichbar ist, zur Verfügung. Mit Enzym-Elektroden sind u. a. meßbar:
Acetylcholin, 5'-Adenosin-monophosphat, Albumin, L-Arginin, Kreatin, Cyanid, L-Cystein, Glucose, Glutamin, Harnstoff, L-Leucin, D-Methionin, Nitrit, Penicillin, L-Phenylalanin, Sulfat, Thiosulfat und Tyrosin [79].

12.3.12 Bestimmung von Fremdstoffen, Rückständen und Kontaminanten

Einen Überblick über Fremdstoffe, Rückstände und Kontaminanten in Fleisch und Fleischprodukten gibt Kapitel 7. Für eine sachgerechte Analytik ist neben der richtigen Auswahl der Analysenmethode ebenso die Probennahme, -aufbewahrung und -vorbehandlung (z. B. Extraktion, Konzentrierung, Derivatisierung) von Bedeutung. Das Spektrum der Analysenmethoden reicht vom mikrobiologischen Hemmtest über chromatographische Methoden wie LC, GC, HPLC, photometrische und elektrochemische Methoden, bis zur Atomabsorptions- und Massenspektrometrie. Zur Einführung in die genannten Methoden wird hier auf RÜSSEL [67] und GROßKLAUS [68] verwiesen.

12.3.13 Bestimmung des pH-Wertes

In der Fleischtechnologie ist die Messung des pH-Wertes von entscheidender Bedeutung, da der pH-Wert ein wichtiges Kriterium für die Schlachtkörperklassifizierung, die Fleischreifung, die Rohstoffauswahl, die Rohwurstreifung sowie die Qualität des Endproduktes u. a. bestimmt durch Geschmack, Zartheit, Farbe, Wasserbindevermögen und Haltbarkeit, darstellt.

Die pH-Wert-Bestimmung ist kolorimetrisch (Farbindikatoren) bzw. elektrometrisch (pH-Meßgeräte) möglich. Weit verbreitet sind die **pH-Glaselektroden**.

Der pH-Wert ist auch mit modernen Halbleitersensoren meßbar. Sie bestehen aus H^+-ionensensitiven mikroelektronischen Metalloxid-Silizium-Strukturen (MOSFET) mit integrierter Bezugselektrode und Temperaturkompensation, die wegen der kleinen Bauweise und ihrer Robustheit immer breitere Anwendung finden.
Für den Routineeinsatz geeignete, möglichst wartungsfreie Meßgeräte sowie Elektroden (Einstichelektroden) werden von zahlreichen Herstellern angeboten. Moderne Geräte, wie sie z. B. bei der Schlachtkörperklassifizierung eingesetzt werden, verfügen über einen Mikroprozessor, der pH-Wert, Nummer des Schlachtkörpers sowie Codenummer des Züchters erfaßt, gespeichert bzw. an einen Zentralrechner weiterleitet (Abb. 12.3-2 NKW Thien GmbH).
Bei der pH-Messung am Schlachtkörper ist zu berücksichtigen, daß nicht alle Muskeln den gleichen pH-Wert aufweisen, d. h. es gibt Unterschiede zwischen verschiedenen Muskeln eines

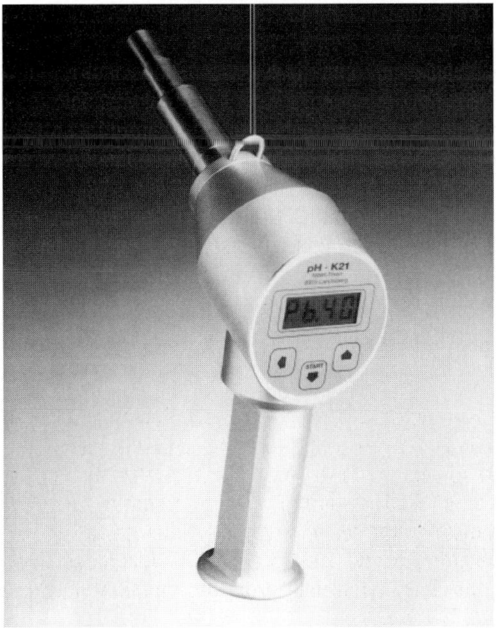

Abb. 12.3-2 pH-Meßgeräte mit Mikroprozessor zur Schlachtkörperklassifizierung (Foto: NKW-Thien GmbH)

Schlachtkörpers, wie auch zwischen gleichen Muskeln beider Schlachtkörperhälften (Schwankungen bis zu 0,3 pH-Einheiten). Die Messung sollte daher immer am gleichen Muskel durchgeführt werden. Dieser Muskel sollte einen mittleren pH-Wert (bezogen auf den ganzen Schlachtkörper) aufweisen, der am ehesten eingetretene Qualitätsabweichungen erkennen läßt. Beim Schwein haben sich der lange Rückenmuskel (M. longissimus dorsi; Einstichstelle für die Meßelektrode zwischen 5. und 6. Lendenwirbel) und zwei oberflächlich im Schinken gelegene Muskeln (M. semitendineus und M. semimembranaceus) bewährt [69].
Beim Messen des pH-Wertes von Fleisch und Fleischprodukten sind folgende Punkte zu beachten [70, 71]:

- Die pH-Elektrode muß zu Beginn und nach einer Meßreihe erneut mittels Standardpufferlösungen (pH 7 und pH 4) geeicht werden; dabei ist die Temperaturabhängigkeit der Messung zu beachten, d. h. Meßgut und Standardpuffer sollten die gleiche Temperatur haben.
- Die Bezugselektrode muß stets mit gesättigter Kaliumchlorid-Lösung gefüllt sein.
- Bei festem Gewebe ist vor dem Einbringen der Meßelektrode ein Einschnitt vorzunehmen bzw. mit einem Dorn vorzustechen.
- Nach jeder Messung sollte die pH-Elektrode kurz mit Aqua dest. gespült und besonders bei fetthaltigem Material vorsichtig mit flusenfreiem weichen Papiertuch abgewischt werden.
- Bei Messungen an Schlachtkörperhälften bzw. ungesalzenem Fleisch ist zur Beschleunigung der pH-Wert-Einstellung das Befeuchten der Elektrodenspitze mit 3molarer Kaliumchloridlösung zu empfehlen.

Eine weitere Möglichkeit der pH-Wert-Messung stellt die Verwendung von Farbindikatoren dar, die den pH-Wert durch Farbumschlag in wenigen Sekunden, mit einer Genauigkeit von etwa ± 0,1 pH-Einheiten anzeigen. Im Handel sind Spezialindikatoren für Fleischprodukte verfügbar (Fa. Merck), die eine einfache und schnelle Messung gestatten. Es ist ebenfalls möglich, den bei der Filterpapier-Preßmethode (zur Bestimmung des Wasserbindevermögens) austretenden Tropfsaft bei der Farbindikatormessung zu verwenden.
Die Zusammenhänge zwischen pH-Wert-Verlauf, Fleischreifung, Glycolyse, Wasserbindevermögen sowie Entstehung von PSE- und DFD-Fleisch sind im Kapitel 5 dargestellt. Ausgehend vom lebenden Muskel mit pH-Werten von 7,0 bis 7,2 sind die nach Ablauf der Fleischreifung vorliegenden pH-Werte des Rohfleisches in Abbildung 12.3-3 dargestellt. Diese Werte sind sehr gut als Kriterien für die Auswahl der Rohstoffe bei der Chargenzusammenstellung geeignet.

	pH
Muskulatur lebend	7,0 – 7,2
Fleisch normal pH_{24}	5,3 – 5,8
Schweinefleisch tolerabel[1] pH_{24}	5,8 – 6,2
Rindfleisch tolerabel[1] pH_{24}	5,8 – 6,0
PSE-Fleisch pH_{1}	< 5,8
DFD-Fleisch pH_{24}	> 6,2
Fleisch für Rohwurst	5,3 – 5,9
Fleisch für Rohwurst ungeeignet	> 6,0
Fleisch für Rohschinken ungeeignet	> 6,0
Fleisch für Brühwurst	5,4 – 6,2
Fleischverderb nach Lagerung	> 6,5

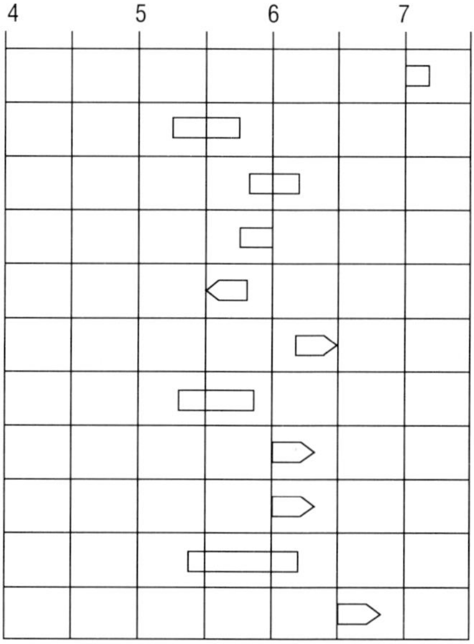

[1] Vorzugsweise geeignet für Brühwurst und Kochschinken (normale Wasserbindung, ausreichende Pökelfarbbindung)

Abb. 12.3-3 pH-Werte des Rohfleisches als Kriterium für die Rohstoffauswahl (nach WIRTH [69])

12.3.14 Bestimmung des Eh-Wertes

Das Redoxpotential (Eh- oder rH-Wert) spielt u. a. bei der Haltbarkeitsverlängerung bzw. bei der Lagerung von Fleisch und Fleischprodukten eine Rolle (vgl. Kap. 6 sowie [73]). Da das Redoxpotential pH- und temperaturabhängig ist, lassen sich Redoxwerte nur bei gleichem pH-Wert und bei gleicher Temperatur vergleichen. Während bei der pH-Wert-Messung nur die H^+-

Ionen selektiv gemessen werden, erfolgt bei der sogenannten Redoxpotential-Messung die Messung des von positiven und negativen Ionen gebildeten Potentials, das je nach Ionenüberschuß positiv oder negativ sein kann. Bei der elektrometrischen Redoxmessung, die vom Meßprinzip der pH-Messung vergleichbar ist, werden Pt- und Ag-Meßelektroden oder mikroelektronische Redox-Sensoren eingesetzt.

Neben der elektrometrischen Potentialmessung können Redoxindikatorfarbstoffe, die das Erreichen eines rH-Wertes durch Farbumschlag anzeigen, verwendet werden. Die Kombination verschiedener Redoxindikatoren, deren Umschlaggebiete (Farbumschlag) einen weiteren rH-Bereich überdecken, ermöglichen die Bestimmung des Redoxpotentials mit einer Genauigkeit von 0,5 rH. Diese Redoxindikatoren können z. B. bei der Stabilitätsprüfung von Pökellaken Verwendung finden (z. B. 2,6-Dichlorphenolindophenol, Umschlagpunkt rH = 20 von blau nach farblos).
Grundsätzlich bestehen jedoch bei der routinemäßigen Fleischuntersuchung methodische bzw. meßtechnische Probleme, die dazu geführt haben, daß die Messung des Redoxpotentials in der Betriebspraxis keine Verbreitung gefunden hat.

12.3.15 Andere ionensensitive Elektroden

Das Spektrum der mit ionensensitiven Elektroden nachweisbaren Ionen und neutralen Verbindungen hat sich durch den Einsatz neuer Elektrodenkonstruktionen und Materialien wesentlich erweitert. Prinzipiell können gegenwärtig über 60 % der Haupt- und Nebengruppenelemente und eine große Zahl nichtionogener Verbindungen mit ionensensitiven Elektroden erfaßt werden [79]. Gleichzeitig hat sich die Handhabung durch den Einsatz mikroprozessorgesteuerter Ionenmeter und vollautomatischer Analysensysteme vereinfacht.

12.3.16 Bestimmung des a_w-Wertes

Die Wasseraktivität spielt eine wichtige Rolle bei der Lagerung und Verarbeitung von Fleisch und Fleischerzeugnissen. Neben dem pH-Wert ist der a_w-Wert besonders bei der Herstellung von Rohwursterzeugnissen von Bedeutung. Der Zusammenhang zwischen a_w-Wert und mikrobiologischem Verderb wird in Kapitel 4 dargestellt.
Methoden zur Bestimmung des a_w-Wertes lassen sich in gravimetrische sowie manometrische Meßprinzipien unterteilen (Tab. 12.3-4). Für Praxis und Forschung stehen heute zahlreiche Geräte mit unterschiedlicher Meßgenauigkeit zur Verfügung. Unter Produktionsbedingungen haben sich einfache a_w-Wert-Meßdosen nach dem Prinzip des Haarhygrometers bewährt (z. B. Fa. Lufft, Stuttgart).
Ein mikroprozessorgesteuertes Meßgerät (a_w-Kryometer AWK-10, NAGY Meßsysteme GmbH, Filderstadt) bestimmt die Wasseraktivität über den Gefrierpunkt der Probe. Näherungsweise ist auch eine Berechnung des a_w-Wertes bei bekanntem Kochsalz- und Wassergehalt des Produktes möglich.

Tab. 12.3-4 Meßmethoden zur Bestimmung des a_w-Wertes (nach [62])

Meßprinzip	Gegebene konstante Größe	Meßgröße	Meßverfahren
Gravimetrisch	Temperatur, Gesamtdruck, Luftfeuchtigkeit	Wassergehalt der Probe	Exsikkator-Methode mit Salz- oder Schwefelsäurelösung, Überströmen oder Durchströmen von Gas bekannter Feuchte
Manometrisch	Temperatur, Gesamtdruck, Wassergehalt	Partialdruck des Wasserdampfes in der Gasphase	Dampfdruckmanometer, Haarhygrometer, elektrische Hygrometer, Taupunkt-Hygrometer

12.3.17 Temperaturmessung

Temperaturmessungen sind vom Technologen fortlaufend durchzuführen. Die verschiedenen Möglichkeiten der Temperaturmessung sind aus Abbildung 12.3-4 zu ersehen.

Für die Fleischindustrie sind folgende Meßgeräte relevant:
- Flüssigkeits-Glas- und Federthermometer
- Widerstandsthermometer

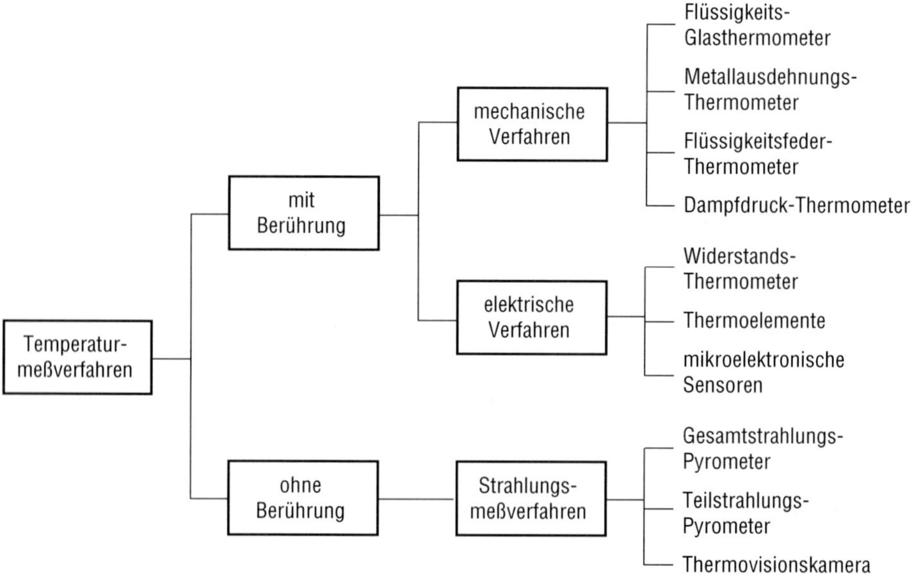

Abb. 12.3-4 Übersicht über die Temperaturmeßverfahren und -Meßgeräte

- Thermoelemente
- Strahlungspyrometer [85].

12.3.18 Druckmessung

Eine Übersicht über die Druckmeßverfahren und die zugeordneten Geräte gibt Abbildung 12.3-5.

In der Fleischindustrie werden vor allem eingesetzt:
- Ringwaagen
- Rohrfeder-Manometer
- Druckmeßdosen [85].

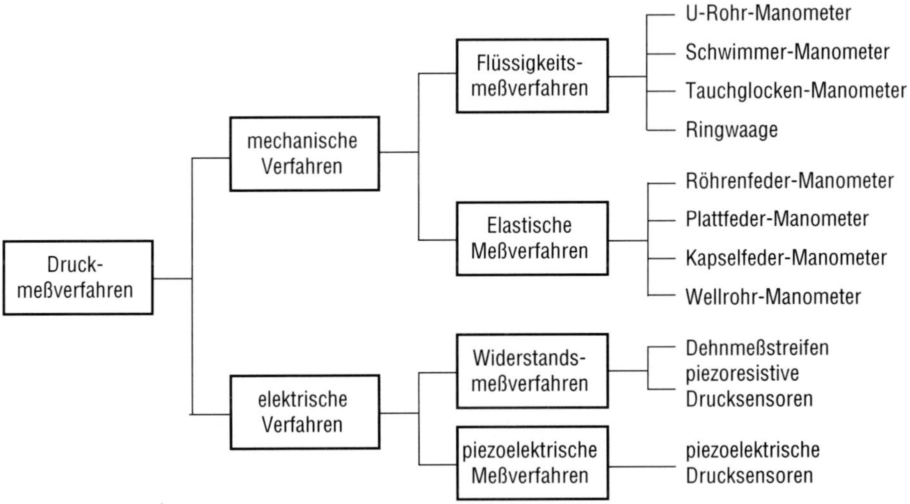

Abb. 12.3-5 Übersicht über die Druckmeßverfahren und zugeordneten Geräten

12.3.19 Wägung

Durch Wägung wird die Masse eines Stoffes bestimmt, das ist im Produktionsprozeß wiederholt erforderlich. Wichtige Wägeverfahren werden in Abbildung 12.3-6 zusammengefaßt [85].

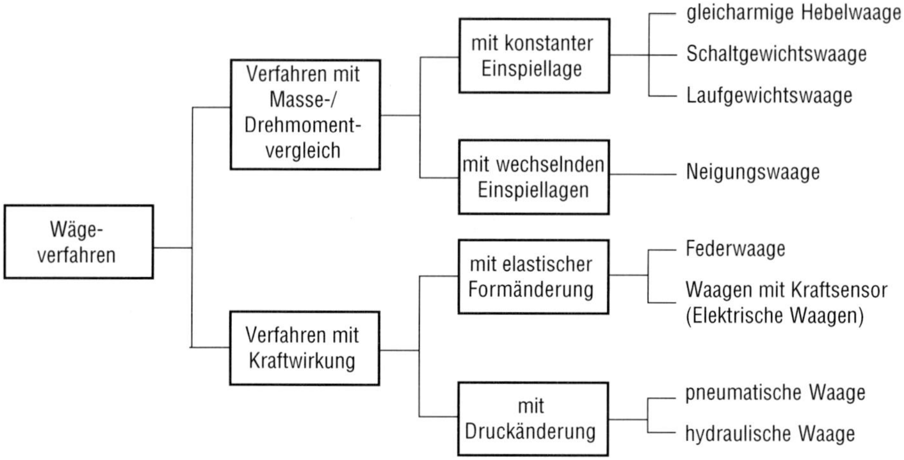

Abb. 12.3-6 Übersicht der wichtigsten Wägeverfahren/Wagen

12.3.20 Bestimmung der Dichte

Die Bestimmung der Dichte kann bei Rohstoffen, Zwischen- und Fertigprodukten sowie innerhalb verschiedener technologischer Prozesse von Interesse sein. Auf dem Prinzip der Dichtemessung beruhen auch verschiedene Geräte zur Bestimmung des Fettgehaltes (vgl. Kap. 12.3.2.3).
Die Dichtemeßverfahren für Flüssigkeiten ergeben sich aus Abbildung 12.3-7.
In der Fleischverarbeitung werden zunehmend Rohrabschnitt-Dichtewaagen [85] eingesetzt.

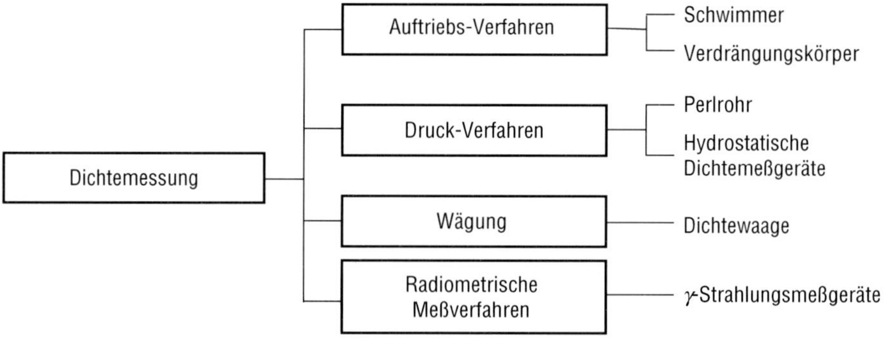

Abb. 12.3-7 Übersicht der Dichtemeßverfahren/-Geräte für Flüssigkeiten

12.3.21 Leitfähigkeitsmessung/Konduktometrie

Die Messung der Leitfähigkeit (LF) wird in der Fleischindustrie zur Bewertung der Fleischbeschaffenheit sowie zur Reinheitskontrolle des Wassers eingesetzt (vgl. Kap. 5). Der Leitfähigkeitsmessung liegt folgendes Prinzip zugrunde:
Tauchen zwei Elektroden in einen Elektrolyten, so bestimmt das zwischen ihnen liegende Meßgut die Stromleitung.
Wichtige Parameter, die die elektrische Leitfähigkeit von Muskelgewebe beeinflussen, sind z. B. Temperatur, Meßfrequenz, Zusammensetzung des Gewebes (Wassergehalt, Ionen u. a.), Struktur sowie Ablauf postmortaler Vorgänge (Glycolyse, Fleischreifung). Im Verlauf der postmortalen Vorgänge kommt es in Abhängigkeit von der Glycolysegeschwindigkeit zur Schädigung der Zellmembranen und zur Freisetzung von Ionen in den extrazellulären Raum. Diese Vorgänge haben eine Erhöhung der Leitfähigkeit des Gewebes zur Folge. Da es sich um zeitabhängige Veränderungen handelt, spielt der Meßzeitpunkt für die Leitfähigkeitskontrolle eine wesentliche Rolle. Die Messung kann entweder unmittelbar am Schlachttag (LF_1) oder am darauffolgenden Tag (LF_{24}) erfolgen. Die Leitfähigkeitsmessung wird erst aussagefähig, wenn sie ab 40 min post mortem durchgeführt wird. Die LF_1- und LF_{24}-Werte sind aufgrund ihrer Korrelation zu Referenzkriterien als etwa gleichwertig einzuschätzen [74]. Aus praktischen Erwägungen werden häufig sehr frühzeitig am Schlachtband im Zuge der Klassifizierung ermittelte LF-Werte verwendet. Diese sind für eine relativ grobe Qualitätssortierung im Handel ausreichend. Für eine Vergleichbarkeit der Messungen wird von KALLWEIT et al. [74, 75] ein fester Meßzeitpunkt von 50 min post mortem empfohlen. Nach dem gegenwärtigen Kenntnisstand kann der LF_{24}-Wert in Verbindung mit dem pH_{24}-Wert die Fleischbeschaffenheit zufriedenstellend charakterisieren. Dabei lassen die LF_{24}-Werte besonders Qualitätsabweichungen in Richtung PSE und die pH_{24}-Werte unerwünschte Entwicklungen in Richtung DFD erkennen. Im Handel werden verschiedene Leitfähigkeitsmeßgeräte angeboten (z. B. das Conductometer Typ LF 191, Firma WTW, Weilheim; der MS-Tester, Firma Testron, Wien oder das Pork-Quality-Meter, Fa. Intek-Klassifizierungstechnik, Aichach). In der Praxis-Erprobung befindet sich der „DJ MEM60 Boneless Meat Analyser" (Dickey-John corporation, Auburn, USA); dieser ermittelt über die Leitfähigkeit den Wasser- und Muskelgewebsanteil in Kartonagen mit einer Einwaage von 0,3 bis 3 kg entbeintem Fleisch [78].
Von SCHMITTEN et al. [76] wurden zur Abgrenzung zwischen guter, fraglicher und schlechter Fleischbeschaffenheit die in Tabelle 12.3-5 aufgeführten Grenzwerte ermittelt.
Gleichzeitig liegt für das Leitfähigkeitsmeßgerät LT 191 eine Anleitung zur Handhabung bei der Messung in Fleischerzeugnissen [77] vor.

Tab 12.3-5 Leitfähigkeits(LF)-Grenzwerte nach unterschiedlichen Meßzeitpunkten zur Beurteilung der Fleischbeschaffenheit von Schweinefleisch (nach [76])

Fleischqualitätsklasse	Zeitpunkt der LF-Messung (Gerät: LF 191) nach Schlachtung			
	40 min	50 min	60 min	24 h
Gut	≤4,3	≤4,8	≤5,3	≤7,8
Indifferent	4,4 – 8,2	4,9 – 9,7	5,4 – 10,2	7,9 – 9,7
Mangelhaft (PSE)	≥8,3	≥9,8	≥10,3	≥9,8

12.3.22 Bestimmung der Dielektrizitätskonstante/Dekametrie

Elektrodenanordnungen in elektrischen Nichtleitern (Dielektrikum) bilden einen Kondensator, dessen Kapazität gemessen wird. Da das Meßgut kein idealer Nichtleiter ist, wirkt beim Anlegen einer Wechselspannung nicht nur die Kapazität, sondern auch ein ohmscher Widerstand.
Daher wird oft der Scheinwiderstand mit seinen Anteilen Wirkwiderstand (R) und Blindwiderstand (X) gemessen (sog. Impedanz-Messung) [85].
Üblich sind auch hier Brückenmessungen (SCHERING-Meßbrücke) sowie Resonanz-Methoden, wobei ein breites Frequenzspektrum ausgenutzt werden kann.
Die Impulsimpedanzmessung kann, ähnlich wie die pH-Wert- und die Farbhelligkeitsmessung, zur Beurteilung von Qualität und Reifegrad des Fleisches herangezogen werden (vgl. [80]).

12.3.23 Bestimmung optischer Eigenschaften

12.3.23.1 Photometrische Methoden

Optische Meßverfahren für Stoffkennwerte nutzen Absorption, Reflexion/Streuung, Polarisation und Brechung elektromagnetischer Strahlung im UV-, im sichtbaren und im Infrarotbereich, also im Wellenlängenbereich von $\lambda = 250$ nm bis $\lambda = 2,5$ µm.
Eine Übersicht über die in der Prozeßkontrolle einsetzbaren Meßverfahren gibt Abbildung 12.3-8 (Literatur in [85]).

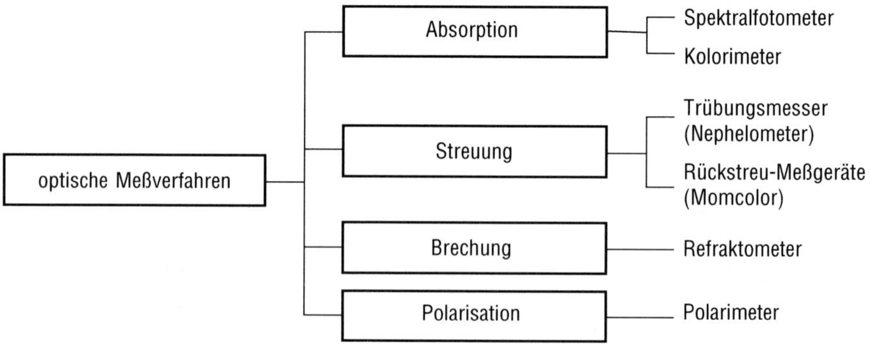

Abb. 12.3-8 Übersicht optischer Meßverfahren/-Geräte

Üblich sind auch hier Brückenmessungen (SCHERING-Meßbrücke) sowie Resonanz-Methoden, wobei ein breites Frequenzspektrum ausgenutzt werden kann.
Die Impulsimpedanzmessung kann, ähnlich wie die pH-Wert- und die Farbhelligkeitsmessung, zur Beurteilung von Qualität und Reifegrad des Fleisches herangezogen werden (vgl. [80]).

12.3.23 Bestimmung optischer Eigenschaften

12.3.23.1 Photometrische Methoden

Optische Meßverfahren für Stoffkennwerte nutzen Absorption, Reflexion/Streuung, Polarisation und Brechung elektromagnetischer Strahlung im UV-, im sichtbaren und im Infrarotbereich, also im Wellenlängenbereich von $\lambda = 250$ nm bis $\lambda = 2{,}5$ µm.
Eine Übersicht über die in der Prozeßkontrolle einsetzbaren Meßverfahren gibt Abbildung 12.3-8 (Literatur in [85]).

12.3.23.2 Mikroskopische Untersuchungen

► Lichtmikroskop (LM)

Die Vergrößerung kann bis 1 500 fach betragen; Objekteinzelheiten von 200 – 400 nm Größe sind noch sicher zu erkennen. Das Auflösungsvermögen kann durch Verwendung ultravioletten Lichtes auf das Doppelte erhöht werden. Die Erkennbarkeit farbloser und sehr kleiner Objekte läßt sich durch optische Mittel erhöhen (Phasenkontrast, Dunkelfeld); für kristalline und unizellare Gebilde benutzt man polarisiertes Licht. In Verbindung mit speziellen Präparations- und Färbetechniken findet das Lichtmikroskop vor allem bei der histologischen und bakteriologischen Fleischuntersuchung Anwendung.

► Transmissionselektronenmikroskop (TEM)

Für die elektronenmikroskopische Praxis ist vor allem das geringe Durchdringungsvermögen der Elektronenstrahlen von Bedeutung. Streuung und Absorption nehmen bei gegebener Energie der Elektronen mit der sogenannten Massendicke (Dichte mal Dicke in Durchstrahlungsrichtung) des Präparates zu. Die zu untersuchenden Präparate sollten daher nicht dicker als 50 – 100 µm sein. Organische Präparate mit Dicken von einigen Mikrometern lassen sich jedoch ohne weiteres mit der sogenannten Höchstspannungselektronenmikroskopie (HVEM) untersuchen. Zur Probenvorbereitung kommen u. a. Ultra-Dünnschnitt-Technik, Gefrierbuch und Gefrierätzung zur Anwendung. Das bei der Fixierung der TEM-Proben verwendete Glutardialdehyd und das Osmiumtetroxid gestatten bei gleichzeitiger Proteinstabilisierung eine Lipidfixierung und verbesserte Kontrastierung. Das TEM wird in der Lebensmittelforschung u. a. zur Ultrastrukturuntersuchung fetthaltiger Lebensmittel, zur Untersuchung von Zellkompartimenten und zur Charakterisierung der Enzymlokalisation innerhalb von Zellen genutzt [84].

dazu [81]). Danach wird die Farberscheinung durch die drei Komponenten Helligkeit (L), Sättigung (b), Farbton (a) im sogenannten L* a* b* - System meßtechnisch beschrieben.
In der Praxis setzen sich zunehmend Geräte durch, die nach dem genannten CIE-LAB-System arbeiten und bei denen die allgemeinen Meßbedingungen, Lichtart sowie Beobachter und Meßwinkel festgelegt sind. Bei der jeweiligen Messung ist dann nur noch auf eine gleichbleibende Probenvorbereitung, Homogenität und entsprechende Meßzeit zu achten (vgl. [81] und [82]).
Für die Farbmessung stehen gegenwärtig verschiedene Meßgeräte zur Verfügung:
Mit dem **Chromameter** CR 100 (Fa. Minolta) ist die Messung der L*, a*- und b*-Werte (CIE-Normlichtart D65) möglich. Das Gerät ist ein kompakter Dreifarbenanalysator zur Messung von Objekt- und Oberflächenfarben. Es ist mit Silicium-Fotodioden bestückt, die mit Filtern an die Farbempfindlichkeitskurven der CIE angepaßt sind.
Ein weitverbreitetes Gerät ist das sogenannte **Göfo** (Göttinger Photometer, Fa. Schütt, Göttingen), das die Farbhelligkeit bei einer Wellenlänge von 640 nm mißt. Die Skale reicht von 0 – 100 und eine Eichung erfolgt über Standards, wobei hohe Werte eine dunklere Farbe anzeigen als niedrige.
Die **FOB** (fibre optic probe, Fa. tbl fibres Leeds, GB) arbeitet mit einer Einstichsonde bei Wellenlängen um 900 nm. Die 6 mm dicke Sonde weist eine Fensteröffnung von etwa 2 mm auf, so daß die gemessene Fläche relativ klein ist.
Das **FOM-Klassifizierungsgerät** wird zur Speck- und Muskeltiefenmessung bei der Schlachtkörperklassifizierung eingesetzt. Der Einsatz einer 6-mm-Sonde ermöglicht es in einem Arbeitsgang, die Farbhelligkeit (bei einer Wellenlänge von 930 nm) zu bestimmen. Während der Passage der Sonde durch die Muskulatur werden zahlreiche Wiederholungsmessungen durchgeführt und deren Meßwerte automatisch gemittelt und damit die Zuverlässigkeit der Meßwerte erhöht.

12.3.24 Sensoren

Ein Sensor ist ein Bauelement oder eine Baueinheit, die der Gewinnung von Informationen über Eigenschaften, Zustände oder Vorgänge dient und diese Informationen in verarbeitbare Signale umsetzt.
In der Praxis haben besonders die Sensoren eine weite Verbreitung erfahren, die eine nichtelektrische physikalische oder chemische Meßgröße in ein elektrisches Ausgangssignal wandeln. Sie werden auch als Meßfühler, Meßwertgeber oder Meßwertaufnehmer bezeichnet.
Ein Sensor setzt sich aus dem eigentlichen Elementarsensor (Meßfühler) und einer Signalverarbeitungselektronik zusammen. Den höchsten Entwicklungsstand dokumentieren intelligente Sensoren, die mit einem Mikroprozessor ausgestattet sind und eine vielseitige Informationsverarbeitung ermöglichen. Die in der Sensortechnik genutzten Wirkprinzipien und Effekte konnten ständig erweitert werden. Während anfangs vorwiegend die Änderung des elektrischen Widerstandes in Abhängigkeit von der Temperatur, eine Beeinflussung der Kapazität und Induktivität oder der piezoelektrische Effekt genutzt wurden, so konnten über den HALL-Effekt, optoelektronische und Strahlungseffekte sowie auch durch chemisch/biochemische Reaktionen neue Wirkprinzipien für die Sensortechnik erschlossen werden.

Aus Tabelle 12.3-6 wird deutlich, daß die Sensortechnik ergänzende Meßmöglichkeiten zur bisher vorgestellten, traditionellen Meßtechnik bietet, wobei Robustheit und effektive Informationsverarbeitung eine weite Verbreitung begünstigen.

Tab. 12.3-6 Wirkprinzipien für Sensoren

Meßgröße	Effekt: Widerstands-änderung	Kapazitäts-änderung	Induktivitäts-änderung	Halleffekt	Feldplatten-prinzip	Piezoeffekt	optoelektronische Prinzipien
Druck	X					X	X
Kraft	X	X		X		X	X
Beschleunigung	X	X	X	X		X	X
Geschwindigkeit, Strömung	X	X	X	X			X
Drehzahl			X	X	X		X
Weg, Stellung			X	X	X		X
Füllstand	X	X	X		X		X
Temperatur	X						
Feuchtigkeit	X	X					X
Gas	X						X
Strahlung sichtbar							X
Strahlung IR	X						X
Magnetfeld				X	X		

Quellen und Literatur

[1] HOFMANN, K.: Was ist Fleischqualität? Die Fleischwirtschaft 53 (1973) 485

[2] HOFMANN, K.: Notwendigkeit und Vorschlag einer einheitlichen Definition des Begriffes „Fleischqualität". Die Fleischwirtschaft 54 (1974) 1607 - 1609

[3] HOFMANN, K.:Ist Fleischqualität meßbar?, S. 1 - 17, in: Institut für Chemie und Physik der Bundesanstalt für Fleischforschung: Chemisch-physikalische Merkmale der Fleischqualität, Kulmbach 1986

[4] BRANSCHEID, W.; CLAUS, R.: Markenfleisch, Fleischwirtschaft 70 (1990) 142 - 152

[5] TEMISAN, V.: Qualitätssicherung in der Erzeugung und Vermarktung von Qualitätsrindfleisch, Teil I und II Fleischwirtschaft 70 (1990) 968 - 980; 1150 - 1160

[6] KIERMEIER, F; HAEVECKER, U.: Sensorische Beurteilung von Lebensmitteln, München: J. F. Bergmann 1972

[7] FLIEDNER, I.; WILHELMI, F.: Grundlagen und Prüfverfahren der Lebensmittelsensorik Hamburg: Behr's Verlag, 1989

[8] NEUMANN, R.; MOLNAR, P; ARNOLD, S.: Sensorische Lebensmitteluntersuchung, 2. Auflage, Leipzig: Fachbuchverlag 1991

[9] ROTHE, M.: Zur Terminologie der Grundbegriffe der Aromaforschung. Die Nahrung 16 (1972) 473 - 481

[10] TILGNER, D.J.: Textur - ein sensorischer Qualitätskomplex, Teil I und II. Die Fleisch-

wirtschaft 59 (1979) 932 - 938, 1094 - 1102

[11] WEBER, E.H.: Der Tastsinn und das Gemeingefühl. In: R. Wagners Handwörterbuch der Physiologie, Bd. 3, Braunschweig: 1846, S. 539

[12] FECHNER, G.T.: Elemente der Psychophysik, Leipzig: Verlag Breitkopf und Härtel 1860

[13] HONIKEL, K.O.: Wasserbindungsvermögen von Fleisch, S. 67, in: Bundesanstalt für Fleischforschung, Institut für Physik und Chemie (Hrsg.:): Chemisch-physikalische Merkmale der Fleischqualität, Kulmbach 1986

[14] GROSSE, F.: Ermittlung und Bewertung der Fleischqualität beim Schwein, in: Fortschrittsberichte für die Land- und Nahrungsgüterwirtschaft, Berlin 1980

[15] GRAU, R.; HAMM, R.: Über das Wasserbindungsvermögen im Säugetiermuskel, Z. Lebensm. Unters. Forsch. 105 (1957) 446

[16] HOFMANN, K.; HAMM, R.; BLÜCHEL, E.: Neues über die Bestimmung der Wasserbindung des Fleisches mit Hilfe der Filterpapier-Preßmethode, Fleischwirtschaft 62 (1982) 87

[17] HAMM, R.: Kolloidchemie des Fleisches. Berlin und Hamburg: Verlag Paul Parey, 1972, S. 47

[18] FISCHER, C.; HOFMANN, K.; HAMM, R.: Erfahrungen mit dem Kapillarvolumeter nach Hofmann zur Bestimmung des Wasserbindevermögens von Fleisch. Die Fleischwirtschaft 56 (1976) 91

[19] TSAI, T.C.; OCKERMANN, H.W.: Water binding measurement of meat, J. Food Sci. 46 (1981) 697

[20] KRÜGER, G.; UTH, H.: Eine refraktometrische Methode zur Emrittlung des Safthaltevermögens von Skelettmuskelfleisch, Fleisch 36 (1982) 37

[21] BOCCARD, R.; BUCHTER, L. u. a.: Procedures for measuring meat quality characteristics in beef production experiments. Report of a working group in the Commission of the European Communities beef production research programm. Livestock Producktion Sciences 8 (1981)385

[22] POULANNE, E.; RUUSEN, M.: Verfahren zur Untersuchung der Eigenschaften von Brühwurstbrät. Fleischwirtschaft 8 (1978) 1543

[23] OFFER, G.; KNIGHT, P.: The structural basis of waterholding in meat; S. 63 u. 173 in Lawrie, R.: Developments in meat science, Amsterdam: Elsevier Appl. Sci. Publ., 1988

[24] ACTON, J.C.; ZIEGLER, G.R.; BURGER, D.L.: Functionality of muscle constituents in the processing of comminuted meat products. Crit. Rev. Food Sci. Nutrit. 18 (1983) 99

[25] PFEIFFER, G.; SACHER, F.; SOMMER, K.: Modelluntersuchungen an Aktomyosingelen. Die Fleischerei 1985 Nr. 6

[26] RASCH, D.; HERRNDÖRDER, G.; BOCK, J.; BUSCH, W.: Verfahrensbibliothek, Versuchsplanung und Auswertung. Berlin: Deutscher Landwirtschaftsverlag 1981, Band 1 - 3

[27] TSAI, R.; CASSENS, R.G.; BRISKEY, E.J.: The emulsifying properties of purified muscle proteins, J. Food Sci. 37 (1972) 286

[28] GALLUZZO, S.J.; REGENSTEIN, J.M.: Emulsion capacity and timed emulsification of chicken breast muscle myosin; Role of chicken breast muscle proteins in meat emulsion formation: Myosin, actin and synthetic actomyosin. J. Food Sci. 43 (1978) 1757, 1761

[29] HUBER, D.G.; REGENSTEIN, J.M.: Emulsion stability studies of myosin and exhaustely washed muscle from adult chicken breast muscle. J. Food Sci. 53 (1988) 1282

[30] ACTON, J.C.; SAFFLE, R.L.: Stability of oil-in-water emulsions. J. Food Sci. 35 (1970) 852

[31] RIVAS, H.J.; SHERMAN, P.: Soy and meat proteins as emulsions stabilisers. Colloids and Surfaces 11 (1984) 155

[32] MUSCHIOLIK, G.; ACKERMANN, K.; HAHNEMANN, H.: Ermittlung von Emulgierfunktion zur Charakterisierung der Emulgiereigenschaft von Proteinpräparaten. Die Nahrung 30 (1986) 101
[33] SWIFT, C.E.; LOCKET, C.; FRYAR, A.J.: Comminuted meat emulsions. The capacity of meats for emulsifying fat. Food Technol. 15 (1961) 468
[34] HALLING, P.J.: Protein-stabilised foams and emuslions, Crit. Rev. Food Sci. Nutrit. 13 (1981) 155
[35] SCHUT, J.: Meat emulsions, Kap. 8 in Friberg, S. (Hrsg.): Food emulsions, New York: Marcel Dekker, 1976
[36] HAQUE, Z.U.: Importance of peptides for food emulsion stability, S. 159 in Dickinson, E. (Hrsg.): Food polymers, gels, and colloids. Cambridge: The Royal Society of Chemistry, 1991
[37] ASGHAR; A.; SAMEJIMA, K.; YASUI, T.: Functionality of muscle proteins in gelation. Mechanisms of structured meat products, Crit. Rev. Food Sci. Nutrit 22 (1985) 27
[38] TRAUTMAN, J.C.: Effect of temperature and pH on the soluble proteins of ham. J. Food Sci. 31 (1966) 409
[39] REGENSTEIN, J.M.: Food protein chemistry. New York, Academic, Press Inc., 1984
[40] Deutsche Landwirtschafts-Gesellschaft e. V.: Prüfbestimmungen für die DLG-Qualitätsprüfungen Fleischerzeugnisse, Fertiggerichte und Feinkost, Frankfurt am Main, 1989
[41] FRICKER, A.: Schnellmethoden in der Lebensmittelsensorik, in: W. Baltes; Schnellmethoden zur Beurteilung von Lebensmitteln. Hamburg: Behr's Verlag, 1989
[42] Deutscher Fleischer Verband: Die Leitsätze für Fleisch und Fleischerzeugnisse des Deutschen Lebensmittelbuches und ihre praktischen Anwendung, Frankfurt am Main, 1988
[43] ARNETH, W.: Der BEFFE-Wert und seine Bestimmung in: Kulmbacher Reihe, Band 6 (1986) 156 - 170
[44] RAUSCHER, K.; ENGST, R.; FREIMUTH, U.: Untersuchung von Lebensmitteln, 2. Auflage, Leipzig: Fachbuchverlag 1986
[45] BERG, H.: A new method for determination of total nitrogen in meat and meat products, in: Proceedings of the 35th International Congress of Meat Science and Technology, Copenhagen, 1989, p. 516-520
[46] RISTOW, R.: Eiweißbestimmung nach dem Biuret-Verfahren, Fleischwirtschaft 70 (1990) 8, 920-924
[47] JOHNSON, P.; HARRIS, C.I.; Perry, S.V.: 3-methylhistidine in actin and other muscle proteins. Biochemical Journal 105 (1967) 361-370
[48] RONNESTAD, H.: A study on the possibilities of using 3-methylhistidine to quality skeletal proteins in meat trimmings ... Meat Science 30 (1991) 257 - 264
[49] PETERS, H.; SIELAFF, H.; WESTPHAL, G.: Zur Bestimmung der Hauptinhaltsstoffe von Fleisch und Fleischerzeugnissen. Fleisch 42 (1988) 57-60, 76-77, 90-92
[50] KOTTER, L.; PRÄNDL, L.: Archiv für Lebensmittelhygiene 9 (1958) 243
[51] HILDEBRANDT, G.; HIRST, L.: Determination of the collagen, elastin and bone content in meat products using television image analysis J. Food Science 50 (1985) 568-572, 576
[52] ETHERINGTON, D.J.; SIMS, T.J.: Detection and estimation of collagen, J. Sci. Food Agriculture 32 (1981) 539 - 546
[53] KOLAR, K.: Colorimetric determination of hydroxyproline as measure of collagen content in meat and meat products, J. Assoc. Off. Anal. Chem. 73 (1990) 54-57
[54] SMITH, H.S. JUDGE, M.D.: An HPLC-method using FMOC-ADAM for determination of

hydroxyproline in muscle, Meat Science 30 (1991) 351-357

[55] PATTERSON, R.L.S. (ecl.): Biochemical identification of meat species, Elsavier App. Sci. Publ. London; 1985

[56] SCHRÖDER, B.; HORN D.; DARGE W.: Tierartdifferenzierung mittels isoelektrischer Fokussierung bei erhitztem Fleisch, Fleischwirtschaft 70 (1990) 102-107

[57) HOFFMANN, K.: Charakterisierung von Eiweißarten anhand typischer Bandmuster in SDS-Elektrophorese-Gelen. Mitteilungsblatt der Bundesanstalt für Fleischforschung Nr. 71 (1981) 4447

[58] FUKAL, L.: Modern immunoassays in meat-product analysis. Die Nahrung 35 (1991) 5, 431-448

[59] MARTIN, R.; WARDALE R.J.; JONES S.F.; HERNANDEZ P.E.; PATTERSON R.L.S.: Monoconal antibody sandwich ELISA for the potential detection of chicken meat in mixtures of raw beef and pork, Meat Science 30 (1991) 23-31

[60] EBBEHOJ, K.F.; THOMSEN P.D.: Differentiation of closely related species by DNA-Hybridization, Meat Scince 30 (1991) 359-366

[61] PFEIFFER, G.; ELDALY E.-S.; SACHER, F.: Analysenverfahren zur Schnellbestimmung des Fettgehaltes. Die Fleischerei 7 (1985) 514-517,

[62] LONCIN, M.; WEISSER, H.: Wasseraktivität und ihre Bedeutung in der Lebensmittelverfahrenstechnik. VDI-Berichte Nr. 290 (1977) S. 136-143

[63] WEISSER, H.: Schnellmethoden zur Messung des Wassergehaltes in Lebensmitteln.: ZFL 36 (1985) 5.- S.318-326

[64] BALTES, W.: Schnellmethoden zur Beurteilung von Lebensmitteln. Hamburg, Behr's Verlag 1989

[65] NEWMANN, P.B.: The use of video image analysis for quantitative measurement of visible fat and lean in meat: Meat Science 19 (1987) 139-150

[66] Die enzymatisch Lebensmittelanalytik Hefte 1 bis 5 (1986) Firmenschrift, Boehringer, Mannheim

[67] RÜSSEL, H.: Rückstandsanalytik von Wirkstoffen in tierischen Produkten. Stuttgart: G. Thieme Verlag, 1986

[68] GROSSKLAUS, D.: Rückstände in von Tieren stammenden Lebensmitteln. Berlin und Hamburg: Paul Parey 1989

[69] WIRTH, F.: pH-Wert und Fleischwarenherstellung. Fleischwirtschaft 9 (1978] 1458-1468

[70] HOFMANN, K.: Der pH-Wert – ein Qualitätskriterium für Fleisch. S. 134-155 in Institut für Chemie und Bundesanstalt für Fleischforschung: Chemisch- physikalische Merkmale der Fleischqualität, Kulmbach 1986

[71] RÖDEL, W.; SCHEUER, R.: Fehlerquellen bei der Bestimmung des pH-Wertes in Fleisch und Fleischerzeugnissen mit Glaselektroden, S. 307-310 in Mitteilungsblatt der Bundesanstalt für Fleischforschung Kulmbach 28 (1989)

[72] HOFMANN, K.: Das Redoxpotential. Fleischwirtschaft 3 (1974) 466-468

[73] KRÄMER, J.: Lebensmittel-Mikrobiologie. Stuttgart: Verlag Eugen Ulmer 1987

[74] KALLWEIT, E.; PIRCHNER, F.: Stellungnahme zur Eignung der Leitfähigkeitsmessung zur Beurteilung der Fleischbeschaffenheit beim Schwein im Rahmen der Fleischleistungsprüfung. Züchtungskunde 61 (1989) 1,3-5

[75] KALLWEIT, E.; FRIES, R.; KIELWEIN, G.; SCHOLTYSSEK, S.: Qualität tierischer Nahrungmittel. Stuttgart: Verlag Eugen Ulmer, 1988

[76] SCHMITTEN, F.; SCHEPERS, K.-H.; JÜNGST, H.; REULU, U.; FESTERLING, A.: Fleisch-

qualität beim Schwein – Untersuchungen zu deren Erfassung. Fleischwirtschaft 10 (1984)1238-1242

[77] SCHMITTEN, F.: Arbeitsanleitung zur Messung der Leitfähigkeit in Kotelett und Schinken mit dem Leitfähigkeitsmeßgerät LF DIGI 550, LF 191, LST F-Elektrode der Firma WTW, Institut für Tierzucht-Wissenschaft, Bonn 1983

[78] WIRTH, F.; LEISTNER, L; RÖDEL, W.: Richtwerte der Fleischtechnologie,Frankfurt: a. M.: Sponholz Verlag 1990

[79] HONOLD, F.; CAMANN, K.: Ionensensitive Elektroden, in Baltes, W.: [64]

[80] PLIQUETT, F.; PLIQUETT, U.; RÖBEKAMP, W.: Beurteilung der Reifung des M. long. dorsi und M. semitendinosus durch Impulsimpedanzmessung, Fleischwirtschaft 70 (12) 1990, 1468 - 1470

[81] KLETTNER, P.G.; STIEBING, A.: Beitrag zur Bestimmung der Farbe bei Fleisch und Fleischerzeugnissen, Fleischwirtschaft 60 (1980) 11, 1970-1976

[82] PRÄNDEL, O.; FISCHER, A:; SCHMIDHOFER, T.; SINELL, H.J.: Fleisch, Technologie und Hygiene der Gewinnung und Verarbeitung. Stuttgart: Verlag Eugen Ulmer 1988

[83] KLEINIG, M. GUSTAV, SITTE. P., Zellbiologie, Jena: Fischer Verlag 1984

[84] AQUITERA, J.M.; STANLEY, D.W.: Microstructural Principles of Food Processing and Engineering. London: Elsevier Applied Science Publ. 1990

[85] KRONMÜLLER, H.: Prinzipien der Prozeßmeßtechnik, Kassel: Verlag Schnäker 1980

[86] MANIATIS, T.; FRITSCH, E.F.; SAMBROOK, J.: 1989 Molecular cloning: a laboratory manual, Cold Spring Harbor Laboratory, Cold Spring Harbor, New York. 70 (1989) 8, 920-924

13 Umweltschutz

H. SIELAFF

13.1 Gesetzliche Grundlagen

Eine Belastung der Umwelt durch Einrichtungen der Fleischwirtschaft kann durch Geruch, Lärm, Emissionen und Abwasser verursacht werden. Im Interesse des Umweltschutzes leistet die Fleischwirtschaft ihren Beitrag dazu, mögliche Umweltbelastungen zu verhindern oder auf ein Mindestmaß zu beschränken. Hierbei muß das „Vorsorgeprinzip" als ein unverzichtbarer Teil des Umweltschutzes gelten, bzw. es muß diesem Prinzip notwendigerweise durch gesetzliche Regelungen Geltung verschafft werden. Da Umweltschutz eine eminent politische Aufgabe ist, haben viele Länder, so auch die BRD, eine Reihe von Gesetzen erlassen, von denen die wichtigsten nachfolgend aufgeführt werden:

- Gesetz zum Schutz vor schädlichen Umwelteinwirkungen durch Luftverunreinigungen, Geräusche, Erschütterungen und ähnliche Vorgänge (Bundes-Immissionsschutzgesetz - BImSchG) vom 15.03.1974 (BGBl. I S. 721, 1193), zuletzt geändert durch Gesetz vom 14.05.1990 (BGBl. I S. 870)
- Vierte Verordnung zur Durchführung des Bundes-Immssionsschutzgesetzes (Verordnung über genehmigungsbedürftige Anlagen - 4. BImSchV) vom 24.07.1985 (BGBl. I S. 1586), zuletzt geändert durch Artikel 2 der Verordnung vom 15.07.1988 (BGBl. I S. 1059) und vom 20.06.1990 (BGBl. I. S. 1080)
- Allgemeine Verwaltungsvorschriften zum BImSchG u. a.:
  Erste Allgemeine Verwaltungsvorschrift zum Bundes-Immissionsschutzgesetz (Technische Anleitung zur Reinhaltung der Luft - TA Luft) vom 27.02.1986 (GMBl. Nr. 7/86 S.93)
- Gesetz zur Ordnung des Wasserhaushaltes (Wasserhaushaltsgesetz - WHG) in der Fassung der Bekanntmachung vom 23.09.1986 (BGBl. I S. 1529, 1654), zuletzt geändert am 12.02.1990 (BGBl. I S. 205)
- Gesetz über Abgaben für das Einleiten von Abwasser in Gewässer (Abwasserabgabengesetz - AbwAG) vom 13.09.1976 (BGBl. I S. 2721, 3007), zuletzt geändert am 05.03.1987 (BGBl. I S. 880) und vom 06.11.1990 - gültig ab 01.01.1991 (BGBl. I S. 2432).
- Gesetz über die Vermeidung und Entsorgung von Abfällen (Abfallgesetz - AbfG) vom 27.08.1986 (BGBl. I S. 1410, 1501), zuletzt geändert durch Gesetz zum Eeinigungsvertrag vom 23.09.1990 (BGBl. II S. 885).

Darüber hinaus gibt es Ländervorschriften. Schließlich soll betont werden, daß auch in den Fällen, wo eine Genehmigungspflicht für das Betreiben von Anlagen nicht erforderlich ist, bestimmte Grenzwerte nicht überschritten werden dürfen.

13.2 Maßnahmen zum Schutz gegen Geruchsbelästigungen

Geruchsstoffe entstehen in Schlacht- und Verarbeitungsbetrieben sowie bei der Verarbeitung von Tierkörpern oder Tierkörperteilen. Herausragende Bedeutung haben vor allem Stallungen, Dunglegen, Kuttelei, Knochen-, Fell-, Borsten- und Konfiskatlager, mechanische Abwasser-

vorbereitung, Flammenthaarung, Fettabscheider, Koch- und Bratanlagen, Räucheranlagen sowie Crusher und Fettschmelzkessel.
In Deutschland existieren zur Zeit keine detaillierten gesetzlichen Regelungen hinsichtlich der Bewertung von Lärm- und Geruchsbelästigungen, so daß bei notwendig werdenden Entscheidungen im konkreten Fall ein Ermessungsspielraum gegeben ist.
WIELAND zitiert in seinem Beitrag „Diffuse Quellen in der Fleischwirtschaft" [1] eine ministerielle Weisung an die Staatlichen Gewerbeaufsichtsämter Nordrhein-Westfalens aus dem Jahre 1979, in der Schutzabstände zur Verhinderung bzw. weitgehenden Vermeidung von Geruchsbelästigungen bei neu zu errichtenden Betrieben festgelegt worden sind. Es werden Schutzabstände zwischen 200 und 500 m bei Schlachthöfen und Fleischwarenfabriken sowie 1 000 m bei Anlagen zum Fettschmelzen, zur Verarbeitung tierischer Abfälle und Tierkörper gefordert. Derartige Mindestabstände stellen zugleich einen Schutz gegen Lärmbelästigung der Umgebung dar. Sie sind nach dem heutigen Stand der Technik zu verringern, wenn zweckentsprechende Lösungen realisiert werden. Dem Stand der Technik Rechnung tragend, wird von BAUM (1988) für die Errichtung von Schlachthöfen ein Mindestabstand zur nächsten vorhandenen Wohnbebauung von 350 m gefordert [2].

Tab.13.2-1 Logarithmischer Zusammenhang zwischen der Gruchskonzentration *S* und dem Geruchseindruck *E* [3]

Wirkungsgrad η der Reinigung (%)	Geruchskonzentration S (mg/m^3)	Geruchseindruck E	% der ursprünglichen Geruchswahrnehmung
0	100	0,80	100
50	50	0,68	85
75	25	0,56	70
90	10	0,40	50
95	5	0,28	35
98	2	0,12	15

Der Zusammenhang zwischen subjektivem Geruchseindruck und Geruchskonzentration läßt sich mit dem WEBER-FECHNER-Gesetz nach der Gleichung $E = k \cdot \log S$ näherungsweise bestimmen. Die Zunahme der Empfindungsstärke E ist proportional zum Logarithmus der Reizstärke S. DUFFE [3] gibt den Wert der Konstanten k mit 0,4 an. In Tabelle 13.2-1 wird der Zusammenhang zwischen der Geruchskonzentration S und dem Geruchseindruck E in Verbindung mit der Wirkung der Reinigung ausgewiesen.

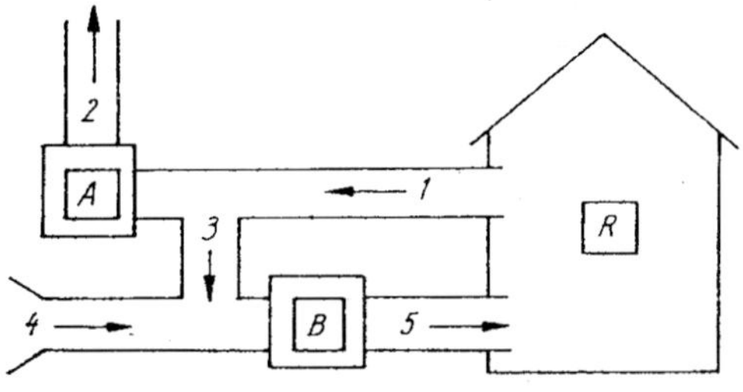

1 Abluft
2 Fortluft
3 Umluft
4 Außenluft (Zuluft)
5 Zuluft
(R) be- und entlüfteter Raum (Anlage)
(B) Behandlung der Zuluft (Erwärmung, Filterung, Befeuchtung usw.)
(A) Abluftreinigung

Abb. 13.2-1 Schema der Luftströme in einer Anlage [4]

Anlagen zur Weiterverarbeitung von Abfällen und Nebenprodukten sind genehmigungspflichtig. Hierzu gehören u. a. Tierkörperbeseitigungsanstalten, Anlagen zur Herstellung von Gelatine, Hautleim, Lederleim oder Knochenleim, Futter- und Düngemitteln oder technischen Fetten. Anlagen zum Lagern unbehandelter Knochen, mit Ausnahme von Vorrichtungen für selbstgewonnene Knochen in Fleischereien, in denen weniger als 400 kg Fleisch je Woche verarbeitet werden, zählen auch hierzu. Es können geruchsintensive Stoffe wie Aldehyde, Ammoniak, Stickstoffverbindungen, organische Säuren, z. T. Lösungsmittelgerüche sowie auch Staubemissionen (Verarbeitung von Tierhaaren und Federn) auftreten [2]. Maßnahmen zum Schutz der Umwelt bestehen neben der erwähnten Einhaltung von Abständen zur nächsten Wohnbebauung darin, Roh- und Zwischenprodukte, bei denen eine Geruchsentwicklung zu erwarten ist, in geschlossenen Behältern oder Räumen gekühlt zu lagern sowie geruchsintensive Stoffe zu erfassen und anschließend zu eliminieren.

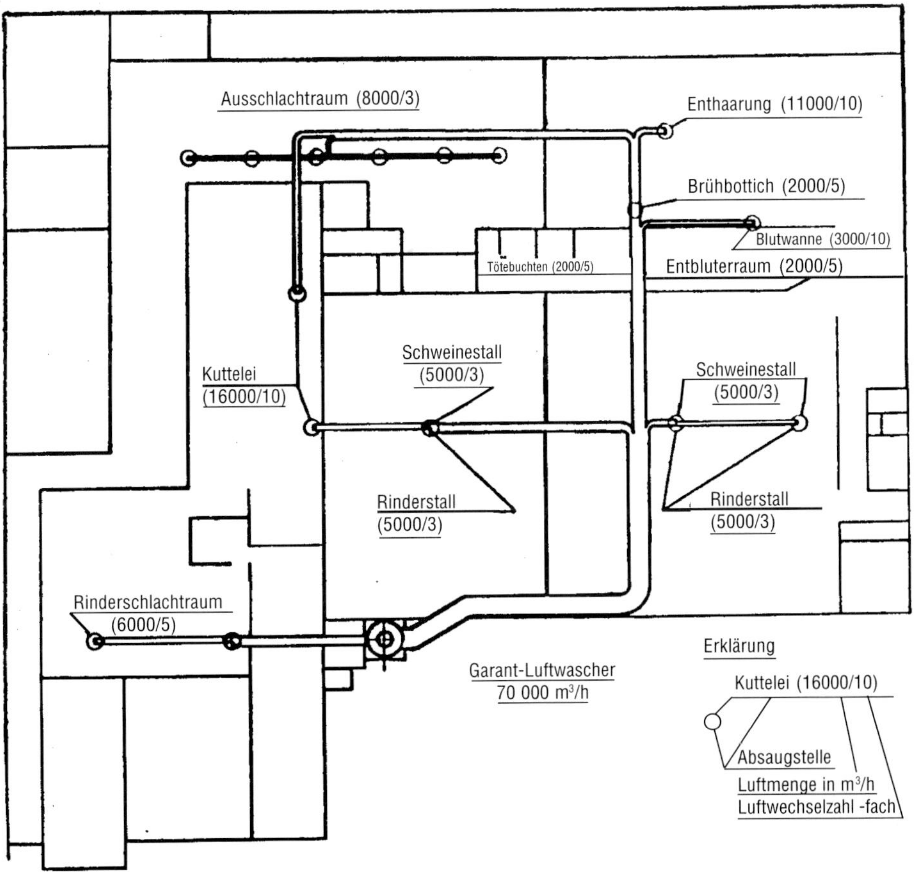

Abb. 13.2-2 Zentrale Erfassung aller Verfahrens- und Raumabluft eines Schlachthofes (Zeichnung: Hans Wulf, Maschinenfabrik Husum (nach [1])

In Betrieben, in denen bestimmte Abfälle anfallen, aber nicht weiterverarbeitet werden, kommen Vakuumanlagen zum Einsatz, die in einem geschlossenen System arbeiten und bei denen die Materialien in Container abgesaugt und ohne Umfüllen abtransportiert werden können. Seitens der Lüftungstechnik werden Lösungen angeboten, die Geruchsstoffe wirksam beseitigen. Zur Luftreinigung z. B. von Klimaanlagen werden Luftwascher angeboten, in denen die Luft direkt mit strömendem oder versprühtem Wasser in Berührung gebracht und gereinigt wird. In Abbildung 13.2-1 wird schematisch die Abluftreinigung dargestellt.

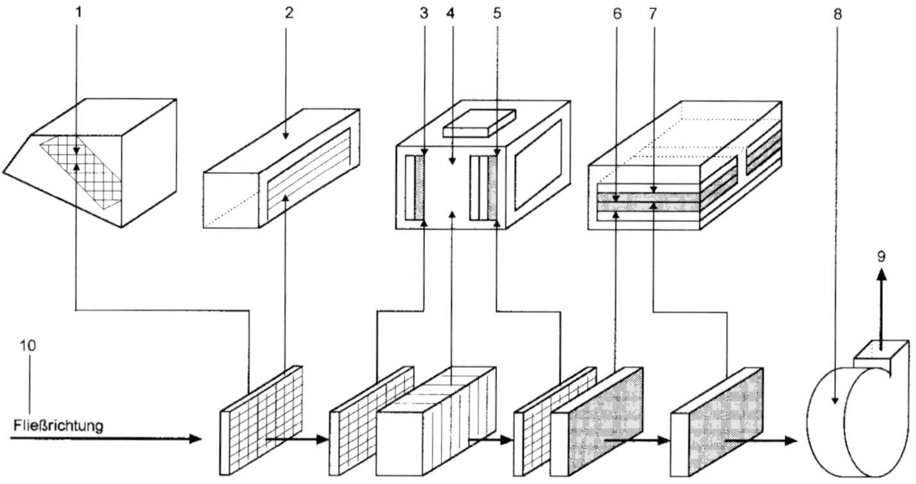

Abb. 13.2-3 Schema einer 4stufigen Filteranlage zur Abschneidung von Gerüchen (Zeichnung: Herzog und Langen, Xanten (nach [1])

1 Ansaugen über Hauben mit Fettfangfilter oder
2 über Kanäle mit Gittern
3 Vorfilter für Elektrofilter
4 Elektrofilter
5 Nachfilter
6 Feuchtfilter
7 Aktivkohlefilter
8 Ventilator
9 Reinluft
10 Ansaugen der zu reinigenden Luft

WIELAND [1] gibt konkrete Anwendungsfälle in der Fleischwirtschaft an, wonach an zentraler Stelle die Verfahrens- und Raumluft eines Schlachthofes erfaßt (Abb. 13.2-2) und gemäß dem Schema in Abbildung 13.2-3 mittels einer 4stufigen Filteranlage Geruchsstoffe abgeschieden werden können. Das Abscheiden von Geruchsstoffen erfolgt hierbei mit Hilfe von Elektro- und Aktivkohlefiltern. Für Fleischverarbeitungsbetriebe und andere Einrichtungen, z. B. Fleischmehl- und Federmehlhersteller, kann das Kalkstein-Verfahren angewandt werden. Auf dieser Basis arbeitet z. B. das Kurmeierturm-Verfahren. Die Abluft wird mit Hilfe von Erdcarbonaten neutralisiert (Abb. 13.2-4). Das Verfahren wird vom Hersteller wie folgt beschrieben:
Die mit organischen Geruchsstoffen beladene Abluft (1) wird in einem Rohrleitungssystem zusammengefaßt und durch ein Radialgebläse (3) in den Kurmeierturm (5) gedrückt. Dieser ist mit Erdcarbonaten (2), z. B. Naturkalkstein, gefüllt, die durch Umlaufwasser (4) kontinuierlich berieselt werden. Bei Eintritt der übelriechenden Abluft in den Kurmeierturm wird ein

Reaktionsgas (6), z. B. Chlorgas, durch eine vollautomatisch arbeitende Dosieranlage in den Luftstrom kontinuierlich eingegeben. Dieses Gas wird durch die im Turm enthaltenen Erdcarbonate (2) gedrückt und zwar unter Ablauf nachstehender Reaktionen.

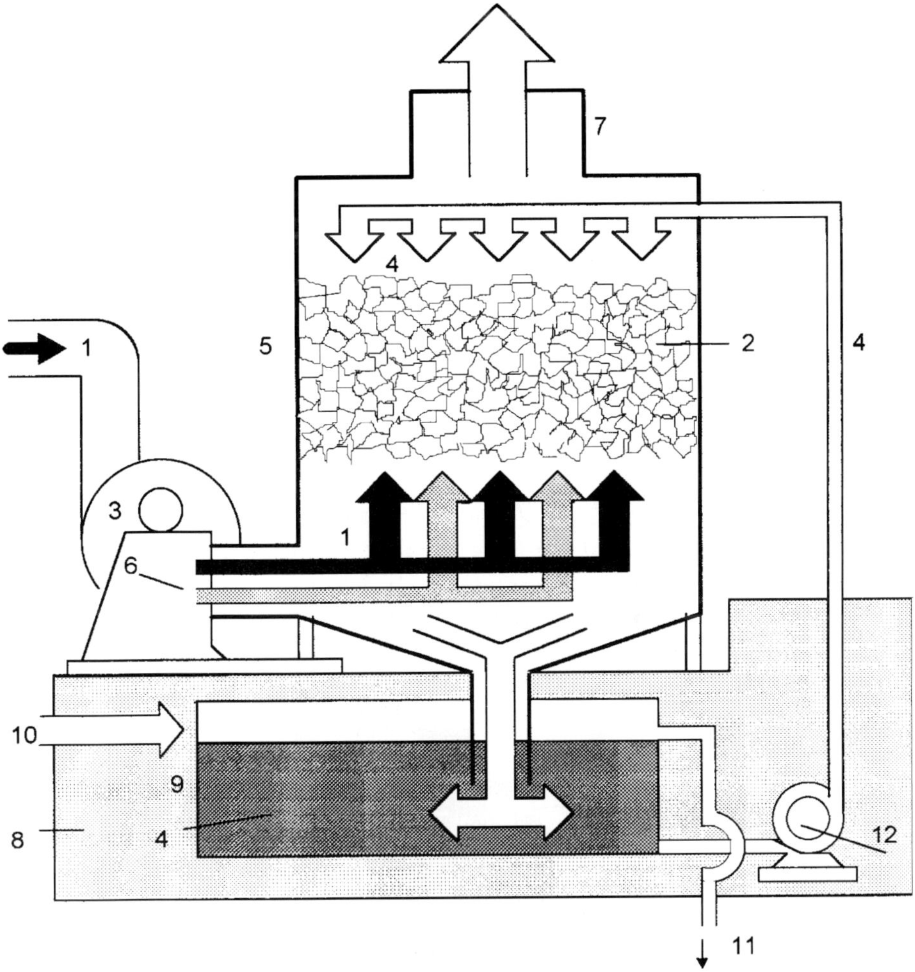

Abb. 13.2-4 Abluftreinigung im Kurmeierturm (Prospektmaterial der Fa. des Kurmeierturmverfahrens)

1 Geruchsbeladene Abluft
2 Erdcarbonate
3 Radialgebläse
4 Umlaufwasser
5 Kurmeierturm
6 Reaktionsgas
7 Turmschornstein
8 Fundament
9 Umlaufwasserbecken
10 Frischwasserzulauf
11 Überlauf in Vorfluter
12 Umlaufwasserpumpe

$Cl_2 + H_2O = HCl + HClO$

Nachdem das Chlor selbst bereits einen Teil der Geruchsstoffe zerstört hat, wandelt es sich in Salzsäure und unterchlorige Säure (HClO) um. Die Salzsäure setzt sich nach nachstehender Formel mit dem Erdcarbonat um:

II. $2\ HCl + CaCO_3 = CaCl_2 + CO_2 + H_2O$

Das leicht lösliche Calciumchlorid vermischt sich mit dem Umlaufwasser (4). Die Kohlensäure entweicht geruchslos aus dem Turmschornstein (7). Durch diesen Vorgang wird die Reaktion gemäß Formel beschleunigt und vervollständigt.

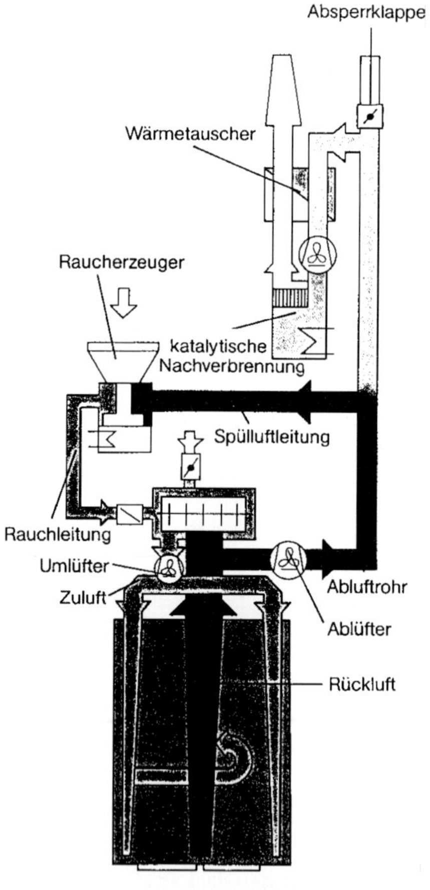

Abb. 13.3-1 Universal-Heißrauch- und Garanlage – Prinzip der Abluftreinigung durch katalytische Nachverbrennung (Wirkprinzip-Darstellung: VEMAG Maschinenbau GmbH, Verden)

Das Reaktionsgas (z. B. Chlorgas) zerstört den Rest der Geruchsstoffe und geht im Überschuß in das Umlaufwasser (4), das klar und frei von üblen Gerüchen völlig gefahrlos in jeden Vorfluter abgelassen werden kann. Zur Wassereinsparung wird es jedoch umgepumpt und zur vielfachen Berieselung verwendet, so daß nur 1 – 2 m^3 Wasser je Stunde verbraucht werden. Entstehendes Ammoniak setzt sich mit Chlor zum Teil zu Ammoniumchlorid, das in das Umlaufwasser geleitet wird, um. Zum anderen Teil entstehen Chloramine ($NHCL_2$ und NH_2Cl), die ebenfalls ins Umlaufwasser geleitet werden und entsprechend dem Prospektmaterial zum geringen Teil in die Schornsteineabgase gelangen.
Das Verfahren unterscheidet sich von dem trockenen Kalksandsteinverfahren, das zur Rauchgasentschwefelung mittels thermischer Behandlung dient. Über die praktische Nutzung des geschilderten Verfahrens liegen keine Ergebnisse vor.

13.3 Schutz gegen Emissionen

Die Abgabe von luftverunreinigenden Stoffen durch die Fleischwirtschaft ist vor allem durch Heiz- und Räucheranlagen gegeben. Hier sollen lediglich Räuchereien betrachtet werden. Es handelt sich um Abgase, die bei der Verbrennung oder dem Verschwelen von Holz entstehen und eine Dispersion fester sichtbarer Stoffe aus Ruß und Flugasche darstellen. Das Trägergas besteht aus dem Stickstoff der Verbrennungsluft mit Anteilen von Kohlendioxyd, Wasserdampf, Kohlenmonoxid, Schwefeldioxid und geringfügigen Mengen verschiedener anderer Schadstoffkomponenten.
Es existieren wirksame technische Einrichtungen, die es den Betreibern von genehmigungspflichtigen Anlagen ermöglichen, den Immissionsschutzforderungen nachzukommen (genehmigungspflichtig sind Räuchereien mit einer Räucherleistung von mehr als 1 t /Woche). Für Räuchereien werden Nachverbrennungsanlagen und Abgaswascher (Abb. 13.3-1) eingesetzt [4]. Bei modernen Raucherzeugern wird auf eine Minimierung der Abgasmengen (Kapselung) Wert gelegt. Es wurden Räucherkammern mit reinem Umluftbetrieb und Dampfräucherverfahren entwickelt. Bei letzterem gelangen die kondensierten Schadstoffe allerdings in das Abwasser.

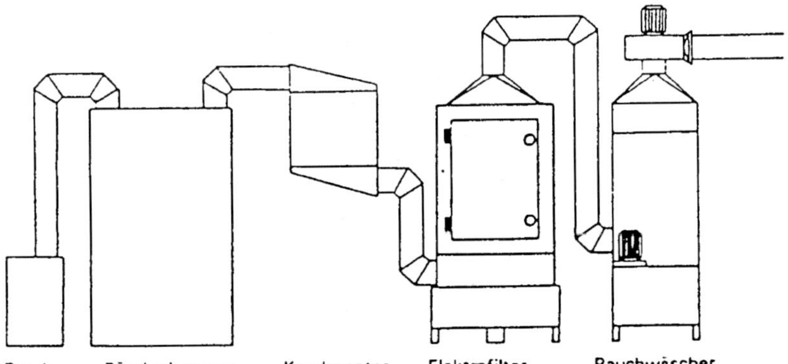

Abb. 13.3-2 Kombinierte Abgasreinigungsanlage (Elektrofilter und Wäscher)

In letzter Zeit hat der Einsatz von kombinierten Abgasreinigungsanlagen, bestehend aus einem elektrischen Filter und einem Rauchwäscher, Eingang gefunden (Abb. 13.3-2). Die umweltrelevanten Rauchinhaltsstoffe werden hierbei nicht, wie bei der Nachverbrennung, beseitigt, sondern abgeschieden und konzentriert. Der Hauptanteil ist Teer, der als Sondermüll entsorgt werden muß.

13.4 Abwasserhygiene

13.4.1 Abwasserinhaltsstoffe

Abwässer aus Betrieben der Fleischwirtschaft können anorganische und organische Stoffe wie Alkalien, Kochsalz, Pökelsalz, tierische Exkrete, Magen- und Darminhalt, Mikroorganismen, Parasiten, Fleisch- und Fettabfälle, Knorpel, Blut, Haare, Haut, Klauen, Sand, Reste von Desinfektions- und Reinigungsmitteln, enthalten. Starke Abwasserbelastungen ergeben sich aus Schlacht- und Sanitäreinrichtungen. Man schätzt, daß je Tonne Schlachttier etwa 1,1 kg Fett und 10 kg suspendierte Substanzen in das Abwasser gelangen. Da Abwässer aus verschiedenen öffentlichen und privaten Einrichtungen hinzukommen, sind hygienische Maßnahmen erforderlich. Für die entstehenden Kosten der Abwasserreinigung haben die Einleiter von Abwässern einen Beitrag zu leisten (s. Abwasserabgabegesetz).

Die Abwasserhygiene hat das Ziel, gesundheitliche Gefährdungen durch Behandlung und Beseitigung kommunaler, industrieller und landwirtschaftlicher Abwässer zu verhindern. Infektions- und Intoxikationsgefahren bestehen direkt und indirekt für das Fischereiwesen (Fische, Krebse, Muscheln), die Tierproduktion (u. a. über das Trinkwasser sowie Futter- und Weidefläche), die Pflanzenproduktion (Abwasserbehandlung) und nicht zuletzt über die Rückkoppelung zur Trinkwasserversorgung. Schwerwiegende Probleme können durch unsachgemäßes Ausbringen von Gülle entstehen, da diese Grundwasser und Oberflächenwasser zu beeinträchtigen vermögen. Risiken anderer Art können auftreten, wenn Desinfektionsmittel in höheren Dosen in die Kanalisation gelangen, Schadwirkungen auf Wasserorganismen ausüben und damit die Selbstreinigungskraft der Gewässer beeinträchtigen. Solche Möglichkeiten werden - wenn auch mehr theoretisch - diskutiert [5].

Über die Abwasserbeschaffenheit fleischwirtschaftlicher Einrichtungen gibt es zahlreiche Mitteilungen insbesondere über mikrobiologische Befunde, darüberhinaus auch einige über die chemische Zusammensetzung [6, 7]. Wie aus Tabelle 13.4-1 zu ersehen ist, waren alle von KENDEREVSKI und KOSTIC [7] untersuchten Abwässer an den geprüften Stellen Schlachtung und Zerlegung, Kuttelei, Konservenabteilung und Fettschmelze insbesondere während der größten Betriebsamkeit und gegen Arbeitsschluß intensiv mit Bakterien kontaminiert. Es wurde ein Gesamtkeimgehalt von 10^5 – 10^8 Mikroben/ml festgestellt. Erwartungsgemäß ist die Zahl der Enterobacteriaceae in der Schlacht- und Kutteleiabteilung relativ hoch. Neben Saprophyten und Fäulniserregern werden auch pathogene Keime, z. B. Tuberkulosebakterien, Rotlauferreger und Salmonellen, nachgewiesen. Letztere fanden BERGMANN und GÖTZE [8] in 30 % der Proben aus dem Abwasser des Berliner Schlachthofes. Damit wird deutlich, daß insbesondere Schlachthofabwässer risikobehaftet sind.

Tab. 13.4-1 Ergebnisse der bakteriologischen Untersuchung der Abwässer aus einzelnen Abteilungen und im Hauptsammelschacht des Schlachthofes der Konservenfabrik "Crvena Zvezda" in Kragujevac [7]

Ort und Datum der Abwasserentnahme	Entnahmezeit (Uhrzeit)	Colizahl des in 1 ml untersuchten Abwassers (Most probable Number)	Indikatoren der fäkalen Verunreinigungen				*E. coli* je ml Wasser (Most probable Number)	Gesamtzahl aller lebenden Bakterien je ml Wasser bei *T* in ° C	
			E. coli	*Enterococcus*	*Proteus*	*Cl. perfringens*		*22*	*37*
Schlachterei und	8	$7{,}6 \cdot 10^5$	+	+	+	-	$9{,}1 \cdot 10^4$	$5{,}9 \cdot 10^5$	$9{,}6 \cdot 10^5$
Zerlegeabteilung	11	$5{,}3 \cdot 10^6$	+	+	+	+	$4{,}8 \cdot 10^5$	$4{,}1 \cdot 10^6$	$9{,}7 \cdot 10^6$
23. 4. 1970	14	$2{,}6 \cdot 10^7$	+	+	+	+	$3{,}7 \cdot 10^6$	$1{,}2 \cdot 10^7$	$3{,}6 \cdot 10^7$
Schlachterei und	8	$7{,}9 \cdot 10^5$	+	+	+	+	$9{,}9 \cdot 10^4$	$5{,}2 \cdot 10^5$	$1{,}9 \cdot 10^6$
Zerlegeabteilung	11	$6{,}8 \cdot 10^6$	+	+	+	+	$5{,}9 \cdot 10^5$	$3{,}9 \cdot 10^6$	$2{,}1 \cdot 10^7$
30. 4. 1970	14	$5{,}5 \cdot 10^7$	+	+	+	+	$5{,}3 \cdot 10^6$	$1{,}1 \cdot 10^7$	$4{,}9 \cdot 10^7$
Kuttelei	8	$2{,}5 \cdot 10^6$	+	+	+	+	$4{,}5 \cdot 10^5$	$1{,}1 \cdot 10^6$	$4{,}2 \cdot 10^6$
23. 4. 1970	11	$2{,}3 \cdot 10^7$	+	+	+	+	$4{,}9 \cdot 10^6$	$8{,}2 \cdot 10^6$	$2{,}7 \cdot 10^7$
	14	$1{,}4 \cdot 10^8$	+	+	+	+	$1{,}8 \cdot 10^7$	$2{,}2 \cdot 10^7$	$9{,}8 \cdot 10^7$
Kuttelei	8	$2{,}7 \cdot 10^6$	+	+	+	+	$6{,}7 \cdot 10^5$	$1{,}2 \cdot 10^6$	$3{,}5 \cdot 10^6$
30. 5. 1970	11	$8{,}1 \cdot 10^7$	+	+	+	+	$5{,}7 \cdot 10^6$	$7{,}7 \cdot 10^6$	$2{,}9 \cdot 10^7$
	14	$1{,}5 \cdot 10^8$	+	+	+	+	$2{,}2 \cdot 10^7$	$2{,}1 \cdot 10^7$	$1{,}1 \cdot 10^8$
Abteilung für	8	$7{,}4 \cdot 10^4$	+	+	+	-	$6{,}6 \cdot 10^4$	$7{,}7 \cdot 10^5$	$9{,}3 \cdot 10^5$
Halbkonserven	11	$9{,}3 \cdot 10^5$	+	+	+	-	$2{,}1 \cdot 10^5$	$2{,}5 \cdot 10^5$	$8{,}7 \cdot 10^6$
23. 4. 1970	14	$3{,}1 \cdot 10^6$	+	+	+	-	$4{,}8 \cdot 10^5$	$8{,}5 \cdot 10^5$	$9{,}5 \cdot 10^5$
Abteilung für	8	$7{,}5 \cdot 10^4$	+	+	+	-	$6{,}9 \cdot 10^4$	$8{,}5 \cdot 10^5$	$9{,}5 \cdot 10^5$
Halbkonserven	11	$8{,}7 \cdot 10^5$	+	+	+	-	$2{,}4 \cdot 10^5$	$2{,}7 \cdot 10^6$	$9{,}4 \cdot 10^6$
30. 5. 1970	14	$3{,}8 \cdot 10^6$	+	+	+	-	$5{,}1 \cdot 10^5$	$8{,}1 \cdot 10^6$	$2{,}1 \cdot 10^7$
Fettschmelze	8	$5{,}1 \cdot 10^4$	+	-	+	-	$4{,}8 \cdot 10^4$	$4{,}3 \cdot 10^5$	$8{,}8 \cdot 10^5$
22. 4. 1970	11	$6{,}8 \cdot 10^5$	+	-	+	-	$1{,}7 \cdot 10^5$	$1{,}4 \cdot 10^6$	$5{,}6 \cdot 10^6$
	14	$2{,}1 \cdot 10^6$	+	-	+	-	$3{,}2 \cdot 10^6$	$4{,}1 \cdot 10^6$	$1{,}4 \cdot 10^7$
Fettschmelze	8	$6{,}2 \cdot 10^4$	+	-	-	-	$5{,}5 \cdot 10^4$	$4{,}5 \cdot 10^5$	$8{,}9 \cdot 10^5$
30. 5. 1970	11	$7{,}1 \cdot 10^5$	+	-	+	-	$2{,}0 \cdot 10^5$	$1{,}5 \cdot 10^6$	$5{,}9 \cdot 10^6$
	14	$2{,}5 \cdot 10^6$	+	-	+	-	$4{,}3 \cdot 10^5$	$5{,}2 \cdot 10^6$	$1{,}5 \cdot 10^7$
Hauptsammelschacht	8	$2{,}6 \cdot 10^6$	+	+	+	+	$4{,}7 \cdot 10^5$	$1{,}2 \cdot 10^6$	$4{,}3 \cdot 10^6$
des Schlachthofes	11	$1{,}9 \cdot 10^7$	+	+	+	+	$2{,}5 \cdot 10^6$	$9{,}3 \cdot 10^6$	$4{,}5 \cdot 10^7$
23. 4. 1970	14	$8{,}5 \cdot 10^7$	+	+	+	+	$1{,}1 \cdot 10^7$	$1{,}5 \cdot 10^7$	$5{,}8 \cdot 10^7$
Hauptsammelschacht	8	$2{,}7 \cdot 10^6$	+	+	+	+	$4{,}9 \cdot 10^5$	$1{,}3 \cdot 10^6$	$4{,}5 \cdot 10^7$
des Schlachthofes	11	$2{,}2 \cdot 10^7$	+	+	+	+	$2{,}7 \cdot 10^6$	$9{,}4 \cdot 10^6$	$4{,}9 \cdot 10^7$
30. 5. 1970	14	$8{,}9 \cdot 10^7$	+	+	+	+	$1{,}2 \cdot 10^7$	$1{,}6 \cdot 10^7$	$6{,}7 \cdot 10^7$

13.4.2 Abwasserbehandlung

Die Abwasserbehandlung hat nach Scheibe et al. [4] folgende Zielstellungen:

- schadlose Ableitung der Abwässer in Kanalisationen, Flüsse und Gewässer
- Wiederverwendung von Abwässern in Industrie und Landwirtschaft
- Rückgewinnung von Inhaltsstoffen des Abwassers.

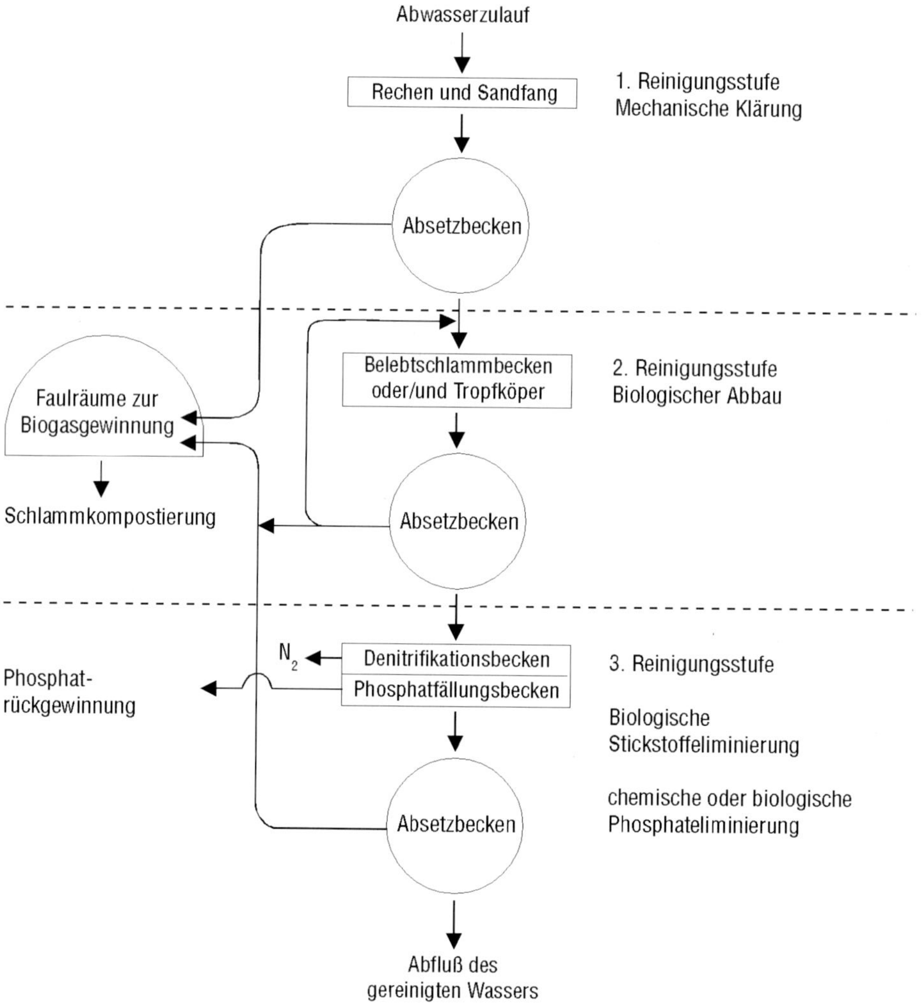

Abb. 13.4-1 Prozeßschema einer Abwasserreinigungsanlage mit zwei biologischen Reinigungsstufen und einer Biogasanlage zur Schlammfaulung und Energiegewinnung [9]

Die Behandlung von kommunalen Abwässern erfolgt in 3 Stufen:
1. Reinigungsstufe - mechanische Abwasserreinigung, Klärung (physikalisch-chemische Reinigung)
2. Reinigungsstufe - biologische Abwasserreinigung (biologische Stufe)
3. Reinigungsstufe - weitergehende Abwasserreinigung, die besonders die Eliminierung von Stickstoff und Phosphor beinhaltet (Abb. 13.4-1)

Die 1. Reinigungsstufe erfolgt mittels Rechens und Sandfanges. Für das Entfernen von Schwebestoffen, u. a. auch von emulgierten Fetten und kolloidal gelösten Eiweißstoffen, wird das Flotationsverfahren bevorzugt angewandt. Hierbei werden mit Hilfe von Luftblasen und/oder unter Verwendung von Chemikalien (Schäumer, Sammler) die im Wasser suspendierten Stoffe nach oben getrieben. Es entsteht an der Oberfläche eine Schwimmschlammschicht, die mittels Schlammabstreifers entfernt wird. Bewährt hat sich die Druckentspannungsflotation, wobei Luftbläschen < 1 mm unter Überdruck in das Wasser eingebracht werden. Man verwendet offene Becken. Der Vorgang dauert 0,5 – 1 h.

Für die biologische Reinigung werden für weniger belastete Abwässer Tropfkörper und bei stärker belasteten Abwässern sogenannte Belebtschlammbecken genutzt. In beiden Fällen handelt es sich um einen mikrobiellen Abbau. Es wird mit Luftzufuhr gearbeitet, so daß aerob wachsende Keime wie *Pseudomonas*-, *Alcaligenes*- und *Flavobacterium*-Arten wirksam werden können. In der biologischen Reinigungsstufe fällt Biomasse an, die durch die anaerobe Biogasgewinnung (Methan) weiterbehandelt werden kann [11].
Sofern die dem wasserrechtlichen Bescheid zugrundeliegende tägliche Abwassermenge 500 m^3 übersteigt, darf Abwasser aus Abwasserbehandlungsanlagen nur eingeleitet werden, wenn die Anlage mit einer gezielten Denitrifikation betrieben wird.
Die 2. und 3. Reinigungsstufe wird in fleischwirtschaftlichen Betrieben, nur in wenigen Fällen, durchgeführt. Es können spezielle Behandlungen, z. B. bei Abwässern von Sanitäreinrichtungen, erforderlich sein. Gewöhnlich wird hier eine thermische Behandlung mit Temperaturen > 100 °C und einer bestimmten Einwirkungszeit verlangt. Zu beachten sind ferner Grenzwerte anorganischer und organischer Inhaltsstoffe, die von den zuständigen Landesbehörden bzw. Kommunen je nach den örtlichen Bedingungen festgelegt werden können. Wenn keine besonderen Vorschriften für das Einleiten von Abwässern in die öffentliche Kanalisation vorliegen, wird für die sogenannten Indirekteinleiter nach SCHIEGL [10] ein Regelwerk, das von der Abwassertechnischen Vereinigung in Zusammenarbeit mit dem Verband Kommunaler Städtereinigungsbetriebe (VKS) entstanden ist, herangezogen. Bei Einhaltung der in Tab. 13.4-2 genannten Richtwerte, die als Mindestanforderungen gelten, kann das in eine öffentliche Abwasseranlage eingeleitete Abwasser als unbedenklich betrachtet werden [10]. Hierbei werden insbesondere auch Höchstmengen für Schwermetalle festgelegt. Die genannten Grenzwerte werden künftig jedoch enger zu fassen sein (s. auch Allgemeine Rahmen-Verwaltungsvorschrift über Mindestanforderungen an das Einleiten von Abwasser in Gewässer - Verwaltungsvorschrift vom 19.12.1989 [GMBl. 37, S. 798]).
Als Maß für die mikrobiell abbaubaren Stoffe wird der Biochemische Sauerstoffbedarf (BSB) verwendet. Bei seiner Bestimmung wird die Situation simuliert, die bei der Einleitung von Abwässern in eine Kläranlage eintritt [9]. In der Laborpraxis wird der durch Mikroorganismen verbrauchte Sauerstoff in Flaschen, die Abwasserkeime enthalten, nach 5 Tagen geprüft (BSB_5). Durch die mechanische Reinigung kann der BSB5-Wert auf etwa 50 % reduziert werden. Da die

Tab. 13.4-2 Allgemeine Richtwerte für die Einleitung von Abwasser in öffentliche Abwasseranlagen [10]

Allgemeine Richtwerte für die wichtigsten Beschaffenheitskriterien:

1. Allgemeine Parameter		**2. Verseifbare Öle und Fette** 250 mg/l
a) Temperatur:	35 °C	**3. Kohlenwasserstoffe**
b) pH-Wert:	6,5 bis 10	a) direkt abscheidbar: DIN 1999 (Abscheider für Leichtflüssigkeiten) beachten.
c) Absetzbare Stoffe, nur soweit eine Schlammabscheidung aus Gründen der ordnungsgemäßen Funktionsweise der öffentlichen Abwasseranlage erforderlich ist:	10 ml/l (*), nach 0,5 h Absetzzeit	b) soweit eine über die Abscheidung von Leichtflüssigkeiten hinausgehende Entfernung von Kohlenwasserstoffen erforderlich ist.

(*) zur Kontrolle anderer Parameter können auch niedrigere Werte festgelegt werden, z. B. 0,3 ml/l für toxische Metallhydroxide

Inhaltsstoffe nicht nur von Mikroorganismen abbaubar sind, wird auch der Chemische Sauerstoffbedarf (CSB) mit Hilfe von Oxidationsmitteln, wie Kaliumpermanganat oder Kaliumdichromat, bestimmt. Bei chemischen Industrieabwässern ergibt sich gewöhnlich ein recht hoher CSB.

In der zitierten Verwaltungsvorschrift vom 19.12.1989 (GMBl. 37, S. 798, Anhang 10, gültig für die Fleischwirtschaft) werden an das Einleiten des Abwassers nachstehende Anforderungen gestellt:

Die Werte für CSB dürfen 110 mg/l, für BSB5 25 mg/l, für Ammonium-Stickstoff 10 mg/l und für Phosphor gesamt 2 mg/l nicht überschreiten. Ausgenommen hiervon sind Kleineinleitungen mit einer Schmutzfracht im Rohwasser von weniger als 10 kg BSB5 je Woche.

Bei mechanisch geklärtem Abwasser lag die Gesamtkeimzahl um 34 %, bei biologisch gereinigtem um 91 % niedriger [6]. Während bei aerobem Abbau der organische Kohlenstoff im Ausgangsmaterial etwa zu gleichen Teilen in CO_2 und Zellsubstanz umgewandelt wird, entstehen beim anaeroben Abbau etwa 5 % Zellsubstanz und über 90 % CO_2 und Methan als Endprodukte [11].

Quellen und Literatur

[1] WIELAND, M.: Diffuse Quellen in der Fleischwirtschaft. VDI-Berichte 339, 1979, S. 87

[2] BAUM, M.: Luftreinhaltung in der Praxis. München, Wien: R. Oldenburg Verlag 1988

[3] DUFFEE, R.A.: Appraisal of Odor-Measurement Techniques; Journal of the Air Pollution Association, July 1968, Vol. 19 Bo 7, p. 472-475

[4] ABC Umweltschutz. Hrsg. VON SCHEIBE, R.; HELD, P.; QUARG, H. Leipzig: Deutscher Verlag für Grundstoffindustrie 1976

[5] Lebensmitteltechnologie. Biotechnologische, chemische, mechanische und thermische Verfahren der Lebensmittelverarbeitung. Hrsg. von Heiss, R. 3.; überarb. und erw. Aufl. Berlin, Heidelberg, New York, London, Paris, Tokio: Springer Verlag 1990

[6] N.N.: Emissionssituation in der Nahrungsmittelindustrie. Studie erstellt i. A. des Bundesministeriums für Forschung und Technologie, vom Fraunhofer-Institut für Lebensmitteltechnologie und Verpackung. ILV. München, Februar 1990

[7] KENDEREVSKI, S.; KOSTIC, M.: Bakteriologische und physiko-chemische Untersuchung von Industrieschlachthofabwässern. Fleischwirtschaft 63 (1983) 1, S. 97-101

[8] BERGMANN, G.; GÖTZE, U.: Beitrag zum Vorkommen von Salmonellen in Schlachthofwässern und zur Frage einer Behandlung des Abwassers vor seiner Ableitung aus dem Schlachthof. Die Fleischwirtschaft 45 (1965) S. 626

[9] FRITSCHE, W.: Mikrobiologie. Jena: Gustav Fischer Verlag 1990

[10] SCHIEGL, W.-E.: Betrieblicher Umweltschutz. 4. Erg. Lfg. 12/87

[11] MEYER, J.: Der Kreislauf des Methans. Mikrobiologie/Ökologie/Nutzung. Berlin: Akademie-Verlag 1990

14 Kältetechnologische Verfahren und Ausrüstungen

E. RADESPIEL

14.1 Bedeutung der Kältebehandlung

Bei Beachtung der spezifischen Bedingungen der Fleischgewinnung und -verarbeitung ist die Kältebehandlung ein geeignetes Verfahren zur Verlangsamung autolytischer Abbauvorgänge, da sie ohne entscheidende Veränderung von Aussehen, Geruch, Geschmack und Konsistenz die im Fleisch ablaufenden physikalischen, chemischen, biochemischen und mikrobiellen Vorgänge durch Temperaturabsenkung hemmt bzw. auf ein Mindestmaß einschränkt. Die schnelle Temperaturabsenkung nach dem Schlachtprozeß sowie die Aufrechterhaltung niedriger Temperaturen während der Verarbeitung und Lagerung sind unbedingte Voraussetzungen für die Qualitätserhaltung.
Die große Bedeutung der Kältebehandlung liegt aber auch in der Möglichkeit der schnellen Konservierung großer Fleischmengen im Anschluß an den Schlachtprozeß zur späteren Versorgung bzw. Verarbeitung.
Die nachfolgende Darstellung der Verfahren und Ausrüstungen zur Kältebehandlung erfolgt entsprechend ihrer Bedeutung bei der Fleischgewinnung und -verarbeitung. Im Vordergrund steht das Abkühlen von Schlachtkörpern (Schwein, Rind, Geflügel, Kaninchen), Schlachtnebenprodukten und Fleischerzeugnissen (Wurst- und Fleischwaren) sowie deren anschließende Kühllagerung bzw. das Gefrieren, Gefrierlagern und Auftauen.

14.2 Verfahren der Kältebehandlung

14.2.1 Kühlung

14.2.1.1 Kältetechnologische Grundlagen

Die Wirksamkeit fleischeigener und mikrobieller Enzyme, die Vermehrung und das Wachstum der Mikroorganismen sind temperaturabhängig. Mit sinkender Temperatur wird im allgemeinen die Reaktionsgeschwindigkeit deutlich verringert. Das Verhältnis der Reaktionsgeschwindigkeit J bei einer Temperatur T zu einer um 10 K höheren Temperatur bestimmt den Quotienten Q_{10}:

$$Q_{10} = \frac{J_{T+10}}{J_T} \qquad (14/1)$$

Nach VAN'T HOFF und ARRHENIUS beträgt der Faktor bei den meisten chemischen und enzymatischen Reaktionen Q_{10} = 2 bis 3. Infolge der ineinandergreifenden, oft durch Enzyme katalysierten Qualitätsveränderungen von Lebensmitteln und der zum Teil sehr schnellen Änderung des Mikroorganismenwachstums ist der Q_{10} -Wert bei den einzelnen Lebensmitteln unterschiedlich groß und auch selbst von der Temperatur abhängig. Das bedeutet, daß die VAN'T HOFFsche Regel (RGT-Regel, Reaktionsgeschwindigkeits-Temperatur-Regel) nicht für große Temperaturbereiche gültig ist. Vor allem im Gefrierbereich zwischen -1 °C und -5 °C (also in einem Bereich, in dem die Substratkonzentration einen größeren Einfluß auf die Reaktionsgeschwindigkeit als die Temperaturabsenkung hat) kann der Q_{10} -Wert je nach Lebensmittel stark variieren und Werte zwischen 2 und 16 annehmen. Die Q_{10} -Werte zeigen, daß die Haltbarkeit im allgemeinen um so besser ist, je tiefer die Temperatur gesenkt wird. Hieraus ergibt sich die Notwendigkeit, Fleisch möglichst schnell bis zur Gefrieranfangstemperatur abzukühlen (für Fleisch -1,5 bis -1 °C). Da sich pathogene Mikroorganismen, wie *Salmonellen, Staphylokokken, Clostridien* u.a., unterhalb von +5 °C nicht mehr oder nur vereinzelt vermehren, sind Temperaturen von 0 bis +4 °C ausreichend, um Lebensmittelvergiftungen durch Fleisch einzuschränken.

Gesetzlich gefordert wird als Voraussetzung für die Lagerung und den Transport eine Abkühlung des Fleisches auf eine Kerntemperatur von +7 °C. Nach RINKENBURGER et al. [1] ist die Temperatur von +7 °C ein Kompromiß zwischen wirtschaftlichen und hygienischen Anforderungen. Es wird davon ausgegangen, daß bei geschlossener Kühlkette die Vermehrung von Mikroorganismen und der Ablauf unerwünschter enzymatischer Veränderungen sich so verringern, daß die Fleischqualität bei üblichen (kurzen) Lagerzeiten nicht wesentlich gemindert wird. Sie sollte jedoch bei Voraussetzung einer hygienischen keimarmen Fleischgewinnung nur als noch tolerierbare Maximaltemperatur betrachtet werden.

Bei der Kühlung von Fleisch im Luftstrom sind neben der Temperatur der a_W -Wert der Fleischoberfläche und die relative Luftfeuchte der Raumluft von Bedeutung. Durch das angewendete Kühlverfahren sollte gewährleistet sein, daß zu Beginn der Kühlung eine mäßige Abtrocknung der Fleischoberfläche (bei Luftgeschwindigkeiten zwischen 1 und 4 m/s und relativen Luftfeuchten von 85 – 90 %) erfolgt. Erst in der weiteren Kühl- und Lagerphase sind niedrige Luftgeschwindigkeiten (0,1 – 0,3 m/s) und höhere Luftfeuchten (90 – 95 %) anzuwenden [2]. Hierdurch wird bewirkt, daß die Vermehrung der Mikroorganismen auf der Oberfläche durch die schnelle a_W -Wert- und Temperaturabsenkung in der Oberflächenschicht stark eingeschränkt ist. Im Nachkühl- und Lagerprozeß wird bei einer durch den Feuchtigkeitstransport aus den inneren Schichten des Schlachtkörpers bedingten Erhöhung des a_W -Wertes infolge der kombinierten Wirkung von a_W -Wert und Temperatur die Mikroorganismenentwicklung weiter gehemmt. Die erreichbare Haltbarkeitsfrist/Lagerdauer wird durch die mikrobielle Anfangsbelastung der Fleischoberfläche (Mikroorganismenanzahl/cm^2, Mikroorganismenart) und durch die effektiv wirkende Temperatur und relative Luftfeuchte bestimmt.

Prinzipielle Forderungen an den Abkühlprozeß von Schlachtkörpern sind geringstmögliche Abkühlzeiten und Masseverluste. Eine Abkühlung durch Eintauchen der Schlachtkörper in Flüssigkeiten erfüllt diese Forderung aufgrund hoher Wärmeübergangskoeffizienten und fehlender Masseverluste. Die praktische Anwendung bei der Fleischkühlung erfolgt wegen produktspezifischer, technologischer und hygienischer Anforderungen an den Abkühlprozeß nur in wenigen Fällen, z. B. bei der Abkühlung von Geflügel und einigen Fleischerzeugnissen.

Überwiegend wird mittels Luftstroms abgekühlt. Die Forderung nach kurzen Abkühlzeiten und geringeren Masseverlusten führt zur Temperaturabsenkung in der Abkühleinrichtung. Hierbei wird durch die große Temperaturdifferenz und hohe Wärmeübergangskoeffizienten bereits in

der Anfangsphase des Abkühlprozesses ein hoher Anteil der Wärme aus dem Produkt abgeführt. Infolge der zur Übertragung des Wärmestromes notwendigen großen Temperaturdifferenz zwischen Schlachtkörperoberfläche und Kaltluft ($T < 0$ °C) in der Abkühleinrichtung verbleiben die Oberflächentemperaturen im positiven Temperaturbereich. Durch die Temperaturabsenkung im Produkt und die Wechselwirkung zwischen Wärmeübergang und Wärmeleitung gelangen die Oberflächentemperaturen der dünnen Fleischteile des Schlachtkörpers in den Bereich der Gefrieranfangstemperatur. Zur Vermeidung des Gefrierens oberflächennaher Fleischschichten muß der Wärmeübergang (z. B. durch Verringerung der Luftgeschwindigkeit bei gleichbleibender bzw. ansteigender Lufttemperatur) so eingeschränkt werden, daß der durch die Wärmeleitung im Produkt begrenzte Wärmestrom eine Oberflächentemperatur oberhalb der Gefrieranfangstemperatur gewährleistet.
Die minimale Abkühlzeit bis zum Erreichen der geforderten Kerntemperatur wird von den geometrischen Abmessungen des Schlachtkörpers und dessen Wärmeleitfähigkeit bestimmt.
Tiefe Lufttemperaturen und hohe Luftgeschwindigkeiten (hoher Wärmeübergangskoeffizient) führen zum schnellen Absenken der Oberflächentemperatur bereits zu Beginn des Abkühlprozesses. Hierdurch wird die Wasserdampfpartialdruckdifferenz zwischen der Schlachtkörperoberfläche und der Raumluft schnell verringert. Aufgrund dieser schnell verringerten Partialdruckdifferenz und der Verkürzung der Abkühlzeit bis zum Erreichen der geforderten Kerntemperatur werden die Masseverluste durch die Nutzung tiefer Lufttemperaturen beim Abkühlen von Schlachtkörpern deutlich gesenkt (im Vergleich zu konventionellen Abkühlprozessen mit Temperaturen oberhalb 0 °C).

Während die beschleunigte Kältebehandlung von Fleisch einerseits das Mikroorganismenwachstum einschränkt, die Wirksamkeit fleischeigener und mikrobieller Enzyme vermindert sowie zur Reduzierung von Masseverlusten beiträgt, kann andererseits ein rasches Senken der Fleischtemperatur zu einer unerwünschten hohen Zähigkeit des Muskelfleisches führen. Ursache ist eine starke Kontraktion der Muskulatur, die als Kälteverkürzung (cold shortening) bezeichnet wird.
Nach einem Kriterium von BENDALL [3] wird die Kälteverkürzung verhindert, wenn der ATP-Gehalt der Muskulatur unter 50 % (entspricht einer pH-Wert-Absenkung unterhalb von 6) reduziert ist, bevor eine Temperatur von 10 °C erreicht wird. Umfangreiche Untersuchungen von SPECHT [4] haben bestätigt, daß von einer Anzahl möglicher Methoden (physikalisch-mechanische Verfahren, chemisch-biochemische Fleischbehandlung, Konditionieren/gezielte Kältebehandlung) die Elektrostimulation im Zeitraum bis 1 h p.m. die günstigste Methode ist, um den ATP-Gehalt zu senken.
Nach der Elektrostimulierung (während des oder im Anschluß an den Schlachtprozeß) kann die beschleunigte Abkühlung ohne negative Qualitätsbeeinträchtigung erfolgen. Wird auf eine Elektrostimulierung verzichtet, sollten bei der Abkühlung von Rindfleisch 12 – 15 °C erst nach 10 h erreicht werden [5, 7].

Von Bedeutung ist eine hohe Abkühlgeschwindigkeit bei der Abkühlung von Schweinefleisch mit PSE-Eigenschaften. Hier steht nach HAMM [6] die Vermeidung eines erhöhten Tropfsaftaustrittes im Vordergrund, der teils durch Proteindenaturierung und teils durch Schädigung der Zellmembran verursacht wird.
Da zum Zeitpunkt der Schlachtung nicht bekannt ist, ob normales oder PSE-Fleisch vorliegt, ist so zu kühlen, daß zur Verringerung der Wässrigkeit innerhalb von 1,5 h p.m. die Temperatur

auf etwa 34 °C (oder niedriger) sinkt, aber nach 3 h eine Temperatur von 15 °C nicht unterschritten wird [6]. Einen Vorschlag zur Kühlung von Schweinefleisch mit normalem und raschem (PSE-anfällig) pH-Abfall zeigt Tabelle 14.2-1. Nach HONIKEL [5] wird bei Einhaltung dieser Bedingungen die Fleischqualität bei Fleisch von normaler Beschaffenheit erhalten und diejenige des PSE-Fleisches verbessert. Es wird jedoch darauf hingewiesen, daß es unter Praxisbedingungen nur eingeschränkt möglich sein wird, die Qualität von PSE-Fleisch durch Kühlung entscheidend zu verbessern.

Tab. 14.2-1 Vorschlag zur Kühlung von Schweinemuskeln mit normalem und raschem (PSE-anfällig) pH-Abfall nach dem Schlachten [5]

Bedingung	Zeit (h)	normal pH	°C	PSE pH	°C
Waage-	0	7,0	38 – 39	7,0	38 – 39
Schocktunnel	0,4 – 0,6	6,7	39 – 40	6,0	39 – 42
	1	6,5	34	5,5	34
	1,5	6,4	30	5,5	30
Kühlraum	2,0	6,3	25	5,5	25
+3 bis +5 °C[1)]	3,0	6,2	20	5,5	20
	4,0	6,1	16	5,5	16
Kühlen 0 °C	5,0	6,0	13	5,5	13
	6,0	5,9	11	5,5	11
	10,0	5,5	8	5,5	8

[1)] Erhöhte Temperatur im Kühlraum durch erhöhte Wärmebelastung während der Beschickung

14.2.1.2 Abkühlverfahren

Eine Übersicht über die wichtigsten in der Fleischwirtschaft angewendeten Abkühlverfahren enthält Tabelle 14.2-2. Aufgrund der vorliegenden technologischen Bedingungen und hygienischen Anforderungen wird als Abkühlverfahren überwiegend die Luftkühlung angewendet.
Obwohl bei der Tauchkühlung im Vergleich zur Luftkühlung höhere Wärmeübergangskoeffizienten realisiert werden, ist der Einsatz in der Fleischwirtschaft nur auf wenige Anwendungsfälle eingeschränkt. Vorteilhaft angewendet werden kann die Tauchkühlung bei der Abkühlung von wasserdampfdicht verpackten Fleischerzeugnissen bei kontinuierlichem Produktdurchlauf. Bei der Abkühlung von kleinen, unverpackten Schlachtkörpern durch Tauchkühlung besteht die Gefahr der mikrobiellen Kreuzkontamination. Erforderlich sind bei unbedingter Gewährleistung einer hygienischen, keimarmen Gewinnung des Fleisches von gesunden Tieren die Einhaltung und der Nachweis festgelegter technologischer Parameter (wie Temperatur, Wassermenge, Abkühlzeit und Durchsatz) und eine mikrobiologische Überwachung der Abkühleinrichtung.
Eine mikrobielle Kreuzkontamination wird durch die Sprühkühlung vermieden. Die hohen instationären Wärmeströme während des Abkühlprozesses erfordern den Einsatz großer, meist gekühlter Wassermengen. Die notwendige Vereinzelung der Schlachtkörper und die im Vergleich zu Tauchkühlung deutlich verringerten Wärmeübergangskoeffizienten bedingen bei längeren Abkühlzeiten einen hohen Kostenaufwand. Eine Anwendung der Sprühkühlung hat sich in Abkühleinrichtungen nur bedingt durchgesetzt. Das kurzzeitige Abduschen bzw. Absprühen von Schlachtkörpern und Fleischerzeugnissen führt nur bei sehr kleinen Produktab-

Tab. 14.2-2 Ausgewählte Abkühlverfahren

Abkühlverfahren	Charakterisierung	
	diskontinuierlicher Kühlguttransport	kontinuierlicher Kühlguttransport
Luftkühlung	Kühlraum mit Paletten, Transportwagen oder Hängebahnen für Schlachtkörper	(quasikontinuierlich) Kühltunnel mit Durchlauf von Paletten, Transportwagen und Produktträgern bzw. mit kontinuierlichem Schlachtkörpertransport Abkühlung auf Netzbändern
Sprühkühlung	Abduschen bzw. Absprühen von Transportwagen	Transport von Schlachtkörpern an Hängebahnen durch die Abkühleinrichtung
Tauchkühlung	Eintauchen von Produkten in Behälter mit kalter Flüssigkeit	Transport von Schlachtkörpern und Fleischerzeugnissen durch kalte Flüssigkeit
Kombinierte Wasser-Luft-Kühlung	Intensivkühlanlagen zur Wasser-/Luftbehandlung in einem Raum bzw. in getrennten Räumen	(quasikontinuierlich) Transport von Schlachtkörpern an Hängebahnen bzw. von Transportwagen mit Erzeugnissen bei gleichzeitiger bzw. aufeinanderfolgender Wasser-/Luftbehandlung durch eine Abkühleinrichtung
Kühlen mit Stickstoff, Kohlendioxid, Wassereis	Temperaturabsenkung in der Abkühleinrichtung durch Einspritzen von flüssigem Stickstoff oder Kohlendioxid bzw. durch sublimierendes festes Kohlendioxid bzw. schmelzendes Wassereis. Temperaturabsenkung im Produkt durch direkten Kontakt mit Stickstoff, Kohlendioxid oder Wassereis	
Abkühlen in Wärmetauschern		Abkühlen von Flüssigkeiten mittels Plattenwärmeübertrager, Röhrenkühler

messungen zur Temperaturabsenkung. Von Bedeutung ist neben der Reinigungswirkung das Senken der Oberflächentemperatur für die Reduzierung der Masseverluste im sich anschließenden, weiterhin notwendigen Abkühlprozeß.

Die in Tabelle 14.2-2 dargestellten Varianten der Kombination von Wasser- und Luftkühlung (Verdunstungskühlung, Intensivkühlung) wurden entwickelt, um die Nachteile der Sprühkühlung und der Luftkühlung bei Temperaturen oberhalb von 0 °C und hohen Luftgeschwindigkeiten (große Masseverluste, Braunverfärbung u.a.) zu mindern. Die Wasserbeaufschlagung zu Beginn des Abkühlprozesses bewirkt bei noch hohen Oberflächentemperaturen und hoher Luftgeschwindigkeit eine Erhöhung des effektiven Wärmeübergangskoeffizienten (bis zu 30 % des konvektiven Wärmeübergangskoeffizienten) durch Abführung der Verdunstungsenthalpie des Wassers aus dem Produkt. Dadurch werden in der Anfangsphase hohe Wärmeströme aus dem Produkt abgeführt. Im weiteren Verlauf des Abkühlens ist ein periodisches Besprühen der Produktoberfläche mit Wasser ausreichend, um bei Lufttemperaturen oberhalb von 0 °C und hohen Luftgeschwindigkeiten Masseverluste zu vermeiden. Zur Abtrocknung der Produktoberfläche (Senkung des a_w-Wertes) erfolgt die endgültige Abkühlung auf die geforderte Kerntemperatur durch Luftkühlung ohne Wasserbehandlung. Die Masseverluste des Produktes werden in dieser Phase von den kältetechnologischen Parametern (Lufttemperatur, -geschwindigkeit) bestimmt, da das während der Wasserbehandlung von der Produktoberfläche aufgenommene Wasser aufgrund der lockeren Bindung sehr schnell wieder abgegeben wird.

Alternativ ist für spezielle Einsatzbedingungen anstelle von maschinell gekühlter Luft der Einsatz von Stickstoff bzw. Kohlendioxyd möglich. Hierbei wird die Temperatur in einer Abkühleinrichtung durch Einsprühen von flüssigem Stickstoff bzw. flüssigem Kohlendioxyd gezielt eingestellt und konstant gehalten. Ein hoher Wärmeübergangskoeffizient ist durch Umwälzen der Gase in der Abkühleinrichtung gewährleistet. Bei Anwendung von Kohlendioxyd kann das Erzeugnis allseitig mit CO_2-Schnee bedeckt werden, der während des Abkühlens ohne Rückstände sublimiert. Bei der Verarbeitung von Fleisch (Mischen, Kuttern, Zwischenlagern) ist eine Aufrechterhaltung optimaler Temperaturen bzw. eine schnelle Temperaturabsenkung durch direkte Zugabe von Scherbeneis, Kohlendioxyd oder Stickstoff realisierbar.

Die Abkühlung von Flüssigkeiten erfolgt in Wärmetauschern, die produktspezifischen Anforderungen entsprechen, durch Kälteträger, wie Wasser und Sole, bzw. durch Verdampfen von Kältemitteln.

14.2.1.2.1 Abkühlen von Schweine- und Rinderschlachtkörpern

Die Abkühlung von Schweinehälften und Rindervierteln, seltener Rinderhälften, erfolgt an Transportbahnen allseitig freihängend. Angewendete Verfahren sind die Schnellkühlung und die Schnellstkühlung. Um die Ausbildung von PSE-Fleisch einzuschränken, wurde die Intensiv-Schnellstkühlung entwickelt. Die angegebenen Abkühlzeiten sind Richtwerte. Entscheidend für die erreichbare Abkühlzeit sind die Schlachtkörperabmessungen und die am Schlachtkörper effektiv wirkende Lufttemperatur und -geschwindigkeit.

Tab 14.2-3 Kältetechnologische Parameter bei der Abkühlung von Schlachtkörpern (unter Einbeziehung von [9])

Verfahren	Lufttemperatur (°C)	Luftgeschwindigkeit (m/s)	Abkühlzeit (h)	spezifische Kälteleistung (W/m³)	Masseverlust (%)
Schnellkühlung					
• Schweinehälften	- 1 bis +2	0,5 – 0,8 (2 – 3)	14 – 16	230 – 250	1,6
• Rinderhälften/ -viertel	- 1 bis +2	0,5 – 0,8 (2 – 3)	18 – 22	230 – 250	1,8
Schnellstkühlung					
• Intensivkühltunnel					
- Schweine	-10 bis -6 (bis -20)	2 – 3	1,5 – 2	400 – 500	
- Rinder	- 5 bis -2	1 – 2	3 – 5	400 – 500	
• Nachkühlraum					
- Schweine	- 1 bis +2	0,1 – 0,3	12 – 14	100 – 120	1,0
- Rinder	- 1 bis +2	0,1 – 0,3	14 – 15	100 – 120	1,3
Intensiv-Schnellstkühlung					
• Intensivkühltunnel					
- Schweine	-25 bis -30	0,5 – 1,5	0,5 – 1,5	600	
• Ausgleichsraum					
- Schweine	4 – 6	0,1	mind. 8	60	0,85 – 1,0

► Schnellkühlung

Die Schnellkühlung von Schweine- und Rinderschlachtkörpern führt man in Kühlräumen bei Lufttemperaturen von -1 bis +2 °C durch. Die Luftgeschwindigkeit wird mit 2 bis 4 m/s angegeben [8]. Luftgeschwindigkeiten < 1 m/s sind üblich. Ein wesentlicher Nachteil der Schnellkühlung ist, daß während der Beschickungszeit keine Kühlung erfolgt bzw. bei erhöhten Temperaturen gekühlt wird und aufgrund der hohen Wärmeströme in der Anfangsphase des instationären Abkühlprozesses die geforderten Raumtemperaturen von -1 bis +2 °C nicht erreicht werden. Daraus resultieren verlängerte Abkühlzeiten und erhöhte Masseverluste. Nach ORTNER [9] beträgt z.B. bei einem Beschickungszeitraum von 3 h der in diesem Zeitraum auftretende Masseverlust 0,5 bis 0,6 %. Für den Abkühlprozeß wurde ein Masseverlust von etwa 1,3 % bestimmt. Notwendig ist die Installation ausreichend großer Verdampferflächen zur schnellstmöglichen Absenkung der Lufttemperatur auf -1 bis +2 °C.
Tabelle 14.2-3 enthält kältetechnologische Parameter der Schnellkühlung.

► Schnellstkühlung

Durch die Schnellstkühlung (Schockkühlung, abgebrochene Schnellabkühlung [10]) wird gewährleistet, daß die Schlachtkörper sofort nach dem Schlachten den geforderten (optimalen) Abkühlbedingungen ausgesetzt werden. Dies erfolgt bei kontinuierlichem Schlachtkörper-

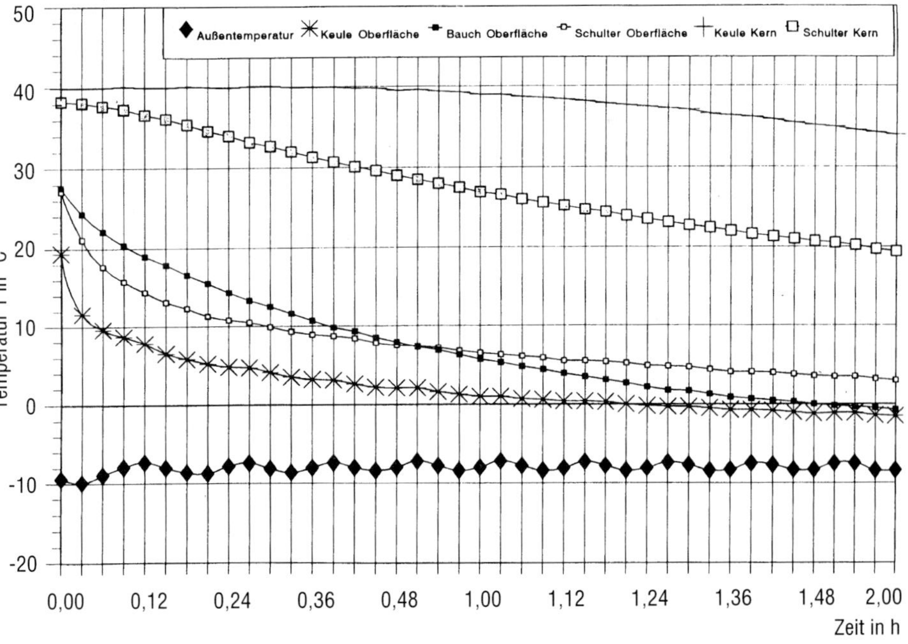

Abb. 14.2-1 Schnellstkühlung einer Schweinehälfte (m = 40 kg, Intensiv-Kühlphase -8° C / 2 m/s Keule; 0,7 m/s Bauch; 1,3 m/s Schulter; Keulendicke 0,18 m; Bauchdicke 0,03 m; Schulterdicke 0,15m)

durchlauf in einem Intensivkühltunnel (Schocktunnel). Durch die Anwendung von Lufttemperaturen bis -20 °C [11] und hohen Luftgeschwindigkeiten wird bei schneller Absenkung der Oberflächentemperatur ein hoher Anteil (etwa 40 %) der Wärme aus dem Schlachtkörper abgeführt. Auf Grund des kontinuierlichen Produktdurchlaufes durch den Tunnel ist die abzuführende Wärme zeitlich konstant. Eine sachgemäße Auslegung der Verdampferflächen entsprechend der Wärmebelastung gewährleistet eine konstante Lufttemperatur während des Abkühlens. Die schnelle Absenkung der Oberflächentemperatur sichert minimale Masseverluste. Zur Verhinderung des Gefrierens der Produktoberfläche wird bei einer festgelegten Parameterkombination Lufttemperatur/Luftgeschwindigkeit die Verweilzeit im Intensivtunnel begrenzt.
Die weitere Abkühlung erfolgt in Nachkühlräumen bei Lufttemperaturen von -1 bis +2 °C und Luftgeschwindigkeiten von 0,1 – 0,3 m/s.

Wegen des hohen Wassergehaltes und der größeren Schlachtkörpermasse ist die Gefahr des Gefrierens der Produktoberfläche bei Rindern größer als bei Schweinen. Deshalb wird bei der Abkühlung von Rindervierteln/- hälften mit Lufttemperaturen von -5 bis -3 °C bei abgestufter Luftgeschwindigkeit von 1 bis 2 m/s und einer Durchlaufzeit von etwa 5 h [10] gearbeitet.
Der z.Z. am häufigsten angewendete Temperaturbereich bei der Abkühlung von Schweinehälften ist -6 bis -10 °C bei einer Luftgeschwindigkeit von 2 – 3 m/s und einer Durchlaufzeit von 1,5 – 2 h.
Bezüglich der Variation der Parameter Lufttemperatur und -geschwindigkeit liegen viele Veröffentlichungen vor. Durch Ausbildung bestimmter Luftströmungsprofile sowie Lufttemperatur- und -geschwindigkeitsregimes wird angestrebt, die Intensivkühlphase zu verlängern, ohne daß die Produktoberfläche gefriert. Zielstellung ist die weitere Verringerung der Masseverluste während des Abkühlens.
Abbildung 14.2-1 enthält eine Variante der Schnellstkühlung, in Tabelle 14.2-3 sind kältetechnologische Parameter der Schnellstkühlung aufgeführt.
Der Vorteil der Schnellstkühlung gegenüber der Schnellkühlung liegt in der direkten Kopplung Schlachtband/Abkühleinrichtung bei verringertem Flächenbedarf. Von volkswirtschaftlicher Bedeutung ist die Reduzierung der Abkühlzeit um 2 – 3 h und die Senkung der Masseverluste um etwa 0,5 %.

► Intensiv-Schnellstkühlung

Die Intensiv-Schnellstkühlung wird analog zur Schnellstkühlung durchgeführt. Bei Lufttemperaturen von -25 bis -30 °C (Luftgeschwindigkeit 2 – 4 m/s) und Verweilzeiten von 1,2 – 1,5 h im Intensivkühltunnel gefrieren im Oberflächenbereich, vor allem der dünneren Fleischteile, etwa 10 – 15 % des Fleisches [9]. Das Verfahren wurde ausschließlich zur Verringerung des Anteils an PSE-Fleisch bei der Abkühlung von Schweinen entwickelt. Untersuchungen von FELDHUSEN [12] an Schweinehälften bei Lufttemperaturen bis -25 °C und Luftgeschwindigkeiten bis 3,5 m/s am Schlachtkörper ergaben, daß die Temperatur der oberflächlichen Muskelschicht (Schinken) nach 30 min im Intensivkühltunnel -1,5 bis -2 °C und nach 60 min bis -5 °C betrug. Die Gefrierzone im gesamten Oberflächenbereich erreichte eine Tiefe von 0,5 – 2 cm. Als Folge des Gefrierens wurde eine geringgradige Erniedrigung der Wasserbindung an den Muskeloberflächen festgestellt, während die Fleischbeschaffenheit der tieferen Muskelschichten positiv beeinflußt wurde.

Hinsichtlich der Zulassung des Gefrierens an der Produktoberfläche liegen konträre Meinungen vor. Auf die Notwendigkeit der lebensmittelrechtlichen Beurteilung des an der Oberfläche kurzzeitig gefrorenen Fleisches wird in [13] hingewiesen. WOLTERSDORF und TROEGER [14] fordern, daß das Gefrieren der Produktoberfläche unbedingt zu vermeiden ist, um höhere Tropfsaftverluste zu verhindern. Die positive Wirkung der Intensiv-Schnellstkühlung wurde an Fleischteilstücken nachgewiesen (bessere, d.h. dunklere Farbe, geringere Tropfsaftverluste, günstigere pH-Werte). Bei der Schlachtkörperkühlung bewertet man die Chance zur Verhinderung der Ausbildung von PSE-Eigenschaften im Kotelett noch als mäßig und im Schinken als gering.

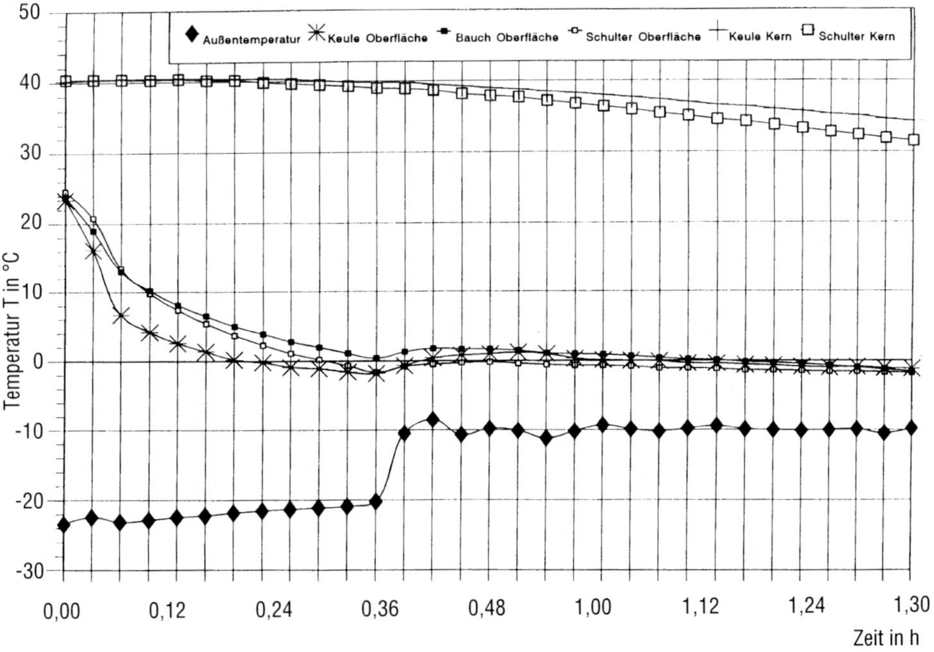

Abb. 14.2-2 Intensiv-Schnellstkühlung einer Schweinehälfte mit Abkühlregimes zur Vermeidung des Gefrierens oberflächennaher Schichten (m = 44 kg. Intensiv-Kühlphase -24 °C / -12 °C / Keule 2 m/s; Bauch 0,7 m/s; Schulter 1,3 m/s; Nachkühlphase -1 °C / 0,5 m/s; Keulendicke 0,185 m; Bauchdicke 0,04 m; Schulterdicke 0,155 m)

Abbildung 14.2-2 enthält Meßergebnisse zur Verhinderung des Gefrierens der Oberfläche bei der Intensiv-Schnellstkühlung durch Anwendung eines speziellen Luftgeschwindigkeits-/ -temperaturregimes. In Tabelle 14.2-4 ist der Temperaturverlauf als Kriterium zur Hemmung der Ausbildung von PSE-Eigenschaften dargestellt. Während im Kotelett der empfohlene Temperaturverlauf realisiert wird, ist dies für den Kern des Schinkens bei allen dargestellten Abkühlverfahren nicht erreichbar.

Im Anschluß an die Intensivkühlphase erfolgt bei der Intensiv-Schnellstkühlung der Temperaturausgleich bei 4 – 6 °C und sehr geringer Luftbewegung. Als Ausgleichszeit werden mindestens 8 h genannt [9].

Tab. 14.2-4 Berechneter Temperaturverlauf an ausgewählten Stellen von Schweinehälften bei der Anwendung der Intensiv-Schnellstkühlung

Zeit (h)	Soll-temperatur [4] (°C)	Intensiv-Schnellstkühlung						Schnellstkühlung	
		-30 °C/2 ms^{-1}/1 h -1 °C/0,5 ms^{-1}		-30 °C/2 ms^{-1}/2 h +5 °C/0,5 ms^{-1}		-30 °C/-26 °C/-12 °C/2 ms^{-1} -1 °C/0,5 ms^{-1}		-10 °C/2 ms^{-1}/2 h 0 °C/0,5 ms^{-1}	
		Kotelett	Schinken	Kotelett	Schinken	Kotelett	Schinken	Kotelett	Schinken
0	39 – 42	41,0	41,0	41,0	41,0	41,0	41,0	41,0	41,0
1	34	33,7	38,4	33,7	38,4	33,5	38,4	34,5	38,4
1,5	30	27,9	36,3	26,3	36,3	28,3	36,3	30,4	36,6
2	25	23,1	33,5	21,8	33,4	24,0	33,8	26,3	34,6
3	20	17,9	28,8	11,1	26,3	18,6	29,2	19,8	30,2
4	16	14,7	25,3	7,8	21,3	15,2	25,6	16,1	26,4
5	13	12,1	22,5	7,0	18,3	12,6	22,8	13,4	23,6
6	11	10,0	20,2	6,6	16,5	10,4	20,4	11,3	21,2
10	8	4,5	13,1	5,8	12,5	4,6	13,3	5,6	14,1

14.2.1.2.2 Abkühlen von Geflügel

► Tauchkühlung

Zur Gewährleistung der hygienischen Anforderungen [18] bei der Abkühlung von Geflügel durch Tauchkühlung in einem gemeinsamen Wasserbad ist der Mindestdurchsatz des Wassers je nach Masse und Anzahl der Schlachtkörper vorgeschrieben. Der Wasserdurchlauf muß im Gegenstrom erfolgen. Die Höchsttemperaturen des Wassers sind am Produkteintritt mit 16 °C und beim Produktaustritt mit 4 °C festgelegt. Die Verweildauer der Schlachtkörper im ersten Teil der Abkühleinrichtung ist auf 30 min begrenzt. Die Verweilzeit im letzten Behälter ist abhängig von der Schlachtkörpermasse. Eine ständige Zwangsförderung der Schlachtkörper muß gegeben sein. Die zur Temperatursenkung eingesetzte Schuppeneismenge gilt als Frischwasserzusatz.

Tab. 14.2-5 Kombination von Sprühkühlung und Luftkühlung bei verpacktem und unverpacktem Geflügel [21]

	Sprühkühlung	Luftkühlung [1)]		Lagerung
Schlachtgeflügel, verpackt ohne Vakuum				
Temperatur (°C)	+10 bis +12	+20	±0	-1,5
Luftgeschw. (m/s)	–	2,5	3,5	(Nachkühlung
rel. Feuchte (%)	–	50	90 – 95	mind. 180 min)
Dauer (min)	15	15	40	
Wassermenge	6 l / Körper	–	–	
Schlachtgeflügel, unverpackt				
Temperatur (°C)	+10 bis +12	+1,5	- 8	-1,5
Luftgeschw. (m/s)	–	–	3,5	(bis zum Versand)
rel. Feuchte (%)	–	50	90 – 95	
Dauer (min)	15	20	50	
Wassermenge	6 l / Körper	–	–	

1) Temperaturregimes

Bei der Tauchkühlung nimmt der Schlachtkörper Wasser auf. Im Schlachtbetrieb ist daher die Wasseraufnahme zu überwachen, damit der von der Kontrollbehörde festgelegte Wert (z.B. maximal 5 %) nicht überschritten wird [19].

► Sprühkühlung

Bei der Sprühkühlung werden die hygienischen Nachteile der Tauchkühlung vermieden. Bei einem erhöhten Wasserdurchsatz (12 l/Schlachtkörper) wurde durch den intensiven Wascheffekt der Gesamtkeimgehalt der Oberfläche um 85 % und die Enterobakterienanzahl um 95 % bei Ausschluß der Kreuzkontamination reduziert. Bei Verwendung von Sprühwasser mit einer Temperatur von 0 °C wurde eine Kerntemperaturabsenkung in Hähnchen auf 4 – 6 °C innerhalb von 35 min in einer Sprühkühlanlage (550 Schlachtkörper/h) erreicht [20]. Aus ökonomischen Gründen hat sich die umfassende Anwendung der Sprühkühlung nicht durchgesetzt.

► Verdunstungskühlung (Evaporationskühlung)

Die in Tabelle 14.2-5 dargestellten Bestrebungen zur Kombination von Sprühkühlung und Luftkühlung [21] erfordern einen nicht vertretbaren technologischen und technischen Aufwand. Dagegen ist die als Alternative zur Tauchkühlung entwickelte Verdunstungskühlung auf Grund des kontinuierlichen Produktdurchlaufes technologisch günstiger einzuordnen.
Bei der Verdunstungskühlung wendete man Lufttemperaturen von +3 bis -5 °C bei Luftgeschwindigkeiten von 1 – 5 m/s an. Die an der Transporteinrichtung hängenden Schlachtkörper werden periodisch mit Wasser besprüht (0,1 – 0,5 l/Schlachtkörper), um dadurch die Austrocknung der Produktoberfläche zu verhindern (Braunfärbung). Gleichzeitig wird der Wärmeübergangskoeffizient durch das verdunstende Wasser erhöht. Als günstigste Temperaturbereiche wurden -3,5 °C bei Sprühintervallen von 90 s und einer Sprühdauer von 10 s [22] bzw. -5 °C bei Sprühintervallen von 120 s und einer Sprühdauer von 2 s [23] ermittelt. Bei der Abkühlung von etwa 30 °C auf 4 – 6 °C gelten für Hähnchen 40 – 45 min, für Enten 45 – 60 min und für Gänse 90 – 120 min als Richtwerte. Die Wasseraufnahme beträgt 0,8 – 1,3 % bei einem Wassereinsatz von etwa 0,5 l/Schlachtkörper.
Der höhere Investitionsaufwand und Energiemehrverbrauch bedingen trotz sinkender Wasser- und Abwasserkosten im Vergleich zur Tauchkühlung steigende Kosten für die Abkühlung.

► Luftkühlung

Bei der Abkühlung im Kaltluftstrom besteht die Gefahr der fleckigen Braunverfärbung der Schlachtkörperoberfläche, besonders bei hohen Brühtemperaturen. Zur Verminderung der Fremdwasseraufnahme wird bei der Vermarktung von Frischgeflügel der Abkühlvorgang konventionell bei Lufttemperaturen um 0 °C und Luftgeschwindigkeiten von 0,5 – 1 m/s auf Hordenwagen in Kühlräumen oder bei der Schnellkühlung im kontinuierlichen Produktdurchlauf an Transportketten bzw. auf Transportgestellen mit Lufttemperaturen bis -8 °C und hoher Luftgeschwindigkeit und anschließendem Temperaturausgleich bei stark reduzierter Luftgeschwindigkeit durchgeführt [19]. Wegen des Abtrocknens der Oberfläche (a_w-Wert-Senkung) wird die Mikroorganismenentwicklung gehemmt. Außerdem gelangt in die Verpackung kein Tropfwasser.

Angewendet wird auch das Abkühlen von einzelverpacktem Geflügel (nach Abtrocknung im Kühlraum) in der geschlossenen Schachtel bei tiefen Lufttemperaturen (bis -40 °C, 4 m/s) [24].

Die Tauchkühlung wird z.Z. in begrenztem Umfang bei der Herstellung von gefrierkonserviertem Geflügel angewendet. Gefordert werden Kontrolleinrichtungen für die zur Reinigung der Schlachtkörper während und nach dem Schlachtprozeß sowie im Tauchbad eingesetzten Wassermengen, zur Erfassung der Schlachtkörper nach Masseklassen und zur Messung der Wassertemperaturen am Geflügelein- und austritt, deren Aufzeichnungen nachweispflichtig aufzubewahren sind.
Die Abkühlung von frisch zu vermarktendem Geflügel erfolgt mittels Luft- bzw. Evaporationskühlung.
Alternative Abkühlverfahren sind die Vakuumkühlung und das Bedecken der Schlachtkörper mit CO_2-Schnee, der ohne Rückstände sublimiert.

14.2.1.2.3 Abkühlen von Fleischerzeugnissen

An die Wärme-/Rauchbehandlung von Wurst- und Fleischwaren, z.B. Brüh- und Kochwurst, Kochschinken u.a., schließt sich ein Abkühlprozeß an, der durch kurzzeitiges Abduschen mit Trinkwasser und anschließendes Einbringen in Kühlräume bewirkt wird.
Aus Abbildung 14.2-3 ist zu erkennen, daß nur bei kleinkalibrigen Erzeugnissen die Kerntemperatur während des Duschens abgesenkt wird. Bei großkalibrigen Brühwürsten sinkt nur

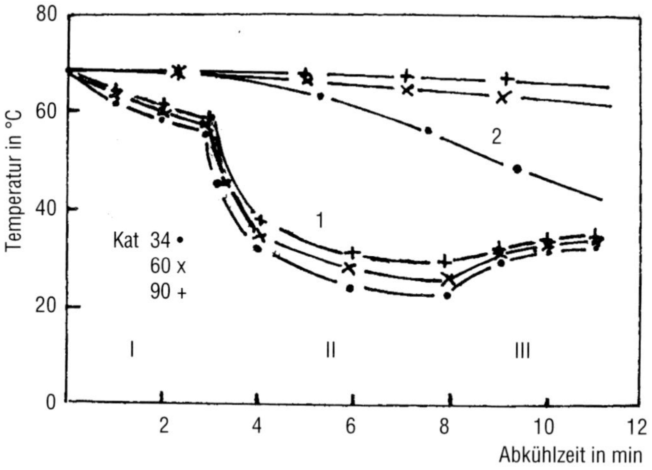

Abb. 14.2-3 Temperaturverlauf beim kurzzeitigen Abduschen von Brühwurst

1 Oberflächentemperatur
2 Kerntermperatur
I Duschen
II. III Transportzeit

die Oberflächentemperatur, so daß infolge des Temperaturausgleiches im Produkt diese Erzeugnisse mit hohen Kern- und Oberflächentemperaturen in den Kühlraum gelangen. Charakteristisch für die traditionelle Abkühlung von Wurst- und Fleischwaren sind somit folgende Nachteile:

- Verschlechterung der Rauchfarbqualität bei längeren Duschzeiten
- lange Abkühlzeiten und daraus folgend hohe Produktverluste
- hoher räumlicher und finanzieller Aufwand für den Bau und den Unterhalt von Kühlräumen
- lange Verweilzeit der Ware in dem für Mikroorganismenvermehrung günstigen Temperaturbereich (Verschlechterung des Hygienestatus)
- deutlich verringerter Waren- und Kapitalumschlag durch zwangsläufig lange Abkühlzeiten bis zur Verpackung bzw. zum Versand.

Verfahren zur Beseitigung der vorstehenden Nachteile sind das Kühlen durch Eintauchen der Fleischerzeugnisse in Kaltwasser bei kontinuierlichen Kompakt-Kochanlagen sowie die Nutzung des Brine-Chilling-Verfahrens, des Sara-Rasant-Verfahrens und der kombinierten Wasser-Luft-Kühlung in Intensivkühlanlagen.
Beim Brine-Chilling-Verfahren [15] wird das Produkt zur Abkühlung mit einem unter 0 °C abgekühlten Salzlake-Nebel besprüht. Beim Sara-Rasant-Verfahren [16] erfolgt die Produktkühlung durch permanentes und später intermittierendes Duschen im Umluft- oder Frischluftstrom sowie anschließend durch gekühlte Luft mit einer Temperatur oberhalb von 0 °C.
Die kombinierte Wasser-Luft-Kühlung [17] beinhaltet eine kurzzeitige Wasserbehandlung durch Duschen bzw. Absprühen und das anschließende Abkühlen im Kaltluftstrom bei Tempe-

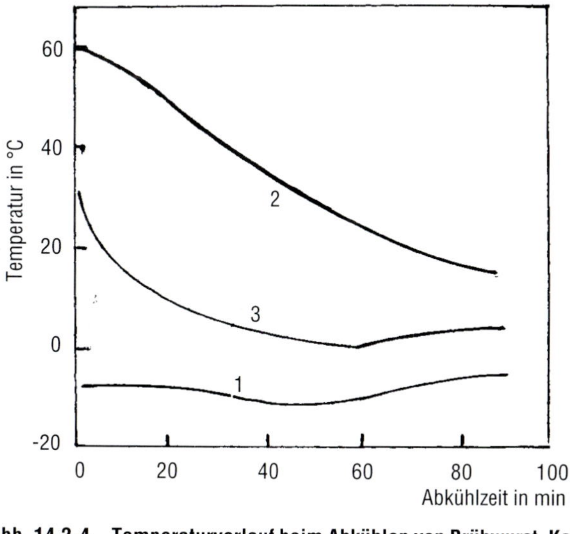

Abb. 14.2-4 Temperaturverlauf beim Abkühlen von Brühwurst, Kal. 90, im Kaltluftstrom bei Temperaturen <0°C (KWLK)

1 Lufttemperatur
2 Kerntemperatur
3 Oberflächentemperatur

raturen unterhalb von 0 °C in getrennten Anlagen. Bei der Verfahrensentwicklung wurde davon ausgegangen, daß der zeitliche und apparative Aufwand für die Wärme-/ Rauchbehandlung höher als der für das Abkühlen ist. Die vorgesehene Wasserbehandlung von 5 min ist ausreichend, um die Oberflächentemperatur zu senken. Längere Duschzeiten bewirken bei mittel- oder großkalibrigen Erzeugnissen keine wesentliche Verringerung der Oberflächen- und Kerntemperatur. Das während des Duschens aufgenommene Wasser ist locker gebunden. Die Duschzeit von 5 min gewährleistet bei einem hohen Verdunstungsanteil am Wärmetausch in der Anfahrphase eine nur geringe Bereifung der Verdampfer der Abkühleinrichtung.
Als kostengünstiger Temperaturbereich wurden bei einer Luftgeschwindigkeit von 3 m/s am Produkt Temperaturen von -6 bis -10 °C ermittelt. Zur Verhinderung des Gefrierens der Produktoberfläche wird bei einer Oberflächentemperatur von 0 bis 2,5 °C die Luftgeschwindigkeit auf etwa 0,3 m/s reduziert. Der Wärmeausgleich im Produkt bewirkt ein Ansteigen der Oberflächentemperatur. Die schnelle Temperaturabsenkung der Oberfläche im Kaltluftstrom sichert bei deren Abtrocknung eine auch in der Lagerphase nachweisbare Masseverlustreduzierung von mindestens 1 % im Vergleich zur traditionellen Abkühlung. Die Erzeugnisse können sofort nach Verlassen der Abkühleinrichtung abgepackt bzw. zum Versand gebracht werden.
Die Abbildungen 14.2–4 und 14.2–5 enthalten typische Temperaturverläufe bei der Abkühlung von Fleischerzeugnissen.

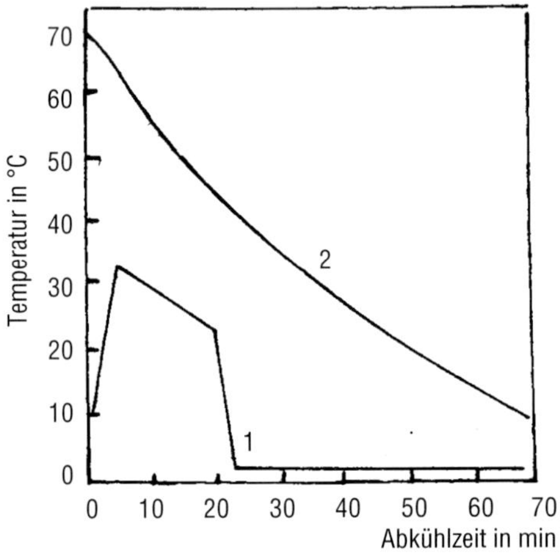

Abb. 14.2-5 Temperaturverlauf beim Abkühlen von Brühwurst, Kal. 43/45, im Kaltluftstrom bei Temperaturen >0°C (modifiziertes Sara-Rasant-Verfahren [37])

1 Lufttemperatur
2 Kerntemperatur

14.2.1.3 Kühllagerung

Die Kühllagerung wird in Schlacht- und Verarbeitungsbetrieben zur Bevorratung von Verarbeitungsfleisch und anderen leicht verderblichen Rohstoffen, ferner zur Reifung von Rindfleisch sowie Lagerung von Fertigerzeugnissen angewendet.

Die Lagerung der unverpackten Schlachtkörper (Rind, Schwein, Schaf) und Schlachtnebenprodukte erfolgt in Kühlräumen bei Lufttemperaturen von -1 bis +2 °C, geringer Luftbewegung (0,1 bis 0,3 m/s) und relativen Luftfeuchten von 85 bis 95 % [2]. Die sich im Kühlraum einstellende relative Luftfeuchte wird vom zu lagernden Produkt, dem Füllungsgrad des Raumes und von der Dimensionierung der kältetechnischen Ausrüstung bestimmt. Übliche relative Luftfeuchten von etwa 90 % gewährleisten sowohl die Hemmung der Mikroorganismenentwicklung wie auch vertretbare Masseverluste. Für unverpacktes Fleisch mit einwandfreier substantieller und hygienischer Beschaffenheit gelten die in Tabelle 14.2–6 angeführten Richtwerte der maximalen Lagerdauer [25].

Tab. 14.2-6 Maximale Kühllagerdauer von unverpacktem Fleisch (Schlachtkörper) – Richtwerte [25]

Tierart	Lagerzeit bei Temperatur -1 – 0 °C relative Luftfeuchte 85 – 90 %	+2 – +4 °C 85 – 90 %
Rind	3 – 4 Wochen	2 Wochen
Schwein	1 – 3 Wochen	1 Woche
Kalb	1 – 3 Wochen	1 Woche
Hammel	1 – 2 Wochen	1 Woche
Hähnchen, ausgenommen	8 – 12 Tage	6 Tage

Ein hoher Anteil des Fleischwarenangebotes gelangt vorverpackt in den Handel. Hierdurch wird ein erweitertes Angebot mit längerer, jedoch befristeter Haltbarkeit im Handelsbereich und beim Verbraucher ermöglicht. Infolge Farbveränderungen, Austrocknung und Geschmacksabweichungen sind unverpackte Fleischwaren nur kurze Zeit lagerfähig.

Grundlegende Voraussetzungen für die Lagerfähigkeit verpackter Fleischerzeugnisse sind die Stabilisierung der Haltbarkeit durch Wasserentzug, Erhitzung und/oder Kühlung sowie eine umfassende Verpackungshygiene. Gute Ergebnisse werden bei Rohwürsten, Rohschinken und gröberen Brühwürsten (mit geringer Wasserschüttung und höherem Abtrocknungsgrad) erzielt. Weniger gut geeignet sind Kochschinken, Pökelfleischerzeugnisse und feinzerkleinerte Brühwürste mit hohem Wasserzusatz.

Voraussetzung für die Einzelabpackung von frischem Fleisch sind hygienisches Schlachten, Zerlegen und Verpacken sowie ein effektives Abkühlverfahren zur Verringerung der Tropfsaftverluste.

Notwendig zur Gewährleistung einer Mindesthaltbarkeitsfrist ist die Sicherung von durchgängig niedrigen Temperaturen (-1 bis +2 °C). Die entscheidende Wirkung der Temperatur wird bei vorverpackten Erzeugnissen durch Sauerstoffentzug (Vakuumverpackung) bzw. Herstellung einer modifizierten Lageratmosphäre in der Verpackung unterstützt. Durch die Verwendung von modifizierten Atmosphären (O_2, N_2, CO_2) werden nachteilige Veränderungen der Produkte weiter eingeschränkt [26]. Die keimhemmende Wirkung von CO_2 ist temperaturabhängig und nimmt bei Temperaturen > 5 °C stark ab.

Bei Lagerung von Frischfleisch in einer Atmosphäre von 80 % O_2 und 20 % CO_2 bzw. 70 % O_2 und 30 % CO_2 oder 70 % O_2, 20 % CO_2 und 10 % N_2 wird durch den Sauerstoffanteil die hellrote Farbe gewährleistet (bei Vakuumlagerung infolge Sauerstoffentzugs Braunfärbung), während der CO_2-Anteil entscheidend zur Keimhemmung beiträgt. Die Einhaltung einer oberen Temperaturgrenze von 5 °C wird vorgeschrieben (zur Verhinderung einer Salmonellenvermeh-

rung). Lagertemperaturen von -1 bis +2 °C sind anzustreben. Zur Vermeidung von Qualitätsmängeln soll der Anteil von CO_2 in der modifizierten Atmosphäre 50 bis 60 % nicht überschreiten.
Stickstoff hat bei einer Lagerung von verpackten Erzeugnissen keine direkte keimhemmende Wirkung. Durch die Verdrängung des Sauerstoffs werden bei der Langlagerung von Fleischerzeugnissen (z.B. Mini-Salami, Rohwurst, Rohschinken) vor allem unerwünschte chemische Reaktionen (z.B. Fettverderb) stark eingeschränkt. Anwendungsfälle für Gasmischungen mit Stickstoff sind:

- 80 % N_2 und 20 % CO_2 für Leberpastete, Brühwurst, Dauerwurst
- 70 % N_2 und 30 % CO_2 für gepökeltes Fleisch
- 60 % N_2 und 40 % CO_2 für besonders empfindliche Brühwurst.

Tabelle 14.2–7 enthält Richtwerte für die Haltbarkeit ausgewählter vorverpackter Produkte.

Tab. 14.2-7 Empfohlene Mindesthaltbarkeitsfristen für verpacktes Fleisch und Fleischwaren [25]

Bezeichnung	Temperatur (°C)	Haltbarkeitsfrist (Tage)
Portioniertes Frischfleisch		
• auf Trägerschalen mit Folienumhüllung	0 – 2	3
• Mischgaspackung	0 – 2	5
• Vakuumpackung (Skin) Rind	0 – 2	10
Schwein	0 – 2	8
• Hochvakuumverpackung (High Vac)	0 – 2	10
Vakuumverpackte Fleischwaren		
• Brühwurst- und Kochschinken-aufschnitt	2 – 4	14
• Weißware (durchgebrühte Brüh- oder Weißwürste)	2 – 4	10
• Brühwurst, Stückware	max. 4 – 7	28
• Würstchen, geräuchert	max. 4 – 7	21
• Kochwurst, Aufschnitt	max. 4 – 7	21
• Kochwurst, Stückware	max. 4 – 7	28
• Kochschinken, Stückware	max. 4 – 7	21
• Rohwurst (schnittfest)		
Aufschnitt	4 – 7	35
Stückware	4 – 7	50

14.2.2 Gefrierkonservierung

14.2.2.1 Kältetechnologische Grundlagen

Bei der Einwirkung tiefer Temperaturen gefriert das im Fleisch enthaltene locker gebundene Wasser. Da das Wasser im Fleisch in Form von Lösungen (organische und anorganische Bestandteile) vorliegt, beginnt der Gefriervorgang erst bei einer Gefrieranfangstemperatur von -1 bis -1,5 °C. Bei Fleischerzeugnissen ist die Gefrieranfangstemperatur entsprechend ihrer Rezeptur weiter abgesenkt. Wie der Abbildung 14.2–6 zu entnehmen ist, wird durch das Ausfrieren von Wasser der Gefrierbeginn der Restlösung stetig abgesenkt. Aufgrund der abzuführenden Erstarrungsenthalpie sinkt die Kerntemperatur des Produkts in diesem Bereich nur langsam. Bei der Gefrierbereichsendtemperatur ist der Hauptteil des ausfrierbaren Wassers gefroren (etwa 75 %). Die weitere Temperaturabsenkung erfolgt durch den sich verringernden Anteil der Erstarrungsenthalpie relativ schnell. Durch das Gefrieren des Wassers werden die im Produkt ablaufenden biochemischen, chemischen und physikalischen Prozesse deutlich gehemmt. Da im Temperaturbereich von -1 bis -5 °C einige der genannten Prozesse auf Grund der sekundären Abhängigkeit der Reaktionsgeschwindigkeit von der Erhöhung der Konzentration der löslichen Substanzen in der Phase vor dem Gefrieren der Restlösung beschleunigt ablaufen, muß dieser Abschnitt beim Gefrieren schnell durchlaufen werden [27].

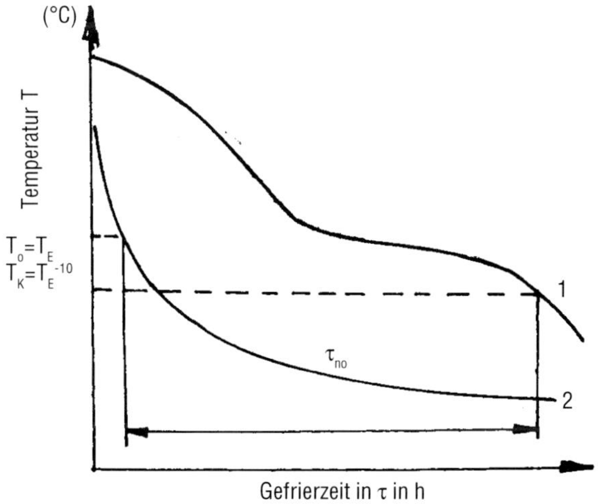

Abb. 14.2-6 Schema der Ermittlung der nominellen Gefriergeschwindigkeit (1) Kerntemperatur; (2) Oberflächentemperatur; T_0 Oberflächentemperatur, T_K Kerntemperatur, T_E Gefrieranfangstemperatur, τ_{no} nominelle Gefrierzeit

Die Gefriergeschwindigkeit beeinflußt die Eiskristallbildung entscheidend. Bei sehr langsamen Gefrieren bilden sich auf Grund der niedrigen Konzentration der Lösung zuerst im Zellzwischenraum wenige große Eiskristalle. Da der Dampfdruck über der Flüssigkeit in der Zelle größer ist als der Dampfdruck über dem Eis, diffundiert Wasser aus dem Zellinneren in den Zellzwischenraum. Die wachsenden großen Eiskristalle schädigen die Zellmembranen. Die Folge ist ein hoher Dripverlust nach dem Auftauen. Bei hohen Gefriergeschwindigkeiten bilden sich gleichzeitig viele kleine Eiskristalle innerhalb und außerhalb der Zelle. Beim Auftauen wird das Wasser weitgehend resorbiert, so daß der Dripverlust beim Fleisch mit steigender Gefriergeschwindigkeit deutlich geringer wird. Die nominelle Gefriergeschwindigkeit W_{n0} wird definiert als das Verhältnis des kürzesten Abstandes l zwischen der Oberfläche und Kern zur nominellen Gefrierzeit τ_{no}. Hierbei ist die nominelle Gefrierzeit die Zeit, die erforderlich ist, um das Produkt von einer Oberflächentemperatur gleich der Gefrieranfangstemperatur auf eine Kerntemperatur abzusenken, die um 10 K niedriger als die Gefrieranfangstemperatur ist (Abb. 14.2–6).

$$W_{no} = \frac{l}{\tau_{no}} \tag{14/2}$$

Die lokale Gefriergeschwindigkeit W_L ist das Verhältnis der Temperaturabsenkung von der Gefrieranfangstemperatur auf eine um 10 K niedrigere Temperatur im betrachteten Punkt zu der dafür erforderlichen Gefrierzeit τ_l

$$W_L = \frac{T_E - (T_E - 10)}{\tau_L} \tag{14/3}$$

Bei Anwendung dieser Definition kann man auf der Basis vergleichbarer experimenteller Untersuchungen den Einfluß der Gefriergeschwindigkeit auf die Produktqualität ermitteln [28].
Durch das schnelle Gefrieren von Fleisch im schlachtwarmen Zustand werden der ATP-Abbau und die pH-Wert-Absenkung gestoppt und dadurch weitgehend das Wasserbindevermögen (z.B. zur Brühwurstherstellung) erhalten. Bei der Verarbeitung wird dieses Fleisch in der Regel ohne Auftauen in Gefrierfleischschneidern vorzerkleinert und anschließend den Zerkleinerungsmaschinen gefroren zugeführt (Vermeidung des Tau-Rigors).
Das Gefrieren ist neben seiner konservierenden Wirkung auch zur Abtötung tierischer Parasiten (Trichinen, Bandwurmfinnen) geeignet. Zur Abtötung von Rinderfinnen beträgt die erforderliche Einwirkzeit bei -3 °C 24 h, bei -10 °C 3 h und bei -20 °C 30 min [29].

14.2.2.2 Gefrierverfahren

Das Gefrieren von Rinder-, Schweine- und Schafschlachtkörpern erfolgt generell an Transporteinrichtungen allseitig frei hängend im Kaltluftstrom mit Temperaturen von -45 bis -30 °C und Luftgeschwindigkeiten von 2 – 4 m/s.

Tab. 14.2-8 Kältetechnologische Parameter beim Gefrieren und bei der Gefrierlagerung

Gefrieren	
Luftstromgefrieren:	Lufttemperatur -45 bis -30 °C
	Luftstromgeschwindigkeit 2 bis 4 ms^{-1}
Kontaktgefrieren:	Plattentemperatur -40 bis -30 °C
Gefrierlagerung	
Lufttemperatur:	-18 bis -30 °C
Luftgeschwindigkeit:	0,1 bis 0,3 ms^{-1}
Relative Luftfeuchte:	90 bis 95 %

Produkt	Gefrierlagerzeit (PQL) in Monaten bei -12 °C	-18 °C	-24 °C	-30 °C
Schlachtkörper				
• Rind	8	14	18	24
• Kalb	6	12	15	
• Schwein	6	10	12	15
• Broiler	6	12	18	
Leber	4	12	18	
Fertiggerichte		2 – 3	3 – 4	5 – 7

Überwiegend werden diskontinuierliche Gefriertunnel verwendet. Abbildung 14.2-7 zeigt den Temperaturverlauf beim schlachtwarmen Gefrieren von Schweinehälften. Kältetechnologische Parameter beim Gefrieren von Schlachtkörpern sind in Tabelle 14.2-8 zusammengestellt.

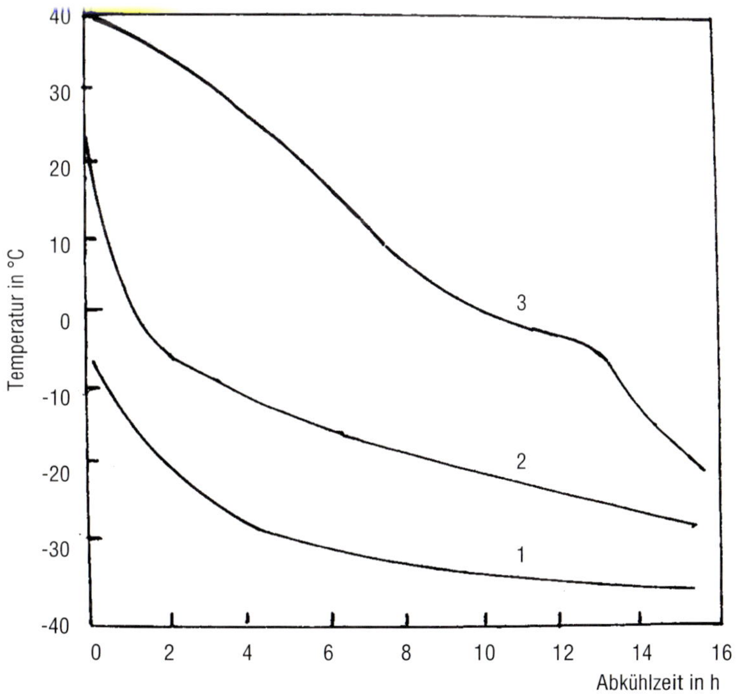

Abb. 14.2-7 Temperaturverlauf beim schlachtwarmen Gefrieren einer Schweinehälfte (m = 50 kg)

1 Lufttemperatur
2 Oberflächentemperatur
3 Kerntemperatur

Beim Gefrieren von Fleischteilen, kleinen Schlachtkörpern (z.B. Geflügel, Kaninchen) bzw. kleinstückigem Fleisch und Fleischerzeugnissen im Kaltluftstrom wird der kontinuierliche Produktdurchlauf durch die Gefriereinrichtung angestrebt und realisiert. Hierbei erfolgt das Gefrieren in offenen oder geschlossenen Sammelpackungen oder auf Produktträgern im kontinuierlichen bzw. quasikontinuierlichen Durchlauf in einer oder mehreren Ebenen durch die Gefriereinrichtung. Entscheidend für die Gefrierzeit ist der erzielbare Wärmedurchgangskoeffizient bei verpackten Produkten sowie die Produktgeometrie.
Vorteilhaft für den Wärmeübergang ist das Gefrieren von vereinzelten Produkten auf Netzbändern, die von Kaltluft durchströmt werden und zur Verlängerung der Produktdurchlaufzeit einfach bzw. doppelt gewendelt sind. Durch Regulierung der Bandgeschwindigkeit kann die Durchlaufzeit entsprechend den produktspezifischen Bedingungen eingestellt werden.

kristallen führt zu einer ständigen Wasserdampfdiffusion von den kleinen Eiskristallen zu den größeren. Temperaturschwankungen während der Gefrierlagerung tragen zu einer Vergrößerung der Dampfdruckdifferenz zwischen den unterschiedlich großen Eiskristallen bei und bewirken eine mehrfache Beschleunigung der Rekristallisationsvorgänge [10]. Durch das Entstehen weniger großer Eiskristalle infolge der Rekristallisation werden während der Gefrierlagerung Zellmembranen zerstört. Nach dem Auftauen ist eine Qualitätsminderung durch eine hohe Tropfsaftbildung die Folge. Neben der Forderung nach größtmöglicher Temperaturkonstanz im Gefrierlagerraum ist zur Vermeidung der dargestellten Nachteile der Luftraum zwischen Produkt und Verpackung minimal zu gestalten, z.B. durch Verwendung dichtanliegender Schrumpffolien.

14.2.2.4 Auftauen

Nach dem Auftauen laufen in Fleisch und Fleischerzeugnissen enzymatisch und mikrobiologisch bedingte Veränderungen entsprechend der wirkenden Temperatur weiter ab. Entscheidend für die Intensität der Prozesse ist der Status des Produktes vor dem Gefrieren. Durch erhöhte Enzymaktivität sowie durch die infolge des Auftauens feuchten Oberflächen und den Tropfsaftaustritt können unerwünschte Prozesse beschleunigt ablaufen.

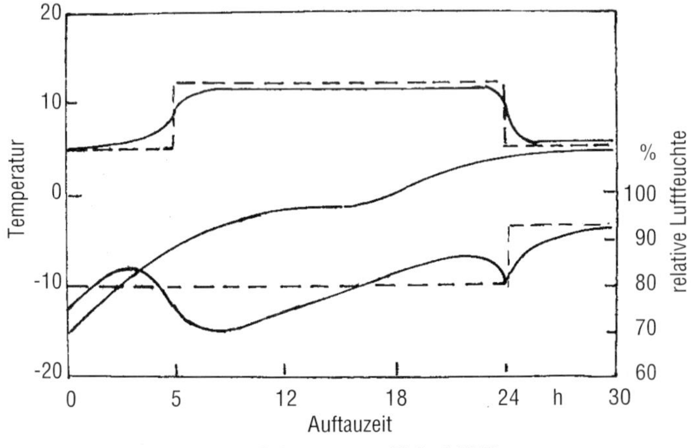

Abb. 14.2-9 Programmierter Ablauf des Auftauens von Fleisch [27]

1 Lufttemperatur
2 Kerntemperatur
3 relative Luftfeuchte
----- programmierter Ablauf

Große Schlachtkörper sollten in separaten Auftauräumen bei hoher Luftfeuchte aufgetaut werden. Ein Auftauen bei niedrigen Lufttemperaturen (Abb. 14.2-9) erfordert eine lange Auftauzeit, die zum Ansteigen des Oberflächenkeimgehaltes führen kann. Das Problem der Anwendung höherer Temperaturen liegt vor allem in der Entwicklung eines hohen Oberflächenkeim-

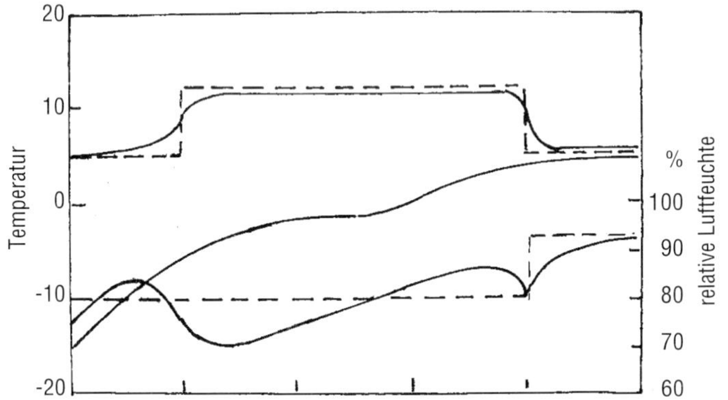

gehaltes, da die Auftauzeit bedingt durch die Abmessungen der Schlachtkörper nur begrenzt verkürzt wird.
Nach WIRTH [8] ist für das Auftauen großer Schlachtkörper die Anwendung von Temperaturen im Bereich von 10 – 15 °C bei relativen Luftfeuchten über 95 % und Luftgeschwindigkeiten von 2 – 4 m/s als Kompromiß anzusehen. Die Luftführung muß ein gleichmäßiges Auftauen der unterschiedlich dicken Fleischteile gewährleisten. Einige Zeit vor Beendigung des Auftauprozesses ist die Lufttemperatur auf etwa +4 °C zu senken. Die Produktoberfläche ist mit trokkener Luft leicht abzutrocknen (a_w-Wert-Senkung). Als erreichbare Auftauzeit werden für starke Rinderviertel 36 h angegeben. Der Tropfsaftverlust derart aufgetauter Rinder soll in der Regel unter 1 % liegen.
Beim Auftauen von entbeint eingefrorenem Fleisch sind auf Grund der Schnittflächen die Auftauverluste hoch (bis 10 %). Deshalb ist eine Verarbeitung im gefrorenem Zustand anzustreben.
Untersuchungen von BAKAR [30] ergaben unter Berücksichtigung von Wichtungsfaktoren für das Auftauen von schlachtwarm eingefrorenem entbeintem Rindfleisch eine optimale Auftaugeschwindigkeit für Handelsfleisch von 0,37 cm/h und für Verarbeitungsfleisch von 0,75 cm/h. In vielen Veröffentlichungen wird die Meinung vertreten, daß schnell gefrorenes Fleisch auf Grund der vielen kleinen Eiskristalle innerhalb und außerhalb der Zelle schnell aufgetaut werden kann, da das Wasser schnell resorbiert wird. Langsam gefrorenes Fleisch sollte dagegen langsam aufgetaut werden, um die beim Schmelzen großer Eiskristalle je Zeiteinheit anfallende Wassermenge zu verringern und dadurch die Resorption durch das Fleischeiweiß umfassender zu gestalten. Alternativverfahren zum Auftauen im Luftstrom sind das Auftauen im Wasserbad (für verpackte Produkte) und mit Wasserdampf niedriger Temperatur sowie das Auftauen mittels Mikrowellen. Bei der Verfahrensauswahl sind produktspezifische Forderungen zu beachten.

14.3 Kältetechnologische Ausrüstungen

14.3.1 Abkühlanlagen

14.3.1.1 Abkühlanlagen für Schweine-, Rinder- und Schafschlachtkörper

Nach dem Klassifizieren der Schlachtkörper, als letztem Arbeitsgang der Schlachtung, werden diese sofort in die Abkühlanlage transportiert. Bei der Schnellkühlung erfolgt die Abkühlung in einem Kühlraum, während bei der Schnellstkühlung bzw. Intensiv-Schnellstkühlung die Abkühleinrichtung aus einem Abkühltunnel (Intensiv-Kühlphase) und einem oder mehreren Kühlräumen (Nachkühlung) besteht.
Bei geringen täglichen Schlachtmengen kann z.B. die Schnellstkühlung von Rinderschlachtkörpern auch in einem Raum erfolgen. In diesem Fall stellt man nach der Beschickung des Kühlraumes die geforderte Lufttemperatur und -geschwindigkeit der Intensivkühlphase ein. Nach Ablauf dieser Phase wird bei stark reduzierter Luftgeschwindigkeit die Lufttemperatur durch Abschalten der Kälteanlage angehoben und anschließend die geforderte Temperatur eingestellt.

In den Kühlräumen muß unabhängig von der Außentemperatur eine bestimmte Raumtemperatur eingehalten werden. Dies erfolgt durch die installierte Kälteanlage. Zur Verringerung des Wärmetausches mit der Umgebung sind die Kühlräume allseitig mit einem Kälteschutz (Polystyrol, Polyurethan, Schaumglas) versehen. Dies kann konventionell durch Anbringen kleinflächiger Platten aus Dämmstoffen an Wänden und Decken bzw. durch Montage großflächiger Paneele (z.B. Sandwichelemente Al-Pur-Al, St-Pur-St) an Tragkonstruktionen ausgeführt werden. Zur Verhinderung einer Wasserdampfdiffusion in den Kühlraum ist auf der warmen Seite (Außenseite) eine allseitige Wasserdampfsperre (z.B. Aluminiumfolie) anzubringen bzw. zu gewährleisten. Die Dicke der Dämmschicht ist so zu wählen, daß auf der kalten Seite keine Schwitzwasser- bzw. Eisbildung erfolgt und die Kälteverluste ein ökonomisch vertretbares Minimum erreichen. Im Fußbodenbereich muß der Dämmstoff die Verkehrslast aufnehmen. Die Wand-, Decken- und Fußbodenausführung ist entsprechend den hygienischen Anforderungen zu gestalten.

Die Kühlräume sind zur Aufnahme und zum Transport der Schlachtkörper mit Rohr- oder Flachschienenbahnen versehen. Die Belegung erfolgt mit 1,5 Rindern je 1 m Rohrbahn und mit 2,5 Schweinen je 1 m Rohrbahn. Der notwendige Rohrbahnabstand beträgt für Schweine 0,65 m und für Rinder 0,90 m. Als Rohrbahnhöhen sind für Rinderhälften 3,4 m und für Schweinehälften bzw. Rinderviertel 2,5 m zu wählen [9].

Die Abkühlung der Luft in den Kühlräumen erfolgt durch Hochleistungsverdampfer (Verdampfer, Ventilatoren, Abtaueinrichtung als Baueinheit). Zu gewährleisten ist eine gleichmäßige Lufttemperatur- und -geschwindigkeitsverteilung im gesamten Raum. Bei der Dimensionierung der Verdampferflächen ist der instationäre Verlauf des Abkühlprozesses zu beachten. Die Verdampfer sind so auszulegen, daß die hohen Wärmeströme der Anfahrphase bei vertretbaren Differenzen zwischen Lufttemperatur und Verdampfungstemperatur des Kältemittels (ohne wesentlichen Anstieg der Lufttemperatur) übertragen werden. Die umgewälzte Luftmenge muß dabei so groß sein, daß zwischen Luftein- und -austrittstemperatur am Verdampfer nur Temperaturdifferenzen von 2 – 4 K auftreten.

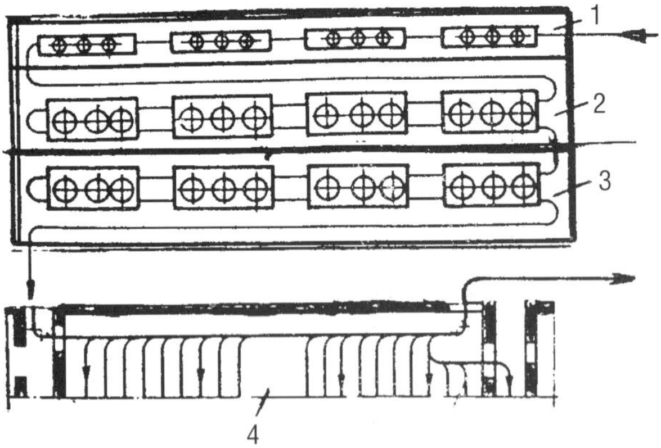

Abb. 14.3-1 Abkühleinrichtung mit Lufttemperatur-/ Luftgeschwindigkeitsregim - Beispiel Intensiv-Schnellstkühlung (1) -30 °C / 2 m/s; (2) -26 °C / 2 m/s; (3) -12 °C / 2 m/s; (4) Nachkühlung -1 °C / 0,5 m/s

Die Anpassung der Kälteleistung an den abzuführenden Wärmestrom ist durch gruppenweises Abschalten von Luftkühlern oder durch Verringerung des Luftdurchsatzes durch den Luftkühler (Abschaltung einzelner Ventilatoren des Luftkühlers, Drehzahlverringerung der Ventilatoren durch polumschaltbare Motore bzw. Drehzahlsteller) möglich. Als Umschaltkriterien für den Verdampferbetrieb können direkt gemessene Kerntemperaturen ausgewählter Schlachtkörper oder Zeitregimes verwendet werden.
Die Höhe der Verdampfungstemperatur ist so festzulegen, daß eine Luftentfeuchtung (durch Reif-/Eis-/Kondensatbildung am Verdampfer) weitgehend vermieden wird und dadurch der Masseverlust der abzukühlenden Produkte in vertretbaren Grenzen gehalten wird.
Ausgewählte Ausführungen von Abkühltunneln zur Realisierung der Intensivkühlphase bei der Schnellst- bzw. Intensiv-Schnellstkühlung enthält Abbildung 14.3-1. Bei einer durch den Schlachtprozeß vorgegebenen Bandgeschwindigkeit wird die Verweilzeit der Schlachtkörper im Abkühltunnel durch mehrmalige Umlenkung der Fördereinrichtung festgelegt.
Zur maximalen Ausdehnung der Intensivkühlphase ist das Strömungsprofil der Luft so zu gestalten, daß die dicksten Fleischpartien mit hoher Luftgeschwindigkeit, die dünneren jedoch mit verringerter Luftgeschwindigkeit angeströmt werden. Vorteilhaft ist hierbei das Luftduschensystem, bei dem z.B. der Schinken einer Schweinehälfte mit hoher Geschwindigkeit direkt angeströmt wird [32]. Rücken, Wamme und Bauch liegen im Bereich einer deutlich reduzierten Luftgeschwindigkeit. Die stärkeren Vorderpartien der Schweinehälfte liegen auf Grund der Richtungsänderung des Luftstrahles und des sich zwischen den Schlachtkörpern und dem Fußboden bildenden Kanals im Bereich einer höheren Luftgeschwindigkeit.
Die Dimensionierung der Verdampferflächen muß gewährleisten, daß die geforderte tiefe Lufttemperatur über den gesamten Tag eingehalten wird. Im Vergleich zur Solltemperatur erhöhte Lufttemperaturen bedingen auf Grund der hohen Luftgeschwindigkeiten steigende Masseverluste. Infolge des kontinuierlichen Durchlaufes der Schlachtkörper ist der aus dem Intensivkühltunnel abzuführende Gesamtwärmestrom zeitlich konstant. Bei der Auslegung der Verdampferflächen sind die Einzelwärmeströme Schlachtkörper, Kälteschutz, Ventilatorantriebe, elektrische Antriebe der Fördereinrichtung und vor allem die durch die Zuführungs- und Austrittsöffnungen der Schlachtkörper eindringenden Wärmeströme zu berücksichtigen. Innerhalb der Abkühleinrichtung muß die Verdampferflächenzuordnung den abzuführenden instationären Wärmeströmen des Schlachtkörpers einschließlich des Wärmeäquivalentes der Ventilatoren entsprechen. Bei der Anwendung von Lufttemperatur-/Luftgeschwindigkeitsregime wird die Abkühleinrichtung in entsprechende Segmente unterteilt.
Zur Nachkühlung bzw. zum Temperaturausgleich werden die Schlachtkörper auf die Transportbahnen der Kühlräume übergeben (Bedingungen analog zur Schnellkühlung).

14.3.1.2 Abkühlanlagen für Geflügel, Kaninchen und Innereien

Auf Grund des geringen technischen und technologischen Aufwandes wurde die Tauchkühlung von Geflügel umfassend angewendet (oft in Verbindung mit Brühtemperaturen von 58 – 60 °C). Heute ist die Anwendung auf die Herstellung von gefrierkonserviertem Geflügel beschränkt. Zur Gewährleistung der hygienischen Anforderungen sowie des Nachweises deren Realisierung ist eine rechnergestützte Prozeßsteuerung sinnvoll. Ausgehend von einer Masse- und Stückzahlerfassung erfolgt eine geregelte Wasserzufuhr zur Reinigungsstation und zu den

Tauchbädern. Zur Aufrechterhaltung der geforderten Wassertemperaturen in den Tauchbädern wird Scherbeneis aus dem oberhalb der Rotationstauchkühler installierten Scherbeneiserzeuger in Abhängigkeit von der gemessenen Wassertemperatur zugeführt.

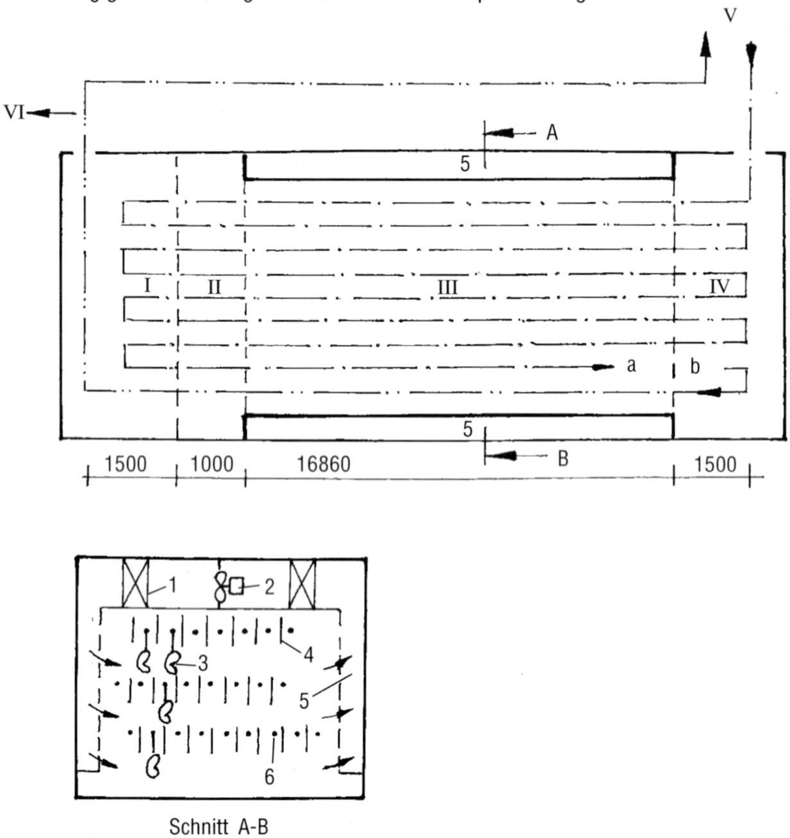

Schnitt A-B

Abb. 14.3-2 Schematische Darstellung einer Anlage zur kombinierten Wasser-Luft-Kühlung von Geflügel

1 Hochleistungsverdampfer	**I Umlenkbereich**
2 Axialventilatoren	**II Wasserspühlzone**
3 Hähnchen	**III Luftkühlzone**
4 Luftleitbleche	**IV Antriebs- und Umlenkbereich**
5 Luftkanalsystem	**V Schlachtlinie**
6 Transportbahn	**VI Sortierung/Verpackung**

Eine Variante der Wasser-/Luft-Kühlung zeigt Abbildung 14.3-2. Die Geflügelschlachtkörper durchlaufen bei Hähnchen mit einem Hakenabstand von 152 mm an beiden Füßen an der Transportbahn hängend die Abkühlanlage entsprechend der hohen Schlachtleistung je Stunde in drei Ebenen, die zueinander versetzt sind, damit das Tropfwasser der obenhängenden Hähnchen nicht auf die an den unteren Bahnen hängenden gelangt. Bei den im Bild angegebenen Abmessungen wird bei 25 Bahnen eine Gesamtweglänge von etwa 465 m in der Abkühleinrichtung realisiert.

Antriebs- und Umlenkbereich sind weitgehend von der Wassersprüh- und Kühlzone getrennt. Die in der Schlachtlinie abgeduschten Schlachtkörper werden an einer Übergabestelle auf die Transporteinrichtung des Abkühltunnels übergeben und durchlaufen die erste Bahn der Luftkühlzone. Danach erfolgen im ständigen Wechsel in abgegrenzten Zonen die kurzzeitige Wasserbehandlung und anschließende Luftkühlung. Verdampfer und Ventilatoren sind oberhalb der Transportbahnen angeordnet. Durch das Luftleitsystem und die angebrachten Luftleitbleche wird die erforderliche Luftgeschwindigkeit am Schlachtkörper gewährleistet.

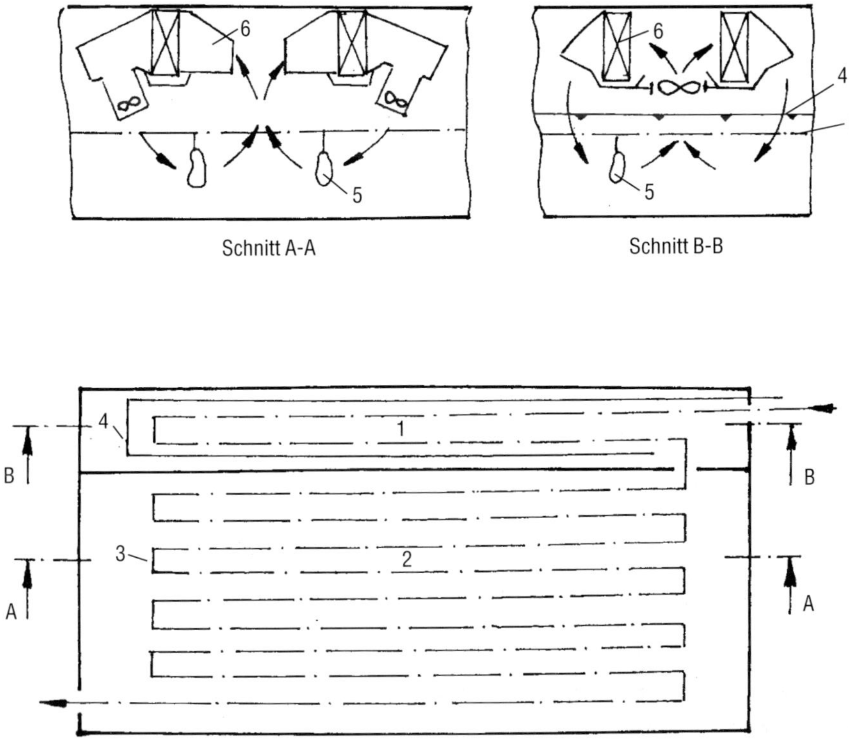

Abb. 14.3-3 Funktionsschema einer Anlage zur Kaninchenkühlung

1 Wassersprühzone	**4 Sprühsystem mit Düsen**
2 Luftkühlzone	**5 Schlachtkörper**
3 Transportbahn	**6 Verdampfer mit Ventilatoren und Luftleiteinrichtung**

Abbildung 14.3-3 enthält eine Variante der Kaninchenkühlung. Die Schlachtkörper werden in einer Aufnahmevorrichtung am Kopf eingeklemmt hängend durch die Abkühleinrichtung transportiert. Von der Reinigungsstation kommend gelangen sie in die Wasserbehandlungszone, die von der Luftkühlzone räumlich getrennt ist. In dieser Zone befindet sich der Schlachtkörper während des gesamten Durchlaufes bei hoher Luftgeschwindigkeit (gekühlte Umluft von etwa 10 °C, 4 – 6 m/s) im Wassernebel. Der sich anschließende weitere Abkühlprozeß erfolgt im

Kaltluftstrom. Die Luft wird in oberhalb der Transportbahnen installierten Hochleistungsluftkühlern spezieller Konstruktion abgekühlt und im verkürzten Längsstrom gerichtet an die Schlachtkörper geführt. Untersuchungen zur Wasser-/Luft-Kühlung von Kaninchen [33] ergaben für die Luftkühlphase als günstige kältetechnologische Parameter Lufttemperaturen von 0 bis 1 °C bei einer Luftgeschwindigkeit von 3 m/s.

Die während des Schlachtens gewonnenen Innereien (z.B. Herz, Lunge, Milz, Leber, Zunge) und Schlachtkörperteile (Kopf mit Zunge und Hirn, Kopf mit Backe, Spitzbeine, Schwänze, Kopffleisch u.a.) sind nach der Freigabe sofort zu kühlen bzw. zu bearbeiten und anschließend zu kühlen. Trotz sofortiger Kühlung sollten Schlachtabschnitte schnell weiterverarbeitet werden.
Das Abkühlen von Innereien und Schlachtabschnitten erfolgt in separaten Kühlräumen. Hierzu werden diese an Transporteinheiten aufgehängt bzw. in möglichst flachen Behältnissen mit perforierten Seitenwänden gestapelt. Es ist zu beachten, daß durch die Gewährleistung einer Luftbewegung am Produkt die Abkühlung in einem vertretbar kurzen Zeitraum erreicht wird. In direkt übereinander gestapelten großen Behältnissen mit hohen Schüttungen wird die Produktwärme zu langsam abgeführt, und es besteht Verderbgefahr.
In modernen Schlachtbetrieben wird zur Innereienabkühlung die Schockkühlung angewendet. Die Innereien durchlaufen kontinuierlich Abkühleinrichtungen mit Temperaturen < 0 °C.

14.3.1.3 Abkühlanlagen für Fleischerzeugnisse

Abkühlanlagen für Fleischerzeugnisse sind entweder diskontinuierliche Abkühltunnel oder kontinuierliche Transferanlagen, in denen die Rauch-/Wärmebehandlung und der Abkühlprozeß stattfinden. Die Produkte befinden sich an Spießen auf Transporteinheiten, die an Transport-

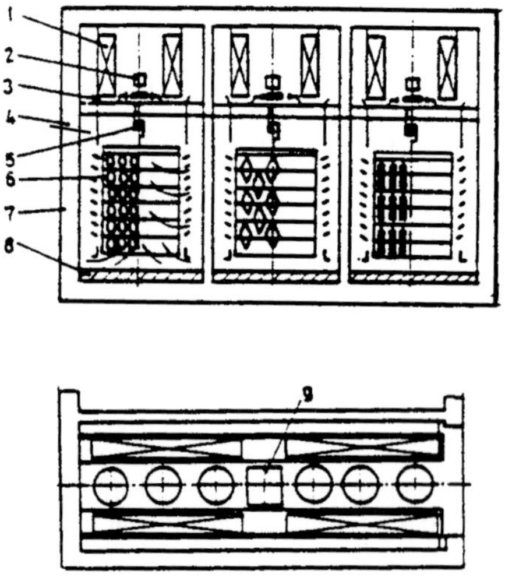

Abb. 14.3-4 Abkühleinrichtung für die Kaltluftphase der kombinierten Wasser-Luft-Kühlung von Fleischerzeugnissen

1 Verdampfer
2 Ventilator
3 Abtauwanne
4 Luftleiteinrichtung
5 Flachschienenbahn
6 Wursthängewagen
7 Kälteschutz
8 Betonfußboden
9 Montageöffnung

bahnen hängend oder bodenverfahrbar transportiert werden. Bei hohen Stundenproduktionen gleichartiger Erzeugnisse sind Anlagen bekannt, in denen kleinkalibrige Wurstwaren an Spießen hängend und großkalibrige Produkte in Transportvorrichtungen liegend bzw. Wurstwaren im Wasserbad schwimmend durch die Anlage transportiert und hierbei bis zur geforderten Produkttemperatur abgekühlt werden.
In Anlagen mit Rauch-/Wärmebehandlungs- und Abkühlsektion erfolgt der Durchlauf der Transporteinheiten mittels pneumatischer Fördersysteme quasikontinuierlich. Die Beladung der Anlage, die Übergabe von der Wärmebehandlung zur Abkühlsektion und die Entleerung der Abkühlsektion werden programmgesteuert durchgeführt. Abgekühlt wird in Anlehnung an das Sara-Rasant-Verfahren bei Temperaturen oberhalb von 0 °C. Die Abkühlsektion wird auch als selbständige Intensivkühlanlage angeboten. Zur Abkühlung werden Wasser aus Duschen, fein verdünntes Wasser, kalte Frischluft, gekühlte Umluft sowie eingespritzter flüssiger Stickstoff bzw. flüssiges Kohlendioxyd eingesetzt.
Die Abbildungen 14.3-4 und 14.3-5 zeigen Intensivkühlanlagen. Zur Abführung der hohen Wärmeströme in der Anfahrphase müssen große Verdampferflächen installiert und die Ventilatoren so ausgelegt werden, daß trotz großer Strömungswiderstände im Produktbereich Luft-

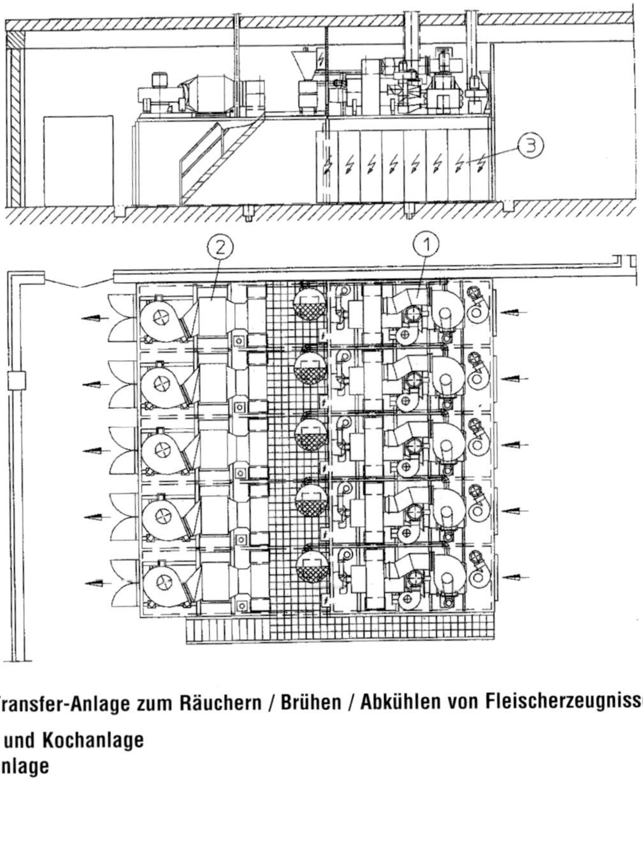

Abb. 14.3-5 Transfer-Anlage zum Räuchern / Brühen / Abkühlen von Fleischerzeugnissen [36]

1 Heißräucher- und Kochanlage
2 Intensivkühlanlage
3 Steuerung

geschwindigkeiten von 2 – 3 m/s vorliegen. Bewährt haben sich Anlagensysteme mit Kältemittelzwangsumlauf und Heißgasabtauung. Die so ausgelegten Abkühlanlagen verblieben nach der Beschickung mit heißer Brühwurst (66 °C) stabil im geforderten Temperaturbereich von -6 bis -10 °C (vergl. Abb. 14.2-4).
In den nach unterschiedlichen Konstruktionslösungen ausgeführten Intensivkühlanlagen werden viele Produktionsfunktionen durch Computer gesteuert und überwacht. Durch Betriebserfahrungen bestätigte Programme werden gespeichert und sind jederzeit produktspezifisch abrufbar. Temperatur- und Zeitabläufe, teilweise auch Masseverluste sowie Störungen und Programmeingriffe werden protokolliert. Eine zentrale Steuerung mehrerer Produktionseinheiten ist meistens realisierbar.
Eine spezielle Ausführung beinhaltet die Abkühlung von Fleischerzeugnissen mit Salzlake von -7 bis -10 °C, die ohne Umluft- und Frischlufteinsatz fein versprüht wird. Die Salzlake wird im Kreislauf geführt. In einer Anlage zur kontinuierlichen Würstchenherstellung [34] durchlaufen die Würstchen nach dem Austritt aus dem Räucher-/Erhitzungstrakt etwa 5 min lang eine Duschzone, in der mittels Leitungswassers die Kerntemperatur auf etwa 38 °C gesenkt wird. In der Duschzone kann das Kühlwasser zur Kosteneinsparung im Kreislauf umgewälzt werden. Anschließend werden die Würstchen von oben her durch eine aus einem Lochboden austretende Kochsalzlösung mit einer Temperatur von etwa -8 °C berieselt und auf eine Kerntemperatur von 3 bis 6 °C abgekühlt. Die Kühlsole wird umgepumpt und bei jedem Umlauf gereinigt (Filter). Die Abkühlung der Lake erfolgt in einem Wärmetauscher durch maschinelle Kühlung.
In der Fleischwirtschaft werden für das Kochen und Kühlen von Wurst und Fleischwaren entweder Luftkochkammern oder Kochkessel eingesetzt. Das Kühlen geschieht entweder in einem nachgeschalteten Arbeitsgang in den gleichen Anlagen oder unter separat angeordneten Wasserduschen. In zunehmenden Maße werden jedoch kontinuierliche Koch- und Kühlanlagen eingesetzt (bei Beachtung ökonomischer Zwänge). In einer energie- und raumsparenden Kompaktkochanlage [35] wird die Wurst so gut wie keiner mechanischen Beanspruchung ausgesetzt. Im gesamten Kochbereich werden konstante Temperaturen mit einer engen Toleranz von 1 K eingehalten. Dem Kochen folgt nach dem Durchlaufen einer Duschzone ein steuerbarer Abkühlprozeß. Das mit Kältemaschinen heruntergekühlte Kühlwasser hat eine Temperatur von 0 bis 2 °C, so daß je nach Durchlaufzeit Kerntemperaturen zwischen +3 und +8 °C erreicht werden. Falls Kerntemperaturen unterhalb von +5 °C gefordert werden, wird dem Kühlwasser gefrierpunktsenkendes Kochsalz zugesetzt und damit der Gefrierpunkt gesenkt. Der Transport der Wursterzeugnisse kann mit einer Schneckentrommel erfolgen. Nach dem Abkühlen wird die Ware mittels Sprühdüsen restlos sauber gewaschen und durch Ventilatoren trocken geblasen, um eine sofortige Verpackung zu ermöglichen.
Genutzt werden solche Anlagen auch zum Pasteurisieren von Würstchen- und Bratwurst-Vakuumverpackungen.

14.3.2 Kühllagereinrichtungen

Kühllagerräume entsprechen in ihrem konstruktiven Aufbau den Abkühlräumen. Eine Kühllagerung von Schlachtkörpern ist auf Grund der zu erwartenden Masseverluste nur für kurze Zeit vertretbar (z. B. im Bedarfsfall 48 h). Deshalb werden Kühllagerräume überwiegend nicht mit Transportbahnen ausgerüstet. Die Lagerung der Produkte erfolgt entsprechend den Bedin-

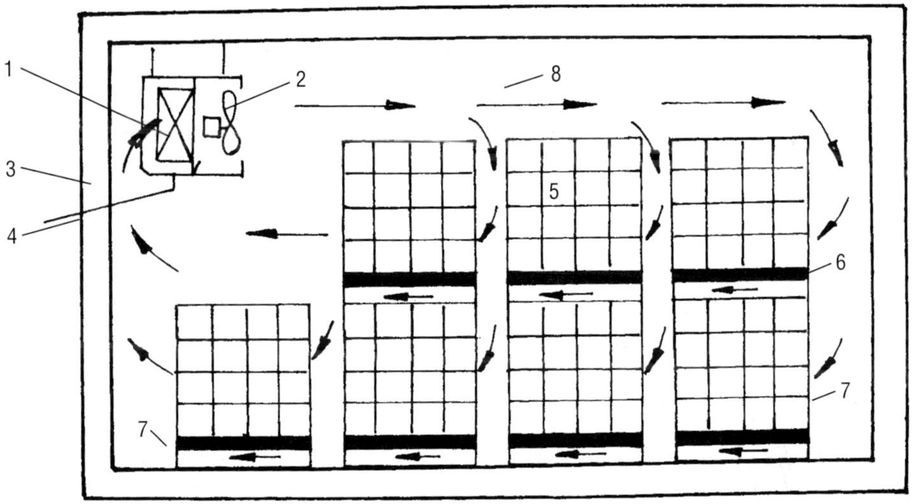

Abb. 14.3-6 Schematischer Querschnitt durch einen Kühllagerraum

1 Verdampfer — **5 Kühlgut;**
2 Ventilator — **6 Paletten**
3 Kälteschutz — **7 Wandabstand**
4 Abtauwasserleitung — **8 Deckenabstand**

gungen in Transport- bzw. Lagereinheiten bei Einfach- bzw. Mehrfachstapelung. Durch Einhaltung festgelegter Boden-, Wand-, Decken- sowie Stapelabstände wird im Raum eine gleichmäßige Lufttemperatur- und Luftgeschwindigkeitsverteilung, die die Abführung der Wärmelast ermöglicht, erreicht. Abbildung 14.3-6 zeigt einen schematischen Querschnitt durch einen Kühllagerraum.

14.3.3 Gefrieranlagen

14.3.3.1 Luftstromgefrieranlagen

Charakteristisch für Luftstromgefrieranlagen sind große Verdampferflächen, die in Verbindung mit hohen umgewälzten Luftmengen zur Erzielung einer Luftgeschwindigkeit von 2 – 4 m/s am Produkt und einer kleinen Differenz zwischen Lufteintritts- und -austrittstemperatur die Abführung der hohen Wärmeströme gewährleisten. Angewendet werden Quer- und Längsströmungen. Gefrieranlagen für Schlachtkörper sind überwiegend den Kühlhäusern zugeordnet, in denen die Gefrierlagerung erfolgt.
Das Gefrieren von in Kartonagen verpackten Schlachtkörpern (Geflügel, Kaninchen u.a.) sowie verpackter kleinstückiger Fleischerzeugnisse wird in Luftstromgefrieranlagen mit kontinuierlichem Produktdurchlauf durchgeführt. Hierzu werden die bereitgestellten Schachteln automatisch zu Einheiten zusammengestellt, durchlaufen die Gefriereinrichtung in einer oder in mehre-

ren Ebenen und gelangen zur Produktausgabe bzw. zu einer Palettiereinheit. Kleinstückige Produkte, aber auch offene Schachteln können auf Netzbändern gefroren werden. Zur Sicherung der erforderlichen Gefrierzeit sind die Transporteinrichtungen einfach oder doppelt (als Tandem) spiralförmig angeordnet und durchlaufen die Gefriereinrichtung als endloses Band mit getrennter Produktein- und -ausgabe (Abb. 14.3-7). Die Verweilzeit der Erzeugnisse kann durch Variation der Bandgeschwindigkeit nach kältetechnologischen Erfordernissen festgelegt werden.

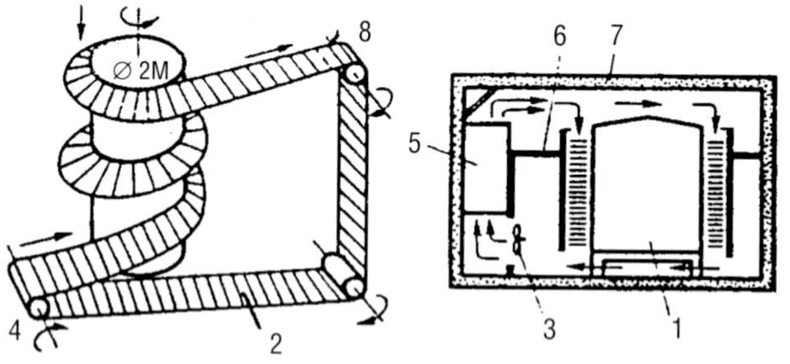

1 Tragsystem
2 Netz- bzw. Gliederband
3 Ventilator
4 Produktaufgabe
5 Verdampfer
6 Trennwand
7 Kälteschutz
8 Produktausgabe

Abb. 14.3-7 Anlage zum Gefrieren Kleinstückiger Produkte auf Netzbändern

14.3.3.2 Plattengefrierapparate

Entbeintes, in Schachteln verpacktes Fleisch (Blockfleisch, zerkleinerte Massen, Warmschrot zur Erhaltung des hohen Wasserbindevermögens) oder Schlachtnebenprodukte (z. B. Leber) werden vorteilhaft in Plattengefrierapparaten gefroren. Das verpackte zu gefrierende Produkt befindet sich zwischen horizontalen oder vertikalen Platten, in denen kaltes flüssiges Kältemittel umgepumpt, seltener verdampft wird. Die hydraulisch angepreßten Gefrierplatten ermöglichen höhere Wärmedurchgangskoeffizienten als beim Luftstromgefrieren. Dadurch können in Verbindung mit tiefen Verdampfungstemperaturen hohe Gefriergeschwindigkeiten realisiert werden.

14.3.3.3 Sonstige Gefriereinrichtungen

Anstelle der maschinellen Abkühlung von Luft kann eine Temperaturabsenkung in der Gefriereinrichtung durch Einspritzen von flüssigem Stickstoff bzw. flüssiger Kohlensäure erreicht werden. Zur Erhöhung der Wärmeübergangskoeffizienten wird das Gas umgewälzt. Angewendet werden solche Gefriereinrichtungen bei diskontinuierlicher bzw. kontinuierlicher Betriebsweise zum Gefrieren kleinstückiger Fertigerzeugnisse.
Spezielle Gefrieranlagen dienen zur Herstellung von Scherbeneis aus Wasser bzw. Blutplasma.

14.3.4 Gefrierlagereinrichtungen

Gefrierlagerräume ermöglichen den Betrieben der Fleischwirtschaft eine kurzzeitige Zwischenlagerung gefrierkonservierter Produkte als Rohstoffe bzw. Zwischenprodukte im technologischen Verarbeitungsprozeß.
Bei der Herstellung gefrierkonservierter Erzeugnisse, z. B. von gefrorenem Geflügel bzw. gefrorenen Fleischerzeugnissen, ist eine sich an den Gefrierprozeß anschließende kurzzeitige Gefrierlagerung als Pufferung im Produktionsprozeß und zur Gewährleistung einer durchgängigen Kühlkette unerläßlich. Abbildung 14.3-8 enthält die schematische Darstellung eines Gefrierlagerhauses, das aus einem Gefrierlagerraum und einem Gefriertunnel besteht. Die bauliche Ausführung erfolgt häufig als Metalleichtbaukonstruktion mit Stahlstützen und Satteldachbindern großer Stützweite. Als Hüllenkonstruktion werden Sandwichelemente verwendet. Zur Kälteversorgung sind Zentralluftkühler installiert, die die Luft im Raum frei ansaugen und über die in die Deckenisolierung eingelassenen Luftkanäle im Raum verteilen.
Gefrierlagerräume müssen bei fehlender Unterkellerung mit einem Unterfrierungsschutz versehen werden, der die Bodentemperatur im Gründungsbereich oberhalb von 0 °C hält. Neben elektrischen Heizsystemen unterschiedlicher Konstruktion wird aus energetischen Gründen vor allem die Abwärme der Kälteanlage genutzt, wobei eine vom Kühlwasser erwärmte Flüssigkeit durch ein unterhalb der Fußbodenisolierung verlegtes Rohrleitungssystems gepumpt wird.
Zur Vermeidung von Kälteverlusten werden häufig sich automatisch öffnende und schließende Kühlraumtüren verwendet, die mit Luftschleieranlagen und gegebenenfalls mit Luftschleusen versehen sind. Durch Verwendung geeigneter Stapelhilfsmittel erfolgt zur Sicherung einer hohen Volumenausnutzung eine mechanisierte Mehrfachstapelung im Gefrierlager (Blockstapel, Reihenstapel). Liegt ein breites Produktionssortiment vor, ist eine Regalstapelung sinnvoll.

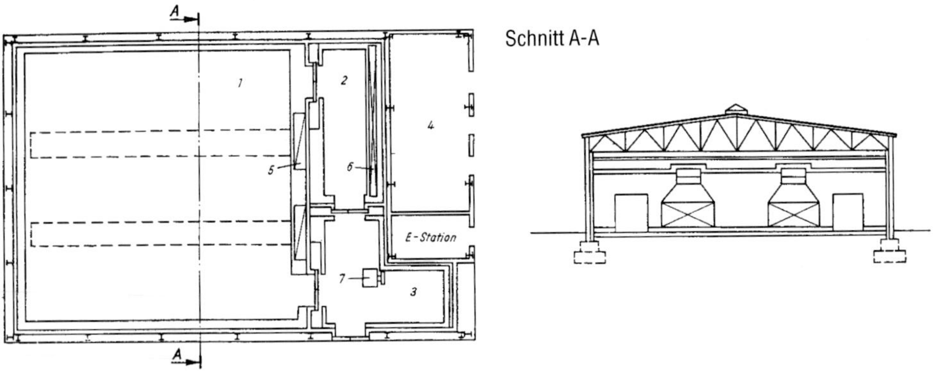

Abb. 14.3-8 Gefrierlagerhaus [10]

1 Gefrierlagerraum
2 Gefriertunnel
3 Manipulationsraum
4 Kältemaschinenraum
5 Zentralluftkühler
6 Verdampfer im Gefriertunnel
7 Waage

14.3.5 Auftaueinrichtungen

Auftaueinrichtungen werden überwiegend diskontinuierlich betrieben. Zur Realisierung eines Temperaturregimes während des Auftauprozesses wird der Auftauraum wahlweise beheizt bzw. abgekühlt. Hierzu kann für das Heizen Kältemittel-Heißdampf (nach dem Verdichtungsvorgang) verwendet werden, der den Verdampfern des Auftauraumes von der zentralen Kälteanlage (z. B. Kältemittel Ammoniak) zugeführt wird (Abwärmenutzung). Beim Erreichen der geforderten Raumtemperatur wird die Heißgaszufuhr unterbrochen. Soll die Raumtemperatur abgesenkt werden, wird den Verdampfern flüssiges Kältemittel mittels Kältemittelpumpe zugeführt. Der auf 12 – 15 °C erwärmte Luftstrom wird an die aufzutauenden Schlachtkörper mit hoher Luftgeschwindigkeit (3 – 5 m/s) herangeführt. Die relative Luftfeuchte soll möglichst niedrig sein (etwa 80 %) Erst in der Phase der Lufttemperaturabsenkung auf etwa 5 °C (je nach Schlachtkörperart und -masse zu einem bestimmten Zeitpunkt) wird die relative Luftfeuchte auf etwa 95 % durch Befeuchtung erhöht und die Luftgeschwindigkeit auf etwa 0,5 m/s reduziert.
Für kleine Produkte wurden Anlagen zum Auftauen im Wasserbad und durch Wasserberieselung sowie Mikrowellengeräte entwickelt.

14.4 Mathematische Modellierung kältetechnologischer Prozesse

14.4.1 Zielstellung

Beim Abkühlen bzw. Gefrieren im Kaltluftstrom wird der Verlauf der Lufttemperatur in der Abkühl- bzw. Gefriereinrichtung als Ergebnis der Wechselwirkung der abzuführenden Wärmeströme mit der Kälteleistung in Abhängigkeit von der Verdampfungstemperatur der Kälteanlage bestimmt. Der Verlauf der Lufttemperatur ist in Verbindung mit dem Wärmeübergangskoeffizienten entscheidend für die Höhe des Masseverlustes während des Abkühl- bzw. Gefrierprozesses sowie für die notwendige Zeit bis zum Erreichen der geforderten Kerntemperatur.
Zielstellung der mathematischen Modellierung kältetechnologischer Prozesse ist die Ermittlung von Parametern, die geringstmögliche (vertretbare) Masseverluste, Abkühlzeiten und Kosten (bedingt durch den Investitionsaufwand für die kältetechnologische und kältetechnische Ausrüstung, Energie, Betriebsstoffe, Lohn u.a.) gewährleisten [38, 39]. Zur Berechnung des Temperaturfeldes im Produkt bei Abkühl- und Gefriervorgängen nutzen gebräuchliche Berechnungsverfahren die geometrischen Grundkörper unendliche Platte, unendlicher Zylinder und Kugel bei Voraussetzung des eindimensionalen Wärmestromes als technisches Modell. Auf Grund der Symmetriebedingungen ist die halbe Plattendicke bzw. der Radius die den Wärmestrom bestimmende Abmessung. Bei Verwendung der geometrischen Körper endlicher Zylinder, unendliche, rechteckige Säule und Rechtkant wird bei mehrdimensionaler Wärmeübertragung der Gesamtwärmestrom aus der Verknüpfung der Teilwärmeströme bestimmt bzw. vereinfachend der eindimensionale Wärmestrom durch geometrisch bedingte Faktoren korrigiert.

Bei geometrisch unregelmäßigen Körpern, z. B. Schlachtkörpern, erfolgt überwiegend der Berechnungsvorgang für die dicksten Körperpartien. Die unregelmäßige Körpergeometrie wird durch experimentell ermittelte Formfaktoren berücksichtigt. Komplizierte Berechnungsverfahren gestatten die Eingabe der tatsächlichen Körpergeometrie in der Berechnungsebene.

14.4.2 Simulation von Abkühl- und Gefrierprozessen mittels Personal-Computer

Die Lösung der Fourierschen Wärmeleitungsgleichung mit temperaturabhängigen Stoffwerten ist durch Anwendung numerischer Berechnungsverfahren auf einem Personalcomputer möglich. Berechnet werden kann das örtliche und zeitliche Temperaturfeld bei Abkühl- und Gefrierprozessen. Von besonderem Interesse ist der Verlauf der Oberflächen- und Kerntemperatur.
Die Modellierung des Stoffaustausches bei Fleisch und Fleischerzeugnissen kann nur auf der Grundlage halbempirischer Beziehungen erfolgen, da der Masseverlust während der Abkühl- und Lagerphase besonders bei Fleischerzeugnissen nicht nur von den kältetechnologischen Bedingungen, sondern auch von den Masseverlusten während der Wärmebehandlung, von der tatsächlichen Wasserdampfdurchlässigkeit der Wursthülle und eingeschränkt von der während der Wasserbehandlung aufgenommenen Wassermenge beeinflußt wird.
Bei Nutzung der Analogiebeziehung zwischen Stoff- und Wärmeübertragung wurden deshalb die Verdunstungskoeffizienten in Abhängigkeit vom konvektiven Wärmeübergangskoeffizienten (α_c) durch die experimentelle Ermittlung von Widerstandskoeffizienten gegen Verdunstung (μ) bestimmt. Der Widerstandskoeffizient gegen Verdunstung ist das Verhältnis der Verdunstungsgeschwindigkeit bei reiner Oberflächenverdunstung von Wasser ($\dot{m}_{wo}$) zur tatsächlichen Verdunstungsgeschwindigkeit ($\dot{m}_{wmom}$).

$$\mu = \frac{\dot{m}_{wo}}{\dot{m}_{wmom}} \text{ bzw. } \mu = \frac{\beta_W}{\beta} \qquad (14/4)$$

β_W = Stoffübergangskoeffizient Wasseroberfläche β = Stoffübergangskoeffizient Produkt

Der konvektive Wärmeübergangskoeffizient ergibt sich bei Berücksichtigung der Strömungsbedingungen und Überströmlängen aus

$$\alpha_c = \frac{Nu_L \lambda_L}{l_1} \qquad (14/5)$$

Nu_L = Nusselt-Zahl λ_L = Wärmeleitfähigkeit Luft l_1 = Überströmlänge

Die Verdunstungsgeschwindigkeit wird wie folgt berechnet

$$\Delta \dot{m}(\tau) = \frac{\alpha_c \cdot A \cdot [X_0(\tau) - X_L(\tau)]}{\mu \cdot c_{PL} \cdot Le^n} \qquad (14/6)$$

A = Fläche $x_0(\tau)$ = zeitabhängiger Wassergehalt der Produktoberfläche $x_L(\tau)$ = zeitabhängiger Wassergehalt der Luft $\Delta\dot{m}$ Verdunstungsgeschwindigkeit c_{PL} = spezifische Wärmekapazität der Luft Le = Lewis-Zahl n = Strömungskoeffizient

Das Temperaturfeld $T = T(\tau,\ x$ bzw. $r)$ wird durch die exakte Lösung der Fourierschen Wärmeleitungsgleichung für eindimensionalen Wärmestrom und die Randbedingung 3. Art unter Verwendung eines Anfangstemperaturprofiles und temperaturabhängiger Stoffwerte bestimmt. Für das technische Modell Platte (Dicke der Platte 2 X) gilt

$$C(T)\frac{\partial T(x,\tau)}{\partial \tau}=\frac{\partial}{\partial x}\left[\lambda(T)\frac{\partial T(x,\tau)}{\partial x}\right] \qquad (14/7)$$

C = Volumetrische Wärmekapazität T = Temperatur x= variable Ortskoordinate λ = Wärmeleitfähigkeit Produkt τ = Zeit

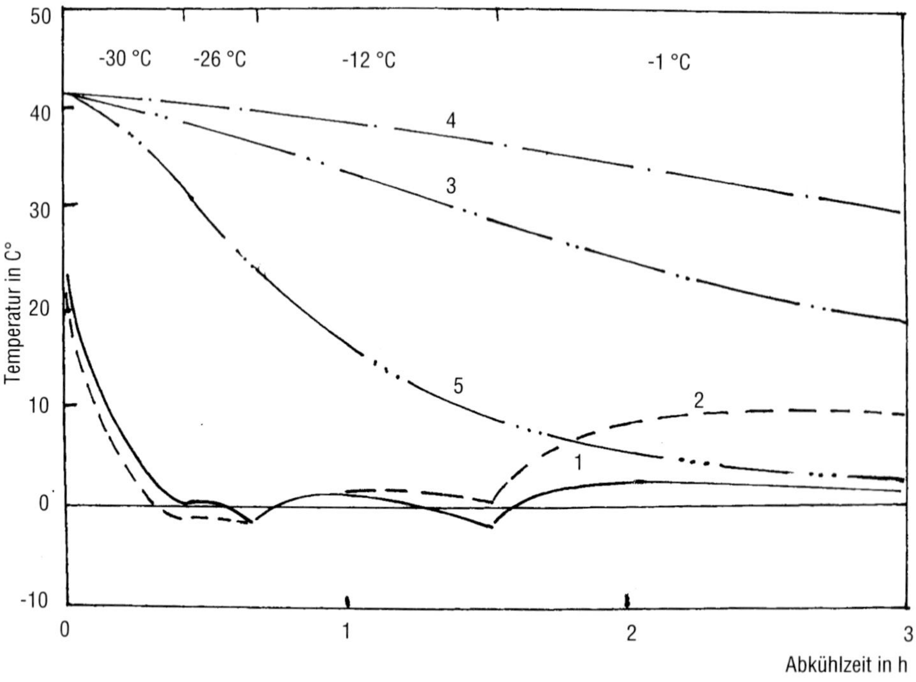

Abb. 14.4-1 Berechneter Temperaturverlauf bei der Intensiv-Schnellstkühlung einer Schweinehälfte (Intensivkühlphase -30 °C / -26 °C / -12 °C/ Luftgeschwindigkeitsprofil, Nachkühlphase -1 °C / 0,5 m/s)

1 Oberflächentemperatur Wamme
2 Oberflächentemperatur Schinken
3 Kerntemperatur Kotelett
4 Kerntemperatur Schinken
5 Kerntemperatur Wamme

Der effektive Wärmestrom ($\dot{Q}_{eff}$), der aus dem Produkt abgeführt wird, ergibt sich bei der Berücksichtigung des Verdunstungsanteils zu

$$\dot{Q}_{eff}(\tau) = \frac{\alpha_c A}{K}\left\{[T_o(\tau) - T_L(\tau) + \frac{[X_o(\tau) - X_L(\tau)]h_v}{\mu Le^n c_{pL}}\right\} \qquad (14/8)$$

$T_o(\tau)$ = zeitabhängige Oberflächentemperatur $T_L(\tau)$ = zeitabhängige Lufttemperatur K = experimentell ermittelter Korrekturkoeffizient der Abweichung von der geometrischen Grundform h_v = spezifische Verdunstungsenthalpie des Wassers

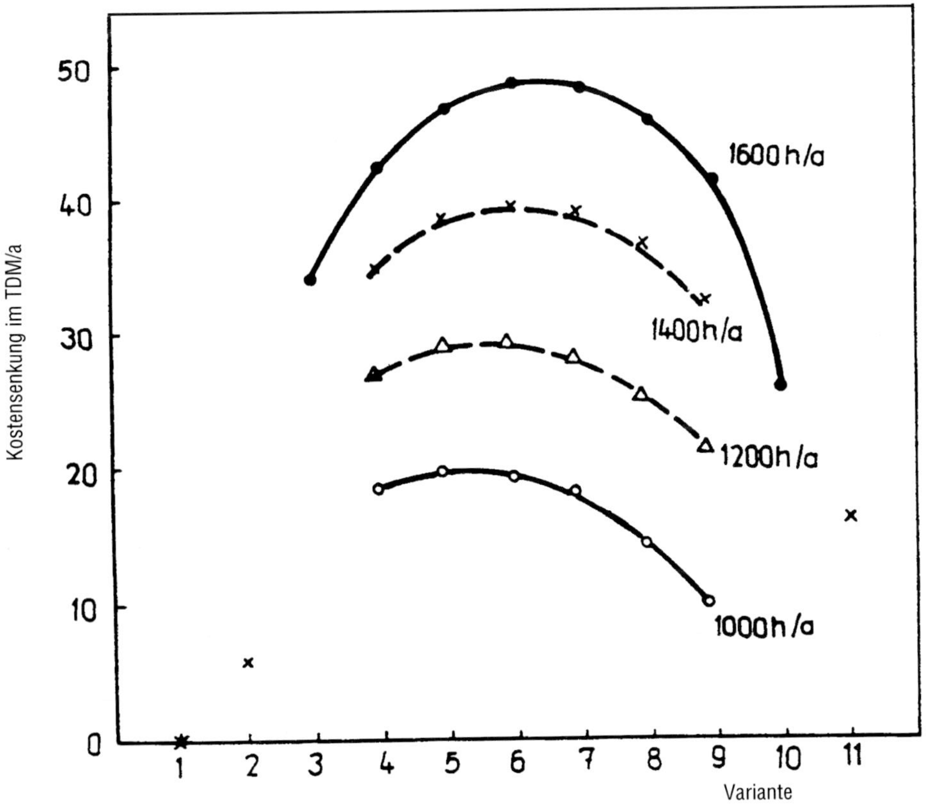

Abb 14.4-2 Kostensenkung in einer ausgewählten Abkühleinrichtung für Schweinehälften (m = 41 kg; 200 SH/h; 1 600 Betriebsstunden/Jahr) bei Anwendung unterschiedlicher Varianten der Schnellst- bzw. Intensiv-Schnellstkühlung
Intensivkühlphase: Basis Variante 1 -8 °C / 3 m/s; 2 -12 / -8 °C / 3 m/s; 3 -16 / -12 °C / 2 m/s; 4 -18 /--12 °C / 2 m/s; 5 -20 / -12 °C / 2 m/s; 6 -22 / -12 °C / 2 m/s; 7 -24 / -12 °C / 2 m/s; 8 -26 / -12 °C / 2 m/s; 9 -28 / -12 °C / 2 m/s; 10 -30 / -12 °C / 2 m/s; 11 -30 / -26 -12 °C / 2 m/s
Nachkühlphase: -1 °C / 0,3 m/s

Die Simulation eines Abkühlregimes bei der Intensiv-Schnellstkühlung von Schweinehälften zeigt Abbildung 14.4-1. Erkennbar ist, daß durch gezielte Festlegung der kältetechnologischen Parameter das Gefrieren der Produktoberfläche bei den dünnen Schlachtkörperpartien weitgehend vermieden werden kann. Die berechnete Kostensenkung bei variierten kältetechnologischen Parametern der Schnellst- und Intensiv-Schnellstkühlung von Schweinehälften unter Beachtung der Energie-, Investitions- und Reparaturkosten sowie der Kosten infolge des Masseverlustes der Schlachtkörper während des Abkühlens im Vergleich zu einer häufig angewendeten Variante der Schnellstkühlung (-8 °C / 3 m/s in der Intensivkühlphase) ist in Abbildung 14.4-2 dargestellt. Deutlich wird, daß für die betrachtete Abkühlanlage auch bei verringerten jährlichen Schlachtmengen die ermittelte günstige Variante ökonomisch wirksam bleibt.
Den aus der Wechselwirkung der Lastfaktoren Wärmestrom Produkt, Kälteschutz und elektrische Antriebsenergie Ventilatoren mit der verdampfungstemperaturabhängigen Kälteleistung berechneten Verlauf der Lufttemperatur in einem Gefriertunnel sowie den daraus resultierenden Verlauf der Oberflächen- und Kerntemperatur beim Gefrieren von Schweinehälften zeigt Abbildung 14.4-3. Die Simulation von Abkühl- und Gefrierprozessen nach diesem Berechnungsverfahren für gleiche technologische Bedingungen im Gefriertunnel mit Kälteanlagen unterschiedlicher Kälteleistung gestattet eine schnelle Anlagenoptimierung in bezug auf geringstmögliche Kosten und Masseverluste. Tabelle 14.4-1 enthält Berechnungsergebnisse.

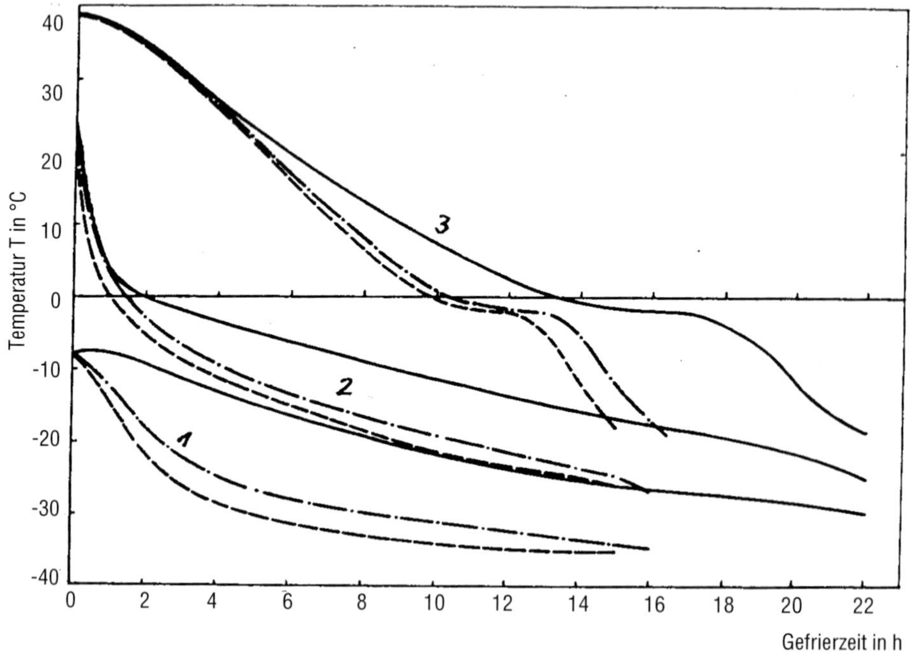

Abb. 14.4-3 Berechneter Verlauf von (1) Luft-, (2) Oberflächen- und (3) Kerntemperatur beim Gefrieren von Scheinehälften bei gleichen technologischen Bedingungen im Gefriertunnel mit Kälteanlagen unterschiedlicher Kälteleistung (Kälteleistung bei -45 / -10 + 35 °C --- 87,7 KW; —·— 76,1 KW; —— 43,9 KW)

Tab. 14.4-1 Einfluß unterschiedlicher Kälteanlagen auf den Masseverlust und dem aus dem Produkt abgeführten Wärmestrom beim Gefrieren von schlachtwarmen Schweinehälften (12000 kg, α = 38 W/m²K, T_K = 39 °C → -8 °C)

Kälteanlage	Gefrierzeit (h)	Masseverlust (%)	Wärmestrom Produkt in der 3. Stunde (kJ/h)	mittlere Lufttemperatur (°C)
berechnet bei konstanter Lufttemperatur	11,9	0,79	430000	-35
ZKSA 440/840-132	13,4	0,92	440450	-30,3
ZKSA 600/840-110	14,4	1,03	408180	-25,7
ZKSA 400/440-75	19,3	1,3	275848	-20,4

14.5 Rechnergestützte Steuerung von Abkühl- und Gefrierprozessen

In einem Schlacht- und Verarbeitungsbetrieb werden eine Vielzahl von Abkühl-/Kühllagereinrichtungen bzw. Gefrier- und Gefrierlagereinrichtungen betrieben, die meistens von einer zentralen Kälteanlage mit Kälteenergie versorgt werden. Für einen kostengünstigen Betrieb der Gesamtanlage ist eine rechnergestützte Steuerung von einer zentralen Stelle aus vorteilhaft. Diese Steuerung beinhaltet die Sicherung der geforderten Raumtemperaturen, Luftgeschwindig-

keiten und gegebenenfalls der relativen Luftfeuchten. Von besonderer Bedeutung für einen energieoptimalen Anlagenbetrieb sind die Anpassung der Kälteleistung an die abzuführenden Wärmeströme sowohl für die Gesamtanlage als auch für jede einzelne kältetechnologische Einheit sowie die Sicherung der notwendigen Abtauvorgänge in einem in den technologischen Prozeß integrierten sinnvollen Rhythmus. Hierzu wird entsprechend dem instationären Verlauf des abzuführenden Wärmestromes die Anzahl der Hochleistungsverdampfer bzw. beim ständigen Betrieb der gesamten Verdampferfläche die Luftgeschwindigkeit (und damit der Wärmeübergangskoeffizient) am Produkt und am Verdampfer verringert. Zu beachten ist, daß die Temperaturdifferenz zwischen Luftein- und -austritt im Bereich von 2 – 4 K verbleibt.
Bei der Schnellabkühlung wird häufig eine Abstufung 100 % / 66 % / 33 % angewendet. Als Schaltparameter dient die Kerntemperatur der dicksten Körperpartie. Hierbei kann der Verlauf der Kerntemperatur an ausgewählten Schlachtkörpern direkt gemessen bzw. für die tatsächlich vorliegenden kältetechnologischen Bedingungen und Produktparameter berechnet werden.
Dagegen wird z. B. bei der Abkühlung von Fleischerzeugnissen im Kaltluftstrom der Verlauf der Oberflächentemperatur bestimmt und als Schaltparameter für die notwendige Verringerung der Luftgeschwindigkeit verwendet. Die Abarbeitung festgelegter (experimentell bestimmter bzw. berechneter) kältetechnologischer Regimes in Abhängigkeit von eingegebenen Produktparametern (bei Wurstwaren z. B. Wurstkaliber, bei Schlachtkörpern z. B. Durchschnittsmasse, Klasse) sichert eine minimale Abkühlzeit bis zum Erreichen der geforderten Kerntemperatur. Die Einbeziehung des Temperaturausgleiches im Produkt in den Abkühlprozeß verringert die Laufzeit der kältetechnischen Ausrüstung und die Masseverluste während des Abkühlvorganges.
Bei der Tauchkühlung von Geflügel gewährleistet die rechnergestützte Steuerung die Einhaltung der vorgeschriebenen hygienischen Mindestanforderungen durch die Dosierung der Wassermenge in Abhängigkeit von der Schlachtkörpermasse und die Temperatureinhaltung im Tauchwasserbad durch Schuppeneiszufuhr.

Quellen und Literatur

[1] RINKENBURGER, K.; GROßKLAUS, D.; RICHTER, L.: Zum Schlachtbetriebswesen unter besonderer Berücksichtigung des Verbraucherschutzes. 2. Zur Problematik der Durchführung hoheitlicher Aufgaben. Fleischwirtschaft 67 (1987) 10, S. 1273

[2] WIRTH, F.; LEISTNER, L.; RÖDEL, W.: Physikalische Richtwerte für die Fleischtechnologie. 1. Mitteilung: 1. Frischfleisch, 2. Gefrierfleisch, 3. Brühwurst. Die Fleischwirtschaft 67 (1975) 10, S. 1189

[3] BENDALL, I. R.: 24. Europäischer Fleischforscherkongreß. Kulmbach 1978, E 1: 1

[4] SPECHT, H: Kälteverkürzung und Elektrostimulation bei Fleisch. Leipzig: Fachbuchverlag 1990

[5] HONIKEL, K. O.: Einfluß der Kühlung nach dem Schlachten auf die Fleischbeschaffenheit. Klima-Kälte-Heizung (1987) 6. S. 263 – 266

[6] HAMM, R.: Einfluß der Kühlung auf biochemischen und strukurellen Eigenschaften des Fleisches. Fleischwirtschaft 68 (1988) 7, S. 821, 822

[7] TEMISAN, V.; AUGUSTINI, C.: Qualitätsrindfleisch.Fleischwirtschaft 69 (1989) 3. S. 356

[8] WIRTH, F.: Kühlen, Gefrieren, Lagern und Auftauen von Fleisch nach heutigem Erkenntnisstand. Fleischwirtschaft 50 (1979) 12, S. 1787 – 1797

[9] ORTNER, H.: Einfluß der Kühlung auf die Fleischqualität. Fleischwirtschaft 68 (1988) 7, S. 794 – 803
[10] JASPER, W.; PLACZEK, R.: Kältekonservierung von Fleisch. Leipzig: Fachbuchverlag 1977
[11] NEHLS, W.: Untersuchungen zur funktionellen Bewertung von Kühleinrichtungen für Schweinehälften. Diss. A. Tierärztliche Hochschule Hannover, 1986
[12] FELDHUSEN, F.: Beeinflussung von Schweineoberflächen durch Kühlung. Fleischwirtschaft 69 (1989) 7, S. 1067 – 1079
[13] TORTEROTOT – ANGERSBACH, H.: Qualitätssicherung und Lebensmittelhygiene. Fleischwirtschaft 69 (1989) 1, S. 50 – 53
[14] WOLTERSDORF, W.; TROEGER, K.: Verbesserung der Fleischbeschaffenheit von PSE-Fleisch beim Schwein durch Schnellstkühlung. Fleischwirtschaft 68 (1988) 7, S. 803 – 807
[15] TÄNDLER, H.: Energieeinsparung, Mikroprozessorensteuerung und sonstige Tendenzen – Brine Chilling-Methode, ein Schnellkühlsystem mit Lake-Kühlung. Fleischwirtschaft 61 (1981) 3, S. 324
[16] STEINHAUS, K. H.; WERTH, H. V.; BREIDBACH, K.; HAGER, J.: Das finnische Schnellkühlverfahren für Brüh- und Kochwurst. Fleischwirtschaft 60 (1980) 2, S. 146
[17] RADESPIEL, E.: Beitrag zur rationellen Gestaltung des Abkühlprozesses von Brühwursterzeugnissen. Diss. A. Humboldt-Universität zu Berlin, 1988
[18] DUTSCHKE, G.: Kühlung von Geflügelfleisch im Wasserbad. Fleischwirtschaft 59 (1979) 11, S. 1579 – 1592
[19] PRÄNDL, O.; FISCHER, A.; SCHMIDHOFER, TH.; SINELL, H. J.: Fleisch, Technologie und Hygiene der Gewinnung und Verarbeitung. Stuttgart: Verlag Eugen Ulmer 1988
[20] SZENTKUTI, L.; PAULUS, G.; LEISTNER.: Sprühkühlverfahren für Schlachtgeflügel. Die Fleischwirtschaft 61 (1969) 12, S. 1639
[21] LEISTNER, L.: Sprüh-Luft-Kühlung von Schlachthähnchen. Ein Alternativverfahren zum Spinchiller. Die Fleischwirtschaft (1973) 9, S. 1299
[22] MATINYNIAK, J.; JESKE, J.; WASLO, H. ; STANISLAWIAK, M.: Forschungen über die Abkühlung von Geflügel bei Anwendung des Besprühens mit Wasser und eines Luftstromes. Przemysl Spozywczy 32 (1978) 5, S. 188 – 190
[23] RADESPIEL, E.; KUNIS, J.; ZÖPHEL, K. H.: Abkühlung von Geflügel. 16. Fachtagung Kältetechnik. 28. – 30. 3. 1988, Dresden
[24] SCHOLTYSSEK, S.; HEIMBACH, P.; BERNER, H.: Untersuchungen über ein neues Kühlverfahren für Schlachtgeflügel. Die Fleischwirtschaft 61 (1969) 12, S. 1617 – 1623
[25] TÄNDLER, K.: Praxisinformationen – Kulmbacher Fortbildungstage. S. 6205, 6206, 6208, 6210
[26] EIDT, E.: Folien für Schutzgaspackungen von Fleischwaren. Fleischwirtschaft 71 (1991) 1, S. 29 – 31
[27] GRUDA, Z.; POSTOLSKI, J.: Gefrieren von Lebensmitteln. Leipzig: Fachbuchverlag 1980
[28] KUNIS, J.: Beitrag zur Optimierung der Kältebehandlung von Lebensmitteln durch mathematische Modellierung des Abkühlprozesses. Diss. B., Humboldt-Universität zu Berlin, 1980
[29] TÄNDLER, K.: Zur Neufassung der Anlage 3 zu § 47 Abs. 1 AB.A SVZ 77 (1977) 2, S. 39 – 41
[30] BAKAR: Untersuchungen zum Einfluß der Gefrier- und Auftaugeschwindigkeit auf die Qualität von Rindfleisch. Diss. A., TH Köthen, 1990

[31] WURM, A; ECKERT, T.; GRAF, G.: Gefrorene und tiefgefrorene Geflügelerzeugnisse – Situationsbericht zur Problematik Frostbrand. Fleischwirtschaft 68 (1988) 5, S. 588 – 592
[32] AWERIN, G. D.: Physikalisch-technische Grundlagen der Kältebehandlung von Lebensmitteln. Moskau: Agropromisdat, 1985
[33] KUNIS, J.; RADESPIEL, E.: Abkühlung von Kaninchen. Unveröffentlichte Forschungsergebnisse. TH Köthen, 1989
[34] TÄNDLER, K.: Anlagen zur kontinuierlichen Würstchenherstellung. Die Fleischwirtschaft 61 (1971), 5, S. 743 – 746
[35] WIESEL, V.: Einsatz kontinuierlich arbeitender Koch- Kühl- und Pasteurisationsanlagen für Wurst-Kaliberware und Würstchenpackungen. Fleischwirtschaft 67 (1987) 4, S. 386 – 390
[36] VEMAG Maschinenbau GmbH: Prospekt VEMAG Thermo-Verbund-Anlage, S. 2
[37] WILHELM FESSMANN GmbH u. Co: Prospekt „Transfer 3000“: Halbkontinuierliche Räucher-, Brüh- und Kühlanlagen.
[38] RADESPIEL, E.; KUNIS, J.: Vorbedingungen und Ergebnisse der Optimierung von Kühl- und Gefrierprozessen in der Fleischwirtschaft. Luft- und Kältetechnik 27 (1991) 4, S. 175 – 179
[39] RADESPIEL, E.; KUNIS, J.: Untersuchungen zur Wärmebehandlung bei der Abkühlung von Schweinehälften. Fleisch 47 (1993) 7/8/9, S. 417 – 421

Sachwortverzeichnis

Inserentenverzeichnis